药物合成技巧与策略

刘宏民　杨　华　主编

河南科学技术出版社

·郑州·

图书在版编目（CIP）数据

药物合成技巧与策略/刘宏民，杨华主编 . —郑州：河南科学技术出版社，2020. 1
ISBN 978-7-5349-7568-4

Ⅰ.①药…　Ⅱ.①刘…②杨…　Ⅲ.①药物化学-有机合成　Ⅳ.①TQ460. 31

中国版本图书馆 CIP 数据核字（2016）第 320663 号

出版发行：河南科学技术出版社
　　　　　地址：郑州市郑东新区祥盛街 27 号　　邮编：450016
　　　　　电话：（0371）65788613　65788625
　　　　　网址：www.hnstp.cn
策划编辑：李喜婷　仝广娜
责任编辑：任燕利
责任校对：张娇娇
装帧设计：张　伟
责任印制：朱　飞
印　　刷：河南瑞之光印刷股份有限公司
经　　销：全国新华书店
幅面尺寸：889 mm×1194 mm　　1/16　　印张：24　　字数：730 千字
版　　次：2020 年 1 月第 1 版　　2020 年 1 月第 1 次印刷
定　　价：199.00 元

《药物合成技巧与策略》
编者名单

主　编　刘宏民　杨　华
副主编　吴春丽　可　钰　李　攀　徐海伟
　　　　　　孙默然　郑甲信

前　言

　　化学药物一般由人工合成或天然植物中提取、分离、纯化而获得，由于人工合成化学药物拥有许多不可比拟的优势，其已成为获得化学药物的重要途径。另外，随着固相合成、微波合成技术、新型催化剂等先进的合成技术的发展，因此，掌握药物合成技巧与策略已决定能否高效率地合成化学药物。

　　《药物合成技巧与策略》主要以有机化学、药物化学理论为基础，旨在通过介绍十二个常见的药物合成反应、十个新的合成策略和技术、反应后处理技术、合成工艺研究、手性药物的制备技术以及九个经典药物的合成，从而系统地阐述药物合成策略与技巧在新药研究开发中的地位，为广大新药开发研究者提供一定的参考。

　　本书共七章，通过调研国内外文献介绍新药合成研究技术的动态，并用较大篇幅融入了编者十余年的教学、科研经验和成果，对常见结构类型药物的合成策略与技巧做了详尽的描述和总结。

　　本教材的使用对象以药学及相关学科专业高等院校本科生、研究生为主，同时也可供青年教师及从事药物合成的工作者自学和参考使用。

编者

2018 年 10 月

目 录

第一章　概论 ………………………………………………………………………… (1)

第二章　药物合成中的常见反应 ……………………………………………………… (9)

　　第一节　傅-克反应 …………………………………………………………… (9)

　　第二节　苯环上的取代反应 ………………………………………………… (14)

　　第三节　羟醛缩合 …………………………………………………………… (18)

　　第四节　Wittig 反应 ………………………………………………………… (36)

　　第五节　格氏反应 …………………………………………………………… (40)

　　第六节　烯烃关环复分解反应 ……………………………………………… (42)

　　第七节　Heck、Stille、Suzuki 交叉偶联反应 …………………………… (48)

　　第八节　Sharpless 不对称环氧化与双羟化反应（SAE、SAD

　　　　　　反应） ……………………………………………………………… (54)

　　第九节　不对称氢化反应 …………………………………………………… (57)

　　第十节　酮的不对称还原 …………………………………………………… (67)

　　第十一节　氧化反应 ………………………………………………………… (72)

　　第十二节　还原反应 ………………………………………………………… (83)

第三章　药物合成的新策略和新技术 ………………………………………………… (91)

　　第一节　微波反应 …………………………………………………………… (91)

　　第二节　离子液体 …………………………………………………………… (101)

　　第三节　固相合成 …………………………………………………………… (117)

　　第四节　水相合成 …………………………………………………………… (132)

　　第五节　无溶剂有机合成 …………………………………………………… (147)

　　第六节　制药工艺绿色环保新技术 ………………………………………… (162)

　　第七节　串联反应 …………………………………………………………… (173)

　　第八节　多组分反应 ………………………………………………………… (189)

　　第九节　手性有机小分子催化 ……………………………………………… (206)

　　第十节　抗体催化反应 ……………………………………………………… (221)

第四章　药物合成的后处理技术 …………………………………………… （233）

第五章　药物合成工艺研究 …………………………………………… （247）

第一节　药物合成工艺路线的设计 ………………………………… （247）

第二节　药物合成工艺路线的评价和选择 ………………………… （253）

第三节　化学合成药物的工艺研究 ………………………………… （260）

第四节　药物合成工艺放大研究 …………………………………… （263）

第六章　手性药物的制备技术 …………………………………………… （268）

第一节　手性药物的生物催化合成 ………………………………… （268）

第二节　手性药物的拆分 …………………………………………… （276）

第三节　不对称合成手性药物 ……………………………………… （290）

第七章　经典药物的合成 …………………………………………… （301）

第一节　D-生物素 …………………………………………………… （302）

第二节　前列腺素类化合物 ………………………………………… （306）

第三节　红霉内酯 A ………………………………………………… （311）

第四节　紫杉醇 ……………………………………………………… （317）

第五节　氯吡格雷 …………………………………………………… （328）

第六节　磷酸奥司他韦 ……………………………………………… （337）

第七节　依非韦伦 …………………………………………………… （352）

第八节　瑞舒伐他汀钙 ……………………………………………… （356）

第九节　喜树碱 ……………………………………………………… （365）

第一章 概 论

一、前言

　　药物合成是通过综合应用各类有机反应及有机合成的新方法和新技术，来设计、合成天然产物分子和药物的一门学科。本书系统地介绍了药物合成中常见的和经典的有机反应、药物合成新技术的策略和发展、合成过程中的实验技术及工艺技术等方面的内容，从概念、方法到实际应用阐述了有机合成在药物合成领域的重要意义，同时也突出了药物合成是以有机化学为基础的多学科交叉、渗透的前沿学科。

　　药物一般是从天然产物提取分离或人工设计合成的。由于天然药物的提取分离存在诸多弊端，人工设计与合成已成为获取药物最重要的途径。药物合成的发展已有上百年历史，尽管现有的药物合成反应非常多，但仍不能满足各类药物分子的设计，尤其是高难度药物分子的设计和合成及新型药物研发的需要。有机化学领域中，新试剂、新反应、新方法和新技术的发展及应用使药物合成路线更简捷、高效和环保。例如，1901 年德国化学家 R. Willstätter 经卤化、氨解、甲基化、消除等 21 步反应[1]首次完成了颠茄酮（tropinone）的全合成（图 1-1）。由于步骤烦琐，最后收率仅为 0.75%，但这在当时的化学界已是一项卓越的合成工作，并引起了广泛关注。

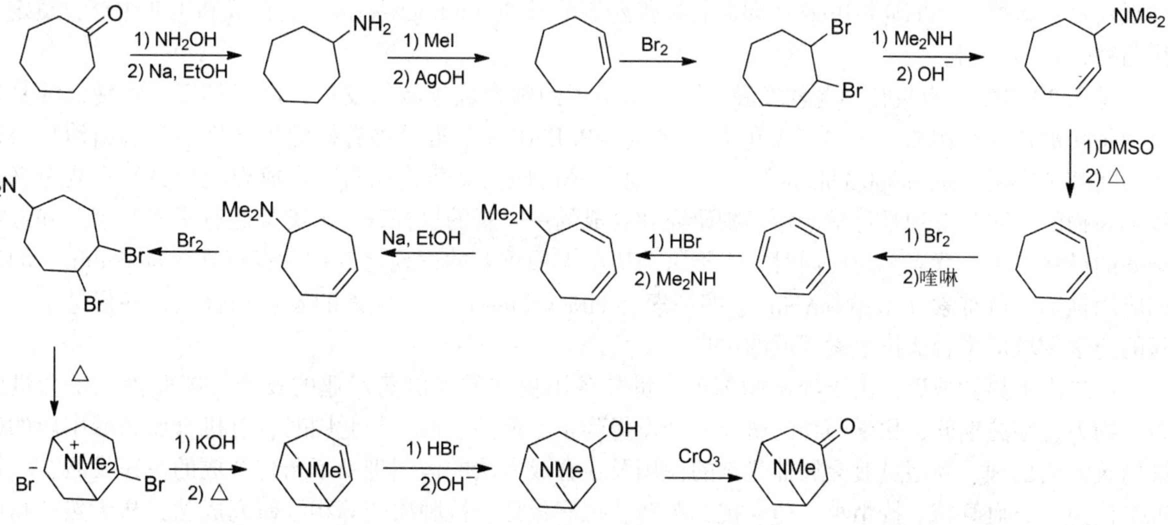

图 1-1　颠茄酮的首次合成路线

　　1917 年，英国化学家 R. Robinson[2]以二丁醛、甲胺、丙酮二羧酸作为起始原料经两步 Mannich 反应和一步脱羧反应以 40% 的总收率合成了颠茄酮（图 1-2）。R. Robinson 以一条全新的、简捷的合成路线诠释了有机合成技巧在天然产物合成中的重要意义，这也是药物合成历史上极具里程碑意义的一次事件。

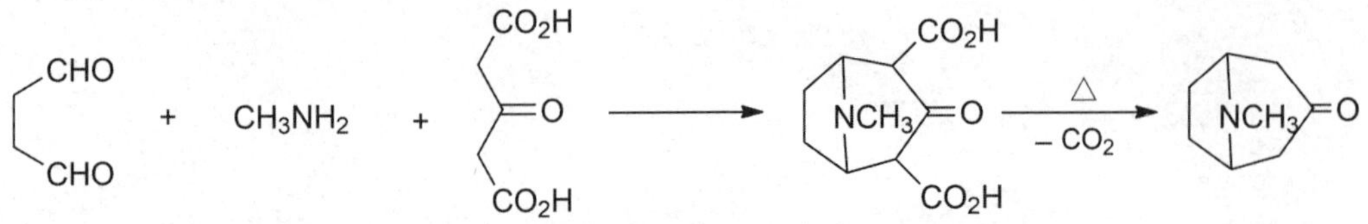

图 1-2　R. Robinson 通过 Mannich 反应合成颠茄酮

与此同时，有机金属化学的不断发展改变了传统有机合成化学中的诸多问题，这些催化剂的应用不仅使许多反应转换率和原子利用率提高，而且把许多化学计量的反应改进成催化量的高效催化反应。例如，2001 年的诺贝尔化学奖就授予了三位从事不对称催化合成的科学家 Knowles、Noyori 和 Sharpless，表彰他们在这一领域的基础和应用研究方面所做出的杰出贡献。2010 年的诺贝尔化学奖授予了从事以过渡金属为催化剂的碳碳键偶联反应的三位科学家 Heck、Negishi 和 Suzuki，他们在碳碳键构筑领域做出了巨大的贡献，并应用到多个学科领域，产生了深远的影响。

不仅如此，组合化学（combinatorial chemistry）的应用使药物合成及其先导化合物的筛选更加高效快速，有机电合成（organic electro-synthesis）和超临界合成技术（supercritical synthetic technique）的应用为绿色的药物合成提供了诸多可能，同时药物合成新技术和新方法如超声波合成、离子液体、微波合成和等离子体合成等促进了药物合成的发展，不仅创造了一系列的新药物合成反应和扩大了化学反应的底物类型，而且能够高选择性、高收率、简单快捷地获得目标产物。

（一）药物合成的发展简史

人类早期用于疾病治疗和预防的药物基本都来自于天然的动植物，通过提取分离获得具有药效的部分，中药就是一个很好的例子。1828 年德国化学家 Wölher[3] 应用无机化合物首次合成了有机化合物尿素（urea），开启了有机合成化学的大门。自此有机合成不断发展，在此基础上一门新的学科——药物合成应运而生。系统的、有针对性的药物合成和筛选开始于 19 世纪下半叶。

19 世纪初至 60 年代，化学家们主要合成一些结构较为简单的局部麻醉药，如可卡因（cocaine）和苯佐卡因（benzocaine）。19 世纪末，多种解热镇痛药如阿司匹林（aspirin）、非那西丁（phenacetin），催眠药水合氯醛（chloral hydrate）和血管扩张药硝酸甘油（nitroglycerin）的合成和工业生产，奠定了近代药物合成的基础。

进入 20 世纪，有机化学蓬勃发展，同时带动了药物合成领域的发展，许多具有生物活性的复杂有机物相继被合成，例如，1910 年德国微生物学家 P. Ehrlich 从近千种有机砷化合物中筛选出治疗梅毒有效的新肿凡纳明（neoarsphenamine）。20 世纪初发现的磺胺类药物在药物合成史上也具有重要意义。磺胺类药物的发明和应用是化学治疗药物研究和合成的一个新的里程碑，人类从此有了战胜细菌和各类传染病的最强有力的武器。与此同时，人类医药历史上最重要的发现之——青霉素（penicillin）的出现和应用推动了链霉素（streptomycin）、四环素（tetracyclines）等抗生素的发现和合成，并促进了一个全新的药学领域即半合成抗生素领域的出现。

第二次世界大战后，由于经济的复苏，世界各国更加重视医药产业的发展，因此投入了大量的人力、物力，在此期间，化学药物的研究和开发得到了空前的发展。与此同时，有机合成领域中新的碳碳键构筑方法出现、新型过渡金属催化剂的使用及逆合成方法的运用带动了药物合成的飞速发展，一系列抗结核药、心血管药、抗精神病药、抗真菌药、抗病毒药、抗肿瘤药等相继研究成功，从天然产物中提取得到的许多有活性的药物单体被开发和衍生成新的药物，如青蒿素、头孢菌素 C 和利福霉素 VS 等。

至 20 世纪末，药物合成达到最为辉煌的时期，许多高难度、含多个手性碳的天然产物和药物分子相继被合成，这期间，有几位有机合成化学家在药物合成方面做出了杰出的贡献[4]，例如，美国化学家 R. B. Woodward（1917—1979 年）。Woodward 一生主要从事天然有机化合物生物碱和甾族化合物结构与合成的研究。1944—1975 年，他合成了奎宁（quinine）、胆固醇（cholestenone）、肾上腺皮质激素（adrenal cortex hormone）、可的松（cortisone）和利血平（reserpine）、叶绿素（chlorophyl）、羊毛甾醇（lanosterol）、维生素 B_{12}（vitamin B_{12}）等 20 余种复杂有机化合物，并用于生产，代表了现代合成化学的最高水平，被尊称为现代有机合成大师。图 1-3 中列举了 Woodward 合成的一些有代表性的有机化合物。

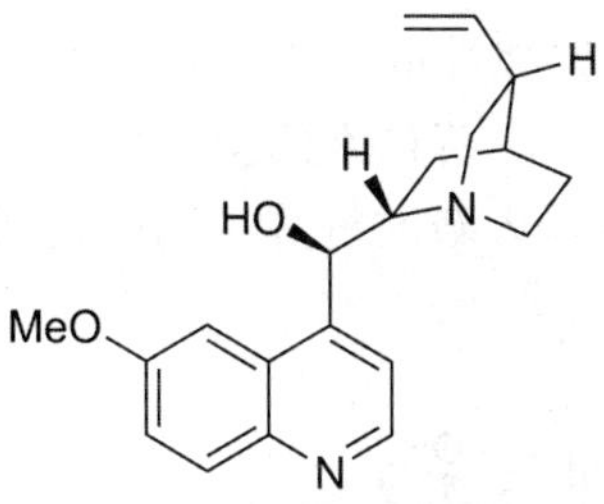

奎宁(quinine,1944) 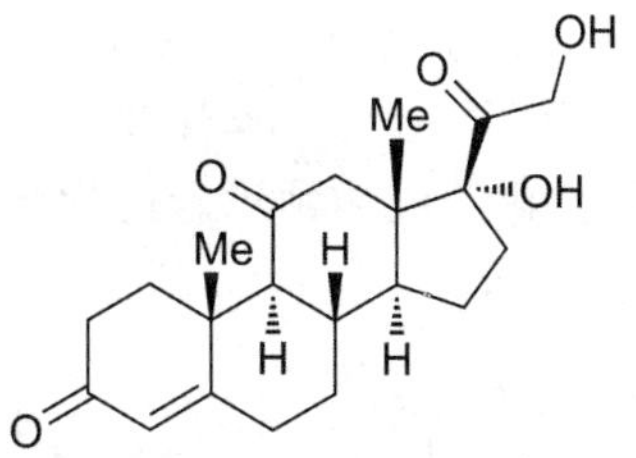　　可的松(cortisone,1951)

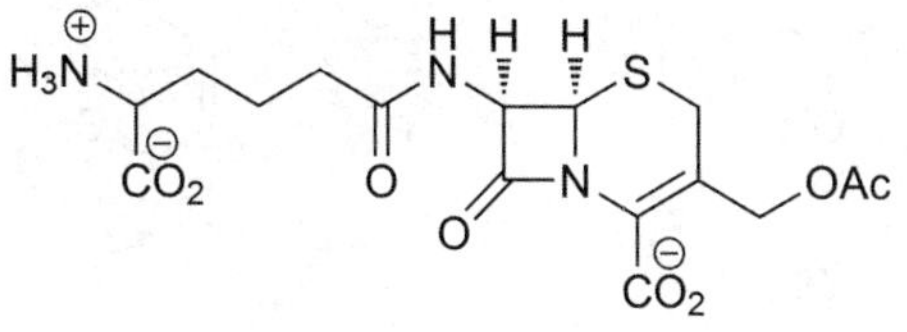

头孢菌素C(cephalosporin C,1966)

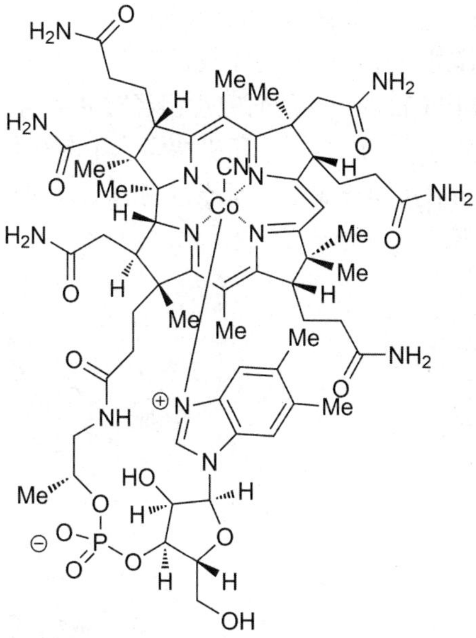

维生素B$_{12}$(vitamin B$_{12}$,1973)

图 1-3　Woodward 合成的一些有代表性的有机化合物

20 世纪 70 年代开始，药物合成进入全盛时期，在前期工作的基础上，合成化学家们开始总结和探讨合成化学的规律性。另外一位合成大师 E. J. Corey，通过逆合成分析（retrosynthetic analysis）方法成功设计和合成了多个高难度、极具挑战性的天然产物。他的合成工作主要包括：广谱抗生素大环内酯类化合物，如红霉内酯 B（erythronolide B，1975）；前列腺素类化合物，如前列腺素 F$_{2\alpha}$（prostaglandin F$_{2\alpha}$，1975）；多环异戊二烯类化合物，如银杏内酯 B（ginkgolide B，1988）；白三烯类化合物，如白三烯 A$_4$（leukotriene A$_4$，1979）和天然的抗癌药物沙弗拉霉素 A（saframycin A，1999）等许多具有较强活性的天然产物和药物（图 1-4）。这实际上是使他的"逆合成分析"原理及有关原则、方法的数字化。由于 Corey 提出有机合成的"逆合成分析方法"并成功地合成了 50 多种药物和百余种天然化合物，对有机合成有重大贡献，因此获得了 1990 年诺贝尔化学奖。

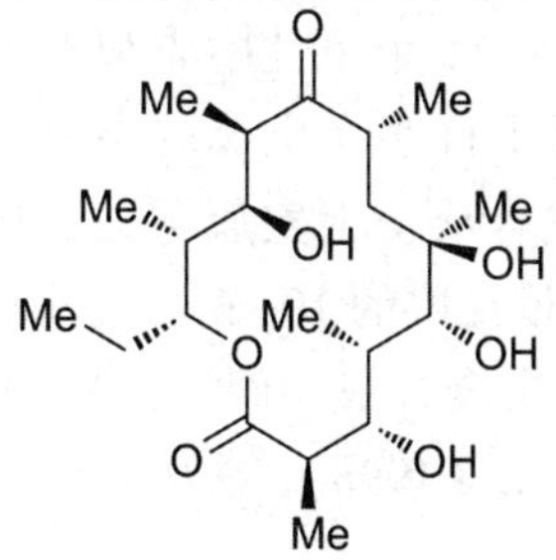

红霉内酯B(erythronolide B,1975) 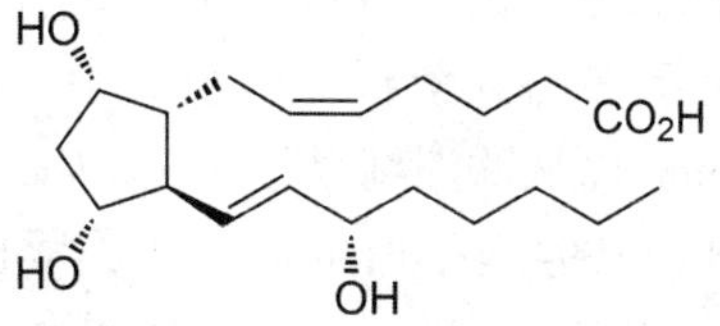　　前列腺素F$_{2\alpha}$(prostaglandin F$_{2\alpha}$, 1975) 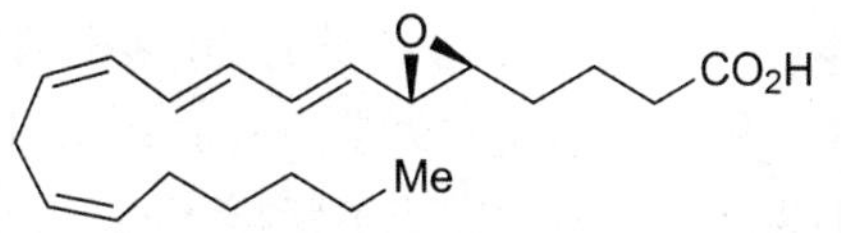　　白三烯A$_4$(leukotriene A$_4$,1979)

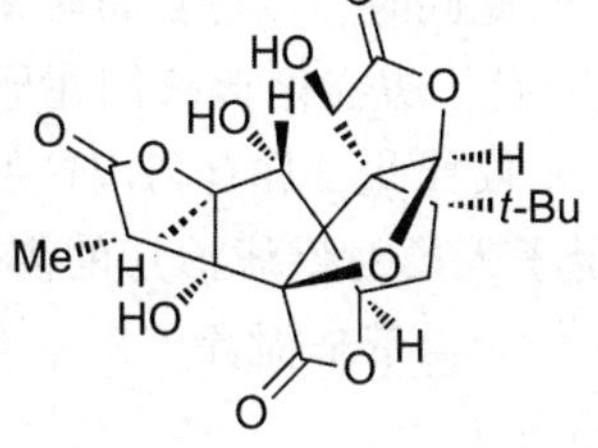

银杏内酯B(ginkgolide B,1988) 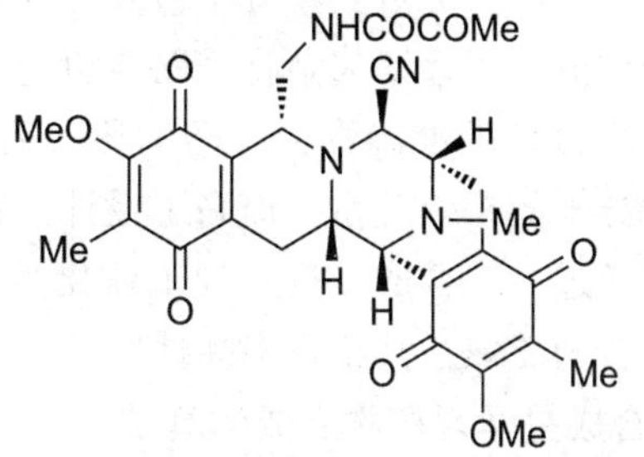　　沙弗拉霉素A(saframycin A,1999)

图 1-4　Corey 合成的几个有代表性的天然产物和药物

20 世纪末，有学者从地中海槽沟海葵 *Anemonia sulcata* 中分离得到了一种极具价值的海洋天然产物——海葵毒素（palytoxin）（图 1-5），经结构鉴定，其分子式为 $C_{129}H_{223}N_3O_{54}$，含有 64 个手性中心，其可能存在的异构体数目为 2^{71}（2.36×10^{21}），因此合成海葵毒素是一项极具挑战性的工作。哈佛大学 Kishi 教授领导的研究小组经过 8 年努力，于 1994 年完成了海葵毒素的全合成。海葵毒素的全合成是有机化学 100 多年来积极探索、不断积累的结果，它的成功预示着药物合成必将步入新的辉煌，同时也展现了药物合成迄今所能达到的复杂和精细程度。

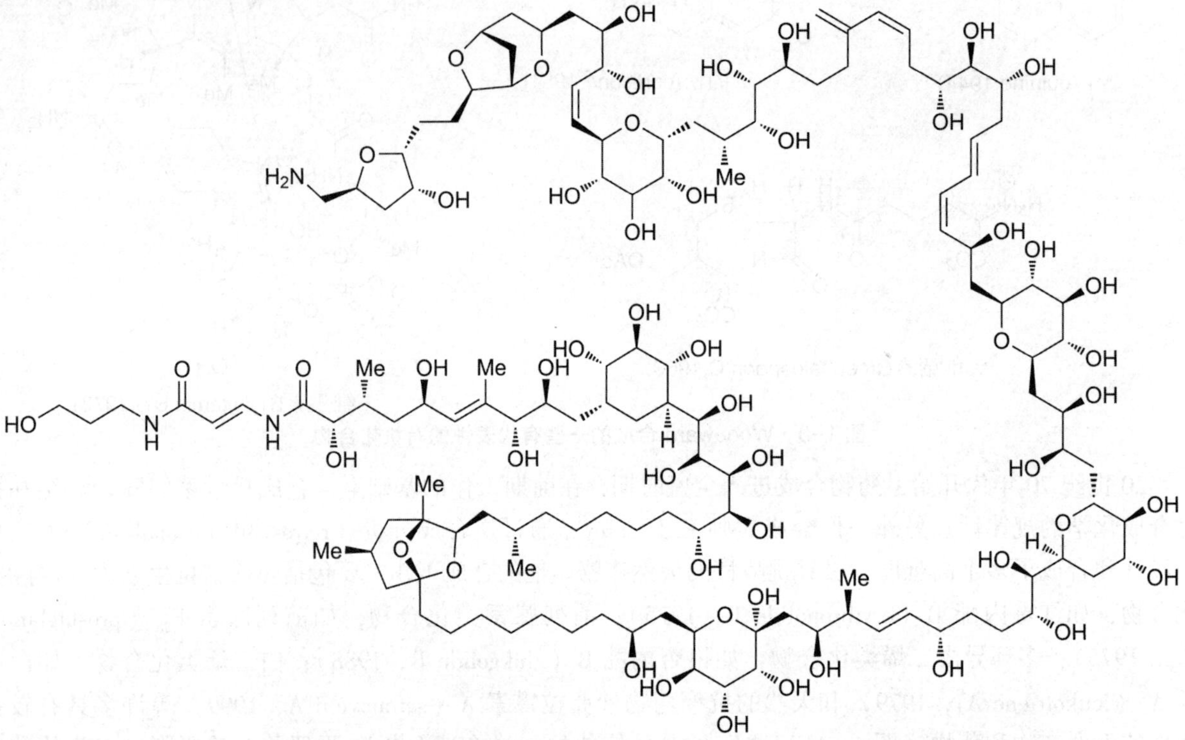

图 1-5　海葵毒素 [palytoxin, Kishi et al.（1994）] 的结构

近年来，药物合成更趋向与探寻生命的奥秘联系起来，更多地合成和研究具有生物活性的目标分子（图 1-6）。例如抗癌药紫杉醇（taxol）的合成，由于其分子结构非常复杂，有 11 个手性中心和 1 个含 17 个碳原子的四环骨架结构，因此紫杉醇分子的全合成和半合成引起了世界上许多有机合成小组的兴趣。到 1992 年为止，共有 30 多个研究组参与到紫杉醇的合成中，这在有机合成史上实属罕见。1989 年，佛罗里达州立大学的 Robert A. Holton 以从欧洲红豆杉 *Taxus baccata* 中大量提取的 10-脱乙酰基巴卡丁为起始原料，完成了紫杉醇的半合成。1994 年，Holton 完成了紫杉醇的首次全合成。而后，Nicolaou（1994）、Danishefsky（1996）、Wender（1997）、Kuwajima（1998）、Mukaiyama（1998）等五个小组又相继完成了紫杉醇的全合成。

药物合成历经一个世纪，无数药物分子被设计和合成。新试剂、催化剂和新方法的出现大大加速了药物合成的发展，合成的分子逐渐复杂化，路线也越来越简短。与此同时，以计算机辅助设计药物技术的出现大大提高了药物设计的准确性，新药的研发有了较快的发展，药物化学家们在原有的经验积累上，逐渐认识了药物分子的构效关系，提高了设计药物的效率。不仅如此，具有药用价值的天然产物被分离提取，很快可以通过人工合成，投入到工业化生产中，满足了人类对疾病治疗的需求。总的来说，药物合成的发展已经较为成熟，其正在不断地服务于医疗领域，为人类带来福音。

（二）有机化学合成是学习药物合成的基础

自 1828 年合成尿素以来，有机化学已经走过了将近两个世纪的风雨路程，在这个领域积累的知识和经验足以改造人们的生活。有机化学在化工、农药、染料、能源、医药等众多领域都发挥着非常重要

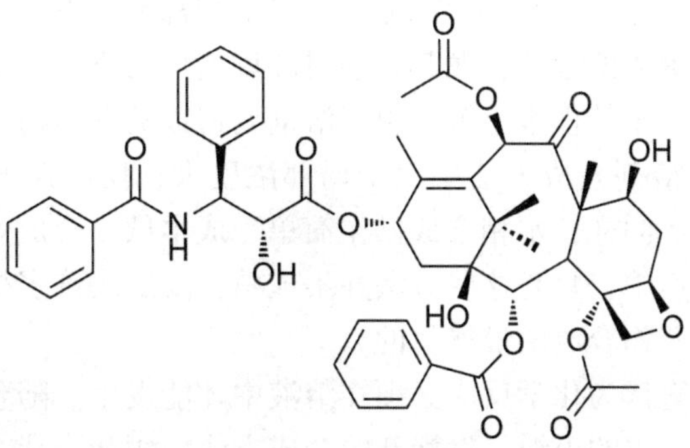

紫杉醇[taxol,Holton (1994), Nicolaou (1994), Danishefsky (1996),
Wender (1997), Kuwajima (1998), Mukaiyama (1998)]

图 1-6 紫杉醇的化学结构

的作用，尤其是在医药历史上，有机化学引领着药物合成迈上了一个个新的台阶，创造了新的辉煌。

药物分子绝大多数都是有机化合物，要想了解药物分子的结构、性质和合成方法，需要一定的有机化学基础，了解有机化学的原理能够帮助我们了解药物分子在体内发生的许多化学变化，同时对设计和合成药物、认识药物构效关系方面也有很大的帮助[5]。

本书中第二章详细介绍了药物合成中的重要反应，例如一些较为常用的、经典的构筑碳碳键方法的反应，如 Aldol 反应、Grignard 反应、Wittig 反应等；还有一些常规的应用较为广泛的反应，如苯环上的取代反应、傅-克反应、氧化反应和还原反应。由于药物分子中多含有手性中心，本书也详细介绍了不对称氢化反应、酮的不对称还原反应；同时介绍了有机合成中较为经典的反应，如分子内关环复分解反应（ring closing metathesis，RCM）、不对称双羟化（sharpless asymmetric dihydroxylation，SAD）和不对称环氧化（sharpless asymmetric epoxidation，SAE）；还介绍了以过渡金属为催化剂的碳碳键交叉偶联。

（三）新技术和新方法将引领药物合成迈上一个新台阶

传统的药物合成方法一直是药物合成的主流，随着科技的进步，许多新技术、新方法、新设备被开发和利用到合成领域，引领药物合成迈上了一个崭新的台阶，加速了药物合成的发展。例如，微波反应（microwave reaction）、离子液体（ionic liquid）、无溶剂合成（solvent-free synthesis）、固相合成（solid-phase synthesis）、绿色环保新技术等逐渐发展，日趋成熟，经过不断改进和发展，逐渐应用到实验室和工业生产方面[6]。

1986 年，加拿大劳伦森大学化学教授 Gedye 及其同事发现在微波中进行的 4-氰基酚盐与苯甲基氯的反应速度比传统加热回流要快 240 倍，在当时传统合成领域里，这一发现像星星之火，点燃了有机合成化学家对新技术、新方法的开发热情和信心。至今短短 30 多年里，微波促进有机反应中的研究已成为有机化学领域中的一个热点。大量的实验研究表明，借助微波技术进行有机反应，反应速度较传统的加热方法快数十倍甚至上千倍，且具有操作简便、产率高及产品易纯化、安全、卫生等特点。

除了微波反应的推广应用，各种新的技术层出不穷，其中离子液体、无溶剂合成、水合成、超临界流体技术一起成为当前绿色合成的四大研究方向。由于药物合成的发展趋势是围绕着"绿色化学"和"可持续发展"两个主题，因此新的技术和方法一定是环保的、绿色的、原子经济性良好的。

离子液体是指全部由离子组成的液体。1992 年，Wilkes 以 1-甲基-3-乙基咪唑为阳离子合成出氯化 1-甲基-3-乙基咪唑，在摩尔分数为 50% 的 $AlCl_3$ 存在下，其熔点达到了 8℃，这是离子液体真正应用到合成领域，在这以后，离子液体的应用研究才真正得到广泛的开展。离子液体具有良好的热稳定性和化学稳定性，易与其他物质分离，可以循环利用；离子液体能够表现出 Lewis 酸、Franklin 酸的酸性，且酸强度可调。由于对许多有机化学反应，如聚合反应、烷基化反应、酰基化反应，离子溶液都是良好的溶剂，离子液体也逐渐应用到药物合成领域。

传统的药物合成都是以有机溶剂作为溶剂，大部分的有机溶剂都易挥发、有毒性、不易回收，在工业生产中面临着许多的安全隐患和资源的浪费，尤其是会对环境造成污染。近年来发展的无溶剂合成和水相合成越来越受到人们青睐，有利于从根本上解决由于溶剂而造成的环境污染、安全隐患、对人类的健康危害以及资源浪费等问题。无溶剂合成方法中由于局部浓度大，反应速度快，并且没有溶剂的介入，反应的后处理和分离大大简化。同样，水相合成操作简单、成本低、合成效率高，也越来越多地被应用到药物合成的研究和工业化生产中，只是这些方法并不成熟，要解决许多根本性的问题才能真正提高效率，更加清洁和环保，这才是药物合成的最终目的。

受古希腊思想的影响，人们一直认为化学反应必须在溶液中才能发生。随着人们对客观世界的认识逐步深入，人们开始慢慢挣脱这种思想的束缚，发展新的合成方法，固相合成（solid-phase organic synthesis，SPOS）应运而生。所谓固相合成，就是反应物或催化剂键合在固相高分子载体上，生成的中间产物再与其他试剂进行单步或多步反应，生成的化合物连同载体一起过滤、淋洗，与试剂及副产物分离。根据报道，固相合成能够同时合成多个药物进行筛选，因此这种方法在药物合成和筛选上有较大的意义。自1963年固相合成研究以来，相继发展了固相多肽和寡聚核苷酸的合成方法，比较成功的固相寡糖合成是在近几年发展起来的。

药物合成离不开技术的革新和方法的改进，新的技术和方法的出现给药物合成注入了新的血液，将引领着药物合成迈上新的台阶，造福于人类。

（四）手性药物的制备方法是药物合成的重要组成部分

手性（chirality）是自然界的基本属性，与生命休戚相关。作为生命体三大物质基础的蛋白质、核酸及糖均是由含有手性的结构单元组成的分子。由此可见，生物体内所有的生化反应和生理反应无不表现出高度的立体特异性，外源性物质进入人体内并引发一系列生理生化反应的过程同样也具有高度的立体选择性。

我们都知道绝大多数的药物是由手性分子构成的，虽然分子式完全一样，但是两种手性分子可能具有明显不同的生物活性，因此手性是大自然最为奇妙的现象之一。药物分子必须与受体分子空间匹配，才能起到应有的药效，就如同左手只能带左手套一样。因此，了解药物分子的手性性质，有目的地合成具有光学活性的药物是药物合成的重要部分。

提到手性药物（chiral drug），不得不提的是震惊世界的"反应停"事件。1953年，联邦德国Chemie制药公司研究了一种名为"沙利度胺"的新药（图1-7），该药对孕妇的妊娠呕吐疗效极佳，Chemie公司在1957年将该药以商品名"反应停"正式推向市场。两年以后，欧洲的医生发现，该地区畸形婴儿的出生率明显上升，此后又陆续发现1.2万多名因母亲服用"反应停"而导致的"海豹儿"。"反应停"事件后，手性药物的重要性引起了人们足够的重视，手性药物的合成方法研究也不断引起关注，手性制备技术也不断被开发和应用到制药工业领域，推动了医药工业的发展和进步。

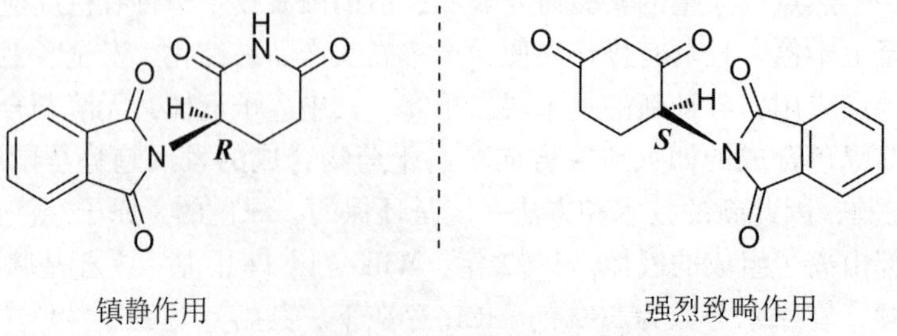

镇静作用　　　　　　　　　　　强烈致畸作用

图1-7　沙利度胺（thalidomide）的对映异构体

所谓手性制备技术，就是通过天然产物提取分离、消旋体拆分（结晶法、色谱法、动力学拆分等）、手性源合成（生物催化法和化学合成法）及不对称方法合成得到需要的手性药物。这些方法在近年来得到了迅猛发展，尤其是消旋体的拆分和不对称催化的方法尤为普遍。2001年诺贝尔化学奖就授予了三位在不对称催化领域做出杰出贡献的科学家。由此可见，不对称催化的方法在未来手性药物制备技术中占据了极有利的地位[7]。

消旋体拆分法制备手性药物起源于 1848 年，Pasteur 发现外消旋酒石酸钠盐在 27℃ 结晶时形成的晶体是外消旋混合物，而两个对映体的半面晶外观不一样，可以借助放大镜，用镊子将两种盐的晶体分开，这是最早的结晶拆分法，这也为后来拆分方法奠定了实践基础。结晶拆分法较为传统，随着化学理论与方法的发展和积累，通过加入拆分试剂拆分的化学拆分方法逐渐取代了传统的拆分方法。随着色谱技术的发展，以现代色谱分离技术为基础的色谱拆分法给拆分带来了全新的技术变革，其分离简便、快捷，分离效果好而应用最为广泛，加上色谱技术的发展及新型测试方法［如超临界流体色谱法（SFC）、气相色谱法（GC）、高效液相色谱法（HPLC）、毛细管电泳法（CE）等］的出现，大大简化了拆分的过程，提高了拆分效率。

手性源合成是指以价廉易得的天然或合成的手性化合物为原料，通过化学修饰的方法转化为手性药物，天然手性化合物有氨基酸、糖类、萜类和生物碱类等。手性中心的构筑是药物合成中的核心步骤，以天然的手性源合成药物分子能够更加快捷、有效地获得所需要的目标产物。

从工业生产的角度来看，与其他手性制备方法相比，不对称催化的方法是获得手性药物的方法中最有效、最直接的方法。近年来研究较多的过渡金属催化的不对称反应引起了广泛的关注，由于其条件温和、催化效率高、官能团易修饰、选择性高等优点逐渐发展成为手性药物制备的核心方法。例如不对称氢化、环氧化、双羟化等药物合成中重要的反应相继被应用到药物的合成中。不对称催化方法中最为关键的是手性配体的选择和制备，目前应用较多的手性配体如图 1-8 所示。

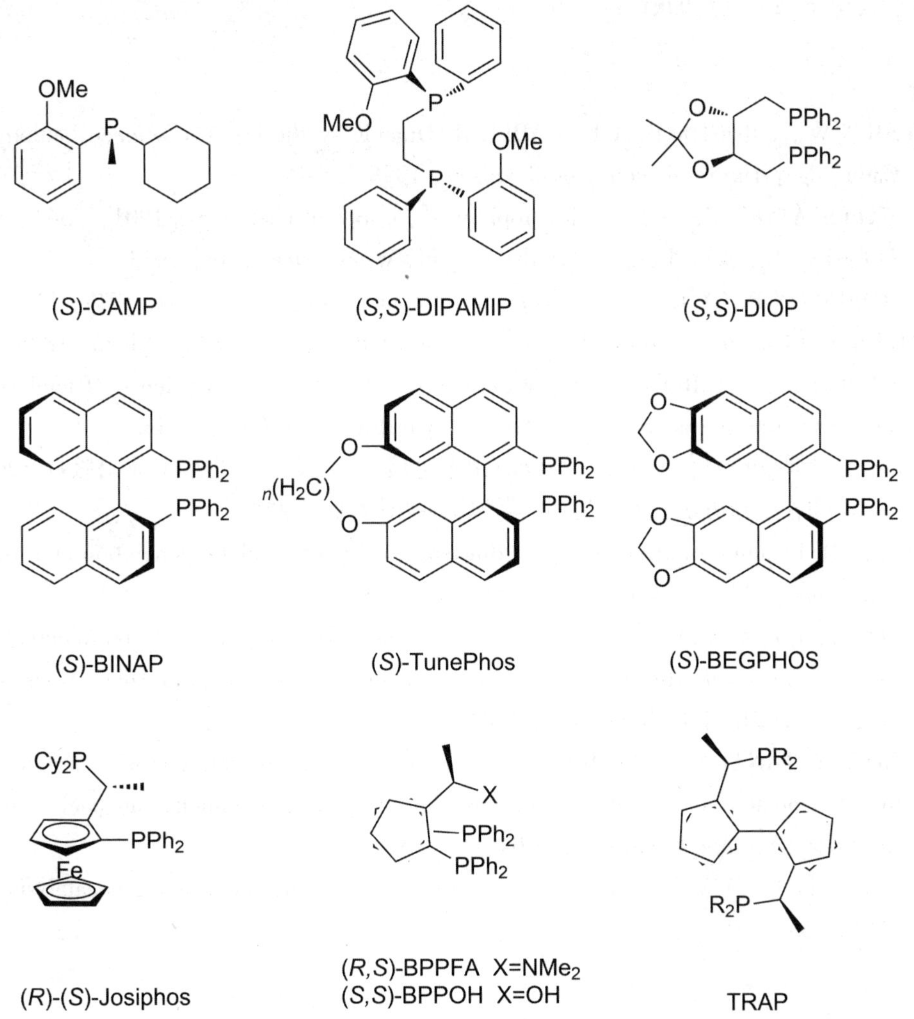

图 1-8 各种手性配体

迄今为止，人们已相继合成出2 000多个手性膦配体，但只有少数手性膦配体具有工业化应用的前景，不对称催化制备药物的方法还存在诸多的不足，不对称方法还不完善。手性配体的合成方法复杂，难以操作，价格也较为昂贵，而且配体使用范围较窄，往往只能针对一个反应甚至只对一个底物有较高的选择性，如果没有成熟的理论作为指导，盲目地设计和合成配体会导致大量人力、物力和财力的损失，因此，不对称催化合成方法的改进和研究工作任重道远。

二、结语

值得补充的是，本书第三章详细介绍了四种新的药物合成策略，如串联反应、多组分反应、小分子有机催化和抗体催化，这些新的方法都是药物合成策略发展过程中多年实战经验的积累和总结。第四章主要对药物合成实验中的后处理问题做了一些归纳和总结，尤其是实验过程中的细节问题，如何安全、高效地淬灭反应，如何高收率地提取分离目标产物，通过实验做了详细的说明。药物合成固然是关键，但反应的后处理问题也至关重要。学习药物合成，不仅要熟悉药物合成的各个流程，包括有机化学的理论知识、反应的后处理等，同时还要注重积累理论和实践经验，培养较强的创新能力和实际操作能力。

总之，本书主要从有机化学反应、药物合成的新技术和新方法、工艺流程、手性药物制备等方面做了详细的阐述，尽可能让每一位读者都能够对药物合成的基本知识有一个初步的认识。药物合成是医药工业中一个核心内容，与治疗疾病和生产生活休戚相关，也是人类生命活动得以延续的保障。希望在药物合成技巧与策略不断改进和发展的同时，人类能够利用好地球上的资源，同时保护好人类赖以生存的家园，为子孙后代留下一笔宝贵的财富。

参考文献

[1] (a) SMIT W A, BOCHKOV A F, CAPLE R. Organic synthesis：The science behind the art［M］. Cambridge：The rosal society of chemistry, 1998.

(b) WILLSTÄTTER R. Synthese des tropidins［J］. Ber dt chem Ges, 1901, (34)：129；3163.

[2] (a) FLEMING I. Selected organic syntheses［J］. Wiley, New York, 1973.

(b) ROBINSON R. LXIII. —A synthesis of tropinone［J］. J Chem Soc, 1917, 111：762.

[3] WÖHLER F. Über die künstliche Bildung des Harnstoffs［J］. Ann Phys Chem, 1828, 12：253.

[4] NICOLAOU K C, VOURLOUMIS D, WINSSINGER N. The art and science of total synthesis at the dawn of the twenty-first century［J］. Angew Chem Int Ed, 2000, 39：44.

[5] 吴毓林, 麻生明, 戴立信. 现代有机合成化学进展［J］. 北京：北京工业出版社, 2005.

[6] 张三奇. 药物合成新方法［J］. 北京：化学工业出版社, 2009.

[7] (a) LIST B. Enamine catalysis is a powerful strategy for the catalytic generation and use of carbanion equivalents［J］. Acc Chem Res, 2004, 37：548.

(b) DALKO P I, MOSIAN L. Enamine-based organocatalysis with proline and diamines：the development of direct catalytic asymmetric aldol, mannich, michael, and Diels-Alder reactions［J］. Angew Chem Int Ed, 2004, 43：5138.

(c) NOTZ W TANAKA F, BARBAS C F. Enamine-based organocatalysis with proline and diamines：the development of direct catalytic asymmetric aldol, mannich, michael, and Diels-Alder reactions［J］. Acc Chem Rev, 2004, 37：580.

(d) MACMILLAN D W C. Commentary the advent and development of organocatalysis［J］. Nature, 2008, 455：304.

第二章　药物合成中的常见反应

广义上讲，能应用于药物合成的所有化学反应都可称为药物合成反应。近年来药物及其中间体的合成发展十分迅速，已成为国内外的研究热点之一。本章系统总结了药物有机合成各种反应的类型、机理和应用实例，分别介绍了傅里德-克拉夫茨反应（Friedel-Crafts reaction）（简称傅-克反应）、苯环上的取代反应、羟醛缩合、Wittig 反应、格氏反应、烯烃关环复分解（RCM）反应、偶联反应（Heck、Stille和 Suzuki）、Sharpless 反应（SAE 和 SAD）、不对称氢化反应、酮的不对称还原、氧化还原反应共十二种类型反应的重要理论和应用。

第一节　傅-克反应

一、傅-克反应的发现

傅-克反应是整个化学发展史上最为古老的化学反应之一[1-6]。1869 年德国化学家 Zincke[7]首次报道了在苯环上引入烷基的反应，这个反应的发现来源于一个偶然，当时 Zincke 想从苄氯和氯乙酸（以苯作为溶剂）出发，在铜粉（或银粉）和密封加热的条件下制备苯丙酸，但他发现在反应过程中有大量的氯化氢产生，同时也生成了二苯甲烷 [**反应式（1）**]，他意识到这是苄氯和溶剂苯发生反应产生的。随后他又用苯甲酰氯在铜粉（或锌粉或银粉）存在下，仍然以苯作为溶剂，试图制备联苯酰，但结果却发现大量的氯化氢，同时有二苯甲酮生成 [**反应式（2）**]，很明显苯甲酰氯再次和苯发生了反应。

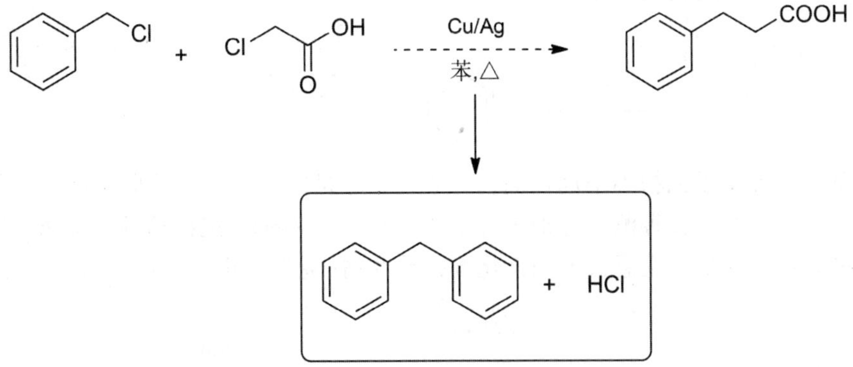

$$(1)$$

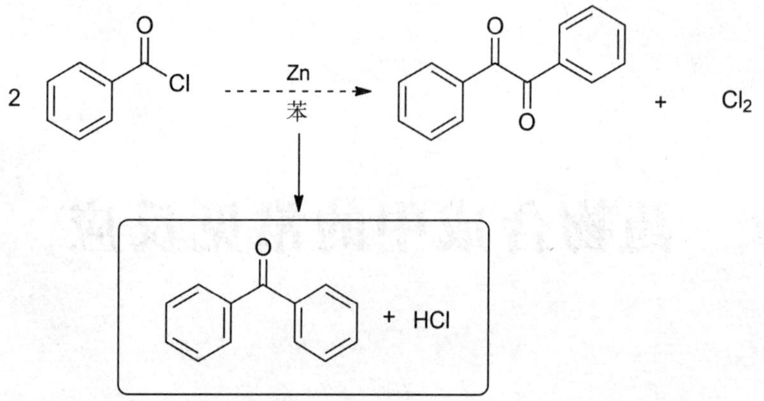

（2）

Zincke 的发现引起了化学家们的广泛关注，他们用不同芳烃进行反应，并且得到了相应芳烃的烷基化和酰基化产物。至此，他们一致认为铁、铜、银或锌等金属粉末可以作为此类反应的催化剂，这个反应也因此被命名为 Zincke 反应。

1877 年，Friedel 和 Crafts[8]试图将 1，1，1-三氯乙烷（苯作溶剂）在铝粉和碘单质存在条件下转化为 1，1，1-三碘乙烷，但出乎意料的是他们得到了 Zincke 反应的产物［**反应式（3）**］。为了证实这一点，他们又用 1-氯戊烷替代 1，1，1-三氯乙烷重复上面的反应，结果依然得到了 Zincke 反应的产物［**反应式（4）**］。

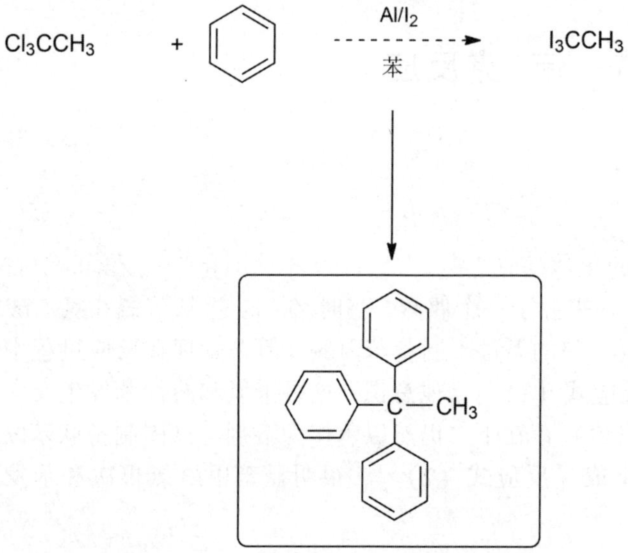

（3）

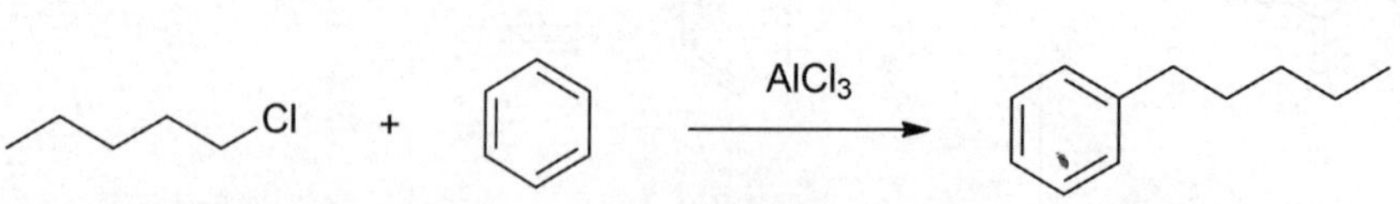

（4）

经过物料量的数据分析基本上证实了铝粉不是催化剂，三氯化铝才是此反应真正的催化剂。接下来他们又对各种金属卤化物、各种卤代烃及各种酰卤分别进行了研究，表明 Zincke 提出的各种金属确实不是此类反应的催化剂，它们的卤代物才是真正意义上的催化剂，至此傅-克反应正式被提出。

二、傅-克反应

傅-克反应是指芳香化合物在酸（Lewis 酸或质子酸）催化下与卤代和酰卤等亲电试剂作用，在芳环上引入烷基或酰基的反应，分为傅-克烷基化反应（Friedel-Crafts alkylation）和傅-克酰基化反应（Friedel-Crafts acylation）。

傅-克反应是一类芳香族亲电取代反应，是芳香化合物由 C—H 键形成 C—C 键的最重要方法之一。

如**反应式（5）**：

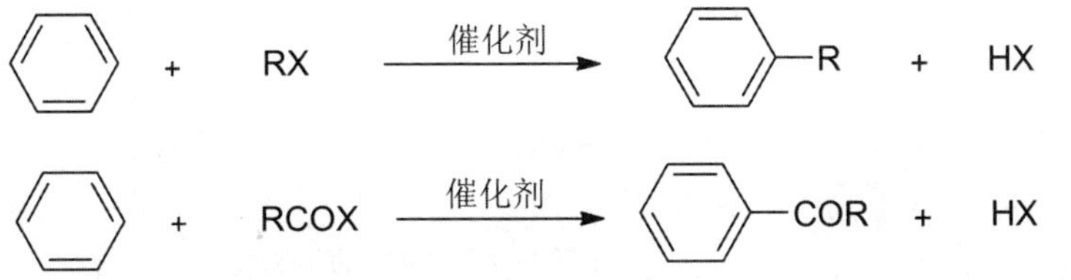

$$\text{苯} + RX \xrightarrow{\text{催化剂}} \text{苯}-R + HX$$

$$\text{苯} + RCOX \xrightarrow{\text{催化剂}} \text{苯}-COR + HX \qquad (5)$$

（一）傅-克烷基化反应

1. 傅-克烷基化　傅-克烷基化反应是指在酸催化下，芳香化合物与卤代烃、醇、烯烃或环氧化合物等烷基化试剂发生亲电取代反应，得到芳烃的烷基化产物，是在苯环上引入烷基的重要方法。**反应式（6）**列举了苯与不同底物的反应：

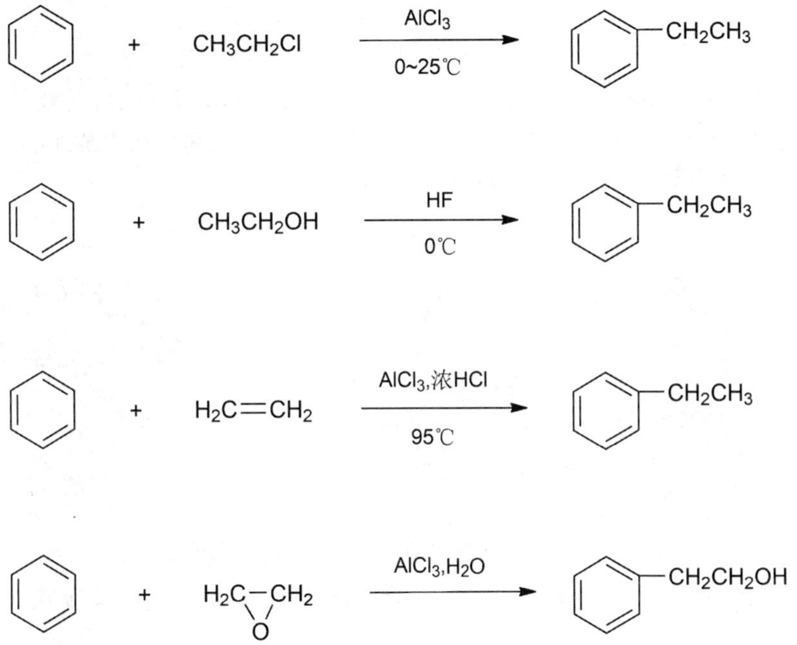

$$\text{苯} + CH_3CH_2Cl \xrightarrow[0\sim25\,℃]{AlCl_3} \text{苯}-CH_2CH_3 + HCl$$

$$\text{苯} + CH_3CH_2OH \xrightarrow[0\,℃]{HF} \text{苯}-CH_2CH_3 + H_2O$$

$$\text{苯} + H_2C\!\!=\!\!CH_2 \xrightarrow[95\,℃]{AlCl_3, \text{浓}HCl} \text{苯}-CH_2CH_3 \qquad (6)$$

$$\text{苯} + H_2C\text{—}CH_2(\text{环氧}) \xrightarrow{AlCl_3, H_2O} \text{苯}-CH_2CH_2OH$$

2. 反应机理　第一步：卤代烃在 Lewis 酸作用下形成一个络合物，如 $RCl \cdot AlCl_3$，使得卤原子和烷基之间的共价键变弱，后成为 R^+ 和 $AlCl_4^-$ 离子。第二步：亲电试剂 R^+ 进攻芳环，形成 σ-络合物。第三步：σ-络合物失去质子得到芳烃烷基化产物。如**反应式（7）**所示：

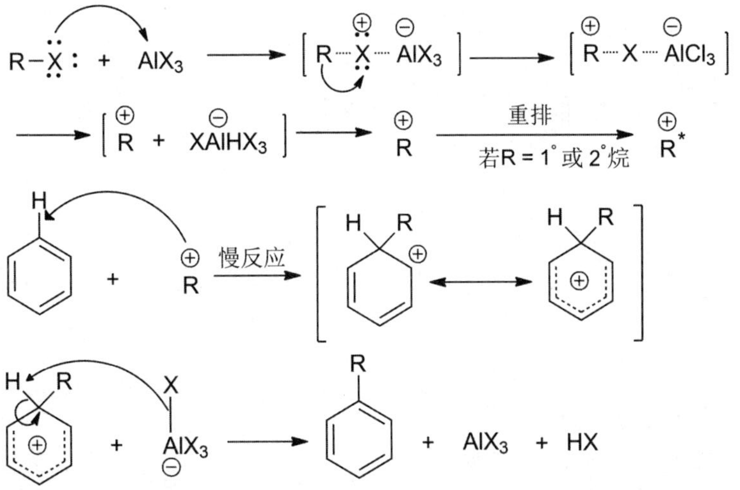

$$\qquad (7)$$

3. 催化剂　当卤代烷或烯烃为烷基化试剂时，只需要催化量的 Lewis 酸即可。若用醇、环氧乙烷为烷基化试剂时，至少要用等物质的量的 Lewis 酸催化剂才行。质子酸也能使烯烃和醇产生烷基正离子，也可用作催化剂，只需催化量即可。这两类常用的催化剂的活性顺序如下：

Lewis 酸：$AlCl_3 > FeCl_3 > SnCl_4 > BF_3 > TiCl_4 > ZnCl_2$

质子酸：$HF > H_2SO_4 > H_3PO_4$

4. 傅-克烷基化的应用　根据芳香化合物被取代氢的活性及烷基化试剂的种类，控制反应条件，选择合适的催化剂，可以使傅-克烷基化反应具有很高的产率和选择性。

傅-克烷基化反应的重要用途之一是合成芳香环化合物[9]，如**反应式（8）**所示：

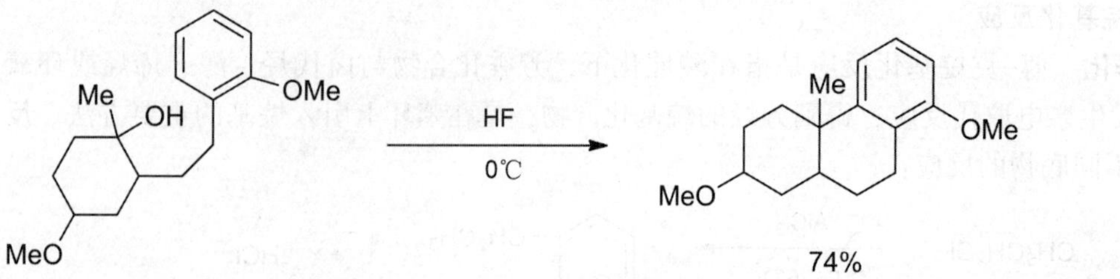

（8）

74%

Cushman 等人在合成抗艾滋病药物 cosalane 类似物的过程中，通过亚甲基和酰胺基团将药效基团加到了取代的苯甲酸环上[10]。他们选取取代的苄醇作为烷基化试剂，用硫酸作催化剂，在甲醇中将 3-氯水杨酸苄化，从而确保得到高效取代的苯甲酮衍生物，如**反应式（9）**所示：

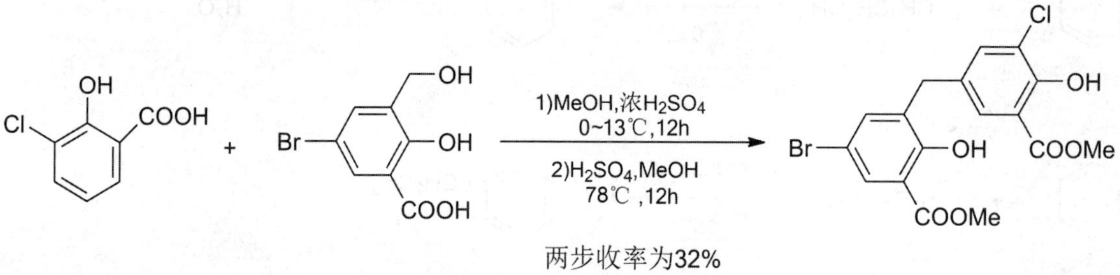

（9）

两步收率为32%

（二）傅-克酰基化反应

1. 傅-克酰基化反应　傅-克酰基化反应是指在酸催化剂存在下，芳香化合物与酰卤、酸酐、羧酸等酰基化试剂发生亲电取代反应，在芳环上引入酰基，是制备芳香酮的重要方法。如**反应式（10）**所示：

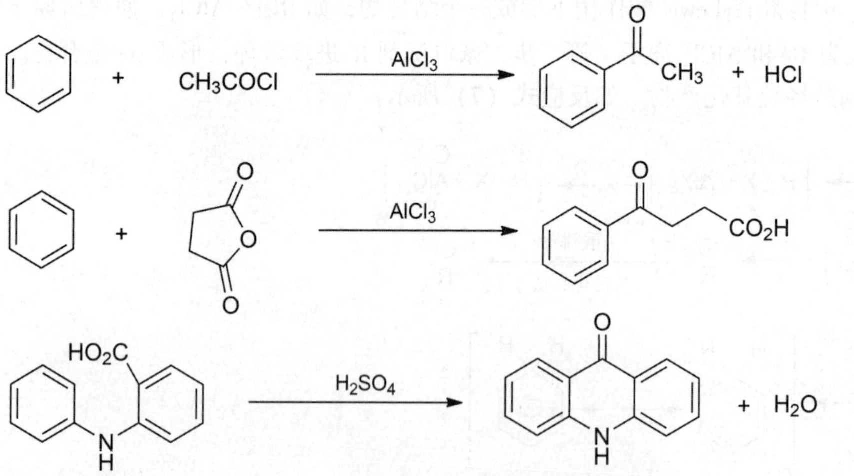

（10）

2. 反应机理

第一步：酰基化试剂与 Lewis 酸络合生成酰正离子。

第二步：亲核试剂酰基正离子进攻苯环，形成 σ-络合物。

第三步：σ-络合物先脱去质子，再脱去催化剂，得到产物。见**反应式（11）**：

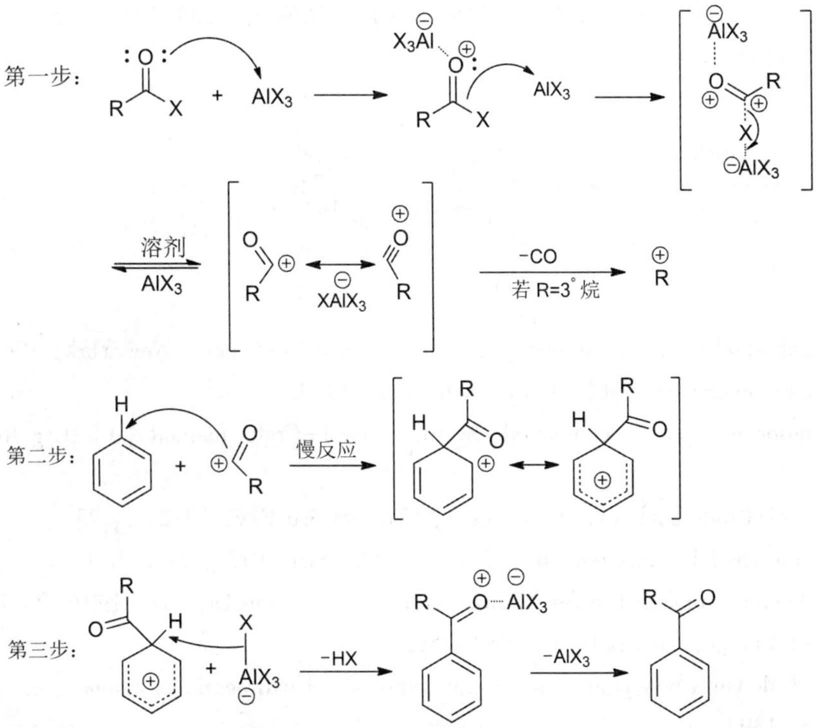
第一步：
AlX3
X3Al
AlX3
溶剂
AlX3
XAlX3
-CO
若 R=3°烷
第二步：
慢反应
第三步：
-HX
-AlX3

（11）

3. 催化剂　常用的催化剂有 AlX_3、镧系金属氟化物、沸石、质子酸（H_2SO_4、H_3PO_4）、$FeCl_3$、$ZnCl_2$、PPA。最常用的是 $AlCl_3$。

与烷基化不同，酰基化需要大量的催化剂（比 1equiv 稍微多一点），因为酰化剂本身要与 1equiv Lewis 酸（如 $AlCl_3$）络合，所以需要多一点的催化剂来提供催化作用。络合物结构如下所示：

4. 傅-克酰基化反应的应用　K. Krohn 的实验室已经完成了对植物杀菌素（±）-lacinilene C methyl ether 的全合成[11]。为了得到这个天然产物的关键中间体，他们先用丁二酸酐和芳香化合物进行分子间的傅-克酰基化，而后进行分子内的傅-克酰基化。在第一次酰化后，4-酮芳基丁酸在克莱门森还原条件下（激活芳环的分子内酰化）被还原，见**反应式（12）**：

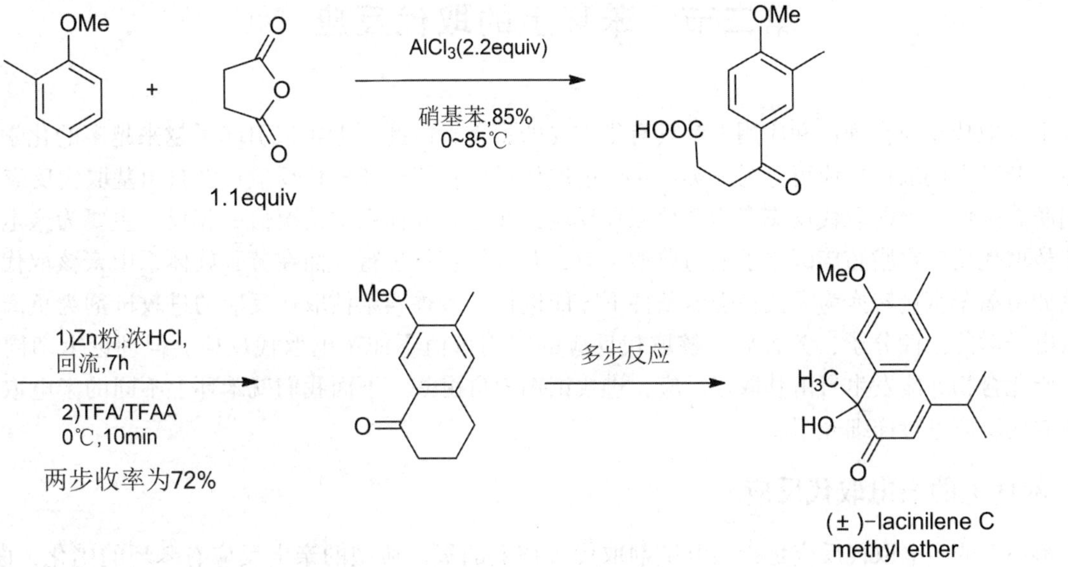
1.1equiv
AlCl3(2.2equiv)
硝基苯,85%
0~85℃
1)Zn粉,浓HCl,
回流,7h
2)TFA/TFAA
0℃,10min
两步收率为72%
多步反应
(±)-lacinilene C
methyl ether

（12）

异氰酸酯也可作为酰化试剂应用于芳香甲酰胺类化合物的合成，如**反应式（13）**中就是通过在三氟化硼乙醚中苯环上酰基化合成生物碱 Iycoricidine[12]。

（13）

参考文献

［1］OLAH G A. Friedel-Crafts and related reactions ［M］. Interscience Publishers, New York, 1963.

［2］OLAH G A. Friedel-Crafts chemistry ［M］. Wiley, New York, 1973.

［3］PRICE C C. The alkylation of aromatic compounds by the Friedel-Crafts method ［J］. Org React, 1946, 3：1.

［4］GROVES J K. The Friedel-Crafts acylation of alkenes ［J］. Chem Soc Rev, 1972, 1：73.

［5］EYLEY S C. The aliphatic friedel-crafts reaction ［J］. Comp Org Syn, 1991, 2：707.

［6］HEANEY H. The bimolecular aromatic Friedel-Crafts reaction ［J］. Comp Org Syn, 1991, 2：733.

［7］ZHANG Y. Chemistry-A European Journal ［J］. 2000：59.

［8］FRIEDEL C, CRAFTS J M. On a new general method of synthesis of hydrocarbons ketones, etc ［J］. Compt Rend, 1877, 84：1392.

［9］RENFROWA W B, RENFROWA A, SHOUN F, et al. Synthesis of some 2-methoxy-8-keto-4a-methylperhydrophenanthrenes ［J］. J Am Chem Soc, 1951, 73：317.

［10］RUELL J A, DE CLERCQ E, PANNECOUQUE C, et al. Synthesis and anti-hiv activity of cosalane analogues with substituted benzoic acid rings attached to the pharmacophore through methylene and amide linkers ［J］. J Org Chem, 1999, 64：5858.

［11］KROHN K, ZIMMERMANN G. Transition-metal-catalyzed oxidations. 11. Total synthesis of (±) - lacinilene c methyl ether by β-naphthol to α-ketol oxidation ［J］. J Org Chem, 1998, 63：4140.

［12］OHTA S, KIMOTO S. Total synthesis of (±) -Lycoricidine ［J］. Tetrahedron Letters, 1975, 16：2279.

第二节　苯环上的取代反应

苯环上的取代反应在理论和应用上都具有很重要的意义，因此，近年来引起了越来越多的化学工作者的关注。苯环上的取代反应可分为三类：①亲电取代反应；②亲核取代反应；③自由基取代反应。

在脂肪族碳原子上的取代反应多为亲核取代反应，在芳香族体系中情况恰好相反，主要为亲电取代反应。亲核取代反应在脂肪族碳原子上为典型反应，并且较容易进行，而在芳香族体系中亲核取代较为困难，例如由氯苯直接转换为酚仅在强烈条件下才能进行。芳香族亲核取代反应的进攻试剂为负离子或具有自由电子对的中性分子，芳香族亲核取代反应的实用价值不如亲电取代反应，但理论上却同等重要。芳香族化合物亦能发生自由基取代反应，进攻试剂为自由基。下面我们就苯环上不同的亲电取代反应和亲核取代反应进行详细介绍。

一、苯环上的亲电取代反应

所谓苯环上的亲电取代反应是指亲电试剂取代芳核上的氢。典型的亲电反应有苯环的硝化、卤化、磺化、烷基化和酰基化。这些反应的反应机理大体上是相似的，如下所示：

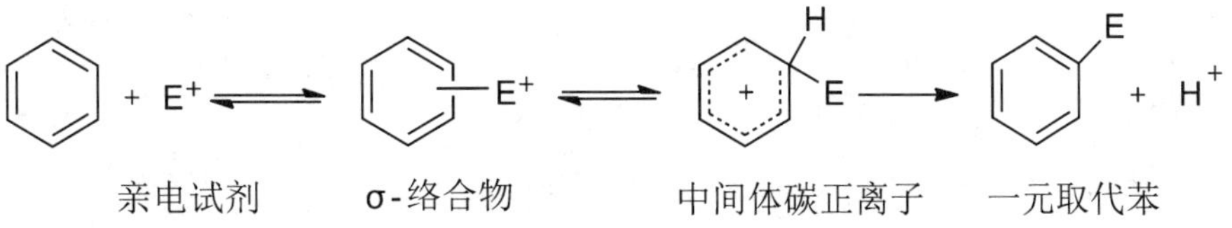

亲电试剂　　　　σ-络合物　　　　中间体碳正离子　　一元取代苯

加成-消除机理

在苯环上的亲电取代反应中，进攻试剂为正离子、偶极或诱导偶极带正电的一端，进攻苯环形成一个碳正离子，这种类型的离子称为芳基正离子或σ-络合物；然后苯环脱去一个质子，恢复到稳定的芳香性苯环结构，结果发生了取代反应。常见的取代反应如下：

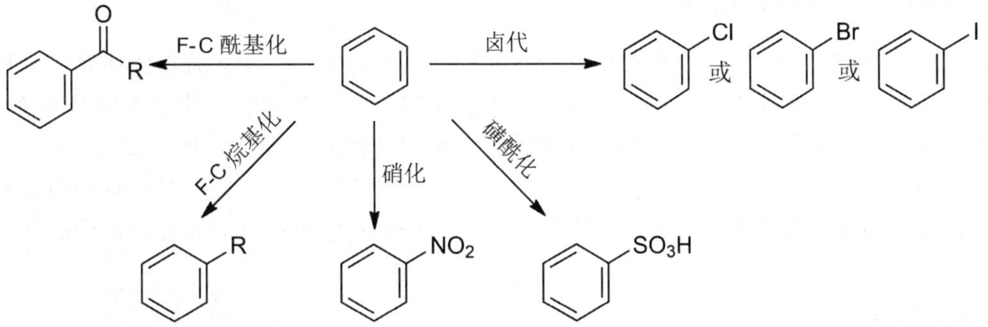

苯环上原有的取代基对新导入的取代基有影响，这种影响包括反应活性和进入位置两个方面。通常，苯环上原有的第一取代基称为定位基，从大量实验中可发现，定位基的定位作用遵循一定的规律，这一规律称为苯环上取代反应定位规律[1]。下面分别讨论定位基的类型、定位规则的理论解释和二元取代的定位规律及其应用。

（一）定位基的类型

1. 邻、对位定位基　这类定位基的结构特征是定位基中与苯环直接相连的原子不含不饱和键（芳烃基例外），不带正电荷，且多数具有未共用电子对。常见的邻、对位定位基及其反应活性（相对苯而言）如下：

强致活基团：—NH_2（—NHR、—NR_2）、—OH

中致活基团：—OCH_3（—OR）、—$NHCOCH_3$（—NHCOR）

弱致活基团：—Ph（—Ar）、—CH_3（—R）

弱致钝基团：—F、—Cl、—Br、—I

这类定位基多数使亲电取代反应较苯容易进行，但卤素例外。

2. 间位定位基　这类定位基的结构特征是定位基中与苯环直接相连的原子一般都含有不饱和键（—CX_3例外）或带正电荷。常见的间位定位基及其定位效应从强到弱顺序如下：—N^+H_3、—N^+R_3、—NO_2、—CF_3、—CCl_3、—CN、—SO_3H、—COH、—COR、—COOH、—COOR、—$CONH_2$等。

这类定位基属致钝基团，通常使苯环上亲电取代反应较苯难进行，且越是排在前面的定位基，定位效应越强，反应也越难进行。

（二）定位效应的应用

巧妙利用取代基的定位效应，合理确定取代基进入苯环的先后顺序，可以有效地合成芳香族化合物。例如，由苯合成邻硝基氯苯，要先氯化后硝化，而合成间硝基氯苯要先硝化再氯化。

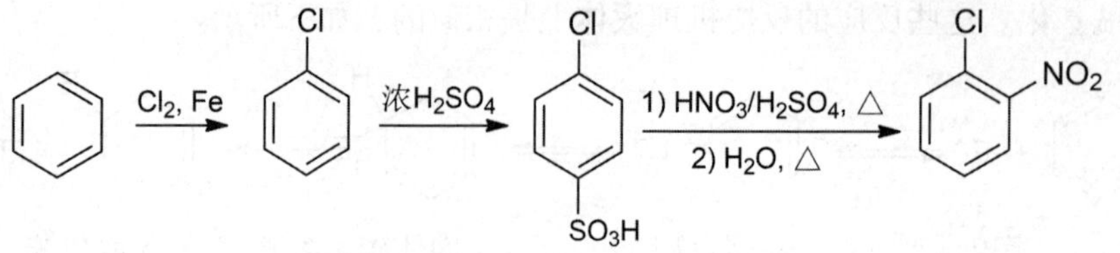

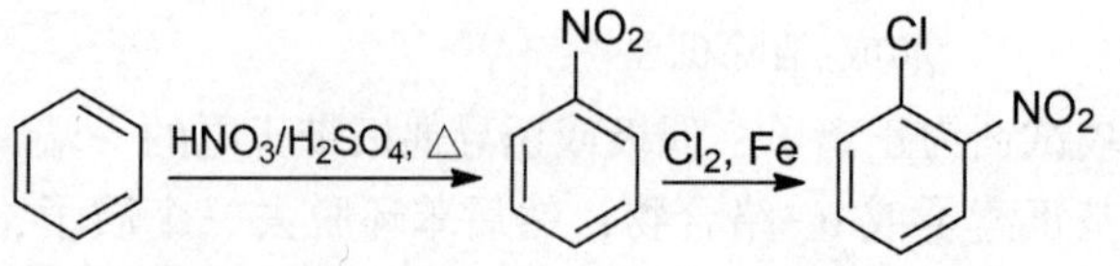

二、苯环上的亲核取代反应

亲核取代反应在脂肪族碳原子上为典型反应，并且非常容易进行，而在芳香族体系中亲核取代较为困难，例如，由氯苯直接转换为酚仅在强烈条件下才能实现。如氯苯和氢氧化钠水溶液在 340℃ 加热或把氯苯和水通入 550~600℃ 的含铜催化剂。芳香族化合物的亲核取代反应历程一共有三种[2]：①S_N1 历程：在反应过程中重氮盐的氮原子被亲核试剂取代；②被取代的原子团的邻、对位有吸引电子的原子团使其活化，形成中间体络合物历程；③苯炔历程：反应在极强碱催化作用下经过苯炔中间体。下面将分别介绍。

（一）S_N1 历程

对于芳香族卤化物，没有发现过 S_N1 历程，但是 S_N1 历程对于芳香族重氮盐是很重要的。合成各类芳香化合物常常通过中间体——芳香重氮离子，它是芳胺在酸性溶液中重氮化的中间产物。

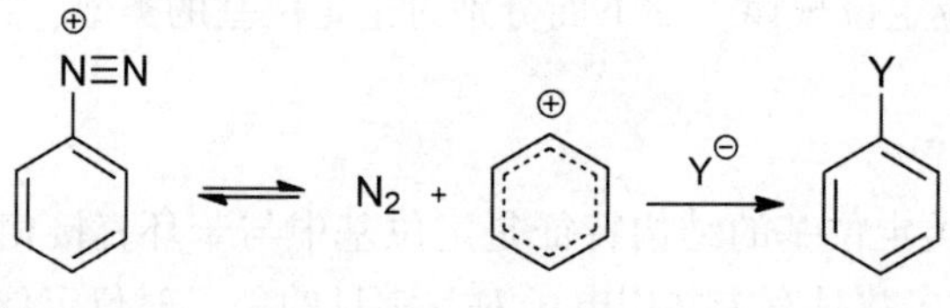

（二）中间体络合物历程

亲核试剂先同芳环加成，形成中间体络合物，然后消去一个取代基完成亲核取代反应。因为它是双分子反应，但为了区别进攻试剂的进攻和离去基团的离去同时发生的 S_N2 历程，这个历程被称为中间体络合物历程。这一历程所需的主要能量是中间体络合物生成所需的能量，这一步被环上的强吸电子基因所活化，因而硝基芳烃类为亲核反应的最好底物。其他吸电子基团如氰基、乙酰基、三氟乙基也可增强反应活性，但比硝基差。

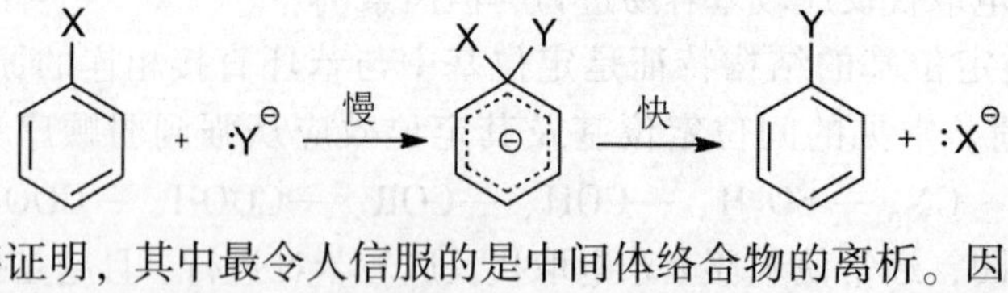

关于这个历程有很多证明，其中最令人信服的是中间体络合物的离析。因为中间体络合物在特定条件下相当稳定，能从反应混合物中离析。例如 CH_3OK 和 2，4，6-三硝基苯乙醚作用生成的中间体络合物是一个稳定的盐，这个络合物的结构已被核磁共振证明。

（三）苯炔历程

某些芳香亲核取代反应与中间体络合物历程及 S_N1 历程的性质明显不同，发生取代反应的芳基卤化物不含活性原子团，需要强碱作催化剂。这种反应的历程就是苯炔历程，这种历程意味着先消除一个分子，形成高度不稳定的"苯炔"，然后再发生加成。

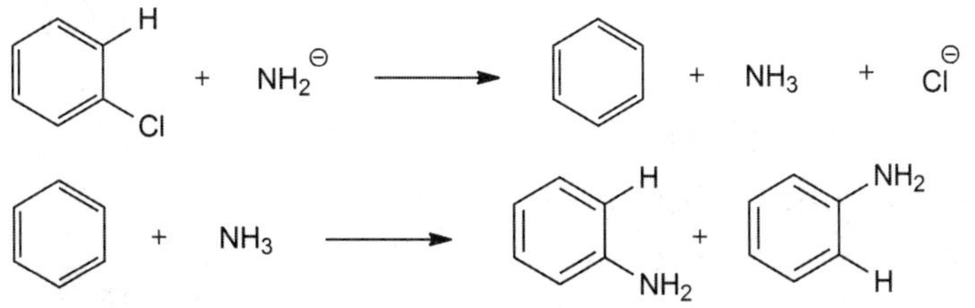

这一机理的特征性为产物的取代类型，引进的亲核基团不一定非在离去基团所在位置，因为生成的中间体苯炔为对称的，所以在和 NH_3 加成时两种机会一样。

（四）芳香族亲核取代反应的影响因素

1. 被作用物结构的影响[3]　在芳香亲核取代反应中，被作用物的结构对于反应活性和定位作用有重要影响。人们在实践中进行了深入研究，例如硝基原子团经研究表明为邻对位定位基，如五氟硝基苯用氨处理，可得到95% 2-硝基-3，4，5，6-四氟苯胺和4-硝基-2，3，5，6-四氟苯胺的混合物。

在 C_6F_5X 中，X 为 H、Me、CF_3、Cl、Br、I、SMe 和 NMe_2 时，主要起对位定位作用，而 X 为 NH_2 和 O^- 则主要起间位定位作用。

按 S_NAr（芳炔）历程进行的芳香亲核取代反应能被吸引电子的原子团所加速，特别是这些原子团位于离去原子团的邻位和对位时；而排斥电子的原子团使反应减慢。这些原子团的影响和芳香亲电取代反应中的影响正好相反。

涉及苯炔中间体的反应，有两个因素影响进入原子团的位置，首要因素为形成苯炔的方向，当有原子团和离去原子团相互处于邻位或对位时，则此时无选择问题。

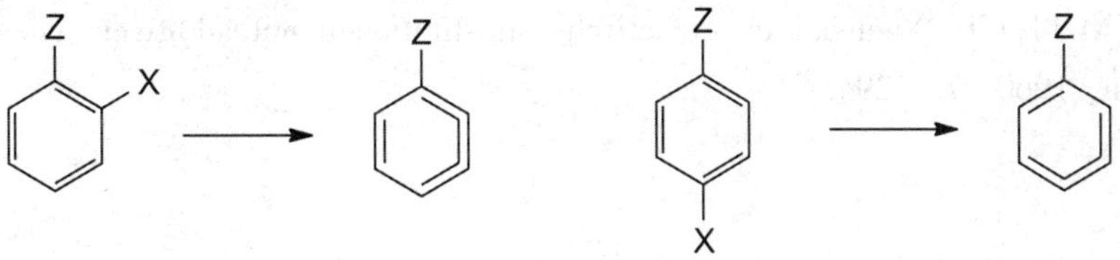

当间位存在原子团时，则苯炔可以两种不同方式形成：

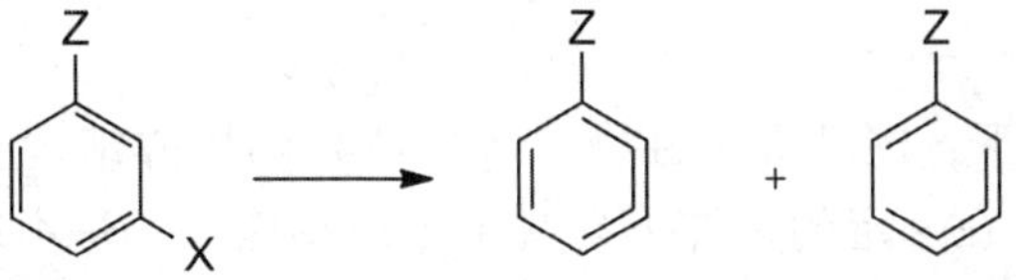

2. 离去基团的影响　某些基团当连在芳环上时，可以作为离去基团，如—NO_2、—OR、—OAr、—SO_2R 和—SR。这些离去基团的离去能力大约顺序为：—F>—NO_2>—OTs>—SOPh>—Cl、—Br、—I>—N_3>—OAr、—OR、—SR、—NH_2。

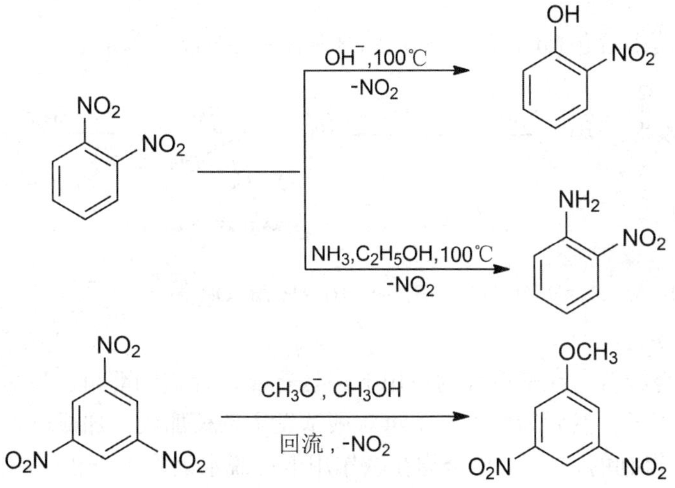

3. 亲核试剂的性质[4]　离去基团离去的难易，不仅与基团离去后生成的负离子的稳定性有关，还与亲核试剂的性质有关。亲核试剂的亲核性不可能建立一个固定不变的顺序，因为被作用物不同和反应条件不同都能使亲核性顺序不同，但可提出下列综合的近似顺序：$NH_2^- > Ph_3C^- > PhN^-$（芳炔历程）$> ArS^- > RSO^- > R_2NH > ArO^- > OH^- > ArNH_2 > NH_3 > I^- > Br^- > Cl^- > H_2O > ROH$。

参考文献

［1］ HOGGETT J G, MOADIE R B. Nitrtion and aramatic reactivity ［M］. Cambridge：Cambridge University Press，1971.

［2］ （a）BUCK P. Reactions of aromatic nitro compounds with bases ［J］. Angew Chem Int Ed Engl，1969，8：120.

　　　（b）BUNCEL E, NORRIS A R, RUSSELL K E. The interaction of aromatic nitro-compounds with bases ［J］. Quarterly Reviews Chemical Society，1968，22（22）：123.

　　　（c）BUNNETT J F. Some novel concepts in aromatic reactivity ［J］. Tetrahedron，1993，49（21）：4477.

［3］ BARTOLI G, TODESCO P E. Nucleophilic substitution. Linear free energy relations between reactivity and physical properties of leaving groups and substrates ［J］. Accounts of Chemical Research，1977，10（4）：125.

［4］ （a）BUNNETT J F. Mechanism and reactivity in aromatic nucleophilic substitution reactions ［J］. Quarterly Reviews, Chemical Society，1958，12（1）：1.

　　　（b）BUNNETT J F. Nucleophile aromatische substitutionen mit additivem chemismus ［J］. Angew Chem，1960，72：294.

第三节　羟醛缩合

羟醛缩合是在酸或碱作用下，羰基类化合物（亲核体）的烯醇结构与醛或酮（亲电体）进行加成反应，所生成的 β-羟基醛或酮在一定的条件下易脱水生成相应 α，β-不饱和醛或酮。利用羟醛缩合可以在分子中形成新的碳碳键，并增长碳链，此类反应又可称为 Aldol 缩合。

羟醛缩合反应可分为经典羟醛缩合及定向羟醛缩合两大类型。

一、经典羟醛缩合

如下所示，经典羟醛缩合包括醛-醛（酮）缩合和酮-酮缩合。

$R_1 = H, R 或 Ar$　$R_2 = R, Ar$　$R_3 = R, Ar, NR_2, OR, SR$　$R_4 = R, Ar, OR$

（一）醛-醛（酮）缩合

1. 醛-醛（酮）自身缩合　在碱或酸的作用下，具有 α 活性氢的醛可以发生自身缩合。在碱性催化剂下，首先生成烯醇负离子，然后烯醇负离子再对羰基发生亲核加成，加成产物再从溶剂中夺取一个质子生成 β-羟基化合物。得到的 β-羟基化合物在碱作用下可脱水消除生成相应的产物。

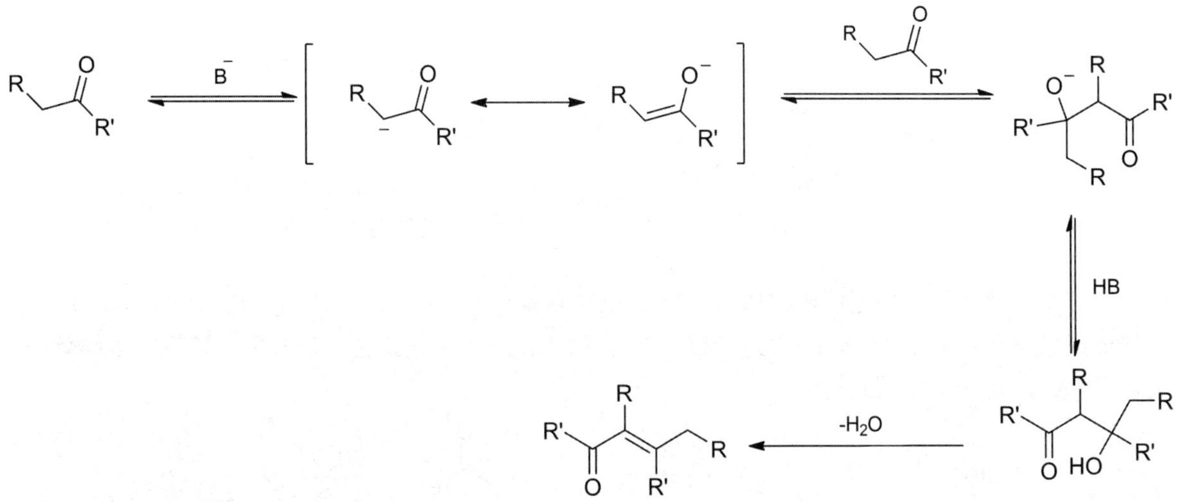

在酸催化下，羰基转变成烯醇式，然后烯醇对质子化的羰基进行亲核加成，得到质子化的 β-羟基化合物。由于 α 氢同时受两个官能团的影响，其化学性质活泼，经质子转移、消除，可得到 α，β-不饱和醛酮。

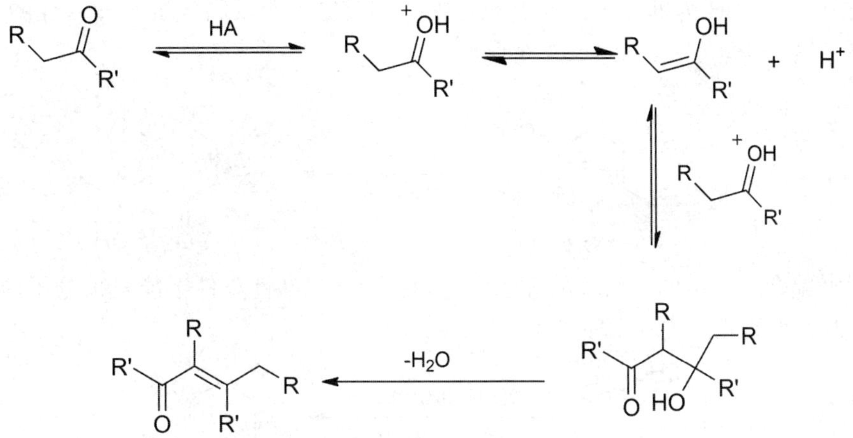

常用的酸有硫酸、盐酸、对甲苯磺酸、离子交换树脂（如 dowex-50）、固体超强酸及三氟化硼等。例如，赵月昌等使用的 SO_4^{2-}/TiO_2 固体超强酸[1] 和 Areces 等发展的四丁基氰化铵[2] 对各种醛类化合物都具有较好的催化活性，其催化醛类化合物缩合的转化率和选择性均较高。

2. 交叉羟醛缩合　有机合成中应用最多的是交叉羟醛缩合，即利用两个不同的醛或酮进行混合羟醛缩合反应，得到 α，β-不饱和醛或酮，如果两反应物都有活泼的 α 氢，将得到四种混合产物。在一般酸、碱催化的条件下，交叉羟醛缩合反应存在着化学选择性、区域选择性和立体选择性的问题，将产生多种区域异构体和立体异构体的混合物，这时我们就可以采取定向羟醛缩合得到相应选择性的产物。

对于醛-酮缩合而言，醛比酮活泼，因而醛提供羰基，酮提供 α 活性氢进行缩合。芳香醛和含有 α 活性氢的脂肪醛（酮）缩合后可以得到高产率的 α，β-不饱和醛（酮），该反应又称为 Claisen-Schmidt（克莱森-施密特）反应。

紫罗兰酮为 α-紫罗兰酮和 β-紫罗兰酮的混合物，从柠檬醛出发和丙酮进行醛-酮缩合生成假性紫罗兰酮，再环化合成紫罗兰酮。环化时如用 85% 磷酸或路易斯酸（Lewis acid）处理，主要得到 α 体[3]；如用浓硫酸和在较剧烈条件下处理，则得到 β 体[4]。β-紫罗兰酮为一种极其重要的香料，可用于合成皂用香精，也是合成视黄酸、β-胡萝卜素及类胡萝卜素和维生素 A 的重要原料。

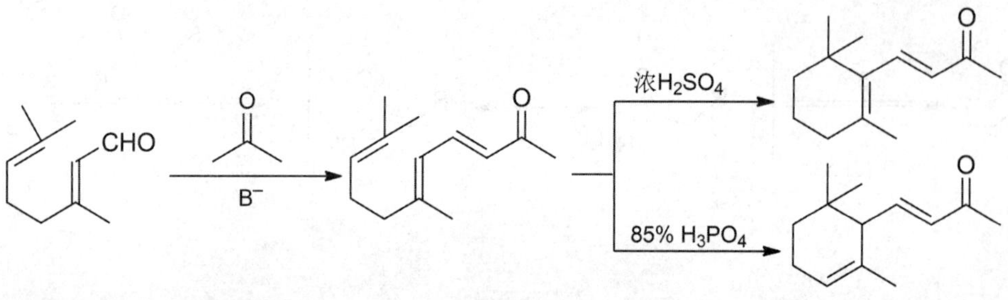

查耳酮类化合物有广泛的药理作用，Claisen-Schmidt 反应为制备查耳酮类化合物的经典方法，该反应先形成极不稳定的 β-羟基芳丙醛（酮），在一定的条件下，脱水生成更为稳定共轭的芳丙烯醛（酮）类化合物，产物一般为反式构型。

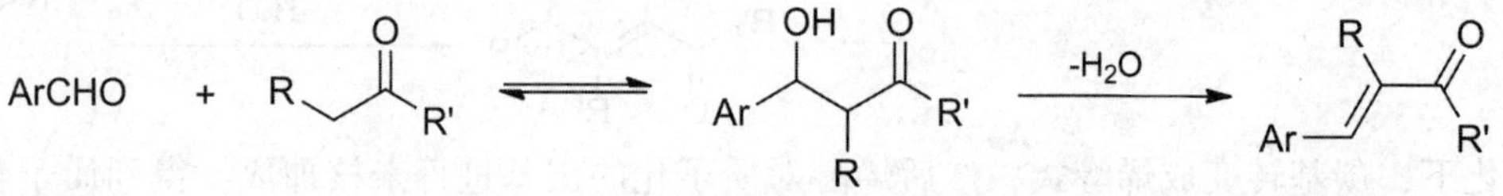

毛叶假鹰爪素 C 化合物是从我国西南部地区民间抗疟药物番荔枝科的植物"假鹰爪"中分离得到的新骨架活性先导化合物，不仅对多种肿瘤细胞具有显著的细胞毒活性，而且具有逆转多药耐药性的作用。在乙醇溶液中，以 KOH 为催化剂，苯甲醛与中间体反应，合成高效抗肿瘤活性的毛叶假鹰爪素 C 化合物[5]，产率可达 78%。

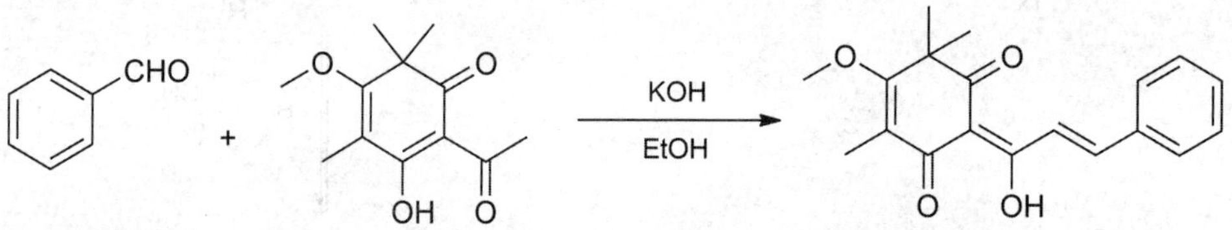

3. 分子内羟醛缩合　具有两个羰基的醛或酮之间在酸性或碱性条件下能发生分子内的 Aldol 缩合反应，产物为环张力更小的五元或六元环状化合物，如下[6,7]：

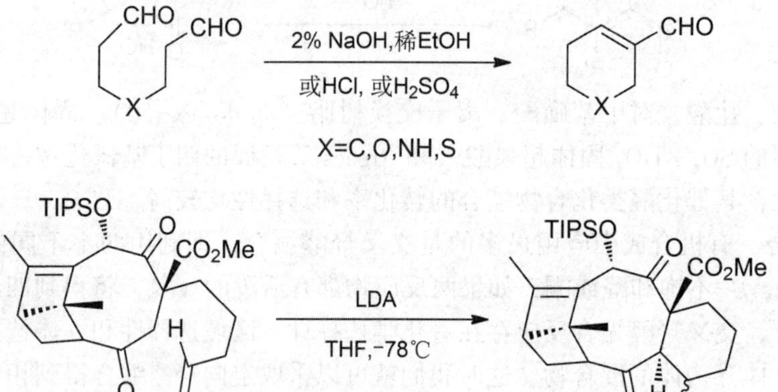

产率 56%

4. 羟甲基化反应　甲醛作为最简单的醛类化合物不含 α 活性氢，自身不能发生 Aldol 缩合，但在碱［如 Na_2CO_3 或 $Ca(OH)_2$］的催化下，可以与具有 α 活性氢的醛、酮进行 Aldol 缩合，在醛、酮的 α 碳原子上引入羟甲基，此反应又可称为 Tollens 缩合（羟甲基化反应），该反应的产物是 β-羟基醛或 α，β-不饱和醛酮（脱水后的产物），如下两个反应实例[8]所示：

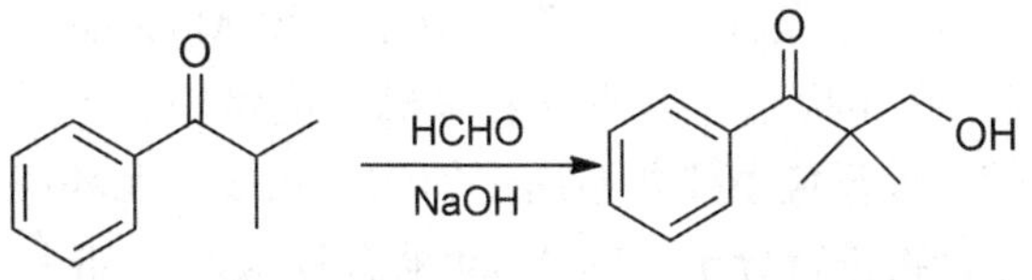
HCHO
NaOH
OH

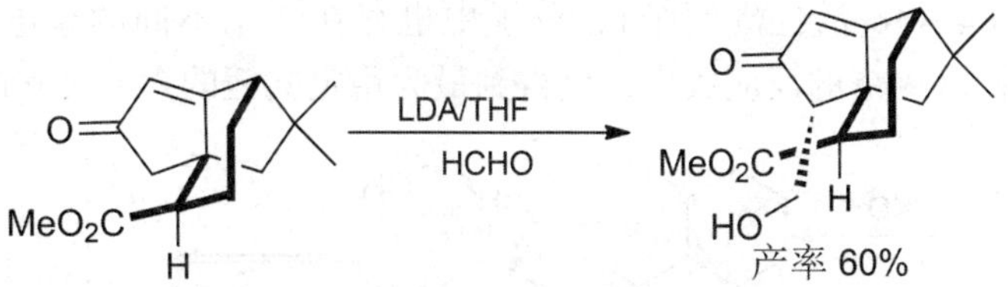
LDA/THF
HCHO
MeO_2C
H
HO
产率 60%

（二）酮酮缩合

具有 α 活性氢的酮分子进行缩合时，由于位阻较大和羰基活性较低的原因，与醛-醛（酮）缩合相比，酮分子间的缩合平衡常数很小，反应相对困难，反应速度相对较慢，反应平衡偏向左边。为打破这种平衡，需要采用特殊的方法促使反应向右推动，使 Aldol 反应的产物脱水。如利用 Soxhlet 抽提器法[9]，以碱性 Al_2O_3[10] 等试剂和方法促使酮分子进行 Aldol 缩合。例如，两分子丙酮在难溶性的碱中以较低浓度的 $Ba(OH)_2$ 催化下进行 Aldol 缩合才能取得较好的结果，生成 β-羟基酮，若碱的浓度进一步提高，则 β-羟基酮极易发生消除反应，脱水生成更为稳定的 α，β-不饱和酮。

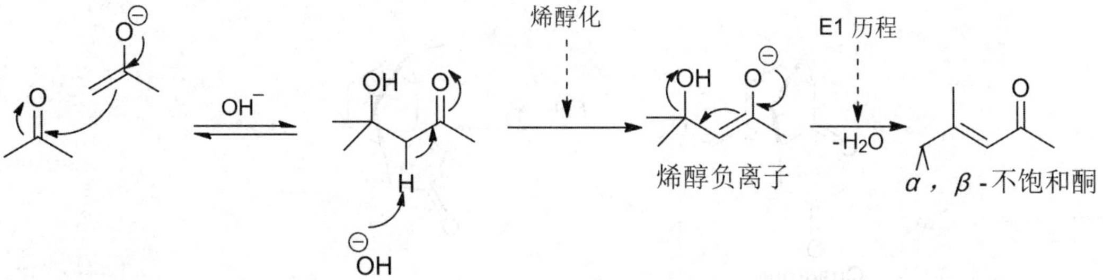
烯醇化
E1 历程
OH⁻
-H₂O
烯醇负离子
α，β-不饱和酮

1. 酮的自身缩合　酮的自身缩合，若是对称的酮，产物较单纯，得到 β-羟基酮或其脱水产物；如果是不对称的酮，无论是碱还是酸催化，反应主要发生在羰基 α 位上取代基较少的碳原子上，得 β-羟基酮或其脱水产物[11,12]。

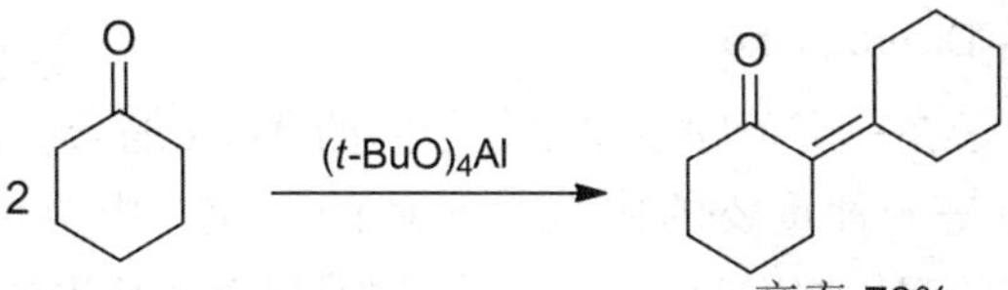
2
(t-BuO)₄Al
产率 78%

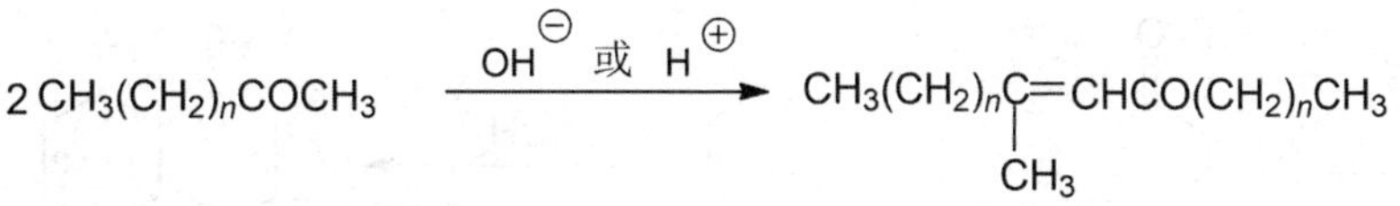
2 CH₃(CH₂)ₙCOCH₃
OH⁻ 或 H⁺
CH₃(CH₂)ₙC=CHCO(CH₂)ₙCH₃
CH₃
产率 65%

但是若酮的自身缩合反应产物未发生脱水生成 β-羟基酮时，如下所示，则该缩合反应存在立体选择性的问题，产物可能是 4 种立体异构体，这时我们可以采用定向羟醛缩合，得到预期的立体异构产物。

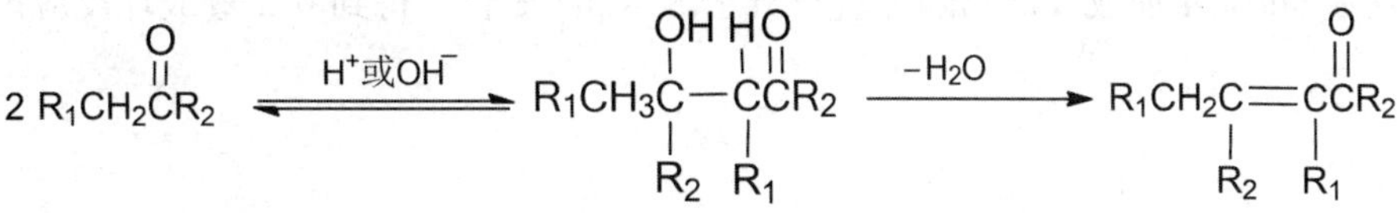
2 R₁CH₂CR₂
H⁺或OH⁻
R₁CH₃C—CCR₂
OH HO
R₂ R₁
-H₂O
R₁CH₂C=CCR₂
β-羟基酮
含四种可能的立体异构体

2. 酮分子内缩合　酮分子在一定条件下也可发生分子内的 Aldol 缩合反应，得到环化产物。该类分子内的 Aldol 缩合反应是合成一些环状化合物的重要有机反应策略，但是与一些环张力较大的环（三、四、八、九元环）的产物比较，该反应主要普遍用于构建五元或六元环产物。

大部分不对称的二酮类化合物进行分子内的 Aldol 缩合反应时，如下所示，该化合物存在 4 个不同的位点发生烯醇化作用（4 个 α 活性碳原子），分子中也存在 2 个不同的亲电子的羰基，但事实上在 KOH 的催化下，该化合物以 90% 的反应收率，仅得到最为稳定共轭的六元环状的 α，β-不饱和酮。

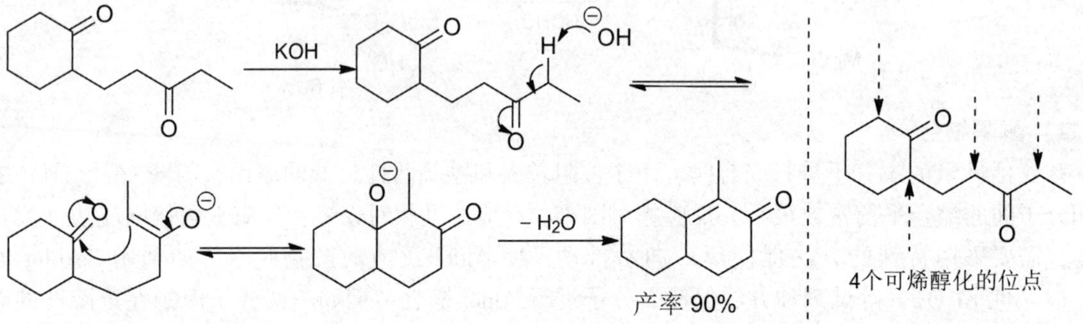

不对称二酮类化合物进行分子内酮的 Aldol 缩合反应，得到稳定的共轭五元环状的 α，β-不饱和酮，如下两个实例[13,14] 所示：

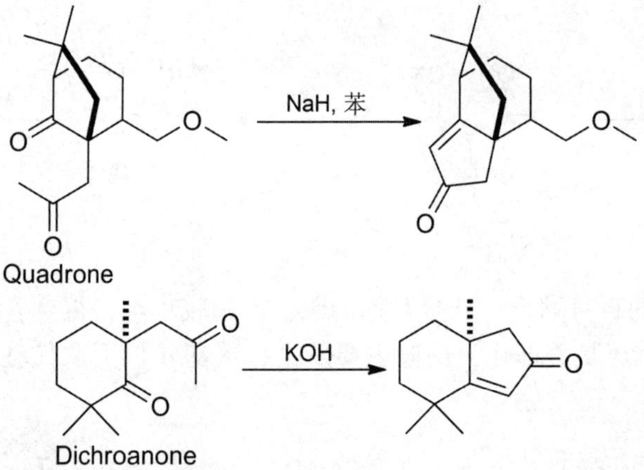

Quadrone

Dichroanone

3. 罗宾逊成环反应　酮分子在一定条件下发生分子内的 Aldol 缩合，较为经典的是罗宾逊成环反应（Robinson annulation）。该反应是一种重要的构筑六元环的反应，由英国牛津大学著名化学家 Robert Robinson 爵士发明[15]。该反应的起始原料是 α，β-不饱和酮和由羰基化合物形成的烯醇，其在萜类化合物的人工合成中有很重要的意义。

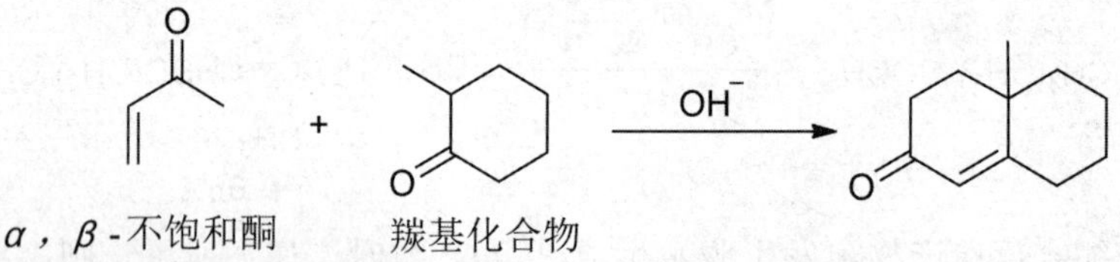

α，β-不饱和酮　　羰基化合物

从现代有机合成的观点看，罗宾逊成环反应实际上属于一种串联反应，是由一个 Michael 加成与分子内的 Aldol 缩合相串联而成的反应。在反应开始时，由一个羰基化合物生成的烯醇盐亲核进攻一个 α，β-不饱和酮，发生 Michael 加成。产物随即进行分子内 Aldol 缩合，得到罗宾逊成环反应产物。

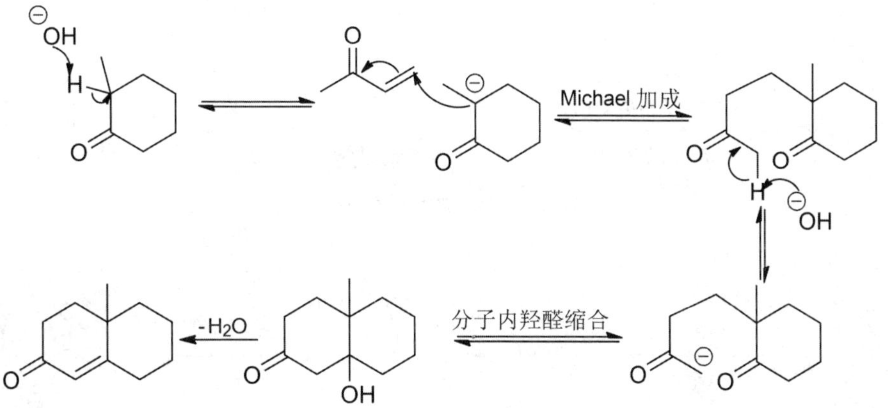

二、定向羟醛缩合

在一般的酸、碱催化条件下，交叉羟醛缩合中同时生成两个相邻的手性中心，因此，该反应存在着化学选择性、区域选择性和立体选择性问题，将产生多种区域异构体和立体异构体的混合物，这时需要采用定向羟醛缩合才能得到区域和立体选择性的目标产物。定向羟醛缩合是生成光学活性 β-羟基羰基化合物最常用的方法。

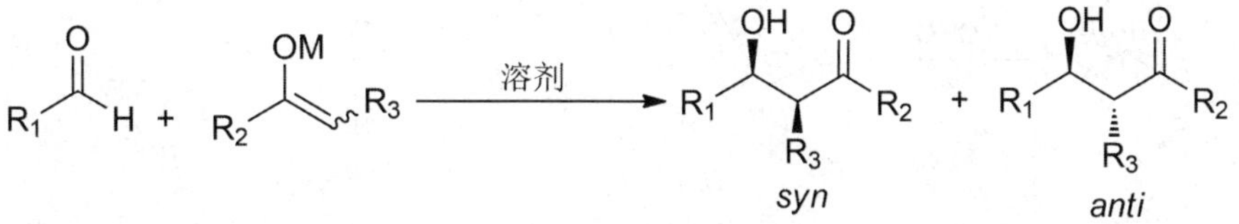

R_1 = H, R 或 Ar R_2=R, Ar, NR₂, OR, SR R_3= R, Ar, OR
M = Li, Na, B, Al, Si, Zr, Ti, Rh, Ce, W, Mo, Re, Co, Fe, Zn

交叉羟醛缩合反应的产物进行立体控制可通过三种主要的途径：①底物控制，即通过手性辅助基将羰基化合物暂时转化为具有手性结构的烯醇，常用的手性助剂有噁唑烷酮类、吡咯烷酮类[16]、咪唑烷酮类[17]和硼酸酯类[18]等。②试剂控制，即通过一些试剂引入特定的烯醇盐或烯醇硅醚，在这类底物的诱导下与非手性醛类化合物进行缩合反应[19-22]。③手性催化剂控制，即以手性金属络合物催化剂或手性有机小分子直接不对称催化该类反应，这类手性催化剂通常由 B、Ti、Cu、Zr、Al、Rh、Pd、Zn 或镧系金属等与手性配体形成相应的配合物[23,24]。

（一）试剂控制

将羰基化合物（酮或酯）应用一定的试剂转化为烯醇盐或烯醇硅醚，对非手性醛进行加成。烯醇盐或烯醇硅醚与非手性醛形成的六元环状过渡态中，Li、B、Ti 试剂常用来作金属抗衡离子配位，不同几何构型的过渡态生成相应的动力学或热力学产物（*syn*-产物或 *anti*-产物）。

1. 烯醇盐法　如果一个不对称酮与碱反应，在忽略烯醇本身的立体化学的情况下，可能存在产生两种区域异构烯醇的倾向，例如：

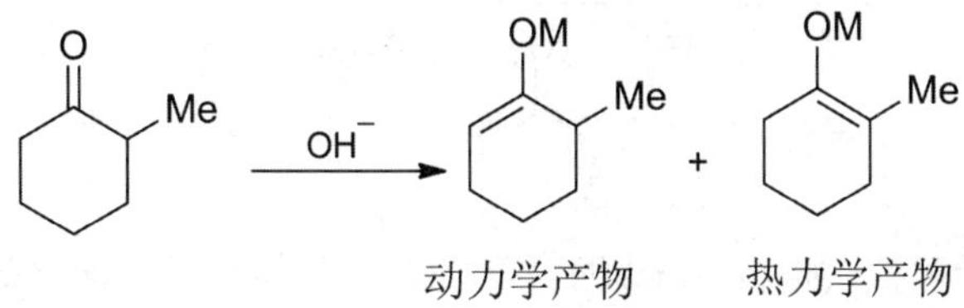

三取代烯醇被认为是动力学控制的烯醇，而四取代烯醇则被认为是热力学控制的烯醇。α 氢原子被去质子化后形成的动力学烯醇相对位阻更小，去质子化过程更快。总体来说，四取代烯烃由于超共轭，稳定性比三取代的烯烃更好。烯醇区域异构体的比例很大程度上受到反应中碱的影响。以上述反应为例，动力学控制可以通过二异丙基氨基锂（LDA）在-78℃下得到，且具有 99∶1 的动力学选择性；而

热力学烯醇可以通过三苯基甲基锂在室温下得到 10：90 的热力学选择性。

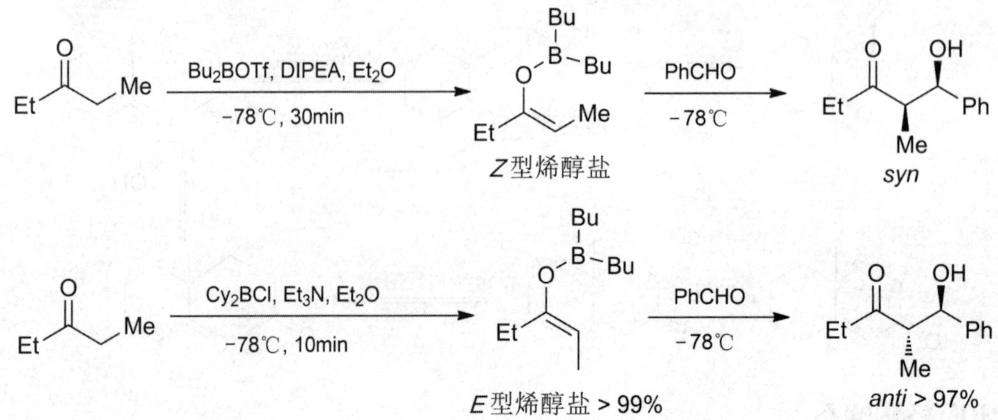

Z 型烯醇盐   *syn*

E 型烯醇盐 > 99%   *anti* > 97%

烯醇形成的立体选择性可用下述的 Zimmerman–Traxler 模型进行解释[25,26]，虽然这种模型的准确性还存在疑问。在大多数情况下，无法得知中间体是单体还是低聚体，即使如此，Zimmerman–Traxler 模型仍然是理解烯醇化过程的有用工具。

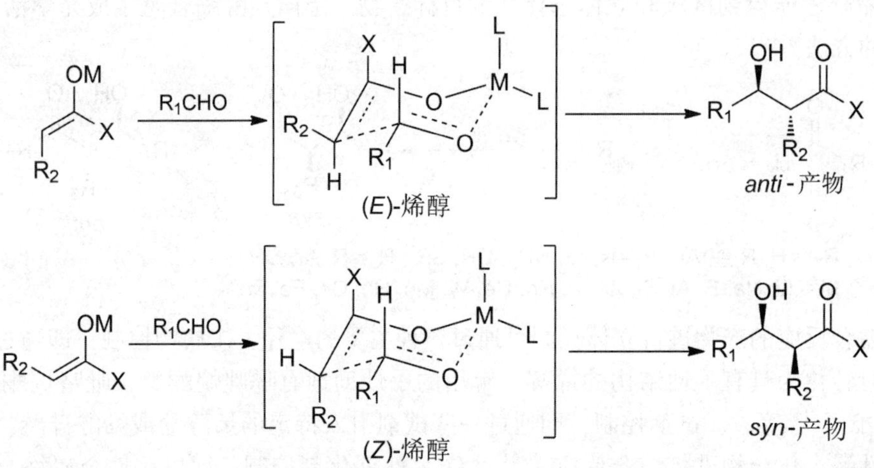

(*E*)-烯醇   *anti*-产物

(*Z*)-烯醇   *syn*-产物

在酮、酯类化合物形成的烯醇盐中可能存在 *Z*、*E* 两种构型，它们分别与另一分子的醛类化合物进行加成。在 Zimmerman–Traxler 模型中，假定去质子化过程是通过六元环过渡态，两个亲电取代基团当中偏大的基团在过渡态中倾向于采取平伏键的位置，导致优先得到 *E* 构型的烯醇。在动力学控制条件下，*Z* 构型烯醇盐经加成后得到顺式（*syn*-）产物，*E* 构型烯醇盐则得到反式（*anti*-）产物。产物中 3-羟基的绝对构型可由烯醇盐接近羰基的方向而定：*Re* 面 *syn*，*Si* 面 *anti*。但是当溶剂体系从四氢呋喃变为 23% 的六甲基磷酰胺–四氢呋喃时该模型失效，使得烯醇的立体化学发生逆转。举例如下[27]：

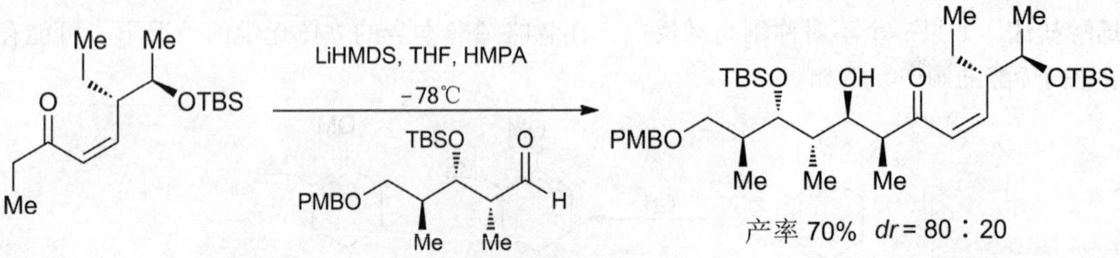

产率 70%   *dr* = 80：20

除了 Li 化合物可用于烯醇盐法进行 Aldol 缩合反应外，其他常用的催化剂还有 B、Ti、Sn、Cu 等的化合物，其中 B 化合物为较常用的催化剂，举例如下[27-32]：

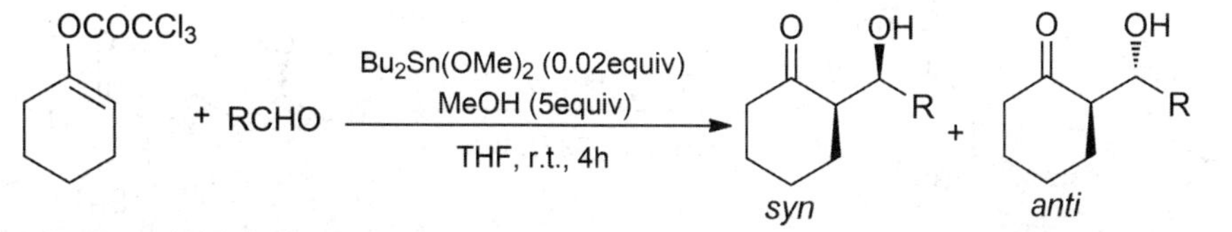

产率 78%~98%　*syn/anti* =(11∶85)~(75∶25)

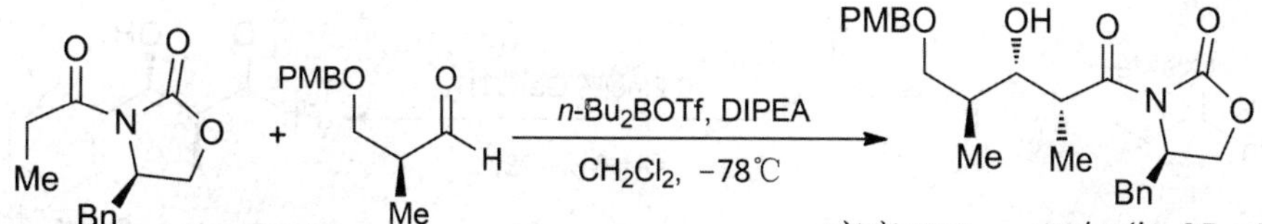

产率 75%　*syn/anti* > 95∶5

2. 烯醇硅醚法　1973 年，Mukaiyama 等报道了在四氯化钛（TiCl₄）等 Lewis 酸的介导下，催化羰基化合物形成的烯醇硅醚与醛、酮发生的羟醛反应，得到 β-羟基醛（酮）产物[33,34]。如今人们称此反应为 Mukaiyama Aldol 反应。该反应中的烯醇硅醚为烯醇负离子的等效体，但其亲核性不够强，不能直接与酮反应，因此需要加入 Lewis 酸以活化羰基。

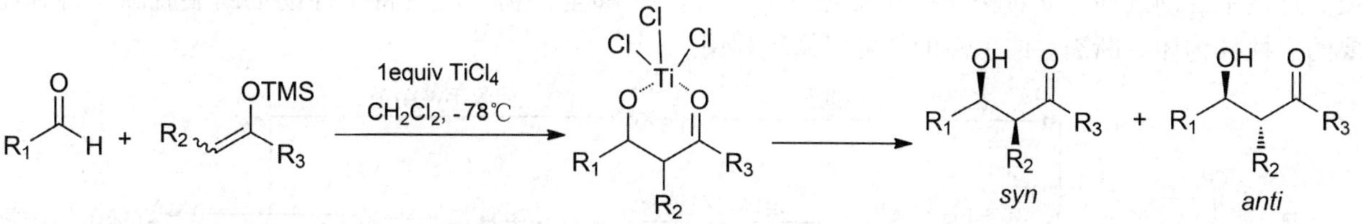

早期反应使用等摩尔当量的 Lewis 酸，立体选择性不好。后来人们研究发现，反应的机理及立体选择性很大程度上由反应条件、底物和催化的 Lewis 酸来决定。我们可以通过 Noyori 课题组报道[35]的开链过渡态模型来解释。对于 Z-烯醇硅醚而言，A、D、F 三个过渡态的能量相近。当 R₂ 为小基团及 R₃ 为大基团时，过渡态 A 最有利，其生成 *anti*-非对映异构体为主产物；当 R₂ 为大基团及 R₃ 为小基团时，过渡态 D 最有利，其生成 *syn*-非对映异构体为主产物。当底物中的醛类化合物具有与金属螯合的作用时，则该反应生成 *syn*-非对映异构体，这是由过渡态 H 决定的。

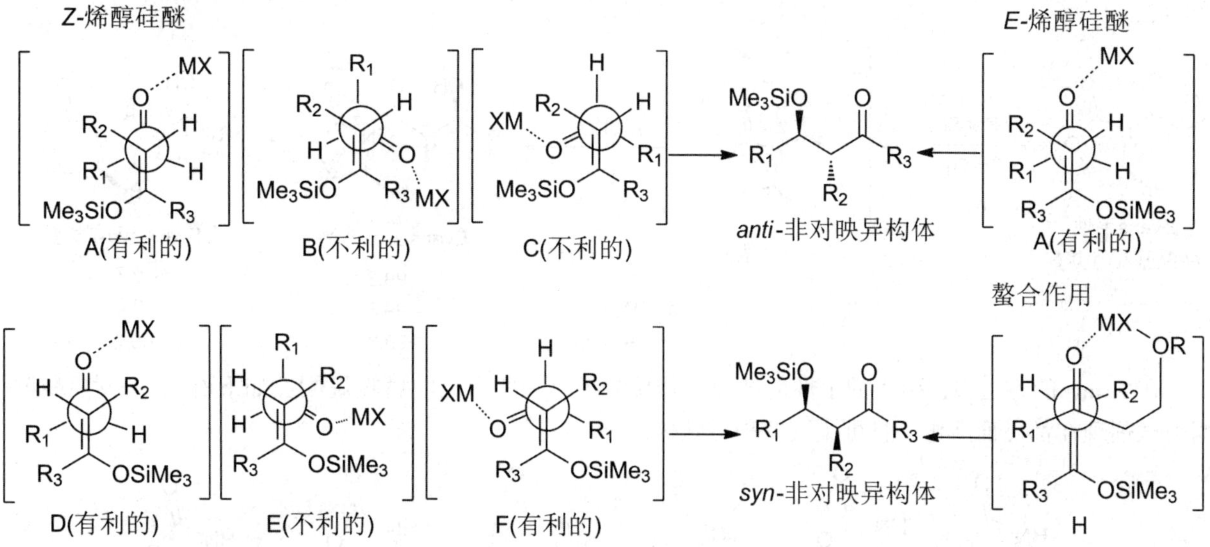

近些年来此反应主要进展在对映选择性反应方面，例如[36,37]：

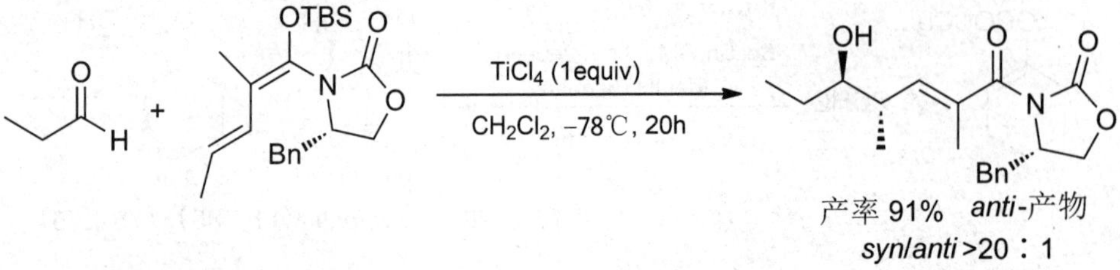

产率 91%　*anti*-产物
syn/anti >20∶1

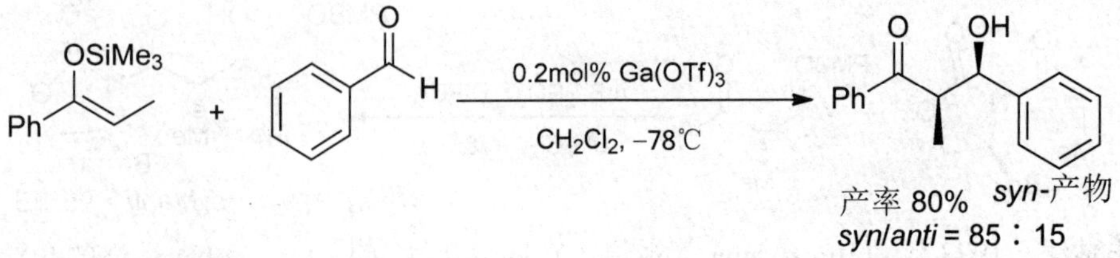

产率 80%　*syn*-产物
syn/anti = 85∶15

（二）底物控制

底物控制是应用手性助剂来暂时构建特定结构的手性烯醇，用非手性醛类化合物对该特定的手性烯醇进行加成（一般为 α 位）。这些常用的手性助剂包括噁唑烷酮类、吡咯烷酮类、咪唑烷酮类和硼酸酯类。这些手性助剂通过非对映选择性反应将"手性"转移至产物。而后将手性助剂断裂脱除，得到需要的手性异构体。断裂后的手性助剂可以循环利用。

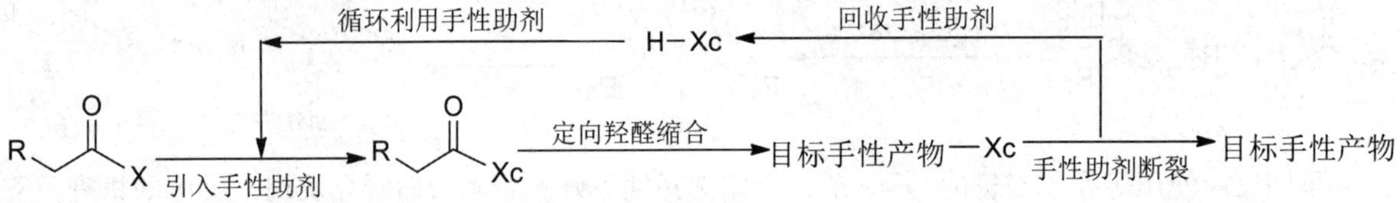

Xc：手性辅助试剂

建立最早、应用最广泛的是噁唑烷酮类辅助剂催化的定向羟醛缩合，是 Evans 发展[38,39]的基于手性助剂 N-酰基噁唑烷酮的方法。通常将这类手性助剂与二正丁基三氟甲磺酸盐和 N，N'-二异丙基乙胺（DIPEA）在二氯甲烷体系中（0℃条件下）通过硼介导制备 Z-硼烯醇盐，并在-78℃下发生羟醛缩合，生成 *syn*-缩合产物，非对映选择性大于 99%，此反应称为 Evans 羟醛缩合，生成的产物称为 Evans *syn*-产物。

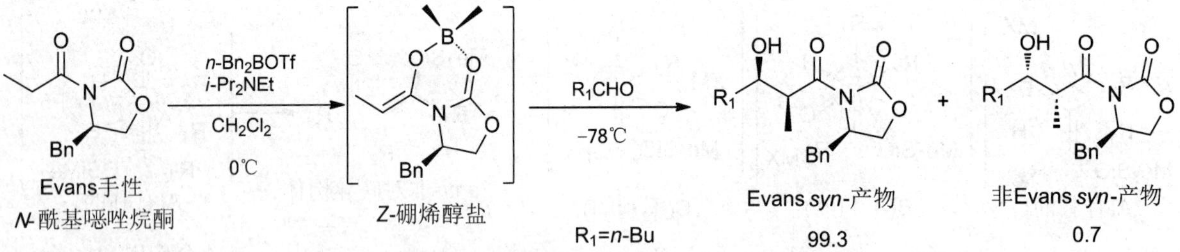

	Evans *syn*-产物	非Evans *syn*-产物
R_1=*n*-Bu	99.3	0.7
R_1=*i*-Pr	99.8	0.2
R_1=Ph	>99.8	<0.2

在 Evans 的方法中，引入的手性助剂为噁唑烷酮类，一些常见的噁唑烷酮类如下所示。一些噁唑烷酮类试剂现在都已商品化，且可买到两种对映体。

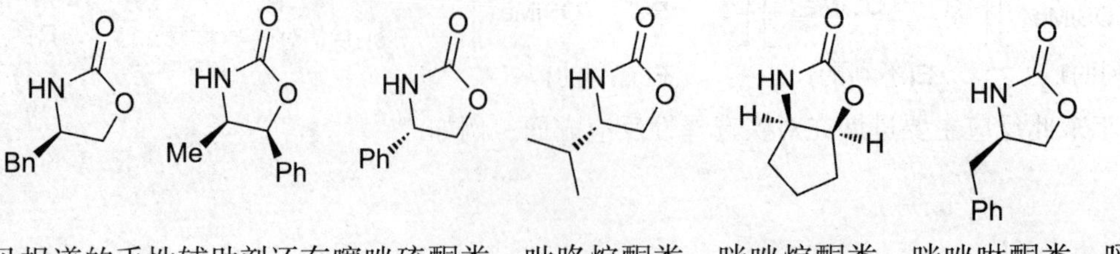

其他常见报道的手性辅助剂还有噻唑硫酮类、吡咯烷酮类、咪唑烷酮类、咪唑啉酮类、噁唑啉类、

樟脑衍生物、硼酸酯类和氨基醇类等，这些手性辅助剂与一些 Lewis 酸共同作用下能得到预期的目标手性分子。

Oppolzer 等[40]报道的第一例（−）−denticulatin A 的全合成就是以樟脑磺酸内酰胺类为手性助剂，在 Et_2BOTf 与 i−Pr_2NEt 的作用下生成（Z）−烯醇盐，再与内消旋二醛发生定向羟醛缩合，以 95% 的产率、$syn/anti$ 为 20∶1 得到中间体。

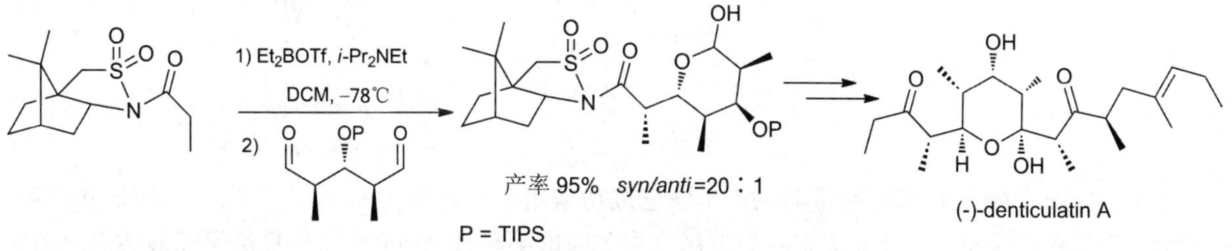

产率 95%　$syn/anti$=20∶1

P = TIPS

(-)-denticulatin A

（S）−达泊西汀［（S）−dapoxetine］是一种选择性 5−羟色胺再吸收抑制剂（SSRI），这类药广泛用于治疗抑郁症和相关的情感障碍。该药合成的关键步骤是 R 型的手性醇的合成，Khatik 等[17]以 Lewis 酸 $TiCl_4$ 和 DIPEA 的条件下，利用手性咪唑烷酮类作手性助剂，与苯甲醛发生定向的羟醛缩合反应，以 $syn/anti$ 为 99∶1 得到 R 型手性醇中间体。该路线经六步反应，总收率达 50%。

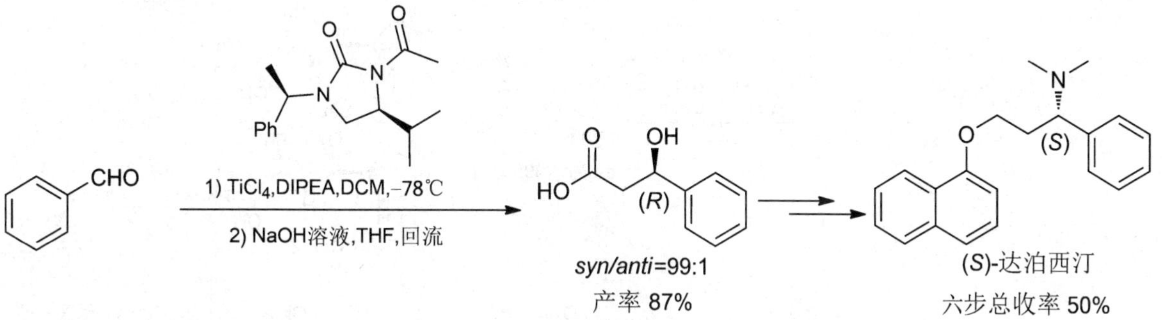

1) $TiCl_4$,DIPEA,DCM,−78℃

2) NaOH 溶液,THF,回流

$syn/anti$=99:1

产率 87%

(S)-达泊西汀

六步总收率 50%

Brown 和 Kcienski 报道[41,42]了沙利霉素关键片段的制备。噻唑硫酮类作手性助剂，用 $Sn(OTf)_2$ 为 Lewis 酸形成烯醇化结构，再和醛反应，以 96% 的收率获得定向羟醛缩合反应的产物，$NaBH_4/THF$ 体系断裂除去手性助剂，构建沙利霉素关键片段的两个手性中心。

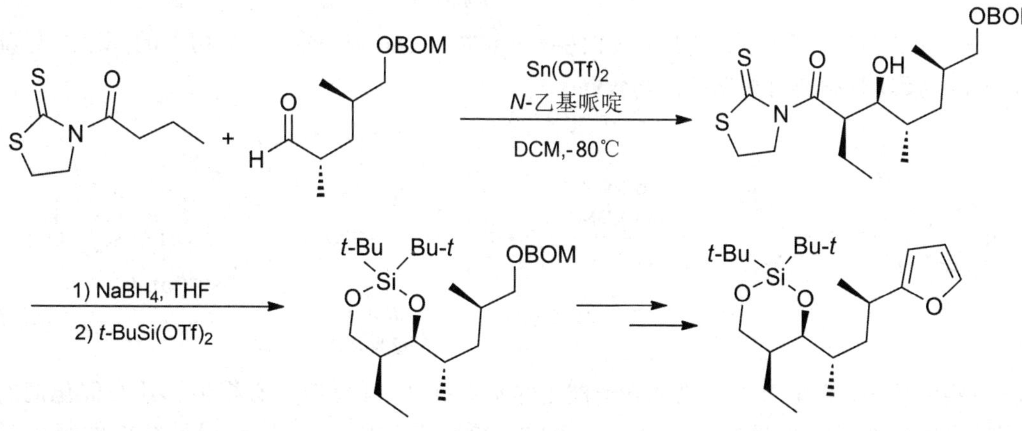

$Sn(OTf)_2$

N-乙基哌啶

DCM,-80℃

1) $NaBH_4$, THF

2) t-BuSi(OTf)$_2$

（三）手性催化剂控制

手性催化剂（不对称催化）控制的醛酮分子间的直接不对称羟醛缩合反应，是获得该类反应构型单一的手性化合物最理想的途径，仅用少量的手性催化剂便可以得到大量羟醛缩合的手性产物。与其他不对称催化的化学反应一样，不对称羟醛缩合反应的手性催化剂可分为有机配体与金属形成的催化剂和有机小分子催化剂两类。

1. 有机小分子催化剂　有机小分子催化剂最常见的是生物碱、氨基酸和糖类等天然手性物质。金鸡纳碱的衍生物最早被化学工作者所应用，是生物碱的典型代表。

L-脯氨酸作为天然氨基酸代表，是近年来应用最成功的有机小分子催化剂。1971 年，Wiechert 等[43]首次报道了 L-脯氨酸可以催化 Robinson 成环反应。随着人们的不懈努力，List 和 Barbas 成功将 L-脯氨酸运用于不对称 Aldol 反应，得到高 ee 值的缩合产物[44]。

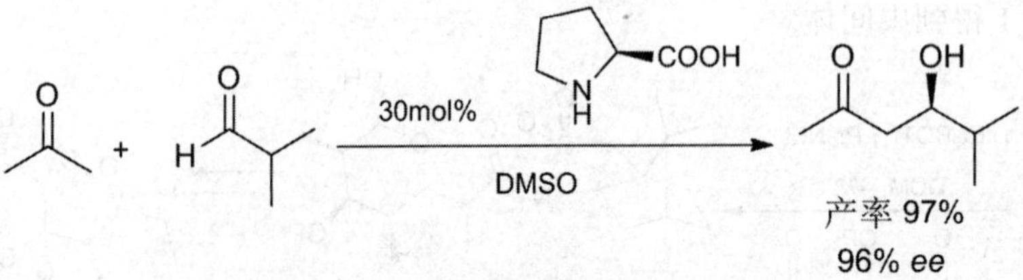

产率 97%
96% ee

如今，L-脯氨酸及 L-脯氨酸酰胺的衍生物已成功运用于不对称 Aldol 反应[45,46]，其他氨基酸和它们的衍生物也被广泛使用。芳甲醛类与酮类化合物之间的不对称 Aldol 反应一直是研究的热点。例如，Singh 课题组[47]报道的两种新型 L-脯氨酸衍生物（**Cat. 1** 和 **Cat. 2**）催化的芳甲醛类与丙酮之间的不对称 Aldol 反应，生成的 β-羟基酮最高的对映选择性 ee>99%；Agarwal 和 Peddinti 报道[48]的葡萄糖胺为原料的手性伯胺催化剂（**Cat. 3**）催化的芳甲醛类和环己酮间的不对称直接 Aldol 反应，产物非对映选择性 syn/anti 最高达 2.4：1。

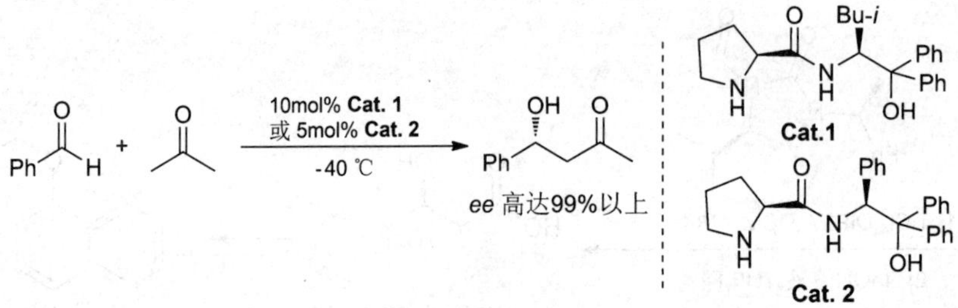

ee 高达99%以上

syn   anti
syn/anti=2.4：1

最近，Chimni 课题组[49]报道了以 1mol%伯-叔二元胺（**Cat. 4**）催化，水相中的环己酮与靛红的不对称 Aldol 反应，反应收率与对映选择性均较高。

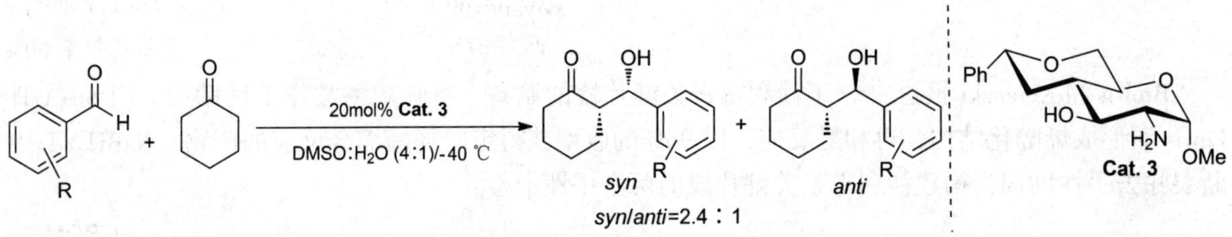

产率 93%   syn/anti=93:7
82% ee

另外，一些手性联萘和联苯类有机小分子催化的不对称 Aldol 反应亦有报道，这类催化剂的活性很高，往往用很少的量即可获得目标手性分子。例如，2005 年，Maruoka 小组设计合成的基于联萘结构（**Cat. 5** 和 **Cat. 6**）和联苯结构（**Cat. 7**）的轴手性二胺催化的该类反应[50-52]。有机小分子催化的不对称 Aldol 反应近些年研究报道较多，关于这类催化反应我们将于本书第三章第九节手性有机小分子催化中详细阐述。

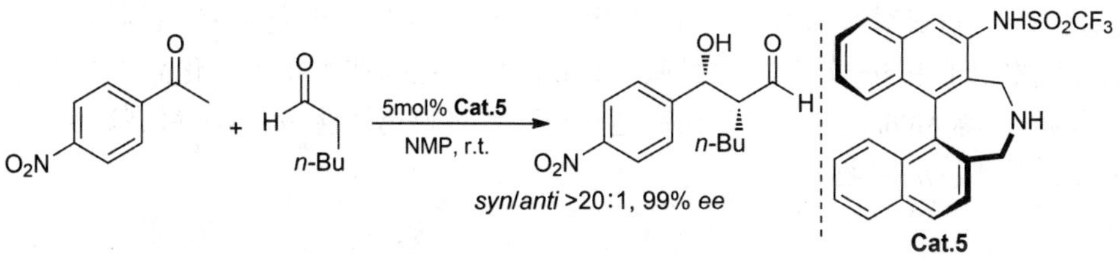

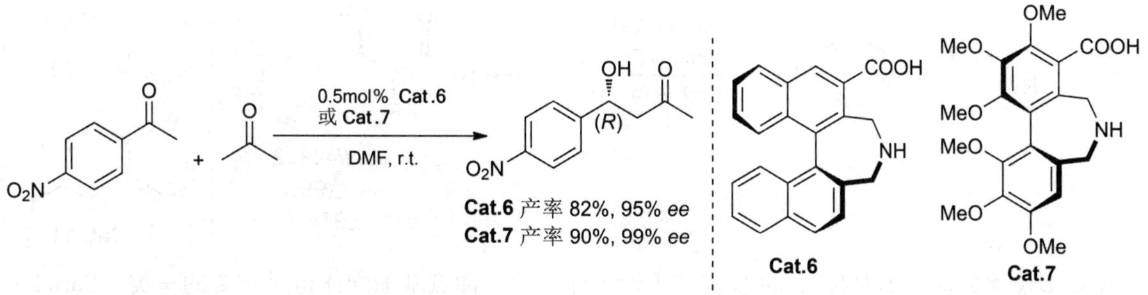

2. 手性金属络合物　手性金属络合物催化的不对称 Aldol 反应研究中，设计和开发手性配体及催化体系是关键。由于 N 和 O 原子具有良好的配位能力，能与多种金属元素结合成络合物，从而使含氮和氧的配体在不对称催化中得到广泛的应用。现已报道的手性配体较多，主要包括手性联萘酚、手性氨基酸、手性二胺、手性双噁唑啉、手性氨基醇、手性二膦配体等，配位的金属元素通常为 B、Ti、Cu、Zr、Al、Fe、Rh、Pd、Zn 或镧系金属等。

Mukaiyama 等[53]在 1991 年首次成功地将手性二胺配体与锡的配合物应用到此类反应中，最终他们发展了 **Cat. 8** 和 **Cat. 9** 与 Sn(OTf)$_2$ 和 Bu$_3$SnF 形成的手性配体，催化如下两个不对称 Mukaiyama Aldol 反应，能达到预期的选择性。

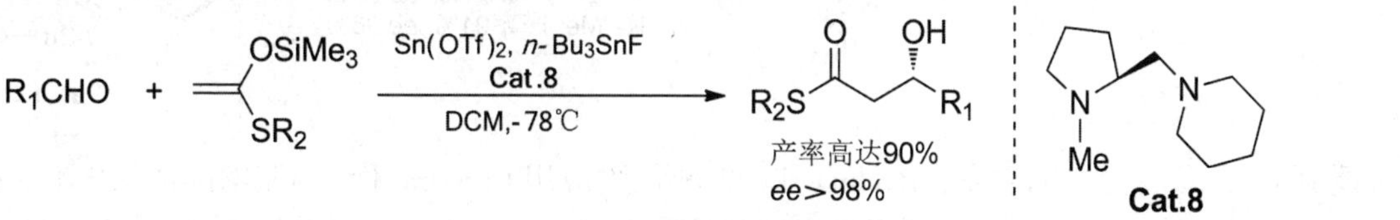

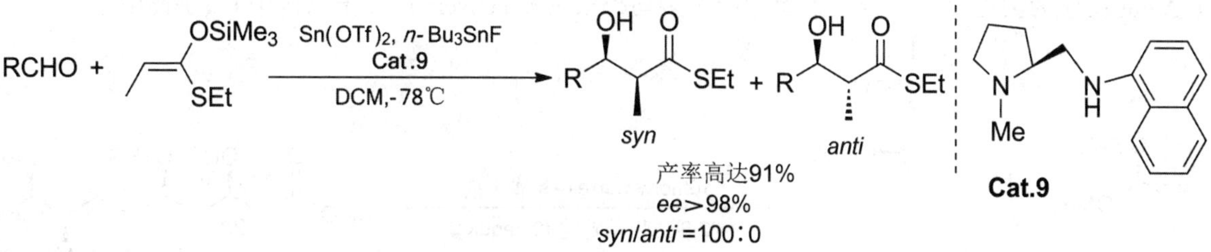

至今，人们已经合成出了多种手性 Lewis 酸催化剂，其中氨基酸作为易得的天然手性源，是众多手性配体合成的起始物，人们常用手性氨基酸配体通过合成手性噁唑硼烷和手性噁唑硼烷酮来催化不对称 Aldol 反应。1991 年，Kiyooka 报道了噁唑硼烷酮催化剂（**Cat. 10**）诱导的乙烯酮缩硅醇与醛的不对称 Aldol 反应[54]。

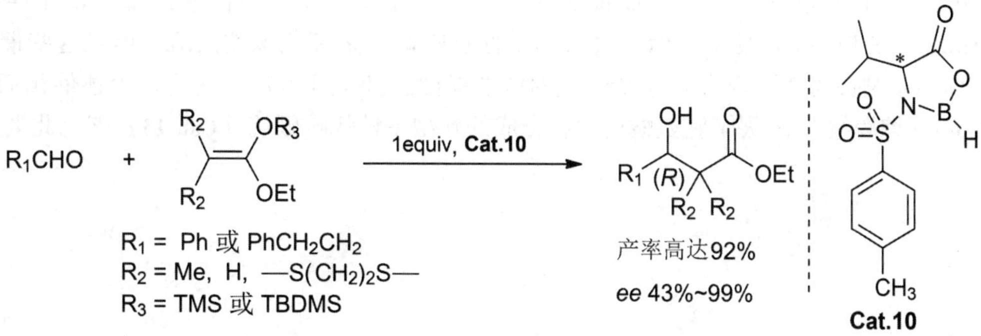

  C-2 位为手性碳的脯氨酸合成的一些衍生物形成的手性金属催化剂在该领域也较活跃，最近 Mlynarski 课题组[55] 报道了用 5mol% 脯氨酸酰胺（**Cat. 11**）催化剂在水相中催化简单酮类化合物和各种醛类发生分子间的不对称 Aldol 反应，收率最高达 98%，非对映选择性 *anti/syn* 最高达 98∶2，对映选择性 *ee* 最高达 97%，得到 *anti*-产物。

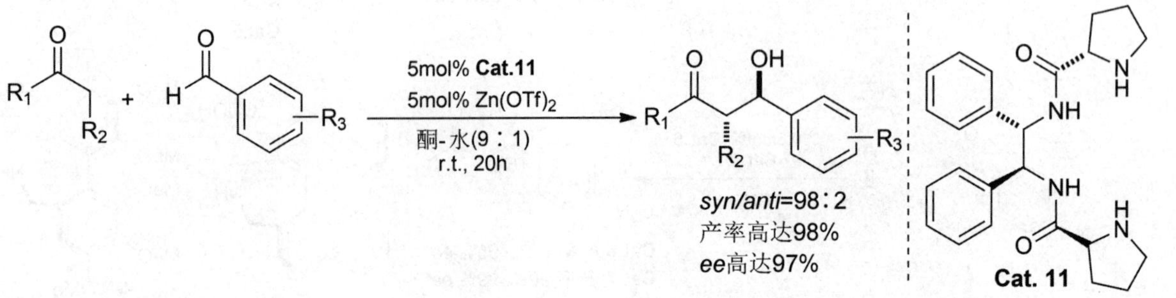

syn/anti=98∶2
产率高达98%
*ee*高达97%

Cat. 11

  在众多优秀的催化不对称 Aldol 反应的手性配体中，手性氨基酚配体也是重要的一类。Carreira 课题组[56] 报道了由手性亚胺酚配体与 Ti（Ⅳ）和水杨酸的衍生物合成的手性金属催化剂（**Cat. 12**），催化苯甲醛与乙烯酮的衍生物的不对称 Mukaiyama Aldol 反应，收率达 91%~94%，*ee* 高达 93%~96%。

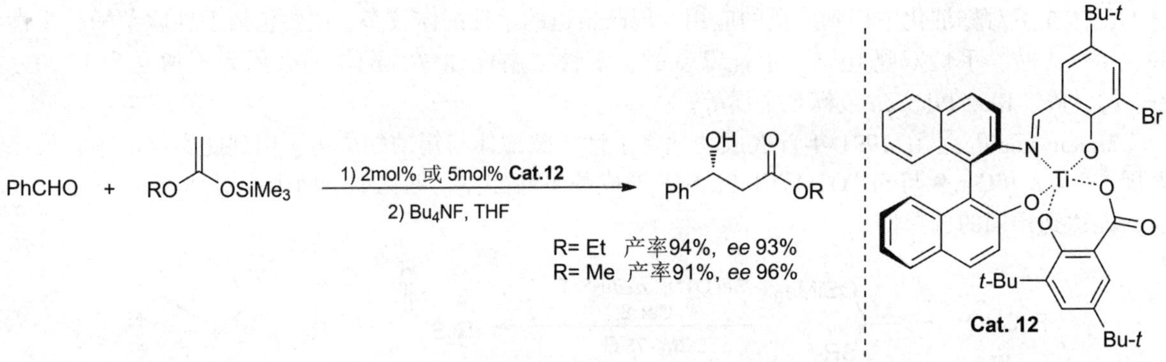

R= Et　产率94%，*ee* 93%
R= Me　产率91%，*ee* 96%

Cat. 12

  受到 Carreira 课题组的启发，Rychnovsky 课题组[57] 应用 Carreira 手性氨基酚配体催化不对称 Mukalyama Aldol 反应为关键反应，合成了天然产物多马霉素（roflamycin）分子结构中 C_{25} 手性中心。

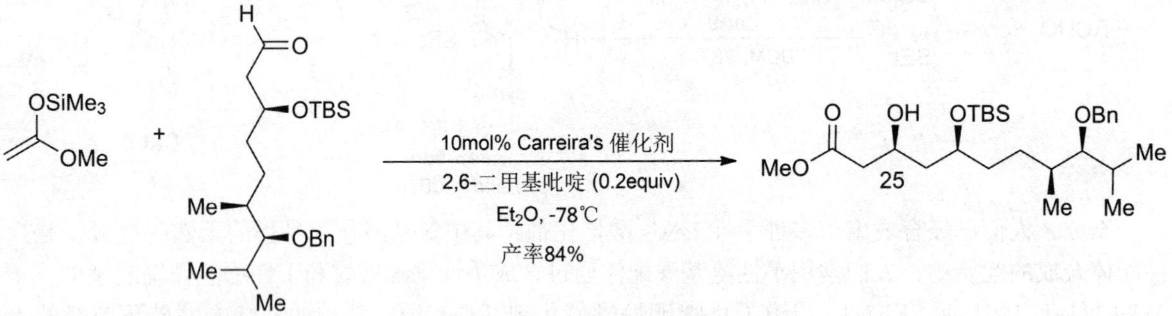

10mol% Carreira's 催化剂
2,6-二甲基吡啶 (0.2equiv)
Et₂O, -78℃
产率84%

  但是 Carreira 课题组发展的催化剂并不适用于乙烯酮缩醛类底物的不对称 Mukaiyama Aldol 反应，其最高的对映选择性 *ee* 不超过 76%。Yamamoto 等[58-61] 报道了用苯基丙氨酸和缬氨酸的衍生物分别与 Lewis 酸（$SnCl_4$）或 Brønsted 酸（TfOH）合成的手性噁唑硼烷来催化该类反应，但是这些催化反应收率不超过 50%，非对映选择性 *de* 不高于 95%，对映选择性 *ee* 不高于 80%。为克服上述催化剂的种种缺点，最近 Kalesse 课题组[62] 发展了脯氨酸衍生物合成的新型手性噁唑硼烷（**Cat. 13**）催化此类反应。

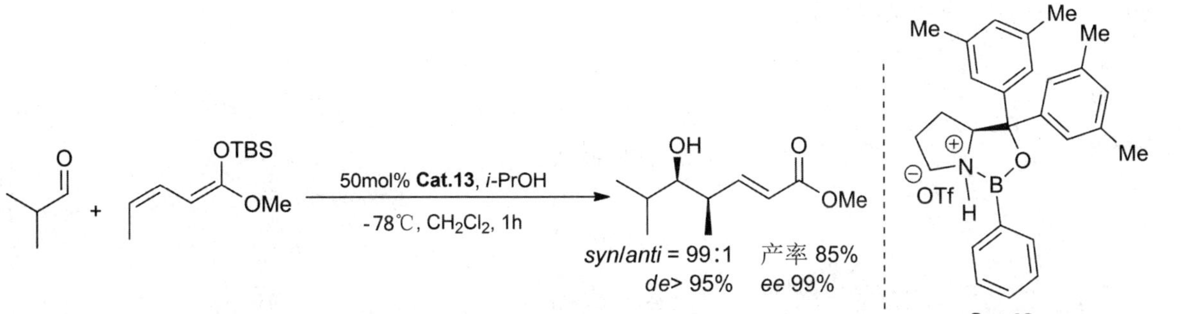

$syn/anti = 99:1$ 产率 85%
$de> 95\%$ ee 99%

Cat.13

Shibasaki 等[63]首次报道了 BINOL 单甲醚（**Cat. 14**）与 Ba(i-PrO)$_2$合成的手性钡催化剂，通过筛选一些脂肪族醛类和苯乙酮发生的不对称 Aldol 反应，收率高达 99%，产物的对映选择性最高达 70%，反应结果如下：

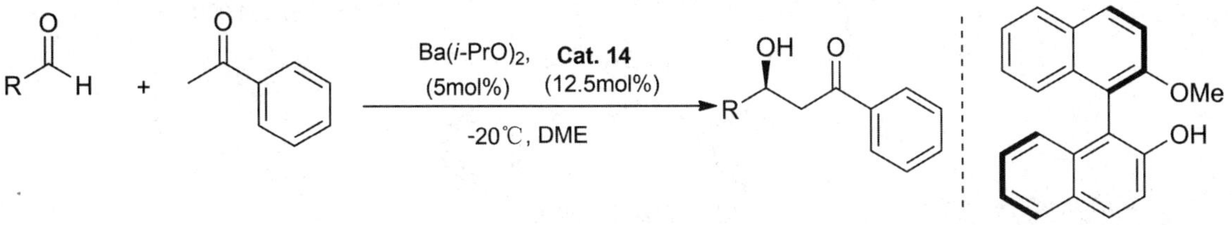

Cat.14

R	时间(h)	产率(%)	ee(%)
t-Bu	48	77	67
PhCH$_2$C(CH$_3$)$_2$	39	77	56
^{c}Hex	18	87	54
i-Pr	24	91	50
BnOCH$_2$C(CH$_3$)$_2$	40	83	70
BnOC(CH$_3$)$_2$	20	99	69

Noyori 等[64]报道了 Ca(HMDS)$_2$(thf)$_2$与手性二醇（**Cat. 15**）制备的手性钙催化剂，以 KSCN 为添加剂催化苯乙酮和脂肪族醛类的不对称 Aldol 反应，结果如下：

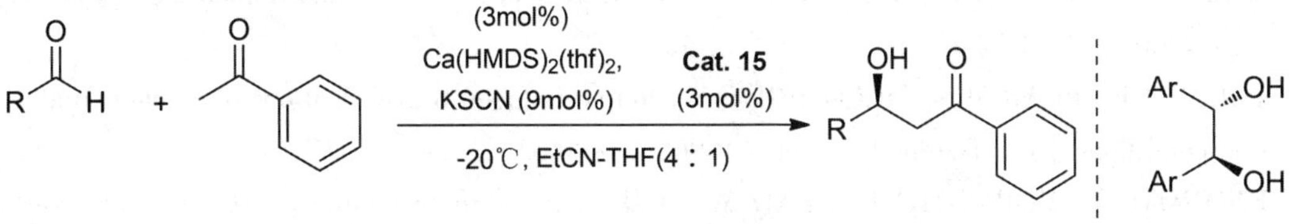

Cat. 15

R	Ar	产率(%)	ee(%)
t-Bu	Ph	74	89
PhCH$_2$C(CH$_3$)$_2$	Ph	75	87
BnOCH$_2$C(CH$_3$)$_2$	Ph	76	91
^{c}Hex	p-MeOC$_6$H$_4$	71	69
PhCH$_2$CH$_2$	Ph	13	15

大部分手性金属络合物催化的该反应中，所用的催化剂大都需大于 5mol% 才能达到较为理想的效果，且 Shibasaki 课题组[65,66]首先报道了 Et$_2$Zn/linked-BINOL 体系催化的羟基酮底物发生的不对称直接 Aldol 反应，最终他们发展了 1mol%（S, S）-linked-BINOL 和 2mol% 的二乙基锌（Et$_2$Zn）催化的该类反应，并以最高达 95% 的收率、最高达 $syn/anti = 97:3$ 的非对映选择性、ee 最高达 99% 的对映选择性

合成了 *syn*-1，2-二羟基酮类化合物。

syn/anti=97:3
产率=95%
ee=99%

syn/anti=89:11
产率84% ee 92%
S/C=1 000

(*S,S*)-linked-BINOL

参考文献

［1］赵月昌，梁学正，高珊，等. 固体超强酸催化下的醛酮自身缩合及其溶剂效应的研究［J］. 分子催化，2007，21（4）：315.

［2］ARECES P, CARRASCO, ESTHER LIGHT M E, et al. Tetrabutylammonium cyanide catalyzed aldol self-condensation of ley's butane-2, 3-diacetal（bda）protected glyceraldehydes. synthesis of two new bda-protected sugar-derived scaffolds［J］. Synlett, 2009, 15: 2500.

［3］HAROLD H, CANNON L T. Condensation of citral with ketones and synthesis of some new ionones［J］. J Am Chem Soc, 1924, 46: 119.

［4］KRISHNA H J V, JOSHI B N. Notes - note on preparation of β-ionone［J］. J Org Chem, 1957, 22: 224.

［5］NAKAGAWA G K, WU J H, LEE K H. First total synthesis of desmosdumotin C［J］. Synth Commun, 2005, 35: 1735.

［6］TAGAT J R, PUAR M S, MCCOMBIE S W. Iodine induced transformations of alcohols under solvent-free conditions［J］. Tetrahedron Lett, 1996, 47: 8463.

［7］ENOMOTO T, MORIMOTO T, UENO M, et al. A novel route for the construction of taxol abc-ring framework: Skeletal rearrangement approach to ab-ring and intramolecular aldol approach to C-ring［J］. Tetrahedron, 2008, 64: 4051.

［8］DANISHEFSKY S, VAUGHAN K, GADWOOD R C, et al. Total synthesis of dl-quadrone［J］. J Am Chem Soc, 1981, 103: 4136.

［9］MAPLE S R, ALLERHAND A. Analysis of minor components by ultrahigh resolution nmr. 2. detection of 0.01% diacetone alcohol in pure acetone and direct measurement of the rate of the aldol condensation of acetone［J］. J Am Chem Soc, 1987, 109: 6609.

［10］MUZART J. Is it really useful to employ ultrasonic irradiation in the self-condensation of ketones catalyzed by basic Alumina［J］. Synthetic Communications, 1985, 15（4）：285-289.

［11］MUAZRT J. Is it really useful to employ ultrasonic irradiation in the self-condensation of ketones catalyzed by basic alumina［J］. Syn Commun, 1985, 15: 285.

［12］WAY W, ADKINS H. The condensation of ketones by aluminum t-butoxide to compounds of the mesityl oxide type ［J］. J Am Chem Soc, 1940, 62: 3401.

［13］TAKEDA K, SHIMONO Y, YOSHII E. A short-step entry to （±） -quadrone ［J］. J Am Chem Soc, 1983, 105: 563.

［14］MCFADDEN R M, STOLTZ B M. The catalytic enantioselective, protecting group-free total synthesis of （+） -dichroanone ［J］. J Am Chem Soc, 2006, 128: 7738.

［15］RAPSON W S, ROBINSON R. 307. Experiments on the synthesis of substances related to the sterols. Part Ⅱ. A new general method for the synthesis of substituted cyclohexenones ［J］. Journal of the Chemical Society, 1935, 161 （11）: 6347.

［16］HAYASHI Y, SAMANTA S, ITOH T, et al. Asymmetric, catalytic, and direct self-aldol reaction of acetaldehyde catalyzed by diarylprolinol ［J］. Org Lett, 2008, 10 （24）: 5581.

［17］KHATIK G L, SHARMA R, KUMAR V, et al. Stereoselective synthesis of （s） -dapoxetine: a chiral auxiliary mediated approach ［J］. Tetrahedron Lett, 2013, 54: 5991.

［18］ARYA P, QIN H. Advances in asymmetric enolate methodology ［J］. Tetrahedron, 2000, 56: 917.

［19］MUKAIYAMA T. The Directed Aldol Reaction ［J］. Org React, 1982, 28: 203.

［20］BRAUN M. Advances in carbanion chemistry ［J］. Jai, Greenwich CT, 1992: 177.

［21］MAHRWALD R. Lewis acid catalysts in enantioselective aldol addition ［J］. Rec Res Dev Synt. Org Chem, 1998, 1: 123.

［22］PALOMO C, OIARBIDE M, GARCIA J M. The aldol addition reaction: an old transformation at constant rebirth ［J］. Chem Eur J, 2002, 8: 36.

［23］BERNARDI A, GENNARI C, GOODMAN J, et al. The rational design and systematic analysis of asymmetric aldol reactions using enol borinates: applications of transition state computer modelling ［J］. Tetrahedron: Asymmetry, 1995, 6: 2613.

［24］COWDEN C J, PATERSON I. Asymmetric aldol reactions using boronenolates ［J］. Org React, 1997, 51: 1.

［25］IRELAND R E, WILLARD A K. The stereoselective generation of ester enolates ［J］. Tetrahedron Lett, 1975, 16: 3975.

［26］IRELAND R E, WIPF P, ARMSTRONG J D. Stereochemical control in the ester enolate claisen rearrangement. 1. stereoselectivity in silyl ketene acetal formation ［J］. J Org Chem, 1991, 56: 650.

［27］DIAS L C, SALLESJR A G. Total synthesis of pteridic acids a and b ［J］. J Org Chem, 2009, 74: 5584.

［28］DIASA L C, GONCALVES C. DA C S. Total synthesis of （-） -basiliskamide b ［J］. Adv Synth Catal, 2008, 350: 1017.

［29］PATERSON I, NEE DOUGHTY V A S, MCLEOD M D, et al. Stereocontrolled total synthesis of （+） -concanamycin f: the strategic use of boron-mediated aldol reactions of chiral ketones ［J］. Tetrahedron, 2011, 67: 10119.

［30］PATTERSON B, MARUMOTO S, RYCHNOVSKY S D. Titanium （Ⅳ） -Promoted Mukaiyama Aldol-Prins Cyclizations ［J］. Org Lett, 2003, 5, （17）: 3163.

［31］YANAGISAWA A, SEKIGUCHI T. Dibutyltin dimethoxide-catalyzed aldol reaction of enol trichloroacetates ［J］. Tetrahedron Lett, 2003, 44: 7163.

［32］VONWIILER S C, WARNER J A, MANN S T, et al. The formation of a peracetal and trioxane from an enol ether with copper （ii） triflate and oxygen: unexpected oxygenation of aldol intermediates ［J］. Tetrahedron Lett, 1997, 38: 2363.

［33］MUKAIYAMA T, BANNO K, NARASAKA K. New cross-aldol reactions. Reactions of silyl enol e-
thers with carbonyl compounds activated by titanium tetrachloride ［J］. J Am Chem Soc, 1974,
96: 7503.

［34］MUKAIYAMA T, NARASAKA K, BANNO K. New Aldol Type Reaction ［J］. Chemistry Letters,
1973, 2 (9): 1011.

［35］MURATA S, SUZUKI M, NOYORI R. Trialkylsilyl triflates. 5. a stereoselective aldol-type condensa-
tion of enol silyl ethers and acetals catalyzed by trimethylsilyl trifluoromethanesulfonate ［J］. J Am
Chem Soc, 1980, 102: 3248.

［36］RAMESH P, MESHRAM H M. First total synthesis of salinipyrone a using highly stereoselective viny-
logous mukaiyama aldol reaction ［J］. Tetrahedron, 2012, 68: 9289.

［37］PLANCQ B, JUSTAFORT L C, LAFANTAISIE M, et al. Gallium (Ⅲ) triflate catalyzed diastereose-
lective mukaiyama aldol reaction by using low catalyst loadings ［J］. European Journal of Organic
Chemistry, 2013 (29): 6525.

［38］EVANS D A. Studiesin asymmetric synthesis. The development of practical chiral enolate synthons
［J］. Aldrichimica Acta, 1982, 15: 23.

［39］GAGE J R, EVANS D A. Diastereoselective aldol condensation using a chiral oxazolidinone auxiliary:
(2S*, 3S*) -3-hydroxy-3-phenyl-2-methylpropanoic acid ［J］. Org Synth Coll, 1993, 339.

［40］DE BRABANDER J, OPPOLZER W. Enantioselective total synthesis of (-) -denticulatins a and b
using a novel group-selective aldolization of a meso dialdehyde as a key step ［J］. Tetrahedron,
1997, 53: 9169.

［41］BROWN R C, KCIEŃSKI P J. A synthesis of salinomycin. Part 1. synthesis of key fragments ［J］.
Synlett, 1994, 7: 415.

［42］KCIEŃSKI P J, PRCTER M, SCHMIDT B. Synthesis of salinomycin ［J］. J Chem Soc Perkin Trans 1,
1998, 1: 9.

［43］EDER U, SAUER G, WIECHERT R. New type of asymmetric cyclization to optically active steroid
CD partial structures ［J］. Angewandte Chemie International Edition, 1971, 10 (7): 496.

［44］LIST B, LERNER R A, BABAS Ⅲ C F. Proline-catalyzed direct asymmetric aldol reactions ［J］. J
Am Chem Soc, 2000, 122: 2395.

［45］XU X-Y, TANG Z, WANG Y-Z, et al. Asymmetric organocatalytic direct aldol reactions of ketones
with α-keto acids and their application to the synthesis of 2-hydroxy-γ-butyrolactones ［J］. J Org
Chem, 2007, 72: 9905.

［46］VISHNUMAYA M R, SINGH V K. Highly efficient small organic molecules for enantioselective direct
aldol reaction in organic and aqueous media ［J］. J Org Chem, 2009, 74: 4289.

［47］RAJ M, VISHNUMAYA, GINOTRA S K, et al. Highly enantioselective direct aldol reaction
catalyzed by organic molecules ［J］. Organic letters, 2006, 8 (18): 4097.

［48］AGARWAL J, PEDDINTI R K. Glucosamine-based primary amines as organocatalysts for the asym-
metric aldol reaction ［J］. J Org Chem, 2011, 76: 3502.

［49］KUMAR A, CHIMNI S S. Organocatalyzed direct asymmetric aldol reaction of isatins in water: low
catalyst loading in command ［J］. Tetrahedron, 2013, 69: 5197.

［50］KANO T, YAMAGUCHI Y, TANAKA Y, et al. Syn-selective and enantioselective direct cross-aldol
reactions between aldehydes catalyzed by an axially chiral amino sulfonamide ［J］. Angew Chem Int
Ed, 2007, 46: 1738.

［51］KANO T, TAKAI J, TOKUDA O, et al. Design of an axially chiral amino acid with a binaphthyl backbone as an organocatalyst for a direct asymmetric aldol reaction ［J］. Angew Chem Int Ed, 2005, 44: 3055.

［52］ KANO T, TOKUDA O, MARUOKA K. Synthesis of a biphenyl-based axially chiral amino acid as a highly efficient catalyst for the direct asymmetric aldol reaction ［J］. Tetrahedron Lett, 2006, 47: 7423.

［53］ KOLBAYASHIS S, UCHIRO H, MUKAIYAMA T. Asymmetric aldol reaction between achiral silyl e-nol ethers and achiral aldehydes by use of a chiral promoter system ［J］. J Am Chem, 1991, 113: 4247.

［54］ KIYOOKA S I, KANEKOY, KOMURA M, et al. Enantioselective chiral borane-mediated aldol reac-tions of silyl ketene acetals with aldehydes. The novel effect of the trialkysilyl group of the silyl ketene acetal on the reaction course ［J］. J Org Chem, 1991, 56: 2276.

［55］ PARADOWSKA J, PASTERNAK M, GUT B, et al. Direct asymmetric aldol reactions inspired by two types of natural aldolases: water-compatible organocatalysts and znii complexes ［J］. J Org Chem, 2012, 77: 173.

［56］ CARREIRA E M, SINGER R A, LEE W. Catalytic, enantioselective aldol additions with methyl and ethyl acetate o-silyl enolates: a chiral tridentate chelate as a ligand for titanium （Ⅳ） ［J］. J Am Chem Soc, 1994, 116: 8837.

［57］ RYCHNOVSKY S D, KHIRE U R, YANG G. Total synthesis of the polyene macrolide roflamycoin ［J］. J Am Chem Soc, 1997, 119: 2058.

［58］ FUTATSUGI K, YAMAMOTO H. Oxazaborolidine-derived lewis acid assisted lewis acid as a moisture-tolerant catalyst for enantioselective Diels-Alder reactions ［J］. Angew Chem, 2005, 117: 1508.

［59］ FUTATSUGI K, YAMAMOTO H. Oxazaborolidine-derived lewis acid assisted lewis acid as a moisture-tolerant catalyst for enantioselective Diels-Alder reactions ［J］. Angew Chem Int Ed, 2005, 44: 1484.

［60］ YAMAMOTO H, FUTATSUGI K. Kombinierte säurekatalyse in der asymmetrischen synthese durch "designer-säuren" ［J］. Angew Chem, 2005, 117: 1958.

［61］ YAMAMOTO H, FUTATSUGI K. "designer acids": Combined acid catalysis for asymmetric synthesis ［J］. Angew Chem Int Ed, 2005, 44: 1924.

［62］ SIMSEK S, KALESSE M. Enantioselective synthesis of polyketide segments through vinylogous mu-kaiyama aldol reactions ［J］. Tetrahedron Lett, 2009, 50: 3485.

［63］ YAMADA Y M, SHIBASAKI M. Direct catalytic asymmetric aldol reactions promoted by a novel bari-um complex ［J］. Tetrahedron Lett, 1998, 39: 5561.

［64］ SUZUKI T, YAMAGIWA N, MATSUO Y, et al. Catalytic asymmetric aldol reaction of ketones and aldehydes using chiral calcium alkoxides ［J］. Tetrahedron Lett, 2001, 42: 4669.

［65］ YOSHIKAWA N, KUMAGAI N, MATSUNAGA S, et al. Direct catalytic asymmetric aldol reaction: Synthesis of either syn- or anti-α, β-dihydroxy ketones ［J］. J Am Chem Soc, 2001, 123: 2466.

［66］ KUMAGAI N, MATSUNAGA S, YOSHIKAWA N, et al. Direct catalytic enantio- and diastereose-lective aldol reaction using a Zn-Zn-linked-binol complex: a practical synthesis of syn-1, 2-diols ［J］. Org Lett, 2001, 3: 1539.

第四节　Wittig 反应

Wittig 反应（维蒂希反应）是醛或酮与三苯基膦叶立德（Wittig 试剂）反应生成烯烃和三苯基氧膦的一类有机化学反应，以发明人德国化学家格奥尔格·维蒂希的姓氏命名[1]。

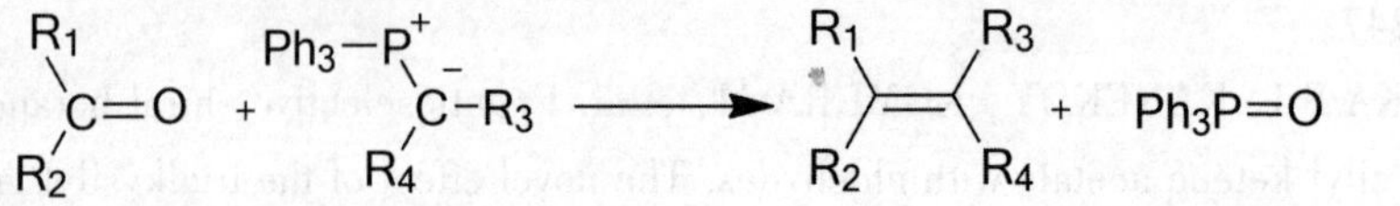

格奥尔格·维蒂希因此反应获得了 1979 年诺贝尔化学奖。Wittig 反应在烯烃合成中有十分重要的地位[2,3]。

一、Wittig 试剂

Wittig 试剂的结构可通过叶立德式或更常见的含 P＝C 的叶立因式来描述：

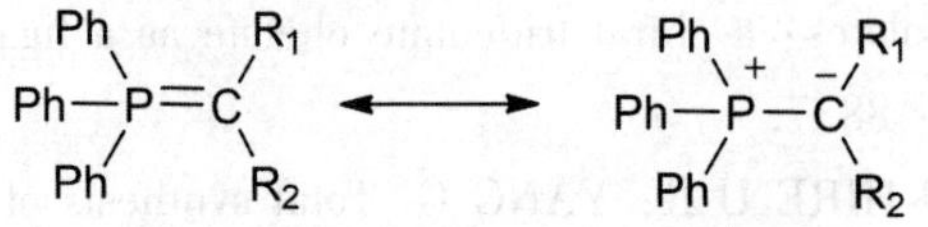

叶立因式　　　　　　　　　叶立德式

Wittig 试剂通常以四级膦盐在强碱作用下失去一分子卤化氢制备，而膦盐则可由三苯基膦和卤代烃反应得到。前者的制备反应通常在乙醚或四氢呋喃中进行，强碱选用苯基锂或正丁基锂。

$$Ph_3\overset{+}{P}-CH_2R\cdot X^- + C_4H_9Li \longrightarrow Ph_3P＝CHR + LiX + C_4H_{10}$$

二、反应机理

活泼叶立德的 Wittig 反应生成以热力学上不稳定的顺式烯烃占优势，这一事实特别引起人们的兴趣。近十多年来提出的各种机理的共同点都是承认在反应过程中需经过氧磷四环这一步骤，但是它是直接由醛和叶立德生成的还是先经过内镒盐或其他形式再生成的，人们的观点却各不相同。

（一）形成"内镒盐"结构的机理[4]

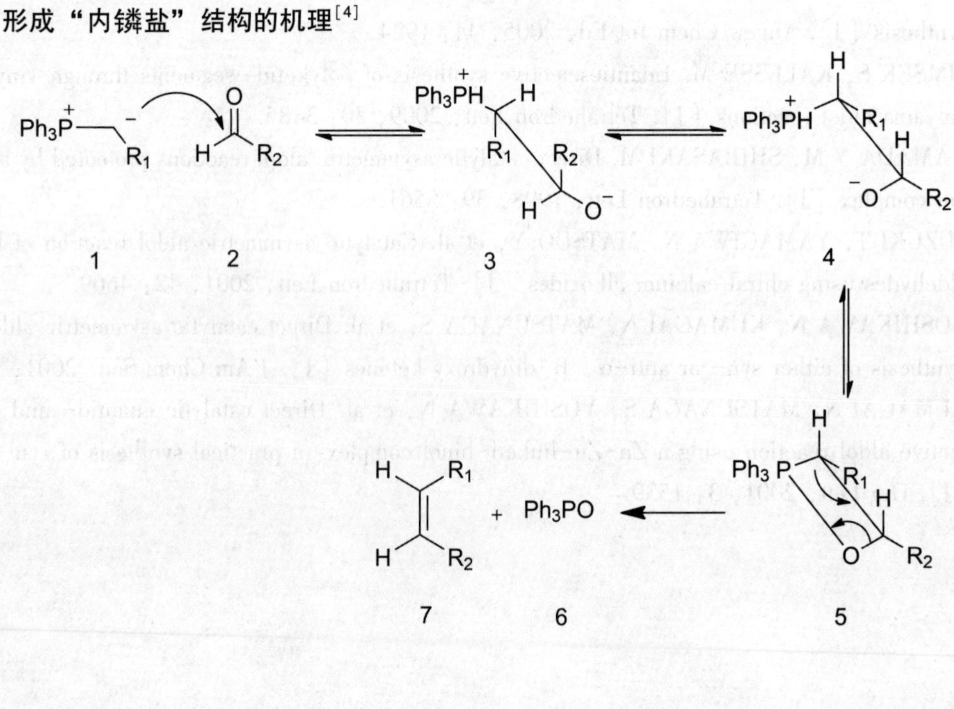

磷叶立德（1）中的电负性碳进攻与醛（2）羰基中的碳原子，发生亲核加成。由于位阻原因，主要生成 Ph_3P^+ 和 O^- 处于反式的产物 3。C—C 键旋转得到偶极中间体 4。4 在 -78℃ 时比较稳定，可以和含氧四元环过渡态 5 共振，而后发生消除，得到顺式烯烃（7）和三苯基氧膦（6）。

对于活泼的 Wittig 试剂而言，与醛和酮反应时第一步的速率都较快，第三步成环反应速率较慢，是速控步。但对于稳定的叶立德而言，R_1 基团可以稳定碳上的负电荷，第一步是速控步。因此，总体的成烯反应速率减小，而且生成的烯烃中 E 型比例较大。这也是不活泼的 Wittig 试剂与有位阻的酮反应很慢的缘故。

（二）"假旋转"理论[5]

叶立德与醛加成首先形成四元杂环（1），经假旋转后得到 2，P—C 键经断裂生成内鏻盐 3，其中的 R_1、R_2 决定该内鏻盐存在的时间与最后产物 5 和 6 的立体化学。

若 3 中 R_2（来自磷叶立德）吸电子力强，碳负离子稳定，存在时间长，有利于 C—C 旋转，则产物烯以 E 型为主；若 R_2 斥电子力强，产物烯以 Z 型为主。

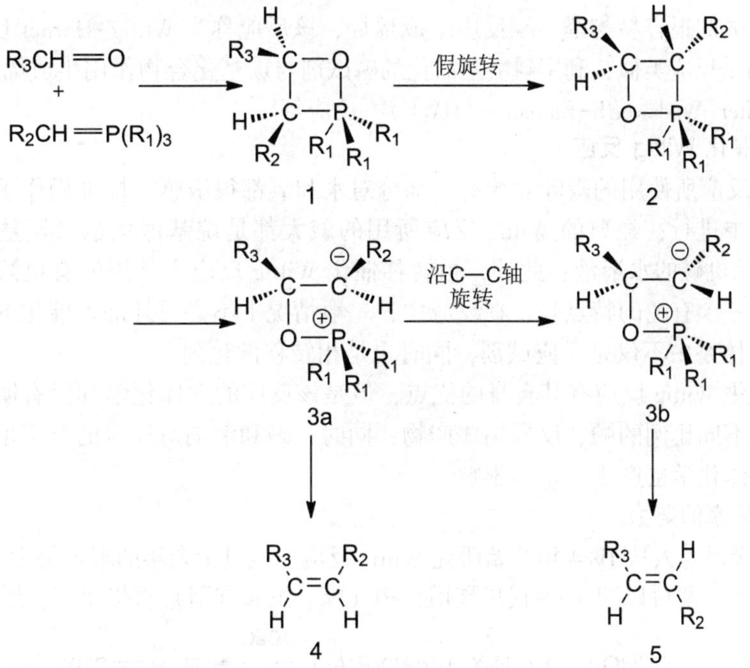

三、Wittig 反应的改进发展

（一）Schlosser-Wittig 反应[6]

Schlosser 从非稳定化的叶立德出发，改良了 Wittig 反应，高选择地形成 E 式烯烃，该反应称为 Schlosser-Wittig 反应。

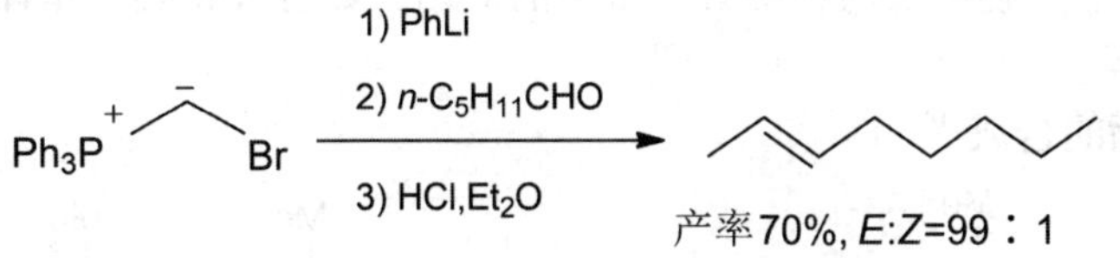

在该法中，首先形成叶立德与锂盐的络合物，而后该络合物在低温下与醛反应，形成加成产物。此时，再加入一当量强碱如苯基锂，然后用叔丁醇质子化，可立体选择性地得到顺式两性化合物，最后升温发生 β-顺式消除得到 E 式烯烃。

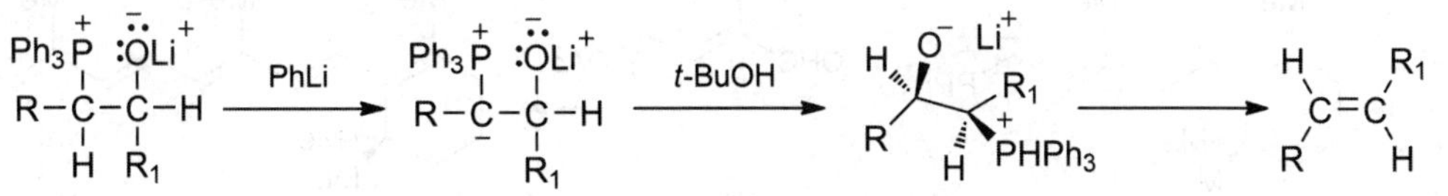

（二） Wittig-Horner 反应[7]

稳定的叶立德与羰基化合物反应时，一般只能与醛反应，而不能与酮反应，这使得人们考虑改进 Wittig 反应。

用亚磷酸酯代替三苯基膦制备的磷叶立德称为 Wittig-Horner 试剂。例如，亚磷酸乙酯和溴代乙酸乙酯反应得到膦酸酯，在氢化钠的作用下放出一分子氢而形成 Wittig-Horner 试剂。

$$(EtO)_3P + BrCH_2COOEt \longrightarrow (EtO)_2\overset{\overset{OEt}{|}}{\underset{Br^-}{\overset{+}{P}}}CH_2COOEt \xrightarrow{-C_2H_5Br} (EtO)_2\overset{\overset{O}{\|}}{P}CH_2COOEt$$

$$\xrightarrow{NaH} (EtO)_2\overset{\overset{O}{\|}}{\underset{Na^+}{P}}\overset{-}{C}HCOOEt + H_2$$

Wittig-Horner 试剂很容易与醛、酮反应生成烯烃，该反应称为 Wittig-Horner 反应。

与 Wittig-Horner 反应类似，利用磷酰基活化的磷试剂与羰基化合物作用生成烯烃的反应还有 Horner-Emmons 反应、Horner-Wadsworth-Emmons （HWE）[8] 反应等。

（三） 相转移催化 Wittig 反应

经典的 Wittig 反应所使用的磷叶立德有一部分对水和氧都很敏感，标准操作手续需要彻底干燥过的溶剂并在惰性气体中进行；经典的 Wittig 反应所用的碱大都是烷基锂化钠、氨基钠等，而相转移催化 Wittig 反应只需要无机碱的水溶液；此外，相转移催化 Wittig 反应中常用的有机溶剂二氯甲烷、苯也比较容易除去。还有一个有趣的特点是，在反应中，一般情况下不必另外加入催化剂，因为季膦盐（或膦酸酯）本身在这个体系中不仅是反应试剂，同时也是相转移催化剂。

虽然相转移催化 Wittig 反应有其自身的优点，但是该反应的立体化学却没有明显的规律，不同的叶立德在反应中生成不同比例的顺、反异构体产物；同时，碱和溶剂对反应的产率也有显著影响；催化剂的种类对反应的立体化学也产生一定的影响。

（四） 中国化学家的努力

中国化学家沈延昌等人从 1984 年开始研究 Wittig 反应，经过十余年的艰苦努力，发现在催化剂和正三丁基膦（胂）存在下，醛可以和 α-溴代羰酸衍生物（酯、酰胺和腈）直接反应，形成碳-碳双键[9]。

$$RCHO + BrCH_2X + n\text{-}Bu_3P(As) \xrightarrow{\textbf{Cat.}} RCH=CHX$$

$$X=CO_2Me，CN，CO_2Et，CONHR \quad Cat.=Pd，Zn，Cd$$

沈延昌的改进方法具有首创性和新颖性，他把三步反应压缩成一步，大大简化了著名的 Wittig 反应，使其得到了进一步的发展，受到了国际学术界的重视和高度评价。

（五） Wittig 反应在天然产物及药物合成中的应用

Wittig 反应在合成天然产物中及药物中有非常多的应用，如合成萜类、甾体、维生素 A 和维生素 D、植物色素及昆虫信息素等。

1. 维生素 A₁ 乙酸酯的合成[10]

2. 维生素 D₃ 的合成

3. 匹伐他汀钙的合成 匹伐他汀钙（pitavastatin calcium）是 HMG-CoA 还原酶抑制剂，2003 年首次在日本上市，用于治疗包括家族性高脂血症在内的高脂血症。在其合成中应用 Wittig 反应制备中间体。[11,12]

4. 盐酸决奈达隆的合成 盐酸决奈达隆（dronedarone hydrochloride）是法国赛诺菲-安万特公司开发的抗心律失常药物，其中间体 2-正丁基-5-硝基苯并呋喃经 Wittig 反应得到。

几十年来，Wittig 反应作为合成烯烃最为常用、有效的途径，发展很快，改良方法也很多。在有机合成中发挥着举足轻重的作用，应用于许多化合物的合成，越来越受到化学家们的青睐。相信随着 Wittig 反应的改进和发展，它必将在有机合成中发挥愈来愈重要的作用。

参考文献

[1] WITTIG G, HAAG W. Uber Triphenyl-phosphinmethylene als olefinbildende Reagenzien（Ⅱ. Mitteil. 1）[J]. European Journal of Inorganic Chemistry, 1955, 88（11）: 1654.

[2] CARRUTHERS W. Some modern methods of organic synthesis [J]. Cambridge UK, 1971: 81.

[3] MAERCKER A. The Wittig reaction [J]. Organic Reactions, 1965, 14: 270.

[4] SCHLOSSER M. Topics in stereochemistry [M]. New York: Wiley Interscience, 1970, 366.

[5] BESTMANN H J, VOSTROWSKY O. The mechanism of the wittig reaction [J]. Top Curr Chem, 1983, 109: 85.

[6] SCHLOSSER M, CHRISTMANN K F. Trans-selective olefin syntheses [J]. Angewandte Chemie International Edition in English, 1966, 5（1）: 126.

[7] HORNER L, HOFFMANN H, WIPPEL H G. Phosphororganische Verbindungen, ⅩⅡ. Phosphinoxyde als Olefinierungsreagenzien [J]. Chem Ber, 1958, 91: 61.

[8] WADSWORTH W S, EMMONS J R, W D. The utility of phosphonate carbanions in olefin synthesis [J]. J Am Chem Soc, 1961, 83: 1733.

［9］沈延昌. 碳-碳重键的新合成方法学研究［J］. 化学学报，2000，58（3）：253.

［10］WITTIG G. Origin and development in the phosphine alkylene chemistry［J］. Angew Chem，1956，68（16）：505.

［11］AOKI T，NISHIMURA H，NAKAGAWA S，et al. Pharmacological profile of a novel synthetic inhibitor of 3-hydroxy-3-methylglutaryl-coenzymeareductase［J］. Arzneimittel-Forschung，1997，47（8）：904.

［12］MIYACHI N，YANAGAWA Y，IWASAKI H，et al. A novel synthetic method of HMG-CoA reductase inhibitor NK-104 via a hydroboration-cross coupling sequence［J］. Tetrahedron letters，1993，34（51）：8267.

第五节　格氏反应

　　格氏反应于 1899 年由当时法国里昂大学的研究生 Victor Grignard 发明。卤代烃在无水醚类（乙醚或四氢呋喃等）溶剂中和金属镁作用生成烷基卤化镁（RMgX），这种有机镁化合物称为格氏试剂。格氏试剂可以与醛、酮等化合物发生加成反应，经水解后生成相应的仲醇或叔醇，这类反应称为格氏反应。

　　格氏试剂与醛、酮加成，发生羟烷基化反应是制备醇类化合物的有效方法之一，主要用来构筑碳碳键的组合。可以和它发生化学反应的主要官能团是羰基、酯基和氰基。此外，α，β-不饱和羰基化合物及卤代烃也可以和格氏试剂发生反应。

R$_1$，R$_2$ = R，Ar，H　　R$_3$，R$_4$，R$_5$，R$_6$ = R，Ar　　Y = OR，Cl，Br，I　　X = Cl，Br，I

　　格氏反应所用的溶剂必须含有醚键，即具有一对未共享的电子。符合这样条件的溶剂仅限于乙醚、四氢呋喃、2-甲基四氢呋喃、叔丁基醚、异丙基醚、甲基叔丁基醚和乙二醇二甲醚。甲苯和正己烷有时可用作稀释溶液，但无法单用[1]。由于水分会使反应淬灭，空气会使格氏试剂发生缓慢的氧化，因此，格氏试剂制备和使用成功的关键是严格的无水无氧操作。

　　格氏反应的机理至今未研究清楚，但是研究人员比较一致的两个观点是协同过程（concerted pathway）和电子激发过程（radical pathway）。研究发现，协同过程是指低电子亲和力的底物在反应中以协同的方式形成一个环状过渡态。电子激发过程观点是，在空间上要求底物和体积庞大带正电的格氏试剂形成极弱的 C—Mg，该过程伴随着电子以单电子转移（ET）的方式从格氏试剂传给底物。上述的任何一种方式都将形成烯醇盐，后经水解得到产物[2-4]。烯醇盐水解时，最早的方法是先加入一定量的碎冰，再添加少量 6mol/L 盐酸或 25%硫酸，但对于酸敏感的产物，水解最好用过量的 50%氯化铵水溶液。

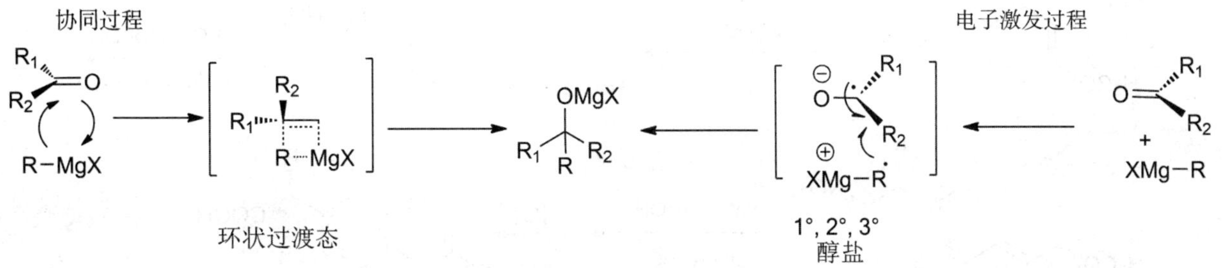

协同过程　　　　　　　　　　　　　　　　　　　　　　　　　　　　　　电子激发过程

环状过渡态　　　　　　　　　　　　　　　　1°, 2°, 3°
　　　　　　　　　　　　　　　　　　　　　　　醇盐

自 20 世纪开始，格氏反应广泛地应用于食品添加剂、工业化工中间体的合成及医药产品制备中。维生素 A 及其衍生物是指天然维生素 A（retinol）及其在体内代谢的衍生物视黄醛、视黄酸和其他相似的人工合成产物，亦称作类维生素 A（retinoid）。维生素 A 的原形化合物是视黄醇，1988 年 Solladie 等[5]以 β-紫罗酮为原料合成了视黄醇，其中利用 Grignard 缩合法合成中间体为关键步骤。

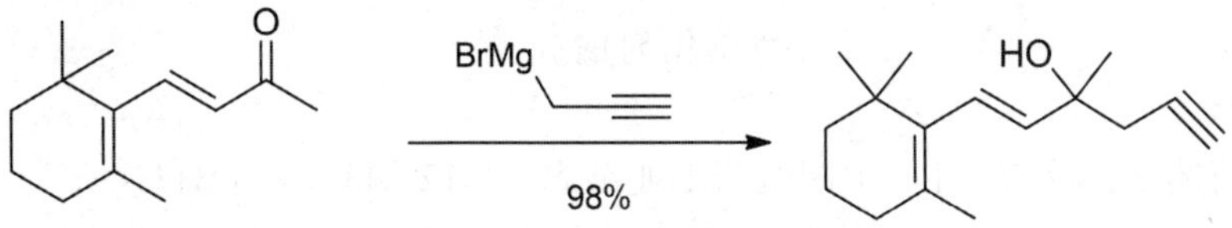

格氏试剂与 α, β-不饱和羰基化合物反应既可以得到 1, 2-加成产物也可以得到 1, 4-加成产物：

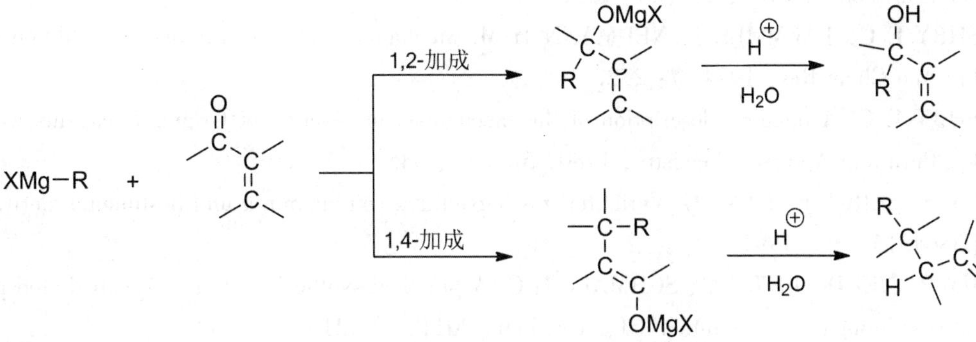

格氏试剂与 α, β-不饱和羰基化合物反应往往得到 1, 2-加成和 1, 4-加成的混合物，但在少量的亚铜盐存在下，主要得到 1, 4-加成产物。例如[6]：

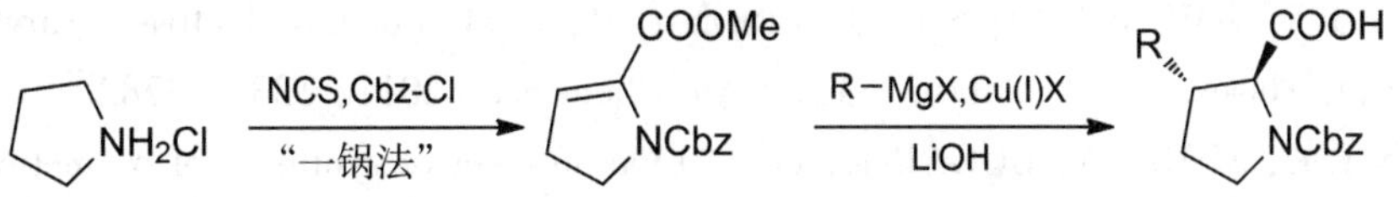

此外，格氏试剂在一价铜盐、氯化锌或过渡金属的催化下可以和卤代烃（卤代芳烃和卤代烷烃）发生偶联反应[7-10]，这类偶联反应的应用范围大于 Suzuki 反应。例如，萘普生是具有抗炎、解热、镇痛作用的非甾体类抗炎药，为前列腺素（PG）合成酶抑制剂，其最初的合成工艺如下：

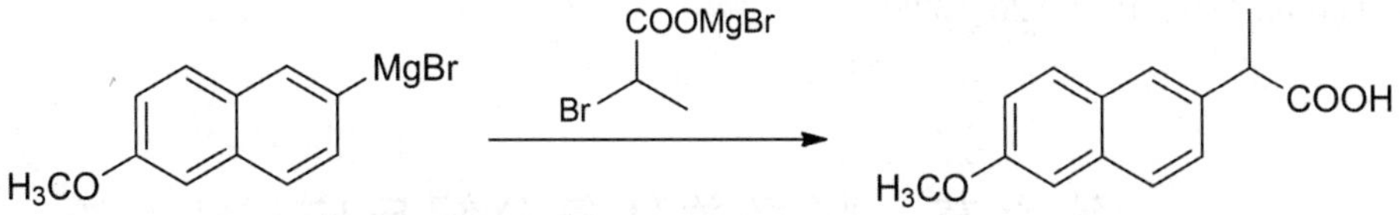

最近，Reddy 等[7]以 Henry 反应所制备的硝基烯烃与一些烷基格氏试剂发生 1, 4-加成制备萘普生及其类似物。该路线以手性二茂铁催化剂 L₃ 对映选择性地催化，并以格氏反应和 Nef 反应为关键反应，合成步骤如下：

手性催化剂 L_3

参考文献

[1] 王哲清. 简述格氏反应 [J]. 中国医药工业杂志, 2012, 43 (4): 311.

[2] ASHBY E C. Grignard reagents. Compositions and mechanisms of reaction [J]. Quarterly Reviews Chemical Society, 1967, 21 (2): 259.

[3] ASHBY E C, LAEMMLE J, NEUMANN H M. Mechanisms of grignard reagent addition to ketones [J]. Acc Chem Res, 1974, 7: 272.

[4] ASHBY E C. A detailed description of the mechanism of reaction of Grignard reagents with ketones [J]. Pure and Applied Chemistry, 1980, 52 (3): 545.

[5] GUY S, SERGE F, LANG G. Verfahren zur herstellung von vitamin a und bestimmten derivaten: EP, DE3864315 [P]. 1991.

[6] HUY P, NEUDOÖRFL J M, SCHMALZ H G. A practical synthesis of trans-3-substituted proline derivatives through 1, 4-addition [J]. Org Lett, 2011, 13: 216.

[7] REDDY P, BANDICHHOR R. Enantioselective grignard addition to nitroolefin [J]. Tetrahedron Lett, 2013, 54: 3911.

[8] HARVEY J S, SIMONOVICH S P, JAMISON C R, et al. Enantioselective α-arylation of carbonyls via Cu (i) -bisoxazoline catalysis [J]. J Am Chem Soc, 2011, 133: 13782.

[9] THALÉN L K, SUMIC A, BOGÁR K, et al. Enantioselective synthesis of α-methyl carboxylic acids from readily available starting materials via chemoenzymatic dynamic kinetic resolution [J]. J Org Chem, 2010, 75: 6842.

[10] HIYAMA T, WAKASA N. Asymmetric coupling of arylmagnesium bromides with allylic esters [J]. Tetrahedron Lett, 1985, 26: 3259.

第六节　烯烃关环复分解反应

烯烃复分解反应是指在金属催化剂的作用下烯烃的双键发生断裂，形成亚烷基，这些亚烷基之间按照统计学的方式再重新组合生成双键，生成新的烯烃的反应。根据反应过程中分子骨架的变化，可以将烯烃复分解反应分为5种类型：开环复分解、开环复分解聚合、非环二烯复分解聚合、关环复分解及交叉复分解反应。

烯烃关环复分解反应（ring closing metathesis reaction, RCM）涉及金属催化剂存在下烯烃双键的重组，自发现以来便在医药和聚合物工业中得到广泛的应用，相对于其他反应，该反应副产物及废物排放少，更加环保。

2005 年的诺贝尔化学奖颁给了伊夫·肖万、罗伯特·格拉布和理查德·施洛克，以表彰他们在反应研究和应用方面做出的卓越贡献。

一、烯烃复分解关环反应催化剂

反应机理和催化剂经过几十年的研究与发展，多种催化剂被广泛应用。其中包括 Schrock 催化剂、Grubbs 催化剂、Grubbs 一代催化剂、Grubbs 二代催化剂及 Grubbs-Hoveyda 催化剂，如下所示：

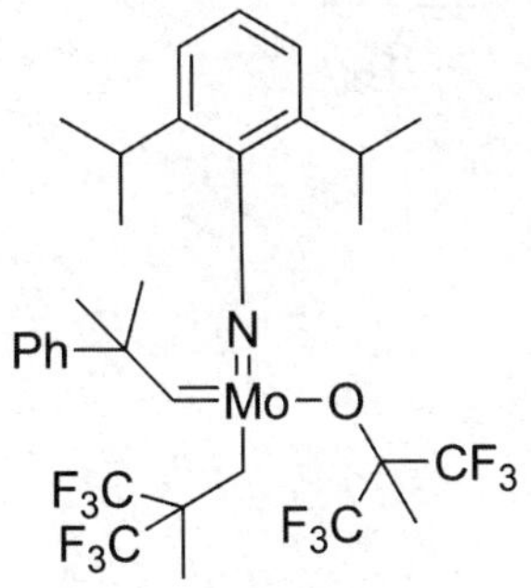

Schrock催化剂 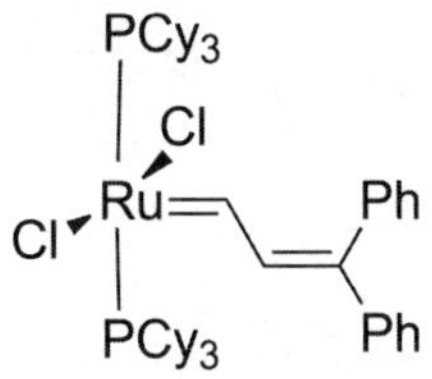　　　　Grubbs催化剂 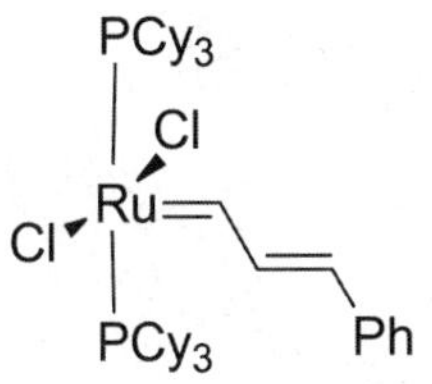　　　　Grubbs一代催化剂

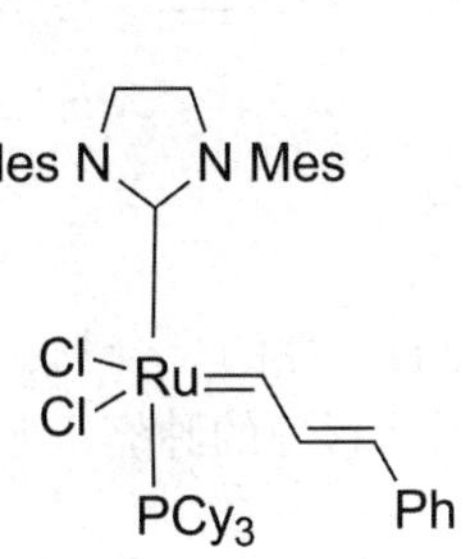

Grubbs二代催化剂 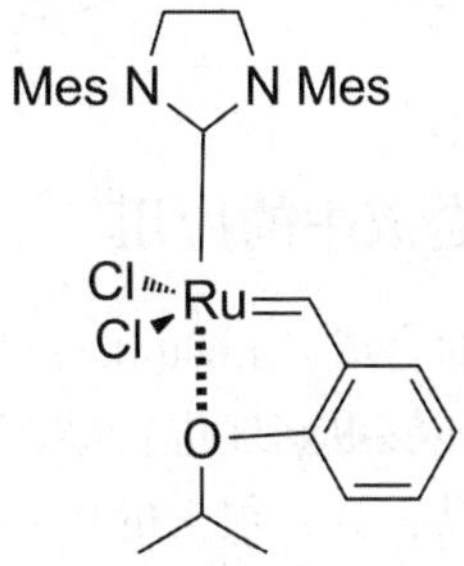　　　　Grubbs-Hoveyda催化剂

1992 年，Grubbs 小组用有各种取代基的烯丙基醚作为原料，在 Schrock 催化剂的催化下，通过 RCM 反应生成了二氢呋喃，而且产率很高。该报道使得 RCM 反应在有机界引起了极大的反响，如下所示：

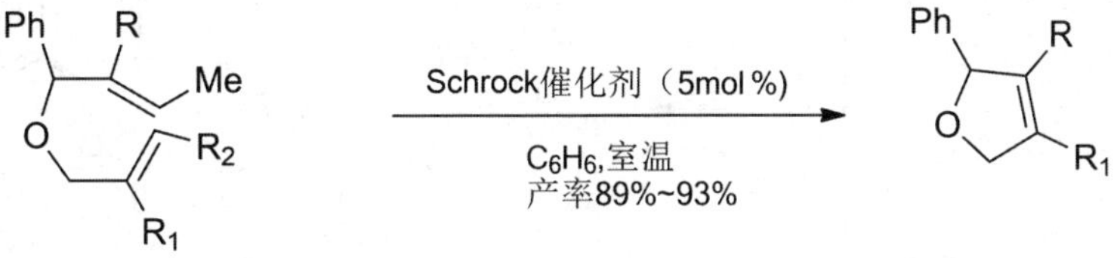

1a:R=H,R$_1$=H,R$_2$=CH$_3$　　　　　2a:R=H,R$_1$=H
1b:R=CH$_3$,R$_1$=H,R$_2$=CH$_3$　　　2b:R=CH$_3$,R$_1$=H
1c:R=CH$_3$,R$_1$=CH$_3$,R$_2$=H　　　3c:R=CH$_3$,R$_1$=CH$_3$

Grubbs 小组于 20 世纪 90 年代初期报道了金属钌配合物催化剂，即 Grubbs 一代催化剂[1]。与 Schrock 催化剂相比，Grubbs 一代催化剂更易制备，固体状态下对水和氧具有更好的稳定性，然而对于烯键上有大位阻取代基团化合物的环合反应，Grubbs 一代催化剂的催化活性不如 Schrock 催化剂[2]。为了进一步改善催化剂的稳定性与活性，Grubbs 小组于 1998 年开发出了具有氮杂环配基的金属钌配合物催化剂，即 Grubbs 二代催化剂。与 Grubbs 一代催化剂相比，Grubbs 二代催化剂具有更强的催化活性、更好的稳定性（特别是在溶液中的稳定性），是目前应用最广泛的 RCM 反应催化剂[3]。近年来还出现了多种结构新颖、活性较高的催化剂。例如 Grubbs-Hoveyda 催化剂，目前已经应用于千克级化合物的放大制备，很好地弥补了 Grubbs 二代催化剂在大规模生产时催化效率较低的缺点[4]。

二、RCM 反应机理

根据伍德沃德–霍夫曼规则，两个烯烃直接发生［2+2］环加成是对称禁阻的，活化能很高。20 世纪 70 年代时，Herison 和肖万提出了 RCM 反应的环加成机理，该机理是目前接受最广泛的反应机理。首先发生烯烃双键与金属卡宾配合物的［2+2］环加成反应，生成金属杂环丁烷衍生物中间体；然后该中间体经过由逆环加成反应，即可使金属催化剂 d 轨道与烯烃的相互作用，降低活化能，使 RCM 反应在适宜温度下就可发生，摆脱了以前多催化剂组分及强路易斯酸等反应条件。如下所示：

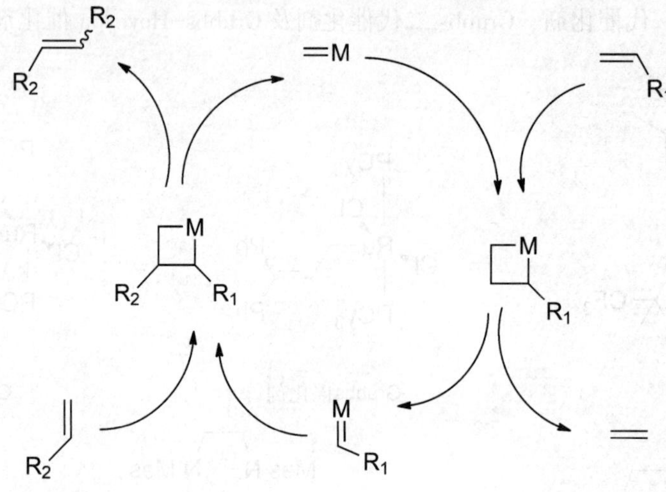

三、RCM 反应在药物合成中的应用

1. Epothilone 及其衍生物的合成 Epothilone 是一类具有抗肿瘤活性的化合物，其抗肿瘤机制与紫杉醇类似。由于其结构简单，能够更好地进行结构修饰，同时对耐紫杉醇的肿瘤细胞具有高活性，因此被认为是紫杉醇的更新换代产品，具有很大的市场开发价值。

在 Epothilone 及其衍生物的合成研究中，RCM 反应成为构建该分子大环骨架的关键步骤。Nicolaou 等使用 0.1equiv Grubbs 一代催化剂将化合物 3 环合成关键中间体 4，进而合成了目标分子 Epothilone A[5]。

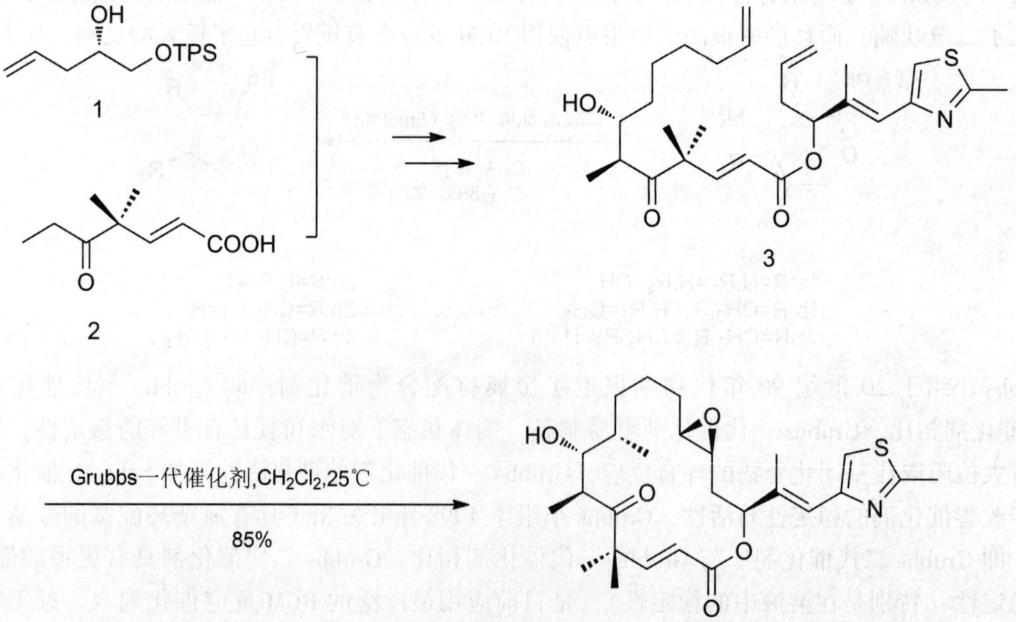

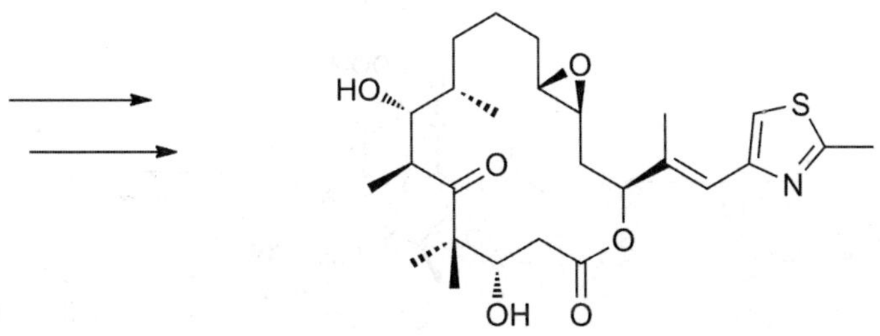

5

Epothilone A

Epothilone A 的合成路线

2. Anthramycin 及其衍生物的合成 Anthramycin 是从 *Streptomyces refuineus var* 中分离得到的一类具有抗肿瘤活性的化合物[6]。Tsuyosh 等以化合物 6 为起始原料，通过 Grubbs 一代催化剂催化分子内烯键与炔键之间的 RCM 反应得到具有不饱和吡咯环的化合物 7，进而合成出 Anthramycin 的苯二氮吡咯三环的骨架（化合物 8），然后通过交叉复分解反应等步骤合成出 Anthramycin（化合物 10）[7]。

3. Manzamine A 及其衍生物的合成 Manzamine A 是从海洋生物中发现的生物碱，研究表明，它能够抑制 P388 小鼠白血病细胞的生长[8]。由于 Manzamine A 具有多个手性中心，因此，在设计合成路线时使用 RCM 反应可以简化合成步骤，降低合成难度。John 等对映选择性地合成了 Manzamine A 及其衍生物。在该合成路线中，先采用 Grubbs 一代催化剂将化合物 16 环合为具有大环结构的化合物 17，之后再使用 RCM 反应构建七元环，得到中间体 29，进而合成出 Manzamine A[9]。

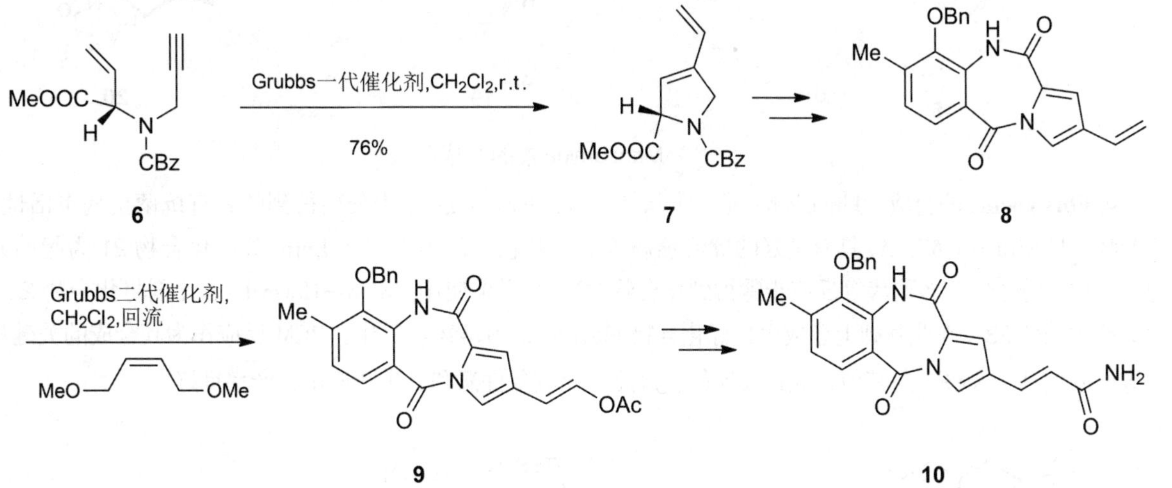

Anthramycin 的合成路线

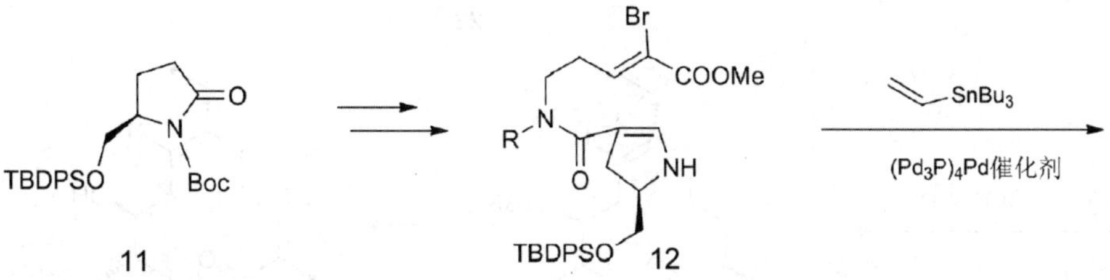

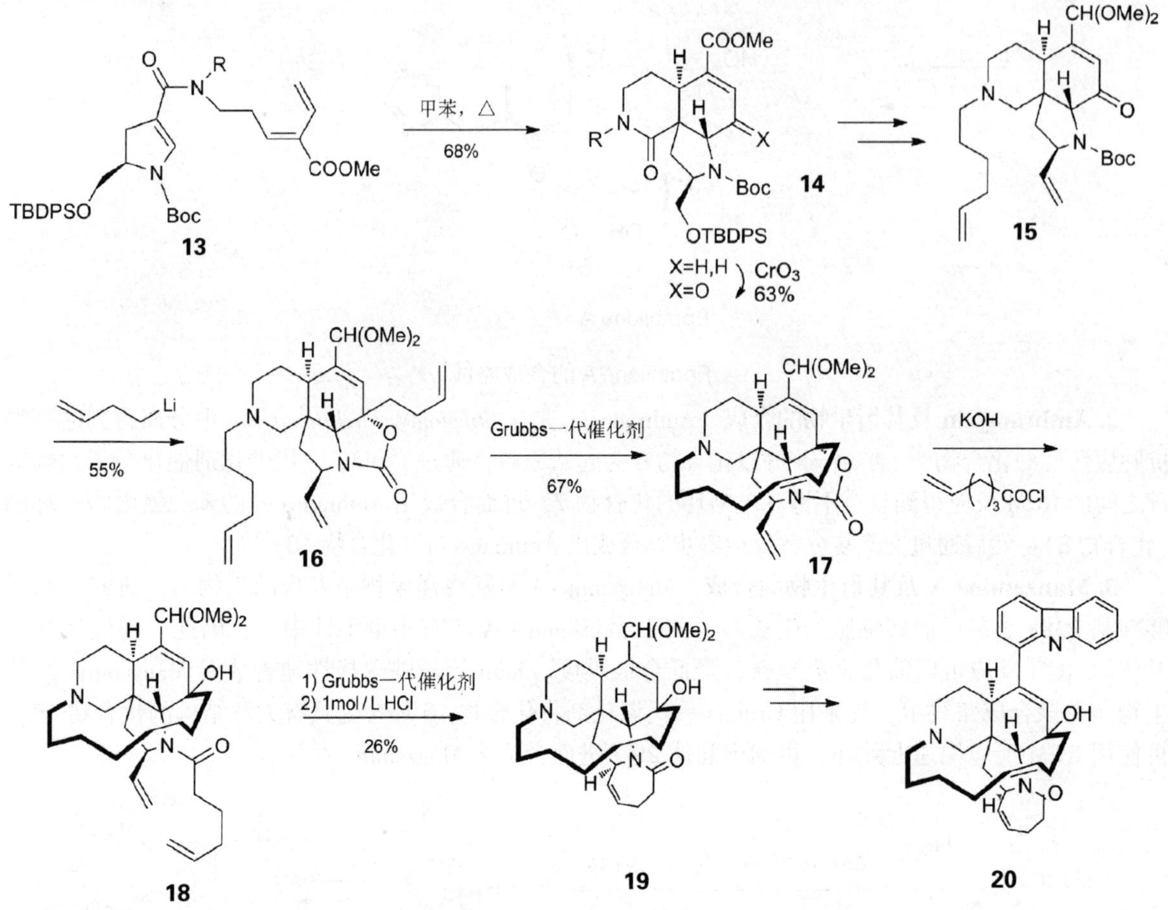

Manzamine A 的合成路线

4. Fluvirucins 的合成　Fluvirucins 是一类从 *Actinomadura vulgaris* 中分离得到的具有抗菌抗病毒活性的天然产物。Fluvirucins A_1、A_2 具有良好的抗流感病毒活性及较小的毒性[10]。Enric 等以化合物 21 为起始原料，通过还原、分子间亲核取代等反应步骤得到化合物 22，然后再使用 Grubbs-Hoveyda 催化剂将化合物 22 关环为关键中间体 23，在此基础上合成出目标化合物 Fluvirucins $B_2 \sim B_5$。其中，RCM 反应作为其合成的关键步骤，反应产率达到了 85%。与其他合成路线比较，该路线反应条件温和，步骤简单，产率良好[11]。

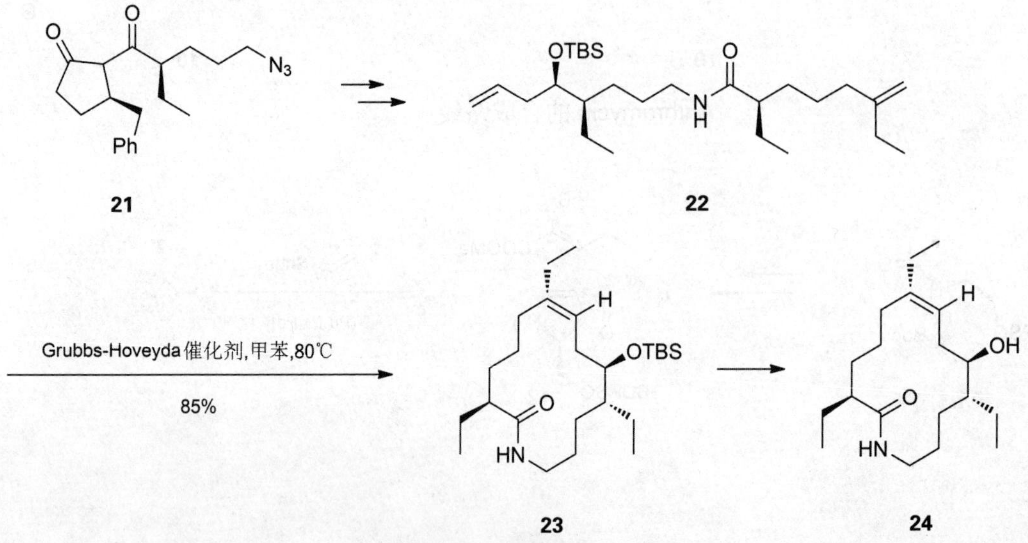

Fluvirucins 的合成路线

RCM 反应机理独特，由于 RCM 反应的催化剂只作用于反应物中的碳-碳双键，而对分子中其他活泼官能团及手性碳几乎没有影响，因此能够较为方便地实现目标化合物的立体选择性合成。这就体现出了 RCM 反应在合成结构较复杂的大环化合物方面的优势。另一方面，RCM 反应条件温和，不仅适用于化合物的实验室制备，也应用在化合物的中试放大中。此外，RCM 反应催化剂较易获得，某些特定的催化剂还能重复利用，这使 RCM 反应具备了经济、环保的特点。RCM 反应的上述优点使其在具有环状结构的生物活性小分子的合成路线设计和结构改造等方面发挥着越来越重要的作用。同时，一些科学家正在用这种方法开发治疗癌症、老年痴呆和艾滋病等疾病的新药。随着反应催化剂的发展及反应机理的进一步揭示，RCM 反应将在未来的药物研发领域中扮演更加重要的角色。

尽管如此，RCM 反应仍然存在不少局限。首先，用目前的催化剂体系不能有效实现四取代烯烃的交叉复分解反应及桶烯的开环聚合。其次，钌金属烯烷基催化剂体系还不能适用于带碱性官能团的底物复分解反应，氨基必须转化为季铵盐的形式方能发生复分解反应。当用作脱亲电子试剂清洗剂时，又要求过量的胺存在，这就给实际应用带来了麻烦。RCM 反应中的立体化学问题，特别是有关催化剂不对称转化的问题还没有很好地解决。关于复分解反应中生成物的顺、反异构的选择性控制，虽然在某些特定的底物中已经取得成功，但没有普遍的规律可循。同时，市场上钌催化剂的价格也太高，不利于推广使用。所有这些都是需要解决的问题。

参考文献

[1] NGUYEN S T, JOHNSON L K, GRUBBS R H. Ring-opening metathesis polymerization（romp）of norbornene by a group viii carbene complex in proticmedia [J]. J Am Chem Soc, 1992, 114: 3974.

[2] KIRKLAND T A, GRUBBS R H. Effects of olefin substitution on the ring-closingmetathesis of dienes [J]. J Org Chem, 1997, 62: 7310.

[3] MATTHIAS S, TINKAT M, MORGAN J P, et al. Increased ring closing metathesis activity of ruthenium-based olefin metathesis catalysts coordinated with imidazolin-2-ylidene ligands [J]. TetrahedronLetters, 1999, 40: 2247.

[4] HUAN W, HAYAO M, BRIAN D D, et al. Large-scale synthesis of sb-462795, a cathepsin k inhibitor the based approaches [J]. Tetrahedron, 2009, 65: 6291.

[5] SINGH S, MCCOY J G, ZHANG C, et al. Structure and mechanism of the rebeccamycin sugar 4'-O-methyltransferase RebM [J]. Journal of Biological Chemistry, 2008, 283 (33): 22628.

[6] LEINGRUBER W, STEFANOVIE V, SCHENKER F, et al. Isolation and characterization of anthramycin, a new antitumor antibiotic [J]. J Am Chem Soc, 1965, 87 (24): 5791.

[7] TSUYOSHI K, YOSHIHIRO S, MIWAKO M. Synthetic study of (c)-anthramycin using ring-closing enyne metathesis and cross-metathesis [J]. Tetrahedron, 2004, 60: 9649.

[8] RYUICHI S, TATSUO H, MANZAMINE A. A novel antitumor alkaloid from a sponge [J]. J Am Chem Soc, 1986, 108: 6404.

[9] JOHN M H, YUSHENG L, AMJAD A, et al. Enantioselective total syntheses of manzamine a and related alkaloids [J]. J Am Chem Soc, 2002, 124: 8584.

[10] VINOD R H, MAHESH G P, VINCENT P G, et al. Macrolactams: A new class of antifungal agents [J]. J Am Chem Soc, 1990, 112: 6403.

[11] ENRIC L, FELIX U, JAUME V, et al. Efficient approach to fluvirucins B_2-B_5, Sch38518, and Sch39185. First synthesis of their aglycon, via CM and RCM reactions [J]. Org Lett, 2009, 11 (15): 3198.

第七节　Heck、Stille、Suzuki 交叉偶联反应

　　1845 年，德国化学家 Kolbe 在实验室通过碳碳键构筑首次合成了乙酸，开启了有机合成化学的大门[1]，在此基础上不断有全新的构筑碳碳键的方法诞生。Aldol 反应、Grignard 反应、Diels-Alder 反应和 Wittig 反应被逐渐应用到有机化合物的合成中，对复杂药物分子的合成产生了深远的影响。20 世纪下半叶，一种用过渡金属催化的碳碳键构筑方法让化学家们感到欣喜不已，因为这种通过过渡金属催化的偶联方法能够提高原子经济性。由此，合成化学迈进了一个全新的领域[2]。

　　利用过渡金属催化的偶联反应构筑碳碳键的反应主要有 Heck 反应、Stille 反应、Suzuki 反应、Sonogashira 反应、Tsuji-Trost 反应和 Negish 反应，这些反应的共同特点是通过钯催化的交叉偶联构筑碳碳键。Richard F. Heck（美国）、Ei-ichi Negish（日本）和 Akira Suzuki（日本）在"钯催化交叉偶联反应"研究领域做出了杰出贡献，其研究成果使人类能有效地合成复杂有机物，因此获得了 2010 年诺贝尔化学奖。

一、Heck 反应

　　1971 年，Mizoroki 用乙酸钾作为碱，在氯化钯催化下，碘苯与苯乙烯在甲醇中于 120℃和加压的条件下偶联为二苯乙烯，这是有关钯催化的偶联反应的首次报道 [**(1)**]。1972 年，美国化学家 Heck 改进了此反应[3]，采取无溶剂条件，改用乙酸钯催化，以有位阻的三正丁胺作为碱，在 100℃条件下偶联。1974 年，Heck 又在原来的基础上首次引入了手性膦配体，并且采取丙烯酸甲酯作为底物 [**(2)**]。在此基础上这些反应逐渐被改进和应用到有机合成中，发展成为一类新的构筑碳碳键的方法——Heck 反应。所谓 Heck 反应就是不饱和卤代烃（或三氟甲磺酸酯）与烯烃在强碱和钯催化下生成取代烯烃的偶联反应，反应中原料卤代烃或三氟甲磺酸酯中的 R 基可以是芳基、苄基或乙烯基，烯烃的双键碳必须连有氢，且烯烃通常为缺电子烯烃，如丙烯酸酯或丙烯腈，钯催化剂可以是四（三苯基膦）钯（0）、氯化钯（Ⅱ）或乙酸钯（Ⅱ）等，见**(3)** 通式。

Mizoroki（1）和 Heck（2）在早期的反应研究以及 Heck 反应的通式（3）

　　Heck 反应主要是以围绕催化剂钯中心循环的机理进行的，循环中所需的 Pd（0）一般是由 Pd（Ⅱ）前体在反应过程中产生的，以（2）中溴苯和丙烯酸甲酯为例子，催化剂 Pd(OAc)$_2$ 可被 PPh$_3$ 还原为 Pd(Ph)$_2$（0）（Ⅰ）进入循环系统，在循环机理中，首先由电子不饱和的含钯物质 1 氧化加成，Pd 插入碳溴键中生成 2，然后 Pd 与烯烃作用产生 π 配合物，配位的烯烃再顺式插入钯碳键中得到 3，3 经旋转（未画出）异构化为扭张力较小的反式异构体 4 后，发生 β-氢消除，获得另一个钯与烯烃配位的中间体 5，经解配位即得到反应产物烯烃，同时还产生 6，而 6 在碳酸钾作用下发生还原消除，又转化为 1 而获得再生参与到整个循环过程中。在整个反应过程中用到的碳酸钾是化学计量的，但钯却是催化量的。

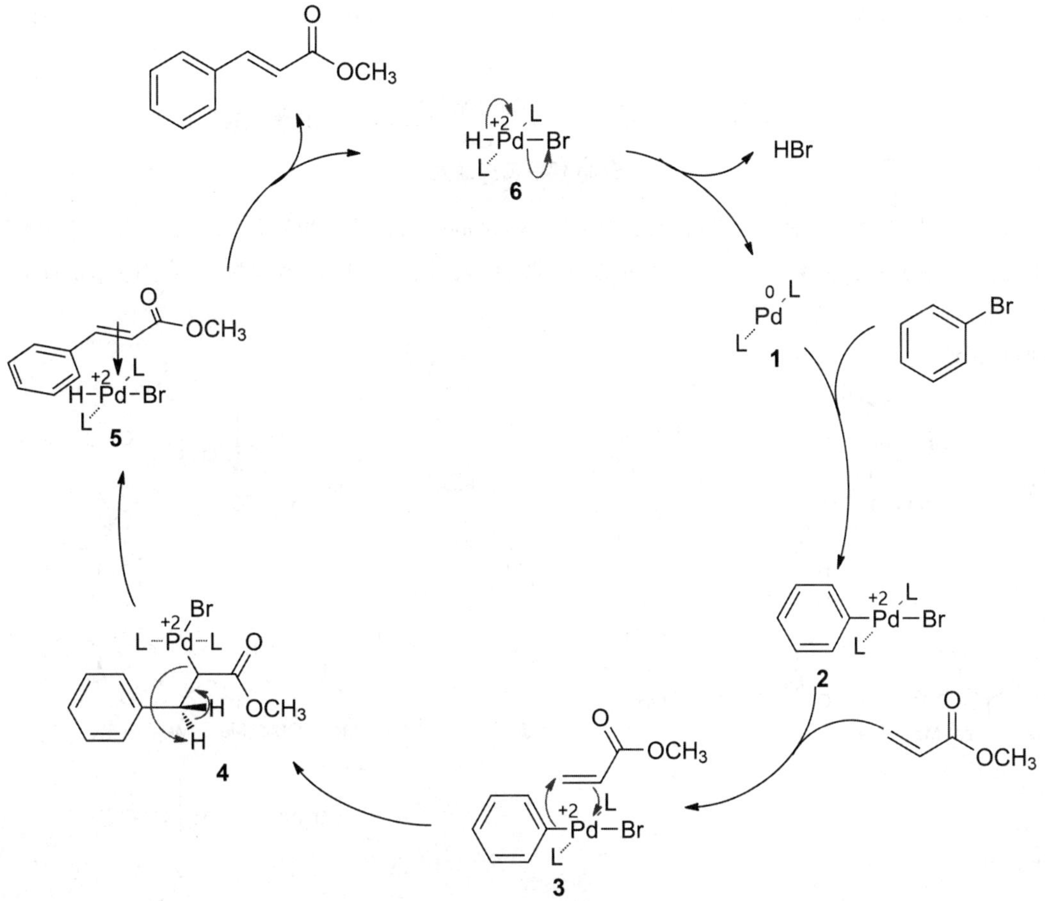

Heck 反应机理

Heck 反应在有机合成，尤其是在复杂天然产物和药物合成中占据重要位置。2002 年，著名有机合成化学家 Fukuyama 报道了具有抗皮肤癌和肺癌活性的天然产物海鞘素 743（ecteinascidin 743）的全合成路线[4]，即在乙腈回流条件下，以环状烯酰胺前体分子内的 Heck 反应作为关键反应，以 83% 的收率构筑了 [3.3.1] 双环结构，从而完成了海鞘素 743 的全合成路线。如下所示：

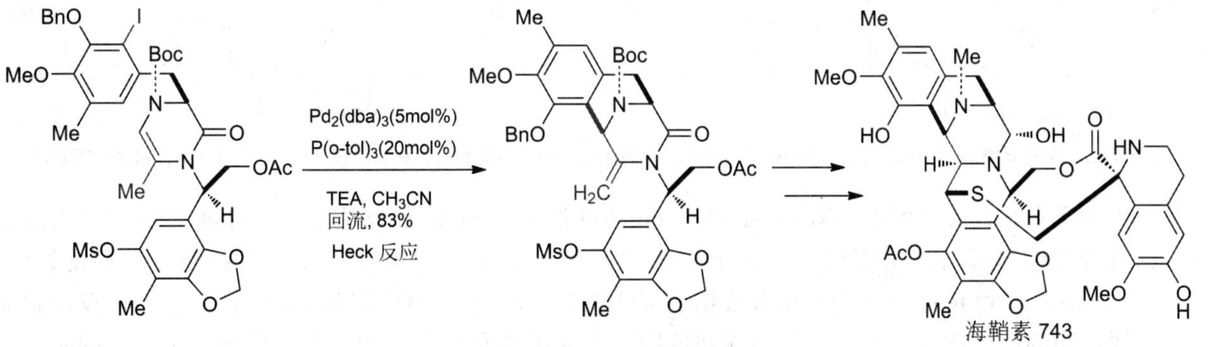

以 Heck 反应为关键步骤合成海鞘素 743

二、Stille 反应

20 世纪 70 年代，John Kenneth Stille 和 David Milstein 首先发现[5]有机锡化合物和不含 β-氢的卤代烃（或三氟甲磺酸酯）在钯催化下发生的交叉偶联反应，命名为 Stille 反应。Stille 偶联反应和 Heck 反应都是用钯催化的交叉偶联反应来构筑碳碳键的经典反应，其在机理上和 Heck 反应有诸多相似的地方，首先活性的 Pd（0）与卤代烃发生氧化加成反应，生成顺式的中间体，并很快异构化生成反式的异构体。后者与有机锡化合物发生金属交换反应，然后发生还原消除反应，生成 Pd（0）和偶联的产物，完成一个催化循环。

$$R_1-SnR_3 + \quad R_2-X \xrightarrow[OH^-]{Cat. [Pd^0L_n]} R_1-R_2$$

Stille 偶联反应通式

Stille 反应在药物合成中有重要的意义，例如，Nicolaou（a）于1993年、Smith（b）于1995年分别通过 Stille 偶联[6]构筑了含有全反式三烯系统的29元大环内酯类药物雷帕霉素（rapamycin）。如下所示：

(a) Nicolaou, et al.

n-Bu₃Sn ⟶ SnBu₃-*n*

[PdCl₂(MeCN)₂](20mol%),
i-Pr₂NEt,
DMF/THF, 25℃
分子内偶联反应

分子内偶联反应 | 27%

(b) Smith, et al.

[PdCl₂{P(2-furyl)₃}₂eCN)₂]
i-Pr₂NEt,DMF/THF, 25℃
74%
分子内偶联反应

以 Stille 反应构筑大环内酯类药物雷帕霉素（rapamycin）[（a）Nicolaou，et al. 1993 （b）Smith，et al. 1995]

在雷帕霉素全合成过程中，Nicolaou 和 Smith 巧妙地运用 Stille 偶联构筑了一个庞大的大环内酯母核，这对合成许多具有高难度的大环内酯类天然产物和手性药物具有积极重要的意义。不仅如此，Sasaki、Yamamoto 和 Rainier 三位有机合成化学家分别于 2002 年、2003 年和 2004 年运用 Stille 反应将庞大的附属基团的氯代物与二烯锡化合物成功偶联，合成了具有复杂结构的海洋阶梯毒素（gambierol），这个分子的合成在有机化学合成历史上具有重要意义，它不仅激励化学家们去探索高难度分子合成，同时也说明钯催化偶联方法的应用在不断发展，趋于成熟[2c]。

当然，Stille 反应也有许多不足之处。首先，有机锡化物是一种剧毒化合物，且造价高昂，因此，使催化量的锡通过置换反应而回收，从而减少有机锡化合物的用量，无疑将是一个值得进一步探讨的课题。其次，进一步寻找适合钯催化的高效、稳定的配体，发现新的反应渠道，也是亟待解决的问题。

X = Br 或 I

+

n-Bu$_3$Sn ────

| Yamamoto et al.,
Rainier et al.,
X = I
[Pd$_2$(dba)$_3$]CHCl$_3$(40mol%)
P(2-furyl)$_3$(160mol%)
CuI, DMSO, 40℃
(72%~75%) | Sasaki et al.,
X = Br
[Pd(PPh$_3$)$_4$](80 mol%)
CuI, LiCl
DMSO/THF, 60℃
(43%) |

以 Stille 反应合成海洋阶梯毒素（gambierol）

三、Suzuki 反应

1979 年，日本化学家 Akira Suzuki 发表了一篇名为 "基于钯催化的通过 1-烯基硼烷和芳基卤化物立体选择性合成芳基化（E）-烯烃" 的论文[7]，其发现在乙醇钠作为碱，四（三苯基膦）钯催化下，芳基卤化物和烯基硼烷反应能高收率、高立体选择性获得芳基化（E）-烯烃 [（1）]，其通式见（2）。Suzuki 反应与之前提到的 Stille 反应相比，采用了比有机锡化合物对环境污染小和毒性小的硼酸化合物，同时 Suzuki 反应条件较为温和，硼酸可使用商业化的原料得到，反应中的无机副产物很容易从反应混合物中除去，从而更加适合用于工业生产，更重要的是它具有很强的底物适应性及官能团耐受性，例如有醛基、酯基和腈基等官能团存在时均不受影响。

$$R_1C\equiv CR_2 + HBY_2 \longrightarrow \underset{H}{\overset{R_1}{}}\!\!\!=\!\!\!\underset{BY_2}{\overset{R_2}{}} \xrightarrow[\text{PdL}_4,\ \text{OH}^-]{\text{ArX}} \underset{H}{\overset{R_1}{}}\!\!\!=\!\!\!\underset{Ar}{\overset{R_2}{}} \qquad (1)$$

Y$_2$ = 双（1,2-二甲基丙基）或

X = Br 或 I, L = PPh$_3$

$$\text{R}_1\!-\!\text{BY}_2 \ + \ \text{R}_2\!-\!\text{X} \xrightarrow[\text{OH}^-]{\text{Cat. [Pd}^0\text{L}n]} \text{R}_1\!-\!\text{R}_2 \qquad (2)$$

Suzuki 早期对该反应的研究（1）和 Suzuki 反应的通式（2）

Suzuki 反应与 Heck 反应和 Stille 反应均是以钯催化的交叉偶联反应，其在机理上有很多类似之处。Pd（0）与卤代烷发生氧化加成反应，与 Heck 反应不同的是，当钯插入碳卤键后会与碱作用生成强亲电性的有机钯中间体，同时芳基硼酸与碱作用生成酸根型配合物四价硼酸盐中间体，具有亲核性，最后经还原消除，得到偶联产物和催化剂，催化剂则直接进入循环系统参与反应。

自 1981 年 Rossi 首次[8]将 Suzuki 反应应用到全合成中成功合成了从昆虫中分离得到的信息素（*E*）-9,11-十二碳二烯乙酸甲酯以来，该反应在复杂的天然产物和药物合成方面的应用越来越广泛。1999 年，C. H. Heathcock 实验室[9]通过 Suzuki 反应完成（*E*）-乙烯基硼烷和（*Z*）-碘代三烯的偶联，巧妙地连接成多烯抗生素类天然产物 Myxalamide B 分子（Myxalamide B 是有效的电子传递抑制剂，具有抗生物和抗真菌活性，具有非常重要的药物价值）。在这之前要构筑连续的顺式和反式烯烃是极具挑战性的课题，Suzuki 反应成功解决了这个问题。

以 Suzuki 反应合成多烯抗生素类天然产物 Myxadamide B

Suzuki 偶联反应在天然产物和药物分子的全合成中具有极其重要的作用[2c]，例如发现于剧毒岩沙海葵的岩沙海葵毒素（palytoxin）的聚醚毒素类海洋天然产物［（1）］，1994 年化学家 Kishi 通过关键步骤 Suzuki 偶联完成了其全合成。Nicolaou 和 Boger 分别在 1998 年和 1999 年报道了用 Suzuki 偶联反应构筑万古霉素（vancomycin aglycon）基本骨架［（2）］的方法。另外，1996 年，化学家 Dawson 通过两次 Suzuki 偶联反应巧妙地合成了具有抗病毒和抗 HIV 活性的二聚苯骈四氢异喹啉生物碱——米歇尔胺（michellamine）B［（3）］。这些结构复杂并含多个手性中心的分子的成功合成很好地测试了钯催化的交叉偶联方法的可行性和普适性，正是因为对构筑碳碳键的杰出贡献，Heck、Nigishi 和 Suzuki 三人共享了 2010 年诺贝尔化学奖。

除了上述介绍的 Heck 反应、Stille 反应和 Suzuki 反应以外，以过渡金属钯催化的交叉偶联反应还有 Sonogashira 反应、Tsuju-Trost 反应和 Negish 反应，这些反应有诸多共同点，都是全新的构筑碳碳键的方法，只是有机金属试剂中使用了不同的过渡金属和稀土金属。例如，Stille 反应使用的是有机锡化合物，Suzuki 反应使用的是硼烷类化合物，Sonogashira 反应和 Negish 反应使用的金属分别为铜和锌。尽管这些反应在构筑碳碳键中起到了至关重要的作用，但是还是存在许多不足，采用毒性较小的有机金属试剂，在减少对环境的污染及增加底物的耐受性等方面仍然需要改进和发展，真正贯穿"绿色化学"的环保理念，让化学更好地服务于人类社会才是化学工作者的最终目的。

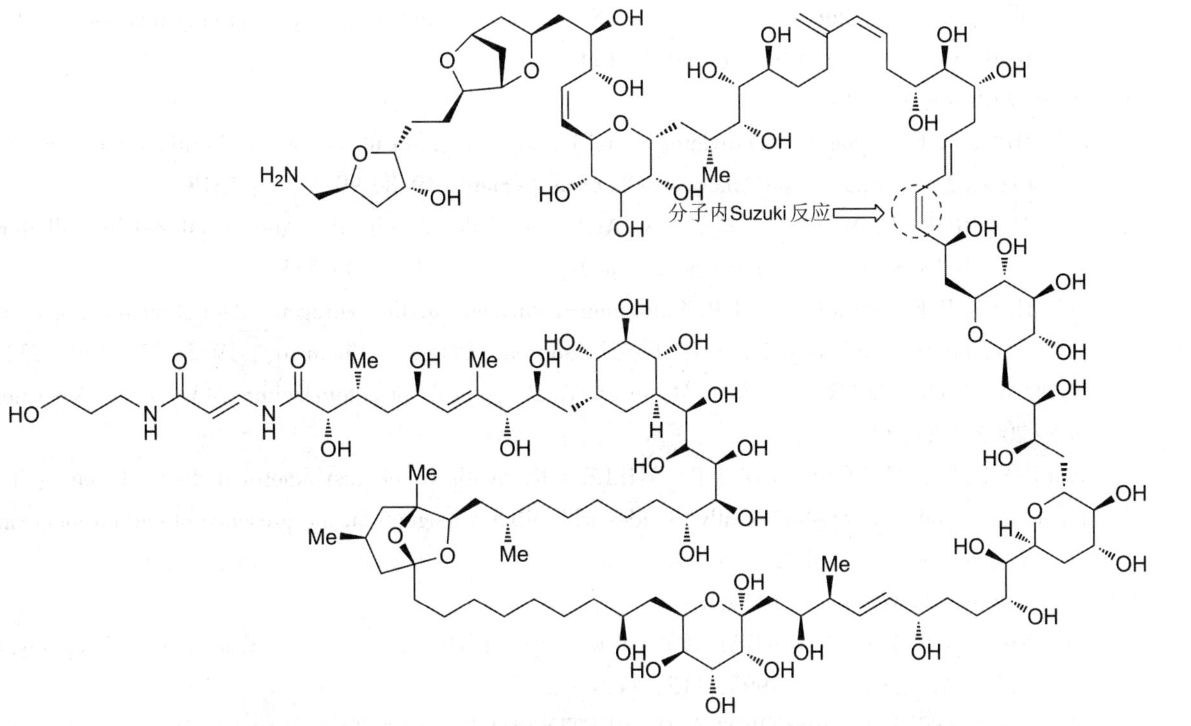

(1) 岩沙海葵毒素(palytoxin),
Kishi, et al.,**1994**

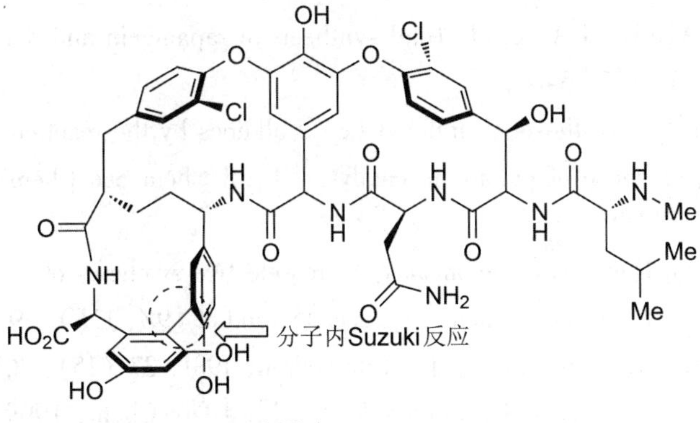

(2) 万古霉素
Nicolaou, et al.,**1998**; Boger et al.,**1999**

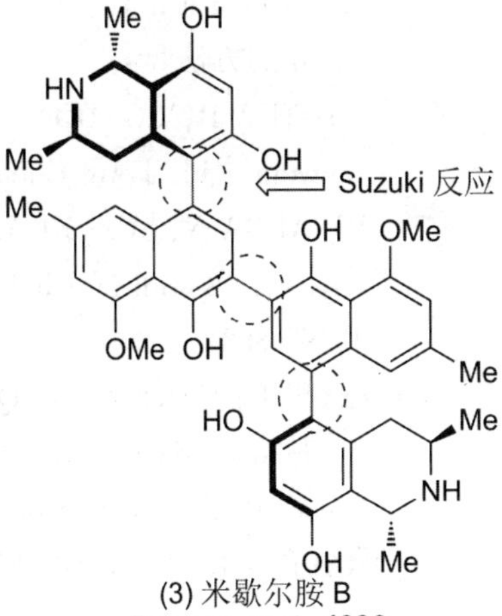

(3) 米歇尔胺 B
Dawson, et al., **1996**

通过 Suzuki 反应构筑关键骨架的几个具有代表性的药物分子

参考文献

［1］ KOLBE H. Beiträge zur kenntniss der gepaarten verbindungen ［J］. Ann Chem Pharm, 1845, 54: 145.

［2］ 以钯催化的交叉偶联最新研究及其综述见:

（a）王宗廷，张云山，王书超，等. Heck 反应最新研究进展 ［J］. 有机化学，2007，27（2）：143.

（b）王德平，张旭东，梁云，等. 钯催化 Stille 交叉偶联反应研究新进展 ［J］. 有机化学，2006，26（1）：19.

（c）NICOLAOU K C, BULGER P G, SARLAH D. Palladium-catalyzed cross-coupling reactions in total synthesis ［J］. Angew Chem Int Ed, 2005, 44: 4442.

（d）CHOUDARY B M, MADHI S, CHOWDARI, et al. Layered double hydroxide supported nanopalladium catalyst for Heck-, Suzuki-, Sonogashira-, and Stille-type coupling reactions of chloroarenes [J]. J Am Che Soc, 2002, 124: 14127.

［3］Heck 反应早期研究见：

（a）HECK R F. Acylation, methylation, and carboxyalkylation of olefins by Group Ⅷ metal derivatives [J]. Journal of the American Chemical Society, 1968, 90 (20): 5518.

（b）MIZOROKI T, MORI K, OZAKI A. Arylation of olefin with aryl iodide catalyzed by palladium [J]. Bulletin of the Chemical Society of Japan, 1971, 44 (2): 581.

（c）HECK R F, NOLLEY JR J P. Palladium-catalyzed vinylic hydrogen substitution reactions with aryl, benzyl, and styryl halides [J]. The Journal of Organic Chemistry, 1972, 37 (14): 2320.

［4］ENDO A, YANAGISAWA A, ABE M, et al. Total synthesis of ecteinascidin 743 [J]. J Am Chem Soc, 2002, 124: 6552.

［5］MEERIFIELD J H, GODSCHAL J P, STILLE J K. Synthesis of unsymmetrical diallyl ketones: The palladium-catalyzed coupling of allyl halides with allyltin reagents in the presence of carbon monoxide [J]. Organometallics, 1984, 3: 1108.

［6］雷帕霉素的合成 Nicolaou 的方法见：

（a）NICOLAOU K C, CHAKRABORTY T K, PISCOPIO A D, et al. Total synthesis of rapamycin [J]. J Am Chem Soc, 1993, 115: 4419.

（b）NICOLAOU K C, PISCOPIO A D, BERTINATO P, et al. Total synthesis of rapamycin [J]. Chem Eur J, 1995, 1: 318.

Smith 的方法见：

SMITH A B, CONDON S M, MCCAULEY J A, et al. Total synthesis of rapamycin and demethoxyrapamycin [J]. J Am Chem Soc, 1995, 117: 5407.

［7］MIYAURA N, SUZUKI A. Stereoselective synthesis of arylated (e) -alkenes by the reaction of alk-1-enylboranes with aryl halides in the presence of palladium catalyst [J]. J Chem Soc Chem Commun, 1979: 866.

［8］ROSSI R, CARPITA A, QUIRICI M G. Dienic sex pheromones: Stereoselective syntheses of (7E, 9Z) -7, 9-dodecadien-1-yl acetate, (E) -9, 11-dodecadien-1-yl acetate, and of (9Z, 11E) -9, 11-tetradecadien-1-yl acetate by palladium-catalyzed reactions [J]. Tetrahedron, 1981, 37 (15): 2617.

［9］MAPP A K, HEATHCOCK C H. Total synthesis of myxalamide A [J]. J Org Chem, 1999, 64: 23.

第八节　Sharpless 不对称环氧化与双羟化反应（SAE、SAD 反应）

一、SAE 反应

1980 年，K. B. Sharpless 和 T. Katsuki 报道了第一个较为实用的不对称环氧化方法[1]。他们发现将四异丙基氧钛、光学活性的酒石酸二乙酯（DET）和叔丁基过氧化氢（TBHP）进行组合，能够使多种烯丙醇结构类型的双键以较高收率、高立体选择性（ee>90%）地发生不对称环氧化，后来发展为夏普莱斯不对称环氧化反应（Sharpless asymmetric epoxidation），简称 SAE 反应。

（一）SAE 反应机理

首先 Ti（Oi-Pr）$_4$ 与 DET 之间发生迅速的配体交换形成催化剂，形成的催化剂进一步与 TBHP 进行作用，将烯丙醇的双键不对称地环氧化。但是催化剂的准确结构直到现在还未确定，但所有的研究都表明它是一种［Ti(tartrate)(OR)$_2$］的二聚体结构，如下所示：

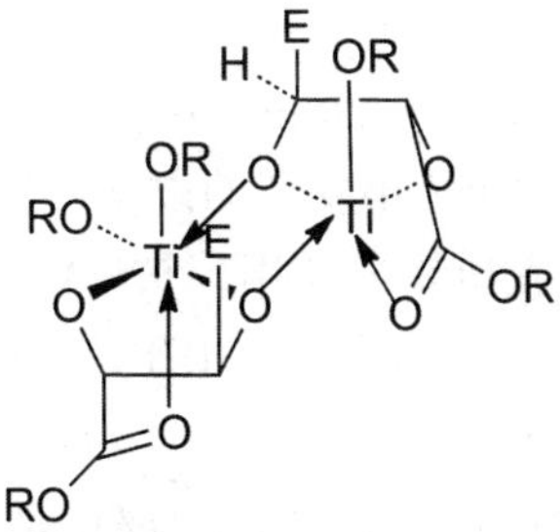

当反应底物和氧化剂加入体系，未络合的两个异丙氧基配体被烯丙氧基和叔丁基过氧基取代，反应机理如下所示。

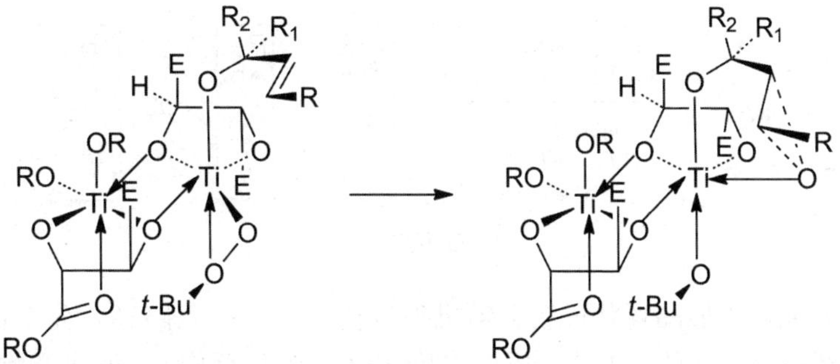

大部分天然产物和药物分子中都含有多个手性中心，SAE 反应在这些分子的合成过程中有非常重要的实用价值。例如，T. R. Hoye 小组通过 SAE 和 SAD 反应的联用成功完成了 (+)-parviflorin 中双四氢呋喃骨架的构建[2]。底物中的两个烯丙醇结构在 L-(+)-DET 存在下，以 87%的收率最终得到了光学纯的双环氧化结构的化合物，如下所示。

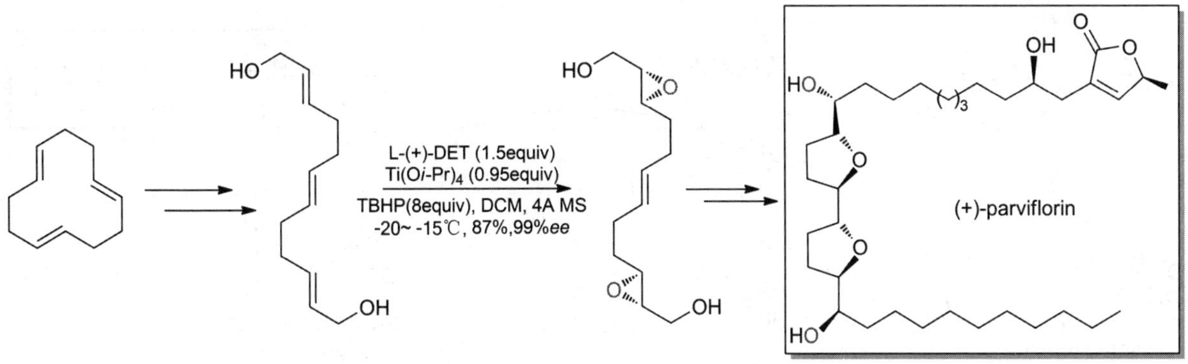

I. Paterson[3]等人在合成 (−)-laulimalide 的过程中，最后的一步关键反应非常巧妙地运用了 SAE 反应选择性地对环上烯丙醇结构进行不对称环氧化。在−27℃ 条件下加入 1equiv 的 (+)-DIPT 反应 15h 时，选择性地对 C_{16}＝C_{17}环进行氧化，而 C_{21}＝C_{22}并没有受到影响，从而顺利合成了抗癌药 (−)-laulimalide。

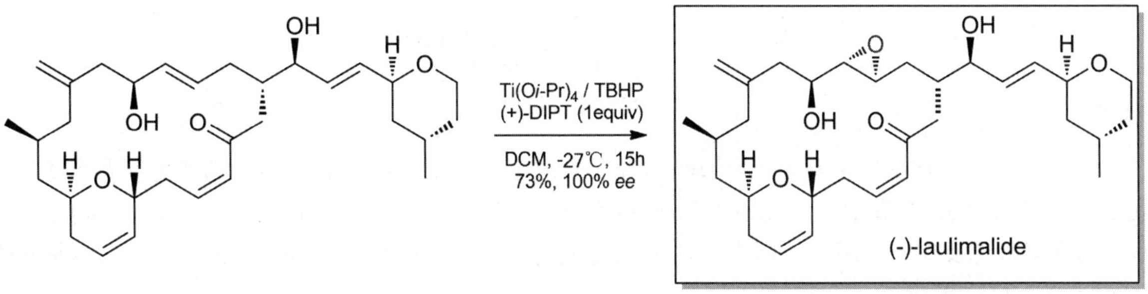

二、SAD 反应

Sharpless 不对称双羟基化反应（Sharpless asymmetric dihydroxylation）简称 SAD 反应，是 Sharpless 在 Upjohn 双羟基化反应[4]的基础上，于 1987 年发现的以金鸡纳碱衍生物催化的烯烃不对称双羟基化反应，该反应和 SAE 反应在不对称合成中有重要的作用，被广泛应用到有机合成领域中。

SAD 反应主要以四氧化锇（OsO_4）和二氢奎宁（DHQ）或二氢奎尼丁（DHQD）的手性配体衍生物作为催化剂，以铁氰化钾、N-甲基吗啉-N-氧化物（NMO）或叔丁基过氧化氢作为氧化剂，并加入其他添加剂如碳酸钾等，使双键不对称双羟基化。由于 OsO_4 是 A 级无机剧毒化学物质，而且其具有挥发性，因此在反应过程中常用非挥发性的锇酸盐 $K_2OsO_2(OH)_4$ 代替。市售的二羟化混合物试剂称为 AD-mix，有 AD-mix α ［含（DHQ）$_2$-PHAL］ 和 AD-mix β ［含（DHQD）$_2$-PHAL］ 两种。

SAD 反应是通过五元环锇酸酯环状过渡态的机理进行的，第一条路径首先是四氧化锇与配体络合，该络合物与烯烃发生对映选择性的 ［3+2］ 环加成反应（锇氧化反应），加成产物经过五元环过渡态生成锇（Ⅵ）酸酯，又被化学计量的氧化剂氧化为高价态的锇（Ⅷ）酸酯，再经水解得到二醇和四氧化锇。第二条途径是四氧化锇先与烯烃发生 ［2+2］ 环加成反应，生成四元环化合物，再与配体结合并重排，同样形成五元环的锇（Ⅵ）酸酯，之后经过与第一条路径同样的转化，完成循环，得到构型确定的双羟基化产物。

SAD 反应机理

下面主要介绍 SAD 反应在天然产物和药物分子合成中的应用。A. Armstrong[4]的实验室在合成（+）-zaragozic acid C 的关键步骤中，对二烯片段连续两次运用 SAD 反应，成功构筑了 4 个连续的手性中心，然而这两次双羟基化反应不能用 "一锅煮" 的方法完成（此时收率较低，且 ee 值也较低），只能通过两次独立的 SAD 反应来进行。

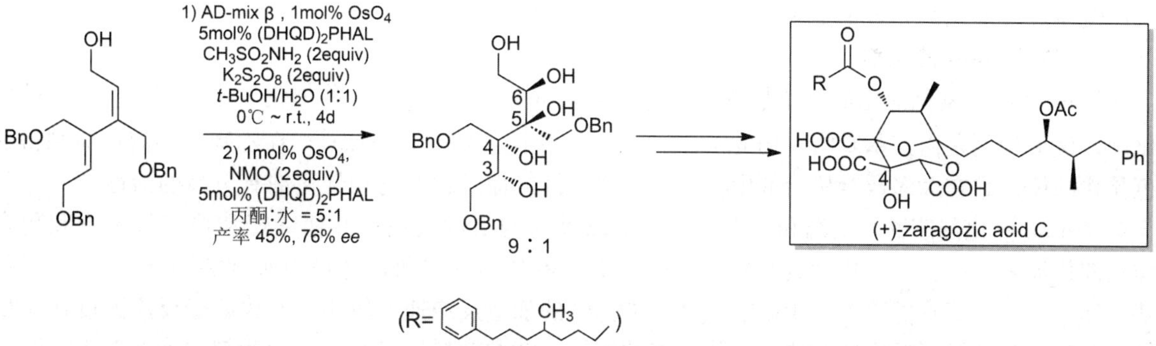

(+)-zaragozic acid C

(R= 苯基—CH₃—)

S. E. Denmark[5]等人在完成（+）-1-epiaustraline 的全合成中，成功将分子内的［4+2］环加成反应和分子间的［3+2］环加成反应串联应用，作为成环的关键步骤。在合成路线的最后，关键中间体上的末端烯烃通过 SAD 反应成功构筑了分子的最后一个关键的手性中心。

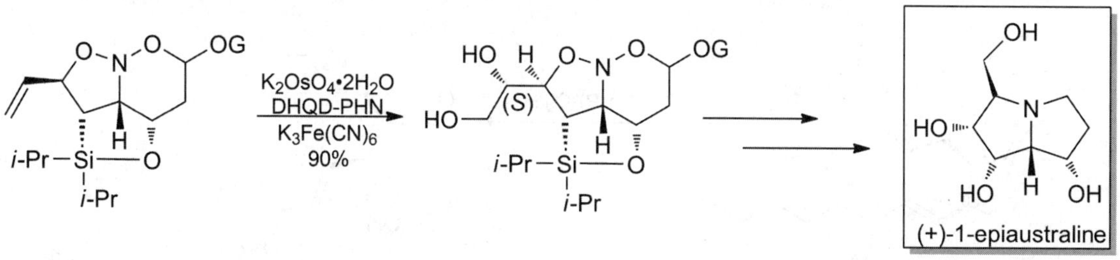

(+)-1-epiaustraline

参考文献

［1］HENTGES S G, SHARPLESS K B. Asymmetric induction in the reaction of osmium tetroxide with olefins［J］. J Am Chem Soc, 1980, 102：4263.

［2］HOYE T R, YE Z. Highly efficient synthesis of the potent antitumor annonaceous acetogenin（+）-parviflorin［J］. J Am Chem Soc, 1996, 118：1801.

［3］PATERSON I, DE SAVI C, TUDGE M. Total synthesis of the microtubule-stabilizing agent（-）-laulimalide［J］. Org Lett, 2001, 3：3149.

［4］ARMSTRONG A, BARSANTI P A, JONES L, et al. Total synthesis of（+）-zaragozic acid c［J］. J Org Chem, 2000, 65：7020.

［5］DENMARK S E, COTTELL J J. Synthesis of（+）-1-epiaustraline［J］. J Org Chem, 2001, 66：4276.

第九节　不对称氢化反应

催化氢化反应产率高，产物后处理简单，是工业上广泛应用的合成反应。不对称氢化反应是合成手性化合物的高效、高原子经济性和环境友好的合成方法，是指在手性催化剂作用下，分子氢对双键的不对称加成反应，即将前手性底物加成转化为手性中心含氢的产物，这些手性催化剂主要指手性膦配体与过渡金属的络合物。本节主要讨论不对称氢化反应，包括烯烃、亚胺和酮这三类化合物的不对称催化加氢反应。

一、手性配体及手性催化剂

不对称催化氢化反应研究的核心内容是手性配体和手性催化剂，以及在此基础上发现和发展不对称催化氢化新反应、新方法和新策略，提高不对称催化氢化反应的效率和选择性。因此，发展新型、高效的手性配体及其催化剂一直是不对称催化氢化反应研究的关键和核心。

（一） Wilkinson 催化剂

Wilkinson 均相氢化催化剂三苯基膦氯化铑 ［$Rh(Ph_3P)_3Cl$］ 是不对称催化氢化反应应用最早的均相催化剂。该催化剂是由三苯基膦 （PPh_3） 与水合三氯化铑 （$RhCl_3 \cdot 3H_2O$） 在乙醇中回流反应制得的紫红色晶状固体，它在大多数有机溶剂中有较好的溶解性，而且比非均相催化剂有更高的活性。

Wilkinson 催化剂能够在室温和常压的条件下以极高的活性实现非共轭烯烃和炔烃等不饱和化合物的均相催化加氢反应，该催化剂具有如下特点：①对烯烃等不饱和化合物中所含的羰基、羟基、氰基、硝基、酯基、羧基等官能团不产生影响。②末端烯烃的加氢反应速度较快，顺式烯烃反应速度快于反式烯烃，取代较少的烯烃反应速度快于取代较多的烯烃。③共轭烯烃只有在更为苛刻的条件下才能加氢。

Schneider 等在制备 11-脱氧前列腺素 （11-Deoxyprostaglandins） 时就利用了 Wilkinson 催化剂选择性地催化顺式烯烃加氢的特点[1]。

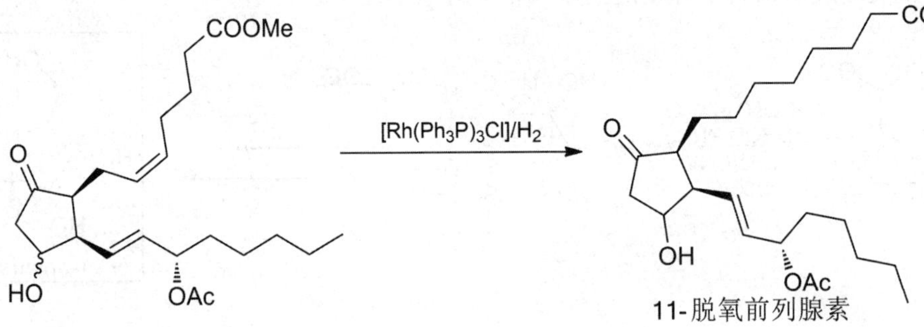

11-脱氧前列腺素

Pedro 等在用山道年为起始原料合成 8，12-呋喃桉叶烷 （8，12-Furanoeduesmans） 时也利用了 Wilkinson 催化剂选择性地催化取代较少的双键加氢的特点[2]。

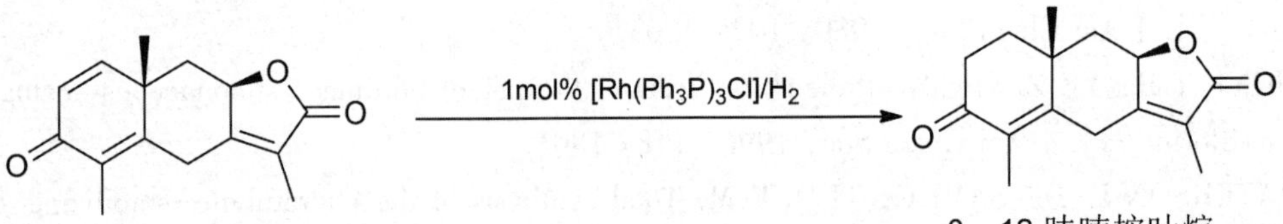

8，12-呋喃桉叶烷

（二） 手性膦配体

不对称催化氢化反应的手性催化剂由手性配合物和手性配体组成，其中在手性配合物中，中心过渡金属常用铑或钌，手性配体常用的是手性膦配体。在 Wilkinson 催化剂的基础上，Horner 设想含有手性叔膦配体的铑络合物是否可以不对称地氢化潜手性烯烃。随后 Horner 和 Knowles 分别改进了 Wilkinson 催化剂，他们都用含有一个不对称磷原子的手性膦代替三苯基膦，以达到不对称氢化的目的。Morrison 也用 NMDPP 和 MDPP 作配体获得了预期的结果。

手性单膦配体 （单齿配体） 和手性双膦配体 （双齿配体）。由于手性双膦配体能与金属螯合，不仅提高了催化剂的稳定性，而且增加了催化剂结构的刚性，因此，由手性双膦配体构成的催化剂往往是有效和多功能的。除了手性双膦配体 （P 原子只与 C 原子相连） 外，已经发现含有一个 C—O—P 或 C—N—P 的双氧膦或双氨基膦也是各类不对称氢化的有效配体，这些具有代表性的手性膦配体结构式如下。

手性单膦配体：

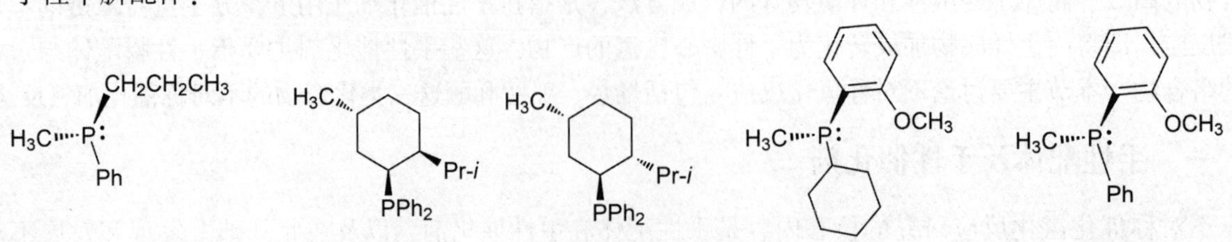

手性双膦配体：

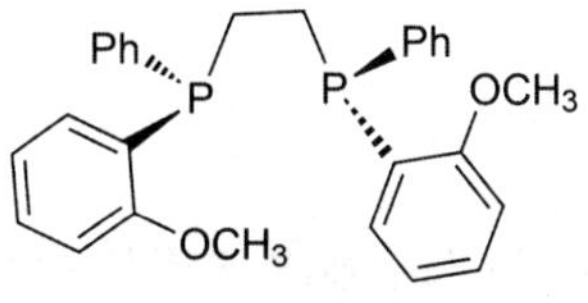

(R,R)-DIPAMP 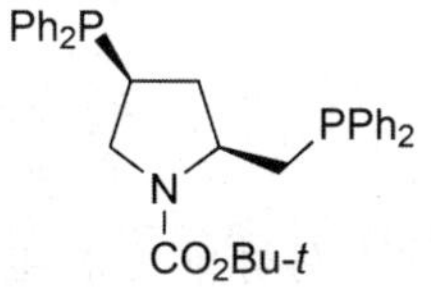　　(S,S)-BPPM 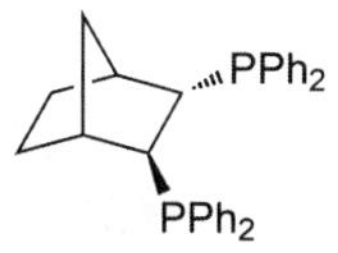　　(S,S)-NORPHOS 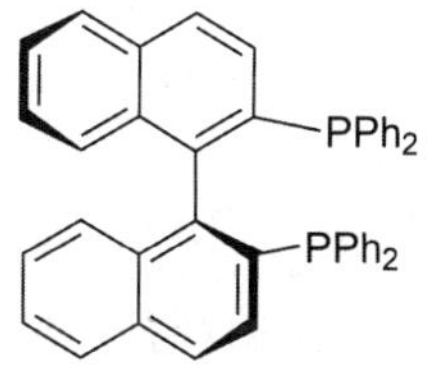　　(S)-BINAP 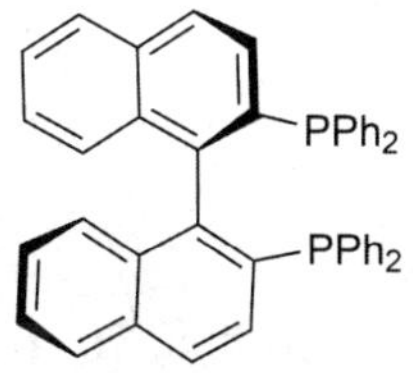　　(R)-BINAP

手性双氧膦配体、双氮膦配体：

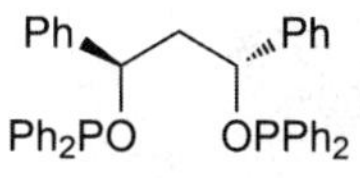

(R,R)-BDPODP 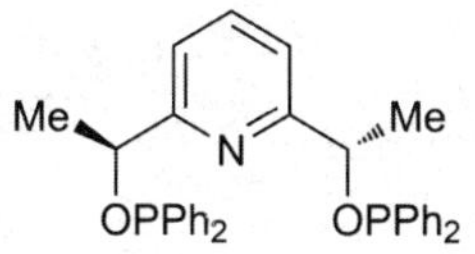 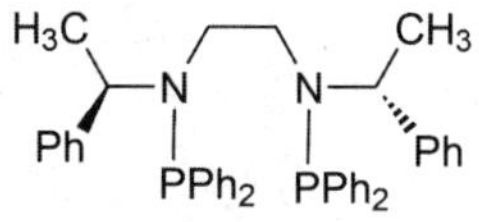　　(R,R)-PNNP 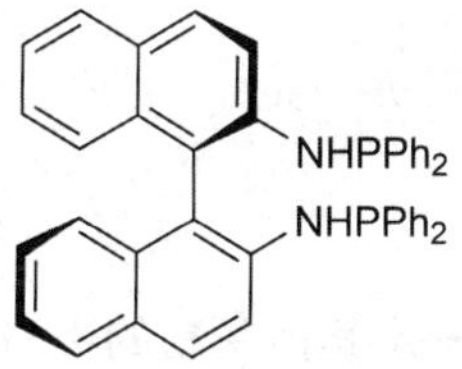　　(R)-BDPAB 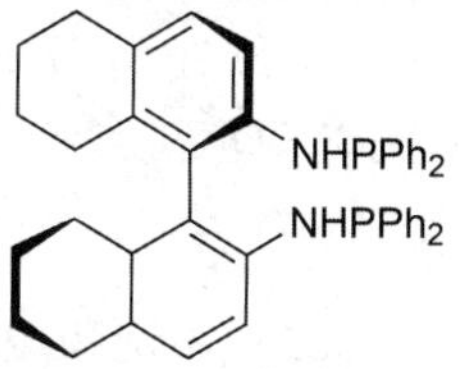　　(R)-H₈-BDPAB

手性氧膦、氮膦双齿配体：

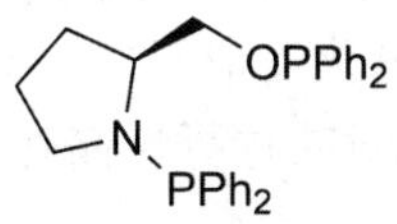

(R)-PRONOP 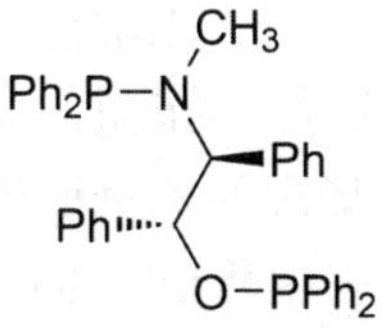　　(1R,2S)-DPAMPP 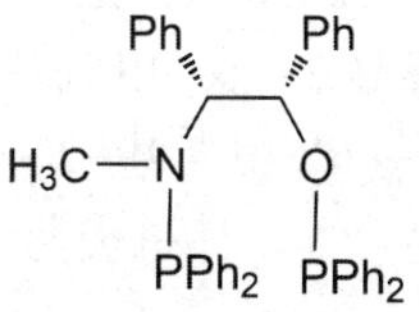　　(1S,2R)-DPAMPP

　　由于手性双膦配体在合成上有较大的难度，化学家们突破了只有手性双膦配体容易获得高对映选择性的传统思维束缚，发展了一系列易于合成和修饰的单齿手性亚磷酸酯和亚磷酰胺酯等手性膦配体，并在脱氢氨基酸酯、烯酰胺的不对称催化氢化反应中获得了与手性双膦配体相当或更优越的对映选择性，从而导致了手性单膦配体的复兴[3,4]。这些新型的手性单膦配体结构如下：

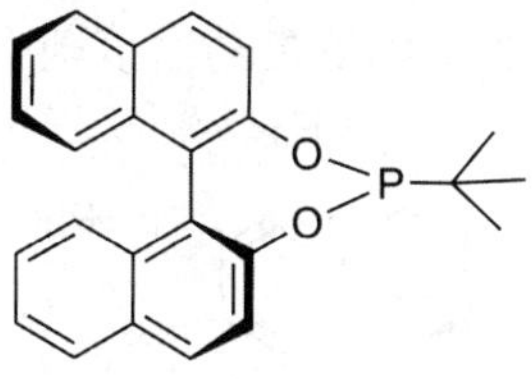

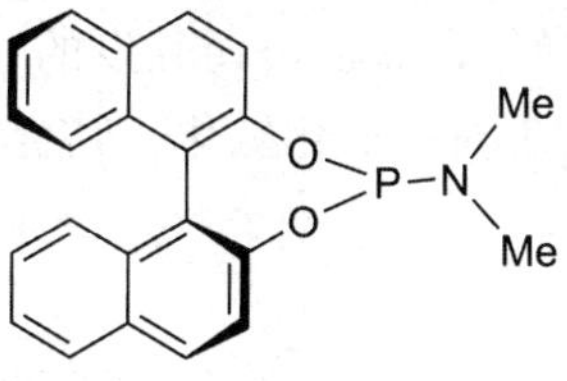

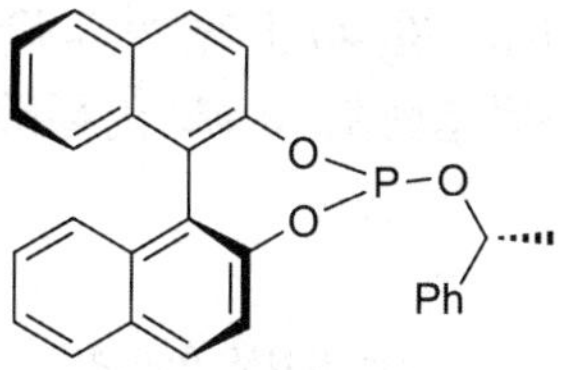

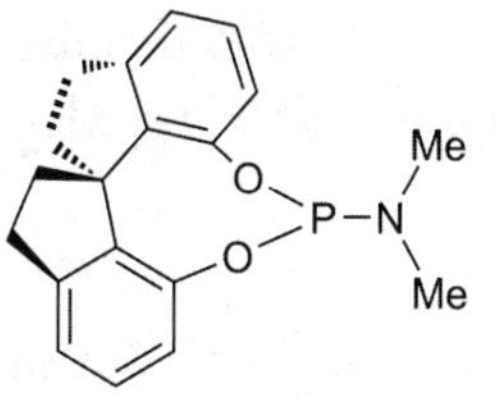

二、烯烃的不对称催化加氢

　　烯烃的过渡金属配合物不对称氢化过程中，一般包括了烯烃的配位、H₂的氧化加成、烯键插入、还原消除等基元反应。研究发现，双键上带有极性基团，如氨基、羟基、羰基、羧酸酯基、酰胺基等的烯烃在不对称催化氢化反应中通常可以获得较高的光学产率。这种反应的对映选择性可能是由于极性基团增强了被还原的反应底物与催化剂配位的高度专一性定向。

（一）脱氢氨基酸类底物的不对称氢化

　　利用双齿配体的过渡金属的配合物催化的不对称氢化已取得了令人瞩目的成就，如下所示，L-苯丙氨酸（L-phenylalanine）是人体不能自身合成的一种重要的必需氨基酸，在医药行业主要用于氨基酸输液和合成氨基酸类药物。L-苯丙氨酸工业化生产的反应式如下：

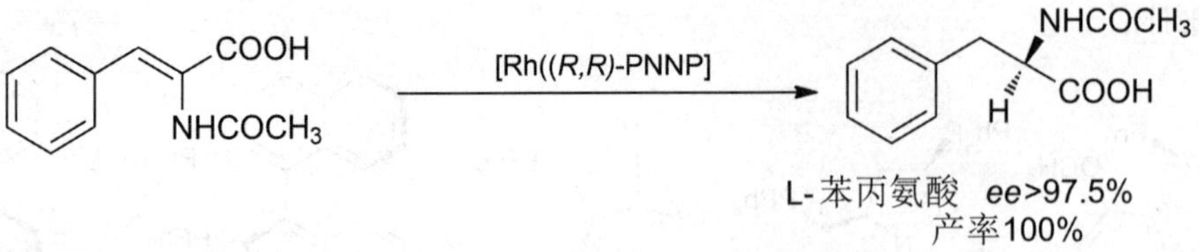

L-苯丙氨酸 *ee*>97.5%
产率100%

20世纪70年代中期，孟山都公司便成功运用 Knowles 的不对称催化氢化[5]技术工业合成了抗帕金森病药物左旋多巴（L-dopa）。

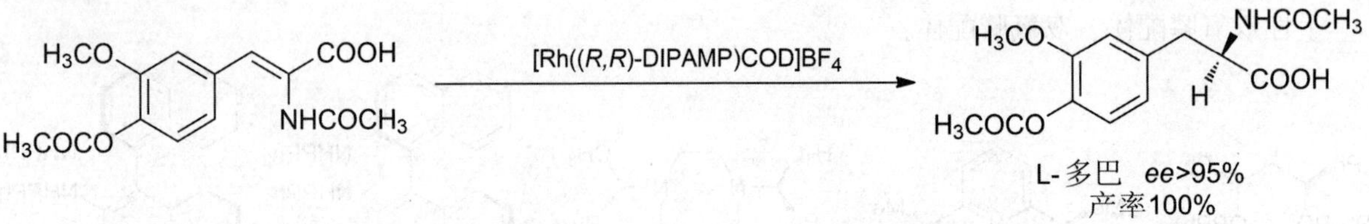

L-多巴 *ee*>95%
产率100%

（二）不饱和羧酸及其衍生物的不对称氢化

α-芳基取代的丙烯酸衍生物，用多种手性配体与钌或铑的配合物催化氢化，均能达到很高的对映选择性。

（*S*）-萘普生（naproxen）是20世纪80年代孟山都公司开发的一种非甾体高效消炎解热镇痛药。该药合成的关键步骤是2-(6′-甲氧基-2′-萘基)丙烯酸的不对称催化氢化反应，Noyori 等[6]曾用（*S*）-BINAP-Ru 催化2-(6′-甲氧基-2′-萘基)丙烯酸的不对称氢化，获得对映选择性高达97% *ee* 的（*S*）-萘普生，为工业生产非甾体抗炎药（*S*）-萘普生奠定了基础。

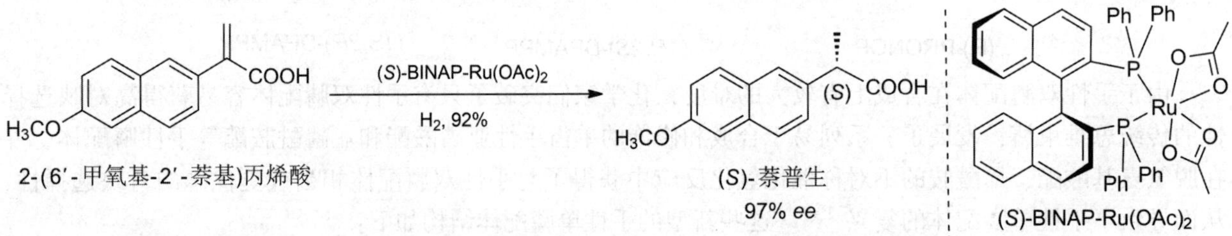

2-(6′-甲氧基-2′-萘基)丙烯酸

（*S*）-萘普生
97% *ee*

（*S*）-BINAP-Ru(OAc)$_2$

（*S*）-布洛芬（ibuprofen）是20世纪70年代由英国 Boots 公司开发的一类非甾体抗炎药。该药合成的关键步骤是2-[对-(2-甲基丙基)苯基]丙烯酸的不对称催化氢化，其合成路线[7]如下：

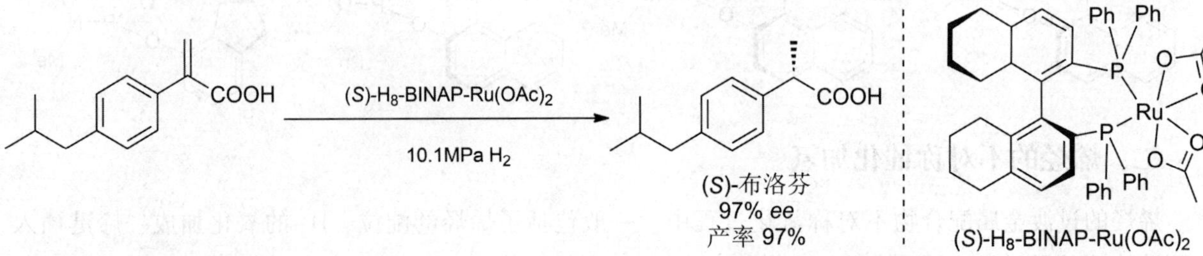

（*S*）-布洛芬
97% *ee*
产率97%

（*S*）-H$_8$-BINAP-Ru(OAc)$_2$

（三）烯胺的不对称氢化

烯胺的催化不对称氢化是合成手性胺及其衍生物的重要途径，其常用有效的手性配体为双膦配体。Chan 等[8]发现的手性双氨基膦配体与 Rh（Ⅰ）的配合物，在 α-芳基烯胺的不对称氢化反应中是极其有效的催化剂，该反应在5℃，常压下，30min 内便定量完成，产物的 *ee* 值高达99%。

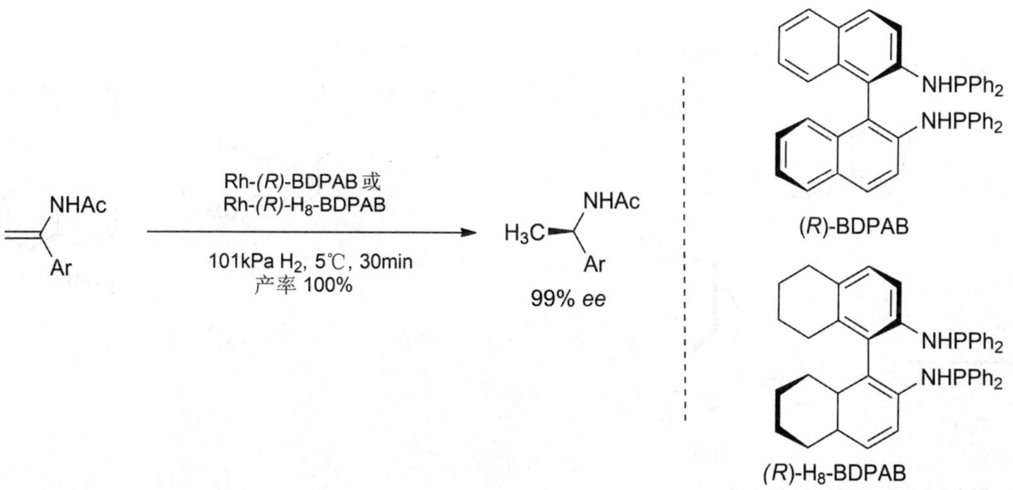

(R)-BDPAB

(R)-H$_8$-BDPAB

一些新型的手性单膦配体在烯胺的不对称氢化催化时也表现较高的选择性。周其林等发展了螺二氢茚骨架的手性螺环单齿亚磷酰胺酯配体（S）-SiPhos，并发现该配体的铑络合物对于烯胺的不对称催化氢化反应具有很好的催化性能和手性诱导效果，氢化产物的对映选择性达 99.7% ee[9]。这是第一例手性单膦配体诱导的烯胺高对映选择性不对称催化氢化反应，对映选择性可与手性双膦配体相媲美。

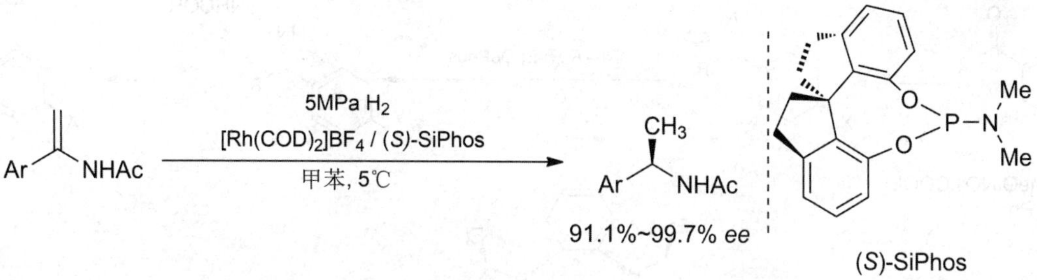

(S)-SiPhos

此外，一些甘露糖醇衍生新型有联萘骨架的单齿手性膦配体在 Rh 催化烯胺不对称催化氢化反应中也表现出很高的对映选择性。Chen 等[10,11]报道了配体（R）-BINOL 和 ManniPhos 的铑络合物对于 α-芳香烯胺的不对称催化氢化反应的对映选择性依次能达 98.5% ee 和 99.9% ee。

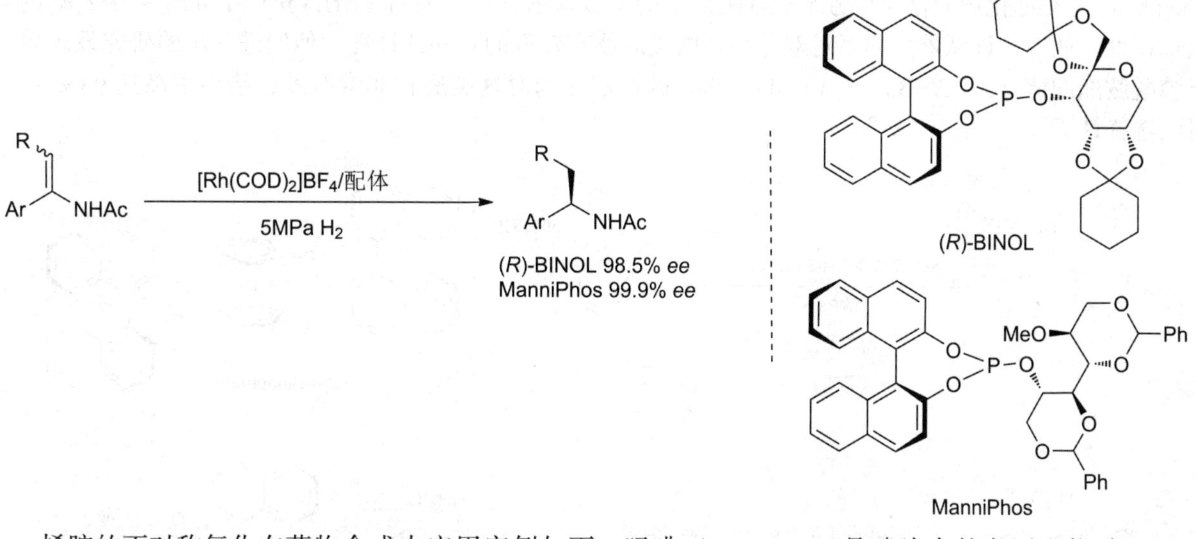

(R)-BINOL

ManniPhos

烯胺的不对称氢化在药物合成中应用实例如下。吗啡（morphine）是鸦片中的主要生物碱（阿片类），属于阿片受体激动剂，为麻醉性镇痛药，其分子结构中有五环骈合结构，其中含有部分氢化的菲环。天然存在的吗啡为左旋体，Noyori 等[12]以双齿手性膦配体（S）-BINAP 与 Ru（Ⅱ）的配合物不对称催化制备左旋吗啡的关键中间体，其对映选择性为 97% ee。

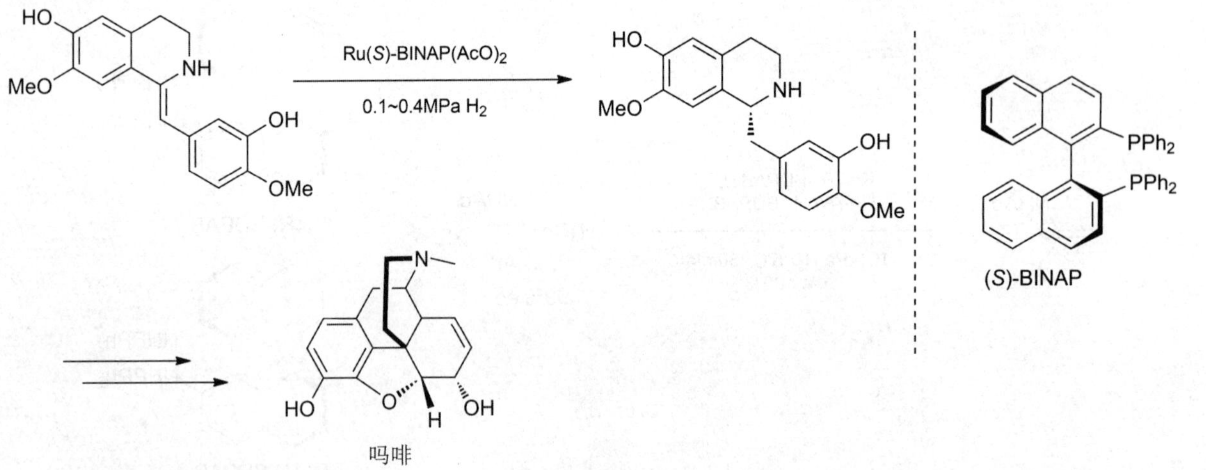

(S)-BINAP

吗啡

（四）亚胺的不对称催化加氢

亚胺的不对称催化氢化也是合成手性胺的重要途径。Burk 等[13]是最早实现亚胺不对称氢化高选择性的研究者之一，其使用的方法是将酮先转为酰基腙，再用 Rh-(R, R)-Et-Duphos 催化 C≡N 双键的不对称氢化，产物的选择性达 96%~97% ee。

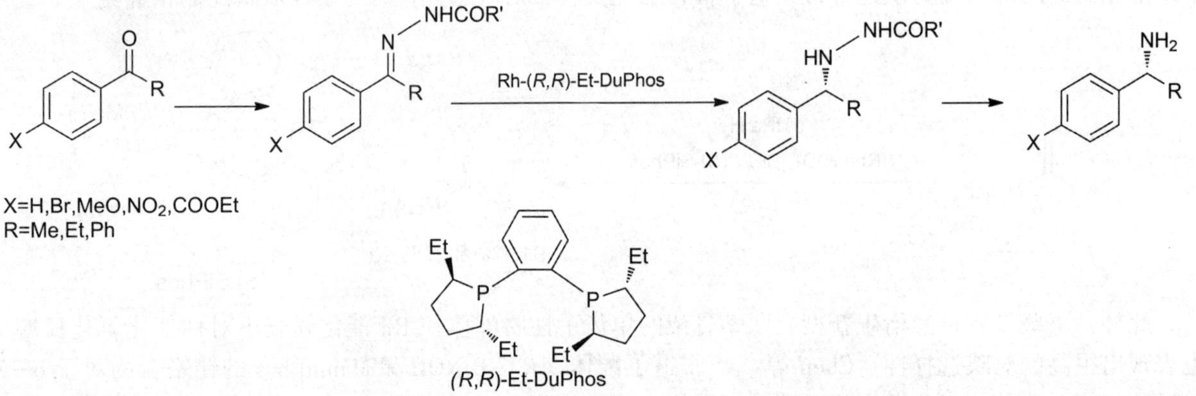

X=H,Br,MeO,NO₂,COOEt
R=Me,Et,Ph

(R,R)-Et-DuPhos

亚胺的不对称氢化也是该领域的一个极具挑战性的课题，张绪穆等[14]采用手性双膦配体 f-Binaphane 的铱催化剂催化简单芳基烷基酮衍生的亚胺盐酸盐的不对称氢化，获得了 80%~95% ee 的对映选择性。然而，该铱催化体系对双芳基亚胺类底物有较低的对映选择性。他们进一步的研究发现单齿亚膦酰胺酯配体 (S)-N-Bn-N-Me MonoPhos 的铱催化剂对这类底物非常有效，给出了高达 98% ee 的对映选择性[15]。

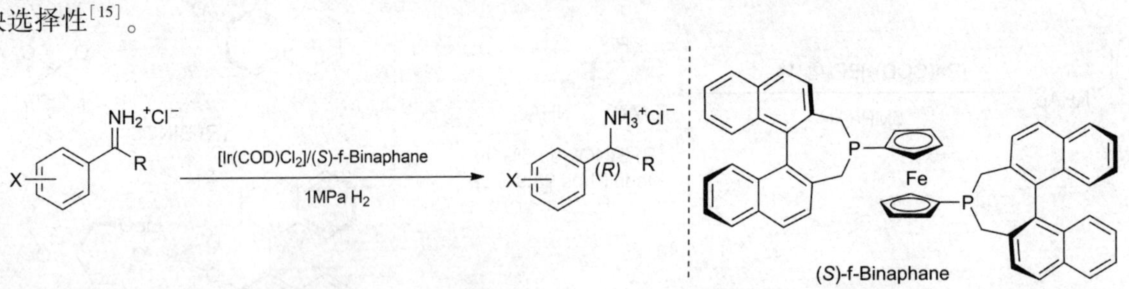

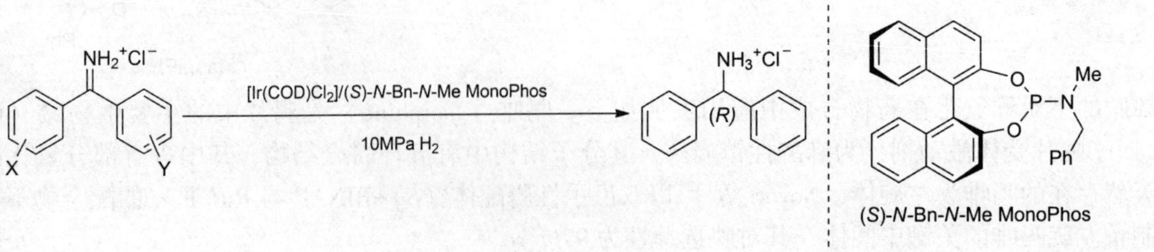

(S)-f-Binaphane

(S)-N-Bn-N-Me MonoPhos

左氧氟沙星（levofloxacin）是日本第一制药株式会社开发，于 1993 年上市的第三代喹诺酮类合成杀菌药，是氧氟沙星的左旋体。Kanai 等[16]报道了手性双膦配体（2S, 4S）-BPPM 与过渡金属铱（Ⅰ）的配合物在以碘化铋活化为催化剂的条件下对环状亚胺的不对称氢化，得到的关键中间体的对映选择性达 90% ee。

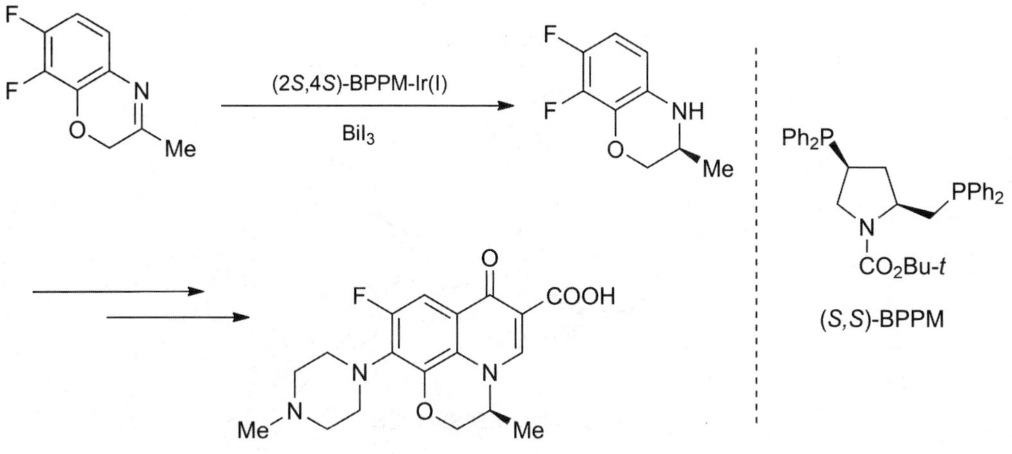

左氧氟沙星

（五）前手性酮的不对称催化加氢

前手性酮的不对称还原是制备光学活性醇的有效方法之一，许多种类不同的前手性酮对映选择性还原成手性醇的不对称合成方法已得到发展。大量的研究工作表明，RuX_2（X＝Cl，Br）与 BINAP 的配合物比 $Ru(OAc)_2$ 的配合物效果更好，尤其对 β-羰基酯类底物[17]。由此表明，含卤的络合物 BuX_2-BINAP 是前手性酮的优异催化剂。我们主要讨论氨基酮、简单酮、β-羰基酮和 α, β-不饱和酮类化合物的不对称催化氢化反应。

1. α, β-不饱和酮的不对称氢化 已知的多数催化加氢体系对 α, β-不饱和酮类化合物的加氢反应都优先选择在双键上加氢，直到 Noyori 等[18]发现有 $RuCl_2$、双膦手性配体和手性二胺三者以 1∶1∶1 组成的配合物 $RuCl_2$-DPDA，才找到优先在 C＝O 上加氢的通用催化剂体系。

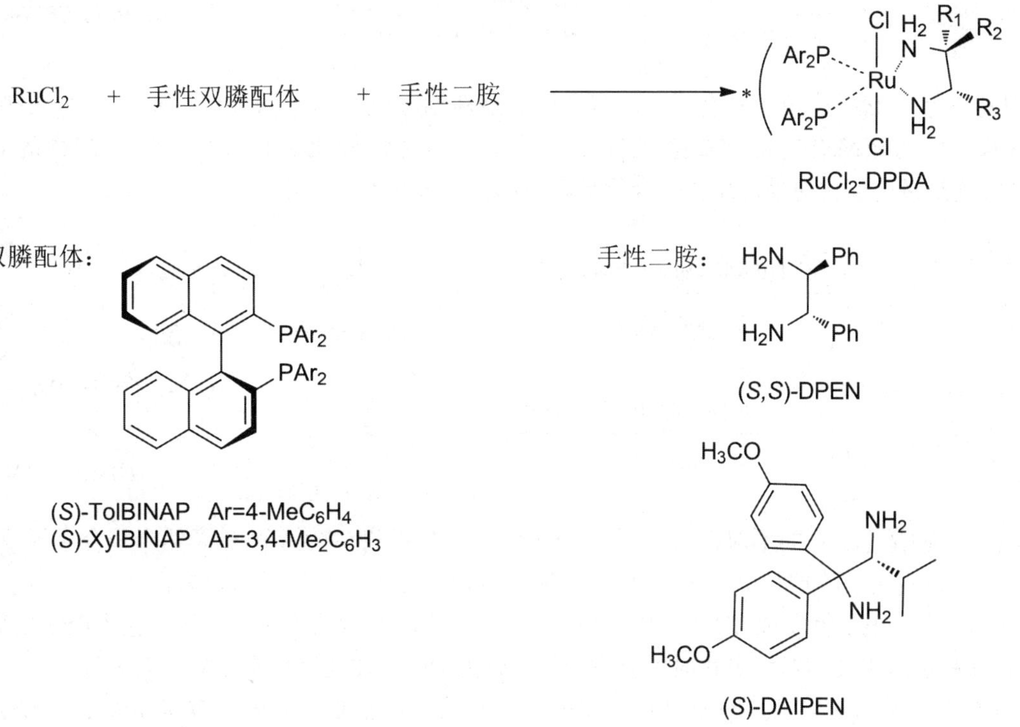

$RuCl_2$-DPDA

手性双膦配体：

(S)-TolBINAP Ar=4-MeC$_6$H$_4$
(S)-XylBINAP Ar=3,4-Me$_2$C$_6$H$_3$

手性二胺：

(S,S)-DPEN

(S)-DAIPEN

2. 简单酮的不对称氢化 简单酮没有与金属配位的杂原子，因此一直是不对称氢化的一个具有挑战性的课题。此处我们主要介绍一些芳香族简单酮和脂肪族简单酮的研究进展。Noyori 等发展的手性双膦-钌-双胺催化剂 [RuCl$_2$-(S)-Tol-BINAP/(S, S)-DPEN] 是目前较高效的手性催化剂之一，它催化简单酮不对称加氢产物的 ee 值为 80%[19]。

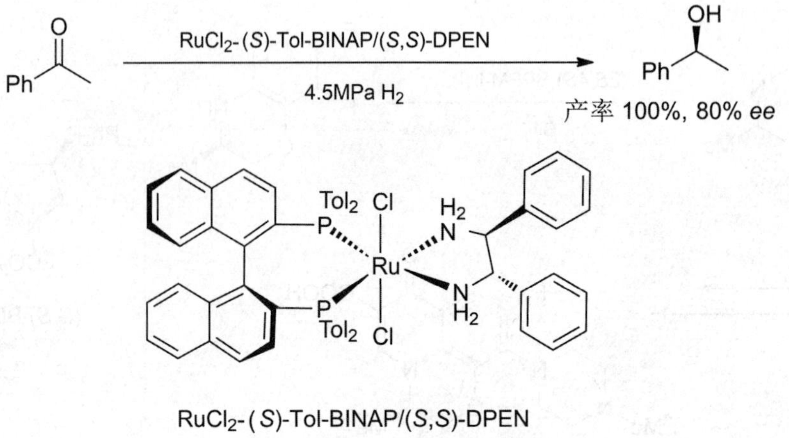

产率 100%, 80% ee

RuCl$_2$-(S)-Tol-BINAP/(S,S)-DPEN

在上述 Noyori 等发展的手性双膦-钌-双胺催化剂基础上，Chirotech 公司[20,21]又发展了新型手性双膦-钌-双胺催化剂 [(S)-xylyl-PhanePhos]Ru[(R, R)-DPEN] Cl$_2$，该类催化剂对 α, β-不饱和酮亦有较高的对映选择性（ee 值达 97% 以上）。

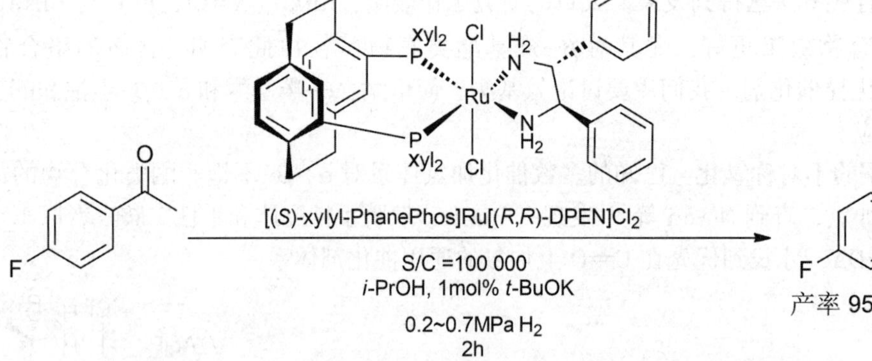

[(S)-xylyl-PhanePhos]Ru[(R,R)-DPEN]Cl$_2$

S/C =100 000
i-PrOH, 1mol% t-BuOK
0.2~0.7MPa H$_2$
2h

产率 95%, 98.3% ee

周其林等[22]设计合成了具有螺二氢茚骨架的手性螺环吡啶氨基膦配体 (R)-Spiro PAP。这一手性螺环三齿配体的铱络合物能够高效地催化简单酮的不对称催化氢化反应，氢化产物的 ee 值也高达 99.9%，这是目前催化前手性酮类化合物最高效的分子催化剂[23]。

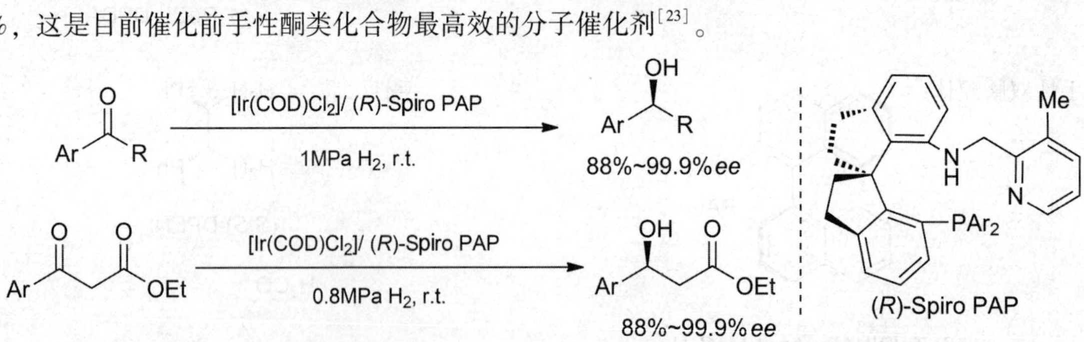

[Ir(COD)Cl$_2$]/ (R)-Spiro PAP
1MPa H$_2$, r.t.

88%~99.9%ee

[Ir(COD)Cl$_2$]/ (R)-Spiro PAP
0.8MPa H$_2$, r.t.

88%~99.9%ee

(R)-Spiro PAP

3. β-羰基酮（酯）的不对称氢化 光学纯的 β-羟基酮和 β-羟基酯是天然产物合成的一个非常重要的中间体。通过不对称催化氢化 β-羰基酮（酯）是得到此类产品的最简单途径。

Noyori 等[17]很早就发现 BINAP-Ru(OAc)$_2$ 在多种不同的酮的不对称加氢反应中能给出良好的结果，但对 β-羰基丁酸甲酯不对称氢化时，只有当加入强酸 HCl，才能表现出较好的对映选择性。进一步研究表明，改用 RuX$_2$（X = Cl，Br 或 I）与 BINAP 配位，催化同一反应，效果更好，对映选择性大于

99% *ee*。

Noyori 等发展的有机膦配体 BINAP 与过渡金属 Ru（Ⅱ）组成的配合物是 β–羰基酮（酯）不对称氢化最佳的催化剂，在许多药物合成中常常应用。

维生素 BT（carmitine），又称为 L-肉碱，其关键中间体（*R*）-OCHB 的不对称合成路线[24]如下所示：

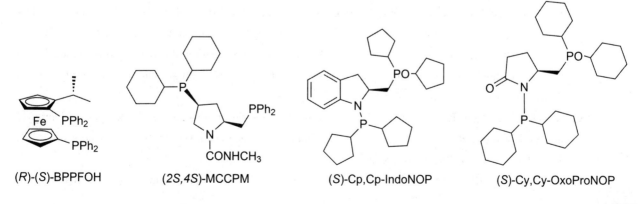

4. 氨基酮的不对称氢化　氨基酮的不对称氢化以 Kumada 等[25]最先发展的二茂铁双膦手性配体与 Rh 的配合物为代表。此后，关于 Rh 或 Ru 与众多手性配体催化氨基酮类底物的不对称氢化相继被报道，这些文献[26-29]报道的结果如下：

R_1	NR_2	Cat.	*ee*（%）	构型
Me	NMe₂	（*S*）-BINAP-Ru	99	*S*
Ph	NMe₂	（*S*）-BINAP-Ru	95	*S*
2-萘基	NEt₂	（*S*，*S*）-DIOP-Rh	95	（+）
3，4-(OH)₂-C₆H₃	NHMe·HCl	（*R*）-（*S*）-BPPFOH-Rh	95	*R*
Me	NMe₂·HCl	（*S*）-Cy，Cy-OxoProNOP-Rh	97	*S*
Ph	NH₂HCl	（*S*）-Cy，Cy-OxoProNOP-Rh	93	*S*
Ph	NHBn·HCl	（2*S*，4*S*）-MCCPM-Rh	93	*S*
Ph	NMe₂·HCl	（*S*）-Cp，Cp-IndoNOP-Rh	>99	*S*
Ph	NEt₂·HCl	（2*S*，4*S*）-MCCPM-Rh	97	*S*

（*R*）-（*S*）-BPPFOH　　　（2*S*,4*S*）-MCCPM　　　（*S*）-Cp,Cp-IndoNOP　　　（*S*）-Cy,Cy-OxoProNOP

参考文献

[1] LINCOL F H, OSBORN J A, JARDINE F H. Prostanoic acid chemistry. Ⅱ. hydrogenation studies and preparation of 11-deoxyprostaglandins [J]. J Org Chem, 1973, 38: 951.

[2] BLALY G, CARDONA L, GARCLA B, et al. Stereoselective synthesis of 8, 12-furanoeudsmanes from santonin. Absolute stereochemistry of natural furanoeudesma-1, 3-diene and tubipofurane [J]. J Org Chem, 1996, 61: 3815.

[3] 郭红超, 丁奎岭, 戴立信. 不对称催化氢化的新进展——单齿磷配体的复兴 [J]. 科学通报, 2004, 49 (16): 1575.

[4] 谢建华, 周其林. 金属催化的不对称氢化反应研究进展与展望 [J]. 化学学报, 2012, 70 (13): 1427.

[5] KNOWS W S. Asymmetric hydrogenation [J]. Acc Chem Res, 1983, 16: 106.

[6] 郭震球, 陈志勇, 胡文浩. 新型螺环配体的合成及其在不对称催化氢化反应中的应用 [J]. 合成化学, 2006, 14 (6): 556.

[7] UEMURA T, ZHANG X, MATSUMURA K, et al. Highly efficient enantioselective synthesis of optically active carboxylic acids by Ru (OCOCH$_3$)$_2$ [(S) -H$_8$-binap] [J]. J Org Chem, 1996, 61: 5510.

[8] ZHANG F Y, PAI C C, CHAN A S C. Asymmetric synthesis of chiral amine derivatives through enantioselective hydrogenation with a highly effective rhodium catalyst containing a chiral bisaminophosphine ligand [J]. J Am Chem Soc, 1998, 120: 5808.

[9] FU Y, XIE J H, HU A G, et al. Novel monodentate spiro phosphorus ligands for rhodium-catalyzed hydrogenation reactions [J]. Chem Commun, 2002, 480.

[10] HUANG H, ZHENG Z, LUO H, et al. A novel class of p-o monophosphite ligands derived from d-mannitol: broad applications in highly enantioselective Rh-catalyzed hydrogenations [J]. J Org Chem, 2004, 69: 2355.

[11] HUANG H, ZHENG Z, LUO H, et al. Chiral monophosphites derived from carbohydrate: conformational effect in catalytic asymmetric hydrogenation [J]. Organic letters, 2003, 5 (22): 4137.

[12] KITAMURA M, HSIAO Y, NOYORI R, et al. General asymmetric synthesis of benzomorphans and morphinans via enantioselective hydrogenation [J]. Tetrahedron Lett, 1987, 28: 4829.

[13] BURK M J, FEASTER J E, HARLOW R L, et al. Preparation and use of C2-symmetric bis (phospholanes): Production of alpha-amino acid derivatives via highly enantioselective hydrogenation reactions [J]. J Am Chem Soc, 1993, 115: 10125.

[14] HOU G, GOSSELIN F, LI W, et al. Enantioselective hydrogenation of N-H imines [J]. J Am Chem Soc, 2009, 131: 9882.

[15] HOU G, TAO R, SUN Y, et al. Iridium-monodentate phosphoramidite-catalyzed asymmetric hydrogenation of substituted benzophenone N-H imines [J]. J Am Chem Soc, 2010, 132: 2124.

[16] SATOH K, INENAGA M, KANAI K. Synthesis of a key intermediate of levofloxacin via enantioselective hydrogenation catalyzed by iridium (I) complexes [J]. Tetrahedron Asymm, 1998, 9: 2657.

[17] NOYORI R, OHKUMA T, KITAMURA M. Asymmetric hydrogenation of. beta. -keto carboxylic esters. A practical, purely chemical access to beta-hydroxy esters in high enantiomeric purity [J]. J Am Chem Soc, 1987, 109: 5856.

[18] OHKUMA T, KOIZUMI M, DOUCET H, et al. Asymmetric hydrogenation of alkenyl, cyclopropyl, and aryl ketones. RuCl$_2$ (xylbinap) (1, 2-diamine) as a precatalyst exhibiting a wide scope [J]. J Am Chem Soc, 1998, 120: 13529.

[19] DOUCET H, OHKUMA T, MURATA K, et al. Trans- [RuCl$_2$ (phosphane)$_2$ (1, 2-diamine)]

and chiral trans-［RuCl₂（diphosphane）（1，2-diamine）］: Shelf-stable precatalysts for the rapid, productive, and stereoselective hydrogenation of ketones［J］. Angew Chem Int Ed, 1998, 37: 1703.

［20］CHAPLIN D, HARRISON P, HENSCHKE J P, et al. Industrially viable syntheses of highly enantiomerically enriched 1-aryl alcohols via asymmetric hydrogenation［J］. Org Process Res Dev, 2003, 7: 89.

［21］BURK M J, HEMS W, HERZBERG D, et al. A catalyst for efficient and highly enantioselective hydrogenation of aromatic, heteroaromatic, and α, β-unsaturated ketones［J］. Org Lett, 2000, 2: 4173.

［22］XIE J H, LIU X Y, XIE J B, et al. An additional coordination group leads to extremely efficient chiral iridium catalysts for asymmetric hydrogenation of ketones［J］. Angew Chem Int Ed, 2011, 50: 7329.

［23］ARAI N, OHKUMA T. Design of molecular catalysts for achievement of high turnover number in homogeneous hydrogenation［J］. Chem Rec, 2012, 12: 284.

［24］BARE G, JACQUES P H, HUBERT J B, et al. Bioconversion of a L-carnitin precursor in a one-or two-phase system［J］. Applied biochemistry and biotechnology, 1991, 28/29: 445-456.

［25］HAYASHI T, KATSUMURA A, KONISHI M, et al. Asymmetric synthesis of 2-amino-1-arylethanols by catalytic asymmetric hydrogenation［J］. Tetrahedron Letters, 1979, 20 (5): 425.

［26］TÖRÖS S, KOLLÁR L, HEIL B, et al. Phosphinorhodium complexes as homogeneous catalysts XIII. Enantioselective hydrogenation of aminoalkyl aryl ketones with a rhodium-diop catalytic system［J］. Organomet Chem, 1982, 232: C17.

［27］YOSHIKAWA K, YAMAMOTO N, ACHIWA K, et al. A new type of atropisomeric biphenylbisphosphine ligand, (R)-moc-bimop and its use in efficient asymmetric hydrogenation of α-aminoketone and itaconic acid［J］. Tetrahedron Asymm, 1992, 3: 13.

［28］DEVOCELLE M, AGBOSSOU F, MORTREUX A. Asymmetric Hydrogenation of α, β, and γ-Aminoketones Catalyzed by Cationic Rhodium (I) |AMPP| Complexes［J］. Synlett, 1997, 11: 1306.

［29］PASQUIER C, NAILI S, AGBOSSOU F, et al. Synthesis and application in enantioselective hydrogenation of new free and chromium complexed aminophosphine-phosphinite ligands［J］. Tetrahedron Asymm, 1998, 9: 193.

第十节 酮的不对称还原

酮是有机合成中最重要、最常用的中间体之一，酮的不对称还原是不对称合成的最基本反应之一。由酮的直接不对称还原得到的光学活性醇类（仲醇）化合物是许多药物和天然产物的基本结构以及有机合成的重要原料，因此，酮的不对称还原是不对称合成中最活跃的研究领域之一。

一、手性还原剂的控制

在手性还原剂的控制的还原方法中，手性试剂与前手性底物作用生成光学活性产物。手性试剂有许多种类，常见的有手性硼烷试剂和金属手性试剂。

常见的硼烷试剂包括烃基硼烷试剂和硼烷复合物。其中，应用较为广泛的属硼烷复合物。如下所示，在有机合成中结构简单、最有用的硼烷复合物为四氢呋喃复合物（BTHF）、二甲基亚砜复合物（DMSB）、N, N-二乙基苯胺复合物（DEANB）。

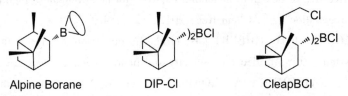

BTHF   DMSB   DEANB

（一）手性硼烷试剂

手性硼烷试剂主要是指源于 α-蒎烯的硼烷衍生物，该试剂在酮羰基的不对称还原中具有较高的选择性。在最早由 Midland 等[1,2]合成的试剂 Alpine Borane 的基础上，Brown 等合成了试剂 DIP-Cl。该试剂除能还原 Alpine Borane 试剂所能还原的甲基酮类化合物及高度活泼的具空间位阻的 α，β-炔酮类化合物、α-酮酯外，还可有效地还原各种不同的芳基烷基酮，产物的 ee 值为 97%~99%[3]。

对试剂 DIP-Cl 做进一步改进，Brown 等合成了试剂 CleapBCl。该试剂除对能被试剂 DIP-Cl 还原的芳基烷基酮的不对称还原具有卓越的效果外，对一些中等程度立体障碍的脂肪酮也表现出很好的效果，如 3-甲基-2-丁酮（95% ee）、乙酰基环己烷（97% ee）[4]。

Alpine Borane   DIP-Cl   CleapBCl

用上述 α-蒎烯制备硼烷衍生物还原酮时，得到（S）-构型的醇，但由于 α-蒎烯的价格较高，且要获得光学纯度较高的产物较难，Midland 等使用诺卜醇为原料[5,6]，合成了诺卜醇的手性硼烷试剂及其锂盐。这两个试剂都是较好的还原剂，且有较高的选择性。

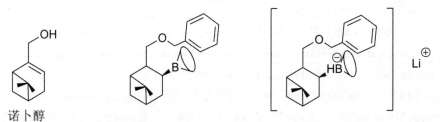

诺卜醇

（二）金属手性试剂

1. 氢化铝锂（LiAlH$_4$）   氢化铝锂是一种极强的还原剂，但是它的立体选择性不高。氢化铝锂可通过各种各样的手性配体进行改型，产生不同的手性还原试剂。常通过烷氧基取代氢化铝锂中的某些氢原子，可将其改造成反应性相对较低但选择性较高的试剂。可供选择的手性配体有手性醇、手性胺、氨基醇等[7-9]。

用手性羟基、氨基化合物改性的 LiAlH$_4$ 进行不对称还原已广泛应用，如 Noyori 等[8]用手性胼萘酚改性的 LiAlH$_4$ 还原芳酮，个别的旋光产率高达 95%，但手性胼萘酚价格昂贵，制备不易，因而限制了其应用。

2. 硼氢化钠（NaBH$_4$）   硼氢化钠是一种较温和的氢化试剂，一些 Salen-Co^{2+} 配合物以及具有 C$_2$ 对称轴的一系列光学活性的二亚胺钴配合物可以催化硼氢化钠不对称还原芳香酮[10-12]。

3. 硼氢化锌 [Zn（BH$_4$）$_2$]   硼氢化锌是一种对含氧官能团具有较高立体选择性的不对称还原剂。其对 α-环氧酮、β-环氧酮、β-酮酸酯、β-羟基酮及 β-酮酰胺等化合物中的羰基还原具有高度的立体选择性[13]。

二、手性催化剂的控制

使用手性催化剂还原是最理想的不对称合成方法，仅使用少量的手性催化剂便可获得大量的手性产物。从理论上讲，通过这种方法可以合成人们所需要的任何手性物质。手性催化剂种类繁多，其前体多为手性膦、手性胺和邻氨基醇类化合物。

（一）金属手性催化剂

这类催化剂一般是由过渡金属离子（Ru，Rh，Ir 等）与手性配体（多为手性膦、手性胺衍生物）形成的络合物，用来催化对酮的不对称还原。

甲氟喹为高效的抗疟药，它的分子结构中存在 2 个手性碳，共有 4 个非对映异构体（如下所示），临床上常用其外消旋体治疗和预防疟疾。但经临床研究证实，（+）-赤-甲氟喹与其他异构体比较，具有更低的中枢神经系统副作用。

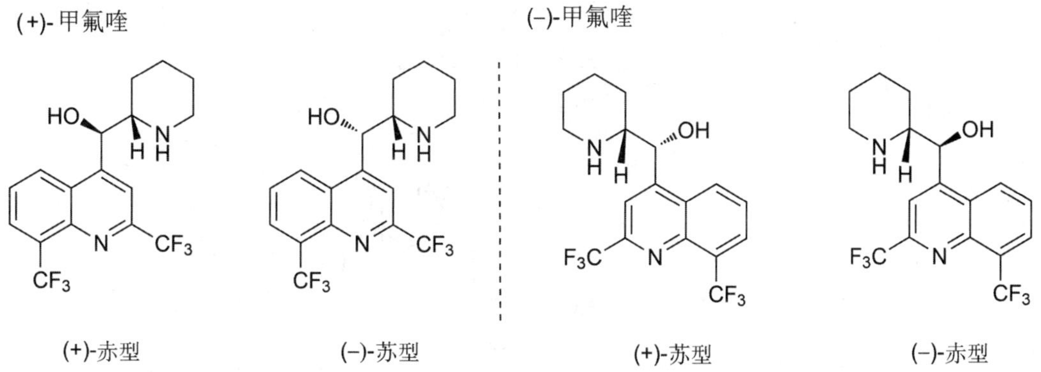

| (+)-甲氟喹 | | (−)-甲氟喹 | |
| (+)-赤型 | (−)-苏型 | (+)-苏型 | (−)-赤型 |

在原先 Adam 报道[14]的吡啶酮合成的基础上，结合 Roche 报道的 Rh 催化剂[15]和 Merck 报道的 Ru 催化剂[16]，在选择性地催化吡啶酮中间体制备（+）-赤-甲氟喹的 R 型手性醇的基础上，Hems 等[17]利用更为廉价的 [(S,S)TsDpen]Ru(pcymene) Cl 催化剂，以 DMF 为溶剂，在 HCOOH 和 NEt₃ 比例为 1：1 时（10equiv），室温反应 20h，合成 R 型手性醇中间体，该反应收率为 99%，ee 值达 96%。R 型手性醇经 Pt 催化氢化，还原分子中的吡啶环，得到 ee 值为 98% 的（+）-赤-甲氟喹。

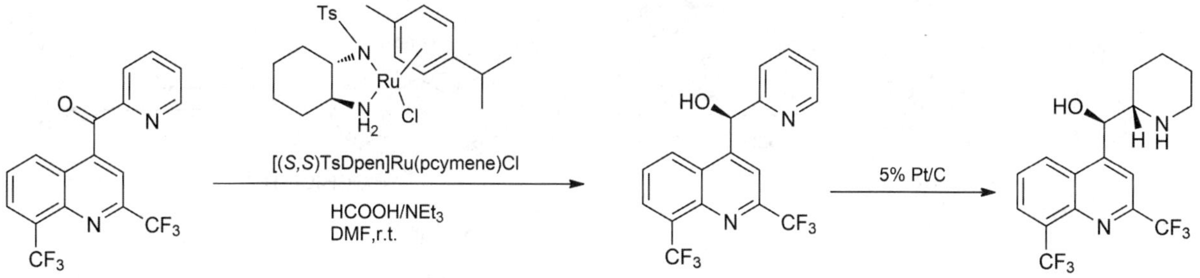

过渡金属离子和手性配体组成的手性催化剂对前手性酮的不对称氢化反应已在本章第九节详细描述。

（二）噁唑硼烷类催化剂

噁唑硼烷类催化剂是目前最好的羰基不对称还原催化剂之一，它常与硼烷复合物配合使用，具有快速、高效、对映选择性强、可在室温下还原、催化剂前体易回收等优点，因而倍受化学家们青睐。一些常见的噁唑硼烷类催化剂如下[18-23]。这些催化剂在特定的温度下，以 10mol% 催化量还原芳基烷酮类化合物便可达到较理想的不对称催化效果（ee>92%）。

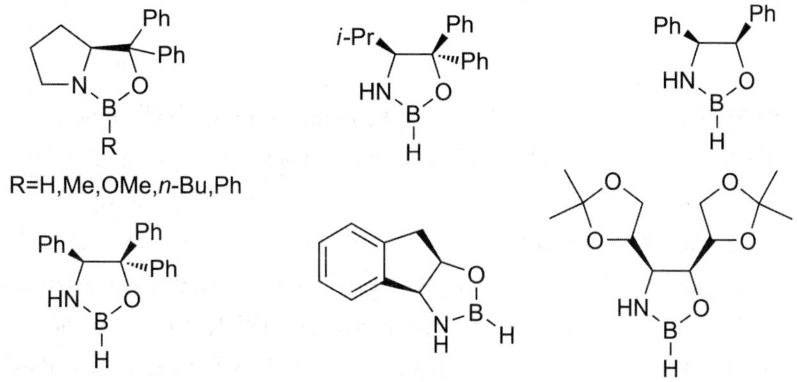

R=H,Me,OMe,n-Bu,Ph

福莫特罗（formoterol）是一种长效的选择性肾上腺素 β_2 受体激动药，用于治疗支气管哮喘、慢性气管炎，其中，$(R，R)$-福莫特罗最有效，该化合物制备的关键是合成高光学纯度 R 型手性醇。利用 Hong 报道[20]的手性噁唑硼烷催化，将芳酮与二甲基亚砜硼烷复合物（BH₃-DMS）在适宜的条件下反应，可制备 R 型的关键中间体[21]。

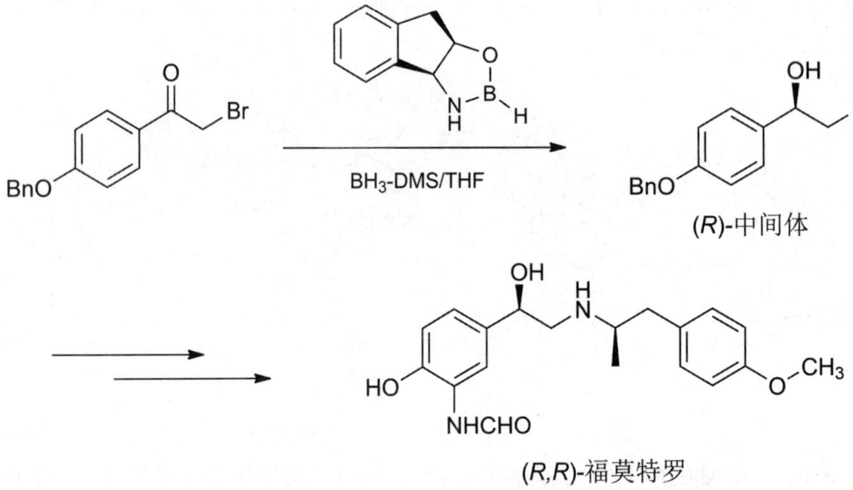

(R)-中间体

(R,R)-福莫特罗

Rano 等[24]利用 Corey 报道[19]的(R)-Me CBS 手性噁唑硼烷催化，将芳酮与二甲基亚砜硼烷复合物（BH₃-DMS）在适宜的条件下，制备 S 型中间体，收率为 90%，ee 值达 91%。再应用铜催化的分子内胺化反应获得四氢喹啉环，合成一种强效的胆固醇酯转移蛋白抑制剂（CETP 抑制剂）。

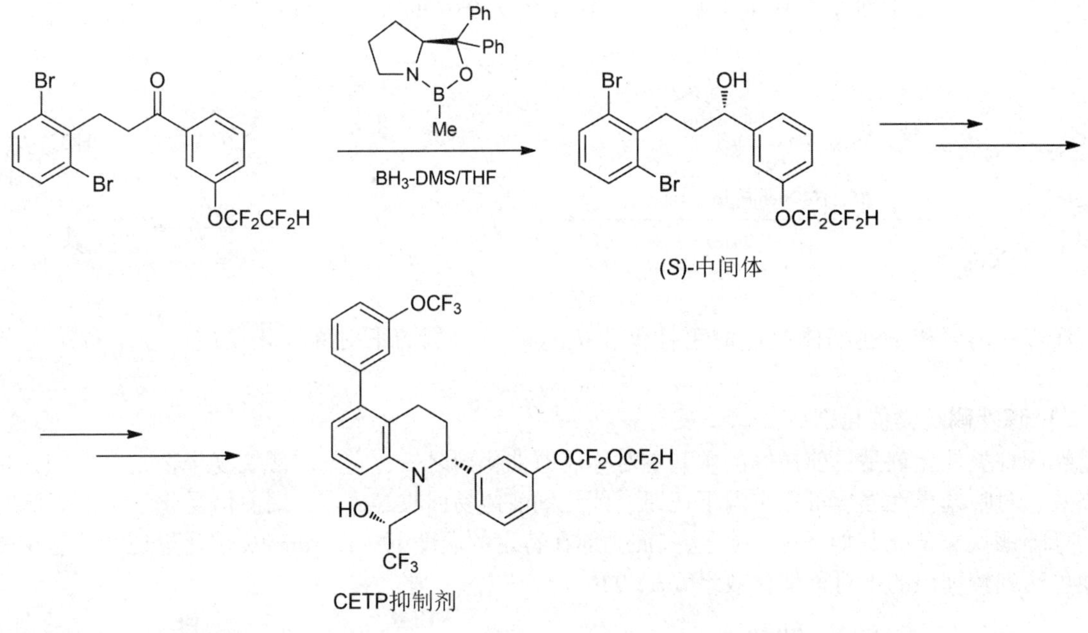

(S)-中间体

CETP抑制剂

参考文献

[1] MIDLAND M M, GREER S, TRAMORTANO A, et al. Chiral trialkylborane reducing agents. Preparation of 1-deuterio primary alcohols of high enantiomeric purity [J]. J Am Chem Soc, 1979, 101: 2352.

[2] MIDLAND M M, MCDOWELL D C, HATCH R L, et al. Reduction of alpha, beta. -acetylenic ketones with B-3-pinanyl-9-borabicyclo [3. 3. 1] nonane. High asymmetric induction in aliphatic systems [J]. Journal of the American Chemical Society, 1980, 102 (2): 867.

[3] BROWN H C, CHANDRASKHARAN T, RAMACHANDRAN P V. Chiral synthesis via organoboranes.

14. Selective reductions. 41. Diisopinocampheylchloroborane, an exceptionally efficient chiral reducing agent [J]. J Am Chem Soc, 1988, 110: 1539.

[4] BROWN H C, VEERAGHAVAN P V, TEODORVIC A V, et al. B-chlorodiiso-2-ethylapopinocampheylborane-an extremely efficient chiral reducing agent for the reduction of prochiral ketones of intermediate steric requirements [J]. Tetrahedron Lett, 1991, 32: 6691.

[5] MIDLAND M M, TRAMONTANO A, KAZUBSKI A, et al. Asymmetric reductions of propargyl ketones: An effective approach to the synthesis of optically-active compounds [J]. Tetrahedron, 1984, 40: 1371.

[6] M MARK MIDLAND, ALEKSANDER KAZUBSKI, NB-ENANTRIDE. A new chiral trialkylborohydride for the asymmetric reduction of ketones [J]. J Org Chem, 1982, 47: 2495.

[7] 林国强, 李明月, 陈耀全, 等. 手性合成——不对称反应及其应用 [M]. 4 版, 北京: 科学出版社, 2000.

[8] ASAMI M, OHNO H, KOBAYASHI S, et al. Asymmetric reduction of Prochiral Ketones with chiral hydride reagents prepared from lithium aluminium hydride and (S) - 2 - (N - Substituted aminomethyl) pyrrolidines [J]. Bulletin of the Chemical Society of Japan, 1978, 51 (6): 1869.

[9] 马梅玉, 黄可新, 尹承烈. 用手性醇改性的 $LiAlH_4$ 对芳香酮的不对称还原反应 [J]. 合成化学, 1994 (4): 356.

[10] MASUTANI K, UCHIDA T, IRIE R, et al. Catalytic asymmetric and chemoselective aerobic oxidation: kinetic resolution of sec-alcohols [J]. Tetrahedron Letters, 2000, 41 (26): 5119.

[11] NAGATA T, YOROZU K, YAMADA T, et al. Enantioselective Reduction of Ketones with Sodium Borohydride, Catalyzed by Optically Active (β-Oxoaldiminato) cobalt (II) Complexes [J]. Angewandte Chemie International Edition, 1995, 34 (19): 2145.

[12] 孙伟, 陈敏东, 夏春谷. 手性 Salen-Co (II) 配合物催化芳香酮不对称还原反应研究 [J]. 分子催化, 2002, 16 (2): 144.

[13] NAKATA T, TANAKA T, OISHI T. Highly stereoselective synthesis of erythro-α, β-epoxy alcohols by the reduction of α, β - epoxy ketones with zinc borohydride [J]. Tetrahedron Lett, 1981, 22: 4723.

[14] ADAM S. A straightforward mid high yielding synthesis of mefloquine -II. [J]. Tetrahedron, 1991, 47: 7609.

[15] BROGER E A, HOFHEINZ W, MEILI A. Assymetric synthesis process: US 5514805 [P]. 1996-5-7.

[16] CHEN C, REAMER R A, CHILENSKI J R, et al. Highly enantioselective hydrogenation of aromatic-heteroaromatic ketones [J]. J Org Lett, 2003, 5: 5039.

[17] HEMS W P, JACKSON W P, NIGHTINGALE P, et al. Practical asymmetric synthesis of (+) - erythro mefloquine hydrochloride [J]. Org Process Res Dev, 2012, 16: 461.

[18] ITSUNO S, ITO K, HIRAO A, et al. Asymmetric reduction of aromatic ketones with the reagent prepared from (S) - (-) -2-amino-3-methyl-1, 1-diphenylbutan-1-ol and borane [J]. Journal of the Chemical Society, Chemical Communications, 1983 (8): 469.

[19] COREY E J, BAKSHI R K, SHIBATA S. Highly enantioselective borane reduction of ketones catalyzed by chiral oxazaborolidines. Mechanism and synthetic implications [J]. J Am Chem Soc, 1987, 109: 5551.

[20] HONG Y, GAO Y, NIE X, et al. Cis-1-amino-2-indanol in asymmetric synthesis. Part I. A practical catalyst system for the enantioselective borane reduction of aromatic ketones [J]. Tetrahedron Lett, 1994, 35: 6631.

[21] QUALLICH G J, Woodall T M. In situ oxazaborolidines, practical enantioselective hydride reagents [J]. Synlett, 1993 (12): 929-930.

[22] XU J, WEI T, ZHANG Q. Effect of temperature on the enantioselectivity in the oxazaborolidine-catalyzed asymmetric reduction of ketones. Noncatalytic borane reduction, a nonneglectable factor in the reduction system [J]. J Org Chem, 2003, 68: 10146.

[23] WILKINSON H S, TANOURY G J, WALD S A, et al. Diethylanilineborane: a practical, safe, and consistent-quality borane source for the large-scale enantioselective reduction of a ketone intermediate in the synthesis of (R, R)-formoterol [J]. Organic process research & development, 2002, 6: 146.

[24] RANO T A, KUO G H. Improved asymmetric synthesis of 3, 4-dihydro-2-[3-(1, 1, 2, 2-tetrafluoroethoxy) phenyl]-5-[3-(trifluoromethoxy) phenyl]-α-(trifluoromethyl)-1 (2H)-quinolineethanol, a potent cholesteryl ester transfer protein inhibitor [J]. Org Lett, 2009, 11: 2812.

第十一节 氧化反应

有机化学中的氧化指的是底物发生加氧（如烯烃的环氧化反应）、去氢（如醇转化成醛、酮的反应）或失去一个电子（如苯氧基阴离子转化成苯氧基自由基）的变化。

一、催化氧化

催化氧化是在催化剂存在下，用氧气或空气对有机化合物进行氧化。常用的催化剂为铂、钯、镍、铜、银等金属，铬、钒、锌等金属的氧化物，或铁、钴、锰等的盐类。用铂催化剂和氧进行催化氧化是在温和条件下氧化伯醇或仲醇的一种有效方法。氧化伯醇时，根据反应的需要，可以控制反应条件生成醛或酸。例如十二烷醇在铂催化氧化时，控制反应时间得到相应的醛，延长反应时间，则醛被氧化成酸。

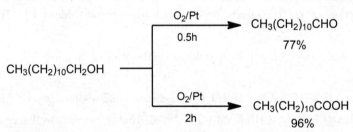

铂催化氧化反应有相当高的区域选择性。伯羟基比仲羟基易氧化，在碱性或中性条件下伯羟基被氧化成羧酸，通常双键不受影响。

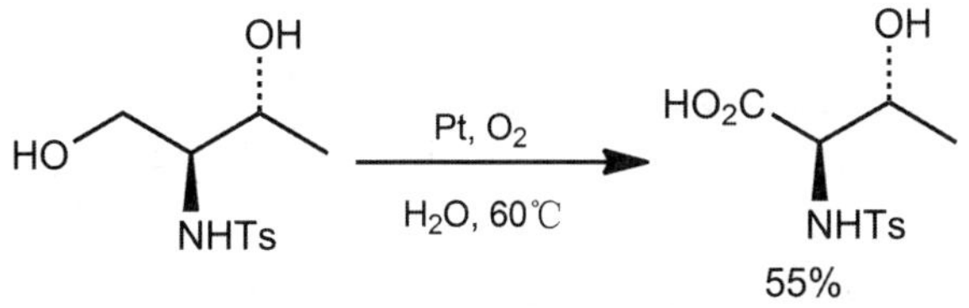

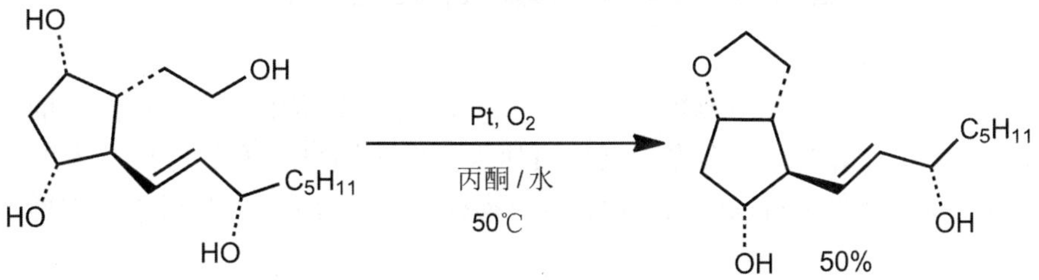

在氯化钯、氯化铜存在下，通空气将烯烃氧化成醛或酮的反应称为 Wacker 氧化反应。双键在末端的烯烃氧化成甲基酮[1]。

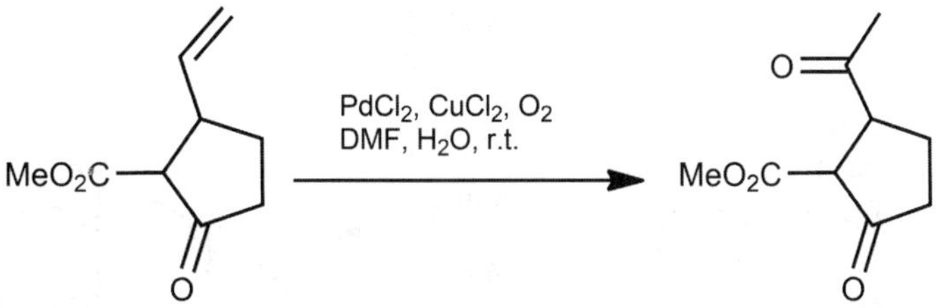

二、无机氧化试剂

（一）铬氧化剂

铬氧化剂是一类具有多种反应性能的六价铬化合物，几乎可以氧化所有可被氧化的基团，通过控制反应条件可以生成单一产物。常用的 Cr（Ⅵ）氧化剂有重铬酸钾（钠）的稀硫酸溶液（$K_2Cr_2O_7$-H_2SO_4）；三氧化铬的稀硫酸溶液（Jones 试剂，CrO_3-H_2SO_4）；三氧化铬-吡啶络合物（Collins 试剂，CrO_3-C_5H_5N，吸潮性红色结晶）；吡啶-氯铬酸盐（PCC，$C_5H_5N^+H$-$ClCrO_3^-$，橙黄色结晶）；吡啶-双铬酸盐［PDC，$(C_5H_5N^+H)_2Cr_2O_7^{2-}$，亮橙色结晶］。

1. 醇的氧化 铬酸在有机合成中的重要用途是醇的氧化。简单的醇尤其是仲醇的氧化用铬酸（H_2CrO_4）就可以完成。如果底物在强酸、强氧化条件下能稳定存在，则可以高产率地得到酮。

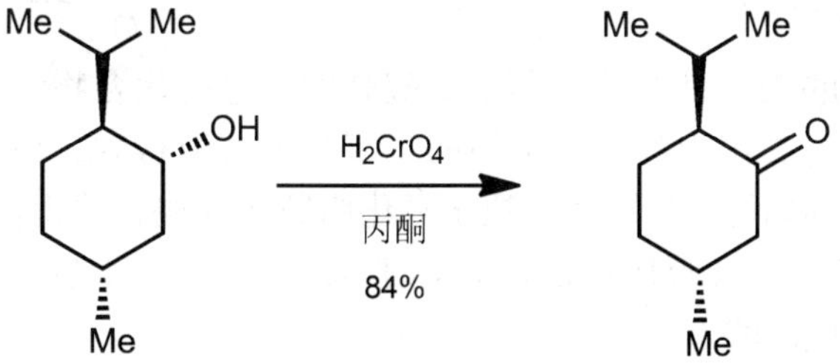

伯醇用铬酸氧化可生成醛，但后者随之被氧化成酸。更为重要的是，在酸性条件下醛可以和未发生反应的醇反应形成半缩醛，后者很快被氧化成酯。但有时可以采用将生成的醛随时蒸出反应体系的方法达到制备醛的目的。

对于铬酸酸性敏感的醇可以用温和的 Jones 试剂氧化，它可以选择性氧化仲醇成酮，双键不受影响[2]。

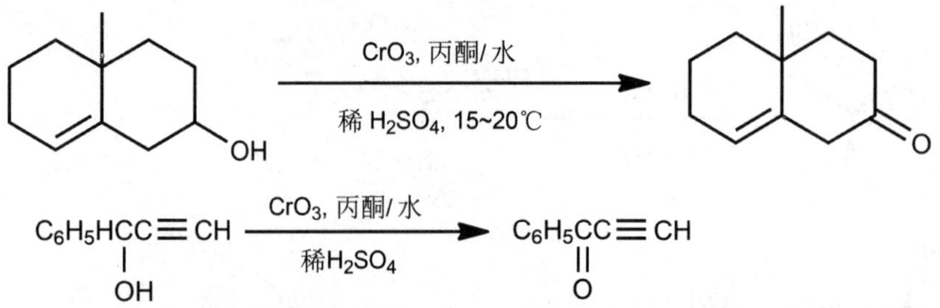

$$C_6H_5HCC\equiv CH \xrightarrow[\text{稀}H_2SO_4]{CrO_3, \text{丙酮/水}} C_6H_5CC\equiv CH$$

Collins 试剂［三氧化铬-吡啶络合物（$CrO_3 \cdot Py_2$）］是一个实用而且条件温和的氧化剂。三氧化铬-吡啶络合物的制备非常简单，只需将三氧化铬加入吡啶中即可。将该复合物溶于二氯甲烷中形成 Collins 试剂，反应在无水条件下可以顺利进行，且收率很好。因为吡啶是碱性的，对酸敏感的基团不会受影响[3]。

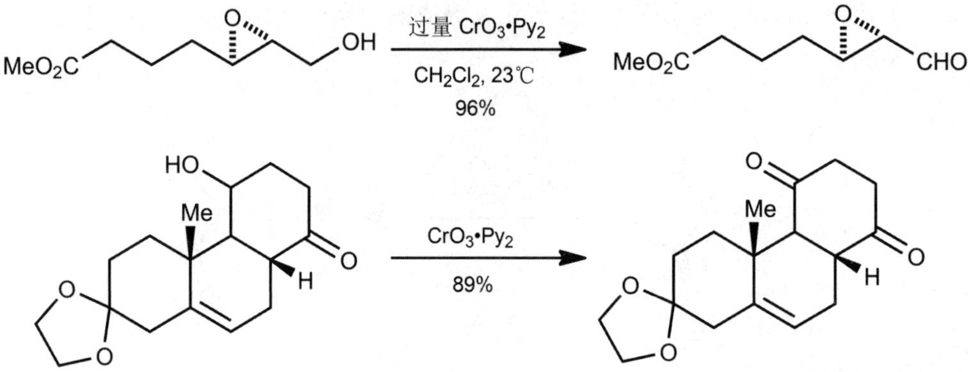

传统的 Collins 试剂有一个缺点：为保证醇的快速和完全氧化，需要过量的试剂。为了克服这一缺点，已经发展了很多改进的方法。用 PCC 试剂得到了极好的结果。在二氯甲烷中，当使用微过量氯铬酸吡啶鎓盐，醇能被高收率氧化生成醛或酮。

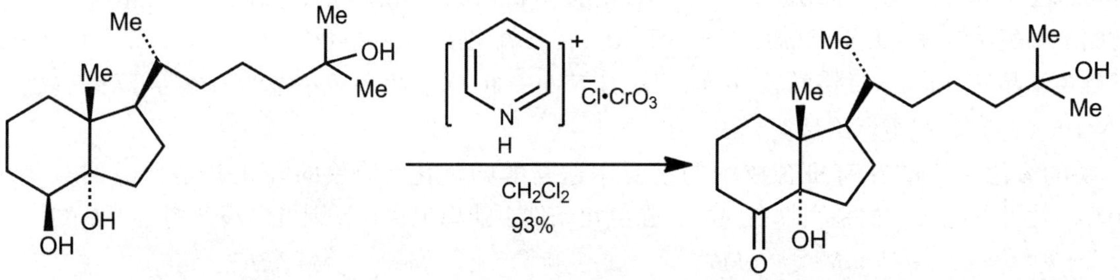

由于 PCC 试剂有轻微的酸性，使其不能用于对酸高度敏感的化合物。另一个好的试剂是重铬酸吡啶盐（吡啶-双铬酸盐，PDC），由吡啶加入中性的三氧化铬溶液得到，该试剂为中性氧化剂，可弥补 PCC 上述缺点。该试剂氧化烯丙醇类反应速率快于氧化脂肪醇。加入催化量的吡啶-三氟醋酸盐可提高吡啶-双铬酸盐氧化反应速率。氧化反应通常在 CH_2Cl_2 或 DMF 溶液中进行，烯丙醇类被氧化成相应的醛，而普通醇类则氧化成相应的酸。

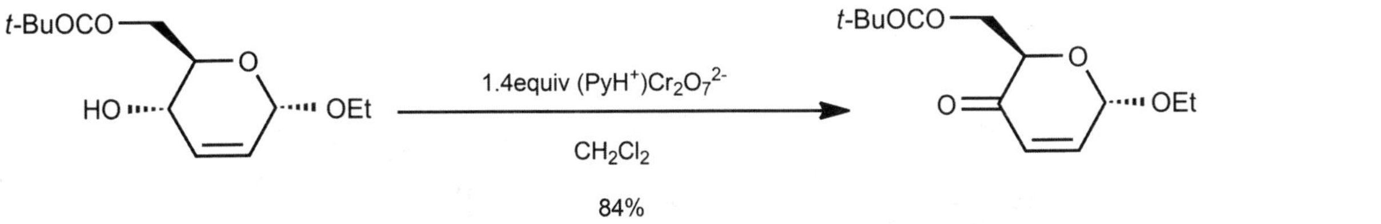

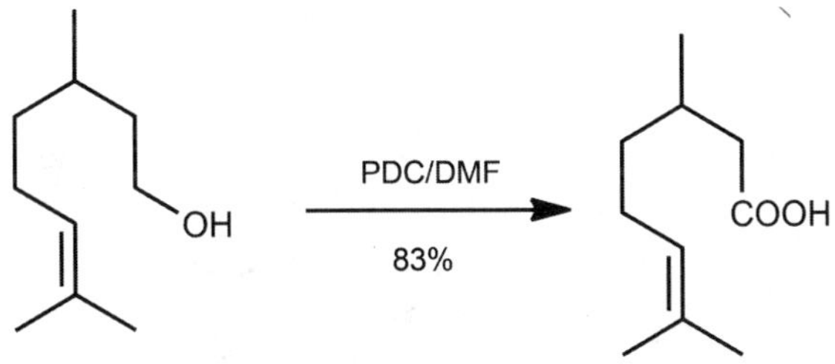

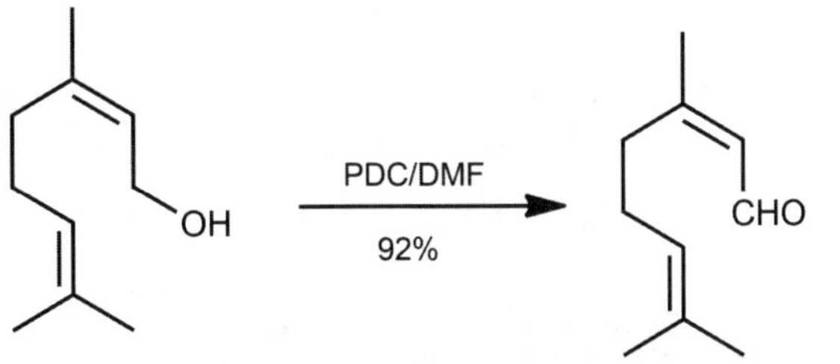

2. 芳香烃的氧化 苯环上不存在羟基、氨基等活化基团时，苯环与铬酸、高锰酸钾等氧化剂的反应速度很慢，但烷基侧链会被氧化降解从而生成苯甲酸。这是制备羧酸的一个有用的方法。如苯环上有羟基或氨基，可将其转变为甲醚或乙酰化合物，否则被羟基或氨基活化的苯环将成为被进攻的对象，形成苯醌，或与过量试剂作用发生完全氧化而生成二氧化碳和水。如果侧链比甲基长，氧化进攻总是发生在苄基碳原子上。

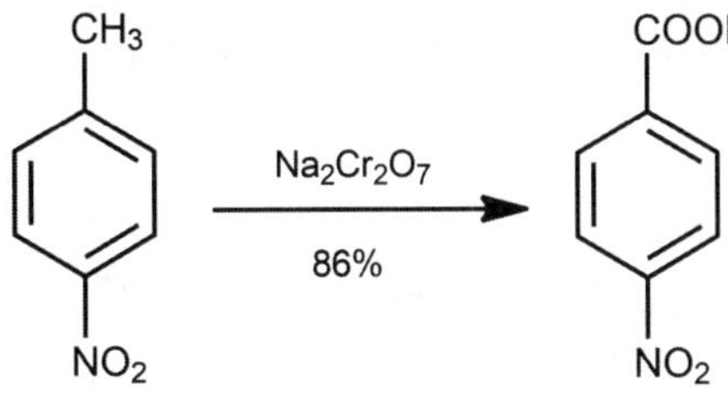

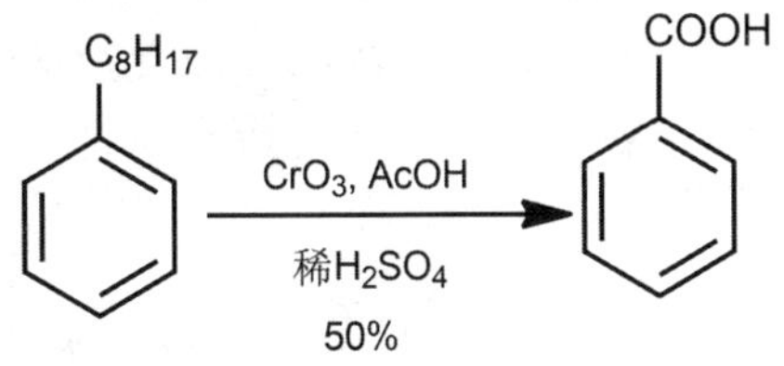

在强酸存在下的三氧化铬/醋酐或二氯二氧化铬（铬酰氯）的四氯化碳溶液都可以把苯环上的甲基氧化成甲酰基（Etard 反应）[4]。反应最初形成二乙酸酯，从而保护醛基以免进一步氧化，经水处理后转变为醛。

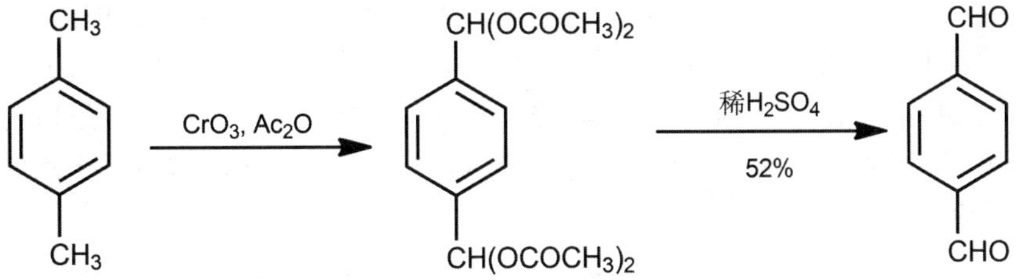

（二）活性二氧化锰

二氧化锰是能在中性条件下将醇氧化成醛或酮的一种温和而有效的氧化剂。该试剂对烯丙醇、苄醇的氧化速度比饱和醇快，伯醇比仲醇快，利用这一活性差异，可以进行选择性氧化。二氧化锰对烯丙醇和苄醇的氧化可以在室温下进行，它避免了使用铬试剂的一些问题，如烯烃的环氧化和双键的异构化。为了获得最大的反应活性，二氧化锰最好现用现制，最好的方法是用二价硫酸锰和高锰酸钾在碱性溶液中反应，得到的水合二氧化锰有很高的反应活性[5]。

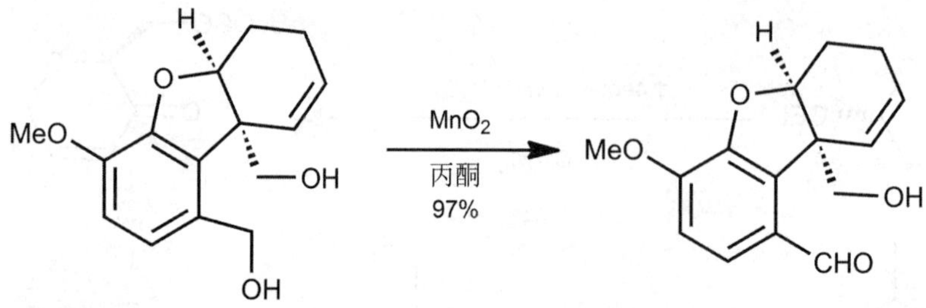

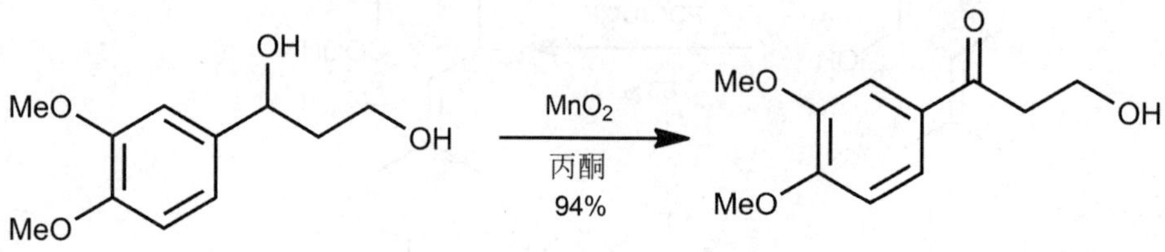

与炔键或环丙烷相连的羟基也很容易被二氧化锰氧化，但在温和条件下饱和醇不发生反应。二氧化锰也可用于没有位阻的脂肪伯醇的氧化，条件是以甲苯或氯仿作溶剂，加热回流，并使用 Wittig 试剂捕获中间产物醛，生成 α, β-不饱和酯。当得到的醛不稳定或易挥发时，这种方法显得尤其适用[6]。

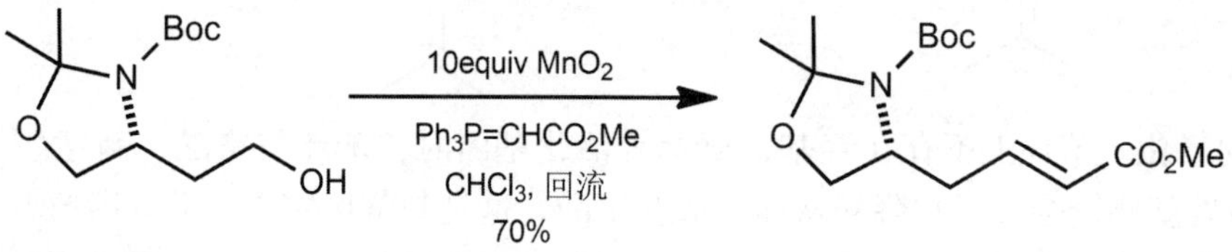

（三）四氧化锇

四氧化锇是烯烃双羟基化最常用而有效的氧化剂。四氧化锇氧化烯烃首先经环加成反应与烯烃生成六价锇酯，中间体锇（VI）化合物可通过氧化或还原水解生成顺式二醇。锇酯中的配位体 L 可以是溶剂分子或叔胺等有机碱，通常将吡啶加至反应介质中，几乎定量地析出带光亮的有色配合物。如果用手性碱代替吡啶，可以得到对映体过量的手性二醇[7]。

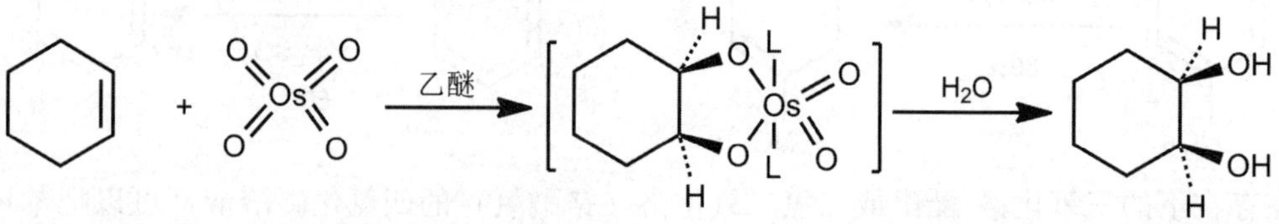

虽然四氧化锇是十分有效的双羟基化试剂，但由于其价格昂贵、有剧毒，并且需要按化学计量投料，因此仅限于实验室少量制备顺式二醇。较经济的方法是用催化量的四氧化锇与过氧化氢、氯酸盐、叔丁基过氧化氢、胺氧化物和［$K_3Fe(CN)_6$］等组成共氧化剂。在反应中，中间体锇酯被氧化成锇（VII）化合物，水解后四氧化锇得以再生，从而使反应可以循环进行。用氯酸盐和过氧化氢的缺点是可能生成过氧化产物，不能氧化三取代和四取代双键，采用叔丁基过氧化氢可以克服以上缺点。更加常用的共氧化剂是 N-甲基吗啡啉-N-氧化物（NMO）。由 NMO 和少于 1equiv 的四氧化锇促进的双羟基化反应，称为 Upjohn 反应。

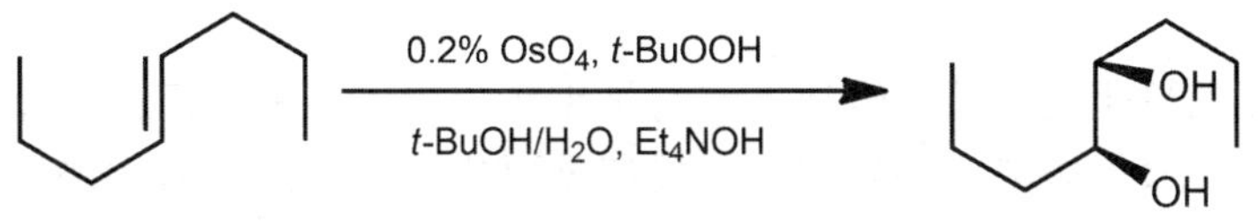

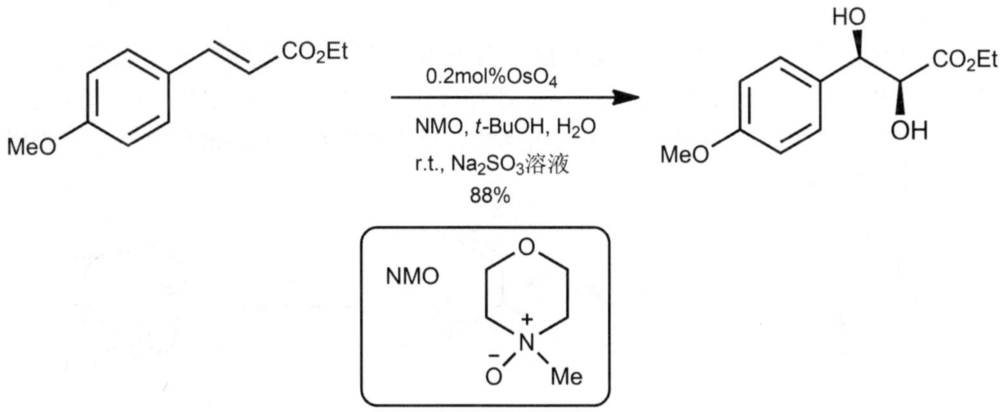

（四）四乙酸铅

1，2-二醇、α-羟基酮、α-羟基酸、邻二酮用四乙酸铅（LTA）氧化，碳链在两个官能团所在的两个碳原子之间断裂。四乙酸铅中的铅原子从+4 价还原为+2 价。氧化裂解反应通常在非水溶剂中进行[8]。

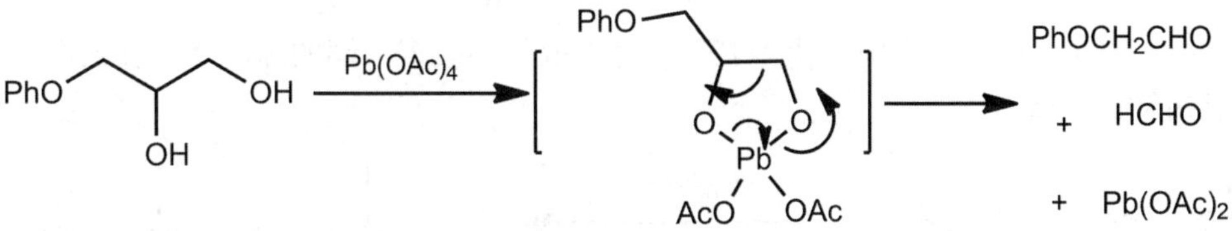

（五）高碘酸

高碘酸或高碘酸盐水溶液与四乙酸相似，是 1，2-二醇、α-羟基酮、α-羟基酸、邻二酮的氧化裂解试剂。反应常使用甲醇、乙醇、乙酸或 1，4-二氧六环作溶剂。反应能定量进行。高碘酸与二醇反应时，先形成环状的高碘酸酯，再氧化裂解成二醛（酮），碘原子从+7 价还原为+5 价[9]。

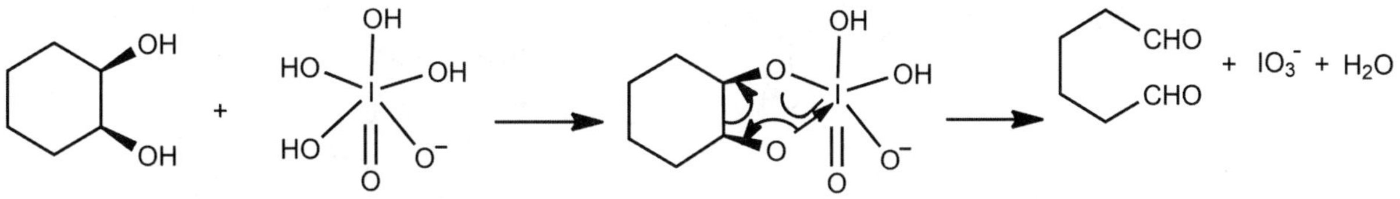

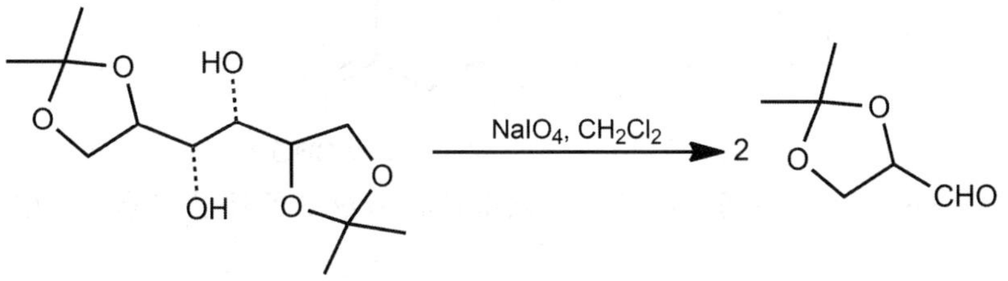

在催化量的四氧化锇或催化量的高锰酸钾存在下，烯键被高碘酸钠氧化为相应的醛、酮或羧酸。

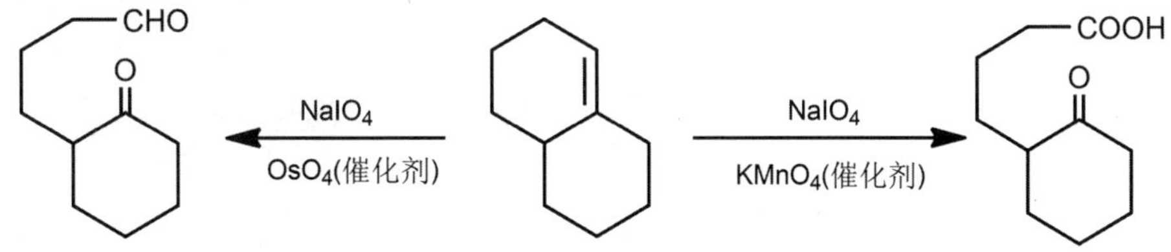

（六）二氧化硒

二氧化硒是氧化碳-氢键最常用的氧化剂。烯丙位和苄位的氧化在合成中很有价值，通过此类反应可以得到烯丙醇、α，β-不饱和醛或酮及芳香醛。一般而言，反应需要化学计量的二氧化硒，但研究发现在过氧叔丁醇（t-BuOOH）存在下，用二氧化硒作催化剂的反应不仅产率高，而且得到的产物更加易于提纯。

普遍接受的氧化反应机理是 SeO_2 作为亲烯组分与具有烯丙位氢的烯烃发生亲电烯反应（ene reaction）得到烯丙基硒酸，随后发生［2，3］-σ 迁移反应，最后水解 Se（Ⅱ）的酯得到烯丙醇。进一步氧化得到 α，β-不饱和羰基化合物。如果要得到醇，反应需要在醋酸溶液中进行，产物以醋酸酯的形式分离，经水解后得到醇。

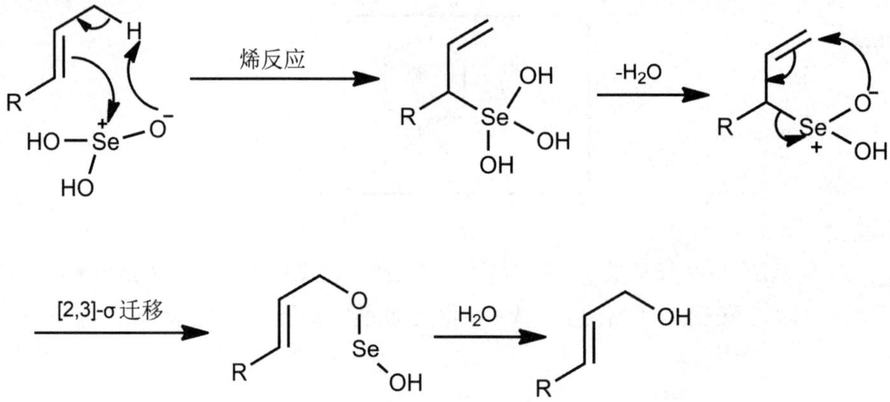

当化合物中有多个烯丙基存在时，优先氧化双键上取代基较多一端的烯丙基。在乙醇中，二氧化硒可将烯丙位甲基氧化成醛[10,11]。

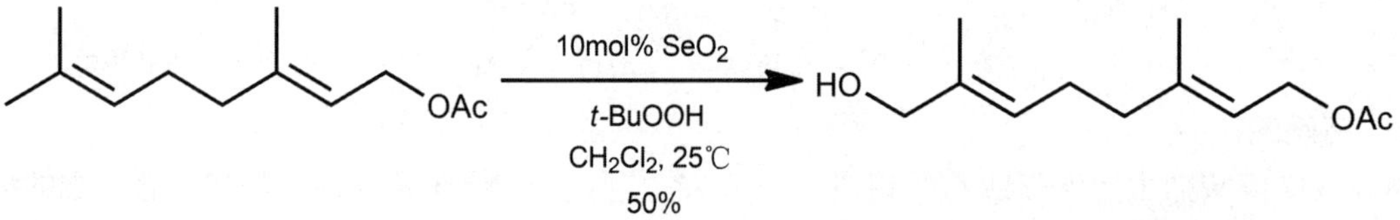

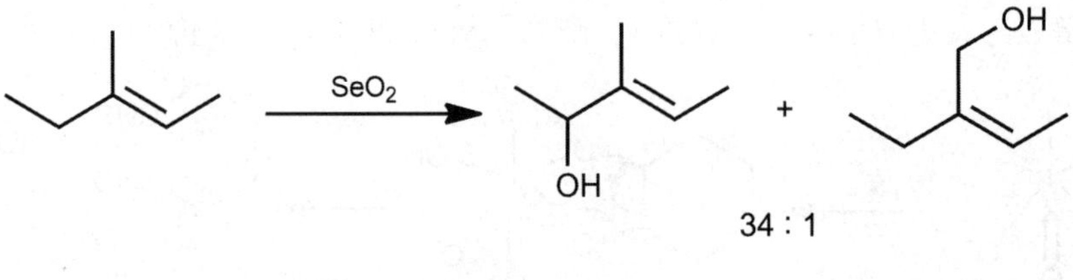

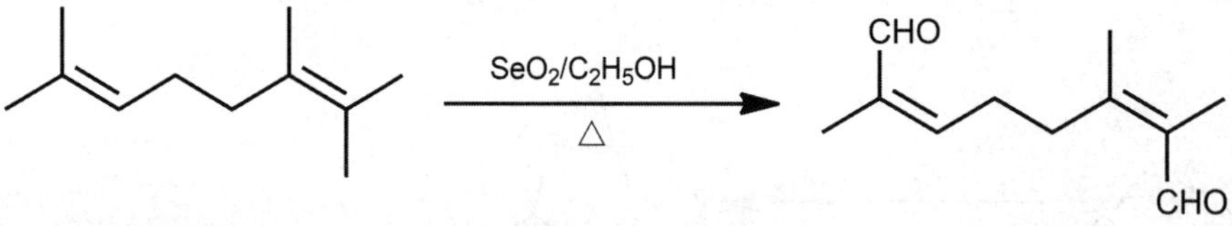

二氧化硒也氧化醛、酮的 α-甲基或亚甲基为羰基。环己酮氧化得到收率 60% 的环己二酮。含甲基的酮氧化得到 α-羰基醛。

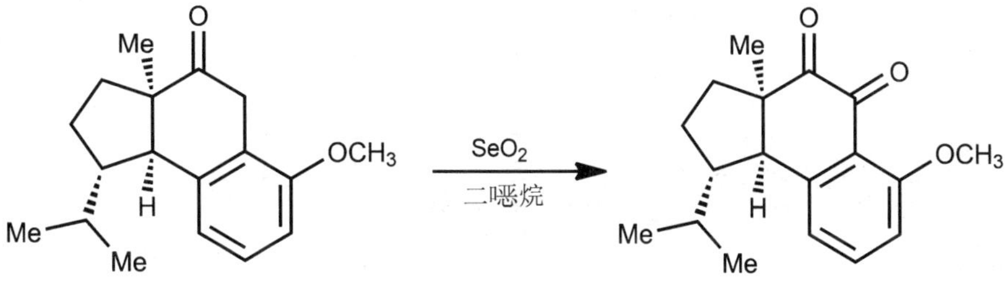

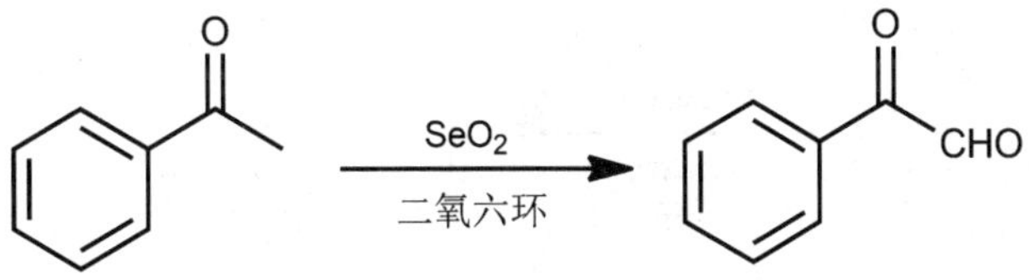

（七）硝酸铈铵

硝酸铈铵［Ce(NH₄)₂(NO₃)₆，CAN］在酸性介质中是很温和的氧化剂。例如，在高氯酸存在下，用硝酸铈铵氧化甲苯可得到苯甲醛。多甲基芳烃在较低温度下氧化时仅有一个甲基氧化为醛，较高温度时醛基继续氧化为羧酸。

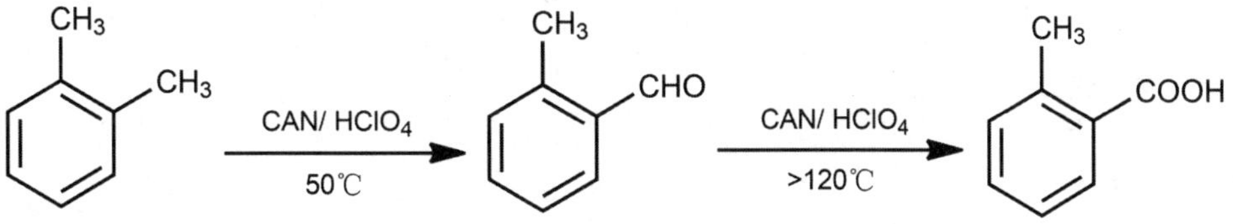

三、有机氧化剂

（一）高价碘试剂

高价碘试剂是一类在中性条件下氧化醇成醛、酮的氧化剂。Dess-Martin 试剂（戴斯-马丁试剂，又称 DMP）是其中最优秀和具有代表性的高价碘化合物之一，由 2-碘酰基苯甲酸（IBX）制得。

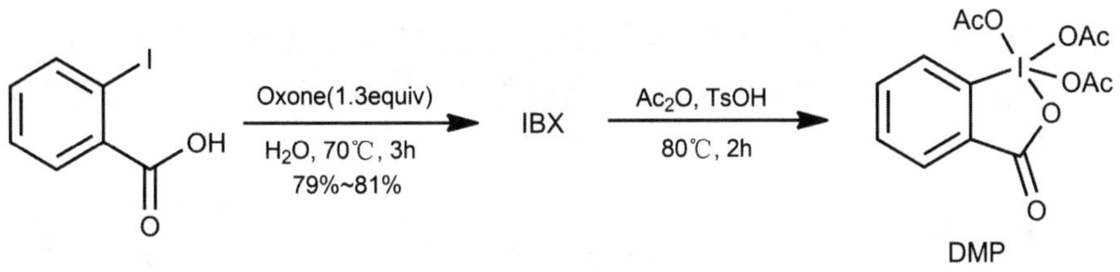

Dess-Martin 试剂的显著特点在于对底物的选择性非常高，能快速氧化伯醇和仲醇，生成相应的醛、酮。由于反应条件是中性的，因此可用于一些敏感底物，如含有呋喃环或硫醚等官能团的分子。反应条件特别简单温和，一般在室温下用二氯乙烷或乙腈作溶剂即可。反应得到的羰基化合物产率很高，不会发生过度氧化。

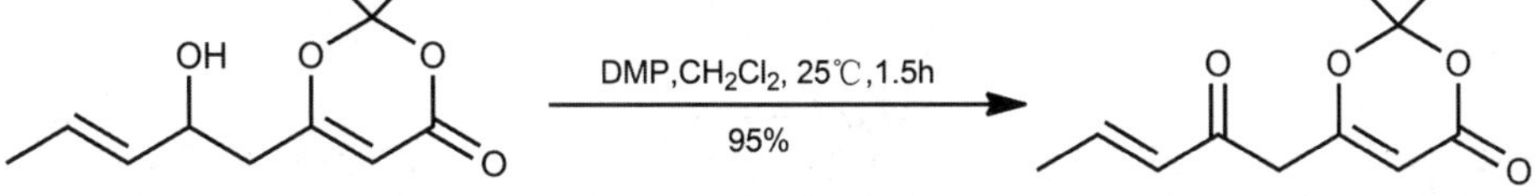

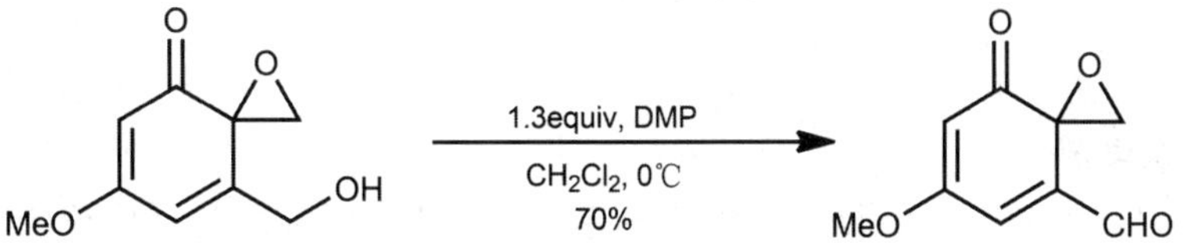

前体 IBX 虽然在有机溶剂中的溶解性不如 Dess-Martin 试剂，但耐潮性更强，在 DMSO 中可以促进醇进行干净的氧化反应，也可在乙酸乙酯中加热进行反应。

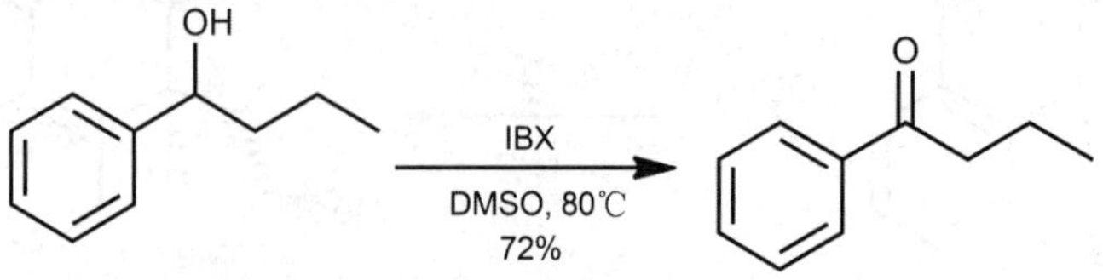

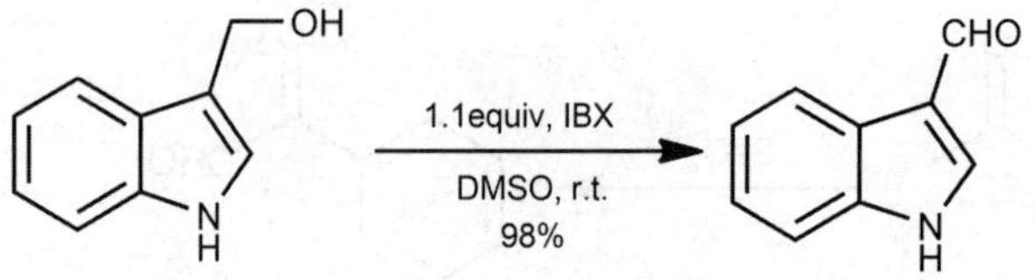

高价碘试剂特别是 PhI（OAc）$_2$ 和 PhI（OCOCF$_3$）$_2$ 在氧化合成醌中的应用日趋广泛，产物通常是取代的二烯酮化合物[12]。

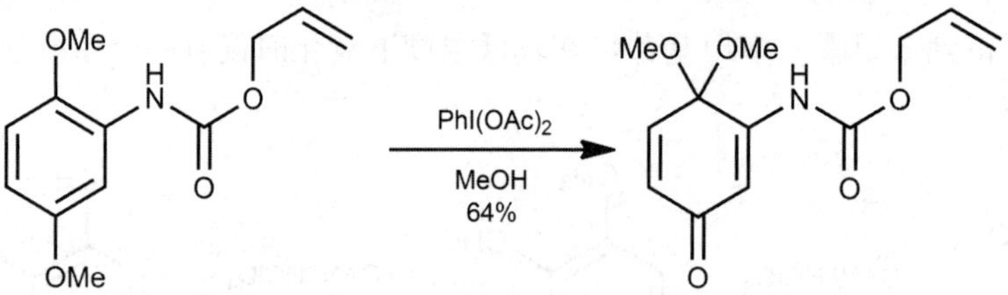

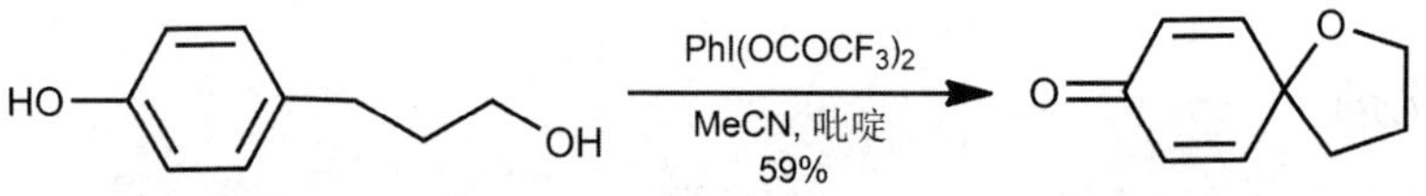

（二）基于 TEMPO 的氧化体系

TEMPO（2，2，6，6-四甲基-1-氧代哌啶）是一种有效的催化剂，可与共氧化剂一起对醇进行氧化。最普遍使用的共氧化剂是含有缓冲剂的次氯酸钠（NaClO）、PhI（OAc）$_2$ 及 TCCA。反应过程是次氯酸钠共氧化剂氧化硝酰自由基 TEMPO 得到氧氮正离子，后者作为氧化剂将醇氧化成醛或酮。该试剂可以对伯醇进行高化学选择性氧化。使用 TEMPO 氧化糖类化合物中的伯羟基特别方便有效，因为无须对仲羟基进行保护[13]。

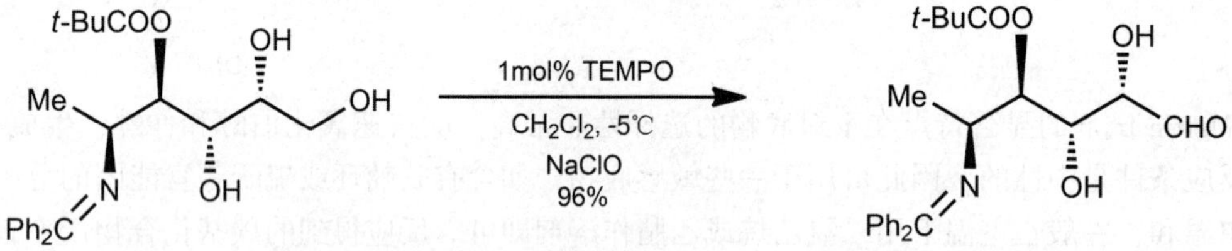

使用 TEMPO 作催化剂，与共氧化剂亚氯酸钠（NaClO$_2$）和次氯酸钠（NaClO）联合使用，可以将伯醇高收率氧化成羧酸。该试剂的优点是不稳定中心不会发生差向异构化。

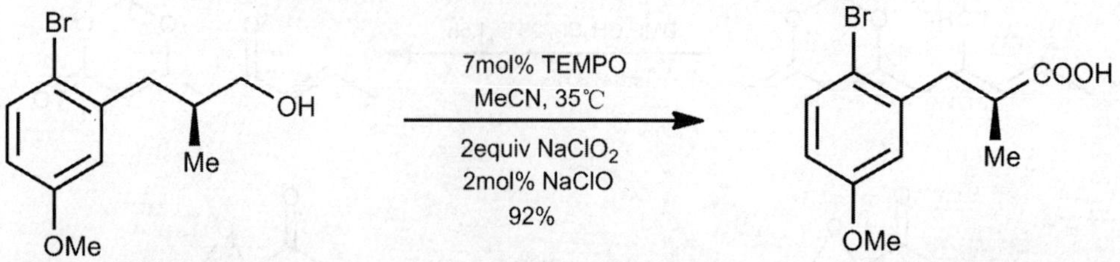

（三）Oppenauer 氧化剂

在丙酮中用烷氧醇铝（通常是异丙醇铝）将伯醇或仲醇氧化成醛或酮的反应称为 Oppenauer 氧化反

应。这是一个酮与一个醇的交叉氧化还原反应。首先是底物醇与异丙醇形成相应的烷氧基铝，然后经过环状过渡态发生氢的转移，不断消耗丙酮（或环己酮，或其他羰基化合物），结果是醇氧化成醛或酮，而丙酮被还原成异丙醇。氧化剂丙酮过量则反应向右进行[14]。

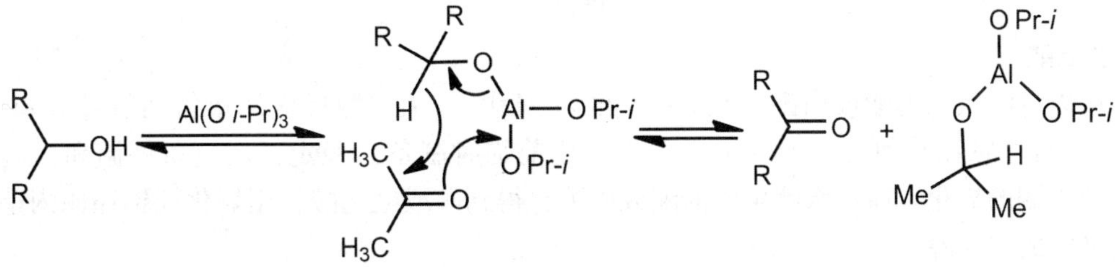

该方法的特点是底物中碳-碳双键会在氧化过程中发生双键迁移，β，γ-不饱和醇被转化为 α，β-不饱和酮。正由于此，Oppenauer 氧化反应被广泛用于合成具有 α，β-不饱和酮结构的甾族化合物。该法的缺点是氧化速率较慢，因此通常需要溶剂（如甲苯）回流，使用活性较好的催化剂可以使反应在室温下进行。由于反应条件是碱性的，生成的醛易发生羟醛缩合反应，因此用 Oppenauer 氧化反应制备醛的应用价值不大。

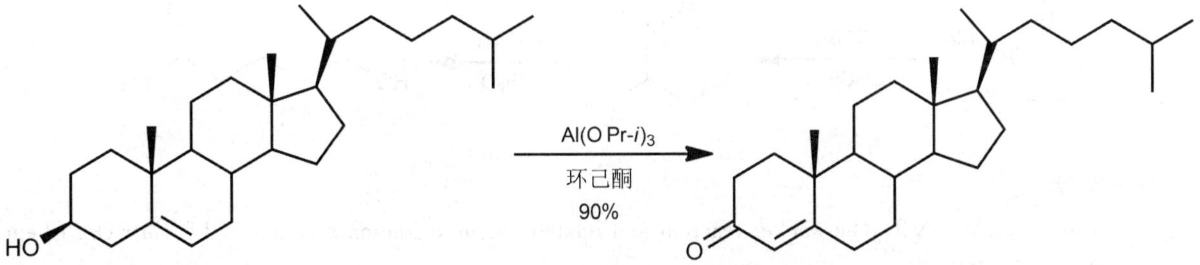

（四）烷氧基锍盐

在将醇氧化为醛或酮的所有反应中，有一类温和有效的反应涉及烷氧基锍盐。该类反应具有的共性特征是在有机碱作用下，中间体烷氧基锍盐脱去一分子二甲硫醚生成相应的醛或酮。一般情况下，反应条件温和、反应速度快、产率高，而且烯键不受氧化条件影响[15]。

在这类反应中最早研究的是 DMSO 与缩合剂 DCC（N，N'-二环己基碳二亚胺）在磷酸存在下与醇的反应（Pfitzner-Moffatt 氧化反应）。由于在伯醇的氧化产物中没有过度氧化副产物羧酸产生，从而引起广泛关注。

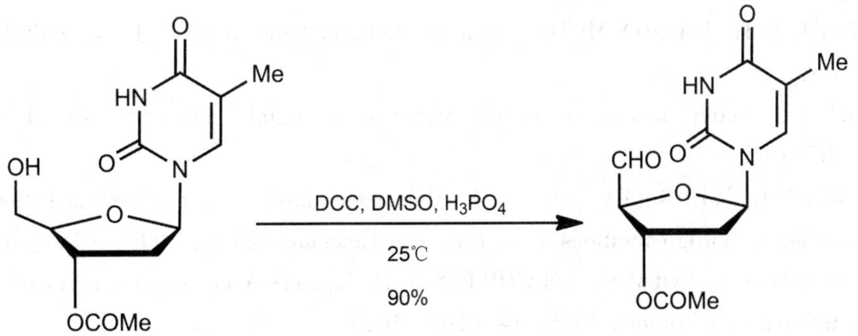

除了 DCC 外，其他亲电试剂也可以活化 DMSO。目前有机合成中最常用的 DMSO 活化试剂依次是草酰氯（Swern 氧化）、DCC（Pfitzner-Moffatt 氧化）、三氧化硫-吡啶复合物（Parikh-Doering 氧化）、三氟乙酸酐（Omura-Sharma-Swern 氧化）、乙酸酐（Albright-Goldman 氧化）和五氧化二磷（Albright-Onodera 氧化）。一个生成醛或酮的替代方法是利用甲基硫醚与氯或 N-氯代丁二酰亚胺（NCS）生成的混合物，该方法被称作 Corey-Kim 氧化[16]。使用二甲硫醚与氯反应生成活化 DMSO，然后参与醇羟基的氧化，对于其中有一个醇为叔醇的 1，2-二醇的氧化，优势尤为突出，碳-碳键不断裂，得到的是 α-羟基醛或酮。

t-BuMe₂SiO—...—OH →(1) Me₂S, NCS; 2) CH₂Cl₂, -20℃; 3) Et₃N; 95%)→ t-BuMe₂SiO—...—CHO

$$t\text{-}BuMe_2SiO\overset{Me}{\diagdown}\overset{Me}{\diagup}OH \xrightarrow[\substack{1)\ Me_2S,\ NCS \\ 2)\ CH_2Cl_2,\ -20℃ \\ 3)\ Et_3N \\ 95\%}]{} t\text{-}BuMe_2SiO\overset{Me}{\diagdown}\overset{Me}{\diagup}CHO$$

（五）过氧酸

过氧酸可以将酮氧化为酯或内酯（Bayer-Villiger 氧化）。大多数反应用市售间氯过氧苯甲酸（m-CPBA）就能进行，它比其他过氧酸（通常须在使用前临时制备）稳定，反应条件温和，适用于开链酮、环酮和芳香酮的氧化。通过水解生成的酯或内酯，得到醇或羟基酸；用氢化锂铝还原内酯，得到两个羟基位置确定的二元醇。

$$Ph\text{-}CO\text{-}Me \xrightarrow[CHCl_3]{PhCO_3H} PhO\text{-}CO\text{-}Me \xrightarrow{H_2O} PhOH$$

环戊酮-2-Me $\xrightarrow[CHCl_3]{m\text{-}CPBA}$ 内酯-Me $\xrightarrow[Et_2O]{LiAlH_4}$ HO—...—CH(OH)Me

参考文献

［1］ J M, TAKACS X T. The wacker reaction and related alkene oxidation reactions［J］. Curr Org Chem, 2003, 7: 369.

［2］ LUZZIO F A. The oxidation of alcohols by modified oxochromium（Ⅵ）-amine reagents［J］. Organic Reactions, 1998, 53: 1.

［3］ （a）COREY E J, SUGGS J W. Pyridinium chlorochromate. An efficient reagent for oxidation of primary and secondary alcohols to carbonyl compounds［J］. Tetrahedron Letters, 1975, 16（31）: 2647.

（b）PIANCATELLI G, SCETTRI A, D'AURIA M. Pyridinium chlorochromate: a versatile oxidant in organic synthesis［J］. Synthesis, 1982, （04）: 245.

［4］ HARTFORD W H, DARRIN M. The chemistry of chromyl compounds［J］. Chemical Reviews, 1958, 58（1）: 1.

［5］ FATIADI A J. Active manganese dioxide oxidation in organic chemistry-part Ⅰ［J］. Synthesis, 1976, （02）: 65.

［6］ BLACKBURN L, WEI X, TAYLOR R J K. Manganese dioxide can oxidise unactivated alcohols under in situ oxidation-Wittig conditions［J］. Chemical Communications, 1999, （14）: 1337.

［7］ BERRISFORD D J, BOLM C, SHARPLESS K B. Ligand-Accelerated Catalysis［J］. Angewandte Chemie International Edition, 1995, 34（10）: 1059.

［8］ WAKAMATSU T, AKASAKA K, BAN Y. The synthesis of oxoalkanolides of the medium ring size［J］. Tetrahedron Letters, 1977, 18（32）: 2751.

［9］ BUNTON C A, SHINER V J. 321. Periodate oxidation of 1, 2-diols, diketones, and hydroxy-ketones: the use of oxygen-18 as a tracer［J］. Journal of the Chemical Society（Resumed）, 1960: 1593.

［10］ RABJOHN N. Selenium dioxide oxidation［J］. Organic Reactions, 1976, 24, 261.

［11］ E. N. Trachtenberg in Oxidation, Vol. 1, R. L. Augustine, ed., Marcel Dekker, New York, 1969,

Chapter 3.

[12] MORIARTY R M, PRAKASH O M. Oxidation of phenolic compounds with organohypervalent iodine reagents [J]. Organic reactions, 2001, 57: 327.

[13] ADAM W, SAHA-MÖLLER C R, GANESHPURE P A. Synthetic applications of nonmetal catalysts for homogeneous oxidations [J]. Chemical reviews, 2001, 101 (11): 3499.

[14] DJERASSI C. The Oppenauer oxidation [J]. Organic Reactions, 1951, 6: 207.

[15] (a) MANCUSO A J, SWERN D. Activated dimethyl sulfoxide: useful reagents for synthesis [J]. Synthesis, 1981, 1981 (03): 165.

(b) TIDWELL T T. Oxidation of alcohols to carbonyl compounds via alkoxysulfonium ylides: The Moffatt, Swern, and related oxidations [J]. Organic Reactions, 1990, 39: 297.

[16] COREY E J, KIM C U. New and highly effective method for the oxidation of primary and secondary alcohols to carbonyl compounds [J]. Journal of the American Chemical Society, 1972, 94 (21): 7586.

第十二节 还原反应

还原反应是将氢加成到不饱和基团上（如碳碳双键、羰基或芳香环），或是伴随着键的断裂将氢加成到两个断键的原子上（如还原二硫化物到硫醇，将卤代烷还原成烃类化合物）。通常利用催化氢化或还原剂（如氢化锂铝）进行还原反应。

一、负氢转移还原反应

负氢转移还原反应是有机合成中普遍使用的一类还原反应，负氢转移试剂根据中心原子主要分为两类：一类是硼氢化物，如硼氢化钠、硼烷等；另一类是铝氢化物，如氢化锂铝、铝烷等。

（一）氢化锂铝

氢化锂铝是还原极性官能团最有效的还原剂，能还原大部分的羰基化合物，如醛、酮、羧酸、酸酐、酰氯、酯、酰胺和亚胺等。氢化锂铝的四个氢原子采用逐个转移的方式起到还原作用。随着与铝结合的烃氧基数目的增加，与铝结合的氢减少，氢负离子的转移速度较前一个要慢很多，这种性质提供了一种制备比氢化锂铝反应活性更低、选择性更好的修饰试剂的方法。

（二）硼氢化钠

硼氢化钠的反应活性低于氢化锂铝，主要用于还原醛、酮和酰氯及卤化烃等，因此它在反应中有更好的选择性。反应通常在水、低级醇、胺类溶剂中进行。

在镧系金属盐存在的条件下，硼氢化钠的还原性质可以很好地被改良[1]。例如，当有三氯化铈存在时，硼氢化钠能高选择性地还原 α,β-不饱和酮，几乎不发生 1,4-还原，只得到 1,2-还原产物烯丙醇。硼氢化钠-三氯化铈体系可以区分酮羰基和醛羰基，并且可以选择性地还原活性相对较低的羰基。如当饱和酮和醛与 α,β-不饱和酮共存的情况下，α,β-不饱和酮可以被选择性还原。酮有时也可以在醛存在下优先被还原。有人认为，在上述反应条件下，活性较高的醛羰基形成水合物而受到保护，该水合物通过与铈离子配位获得稳定，并在分离产物时再生出醛羰基[2]。

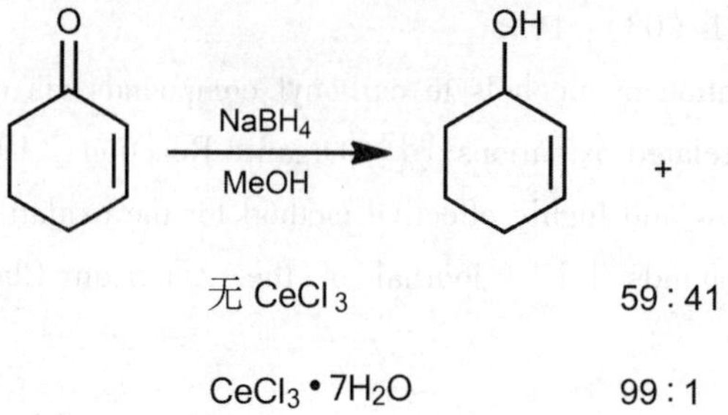

无 CeCl₃   59:41

CeCl₃·7H₂O   99:1

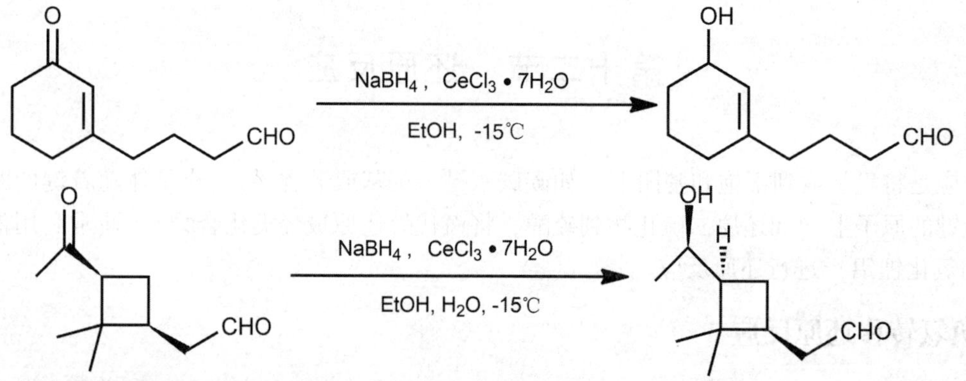

硼氢化钠对简单脂肪族酯类的还原反应很慢，应用价值不大。但当酯基的 α 位有吸电子基团取代时，羰基碳的正电性增加，有利于接受硼氢化钠的进攻。连接缺电子芳环体系的芳酯，由于芳环的吸电子作用活化了酯基，同样，酯基可被硼氢化钠还原成醇。

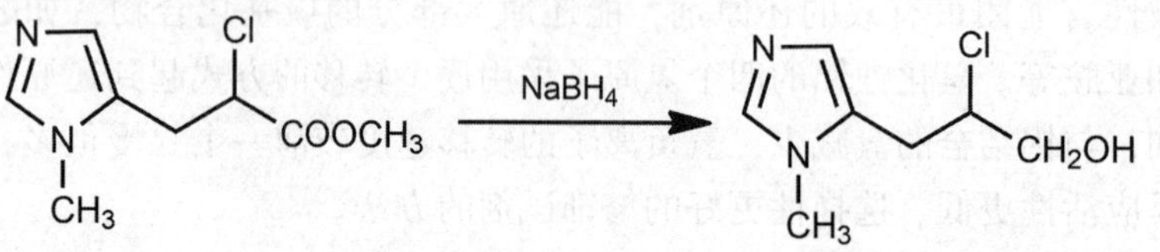

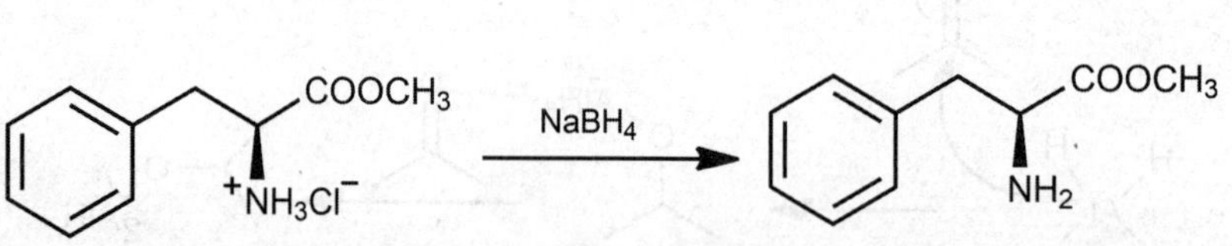

（三）三烷氧基氢化锂铝

氢化锂铝的高反应性会导致不必要的过度还原。用醇或氯化铝处理氢化锂铝，可以对其进行改性而获得有较高选择性的试剂[3]。例如，氢化锂铝和 3equiv 乙醇反应可方便地制备三乙氧基氢化锂铝。酰胺、氰化合物用三乙氧基氢化锂铝还原，水解可以较高收率得到醛。内酯在低温条件下，经三乙氧基氢化锂铝还原得到分子内的半缩醛，收率可达 97%。

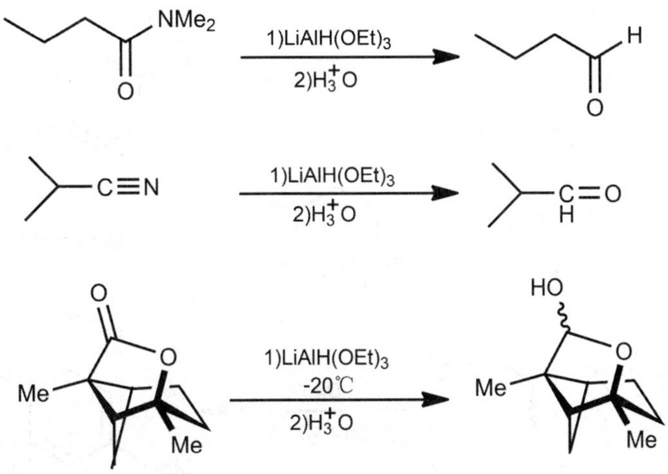

三叔丁氧基氢化锂铝是一种比较温和的还原试剂。醛和酮可以被正常还原为醇，羧酸酯和环氧化合物只能缓慢地反应，腈和亚胺几乎不反应，并失去了氢化锂铝所具有的还原脱卤或脱磺酰氧基的功能。

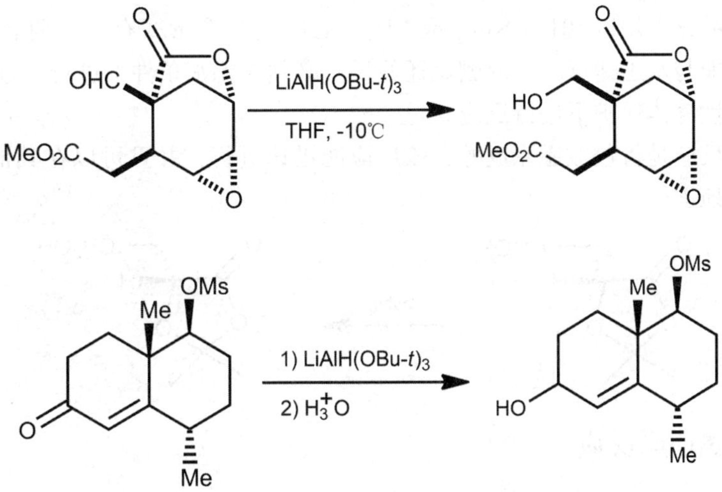

三烷氧基氢化锂铝一个最有效的应用是通过部分还原酰氯或二烷基酰胺制备醛。用过量的氢化锂铝还原三级酰胺，可以以较好收率得到相应的胺。使用活性相对较低的三乙氧基氢化铝锂（此处使用三叔丁氧基氢化锂铝不再有效），反应停止在 N, O-缩醛阶段，水解后得到相应的醛。与此类似，用乙氧基氢化锂铝还原腈，反应可以停止在亚胺阶段，水解后得到醛。

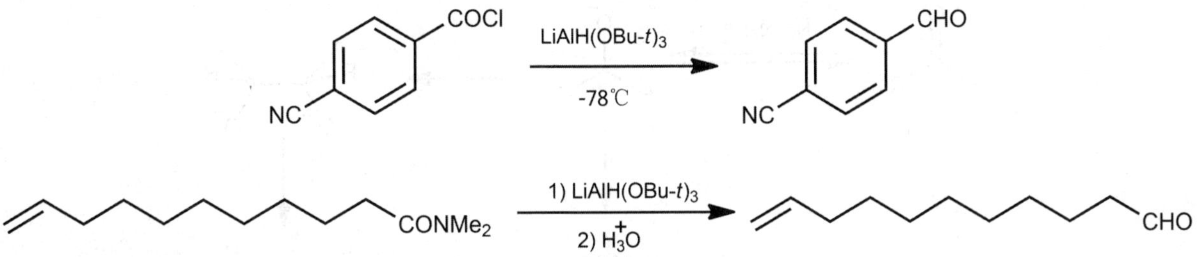

（四）二异丁基氢化铝

二异丁基氢化铝（DIBAL-H 或 DIBAL，i-Bu$_2$AlH）是一种非常有用的氢化铝衍生物，市售的一般是在甲苯或己烷溶液中。在常温下，二异丁基氢化铝将醛、酮和酯还原成醇，将腈还原成胺，使环氧化物开环生成醇。在低温条件下，酯和内酯被直接还原成醛；腈和酰胺转化成亚胺，亚胺迅速水解后生成醛。醛之所以没有进一步还原，是因为生成了相对稳定的半缩醛中间体（或亚胺盐），该中间体仅在后处理时才水解为醛[4]。

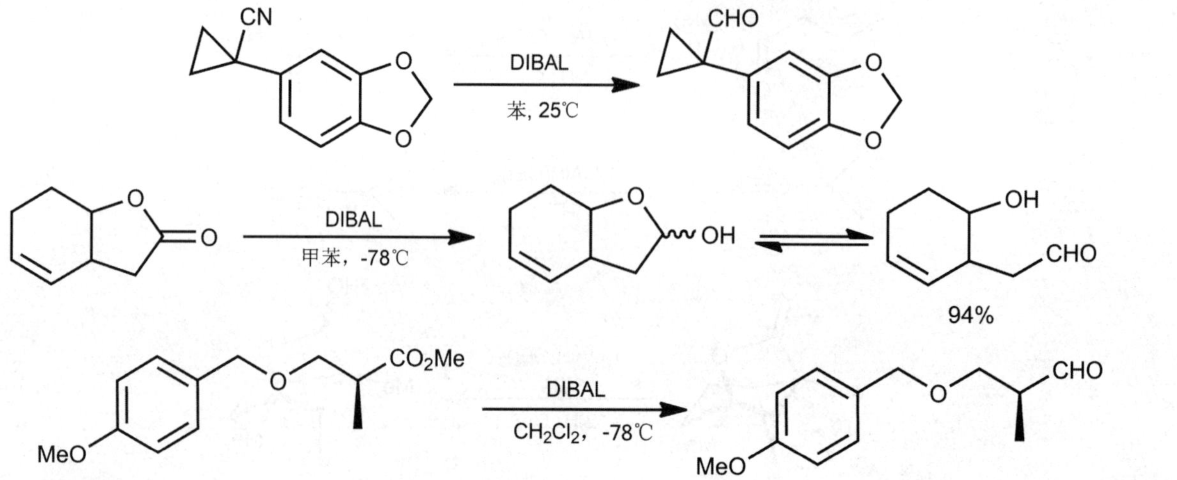

（五）硼烷

硼烷 [BH$_3$，气态时以二聚体二硼烷（B$_2$H$_6$）形式存在]，是一种非常有效的还原试剂，可以进攻多种不饱和基团。商品化硼烷以 BH$_3$·SMe$_2$ 或 BH$_3$·THF 的复合形式存在，前者具有稳定及可溶于有机溶剂的优点。硼烷能与水迅速反应，故硼烷还原反应必须在无水条件下进行，且由于硼烷可能会在空气中燃烧，最好在惰性气体保护下进行反应。

硼烷的一个有用反应是将羧酸还原成醇，该反应能迅速进行，并且可以在其他官能团（包括酯基）存在的情况下选择性地进行。

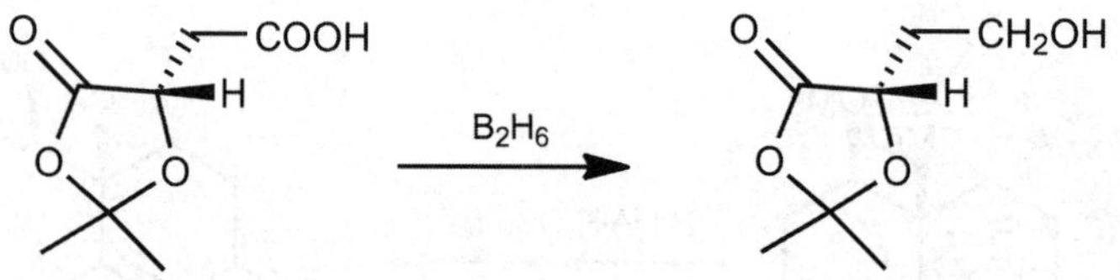

二、可溶性金属还原反应

与氢负离子转移还原相似，可溶性金属还原是另一种用化学方法进行的还原反应。反应中一个电子从金属表面（或从溶液中的金属）转移到有机分子，若加成到多重键上，会产生一个阴离子自由基，多数情况下瞬间进行质子化，质子供体可能是水、醇或酸。产生的自由基随后从金属中捕获另一个电子形成阴离子，直至后处理为止。在没有质子源的条件下，会发生阴离子自由基的二聚或多聚反应[5]。

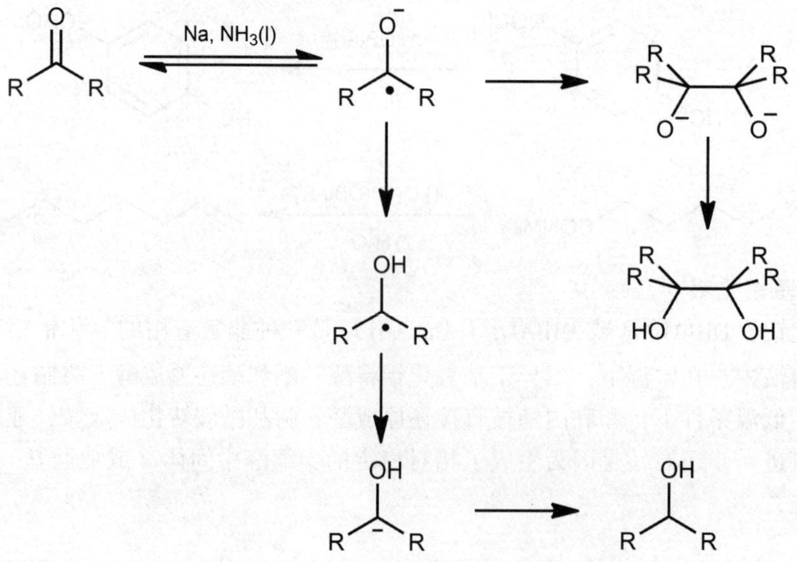

（一）羰基化合物的还原

立体化学研究表明，可溶性金属还原酮具有良好的立体选择性，优先生成热力学稳定的醇。该立体选择性在于中间体的阴离子自由基采取了一种优势构象，该构象中氧原子处于平伏键上。不同的还原剂还原 2–甲基环己酮得到的顺反异构体结果如下：

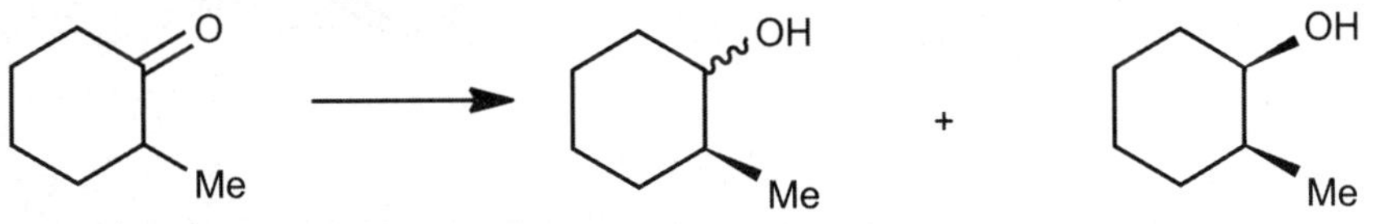

Na-EtOH	99%	1%
NaBH$_4$	69%	31%
Al(i-Pro)$_3$	42%	58%
催化氢化	7%~35%	65%~93%

将醛和酮还原成甲基或亚甲基的 Clemmensen 还原，是将醛、酮与锌汞齐在酸性条件下加热而进行的。选用与水不混溶的溶剂可以保持水相中化合物的浓度较低，从而阻止金属表面的双分子缩合。所用的酸仅限于盐酸，因为它是唯一一种阴离子不会被锌汞齐还原的强酸。反应需要在剧烈条件下进行，因此不适合多官能团分子[6]。

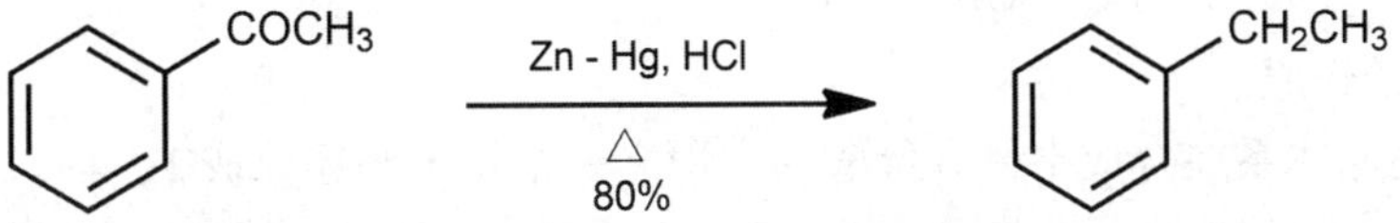

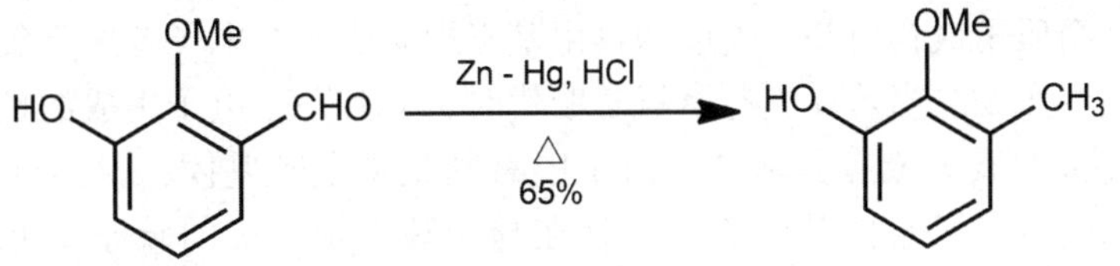

（二）还原裂解反应

金属–液氨还原体系和其他可溶性金属体系可参与多种还原裂解反应，尤其是切断苄基–氧键或苄基–氮键。这种类型的反应广泛用于脱除羟基、巯基和氨基的不饱和保护基。

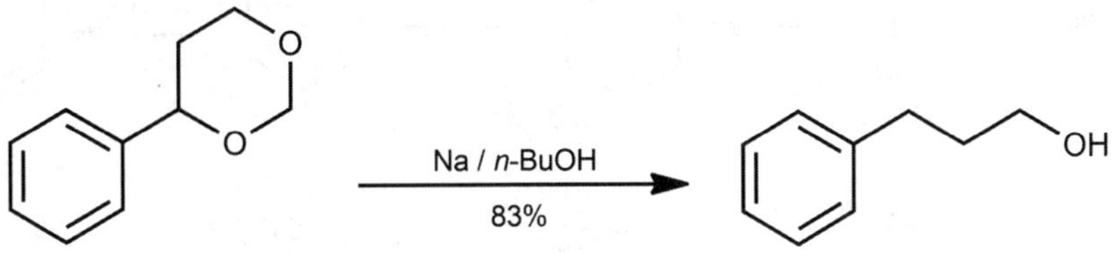

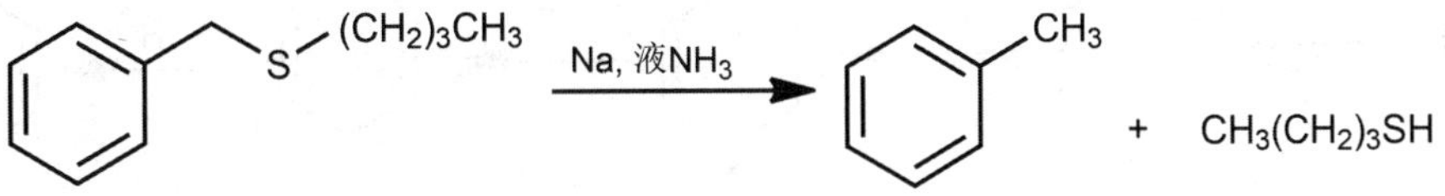

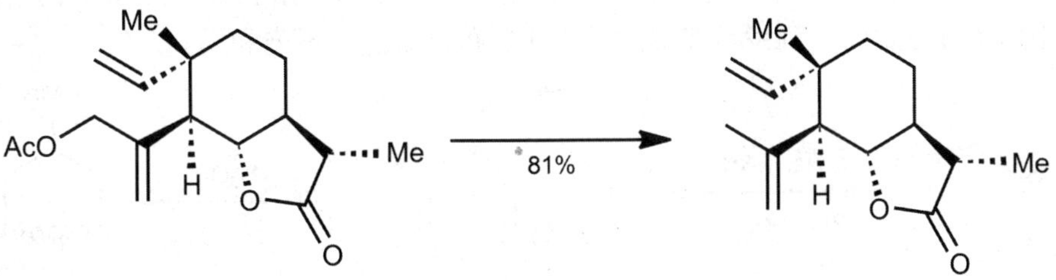

由于氮的电负性比氧小，苄胺不易被金属-液氨试剂还原裂解。但是季铵盐增加其电负性，易被还原，此还原反应称为 Emde 反应。

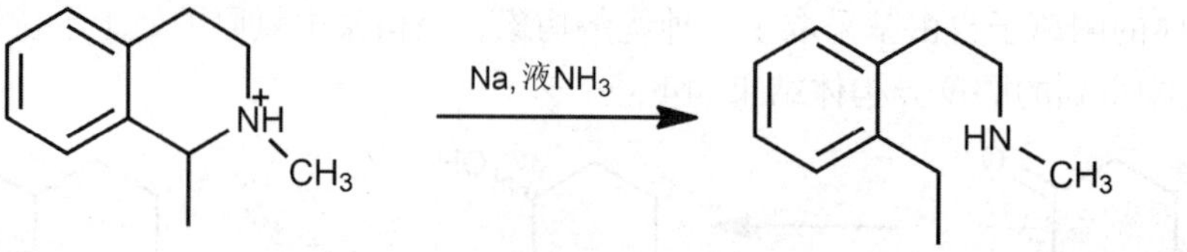

（三）炔烃的还原

金属还原的一个基本用途是还原非末端炔烃成烯烃。这个过程具有高度的选择性，不会有饱和化合物生成，另外，该反应具有完全的立体选择性，二取代炔烃的唯一产物是 *E* 式烯烃，这与炔烃催化氢化还原的立体选择性正好相反。末端炔基与金属易于形成金属炔化物，由于炔碳上带有负电荷，从而阻止了进一步的还原。

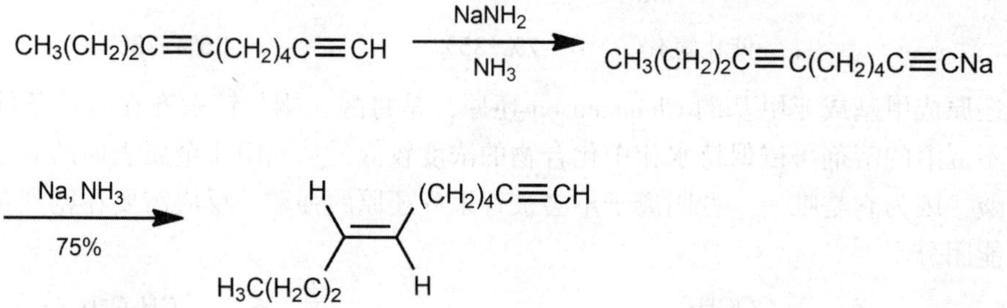

$$CH_3(CH_2)_2C \equiv C(CH_2)_4C \equiv CH \xrightarrow[NH_3]{NaNH_2} CH_3(CH_2)_2C \equiv C(CH_2)_4C \equiv CNa$$

（四）共轭体系的还原

金属-液氨-醇还原体系在合成中最有价值的应用之一是将苯环还原成 1，4-二氢衍生物。还原剂的专一性足以保证只加成两个氢原子。此反应称为 Birch 还原[7]。Birch 还原过程是苯环接受一个电子变成负离子自由基，得到一个质子成自由基。生成的自由基立即接受一个电子变成碳负离子，它从乙醇取得一个质子后生成部分还原产物。当苯环上有甲氧基取代时，得到一个电子生成的负离子自由基，其负电荷可以处在甲氧基所连接的碳上或在其邻位，由于甲氧基是富电子基团，显然处于其邻位相对能量较低；羧基是吸电子基团，负离子自由基中负电荷处在与羧酸直接相连的碳原子上，更有利于负电荷的分散。

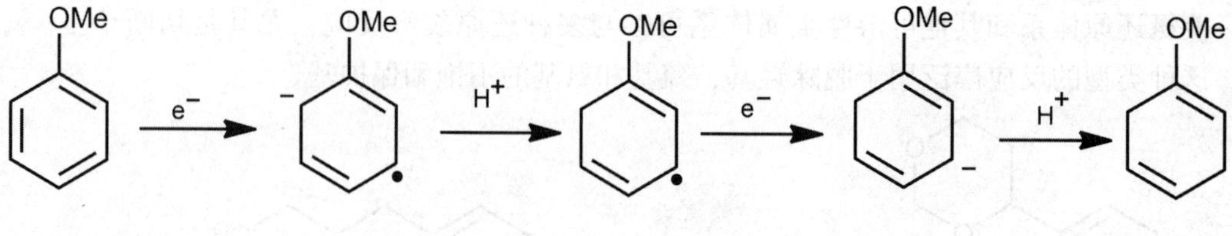

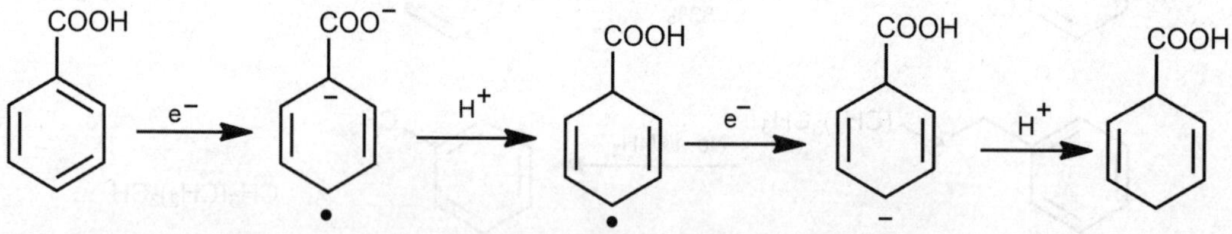

Birch 还原的重要应用价值是苯甲醚类和苯胺类化合物的还原，温和条件下水解的产物是 β，γ-不饱和酮。如在剧烈条件下水解，则发生双键的异构化，得到 α，β-不饱和酮。

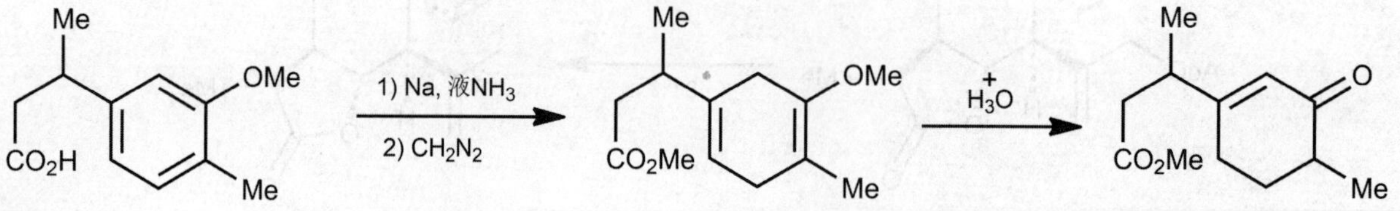

三、催化氢化反应

在所有还原方法中，催化氢化是最方便的方法之一，还原操作很简单，只要在适当的溶剂（如果被还原的物质是液体，甚至可以不用溶剂）及氢气中，使反应物与催化剂一起搅拌或振摇就可以进行，反应结束后，将催化剂过滤掉，产物即从滤液中分离出来。该方法无论是在微量还是大量反应时，甚至在工业规模生产时都很有效，多数情况下，反应在室温或接近室温、标准大气压或稍高于标准大气压下就可以顺利进行。

催化氢化反应可分为催化加氢和催化氢解。催化加氢是指在催化剂存在下不饱和化合物的加氢反应，催化氢解是指在催化剂存在下分子中碳原子与杂原子之间的键断裂生成新的碳-氢键的反应。在催化氢化反应中，催化剂自成一相（固相）者称为非均相催化氢化，催化剂溶解于反应介质中者称为均相催化氢化。

（一）非均相催化氢化

非均相催化氢化使用的催化剂主要是粉状的金属、金属的氧化物或硫化物。实验室使用最多的是铜、镍、铂、钯、钌和铑等。钯和铂的水溶性盐经氢气还原得到极细的黑色粉末。钯和铂一般吸附在载体如活性炭上，称为钯炭或铂炭。常用的镍催化剂是 Raney 镍，它是用一定浓度的氢氧化钠溶液去除铝镍合金中的铝而得到的多孔状骨架镍[8]。

有机化合物中常见的不饱和基团，如烯、炔、醛、酮、酯、腈、硝基、芳环和杂环等，在适当的条件下大多数能被催化还原，但被还原的难易程度不一样。某些基团，尤其是烯丙羟基、苄基羟基、苄基氨基和碳-卤单键、碳-硫单键等，很容易进行氢解反应，导致碳-杂原子键的断裂。保护基团苄氧羰基和苄基之所以很有效，就是因为它们容易在钯催化剂存在下通过氢解反应脱除。

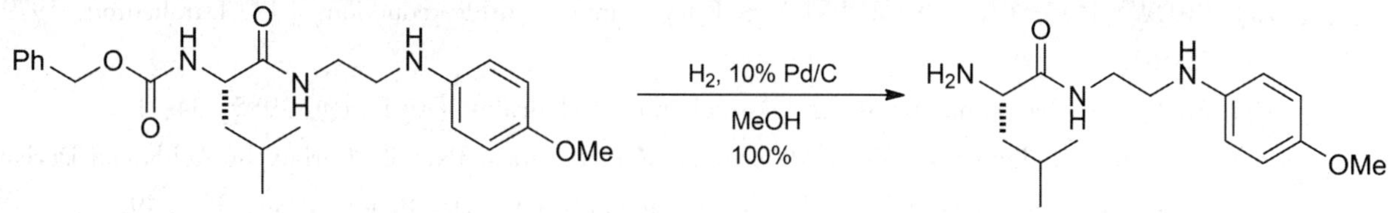

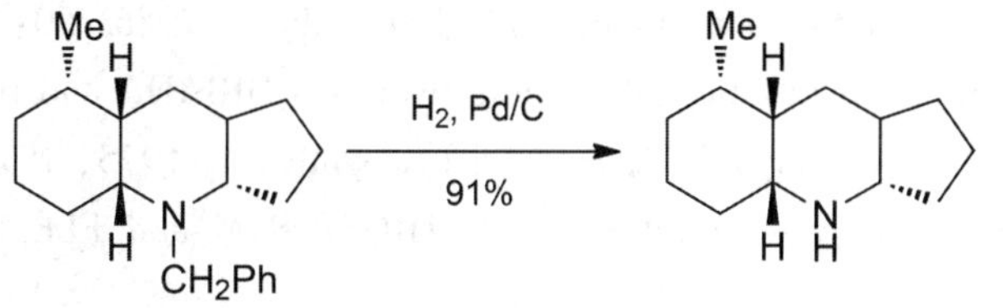

氢解脱硫：硫醇、硫醚、二硫化物、亚砜、砜和某些含硫杂环均可氢解脱硫。硫化物易使钯或铂催化剂中毒而失去活性，因而碳硫键的氢解一般用镍催化剂。

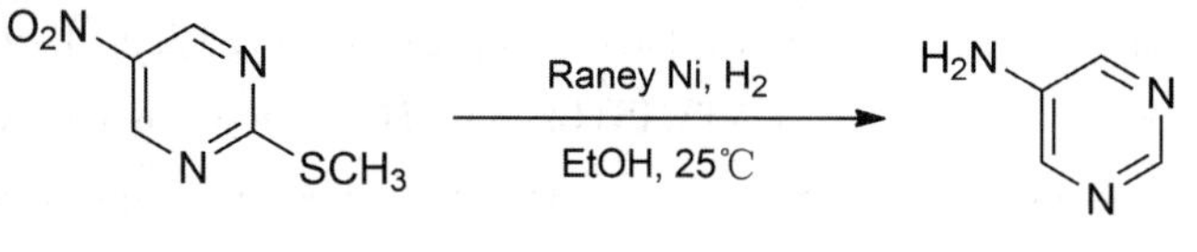

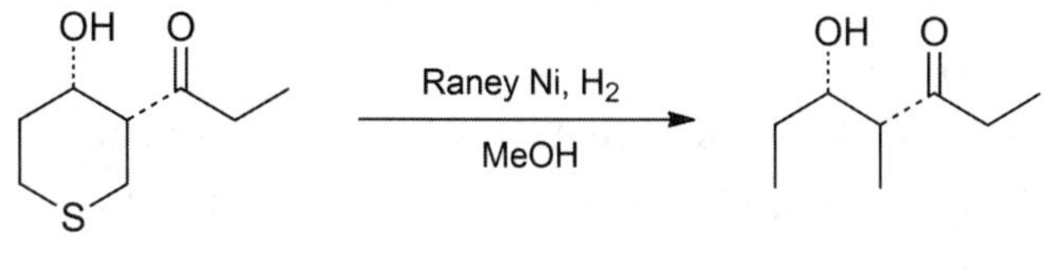

（二）均相催化氢化

均相催化氢化是使用能溶于反应溶剂的催化剂使氢化反应在均相体系中进行。许多溶解性催化体系已经得到广泛应用，最常用的是铑和钌的配合物，如 $[(Ph_3P)_3RhCl]$（Wilkinson 催化剂）和 $[(Ph_3P)_3RuClH]$。

Wilkinson 催化剂参与的均相催化反应在常温常压的有机溶剂中进行，主要用于选择性还原碳碳不饱和键，除醛基和酰卤会脱羰基外，氰基、硝基、氯、偶氮基和酮羰基等官能团在这些条件下保持不变。一取代和二取代的双键被还原的速度比三取代或四取代者快得多，这使得含不同种类双键的化合物有可能进行部分氢化[9]。

$$\text{substrate} \xrightarrow[\substack{C_6H_6 \\ 90\%}]{H_2,\ [(C_6H_5)_3P]_3RhCl} \text{product}$$

$$\text{substrate} \xrightarrow[\substack{C_6H_6 \\ 80\%}]{H_2,\ [(C_6H_5)_3P]_3RhCl} \text{product}$$

参考文献

[1] GEMAL A L, LUCHE J L. Lanthanoids in organic synthesis. 4. Selective ketalization and reduction of carbonyl groups [J]. The Journal of Organic Chemistry, 1979, 44 (23): 4187.

[2] GEMAL A L, LUCHE J L. Lanthanoids in organic synthesis. 6. Reduction of alpha-enones by sodium borohydride in the presence of lanthanoid chlorides: Synthetic and mechanistic aspects [J]. J Am Chem Soc, 1981, 103: 5454.

[3] (a) BROWN H C, KRISHNAMURTHY S. Forty years of hydride reductions [J]. Tetrahedron, 1979, 35: 567.

   (b) MALEK J. Reductions by Metal Alkoxyaluminum Hydrides. Org React, 1985, 34: 1.

   (c) MALEK J. Reduction by Metal Alkoxyaluminum Hydrides. Part Ⅱ. Carboxylic Acids and Derivatives, Nitrogen Compounds, and Sulfur Compounds [J]. Org React, 1988, 36: 249.

[4] (a) YOON N M, GYOUNG Y S. Reaction of diisobutylaluminum hydride with selected organic compounds containing representative functional groups [J]. J Org Chem, 1985, 50: 2443.

   (b) WINTERFELDT E. Applications of diisobutylaluminium hydride (DIBAH) and triisobutylaluminium (TIBA) as reducing agents in organic synthesis [J]. Synthesis, 1975, 1975 (09): 617.

[5] HUFFMAN J W. in Comprehensive Organic Synthesis, ed. TROST B M and FLEMING I, vol 8. Oxford: Pergamon Press, 1991, p107.

[6] VEDEJS E. Clemmensen reduction of ketones in anhydrous organic solvents [J]. Organic Reactions, 1975, 22: 401.

[7] B ROBINSON. Reduction of indoles and related compounds [J]. Chem Rev, 1969, 69: 785.

[8] JOHNSTONE R A W, WILBY A H, ENTWISTLE I D. Heterogeneous catalytic transfer hydrogenation and its relation to other methods for reduction of organic compounds [J]. Chem Rev, 1985, 85: 129.

[9] (a) BIRCH A J, WILLIAMSON D H. Homogeneous hydrogenation catalysts in organic synthesis [J]. Organic reactions. 1976, 24: 1.

   (b) HARMON R E, GUPTA S K, BROWN D J. Hydrogenation of organic compounds using homogeneous catalysts [J]. Chemical Reviews, 1973, 73 (1): 21.

第三章　药物合成的新策略和新技术

　　化学制药工业是以新药研究和开发为目的的朝阳产业，具有发展速度快、专利保护周密、竞争激烈等特点。药物合成的目的不仅仅是局限于合成什么，更重要的是如何合成，如何更快、更多地与生物、波谱、质谱等新技术渗透，实现仿生合成、半合成、不对称合成、天然有机化合物的结构改造，从而获得药理活性更好的药品，实现高效和环保的合成。

　　先导化合物的发现和结构的优化是研制新药的基础环节。先导化合物可以通过天然产物的分离和提取获得，也可以由化学合成得到，但是无论用什么方法，最终若要成为新药，都要依靠化学合成的方法提供大量的原料药。传统的药物合成主要是药物的合成和分离，而通过传统的合成和分离方法越来越无法满足人们对于药物的需求和医药工业迅猛发展的需要，因此，研发药物合成的新策略和新方法势在必行。

　　近几十年来，有机合成化学发展迅速，与此同时，新的方法、试剂、反应和理念的出现，也推动了药物合成的发展，尤其是新的合成方法、策略和技巧大大缩短了合成步骤，简化了分离过程，提高了反应产率，更重要的是越来越符合绿色合成的理念和要求。例如，微波反应、离子液体、固相合成和水相合成等新的合成技术和方法以及串联反应、多组分反应、小分子有机催化等新的合成策略逐渐登上了有机合成的舞台，逐步取代和更新了传统合成方法和策略，使药物的合成和分离更加高效和环保。以下主要阐述药物合成中使用的新策略和新技术，以期读者对这些策略和方法有初步的了解，并希望这些新型的方法和策略能够给读者带来帮助和便利。

第一节　微波反应

　　微波化学（Microwave chemistry，简称MC）是近几十年兴起的一门新的交叉学科。微波作为一种传输介质和加热能源经过短短几十年的发展，已经被广泛应用于有机合成、无机合成、分析化学、非均相催化、采油、炼油、冶金、环境污染治理等众多化学研究领域[1]。微波化学应用到有机合成反应中，使反应速度比采用常规方法时加快数十倍甚至数千倍，并且能合成出采用常规方法难以合成的物质。随着微波合成技术的不断提高，微波化学已成为目前化学领域中最活跃的领域之一。

一、微波的定义

　　微波（microwave，MW）是指波长在1mm～1m，频率在300MHz～300GHz的超高频电磁波，它位于电磁波谱的红外辐射（光波）和无线电波之间，因而只能激发分子的转动能级跃迁。20世纪40年代开发的雷达微波应用技术，广泛应用于军事及电子通信中。

　　微波应用于合成化学始于1986年Gedye等[2]对微波炉内酯化、水解、氧化和亲核取代反应，以及Giguere等[3]对微波炉内蒽和马来酸二甲酯的Diels-Alder环加成反应的研究。

微波作用下的反应速度比传统加热方法下快数倍甚至上千倍，具有清洁、高效、操作方便、耗能低、产率高及产品易纯化等优点，因此微波有机合成几乎涉及所有类型的有机化学反应。目前，微波有机合成化学的研究主要集中在三方面：第一，微波有机合成反应技术的进一步完善和新技术的建立；第二，微波在有机合成中的应用及反应规律；第三，微波化学理论的系统研究。

二、微波反应机理

微波对不同的反应体系作用不同：它既可对物质进行加热，又可使物质的微观结构发生细微的变化；它既可加快反应速度，促进某些反应的进行，又能延缓某些反应的进行，减少一些副反应的发生。迄今为止，研究过并取得效果的有机合成反应有：Diels－Alder 环加成反应、重排反应、酯化反应、Perkin 反应、烷基化、氧化、取代、缩合、加成、聚合等，几乎涉及有机合成的各个领域。微波反应已经被广泛应用于各种杂环化合物的合成。

短短二十几年时间，微波化学已成为化学学科中的一个活跃而成功的新的分支学科。微波促进反应的研究已发展成为一个引人注目的全新领域——MORE 化学（microwave－induced organic reaction enhancement chemistry）。

微波对反应体系的作用非常复杂，其机理到目前为止还不是很清楚，归纳起来，主要有以下几个方面。

（一）微波加热效应

传统的加热方法是使能量由物质表面传入内部，在趋向热平衡的过程中极易产生热损失，因此需较长的加热时间。微波具有对物质高效、均匀的加热作用，使化学反应速度明显提高，这就是微波的加热效应。微波属超高频振荡波，对于有机物碳链结构可进行整体穿透，能直接将能量辐射至反应物的各官能团上[4]。

微波加热意味着将微波的电磁能转化为热能，其转变的过程与物质中分子等微观粒子的运动有关。在电磁场的作用下，物质中微观粒子可产生 4 种类型的介电极化：电子极化（原子核周围电子的重新排布）、原子极化（分子内原子的重新排布）、取向极化（分子永久偶极的重新排布）和空间电荷极化（自由电荷的重新排布）。前两种极化的弛豫时间在 $10 \sim 12 s$ 和 $10 \sim 13 s$，比微波频率快得多，后两种极化的弛豫时间与微波的频率相近，可以产生微波加热，即可通过微观粒子的这种极化，将微波能转化为热能。微波的加热效应对化学反应的促进作用来源于两个方面：①微波有极强的穿透作用可以在反应物内外同时均匀迅速地加热，故效率大大提高。②在密闭容器中压力增大、温度升高也促进反应速度的加快。

（二）微波诱导催化反应

许多有机化合物不直接明显地吸收微波，但可以利用某种强烈吸收微波的"敏化剂"把微波能传递给这些物质而诱发化学反应。如果选用这种"敏化剂"作催化剂或催化剂载体，就可以在微波照射下实现某些催化反应，这就是所谓的微波诱导催化反应。与加热效应不同的是，微波诱导催化反应是通过催化剂或其载体发挥诱导作用，即消耗掉的微波能用在诱导催化反应的发生上。

发生反应的固体表面点位称为"活性点位"，对于"活性点位"的产生目前有两种观点：一种观点认为固体表面出现的"微波热点"是固体弱键表面及缺隙位与微波发生局域共振耦合传能的结果，这种耦合传能导致了催化剂表面能量的不均匀，能量分布较高的点就是"微波热点"，从而成为反应的"活性点位"；第二种观点认为微波可以引起化合物中电偶极子的迅速转动，这个过程可视为分子搅拌，正是这种分子搅拌使介质将吸收的微波能传递给催化晶格，从而导致催化反应速率的加快。

（三）微波的非热效应

随着微波在化学各分支领域中的广泛应用，传统的微波加热效应理论受到了严峻的挑战。人们在实验中发现微波对化学反应的影响不仅与微波和化学反应有关，还与环境条件有关，微波不仅可以加快化学反应，在一定条件下也可以抑制反应的进行。微波还可诱导一些加热条件下不出现的选择性反应的发生。学术界有一种观点认为微波降低了反应的活化能，改变了反应动力学过程，可"催化"反应的进行，即微波的非热效应。

三、微波化学反应器的发展

微波化学反应器是微波化学实验研究和工业生产中的核心部分。影响微波化学反应器设计的主要因素有：①待处理产品对微波的响应特性；②待处理样品自身的物理特性；③实验目的或要求的处理速度。微波化学反应器通常分为单模和多模两种。

单模微波反应器反应腔内微波场均匀，具有较大的单位体积微波辐射强度，并且拥有精确的实时控温控压技术，微波反应可控性与重现性好，但反应腔较小，产量受到限制。

多模微波系统一般是开放式的微波体系。微波技术刚起步时，实验室常采用家用微波炉作反应器，反应效果、重现性及安全性都没有保证。现在已研发出许多专供实验室使用的开放式微波系统，这些系统除了保证炉腔有足够防腐保护外，一般都加装各种各样的辅助装置，如冷凝装置、控温装置、机械搅拌装置等。

（一）家用微波炉

家用微波炉是目前技术最为成熟、生产量最大、价格最低的微波加热装置。最初微波作用下的化学反应绝大部分都是在家用微波炉内完成的。不经改造的微波炉，很难进行回流反应，而采取封闭或敞口放置的方法，对一些易挥发燃烧的物质则很危险[5]。随后，针对需要在家用微波炉内进行的化学反应，一些专用的反应容器和附件则相应被设计出来，如密封罐、微波消解装置（图 3-1）、微波马弗炉（图 3-2）等[5]。

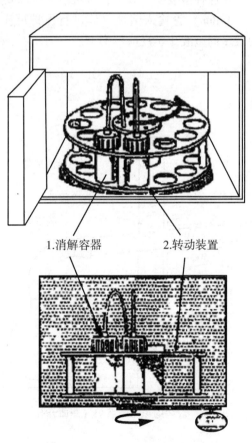

1.消解容器　　2.转动装置

图 3-1 微波消解装置

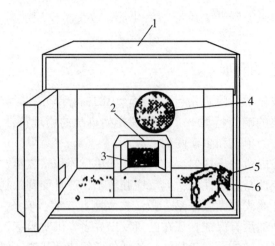

1.微波炉　2.排气孔　3.铂金坩埚　4.排风管（为了冷却微波腔的抽风口）
5.风口（进风）　6.炉门

图3-2　微波马弗炉

（二）改装的家用微波炉

为使化学反应能在安全可靠的条件下进行，人们对微波炉进行了改造[5]，即在家用微波炉的侧面（图3-3）或顶部（图3-4）打孔，插入玻璃管同反应器连接，再接上冷凝管。为了防止微波泄漏，一般在打孔处连接金属管进行保护。在这种微波炉装置中，有机溶剂可以安全回流，可以连接搅拌、分水和滴加装置，还可以采用特氟隆（Teflon）管输入惰性气体进行保护反应，使常压下的化学反应安全、便捷，适用面宽，成为目前使用最多的微波化学反应器类型。

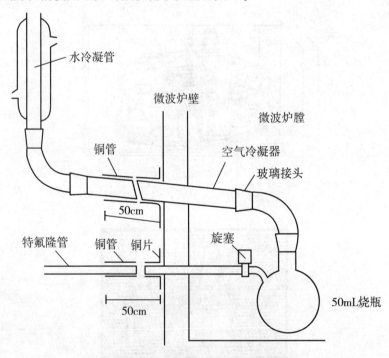

图3-3　改装的家用微波炉（侧面开孔）

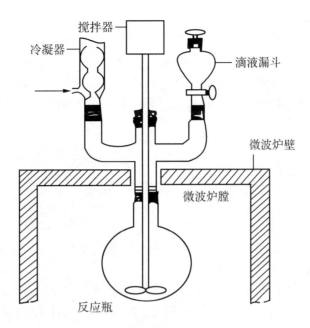

图 3-4　改装的家用微波炉（顶部开孔）

（三）带有控制装置的微波化学反应器

随着微波场中测温和测压技术的解决，1995 年 Raner 等人[6]又发展了可控温控压的间歇式微波化学反应器（MBR），该装置具有快速的加热能力（1.2kW），温度和压力可分别控制到 260℃ 和 100MPa，有微波功率的无极调控，还装有搅拌装置。

基于工业生产的需要，人们又设计出连续微波反应器，如澳大利亚 CSIRO 公司[6]设计的连续反应器（图 3-5）。反应物经压力泵导入反应管，达到所需反应时间后流出微波腔，经热交换器降温后流入产物储存槽。连续微波反应器可以大大改善实验规模，它的出现使得微波反应技术最终应用于工业生产成为可能。

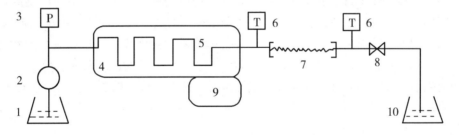

1.待压入的反应物　2.泵流量计　3.压力转换器
4.微波腔　5.反应器　6.温度检测器　7.热交换器
8.压力调节器　9.微波程序控制器　10.产物储存槽

图 3-5　连续微波反应器

四、微波合成反应技术

自 Gedye 等[2]将微波用于有机合成以来，微波有机合成因其反应速度快、操作方便、产率高、产品易纯化等特点而得以迅速发展。与一般的反应不同，微波反应必须在一定功率的微波炉中进行，因而与微波炉相结合的微波合成反应技术成为微波合成的关键。从合成反应技术的角度看，微波合成反应技术可以分为以下三个方面。

（一）微波密闭合成反应技术

所谓微波密闭合成反应是将装有反应物的密闭反应器置于微波源中，启动微波，反应结束后冷却至室温再纯化。Gedye 等[2]的首次微波有机合成就是采用这种方法。密闭体系中进行的微波有机合成反应实际上是高温高压（最高可达250℃，8MPa）下进行的反应，它可以使反应以极快的速度在短时间内进行，反应速度比传统的加热方法快几百倍甚至上千倍。其中最典型的是4-氰基苯氧离子与氯苄的 S_N2 亲核取代反应：

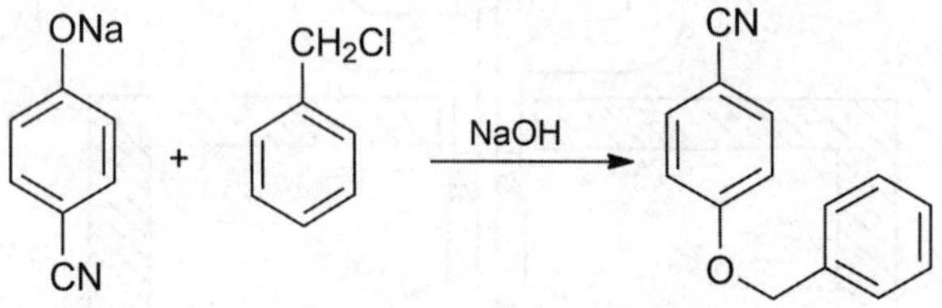

该反应用传统方法在甲醇中回流 12h，产率为 65%，而微波加热 35s 就得到相同的产率，比传统方法快上千倍，微波加热 4min，产率可达 93%。

由于产生高温高压，微波的密闭合成反应还能使本不能或极难进行的反应变得较易进行。如羧酸与醚一般较难酯化，而在微波辐射下用弱 Lewis 酸催化，2min 内产率即可达 61%~84%。

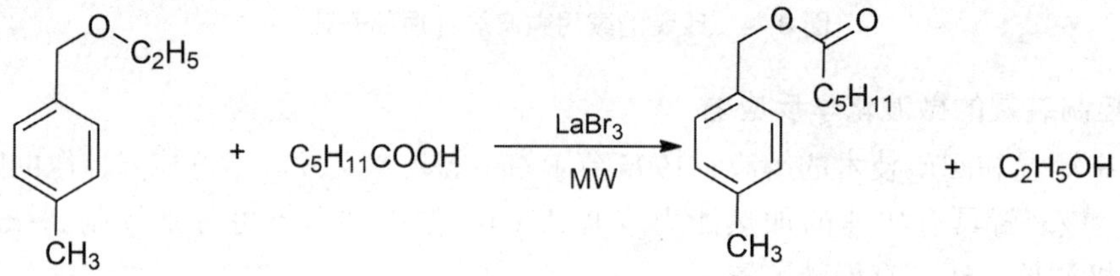

（二）微波常压合成反应技术

为了改变密闭条件下温度、压力难以控制的缺陷，使微波技术应用于安全条件下进行常压有机合成反应，1991 年，Bose 等[7]开始进行微波常压反应技术的尝试。在一个长颈锥形瓶内放置反应的化合物及溶剂，在锥形瓶的上端盖一个表面皿，将反应体系放入微波炉内，开启微波，控制微波辐射能量的大小，使反应体系的温度缓慢上升。利用这一反应装置成功地进行了阿司匹林中间产物的合成。1990 年，Easton 等[8]对家用微波炉进行改造，在炉壁上开一个小孔，通过小孔使微波炉内反应器与炉外的冷凝回流系统相接，微波快速加热时，溶液在这种反应装置中能够安全回流。利用该装置成功地合成了 $RuCl_2(PPh)_3$ 等一系列金属有机化合物。1992 年，刘福安等[9]对 Mingos 的常压系统进行了改进，改造后的反应装置既有回流系统，又有搅拌和滴加系统，能够满足一般有机合成的要求，是微波有机合成较为完备的反应装置。常压反应技术所采用的装置并不复杂，而且满足了大多数反应的条件，它的操作也较简单，所以得到了较为广泛的应用。

为了使反应在更安全、方便的条件下进行，人们在微波炉的壁上打孔，将冷凝器与炉内的反应系统连接起来，并配以搅拌、滴加、冷凝分水装置，使之成为真正的微波常压反应系统。该反应系统与一般的有机合成反应装置更接近、更具实用性，可以使绝大多数常规化学反应在微波条件下进行。如反式丁烯二酸与甲醇的酯化反应，微波作用下，回流 50min，产率为 82%，而传统方法需 8h。

（三）微波连续合成反应技术

基于以上两种合成技术，化学家们认为，如果能够把反应液体以一定的流速经过微波炉进行反应，反应一定时间后再进入后处理工序，那么微波有机合成的工业前景就会更大。1990 年，Chen 等[10]最早建立了连续微波技术，并且设计出了微波连续反应装置，利用该装置完成了对羟基苯甲酸与正丁醇、甲醇的酯化和蔗糖的酸性水解等反应，但该装置有很明显的缺点，如反应体系的温度无法测量等。1994

年，Cablewsdi 等[11]研制出了一套新的微波连续反应装置（CMR），这套反应系统的总体积为 50mL，加工速率约为 1L/h，能在 200℃ 和 1 400kPa 下正常运行。利用此装置已经成功进行了用丙酮制备丙三醇、苯甲酸甲酯的水解等反应，反应速率都比常规反应得到了很大的提高。但对于含固体或高黏度液体的反应、需要在低温条件下进行的反应及原料或反应物与微波能量不相容的反应（含金属或反应物主要为非极性有机物），此套微波连续反应装置就无法进行。

（四）微波干法合成反应技术

在微波常压合成技术不断发展的同时，微波干法作为一门新兴的技术也在迅速地发展。所谓干法，就是以无机固体为载体的无溶剂有机反应，其基本原理是将反应物浸渍在氧化铝、硅胶、黏土、硅藻土或高岭土等多孔无机载体上，干燥后放入微波场中进行反应，结束后用适当的溶剂萃取后再纯化产品。微波干法合成克服了因溶剂的迅速汽化形成高压而极易爆炸的缺点。另外，无机载体导热性能不好，不吸收 2 450MHz 的微波，不成为传导微波的障碍，而其表面吸附的羟基、水及极性有机物却能强烈地吸收微波，从而使这些吸附着的分子被激活，反应速率大大提高。

最早进行干法研究的英国科学家 Villemin 和他的合作者[12]是将吸附在无机载体上的反应物置于密闭的聚四氟乙烯管中，在微波辐射下进行反应，从而揭开了干法技术研究的序幕。

茉莉醛是一种具有浓烈香味的人工香精，由下述反应制备。在该反应中存在严重的两个副反应，即醛的自缩合和苯甲醛的 Cannizzaro 反应。采用微波干法反应制备茉莉醛，不仅提高了选择性和产率（达到 83%），反应时间亦由 72h 缩短为 1min。

由于干法反应在载体上进行，从而使参加反应的反应物的量受到了限制。同时，对固体载体的选择也存在一定的困难，这些都制约了微波干法有机合成的应用范围。

五、微波在药物合成中的应用

众所周知，一些传统的药物合成方法有的反应复杂、难度大、费时费力，有的反应进行得很慢甚至难以发生，选用微波方法则可大大优化反应条件，加快反应速度，提高反应选择性和反应收率，使过去难以发生或速度很慢的反应得以高速完成，同时还能大大简化后处理过程。这方面的研究越来越多，下面按有机化学反应的主要类型分类叙述。

（一）酰化反应

Dayal 等利用微波炉由胆汁酸与牛磺酸合成胆汁酸共轭物，整个过程只用了 10min，而传统的方法则需 30~40h，且产率低。

$R_1=\beta\text{-OH}$，$R_2=H$，$R=HNCH_2CH_2SO_3^-$

醇的酰化反应是药物合成的重要反应，也是微波催化研究得最多、最成熟的反应类型之一，这方面的例子很多。例如，二苯羟乙酸酯是合成药物的重要中间体，传统方法需要对二苯羟乙酸与低碳脂肪醇回流 4h，方可得到一定产率的酯。

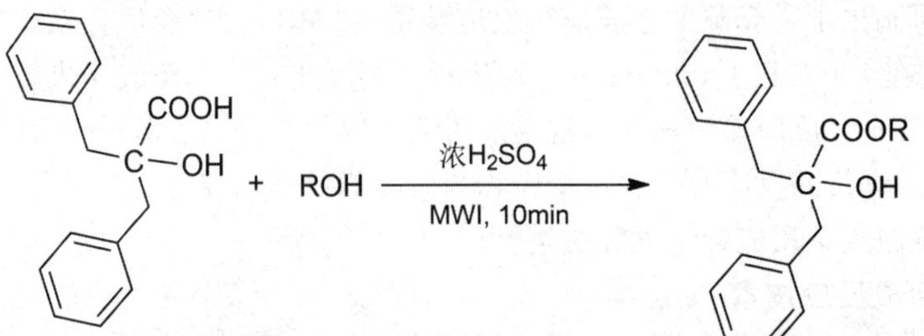

R=CH$_3$，C$_2$H$_5$，C$_3$H$_7$，C$_4$H$_9$，C$_5$H$_{11}$，C$_6$H$_{13}$

被保护的果糖和取代羟乙酸活化酯在正庚烷中进行酯交换反应，采用微波催化改进后，10min 即得到了 50%～90% 的新型抗胆碱能化合物，而传统方法 6h 也难以完成。

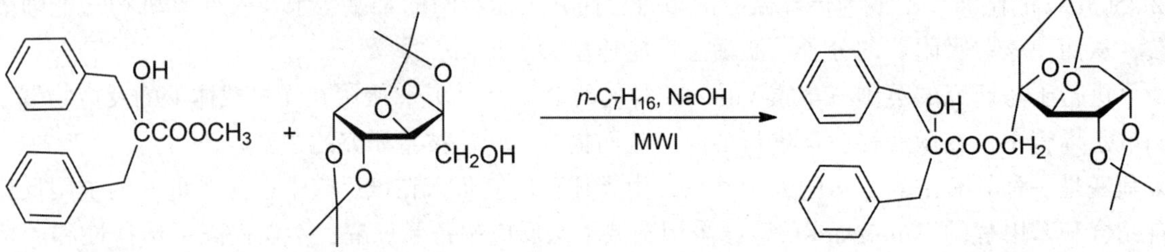

（二）消除反应

不饱和吡喃糖苷的合成为大量天然产物的合成及 Diels-Alder 反应提供了重要中间体，传统方法需加热 4h，产率为 44%，而用微波改进后反应仅需 14min，产率为 88%。

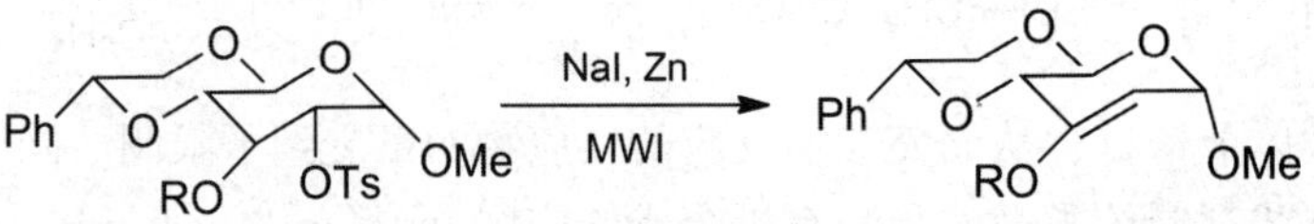

Jones 和 Chapman 将微波技术应用于含羧基吲哚的脱羧反应中，反应几乎定量完成。该法很容易得到 2-取代的吲哚，它是一种极有用的药物中间体。

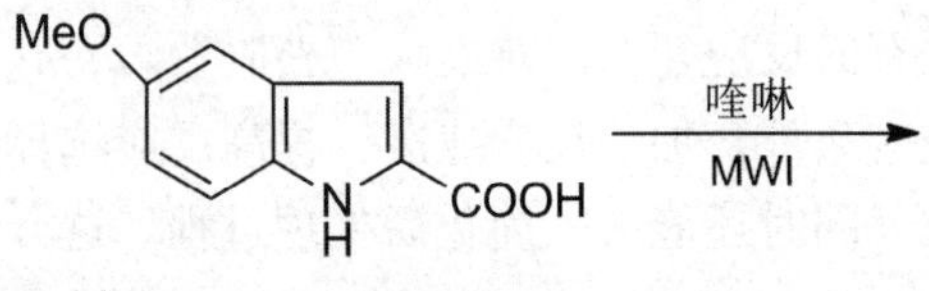

在药物的合成中常常会遇到官能团的保护与脱保护问题，微波可用于加速这类反应。Abenhaim 等将该技术应用于三甲基乙酰的脱保护反应中。

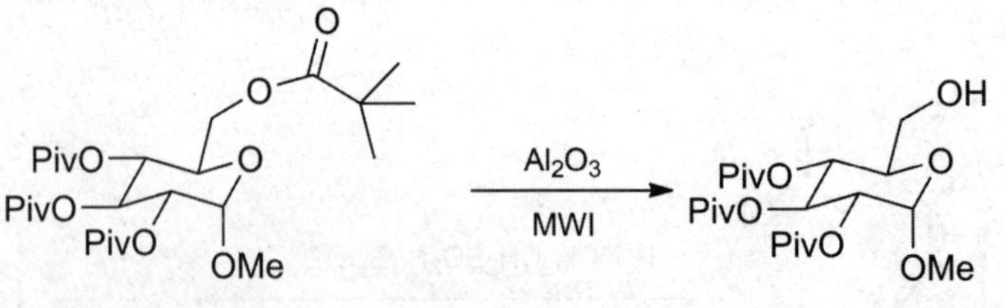

（三）重排反应

Ipaktschi 等对 σ-重排反应进行了微波催化，发现仅用 5min 就得到了 95% 的高产率。

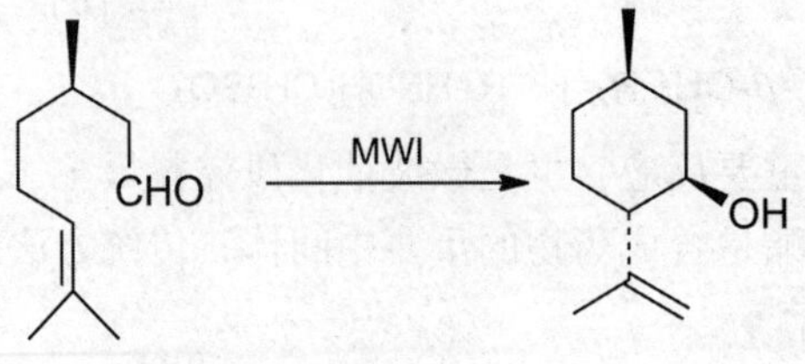

黏土用来催化有机反应已有不少报道。Villemin 等采用这种方法并以微波辅助进行了 Fischer 吲哚的合成，用 5min 得到了 85% 的产率。

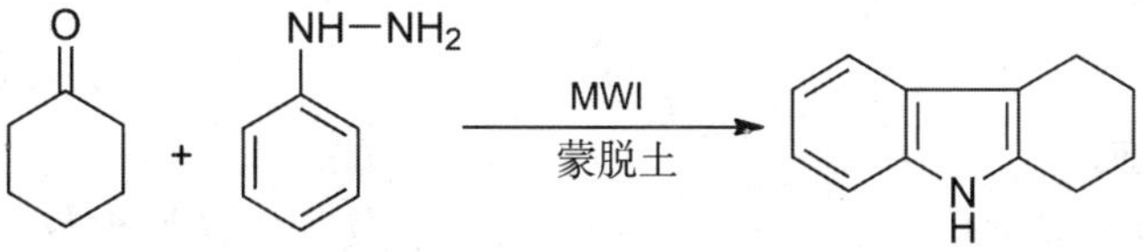

（四）立体选择性反应

Banks 研究小组利用微波技术，以甘露糖醇二丙酮化合物为原料，仅用数分钟即得到了具有光学活性的抗生素类的重要中间体 β-内酰胺，而且两步产率都很高，分别为 75% 和 90%。

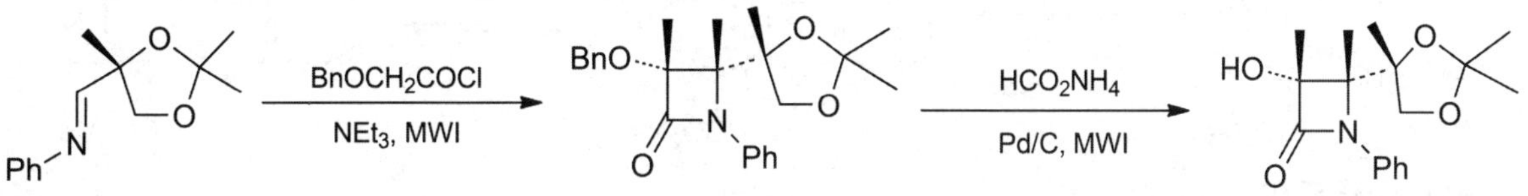

硫脲衍生物是一类具有多种生物活性的化合物，刘福安等采用微波常压反应装置较好地完成了 L-焦谷氨酰-4-苯甲酰基硫脲的全合成。

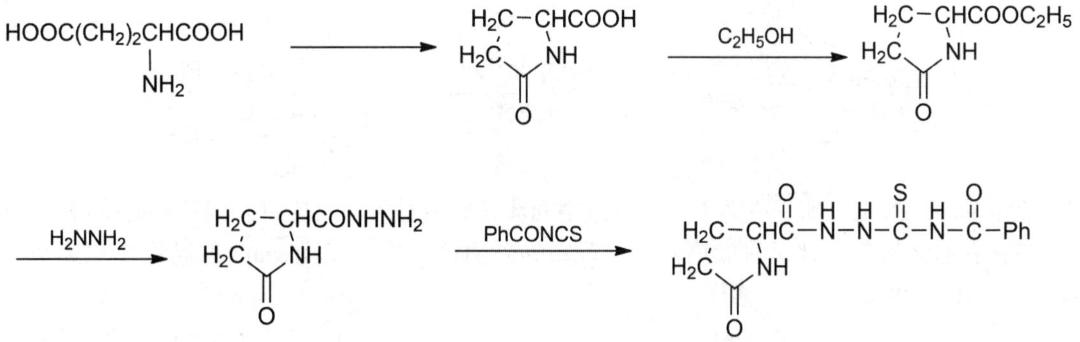

（五）成环反应

三氮唑化合物与 4-二甲氨基苯甲醛在微波照射下 3min，即可制得产率为 90% 的取代噻二唑化合物。而传统方法则需 9h，收率为 77%。

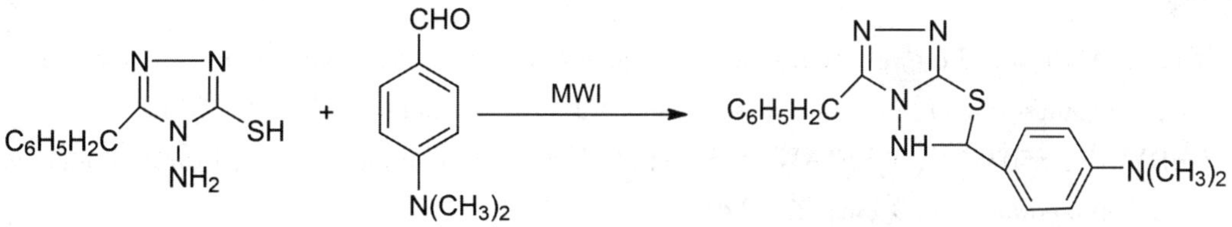

Linders 和 Kokje 及其合作者在蒂巴因衍生物与甲基乙烯基酮的环加成过程中应用了微波技术，在 24h 内得到了 24% 的产率，还简化了后处理过程，这是合成某些高效镇痛药的途径之一。

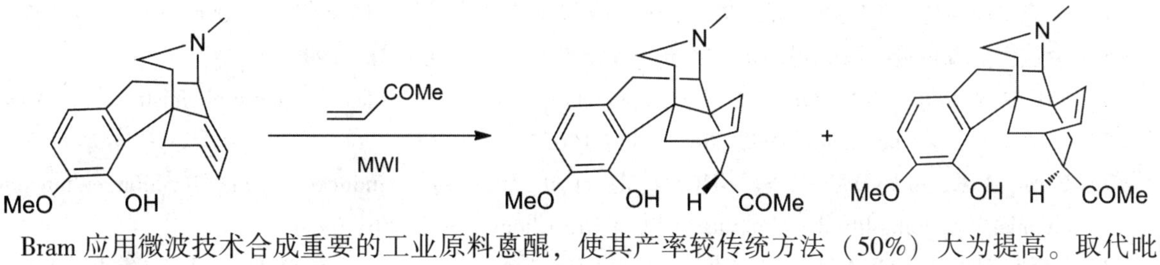

Bram 应用微波技术合成重要的工业原料蒽醌，使其产率较传统方法（50%）大为提高。取代吡啶并色满酮是药物合成的重要中间体，它一般由取代苯氧烟酸分子内缩合生成，但传统的方法反应时间长，且后处理麻烦。经改进后，仅用微波催化 5min 就完成了反应，产率可达 94%。

$$R_1 \text{---} \underset{N}{\overset{COOH}{\bigcirc}} \text{---} O \text{---} \langle \rangle \text{---} R_2 \xrightarrow[\text{MWI}]{\text{浓H}_2\text{SO}_4 \text{ 或 PPA}} R_1 \text{---}\langle\rangle\text{---} R_2$$

（六）差向异构化反应

Takano 等在一个因环反转而引发的外消旋反应中发现，使用微波照射仅需 20min 就可完成这个反应，而在传统的加热条件下则反应很难进行。

$$\text{（结构式反应）}$$

（七）烃化反应

Herradon 等在一缩醛的苯甲酰化反应中采用微波技术，经 30min 产率可达 70%，而传统加热方法则需数小时。

$$\text{（结构式反应）} \xrightarrow[\text{2)PhCOCl,甲苯,r.t.}]{\text{1)BuSnO,甲苯,MWI}} \text{（产物）}$$

芳香亚甲基丙二酸二乙酯是一类重要的合成中间体，它通过关环反应可以制备具有抗菌活性的喹啉衍生物。通常它的制备需长时间的加热回流，黄宪等采用微波技术仅用 9min 就高产率地完成了反应，产物的收率为 81%～90%。

$$\underset{EtO}{\overset{H}{\underset{}{C}}}=\underset{COOEt}{\overset{COOEt}{C}} + ArNH_2 \xrightarrow{\text{MWI}} \underset{ArHN}{\overset{H}{\underset{}{C}}}=\underset{COOEt}{\overset{COOEt}{C}}$$

参考文献

[1] WILLGING E M. Microwave digestion techniques in the sequential extraction of calcium, iron, chromium, manganese, lead, and zinc in sediments [J]. Anal Chem, 1987, 59: 938.

[2] GEDYE R, SMITH F, WESTAWAY K, et al. The use of microwave ovens for rapid organic synthesis [J]. Tetrahedron Lett, 1986, 27: 279.

[3] GIGUERE R J, BRAY T L, DUNCAN S M. Application of commercial microwave ovens to organic synthesis [J]. Tetrahedron Lett, 1986, 27: 4945.

[4] 王禹，孙海涛，王宝辉，等. 微波的热效应与非热效应 [J]. 辽宁化工，2006, 35（3）：167.

[5] 金钦汉，戴树珊，黄卡玛. 微波化学 [M]. 北京：科学出版社，1999：47.

[6] STRAUSS C R, TRAINOR R W. Developments in microwave-assisted organic chemistry [J]. Australian Journal of Chemistry, 1995, 48（10）：1665.

[7] BOSE A K, MANHAS M S, GHOSH M, et al. Microwave-induced organic reaction enhancement chemistry. 2. Simplified techniques [J]. J Org Chem, 1991, 56: 6968.

[8] EASTON C J, SCHARFBILLIG I M. Homolytic allyl transfer reactions of 1- and 3-alkyl-substituted allyltributylstannanes [J]. J Org Chem, 1990, 55: 384.

[9] 刘福安，李耀先，徐文国. 第十二届长春夏季化学研讨会论文集 [C]. 1993: 33.

[10] CHEN S T, CHIOU S H, WANG K T. Preparative scale organic synthesis using a kitchen microwave

oven［J］. Journal of the Chemical Society, Chemical Communications, 1990,（11）: 807.

［11］ CABLEWSKI T, FAUX A F, STRAUSS C R. Development and application of a continuous microwave reactor for organic synthesis［J］. Journal of Organic Chemistry, 1994, 59（12）: 3408.

［12］ MICHAEL P, ÁMINGOS D. Tilden Lecture. Applications of microwave dielectric heating effects to synthetic problems in chemistry［J］. Chemical Society Reviews, 1991, 20（1）: 1.

第二节　离子液体

离子液体是指全部由离子组成的液体，如高温下的 KCl、KOH 呈液体状态，此时它们就是离子液体。在室温或接近室温下呈液态的由离子构成的物质，称为室温离子液体、室温熔融盐、有机离子液体等，目前尚无统一的名称，但倾向于简称离子液体（ionic liquid, IL）。在离子化合物中，阴、阳离子之间的作用力为库仑力，其大小与阴、阳离子的电荷数量及半径有关，离子半径越大，它们之间的作用力越小，这种离子化合物的熔点就越低。某些离子化合物的阴、阳离子体积很大，结构松散，导致它们之间的作用力较低，以至于熔点接近室温。

一、离子液体的简介

离子液体的历史可以追溯到 1914 年，当时 Walden 报道[1]了（EtNH$_3$)$^+$HNO$_3^-$ 的合成（熔点 12℃）。这种物质由浓硝酸和乙胺反应制得，但是由于其在空气中很不稳定而极易发生爆炸，它的发现在当时并没有引起人们的兴趣，这是最早的离子液体。一般而言，离子化合物熔解成液体需要很高的温度才能克服离子键的束缚，这时的状态叫作"熔盐"。离子化合物中的离子键随着阴、阳离子半径增大而变弱，熔点也随之下降。对于绝大多数的物质而言，混合物的熔点低于纯物质的熔点。例如，NaCl 的熔点为 803℃，而 50%LiCl-50%AlCl$_3$（摩尔分数）组成的混合体系的熔点只有 144℃。如果再通过进一步增大阳离子或阴离子的体积和结构的不对称性，削弱阴、阳离子间的作用力，就可以得到室温条件下的液体离子化合物。

根据这样的原理，1951 年 Hurley 和 Wier 首次合成了在室温下是液体状态的离子液体[2]。他们选择的阳离子是 N-乙基吡啶，合成的离子液体是溴化乙基吡啶和氯化铝的混合物（氯化铝和溴化乙基吡啶摩尔比为 1:2）。但这种离子液体的液体温度范围还是相对比较狭窄的，而且氯化铝离子液体遇水会放出氯化氢，对皮肤有刺激作用。直到 1976 年，美国科罗拉多州立大学的 Osteryoung[3] 发现 Hurley 所报道的液体可以以任意比例与苯混溶，并将其用作烷基化反应的介质，同时对其反应机理进行了研究，这才使得离子液体得以进一步发展。1992 年，Wilkes[4] 合成了一系列对空气和水都比较稳定的离子液体，作有机溶剂时，可以循环使用，这在离子液体的研究史上是一个里程碑。这些新离子液体的物理性质和电化学性质类似于 AlCl$_3$ 体系离子液体，但是比 AlCl$_3$ 体系稳定。在这以后，离子液体的应用研究才真正得到广泛的开展。

二、离子液体的结构分类

离子液体作为离子化合物，其熔点较低的主要原因是其结构中某些取代基的不对称性使离子不能规则地堆积成晶体。它一般由有机阳离子和无机阴离子组成，常见的阳离子有季铵盐离子、季鏻盐离子、咪唑盐离子和吡啶盐离子等（表 3-1），阴离子有卤素离子、四氟硼酸根离子、六氟磷酸根离子等（表 3-2）。

表 3-1 一些常见离子液体有机阳离子的结构

编号	英文名称	缩写	结构	中文名称
1	imidazolium	$[R_1R_2R_3im]$	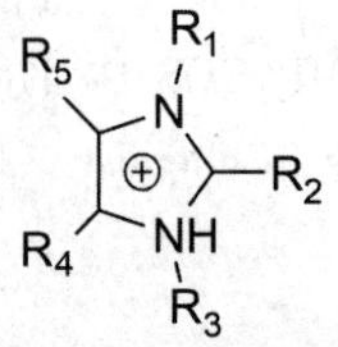	咪唑阳离子
2	pyridinium	$[R_1R_2R_3py]$	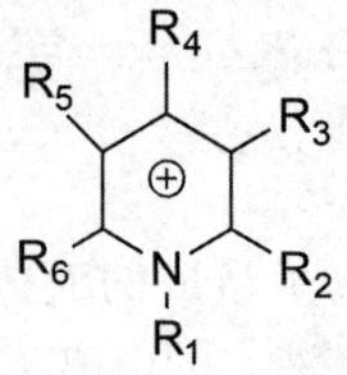	吡啶阳离子
3	quaternary ammonium	$[N_{1234}]$	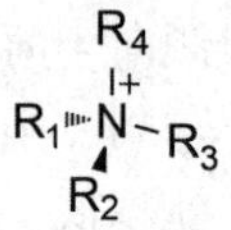	季铵阳离子
4	tetraalkylphosphonium	$[P_{1234}]$	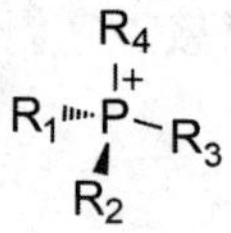	季膦阳离子
5	guanidinium		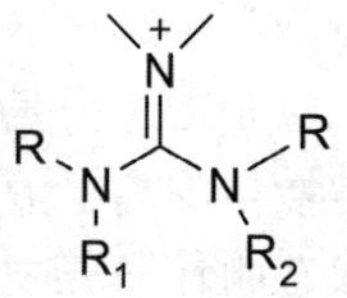	胍类阳离子
6	sulfonium		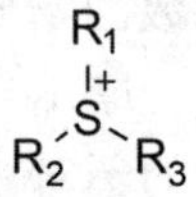	锍盐阳离子

表 3-2 一些常见离子液体阴离子的结构

编号	英文名称	缩写	结构	中文名称
1	halide	$[Cl, Br, I]^-$	Cl^-, Br^-, I^-	卤化阴离子
2	tetrafluoroborate	$[BF_4]^-$		四氟硼酸阴离子
3	hexafluorophosphate	$[PF_6]^-$		六氟磷酸阴离子
4	acetate	$[CH_3CO_2]^-$	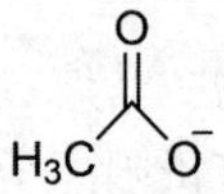	乙酸阴离子
5	trifluoroacetate	$[CF_3CO_2]^-$ $[TFA]^-$ $[TA]^-$	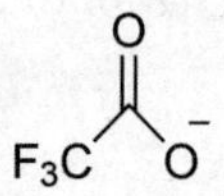	三氟乙酸阴离子

编号	英文名称	缩写	结构	中文名称
6	trifluoromethane-sulfonatestriflate	[OTf]⁻	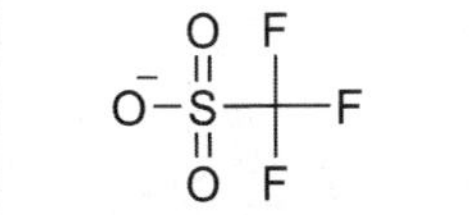 $\begin{matrix} & O & F \\ O-S-F \\ & O & F \end{matrix}$	三氟甲基磺酸阴离子
7	bis(trifluoromethyl-sulfonyl)imide	[Tf$_2$N]⁻ 或 [NTf$_2$]⁻	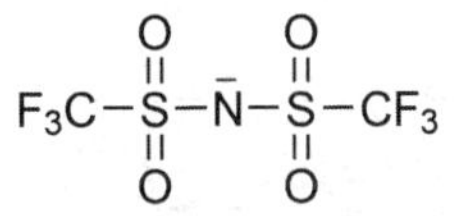 $F_3C-\overset{O}{\underset{O}{S}}-\overset{-}{N}-\overset{O}{\underset{O}{S}}-CF_3$	双三氟甲基磺酸亚胺阴离子
8	dicyanimide	[Dca]⁻ 或 [N(CN)$_2$]⁻	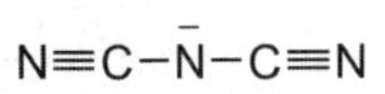 $N\equiv C-\overset{-}{N}-C\equiv N$	双氰基胺阴离子

目前研究的离子液体中，阳离子主要以咪唑阳离子为主，阴离子主要以卤素离子和其他无机酸离子（如四氟硼酸根等）为主。由于离子液体本身具有许多传统溶剂所无法比拟的优点及其作为绿色溶剂应用于有机合成及高分子物质的合成，因而越来越受到化学工作者的关注。

三、离子液体的制备

离子液体种类繁多，改变阳离子、阴离子的不同组合，可以设计合成出不同的离子液体。离子液体的制备方法主要取决于目标离子液体的结构和组成，一般有直接法和两步法两种。

（一）直接合成

直接合成是指通过酸碱中和反应或亲核加成反应而一步合成离子液体，其操作经济简便，没有副产物，产品易纯化。

1. 中和反应　通过酸碱中和反应可一步合成离子液体。例如硝基乙铵离子液体就是由乙胺的水溶液与硝酸中和反应制备的。类似地，将乙基咪唑与相应的酸如 HCl、HBr、HNO$_3$、HBF$_4$ 等中和可以合成 9 种离子液体：[emim]Cl、[emim]Br、[emim][NO$_3$]、[emim][BF$_4$]、[emim][PF$_6$]、[emim][OTf]、[emim][NTf$_2$]、[emim][(C$_2$F$_5$SO$_2$)$_2$N] 和 [emim][ClO$_4$]。

Hlrao 等用酸碱中和法合成出了一系列不同阳离子的四氟硼酸盐离子液体。另外，通过季铵化反应也可以一步制备出多种离子液体，如卤化 1-烷基 3-甲基咪唑盐、卤化吡啶盐等。

2. 亲核取代反应

（1）叔胺与卤代烃反应：叔胺与卤代烃发生亲核取代反应生成季铵卤化物型离子液体，同时它也是合成非卤化物型离子液体的前体。例如：

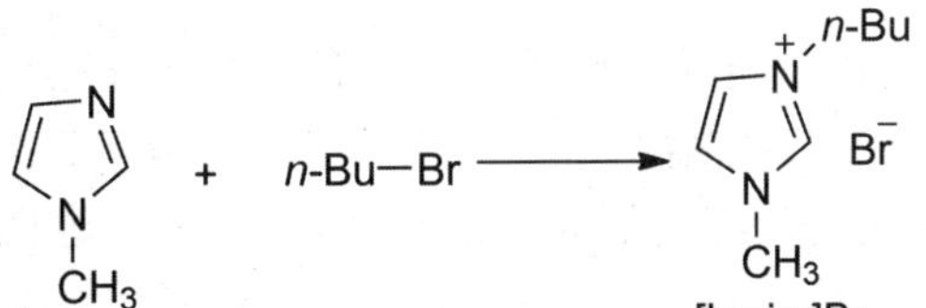

[bmim]Br

（2）叔膦与卤代烃反应：叔膦与卤代烃发生亲核取代反应是合成季膦卤化物型离子液体的方法。例如：

$$PR_3 + R'X \longrightarrow [R'PR_3]^+X^-$$

（3）叔胺与酯反应：烷基咪唑与硫酸、磷酸等的烷基酯发生烷基化反应，一步合成离子液体。例如：

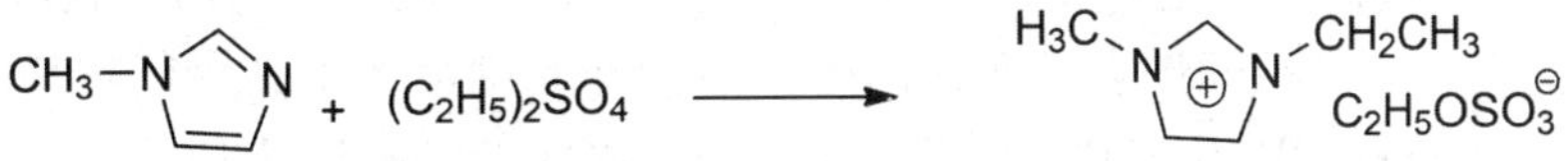

（二）两步合成

直接法难以得到目标离子液体时，必须使用两步合成法。在两步法制备中，第一步先由叔胺与卤代烃反应合成季铵盐卤化物；第二步再将卤素离子转换为目标离子液体的阴离子。将离子液体前体的阴离子转化为目标阴离子的方法有很多，常用的有络合反应、复分解反应、离子交换或电解法等。离子液体的两步合成法路线如下[5]：

两步法制备离子液体的应用很多。常用的四氟硼酸盐和六氟磷酸盐类离子液体的制备通常采用两步法。首先，通过季铵化反应制备出含目标阳离子的卤盐；然后，用目标阴离子置换出卤素离子或加入 Lewis 酸来得到目标离子液体。在第二步反应中，使用金属盐 MY（常用的是 AgY）或 NH_4Y 时，产生银盐沉淀或铵盐。

（三）微波及超声辅助合成

微波和超声辅助合成技术可以提高化学反应速率，缩短反应所需的时间，整个反应过程不需要溶剂，该技术也被广泛地应用于离子液体的合成。微波和超声辅助合成技术用于合成离子液体，产率高，但是反应不易控制，耗资较多，而且还会有副反应发生，所以该技术暂时无法大规模使用[6]。

四、离子液体的应用

由于离子液体和大量有机物质能形成两相，且具有溶剂和催化剂的双重功能，可以作为许多化学反应的溶剂或催化活性载体。此外，由于离子液体具有重复使用仍能保持高效性的特点，所以在有机合成中有重要的作用。离子液体作为一种潜在的绿色有机反应溶剂，其已经成为绿色合成的热点。下面介绍离子液体在有机反应中的一些应用。

（一）碳碳键的形成反应

一些典型的形成 C—C 键的交叉偶联反应（如 Heck 反应、Suzuki 反应、Stille 反应）、Michael 反应和 Aldol 反应等都可以在离子液体中进行较深入的研究。

1. 交叉偶联反应

（1）Heck 反应：即烯烃和卤代芳烃或芳香酐在催化剂（如金属钯）的作用下，生成芳香烯烃的反应，这在有机合成中是一个重要的 C—C 结合反应。离子液体应用于此类反应中能较好地克服传统反应存在的催化剂流失、所使用的有机溶剂挥发等问题。在 2∶1.5 的乙酸四丁胺和溴化四丁胺溶液中，乙酸钯催化剂在无磷条件下催化肉桂酸酯和芳基碘的 Heck 反应高区域选择性地得到 Z 式产物。

（2）Suzuki 反应：Suzuki 反应是生成碳碳键很有用的方法，用钯作催化剂在有机溶剂中反应存在催化剂易流失分离、反应时间较长等缺点。而以离子液体为介质则活性提高，产物易分离，催化剂易循环。Sun 等[7]研究了［emim］BF_4 中氯代喹啉或异喹啉与萘硼酸的 Suzuki 反应。

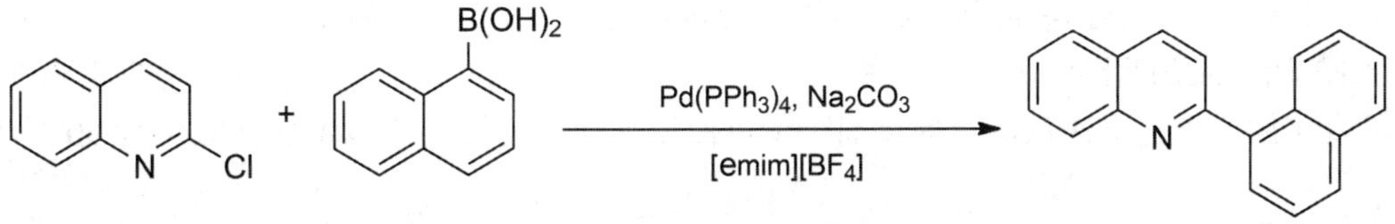

（3）Stille 反应：Handy 等[8]以离子液体作为介质，发现二氯化二苯甲腈钯催化剂在 Stille 偶联反应使用 5 次后活性几乎保持不变。值得注意的是，以对溴苯基碘化物为底物时，在［bmim］［BF₄］中的 Stille 偶联反应只发生在碘位而保留溴位。

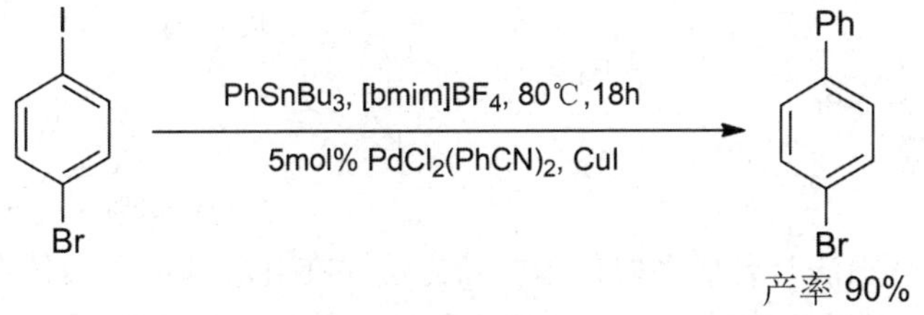

Bao 等[9]研究了离子液体相（E）-β-溴代芳基乙烯与各种硫醇的交叉偶联反应。例如，R_1 = Ph，R_2 = p-MeC$_6$H$_4$，110℃，反应 6h，产物收率 96%，立体选择性（E/Z）达到了 95/5。

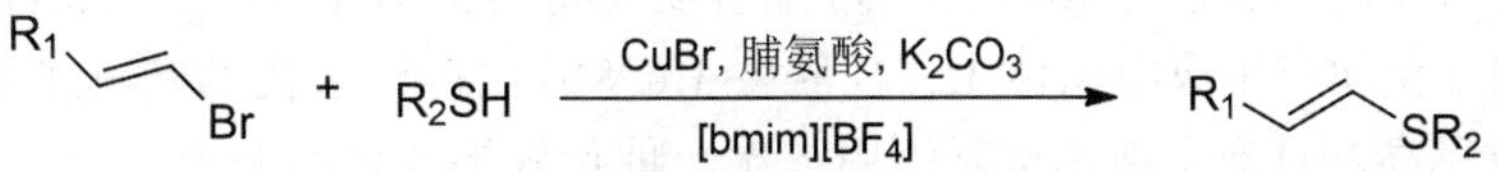

2. Friedel-Crafts 反应　1976 年，Koch 等[10]首次报道了离子液体作为溶剂和催化剂用于 Friedel-Crafts 反应。例如 Seddon 等利用离子液体研究了两种亲核试剂吲哚和 2-萘酚的烷基化反应，该方法简单、产品易于分离，杂原子上的区域选择性烷基化产率在 90% 以上，而且溶剂可以回收再利用，显示了离子液体作为烷基化反应的溶剂所具有的优势[11]。

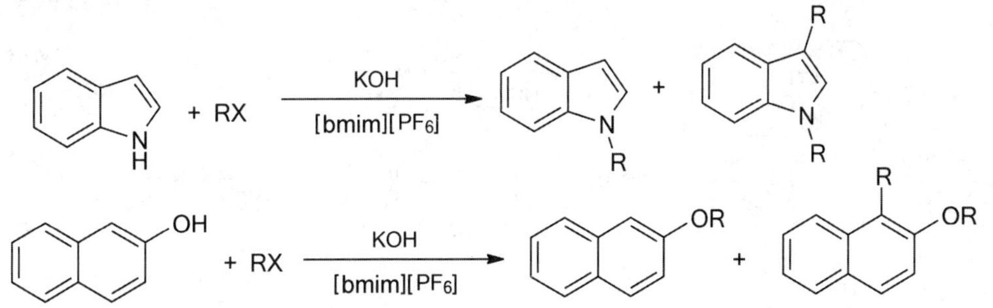

2000 年，Seddon 在由 1-甲基-3-丁基咪唑阳离子与六氟磷酸根阴离子组成的室温离子液体（［bmim］［PF₆］）中通过 Friedel-Crafts 酰基化反应合成了药物普拉多林，产率很高，而且不需要加入 Lewis 酸。

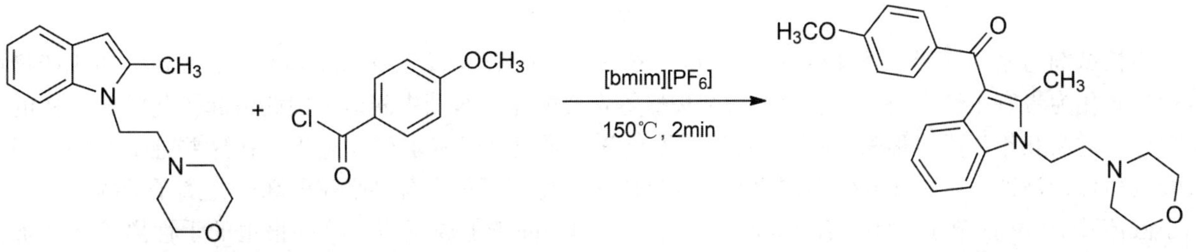

3. Michael 加成反应　Michael 加成反应也是离子液体研究领域研究较多的 C—C 键合反应之一，该加成反应的催化剂是研究的热门。通常采用强碱或 Lewis 酸作为催化剂，但会产生副反应。近年来，科研人员将离子液体引入 Michael 加成反应，取得了不错的效果，这些离子液体包括酸性、碱性及手性功能离子液体。

Liu 等[12]发展了 Brønsted 酸离子液体［Sbmim］［HSO₄］为催化剂催化取代吲哚与三唑取代的不饱和

酮的 Michael 加成反应。对吲哚和三唑取代酮的反应进行研究，发现反应物和催化剂摩尔比为 1：1：0.1，在 80℃、乙腈为溶剂条件下反应 1h，收率可达 95%。产品经过滤分离，含有催化剂的滤液进行真空蒸馏除水，可直接用于催化下次反应。催化剂至少可使用 3 次，且活性基本不变（收率为 90%~95%）。

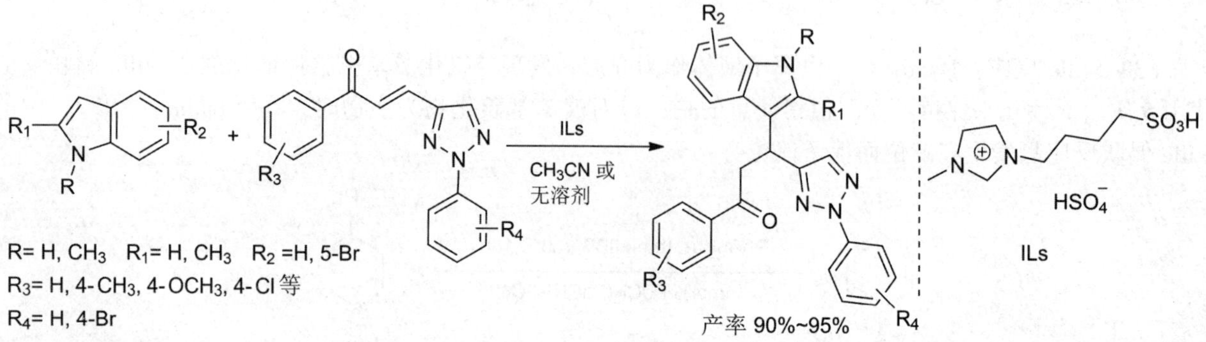
ILs
CH3CN 或
无溶剂
R= H, CH3 R1= H, CH3 R2 =H, 5-Br
R3= H, 4-CH3, 4-OCH3, 4-Cl 等
R4= H, 4-Br
产率 90%~95%
SO3H
HSO4-
ILs

Dong 等[13]报道了“一锅法”合成多取代苯的新方法。在乳酸胍离子液体存在下，查耳酮及其衍生物分别与丙二腈和丙二腈/硝基乙烷反应，制备了两种间位苯环取代的芳香化合物。以查耳酮与丙二腈的反应为例，他们认为乳酸胍离子液体催化该反应的机理为：查耳酮和丙二腈进行 Michael 加成反应得到 A，A 进而与另一分子丙二腈进行 Knoevenagel 缩合反应得到中间体 B。在该碱性离子液体的存在下，B 去质子化，分子内环化加成生成中间体 D，D 脱去 HCN 芳化得到取代的间三苯化合物。该反应操作简单、条件温和、收率高，且离子液体重复使用 5 次，催化效果变化不大。

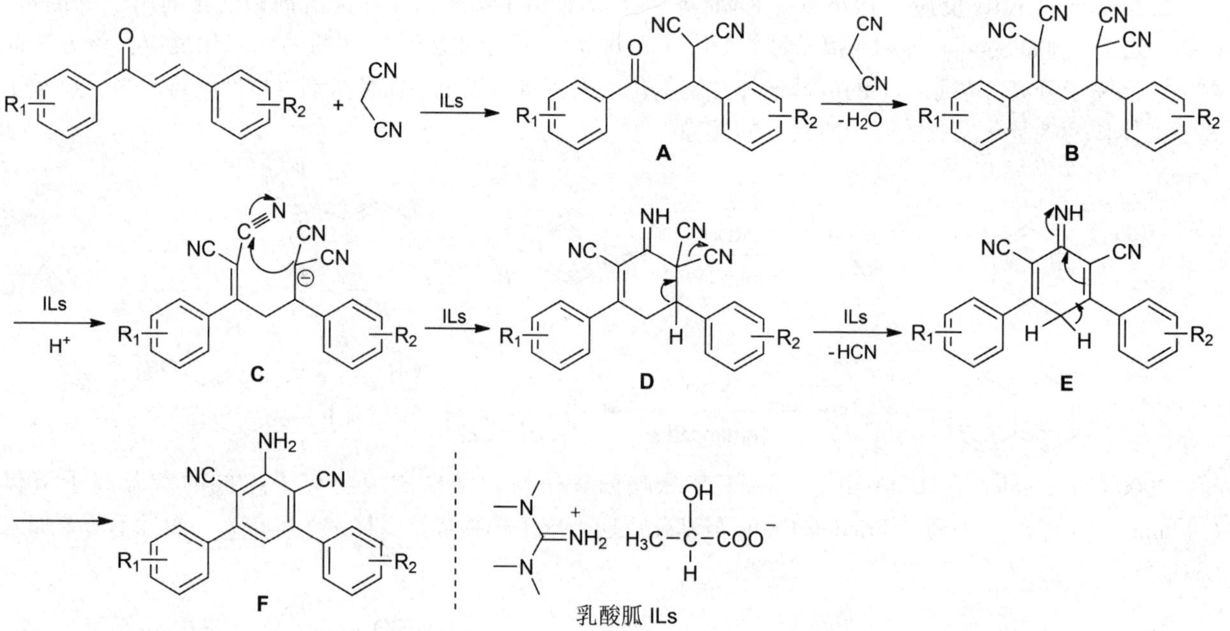
ILs
-H2O
A
B
ILs
H+
C
D
-HCN
E
F
乳酸胍 ILs

亲核试剂与硝基烯烃、查耳酮衍生物和 α，β-不饱和醛等的不对称 Michael 反应得到的加成产物可以简单转化为带有手性中心的胺、腈、酮和羧酸等重要的化工医药中间体，因此引起了化学研究者的广泛关注。过去几年，不对称 Michael 加成反应催化剂的研究已经有了很大进步。在这些催化剂中，脯氨酸及其衍生物被证明是一类有效的催化剂。通过改进，得到了很多含吡咯烷的咪唑盐离子液体、吡啶盐离子液体及 DABCO 离子液体，有效地催化了不对称 Michael 加成反应。这些报道的手性离子液体催化剂结构如下[14-22]：

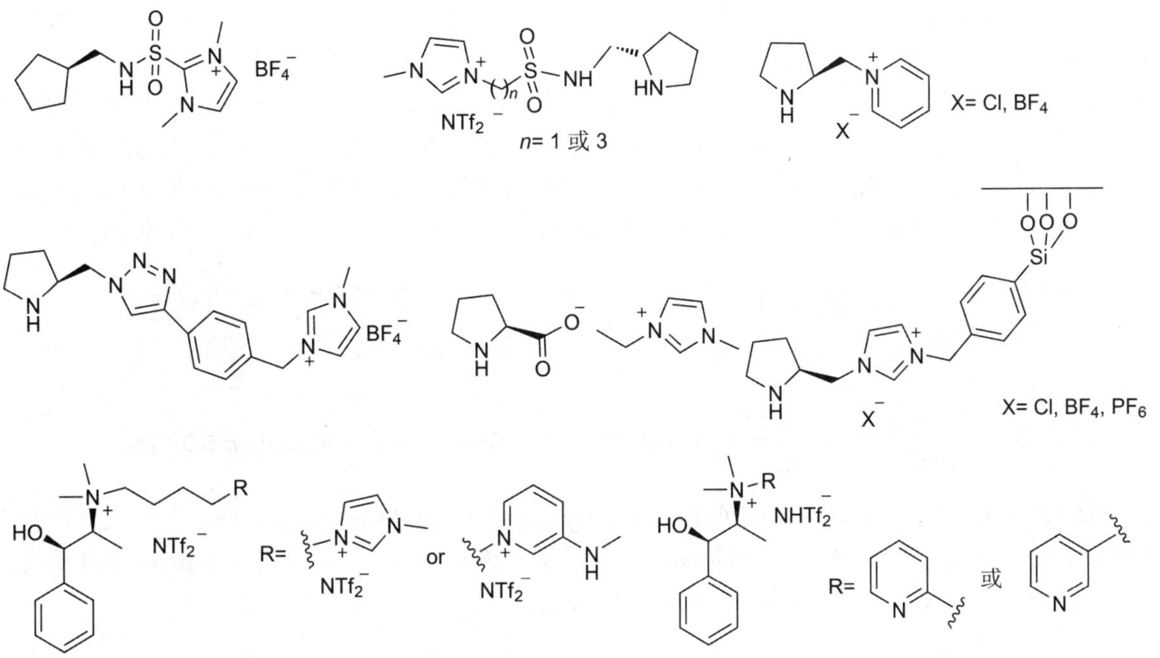

4. Aldol 反应　在 Aldol 反应中，离子液体既可作溶剂又可作催化剂，并且具有收率高、选择性好、反应操作简捷、产物易分离、离子液体/催化剂系统可以重复使用等优点，Aldol 反应既可以在碱性离子液体中进行，也可以在酸性离子液体中进行。

在 Brønsted 酸离子液体［bmim］HSO$_4$ 中，刘宝友等[23]研究了未加修饰的酮和醛的 Aldol 反应，和离子液体中脯氨酸催化的结果不同，该反应生成了一系列 α，β-不饱和酮。研究结果表明，［bmim］HSO$_4$ 离子液体具有较好的催化性能。例如苯甲醛和环己酮在室温下反应 1h，转化率、收率和选择性都达到了 99%。

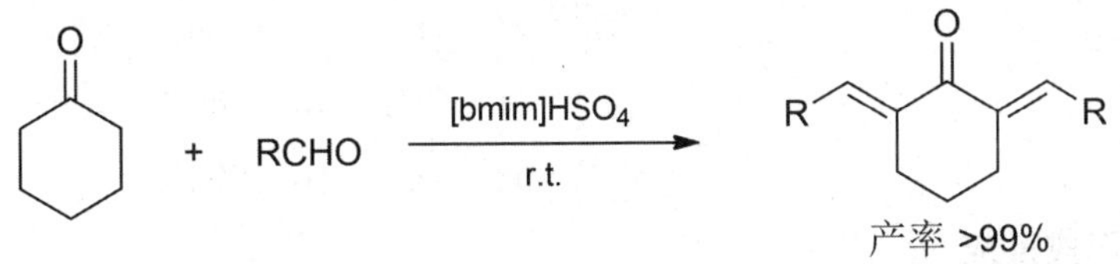

除酸性离子液体外，碱性离子液体催化的 Aldol 反应也有满意的效果。例如，2005 年，Jiang 等[24]以合成的乳酸化 1，1，3，3-四甲基胍（［TMG］Lac）离子液体作为碱性催化剂，在无溶剂条件下主要研究了 4-硝基苯甲醛和酮的 Aldol 反应。研究结果表明，［TMG］Lac 具有很好的催化活性，收率最高为 97%，并且在保证收率基本不变的情况下，可以循环使用 4 次。

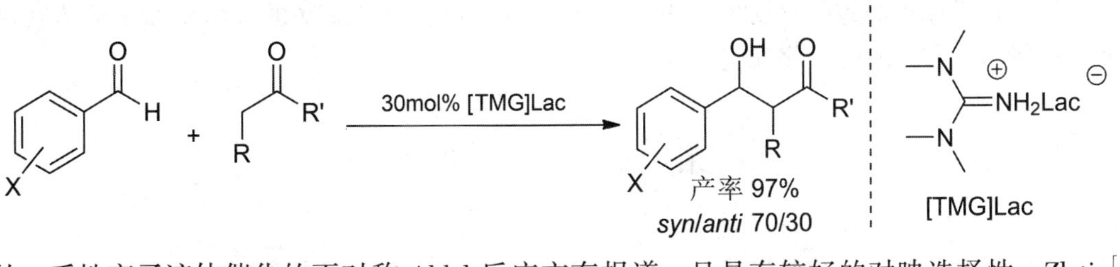

此外，手性离子液体催化的不对称 Aldol 反应亦有报道，且具有较好的对映选择性。Zlotin[25]等设计合成了如下所示的手性离子液体，并用其在 20℃ 的水中催化环己酮和对硝基苯甲醛的不对称 Aldol 反应，转化率>95%，对映选择性>99%。

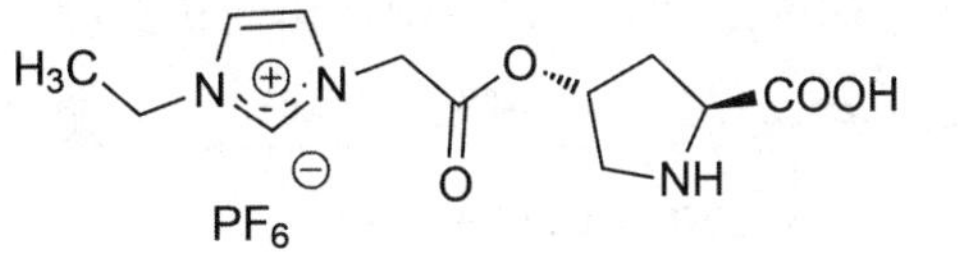

5. Reformatsky 反应　是指在金属锌存在的条件下 α-卤代酸酯与醛或酮反应生成 β-羟基酸酯，后者进一步脱水得到 α，β-不饱和羧酸酯的反应。该反应是形成碳碳键的重要反应之一。而离子液体作为一种新型的绿色化学品在 Reformatsky 反应中应用研究相对较少。2009 年，刘长春等[26]报道采用无水氯化铬（$CrCl_2$）和氯化 1-丁基-3-甲基咪唑（[bimim]Cl）制备离子液体 [bimim]Cl-$CrCl_2$，并将其应用到醛、酮和 α-溴代乙酸乙酯或 α-溴代苯乙酮的反应中，并以较好的产率（83.5%~96.2%）得到 β-羟基酸酯或 β-羟基酮。该离子液体经处理后可以重复使用，是一种有关 Reformatsky 反应的绿色化学方法。

$$R_1\text{-CO-}R_2 \; + \; \underset{R_3}{Br\text{-CH-CO-}R} \xrightarrow[\text{2) H}^+]{\text{1) [bmim]Cl-}CrCl_2} R\text{-CO-C(OH)}R_1R_2\text{-CH}R_3$$

R= OC_2H_5, C_6H_5
R_1= C_2H_5, i-C_3H_7, CH_2=CH, C_6H_5, C_6H_5CH=CH, p-ClC_6H_4, furyl, p-HOC_6H_4, p-$NO_2C_6H_4$
R_2= H, CH_3　　R_3= H, CH_3

6. Knoevenagel 缩合　Knoevenagel 缩合反应是在酸或碱催化下利用醛和 1，3-二羰基化合物合成缺电子烯烃的重要有机反应。2002 年，Shingare 等[27]报道在离子液体中实现了 Knoevenagel 缩合反应，并且在反应过程中不需要额外加入催化剂，反应时间较短。

R_1	R_2	R_3	R_4	产率
H	H	Cl	H	90%
Cl	H	H	H	88%
H	H	CH_3	H	80%
H	H	H	H	92%

反应条件：乙胺硝基盐　r.t., 20~30min

（二）碳-杂键的形成反应

离子液体在催化碳杂键形成反应方面有相当多的应用，主要包括碳氧键、碳氮键及一些碳杂键环的形成反应。

1. 碳氧键的形成反应　有机酯类化合物是药物化学中的重要产物和中间体。2002 年，Davis 等[28]首次将 Brønsted 酸性离子液体用于催化酯化反应。此后，酸性离子液体催化的酯化反应又有相当多的研究报道，但缺点在于催化剂的用量较大。Zhao 等[29]发现，仅需 0.5mol% 的磺酸基离子液体就足以实现正丁酸或长链脂肪酸和甲醇的酯化反应。

$$CF_3SO_3^-$$ 咪唑阳离子-$(CH_2)_4$-SO_3H

磺酸基离子液体

醚类化合物在有机化学和药物化学中都有广泛的用途，有相当多的碳氧键形成反应都与醚的生成有关。2010 年，Lin 等[30]首次实现了用酸性离子液体 [NMP][H_2PO_4] 催化 oxa-Michael 反应。该催化剂最大的优势是能够选择性地实现 N-取代氨基乙醇的 oxa-Michael 反应。他们认为离子液体阴离子可以提供质子活化不饱和醛酮，而阳离子的羰基可以通过氢键作用活化醇或酚羟基。

$$ROH \; + \; \text{CH}_2\text{=CH-EWG} \xrightarrow{[NMP][H_2PO_4]} R\text{-O-CH}_2\text{CH}_2\text{-EWG}$$

EWG = $COCH_3$, CHO

2. 碳–氮键的形成反应　aza-Michael 反应是构建碳–氮键的常用方法，该反应生成的产物是合成氨基醇、氨基酸、二胺等重要化合物的前体。2010 年，Chakraborti 等[31] 报道了离子液体 [bmim][MeSO₄] 催化的胺和 α，β-不饱和羰基化合物的 aza-Michael 反应。

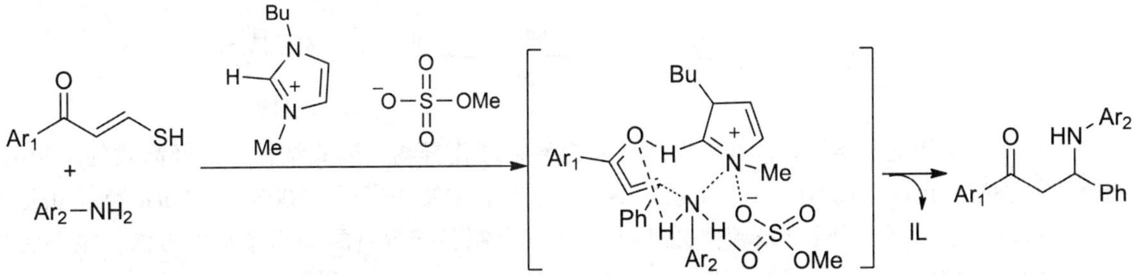

Mannich 反应也是构建碳–氮键的常用方法，离子液体对于醛羰基和一级胺的缩合有明显的促进作用[32]。2004 年，Han 等[33] 将酸性离子液体 [hmim][Tfa] 用于催化醛、胺、酮的直接三组分 Mannich 反应。

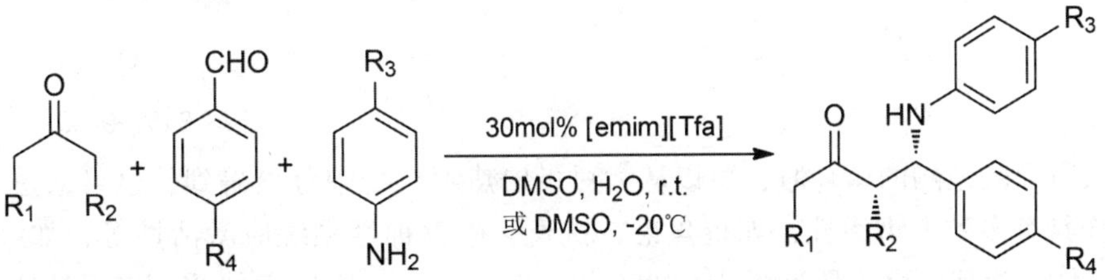

3. 杂环化合物的形成反应　一些杂环类化合物往往具有较好的药理活性，如香豆素类、噻唑环、嘧啶类、喹唑啉酮类等。香豆素在天然产物和合成化学中占有重要地位，而 Pechmann 反应是合成香豆素最广泛应用的方法之一。该反应常需要超过底物数倍的酸作为催化剂，既造成资源的浪费，又产生大量的固体或液体废料，是困扰化学家的主要问题。近年来，酸性离子液体催化的 Pechmann 反应已成为大家研究的热点。2012 年，Kumar 等[34] 报道了基于糖精（saccharin）的功能化离子液体催化的二氢香豆素的合成新方法。他们发现，使用常用的有机碱（三乙胺、咪唑）和无机碱（K₂CO₃）作为催化剂只能得到双吲哚化合物。另外，碱性离子液体催化香豆素类化合物的合成也有报道[35,36]。

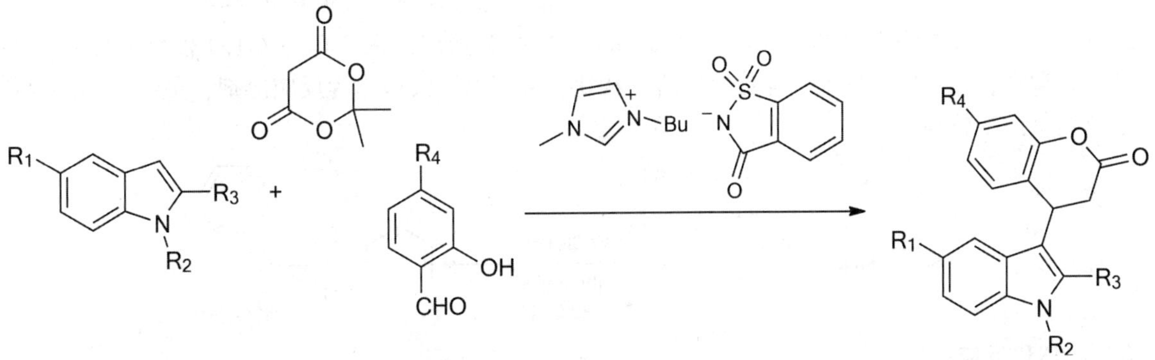

2006 年，Shaabani[37] 等报道用离子液体 [bmim]Br 催化乙醛、氰化物和 2-氨基-5-甲基嘧啶在室温条件下"一锅法"合成了 3-氨基咪唑 [1，2-α] 嘧啶。与传统方法相比，该方法缩短了反应的时间，极大地简化了反应历程，催化剂可循环使用 4 次，产率为 70%~99%。

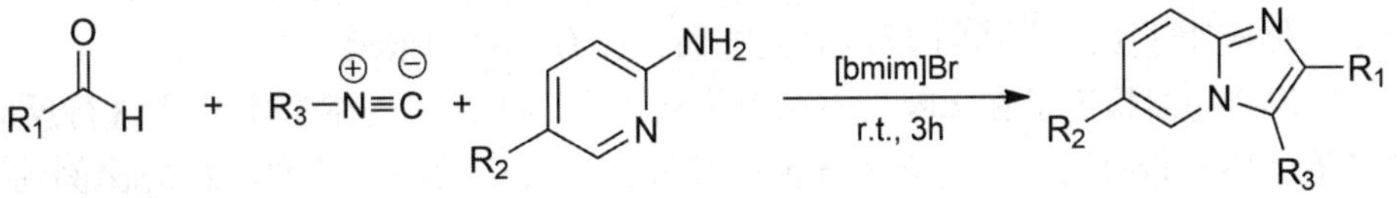

产率 70%~99%

噻唑的衍生物是一些抗炎药、抗癌剂和抗高血压药剂的有效成分。2006 年，Le 等[38] 报道了离子液体［bmim］［Br₃］催化下"一锅法"合成了噻唑的衍生物 2 位取代的苯并噻唑。该方法缩短了反应的时间，产率达 60%~81%。

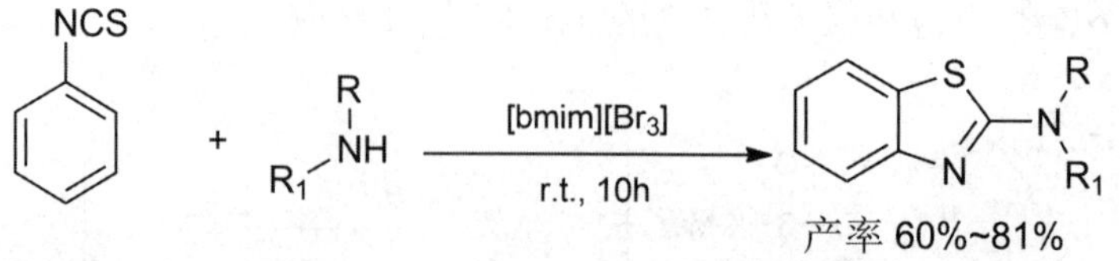

产率 60%~81%

喹唑啉酮类衍生物是一类具有良好生物活性的含氮杂环化合物，因其结构可变及高效的生物活性，其在抗菌、抗肿瘤、抗癌、抗 HIV-1 和抗结核等方面，有着重要的应用。2007 年，Chen 等[39]报道了离子液体［bmim］［BF₆］催化邻氨基苯磺酰胺和醛环化缩合制备喹唑啉酮类衍生物的方法。该方法具有条件温和、收率高的优点。

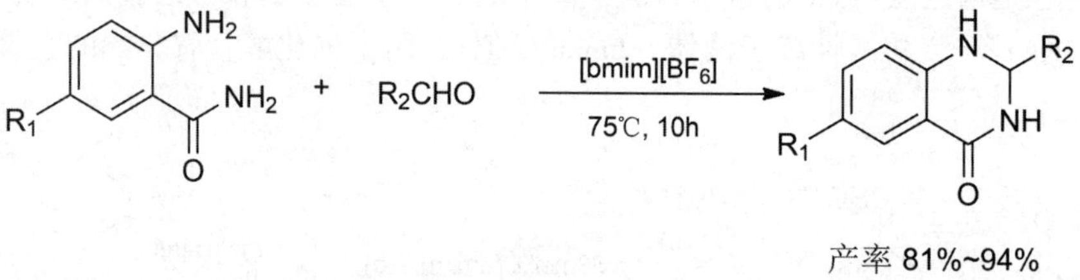

产率 81%~94%

α-咔啉是具有三环结构的杂环胺，可以从大豆蛋白热解产物中分离得到，也可通过多条途径制得。α-咔啉类化合物具有多种生物活性，如抗焦虑、抗炎、中枢神经系统应激活性等，如今被广泛应用于药物、农用化学品、食品、化妆品等领域。2009 年，Ghahremanzadeh 等[40]采用离子液体［bmim］Br 催化，一锅法多组分反应合成了一系列 α-咔啉类衍生物，产率达 61%~92%。

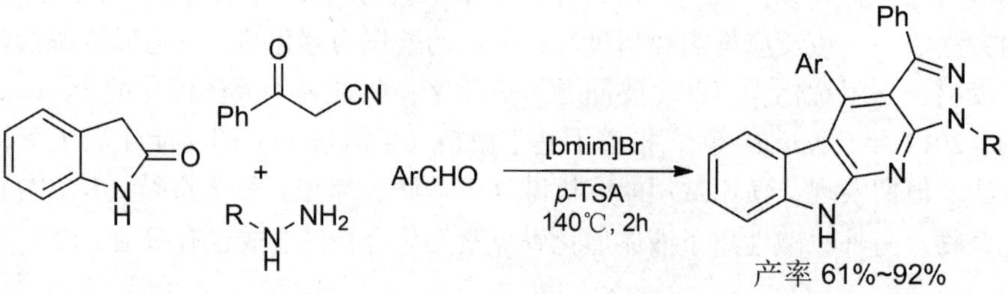

产率 61%~92%

2011 年，Fan 等[41]报道了以离子液体［bmim］［BF₄］为溶剂，在 FeCl₃·6H₂O 催化下合成了 2-苯甲酰基苯并噻唑，在相同条件下，与传统的溶剂相比，采用离子液体作为反应溶剂，最终得到的反应产物易于分离，产率较高。

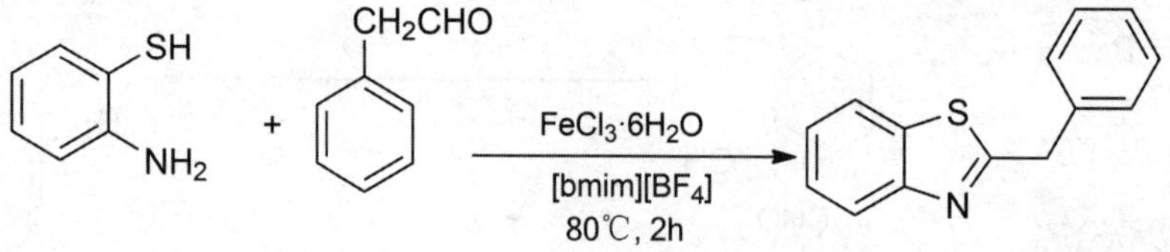

（三）环化反应

离子液体应用的环化反应有 Diels-Alder 反应、Robinson 成环反应、Bischler-Napieralski 环化反应和 Prins 反应。

1. Diels-Alder 反应　Diels-Alder 反应是有机化学中的一个重要反应，一直以来都是化学研究的热点之一，将离子液体应用于 Diels-Alder 反应研究方面，已有大量的报道。

Howarth 等[42]研究小组报道了在咪唑盐室温离子液体中环戊二烯与烯醛类物质进行反应的情况。研究发现，在离子液体中进行时该反应的立体选择性较好，即得到的内、外型产物的比例约为 95∶5。在离子液体中进行时该反应不但反应速度快、产率高、立体选择性好，而且离子液体可以回收重新使用。这说明离子液体在 Diels-Alder 反应方面比普通溶剂具有更大的优势。

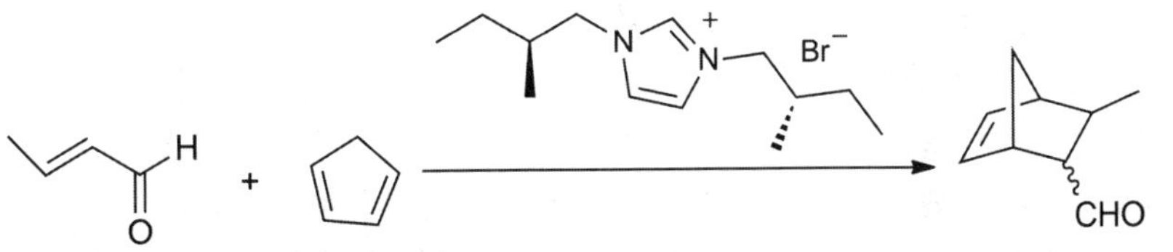

endo : exo = 13 : 1

2007 年，Donerty 等[43]报道了对映选择性高的 Diels-Alder 反应。在 Cu（Ⅱ）催化的环戊二烯和 N-丙烯酰唑烷酮的 Diels-Alder 反应中，加入一定量的 Cu(OTf)₂ 作催化剂，以离子液体 1-乙基-3-甲基咪唑-N（Tf）₂［emim-N(Tf)₂］作溶剂，收率高达 100%，对映选择性为 95% ee，催化剂可回收利用 10 次而不降低活性和对映选择性。

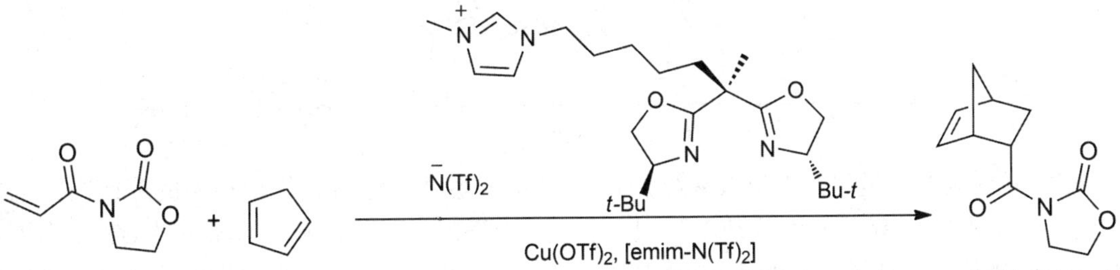

产率 100%，95% ee

2. Robinson 成环反应　2001 年，Forbes 等[44]利用由 1-甲基-3-己基咪唑阳离子与六氟磷酸根阴离子构成的离子液体（［6-mim］［PF₆］），加入 NaOH，成功地实现了 Robinson 成环反应。

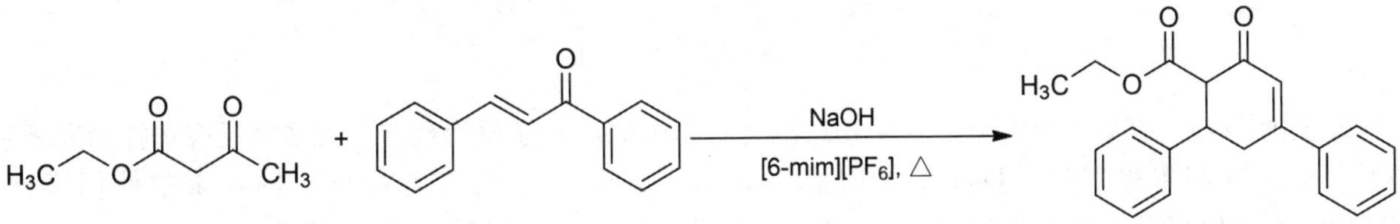

3. Bischler-Napieralski 环化反应　Bischler-Napieralski 环化反应是制备异喹啉类化合物通用的方法之一。一般需要强脱水剂和高沸点溶剂。三氯氧磷溶解在离子液体［bmim］［PF₆］中可以很好地完成 Bischler-Napieralski 环化反应，得到较高产率的目标产物异喹啉类化合物[45]。

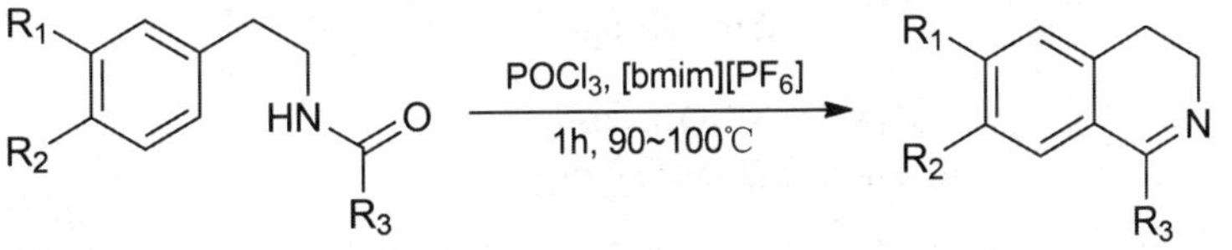

4. Prins 反应　离子液体在 Prins 反应中既是溶剂，也可以作为 Brønsted 酸或 Lewis 酸催化体系，这类反应体系的选择性、活性及催化剂循环次数均可得到改善，并且能够有效地抑制副反应，简化产物与反应体系的分离过程。Cole 等使用疏水性 Brønsted 酸离子液体（HBAIL）催化苯乙烯及其衍生物与甲醛的反应[46]。在该体系中使用福尔马林水溶液代替价格昂贵的多聚甲醛作为原料，同样取得了令人满意的产率，且降低了成本。离子液体减压蒸馏即可回收使用。

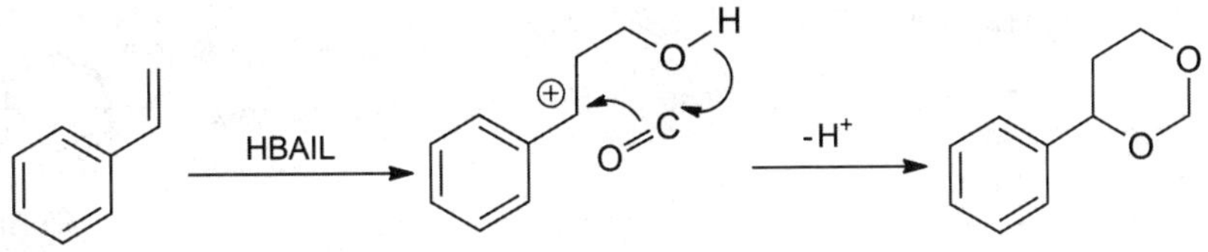

（四）氧化还原反应

1. 氧化反应　与传统有机溶剂相比，离子液体本身具有很强的抗氧化能力，对于氧化反应而言是非常合适的反应介质。Song 等首次报道了离子液体中的氧化反应，显示离子液体在氧化剂存在下是稳定的。烯烃的催化环氧化是制备环氧化物的最重要方法。Bernardo-Gusmão 等[47]考察了离子液体支载 Jacobsen 催化剂不对称催化柠檬烯的环氧化反应。研究发现，Jacobsen 催化剂构型与底物构型是否匹配对环氧化立体选择性有重要影响。若底物与催化剂同为 R 或 S 构型，则环氧化产物中非对映选择性（de）值较高（57%～74%）；反之，则只有 7%～22%的 de 值。另外，［bmim］［BF$_4$］与水的互溶性在 6℃时有临界点（低于 6℃，水与［bmim］［BF$_4$］不溶），使得反应后处理简便，离子液体可多次重复使用。

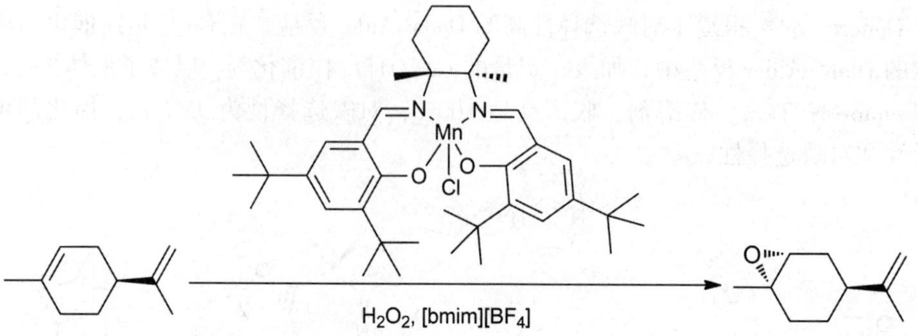

Baeyer-Villiger 反应是一类将开链酮或环酮用过氧酸或其他过氧化物氧化成相应的酯或内酯的氧化反应。2009 年，Baj 等[48]以双（三甲基硅基）过氧化物（BTSP）为氧化剂，［bmim］［OTf］为催化剂和溶剂，在温和的条件下实现了环酮的 Baeyer-Villiger 反应。该反应具有很好的化学选择性，当底物为含烯基的酮时，烯基不受影响。2010 年，Chrobok[49]又对该反应做了进一步的改进。

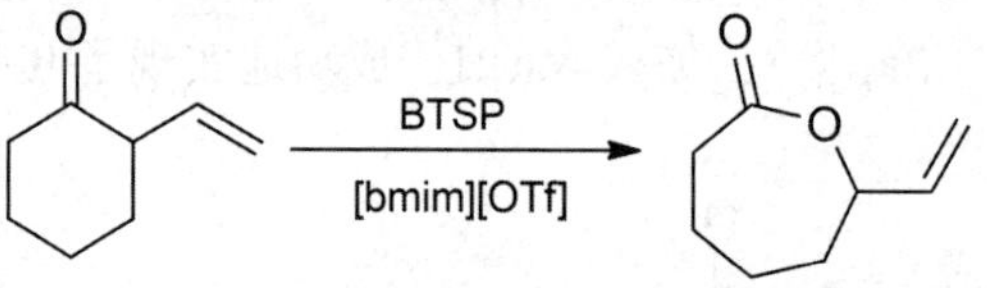

2. 还原反应　在离子液体中，用 NaBH$_4$ 将化合物中的羰基还原为羟基，大多数反应选择的离子液体都是对空气和水稳定的［bmim］［BF$_4$］、［bmim］［BF$_6$］，并且二者都可以回收重复使用多次。Howarth 等[50]研究了在离子液体［bmim］［PF$_6$］中进行的六种普通醛、酮的还原反应，得到的产率最高可达 90%。反应后离子液体可循环使用，并且在某些情况下，产物能直接从离子液体中蒸馏获得。

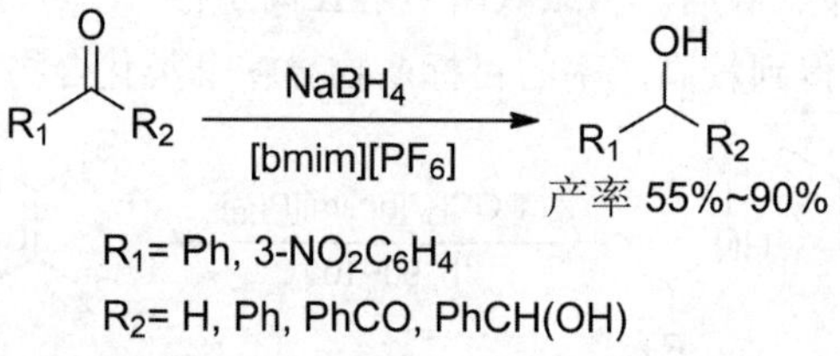

R_1= Ph, 3-NO$_2$C$_6$H$_4$

R_2= H, Ph, PhCO, PhCH(OH)

2000 年，Xiao 等[51]报道了在离子液体［EtPy］$^+$［BF$_4$］$^-$ 和［Etpy］$^+$［CF$_3$COO］$^-$ 手性配体（R）-BINOL 和（R）-BINOL-Br 作为活性剂，LiAlH$_4$ 将芳香酮还原为芳香醇的反应。该反应产率高，并且［Etpy］$^+$［BF$_4$］$^-$离子液体可以重复使用。

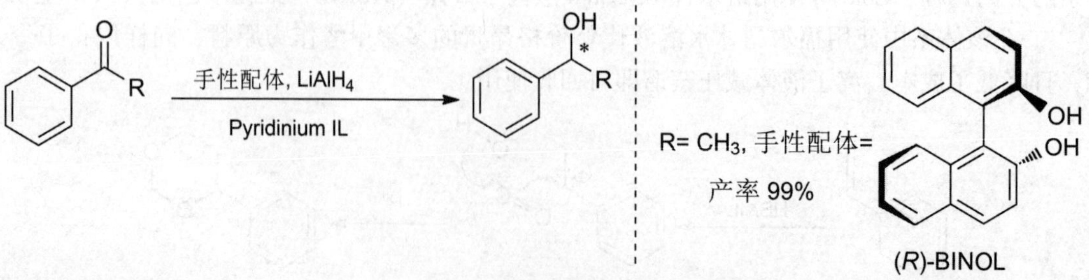

R= CH$_3$, 手性配体=

产率 99%

(R)-BINOL

（五）重排反应

重排反应也是有机合成中一种非常重要的反应，主要有 Beckmann 重排、Fries 重排、Claisen 重排等。

1. Beckmann 重排　　Beckmann 重排是工业上合成己内酰胺的重要反应，传统的 Beckmann 重排反应通常是在大量的浓硫酸、五氯化磷、三氯氧磷、乙酸和乙酸配制的氯化氢溶液及多聚磷酸等介质中发生的，这些腐蚀性酸和大量有机溶剂在工业生产中对设备要求高、危险因素多、废物多、对环境污染严重。从2001 年起，邓友全等[52] 就开始研究在离子液体二烷基咪唑盐和烷基吡啶盐及含磷化合物的催化介质中酮肟的 Beckmann 重排反应。研究结果表明，在离子液体［Bpy］［BF_4］中，ε-己内酰胺几乎达到 100% 的转化率和 99% 的选择性。这个重排反应在较温和的条件下进行，离子液体也可以回收循环使用。

2010 年，Yadav 小组[53] 发现溴二甲基锍（BDMS）在［bmim］PF_6 中加热到 80℃ 也能很好地催化 Beckmann 重排，以 60%～95% 的产率得到产品，而离子液体可以重复使用。

2. Claisen 重排　　Claisen 重排具有普遍性，在醚类化合物中，如果存在烯丙氧基与碳碳相连的结构，就有可能发生 Claisen 重排。Zulfiqar 等[54] 研究在咪唑类离子液体［bmim］［PF_6］或［bmim］［BF_4］中，在 200℃ 条件下 2-丙烯基酚的 Claisen 重排反应，结果发现产率不高，但离子液体可重复使用。

3. Fries 重排　　Fries 重排是经典的酸催化的反应，指酚酯在 Lewis 酸或 Brønsted 酸催化下，发生酰基重排，生成邻羟基芳酮和对羟基芳酮的反应。常用的催化剂有 $AlCl_3$、BF_3、$TiCl_4$、$SnCl_4$、HF 及多聚磷酸等，但这些酸性催化剂大多存在腐蚀设备、产生挥发性有毒气体及污染环境等问题。

Fries 重排中高温生成邻位产物，而低温生成对位产物，Harjani 等[55] 用咪唑类液体［bmim］-Al_2Cl_7 混合体系，又作 Lewis 酸催化 Fries 重排反应，得到较好的收率及较高的选择性。他们还指出了离子液体的酸性强弱对于产物的影响：在较低酸性下，以邻位重排产物为主；在较高酸性下，以对位重排产物为主。

（六）氢化反应

将离子液体应用于氢化反应已有大量的报道，反应中应用离子液体替代普通溶剂优点是：反应速率比在普通溶剂中快几倍；所用的离子液体和催化剂的混合液可以重复利用。研究表明，在反应过程中离子液体起到溶剂和催化剂的双重作用。

催化氢化反应中常用过渡金属络合物作为催化剂，由于离子液体可溶解部分过渡金属，因此可作为金属络合物催化氢化的反应介质，提高反应速率的同时也使得产品易于分离、纯化。在离子液体中，首先成功地进行了环己烯铑催化加氢反应[56]，该反应采用［bmim］［BF_4］和［bmim］［PF_6］等弱配位的离子液体为催化剂，效果很好，且离子液体可反复使用，离子液体中催化剂流失低于 0.02%，无须采用特定技术固定催化剂。

$$\text{CH}_2=\text{CHCH}_2\text{CH}_3 \xrightarrow[\substack{\text{N} \oplus \text{N}-\text{C}_4\text{H}_9 \\ \text{X}=\text{BF}_4,\ \text{PF}_6,\ \text{SbF}_6}]{\text{H}_2/\text{Rh(nbd)(PPh}_3)_2}\ \text{CH}_3\text{CH}_2\text{CH}_2\text{CH}_3}$$

1997 年，Dupont 和他的同事利用手性铑催化剂〔RhCl$_2$(S)-BINAP〕NEt$_3$ 在离子液体和异丙醇组成的双相体系中合成了抗炎药萘普生的重要中间体[57]。

[反应式图]

综上所述，离子液体不仅是一种绿色溶剂，它还可作为反应的催化剂。在离子液体中进行的有机反应具有反应速率快、产率高、选择性高等优点。因此，以离子液体取代传统的有机溶剂进行有机反应是一个新的研究领域，相信随着对离子液体的进一步深入研究，离子液体的应用范围必将更加广阔，而这些成果也将会在很大程度上推动绿色合成及相关绿色化学过程的发展。

参考文献

［1］ TAIT S, OSTERYOUNG R A. Infrared study of ambient−temperature chloroaluminates as a function of melt acidity〔J〕. Inorganic Chemistry, 1984, 23（25）: 4352.

［2］ HURLEY F H, WIER T P. Electrodeposition of metals from fused quaternary ammonium salts〔J〕. Electrochemical Society, 1951, 98: 203.

［3］ KOCH V R, MILEER L L, OSTERYOUNG R A. Electroinitiated Friedel−Crafts transalkylations in a room−temperature molten−salt medium〔J〕. J Am Chem Soc, 1976, 9: 5277.

［4］ WILKES J S, ZAWOROTKO M J. Air and water stable 1−ethyl−3−methylimidazolium based ionic liquids〔J〕. J Chem Soc Chem Commun, 1992, 965.

［5］ SEFTON M V, MAY M H, LAHOOTI S, et al. Making microencapsulation work: Conformal coating, immobilization gels and in vivo performance〔J〕. J Con Rel, 2000, 65: 173.

［6］ LEAD BEATER N E, TORENIUS H M, TYE H. Ionic liquids as reagents and solvents in conjunction with microwave heating: Rapid synthesis of alkyl halides from alcohols and nitriles from aryl halides〔J〕. Tetrahedron, 2003, 59: 2253.

［7］ YANG C H, TAI C C, HUANG Y T. Ionic liquid promoted palladium−catalyzed suzuki cross−couplings of n−contained heterocyclic chlorides with naphthaleneboronic acids〔J〕. Tetrahedron, 2005, 61: 4857.

［8］ HANDY S T, ZHANG X. Organic synthesis in ionic liquids: the stille coupling〔J〕. Org Lett, 2001, 3: 233.

［9］ ZHENG Y F, DU X F, BAO W L. L−proline promoted cross−coupling of vinyl bromide with thiols catalyzed by cubr in ionic liquid〔J〕. Tetrahedron Lett, 2006, 47: 1217.

［10］ KOCH V R, MILLER L L, OSTERYOUNG R A. Electroinitiated Friedel−Crafts transalkylations in a room−temperature molten−salt medium〔J〕. J Am Chem Soc, 1976, 98: 5277.

［11］ EARLE M J, MCCORMAC P B, SEDDON K R. Regioselective alkylation in ionic liquids〔J〕. Chem Commun, 1998, 2245.

［12］ LIU C J, YU C J. An efcient synthesis of 1−aryl−3−（indole−3−yl）−3−（2−aryl−1, 2, 3−triazol−4−yl）propan−1−one catalyzed by a brønsted acid ionic liquid〔J〕. Molecules, 2010, 15: 9197.

［13］ XIN X, WANG Y, XU W, et al. A facile and efficient one−pot synthesis of polysubstituted benzenes in guanidinium ionic liquids [J]. Green Chem, 2010, 12: 893.

[14] LI P, WANG L, WANG M, et al. Polymer-immobilized pyrrolidine-based chiral ionic liquids as recyclable organocatalysts for asymmetric michael additions to nitrostyrenes under solvent-free reaction conditions [J]. European Journal of Organic Chemistry, 2008, (7): 1157.

[15] LI P H, WANG L, ZHANG Y C, et al. Silica gel supported pyrrolidine-based chiral ionic liquid as recyclable organocatalyst for asymmetric michael addition to nitrostyrenes [J]. Tetrahedron, 2008, 64: 7633.

[16] QIAN Y B, XIAO S Y, LIU L, et al. A mild and efficient procedure for asymmetric michael additions of cyclohexanone to chalcones catalyzed by an amino acid ionic liquid [J]. Tetrahedron: Asym, 2008, 19: 1515.

[17] NI B K, ZHANG Q Y, HEADLEY A D. Functionalized chiral ionic liquid as recyclable organocatalyst for asymmetric michael addition to nitrostyrenes [J]. Green Chem, 2007, 9: 737.

[18] WANG J, LI H, LOU B, et al. Enantio- and diastereoselective michael addition reactions of unmodified aldehydes and ketones with nitroolefins catalyzed by a pyrrolidine sulfonamide [J]. Chem Eur J, 2006, 12: 4321.

[19] ZHANG Q Y, NI B K, HEADLEY A D. Asymmetric michael addition reactions of aldehydes with nitrostyrenes catalyzed by functionalized chiral ionic liquids [J]. Tetrahedron, 2008, 64: 5091.

[20] NI B K, ZHANG Z Q, KRITANJALI D, et al. Ionic liquid-supported (ILS) (S)-pyrrolidine sulfonamide, a recyclable organocatalyst for the highly enantioselective michael addition to nitroolefins [J]. Org Lett, 2009, 11(4): 1037.

[21] NI B K, ZHANG Z Q, HEADLEY A D. Pyrrolidine-based chiral pyridinium ionic liquids (ILS) as recyclable and highly efficient organocatalysts for the asymmetric michael addition reactions [J]. Tetrahedron Lett, 2008, 49: 1249.

[22] TRUONG T K, VO-THANH G. Synthesis of functionalized chiral ammonium, imidazolium, and pyridinium-based ionic liquids derived from (-)-ephedrine using solvent-free microwave activation. Applications for the asymmetric michael addition [J]. Tetrahedron, 2010, 66: 5277.

[23] LIU B Y, ZHAO D S, XU D Q, et al. Facile aldol reaction between unmodified aldehydes and ketones in bronsted acid ionic liquids [J]. Chem Res Chin U, 2007, 23: 549.

[24] ZHU A L, JIANG T, WANG D, et al. Direct aldol reactions catalyzed by 1, 1, 3, 3-tetramethylguanidine lactate without solvent [J]. Green Chem, 2005, 7: 514.

[25] SIYUTKIN D E, KUCHERENKO A S, STRUCHKOVA M I, et al. A novel (S)-proline-modified task-specific chiral ionic liquid-an amphiphilic recoverable catalyst for direct asymmetric aldol reactions in water [J]. Tetrahedron Lett, 2008, 49: 1212.

[26] 刘长春, 袁加程, 谭佩毅, 等. 离子液体 [bmim] Cl-CrCl$_2$ 促进的 Reformatsky 反应研究 [J]. 有机化学, 2009, 29 (10): 1650.

[27] HANGARGE R V, JARIKOTE D V, SHINGARE M S. Knoevenagel condensation reactions in an ionic liquid [J]. Green Chem, 2002, 4: 266.

[28] COLE A C, JENSEN J L, NTAI I, et al. Novel Brønsted acidic ionic liquids and their use as dual solvent-catalysts [J]. J Am Chem Soc, 2002, 124: 5962.

[29] ZHAO Y W, LONG J X, DENG F G, et al. Catalytic amounts of Brønsted acidic ionic liquids promoted esterification: Study of acidity-activity relationship [J]. J Catal Commun, 2009, 10: 732.

[30] GUO H, LI X, WANG J L, et al. Acidic ionic liquid [NMP] H$_2$PO$_4$ as dual solvent-catalyst for synthesis of β-alkoxyketones by the oxa-michael addition reactions [J]. Tetrahedron, 2010,

66: 8300.

[31] ROY S R, CHAKRABORTI A K. Supramolecular assemblies in ionic liquid catalysis for aza-michael reaction [J]. Org Lett, 2010, 12: 3866.

[32] YADAV J S, REDDY B V S, SREEDHAR P. Three-component one-pot synthesis of α-hydroxyl-amino phosphonates using ionic liquids [J]. Adv Synth Catal, 2003, 345: 564.

[33] ZHAO G Y, JIANG T, GAO H X, et al. Mannich reaction using acidic ionic liquids as catalysts and solvents [J]. Green Chem, 2004, 6: 75.

[34] KUMAR A, KUMAR P, TRIPATHI V D, et al. A novel access to indole-3-substituted dihydrocoumarins in artificial sweetener saccharin based functional ionic liquids [J]. RSC Adv, 2012, 2: 11641.

[35] YADAV L D S, SINGH S, RAI V K. A one-pot [BMIM] oh-mediated synthesis of 3-benzamido-coumarins [J]. Tetrahedron Lett, 2009, 50: 2208.

[36] RAJESH S M, PERUMAL S, MENENDEZ J C, et al. Facile ionic liquid-mediated, three-component sequential reactions for the green, regio- and diastereoselective synthesis of furocoumarins [J]. Tetrahedron, 2012, 68: 5631.

[37] SHAABANI A, SOLEIMANI E, MALEKI A. Ionic liquid promoted one-pot synthesis of 3-aminoimidazo [1, 2-A] pyridines [J]. Tetrahedron Lett, 2006, 47: 3031.

[38] LE Z G, XU J P, RAO H Y, et al. One-pot synthesis of 2-aminobenzothiazoles using a new reagent of [bmim] Br_3 in [bmim] BF_4 [J]. Heterocycl Chem, 2006, 43: 1123.

[39] CHEN J X, SU W K, LIU M C, et al. Eco-friendly synthesis of 2, 3-dihydroquinazolin-4 (1H) - ones in ionic liquids or ionic liquid-water without additional catalyst [J]. Green Chem, 2007, 9: 972.

[40] GHAHREMANZADEH R, AHADI S, BAZGIR A. A one-pot, four-component synthesis of α-carboline derivatives [J]. Tetrahedron Letters, 2009, 50 (52): 7379.

[41] FAN X, WANG Y, HE Y, et al. ChemInform Abstract: Ru (Ⅲ) -Catalyzed oxidative reaction in ionic liquid: an efficient and practical route to 2-substituted benzothiazoles and their hybrids with pyrimidine nucleoside [J]. Tetrahedron Letters, 2010, 51 (27): 3493.

[42] HOWARTH J, HANLON K, FAYNE D. Moisture stable dialkylimidazolium salts as heterogeneous and homogeneous lewis acids in the diels-alder reaction [J]. Tetrahedron Lett, 1997, 38: 3097.

[43] DOHERTY S, GOODRICH P, HARDACRE C. Recyclable copper catalysts based on imidazolium-tagged bis (oxazolines): A marked enhancement in rate and enantioselectivity for Diels-Alder reactions in ionic liquid [J]. Adv Synth Catal, 2007, 349: 951.

[44] MORRISON D W, FORBES D C, DAVIS J H. Base-promoted reactions in ionic liquid solvents. The knoevenagel and robinson annulation reactions [J]. Terrahedron Lett, 2001, 42: 6053.

[45] JUDEH Z M A, CHING C B, BU J, et al. The first bischler-napieralski cyclization in a room temperature ionic liquid [J]. Tetrahedron Lett, 2002, 43 (29): 5089.

[46] COLE A C, JENSEN J L, NTAI I, et al. Novel brønsted acidic ionic liquids and their use as dual solvent-catalysts [J]. J Am Chem Soc, 2002, 124: 5962.

[47] PINTO L D, DUPONT J, DE SOUZA R F, et al. Catalytic asymmetric epoxidation of limonene using manganese schiff-base complexes immobilized in ionic liquids [J]. Catal Commun, 2008, 9: 135.

[48] BAJ S, CHROBOK A, SUPSKA R. The Baeyer-Villiger oxidation of ketones with bis (trimethylsilyl) peroxide in the presence of ionic liquids as the solvent and catalyst [J]. Green Chem, 2009, 11: 279.

[49] CHROBOK A. The Baeyer-Villiger oxidation of ketones with oxone® in the presence of ionic liquids as solvents [J]. Tetrahedron, 2010, 66: 6212.

［50］HOWARTH J, JAMES P, RYAN R. Sodium borohydride reduction of aldehydes and ketones in the recyclable ionic liquid ［bmim］PF$_6$ ［J］. synth Commun, 2001, 31: 2935.

［51］XIAO Y, MALHOTRA, SANJIAY V. Asymmetric reduction of aromatic ketones in pyridinium-based ionic liquids ［J］. Tetrahedron Asym, 2006, 17: 1062.

［52］PENG J J, DENG Y Q. Catalytic beckmann rearrangement of ketoximes in ionic liquids ［J］. Tetrahedron Lett, 2001, 42: 403.

［53］YADAV L D S, SRIVASTAVA V P. Bromodimethylsulfonium bromide（BDMS）in ionic liquid: A mild and efficient catalyst for beckmann rearrangement ［J］. Tetrahedron Lett, 2010, 51: 739.

［54］ZULFIQAR J R, KITAZUME T. Lewis acid-catalysed sequential reaction in ionicliquids ［J］. Green Chem, 2000, 2: 296.

［55］HARJANI J R, NARA S J, SALUNKHE M M. Fries rearrangement in ionic melts ［J］. Tetrahedron Lett, 2001, 42: 1979.

［56］CHAUVIN Y, MUSSMANN L, OLIVIER H. A novel class of versatile solvents for two-phase catalysis: hydrogenation, isomerization, and hydroformylation of alkenes catalyzed by rhodium complexes in liquid 1, 3 - dialkylimidazolium salts ［J］. Angewandte Chemie International Edition, 1996, 34（23 - 24）: 2698.

［57］MONTEIRO A L, ZINN F K, SOUZADE R F, et al. Asymmetric hydrogenation of 2-arylacrylic acids catalyzed by immobilized Ru-binap complex in 1 - n -butyl - 3 - methylimidazolium tetrafluoroborate molten salt ［J］. Tetrahedron Asymm, 1997, 8: 177.

第三节　固相合成

固相有机合成（solid-phase organic synthesis, 简称 SPOS）是指连接在固相载体（如树脂等）上的活性官能团与溶解在有机溶剂中的试剂之间的反应，就是把反应物或催化剂键合在固相高分子载体上，生成的中间产物再与其他试剂进行单步或多步反应，生成的化合物连同载体过滤、淋洗，与试剂及副产物分离，这个过程能够多次重复，可以连接多个重复单元或不同单元，最终将目标产物通过解脱试剂从载体上解脱出来（产物脱除反应）。

固相有机合成的研究包括四个方面：① 载体（support）的选择和应用；② 载体的功能基化及其与反应底物结合的连接基团（linker）；③ 固相载体上的化学反应及条件优化；④产物从固相载体上解脱的方法。

一、固相合成发展简介

随着对客观世界的深入研究，人们发现存在于自然界中的许多重要化学现象，如金属的氧化、化石燃料的形成、食物的吸收及消化、精子与卵子的结合、细胞的分类等，全是在非溶液或非均相介质中发生的。

1963 年，Merrifield[1]发表了肽的固相合成研究，打破了传统的均相溶液中反应的方法，以固相高分子支持体作为合成平台，在合成中使用大大过量的试剂，反应结束后通过洗涤除去多余的试剂，实现了肽的快速合成，他本人因为此项杰出的工作获得了 1984 年的诺贝尔化学奖。

固相有机合成经历了几个重要的发展时期：①20 世纪 50 年代——离子交换树脂的发展与应用；②20 世纪 60 年代——固相肽合成的提出与发展；③20 世纪 70 年代——固相过渡金属催化剂的应用；④20 世纪 80 年代——各类寡聚型化合物的固相合成，固相多重合成，固相自动合成仪的应用，分-混法合成 OBOP 型肽库；⑤20 世纪 90 年代——组合化学（combinatorial chemistry）的全面发展，有机小分子的固相合成，固相有机试剂以及固相清除剂的应用，天然产物的固相合成，新型固相载体及连接基团多样性的发展，多通道固相自动合成仪的应用[2]。

目前固相有机合成仍处在快速发展阶段。与传统的有机合成相比，固相有机合成远未成熟，仍有极大的发展空间。统计表明，当今世界上与有机化学相关的排名前 15 位的期刊几乎每期均有与固相有机合成相关的论文。即使如此，人们仍认为固相有机合成这座大金山仅仅露出了一个小小的尖顶，巨大的宝藏正待人类开采。

二、固相有机合成的基本原理

固相有机合成反应产物分离、提纯方法简单，环境污染小，是一种较理想的合成方法。反应的进行并非像固态反应（如熔融反应、核裂变反应等）那样没有任何溶剂为介质。固相有机合成涉及多步有机反应，其中包括将反应物键合于高分子载体上的反应和选择适当试剂从树脂上裂解产物的反应，其原理如图 3-6 所示，其中 A 为通过适当连接基团键连在树脂上的反应物组分，B 为可溶性反应物，与 A 和固载化中间体 A-B 反应形成键合于载体上的产物 AB，用适当试剂裂解即可。

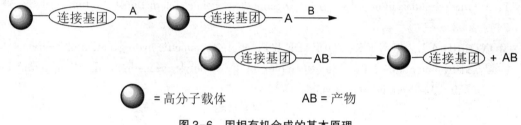

= 高分子载体　　　　　AB = 产物

图 3-6　固相有机合成的基本原理

三、固相载体

（一）要求

将固相合成与其他技术区别开来的唯一特征就是固相载体。在进行固相有机合成之前，要选择和寻找适宜的固相载体。通常对载体的要求有以下几点：①不溶于普通的有机溶剂；②有一定的刚性和柔性；③要能比较容易功能基化，有较高的功能基化度，功能基的分布较均匀；④聚合物功能基应容易被试剂分子所接近；⑤在固相反应中不发生副反应；⑥机械稳定性好，不易破损；⑦能通过简单、经济和转化率高的反应进行再生，重复使用。

除上述之外，一些特殊的固相载体，如多肽固相合成的载体还需要具有以下要求：①必须含反应位点，以使肽链能连在这些位点上，并在以后除去；②必须对合成过程中的物理和化学条件稳定；③载体必须允许不断增长的肽链和试剂之间快速地、不受阻碍地接触；④载体必须允许提供足够的连接点以使每个单位体积的载体给出有用产量的肽，并且必须尽量减少被（载体）束缚的肽链之间的相互作用。

（二）分类

在固相有机合成中可应用的载体材料有许多种类型。根据骨架的主要成分可分为有机载体和无机载体两大类。其中，有机载体包括苯乙烯-二乙烯基苯交联树脂（简称聚苯乙烯树脂，PS-DVB）、TentaGel 树脂、PolyHIPE 树脂、聚丙烯酰胺树脂、PEGA 树脂（丙烯酰胺丙基-PEG-N，N-二甲基丙烯酰胺）等；无机载体包括硅胶、氧化铝等。在有机类载体中，由于聚苯乙烯树脂具有价廉易得、易于功能基化、稳定性好等诸多优势而成为目前应用最多的高分子载体。载体根据物理形态，又可分为线型、交联凝胶型、大孔大网型等。表 3-3 列出了不同形态的聚合物载体的特点。

表 3-3　不同形态的聚合物载体的特点

聚合物形态	交联度（%）	优点	缺点
线型	0	可溶于有机溶剂，所有反应能在溶剂中以均相状态进行而无扩散问题，试剂接近所有聚合物功能基的机会相同，反应转化率高，大分子量底物反应也没有穿透作用	在后处理中聚合物重沉淀时难以避免分子物的污染，在反应中易发生交联副反应成凝胶，沉淀聚合物的过滤困难常用超滤
交联凝胶型	0.5~10	可制成球形聚合物，在反应中不会引起凝结，反应后易处理，可用任何溶剂洗涤，容易与低分子物分离。树脂在溶胀状态下反应活性也很高。低交联聚合物在高度溶剂化时其内部是准均相状态	由于交联的原因，在反应时试剂的扩散速度和孔的大小可能限制某些反应的进行，对于大分子量底物的反应不利
大孔大网型	6~40 及以上	具有固定的物理性状，不受溶剂影响，具有大孔径和高比表面积，可供试剂进入，机械稳定性高，适于装柱进行反应	由于交联密度高，试剂较难扩散进入树脂内部，因此这种树脂一般反应活性和负载量均较低，在反复处理中易发生碎裂

1. 有机载体

（1）聚苯乙烯（PS）类载体：如聚苯乙烯树脂，Merrifield 树脂[1]就属于此类。它是一种低交联的凝胶型珠体。凝胶型聚苯乙烯树脂通常用1%或2%二乙烯苯交联。一般说来，凝胶型聚苯乙烯树脂在有机溶剂中有较好的溶胀性并具有较高的负载量，但是机械性能和热稳定性较差，所以它们不适合连续装柱方式操作，反应温度不能超过100℃。

另外还有大孔型树脂，它具有较高的交联度，机械稳定性好，在溶剂中溶胀度低，但是负载量较小。

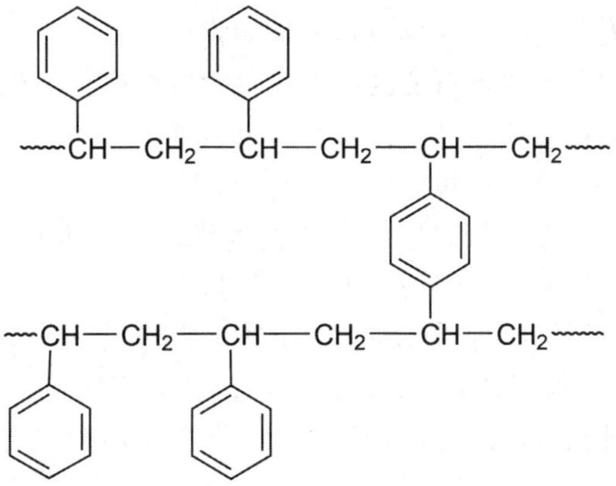

PS-DVB的结构

（2）TentaGel 树脂：在交联聚苯乙烯树脂上接枝聚乙二醇 PEG，得到的这种树脂称为 TentaGel 树脂，TentaGel 树脂可在末端羟基位上引入带有各种功能基的连接基，形成一系列载体。TentaGel 树脂是德国聚合物公司 Rapp Polymer Gmbh 的一类固相合成树脂产品的商标。TentaGel 树脂的 PEG 链末端包含具有反应活性的基团，可以作为固相载体的衍生官能团，这些载体功能基的性质与 Merrifield 树脂类的功能基性质类似。

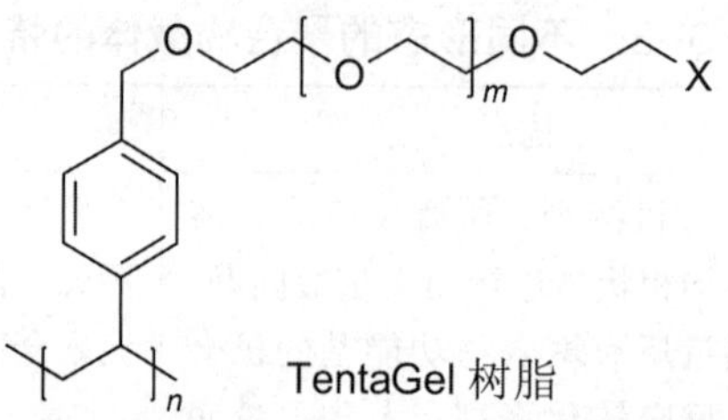

TentaGel 树脂

（3）PolyHIPE 树脂：PolyHIPE 树脂是高度支化、被聚二甲基丙烯酰胺接枝的多孔 PS-DVB 树脂，其结构是 PS-DVB 与聚丙烯酰胺材料键合得到的负载量达 5mmol/g 的双骨架树脂。它的骨架多孔率达 90%，目的是为了满足连续流动合成的需要。

（4）聚丙烯酰胺树脂：以 N，N-二甲基丙烯酰胺为骨架，以 N，N'-双烯丙酰基乙二胺为交联剂，并进行官能团化而得到的一种带伯胺功能基的树脂。这种树脂可在极性溶剂中溶胀，而在极性较小的溶剂如二氯甲烷中则溶胀度很小。用更具亲脂性的 N-丙烯酰基吡咯烷酮取代 N，N'-二甲基丙烯酰胺制备的聚合物，可在甲醇、乙醇、2，2，2-三氟乙醇、异丙醇、乙酸和水中溶胀，在二氯甲烷中也溶胀得很好。

（5）PEGA 树脂[3]：是 PEG 树脂的衍生物，它有一个高度支化的高分子骨架，对于连续合成具有较高的稳定性。它在极性溶剂中溶胀，使得长链肽的合成成为可能。这类树脂在二氯甲烷、醇和水中溶胀体积大约是 6mL/g，在 DMF 中达 8mL/g。

（6）磁性树脂珠：将交联聚苯乙烯硝化后再用六水合硫酸亚铁还原硝基，这种还原反应在树脂珠内产生的亚铁离子和铁离子可以通过加入浓氨水溶液，然后温和加热转变成为磁铁晶体。树脂珠中包含有重量占 24%~32% 的铁，易用条形电磁铁控制，已被用于合成保护二肽。但被认为吸引力不大，由于高度交联而难以功能基化，而且铁在一些合成反应条件下会参与反应。

2. 其他载体　其他还有一些可用于固相有机合成的载体，如有机硅树脂[4]、纤维素/棉花载体、玻璃、多孔球形二氧化硅载体[5]、多孔聚乙烯圆片、聚丙烯酸等接枝的聚乙烯针等，但它们各自的局限性较大。

四、连接体

连接体是连接载体与目标化合物之间的结构片段，它的化学活性即敏感性与随后组装目标化合物的反应类型、构件的保护基形式及最后的裂解反应类型均有密切关系。

在固相合成的过程中，连接基团是不可或缺的部分，它决定了目标化合物能否在固相载体上进行活性测定，也决定了是否具有适合的反应条件，以及是否可以采用温和的或选择性的切割条件将产物从固相载体上解脱出来，因此直接关系到合成策略的成功与否。

根据切割步骤所采用的反应条件，可以把常用的连接基团简单地分成以下四类：酸切割连接基团、碱切割连接基团、光切割连接基团和氧化-还原切割连接基团。

1. 酸切割连接基团　强酸是固相合成中最常使用的切割试剂之一。其中挥发性酸如 HF 和 TFA（三氟乙酸），由于其反应后剩余部分很容易除去，因此被广泛作为切割试剂使用。切割对象以酯类和酰胺类连接基团最为常见，如琥珀亚酰胺碳酸酯连接基团和二苯甲基树脂。

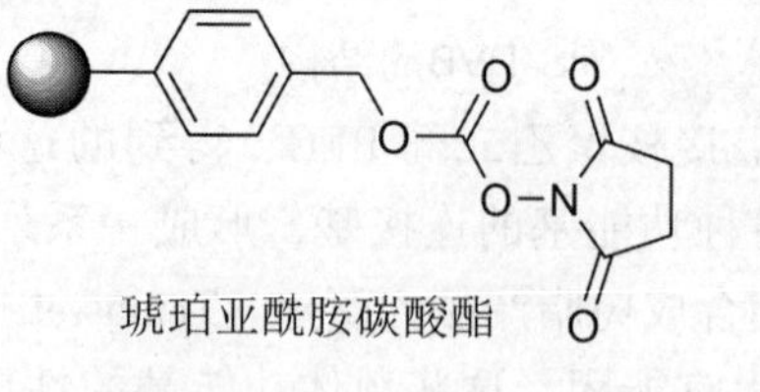

琥珀亚酰胺碳酸酯

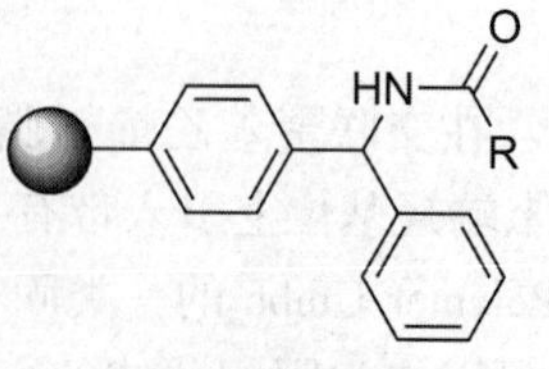

二苯甲基树脂

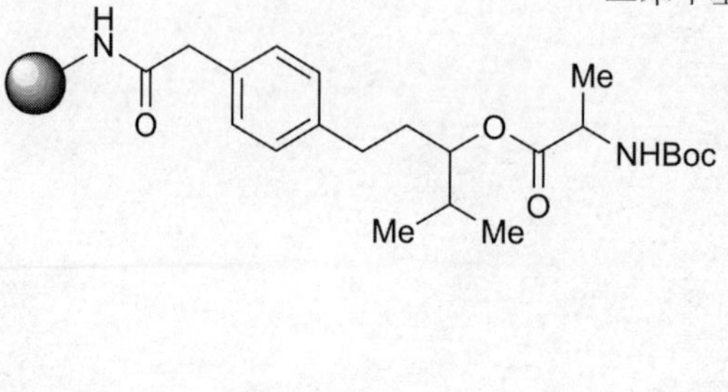

在苯环的对位或邻位引入给电子基团（如甲氧基），增加了其在切割过程中生成的碳正离子的稳定性，可以显著增加连接基团对酸的敏感程度。

例如，Wang 连接基团和 SASRIN（super acid sensitive resin）连接基团比 Merrifield 羟甲基树脂类连接基团对酸更敏感；而 Rink 连接基团比相应的二苯甲基树脂对酸更敏感，前者在弱酸性条件下即可实现切割。

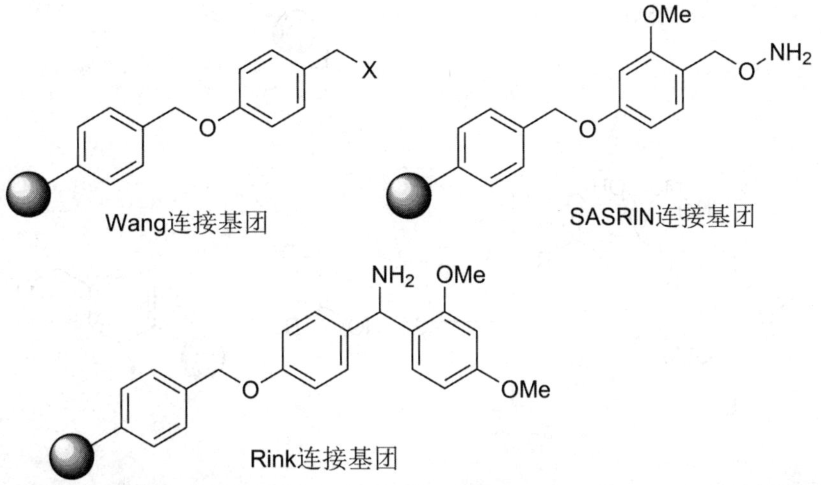

2. 碱切割连接基团　如下所示的反应中，碱作为亲核试剂进攻酰肼连接基团，使发生分子内环化反应，生成吡唑啉酮类产品。

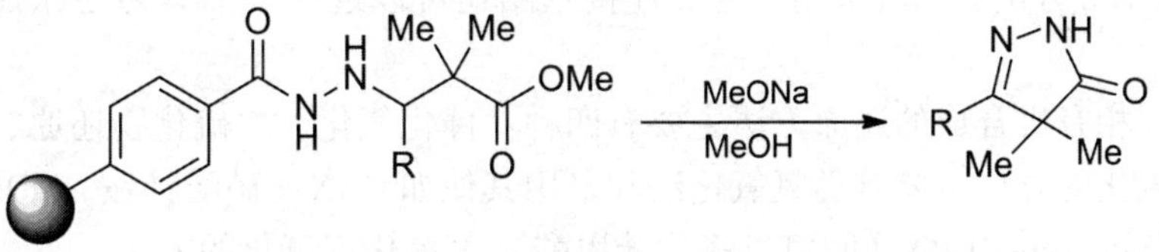

而在如下所示的反应中，碱作为催化剂，使季铵盐发生 β-消除反应，得到叔胺产品。

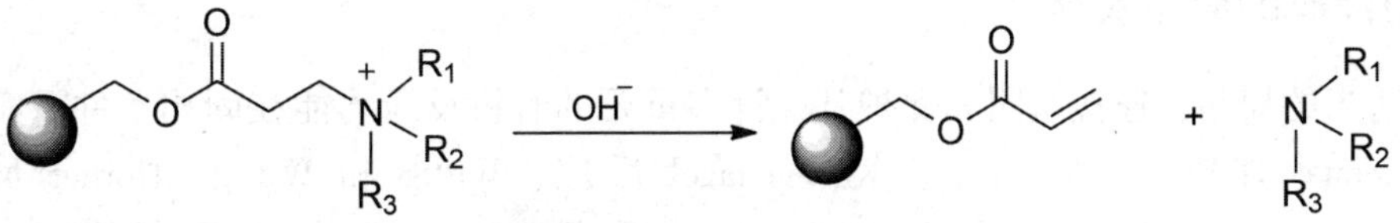

碱作为切割试剂可通过两种不同的途径，使连接基团与目标分子之间的化学键断裂。①作为亲核试剂，发生亲核加成或亲核消除反应；②通过酸碱中和反应，或在碱催化下发生消除反应或成环反应。

3. 光切割连接基团　如下所示三个常见的光切割连接基团带有邻位硝基苯单元，其光化学反应切割机理涉及从硝基到亚硝基的转化及苄位 C—H 的断裂。

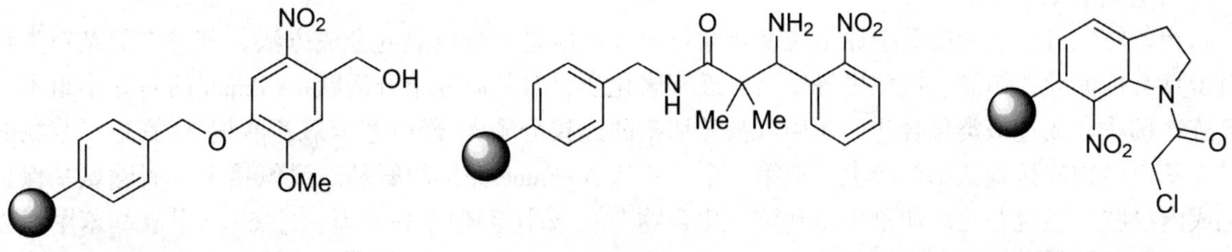

在光照的条件下，发生夺取氢的反应，生成活泼中间体 a，中间体 a 进一步重排形成中间体 b，接着发生消去反应而得到羧酸产品。

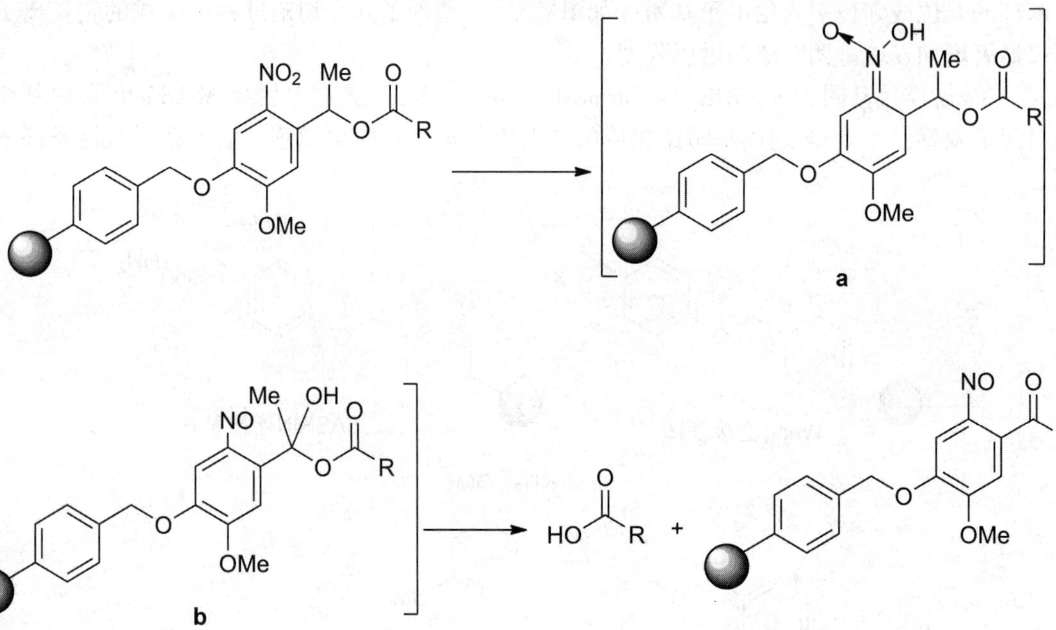

4. 氧化-还原切割连接基团　用氧化-还原反应来对目标化合物进行解脱，是固相有机合成中经常使用的方法，相应的连接基团称为氧化-还原切割连接基团。氧化-还原切割方法经常与其他切割方法（如酸碱切割和光切割等方法）同时采用。这类连接基团还可以进一步细分为还原性切割连接基团和氧化性切割连接基团。

目前广泛用于固相有机合成的还原方法主要有四种：催化氢化、二硫化物还原、脱磺酸基作用和金属氢化物还原。而氧化的方法主要有臭氧氧化法和采用其他如 CAN（硝酸铈铵）、DDQ（2，3-二氯-5，6-二氰基-1，4-苯醌）、*m*-CPBA（间氯过氧化苯甲酸）等氧化剂氧化的方法。

五、固相合成的应用实例

通过选择适当的树脂、连接基团和保护基，许多重要的有机反应均能在固相条件下实现，如 Mitslinobu 反应、Michael 加成、Aldol 缩合、Knoevenagel 反应、Wittig 和 Wittig-Horner 反应、Horner-Wadsworth-Emmons 反应、Grignard 反应、Diels-Alder 反应、Pictet-Spengler 反应、Bischler-Napieralski 反应、Pauson-Khand 环加成、[3+2] 环加成、1，3-偶极加成、Heck 反应、Stille 反应和 Suzuki 反应及其他偶联反应等碳-碳键形成反应，以及一些重要的氧化、还原反应。本文着重介绍近期有机小分子组合库合成中常用的一些固相有机反应。

（一）亲核取代反应

固相条件下氮、氧和硫等杂原子烷基化亲核取代反应是十分成熟的合成方法。苯并二氮杂䓬类化合物由于具有抗惊厥、镇静、抗焦虑等作用，近年来化学界对其研究十分活跃。Ellman 的研究小组不仅用无痕迹连接法合成过该类化合物，还用可被酸切割的连接分子 4-羟甲基苯氧乙酸把 2-氨基二苯酮的羟基或羧基衍生物连接到氨基树脂上，把第一个建筑块 *N*-Fmoc 保护的氨基酸酰氟接上，脱除氨基保护后环化成内酰胺，经烷基化后切割也得到该类化合物[6]。该小组还以 4-羟基-2，6-二甲氧基苯甲醛为连接分子，通过与氨基酸酯的还原氨化引入氨基，再用邻氨基苯甲酸酰化后关环的方法合成了一系列苯并二氮杂䓬二酮衍生物[7]。

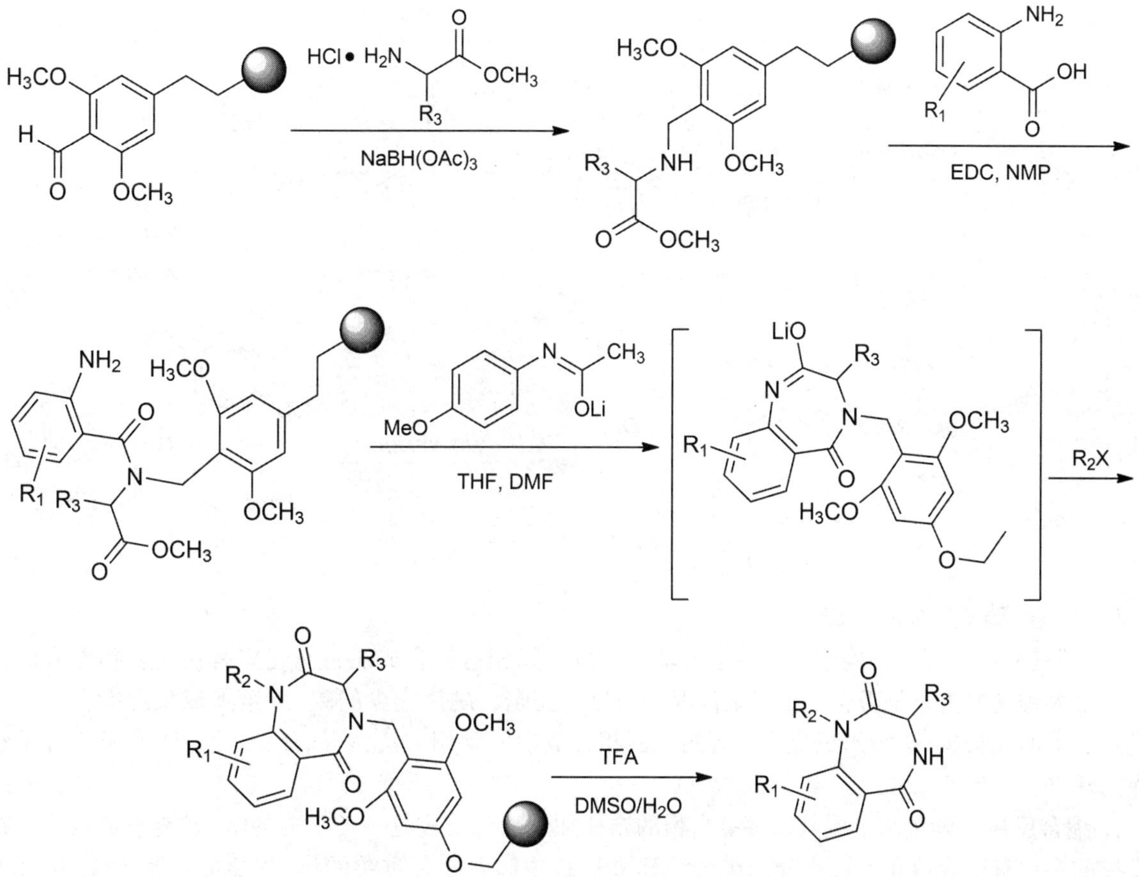

（二）亲核加成反应

Michael 加成反应在生物大分子固相合成、有机小分子化合物库建立与固相支撑多步有机合成过程中都有应用。N_1，N_7-双取代的嘌呤就是以 6-氯嘌呤与 REM 树脂之间 Michael 加成反应为关键反应，再经氧化、N_1-烃化等实现，利用该方案合成了众多 N_1，N_7-双取代嘌呤类化合物库[8]。

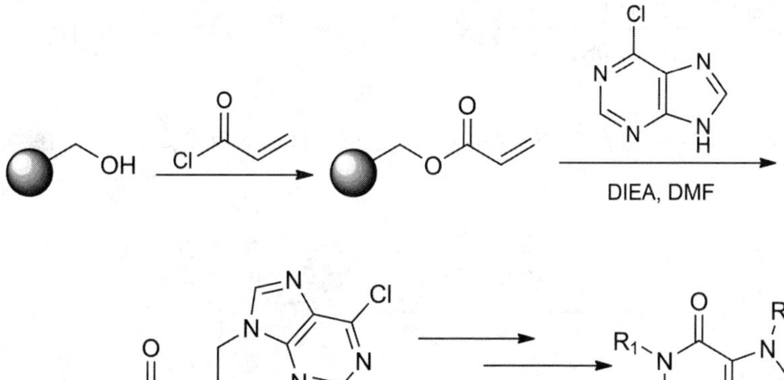

羰基的亲核加成常常应用于一些天然产物的合成当中，酪氨酸激酶抑制剂 Lavendustin A 可以通过连在各种 N-Fmoc 保护的不同树脂上的氨基酸对醛基进行亲核加成，再经 NaCNBH₃ 还原烷基化及亲核取代反应来合成[9]。

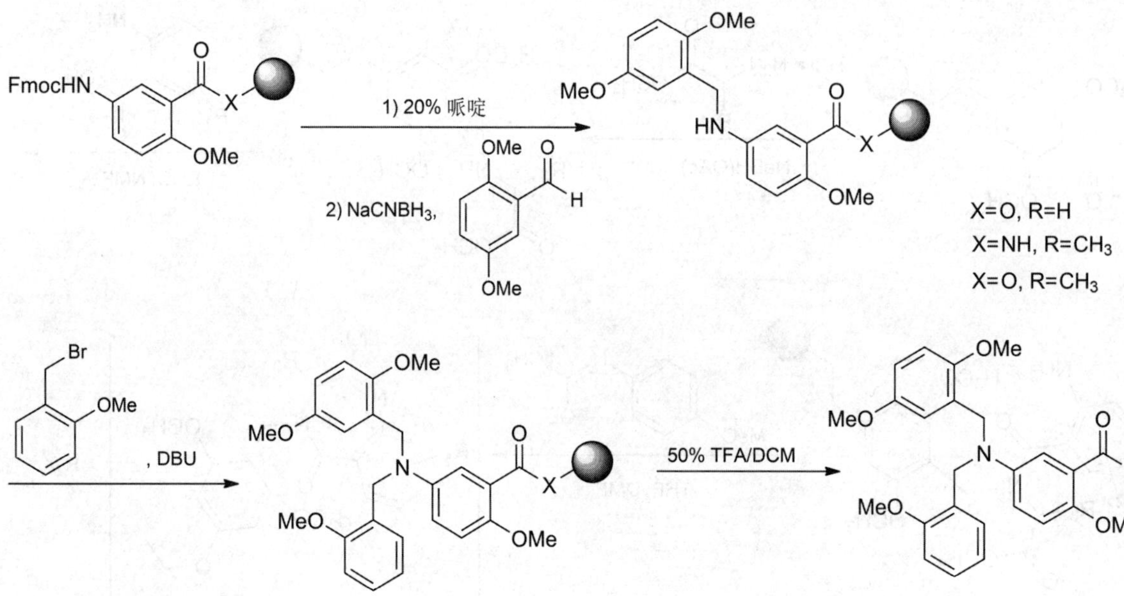

（三）碳-碳键形成的反应

碳-碳键形成的反应是构建有机分子的基本手段，固相有机合成能否在建立有机化合物库方面得以突破，很大程度取决于是否会有更多条件温和、反应完全、副反应少的碳-碳键形成反应能在固相条件下进行。下面几类碳-碳键形成反应，有的是固相合成中的常用方法，有的已广泛用于有机小分子化合物库的建立。

1. 缩合反应 碳负离子或其烯醇等当物的亲核加成缩合反应是一类重要的碳-碳键形成反应，在固相支撑的多步有机合成和有机小分子组合库建立过程中起着十分重要的作用。Kurth 等[10] 利用 LDA 使 Merrifield 树脂固载的羧酸酯衍生物在 $-78^{\circ}C$ 形成烯醇锂盐，$0^{\circ}C$ 时经无水氯化锌处理转化为烯醇锌盐，然后与各种芳香醛、酮进行羟醛缩合形成烷基化产物，用 DIBAH 还原裂解树脂衍生物酯键为醇羟基，得到 1，3-二醇化合物。

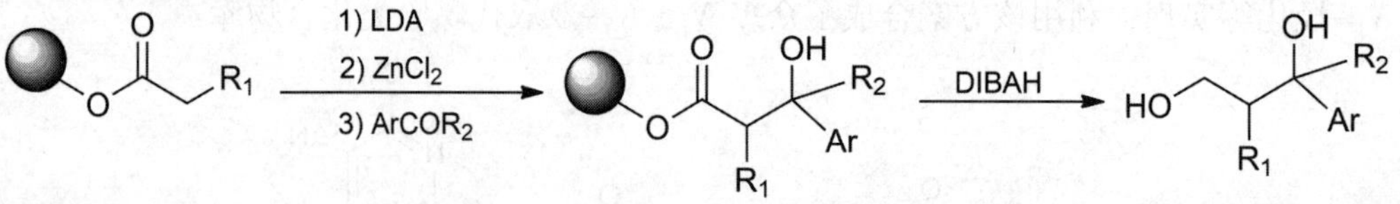

和碳负离子或其烯醇的其他缩合反应，如 Aldol 反应、Henry 反应、Claisen 酯缩合、Knoevenagel 缩合等反应亦有报道[10-12]：

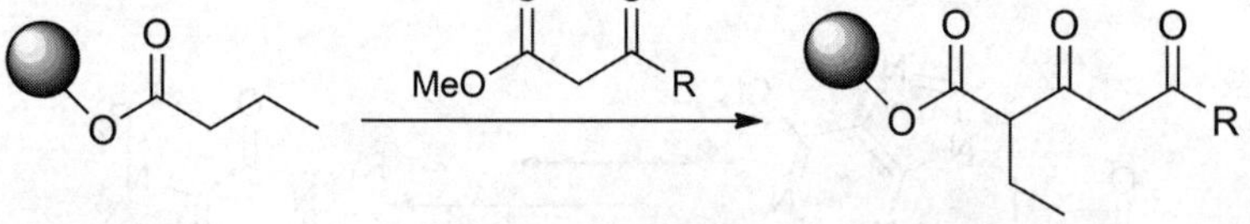

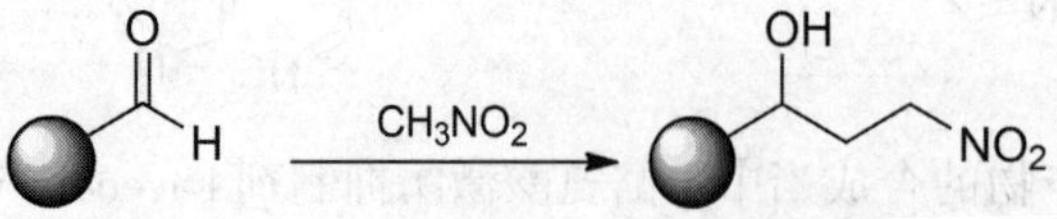

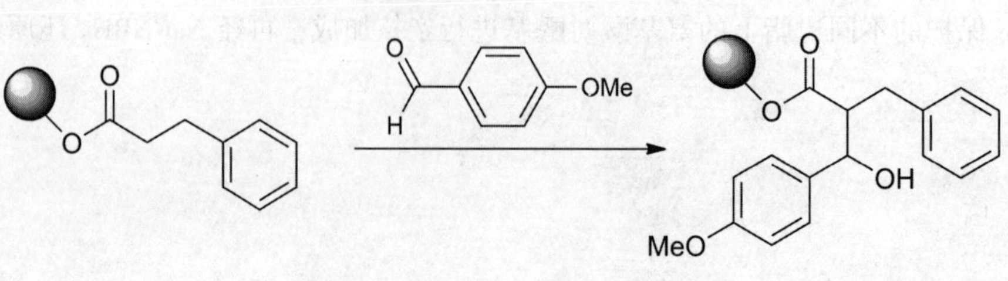

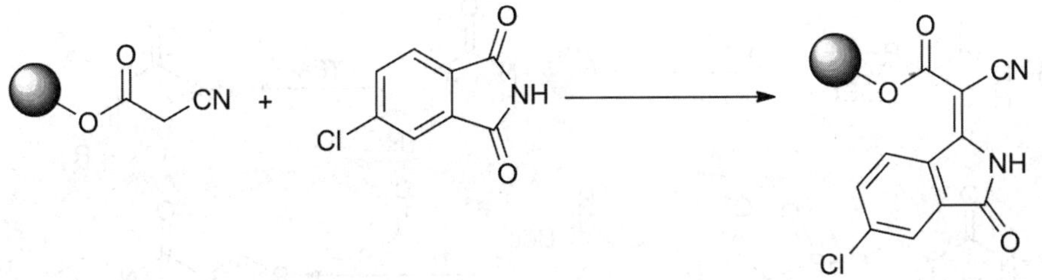

2. Wittig 反应及其相关反应　Wittig 反应及 Wittig-Horner 反应是制备烯烃衍生物的常用方法，具有广泛的应用价值。该反应同样能在固相条件下进行，并且能克服均相条件下的一些缺陷，固相合成中，产物烯烃和副产物三苯基氧膦易于分离，反应产率高，同时键合于高分子上的膦氧化物用氢化锂铝处理后可回收三苯基膦再生重复使用，降低成本。因此，应用 Wittig 反应可向键合于树脂上的反应物引入双键，而化合物库合成过程中，键合于高分子载体上的 Wittig 试剂可与许多商品化的醛、酮类化合物作用形成烯烃衍生物。

以甘油为连接分子可以合成出带有双羟基的树脂，该类树脂与二醛类化合物形成单缩醛后即可发生 Wittig 反应来合成烯烃、多烯烃及昆虫性引诱剂[13,14]。

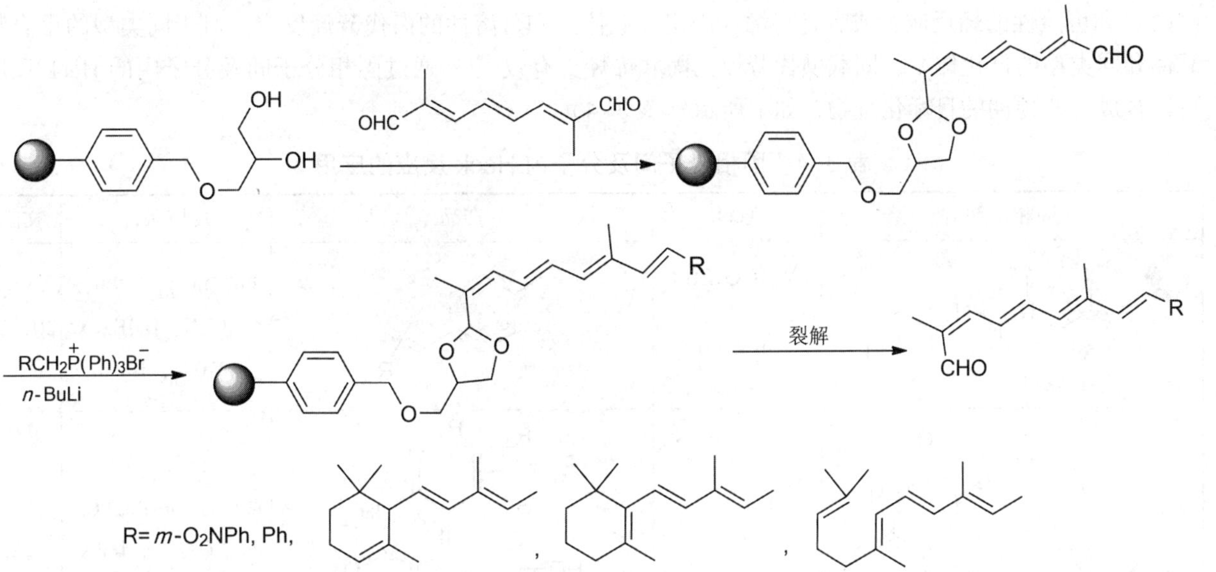

虽然固相载体上的 Wittig 试剂用途广泛，但制备条件较苛刻，因键连在树脂上的卤代烷或醇的甲磺酸酐室温下不与 PPh$_3$ 反应，需与熔融 PPh$_3$ 加热到 100℃ 才反应。因此，该方法与固相肽合成（SPPS）或 DNA 合成策略不相适应。Johnson 等[15] 在固相载体上成功地实现了条件温和的 Horner-Wadsworth-Emmons 反应（简称 HWE 反应）。在 PyBOP/N-甲基吗啉-DMF 条件下，磷酸二乙酯取代的乙酸与树脂衍生多肽的 N-端缩合成酰胺，该中间体在 LiBr/Et$_3$N 存在下与各种醛类化合物作用形成烯键，经 TFA 裂解得碳酰胺取代的 HWE 烯烃衍生物。另一方法是将磷酸单乙酯取代的乙酰胺衍生物与键合于 TG 树脂上的 N-Cbz 保护的苏氨酸的侧链羟基缩合成酯，该中间体在 LiBr/Et$_3$N 存在下，与各种醛类化合物进行 HWE 反应，并释放出碳酰胺取代的烯烃衍生物。在 LiBr/Et$_3$N 体系中，这一烯键形成反应条件温和，产物产率高、纯度好，可与 SPPS 及其他有机小分子组合库的合成方法相适应。

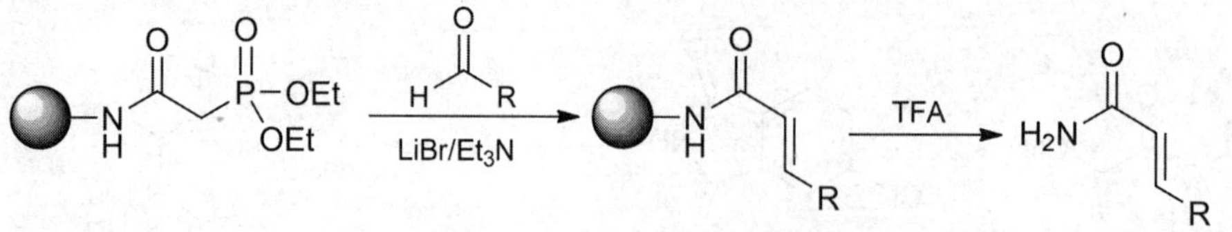

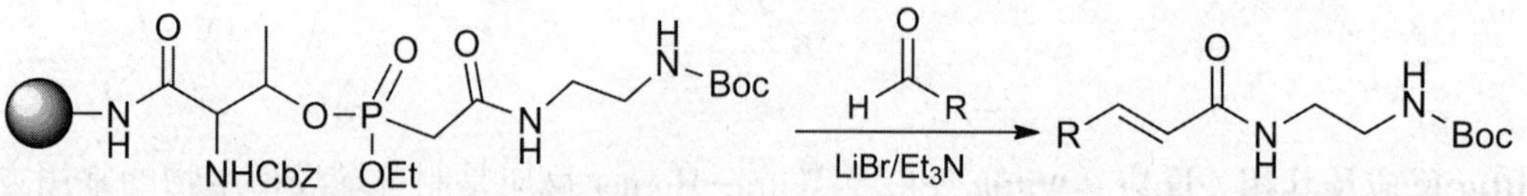

3. 偶联反应 近期文献报道，一些均相催化条件下的碳-碳偶联反应可在固相载体上进行，并成功地应用于有机合成。这类反应的共同特征是以可溶性钯配位化合物作为催化剂。

（1）Heck 反应：Heck 反应能够广泛应用于 SPOS 是由于起始原料烯烃或卤代芳烃易得。SPOS 条件下的 Heck 反应条件可分为标准 Heck 反应条件 [Pd(OAc)$_2$、PPh$_3$ 或 P(o-Tol)$_3$，DMF，80~100℃，2~24h[16] 和 Jeffery 发展的 Heck 反应条件 [Pd(OAc)$_2$、PPh$_3$、Bu$_4$NCl、K$_2$CO$_3$、DMF，20~80℃][17]。在 Jeffery 反应条件下，为了提高收率，常常加入 10% 的水。在有些条件下，使用 Pd$_2$(dba)$_3$ 比 Pd(OAc)$_2$ 更有效[18]。SPOS 条件下的 Heck 反应是将卤代芳烃连接在聚合物载体上（大多数情况下是碘代芳烃或碘盐）和可溶性的烯反应，或者是将烯烃固定在载体上和可溶性的卤代芳烃反应。对于同类型的聚合物载体和同类型的催化体系，固载碘代芳烃比固载烯烃更有效[19]。通过固相分子间及分子内的 Heck 反应可以合成一些预期的目标化合物，如下所示（表 3-4）：

表 3-4 固相分子间及分子内 Heck 反应的应用

固相试剂	原料	产品	反应条件	文献
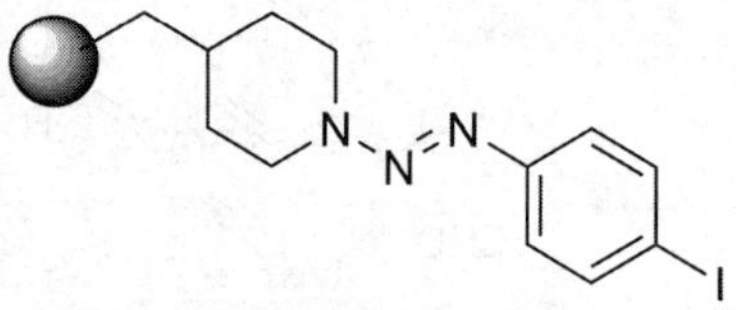	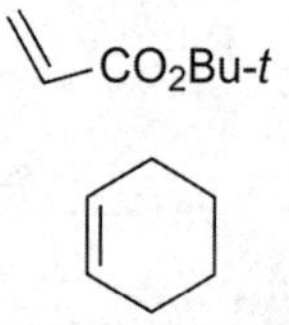	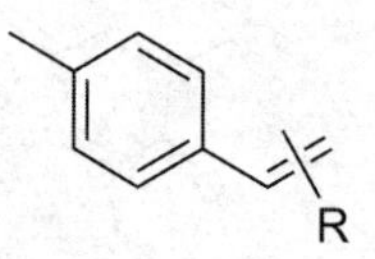	Pd(OAc)$_2$，PPh$_3$，Et$_3$N，DMF，70℃，14h	20，21
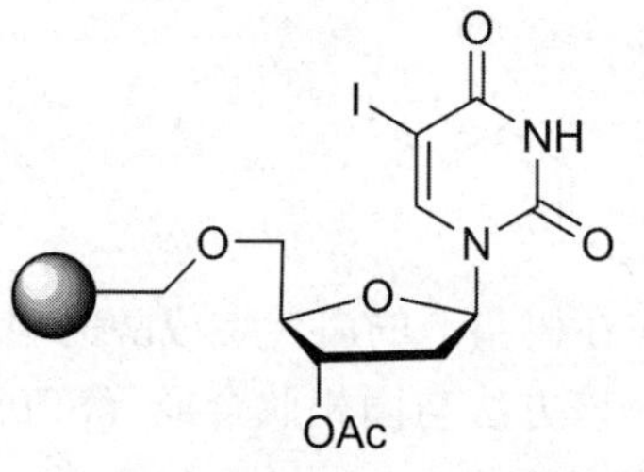	烯烃	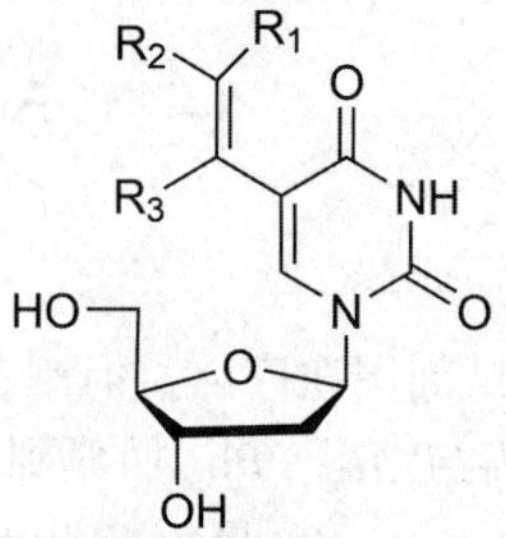	AcONa，n-Bu$_4$NCl，Pd(OAc)$_2$，DMA，100℃，24h	22
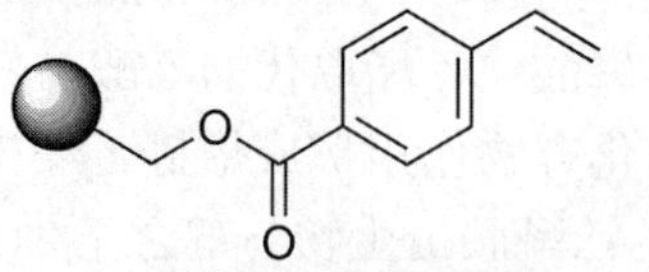 Wang resin	RX = PhI 2-naphthyl-Br 2-thienyl-Br 3-Pyr-Br	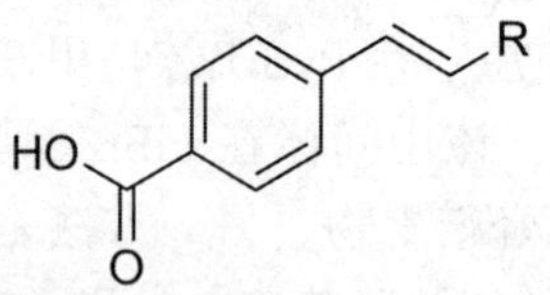	Pd$_2$(dba)$_3$，Et$_3$N，P(o-tol)$_3$，DMF，100℃，20h	23
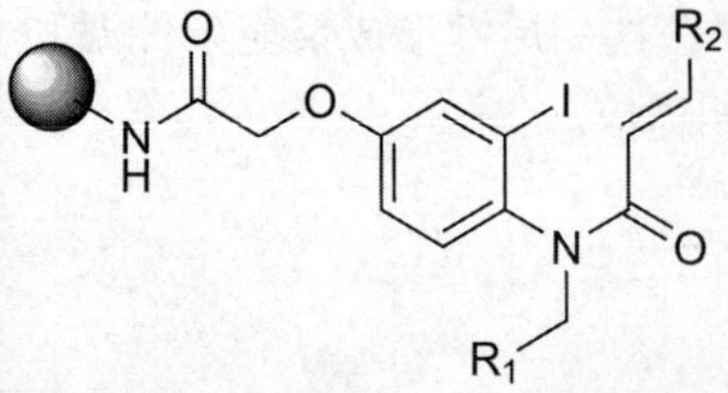		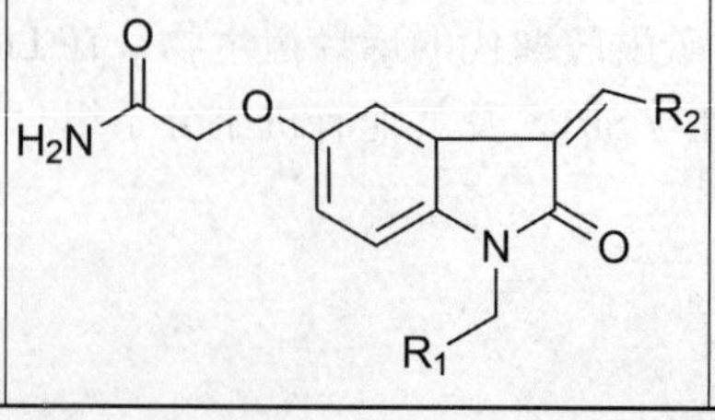	Pd$_2$(OAc)$_2$，PPh$_3$，Ag$_2$CO$_3$，DMF，100℃，16h	24

（2）Stille 反应：具有抗肿瘤和抗菌活性的天然产物分子中常常含有联苯或联芳基结构，人工合成的用于不对称催化反应的有机配体也常常含有该类结构，而合成该类化合物的常用方法为 Stille 反应，

固载的卤代芳烃与芳基锡和烯基锡的 Stille 偶联反应已经得到广泛的应用，相比之下，将锡试剂固载在聚合物载体上的 Stille 偶联反应则较少报道。Forman 等[25]已把 Stille 反应应用到固相有机合成中，反应如下：

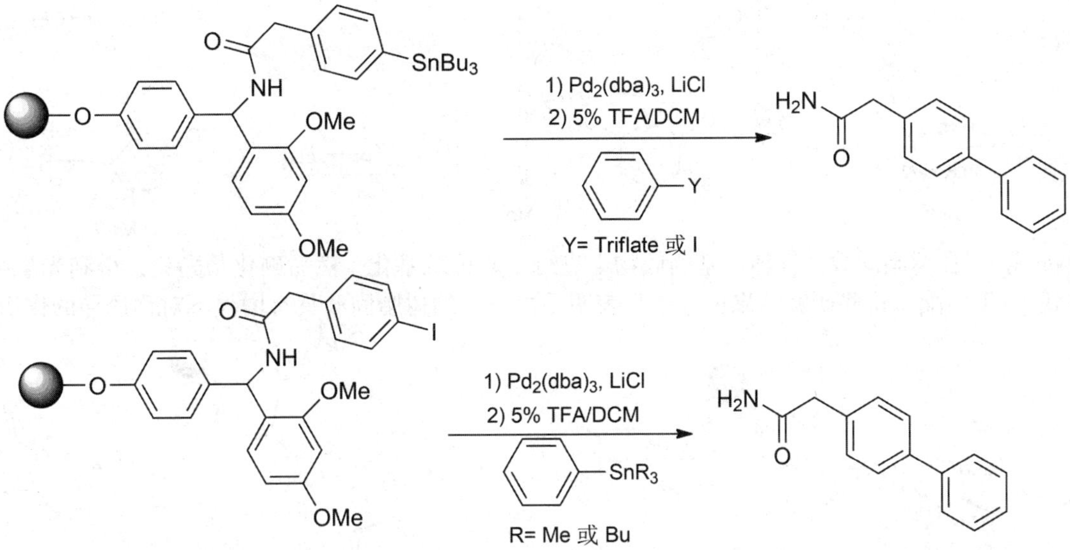

（3）Suzuki 反应：近些年，Suzuki 反应已经广泛应用于烷基、烯丙基、烯基、炔基卤代物同温和的烷基硼试剂反应。由于该反应的反应条件温和，能同多种官能团兼容且起始原料（硼酸）易得，使这类反应变成了固相合成的一种强有力工具。同其他偶联反应相比，Suzuki 反应一般无毒，并且硼酸对热、空气和湿度都稳定。

与固相 Heck 反应相类似，固相 Suzuki 反应可以用聚合物负载卤代芳烃或硼酸来进行，但一般情况下，用聚合物负载卤代芳烃比负载硼酸，Suzuki 反应更易成功。Gravel 等[26]报道描述了使用负载的苯硼酸与负载的卤代芳烃通过树脂间的 Suzuki 偶联反应。

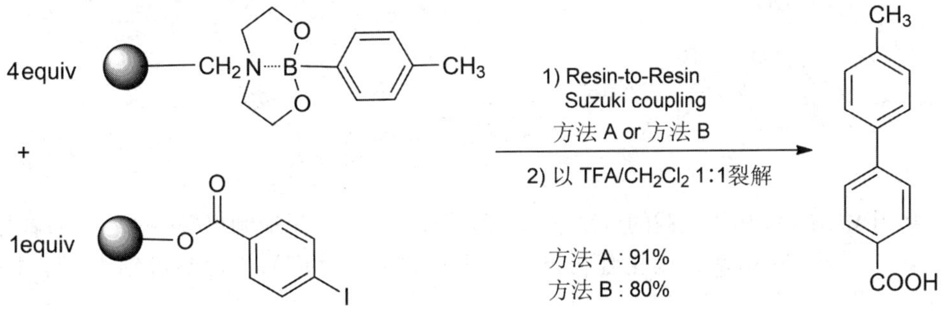

方法 A：Na$_2$CO$_3$(5equiv, 2M/H$_2$O), 20% Pd(PPh$_3$)$_4$, 甲苯/甲醇 3:1, 85℃, 24h
方法 B：20% Pd$_2$(dba)$_3$, DMF/Et$_3$N/(HOCH$_2$)$_2$ 8:1:1, 105℃, 24h

（四）不对称合成

将固相合成与不对称催化反应结合，也是绿色化学合成技术的发展方向。含有手性官能团的高分子载体具有保护和不对称诱导双重作用，而且如果精心设计，这种手性高分子经多步合成反应后，其不对称中心依然保持不变，载体可重复使用。

Liu 等[27]在 1, 2-二氯乙烷中，将 2-羟基吡喃 Merrifield 树脂和 N-甲酸乙酯-4-羟基吡咯甲酸甲酯偶合，用格氏试剂处理得到树脂固载的叔醇，再用 Red-Al 还原，PPTS 裂解，得到一类用于醛与二乙基锌的不对称加成反应的有机配体。

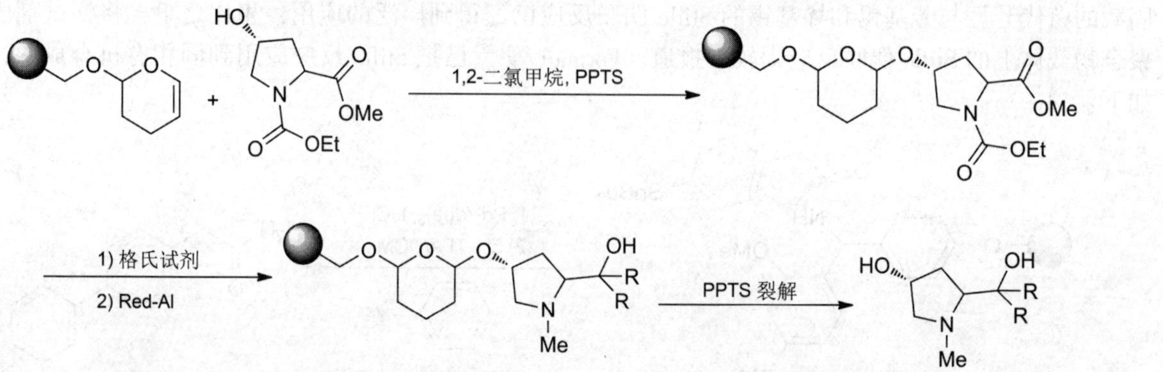

Moon 等[28]在树脂固载手性辅助基的底物上进行不对称烷基化，然后碘化与酯化，得到光学纯的 3，5-二取代 γ-丁内酯。这些研究结果也进一步表明手性分子的树脂固载具有增强不对称诱导的作用。

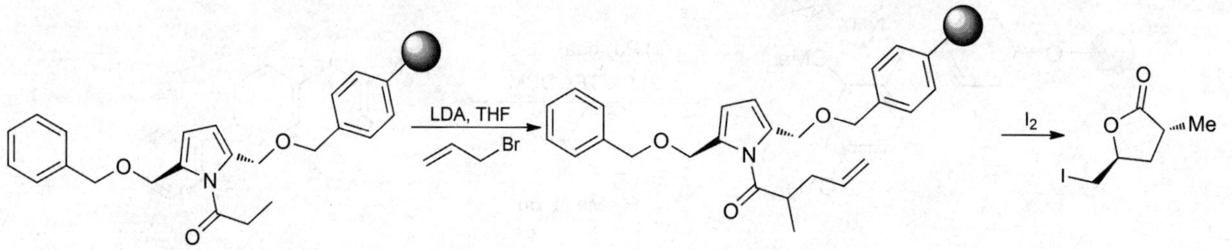

（五）环化反应

含 N、S、O 原子的杂环类化合物富含于天然产物和药物分子中，是一类很重要的化合物，在固相有机合成中研究较为广泛。Hanessian 等[29]先将 α-羟基酸连接到 Merrifield 树脂上，再在三氟甲磺酸酐催化下和苄氧胺反应生成 N-苄氧胺酯，然后和芳基异氰酸酯反应生成脲衍生物，最后用叔丁醇钾处理，得到所要的 5-烷氧基海因。

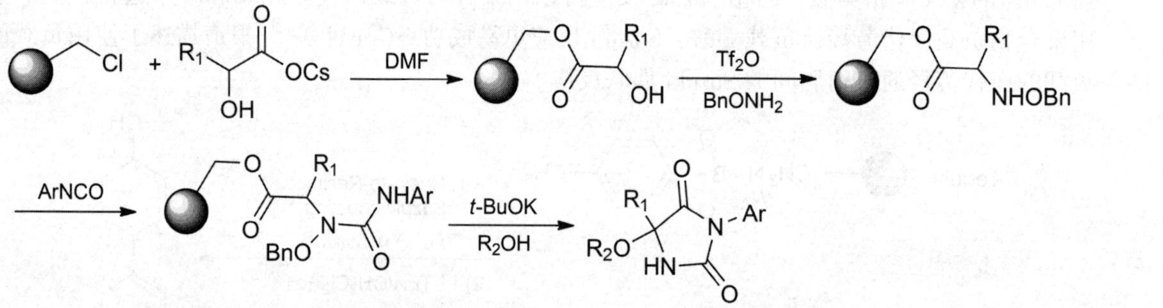

Liu 等[30]利用 Merrifield 树脂固载的对羟基苯甲酸甲酯与水合肼反应制得酰肼树脂，后者与二硫化碳成环得到 1，3，4-二唑啉-5-硫酮，该化合物再和亲电试剂 RX 反应后，切割得到 1，3，4-二唑啉-5-硫酮衍生物。

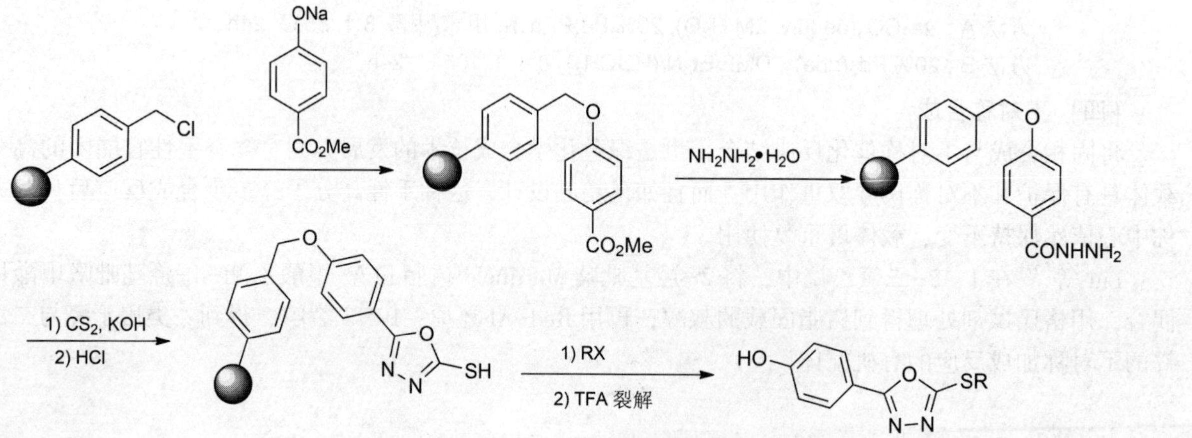

（六）氧化还原反应

氧化还原反应是经典有机合成中实现官能团转变的重要方法，许多氧化还原反应同样也适用于固相合成。

1. 氧化反应 Chen 和 Kurth 等[31] 在构建 β-芳香硫醚取代酮衍生物组合库过程中，成功地应用 $Pyr \cdot CrO_3/DMSO$ 体系将键合于三苯甲基衍生化树脂上的甲基化合物氧化为醛基化合物。而该研究小组[32] 在进行 2，5-二取代四氢呋喃固相合成时则利用 $DMSO/Na_2CO_3$ 体系将 Merrifield 树脂中的氯甲基氧化为相应的醛基。固相条件下，间氯过氧苯甲酸（m-CPBA）能氧化硫醚为亚砜，Patek 等[33] 在构建噻唑烷-4-羧酸衍生物库时成功地应用了这一方法。

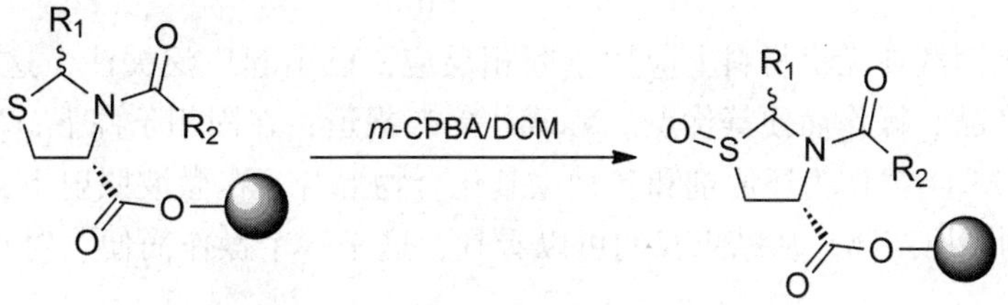

另外，如下所示，一些常见的氧化反应如醇氧化成醛或酮、卤代烃氧化成醛、烯烃氧化成环氧化物、硫醚氧化成亚砜或砜均有文献报道[10-12,31,32,34-36]。

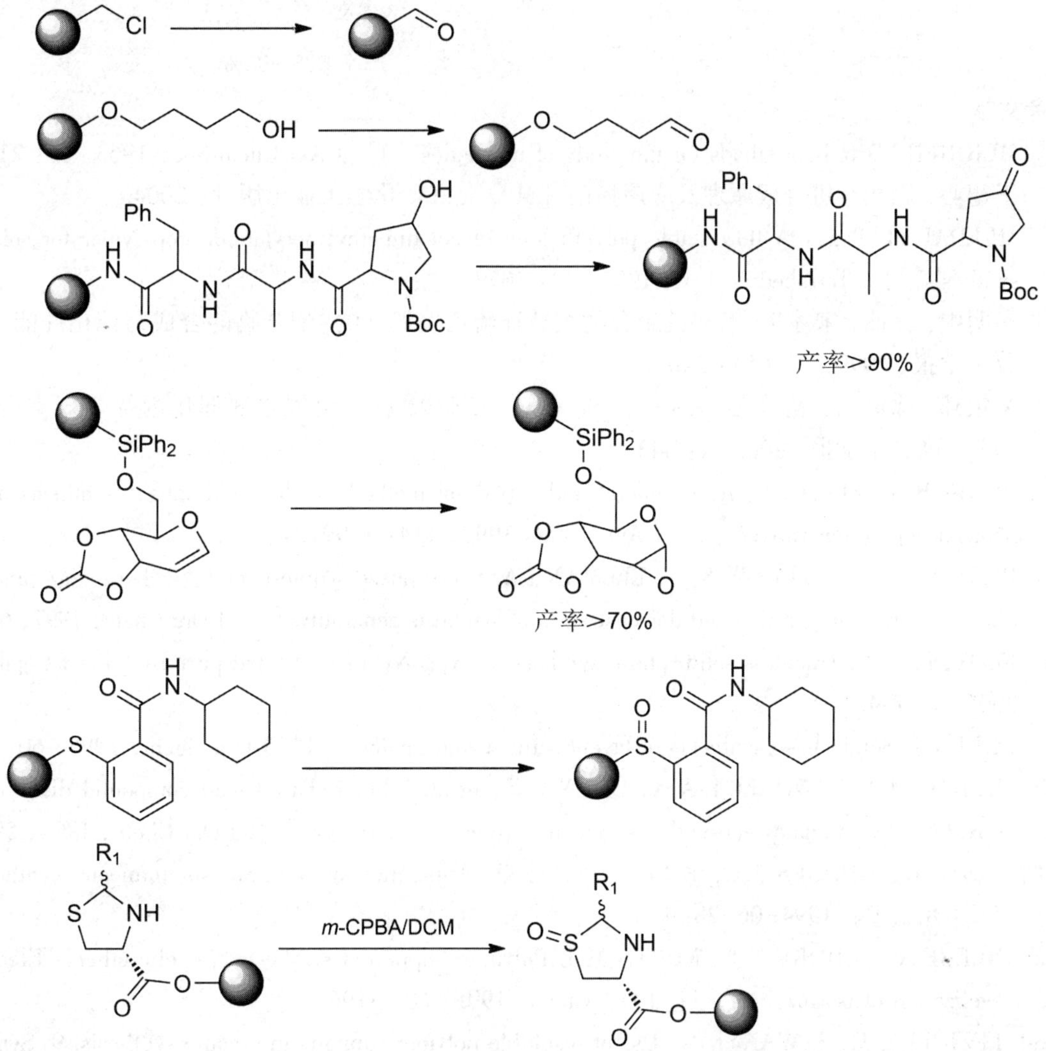

产率>90%

产率>70%

2. 还原反应 May 等[37] 报道在 DMF 中硫代酰胺和 Merrifield 树脂在碘化钠存在的条件下加热得到树脂固载的硫酯，用硼氢化锂或格氏试剂处理可得到醇，用 Bu_2CuLi 处理可得到酮。

近几年来，把试剂固载在无机材料上应用于固相反应，已引起广泛关注，这种方法具有选择性高、反应速率快、易纯化产品、操作简便等优点。Varma 等[38]报道，在固相条件下，NaBH$_4$ 固载在 Al$_2$O$_3$ 上构成固载试剂 NaBH$_4$/Al$_2$O$_3$，作为还原剂和各种羰基化合物混合，在微波照射下，很容易发生反应，得到收率为 62%~93% 的还原产物。从结果我们可以看到，这是一个操作简便、对环境友好且具有实用价值的合成方法。

产率 62%~93%

参考文献

[1] MERRIFIELD R B. Methods for the study of molecules [J]. J Am Chem Soc，1963，85：2194.

[2] 王德心. 固相有机合成原理及应用指南 [M]. 北京：化学工业出版社，2004.

[3] MELDAL M. Pega：A flow stable polyethylene glycol dimethyl acrylamide copolymer for solid phase synthesis [J]. Tetrahedron Lett，1992，33：3077.

[4] 蔡明中，徐曲，宋才生. 有机硅聚合物负载环硫乙烷钯（0）配合物的合成与催化性能 [J]. 高分子学报，1999，19（5）：540.

[5] 朱银邦，徐庭君，范志强. Rac-Me$_2$Si（Ind）2ZrCl$_2$ 负载型催化剂催化丙烯等规聚合的研究 [J]. 高分子学报，2000，4：443.

[6] BUNIN B A，ELLMAN J A. A general and expedient method for the solid-phase synthesis of 1，4-benzodiazepine derivatives [J]. J Am Chem，1992，114：10997.

[7] BOOJAMRA C G，BUROW K M，ELLMAN J A. Solid-phase synthesis of 1，4-benzodiazepine-2，5-diones. Library preparation and demonstration of synthesis generality [J]. J Org Chem，1997，62：1240.

[8] FU H，LAM Y. Traceless solid-phase synthesis of N$_1$，N$_7$-disubstituted purines [J]. J Comb Chem，2005，7：734.

[9] GREEN J. Solid phase synthesis of lavendustin A and analogs [J]. J Org Chem，1995，60：4287.

[10] KURTH M J，RANDALL L A A，CHEN C X，et al. Library-based lead compound discovery：Antioxidants by an analogous synthesis/deconvolutive assay strategy [J]. J Org Chem，1994，59：5862.

[11] CODY R，HODGES J C，KIELY J S，et al. Apparatus for multiple simultaneous synthesis：US 5324483 [P]. 1994-06-28.

[12] BEEBE X，SCHORE N E，KURTH M J. Polymer-supported synthesis of cyclic ethers：Electrophilic cyclization of isoxazolines [J]. J Org Chem，1995，60：4196.

[13] LEZIOFF C C，SYWANYK W. Use of insoluble polymer supports in organic synthesis. 9. Synthesis of unsymmetrical carotenoids on solid phases [J]. J Org Chem，1977，42：3203.

[14] LEZIOFF C C. The use of insoluble polymer supports in general organic synthesis [J]. Acc Cem

Res, 1978, 11: 327.

[15] JOHNSON C R, ZHANG B R. Solid phase synthesis of alkenes using the horner-wadsworth-emmons reaction and monitoring by gel phase 31p nmr [J]. Tetrahedron Lett, 1995, 36: 9253.

[16] BELETSKAYA I P, CHEPRAKOV A V. The heck reaction as a sharpening stone of palladium catalysis [J]. Chem Rev, 2000, 100: 3009.

[17] JEFFERY T. On the efficiency of tetraalkylammonium salts in heck type reactions [J]. Tetrahedron Lett, 1996, 52: 10113.

[18] HANESSIAN S, XIE F. Exploring functional and molecular diversity with polymer-bound p-alkoxybenzyl ethers-scope and applications of preparatively useful organic reactions [J]. Tetrahedron Lett, 1998, 39: 737.

[19] BASE S, ENDERS D, KBBERLING J, et al. A surprising solid-phase effect: Development of a recyclable "traceless" linker system for reactions on solid support [J]. Angew Chem Int Ed, 1998, 37: 3413.

[20] BRASE S, DIETER E, JOHANNES K, et al. A surprising solid-phase effect: Development of a recyclable "traceless" linker system for reactions on solid support [J]. Angew Chem, 1998, 37 (24): 3413.

[21] LORMANN M, DAHMEN S, BRASE S. Hydro-dediazoniation of diazonium salts using trichlorosilane: New cleavage conditions for the T1 traceless linker [J]. Tetrahedron Lett, 2000, 41, 3813-3816.

[22] AUCAGNE V, BERTEINA-RABOIN S, GUENOT P, et al. Palladium-catalyzed synthesis of uridines on polystyrene-based solid supports [J]. J Comb Chem, 2004, 6, 717-723.

[23] YU K L, DESHPANDE M S, VYAS D M. Heck reactions in solid phase synthesis [J]. Tetrahedron Lett, 1994, 35, 8919-8922.

[24] ARUMUGAM V, ROUTLEDGE A, ABELL C, et al. Synthesis of 2-oxindole derivatives via the intramolecular Heck Reaction on solid support [J]. Tetrahedron Lett. 1997, 38, 6473-6476.

[25] FORMAN F W, SUCHOLEIKI I. Solid-phase synthesis of biaryls via the stille reaction [J]. J Org Chem, 1995, 60: 523.

[26] GRAVEL M, BERUBE C D, HALL D G. Resin-to-resin Suzuki coupling of solid supported arylboronic acids [J]. J Comb Chem, 2000, 2: 228.

[27] LIU G C, ELLMAN J A. A general solid-phase synthesis strategy for the preparation of 2-pyrrolidinemethanol ligands [J]. J Org Chem, 1995, 60: 7712.

[28] MOON H S, SCHORE N E, KURTH M J. A polymer-supported c2-symmetric chiral auxiliary: Preparation of non-racemic 3, 5-disubstituted-γ-butyrolactones [J]. Tetrahedron Lett, 1994, 35: 8915.

[29] HANESSIAN H, YANG R Y. Solution and solid phase synthesis of 5-alkoxyhydantoin libraries with a three-fold functional diversity [J]. Tetrahedron Lett, 1996, 37: 5835.

[30] FORMAN F W, SUCHOLEIKI I. Solid-phase synthesis of biaryls via the Stille reaction [J] J Org Chem, 1995.

[31] CHEN G, RANDALL A A, MILLER R B, et al. "Analogous" organic synthesis of small-compound libraries: Validation of combinatorial chemistry in small-molecule synthesis [J]. J Am Chem Soc, 1994, 116: 2661.

[32] BEEBE X, SCHORE N E, KURTH M J. Polymer-supported synthesis of 2, 5-disubstituted tetrahydrofurans [J]. J Am Chem Soc, 1992, 114: 10061.

[33] PATEK M, DRAKE B, LEBL M. Solid-phase synthesis of "small" organic molecules based on thiazolidine scaffold [J]. Tetrahedron Lett, 1995, 36: 2227.

[34] BRAY A M, CHIEFARI D S, VALERIO R M, et al. Rapid optimization of organic reactions on solid phase using the multipin approach: Synthesis of 4-aminoproline analogues by reductive amination [J]. Tetrahedron Lett, 1995, 36: 5081.

[35] PATEK M, DRAKE B, LEBL M. Solid-phase synthesis of "small" organic molecules based on thiazolidine scaffold [J]. Tetrahedron Lett, 1995, 36, 2227-2230.

[36] DANISHEFSKY S J, MCCLURE K F, RANDOLPH J T, et al. A strategy for the solid-phase synthesis of oligosaccharides [J]. Science, 1993, 260: 1307.

[37] MAY P J, BRADLEY M, HARROWVEN D C, et al. A new method of forming resin bound thioesters and their use as "traceless" linkers in solid phase synthesis [J]. Tetrahedron Lett, 2000, 41: 1627.

[38] VARMA R S, SAINI R K. Microwave-assisted reduction of carbonyl compounds in solid state using sodium borohydride supported on alumina [J]. Tetrahedron Lett, 1997, 38: 4337.

第四节　水相合成

水乃生命之源。水为地球上生命的进化打下了基础。生命体中的一系列生化反应均以水为溶剂。现代有机合成的发展几乎都是在有机溶剂中进行的。但近些年，人们将注意力逐渐放到水相合成上。

一、水的结构与性质

水是地球上最常见的物质之一，是包括人类在内所有生命生存的重要资源，也是生物体最重要的组成部分，并且在生命演化中起到了重要的作用。同时，水是一种绿色溶剂，具有无毒及不燃烧的特点，与传统的有机溶剂相比，水具有许多独特的物理和化学性质，这些独特性质是由水的结构决定的。

（一）溶剂化作用

溶剂化作用是溶剂分子通过与离子的相互作用而累积在离子周围的过程。该过程形成离子与溶剂分子的络合物，并放出大量的热。溶剂化作用改变了溶剂和离子的结构。

在水溶液中，金属离子以与水的络合物的形式存在。有机化合物的溶解度主要取决于化合物的极性和与水形成氢键的能力。带有大量极性组分的有机化合物可以无限地溶于水中，如醋酸，醋酸分子中是极性部分占据主导地位。相反，非极性部分占主导地位的，如洗涤剂，连有一个极性的端头，虽说可以溶解，但其溶解度较小，因此，它们的分子倾向于聚集而形成胶束。

（二）疏水效应

极性化合物和离子化的化合物易溶于水。与亲水物质相反，烃类化合物和其他非极性物质在水中的溶解度很低，因为从能量的角度看，一个水分子优先与另一个水分子相互作用，而不是与非极性分子作用。结果是，水分子倾向于排斥非极性物质，迫使它们自身凝聚成液滴，因此，使水与有机物的接触区域最小化。这个非极性物质被水排斥的现象称为疏水效应（hydrophobic effect），也叫疏水相互作用（hydrophobic interaction）。

疏水相互作用可以利用传统的热力学解释。围绕非极性基团的水分子，相对溶液中其他地方的水分子来说更有序，形成一个封闭结构，或称为"笼形"结构。水分子彼此之间形成氢键，而且只是很脆弱地结合在封闭结构内的基团上。当发生疏水相互作用，即疏水基团彼此靠近时，相接触的水分子原本排列有序的"笼形"结构被破坏，这部分水进入自由水中，使水分子的熵增加。换言之，由于几何原因，单独包围两个疏水基团所需的有序水分子要多于用来包围聚在一起的疏水基团的有序水分子。因此，总的来说，疏水相互作用是熵增加驱动的结果。

（三）盐效应

往弱电解质的溶液中加入与弱电解质没有相同离子的强电解质时，由于溶液中离子总浓度增大，离子间相互牵制作用增强，使得弱电解质解离的阴、阳离子结合形成分子的机会减小，从而使弱电解质分子浓度减小，离子浓度相应增大，解离度增大，这种效应称为盐效应（salt effect）。当溶解度降低时为盐析效应（salting out）；反之为盐溶效应（salting in）。

利用盐溶和盐析效应可以描述溶于水的亲水电解质对有机溶质和水之间相互作用的影响。可溶解的电解质通常通过体积减小的过程增加水溶液的内压力，这包括围绕离子物种的溶剂分子的极化和吸引。例如，浓度为 3mol/L 的溴化钠水溶液的内压力约为 75cal/cm^3，而在 25℃，水的内压力仅为 41cal/cm^3。

与外加压力一样，水的内压力对反应的活化体积有作用。这样，如同外加压力，水的内压力能影响非极性底物水相反应的速度。若非极性底物反应具有负活化体积，则反应被水的内压力加速；而具有正活化体积的非极性底物的反应被水的内压力减慢。例如，环戊二烯与烯酮的 Diels-Alder 反应具有负的活化体积，20℃ 下，在浓度为 4.86mol/L 的 LiCl 水溶液中，反应速度是在纯水溶液中的两倍多。

溶剂	$k_2 \times 10^5 /(L \cdot mol^{-1} \cdot s^{-1})$
H_2O	$4\ 400 \pm 70$
$H_2O+LiCl(4.86mol/L)$	$10\ 800$

二、水相合成特点

1. 水相合成的优点

（1）成本低。水是在地球上最廉价的溶剂，采用水作为溶剂，可使许多化学过程更为经济。

（2）安全性高。很多有机溶剂是可燃的，有潜在的爆炸性，可能诱发畸形或致癌，而水就没有这方面的安全隐患。

（3）合成效率高。在许多有机合成中，以水为溶剂有可能免除官能团的保护和去保护，减少合成步骤。可以直接使用水溶性的底物，这在碳水化合物和肽化学方面将会特别有用。

（4）操作简便。在大规模的工业过程中，能按简单的相分离操作分离有机产品。由于在所有物质中水的比热容最大，因此，以水为溶剂能很容易地控制反应温度。

（5）环境友好。由于水极易循环使用，同时，排放到环境中时对环境是友好的（如果水中不含有害的残余物）。水的应用有可能缓解由有机溶剂引起的污染问题。

（6）具有发展新合成方法的可能性。在有机化学中，与有机溶剂中的反应相比较，水作为反应溶剂还较少被开发。这就有很多机会去发展以往没有被发现的新的合成方法。

总的来说，水相反应的优越性主要体现在两个方面：一是水相反应的绿色性。以水作为介质减少了传统的挥发性有机溶剂的使用，从一定程度上使反应更为绿色化。二是水对反应的促进作用，比如加快反应速度、提高反应选择性等。

2. 水相反应的分类

（1）水存在下（in the presence of water）反应：水为添加剂或助溶剂，反应介质仍以有机溶剂为主，反应体系一般呈均相。

（2）纯水相中（in water）反应：以纯水为反应介质，不使用有机溶剂，其特点为催化剂一般为水溶液或反应体系为水溶性。

（3）纯水上（on water）反应：以纯水为反应介质，不使用其他有机溶剂，其特点是催化剂和底物不溶或微溶于水，反应体系为非均相。

（4）胶束反应：以纯水为反应介质，不使用其他有机溶剂，加入表面活性剂类化合物作为添加剂，其特点是反应在胶束内进行，反应体系呈乳状液。

三、水相合成实例

1882 年，Baeyer 和 Drewsen 报道的邻硝基苯甲醛在丙酮-水的悬浮液中，在 NaOH 作用下，生成一种蓝色沉淀——靛蓝的研究为水相进行有机合成反应的首例。20 世纪 80 年代以来，越来越多的文献报道了水相中的有机合成反应，人们研究了很多的反应类型。例如，1980 年 Rideout 等[1]报道了在水中两种不溶于水的化合物之间的 Diels-Alder 反应，他们证明水对该反应的反应速率和选择性都有明显的促进效应；1997 年出版的《水相中的有机反应》（Organic Reaction in Aqueous Media）对水相反应研究进行了较为全面的综述[2]。

近些年水相合成反应已经成为绿色化学研究的热点，要实现在水介质中进行有机合成反应，设计的高效催化剂是关键，这些催化剂包括一些金属催化剂与有机小分子。水相有机反应的研究涉及多种反应类型，如氧化反应、还原反应、烯丙基化反应、偶联反应、Claisen 重排、Aldol 缩合、Diels-Alder 反应、Michael 加成、Knoevenagel 缩合、Wittig 反应、偶极环加成反应、自由基反应等。下面就水介质中有机反应的研究进展做一简要综述。

（一）碳-碳键的形成反应

一些重要的碳-碳键的形成反应，如 Michael 加成、偶联反应、Aldol 缩合、Knoevenagel 缩合等都能在水相中进行。

1. 偶联反应

（1）钯试剂催化：钯试剂催化交叉偶联 Suzuki 反应是形成碳（芳基）-碳（芳基）键的典型代表，多种钯催化体系可使得芳基碘化物、溴化物、氯化物等与芳基硼酸进行有效偶合。芳基卤化物与芳基硼酸的 Suzuki 偶联反应合成双苯衍生物是最有价值和代表性的合成方法。Li 和他的研究小组[3]第一次研究了在空气和水介质中的 Suzuki 偶联反应，发现 Suzuki 偶联反应在敞开的水体系中，用 Pd(OAc)₂ 作催化剂可以顺利地进行。

$$\text{—B(OH)}_2 + \text{I—} \xrightarrow[\text{H}_2\text{O/Cs}_2\text{CO}_3,100℃]{\text{Pd(OAc)}_2} \text{——} \quad 91\%$$

在水介质中和空气存在下各种体系的 Suzuki 偶联反应得到了广泛的研究。Lipshutz 等[4]于 2008 年报道了芳基卤和芳基硼酸在相转移催化剂的作用下，在水溶液中发生的 Suzuki-Miyaura 偶联反应。

$$(\text{HO})_2\text{B—}\boxed{}\text{R'} + \text{R}\boxed{}\text{X} \xrightarrow[\substack{1\%\sim2\% \text{ PTS}\\ \text{H}_2\text{O, r. t.}}]{\text{Pd, Et}_3\text{N}} \text{R}\boxed{}\boxed{}\text{R'}$$

X= I, Br, Cl, OTf　　产率 78%~100%

在钯化合物的催化下，卤代芳烃或芳基三氟甲磺酸酯与烯烃衍生物作用，卤原子被烯基取代，称为 Heck 偶联反应。钯化合物催化、水中、碱性条件下，卤代芳烃与丙烯酸（或丙烯腈）反应能以较高产率生成相应的偶联产物。Heck 偶联反应还能合成肉桂酸和肉桂腈，近年来，碘代苯甲酸在此条件下可以直接和丙烯酸偶联，双芳基碘也可以发生类似反应。Jeffery[5]在相转移催化条件下研究了此类反应，研究结果表明，弱碱性条件下、水中、季铵盐催化，不需要有机溶剂此类反应就能顺利完成。

$$\text{Ar—X} + \text{==}E \xrightarrow[\text{NaHCO}_3/\text{K}_2\text{CO}_3, 80\sim100℃]{\text{1mol\% Pd(OAc)}_2, \text{H}_2\text{O}} \text{Ar}\diagup\diagdown E$$

采用水作介质，在钯试剂催化下，芳基重氮二氧化硅硫酸盐和烯烃发生的 Heck 反应，与用卤代芳烃或芳基三氟甲磺酸酯在钯试剂催化下和烯烃反应相比，具有芳胺生成重氮盐的可利用率高、离去基团的离去性能好、反应条件温和、反应时间短和收率较高等明显优势[6]。

$$ArN_2OSO_3\text{-}SiO_2 \quad + \quad \diagdown\!\!\!=\!\!\!\diagup X \quad \xrightarrow[\text{H}_2\text{O, r.t., 25~100min}]{4\text{mol}\% \text{ Pd(AcO)}_2} \quad Ar\diagup\!\!\!=\!\!\!\diagdown X$$
产率 80%~88%

在钯化合物催化下，烯基有机金属化合物与卤代芳香化合物的偶联为 Stille 偶联。实验证明，在水介质中能提高反应收率及反应的区域选择性和立体选择性。Davis[7] 报道了水-乙醇体系下的 Stille 偶联反应，得到了高产率的偶联产物。

（2）其他试剂催化：在水-乙醇溶液中，铟催化亚胺还原偶联得到邻二胺，反应过程没有发现单分子还原产物。氯化铵的加入加快了此反应的进行，若使用 CH_3CN 或 DMF 为溶剂，则此反应不能进行，而且使用非芳香底物将导致此反应的失败。

$$Ar_1CH\!=\!NAr_2 \quad \xrightarrow[\text{NH}_4\text{Cl}]{\text{In, H}_2\text{O-EtOH}} \quad Ar_2\underset{H}{N}\!\!-\!\!\overset{Ar_1}{\underset{Ar_1}{C\!-\!C}}\!\!-\!\!\underset{H}{N}Ar_2$$

羰基化合物偶联得到邻二醇为频哪醇偶联，此反应可以在水溶液中进行。Clerici 和 Porta 研究了钛（Ⅲ）催化下水溶液中的频哪醇偶联。Schwartz 等[8] 报道了环戊二烯钛复合体系下选择性的频哪醇偶联。近年来用各种金属催化水溶液中频哪醇偶联反应得到了迅速发展。Kim 小组发现超声辐射能促进频哪醇偶联反应。在超声辐射下，金属镁、锌、铁、镍、锡等诱导水溶液中频哪醇偶联反应得到了广泛研究，其中金属镁给出了最好的产率。

$$2\ \underset{Ar}{\overset{O}{\underset{\|}{C}}}\!\!-\!\!H \quad \xrightarrow{\text{M, H}_2\text{O}} \quad \underset{Ar}{\overset{HO}{\underset{\ }{C}}}\!\!-\!\!\underset{Ar}{\overset{OH}{\underset{\ }{C}}}$$
M= Zn-Cu, Mg, Zn, In, Sm, Al, Ga, Cd

目前，铜催化的 Ullmann 偶联反应依然是有机化学的热门研究领域，其中最重要的反应类型之一是末端炔烃与卤代芳烃的 Ullmann 偶联。Miura 等[9] 最先报道了铜催化的末端炔烃与卤代芳烃的 Ullmann 偶联。最近，Fu 等[10] 利用商业可得且具有良好水溶性的邻菲罗啉作为配体，以 CuBr 为催化剂，也可有效催化该类反应。然而，对于溴代芳烃底物，需要添加 2equiv 的 KI，并且只能得到中等产率的产物。

X= I, Br　　R_2= Ar, R　　产率 48%~92%　　邻菲罗啉

2. Michael 加成反应　　Michael 反应是形成碳碳键的重要方法之一，水作为 Michael 加成反应的溶剂已有报道。以 Yb(OTf)_3 作催化剂，室温条件下水作溶剂，β-酮酸酯和 α，β-不饱和酮即可进行 Michael 加成，产率高达 90% 以上[11]。而在同样的实验条件下，用有机溶剂，如 THF、二氧六环或 $CHCl_3$ 则产率较低或根本不反应。

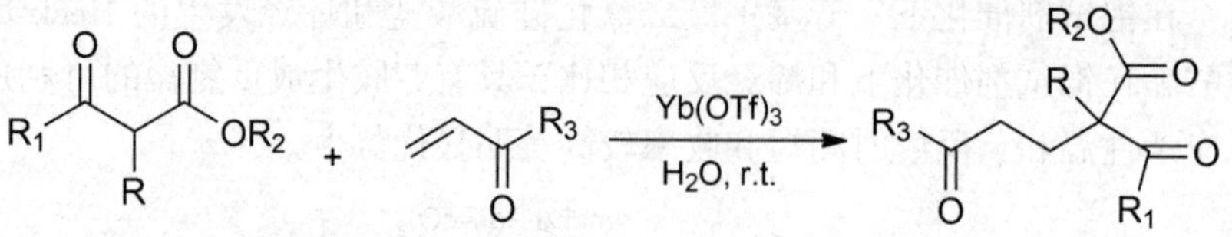

硝基甲烷与 3-丁烯-2-酮发生的 Michael 反应在水中的反应速度和选择性大于在甲醇中的反应速度和选择性，而且不需使用碱催化[12]。

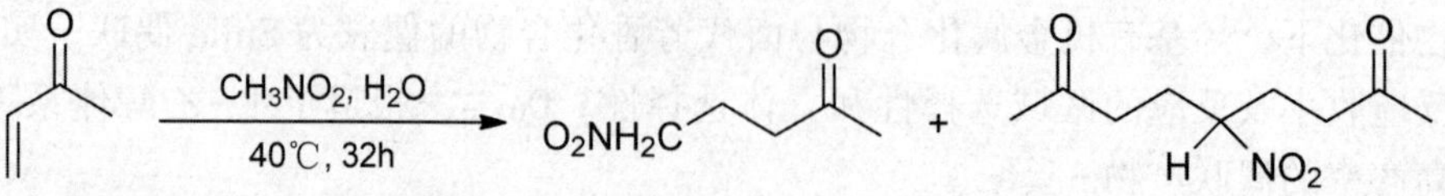

自 L-脯氨酸成功应用于催化不对称 Michael 加成反应以来，众多手性有机小分子催化反应相继涌现。Xiao 等研究了室温下、以苯甲酸-手性配体为催化剂，环己酮和硝基烯在水中进行的 Michael 加成反应[13]，产率最高达 98%，ee 值高达 99%，成功地在水相中实现不对称 Michael 加成反应。

产率 98%，99% ee

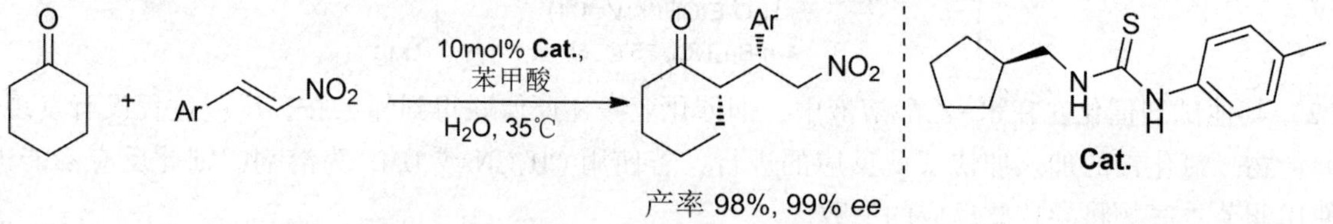

最近，陈治明[14]也报道了以 L-脯氨酸衍生物为起始原料成功合成了首个含萘酚侧链的酰胺类新型手性有机小分子，并用于催化水相中不同类型的酮与各种硝基烯烃反应的不对称 Michael 加成，该反应具有较高的产率（最高达 93%）和较好的对映选择性（ee 值最高达 96%）。

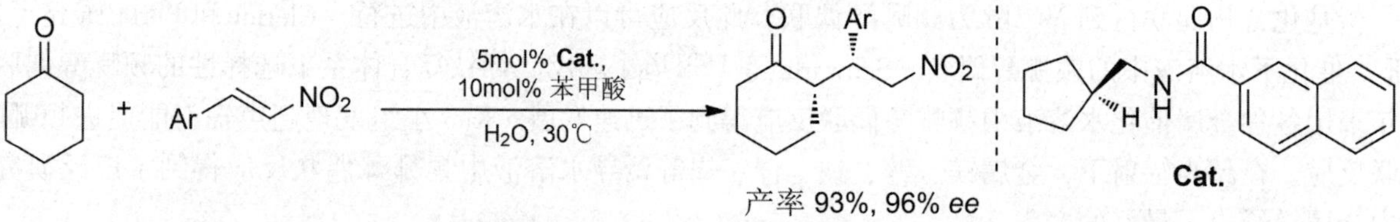

产率 93%，96% ee

3. Wittig 反应及相关反应 Wittig 反应是羰基烯化合成烯烃的重要方法。E-烯烃的合成通常在己烷、DMF、苯或 DMSO 等溶剂中进行，但在非极性溶剂中反应很慢。

（1）Wittig 反应：Wittig 反应也能在水中进行，Russell 等[15,16]研究了在水中进行的 Wittig 反应。

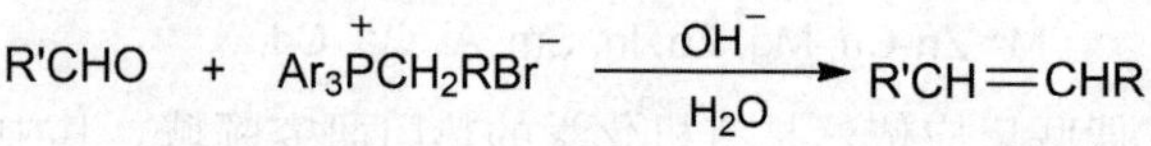

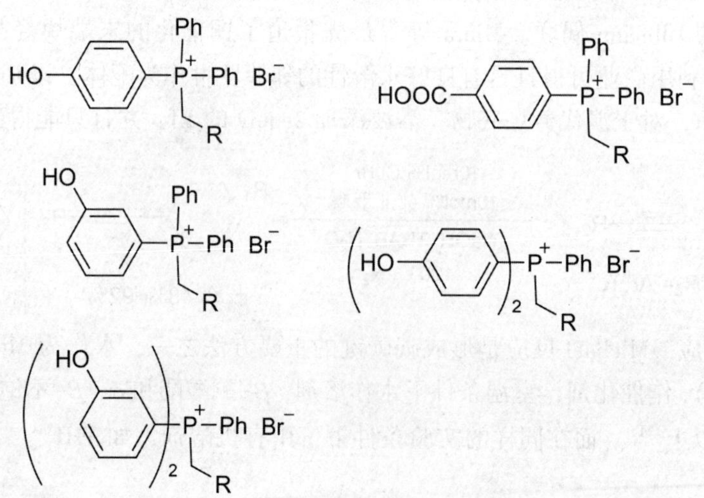

$$R'CHO + Ar_3\overset{+}{P}CH_2RBr^- \xrightarrow[H_2O]{OH^-} R'CH=CHR$$

（2）Wittig-Horner 反应：水介质中的 Wittig-Horner 反应也早已有文献报道。磷酸二乙酯化合物与甲醛于 80℃碳酸钾水溶液中反应 45min，合成了 α，β-不饱和酸酯，而且产率达 80%[17]。

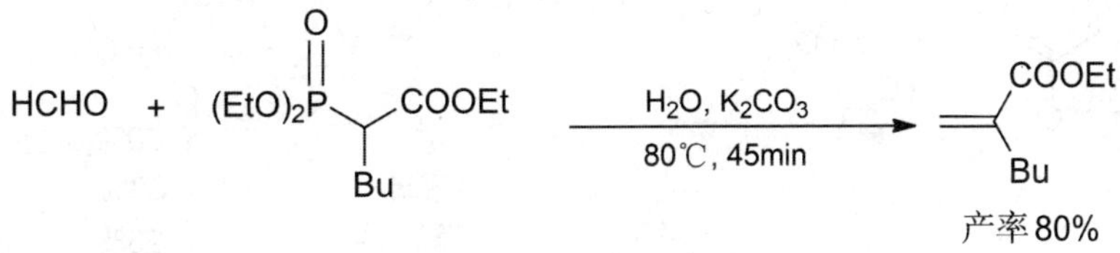

4. 缩合反应

（1）羟醛缩合反应：与在有机溶剂中相比，在水中发生此类反应具有很好的立体选择性。Boron 等[18]发现在水/十二烷基硫酸钠（SDS）体系中，10mol%的二苯基硼酸催化，醛和烯醇三甲基硅醚反应，高选择性地得到了顺式取代的 β-羟基酮（80%~94%）。

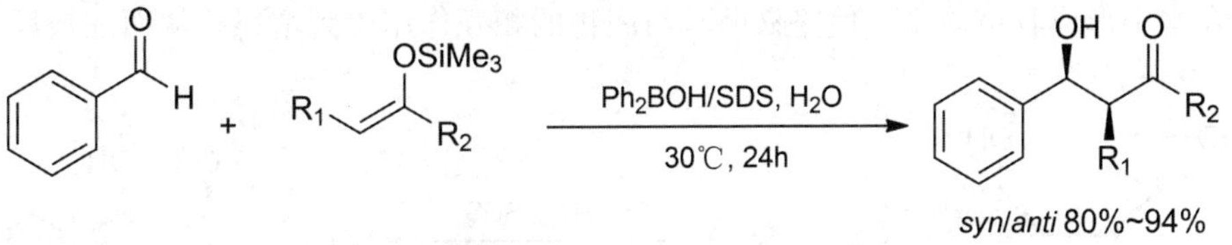

syn/anti 80%~94%

Mukaiyama 羟醛缩合反应在水中进行非常顺利[19]，而且得到的 Aldol 产物 syn/anti 可达 85:15，具有较高的非对映选择性。

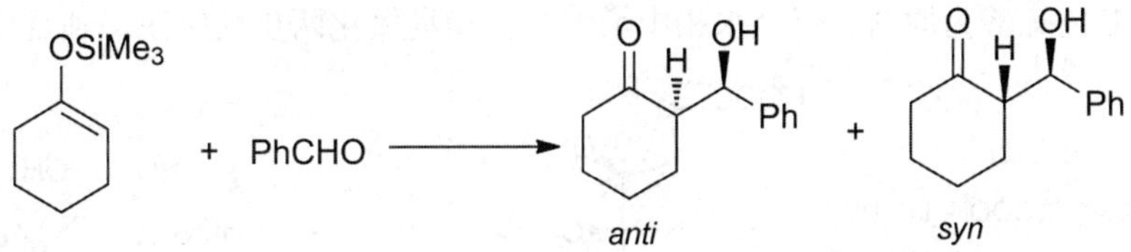

anti　　　syn

水中也能进行直接的羟醛缩合反应，Jiang 等[20]利用色氨酸等氨基酸直接在水作溶剂的体系中催化不对称 Aldol 反应，ee 值达到 96%，产率也达到了 80%左右。

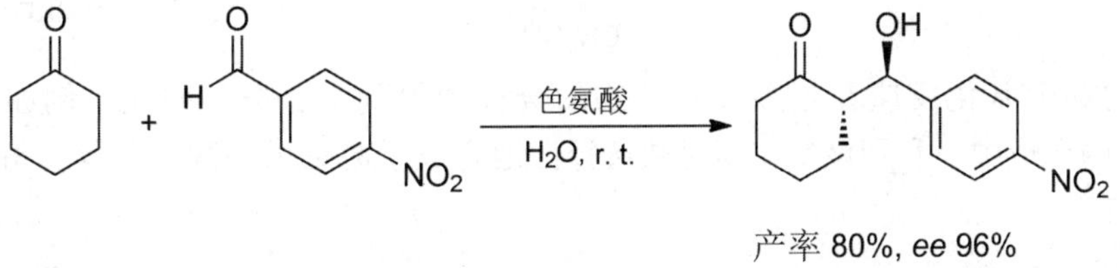

产率 80%, ee 96%

（2）安息香缩合反应：Breslow 等[21]发现氰基催化的苯甲醛安息香缩合反应，在水中的反应速度是乙醇中的 200 倍。由此可见，水是安息香缩合反应的优良溶剂。

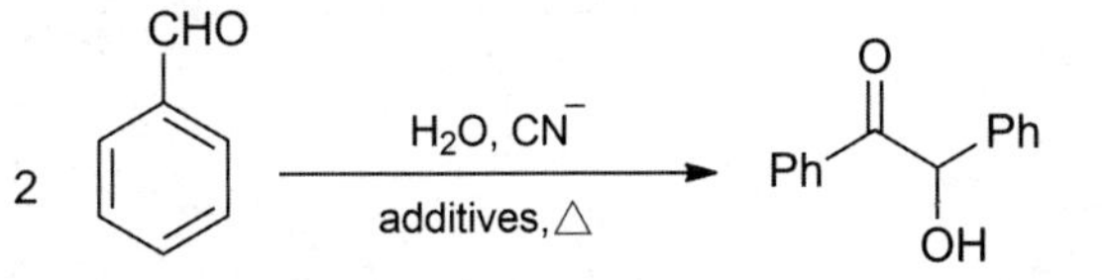

（3）Knoevenagel 缩合反应：醛与活泼亚甲基化合物发生 Knoevenagel 缩合反应是在产物中引入双键的一个重要反应。Bigi 等[22]报道了芳香醛与丙二酸亚异丙酯在水中的反应，该反应在水中的收率达到 60%，而在甲醇中收率为 30%、在二氧六环中产率只有 23%，且在水中后处理十分简便。

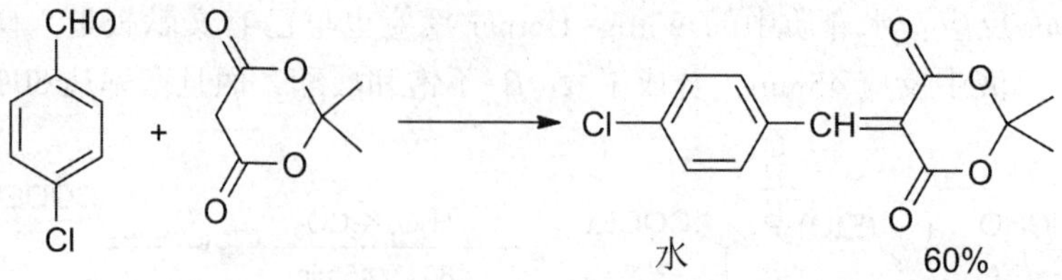

水	60%
甲苯	38%
二氧六环	23%
甲醇	30%

（4）烯丙基化反应：Kobayashi 等[23]研究了四烯丙基锡与 2-脱氧核糖在纯水中的反应，同时加入催化量的三氟甲磺酸钪［Sc(OTf)$_3$］和表面活性剂 SDS 能大大提高反应的速率，并给出定量的产物。值得注意的是，仅用路易斯酸或表面活性剂时，该反应进行得极其缓慢。因此，作者认为表面活性剂的加入能使反应物在水中形成胶束体系，使路易斯酸与底物的相互作用得到增强，从而加快反应速度，提高反应产率。

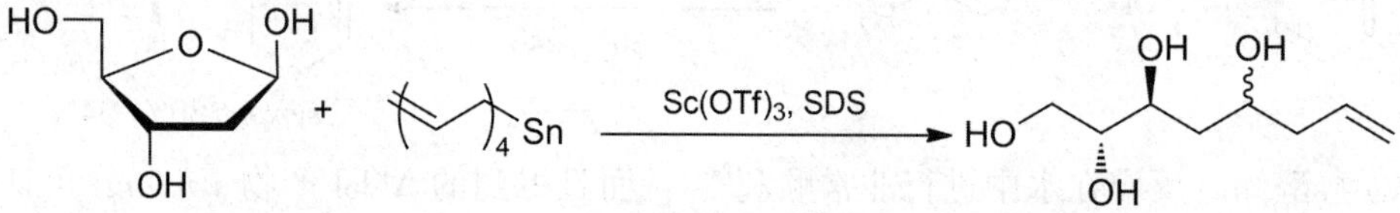

Chan 等[24]报道了（+）-3-脱氧-D-甘油-D-半乳糖-壬酮糖酸（KDN）的高效简洁的合成方法，以 D-甘露糖和 α-溴甲基丙烯酸为原料，仅经水相中烯丙基化和臭氧化两步反应便得到目标产物（+）-KDN。

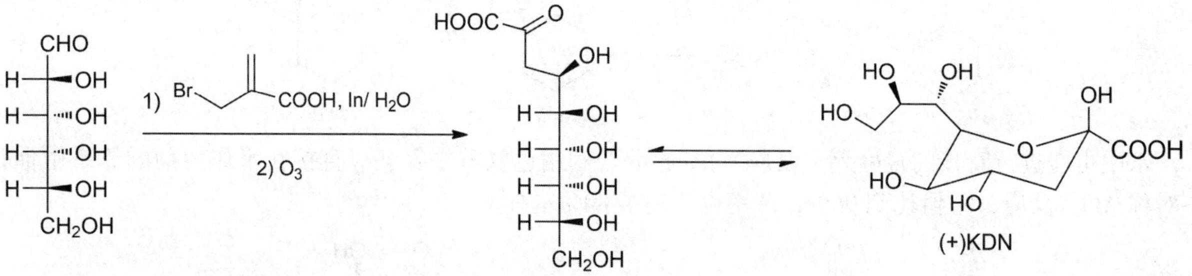

立体选择性的烯丙基化反应在很多天然产物的合成中得到了充分的应用。例如，在大环化合物（-）-gloeosporone 的合成中，利用该反应高对映选择性地合成了高烯丙基醇中间体，解决了该化合物全合成中的一大障碍[25]。

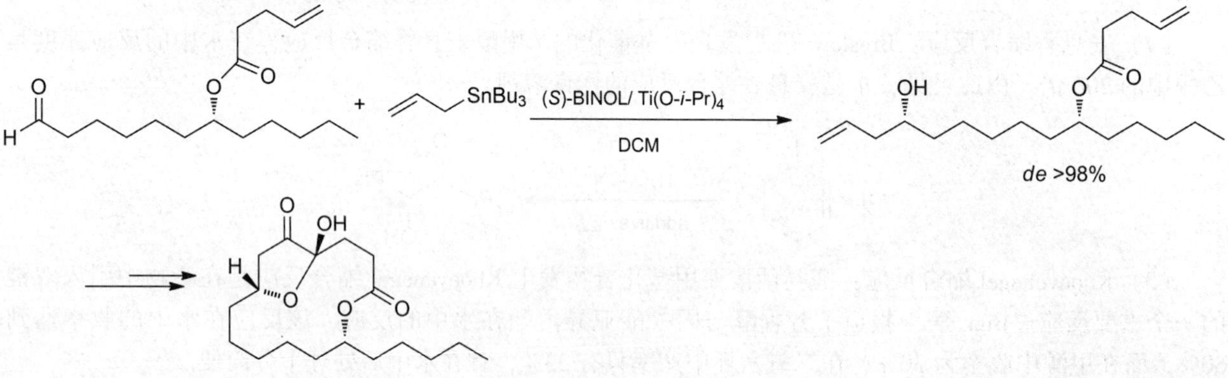

（5）Barbier 反应：Barbier 反应在水中进行，能提高反应的产率和 de 值。例如，在金属铝和氯化亚锡催化下，H$_2$O-THF 体系中，醛与 1-芳基-3-氯丙烯作用得到产率为 82%的产物，且 de 值高达 96%。

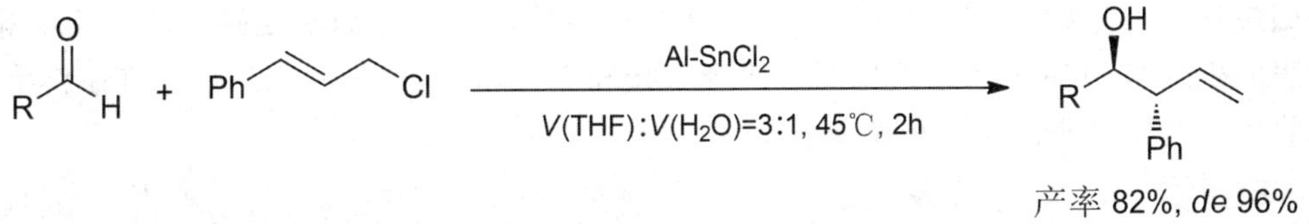

产率 82%, de 96%

（6）Reformatsky 反应：Reformatsky 反应是制备 β-羟基酸酯的重要反应，这类反应也能在水中进行。如下所示，在金属 In 催化下，在水中进行的 Reformatsky 反应，产率达 80%。若在 DMF 或二氧六环中反应，则产率只有 50%。

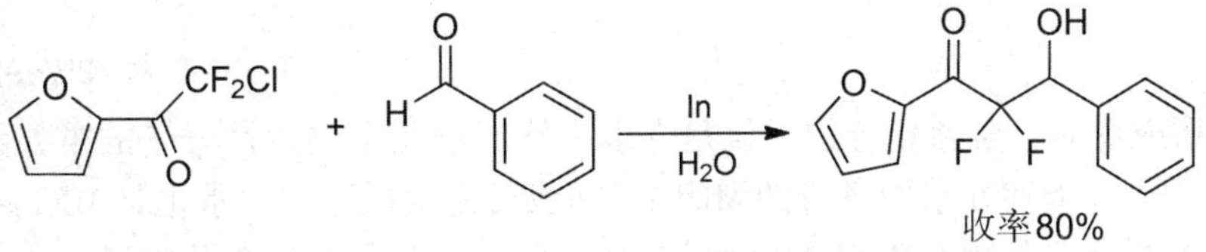

收率 80%

（二）碳–杂键的形成反应

1. 碳–氧键的形成反应 Williamson 反应是合成醚类化合物最常用的反应，传统的合成方法需要在回流的温度下反应几小时甚至十几个小时，并且产率较低，而采用微波辅助水相合成法可以大大提高反应速率。宋恭华等[26]采用微波加热的方式，进行了水溶液中的 Williamson 反应。反应在氢氧化钠的水溶液中进行（不使用任何相转移催化剂），采用微波加热与超声辐射（US）相结合的技术，使苯酚取代物与芳基氯化物之间的 Williamson 反应可以快速地进行，在回流温度下 60~150s 即可获得中等到良好的产率（50%~88%）。

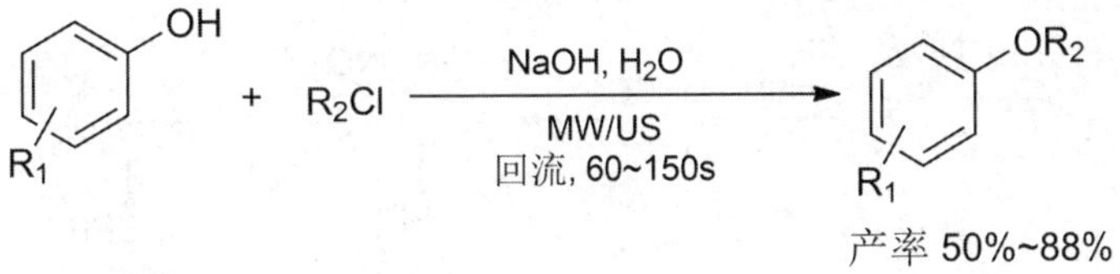

产率 50%~88%

Darzens 缩合反应是制备环氧化合物的方法，传统的 Darzens 反应都是在无水条件下并使用强碱催化剂，但这些方法不仅产率较低，而且不适合大规模生产。2000 年，Jayachandran 等人报道了水介质中的 Darzens 缩合反应[27]。2003 年 Shi 等人研究了芳香醛与 α-氯代苯乙酮的 Darzens 缩合反应[28]，而且得到了具有立体专一性的反式环氧产物。

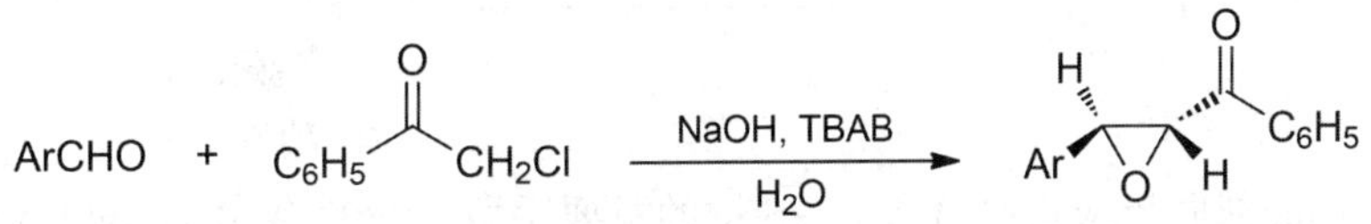

2. 碳–氮键的形成反应 水介质中 Mannich 反应是形成 β-氨基酮和 β-氨基酯的温和、有效的方法。Manabe 等[29,30]在水中用 Brønsted 酸和表面活性剂为复合催化剂，使底物醛、胺和酮（或烯醇三甲基硅醚）均匀分散在水中，使反应顺利进行。

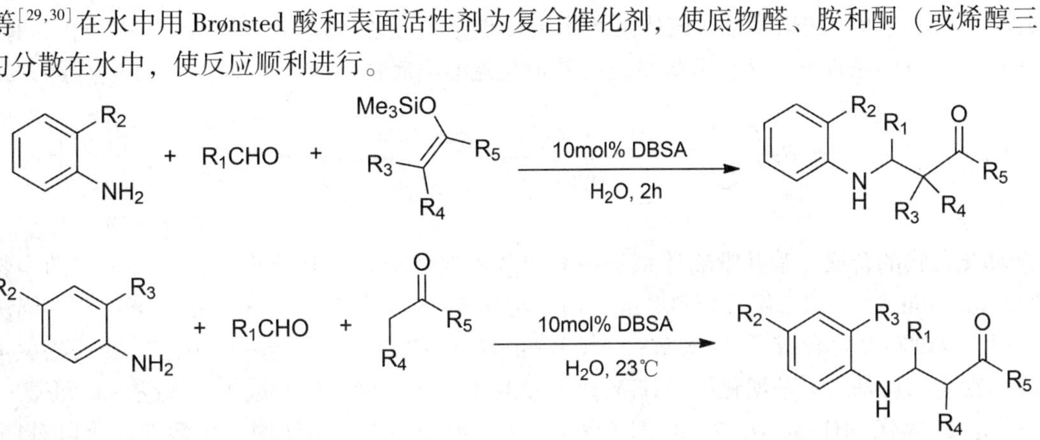

Betti 碱具有催化和生物活性，合成 Betti 碱的经典方法是采用 2-萘酚、醛和氨进行缩合，改良的合

成方法则采用烷基胺代替氨，但反应时间长或需要加热，使用的催化剂不友好。Karmakar 等[31]报道了用具有高比表面积的 MgO 纳米晶作催化剂，使醛、胺和 2-萘胺三组分一锅反应，在室温和水介质下，短时间、高收率、选择性地合成了 Betti 碱。

产率 78%~92%

3. 碳-硫键的形成反应　含硫化合物不仅是许多天然产物及生物活性分子的重要结构单元，而且还存在于许多药物结构中。上述在水中进行的 Michael 加成反应报道证明，水也是 Michael 加成反应的优良溶剂。Krishnaveni 等报道了在水介质中 β-环糊精（β-CD）催化的硫醇和共轭烯烃的 Michael 加成反应。反应可能是因为 β-CD 小口端的硫醇与 β-CD 的氢键作用削弱了硫氢键，提高了硫原子的亲核性，故反应速度快，选择性好，收率高，β-CD 可回收再利用，比传统方法具有明显优越性。

90%~98%　　X=EWG

水中也能进行不对称 Michael 加成反应，Silva 等报道了硫酚与硝基取代烯烃发生的该类反应，但是 *anti*：*syn* 却达到了 80：20，而与硝基取代环烯烃反应只得到了一种产物[32]。

	产率	*anti*：*syn*
R= Ph	95%	73:27
R= Et	70%	80:20
R= *i*-Pr	58%	28:62

产率 70%

铜催化水相 Ullmann 偶联反应也是合成 C—S 键的重要手段。2002 年 Buchwald 小组[33]就以 CuI 为铜源，在 K$_2$CO$_3$ 的体系作用下促进碘代芳烃和苯硫酚合成硫醚类化合物。2008 年，Punniyamurthy 等[34]发展了一类基于 CuI 的水相催化体系，该体系的最大优点是无须加入配体。在 TBAB 作为相转移催化剂，KOH 作为碱，80℃ 的条件下，卤代芳烃可以高效地与硫醇类底物反应，产率最高可以达到 99%。

产率 99%

4. 杂环化合物的合成　苯并吡喃环系是一类非常重要的有机杂环化合物，具有一定的生物活性和药理活性。Kamaljit 等[35]用二组分原料芳醛、丙二腈与 5，5-二甲基-1，3-环己二酮，"一锅法"在醋酸溶液中用六氢吡啶催化合成了 2-氨基-3-氰基-4-芳基-7，7-二甲基-5，6，7，8-四氢-4H-苯并 [b] 吡喃。在十六烷基三甲基溴化铵（HTMAB）催化下，于水中一步合成了 2-氨基-3-氰基-4-芳基-7，7-二甲基-5-氧代-4H-5，6，7，8-四氢苯并 [b] 吡喃。由于不使用有机溶剂，所以对环境友好，而且操作简便、产率较高。

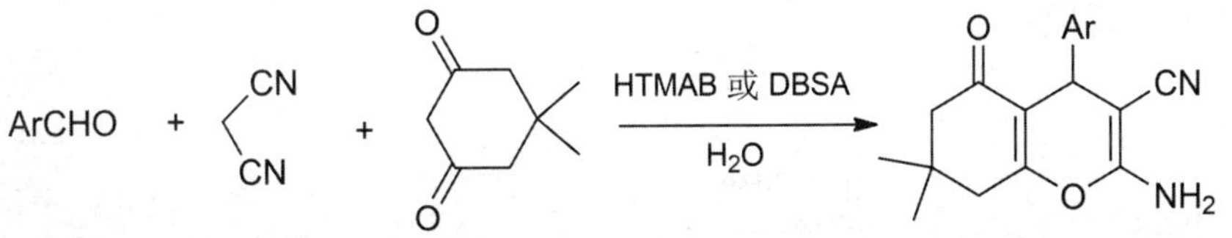

王静等[36]在水介质中三乙基苄基氯化铵（TEBA）存在下，使芳醛与4-羟基香豆素反应合成了双香豆素类衍生物，找到了一种合成该类化合物的快速、方便、高效和洁净的方法。

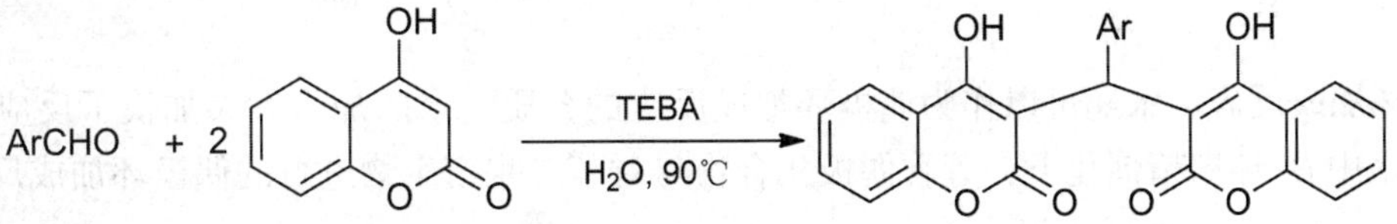

Zhu等[37]研究了在水相中吡喃类螺环化合物的合成，发现以靛红、丙二腈、5，5-二甲基-1，3-环己二酮为原料，在TEBA作用下60℃“一锅法”可高产率地得到吡喃类螺环化合物。

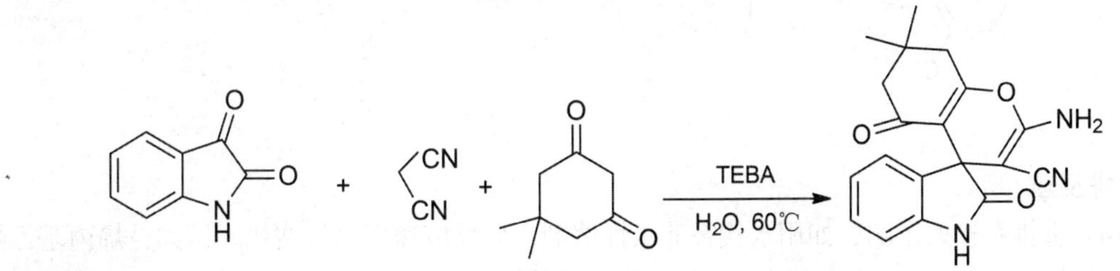

（三）环加成反应

1. Diels-Alder环加成反应　Diels-Alder环加成反应是最早在水中进行的有机反应。在水中与在有机溶剂中相比，反应速度明显加快。例如，环戊二烯与3-丁烯-2-酮的Diels-Alder反应[38]，在水中的反应速度是在乙醇中的60倍，在水中反应产物*endo*：*exo*>20，而在乙醇中的反应产物*endo*：*exo*仅为8.5。由此可见，水不仅能促进此反应的反应速度，而且还能提高此反应产物的*endo*：*exo*值[39]。

	endo	*exo*
H_2O	21.4	1
EtOH	8.5	1

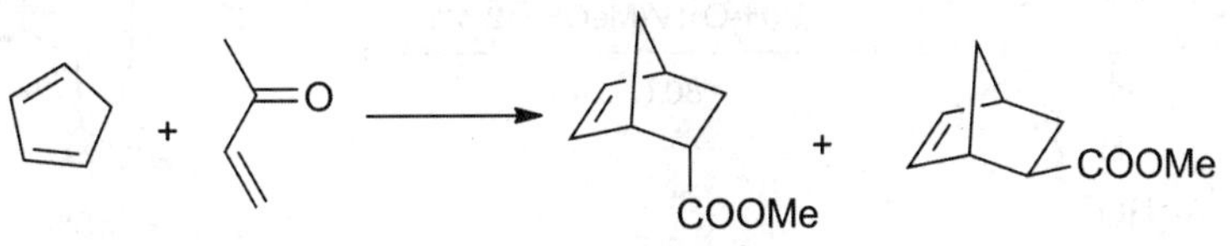

2. 杂原子参与的Diels-Alder反应　水中还能进行杂原子参与的Diels-Alder环加成反应。Oppolzer等[40]报道了水作溶剂、季铵盐为相转移催化剂发生的环加成反应，从而找到了杂原子化合物作为亲二烯体参与的Diels-Alder环加成反应。

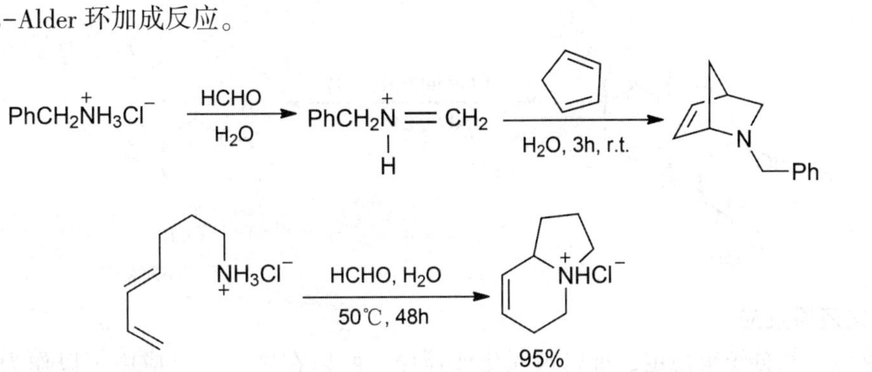

3. 反向杂原子参与的Diels-Alder反应　由于反向Diels-Alder反应需要的能量很大，因此在Diels-Alder反应中反向Diels-Alder反应过程不占优势。然而，Grieco等[41]完成了在室温条件下水溶剂中发生

的反向［4+2］环加成反应。

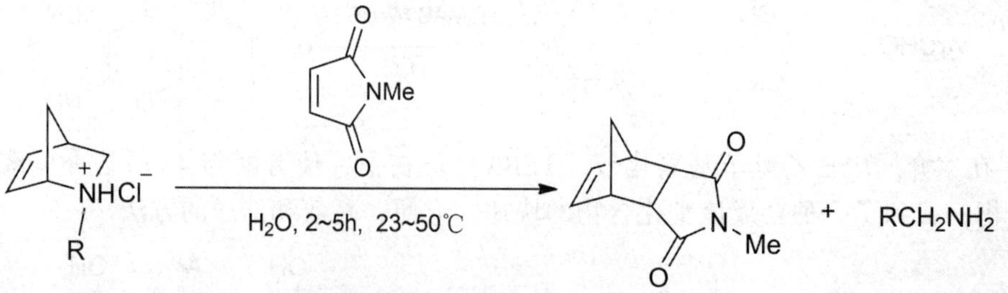

4. 偶极环加成反应　水还可以作为偶极环加成反应的介质，水的加入大大加快了反应的速度。Rao 等[42]研究了水中 β-环糊精催化下，芳香偶极化合物与对苯二醌衍生物进行的偶极环加成反应。

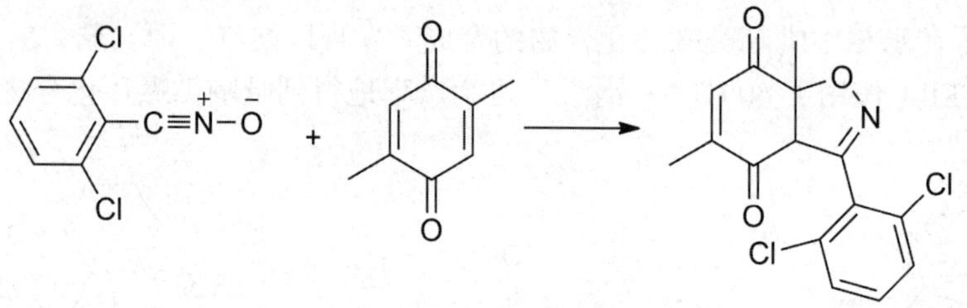

（四）重排反应

水对 Claisen 重排有较大影响，如用水代替非极性溶剂，此反应速率明显增快。例如，烯丙基乙烯基醚 Claisen 重排在水中的反应速度是在气相中的 1 000 倍。在碱性条件下，V（水）：V（甲醇）＝2.5：1 混合溶液中，下列化合物发生 Claisen 重排，得到相应的醛，产率为 85%，而分子中的羟基不受影响。

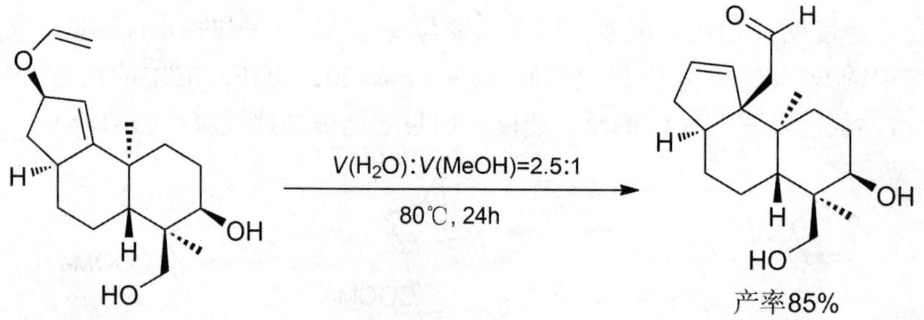

对烯丙基乙烯基醚的脱保护反应，在水/甲醇体系中加入 1equiv 的氢氧化钠就可以使烯丙基乙烯基醚在 80℃下温和地发生重排反应，反应 24h 后就可以得到目标产物醛，产率为 85%。而当上述具有保护基团的烯丙基乙烯基醚在有机相中发生 Claisen 重排时，反应条件比较苛刻，并且因产物醛经常会发生消去反应而生成大量副产物。

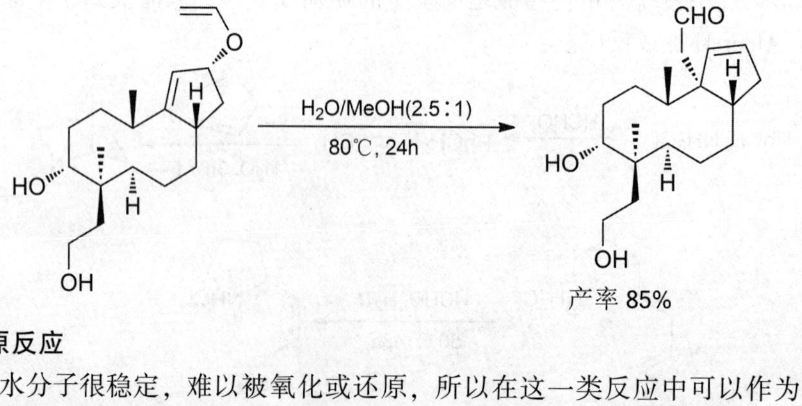

（五）氧化还原反应

1. 还原反应　水分子很稳定，难以被氧化或还原，所以在这一类反应中可以作为很好的溶剂。在水中，硼氢化钠和六水合氯化钴组成的催化体系可将叠氮化合物还原为相应的伯胺，产率很高，如果叠氮化合物有手性，还原产物仍保持其手性，这为手性胺的合成提供了有效方法[43]。

$$R-N_3 \xrightarrow[H_2O]{NaBH_4/\ CoCl_2\cdot 6H_2O} R-NH_2$$

有机化合物在不同溶剂中还原会得到不同的产物。例如，2-甲基-5-异丙烯基-2-环己烯-1-酮，在锌-六水合氯化镍体系中还原，用不同溶剂或不同方法会得到不同结果。例如，在 1mol/L 氯化铵和氨水缓冲溶液中 30℃下超声辐射 1.5h，以 95% 产率得到环内碳碳双键还原产物；而在水-醇溶液中 30℃下超声辐射 3h，以 96% 产率得到环内外碳碳双键全部还原的产物；在水-醇溶液中 40℃，0.1MPa 下加氢还原 6h，以 88% 的产率得到环外碳碳双键还原的产物和产率为 12% 的全部还原产物[44]。由此可见，在水中可以进行选择性还原反应。

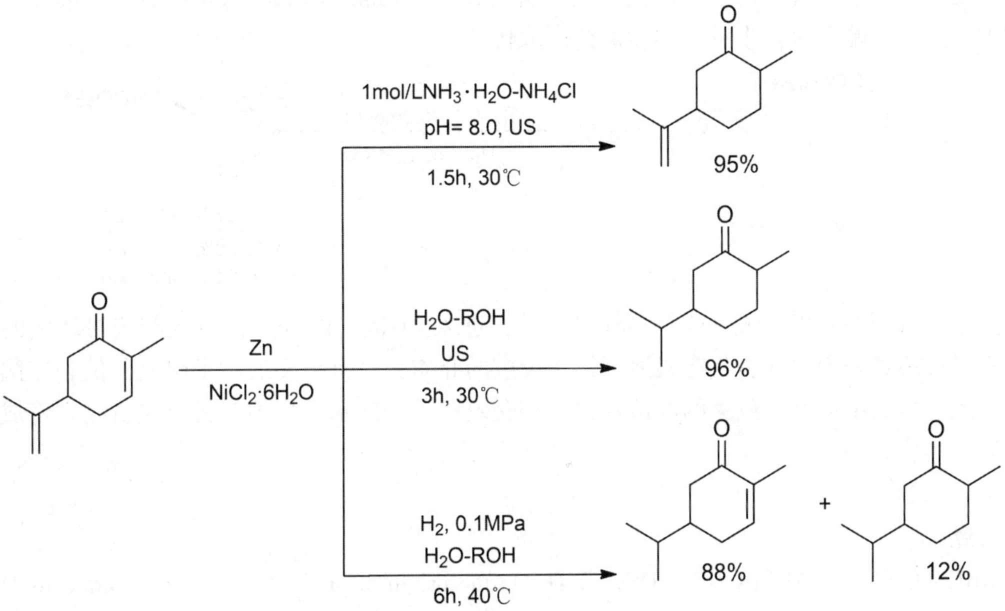

2. 氧化反应　在水溶液中，铂盐催化可以氧化芳环侧链甲基。在水中 Pt（II）/Pt（IV）的氧化体系下，80～120℃ 反应 6h 可以成功地将对甲苯磺酸氧化成对应的醇，进一步氧化成醛[45]。

多烯化合物氧环的形成一般需要在无水条件下进行。在 V（水）：V（二甲氧基甲烷）：V（乙腈）= 2：2：1 体系下，多烯化合物中的某双键可高选择性地氧化成不对称的环氧化合物[46]。

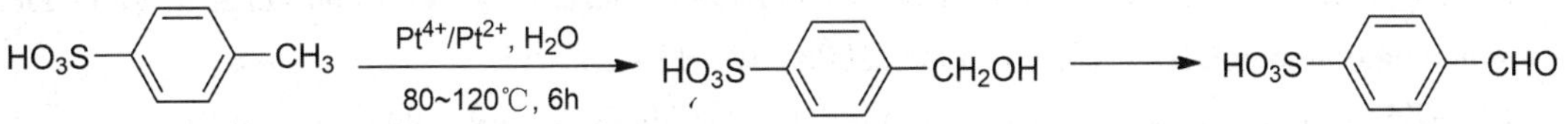

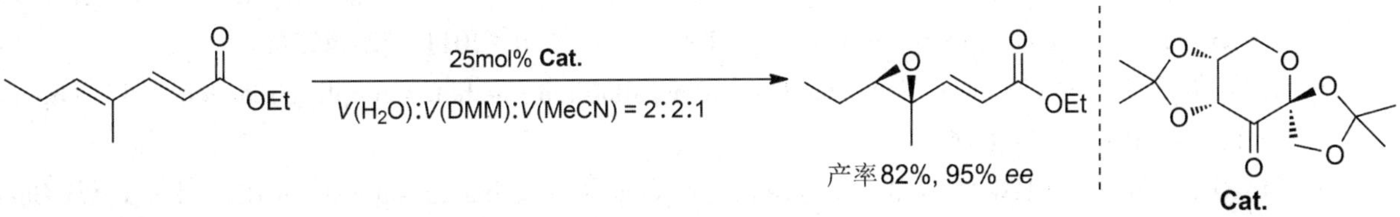

（六）自由基反应

水作为自由基反应的溶剂在有机反应中非常少见。一般认为反应介质对自由基反应没有较大影响，可是，最近发现在自由基环化反应过程中，反应介质表现出了强烈的溶剂效应，尤其是在水中。因此，在水中进行自由基反应的研究重新引起了人们的兴趣。例如，三乙基硼催化下碘乙酸烯丙酯发生分子内自由基环化反应，实验证明，在水中比在有机溶剂（如苯或正己烷）中反应效果更佳[47]。

R= H	己烷或苯	0
R= H	H_2O	78%

（七）取代反应

水中进行亲核取代反应很少引起人们的关注，因为在亲核取代反应中常常伴随着水解反应的发生。尽管这样，近年来在水中进行的亲核取代反应已有报道，Uozumi 和 Shibatomi 报道了钯催化下水中手性烯丙酯与丙二酸二乙酯反应，生成了构型保持的取代产物。

n= 0: 67%, 92% ee
n= 1: 78%, 89% ee
n= 2: 94%, 98% ee

总之，水中进行的有机合成反应是多种多样的，进入 21 世纪的今天，有机溶剂对环境的污染日益严重，在有机合成过程中以水替代有机溶剂作为反应的介质，具有重要的学术研究价值和广阔的应用前景，并且在工业生产中会产生巨大的经济效益、社会效益。开展水介质中有机反应研究必将成为绿色化学的主要研究内容之一。

参考文献

［1］BRESLOW R, MAITRA U, RIDEOUT D. On the origin of product selectivity in aqueous Diels-Alder reactions ［J］. Tetrahedron Lett, 1984, 25：1239.

［2］LI C J, CHAN T H. Organic reaction in aqueous media ［M］. New York：John Wiley&Sons Inc, 1997.

［3］VENKATRAMAN S, LI C J. Carbon-carbon bond formation via palladium-catalyzed reductive coupling in air ［J］. Organic Letters, 1999, 1（7）：1133.

［4］LIPSHUTZ B H, PETERSEN T B. Room-temperature Suzuki-miyaura couplings in water facilitated by nonionic amphiphiles ［J］. Org Lett, 2008, 10：1333.

［5］JEFFERY T. Heck-type reactions in water ［J］. Tetrahedron Lett, 1994, 35：3051.

［6］AMIN Z, LEILA K, AZADEH P. Aryldiazonium silica sulfates as efficient reagents for heck-type arylation reactions under mild conditions ［J］. Tetrahedron Lett, 2011, 52：4554.

［7］ZHANG H C, DAVIS G D. Water facilitation of palladium-mediated coupling reactions ［J］. Organometallics, 1993, 12：1499.

［8］BARDEN M C, SCHWARTZ J. Stereoselective pinacol coupling in aqueous media ［J］. J Am Chem Soc, 1996, 118：5484.

［9］OKURO K, FURUUNE M, ENNA M, et al. Synthesis of aryl-and vinylacetylene derivatives by copper-catalyzed reaction of aryl and vinyl iodides with terminal alkynes ［J］. J Org Chem, 1993, 58：4716.

［10］YANG D, LI B, YANG H, et al. Efficient copper-catalyzed sonogashira couplings of aryl halides with terminal alkynes in water ［J］. Synlett, 2011, 702.

［11］KELLER E, FCNNGA B L. Ytterbium triflate catalyzed michael additions of β-ketoesters in water ［J］. Tetrahedron Lett, 1996, 37：1879.

［12］LUBINEAU A, AUGE J. Water-promoted organic reactions. Michael addition of nitroalkanes to methylvinylketone under neutral conditions [J]. Tetrahedron Lett, 1992, 33: 8073.

[13] CAO Y J, LAI Y, WANG X, et al. Michael additions in water of ketones to nitroolefins catalyzed by readily tunable and bifunctional pyrrolidine-thiourea organocatalysts [J]. Tetrahedron Lett, 2007, 48: 21.

[14] 陈治明. 水相中新型有机小分子催化下的不对称 Michael 反应 [J]. 化学工程与装备, 2011, 7: 11.

[15] RUSSELL M G, WARREN S. Synthesis of new water-soluble phosphonium salts and their Wittig reactions in water [J]. J Chem Soc, Perkin 1, 2000, 4: 505.

[16] RUSSELL M G, WARREN S. Wittig reactions in water. Synthesis of new water-soluble phosphonium salts and their reactions with substituted benzaldehydes [J]. Tetrahedron Lett, 1998, 39: 7995.

[17] KIRSCHLEGER B, QUEIGNCE R. Heterogeneous mediated alkylation of ethyl diethylphosphonoacetate. A "One pot" access to α-alkylated acrylic esters [J]. Synthesis, 1986, 926.

[18] MORI Y, MANABE K, KOBAYASHI S. Catalytic use of a boron source for boron enolate mediated stereoselective aldol reactions in water [J]. Angew Chem Int Ed, 2001, 40: 2815.

[19] LUHINEAU A. Water-promoted organic reactions: Aldol reaction under neutral conditions [J]. J Org Chem, 1986, 51: 2142.

[20] JIANG Z, LIANG Z, WU X, et al. Asymmetric Aldol reactions catalyzed by tryptophan in water [J]. ChemInform, 2006, 37 (46): 2801.

[21] KOOL E T, BRESLOW R. Dichotomous salt effects in the hydrophobic acceleration of the benzoin condensation [J]. J Am Chem Soc, 1988, 110: 1596.

[22] BIGI F, CARLONI S, FERRARI L. Clean synthesis in water. Part 2: Uncatalysed condensation reaction of meldrum's acid and aldehydes [J]. Tetrahedron Lett, 2001, 42: 5203-5205.

[23] LUBINEAU A, AUGÉ J. Water-promoted organic reactions. Michael addition of nitroalkanes to methylvinylketone under neutral conditions [J]. Tetrahedron letters, 1992, 33 (52): 8073.

[24] CHAN T H, XIN Y C. Synthesis of phosphonic acid analogues of sialic acid Neu5Ac [J]. Chemical Communications, 1996, (8): 905.

[25] FÜRSTNER A, LANGEMANN K. Total syntheses of (+)-ricinelaidic acid lactone and of (−)-gloeosporone based on transition-metal-catalyzed C-C bond formations [J]. J Am Chem Soc, 1997, 119: 9130.

[26] PENG Y, SONG G. Combined microwave and ultrasound assisted williamson ether synthesis in the absence of phase-transfer catalysts [J]. Green Chem, 2002, 4: 349.

[27] JAYACHANDRAN J P, BALAKRISHNAN T, WANG M L. Phase-transfer-catalyzed darzen's condensation of chloroacetonitrile with cyclohexanone using aqueous sodium hydroxide and a new phase transfer catalyst [J]. J Mol Catal A-Chem, 2000, 152: 91.

[28] DA-QING S, SHU Z, QI-YA Z, et al. Clean synthesis in water: darzens condensation reaction of aromatic aldehydes with phenacyl chloride [J]. Chinese Journal of Chemistry, 2003, 21 (6): 680.

[29] MANABE K, MORI Y, KOBAYASHI S. Three-component carbon-carbon bond-forming reactions catalyzed by a Brønsted acid-surfactant-combined catalyst in water [J]. Tetrahedron, 2001, 57: 2537.

[30] ARMANDO C, CARLOS F B. Direct organocatalytic asymmetric mannich-type reactions in aqueous media: One-pot mannich-allylation reactions [J]. Tetrahedron Lett, 2003, 44: 1923.

[31] KARMAKAR B, BANERJI J. A competent pot and atom-efficient synthesis of Betti bases over nanocrystalline MgO involving a modified Mannich type reaction [J]. Tetrahedron Lett, 2011, 52: 4957.

［32］ SILVA F M D, JONES J J. Organic reaction in water. Part 31: Diastereoselectivity in michael additions of thiophenol to nitro olefins in aqueous media ［J］. J Braz Chem Soc, 2001, 12: 135.

［33］ KWONG F Y, BUCHWALD S L. Organic reaction in water. Part 31: Diastereoselectivity in michael additions of thiophenol to nitro olefins in aqueous media ［J］. Org Lett, 2002, 4: 3517.

［34］ ROUT L, SAHA P, JAMMI S, et al. Efficient copper（Ⅰ）-catalyzed C-S cross coupling of thiols with aryl halides in water ［J］. Eur J Org Chem, 2008, 640.

［35］ KAMALJIT S, JASBI S, HARJIT S. A synthetic entry into fused pyran derivatives through carbon transfer reactions of 1, 3-oxazinanes and oxazolidines with carbon nucleophiles ［J］. Tetrahedron Lett, 1996, 52, 14273.

［36］ WANG J, SHI D Q, ZHUANG Q Y, et al. Clean synthesis of alpha, alpha-bis（4-hydroxycoumarin-3-yl）toluene in aqueous media ［J］. Chinese Journal of Organic Chemistry, 2005, 25（8）: 926.

［37］ ZHU S L, JI S J, ZHANG Y. A simple and clean procedure for three-component synthesis of spirooxindoles in aqueous medium ［J］. Tetrahedron, 2007, 63: 9365.

［38］ BRESLOW R, MNITRA U, REDEOUT D. Selective Diels-Alder reactions in aqueous solutions and suspensions ［J］. Tetrahetron Lett, 1983, 24: 1901.

［39］ BRESLOW R, MAITRA U, RIDEOUT D. Selective Diels-Alder reactions in aqueous solutions and suspensions ［J］. Tetrahetron Lett, 1983, 24: 1901.

［40］ OPPOLZER W. Intramolecular cycloadditions of C, O and C, N multiple bonds to ortho-quinodimethanes ［J］. Angew Chem Int Ed Engl, 1972, 11: 1031.

［41］ GRECO P A, PARKER D T, FABLE W F. Retro aza Diels-Alder reactions: Acid catalyzed heterocycloreversion of 2-azanorbornenes in water at ambient temperature ［J］. J Am Chem Soc, 1987, 109: 5859.

［42］ RAO K R, BHANUMATHI N, SATTUR P B. Baker's yeast catalyzed asymmetric cycloaddition of nitrileoxides to C C bond : Improved chiral recognition by using β-cyclodextrin ［J］. Tetrahedron Lett, 1990, 31: 3201.

［43］ FRINGUELLI F, PIZZO F, VACCARO L. Cobalt（Ⅱ）chloride-catalyzed chemoselective sodium borohydride reduction of azides in water ［J］. Synthesis, 2000,（5）: 646.

［44］ PETRIER C, LUCHE J L. Ultrasonically improved reductive properties of an aqueous Zn NiCl$_2$ system -2. Regioselectivity in the reduction of（-）-carvone ［J］. Tetrahedron Lett, 1987, 28: 2351.

［45］ LABINGER J A, HERRING A M, BERCAW J E. Selective hydroxylation of methyl groups by platinum salts in aqueous medium. Direct conversion of ethanol to ethylene glycol ［J］. J Am Chem Soc, 1990, 112（14）: 5628.

［46］ FROHN M, DALKIEWICZ M, TU Y, et al. Highly regio- and enantioselective monoepoxidation of conjugated dienes ［J］. J Org Chem, 1998, 63: 2948.

［47］ YORIMITSU H, NAKMURA T, SHINOKUBO H. Powerful solvent effect of water in radical reaction: triethylborane-induced atom-transfer radical cyclization in water ［J］. J Am Chem Soc, 2000, 122: 11041.

第五节　无溶剂有机合成

一、无溶剂有机合成简介

无溶剂有机反应是指不采用溶剂的有机反应，它可以是固体原料之间的固相反应、液体原料之间的液相反应，也可以是原料在熔融状态下的反应，或不同相态原料之间的非均相反应。从理论上讲，无溶剂有机合成反应在固体之间、气体-固体之间、固体-液体之间、液体之间及在固体无机载体上都是可以发生的[1]。无溶剂有机合成这一领域可以涵盖所有的有机化学分支，包括无须助剂，以纯净形式生成单一的产物，实际反应后无须消耗溶剂的纯化步骤的化学计量的固-固反应和气-固反应；也包括一些无须助剂也能发生，因产物直接结晶。对于那些不利于晶体填充和低熔点的固体反应，使用无溶剂的方法进行转化也是比较有益的。

无溶剂有机合成（solvent free organic synthesis）摒弃了有机合成中具有挥发性的有机溶剂的使用，使有机合成反应更加简单，节省资源，并防止了废弃物、危害性的出现。在获得最好的产品的同时，对环境的影响最小，属于环境友好型合成手段之一。因此，无溶剂有机合成应用于药物的开发研究引起了人们的极大重视，已经成为有机药物合成中最有前景的途径之一。

二、无溶剂有机合成的方法

已报道的无溶剂有机反应类型很多，为了促进无溶剂反应或提高其选择性，常采用如下方法[2-7]：①机械方法。包括研钵研磨、用球磨机或高速振动粉碎等强力机械及用超声波振荡等方法。②热方法。将固体原料搅拌混合均匀之后或加热熔化，或静置即可，加热时既可采用常规加热方法，亦可用微波加热的方法。③光辐射法。包括红外光辐射、紫外光辐射等。④主-客体方法。以反应底物为客体，以一定比例的另一种适当分子为主体形成包结化合物，然后再设法使底物发生反应，这时反应的定位选择性或光学选择性等都会因主体的作用而有所改变或改善，甚至变成只有一种选择。

利用上述方法反应之后，再根据原料及产物的溶解性能，选择适当的溶剂，将产物从混合物中提取出来或将未反应完的原料除去，即可得到较纯净的产品。所用溶剂为无毒或毒性较低的水、乙醇、丙酮、乙酸乙酯等的单一或混合溶剂。

（一）机械方法

1. 研磨法　对于涉及多个反应物的反应体系，可通过研磨（研钵或球磨机）或高速振动粉碎等强力机械方法使物料充分混合，然后通过常温静置或加热使反应发生。2011年，王进贤等[8]报道以对苯二甲醛和取代苯乙酮等芳香酮类化合物为原料，NaOH/Na$_2$CO$_3$为催化剂，利用研磨法在无溶剂条件下合成了1，4-双（3-芳基-3-氧代-1-丙烯基）苯类查耳酮化合物。

2. 超声波振荡法　超声波振荡法是利用超声波振荡，将反应物粉碎、加压，促使反应发生的机械方法。炔丙醇是合成许多天然产物（如甾体、维生素E等）的有机合成中间体。通常，该化合物是通过醛酮与末端炔烃反应制备得到的。Ji等[9]在无溶剂条件下，使用超声波辐射，用催化量的叔丁醇钾催化酮与苯乙炔的反应，反应6~15min，以58%~92%的产率得到取代炔丙醇。该反应时间短，无污染，对环境友好。

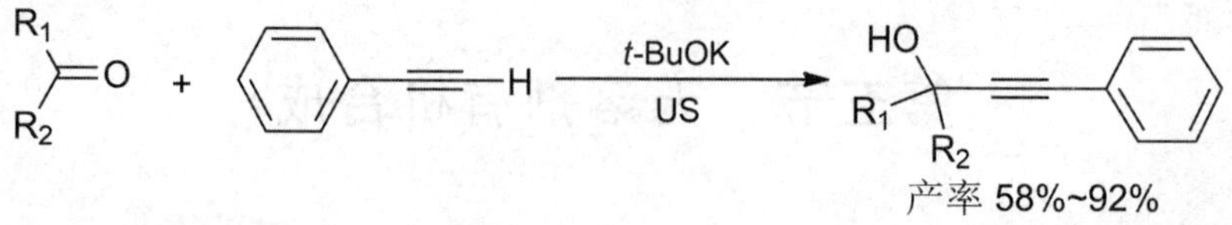

产率 58%~92%

3. 微波辐射法　由于微波作用下的化学反应速率较传统加热方法有较大幅度的增加，且往往产品的产率和纯度高，所以微波促进有机化学反应的研究已成为一个引人注目的全新领域。可是，在低沸点易汽化的有机溶剂中进行微波反应，由于微波的加热增强作用会导致溶剂过热而剧烈喷出，甚至发生爆炸，而使用价格较贵的高沸点的非质子极性溶剂和价格昂贵的封闭耐压式聚四氟乙烯反应器，不仅增加了合成成本，而且使得产品与溶剂的分离变得困难。因此，微波促进反应宜采用无溶剂反应体系。关于微波促进的无溶剂有机合成反应的报道很多，从这些文献来看，微波无溶剂反应主要有以下三种实施方式。

（1）直接微波法：微波直接作用于反应物料。物料可预先通过机械混合（如研磨）或混晶。关于直接微波法的报道较多。例如，在无溶剂条件下通过常规加热进行二苯乙二酮至二苯乙醇酸的重排反应，带有给电子基的反应比较慢。可是，在微波辐射下，无论是带有给电子基的还是带有吸电子基的二苯乙二酮都容易发生反应，且产率高。2008 年李建平等[10]采用微波辐射无溶剂法以氨基酸、氢氧化钾和芳香醛为原料，反应温度为 150℃，合成了 7 种香草醛氨基酸 Schiff 碱，反应时间短，3~5min 即可完成，后处理简单，产率高，成本低，对促进开发高生物活性物质具有重要价值。

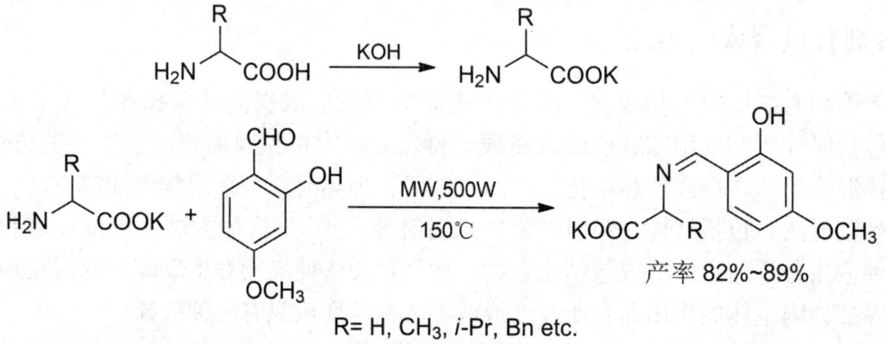

产率 82%~89%

R= H, CH$_3$, *i*-Pr, Bn etc.

（2）相转移催化微波法：对多相无溶剂体系，同时采用相转移催化和微波辐射往往能获得更好的效果。在相转移催化作用下，微波能有效地促进各种无溶剂烷基化反应。例如，Chatti 等[11]将氯代烷和醇在碱和相转移催化剂的作用下，微波辐射加热至 125℃，发生 O-烷基化，反应 5min 得到产率为 98% 的醚。

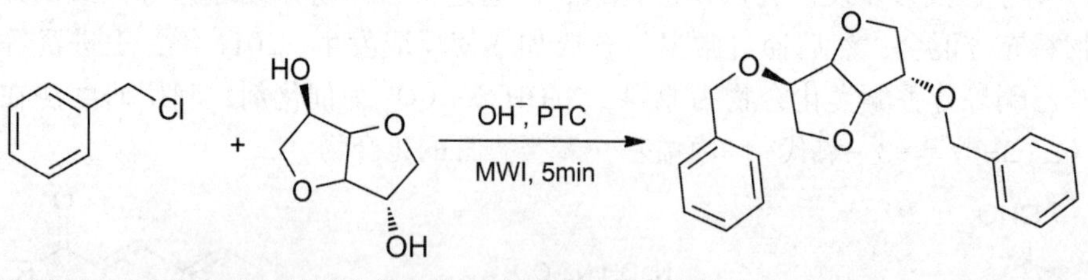

（3）负载微波法：反应物先通过浸渍负载于多孔性无机载体（如氧化铝、硅胶、黏土等）上，然后通过微波辐射进行反应。反应结束后，产物用适当的溶剂萃取。这些透明的无机载体既不吸收微波也不影响微波的传导，而吸附在载体表面上的羟基、水或极性分子则可强烈地吸收微波而被激活，因而反应速率大大提高，该法又称为微波干法合成技术。但采用该方法，反应只能在载体表面进行，从而使参加反应的反应物的量受到了很大限制。

采用无机载体负载可增加反应物的分散度，使反应变得温和，从而抑制副反应。另外，无机载体负载可以防止微波加热时由于液体过热而出现暴沸和溢料。关于微波干法有机合成的报道较多。将还原剂和氧化剂负载于多孔无机载体上，在微波辐射下可进行各种选择性氧化还原反应。例如，用中性 Al_2O_3 作介质的 Al_2O_3-二醋酸碘苯体系在微波辐射下，可定量地使仲醇氧化成酮；将高碘酸钠吸附在湿的 SiO_2 上，可将硫醚选择性地氧化成亚砜，反应产率为 76%~85%[12]；用 $NaBH_4$ 为还原剂，Al_2O_3 为无机载体，可在 2min 内将酮还原为醇，反应收率为 62%~93%[13]。

（二）热方法

1. 熔化法 熔化法是在无溶剂情况下，将固体原料搅拌混合均匀之后加热熔化，从而促使反应进行的方法，加热时既可常规加热亦可用微波加热。Tu 等[14]将芳香醛、甲基酮、丙二腈、醋酸铵按比例混合均匀后，利用微波辐射加热熔化，反应 7~9min 后，得 8 种 2-氨基-3-氰基吡啶衍生物，产率为 72%~86%。该反应不用任何催化剂、溶剂，操作简单、快捷，无污染。

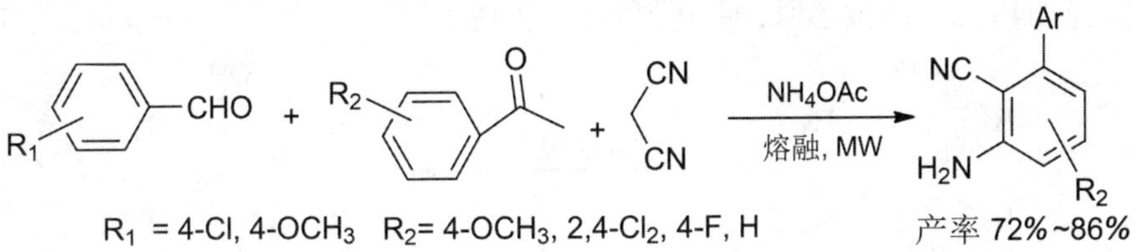

R_1 = 4-Cl, 4-OCH_3　R_2= 4-OCH_3, 2,4-Cl_2, 4-F, H　产率 72%~86%

2. 室温混合静置法 Miyamoto 等[15]采用静置法用 CH_3ONa 作碱，使 2-甲基环己酮与甲基乙烯基甲酮在无溶剂条件下发生 Robinson 缩环反应，在室温下放置 3h，得到产物，产率为 25%。该方法能耗少，操作简单。

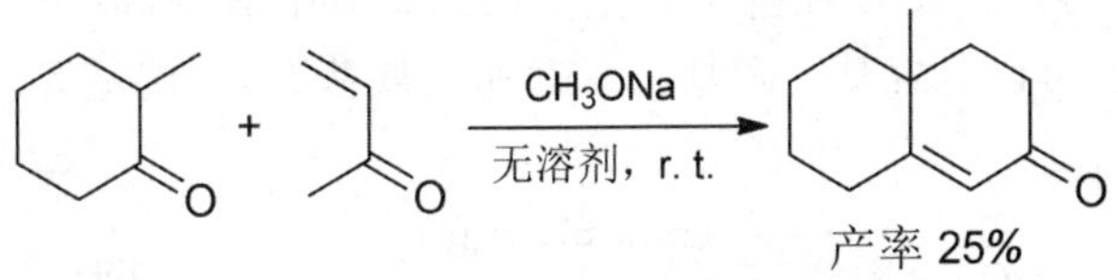

产率 25%

3. 主-客体包结法 以反应物为客体，以一定比例的另一种适当化合物为主体形成包结物，然后再设法使反应物发生反应，可提高反应的选择性。例如，在固体状态下，利用频哪醇与主体分子形成的主客体化合物可有效地控制频哪醇重排反应的选择性。

在某些情况下，利用光活性主体与反应物形成包结物，可实现不对称固相合成。环状的酮分子与主体化合物的 1:1 包结物粉末用 $NaBH_4$ 还原：混合两种粉末，放置 3d 使之反应，得到 100% ee 的（R,R）-（-）-醇，产率为 54%~55%。反应物分子中共轭羰基氧原子与主体形成氢键，故未被还原[16]。

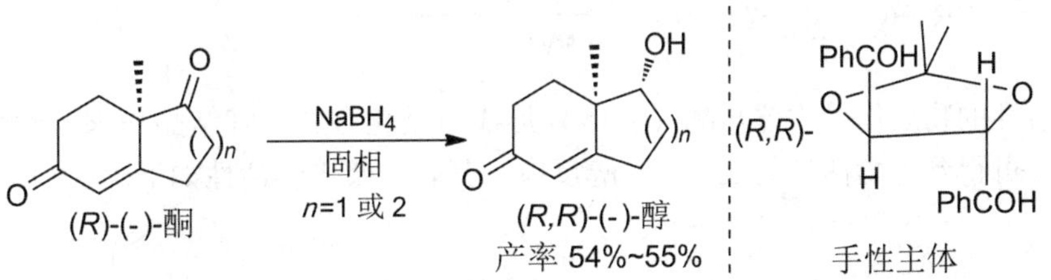

(R)-(-)-酮　$NaBH_4$　固相　n=1 或 2　(R,R)-(-)-醇　产率 54%~55%　(R,R)-　手性主体

4. 光辐射法 客体化合物吡啶酮与主体化合物形成的 1:1 包结物经光照后，该吡啶酮化合物发生分子内环加成反应，得到光学纯度为 100% 的内酰胺[17]。

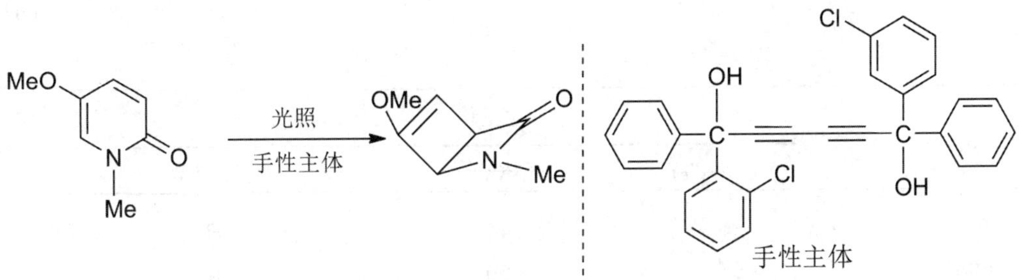

光照　手性主体　手性主体

三、无溶剂有机合成应用实例

许多实验结果表明，无溶剂有机反应明显优于传统的有机反应，由于反应过程完全不用溶剂，彻底克服了溶剂对环境造成的污染，降低了生产成本，产物的分离提纯过程也变得容易进行。根据文献报道及相关书籍可知，无溶剂有机反应涉及的种类较多，几乎包括大多数有机合成反应的类型。下面就近年来无溶剂合成在有机合成中的应用简要进行概述。

（一）热反应

1. 还原反应

（1）醌的还原反应：将对苯醌与 20 倍摩尔量的还原剂连二亚硫酸钠共同研磨 10min，会迅速发生颜色变化，室温放置 24h 后，醌被还原，重新得到相应的氢醌[18,19]。

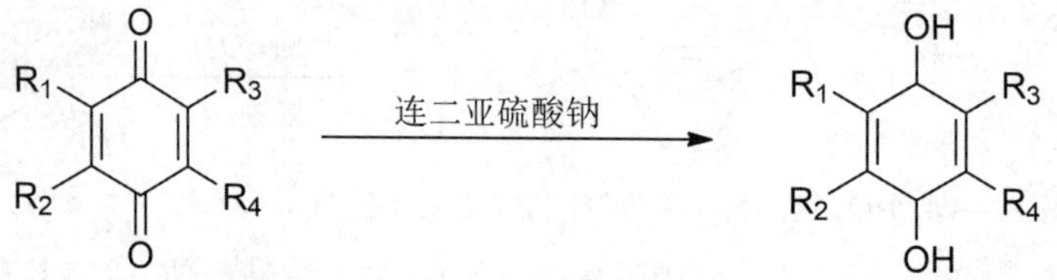

（2）醛、酮的还原反应：Hajipour 报道了醛、酮的还原反应。将醛、酮或酰氯和还原剂放在研钵中，室温下用研杵研磨混合物，直至薄层层析检测表明反应物完全消失。用四氯化碳萃取反应混合物，挥发掉溶剂得到相应的醇。再用硅胶 G 柱色谱纯化。在该反应中 R_2 可以是烷基，可以是氢，可以是卤素；R_1 可以是苯基（苯环上可以有烷基、硝基、卤素和烷氧基等）、烷基等。

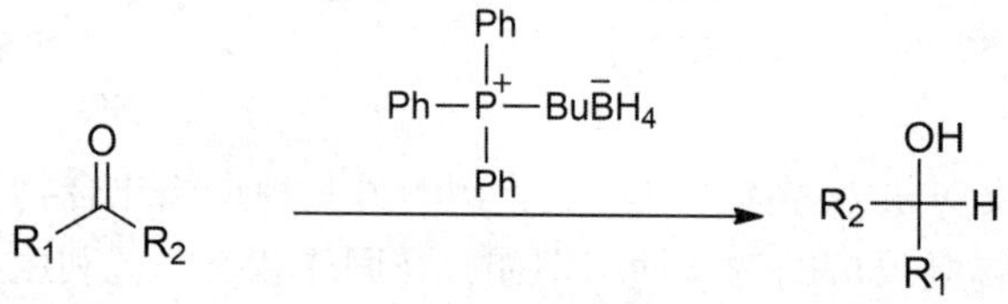

Varma 等[20]报道了一种在 $NaBH_4$ 和 Al_2O_3 存在下，用微波照射它们和纯净的苯乙酮的混合物，可以以 87% 的产率得到较纯的苯乙醇。而且在研究的反应中均没有副产物生成，没有 Al_2O_3 存在时，该反应不发生。

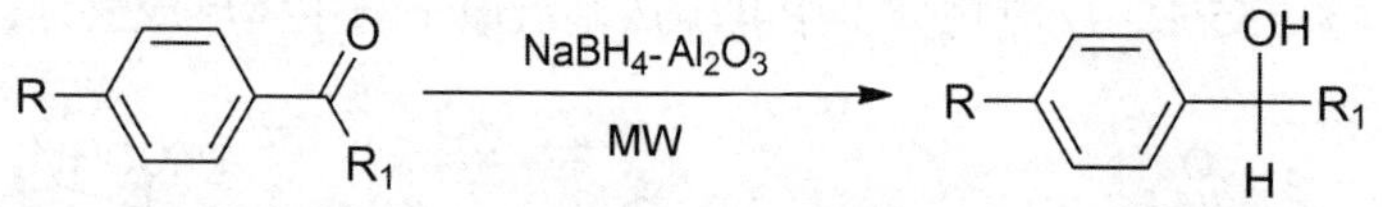

使用有光学活性的物质作为主体与酮（客体）形成包结化合物，其结晶粉末与硼烷-乙二胺的配合物粉末混合反应，可得到光学活性的 R-(+)-醇反应，其收率及光学活性如下[21]：

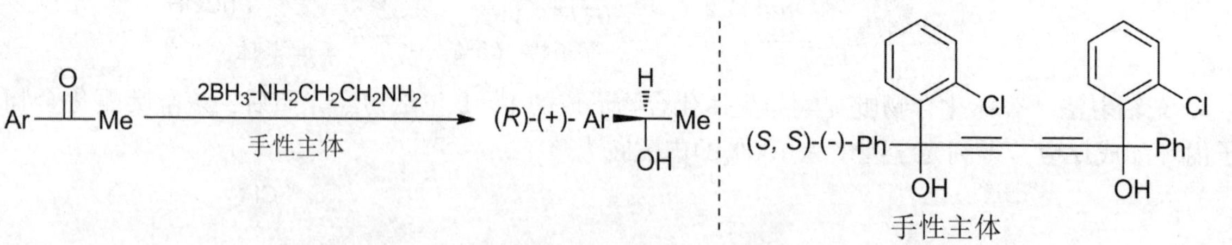

Ar	乙醇		
	产率(%)	ee(%)	绝对构型
Ph	96	44	R
o-toyl	57	59	R
1-naphthyl	20	22	R

2. 氧化反应

（1）酚的氧化及氧化偶联反应：将等摩尔的对苯二酚及硝酸铈（Ⅳ）铵（CAN）混合后，在研钵中共同研磨 5~10min，然后于密闭容器中放置 48h，得到高产率的氧化产物对苯醌[18,19]。

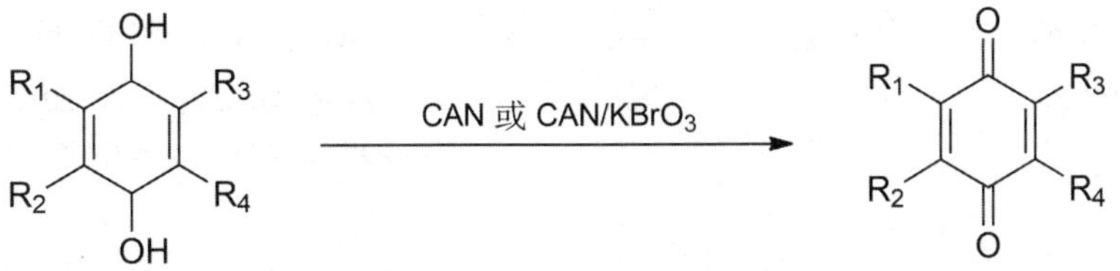

酚的氧化偶联反应通常是将酚溶解后加入至少等摩尔的金属盐如三氯化铁进行反应，但经常由于副产物醌的形成而使收率降低。后来研究发现，此反应在固相中进行比在溶液中速度、收率均有增加。所有反应按反应物、试剂 1:2 摩尔比，在玛瑙研钵中研细后置于试管中进行反应。若将 2-萘酚与 FeCl₃·6H₂O（摩尔比仍为 1:2）在 50% 甲醇水溶液中回流 2h，收率仅为 60%，而用固相研磨法收率达 95%。将 9-菲酚与 [Fe(DMF)₃Cl₂][FeCl₄] 同样在二氯甲烷中室温反应 48h，以收率 33% 得到产物，且副反应较多，分离纯化困难，用研磨法反应 1h，产率达到 66%[22]。

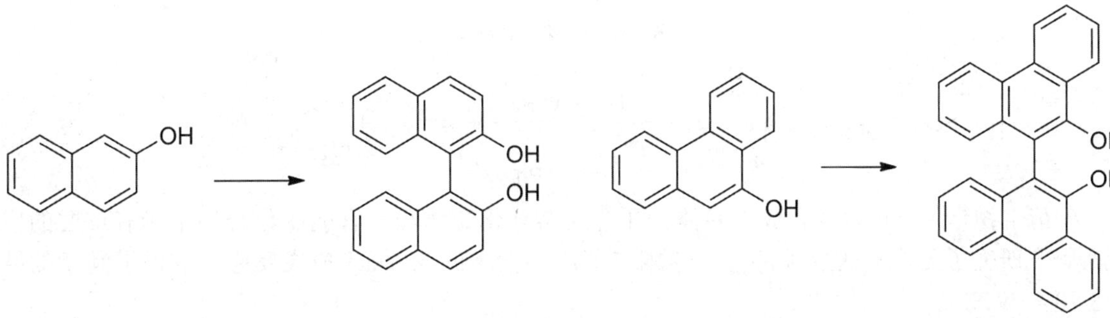

（2）Baeyer-Villiger 氧化：Toda 等[23]研究比较了一些酮在过氧酸催化下的 Baeyer-Villiger 氧化反应，发现它们在固相中比在氯仿溶液中反应速度快，收率高（39%~95%）。

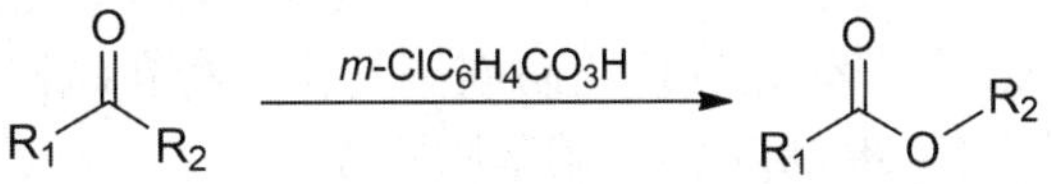

（3）环氧化：查耳酮类化合物以 NaClO 为氧化剂并在少量水存在时悬浮下可以发生双键的环氧化，反应进行得很顺利，该反应中常需 CTMAB（$C_{16}H_{33}N^+Me_3Br^-$）作相转移催化剂，反应收率最高能达 100%[24]。

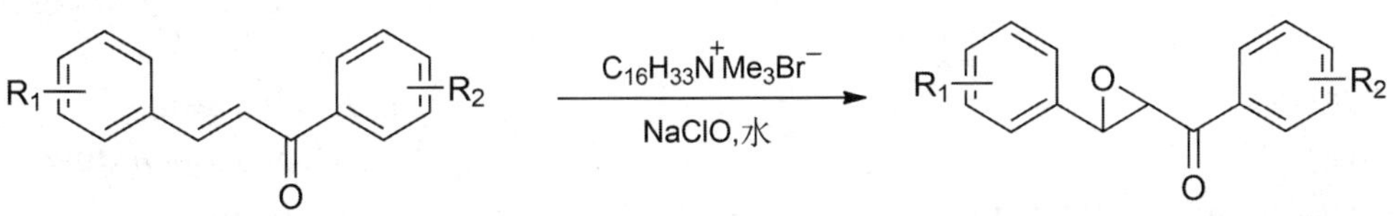

产率 43%~100%

对于其他一些 α, β-不饱和酮类化合物，为实现选择性的环氧化，可以采用主-客体包结法。如下所示，β-紫罗兰酮与手性主体（chiral host）形成 1:1 的包结物，采用 2equiv 的 m-CPBA 氧化可以得到环氧化的产物及进一步 Baeyer-Villiger 氧化的产物[25]。

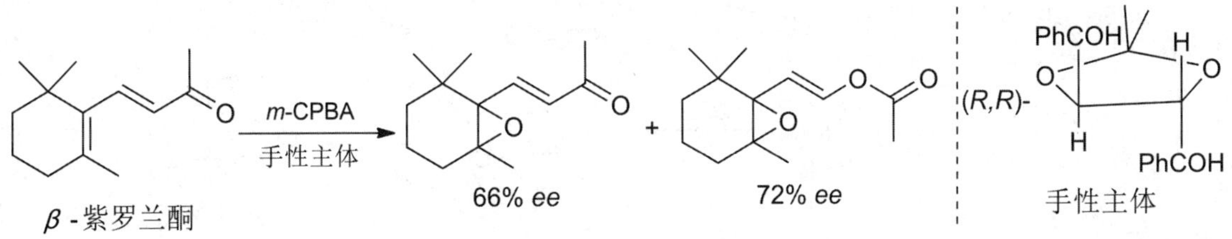

3. Cannizzaro 反应 将苯甲醛加到细研过的粉末状多聚甲醛中，再向盛有该混合物的玻璃试管中加入粉末状的水合氢氧化钡，然后将试管放置于家用微波炉内的氧化铝（中性）浴中。反应完全后用稀盐酸中和得到的混合物，并用乙酸乙酯萃取。然后除去乙酸乙酯，可得纯苯乙醇，产率为 91%[26]。

$$RCHO + (CH_2O)_n \xrightarrow[MWI]{Ba(OH)_2 \cdot 8H_2O} RCH_2OH + RCOOH$$

$$80\%{\sim}99\% \qquad 1\%{\sim}20\%$$

R= 4-XPh, 4-MePh, 4-OHPh等

4. 加成反应

（1）Michael 加成反应：Christoffers 报道[27]了一种在三价铁作为催化剂，无溶剂条件下进行的 Michael 加成反应。将羰基酯、烯酮和 $FeCl_3 \cdot 6H_2O$ 的混合物在室温下搅拌过夜，随后进行柱层析，就得到产率为 97%的无色油状物。

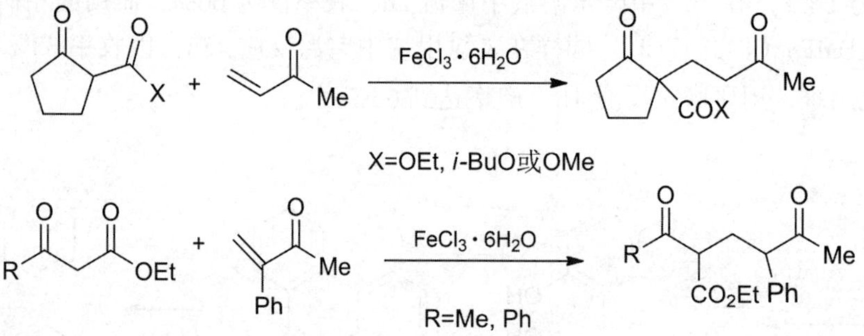

X=OEt, i-BuO或OMe

R=Me, Ph

1,5 二酮衍生物是一类重要的合成中间体，在合成杂环化合物和多官能团化合物中皆有重要的应用。刘万毅等[28]研究了无溶剂研磨条件下，烯酮与苯乙酮发生的 Michael 加成反应，取得了满意的结果，收率达 70%~92%。

$$R_1-C=CHCOMe + PhCOMe \xrightarrow{NaOH} R_1 \overset{CH_2COMe}{\underset{R_2}{-C-}} CH_2COPh$$

（2）Henry 反应：Bhattacharya 等[29]研究发现脂肪族硝基化合物在碱性条件下，Triton X-405 的作用下，在 30~60℃放置下，经过 1.5~5h 制得了 2-硝基脂肪醇。

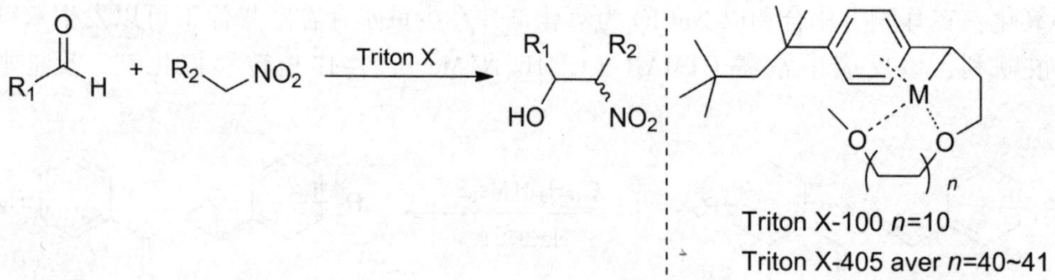

Triton X-100 n=10
Triton X-405 aver n=40~41

（3）卤素加成：Kaupp 等[30]研究发现，在固相条件下，将莰烯在 25℃用 HBr 或 HCl 气体处理 10h，可发生加成并重排，定量得到立体专一的异莰基溴或异莰基氯的产物。

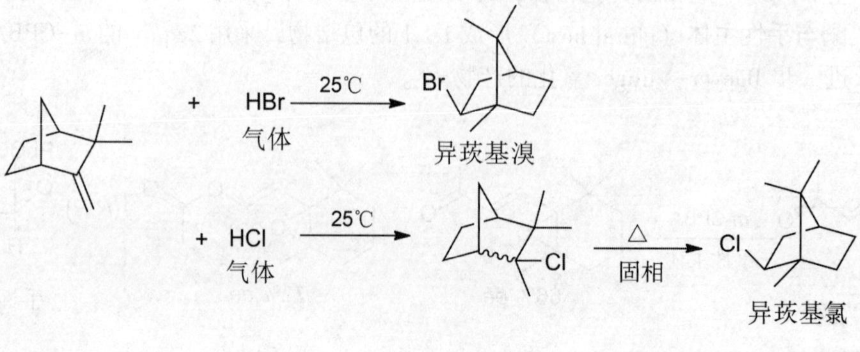

异莰基溴

异莰基氯

5. 消除反应 醇类化合物的羟基在固态条件下发生脱水消除反应同样也能非常有效、顺利地进行。将 1,1-二苯基-1-丙醇放入充满 HCl 气体的干燥器中，5.5h 后可得到产率为 99% 的 1,1-二苯基-1-丙烯，用同样的方法，另外几种醇也可脱水得到高产率的烯烃[31,32]。如下：

$$R_1 \underset{OH}{\overset{Ph}{|}} CH_2R_2 \xrightarrow[\text{固相}]{\text{HCl 气体}} PhR_1C = CHR_2$$

R$_1$	R$_2$	反应时间(h)	产率(%)
Ph	H	0.5	99
Ph	Me	5.5	99
Ph	Ph	8	100
o-ClC$_6$H$_4$	Me	4	97

6. 碳-碳偶合反应

（1）羟醛缩合：醇醛缩合反应在有机合成中有广泛用途，在无溶媒的条件下，某些醇醛缩合反应较在溶液中更有效，而且表现出较高的立体专一性。

在室温下研磨苯乙酮、对甲基苯甲醛和 NaOH 的糊状混合物 5min，混合物变成浅黄色固体，纯化后得 4-甲基查耳酮（97%）[33]，若缩合反应在 50% 乙醇溶液中进行（反应条件相同），则产物收率仅为 11%。

$$H_3C-\!\!\!\bigcirc\!\!\!-CHO + \bigcirc\!\!\!-COCH_3 \xrightarrow[\text{r.t.}]{\text{NaOH}} H_3C-\!\!\!\bigcirc\!\!\!-CH=CH-CO-\bigcirc$$

室温下，将碱性氧化铝加至 4-甲酰基苯甲酸甲酯和苯乙酮的混合物中，研磨 2.5h，发生 Claisen-Schmidt 反应，可得到查耳酮的衍生物，分离产率为 81%。

当采用一些手性主体与底物形成包结物再进行 Aldol 反应时，反应会产生更高的选择性。例如，将环己酮与手性主体形成 1∶1 的包结物，在室温下以 NaOH 作为碱，与苯甲醛反应，生成 *erythro*（赤型）/*threo*（苏型）为 20∶80 的缩合产物。

（2）Dieckmann 缩合：二酯的 Dieckmann 缩合反应一般应在惰性气体的保护下，在无水溶剂中，加热回流条件下进行反应。为避免分子之间的反应，Dieckmann 缩合反应通常在高倍稀释的溶液中进行。然而，Toda 等[34]报道了己二酸二乙酯和庚二酸二乙酯的 Dieckmann 缩合反应，在固相中进行，不需要惰性气体保护，产品可通过直接蒸馏得到，产率与液相条件下相比，差别不大。如下所示，液相 Dieckmann 缩合反应（甲苯为溶剂）中，在氮气保护下，加热回流，产率为 74%~81%。固相 Dieckmann 缩合反应仅在室温下反应 10min，收率即达到 82%。由此可见，此方法是一种操作简便、经济、对环境友好的方法。

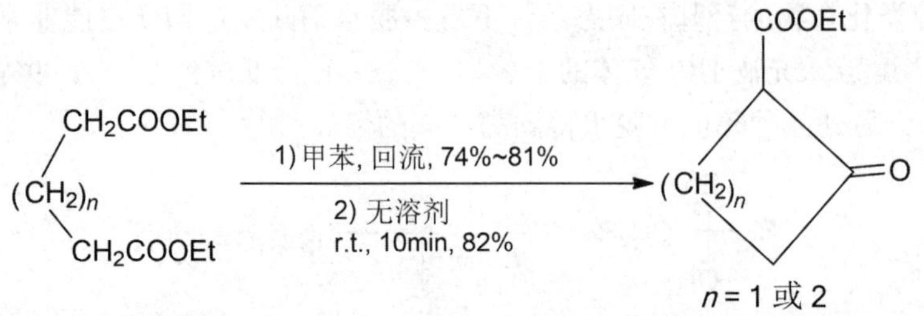

（3）Knoevenagel 缩合反应：噻唑烷二酮具有重要的生理活性，特别是噻唑烷-2，4-二酮类和硫代噻唑啉类化合物，它们具有抗糖尿病、抗菌、抗疟、抗病毒、抗痉挛等诸多药理学活性。最近，Shah 等[35]报道了以噻唑烷二酮与芳醛发生 Knoevenagel 反应为关键反应制备该类化合物的方法。该反应中以有机小分子脲或硫脲催化，110℃加热反应 5~15min，收率最高达 99%以上。

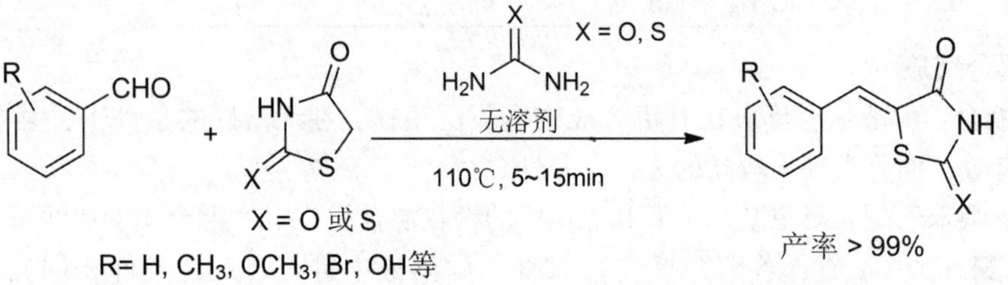

（4）Wittig 反应及相关反应：Wu 等[36]报道了在无溶剂研磨法下各种碱作用的 Wittig 反应。研究中发现，当叶立德的苯上有强吸电子基时，产物的结构主要为 *E* 式，而强碱不利于 *E* 式产物的形成。

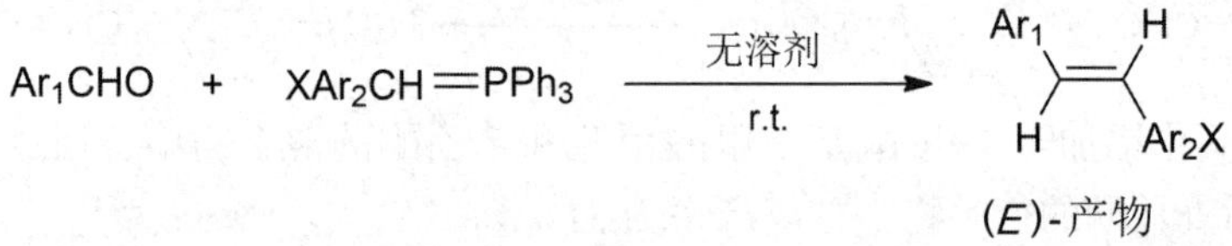

将比例为 1∶1、精细粉碎的手性主体和 4-甲基环己酮及乙氧羰基甲基三苯基膦混合，保持在 70℃，4h 内 Wittig-Horner 反应即完成。向反应混合物中加入乙醚-石油醚（1∶1），过滤除去沉淀出的固体（三苯基氧膦和过量的乙氧羰基甲基三苯基膦），滤液蒸干，即得目标产物，产率为 73%。

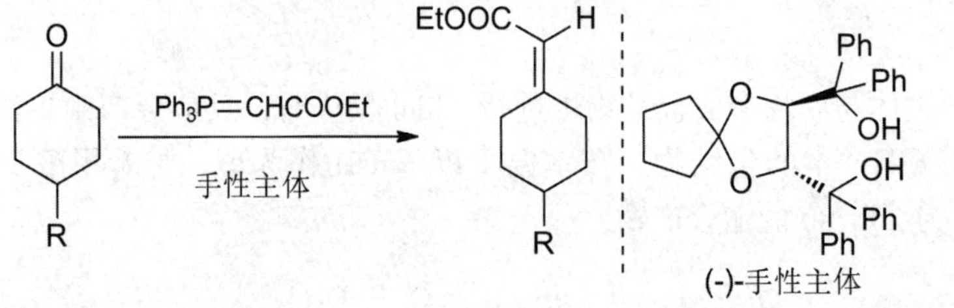

（5）环加成反应：Ortiz 等[37]的研究实现了固态条件下的 Diels-Alder 环加成反应，他们的研究小组将 1-苯基-4-乙烯基吡唑和 3 倍量的乙炔二羧酸二甲酯，在密闭条件下微波辐射 6min（最高温度 130℃），生成了环加成产物。

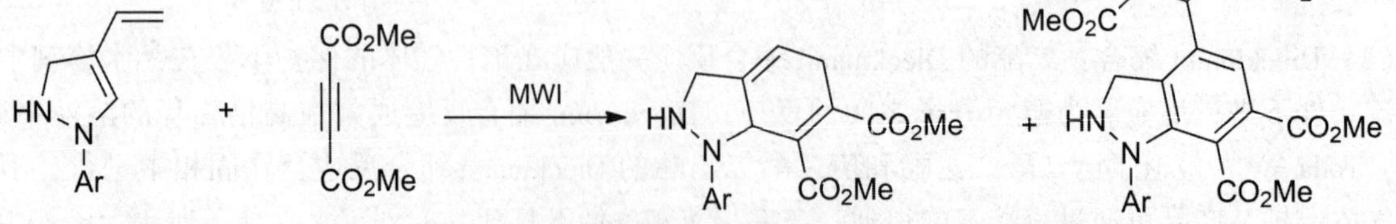

Dandia 研究小组[38]在固态下微波促进合成了螺环化合物（吲哚二吡咯并吡啶）。

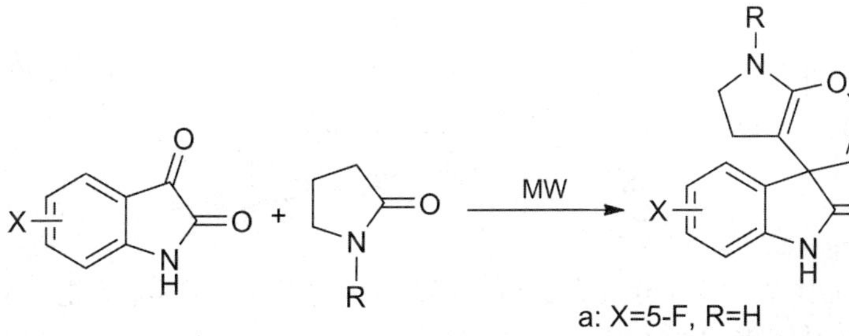

a: X=5-F, R=H
b: X=7-NO₂, R=H
c: X=5,7-Me₂, R=Me
d: X=5-NO₂, R=Me
e: X=7-NO₂, R=Me

（6）Robinson 成环反应：Robinson 成环反应在天然产物的合成中有极大的应用前景，Rajagopal 等[39]研究了 2-甲酰基环烷酮和甲基乙烯酮（MVK）的反应，在（S）-脯氨酸的催化下发生 Robinson 成环反应，合成了螺环化合物，反应最高收率能达 70%。

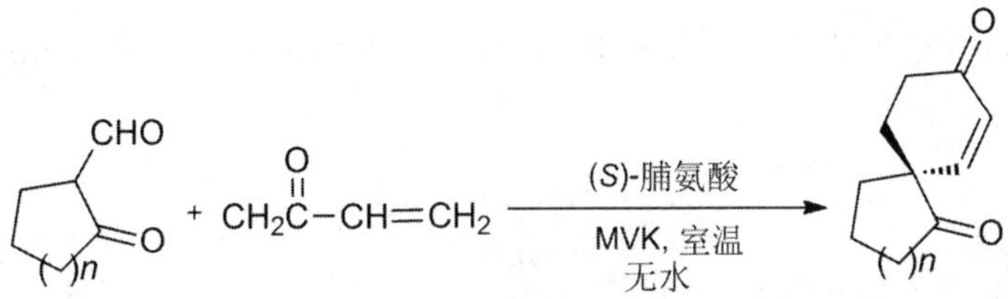

n=1（S）；n=2（R）
n=3（S）；n=8（±）

（7）Suzuki 反应：在过渡金属催化的芳基偶联反应中，Suzuki 偶联反应反应条件温和，可容忍多种活性官能团，受空间位阻影响不大，产率高，经济，低毒，一直以来是合成芳基化合物最有效的方法，广泛应用于药物与天然产物的合成，受到众多研究者的青睐。2000 年，Kabalka 等[40]报道了无溶剂条件下，碘苯与对甲基苯硼酸在三氧化铝负载氟化钾和 0 价钯的催化研磨下，可实现 Suzuki 偶联反应，收率可达 82%。

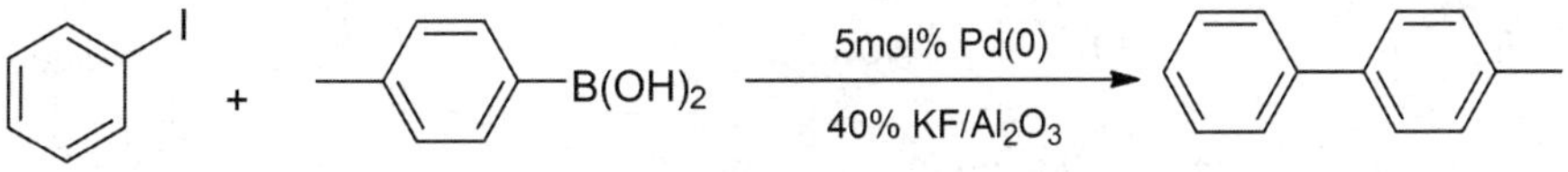

2011 年，Monguchi 等[41]报道了无溶剂、无配体，100℃封管条件下，10% Pd/C（1.5mol%）催化取代的溴苯和取代的苯基硼酸之间进行的 Suzuki 反应，收率较为满意。

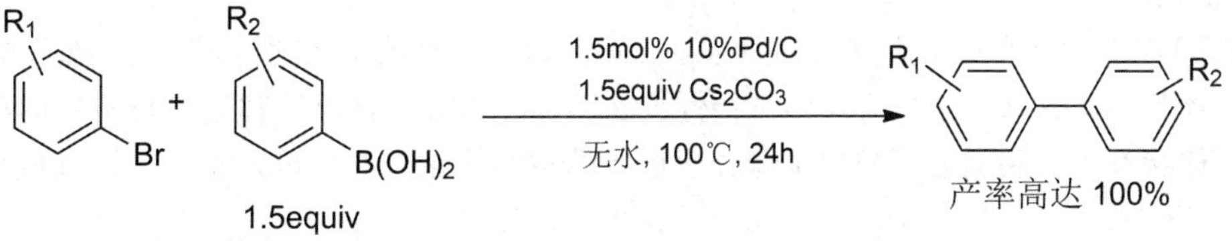

（8）Baylis-Hillman 反应：Baylis-Hillman 反应是形成 C—C 键的一个有效方法，由于它的原子经济性、高选择性及反应条件温和，在近几年备受关注。利用该反应加合物的环化作用可合成吡喃酮。有报道 Baylis-Hillman 反应加合物在 DMF 中 K₂CO₃ 存在下可合成 3，5，6-三取代吡喃酮[42]，Zhong 等[43]改进加合物形成吡喃酮的过程，将加合物直接加热到 90℃ 就合成了吡喃酮。此外，Chen 等[44]用 [PhCH₂Me₂N⁺CH₂CH₂NMe₂]Cl⁻ 作为催化剂，催化苯甲醛、丙二腈和双甲酮反应，也合成了 4H-吡喃酮衍生物。

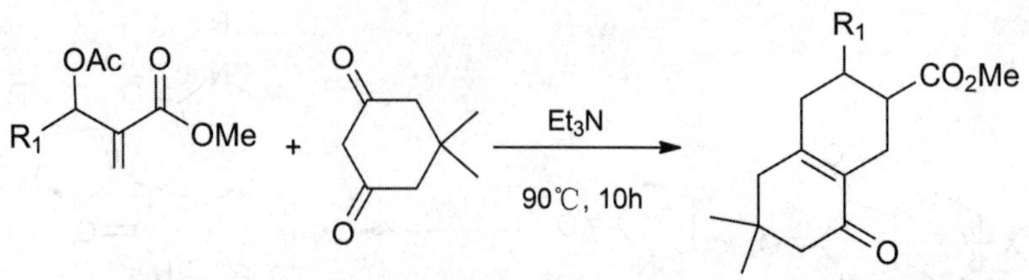

7. 烷基化 利用微波辐射以无溶剂合成方法可以实现 O-烷基化、C-烷基化、N-烷基化及 S-烷基化反应。2003 年，Sereda 及其同事[45]研究了 O-烷基化反应，发现在 Na_2CO_3 作用下及无溶剂条件下，微波加热 20min，收率可达 61%，而在传统条件下回流 2h，收率为 93%。

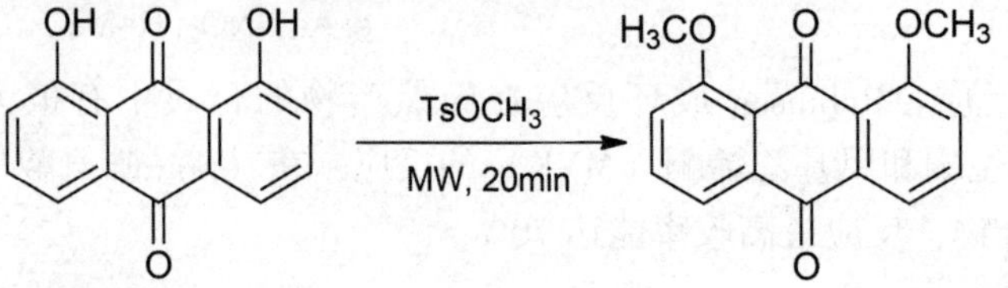

Kaupp 研究小组[46]将等摩尔的邻苯二胺和 2-羟基戊二酸研磨均匀，在 $120 \sim 125℃$ 的烘箱中反应，得到了纯净的化合物。

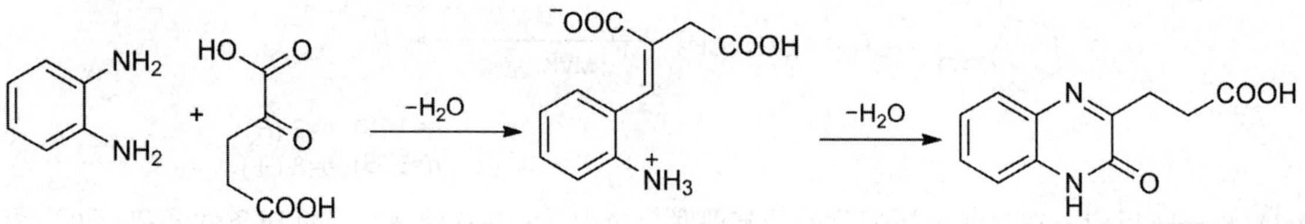

氮气保护下，2-萘酚、苯甲醛和 (R)-$(+)$-1-苯基乙胺的混合物于 60℃搅拌 8h，可得到不对称氨烷基化产物，分离产率达到 93%。

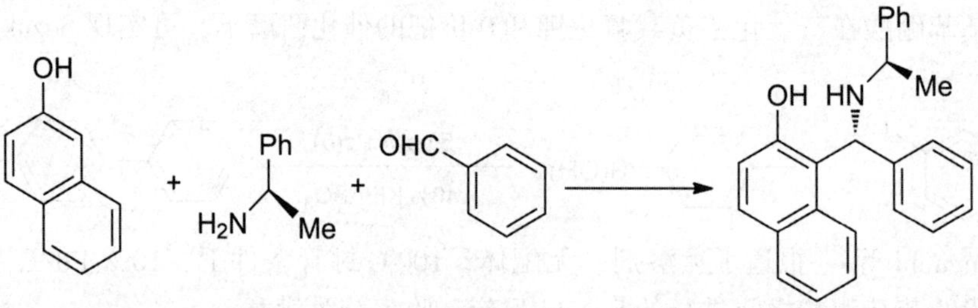

8. 重排与异构

（1）频哪醇重排：频哪醇重排（pinacol rearrangement）一般在较强烈的条件（硫酸中加热）下进行。然而，固体状态下，这一重排反应的选择性比在溶液中更高，而且迁移基团与所用的酸的类型有密切关系。在固体状态下，利用频哪醇与主体分子形成的主客体化合物，可以有效地控制该重排反应的选择性。

室温下，用 HCl 气体处理化合物 A 和 B（手性主体）的 1∶1 络合物固体粉末 3h，得到唯一可以分离的产物 C（产率 44%），而将 A 在稀硫酸中回流则得到重排产物 C、D、E，产率分别为 48%、29%、5%。

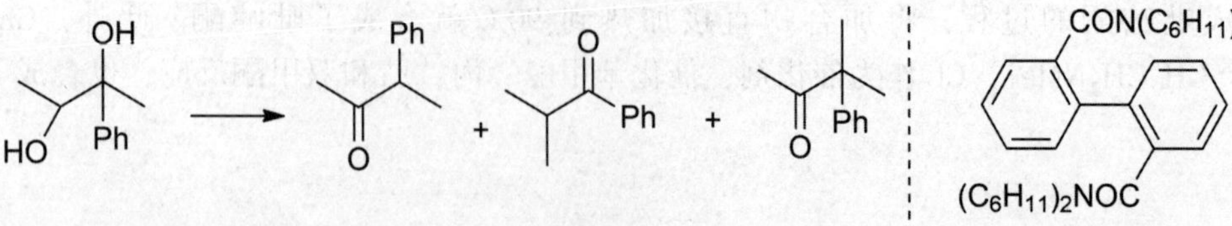

（2）Meyer-Schuster 重排：在固体状态下，将等摩尔的炔丙醇和 TsOH 粉末的混合物于 50℃放置 2~

3h，可发生 TsOH 催化的 Meyer-Schuster 重排，得到 α，β-不饱和醛。

a	Ar=Ar'=Ph	58%
b	Ar=Ph, Ar'=2-ClC$_6$H$_4$	60%
c	Ar=Ar'=2,4-Me$_2$C$_6$H$_3$	94%

（3）Claisen 重排：下述的 Claisen 重排反应通常要在 N，N'-二甲基苯胺中回流 4~8h 才能完成，但在无溶剂时，反应物在 200℃搅拌 30min 即可完全转化为产物。由于没有溶剂，后处理也大大简化了。

（4）二苯乙二酮-二苯乙醇酸重排：二苯乙二酮-二苯乙醇酸重排反应一般在加热回流的条件下进行，反应时间为 10min 至 24h；若在室温下进行，反应时间为 4d，反应时间比较长。Toda 等[47] 曾报道在固相条件下进行该反应，结果发现，在 80℃条件下，反应 1~6h，得到少于 95%的重排产物。带有给电子基的二苯乙二酮反应比较慢，如对甲氧基二苯乙二酮反应 6h 后，只得到 32%的重排产物。在此启发下，Yu 等[48] 采取了微波辐射技术促进该反应进行，反应式如下所示，实验结果发现，在较短时间内，无论是带有给电子基的还是带有吸电子基的二苯乙二酮都容易发生重排反应，得到较高收率的重排产物。该方法不仅缩短了反应时间，而且提高了产率，同时与传统的加热方法相比，操作简便，是一种较好的合成方法。

$$Ar-\underset{\underset{O}{\|}}{C}-\underset{\underset{O}{\|}}{C}-Ar' \longrightarrow Ar-C(OH)(CO_2H)Ar'$$

（5）Beckmann 重排：酮肟经重排生成酰胺的反应一般在液相条件下进行，多种试剂应用于该反应，如浓 H$_2$SO$_4$、甲酸、二氯亚砜、多磷酸、液态二氧化硫等。Ghiaci 等[49] 报道在固相条件下，用 AlCl$_3$ 作为试剂，将各种酮肟和 AlCl$_3$ 以不同摩尔比混合，在 40~80℃下，研磨 30min，反应式如下所示，得到收率 100%的 Beckmann 重排产物，即各类酰胺化合物。该反应操作简单、反应条件温和、转化率高，是一种较好的合成方法。

9. 杂环化合物的合成　许多天然的和人工合成的杂环化合物都具有潜在的药理活性，在现有的药物中占有很大比例。杂环化合物的种类较多，随着现代安全有效药物及化学品的研究发展，杂环化合物在有机化学及药物化学中的作用越来越重要，无溶剂合成是构筑各类杂环化合物的绿色合成方法之一。

将醛、二羰基化合物、脲和三氟乙酸在 100℃下搅拌 20min 发生 Biginelli 反应，加入水，用乙酸乙酯萃取产物。有机层经干燥后，残余物经乙酸乙酯重结晶得嘧啶酮类产物，产率达 85%。

Alizadeh 等[50] 以伯胺、乙酰乙酸乙酯和反丁烯二酰氯为原料，室温下无溶剂进行三组分反应，合成了五取代吡咯衍生物。

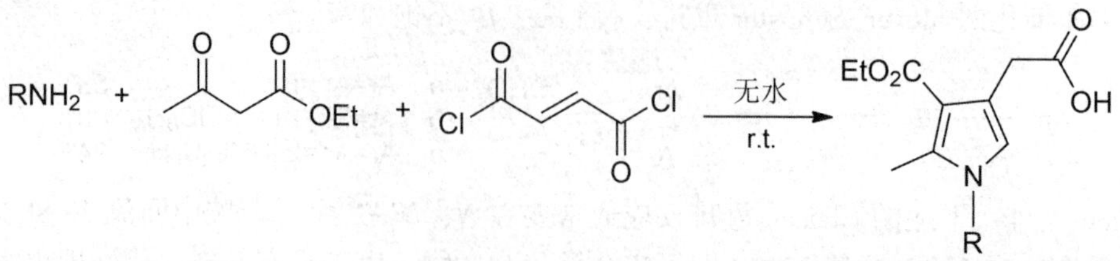

Maheswara 等[51] 报道了无溶剂 80℃ 加热条件下，以 HClO₄-SiO₂ 催化芳香醛、β-二酮化合物及乙酸铵的三组分 Hantzsch 反应，合成了 1，4-二氢吡啶类化合物，该 Hantzsch 反应最高收率能达 94%。

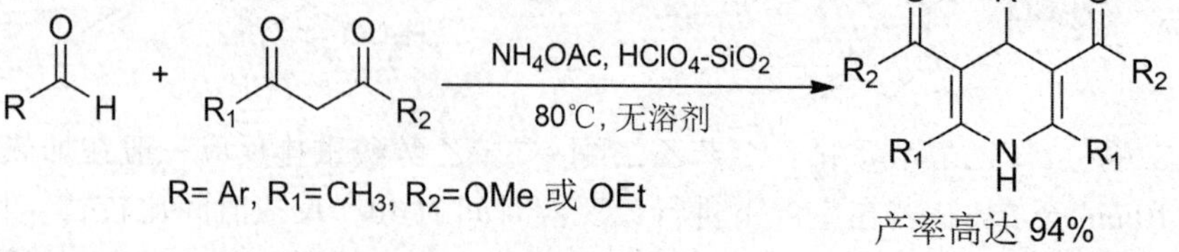

R= Ar, R₁=CH₃, R₂=OMe 或 OEt

产率高达 94%

将 2-氨基-5-硝基苯甲酸与等摩尔的醋酸甲脒混合均匀加热到 200~230℃，搅拌 30min，可得到 6-硝基喹诺酮，后者是合成喹诺啉类酪氨酸激酶抑制剂的中间体。

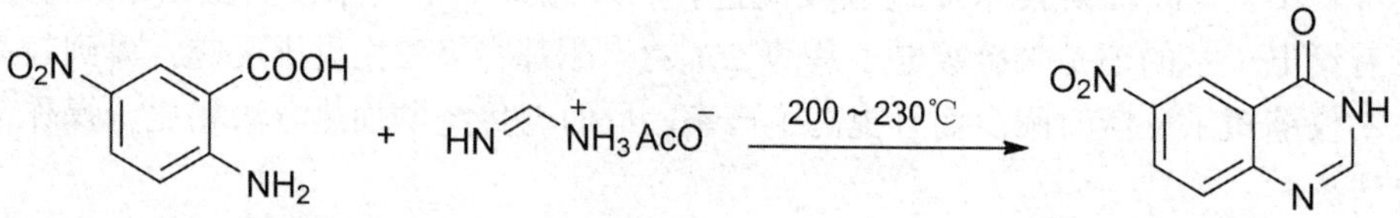

将醛、乙酰乙酸乙酯、尿素和硅胶 G 一起于研钵中研磨后置于微波炉中微波照射 2~5min，可得到 1，4-二氢吡啶类钙通道阻滞剂。

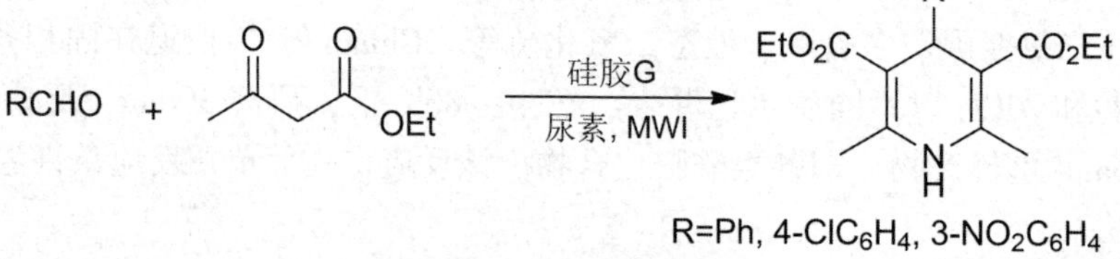

R=Ph, 4-ClC₆H₄, 3-NO₂C₆H₄

黄酮和类黄酮的无溶剂合成原料一般是间苯三酚和 β-酮，最近，微波辅助的发展弥补了传统加热的不足。例如，Seijas 等[52] 用微波照射只需室温（25℃），时间短，产率高。

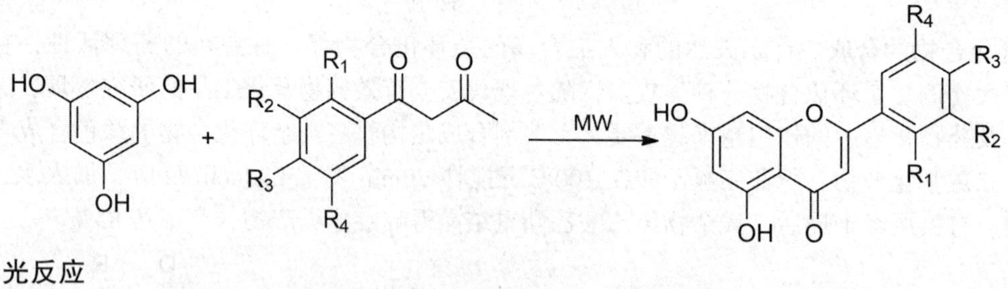

（二）光反应

苯乙烯酸及其化合物的光二聚反应已被广泛研究。例如，顺式的 1，2-二氨基环己烷在固相中与反式苯乙烯酸形成的二铵盐，在光的照射下，发生聚合反应，生成主要产物 β-古柯邻二酸[53-54]。

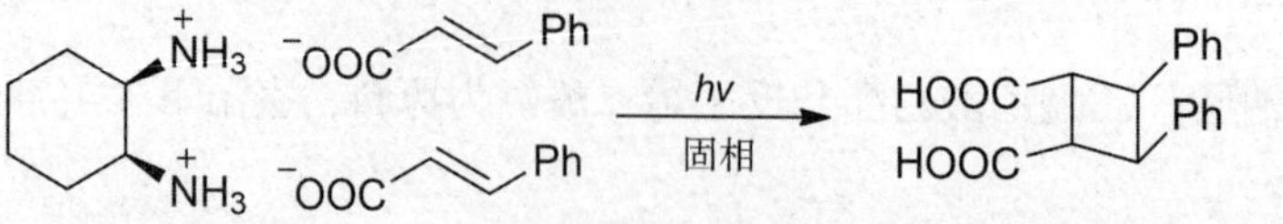

苯乙酮类化合物在固相中发生的光环化反应要比在溶剂中反应有更高的非对映选择性。例如，2-（2-乙基苯基）-1-苯乙酮在甲醇中发生光环化反应时，顺式和反式产物的产率分别是 67% 和 33%，而在无溶剂中只生成顺式产物[55]。

无溶剂有机合成从实验室走向工业化生产还需在理论上和实践中进行大量的工作。以前对无溶剂反应的条件及实验室实施方法研究较多，但对有关工程技术和工业设备研究较少。为使无溶剂合成实现工业化，必须研究适合无溶剂反应的原料输送设备、研磨设备、热交换设备及专用微波设备等。由于无溶剂有机反应，特别是微波促进的无溶剂反应，反应速度快，物料传热效果差，因此，更应重视无溶剂合成中涉及的各种可能的反应的热量变化及放热规律，为设计安全的化工过程提供基本数据。在选择和设计方案时，应尽量避免剧烈的放热反应，以消除安全隐患，确保安全生产。

随着科学技术的发展，无溶剂有机合成的合成方法和设备还会不断出现，无溶剂有机合成作为一种新型的合成方法在药物合成研究和工业生产中的应用将会越来越广。

参考文献

［1］李静，孙婷，胡月霞. 无溶剂有机合成新进展［J］. 许昌学院学报，2006，25（5）：115.

［2］MIYAMOTO H, KANETAKA S, TANAKA K, et al. Solvent-free Robinson annelation reaction［J］. Chemistry Letters, 2000, 29（8）：888.

［3］TODA F, TANAKA K, KAGAWA Y. Synthesis and some properties of a layer-type inorganic-organic complex of feocl and pyridine［J］. Chem Lett, 1990, 3：373.

［4］WANG G W, KOMATSU K, MURATA Y. Synthesis and X-ray structure of dumb-bell-shaped C120［J］. Nature, 1997, 387：583.

［5］KOMATSU K, WANG G W, MURATA Y. Mechanochemical synthesis and characterization of the fullerene dimer C120［J］. J Org Chem, 1998, 63：9358.

［6］VARMA R S, DAHIYA R. Microwave-assisted oxidation of alcohols under solvent-free conditions using clayfen［J］. Tetrahedron Lett, 1997, 38：2043.

［7］BARM G, LOUPY A, MAJDOUB M. Alkylation of potassium acetate in " dry media " thermal activation in commercial microwave ovens［J］. Tetrahedron, 1990, 46：5167.

［8］王进贤，安宁. 无溶剂研磨法合成1，4-双（3-芳基-3-氧代-1-丙烯基）苯类化合物［J］. 西北师范大学学报（自然科学版），2011，47（1）：59.

［9］JI S J, SHEN Z L, GU D G, et al. Ultrasound-promoted alkynylation of ethynylbenzene to ketones under solvent-free condition［J］. Ultrason Sonochem, 2005, 12：161.

［10］李建平，吉彦，刘锐杰，等. 微波无溶剂法合成香草醛氨基酸席夫碱［J］. 化学研究与应用，2008，20（1）：87.

［11］CHATTI S, BORTOLUSSI M, LOUPY A. Synthesis of diethers derived from dianhydrohexitols by phase transfer catalysis under microwave［J］. Tetrahedron Lett, 2000, 41：3367.

［12］DELGADO F, ALVAREZ C J. Preparation, structure and reactivity of aminocarbene complexes of chromium and molybdenum derived from primary amines［J］. Organomet Chem, 1991, 418：377.

［13］VARMA R S, SAMI R K, MWSHRAM H M. Selective oxidation of sulfides to sulfoxides and sulfones by microwave thermolysis on wet silica-supported sodium periodate［J］. Tetrohedron Lett, 1997, 38：6525.

［14］SHI F, TU S, FANG F, et al. One-pot synthesis of 2-amino-3-cyanopyridine derivatives under microwave irradiation without solvent［J］. Arkivoc, 2005, 1：137.

［15］MIYAMOTO H, KANETAKA S, TANAKA K, et al. Solvent-free robinson annelation reaction［J］.

Chem Lett, 2000, 29: 888.

[16] TODA F, MORI K. Design of a new chiral host compound, trans-4, 5-bis (hydroxydiphenylmethyl) - 2, 2-dimethyl-1, 3-dioxacyclopentane. An effective optical resolution of bicyclic enones through host-guest complex formation [J]. Tetrahedron Lett, 1988, 29: 551.

[17] TODA F, TANAKA K. Enantioselective photoconversion of pyridones into β-lactam derivatives in inclusion complexes with optically active host compounds [J]. Tetrahedron Lett, 1988, 29: 4299.

[18] MOREY J, FRONTERA A. Solid-state redox chemistry: Preparation of 1, 4-naphthoquinone, hydroquinone, and the corresponding mixed quinhydrone in the solid state [J]. Chem Educ, 1995, 72: 63.

[19] MOREY J, SAA J M. Solid state redox chemistry of hydroquinones and quinones [J]. Tetrahedron, 1993, 49: 105.

[20] VARMA R S, SAINI R K. Microwave-assisted reduction of carbonyl compounds in solid state using sodium borohydride supported on alumina [J]. Tetrahedron Lett, 1997, 38: 4337.

[21] TODA F, MORI K. Enantioselective reduction of ketones in optically active host compounds with a bh3-ethylenediamine complex in the solid state [J]. J Chem Soc Chem Commun, 1989, 15: 1245.

[22] TODA F, TANAKA K, IWATA S. Oxidative coupling reactions of phenols with iron (Ⅲ) chloride in the solid state [J]. J Org Chem, 1989, 54: 3007.

[23] TODA F, YAGI M, KIYOSHIGE K. Baeyer-Villiger reaction in the solid state [J]. J Chem Soc Chem Commun, 1988, 14: 958.

[24] TODA F, TAKUMI H, NAGAMI M, et al. A novel method for michael addition and epoxidation of chalcones in a water suspension medium: A completely organic solvent-free synthetic procedure [J]. Hetrocycles, 1998, 47: 469.

[25] TODA F, MORI K, MATSUURA Y, et al. Solid state kinetic resolution of β-Ionone epoxide and dialkyl sulphoxides in the presence of optically active host compounds. The first enantioselective host-guest inclusion complexation in the solid state [J]. Journal of the Chemical Society, Chemical Communications, 1990, 22: 1591.

[26] VARMA R S, NAICKER K P, LIESEN P J. Microwave-accelerated crossed Cannizzaro reaction using barium hydroxide under solvent-free conditions [J]. Tetrahedron letters, 1998, 39 (46): 8437.

[27] CHRISTOFFERS J S. Catalysis of the michael reaction and the vinylogous michael reaction by ferric chloride hexahydrate [J]. Synlett, 2001: 723.

[28] 刘万毅, 李金夫, 马永祥, 等. 1, 5-二芳基二酮衍生物的制备——无溶剂状态下苯乙酮与芳基烯酮的共轭加成反应研究 [J]. 高等学校化学学报, 2001, 22 (s1): 141.

[29] BHATTACHARYA A, PUROHIT V C. Environmentally friendly solvent-free processes: novel dual catalyst system in henry reaction [J]. Org Proce Res Dev, 2003, 7: 254.

[30] KAUPP G, SCHMEYERS J, BOY J. Waste-free solid-state syntheses with quantitative yield [J]. Chemosphere, 2001, 43: 55.

[31] TODA F, TAKUMI H, AKEHI M. Efficient solid-state reactions of alcohols: Dehydration, rearrangement, and substitution [J]. J Chem Soc Chem Commun, 1990: 1270.

[32] TODA F, OKUDA K. A novel preparative method for unsymmetrical ethers by the reaction of cocrystals of two similarly substituted secondary alcohols with toluene-p-sulphonic acid in the solid state [J]. J Chem Soc Chem Commun, 1991: 1212.

[33] TODA F, TANAKA K, HAMAI K. Aldol condensations in the absence of solvent: acceleration of the

reaction and enhancement of the stereoselectivity [J]. Journal of the Chemical Society, Perkin Transactions 1, 1990, 11: 3207.

[34] KURTH M J, RANDALL L A A, CHEN C X, et al. Library-based lead compound discovery: Antioxidants by an analogous synthesis/deconvolutive assay strategy [J]. J Org Chem, 1994, 59: 5862.

[35] SHAH S, SINGH B. Urea/thiourea catalyzed, solvent-free synthesis of 5-arylidenethiazolidine-2, 4-diones and 5-arylidene-2-thioxothiazolidin-4-ones [J]. Bioorg Med Chem Lett, 2012, 22: 5388.

[36] WU J L, WU H F, WEI S Y, et al. Highly regioselective wittig reactions of cyclic ketones with a stabilized phosphorus ylide under controlled microwave heating [J]. Tetrahedron Lett, 2004, 45: 4401.

[37] ORTIZ A, CARDLLO J R, BARRA E, et al. Diels-Alder cycloaddition of vinylpyrazoles. Synergy between microwave irradiation and solvent-free conditions [J]. Tetrahedron, 1996, 52: 9237.

[38] DANDIA A, SACHDEVA H, SINGH R. Improved synthesis of 3-spiro indolines in dry media under microwave irradiation [J]. Synth Commun, 2001, 31: 1879.

[39] RAJAGOPAL D, NARAYANAN R, SWANINATHAN S. Asymmetric one-pot robinson annulations [J]. Tetrahedron Lett, 2001, 42: 4887.

[40] KABALKA G W, PAGNI R M, WANG L, et al. Microwave-assisted, solventless Suzuki coupling reactions on palladium-doped alumina [J]. Green Chem, 2000, 2: 120.

[41] MONGUCHI Y, FUJITA Y, HASHIMOTO S, et al. Palladium on carbon-catalyzed solvent-free and solid-phase hydrogenation and Suzuki – Miyaura reaction [J]. Tetrahedron, 2011, 67: 8628.

[42] KIM S J, LEE H S, KIM J N. Synthesis of 3, 5, 6-trisubstituted α-pyrones from baylis – hillman adducts [J]. Tetrahedron Lett, 2007, 48: 1069.

[43] ZHONG W H, ZHAO Y Z, SU W K. An efficient synthesis of 3-arylmethyl-7, 8-dihydro-6h-chromene-2, 5-diones from Baylis-Hillman adduct acetates under solvent-free conditions [J]. Tetrahedron Lett, 2008, 64: 5491.

[44] CHEN L, LI Y Q, HUANG X J, et al. N, N-dimethylamino-functionalized basic ionic liquid catalyzed one-pot multicomponent reaction for the synthesis of 4h-benzo [b] pyran derivatives under solvent-free condition [J]. Heteroat Chem, 2009, 20: 91.

[45] SEREDA G A, AKHVLEDIANI D G. Methylation of 1, 8-dihydroxy-9, 10-anthraquinone with and without use of solvent-free technique [J]. Tetrahedron Lett, 2003, 44: 9125-9126.

[46] KAUPP G, NAIMI-JAMAL M R. Quantitative cascade condensations between o-phenylenediamines and 1, 2-dicarbonyl compounds without production of wastes [J]. European Journal of Organic Chemistry, 2002, 8: 1368.

[47] TODA F. Solid state organic chemistry: Efficient reactions, remarkable yields, and stereoselectivity [J]. Acc Chem Res, 1995, 28: 480.

[48] YU H M, CHEN S T, TSENG M J, et al. Microwave-assisted heterogeneous benzil-benzilic acid rearrangement [J]. J Chem Res Synop, 1999: 62.

[49] GHIACI M, IMANZADEH G H. A facile beckmann rearrangement of oximes with $AlCl_3$ in the solid state [J]. Synth Commun, 1998, 28: 2275.

[50] ALIZADEH A, BABAKI M, ZOHREH N. Solvent-free synthesis of penta-substituted pyrroles: One-pot reaction of amine, alkyl acetoacetate, and fumaryl chloride [J]. Tetrahedron Lett, 2009, 65: 1704.

[51] MAHESWARA M, SIDDAIAH V, RAO Y K, et al. A simple and efficient one-pot synthesis of 1, 4-dihydropyridines using heterogeneous catalyst under solvent-free conditions [J]. Journal of Molecular Catalysis A: Chemical, 2006, 260 (1): 179.

[52] SEIJAS J A, VÁZQUEZ TATO M P, CARBALLIDO-REBOREDO R. Solvent-free synthesis of func-

tionalized flavones under microwave irradiation [J]. J Org Chem, 2005, 70: 2855.

[53] ITO Y, BORECKA B, TROTTER J, et al. Control of solid-state photodimerization of trans-cinnamic acid by double salt formation with diamines [J]. Tetrahedron Lett, 1995, 36: 6083.

[54] ITO Y, BORECKA B, OLOVSSON G, et al. Control of the solid-state photodimerization of some derivatives and analogs of trans-cinnamic acid by ethylenediamine [J]. Tetrahedron Lett, 1995, 36: 6087.

[55] ZAND A, PARK B -S, WAGNER P J. Conformational control of product ratios from triplet 1, 5-biradicals [J]. J Org Chem, 1997, 62: 2326.

第六节　制药工艺绿色环保新技术

化学药物对人类防病祛疾、延年益寿、提高生活质量起到了无法替代的作用。但是，化学工业的迅速发展和化学品的广泛应用，也给人类原本和谐的生态环境带来了严重的"三废"问题，这些"三废"伤害着人类居住的地球，威胁着人类的健康甚至生存。多年来，人们面对日益加剧的环境危机，越来越感觉到生活在一种不安全、不健康的环境之中。这种日益恶劣的生存环境引起了越来越多的有识之士和各国政府的极大关注。

1990年，美国国会颁布了《污染预防法案》，指出防止有毒化学物质危害的最好办法就是从一开始就不生产有毒物质和形成废物。这个法案推动化学界为预防污染、保护环境做进一步的努力。美国化学会提出了绿色化学（green chemistry）的概念。1995年，美国前总统克林顿发起"总统绿色化学挑战奖"，1996年首次颁发，每年一次，用来奖励在化学产品设计、制造和使用过程中融入绿色化学基本原则，并在从源头上减少或消除化学污染物方面卓有建树的化学家或企业。

一、绿色制药工艺的定义

绿色化学（green chemistry）又称环境友好化学（environmental benign chemistry）、清洁化学（clean chemistry）、原子经济学（atom economy），是20世纪末崛起的一门新兴学科，相对于传统化学，它是未来化学化工发展的主要方向之一。绿色化学是一门从源头上防止污染的化学，是当今国际化学学科的研究前沿，是具有明确社会需求和科学目标的新兴交叉学科。绿色制药工艺是以研究和发展生产API（药物活性成分，原料药）为目标，通过发展高效、合理、无污染的绿色化学，推行清洁生产达成的；以环境和谐、发展经济为目标，创造出环境友好的先进生产工艺技术，实现制药工业的"生态"循环和"环境友善"及清洁生产的"绿色"结果。概括而言，现代制药工艺的绿色化，其研究范围主要是围绕着原料、化学反应、催化过程、溶剂使用、分离纯化和产品的绿色化来展开的。

根据绿色化学观点的衍生我们可知，从科学观点看，绿色制药工艺是对传统制药工艺思维方式的更新和发展；从环境观点看，是从源头上消除污染；从经济观点看，绿色制药工艺主张在通过化学转换获取API的过程中充分利用每个原子，具有原子经济性。因此，它既能够合理利用资源和能源，降低生产成本，又能够防止污染，符合经济可持续发展的要求。绿色制药工艺的核心问题是研究新的反应体系，其中包括探讨新的合成方法、使用新的化学原料、探索新的反应条件、研制新的绿色药品。

二、绿色化学的原则

为了评价一个化合物、一条反应路线或一个工艺过程是否符合绿色化学目标，绿色化学的开拓者提出了绿色化学的基本原则。概括起来，它们主要有以下十二条[1]。

（1）预防环境污染：防止污染产生比污染产生后再治理更好。

（2）提高化学反应的原子经济性：合成方法的设计要使工艺过程中所有的物质最大限度地转化到终产品中。

（3）尽量减少化学合成中的有毒原料和有毒产物：设计的合成方法应采用和产生低毒或无毒的化学品。尽量采用毒性小的合成路线。

（4）设计安全的化学品：安全化学品的设计目标是在保持其最大性质和功能的同时，将其毒性降至最低。

（5）使用安全的溶剂和助剂：合成过程中尽量不使用助剂（如溶剂或分离试剂），若必须使用时，应使用无毒物质。

（6）能源经济性设计：为了提高经济效益，应尽量降低能耗，所以设计的合成方法尽可能在环境温度和压力下进行。为此需要开发和使用催化剂以改变反应途径。

（7）利用可再生原料：可再生原料一般是指各种生物原料，包括木本植物、农作物和森林残余物。其他在有限时间内可再生的物质也属于可再生资源。可再生原料没有枯竭的威胁，所以只要技术和经济上可行，应使用再生原料，这样才能可持续发展。

（8）减少衍生步骤：尽量减少和避免不必要的衍生步骤（如基团的保护和除去）。因衍生过程中必须要添加试剂，而且产生废物，消耗资源。

（9）新型催化剂的开发：传统反应中的催化剂与产物的分离往往比较困难，有时甚至不可能。其结果是既造成了污染，又造成了催化剂的浪费，合成效率也大为降低。开发低毒性、可回收利用的新型催化剂，将从经济和环保两方面获益。

（10）产物的易降解设计：设计化学产品时，应考虑使其在功能终止后能分解为可降解的无毒产品，不产生环境污染。

（11）预防污染的现场实时分析：开发实用的快速分析方法，实现在线监测，以便对有害物质提前控制。

（12）事故预防性的化学工艺：化学过程中使用的物质及其形态应选择使潜在的化学事故（泄漏、爆炸、火灾等）发生率降到最低。

以上原则主要体现了对环境的友好和安全、能源的节约、生产的安全性等，它们对绿色化学而言是非常重要的。在实施化学生产的过程中，应充分考虑以上这些原则。

三、绿色化学的研究方法——原子经济性

原子经济性这一概念最早是由美国斯坦福大学著名有机化学家 Trost（为此获得了 1998 年度总统绿色化学挑战奖）于 1991 年提出的[2]，即原料分子中究竟有百分之几的原子转化成了产物。理想的原子经济反应是原料分子中的原子百分之百地转变成产物，不产生副产物或废物，实现废物的"零排放"。这一概念引导人们去思考如何去设计有机合成。在合成设计中，如何经济地利用原子，避免用保护基或离去基团，这样设计的合成方法就不会有废物而是环境友好的。他提出用原子利用率（atom utilization，AU）衡量反应的原子经济性，认为高效的有机合成应最大限度地利用原料分子的每一个原子，使之结合到目标分子中（如加氢还原反应），达到零排放。

AU（%）=（目标产物的分子量/反应物质的原子量总和）×100%。例如，以下顺丁烯二酸酐的两条合成路线中原子利用率是不同的。

1. 苯氧化法

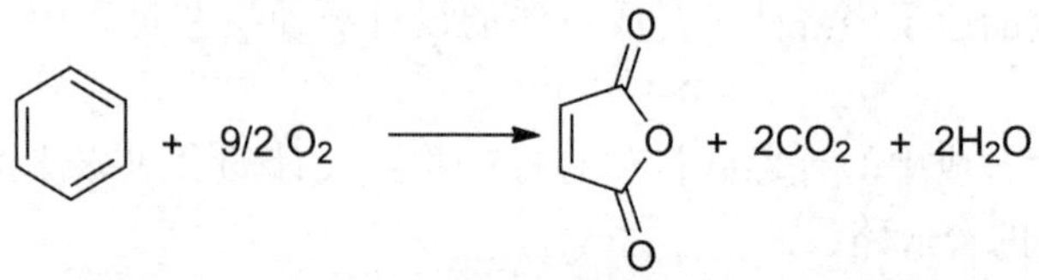

分子量　　78　　　　144　　　　　　98

AU(%)=98/（78+144）×100%=44.1%

2. 丁烯氧化法

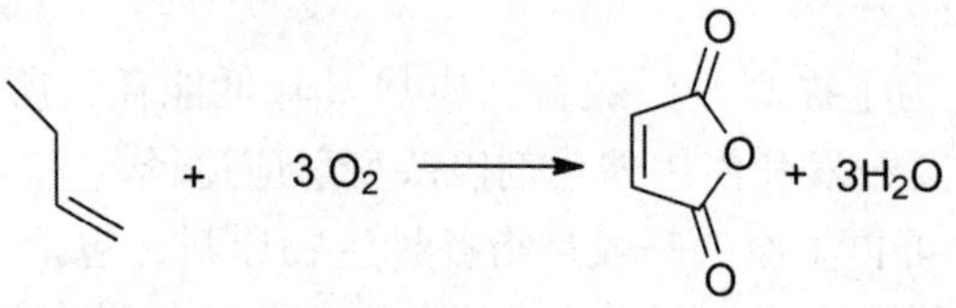

分子量　　56　　　　96　　　　　　98

AU(%)=98/（56+96）×100%=64.5%

　　绿色有机合成应该是原子经济性的，即原料的原子100%转化成产物，不产生废弃物。原子利用率越高，反应产生的废弃物越少，对环境造成的污染就越小。原子经济性的反应有两个显著的优点：一是最大限度地利用了原料；二是最大限度地减少了废物的排放。

　　传统的有机合成化学比较重视反应产物的产率，而较多地忽略了副产物或废弃物的生成。例如，Wittig反应是一个在有机合成中非常有用的反应，被广泛地用于合成含烯键的有机化合物（该反应路线如下），但从绿色化学的角度看，356份质量中只有14份质量被利用，从原子经济性角度考虑，原子利用率仅4%，而且还产生了80份"废物"溴化氢和278份"废物"三苯基氧膦。

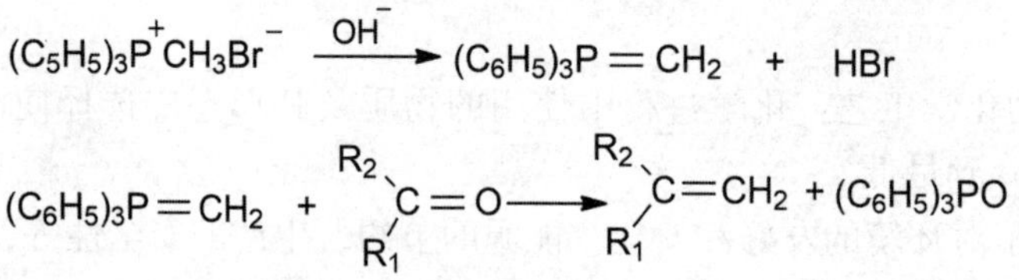

四、绿色制药工艺新技术

（一）使用绿色催化剂，提高原子利用率

　　催化剂的绿色化主要表现在催化剂的高效方面，催化剂的合理选择和应用是药物合成工艺过程中最关键的技术之一。传统的催化剂应进行改进，使其选择性、与反应体系的相容性、清洁性都进一步提高。绿色催化剂主要包括：①固体酸催化剂。是金属盐催化剂、金属氧化物催化剂、分子筛和杂多酸催化剂的总称，并且其本身也具有活性高、选择性强、反应后的产物易于分离且也可以多次循环利用的特点。②金属催化剂。包括有机金属配合物催化剂、金属氧化物催化剂和金属Pd催化剂。金属催化剂能够提高催化反应速率，使得反应条件温和。③酶催化剂。酶曾被许多人认为是化学反应中一种快速且专一的催化剂，近年来，酶在有机化学中的应用日渐广泛，人们已经将它高效、立体且具有灵活选择性的性能应用在有机化合物的合成中了。此外，酶还具有水解活性高的特点。

　　1. 固体酸催化剂　正确地选用催化剂，不仅可以加速反应的进程，极大地改善化学反应的选择性，提高转化率，提高产品质量，降低成本，而且可以从根本上减少或消除副产物的产生，减少污染，最大限度地利用各种资源，保护生态环境，这正是绿色化学研究所追求的目标，例如重要医药中间体环氧丙烷（又名氧化丙烯）的合成。

（1）传统方法——氯醇法：

$$CH_3CH=CH_2 + HClO \longrightarrow CH_3CHOHCH_2Cl + CH_3CHClCH_2OH$$

$$CH_3CHOHCH_2Cl + CH_3CHClCH_2OH + Ca(OH)_2 \longrightarrow \triangle O + CaCl_2 + H_2O$$

该法的缺点：①原子利用率低，仅为31%；②消耗大量的石灰和氯气，设备腐蚀和环境污染严重。

（2）新方法——钛硅-1（TS-1）分子筛催化氧化法：Ugine 公司和 Enichem 公司开发了以 TS-1 分子筛作为催化剂的新工艺。

$$CH_3CH=CH_2 + H_2O_2 \longrightarrow \triangle O + H_2O$$

新工艺的特点：①反应条件温和，常压，40~50℃。②氧源安全易得（30% H_2O_2），转化率高（以 H_2O_2 计算为93%）。③选择性高达97%以上，原子利用率达76.3%。④不足之处是 H_2O_2 成本高，且实际生产过程中还有其他问题需要考虑。

又如，目前烃类的烷基化反应一般使用氢氟酸、硫酸、三氯化铝等液体酸催化剂，这些液体催化剂的共同缺点是对设备的腐蚀严重、对人体有危害、产生废渣和污染环境。为了保护环境，多年来国内外正从分子筛、杂多酸、超强酸等新催化材料中大力开发固体酸烷基化催化剂。

2. 金属催化剂　手性药物与受体部分以手性的方式相互作用，这使得药物的两个对映体以不同的方式参与作用并导致不同的效果。现在手性药物的制备大多通过先合成这类药物的外消旋混合物，最后对其进行拆分而获得，从绿色化学角度分析，该合成途径原子经济性较差，会对环境造成一定的污染。

不对称催化反应能够实现催化剂的高效率和高选择性，通过不对称催化，不但可提供医药所需的关键中间体，且可提供环境友好的绿色合成方法。在不对称催化合成中，手性催化剂与反应底物和试剂作用生成高价态的反应过渡态（氧化加成），继之这种反应过渡态经历分子内重排，在发生还原消除之后给出所期望的光活性产物。手性催化剂在绝大多数情况下由过渡金属、手性配体、非手性配体和（或）配基组成，手性配体是手性诱导的来源。

由于前面相关章节我们已做详细的描述，有关金属催化剂和有机小分子催化在不对称催化反应中的应用本节不再做详细阐述。

3. 酶催化剂　在催化合成中另一重要的技术为生物催化，随着人们环保意识的提高及对酶促反应的逐步认识，酶在有机合成中的催化功能越来越受到关注。酶一直被认为是专一性强、效率高的生物催化剂，最近一些研究说明酶还具有催化多功能性，即酶的活性位点能够催化不同的化学反应。脂肪酶与水解酶类催化剂在合成中应用较多。

早在1997年，Clark 与 Dordick 等[3]首次利用酰化酶南极假丝酵母脂肪酶作为催化剂在乙腈中成功合成了一系列紫杉醇衍生物。

南极假丝酵母脂肪酶(乙腈中)　H_2O

上海有机化学研究所[4]于20世纪70年代末使用Baker's酵母进行羰基不对称还原反应，这是工业合成避孕药D-18-甲基炔诺酮的关键一步。Elilily公司用耐盐鲁氏酵母菌催化的甲基苄基酮还原合成LY-300164进行手性药物合成[5]，该药是一种可口服的苯并二氮杂䓬类药物，能有效地治疗神经系统退化性疾病。其（-）-异构体更有效。反应中利用酵母菌催化立体选择性还原酮得到近乎光学纯的手性醇。

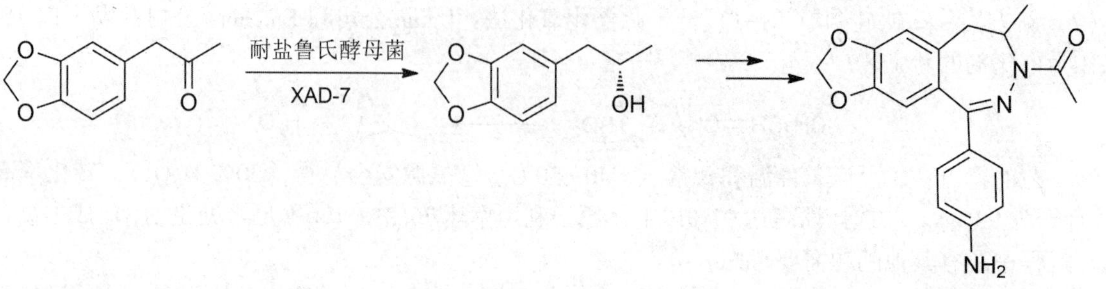

LY-300164

尽管酶催化技术在有机合成中逐渐被人们重视，但从总体上来看，生物催化技术仍处于很初级的研究阶段，有很多的工作仍有待深入进行。比如在高效酶催化体系的筛选与培育、新的酶催化体系的探索及相应的机制研究、酶的回收等方面还需要大量的研究。

（二）简化合成步骤

随着催化技术的进步，近年来化学工业在减少污染方面取得了一些重要的成就，但是，一些制药工艺领域所用的催化剂经常伴随着废水和其他污染物大量排放，因此需要不断地简化合成步骤，减少废物的排放。

布洛芬（Ibuprofen）的化学名为2-(对异丁苯基)丙酸，20世纪60年代由英国布茨（Boots）制药公司独家生产，于1969年开始用于临床。Boots公司合成布洛芬所用的Brown合成法从原料到产品要经过六步反应，其合成路线如下：

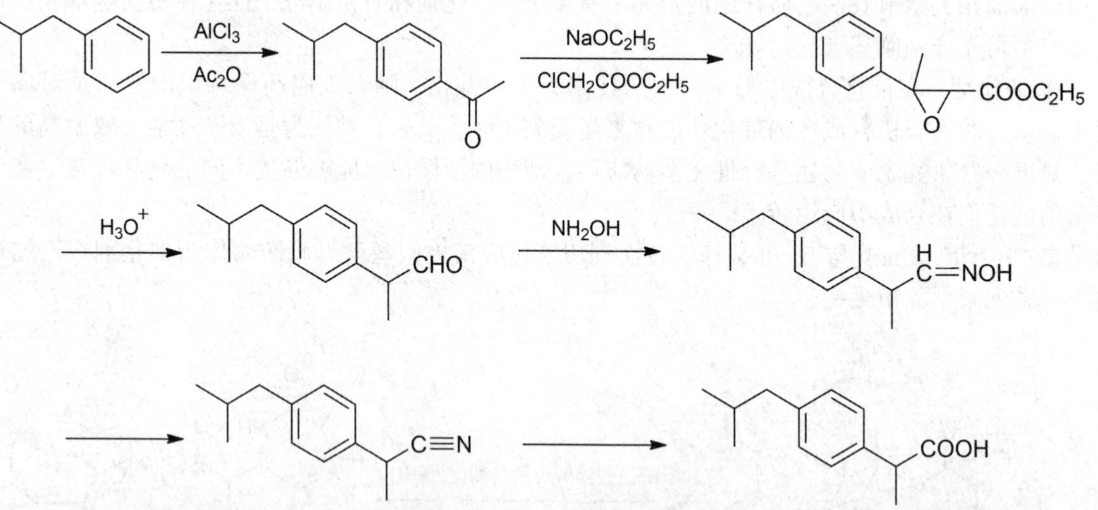

由于每步反应中的原料只有一部分转化为产物，而另一部分变成废物，该工艺所用原料中的原子只有40.03%进入产物，所以原子利用率不高，对环境造成严重污染。

20世纪80年代后期，西方国家相继发明了1，2-转位法和羰基化法新技术（BHC法），特别是德国BASF公司与Hoechst Celanese公司合资的BHC公司的羰基化法新工艺，以异丁苯为原料，经傅克酰基化、催化加氢和催化羰基化三步反应即可得到布洛芬，所用原料中的原子有77.44%进入产物中，极大地提高了原子利用率，减少了环境污染。羰基化法新工艺合成路线如下：

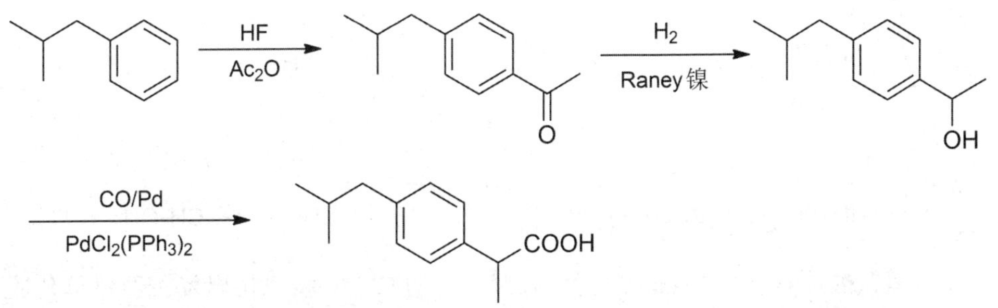

该反应原子利用率的提高有赖于无水氟化氢的使用。氟化氢在反应中既是催化剂又是溶剂，其中99%的 HF 可回收再利用。该合成路线成功的另一方面是采用过渡金属催化反应，如 Raney 镍催化的氢化反应及 $PdCl_2(PPh_3)_2$ 催化的羰基化反应。新的合成工艺大大减少了化学废物的排放量，该公司因此获得了 1997 年度美国总统绿色化学挑战奖。

（三）使用绿色化的原料

1. 利用可再生资源作为原料反应　原料的绿色化是绿色合成首要考虑的问题。生物原料是药物合成中重要的可再生资源，利用生物原料代替当前广泛使用的石油化工原料，是保护环境的一个长远的发展方向。生物原料主要是由淀粉及纤维素等糖类化合物组成，前者易于转化为葡萄糖，而后者则通过纤维素酶等转化为葡萄糖。糖类，又称碳水化合物，是存在于动植物体内具有众多生物活性的天然有机化合物，在药物化学领域，糖类药物的研究越来越被重视。药物中间体是化学合成药的基础，因此糖类药物中间体的发展快慢在一定程度上决定着糖类药物的发展。除糖类药物是以糖类为起始原料外，其他药物也可以用糖类作原料，如抗病毒药达菲的合成就曾经分别以 D-木糖、D-核糖、D-葡萄糖等可再生资源为起始原料。

2. 采用低毒或无毒无害的原料　现有化工生产中往往使用剧毒的光气（$COCl_2$）和氢氰酸等作为原料，为了人类健康和环境安全，需要用无毒无害的原料代替它们来生产所需的化工产品。在代替剧毒的光气作原料生产有机化工原料方面，碳酸二甲酯（DMC）起到了重要的作用。DMC 无毒且在无光气的环境中合成，如以甲醇和氧气或甲醇和二氧化碳为原料合成。

羰基化反应常用光气作羰基化试剂，但光气剧毒，且生产过程中产生大量的氯化氢，既腐蚀设备，又污染环境，用 DMC 代替剧毒的光气进行羰基化，可避免以上缺陷，如杀虫剂西维因的合成。

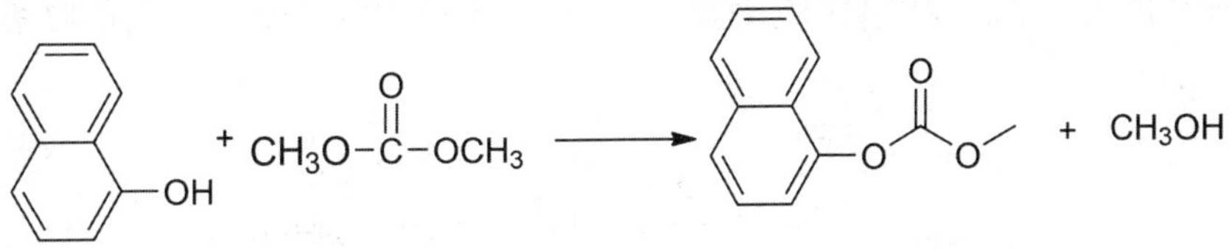

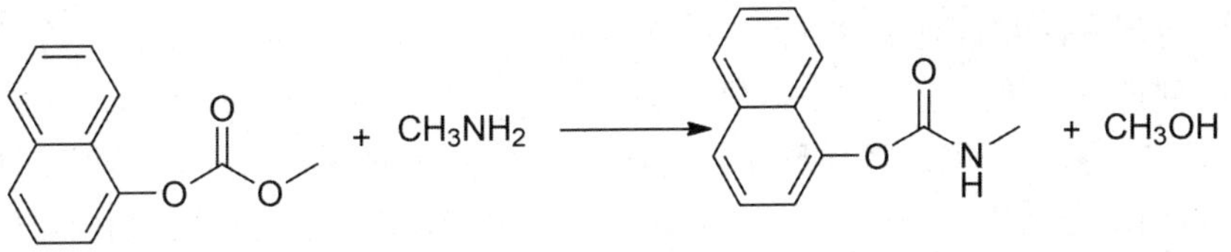

此外，DMC 亦能代替常用的甲基化试剂硫酸二甲酯及卤代甲烷，后两者均具有很强的毒性和致癌性。用 DMC 代替硫酸二甲酯来进行甲基化，可以避免生产过程中操作危险、腐蚀设备和污染环境，以及无机盐副产物的生成，如醚、胺的合成。

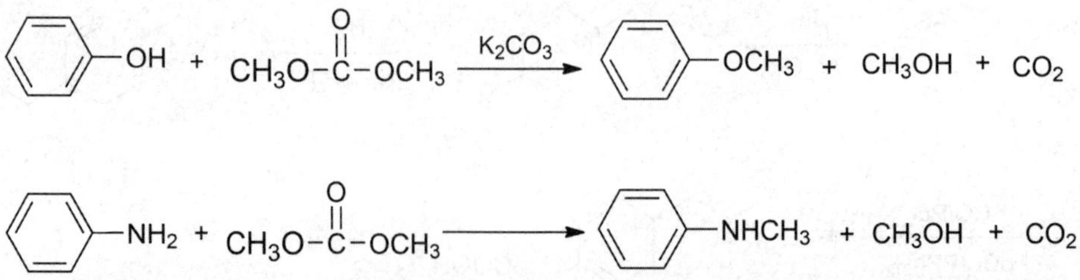

关于代替剧毒氢氰酸原料，Monsanto 公司从无毒无害的二乙醇胺原料出发，经过催化脱氢，开发了安全生产氨基二乙酸钠的工艺，改变了过去的以氨、甲醛和氢氰酸为原料的两步合成路线，并因此获得了美国总统绿色化学挑战奖中的变更合成路线奖。另外，国外还开发了由异丁烯生产甲基丙烯酸甲酯的新合成路线，取代了以丙酮和氢氰酸为原料的丙酮氰醇法。

（四）使用绿色化的溶剂

作为反应、分离及洗涤等的媒介，化学合成工业中会大量使用溶剂。在释放至环境或要处理的化学产品中，溶剂占了很大比例。当前广泛使用的溶剂是挥发性有机化合物，其在使用过程中有的会引起地面臭氧空洞的形成，有的会引起水源污染，因此，减少溶剂的使用、改进传统的溶剂、选择对环境无害的溶剂及开发无溶剂反应是绿色化学的重要研究领域。目前，越来越多的反应正广泛使用超临界流体、离子液体、水或无溶剂条件来作为反应媒介并取得了较好的效果。前面已介绍了离子液体、水相反应、无溶剂反应等，在此不再重复，这里重点介绍超临界流体。

在无毒无害溶剂的研究中，最活跃的研究项目是超临界流体（supercritical fluids，简称 SCF），超临界流体是指处于临界温度（T_c）与临界压力（P_c）之下的流体。研究发现，微小的温度、压力变化可引起超临界流体密度的很大变化；同时可以改变其介电常数和离子积，例如超临界水的离子积是常温水的 10 倍，其介电常数和一般的有机溶剂相当。这是超临界流体可以替代某些反应中高毒有机溶剂的原因。其中，超临界的二氧化碳流体（$SCCO_2$）以其临界压力和温度适中（临界点为 311℃，7 477.79kPa）、来源广泛、操作安全、价廉无毒等诸多优点而迅速发展为最常用的超临界流体。

超临界流体用作反应溶剂的研究国内外多有报道，涉及的有机反应也较广，主要有催化氢化、Diels-Alder 反应、烯键易位反应、环化反应、傅-克烷基化反应、酯化反应、氧化反应、烷基化反应、重排反应和水解反应等方面，它在绿色化学反应方面具有很大的潜在优势。最近 Leitner 已经证明用 $SCCO_2$ 比用二氯甲烷作溶剂更能提高氢化亚胺的催化效率，采用手性铱催化剂得到胺产物的收率为 80%，转化率为 99%，如下所示：

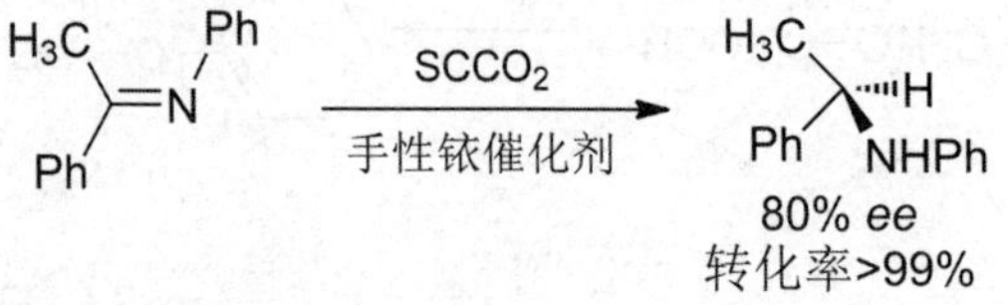

使用 $SCCO_2$ 作溶剂有许多商业应用价值，由 Nottingham 大学和 Thomas Swan 公司合作的一项技术就是利用 $SCCO_2$ 作溶剂进行氢化反应，并由此建立了一个完全利用超临界二氧化碳作为循环溶剂的工厂。在 2002 年 6 月开工的这家工厂里，将异佛尔酮（isophorone）转变为 3，3，5-三甲基环己酮（TMCH）是该工厂合成路线的第一步。传统条件下由 isophorone 制备 TMCH，由于过度氢化而生成副产物，需要进一步分离和纯化，而在 $SCCO_2$ 中生产 TMCH 则消除了后阶段的纯化工作。当然，该工厂是多用途的，可以通过改变反应器中的催化剂进而进行其他化学反应。

（五）使用绿色的强化技术

化学反应，特别是那些容易对环境产生不利影响者，为了实现清洁反应，必须在常规研究方法的基础上，采用新技术对过程进行强化。能用于过程的强化技术包括微波、超声波、光、等离子体、激光、磁等，通过有效合理地使用这些强化技术，使得某些反应效率具有突破性的提高。因为微波、等离子体在前面已述，这里不再重复。

1. 超声波　超声波能加速反应，缩短反应时间，提高目标产物产率和反应选择性，且反应条件温和，近年来更是作为一种绿色化学的有效手段广泛应用于有机化学合成中。例如，K10 黏土上的硝酸铈铵在超声波的强化下，可有效地氧化对苯二酚生成相应的苯醌。

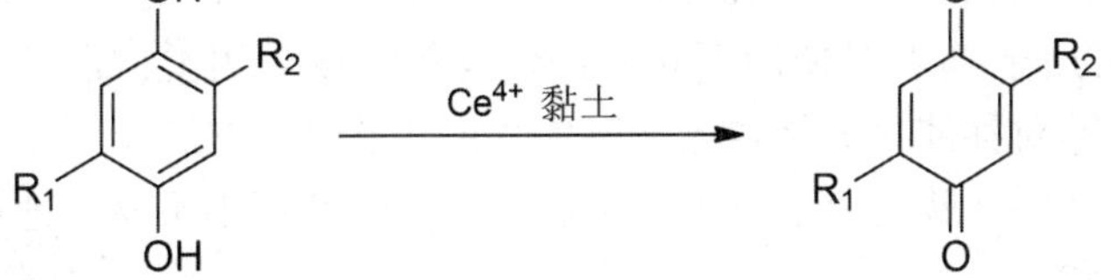

微波促进的芳香硝基化合物的还原也可在很短的时间内完成。例如：

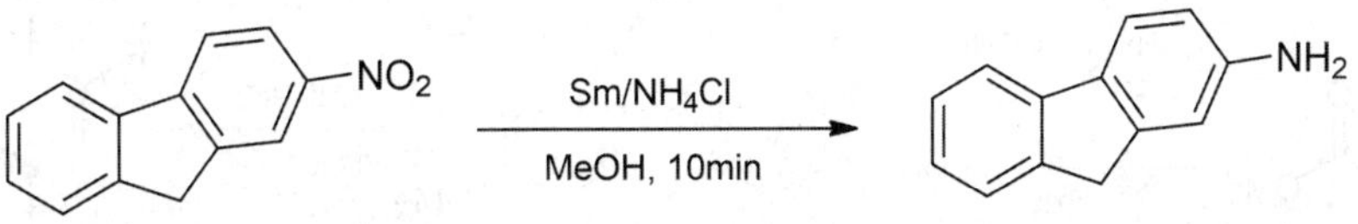

2. 光　在光驱动的化学反应中，紫外光和可见光是研究得最多的光源。紫外光和可见光由于其一定范围的波长，对于某些材料如二氧化钛、半导体等，具有激发价电子的某些能带的作用，这些光源本身及受光源激发的材料具有良好的氧化性能，因此广泛用于氧化反应、污染物处理等，具有极大的研究和开发价值。将〔Ru(bipy)$_3$〕$^{2+}$ 嵌入 Nafion 膜，以氧气为氧化剂，在光的激发下，可将硫醚氧化成相应的亚砜：

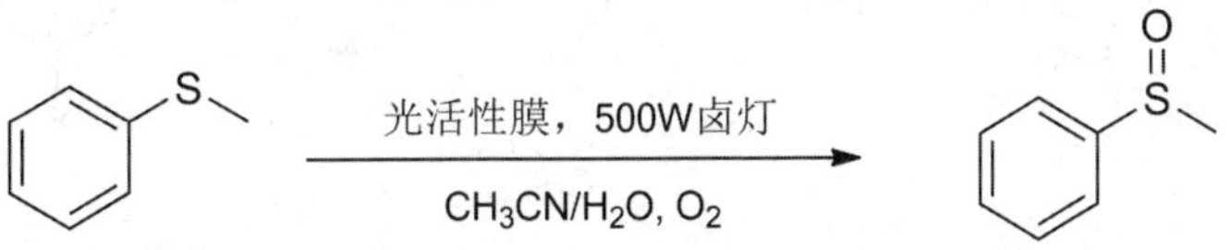

3. 激光　激光作为一种强化技术用于化学反应具有明显的优势。激光用于化学反应可以是低温过程；当催化剂失去活性时，可以用激光照射使之活性恢复；用高强度短脉冲激光照射反应物可生成短寿命的活化中心，使得反应加速（短寿命活性中心减少了其他二次反应的发生）。由于反应物受激光的激发很容易产生自由基，因此激光可以诱导自由基反应。

4. 磁场　尽管磁场的能量很小，通常情况下，1T 时引起生成自由焓的变化约 0.05J/mol，比起多数反应的活化能来说，外界磁场改变参加反应的原子和分子能量的程度微乎其微。但苏联科学家首先以令人信服的理论计算和可靠的实验结果，证实了磁场确实能影响化学反应，这种变化取决于化学离子的电子自旋，从而开始了一条控制某些重要化学反应和生化过程的新途径。

我国学者陈新斌等考察了磁场对 Schiff 碱配合物模拟甲烷单加氧酶催化性能的影响，发现铁配合物受外加磁场影响最大，且单核配合物受外加磁场的影响比双核配合物大。这对于揭示在地球磁场作用下，单核单加氢酶-细胞色素 P450 以铁卟啉为活性中心之奥秘有启示作用。

5. 电场　在包含热、质量、动量传递的许多物理和化学过程中，把流体置于强的电场下，其传递系数有较大的提高。若把足够强的电场（如 10^{10}V/m）作用于化学反应体系，则可显著地影响热力学平衡，甚至还会出现正常平衡的倒置现象。另外，电场还可以使参加反应的分子的键产生极化，使反应的活化能下降，从而提高反应的动力学特性，加快反应速率。电场也是用于化学反应的强化手段之一。

6. 强化技术的组合　各种强化方法如微波、超声波、等离子体、激光、磁场、电场等，均可在不同程度上有效地提高反应速率。这些强化方法在化学品的生产中起着促进作用，有时甚至是决定性的作用。有效地使用强化方法可顺利实现不易实现的过程。需要指出的是，强化过程的使用不是单一的，即在反应中可以综合使用这些强化方法的组合。只有掌握各种强化技术对于反应的作用机理，才能组合好不同强化技术，对各种反应进行优化组合。

五、绿色制药工艺的实例分析

（一）西格列汀的绿色合成工艺

西格列汀（sitagliptin）是默沙东制药在 2006 年获 FDA 批准上市的一种降糖药，为二肽基肽酶-4（DPP-4）抑制剂。本药的生产工艺是使用不对称催化氢化的成功例子，也是绿色制药的出色案例，其生产工艺的发展经历了从不对称催化氢化到无金属催化的生物酶工艺[6-9]。该药原来的工艺中包括引入基团的保护、脱保护，以及手性胺的定量使用等多步反应，这些都不可避免地增加了试剂种类及溶剂用量，与绿色化学原则相违背。

Hsiao 等[10]在第二代的合成工艺研究中，成功抛弃了辅助试剂手性胺的引入和手性诱导，对催化剂、手性膦配体，以及反应条件如溶剂、温度、压力、反应时间等工艺变量考察后发现，裸露的烯胺并不需要进行酰化，可以直接进行不对称催化氢化而高选择地制备光学活性的 β-氨基酰胺，ee 值高达98%，并成功实施了工业化生产，为此，默沙东制药获得了 2006 年的总统绿色化学挑战奖。当然，默沙东的第二代合成工艺同样也存在着一定的不足。

为进一步改进第二代的合成工艺，摒弃不足，默沙东和 Codexis 联合研究了更加绿色环保的生物酶技术，将中间体进一步转变为手性胺，而胺的供体为异丙胺，生成的副产物为丙酮[11]。经过改进的转氨酶与原来的酶相比，转化率提高了 25 000 倍，可在温和的条件下有效地进行不对称还原胺化，以 ee 值为 99.95% 的高度立体选择性合成了西格列汀。为此，默沙东制药和 Codexis 又获得了 2010 年的总统绿色化学挑战奖。

（二）普瑞巴林的绿色合成工艺

普瑞巴林（pregabalin，Lyrica）是辉瑞制药于2003年获FDA批准上市的治疗癫痫病和减少神经疼痛的药物，作为一个含手性碳的γ-氨基酸小分子，其合成的难度及对生产工艺的挑战是巨大的，该药合成工艺的绿色化也是一个渐进的过程。原始工艺为拆分：带有合适取代基的丙二酸经脱羧、催化氢化制得外消旋的γ-氨基酸，经过拆分得到光学纯的普瑞巴林[12]。由于使用了拆分工艺，一半物质被浪费了，这是有违绿色化学原则的。

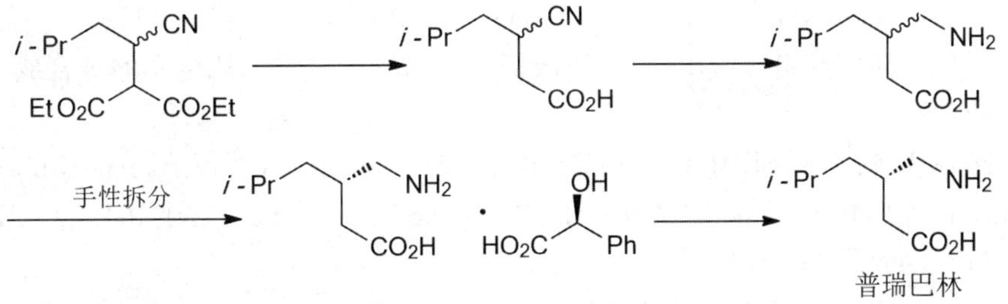

基于此，辉瑞重新设计了合成路线，成功运用不对称催化氢化法，通过使用有自主知识产权的Rh（Ⅰ）手性催化剂，高度立体选择性地合成了重要手性氰基化合物中间体，转化率为100%，ee值高达97.7%，经过进一步的后处理纯化，顺利得到所需产品[13]。

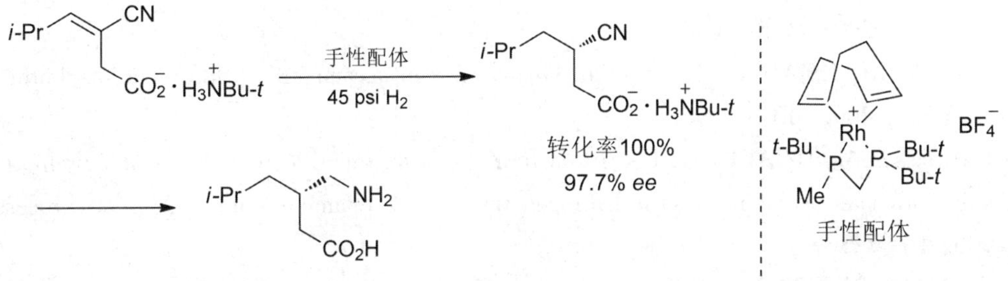

由于上法尚存在对底物纯度的要求严格、金属催化剂价格昂贵、手性膦配体不易制备且对氧敏感及残留金属在API中不易控制等不足，Tao等[14]筛选了一系列水解酶，找到了一种能在极其温和的条件下立体选择性水解外消旋丙二酸酯为丙二酸单酯（ee值98%）的脂肪酶，通过脱羧、水解和催化氢化制得普瑞巴林，纯度为99.5%，ee值为99.75%[15]，且另一光学异构体（R构型）能在碱性条件下有效地消旋化而循环使用。

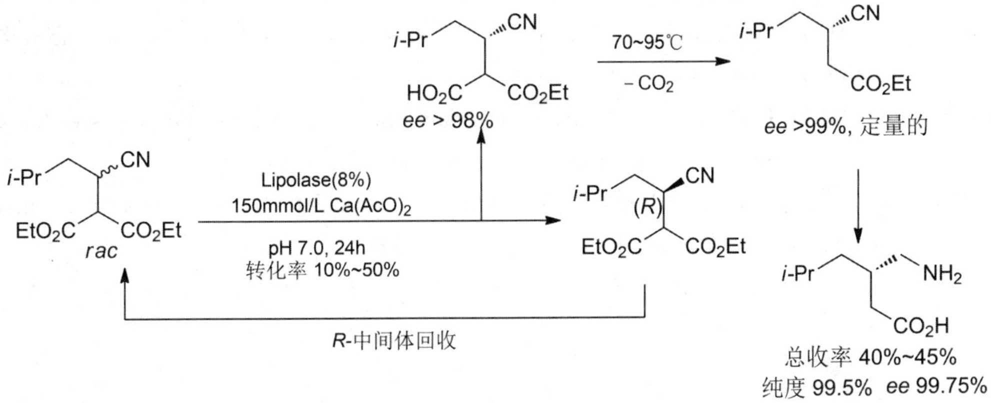

总之，绿色合成作为新的科学前沿已逐步应用于制药工艺，但真正的发展还需要从合成技术上、理论上、观念上等对传统的、常规的合成工艺进行不断的改革和创新。

参考文献

[1] ANASTAS P, WARNER J. Green chemistry：Theory and practice [M]. UK：Oxford University Press, 1998.

[2] TROST B M. The atom economy – a search for synthetic efficiency [J]. Science, 1991, 254 (1)：1471.

[3] KHRNELNITSKY Y L, BUDDE C, AMOLD J M, et al. Synthesis of water-soluble paclitaxel derivatives by enzymatic acylation [J]. J Am Chem Soc, 1997, 119 (47)：11554.

[4] 上海有机所甾体激素组. D-18-甲基炔诺酮及 D-18-甲基二烯炔诺酮的全合成 [J]. 化学学报, 1979, 37：1.

[5] ANDERSON B A, HANSE M M, ALLEN R H, et al. Application of a practical biocatalytic reduction to an enantioselective synthesis of the 5h-2, 3-benzodiazepine LY300164 [J]. J Am Chem Soc, 1995, 117 (49)：12358.

[6] HANSEN KB, BALSELLS J, DREHER S, et al. First generation process for the preparation of the DPP-Ⅳ inhibitor sitagliptin [J]. Org Process Res Dev, 2005, 9：634.

[7] IKEMOTO N, TELLERS DM, DREHER SD, et al. Highly diastereoselective heterogeneously catalyzed hydrogenation of enamines for the synthesis of chiral-amino acid derivatives [J]. J Am Chem Soc, 2004, 126：3048.

[8] HANSEN KB, HSIAO Y, XU F, et al. Highly efficient asymmetric synthesis of sitagliptin [J]. J Am Chem Soc, 2009, 131：8798.

[9] CLAUSEN A M, DZIADUL B, CAPPUCCIO K L, et al. Identification of ammonium chloride as an effective promoter of the asymmetric hydrogenation of a β-enamine amide [J]. Org Process Res Dev, 2006, 10：723.

[10] HSIAO Y, RIVERA NR, ROSNER T, et al. Highly efficientsynthesis of β-amino acid derivatives via asymmetrichydrogenation of unprotected enamines [J]. J Am Chem Soc, 2004, 126：9918.

[11] SAVILE CK, JANEY JM, MUNDORFF EC, et al. Biocatalytic asymmetric synthesis of chiral amines from ketones applied to sitagliptin manufacture [J]. Science, 2010, 329：305.

[12] HOEKSTRA M S, SOBIERAY D M, SCHWIND M A, et al. Chemical development of CI-1008, an enantiomerically pure anticonvulsant [J]. Org Process Res Dev, 1997, 1：26.

[13] DUNN PT, HETTENBACH K, KELLEHER P, et al. Green chemistry in the pharmaceutical industry [M]. Weinheim：Wiley-VCH, 2010：161.

[14] TAO J, ZHAO L, RAN N. Recent advances in developing chemoenzymatic processes for active pharmaceutical ingredients [J]. Org Process Res Dev, 2007, 11：259.

[15] MARTINEZ C A, HU S, DUMOND Y, et al. Development of a chemoenzymatic manufacturing process for pregabalin [J]. Org Process Res Dev, 2008, 12：392.

第七节　串联反应

　　串联反应（cascade reactions）是一种从相对简单、易得的原料出发，直接获得结构新颖、复杂分子的高效有机合成方法。许多复杂分子的合成经常需要多步完成，涉及烦琐的分离和提纯。从经济和环保角度看，有必要减少步骤，最大限度地避免中间体的分离与提纯。这种策略体现在"原位"的一锅合成法（onepot synthesis）中，就是通常所说的串联反应。它不是在一个反应瓶内简单地接连进行第二步独立反应，而是第一步反应生成的活泼中间体接着进行第二步、第三步的反应。

　　串联反应中往往涉及一系列分子间和分子内的反应过程。在这些过程中，一个反应的产物恰好转变成另一个反应的底物，从而使得这些中间体的整个转化过程最终成为一个经过巧妙设计的有机化学反应。因此，这类反应省略了中间产物的分离提纯，无论是从环境保护还是从经济性角度来看，对于现代合成化学都是非常有吸引力的。

　　串联反应普遍存在，譬如在生物体内合成饱和脂肪酸的过程。有机合成中串联反应应用最经典的实例是 Robinson-Schopf 反应合成托品酮 **1**。它最早的全合成是由 Willstätter（1915 年诺贝尔化学奖得主）在 1901 年完成的。Willstätter 等以环庚酮[1]作为起始原料，尽管路线中每一步的产率均较高，但由于步骤较多，使总产率大大降低，只有 0.75%。1917 年，Robinson 根据自己提出的生物碱生源合成的假设，采用 1，4-丁二醛 **3**、甲胺和一种丙酮的衍生物 **4**（如丙酮二羧酸或丙酮二甲酸单甲酯）发生 Mannich 缩合反应，仅通过三步反应（一锅反应）就合成了托品酮[2]，而且产率达到 17%，经改进后可以超过90%[3]，后来被称为 Robinson-Schopf 缩合反应，现广泛应用在有机合成中。

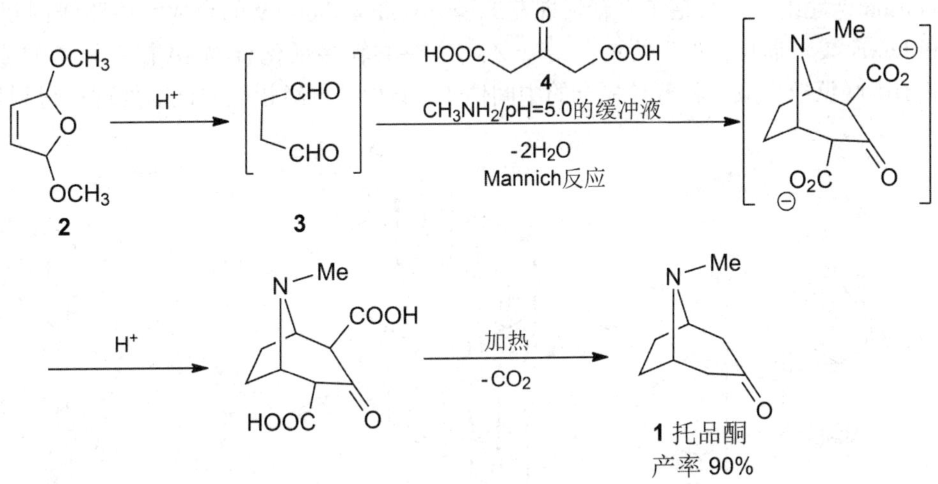

　　目前，串联反应已成功地应用于不对称合成及杂环化合物的合成中，特别是对于有光学活性的天然产物和复杂分子，串联反应体现了无须分离中间体、产率高等一般方法所不具备的优越性。随着研究的不断深入，又出现了许多新的串联反应，特别是在有光学活性的天然产物分子的合成中，相关报道相对较多。

　　在串联反应中涉及两个或两个以上的键（常指碳碳键）形成，该过程发生在相同的反应条件下，没有添加额外的试剂和催化剂，能提高许多天然产物的合成效率，也符合绿色化学的目标。本节中我们按照串联反应的引发机制及典型特征，将其分为阳离子串联反应、阴离子串联反应、自由基串联反应、周环串联反应、过渡金属催化的串联反应和其他串联反应，并对最近几年串联反应在有机合成和药物合成中的研究进展进行阐述。

一、阳离子串联反应

阳离子串联反应需酸催化，常使用的酸包括一些无机酸、有机酸、固体酸、Lewis 酸和阳离子交换树脂等。该串联反应常应用于以共轭多烯为原料的多环化合物（如甾体化合物）的仿生合成和一些杂环化合物的合成中。

Johnson 课题组[4,5]所报道的黄体酮类化合物 **5** 的合成就是个很巧妙的例子。单环的三烯类化合物 **6** 在三氟乙酸的作用下，以 71% 的收率合成四环类化合物 **7** 的过渡态，再经臭氧氧化得到目标产物。

继而，Johnson 课题组[6]又报道了三萜烯槐花二醇（sophoradiol）**9** 的合成，该路线创新性地利用了酸（质子酸和 Lewis 酸）催化，如下所示，（E, Z, Z）-共轭多烯化合物 **10** 在三氟乙酸或 SnCl₄ 作用下，发生阳离子串联反应生成两种五环稠合的中间体 **11** 和 **12**，再经相应的试剂处理，得到目标产物。

多取代的双环吡啶酮类化合物 **13** 存在于多种天然产物中，且具高效的生物活性作用。最近，Yan 课题组[7]报道了利用阳离子串联反应合成该类化合物的方法。他们通过筛选一些质子酸发现，在冰醋酸催化作用下，杂环烯酮化合物 **14**（HKAs）和噁唑酮类化合物 **15** 发生 Michael 加成反应，得到亚胺类中间体 **16**，该中间体存在亚胺-烯胺的互变异构化，经环化作用后的产物 **17** 由烯醇和酮式互变异构化后得到相应的目标产物 **13**，该反应的收率为 72%~90%。

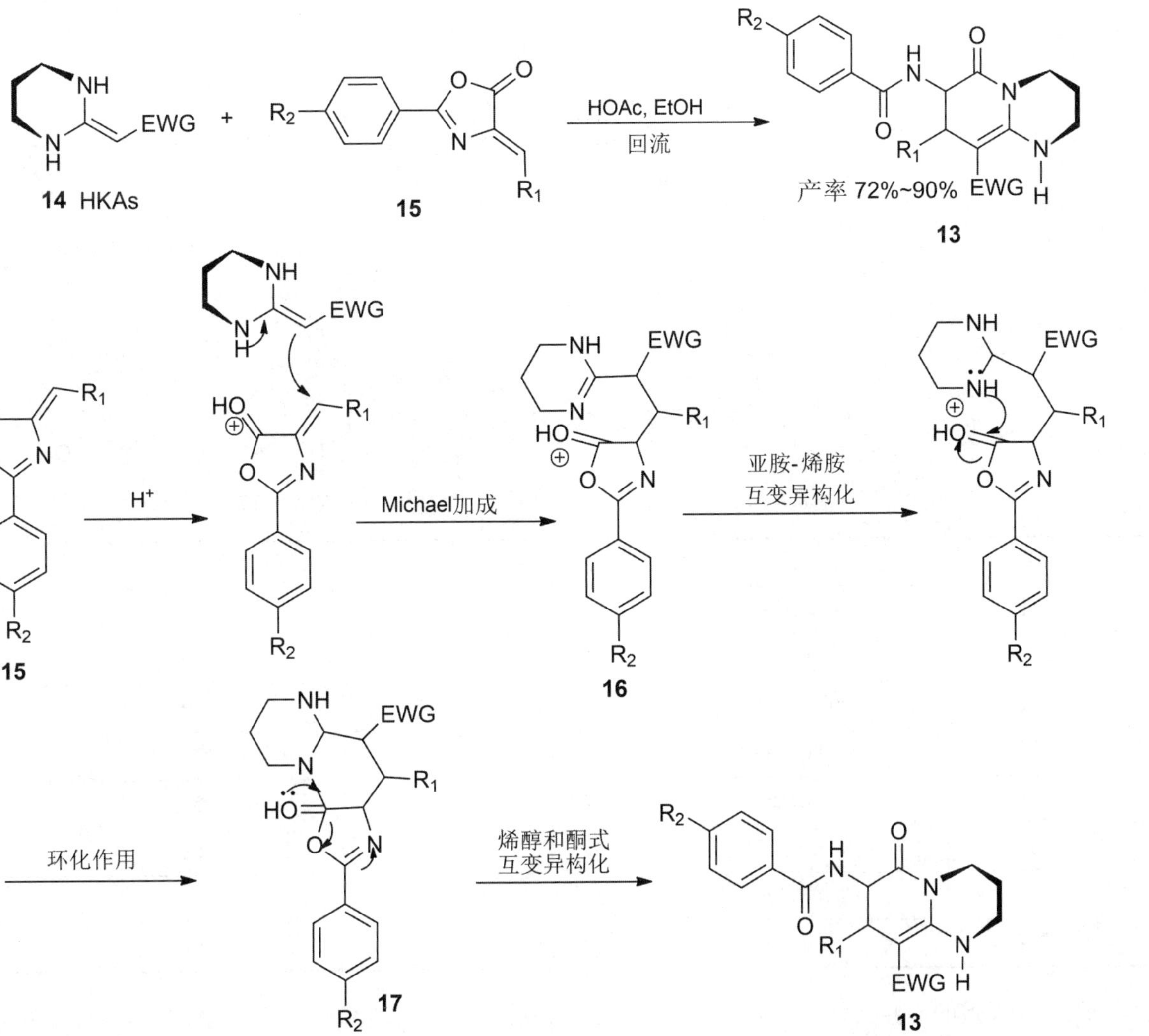

Cheng 课题组[8]利用 α, β-不饱和酮 **18** 和 2-取代的香豆酮 **19** 发生串联不对称的 Michael-Aldol 反应，合成了 400 个灰黄霉素的类似物 **20**，并筛选了它们的活性。以甲苯作溶剂，20mol%三氟乙酸作为催化剂，利用 10mol%金鸡纳碱衍生物所得的催化剂 **21** 催化该串联不对称 Michael-Aldol 反应时，收率能达 99%，非对映选择性达 99% *ee*。

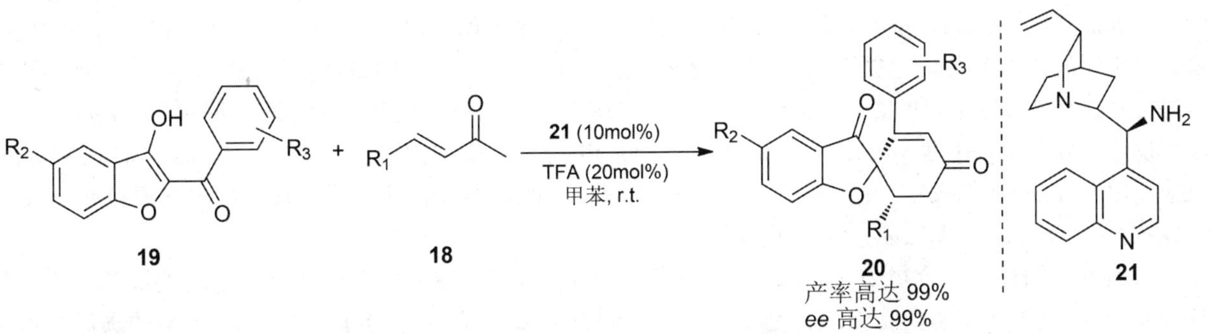

Li 课题组[9]发展了利用阳离子交换树脂催化绿色合成 4-二氢-2*H*-吡喃类化合物 **22**，以二氢吡喃 **23** 和对位取代的苯胺 **24** 为原料，通过筛选 AG® 50W-X2、Amberlite® IR-120、DOWEX® 50WX4-200R 和 Nafion® H 四种阳离子交换树脂催化剂，他们发现以水作溶剂，AG® 50W-X2 作催化剂，80℃的条件下反应，可得到相应 *cis* 式和 *trans* 式产物 **22**（反应总收率能达 79%）。

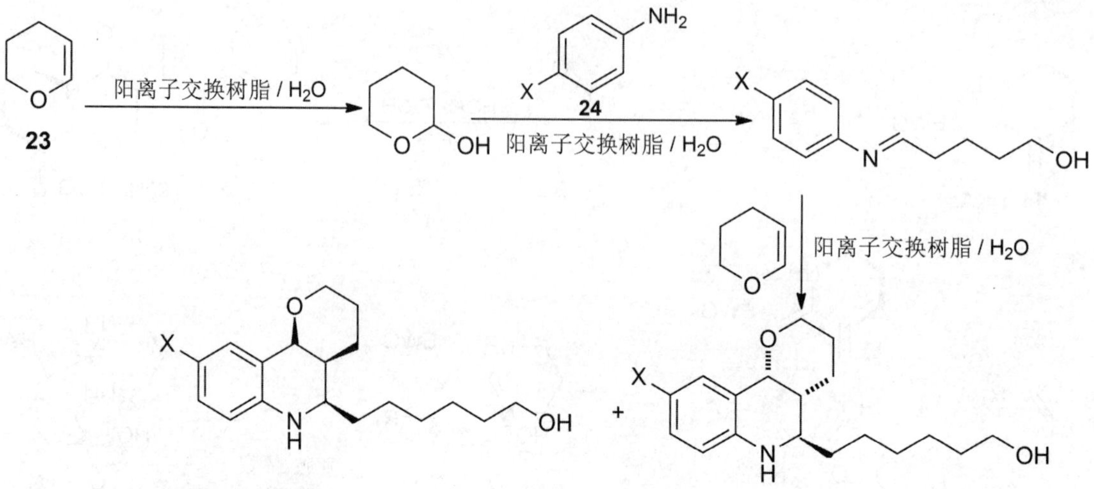

X	条件	cis : trans(%)	总产率（%）
H	80℃/2h	47:53	77
OMe	80℃/4h	47:53	69
Me	80℃/1.5h	55:45	79
Cl	80℃/1h	51:49	72
Br	80℃/2h	44:56	59
F	80℃/1.5h	58:42	68
CN	80℃/7h	34:66	69
NO_2	80℃/7h	26:74	71

　　除上述报道的一些酸外，其他一些酸如三氟甲磺酸、三氟化硼乙醚、四氯化钛及活性硅胶等亦有报道用于催化阳离子串联反应。

二、阴离子串联反应

（一）Michael 加成相关的串联反应

　　众所周知，Michael 加成反应是指碳负离子作为亲核体对 α，β-不饱和醛、酮、酯、腈和硝基化合物等的共轭加成反应，它是有机合成化学中构筑碳–碳键的极为重要的方法之一。Michael 加成相关的串联反应是较为常用的，该串联反应常需碱或有机小分子作催化剂，且涉及不对称催化的问题，因此，发现和筛选一些对映选择性高的不对称催化剂也是该课题一直以来的研究热点。根据最近的研究进展，Michael 相关的串联反应主要包括：串联 Michael–Aldol 反应、串联 Michael 加成–环化反应、串联 Michael–Wittig–Horner 反应、串联 Michael 加成–消去反应、串联不对称 Michael 加成–分子内亲核取代反应和串联不对称 Michael 加成–分子内 Mickalis–Arbazov 重排反应等。

　　具有光学活性的化合物 **25** 可由 **26** 与硝基烯烃发生 Michael 加成反应得到。其中的关键是，生成的 Michael 加成产物饱和硝基烷烃 **27**，是 **28** 的互变异构体，**28** 中硫原子分子内进攻 C＝N 的碳原子而关环，再消除一分子水形成 **29**（当 $n=1$ 时收率为 58%～86%，$n=2$ 时收率通常在 50% 左右），进一步处理便得到目标物 **25**[10]。

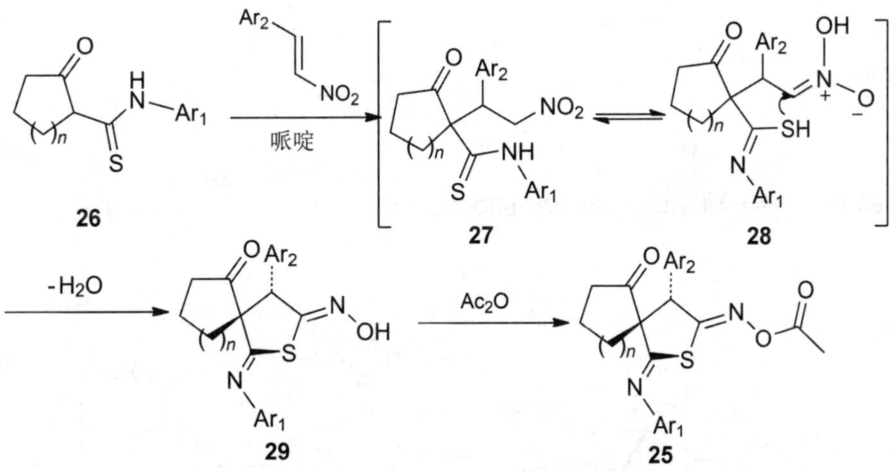

Bisabolanes**29** 具有灭蚊和杀菌等活性，Chuzel 等[11]利用串联 Michael-wittig-Horner 反应，先由不饱和醛类化合物 **30** 发生 Michael 加成得到中间体 **31**（收率一般 47% 左右），该中间体再经过两步反应便合成了 Bisabolanes 衍生物 **29**（R=Me）。

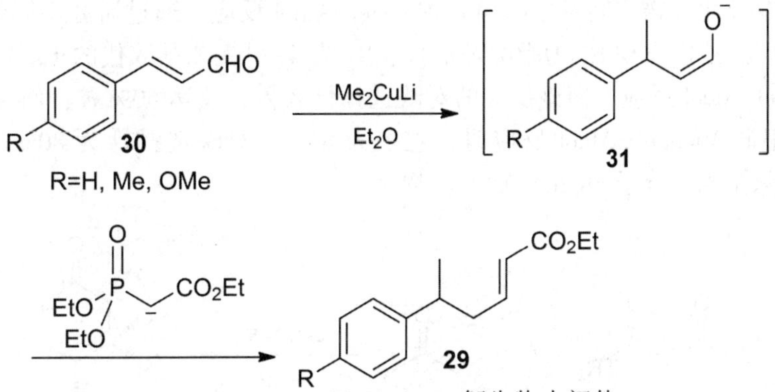

3，5-二烷基苯乙酮（苯甲酸甲酯）**32** 是合成具有潜在抗增殖活性的类维生素 A 酸的重要中间体，可由 1，3-二硝基烷烃 **33** 和共轭烯二酮 **34** 发生串联 Michael 加成-消去反应一锅法合成，该法所制备的产物单一，且无烷基异构现象[12]。

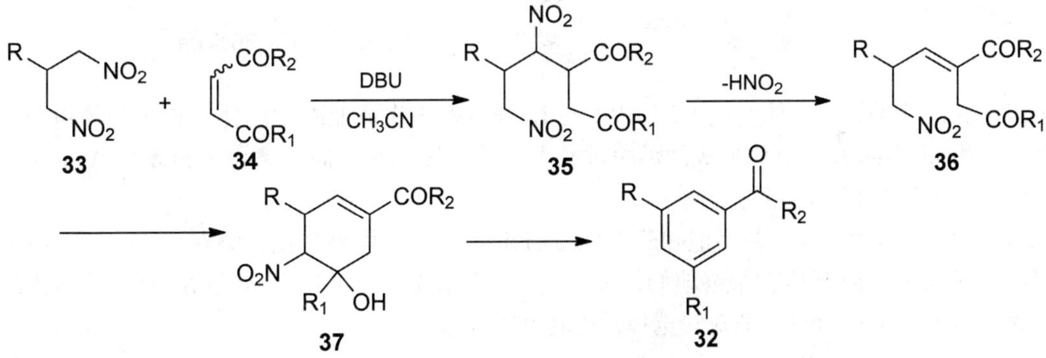

Rodriguez 课题组报道了[13]应用五步具有高度非对映立体选择性的串联 Michael-Aldol-retro-Dieckmann 反应（串联 MARDi 反应）合成多官能团的环庚烯类化合物 **35** 或 **36**。他们用 β-环酮酯衍生物 **37** 或 **38** 和 2-取代的丙烯醛 **39** 为原料，DBU（1equiv）作碱，甲醇作溶剂，以高达 98% 的反应收率得到相应的目标产物，这一高度的非对映立体选择性的串联反应的机理应是中间过渡态 **40** 中大基团均处于环平面的 e 键，且 C-3 位 R 基团与 C-1 位 COOMe 官能团处于 1，3-顺式，为优势构象。

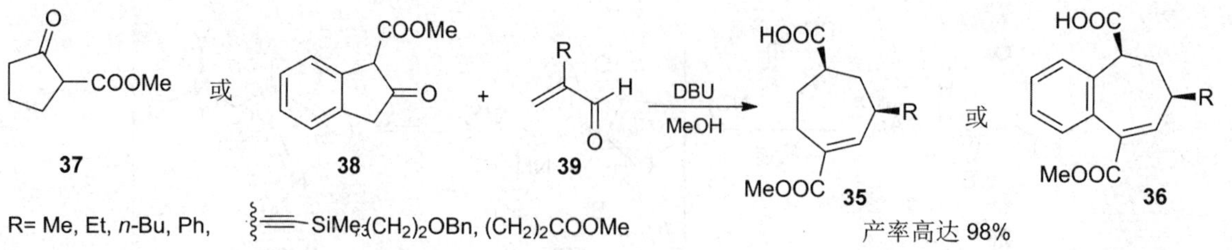

37
38
39
DBU
MeOH
35
36
R= Me, Et, n-Bu, Ph, SiMe3, (CH2)2OBn, (CH2)2COOMe
产率高达 98%

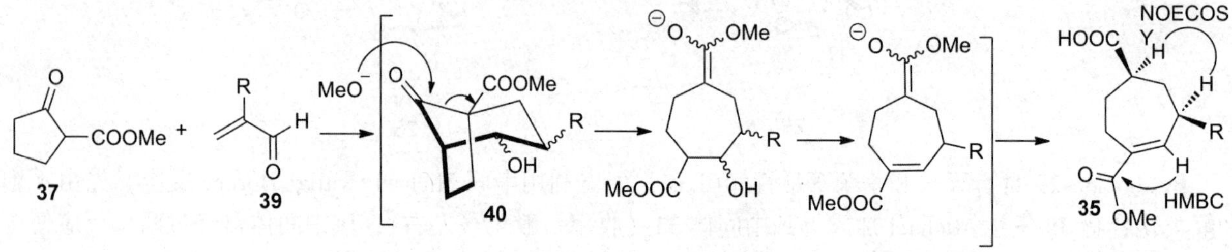

37
39
40
35
NOECOS
HMBC

Gryko 等[14]报道了在 1-甲基-2-吡咯烷酮（NMP）溶剂中以 L-脯氨酸催化，甲基乙烯基甲酮（MVK）与 1，3-二酮类化合物之间发生的串联 Michael-Aldol 反应。通过研究不同的 1，3-二酮类化合物与 MVK 发生反应时，他们发现 R_1 为吡啶环取代、R_2 为 4-甲氧苯基取代的 1，3-二酮能以 93%的高收率发生串联 Michael-Aldol 反应，但该反应的对映选择性较差，仅达 50% *ee*；而当 R_1 和 R_2 均为吡啶环取代的底物发生串联 Michael-Aldol 反应时，收率为 81%，对映选择性为 80% *ee*，但 MVK 与其余 1，3-二酮类化合物只生成一分子 Michael 加成产物。

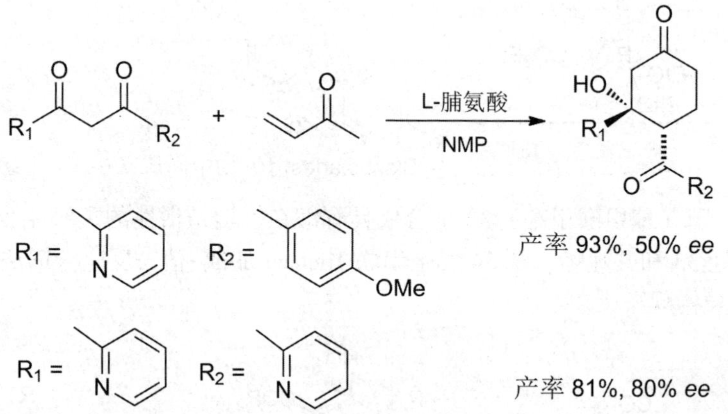

L-脯氨酸
NMP
产率 93%, 50% ee
产率 81%, 80% ee

关于该串联反应的机理，他们认为是 MVK 与 L-脯氨酸先生成亚胺中间体，该中间体再与 1，3-二酮类化合物发生 Michael 加成反应形成的烯胺过渡态，此过渡态在不同的条件下再发生 Aldol 成环反应，并在水合的作用下得到相应的目标产物。

Wang 课题组[15]报道了 α，β-不饱和醛类化合物和 2-巯基苯甲醛类化合物在（*S*）-吡咯烷不对称催化下的串联 Michael-Aldol 反应，最终他们发展了（*S*）-吡咯烷硅醚类化合物［（*S*）-1］为最优的不对称催化剂，该反应产率能达 96%，非对映选择性能达 95% *ee*。

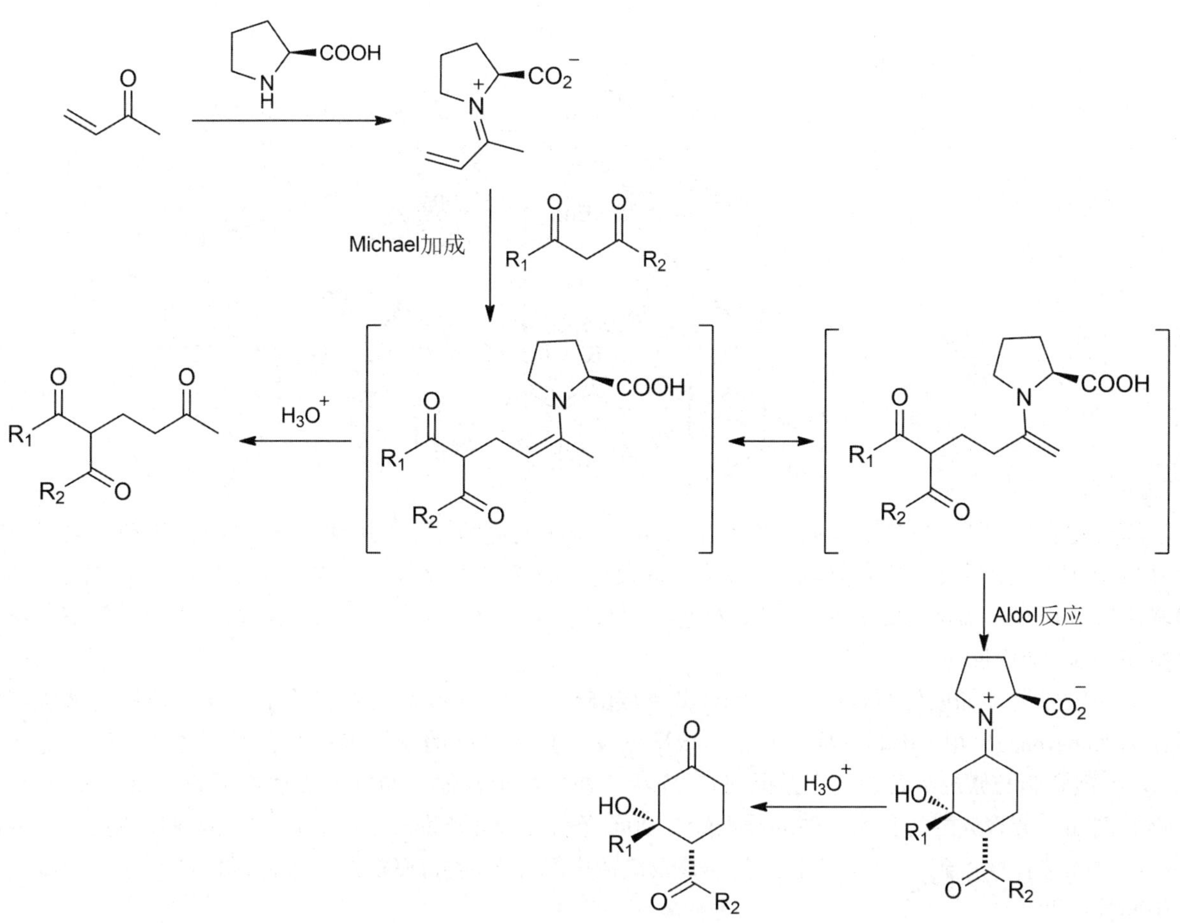

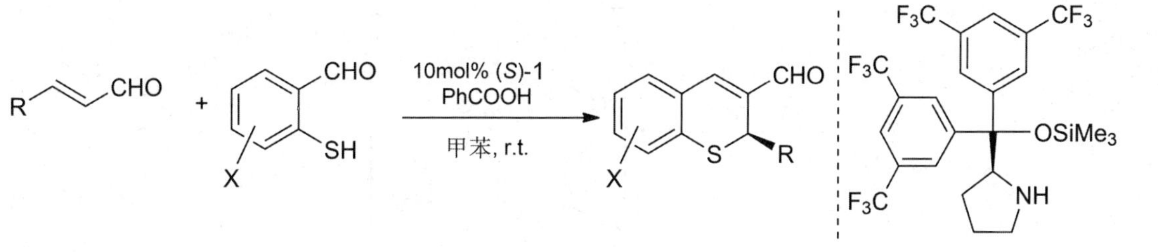

R	X	产率（%）	ee（%）
Ph	H	85	94
2-MeO-C$_6$H$_4$	H	96	94
Et	H	81	95
n-C$_3$H$_7$	H	96	94
Me	5-MeO	80	93
Me	5-Me	97	90

（二）其他类型阴离子串联反应

除上述与 Michael 加成相关的串联反应外亦有许多其他类型阴离子串联反应，如下所示，常见的报道有 Knoevenagel-Ene 串联反应、Knoevenagel-Diels-Alder 串联反应、Kröhnke 缩合-亲核环化-ANRORC（亲核加成-开环-闭环）串联反应等。

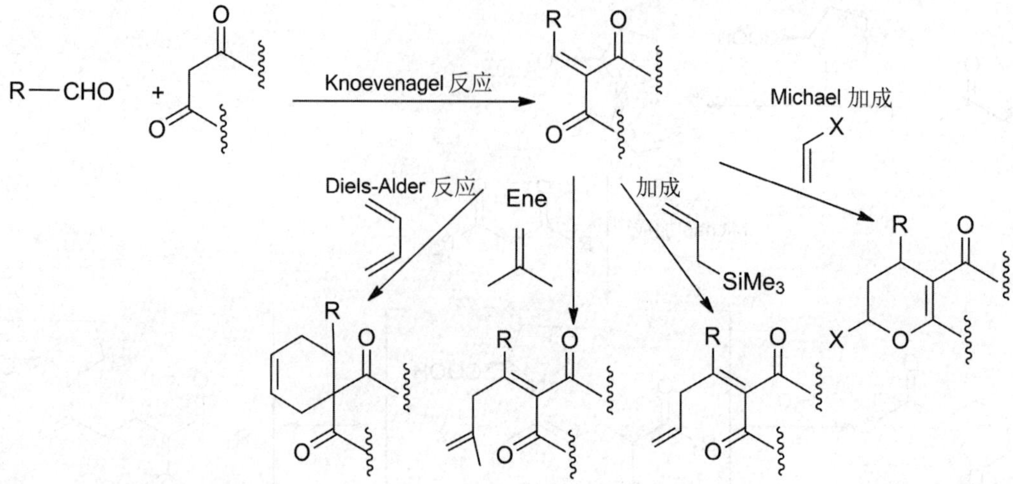

　　醛类化合物和 1，3-二羰基化合物发生 Knoevenagel 反应所得到的产物，可以与低能量的最低空轨道（LUMO）高度活泼的烯烃类化合物发生串联反应。该烯烃类化合物可作为亲二烯体发生 Diels-Alder 串联反应或作为亲烯试剂发生 Ene 串联反应；也可以作为受体和烯丙硅烷类化合物发生加成反应，或者发生 Michael 加成反应。

　　芳香族醛类（如取代的苯甲醛）、稠合芳香族醛类（如萘甲醛）和侧链含有双键的脂肪族醛类都可以作为 Knoevenagel 相关串联反应的底物。该串联反应具有极高的立体选择性，对于芳香族醛类底物和 α，β-不饱和脂肪族醛类底物而言，得到 cis 环状产物；对于其他脂肪族醛类底物而言，得到 trans 环状产物。例如，芳香族醛类和丙二酸环异丙酯在 20℃条件下发生 Knoevenagel-Diels-Alder 串联反应，便以极高的立体选择性得到 cis 环状产物，虽然该反应的中间体未能分离纯化，但经在线 NMR 手段跟踪到了该中间体[16,17]。

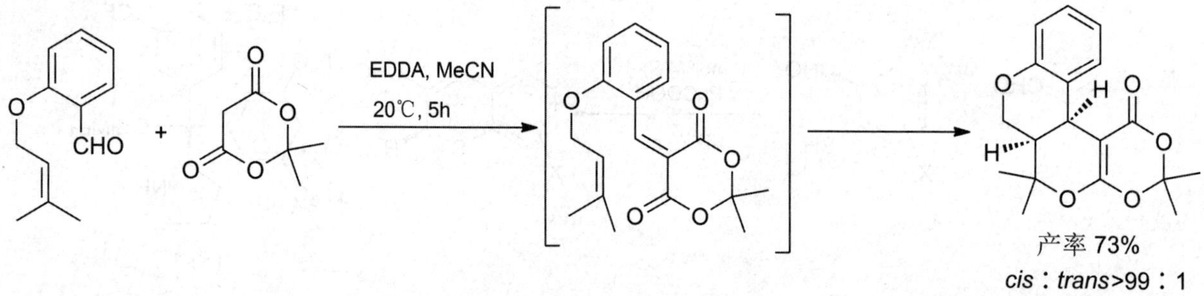

产率 73%
cis：trans>99：1

　　在上述反应中若使用其他杂原子取代的芳香族醛类底物可以得到许多杂环类化合物。此外，当醛类化合物为（E）-苯基取代的亲二烯体时，发生 Knoevenagel 反应后该 E 型双键的构型将会保持。关于环合反应的过程是协同机理还是逐步分段机理人们已用（E）-$^{13}CH_3$ 标记的芳香醛类化合物进行了研究[18]。

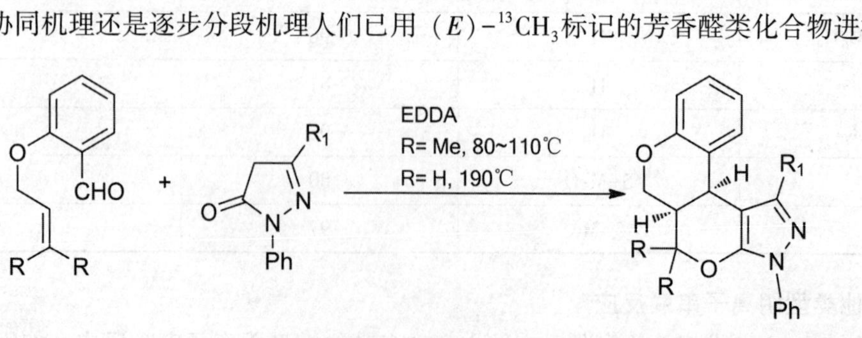

产率 74%~91%

R = Me R_1	cis : trans	R = H R_1	cis : trans
H	4.62 : 1	H	3.16 : 1
Me	16.75 : 1	Me	16.7 : 1
Ph	4.49 : 1	Ph	10.2 : 1
^{t}Bu	44.5 : 1	^{t}Bu	10.3 : 1

如下所示，在 Knoevenagel-Diels-Alder 串联反应的底物中，Tietze 等报道了一些其他常见的芳香醛类与诸如吡唑酮类、吡咯酮类化合物等 1,3-二羰基类化合物替代物之间的串联反应[19,20]。

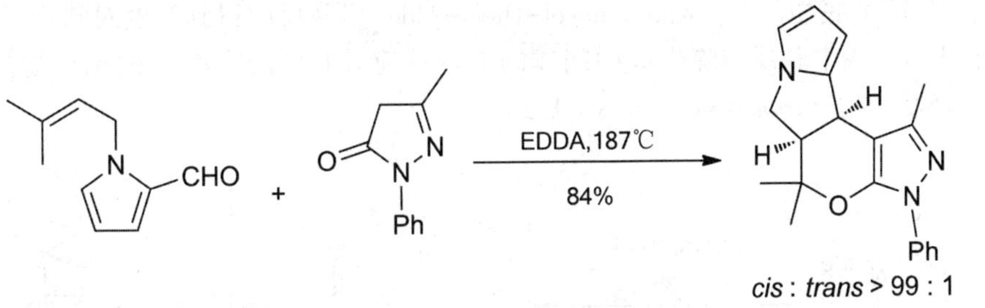

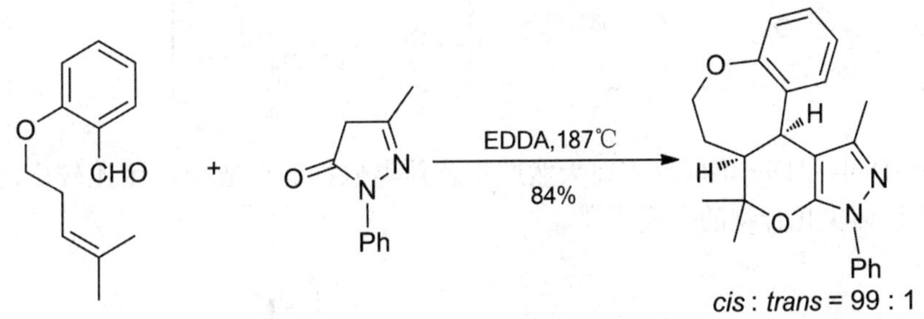

cis : trans > 99 : 1

cis : trans = 99 : 1

应用一些手性 1,3-二羰基类化合物能够以非对映选择性反应得到 de>98% 的目标产物。如下所示，由于中间体 (Z)-苯亚甲基-1,3-二羰基类化合物的构型类似于沙发构型[21]，该环合反应发生在两个手性中心的大基团同侧，得到产物，该产物水解后以 76% 的收率得到相应的内酯及合成麻黄碱的手性辅助剂[22]。

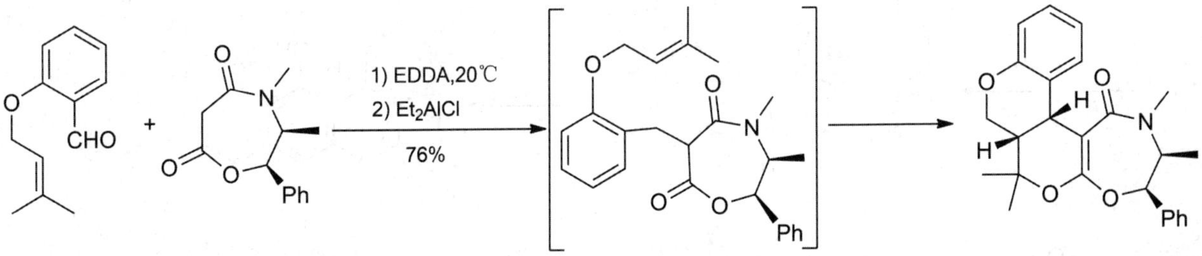

另外，一些手性 Lewis 酸催化剂亦能促使 Knoevenagel-Diels-Alder 串联反应对映选择性地发生。例如，如下所示，由 TiCl$_4$ 或 Ti (O-i-Pr)$_4$ 与双叉酮保护的葡萄糖衍生化得到新型 Lewis 酸催化剂，既能催化 Knoevenagel 反应，也能催化 Diels-Alder 反应，且该反应的对映选择性有极高的温度依赖性，产物 ee 达 88%。25℃ 条件下产物的 ee 最高，然而温度过低或过高产物的 ee 值均会骤降[23]。

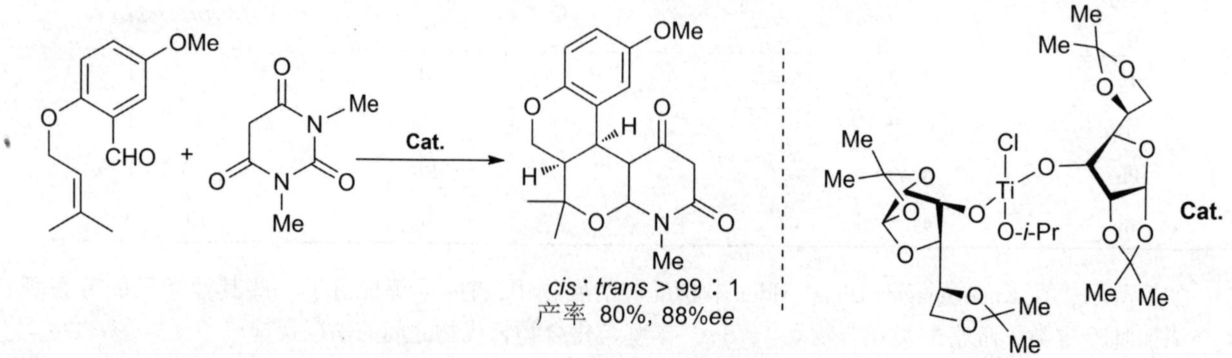

对于许多脂肪族醛类底物而言，Knoevenagel–Diels–Alder 串联反应得到高度对映选择性的 *trans* 环状产物[24-27]。如下所示，该串联反应除生成中间体的 Ene 反应（17%的产率）的副产物外，得到的主产物几乎全是 *trans* 环状产物（*trans*：*cis* = 98.8：1.2）。

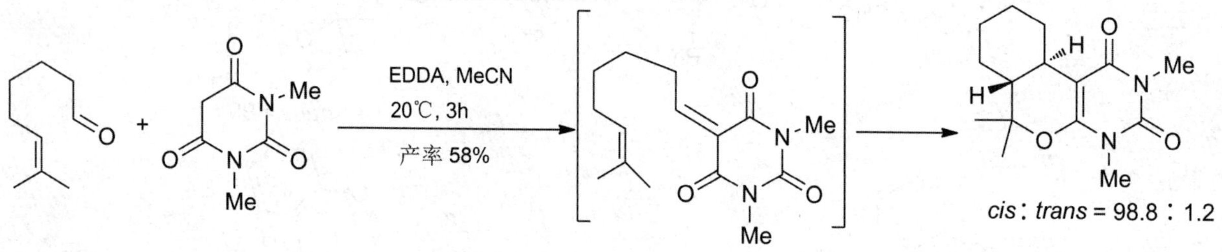

Knoevenagel–Diels–Alder 串联反应在天然产物及其类似物的合成中应用比较广泛，如下所示的四氢化大麻酚及一些甾体类化合物的合成[28-30]。

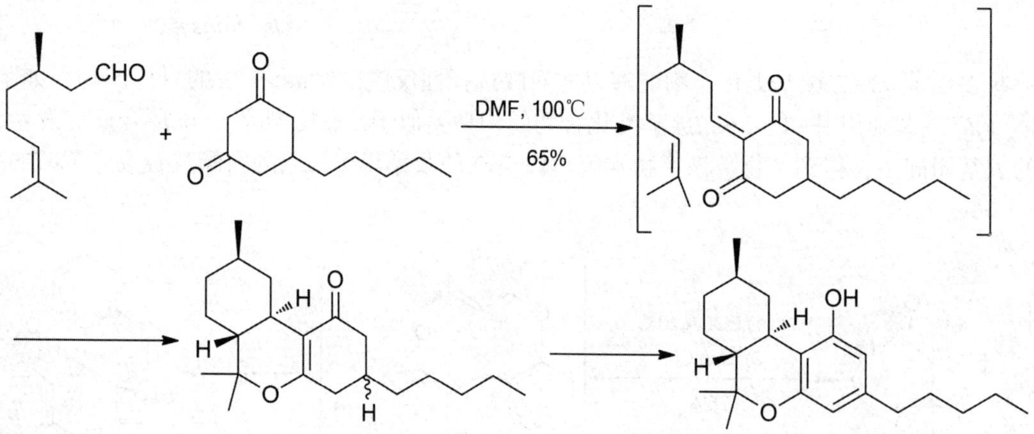

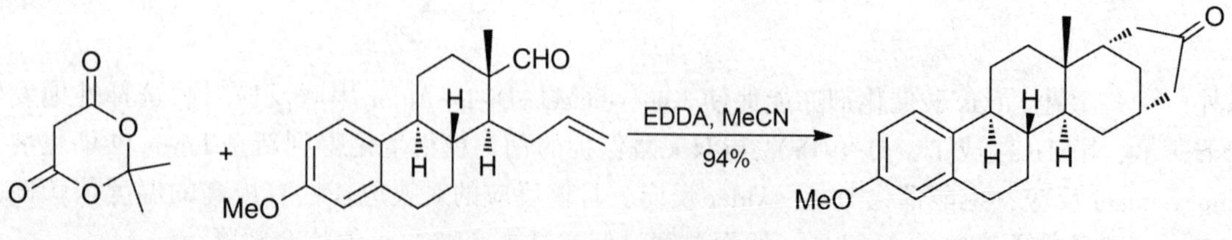

除 Knoevenagel 相关串联反应外，其他类型的阴离子串联反应亦有报道。最近 Voskressensky 发展了应用 Kröhnke 缩合–亲核环化–ANRORC（亲核加成–开环–闭环）串联反应制备多环咪唑并 [1, 4] 噻嗪类化合物和咪唑并 [2, 1-a] 异喹啉类化合物[31,32]。以咪唑并 [2, 1-a] 异喹啉类化合物的合成为例，异喹啉衍生的季铵盐和 α-羟基芳醛类化合物在甲醇和水体系中以碳酸钠作碱，发生上述串联反应，反应过程及结果如下：

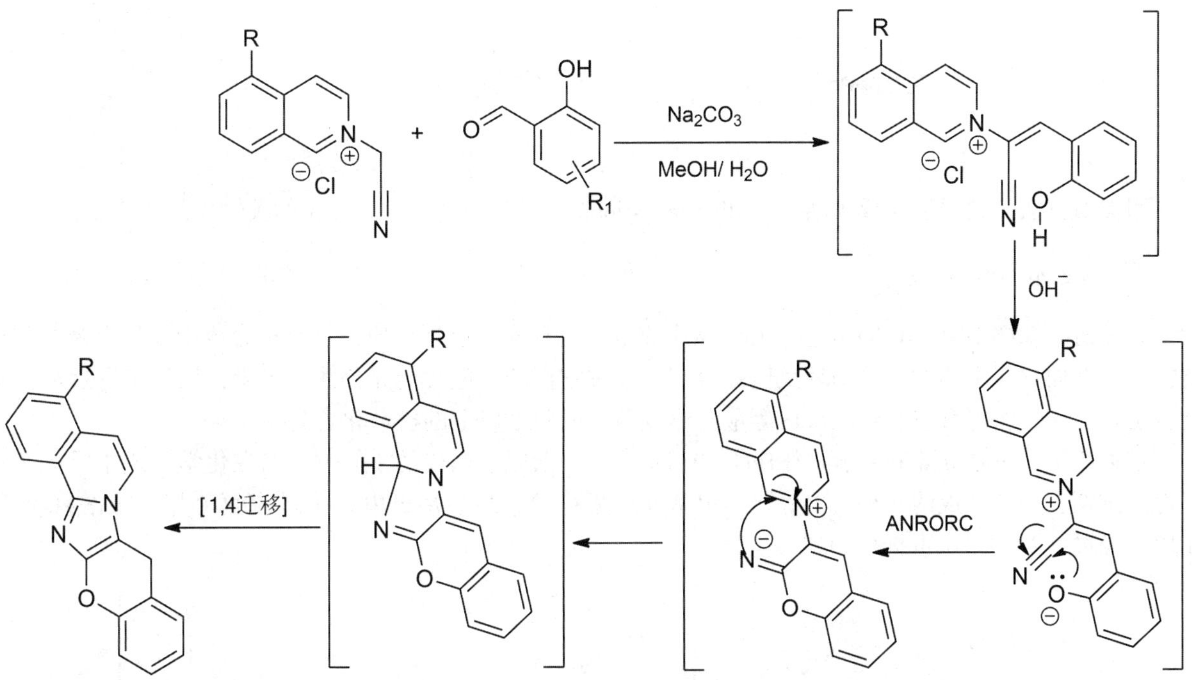

三、自由基串联反应

与阴离子串联反应类似，一些自由基串联反应已经被广泛应用于合成多环类化合物。如下所示，黄体酮类化合物可以通过阳离子和自由基串联反应制备。由香茅醇制备的碘代物，在苯中经 Bu₃SnH 处理，通过如下所示的两个自由基中间体，立体选择性地反应形成 C 环和 D 环，该反应收率为 85%，非对映选择性 *de* 达 75 : 25[33]。

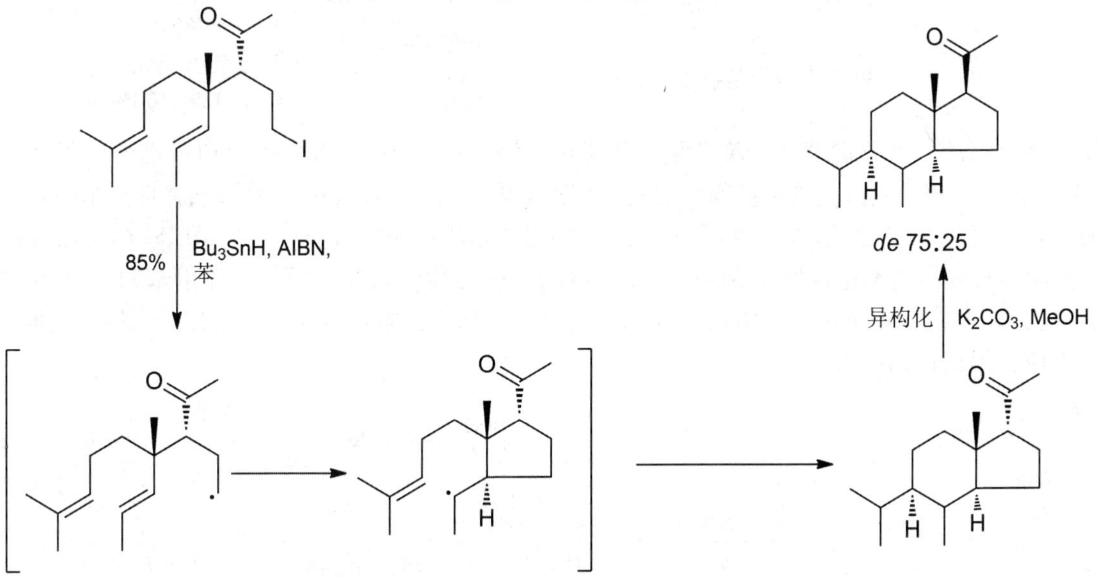

Capnellene、Pentalenene 和 Modhephene 及其氧化物，都是重要的倍半萜类化合物。α, β-不饱和酮自由基中间体，如 2, 7-二烯酮自由基，可与分子内双键作用，利用串联自由基环化反应来构建 Pentalenene 和 Modhephene 的主要环骨架的中间体，总收率为 26%[34]。

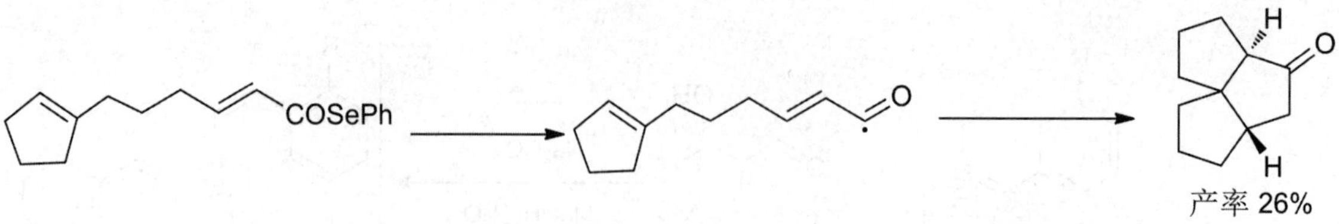

产率 26%

用类似方法，也可以合成天然产物 diterpenes lophotoxin A 和 phomactin A 的关键中间体[35]。

四、周环串联反应

大家所熟知的 Diels-Alder 反应、Ene 反应或电环化反应等周环反应，在有机合成中是具有极高利用价值的。然而仅当上述的一些周环反应结合在一起时它们的价值才能充分体现出来，周环串联反应是通过自由基反应、亲电反应、亲核反应等最终形成两个或两个以上的桥环化合物。

如下所示，串联 σ 重排-分子内 Diels-Alder 反应，杂原子取代的 1，3-二烯在化学合成中是一个多用途的试剂，是环加成的一种重要底物。甲基磺酸酯基-1，3-二烯可由 α-丙二烯醇在甲基磺酰氯/叔胺作用下，经过 [3,3] σ 重排得到[36]。

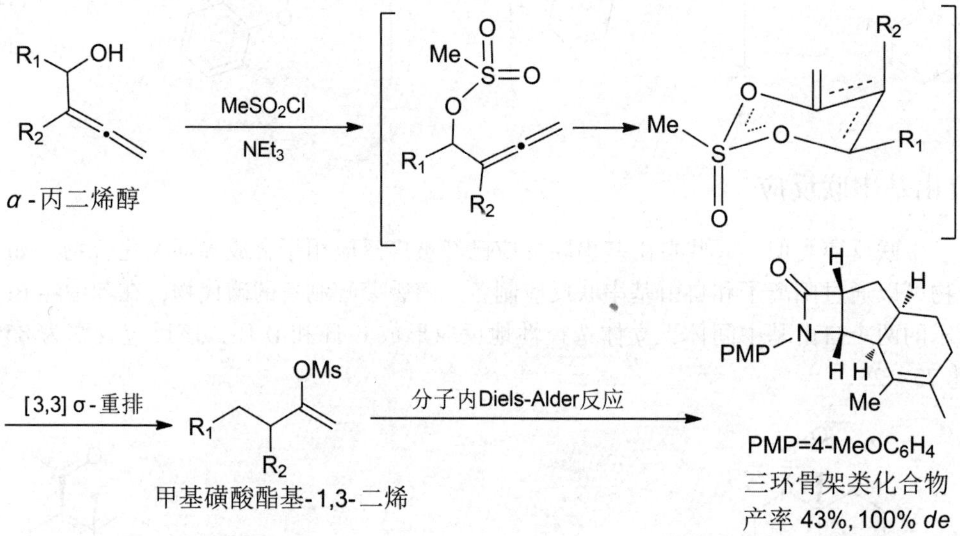

PMP=4-MeOC₆H₄
三环骨架类化合物
产率 43%，100% de

如果 R_1 含有碳-碳双键或碳-碳三键，甲基磺酸酯基-1，3-二烯类化合物可进一步发生分子内 Diels-Alder反应，得到具有生物活性物质的三环骨架类化合物，产率 43%，对映选择性为 100% de[36]。

关于 Ene 周环串联反应亦有报道，(+)-9(11)-雌激素酮甲醚的合成就是利用串联 Claisen-Ene 反应作关键步骤。环烯醚萜类化合物和烯丙醇类化合物的对映异构体为起始原料，在甲苯和 DMP 的作用下反应，以收率 76%，syn/anti 90：10 的立体选择性得到中间体，紧接着发生主要以 1，2-反式取向为主的 Ene 反应，得到目标产物[37]。

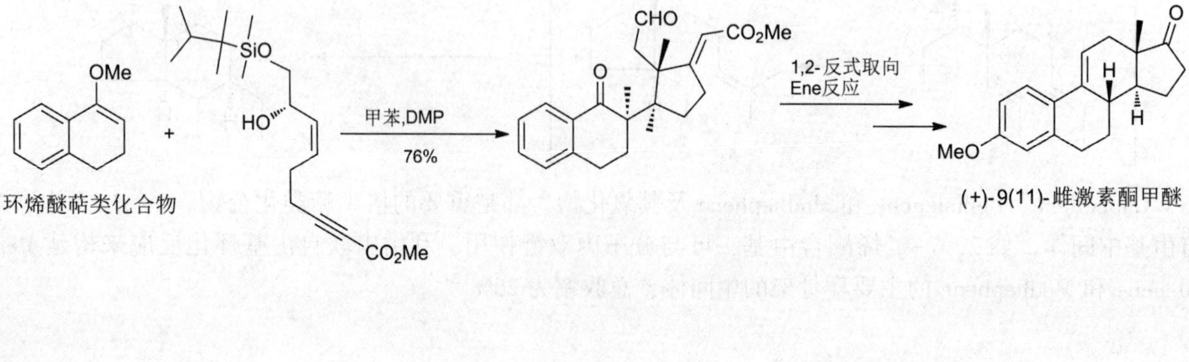

环烯醚萜类化合物

(+)-9(11)-雌激素酮甲醚

五、过渡金属催化的串联反应

在有机合成中，过渡金属催化已经占据了越来越重要的地位，因此，过渡金属催化的串联反应也将会引起许多研究者们的兴趣。已有报道的过渡金属催化的串联反应有串联 Ene 反应、串联 Michael 反应、串联 Aldol 反应、串联 Friedel-Crafts 反应和串联 Heck 反应等。

化合物 **42** 是合成神经毒素 Pumiliotoxin C 的重要中间体，可由化合物 **41** 得到，其中经过了不对称共轭加成-烯丙基取代串联反应，总收率 26%[38]。

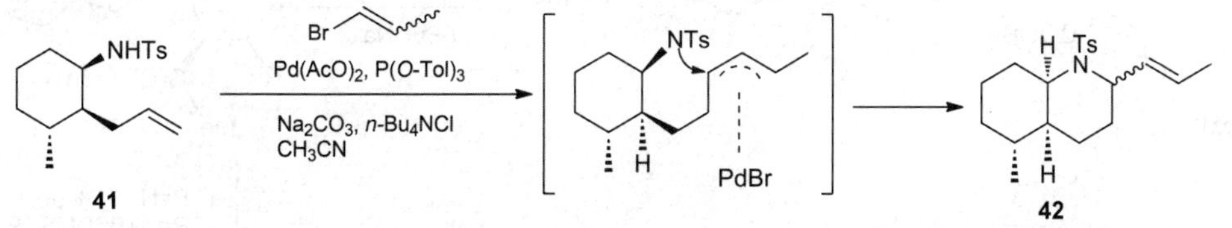

1-芳基-1H-茚类化合物的合成就是应用芳基硼酸和 α，β-不饱和酮类化合物在 Pd（II）-Chiraphos 催化下发生串联 Michael-Aldol 反应，反应结果如下[39]：

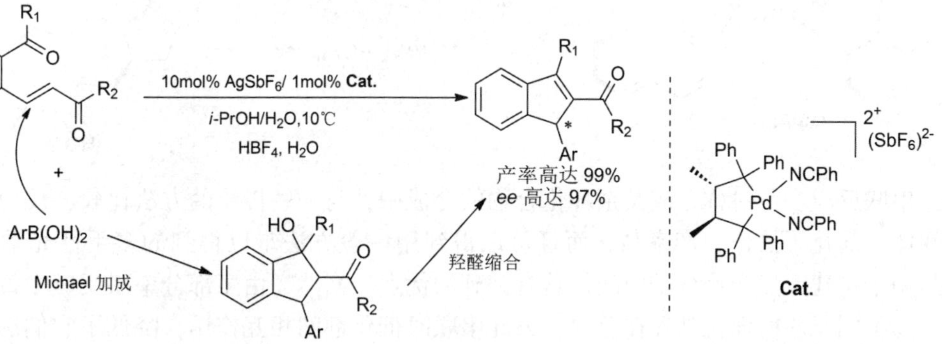

最近，Zhu 等报道[40]利用对映选择性的分子内串联 Heck-氰化串联反应合成了高光学纯的羟吲哚类化合物，该反应在 DME 溶剂中以 [Pd(dba)$_2$] 和 (S)-DIFLUORPHOS 作手性催化，K$_4$[Fe(CN)$_6$] 作氰化试剂，K$_2$CO$_3$ 作碱，反应结果及过程如下：

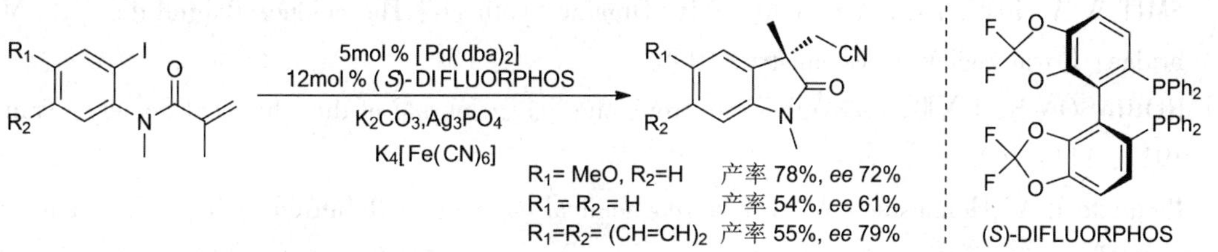

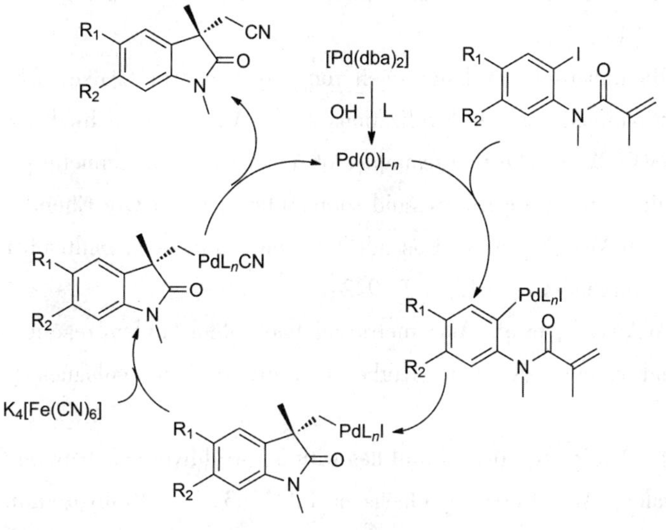

关于环状 α, β-不饱和酮类化合物使用过渡金属催化的串联反应的报道也较多。环状烯酮的 Michael 加成的中间体烯醇盐可以作为亲核试剂，进一步与亲电试剂醛、原甲酸酯、缩醛或缩酮加 Lewis 酸、烯丙基或苄基卤化物等作用，实现串联的不对称反应。

Shibasaki 课题组以环戊酮[41]为原料，在(S)-ALB 的不对称催化下，进行三组分不对称偶联，立体选择性地合成 11-脱氧-PGF$_{1\alpha}$ 的关键手性中间体，并经多步转化，最终选择性合成 11-脱氧-PGF$_{1\alpha}$。

总之，串联反应在不对称合成及杂环化合物的合成中，与一些传统的方法比较，反应条件温和，无须分离中间体，简化了操作，产率高，而且可以得到用一般方法难以得到的多手性光学物质和杂环体系，特别是用于构建天然产物分子中间体具有独到的优点。当然，由于部分串联反应中每步运用到不同的催化剂，而不同反应的催化剂存在差异，因此串联时催化剂间相互作用，降低了它们的催化性能。随着催化剂与反应底物越来越巧妙的设计，串联反应在未来的有机合成领域中将会发挥越来越大的作用。

参考文献

[1] SMIT W A, BOCHKOV A F, CAPLE R. Organic Synthesis: The Science Behind the Art [M]. Cambridge: Royal Society of Chemistry, 1998.

[2] ROBINSON R. LXⅢ. -A synthesis of tropinone [J]. Journal of the Chemical Society, Transactions, 1917, 111: 762.

[3] Paquette L A, Heimaster J W. The stereochemical course of a Robinson-Schöpf biogenetic-type reaction. The conformation of certain tricyclic tropane congeners [J]. Journal of the American Chemical Society, 1966, 88 (4): 763.

[4] JOHNSON W S. Biomimetische cyclisierungen von polyenen [J]. Angew Chem, 1976, 88: 33.

[5] JOHNSON W S. Biomimetic polyene cyclizations [J]. Angew Chem Int Ed Engl, 1976, 15: 9.

[6] FISH P V, JOHNSON W S. The first examples of nonenzymic, biomimetic polyene pentacyclizations. Total synthesis of the pentacyclic triterpenoid sophoradiol [J]. J Org Chem, 1994, 59: 2324.

[7] CHEN X, ZHU D, WANG X, et al. Cascade reaction synthesis of multisubstituted bicyclic pyridone derivatives [J]. Tetrahedron, 2013, 69: 9224.

[8] DONG N, LI X, WANG F, et al. Asymmetric michael-aldol tandem reaction of 2-substituted benzofuran-3-ones and enones: A facile synthesis of griseofulvin analogues [J]. Org Lett, 2013, 15: 4896.

[9] CHEN L, LI C -J. Domino reaction of anilines with 3, 4-dihydro-2H-pyran catalyzed by cation-exchange resin in water: An efficient synthesis of 1, 2, 3, 4-tetrahydroquinoline derivatives [J].

Green Chemistry, 2003, 5: 627.

[10] BOGDANOWICZ-SZWED K, GIL R. Synthesis of functionalized spiro [cycloalkanono-2, 3'-thiophenes] via tandem conjugate addition-cyclization of 3-oxoacid thioanilides to nitroalkenes [J]. Monatsh Chem, 2004, 135: 1415.

[11] CHUZEL O, PIVA O. Tandem Michael-Wittig-Horner reaction: Application to the synthesis of bisabolanes [J]. Synth Commun, 2003, 33: 393.

[12] BAIIINI R, BUCIANO L, FIORINI D, et al. One pot synthesis of 3, 5-alkylated acetophenone and methyl benzoate derivatives via an anionic domino process [J]. Chem Commun, 2005, 20: 2633.

[13] FILIPPINI M H, RODRIGUEZ J. The mardi cascade: a new base-induced five-step anionic domino reaction for the stereoselective preparation of functionalized cycloheptenes [J]. J Org Chem, 1997, 62: 3034.

[14] GRYKO D. Organocatalytic transformation of 1, 3-diketones into optically active cyclohexanones [J]. Tetrahedron Asymm, 2005, 16: 1377.

[15] WANG W, LI H, WANG J, et al. Enantioselective organocatalytic tandem Michael-Aldol reactions: one-pot synthesis of chiral thiochromenes [J]. J Am Chem Soc, 2006, 128: 10354.

[16] TIETZE L F, STEGELMEIER H, HARMS K, et al. Steuerung der Konformation von Ubergangszuständen bei intramolekularen Diels-Alder-Reaktionen mit inversem Elektronenbedarf [J]. Angewandte Chemie, 1982, 94 (11): 868.

[17] TIETZE L F, STEGELMEIER H, HARMS K, et al. Control of the conformation of transition states in intramolecular Diels-Alder reactions with inverse electron demand [J]. Angewandte Chemie International Edition, 1982, 21 (11): 863.

[18] TIETZE L F, BRATZ M, MACHINEK R, et al. Intra- and intermolecular Hetero-Diels-Alder reactions. 16. Stereospecificity in intramolecular hetero-Diels-Alder reactions of 2-benzylidene-1, 3-dicarbonyl compounds [J]. J Org Chem, 1987, 52: 1638.

[19] TIETZE L F, BRATZ M, MACHINEK R, et al. Intra- and intermolecular hetero-diels-alder reactions. 17. Intramolecular Hetero-Diels-Alder reaction of alkylidene-and benzylidenepyrazolones and benzylideneisoxazolones. Investigations toward the conformation of the transition state [J]. J Org Chem, 1988, 53: 810.

[20] TIETZE L F, BRUMBY T, PFEIFFER T. Intra-and intermolecular hetero Diels-Alder Reactions. XIX. Stereoselective synthesis of five-and seven-membered annulated ring systems by intramolecular hetero Diels-Alder reaction [J]. European Journal of Organic Chemistry, 1988, 1: 9.

[21] ANTEL J, SHELDRICK G M, PFEIFFER T, et al. Structure of a benzopyranopyranooxazepinone [J]. Acta Crystallographica Section C: Crystal Structure Communications, 1990, 46 (1): 158.

[22] TIETZE L F, BRAND S, PFEIFFER T, et al. Intra-and intermolecular hetero-Diels-Alder reactions. 15. Asymmetric induction in Grignard and hetero-Diels-Alder reactions of chiral alpha beta-unsaturated carbonyl compounds [J]. Journal of the American Chemical Society, 1987, 109 (3): 921.

[23] TIETZE L F, SALING P. Enantioselective intramolecular hetero diels-alder reactions of 1-oxa-1, 3-butadienes with a new chiral lewis acid [J]. Synlett, 1992: 281.

[24] TIETZE L F, BRAND S, BRUMBY T, et al. Intramolekulare hetero-Diels-Alder-reaction von oxadienen: Einfluβ von substituenten an der kette zwischen dien - und dienophil - teil auf die diastereoselektivität [J]. Angew Chem, 1990, 102: 675.

[25] TIETZE L F, BRUMBY T, BRAND S, et al. Inter- and intramolecular hetero diels-alder reactions,

xxi. Intramolecular hetero diels-alder reaction of alkylidene-1, 3-dicarbonyl compounds. Experimental evidence for an asymmetric transition state [J] . Chem Ber, 1988, 121: 499.

[26] TIETZE L F, BRUMBY T, BRAND S, et al. Stereocontrolled intramolecular diels-alder reaction of heterodienes; studies on the synthesis of cannabinoids [J] . Angew Chem Int Ed Engl, 1980, 19: 134.

[27] TIETZE L F, V KIEDROWSKI G, HARMS K, et al. Stereokontrollierte intramolekulare diels-alder-reaktion von heterodienen; untersuchungen zur synthese von cannabinoiden [J] . Angew Chem, 1980, 92: 130.

[28] TIETZE L F, VON KIEDROWSKI G, BERGER B. Stereo-und regioselektive Synthese von enantiomerenreinem (+) -und (-) -Hexahyolrocannabinol durch intramolekulare Cycloaddition [J] Angew Chem, 1982, 94: 222.

[29] TIETZE L F, DENZER H, HOLDGRÜ N X, et al. Stereokontrollierter Aufbau von anellierten Cyclopentanen durch intramolekulare Hetero-Diels-Alder-Reaktion; Synthese von Desoxyloganin aus Citronellal [J] Angew Chem, 1987, 99: 1309.

[30] TIETZE L F, WÖLFLING J, SCHNEIDER G. Inter - and intramolecular hetero diels - alder reactions, 31. Synthesis of D-homoestrone derivatives by tandem Knoevenagel Hetero-Diels-Alder reaction from natural estrone [J] . Chem Ber, 1991, 124: 591.

[31] VOSKRESSENSKY L G, FESTA A A, SOKOLOVA E A, et al. Synthesis of chromeno [2′, 3′: 4, 5] imidazo [2, 1-a] isoquinolines via a novel domino reaction of isoquinoline-derived immonium salts. Scope and limitations [J] . Tetrahedron, 2012, 68: 5498.

[32] VOSKRESSENSKY L G, FESTA A A, SOKOLOVA E A, et al. Synthesis of polycyclic imidazo [1, 4] thiazine derivatives by an ANRORC domino reaction [J] . European Journal of Organic Chemistry, 2012, 31: 6124.

[33] TAKAHASHI T, KATOUDA W, SAKAMOTO Y, et al. Stereochemical prediction for tandem radical cyclization based on MM2 transition state model. New approach to steroid CD - ring [J] . Tetrahedron Lett, 1995, 36 (13): 2273-2276.

[34] DE-BOECK B, HARRINGTON-FROST N M, PATTENDEN G D. Tandem cyclisations involving α-ketenyl alkyl radicals. New syntheses of the natural triquinanes pentalenene and modhephene [J] . Org Biomol Chem, 2005, 3: 340.

[35] HAYES C J, HERBEN N M A, HARRINGTON-FROST N M, et al. α, β-unsaturated and cyclopropyl acyl radicals, and their ketene alkyl radical equivalents. Ring synthesis and tandem cyclisation reactions [J] . Org Biomol Chem, 2005, 3: 316.

[36] ALCAIDE B, ALMENDROS P, ARAGONCILLO C, et al. Stereoselective synthesis of 1, 2, 3-trisubstituted 1, 3-dienes through novel [3, 3] -sigmatropic rearrangements in -allenic methanesulfonates: Application to the preparation of fused tricyclic systems by [J] . Cheminform, 2005, 36 (1): 98.

[37] MIKAMI K, TAKAHASHI K, NAKAI T, et al. Asymmetric tandem claisen-ene strategy for convergent synthesis of (+) -9 (11) -dehydroestrone methyl ether: Stereochemical studies on the ene cyclization and cyclic enol ether claisen rearrangement for steroid total synthesis [J] . J Am Chem Soc, 1994, 116: 10948.

[38] EWOLD W D, PANELLA L, PINHO P, et al. The asymmetric synthesis of (-) -pumiliotoxin C using tandem catalysis [J] . Tetrahedron Lett, 2004, 60: 9687.

[39] AKIYAMA K, WAKABAYASHI K, MIKAMI K. Enantioselective Heck-type reaction catalyzed by

tropos-pd（Ⅱ）complex with chiraphos ligand［J］. Adv Synth Catal, 2005, 347：1569.

［40］ PINTO A, JIA Y, NEUVILLE L, et al. Palladium - catalyzed enantioselective domino Heck - cyanation sequence：Development and application to the total synthesis of esermethole and physostig-mine［J］. Chem Eur J, 2007, 13：961.

［41］ YAMADA K -I, ARAI T, SASAIH, et al. A catalytic asymmetric synthesis of 11-deoxy-pgf1α using alb, a heterobimetallic multifunctional asymmetric complex［J］. J Org Chem, 1998, 63：3666.

第八节　多组分反应

多组分反应（multicomponent coupling reactions，简称 MCR）通常是指将三种或三种以上的相对简单易得的原料加入反应中，用"一锅煮"的方法，不经中间体的分离，直接得到结构较复杂的产物，在终产物的结构中含有所加的每一种物质的结构片段的合成方法。

多组分反应被认为是简便地合成分子多样性和复杂性的有效手段。MCRs 可以实现快速大量地合成具有结构多样性和复杂性的化合物及建立相应的化合物库，因而引起了药物化学家的关注，多组分反应发展至今，已成功应用于多个领域，尤其在药物合成方面起到很重要的作用。本章节就多组分反应的发展史及特点进行简单概括，对一些重要的多组分反应及其在有机合成和药物化学方面的发展进行较为详细的阐述。

一、多组分反应简介

第一次多组分反应是由 Strecker 在 1850 年合成 α-氨基酸时报道的[1]，其方法是由醛、氨和氢氰酸三组分混合反应得到产物。1921 年，Passerini 以对异氰化合物的多组分反应研究为基础提出了多组分反应这个概念[2-6]；1961 年，Ugi 用四组分法合成了第一个化合物库；20 世纪 70 年代，Divnafid 等利用四组分法合成了一些生物碱；1993 年，Domling 和 Ugi 发表了将两个四组分反应联合起来的七组分反应[7]（如下所示），提出了将两个 MCR 联合起来建立新的更多组分的 MCRs；1995 年，Keating 小组和 Weber 小组第一次以 Ugi 的四组分法建立了化合物库，将其应用到医药生产中。

多组分反应中的多步反应可以从相对简单易得的原料出发，不经中间体的分离纯化，直接获得结构复杂的分子，而传统的有机合成是分步进行的。从反应机理上探讨，MCRs 相当于许多二组分次级反应的集合，理想的 MCRs 的所有原料之间及原料与中间体之间的次级反应都是可逆反应，唯有形成目标产物的一步反应是不可逆反应，这样就形成了将所有原料和中间体转化为目标产物的驱动力。

多组分合成法具有以下优点：高效性、高选择性、反应条件温和、操作简捷方便。这种方法可以很容易地合成一些常规方法难以合成的目标分子。多组分反应有利于药物发现过程中先导物的发现和优化，把 MCR 与药效和生物活性的虚拟筛选和体外筛选结合起来，成为一个新的新药研究方法。在合成结构复杂的天然化合物时，MCR 可以经一步反应就得到关键的杂环中间体或基本骨架分子。

二、重要的多组分反应

多组分反应按反应体系可分为液相和固相的多组分合成，并常常被用于高效合成新的化合物或组合化合物库。为提高多组分反应效率，满足反应产物的多样性，超声波合成法和微波合成法等一些新颖技术也被应用于多组分反应中，多组分反应被认为将在今后的发展中对目标导向合成和多样性导向合成产生强大的影响。

如上所述，多组分反应发展至今多为人名反应，这些重要的多组分反应主要包括 Hantzsch 反应、Biginelli 反应、Passerini 反应、Ugi 反应和 Petasis 反应，现介绍如下。

（一）Hantzsch 反应

Hantzsch 反应由 Hantzsch 最早于 1881 年报道[8,9]，指在加热的条件下，两分子 β-羰基酸酯和一分子醛及一分子氨发生缩合反应，得到 1，4-二氢吡啶（1，4-dihydropyridines，1，4-DHPs）衍生物，以氧化剂氧化可得到 3，5-二羰基吡啶类衍生物，再进行加热脱羧可得到相应的吡啶类衍生物。这是一个很普遍的反应，可用于合成1，4-二氢吡啶衍生物和一些吡啶类衍生物。

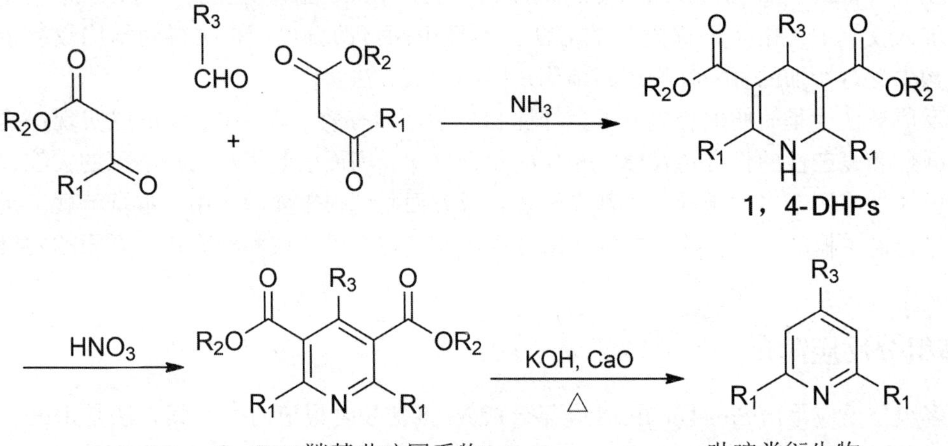

1，4-DHPs

3，5-二羰基吡啶同系物　　　　吡啶类衍生物

反应过程可能是一分子 β-羰基酸酯和醛发生 Knoevenagel 缩合反应，另一分子 β-羰基酸酯和氨反应生成 β-氨基烯酸酯，所生成的这两个关键中间体再发生 Michael 加成反应，然后失水关环生成 1，4-二氢吡啶衍生物，它很容易脱氢而芳构化，例如用亚硝酸或铁氰化钾氧化得到吡啶衍生物。

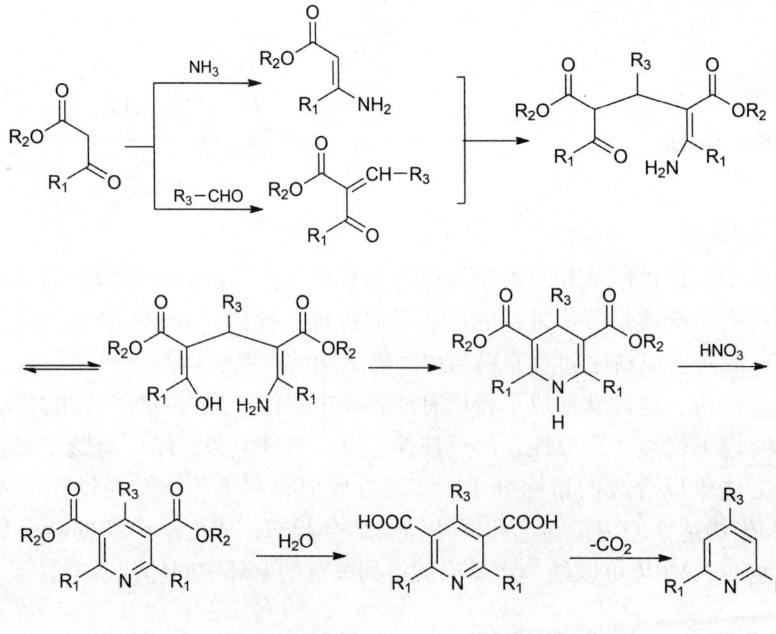

　　1，4-二氢吡啶类（1，4-dihydropyridines，1，4-DHPs）是一类重要的含氮杂环化合物，多具有生理活性，在生物、医药等方面具有广泛的应用，因此，该类化合物的研究十分活跃。钙拮抗药常具有1，4-二氢吡啶类母核，通常采用 Hantzsch 反应来合成，拜耳公司[10]已成功利用经典的 Hantzsch 三组分二氢吡啶合成法一步反应，成功地合成第一代钙离子拮抗剂硝苯地平（nifedipine）。

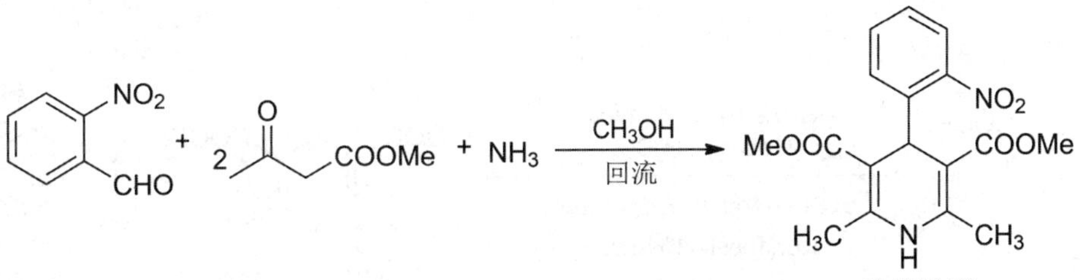

硝苯地平

　　不对称取代的1，4-二氢吡啶羧酸酯类化合物如果采用一步法合成，除不对称产物外还有两个对称的副产物。为了减少副产物的产生，Stoepel 等[11]通过两步反应合成了尼群地平（nitrendipine）。尽管多了一步反应，但是目标产物的产率却大大提高了，而且分离提纯简便易行。

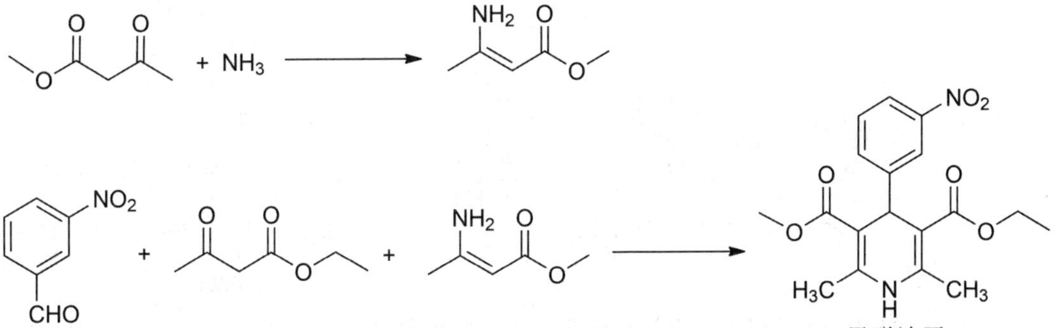

尼群地平

　　为了进一步提高产品质量，提高收率，特别是对于一些结构较为复杂以及一些副产物不易分离提纯的不对称取代的1，4-二氢吡啶类化合物，也趋向于三步合成法。Nyborg 等[12]报道了三步合成法合成非洛地平（felodipine）：第一步以乙酰乙酸乙酯和氨气反应制备 β-氨基巴豆酸乙酯；第二步用2，3-二氯苯甲醛和乙酰乙酸甲酯缩合成2，3-二氯亚苄基乙酰乙酸甲酯；第三步将 β-氨基巴豆酸乙酯和2，3-二氯亚苄基乙酰乙酸甲酯反应即可合成非洛地平。

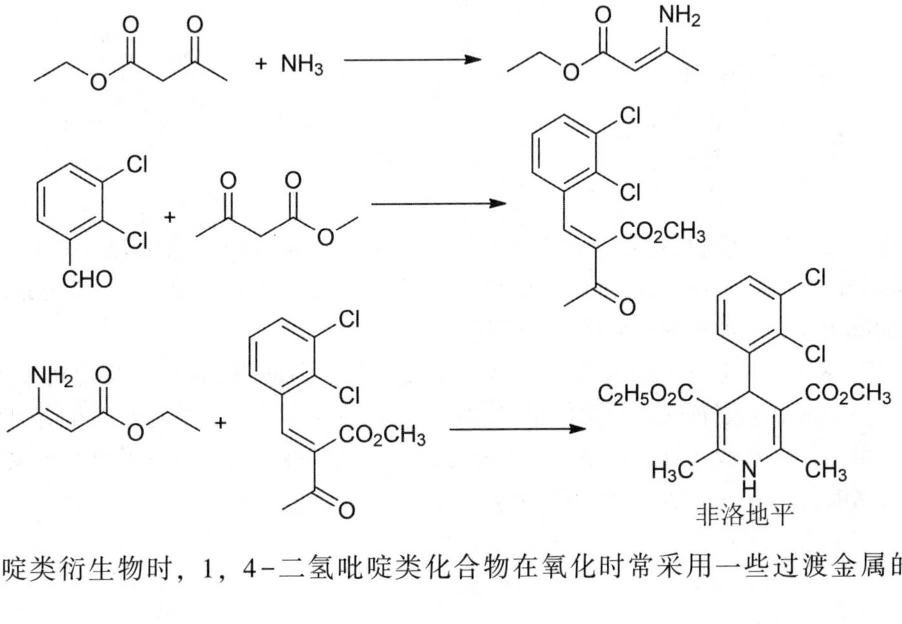

非洛地平

　　在制备吡啶类衍生物时，1，4-二氢吡啶类化合物在氧化时常采用一些过渡金属的氧化物，如

KMnO$_4$、MnO$_2$、PCC、CrO$_3$、Fe（NO$_3$）$_3$、Cu（NO$_3$）$_2$、Zr（NO$_3$）$_4$、Bi（NO$_3$）$_3$、Co（OAc）$_2$、Pb（OAc）$_4$、RuCl$_3$、Pd/C、硝酸铈铵（CAN）及 Mn(OAc)$_3$ 等。另外，DDQ、杂多酸/NaNO$_2$/SiO$_2$ 体系、I$_2$/MeOH 和 SeO$_2$ 等亦有报道。

最近，Karade 课题组[13]报道利用 Dess-Martin 试剂/I$_2$ 或 KBr 体系氧化 1，4-二氢吡啶类化合物制备吡啶类衍生物。

（二）Biginelli 反应

1. Biginelli 反应简介及发展　继 Hantzsch 反应 10 年后，意大利化学家 Biginelli 首次[14,15]报道了用苯甲醛、乙酰乙酸乙酯和尿素在浓盐酸催化的条件下于乙醇中加热回流 18h，缩合得到 3，4-二氢嘧啶-2（1H）-酮（DHPMs），后来人们将这一经典的化学反应称为 Biginelli 反应。

近些年，由于 DHPMs 这系列化合物具有抗高血压、阻滞钾通道、抗 HIV 和抗肿瘤等生物活性，众多研究者对此存在浓厚兴趣，为合成更多 DHPMs 衍生物，上述三个反应底物范围也越来越广泛。醛类底物主要包括脂肪族醛类、芳香族醛类、杂环醛类以及部分醛糖类化合物，关于甲酰基二茂铁和 1，10-二甲酰基二茂铁底物[16]的 Biginelli 反应亦有报道。

2. Biginelli 反应机理　关于 Biginelli 反应的机理，最早由 Folkers 和 Johnson 于 1933 年提出[17]，他们能够证明在酸性条件下，终产物是由中间体 1，1′-苄基双脲 **1** 转化而来的，并且他们提议中间体 **2** 和 **3** 的存在。

随后，关于 Biginelli 反应机理的报道层出不穷。Sweet 和 Fissekis[18]认为该反应经过碳正离子的 Aldol 反应（该机理与 Folkers 和 Johnson 提出的机理相悖）；Atwal 和 O'Reilly[19-21]认为是由 Knoevenagel 缩合及碱催化的脲类化合物的加成反应两步反应过程。

直到 1997 年，Kappe 通过 ^{1}H-NMR 和 ^{13}C-NMR 检测实验最终证明 Biginelli 反应机理为[22]：在酸性催化剂作用下，芳香醛和尿素首先进行类似于 Mannich 缩合的反应，生成酰基亚胺正离子中间体，该亲电体再与乙酰乙酸乙酯的烯醇式结构发生亲核加成得到一开链酰脲，再进行分子内脱水关环反应，最终得到 3，4-二氢嘧啶-2（1H）-酮衍生物（DHPMs）。

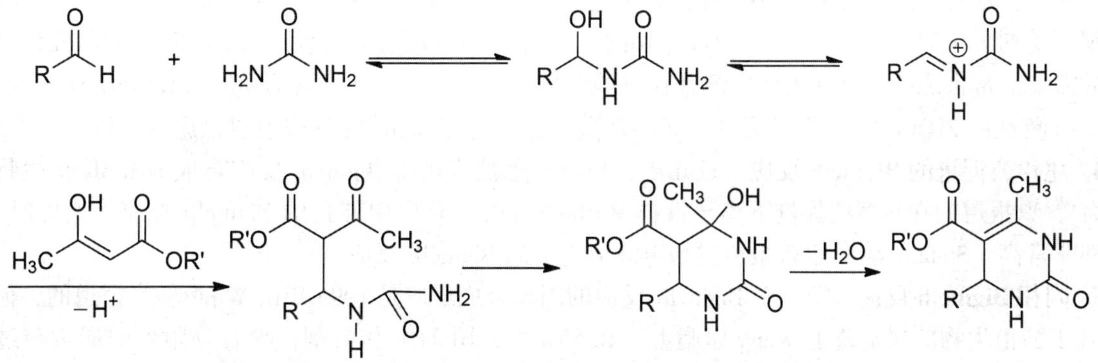

该反应的最大优点是操作简便，“一锅法”即可得到产物，但缺点是收率较低（20%～50%）。为了提高反应收率，人们做了大量的研究工作，通过各种改进方法，使反应收率大大提高（可达 90%）。Biginelli 反应一直被人们忽视，直到 20 世纪 80 年代，研究者发现 DHPMs 类化合物具有与 1，4-二氢吡啶衍生物相似的药理活性，可用作钙拮抗药、降压药、抗癌药[23,24]，并可作为研制抗癌药物的先导物及海洋生物碱的中间体。因此，近年来研究者们除了探讨 Biginelli 反应的机理外，还将重点放在了该反应的条件的探索、改进及产物多样性的选择上，各种各样的催化剂和促进剂不断涌现。

Biginelli 反应条件改进工作主要集中在两个方面：一是使用更高活性的催化剂来提高产率，如三氟化硼乙醚/CuCl、CoCl · $6H_2O$ 和 $NiCl_2 \cdot 6H_2O$ 等 Lewis 酸，固体酸，离子液体，以及镧系金属盐和一些可以重复利用的催化剂如 $KAl(SO_4)_2 \cdot 12H_2O$、$Mg(ClO)_4$ 等。二是使用其他更新颖的合成方法，如微波促进、超声波促进、固相合成等。

3. 微波促进的 Biginelli 反应　自 1986 年由 Gedye 课题组报道首例微波反应至今，微波技术在有机药物化学中的应用越来越广泛，Gupta 课题组最早将此技术应用于 Biginelli 反应，由于微波反应具有简单、快速、高效的特点，使得越来越多的学者青睐于微波促进的 Biginelli 反应。

传统的 Biginelli 反应缺点是体系在回流的条件下反应耗时，且当底物的空间位阻较大时收率相对较低。1998 年，Dandia 等[25]报道了微波促进下，苯甲醛类衍生物和脲类衍生物在乙醇介质中顺利完成的 Biginelli 反应，而且高产率地得到了 3，4-二氢嘧啶-2-酮衍生物。

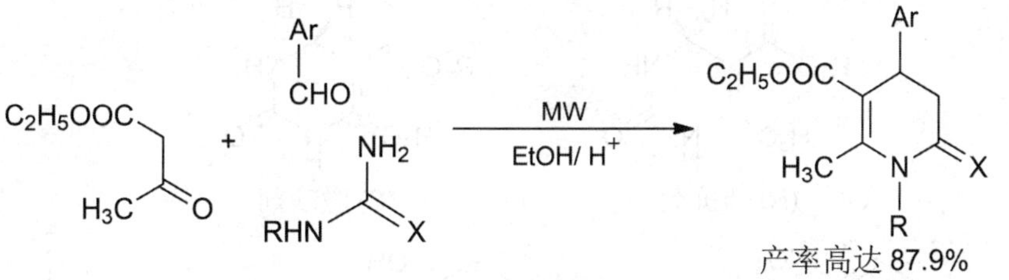

MW
EtOH/ H+
产率高达 87.9%

Stadler 课题组[26]报道了一种以克级规模应用的微波反应制备 DHPMs 的新方法，在 $AcOH/H_2O$（3∶1）的条件下，以 88%的收率高纯度（> 98%）地得到 **1**a；在 EtOH/HCl 体系下，以 52%的收率获得抗高血压药 SQ32926 的重要中间体 **1**b，反应结果如下所示：

AcOH/H2O 3∶1, FeCl3
或 EtOH/HCl
MW,120℃,10~20min
1a R=Et, X=I 产率 88%
1b R=i-Pr,X=NO2 产率 52%

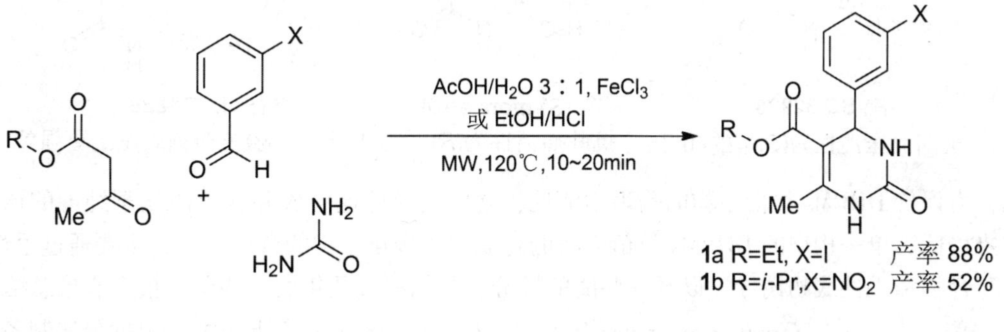

近些年，水相中的微波反应由于结合了绿色化学中"能量的高效性"和"安全的溶剂"这两大重要原则而受到了化学工作者的重视。因此，在水介质中寻找到更有效的促进 Biginelli 反应的催化剂成为迫切的需要。常报道的高效绿色催化剂有甘氨酸硝酸盐（离子液体）、氨基磺酸（H_2NSO_3H，SA）、蒙脱石 K10 负载的 $ZrOCl_2$ 等[27,28]。另外，无溶剂微波法促进的 Biginelli 反应报道也愈演愈烈[16,29,30]。

4. 超声波促进的 Biginelli 反应　近几年，超声波也被应用于 Biginelli 反应合成 DHPMs 衍生物，如赵新海等[31]报道的在超声波促进下离子液体（[bmim]Br）介质中催化的 Biginelli 反应，反应时间短，且产率非常高。Stefani 等[32]也曾报道过超声波促进下的 Biginelli 反应。

5. 固相 Biginelli 反应　第一个 Biginelli 反应的固相合成反应是 1995 年由 Wipf 等[33]报道的，他们将 γ-氨基丁酸衍生物的尿素载于 Wang 树脂上，在 55% 下，用 THF 作溶剂，聚合物附着的尿素与过量的 β-酮酸酯和芳香醛在一定催化量的 HCl 存在的条件下能产生稳定的 DHPMs。然后，用 50% 的三氟乙酸（TFA）使产物从树脂上脱离下来，即可高产率、高纯度地制得 DHPMs。Studer 等将 N-取代脲衍生物接枝在含硅氟碳载体 $[(C_{10}F_{21}CH_2CH_2)_3Si]$ 上再进行 Biginelli 反应，较高产率地得到了目标产物。

1) HCl,THF/BTF
2) 以 FC-72 萃取
3) TBAF THF/BTF(1:1)
产率 47%~71%

R_1= Me, Et
R_2= Me, Et
Ar= Ph, 2-萘基, 4-MeOC$_6$H$_4$
Rfh= C$_{10}$F$_{21}$CH$_2$CH$_2$

6. 不对称 Biginelli 反应　众所周知，具有手性中心的化合物的绝对构型影响着其生物活性，DHPMs 类衍生物也是如此。人们通过大量的研究发现，Biginelli 反应产物的两个手性对映异构体的生物活性强度不一致，有的对映异构体生物活性甚至相反，以下列举了几个 DHPMs 类衍生物对映异构体的生物活性区别[34-36]。

(R) 拮抗剂　　　　(S) 激动剂

(R)-SQ 32926　　**(S)-monastrol**　　**(S)-L-771688**
抗高血压活性为(S)型的400倍　　抗肿瘤活性为(R)型的15倍　　治疗前列腺肥大更强效

因此，为评价 DHPMs 类衍生物的药理学活性，立体选择性地合成并获得高光学纯度的该类化合物已成为重要目标。单一构型的 DHPMs 类衍生物的合成和诸多化合物的合成一样，主要通过手性催化剂、手性金属配合物和手性底物诱导，以及一些酶的拆分。我们将近几年的一些研究报道成果总结如下。

Blasco 等[37]报道了从 *Candida antarctica* B 和 *Candida rugosa* 中分离脂肪酶，用拆分法制备高光学纯

度的（S）-monastrol，该脂肪酶以48%的产率，非对映选择性 ee 达66%获得（R）-异构体，以及以31%的产率，非对映选择性 ee 达97%获得（S）-异构体。

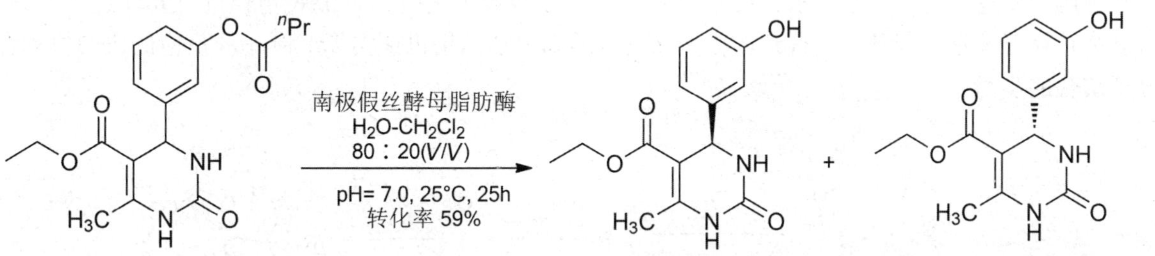

Dondoni 等[38,39]报道了用两个手性糖基类底物的不对称 Biginelli 反应，合成一些强效生物活性的 DHPMs 类衍生物。先通过合成相应消旋 monastrol 的 N-3-呋喃核糖酰胺类似物，分离得到该衍生物的两个对映异构体，水解后得到单一构型的产物。

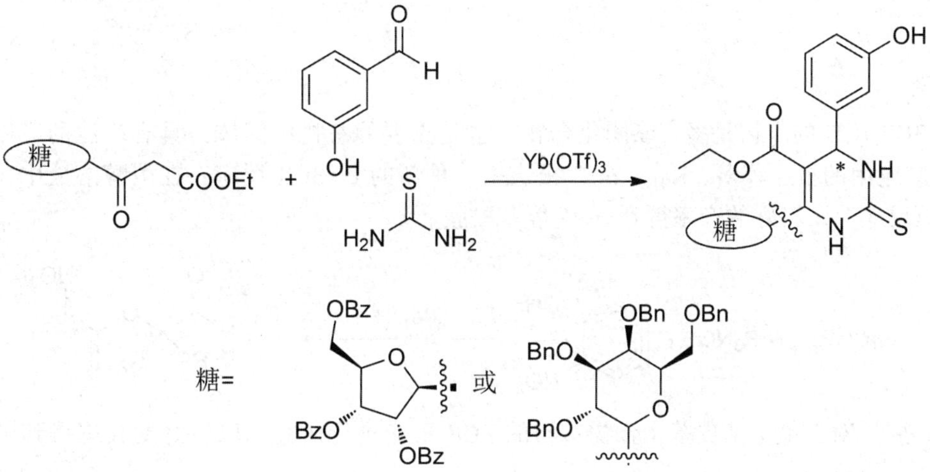

（三）Passerini 反应

Passerini 反应首次报道于1921年，Passerini 三组分反应（P-3CR）是由异腈、羰基化合物和酸三个组分一步反应生成 α-酰氧基羧酰胺的反应。反应在室温或低于室温条件下，惰性的非质子性溶剂中进行，底物浓度较高时对反应有利。底物中的羰基化合物几乎不受限制，全氟代的醛或酮也能参与该反应，只有一些立体位阻太大的 α，β-不饱和醛酮难以进行，底物酸可以用一些无机酸代替。

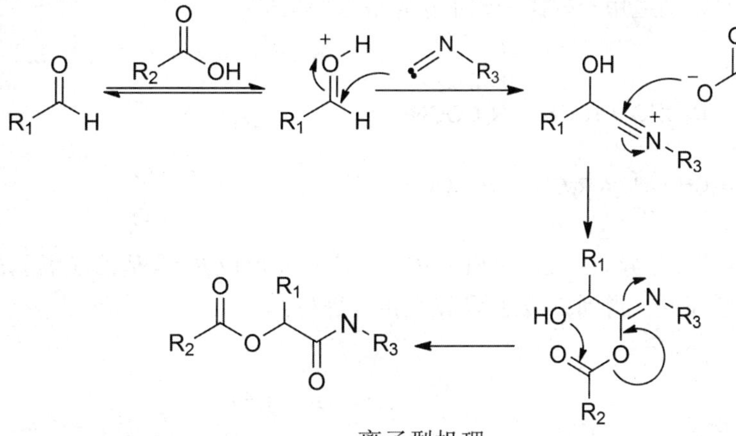

离子型机理

反应有两种可能的机理：离子型机理和协同机理。对于离子型机理而言，如上所示，反应在一些极性溶剂（如甲醇或水）中进行时，为离子型机理。质子化的羰基化合物受到异腈的亲核加成，生成腈鎓正离子，接下来再受到羧酸根离子的加成，最后，酰基转移、异构化，得到最终产物酯。

对于协同机理而言，如下所示，反应倾向在非极性溶剂中进行，三个底物经过五元环过渡态缩合，然后酰基转移至邻近的羟基上，得到产物。该反应的动力学结果也证实了 Passerini 反应的协同机理存在三分子结合的步骤。

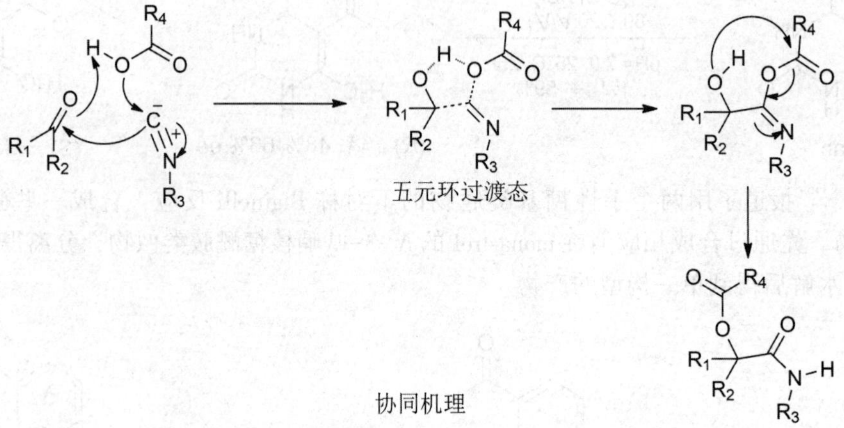

五元环过渡态

协同机理

由于 P-3CR 反应的产物是多官能团化合物，也是重要的有机中间体，具有广泛的应用价值，因此有关 PCR 反应应用的报道较多。Kaim 等[40]报道了一种新的 P-3CR 反应：在甲醇溶液中，异腈与酚衍生物和醛或酮反应，以较好的产率得到 α-烷氧基酰胺。

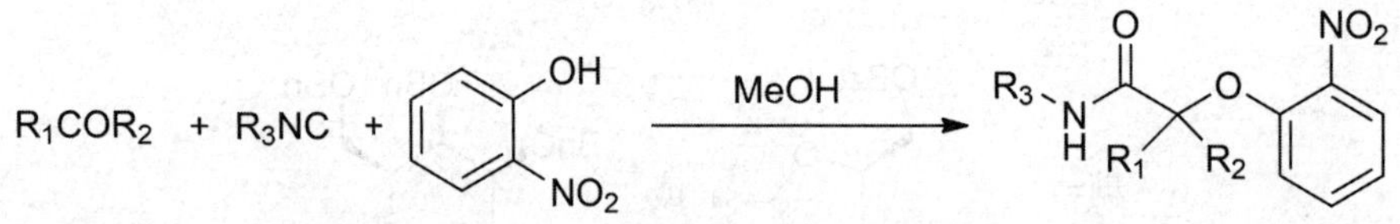

Gulevich 等[41]对三氟甲基羰基化合物参与的 PCR 反应进行研究，以较好的收率得到了带有三氟甲基的产物 depsipeptides。

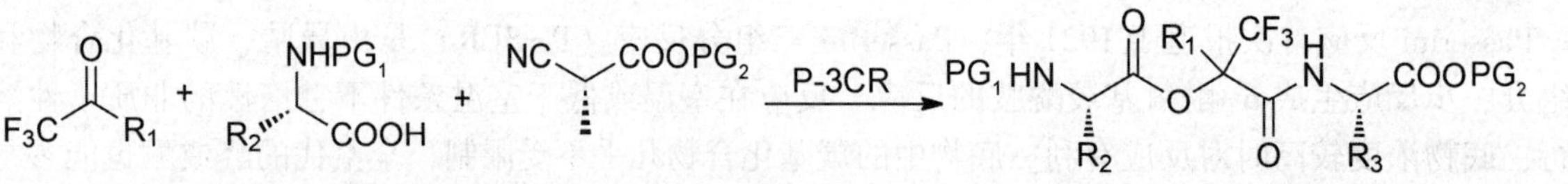

Zhu 等[42]报道了在强氧化剂 O-碘酰基苯甲酸（IBX）的作用下，用醇替代醛进行的 P-3CR 反应，该反应的一个突出优点是特别适用于替代一些不稳定醛参与反应。

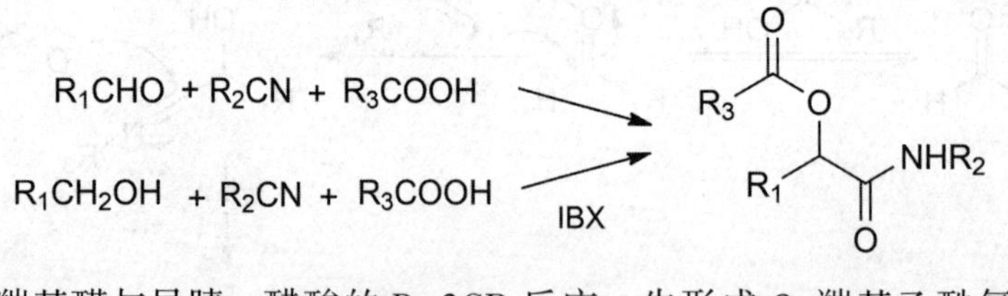

Neo 等[43]通过 β-羰基醛与异腈、醋酸的 P-3CR 反应，先形成 β-羰基乙酰氧基酰胺，然后将其在氯化铵的水溶液中用锌粉还原，得到 β-羰基酰胺类化合物。

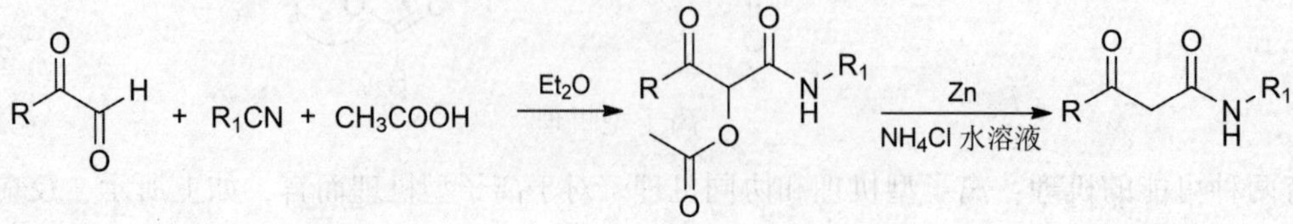

（四）Petasis 反应

Petasis 反应有时亦被称为有机硼酸的 Mannich 反应（简称 BAM 反应），1993 年由 Petasis 首次报道[44]。该反应是指有机胺、醛和有机硼酸参与的三组分反应，经"一锅法"可构建新的碳碳键，并可形成烯丙基胺、手性氨基酸、手性氨基醇、2-取代的苯酚衍生物等重要的有机中间体。Petasis 反应具有大多数多组分反应共同的优点，不需要严格经无水和无氧处理的溶剂，此外也不必加入金属催化剂及 Lewis 酸或 Brønsted 酸碱试剂。

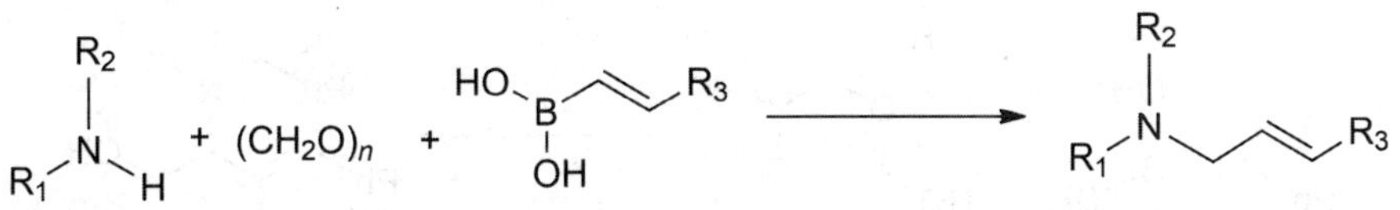

Petasis 反应机理的研究近几年受到有机硼化学家和有机合成人员的关注，他们对 Petasis 反应的机理存在两种假设[45]：Petasis 认为反应首先是由 α-羟基醛和胺反应生成亚胺中间体，该中间体的羟基与有机硼的空轨道配位形成的中间体进行分子内的亲核进攻，水解得到产物氨基醇。

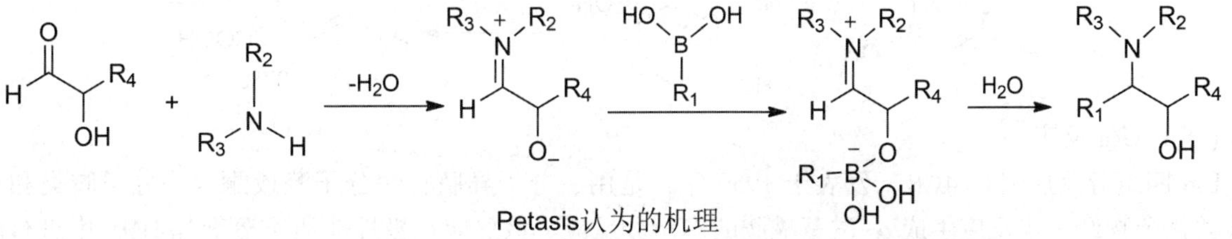

Petasis 认为的机理

而 Schlienger 等[46]则认为该反应是 α-羟基醛首先和有机硼酸反应得到中间体硼酸盐，此中间体再与胺进行分子内的亲核进攻，水解得到产物氨基醇。Tao 等[40]通过热力学计算得出该机理比 Petasis 认为的机理需要更多的能量，因此，Petasis 反应更倾向于按 Petasis 提出的机理进行。

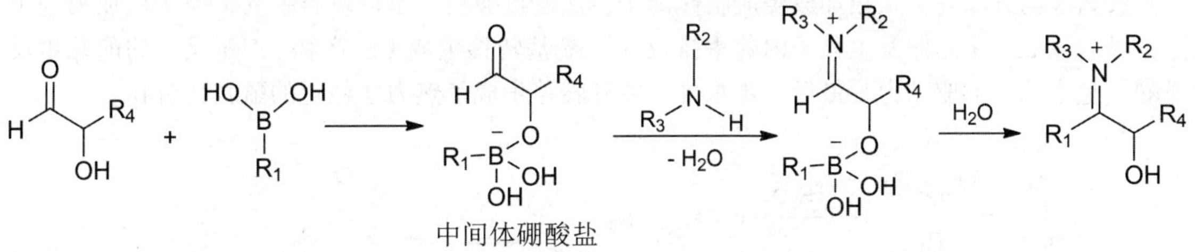

中间体硼酸盐

Schlienger 等认为的机理

有机硼酸是合成化学中的常用试剂，其中烯基硼酸和芳基硼酸在 Petasis 反应中最常应用。在某些反应中，有机硼酸可促进底物脱水反应的进行，在 Petasis 反应中烯基硼酸也有促进底物脱水的应用，例如 Petasis 等[47]报道了利用烯基硼酸合成派嗪类的反应。苯基烯基硼酸、乙二胺衍生物与乙醛酸经 Petasis 反应得到中间体，然后在烯基硼酸的催化下脱水得到目标产物。在该反应中烯基硼酸促进了底物脱水成环，更好地体现了"一锅法"反应的优点。

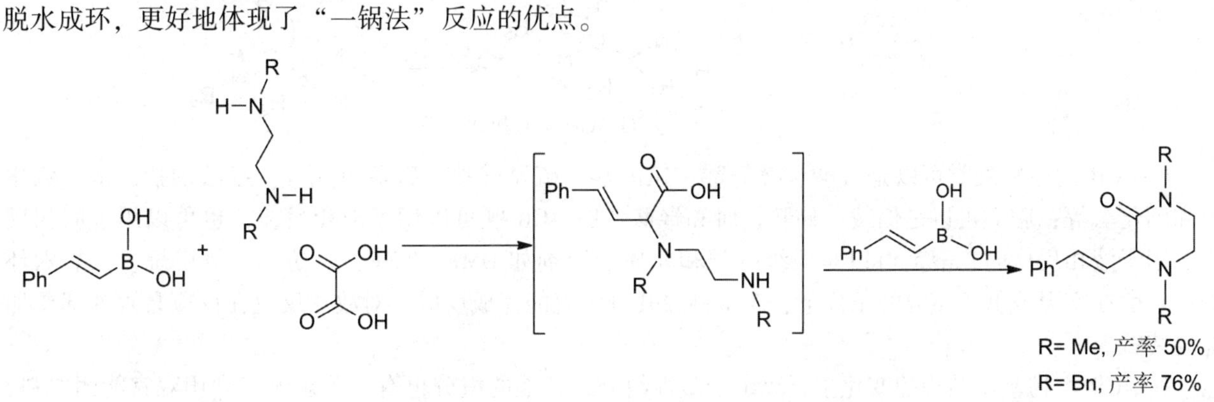

R= Me, 产率 50%
R= Bn, 产率 76%

芳基硼酸包括苯基硼酸与杂环硼酸，在生物活性分子的合成中已较多地得到了应用。自 1997 年 Petasis 等[48]首次报道芳基硼酸的多组分反应以来，芳基硼酸越来越多地被应用于有机胺合成中。胺类化合物可以活化醛酮的羰基，是必不可少的一个组分，多种含氮化合物均可参与 Petasis 反应，如脂肪胺、芳基胺、氨气、喹啉、吲哚、酰肼、羟胺等，其中最常见的是脂肪胺。而脂肪胺最有利于 Petasis 反应的进行，尤其是仲胺和位阻大的伯胺[49]。

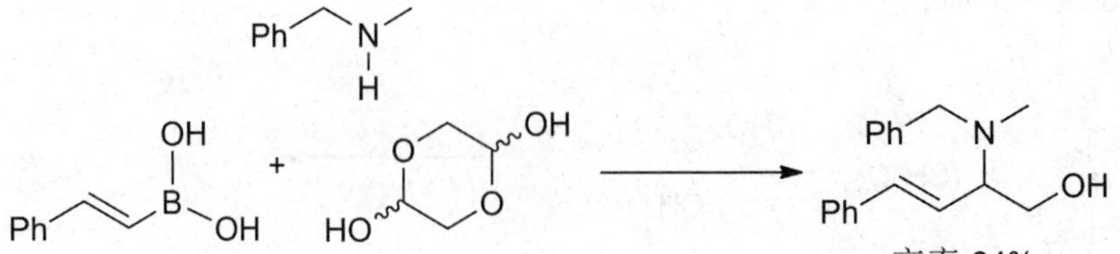

产率 84%

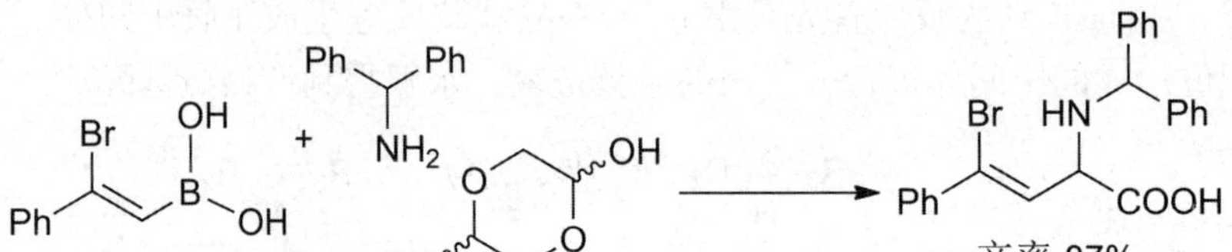

产率 87%

（五）Ugi 反应

Ugi 四组分反应（U-4CR）发表于 1959 年，是用一分子异腈、一分子醛或酮、一分子胺类和一分子酸类化合物经一步反应生成 α-酰基酰胺的多组分反应。该反应在极性非质子溶剂如 DMF 中进行时效果一般较好，也可用甲醇和乙醇作为反应溶剂。反应具有较高的原子经济性，总反应只生成一分子水副产物，反应产率也一般较高。有研究显示，水溶液的使用对反应有加速作用。

U-4CR 反应的基本机理如下所示。首先胺与醛或酮缩合失水生成亚胺，亚胺被羧酸质子化为亚胺离子，亚胺离子与异腈发生亲核加成生成腈鎓离子，然后羧酸负离子进攻异腈的碳原子生成另一个亚胺中间体，最后该亚胺中间体发生分子内的重排反应，酰基转移生成 Ugi 产物。Ugi 反应的前几步反应都是可逆的，整个反应的驱动力是最后一步重排，酰基转移生成了热力学稳定的酰胺化合物。

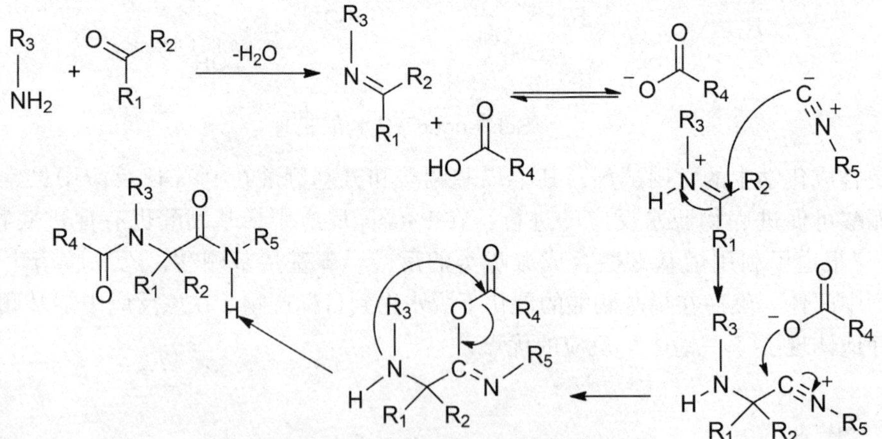

U-4CR反应机理

U-4CR 的原料酸类可以是羧酸、叠氮酸、氰酸盐、硫氰酸盐、碳酸单酯、二级胺的盐、水、硫化氢和硒化氢等，胺类可以是伯胺、仲胺、肼和羟胺。U-4CR 既可以用于液相反应，也可以用于固相反应。用于液相反应时，溶剂可以是低级醇类和非质子溶剂如 DMF、THF、氯仿、二氯甲烷、二氧六环等。一般在室温或低于室温的条件下，若干秒或几分钟就能完成反应，对放热反应在反应装置外部要加降温装置。

U-4CR 产物基本结构的变化主要决定于酸性组分，其他的组分也有一些影响，利用双官能团原料，可以合成很多杂环。例如，利用一个特殊的异腈，可以四组分一步反应合成 2，4-二取代的噻唑，如下便是第一个四组分"一锅法"合成噻唑环的报道[50]。

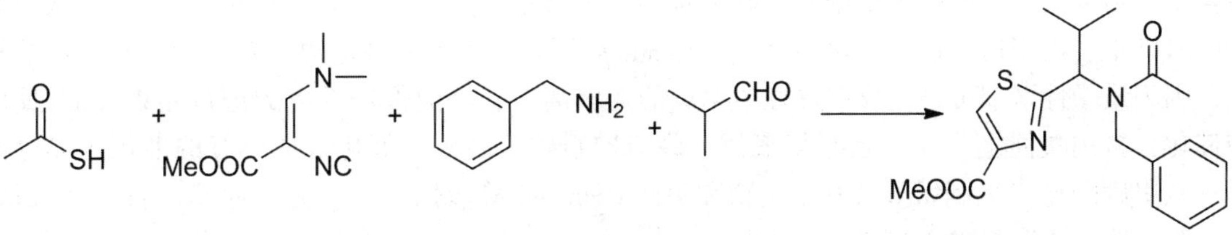

Nixey 等[51]用 Ugi 四组分反应合成了一系列喹喔啉酮衍生物。由 N-Boc 保护的苯二胺（1 个）、异腈（8 个）、醛（1 个）和乙醛酸（1 个）四组分，采用 U-4CR、脱保护基和环合的级联反应（Ugi/de-Boc/环合，UDC），用固相合成技术，合成了 80 个在 4 个位置上有不同取代基的化合物库。

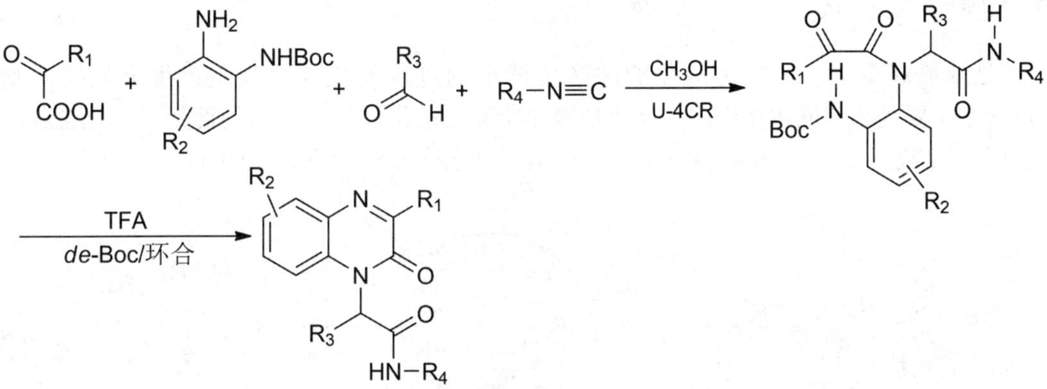

Isenring 等[10]用 β-氨基酸、芳香醛和二苯甲基异腈等经 Ugi 四组分反应，生成的产物用四氧化二氮氧化二苯甲基成羧酸，制备了含有 β-内酰胺片断的诺卡杀菌素（nocardicine）类似物库。同样应用 Ugi 四组分反应可以制备含青霉素、头孢菌素和青霉烯骨架的化合物库。

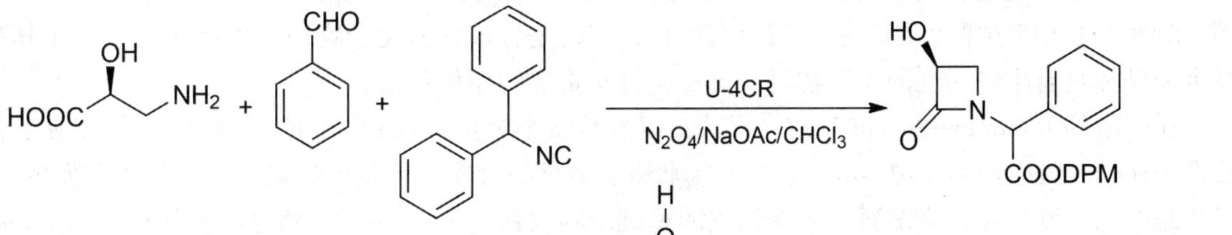

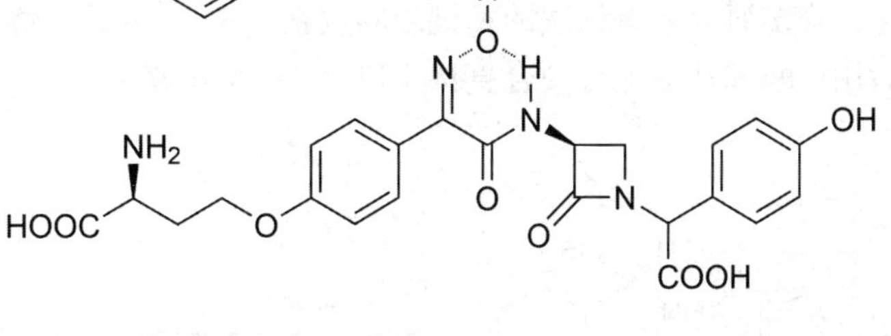

（六）Mannich 反应

1. Mannich 反应简介　Mannich 反应由德国化学家卡尔·曼尼希（Mannich）于 1917 年首次发现的。该反应是指含活泼碳、氢的化合物（通常是醛或酮）与胺（伯胺或仲胺）或铵盐，以及另一分子醛或酮发生的三组分反应，生成 α-位烷基化产物。由其他碳亲核试剂对亚胺或其盐的加成反应也属于 Mannich 反应的类型，该反应是有机合成中构建含碳碳键以及碳氮键的化合物的基本反应之一。

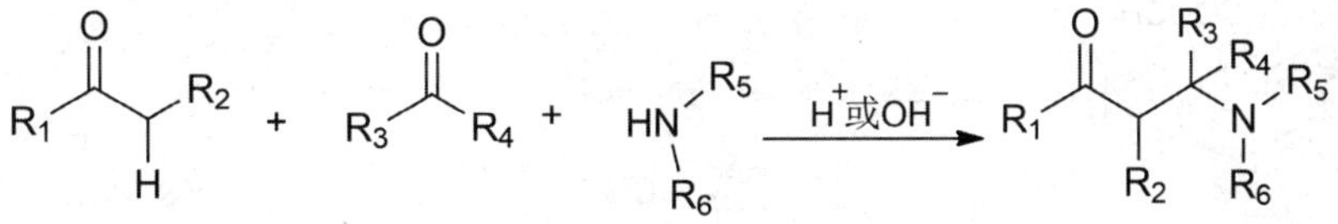

Mannich 反应的特点是三组分一锅法合成 β-氨基羰基化合物。提供活泼氢的组分可以是脂肪族或芳香族的醛、酮、羧酸衍生物，也可以是 β-双羰基化合物、硝基烷烃或端炔化合物等。另一组分的醛、酮则通常不含活泼氢。当反应中使用的是伯胺时，生成的仲胺会进一步发生 Mannich 反应生成叔胺，而使用仲胺时则不会出现这样过烷基化的反应。Mannich 反应所使用的溶剂通常是甲醇、水、乙酸等质子性溶剂，因为质子性溶剂可稳定反应过程中生成的亚胺离子，从而促进反应的进行。Mannich 反应可由酸或碱催化，常用酸催化[52-55]，近些年来，一些结构新颖、高效、催化效能更好的催化剂如过渡金属盐类、三氟甲磺酸盐、L-脯氨酸及其衍生物和手性 Brønsted 酸催化剂[56-63]也见报道。首先在酸催化下，醛或酮与胺反应生成亚胺或亚胺离子。

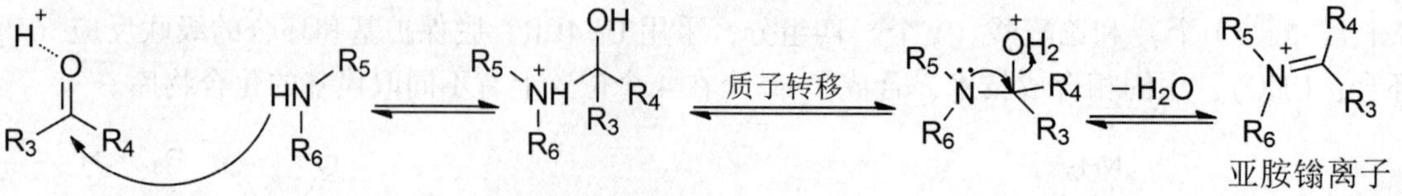

亚胺鎓离子

第二步是亚胺接受醛、酮的烯醇化的碳亲核试剂的进攻发生缩合反应，生成最终产物。酸在 Mannich 反应中主要是起到催化作用，一方面是增加羰基的极化，另一方面是促使羰基化合物转变成烯醇式，从而有利于进行缩合。因此，Mannich 反应是通过亲核加成-消除反应历程来实现的。

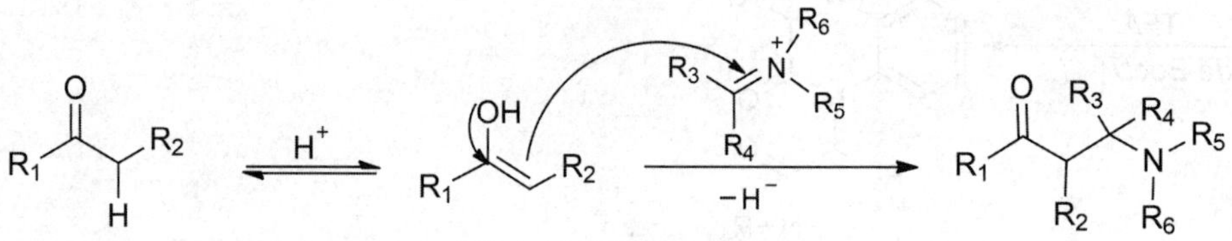

如果 $R_2 \neq H$，R_3、R_4 不同时为氢，则生成的产物为两对对映体，因此如果在反应中使用的是手性的酸或碱催化剂，得到的产物就有一定的对映选择性。如果反应中以不对称的酮作为亲核试剂，生成产物则有区域选择性，一般以多取代的 α 位胺甲基化产物为主。

2. Mannich 反应的应用　该反应在有机合成中有着比较广泛的应用，例如制备 α，β-不饱和醛、酮、酮酸及其相应的醛、酮、腈、酸等有机物，它还是合成含氮化合物的常用反应之一，尤其是在合成有生物碱和具有生物活性的有机物时，该反应具有重要的应用价值。

托品酮的 Robinson-Schopf 反应合成法，以及抗血小板聚集药物 (S)-氯吡格雷的合成工艺路线中都将 Mannich 反应作为关键步骤。(S)-氯吡格雷最早的合成工艺是由法国 Sanofi 公司开发的[64]，随着工艺路线的不断优化，众多研究者将该法的关键步骤放在 (S)-2-[(2-噻吩乙胺基)(2-氯苯基)]乙酸甲酯的合成上，然后用甲醛和盐酸缩合环合直接生成 (S)-氯吡格雷[65]。

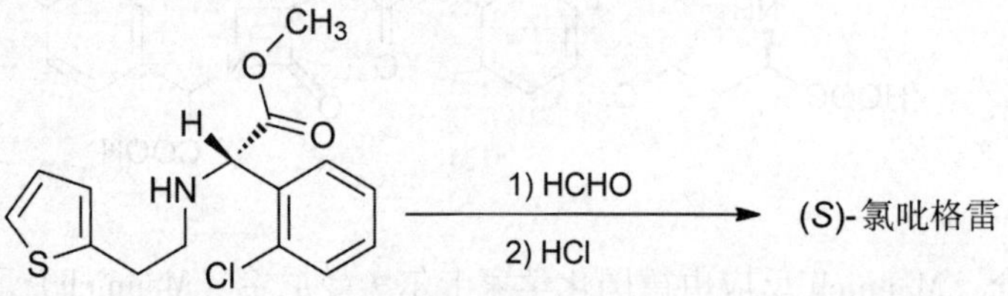

关于该步反应现在更为一致的观点认为是按照 Mannich 反应的机理进行的，电子转移的具体过程如下所示，详见经典药物合成章节中 (S)-氯吡格雷的合成工艺路线。

(S)-氯吡格雷

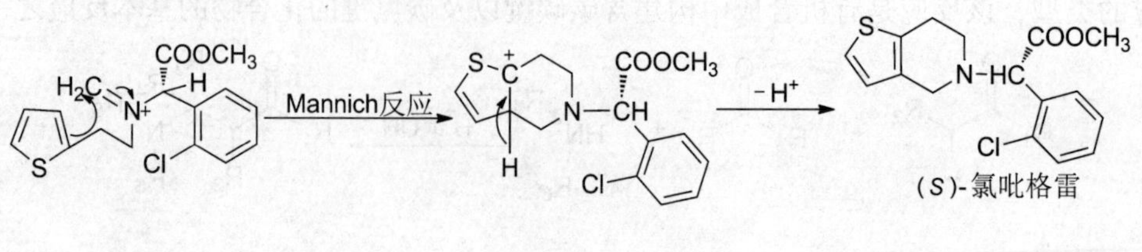

3. Mannich 反应中催化剂的研究进展 Mannich 反应通常是在路易斯酸或质子酸的催化下进行的，但是这些传统的催化剂会污染环境。因此，很多学者对适用于该反应的环境友好并易于实现回收使用的催化剂进行了研究。

张豪等[66]发现 10mmol% 三氟甲磺酸铜 ［Cu（OTf）$_2$］ 在催化环己酮、芳香醛和芳香胺发生的 Mannich 反应合成 β-氨基酮衍生物时具有良好的催化活性，并且三氟甲磺酸铜在水中很稳定，反应结束后可再回收得到，然后重复使用而活性不下降。与传统的催化剂相比，它不需要添加浓盐酸、Me$_3$SiCl 等任何辅助催化剂，是一种对环境友好的催化剂。

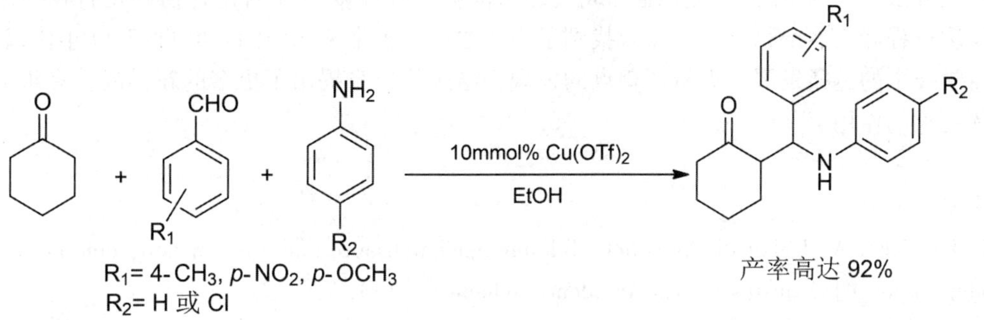

R$_1$= 4-CH$_3$, p-NO$_2$, p-OCH$_3$
R$_2$= H 或 Cl

产率高达 92%

李济澜等[67]采用氨基磺酸（NH$_2$SO$_3$H）催化吲哚进行 Mannich 反应得到了一种绿色环保的芦竹碱合成方法，并发现该方法成本低，产率达 82%，条件温和，工艺简单，适合工业化生产。

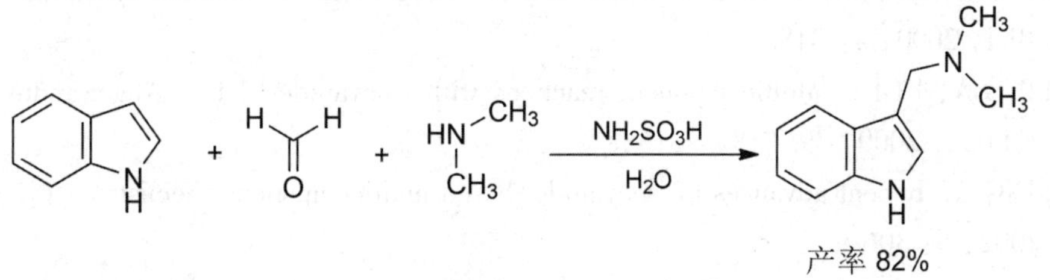

产率 82%

手性 Brønsted 酸催化 Mannich 反应也较为常见，例如，Hatano 等[63,68]报道的 BINSA 和 1，1′-binaphthyl-2，2′-disulfonates 以及 Jiang 等[62]分别报道的 Binaphtholate 都是高效的、高对映选择性的催化剂。

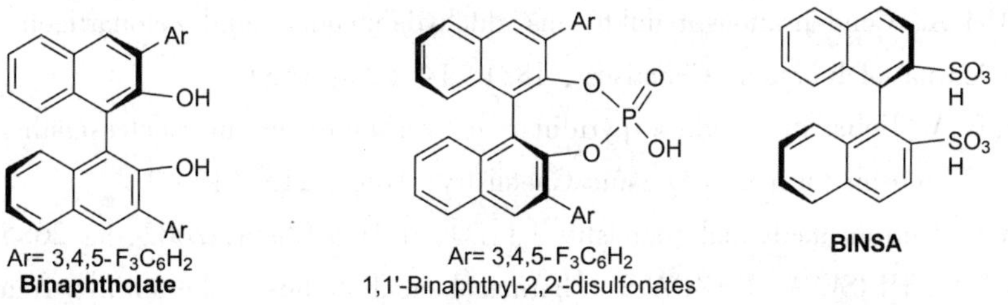

Ar= 3,4,5- F$_3$C$_6$H$_2$
Binaphtholate

Ar= 3,4,5- F$_3$C$_6$H$_2$
1,1'-Binaphthyl-2,2'-disulfonates

BINSA

有机小分子亦能催化该反应，Hayashi 等[56]采用 10 mol% 的 L-脯氨酸催化芳香醛、对甲氧基苯胺和丙醛发生对映选择性 Mannich 反应，该反应产率能达 95%，syn : anti>95：5，产物 ee 能达 99%。

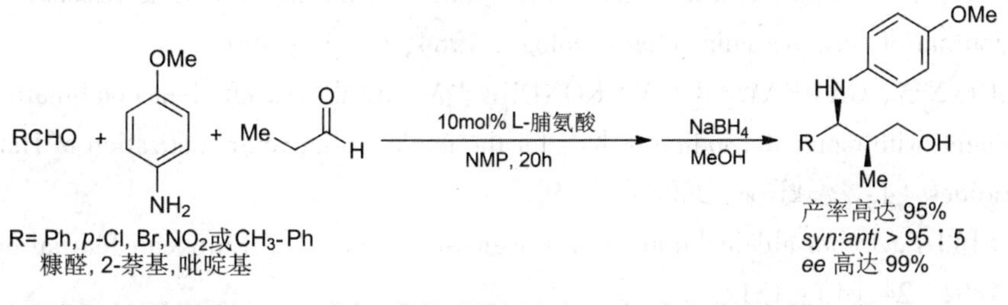

R= Ph, p-Cl, Br, NO$_2$或 CH$_3$-Ph
糠醛, 2-萘基, 吡啶基

产率高达 95%
syn:anti > 95：5
ee 高达 99%

由于 L-脯氨酸溶解性的限制，L-脯氨酸催化的反应一般在极性溶剂（如 DMSO、MeOH、NMP 和水等）中进行。Cobb 等[59]报道了一种脯氨酸衍生的有机催化剂，采用 15mol% 的 5-吡咯烷基-2-四氮唑，在 CH_2Cl_2 溶剂中，催化脂肪醛（酮）的不对称 Mannich 反应，取得了极高的对映选择性（94%~99%）和顺式非对映选择性（>19：1）。当底物为氟化丙酮时，产物收率仅为 32%，对映选择性仅为 4%。这是由于生成的二氯甲烷/氟双相混合物使反应速率降低，原因是氟原子破坏了过渡态中的氢键，造成反应的对映选择性降低。

随着有机合成化学领域的快速发展，科学家和企业家都不得不面对化学品和非绿色过程对环境的严重影响问题，多组分反应在原子经济性、环境友好性、步骤的简化、资源的有效利用等方面占有很大的优势，越来越引起化学工作者的浓厚兴趣。与传统的二组分反应相比，MCR 有多方面的优势，已经接近理想的合成方法。MCR 能快速大量地合成具有结构多样性和复杂性的化合物和化合物库的特点，使其在药物发现过程和天然产物全合成领域找到了用武之地，也带来 MCR 自 20 世纪 90 年代以来的复兴。随着生物科学技术的迅猛发展，大量新靶点的发现，给药物研究提出了更多的新挑战，多组分反应化学也必将发挥更大的作用。

参考文献

[1] STRECKER A. Ueber die künstliche bildung der milchsäure und einen neuen, dem glycocoll homologen körper [J]. Justus liebigs Annalender chemic, 1850, 75: 27.

[2] BIENAYME H, HULME C, ODDON G, et al. Maximizing synthetic efficiency: Multi-component transformations lead the way [J]. Chem Eur J, 2000, 6: 3321.

[3] DOMLING A. The discovery of new isocyanide-based multi-component reactions [J]. Curr Opin Chem Biol, 2000, 4: 318.

[4] DOMLING A, UGI I. Multicomponent reactions with isocyanides [J]. Angewandte Chemie International Edition, 2000, 39 (18): 3168.

[5] DOMLING A. Recent advances in isocyanide-based multicomponent chemistry [J]. Curr Opin Chem Biol, 2002, 6: 306.

[6] ZHU J. Recent developments in the isonitrile-based multicomponent synthesis of heterocycles [J]. European Journal of Organic Chemistry, 2003, 7: 1133.

[7] DOMLING A, UGI I. The seven-component reaction [J]. Angew Chem Int Ed, 1993, 32: 563.

[8] HANTZSCH A. Condensationsprodukte aus aldehydammoniak und ketonartigen verbindungen [J]. European Journal of Inorganic Chemistry, 1881, 14 (2): 1637.

[9] HANTZSCH A. Ueber die synthese pyridinartiger verbindungen aus acetessigäther und aldehydammoniak [J]. European Journal of Organic Chemistry, 1882, 215 (1): 1.

[10] WEBER L. Current medicinal chemistry [J]. Curr Med Chem, 2002, 9: 2085.

[11] STOEPEL K, HEISE A, KAZDA S. Pharmacological studies of the antihypertensive effect of nitrendipine [J]. Arzneimittel-Forschung, 1981, 31 (12): 2056.

[12] NYBORG N C B, MULVANY M J. Effect of felodipine, a new dihydropyridine vasodilator, on contractile responses to potassium, noradrenaline, and calcium in mesenteric resistance vessels of the rat [J]. Journal of cardiovascular pharmacology, 1984, 6 (3): 499.

[13] KARADE N N, GAMPAWAR S V, KONDRE J M, et al. An efficient combination of Dess-Martin periodinane with molecular iodine or KBr for the facile oxidative aromatization of Hantzsch 1, 4-dihydropyridines [J]. Arkivoc, 2008, 12: 9.

[14] BIGINELLI P. Ueber aldehyduramide des acetessigäthers [J]. European Journal of Inorganic Chemistry, 1891, 24 (1): 1317.

[15] BIGINELLI P. Ueber aldehyduramide des acetessigäthers. II [J]. European Journal of Inorganic Chemistry, 1891, 24 (2): 2962.

[16] WANG R, LIU Z -Q. Solvent-free and catalyst-free biginelli reaction to synthesize ferrocenoyl dihydropyrimidine and kinetic method to express radical-scavenging ability [J]. J Org Chem, 2012, 77: 3952.

[17] FOLKERS K, JOHNSON T B. Researches on pyrimidines. Cxxxvi. The mechanism of formation of tetrahydropyrimidines by the biginelli reaction [J]. J Am Chem Soc, 1933, 55: 3784.

[18] SWEET F, FISSEKIS J D. Synthesis of 3, 4-dihydro-2 (1h) -pyrimidinones and the mechanism of the biginelli reaction [J]. J Am Chem Soc, 1973, 95: 8741.

[19] O'REILLY B C, ATWAL K S. Synthesis of substituted 1, 2, 3, 4-tetrahydro-6-methyl-2-oxo-5 -pyrimidinecarboxylic acid esters: The biginelli condensation revisited [J]. Heterocycles, 1987, 26: 1185.

[20] ATWAL K S, O'REILLY B C, GOUGOUTAS J Z, et al. Synthesis of substituted 1, 2, 3, 4-tetrahydro- 6 - methyl - 2 - thioxo - 5 - pyrimidinecarboxylic acid esters [J]. Heterocycles, 1987, 26: 1189.

[21] ATWAL K S, ROVNYAK G C, O'REILLY B C, et al. Substituted 1, 4-dihydropyrimidines. 3. Synthesis of selectively functionalized 2-hetero-1, 4-dihydropyrimidines [J]. J Org Chem, 1989, 54: 5898.

[22] KAPPE C O. A reexamination of the mechanism of the biginelli dihydropyrimidine synthesis. Support for an n-aciliminium ion intermediate [J]. J Org Chem, 1997, 62: 7201.

[23] ROVNYAK G C, ATWAL K S, HEDBERG A, et al. Dihydropyrimidine calcium channel blockers. 4. Basic 3-substituted-4-aryl-1, 4-dihydropyrimidine-5-carboxylic acid esters. Potent antihypertensive agents [J]. J Med Chem, 1992, 35: 3254.

[24] DERES K, SCHRODER C H, PAESSENS A, et al. Inhibition of hepatitis b virus replication by drug-induced depletion of nucleocapsids [J]. Science, 2003, 299: 893.

[25] DANDIA A, SAHA M, TANEJA H. Synthesis of fluorinated ethyl 4-aryl-6-methyl-1, 2, 3, 4-tetrahydropyrimidin-2-one/thione-5-carboxylates under microwave irradiation [J]. J Fluor Chem, 1998, 90: 17.

[26] STADLER A, KAPPE C O. Automated library generation using sequential microwave-assisted chemistry. Application toward the biginelli multicomponent condensation [J]. J Comb Chem, 2001, 3: 624.

[27] SHARMA N, SHARMA U K R, RICHA K, et al. Green and recyclable glycine nitrate (glyno3) ionic liquid triggered multicomponent biginelli reaction for the efficient synthesis of dihydropyrimidinones [J]. RSC Adv, 2012, 2: 10648.

[28] 王倩, 贺玲, 刁晓菊, 等. 氨基磺酸催化绿色合成 3, 4-二氢嘧啶-2-酮 [J]. 徐州医学院学报, 2013, 33 (6): 368.

[29] HARIKRISHNAN P S, RAJESH S M, PERUMAL S, et al. A microwave-mediated catalyst- and solvent-free regioselective biginelli reaction in the synthesis of highly functionalized novel tetrahydropyrimidines [J]. Tetrahedron Lett, 2013, 54: 1076.

[30] SAFARI J, GANDOMI-RAVANDI S. MnO_2 - Mwcnt nanocomposites as efficient catalyst in the synthesis of biginelli-type compounds under microwave radiation [J]. J Mol Catal A: Chem, 2013, 373: 72.

[31] 赵新海, 刘晨江, 李燕萍. 超声波促进离子液体中 Biginelli 一锅法合成苯并咪唑并 [2, 1-b] 喹啉-6-酮 [J]. 高等学校化学学报, 2010, 31 (9): 1769.

[32] STEFANI H A, OLIVEIRA C B, ALMEIDA R B, et al. Dihydropyrimidin- (2h) -ones obtained

by ultrasound irradiation: A new class of potential antioxidant agents [J]. Eur J Med Chem, 2006, 41: 513.

[33] WIPF P, CUNNINGHAM A. A solid phase protocol of the biginelli dihydropyrimidine synthesis suitable for combinatorial chemistry [J]. Tetrahedron Lett, 1995, 36: 7819.

[34] ATWAL K S, SWANSON B N, UNGER S E, et al. Dihydropyrimidine calcium channel blockers. 3. 3-carbamoyl-4-aryl-1, 2, 3, 4-tetrahydro-6-methyl-5-pyrimidinecarboxylic acid esters as orally effective antihypertensive agents [J]. J Med Chem, 1991, 34: 806.

[35] CROSS R, HACKNEY D D, WADE R H, et al. Interaction of the mitotic inhibitor monastrol with human kinesin EG5 [J]. BIOCHEMISTRY, 2003, 42: 338.

[36] BARROW J C, NANTERMET P G, SELNICK H G, et al. In vitro and in vivo evaluation of dihydropyrimidinone C-5 amides as potent and selective α1a receptor antagonists for the treatment of benign prostatic hyperplasia [J]. J Med Chem, 2000, 43: 2703.

[37] BLASCO M A, THUMANN S, WITTMANN J, et al. Enantioselective biocatalytic synthesis of (S) - monastrol [J]. Bioorg Med Chem Lett, 2010, 20: 4679.

[38] DONDONI A, MASSI A, SABBATINI S, et al. Three-component biginelli cyclocondensation reaction using C-glycosylated substrates. Preparation of a collection of dihydropyrimidinone glycoconjugates and the synthesis of C-glycosylated monastrol analogues [J]. J Org Chem, 2002, 67: 6979.

[39] DONDONI A, MASSI A, SABBATINI S. Improved synthesis and preparative scale resolution of racemic monastrol [J]. Tetrahedron Lett, 2002, 43: 5913.

[40] TAO J, LI S. Theoretical study on the mechanism of the Petasis-type boronic Mannich reaction of organoboronic acids, amines, and α-hydroxy aldehydes [J]. Chinese Journal of Chemistry, 2010, 28 (1): 41.

[41] WU Y Y, CHAI Z, LIU X Y, et al. synthesis of Substituted 5- (pyrrolidin-2-yl) tetrazoles and their application in the asymmetric biginelli reaction [J]. European Journal of Organic Chemistry, 2009, 2009 (6): 904.

[42] KAPPE C O. Recent advances in the biginelli dihydropyrimidine synthesis. New tricks from an old dog [J]. Acc Chem Res, 2000, 33: 879.

[43] SAHA S, MOORTHY J N. Enantioselective organocatalytic biginelli reaction: Dependence of the catalyst on sterics, hydrogen bonding, and reinforced chirality [J]. J Org Chem, 2011, 76: 396.

[44] SINGH K, SINGH S. Chemical resolution of inherently racemic dihydropyrimidinones via a site selective functionalization of biginelli compounds with chiral electrophiles: A case study [J]. Tetrahedron, 2009, 65: 4106.

[45] CANDEIAS N R, MONTALBANO F, CAL P M S D, et al. Boronic acids and esters in the petasis-borono mannich multicomponent reaction [J]. Chem Rev, 2010, 110: 6169.

[46] SCHLIENGER N, BRYCE M R, HANSEN T K. The boronic mannich reaction in a solid-phase approach [J]. Tetrahedron, 2000, 56: 10023.

[47] PETASIS N A, ZAVIALOV I A. A new and practical synthesis of α-amino acids from alkenyl boronic acids [J]. J Am Chem Soc, 1997, 119: 445.

[48] PETASIS N A, GOODMAN A, ZAVIALOV I A. A new synthesis of α-arylglycines from aryl boronic acids [J]. Tetrahedron, 1997, 53: 16463.

[49] PETASIS N A, ZAVIALOV I A. Highly stereocontrolled one-step synthesis of anti-β-amino alcohols from organoboronic acids, amines, and α-hydroxy aldehydes [J]. J Am Chem Soc, 1998, 120: 11798.

［50］HECK S，DÖMLING A. A versatile multi-component one-pot thiazole synthesis［J］. Synlett，2000，3：424.

［51］NIXEY T，TEMPEST P，HULME C. Erectones a and b，two dome-shaped polyprenylated phloroglucinol derivatives，from hypericum erectum［J］. Tetrahedron Lett，2002，43：163.

［52］THOMPAON B B. The mannich reaction. Mechanistic and technological considerations［J］. J Pharm sci，1968，57：715.

［53］BENKOVIC S J，BENKOVIE P A. Kinetic detection of the imminium cation in formaldehyde-amine condensations in neutral aqueous solution［J］. J Am Chem Soc，1969，91：1860.

［54］MANNICH C. Synthesis of b-ketonic bases［J］. J Chem Soc Abstr，1917，112：634.

［55］MANNICH C. Eine synthese von β-ketonbasen［J］. Arch Pharm，1917，255：261.

［56］HAYASHI Y，TSUBOI W，ASHIMINE L，et al. The direct and enantioselective，one-pot，three-component，cross-mannich reaction of aldehydes［J］. Angew Chem，2003，115：3805.

［57］XU L-W，XIA C-G，LI L. Transition metal salt-catalyzed direct three-component mannich reactions of aldehydes，ketones，and carbamates：efficient synthesis of n-protected β-aryl-β-amino ketone compounds［J］. J Org Chem，2004，69：8482.

［58］KOBAYASHI S，KIYOHARA H，YAMAGUCHI M. Catalytic silicon-mediated carbon-carbon bond-forming reactions of unactivated amides［J］. J Am Chem Soc，2011，133：708.

［59］COBB A J A，SHAW D M，LONGBOTTOM D A，et al. Organocatalysis with proline derivatives：Improved catalysts for the asymmetric mannich，nitro-Michael and Aldol reactions［J］. Org Biomol Chem，2005，3：84.

［60］ZHANG H S，MITSUMORI N，UTSUMI M，et al. Catalysis of 3-pyrrolidinecarboxylic acid and related pyrrolidine derivatives in enantioselective anti-mannich-type reactions：importance of the 3-acid group on pyrrolidine for stereocontrol［J］. J Am Chem Soc，2008，130：875.

［61］HUANG Y，YANG F，ZHU C. Highly enantioselective Biginelli reaction using a new chiral ytterbium catalyst：asymmetric synthesis of dihydropyrimidines［J］. Cheminform，2005，127（47）：16386-16387.

［62］JIANG J，XU H-D，XI J-B，et al. Diastereoselectively switchable enantioselective trapping of carbamate ammonium ylides with imines［J］. J Am Chem Soc，2011，133：8428.

［63］HATANO M，HORIBET，ISHIHARA K. Chiral lithium（Ⅰ）binaphtholate salts for the enantioselective direct Mannich-type reaction with a change of *syn/anti* and absolute stereochemistry［J］. J Am Chem Soc，2010，132：56.

［64］DANIEL A，CLAUDE F. Thieno［3，2-C］pyridine derivatives and their therapeutic application［J］. US 4529596（A），1985-07-16.

［65］WANG L，SHEN J，TANG Y，et al. Synthetic improvements in the preparation of clopidogrel［J］. Org Process Res Dev，2007，11：487.

［66］张豪，黄云云，赵尖斌，等. 三氟甲磺酸铜催化的 Mannich 反应合成 β-氨基酮的研究［J］. 广东化工，2012，39（12）：67.

［67］李济澜，吴有刚，陈定梅. 氨基磺酸催化吲哚 Mannich 反应绿色合成芦竹碱［J］. 农药，2012，51（6）：422-423.

［68］HATANO M，MAKI T，MORIYAMA K，et al. Pyridinium 1，1′-binaphthyl-2，2′-disulfonates as highly effective chiral brønsted acid-base combined salt catalysts for enantioselective Mannich-type reaction［J］. J Am Chem Soc，2008，130：16858.

第九节　手性有机小分子催化

手性有机小分子催化是近年来不对称催化领域发展起来的一个研究热点。手性有机小分子催化的反应具有反应条件温和、环境友好、催化剂易于回收利用等优点，符合绿色化学的要求。

手性有机小分子催化不对称合成始于 20 世纪初德国化学家报道的奎宁催化的氢氰酸和苯甲醛的不对称加成反应[1]。1960 年，Pracejus[2] 发现了生物碱催化的甲醇和苯基甲基烯酮的加成反应，对映选择性 *ee* 达 74%。20 世纪 70 年代，Hajos、Parrish、Eder、Sauer 和 Wiechert 等人就研究发现 2-烃基-1，3-环二酮与 α，β-不饱和酮的加成反应生成的三酮产物在手性脯氨酸催化诱导下可生成立体选择性环化产物。这一不对称 Robinson 成环反应称为 Hajos-Parrish 反应。Hajos 和 Parrish 将此结果阐释为"一个生物体系的简化模型，其中 L-脯氨酸起到了酶的作用"，这一反应通式如下：

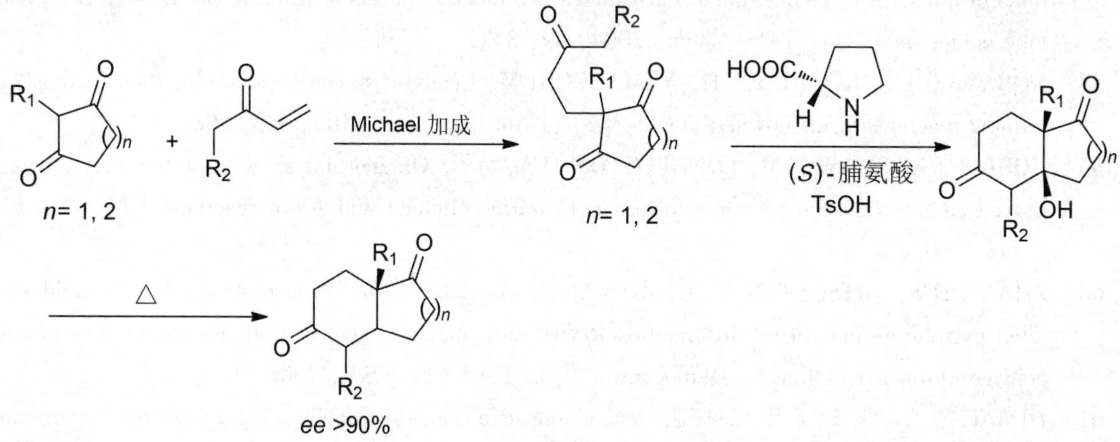

直到 2000 年，在 Hajos 研究工作的启发下，List、Lerner 和 Barbas 等人共同报道 L-脯氨酸催化的高立体选择性、高收率的醛酮分子间的 Aldol 缩合反应[3-6]，并正式提出了烯胺催化模式，在有机化学界引起了极大的反响。同年 MacMillan 研究小组也报道了第一个手性仲胺催化的不对称 Diels-Alder 反应[7]，并证实了他们设计合成的咪唑酮啉类催化剂能够通过形成亚胺极为有效地活化 α，β-不饱和醛类底物，该催化剂显示出极好的立体控制能力。这两项开创性的研究不仅为两个生成 C—C 键的重要反应提供了新的不对称催化方法，而且提出了针对羰基化合物的两种新的活化模式——烯胺活化和亚胺活化，为现代手性胺不对称催化奠定了基础。

近十年来，手性有机小分子催化不对称合成迅速发展，主要的手性有机小分子催化剂有氨基酸及其衍生物、小肽、糖类及其衍生物、生物碱、手性联萘酚衍生物等。催化的不对称反应的范围也迅速开展，如不对称羟醛缩合、不对称 Michael 加成、不对称 Baylis-Hillman 反应、不对称 Mannich 反应、不对称环氧化反应、不对称环加成，以及醛酮的不对称 α-烃化、不对称 α-胺化、不对称 α-卤化和不对称 Strecker 反应等。此外，一些串联反应和多组分反应都可以用手性有机小分子进行催化。本节根据手性有机小分子催化剂的活化模式不同，将其催化的反应分为烯胺催化、亚胺催化、氢键活化、卡宾催化、相转移催化等类型，对近年来有机小分子催化反应的进展进行综述。

（一）烯胺催化

作为一类原子经济性的反应，近年来不对称烯胺催化得到了飞速的发展，新的催化剂不断涌现，同时反应底物的范围不断扩大。不对称烯胺催化主要存在两种反应类型：①对醛、亚胺和 Michael 受体等亲电试剂的加成反应；②烷基卤化物发生的亲核取代反应。

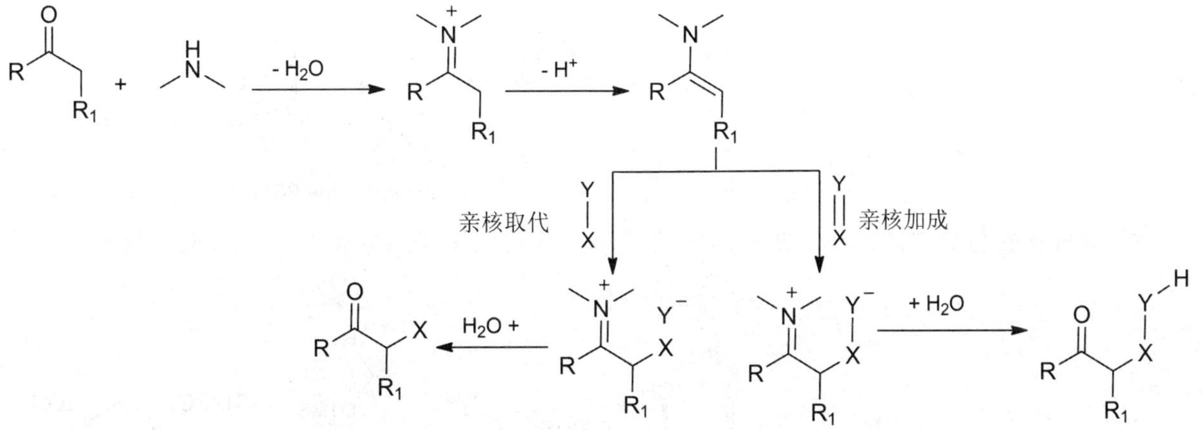

　　不对称 Aldol 反应是形成碳-碳键的最重要的有机合成反应之一，产物 β-羟基醛或酮在天然产物的合成中有重要的用途。2000 年，美国 Scripps 研究所的 List、Barbas Ⅲ 教授研究小组发现有机小分子脯氨酸可以催化丙酮和芳醛的直接 Aldol 缩合，得到了较高的产率和对映选择性。通过对脯氨酸类似物催化能力的研究得出结论：只有氮杂五元环氨基酸有机小分子才能够有效地催化直接 Aldol 缩合。

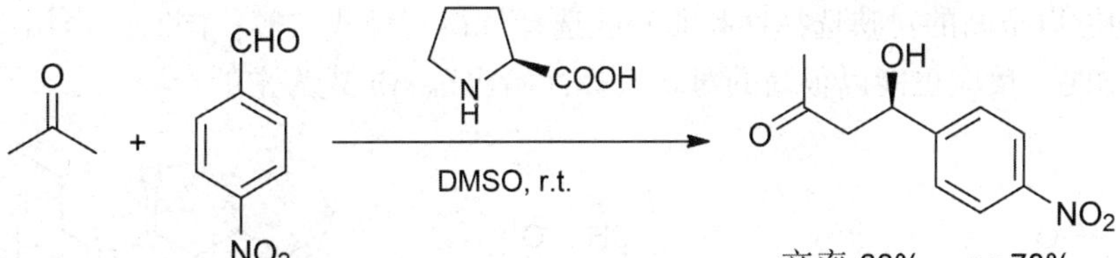

产率 68%　　ee 78%

　　反应机理为：脯氨酸的氨基与丙酮缩合脱水形成烯胺，羧基质子活化醛羰基。反应通过类椅式六元环状过渡状态完成烯胺对羰基 Re 面的亲核进攻。脯氨酸的手性骨架控制了产物的立体构型。

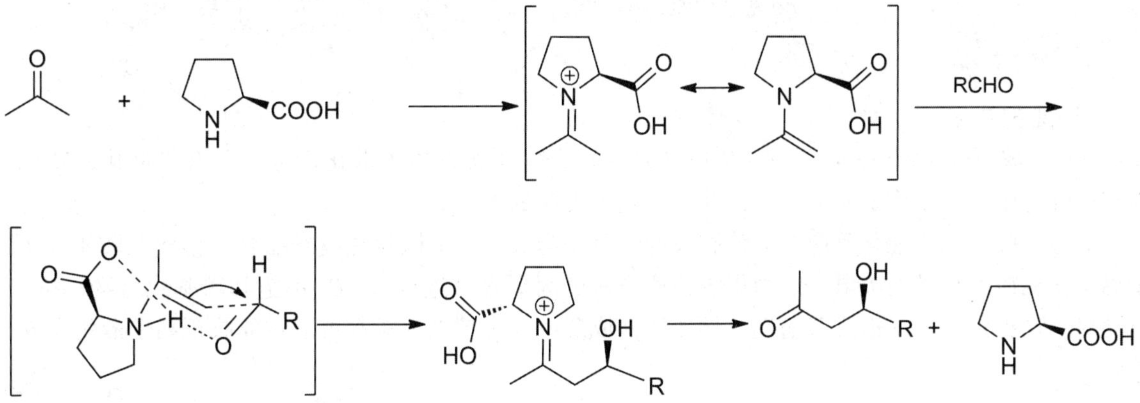

Re 面进攻

　　绝大多数二级胺催化的 Aldol 缩合产生 anti 式立体构型产物。而不对称 syn 式 Aldol 反应的报道还较少，并且底物范围也比较窄。二级胺类化合物脯氨酸催化已实现醛与羟基酮衍生物、醛与醛之间的不对称羟醛缩合，得到的产物为 anti 式立体构型。

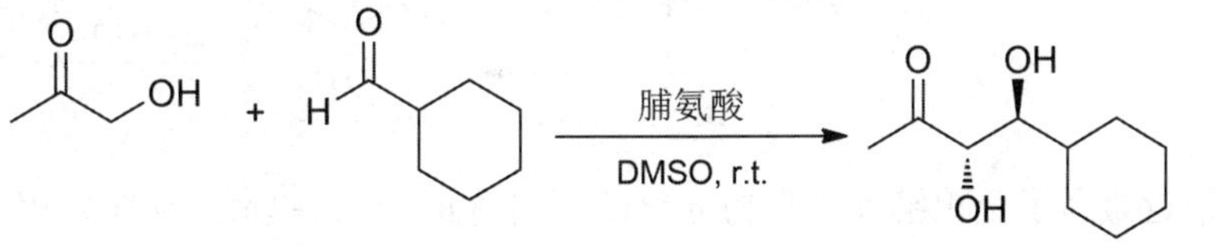

anti：syn =20：1　　ee 99%

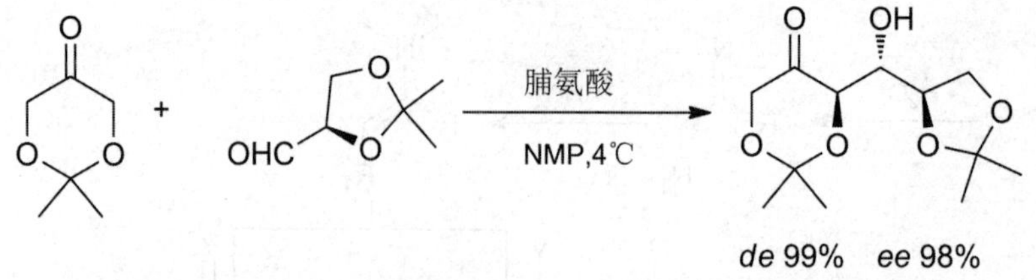

de 99% *ee* 98%

脯氨酸催化醛与醛之间的不对称羟醛缩合反应已成功应用于六碳糖和一些天然产物的合成中。例如：

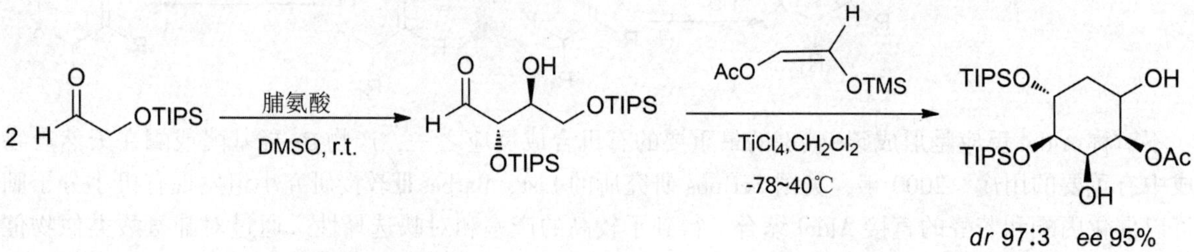

dr 97:3 *ee* 95%

Gong 课题组[8]随后报道了伯胺催化的不对称直接顺式 Aldol 缩合。该催化体系对芳香醛或脂肪醛与羟基丙酮的反应均能以很高的对映选择性和非对映选择性得到顺式二醇；同时，当用氟代丙酮、氯代丙酮或 3-戊酮为底物时，反应也能以很高的对映选择性给出以 *syn* 式为主的产物。

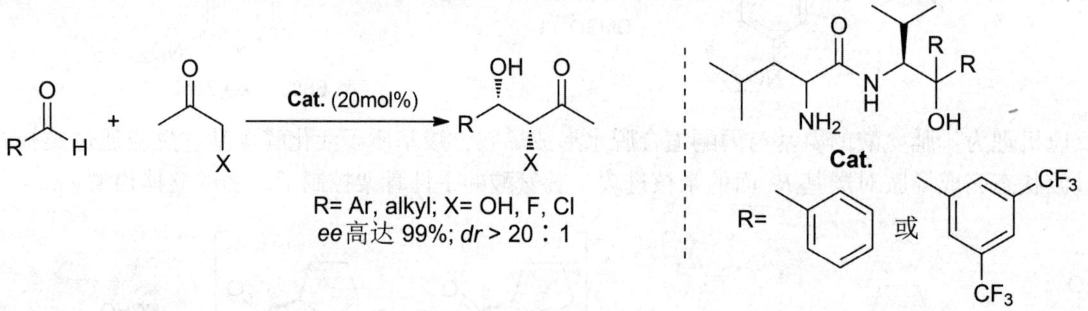

R= Ar, alkyl; X= OH, F, Cl
ee 高达 99%; *dr* > 20：1

（二）亚胺催化

从亚胺正离子催化的 Knoevenagel 反应被发现至今，亚胺正离子催化已经成为有机催化，特别是不对称有机催化中的一个重要研究方向，并且得到了飞速的发展。

不对称亚胺正离子催化反应中，伯胺或仲胺首先与 α，β-不饱和醛或酮缩合，形成亚胺正离子，亚胺正离子比相应的羰基的吸电子能力更强，使亲核试剂更容易进攻 α，β-不饱和羰基化合物的碳-碳双键。同时，这种活化模式极具普遍性，例如环加成反应和亲核加成等都可通过亚胺正离子催化完成。

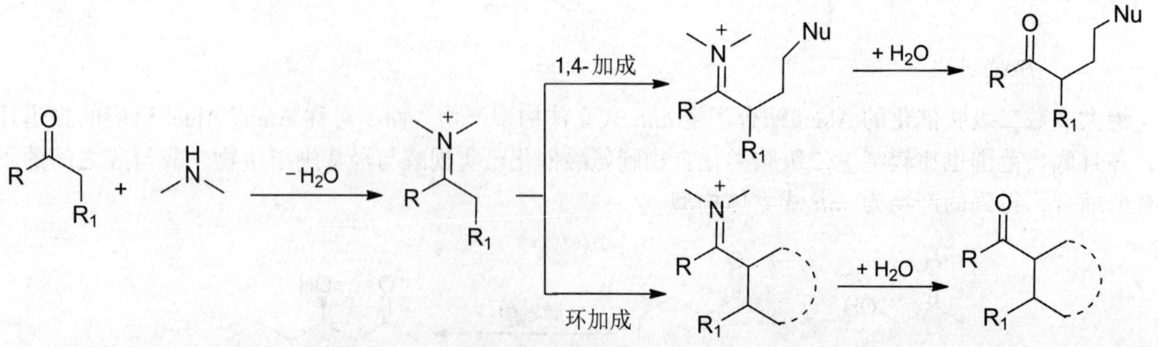

Deng 课题组[9]最近报道了金鸡纳碱衍生物催化的不对称的 Diels-Alder 反应。用 α，β-不饱和酮和 2-吡喃酮作反应物，该反应环加成产物的收率达 96%，非对映选择性为 97：3，对映选择性达 99% *ee*。

这个反应为 α, β-不饱和酮和 2-吡喃酮这两类简便易得但富有挑战性的 D-A 反应底物的应用提供了有效的途径。

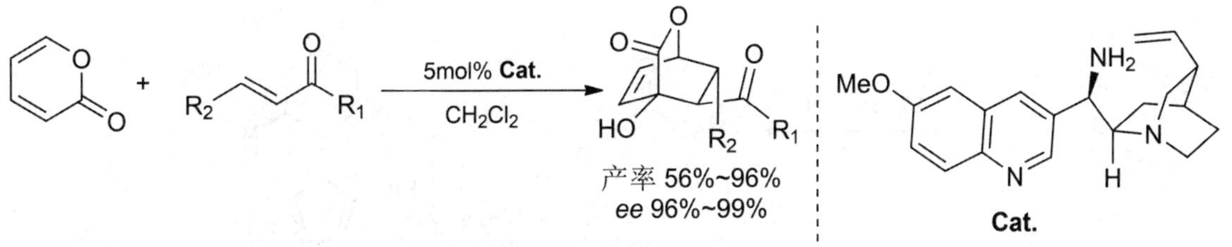

产率 56%~96%
ee 96%~99%

Cat.

（三）氢键活化

氢键活化不饱和羰基化合物有两种方式：一是 Brønsted 酸直接和羰基的氧形成氢键，从而使碳碳双键具有更强的亲电性；二是羰基先和伯胺形成不饱和亚胺，亚胺和 Brønsted 酸形成亚胺正离子使共轭的碳碳双键活化。氢键活化羰基和亚胺的模型及氢键活化碳-碳双键的模型如下所示：

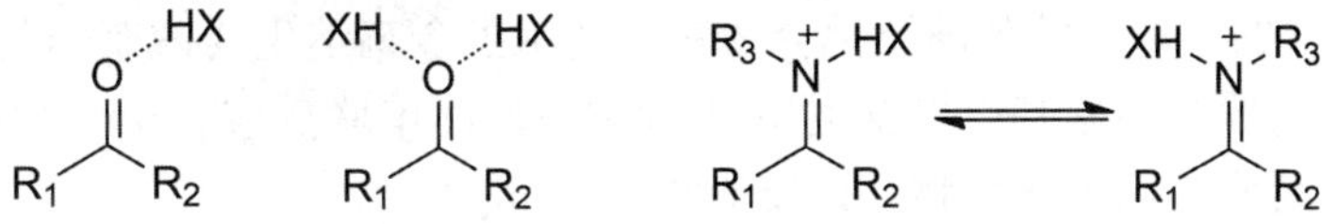

氢键活化羰基和亚胺的模型

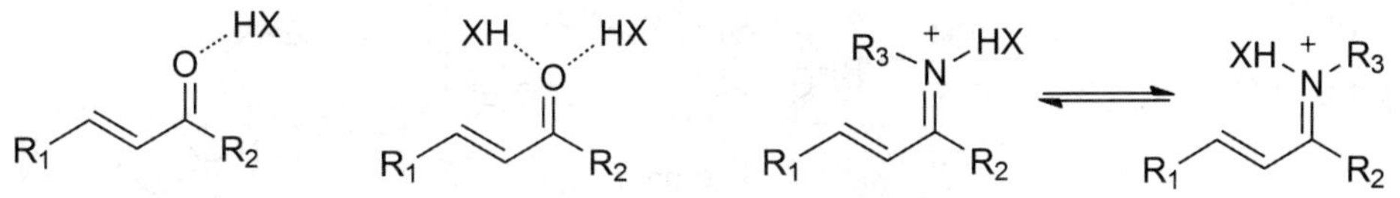

氢键活化碳碳双键的模型

1. 手性硫脲催化　脲和硫脲化合物氮上的两个氢具有酸性，可以和底物有效地形成双氢键，降低底物不饱和双键的电子云密度，使其更容易接受亲核试剂的进攻，从而催化 C-C 和 C-杂原子的成键反应。

·　Jacobsen 课题组[10]报道了硫脲催化的亲核试剂对氧鎓离子的加成，以 70%~96% 的化学收率和74%~97% 的对映选择性得到加成产物。该反应使氧鎓离子作为亲电底物用于不对称反应成为可能。该小组随后报道了硫脲催化的对酰亚胺正离子的加成反应。在这两个反应中，硫脲通过手性阴阳离子对控制氧鎓离子和亚胺离子加成反应的立体化学。

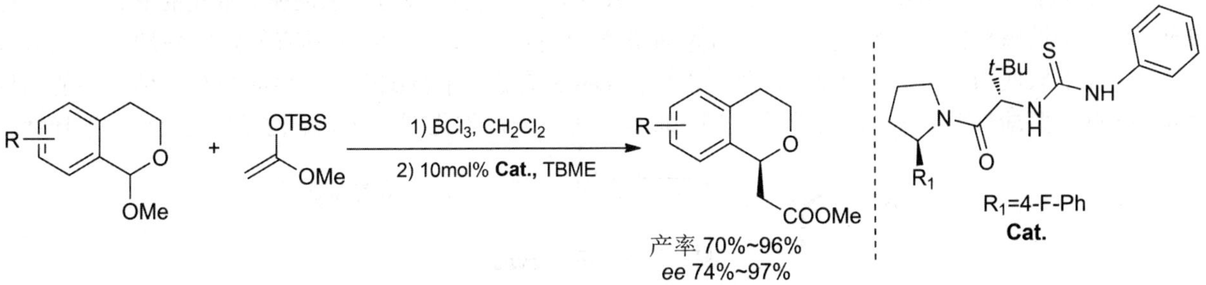

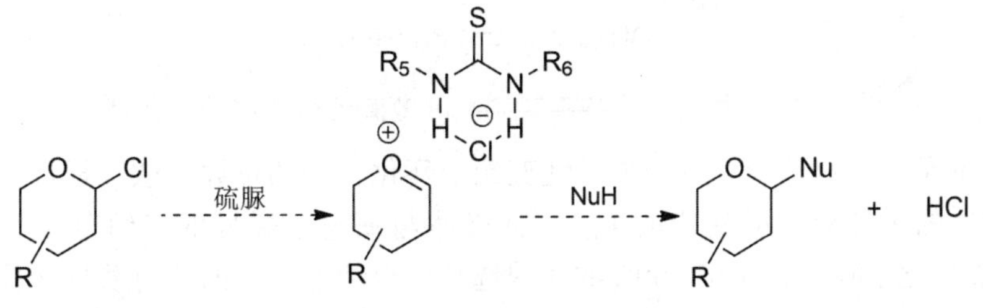

产率 70%~96%
ee 74%~97%

R₁=4-F-Ph
Cat.

随后，该课题组[11]又报道了手性胍催化的 Claisen 重排反应。同时，他们发现，尽管胍盐和二芳基取代的硫脲具有几乎相当的酸性，但是显示出了对 Claisen 重排最强的催化活性。

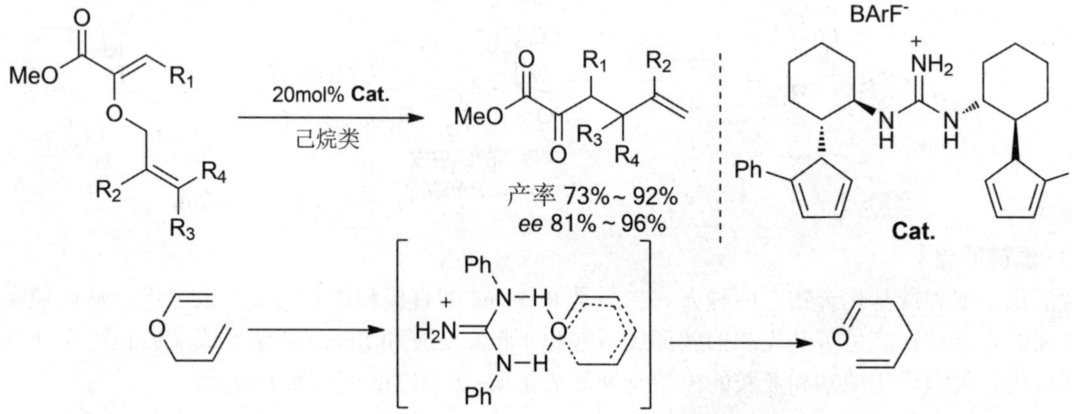

最近，Jia 等报道[12]的多取代的色满类化合物就是利用了金鸡纳生物碱奎宁的硫脲衍生物类进行催化，查耳酮烯醇化物作为原料与硝基甲烷发生 Michael-Michael 串联反应，得到相应的苯骈吡喃中间体，再经醋酸和锌粉处理，得到色满类化合物，该反应结果如下：

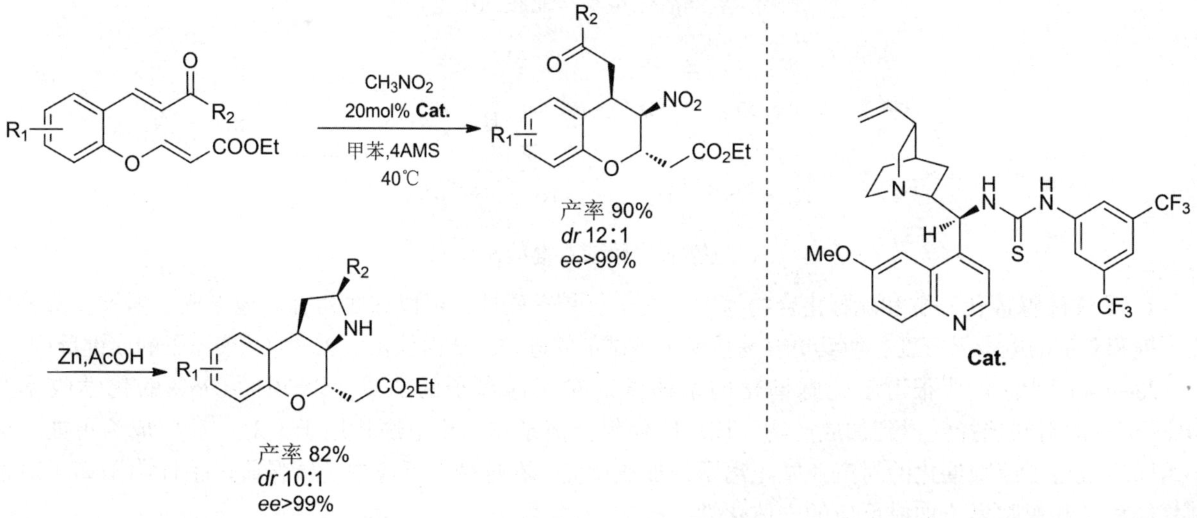

2. 手性磷酸催化　2004 年，Akiyama 等[13]和 Terada 等[14]分别报道了手性磷酸催化的亚胺的不对称加成反应。手性磷酸较以前的手性 Brønsted 酸催化剂具有以下特征[15]：①具有较强的酸性，可以形成离子对活化亚胺底物。②磷氧双键上的氧可以作为 Lewis 碱活化亲核试剂，手性磷酸是一种双功能的催化剂。③联二萘酚骨架的 3，3′-位引入不同的取代基可以微调催化剂的立体结构以控制反应的选择性。

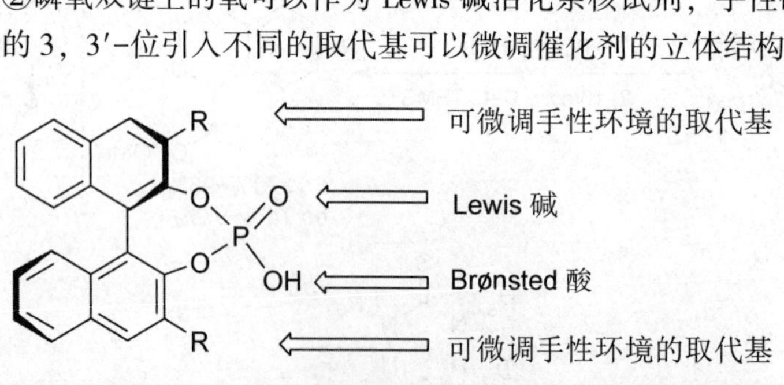

可微调手性环境的取代基
Lewis 碱
Brønsted 酸
可微调手性环境的取代基

不对称催化 1，3-偶极环加成反应是合成手性五元杂环化合物的重要方法。最近，龚流柱课题组报道了首例 BINOL 衍生的手性双磷酸活化的 1，3-偶极体与缺电子烯烃的三组分 1，3-偶极环加成反应[16]。以 67%~97% 的化学收率和 84%~99% 的对映选择性得到了单一的非对映异构体。即使用位阻较大的苯甘氨酸酯，反应也能顺利进行，得到含 4 个手性中心的四氢吡咯产物。该反应条件温和，操作简单，为多样性导向合成不同取代基的手性四氢吡咯类化合物提供了新方法。

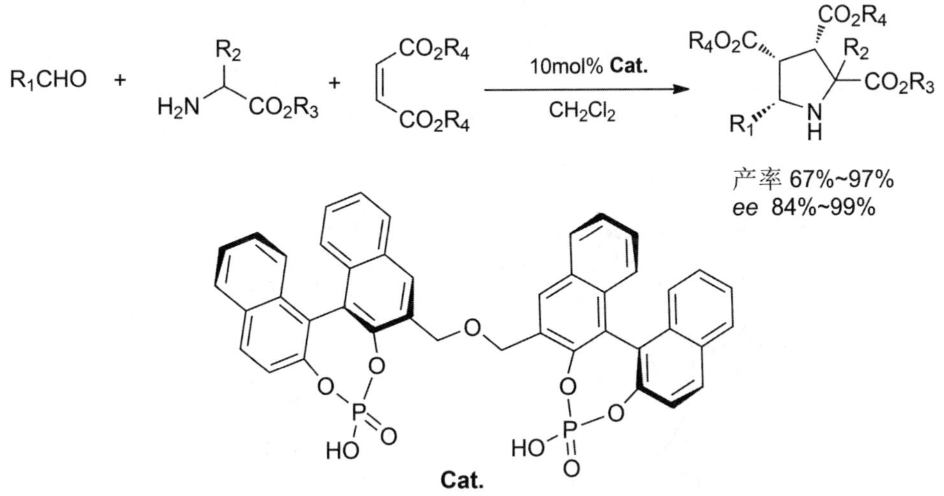

（四）卡宾催化

自从第一例稳定的亲核性卡宾被报道以来，氮杂环卡宾在有机合成中得到了广泛的应用。它们既可以作为配体用于金属催化的反应，同时，其本身也可以作为很好的催化剂用于催化有机反应。

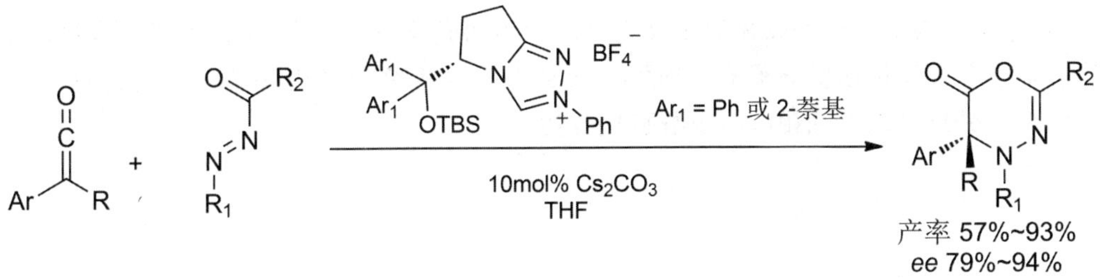

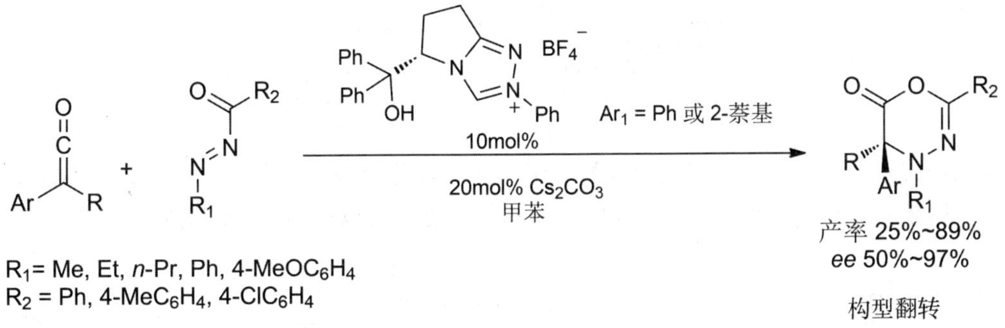

R_1= Me, Et, n-Pr, Ph, 4-MeOC$_6$H$_4$
R_2 = Ph, 4-MeC$_6$H$_4$, 4-ClC$_6$H$_4$

Huang 课题组[17]最近报道了卡宾催化的烯酮与 N–苯甲酰偶氮化合物的［4+2］反应。烯酮的芳环取代基不论是供电子基还是吸电子基均可取得很好的对映选择性。但是将芳环取代基换为邻氯苯基或1–萘基时反应不发生，而换为苄基时反应可以较好的收率得到目标产物，但是对映选择性很低。偶氮化合物的 N 上取代基 R_1 无论是芳基或是苯甲酰基均可以得到很好的对映选择性。作者同时发现通过调节催化剂取代基结构可以调控反应的对映选择性，得到最高达 97% 的对映选择性反转产物。

在这个反应中，卡宾催化剂首先对烯酮发生亲核加成，生成的烯醇化合物随后与偶氮化合物发生电子反转的 Diels–Alder 反应得到［4+2］加成物，最后消除催化剂得到目标产物。

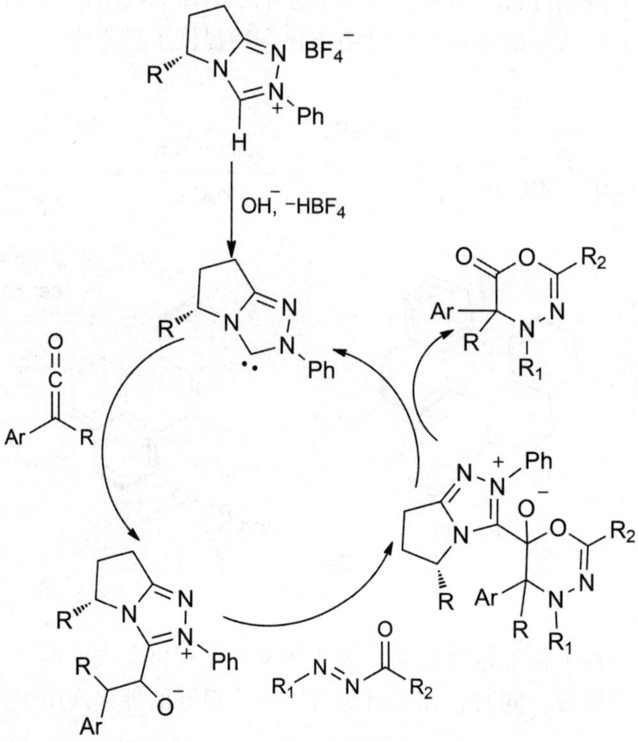

Scheidt 课题组[18]报道了首例高烯醇化合物对硝酮的加成反应，生成 γ-氨基酯化合物。硝酮碳原子上不论是连吸电子苯环还是连供电子苯环均可以得到很好的收率和对映选择性。生成的 γ-羟基氨基甲酯经过简单的两步处理可以得到相应的内酰胺化合物。

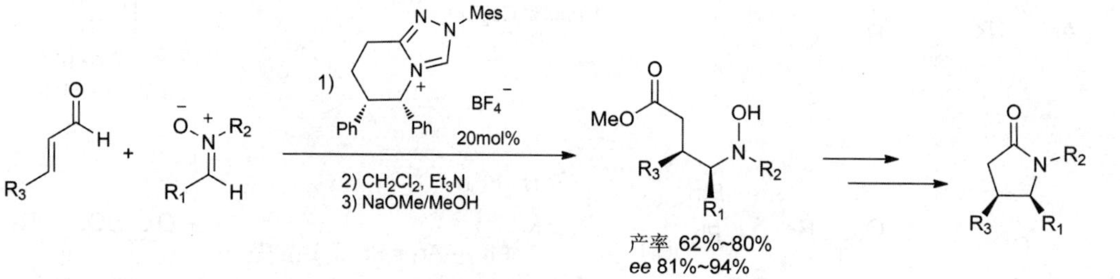

最近 Rovis 小组[19]报道了一例脯氨醇硅醚与卡宾接力催化合成环戊酮的反应。该反应对底物有很好的普适性，不论是 α, β-不饱和醛还是 1, 3-二羰基化合物均可以给出很好的对映选择性。

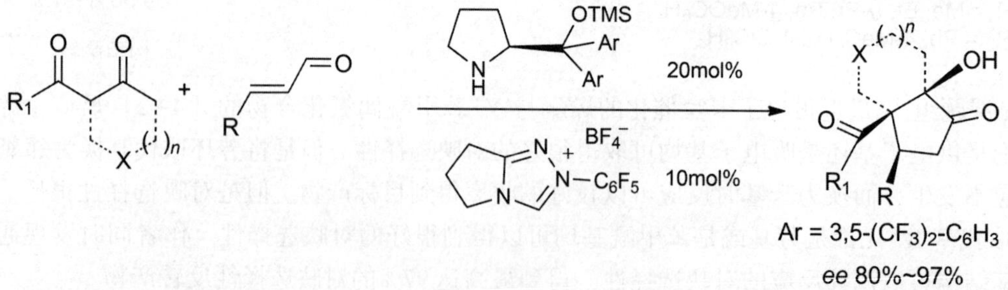

（五）手性相转移催化

相转移催化剂（phase-transfer catalysts，PTC）是一类在有机合成中普遍使用且非常有效的催化剂，它通过将分子或离子从一个反应相转移到另一个反应相，从而加速非均相反应的进行。近年来，手性相转移催化剂作为一种手性因素在催化不对称反应方面得到了很大的发展。手性相转移催化剂中最常用的是手性季铵盐和手性季鳞盐类催化剂。

1. 手性季铵盐类催化剂　金鸡纳碱衍生的手性季铵盐类催化剂，由于制备工艺简单，原料廉价易得，引起了化学家们的关注。辛可宁（cinchonine，CN）、辛可尼丁（cinchonidine，CD）、奎宁（quinine，QN）、奎尼丁（quinidine，QD）等可由金鸡纳树皮得到，是金鸡纳生物碱家族的几个主要成分。

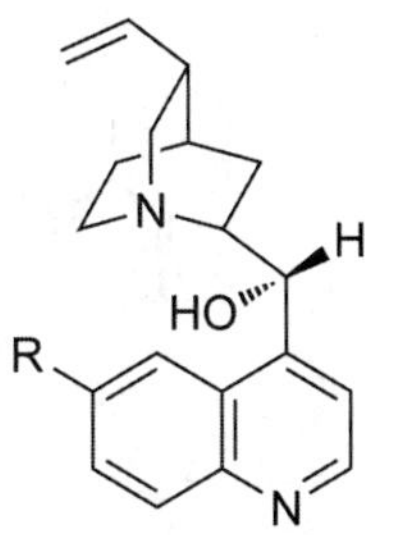

辛可宁　奎尼丁　　　　　辛可尼丁　奎宁
R=H　R=OMe　　　　　R=H　R=OMe

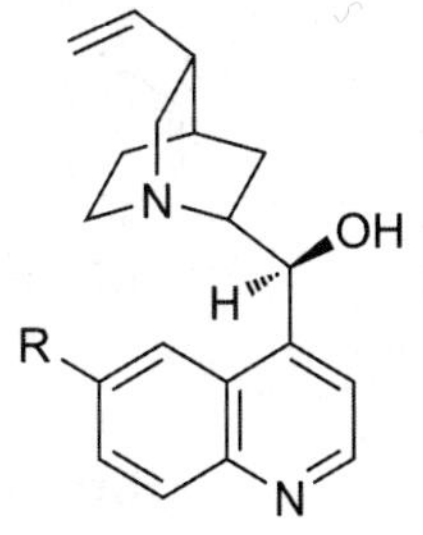

催化 N-二苯甲叉甘氨酸叔丁酯的不对称烷基化反应来合成 α-氨基酸是金鸡纳碱衍生的手性季铵盐类相转移催化剂最广泛也是最成功的应用。

1989 年，O'Donnell 等[20]最早报道了以 **Cat. 1** 和 **Cat. 2** 催化 N-二苯甲叉甘氨酸叔丁酯的苄基化反应，尽管只取得了中等的对映选择性，但是水解得到的 α-氨基酸通过重结晶，可得到大于 99% 的光学纯产物。若使用 **Cat. 2** 催化该反应，则得到构型完全相反的产物（62% ee）。

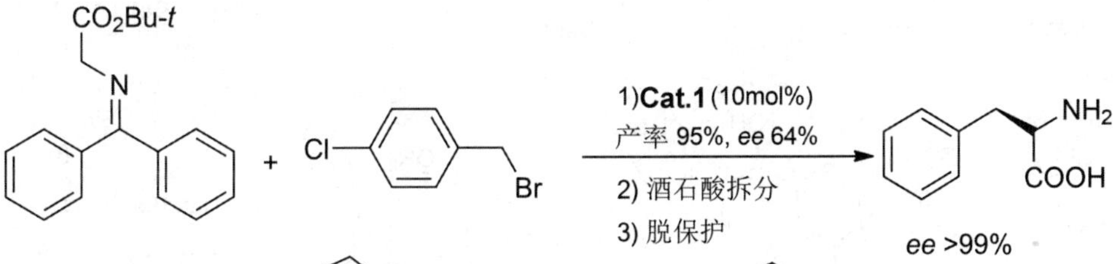

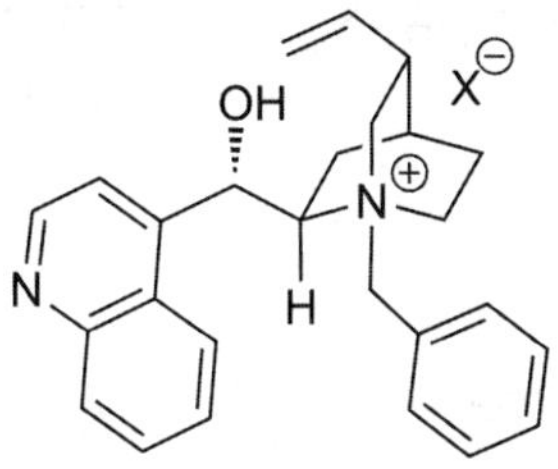

1）**Cat.1**（10mol%）
产率 95%，ee 64%
2）酒石酸拆分
3）脱保护

ee >99%

辛可宁衍生　　　　　　　辛可尼丁衍生
Cat.1　　　　　　　　　**Cat.2**

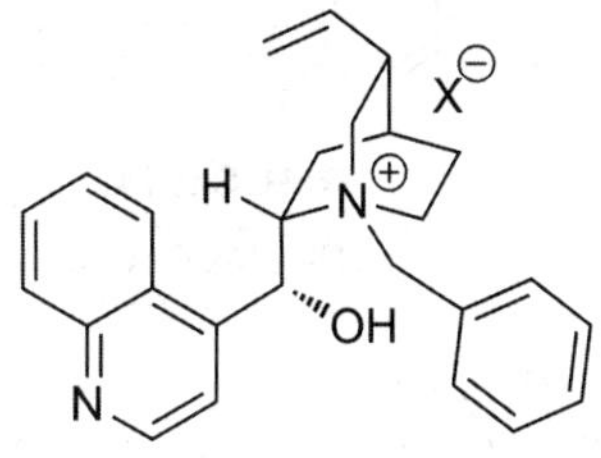

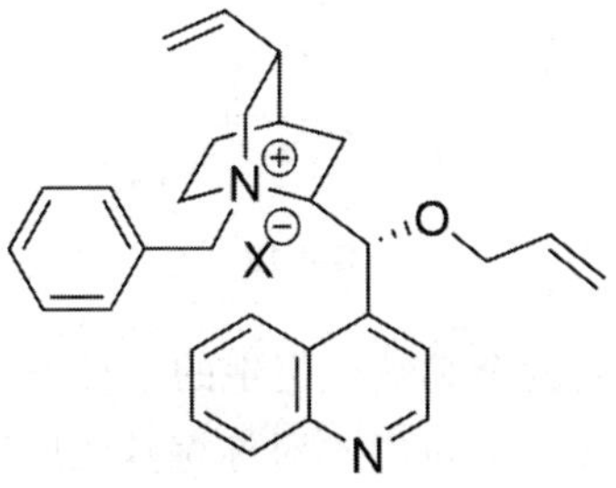

Cat.3 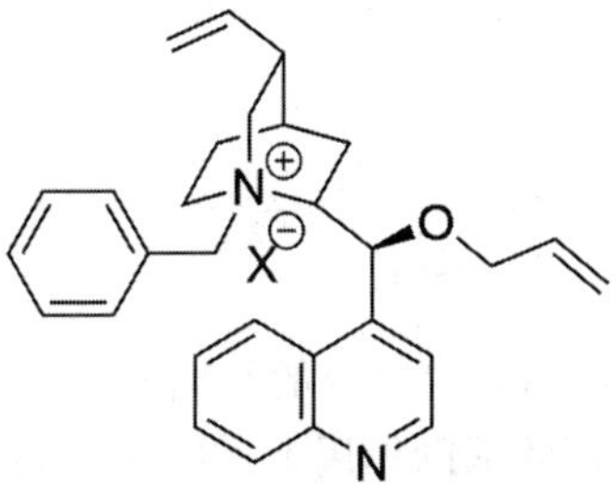　　　　　　　　　**Cat.4**

1994 年，O'Donnell 等对上述反应的反应机理进行了深入研究[21]。研究表明，在反应过程中，上述催化剂中的羟基首先被碱夺氢转变为负离子，而负离子的存在易使产物消旋化，在某种程度上降低了反应的对映选择性。催化剂随后迅速被醚化，因此在反应中起到催化作用的是醚化催化剂。于是他们将上述催化剂中的羟基烯丙基化，合成出更为优秀的催化剂 **Cat. 3**、**Cat. 4**。这一结构改进，使得反应的对映选择性有了很大的提高（81% *ee*）。

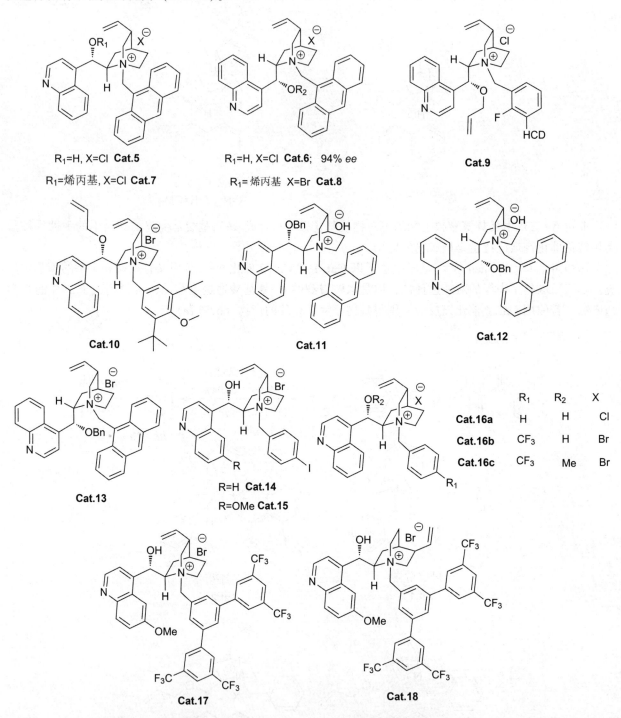

R₁=H，X=Cl **Cat.5**
R₁=烯丙基，X=Cl **Cat.7**

R₁=H，X=Cl **Cat.6**；94% *ee*
R₁=烯丙基 X=Br **Cat.8**

Cat.9

Cat.10 **Cat.11** **Cat.12**

Cat.13

R=H **Cat.14**
R=OMe **Cat.15**

	R₁	R₂	X
Cat.16a	H	H	Cl
Cat.16b	CF₃	H	Br
Cat.16c	CF₃	Me	Br

Cat.17 **Cat.18**

如上所示，在 O'Donnell 等研究的基础上，一些新的金鸡纳碱衍生的手性季铵盐类相转移催化剂不断涌现，且在一些添加剂的辅助作用下，所应用的催化反应也由不对称烷基化反应渐渐扩大，常见的包括 β-羰基酯烷基化反应、不对称环氧化反应、不对称 Michael 加成反应。

最近 Shibata 课题组[22]报道了相转移催化（**Cat. 17** 和 **Cat. 18**）的氟代二苯磺酰甲烷（FBSM）对查耳酮的 Michael 加成反应，反应获得了高达 91% 的化学收率和 98% 的对映选择性，并且具有非常广的底物普适性。加成产物可以简便地转化为单氟代甲基化合物。

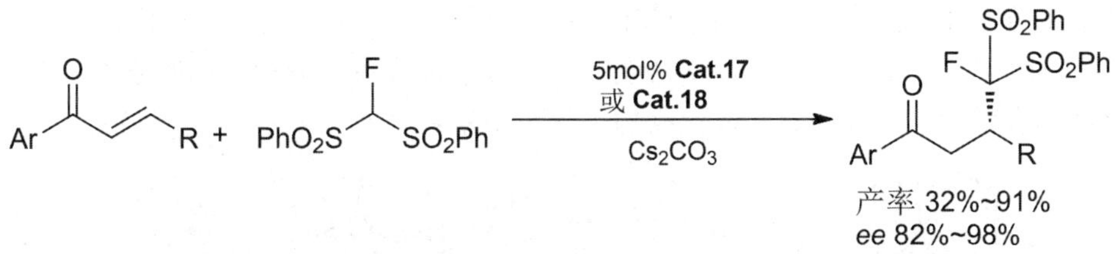

产率 32%~91%
ee 82%~98%

其他手性季铵盐类相转移催化剂也常应用于一些不对称催化中，但是这些催化剂常常需要具有联萘结构，这些催化剂的结构如下所示：

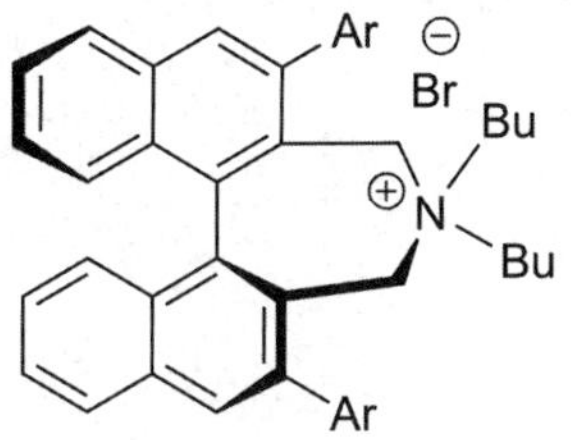

(S)-**Cat.19**
Ar = 3,4,5-F$_3$C$_6$H$_2$

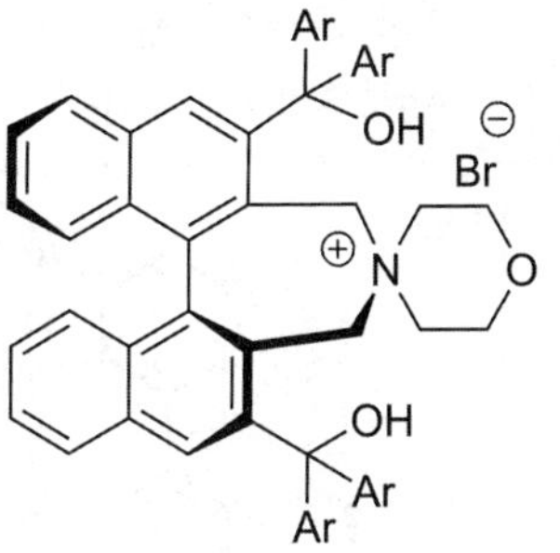

(S)-**Cat.20**
Ar = 3,5-(CF$_3$)$_2$C$_6$H$_3$

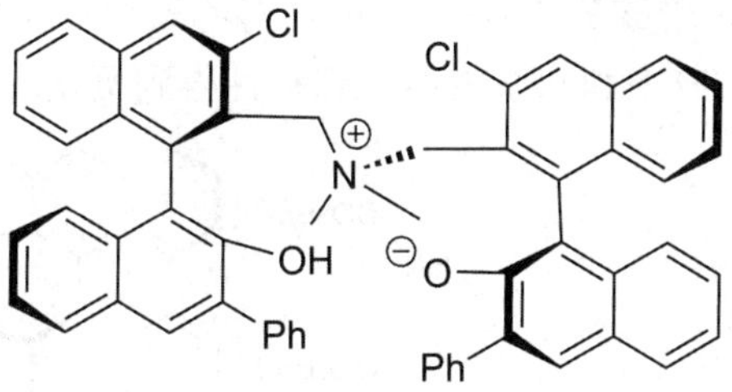

(S)-**Cat.21**

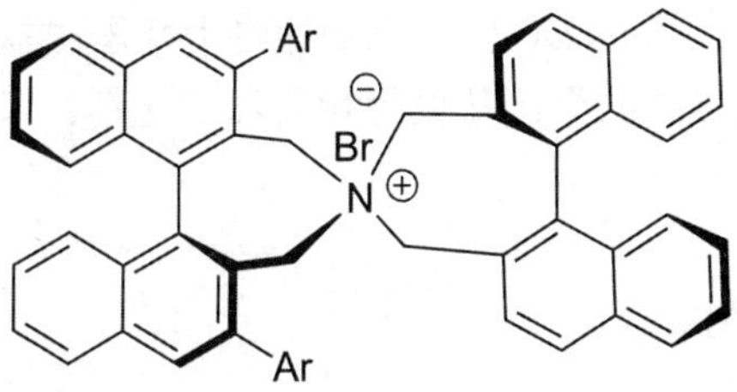

(S)-**Cat.22**
Ar = 3,4,5-三氟苯基

例如，Ooi 课题组[23]报道的相转移催化 [(S)-**Cat. 21**] 的 α-硝基酯对 Boc 亚胺的不对称 Mannich 反应，该反应以高收率和高对映选择性得到了以顺式为主的产物。

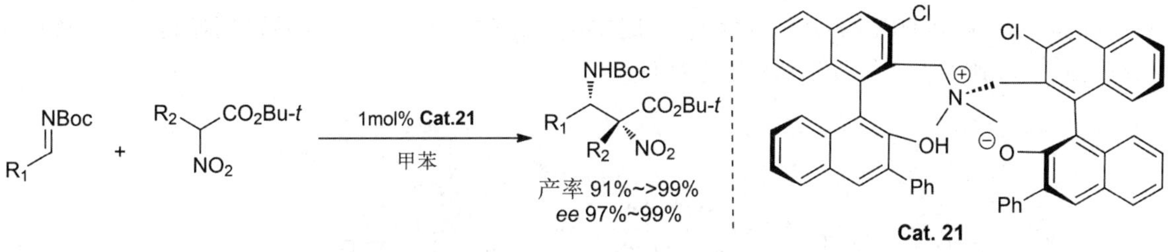

产率 91%~>99%
ee 97%~99%

Cat. 21

丙二酸衍生物的不对称直接单烷基化反应由于产物在碱性条件下容易消旋，所以一直未有报道。最近，Jew 课题组[24]报道了首例相转移催化 [(S)-**Cat. 22**] 的丙二酸衍生物的直接单烷基化反应，得到最高达 96% 的对映选择性，生成的产物可以方便地转化为 β-氨基酸等。

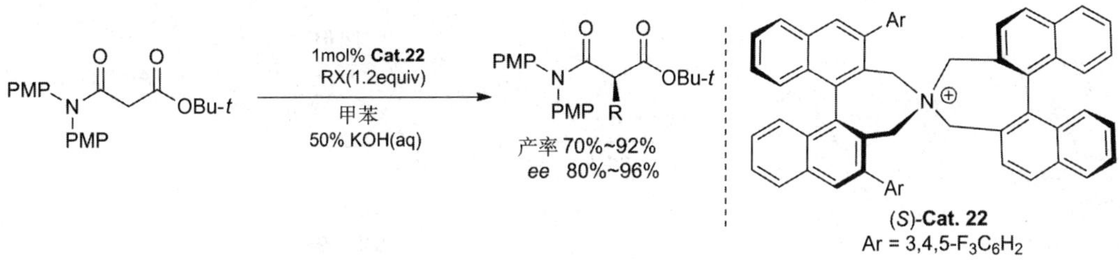

产率 70%~92%
ee 80%~96%

(S)-**Cat. 22**
Ar = 3,4,5-F$_3$C$_6$H$_2$

2. 手性季鏻盐类催化剂　与手性季铵盐广泛用于不对称相转移催化反应相比，手性季鏻盐作为相转移催化中的报道较少。这主要是由于季鏻盐在碱性条件下很容易形成相应的叶立德。常见报道的手性季鏻盐类催化剂具有联萘结构和四氨基取代结构，如下所示：

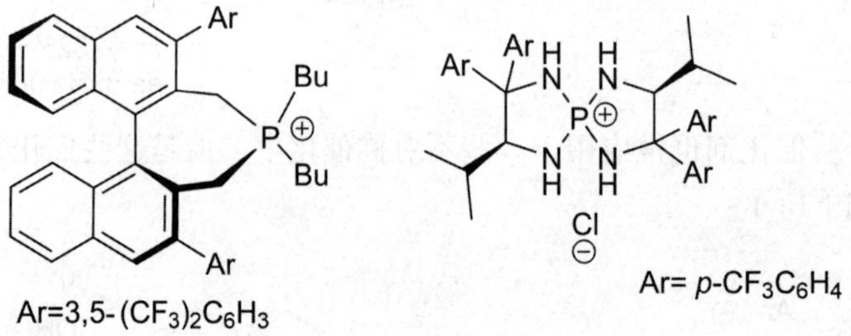

Ar=3,5-(CF$_3$)$_2$C$_6$H$_3$

Ar= p-CF$_3$C$_6$H$_4$

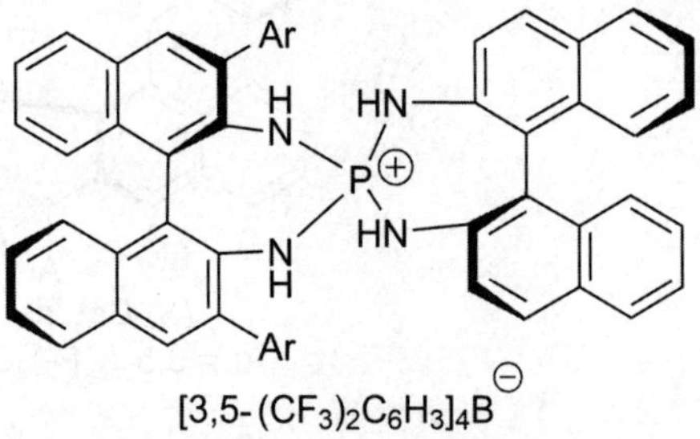

Ar= 3,4,5-三氟苯基

[3,5-(CF$_3$)$_2$C$_6$H$_3$]$_4$B$^\ominus$

最近，Maruoka 等[25]成功地将手性季鏻盐用于催化 β-酮酸酯或 β-二酮的不对称氨化反应。他们用手性联萘修饰的季鏻盐作为相转移催化剂，以最高99%的收率和95%的对映选择性得到氨化产物。

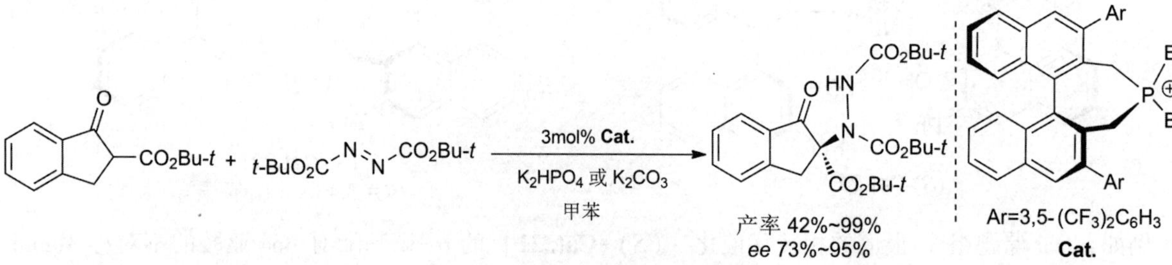

3mol% Cat.
K$_2$HPO$_4$ 或 K$_2$CO$_3$
甲苯

产率 42%~99%
ee 73%~95%

Ar=3,5-(CF$_3$)$_2$C$_6$H$_3$
Cat.

该课题组随后继续报道了手性季鏻盐催化的 3-芳基氧化吲哚的不对称 Michael 加成反应，得到了91%~99%的收率和高达99%的对映选择性，同时将该催化剂用于催化 3-芳基羟吲哚与 Boc 亚胺的 Mannich 反应，同样得到了很高的收率和对映选择性。

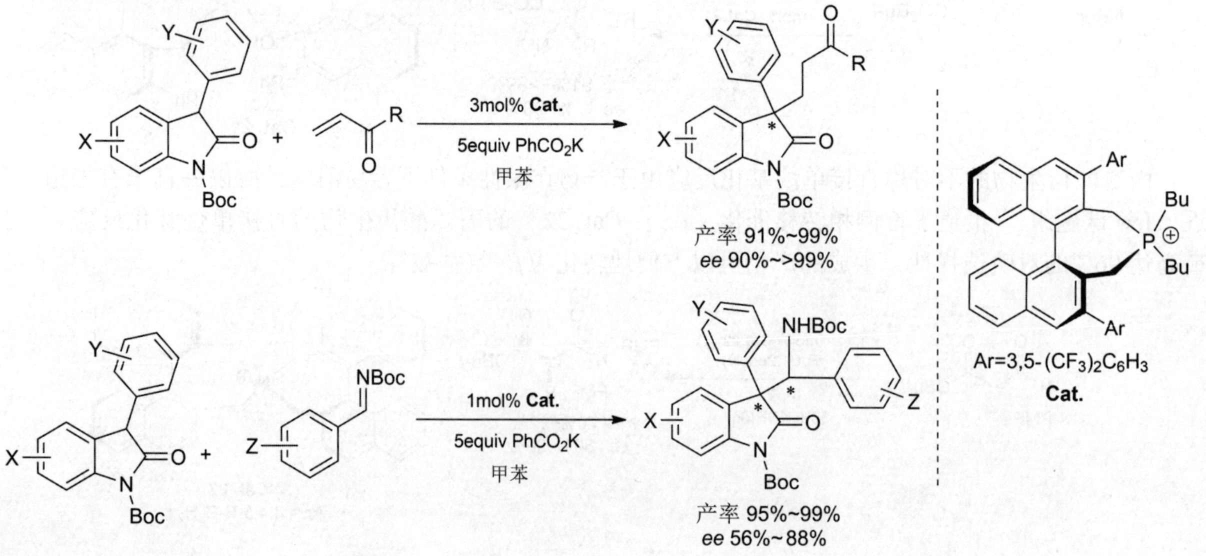

3mol% Cat.
5equiv PhCO$_2$K
甲苯

产率 91%~99%
ee 90%~>99%

1mol% Cat.
5equiv PhCO$_2$K
甲苯

产率 95%~99%
ee 56%~88%

Ar=3,5-(CF$_3$)$_2$C$_6$H$_3$
Cat.

Ooi 课题组报道了一类新的四氨基取代的手性季鏻盐催化剂，能催化不对称的 Henry 反应[26]、吖内酯的 Mannich 反应[27]和亚磷酸对芳香醛的磷氢化反应[28]。该类催化剂表现出了非常好的不对称诱导能力。

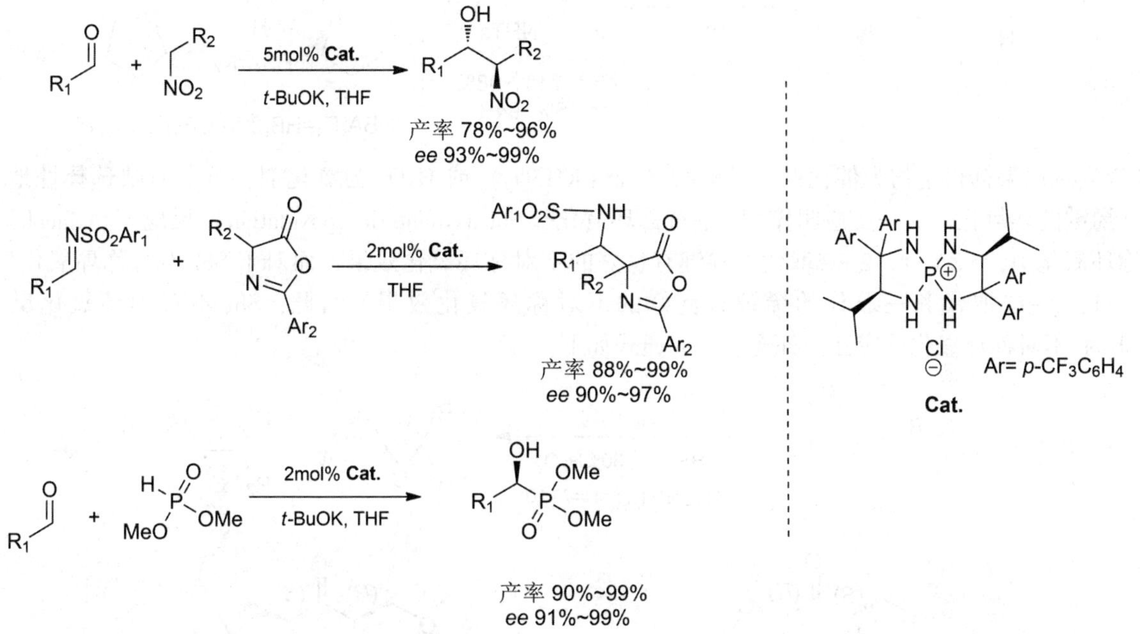
5mol% Cat.
t-BuOK, THF
产率 78%~96%
ee 93%~99%
2mol% Cat.
THF
产率 88%~99%
ee 90%~97%
2mol% Cat.
t-BuOK, THF
产率 90%~99%
ee 91%~99%
Ar= p-CF3C6H4
Cat.

（六）其他有机小分子催化

除上述的催化类型，其他有机小分子催化的不对称反应，如手性胍催化的环氧化、果糖衍生物催化的环氧化等也取得了很大的发展。

Tan 课题组[29]报道了一例手性胍催化的炔酯异构化为联烯的反应，高效地合成了手性联烯化合物，最高得到95%的对映选择性。

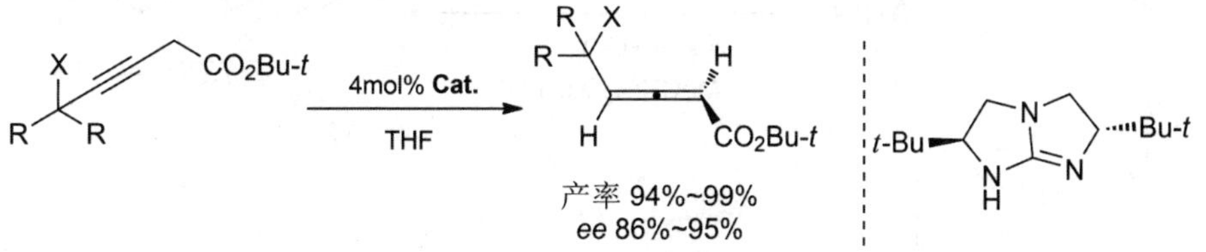
4mol% Cat.
THF
产率 94%~99%
ee 86%~95%

冯小明课题组[30]在胍的骨架上引入了酰胺基团，合成了一类新的手性催化剂，并将这些催化剂用于催化β-酮酸酯对硝基烯的 Michael 加成。这些催化剂显示出了很好的立体控制能力，最高得到大于99∶1的非对映选择性和97%的对映选择性，为合成双环β-氨基酸提供了一条简捷的途径。

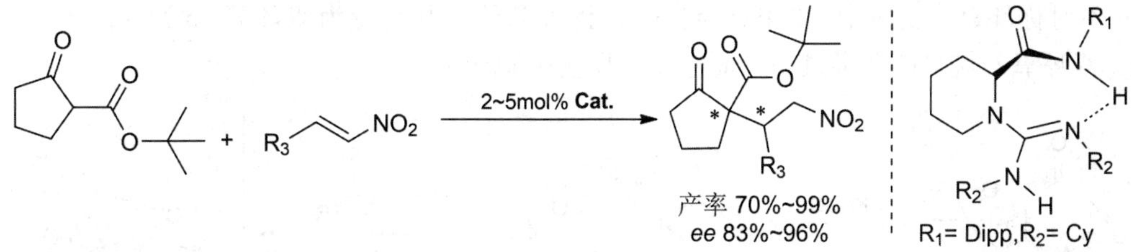
2~5mol% Cat.
产率 70%~99%
ee 83%~96%
R1= Dipp,R2= Cy

Tan 课题[31]组用简便易得的二胺经过一步反应得到一种结构新颖的手性胍催化剂，将其用于催化不对称 Mannich 反应，得到了一系列光学纯的α-氨基磷氧和α-氨基磷等含有磷手性中心的化合物。

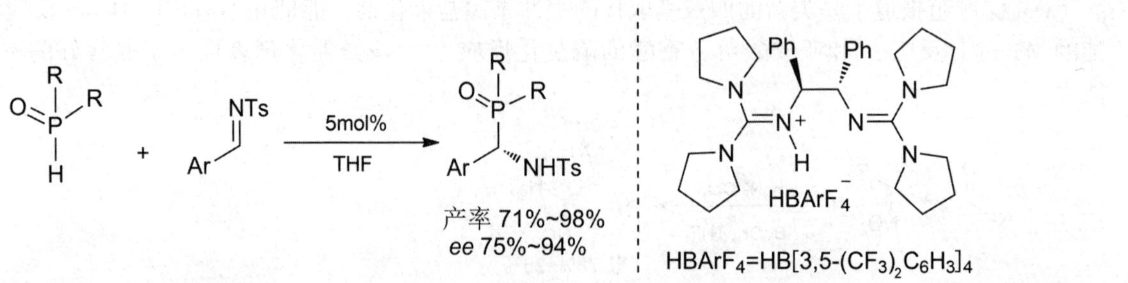

产率 71%~98%
ee 75%~94%

HBArF$_4$=HB[3,5-(CF$_3$)$_2$C$_6$H$_3$]$_4$

Shi 等发现以果糖衍生物为催化剂，过硫酸氢钾（KHSO$_5$）或 H$_2$O$_2$ 为氧化剂，可以对映选择性地实现孤立烯键的环氧化。这一反应叫作 Shi 不对称环氧化（Shi asymmetric epoxidation）反应。在 Jacobsen 不对称环氧化中，（Z）-1，2-二取代的烯键有良好的不对称环氧化效果，而对于 Shi 不对称环氧化反应，（E）-1，2-二取代和三取代的烯键有良好的不对称环氧化效果。因此，Shi 不对称环氧化反应和 Jacobsen 不对称环氧化反应互为补充。反应通式如下：

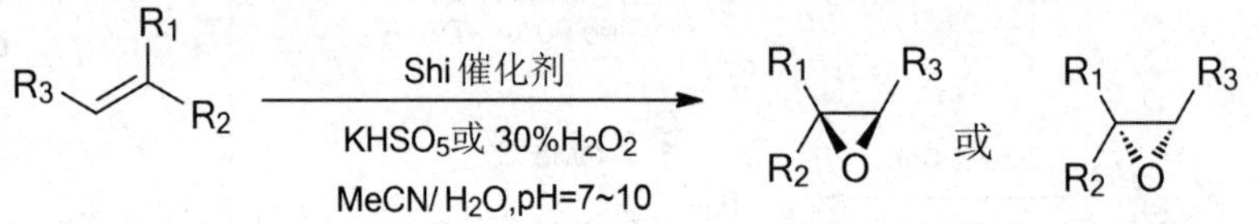

由D-果糖制备的Shi催化剂(D-S)   由L-果糖制备的Shi催化剂(L-S)

例如：

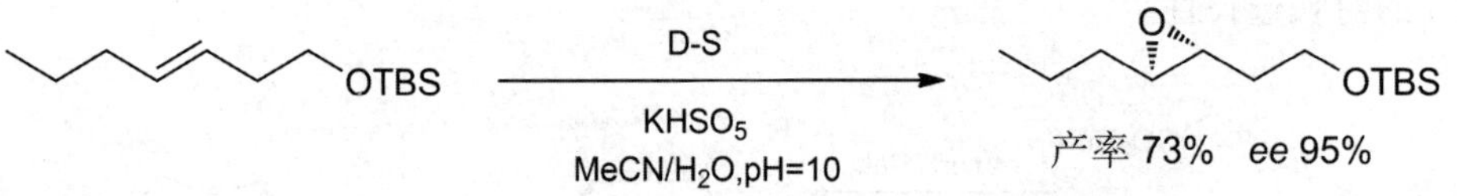

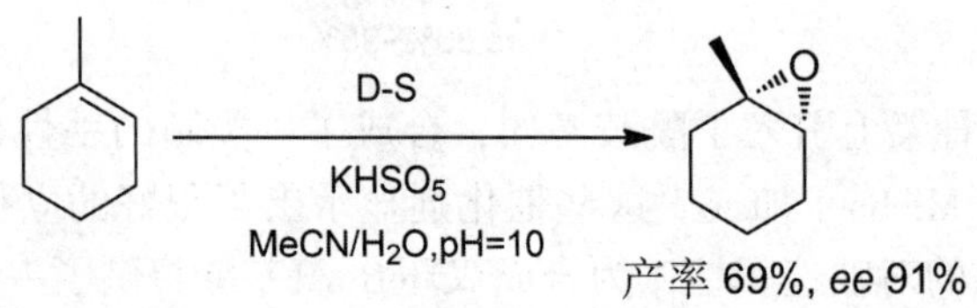

产率 73% ee 95%

产率 69%，ee 91%

在 Shi 不对称环氧化反应中，KHSO$_5$ 或 H$_2$O$_2$ 将果糖的羰基转变为双环氧乙烷衍生物，由于果糖的立体控制，双环氧乙烷只能在烯键的一面进攻。反应机制如下：

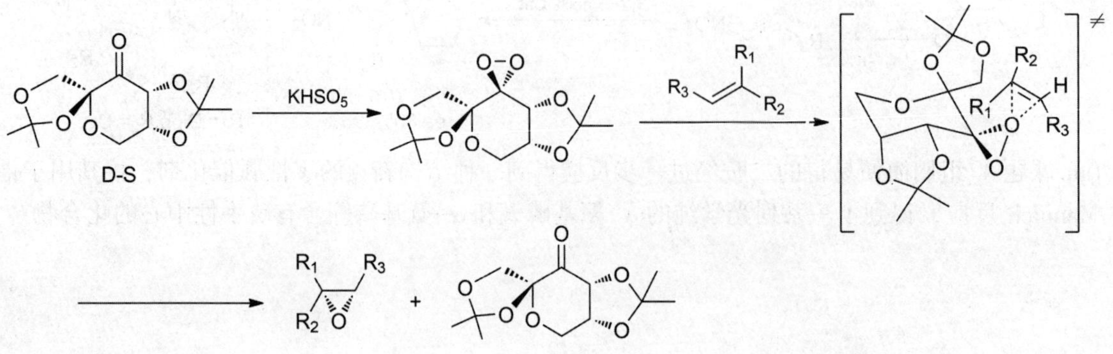

控制反应的 pH = 10 左右，主要是为了抑制催化剂的 Baeyer-Villiger 氧化。反应式如下：

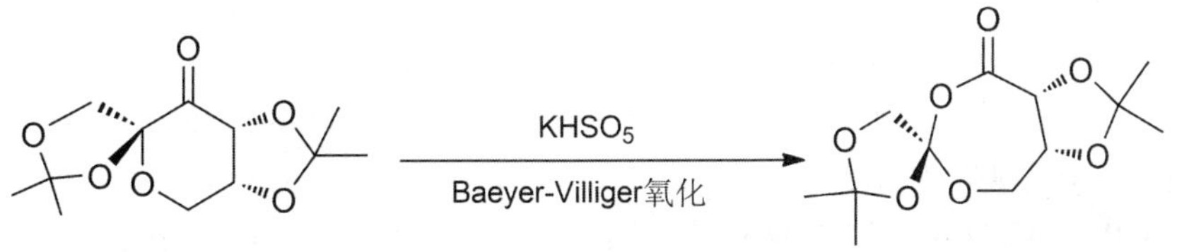

Shi 不对称环氧化反应已成功应用于天然产物的合成中。例如，在天然产物 glabrescol 合成中，利用 Shi 不对称环氧化反应一步导入 4 个手性环氧基，生成 8 个手性中心。反应式如下：

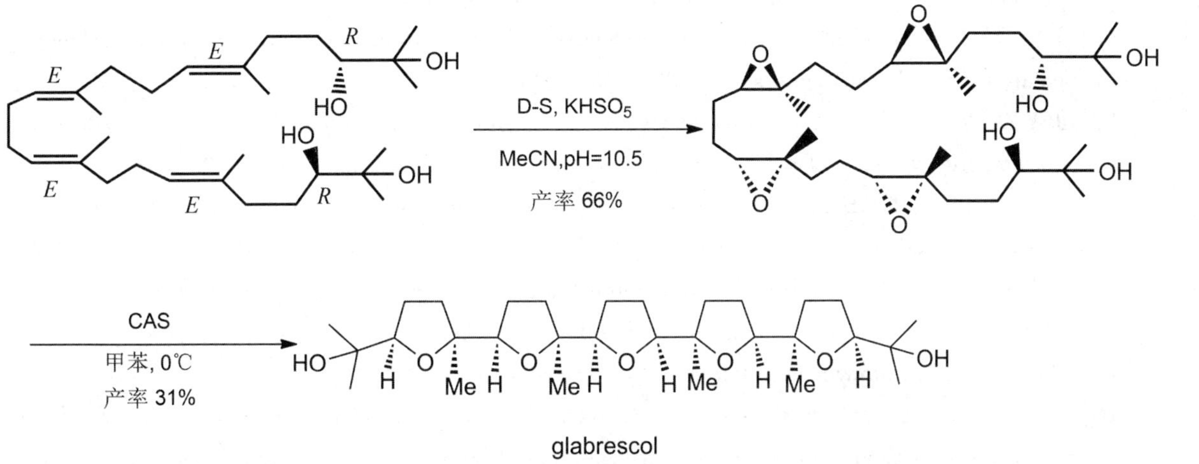

glabrescol

　　现在，有机小分子催化剂已经被认为是继酶和手性金属络合物催化剂之后的第三类用途广泛的手性催化剂。有机小分子催化剂与有机金属络合物催化剂相比最大的优点在于：大多数有机金属络合物催化剂对水和空气敏感，因而反应条件一般比较苛刻，且催化剂昂贵；而有机小分子催化剂催化反应时反应条件简单、温和，环境友好，催化剂稳定、易得且容易回收。

　　但是，与过渡金属催化的反应相比，有机小分子催化剂的催化效率仍然不高。因此，设计更高效的有机小分子催化剂，或根据有机小分子催化剂能够容忍不同官能团的特点设计新的多组分反应、串联反应及小分子/金属协同催化反应是今后需要重点研究的方向。同时还应看到，有机小分子催化在工业化生产中的应用还较少，所以开发适合工业化生产的小分子催化剂也是化学家今后共同的任务。

参考文献

［1］ BREDIG G, FISKE P S. Durch Katalysatoren bewirkte asymmetrische Synthese ［J］. Biochem. Z, 1912, 46 (1)：7.

［2］ PRACEJUS H, LIEBIGS J. Organische katalysatoren, lxi. Asymmetrische synthesen mit ketenen, i. Alkaloid-katalysierte asymmetrische synthesen von α-phenyl-propionsäureestern. ［J］ Ann Chem, 1960, 634：9.

［3］ HAJOS Z G, PARRISH D R. Asymmetric synthesis of bicyclic intermediates of natural product chemistry ［J］. J Org Chem, 1974, 39：1615.

［4］ ENDER U, SAUER G, WIECHERT R. New type of asymmetric cyclization to optically active steroid cd partial structures ［J］. Angew Chem Int Ed, 1971, 10：496.

［5］ LIST B, LERNER R A, BARBAS C F. Proline-catalyzed direct asymmetric aldol reactions ［J］. J Am Chem Soc, 2000, 122：2395.

［6］ SAKTHIVEL K, NOTZ W, BUI T. Amino acid catalyzed direct asymmetric aldol reactions：a bioorganic approach to catalytic asymmetric carbon-carbon bond-forming reactions ［J］. J Am Chem Soc,

2001, 123: 5260.

[7] AHRENDT K A, BORTHS C J, MACMILLAN D W C. New strategies for organic catalysis: the first highly enantioselective organocatalytic diels-alder reaction [J]. J Am Chem Soc, 2000, 122: 4243.

[8] XU X Y, WANG Y Z, GONG L Z. Design of organocatalysts for asymmetric direct syn-aldol reactions [J]. Org Lett, 2007, 9: 4247.

[9] SINGH R P, BARTELSON K, WANG Y. Enantioselective diels-alder reaction of simple α, β-unsaturated ketones with a cinchona alkaloid catalyst [J]. J Am Chem Soc, 2008, 130: 2422.

[10] REISMAN S E, DOYLE A G, JACOBSEN E N. Enantioselective thiourea-catalyzed additions to oxocarbenium ions [J]. J Am Chem Soc, 2008, 130: 7198.

[11] UYEDA C, JACOBSEN E N. Enantioselective claisen rearrangements with a hydrogen-bond donor catalyst [J]. J Am Chem Soc, 2008, 130: 9228.

[12] JIA Z -X, LUOY -C, CHENG X -N, et al. Organocatalyzed Michael-Michael cascade reaction: Asymmetric synthesis of polysubstituted chromans [J]. J Org Chem, 2013, 78: 6488.

[13] AKIYAMA T, ITOH J, YOKOTA K, et al. Enantioselective Mannich-type reaction catalyzed by a Chiral Brønsted Acid [J]. Angewandte Chemie International Edition, 2004, 43 (12): 1566.

[14] URAGAUCHI D, TERADA M. Chiral brønsted acid-catalyzed direct mannich reactions via electrophilic activation [J]. J Am Chem Soc, 2004, 126: 5356.

[15] AKIYAMA T. Stronger brønsted acids [J]. Chem Rev, 2007, 107: 5744.

[16] CHEN X H, ZHANG W Q, GONG L Z. Asymmetric organocatalytic three-component 1, 3-dipolar cycloaddition: Control of stereochemistry via a chiral brønsted acid activated dipole [J]. J Am Chem Soc, 2008, 130: 5652.

[17] HUANG X L, HE L, SHAO P L. [4+2] cycloaddition of ketenes with n-benzoyldiazenes catalyzed by n-heterocyclic carbenes [J]. Angew Chem Int Ed, 2009, 48: 192.

[18] PHILLIPS E M, REYNOLDS T E, SCHEIDT K A. Highly diastereo- and enantioselective additions of homoenolates to nitrones catalyzed by n-heterocyclic carbenes [J]. J Am Chem Soc, 2008, 130: 2416.

[19] LATHROP S P, ROVIS T. Asymmetric synthesis of functionalized cyclopentanones via a multicatalytic secondary amine/n-heterocyclic carbene catalyzed cascade sequence [J]. J Am Chem Soc, 2009, 131: 13628.

[20] O'DONNELL M J, BENNETT W D, WU S. The stereoselective synthesis of alpha-amino acids by phase-transfer catalysis [J]. J Am Chem Soc, 1989, 111: 2353.

[21] O'DONNELL M J, WU S, HUFFMAN J C. A new active catalyst species for enantioselective alkylation by phase-transfer catalysis [J]. Tetrahedron, 1994, 50: 4507.

[22] FURUKAWA T, SHIBATA N, MIZUTA S. Catalytic enantioselective michael addition of 1-fluorobis (phenylsulfonyl) methane to α, β - unsaturated ketones catalyzed by cinchona alkaloids [J]. Angew Chem Int Ed, 2008, 47: 8051.

[23] URAGUCHI D, KOSHIMOTO K, OOI T. Chiral ammonium betaines: A bifunctional organic base catalyst for asymmetric mannich-type reaction of α-nitrocarboxylates [J]. J Am Chem Soc, 2008, 130: 10878.

[24] KIM M H, CHOI S H, LEE Y J. The highly enantioselective phase-transfer catalytic mono-alkylation of malonamic esters [J]. Chem Commun, 2009: 782.

[25] HE R J, DING C H, MARUOKA K. Phosphonium salts as chiral phase-transfer catalysts: Asymmetric michael and mannich reactions of 3-aryloxindoles [J]. Angew Chem Int Ed, 2009, 48: 4559.

［26］ URAGUCHI D, SAKAKI S, OOI T. Chiral tetraaminophosphonium salt-mediated asymmetric direct henry reaction ［J］. J Am Chem Soc, 2007, 129: 12392.

［27］ URAGUCHI D, ITO T, OOI T. Generation of chiral phosphonium dialkyl phosphite as a highly reactive p-nucleophile: Application to asymmetric hydrophosphonylation of aldehydes ［J］. J Am Chem Soc, 2009, 131: 3836.

［28］ URAGUCHI D, UEKI Y, OOI T. Chiral tetraaminophosphonium carboxylate-catalyzed direct mannich-type reaction ［J］. J Am Chem Soc, 2008, 130: 14088.

［29］ LIU H J, LEOW D, TAN C-H, et al. Enantioselective synthesis of chiral allenoates by guanidine-catalyzed isomerization of 3-alkynoates ［J］. J Am Chem Soc, 2009, 131: 7212.

［30］ YU Z P, LIU X H, ZHOU L, et al. Bifunctional guanidine via an amino amide skeleton for asymmetric michael reactions of β-ketoesters with nitroolefins: A concise synthesis of bicyclic β-amino acids ［J］. Angew Chem Int Ed, 2009, 48: 5195.

［31］ FU X, LOH W -T, TAN C H, et al. Chiral guanidinium salt catalyzed enantioselective phospha-mannich reactions ［J］. Angew Chem Int Ed, 2009, 48: 7387.

第十节 抗体催化反应

近年来，在生物有机化学领域中出现了一个活跃的研究方向——催化抗体（catalytic antibody 或 abzyme），它是利用生物学与化学的成果在分子水平上交叉渗透研究的产物。由于催化抗体对于多个学科展示了较高的理论与应用价值，它已经越来越引起人们的广泛关注。

催化抗体用来加速化学反应的概念由 Jencks 于 1969 年首先提出，但直到 1986 年，由于 Schultz 和 Lerner 的研究组[1,2]用四面体型带负电荷的磷酸酯和磷酸酯过渡态类似物产生的抗体成功地选择催化酯水解后，催化抗体才真正受到重视。现在催化抗体已应用于从周环反应到肽键断裂等多种反应的选择性催化。抗体催化反应可与酶催化反应相媲美，有些甚至超过了酶催化。一般典型的抗体催化反应的速率是非抗体催化反应速率的 $10^3 \sim 10^6$ 倍。

生物的免疫系统能够产生折叠状大分子多肽（免疫球蛋白即抗体），它们可与任何天然的与合成的分子高亲和性、高选择性地结合。抗体的基本结构是由四条肽链组成：一对相同的短链和一对相同的长链，二硫键连接使之相互关联。抗体通过对非自身分子（外来入侵者如病菌、病毒和寄生虫等抗原）的识别达到保护机体的目的。而这种选择性识别是通过大量的弱键相互作用实现的，这些作用包括氢键、范德华力和静电作用等。

设计选择性催化抗体的关键在于生成一个具有高度选择性并能与反应底物互补的蛋白质。一般产生催化抗体的方法有诱导法和引入法两种。以设计化合物为半抗原，按照一定的单克隆抗体产生程序得到催化抗体的方法叫作诱导法。近年来，制备、分离和鉴定单克隆抗体的技术的完善为催化抗体的制备提供了条件。生物对抗原的特异性反应导致具有一定特性抗体的生成。例如，具有负电荷的抗原可诱导生成在相应连接位置带有正电荷的抗体，具有极性 π 系统的抗原可诱导产生在连接位置与芳基互补的抗体等。这种特殊的结构与对底物选择性识别功能是抗体催化的基础。引入法是采用选择性化学修饰法将人工合成或天然存在的催化剂引入抗体结合位点。

催化抗体的应用前景令人鼓舞。从理论上讲，动物具有产生108种抗体的能力，这些抗体还可以进行化学修饰，因此催化抗体的种类几乎是无穷无尽的，它将为各种有机化学反应提供各种各样的选择性催化剂。

一、单克隆催化抗体的产生

单克隆抗体是针对某一半抗原，由一个 B 细胞（骨髓依赖淋巴细胞）分化增殖的子代细胞集团，即单一纯系细胞合成的抗体。单克隆抗体的制备，是利用 Kohler 和 Milstein 的杂交瘤技术[3]，将能在体内外无限增殖并能分泌无抗体活性的免疫球蛋白（Ig）的骨髓瘤细胞，以及能产生抗体，但不能无限增殖的 B 细胞融合为杂交瘤细胞［通常用聚乙二醇（PEG）融合］。这种杂交瘤细胞具有亲代细胞双方的主要特性，既可人工培育使之无限增殖，又可针对一种半抗原产生特异性抗体。将这种细胞培养，经无限增殖而成为克隆（纯系细胞），由此克隆产生完全均一的抗体即单克隆抗体（McAb）。

制备单克隆抗体首先需用某种抗原对动物（如小鼠）进行免疫，取出动物脾脏，分离可得分泌抗体的浆细胞，然后按上述方法与骨髓瘤细胞杂交，经培养、筛选（ELISA 法）得到对该抗原专一的杂交物，整个过程如图3-7 所示。

为诱导催化抗体而设计的有机反应过渡态类似物小分子不会引起免疫反应，只有将其连接到载体蛋白上才能起作用。常用载体蛋白为牛血清蛋白（BSA），连接用的耦合剂有 N-（3-二甲基氨基丙基）-N'-乙基碳化二亚胺和 N-羟基琥珀酰亚胺酯等。

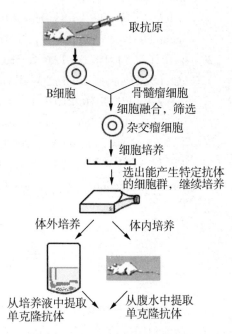

图 3-7　单克隆抗体的制备流程

二、在抗体结合位点引入化学催化剂

（一）半合成抗体

产生半合成催化抗体的关键是开发一种温和的方法，以便在抗体结合位点或该位点附近选择性地引入具有单一反应性能的衍生基团。这些衍生基团可以进一步进行化学改型，与化学功能基如辅因子、金属-配体络合物和荧光基等相结合。游离巯基是符合要求的衍生基团，由于巯基具有高的亲核性和易氧化性，因而可通过二硫化物交换和亲电反应进行选择修饰，在结合位点引入亲核的巯基本身也可以直接提供一种催化抗体。通常用可断裂亲核标记化合物来选择修饰抗体，例如下面两个化合物：

$$O_2N \quad NO_2 \qquad \qquad O_2N \quad NO_2$$

n=1,2　　　　　　　　　　　　n=1,2,3

修饰过程如下：

抗体分子　　1. ◁～S—S～CHO　　→　　
　　　　　　2. NaCNBH₃
　　　　　或　◁～S—S～COCH₂Br

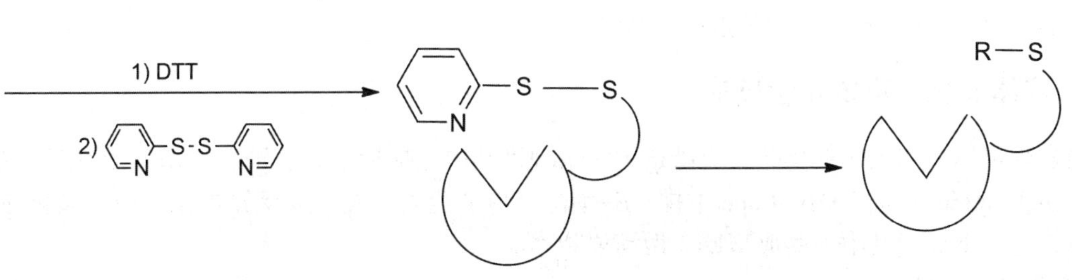

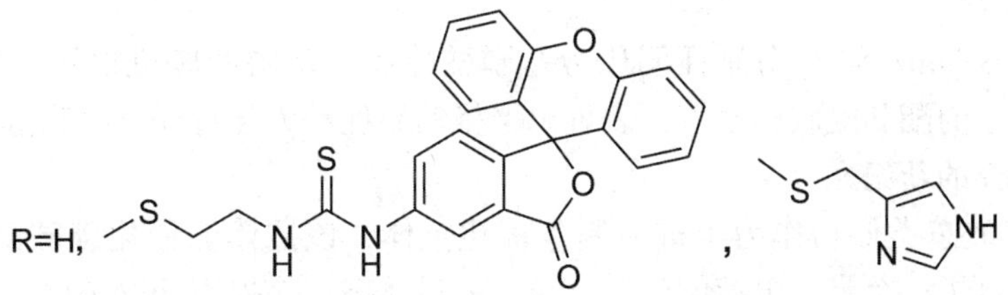

$R=H$,

（二）辅因子结合抗体

结合位点与天然或合成辅因子相结合是制备新催化抗体的有效方法。黄素与1, 5-二氢黄素具有不同的电子和构象特征，存在下面氧化还原平衡。

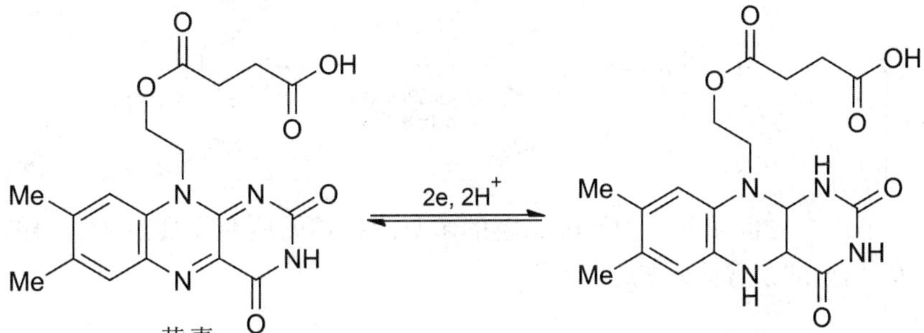

黄素   1,5- 二氢黄素

用黄素作为半抗原产生的抗体对黄素的亲和力是对其还原态的4×10^4倍。这种对氧化还原态的不同稳定作用导致抗体与上述还原态的络合物具有强大的还原能力。例如它可以迅速地还原藏红，而对游离二氢黄素则不反应。

抗体与金属络合物相结合选择催化有机反应也取得了鼓舞人心的成果。例如，用 Co（Ⅲ）肽络合物半抗原[4]产生的抗体，可使多肽中的甘-苯丙键选择性地催化水解。

（三）半抗原设计方法

和酶催化一样，催化抗体对化学反应的催化作用来自其对底物、中间体（或过渡态）和产物的选择性识别功能，使反应在抗体中微环境下进行专一的热力学有利的反应。如果能得到高能过渡态分子的抗体，那么此抗体就可能催化相应的反应。这就诞生了有针对性的催化抗体设计的现代研究思路。抗体如果能与反应过渡态选择性结合使之稳定（如分散其电荷等），就可降低反应活化能达到催化目的。

实现催化抗体的人工设计和制备关键是半抗原的合理设计。目前使用的方法有将半抗原设计成目标反应的过渡态类似物，使用带电半抗原和抗体结合部位带相反电荷的氨基酸来完成催化功能，这是诱导和转换设计方法。

从免疫学角度来说，半抗原的设计要求尽量能刺激机体产生特异性免疫应答，且产生的抗体应具有预期的活性。Jung 等[5]认为一个理想的半抗原应包括特征结构且便于机体对特征结构进行识别，强调半抗原的关键因素是连接臂的位置、长度、性质和末端的功能基团。Goodrow 等[6]认为在半抗原的设计中应注意以下问题：①半抗原的分子结构内尽量含有一些高免疫活性的基团，如分支结构、苯环或杂环结构，否则难以产生抗体或产生的抗体效价较低[7]。②半抗原结构中应具备适当的末端活性基团，如—NH₂、—COOH、—OH、—SH 等，这有利于与载体蛋白的连接。③半抗原结构中的连接臂应不易诱导产生"臂抗体"，最好使用一定长度的碳链。

三、抗体催化的重要化学反应

目前发现可以应用抗体催化的反应已达 100 余种，其中包括酯水解、酰胺水解、酯交换、阳离子环化反应、Diels-Alder 反应、Oxy-Cope 重排、β-消除反应、脱羧反应、顺反异构化反应、氧化还原反应、环氧化反应等，下面就其中一些典型反应做简要叙述。

（一）酯和酰胺的水解

1986 年，Lerner 和 Schultz 等[1,2]分别证明用芳基膦酸酯和芳基膦酰胺可以用于生产真正的催化抗体，这些抗体能催化相应的酯和酰胺的水解，表现出严格的酶促动力学特征和底物选择性，该研究成果从此开辟了催化抗体研究的新纪元。

Spitznagel 等[8]以过渡态类似物作为半抗原制备催化抗体，该抗体能催化碳酸酯水解。研究发现，该碳酸酯的水解过程经过了一个带负电荷的四面体结构的过渡态，该报道开辟了以过渡态类似物作为半抗原的研究。

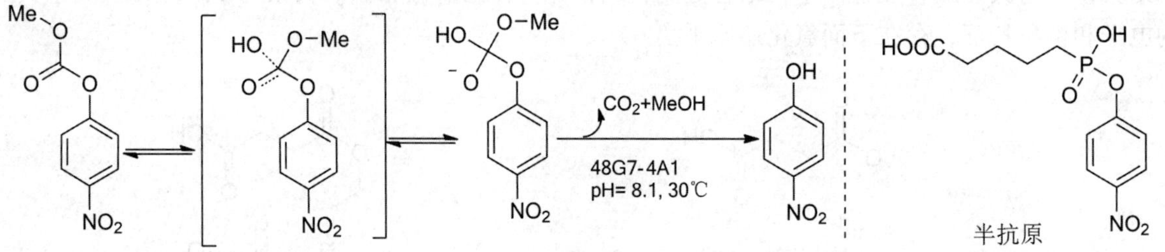

杨炳辉研究小组[9]对催化萘普生乙酯水解的多克隆抗体的研究发现，所获得的多克隆抗体都能立体专一性地水解 R-构型的萘普生乙酯。

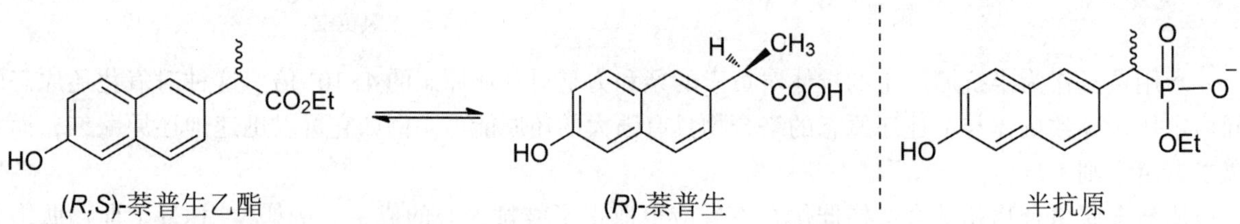

(R,S)-萘普生乙酯　　　　　　(R)-萘普生　　　　　　半抗原

类似抗体催化酯水解的例子还有：

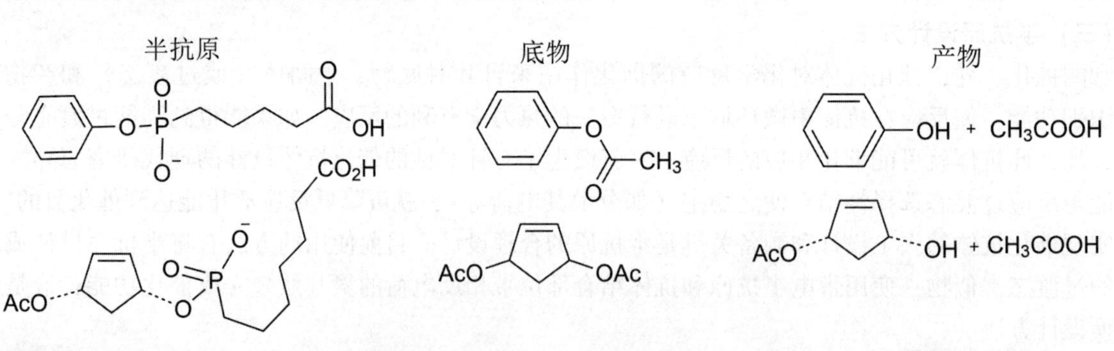

半抗原　　　　　　　　底物　　　　　　　　产物

抗体催化酯水解在医学方面的应用主要在于（−）-可卡因（cocaine）的戒毒和解毒的治疗[10,11]，依据过渡态（transition state）设计的磷酸单酯类半抗原。该水解反应优于大脑的吸收可卡因而达到戒毒和解毒的目的。

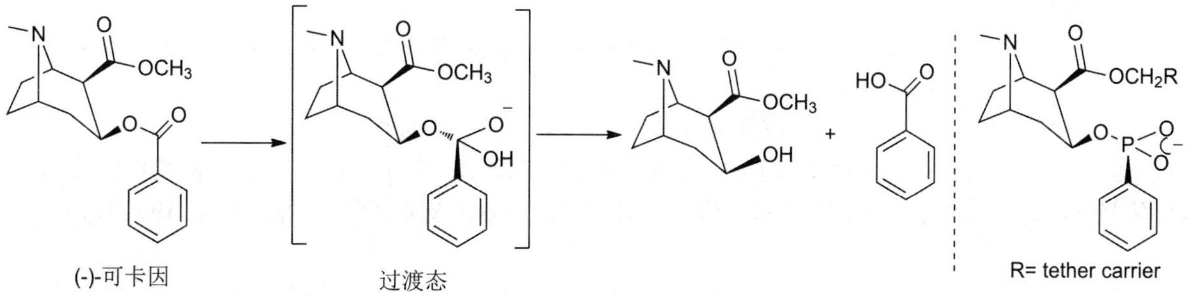

(-)-可卡因　　　　　　　　　　过渡态　　　　　　　　　　　　　　　　　　　　R= tether carrier

Iverson 和 Lerner[4]用 Co（Ⅲ）三亚乙基四胺（trien）－肽半抗原诱导大量的单克隆抗体生成，当与 trien 金属复合物重新结合后，这些抗体在体系为中性时完成肽类底物 Gly-Phe 键的水解。Zn（Ⅱ）是 trien 复合物合适的金属辅助离子，其他离子如 Ga（Ⅱ）、Fe（Ⅱ）、In（Ⅱ）、Cu（Ⅱ）、Ni（Ⅱ）、Lu（Ⅱ）和 Mn（Ⅱ）组成的 trien 复合物也是有效的。这类物质已被广泛用于催化聚肽水解抗体的研究[12,13]。

Thayer 等[14]用带负电的磷酸酯诱导产生催化抗体 43C9，它不仅能催化芳香酰胺的水解，而且显示了极高的催化活性。该催化抗体除了具有一般的稳定过渡态，降低反应活化能作用外，广泛的氢键结合也对稳定过渡态起到了非常大的作用，从而大大加速了水解反应（k_{cat}/k_{uncat} 达 2.5×10^5）。

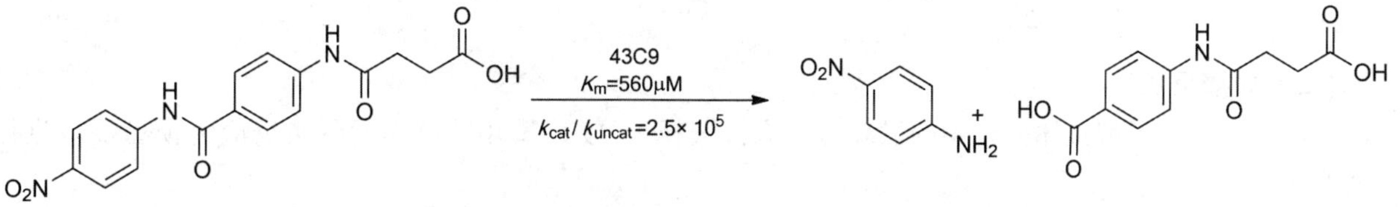

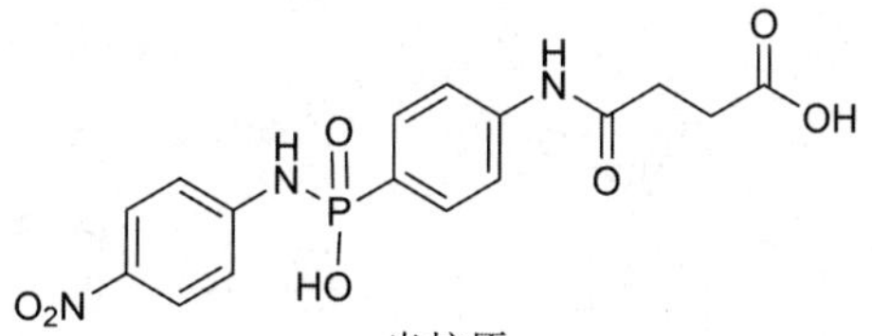

半抗原

（二）区域和立体选择性还原反应

从抗体催化酯和酰胺水解的例子可见，抗体催化与酶催化一样，也具有区域选择性和立体选择性，但同时包含区域选择性和立体选择性的反应很具有挑战性。Hsieh 等[15]用 N-氧化物作半抗原，诱导产生的抗体 37B39 对二酮类化合物及一些酮类化合物都表现出较好的区域选择性和立体选择性。

区域选择性 > 75∶1

96.3% ee

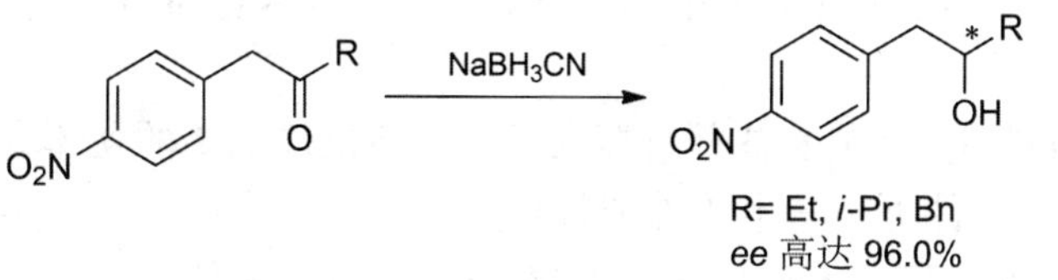

R= Et, i-Pr, Bn
ee 高达 96.0%

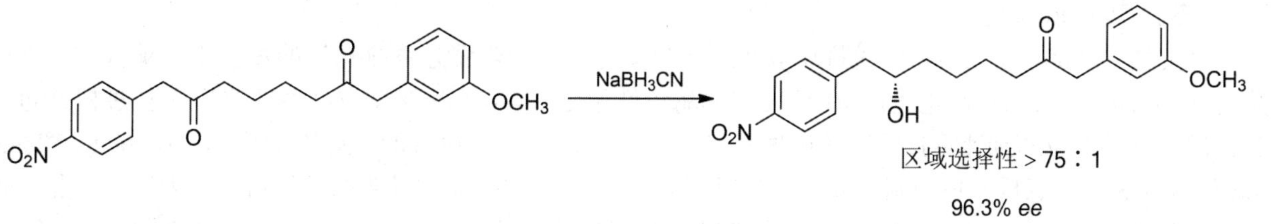

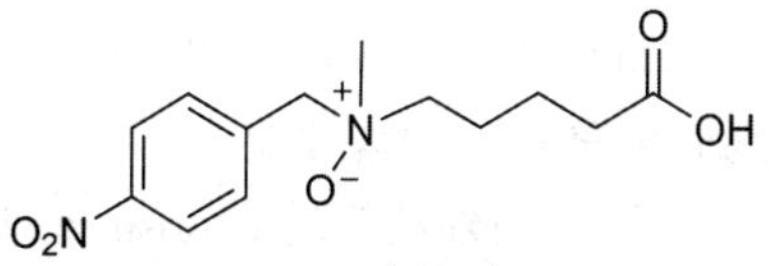

半抗原

（三）Diels-Alder 反应

Schultz 等[16]选择了 Diels-Alder 反应作为研究对象，以化合物 **1** 为半抗原筛选出一种最佳催化抗体 1E9，其有效摩尔体积大于 100L/mol。

Braisted 等[17]以 **2** 代替 **1** 作为半抗原具有更普遍意义。分子中的亚乙烯基桥像一把锁一样，使得环己烷始终以船式构象存在，可以模拟 Diels-Alder 反应的过渡态，由于产物不含此亚乙烯桥，从而不会与抗体紧密结合，避免了产物抑制。这一设计可以广泛地用于涉及非环状二烯的 Diels-Alder 反应。

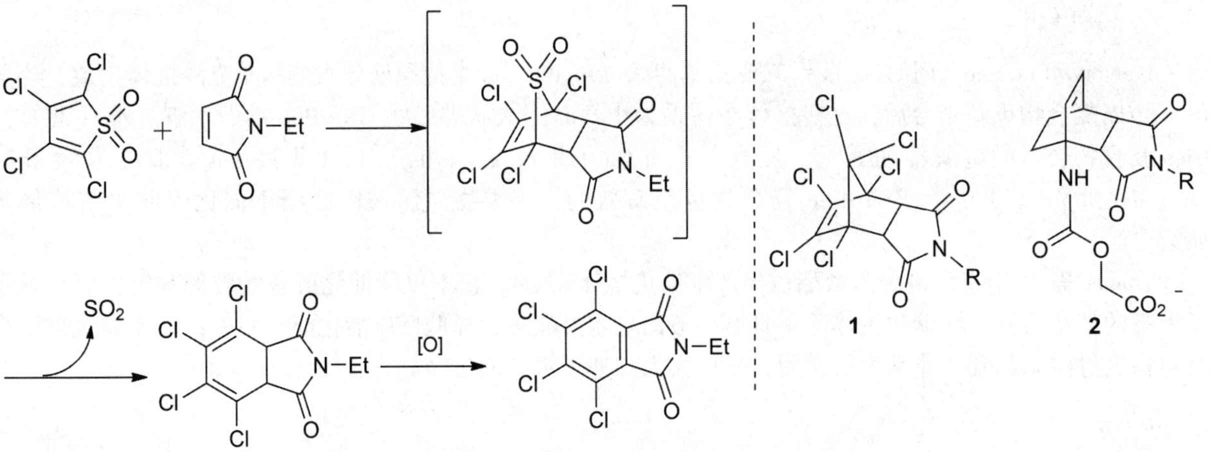

（四）脱羧反应

Hilvert[18,19]为了解抗体催化中的微环境效应，选择 3-羧基苯并异噁唑的脱羧反应为模型反应进行了研究。

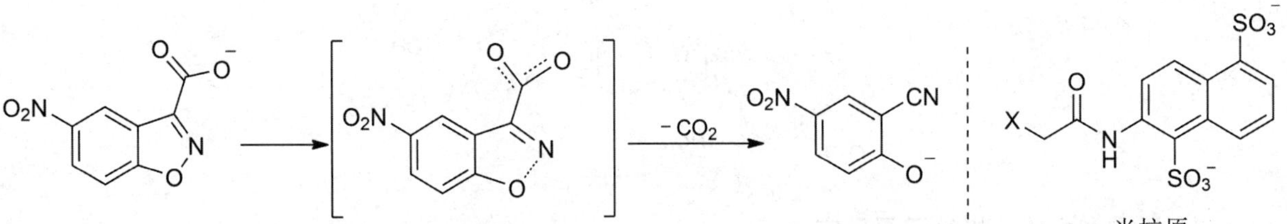

半抗原

这是一个协同反应，对微环境效应特别敏感。当反应溶剂从极性质子性溶剂变为偶极非质子性溶剂时，脱羧速度增加 10^8 倍。这可归因于底物的去溶剂化作用和通过分散作用稳定电荷离域的过渡态。抗体的低介电微环境将有利于在水溶液中进行这一反应。

（五）Claisen 重排

分支酸（chofismic acid）的重排反应在细菌和植物内生物合成芳香氨基酸的过程中，被分支酸变位酶（chorismate mutase）催化接近 10^6 倍（与非酶条件相比）。尽管酶促反应已经证明反应经过椅式过渡态，但分支酸变位酶加速重排反应的机理仍然不太明了，化学催化可能仅起次要作用。Bartlett 和 Johnson[20]设计了一个氧桥双环抑制剂分子，模拟 Claisen 重排反应的椅式过渡态类似物，因为该分子是酶很好的抑制剂。更有意义的是，已经证明该抑制剂在产生能促进分支酸立体专一性转变为预苯酸（prephenate）的抗体中是有效的。以往的实验表明抗体 1F7 催化的重排反应的动力学参数不受 pH 影响，不显示溶剂同位素效应和盐效应。

Hilvert 等[21]用外消旋的 chorismate 和光学纯的（-）-异构体并行探索了分支酸抗体 1F7 的立体专一性。在所有的（-）-chorismate 被转化为预苯酸的条件下，一半的外消旋快速重排，其余以（-）-异构体的速率重排，这些结果及稳态动力学测量结果都表明（+）-chorismate 不是该抗体的最佳底物。用光学纯的（+）-chorismate 进行研究，确定了在低浓度下催化抗体对映选择性大于 90:1。（-）／（+）异构体的初反应速率之比为 38:1。而分支酸的二甲基酯不是抗体 1F7 催化 Claisen 重排合适的底物，且表明了羧基在抗体配体识别中起重要作用。

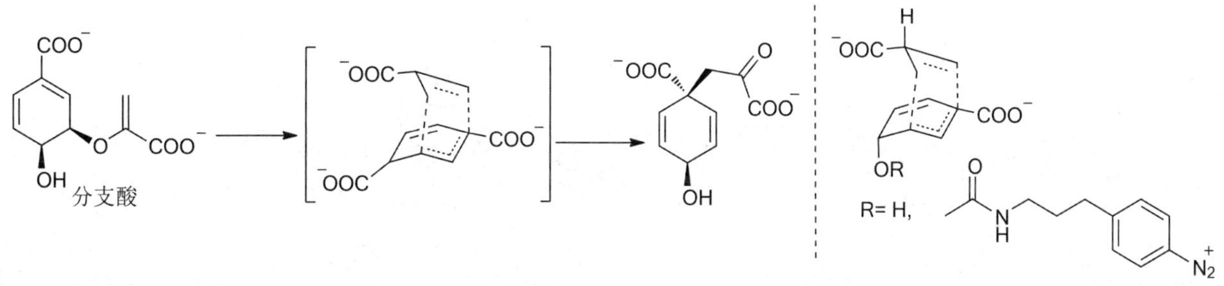

（六）顺反异构反应

α，β-不饱和酮的顺反异构反应是化学和生物体系中的重要过程，例如维生素 D 的合成和视黄醛的异构化均包含此过程。Jackson 和 Schültz 等[22]研究了这一反应的抗体催化，提出了抗体催化 **3** 异构化为 **4** 的机理模型。

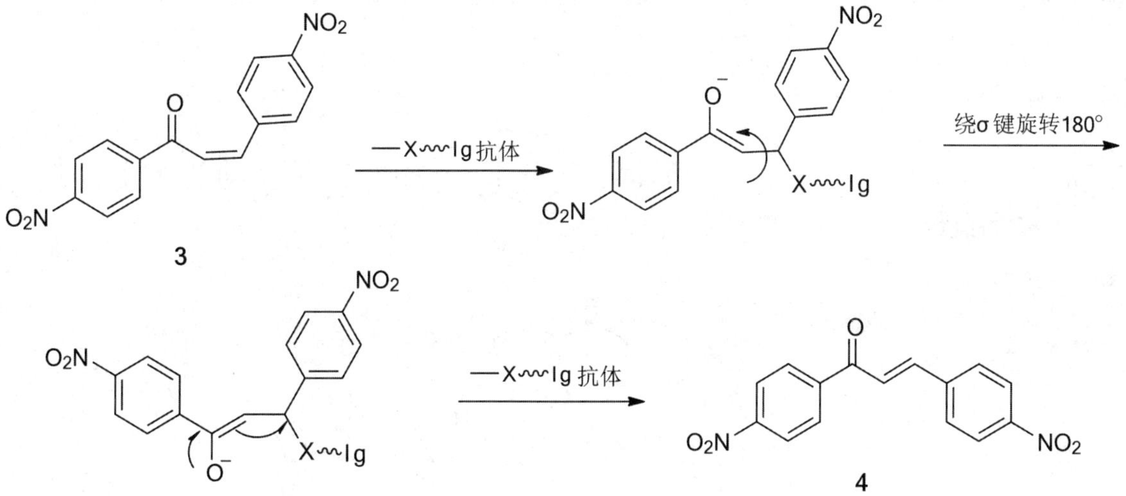

根据这一机理，抗体必须具备两个条件：一是必须含有一个亲核性或碱性部位；二是要满足过渡态围绕 α，β-单键旋转的要求。他们选择二取代哌啶鎓盐 **5** 作为半抗原可满足这两个条件。分子力学计算表明，反式半抗原 **5a** 的最低能量构象与烯酮异构化所需的两苯环处于正交位置的过渡态相似；另外，抗原中的正电荷可在抗体结合位点诱导产生带负电荷的羧酸盐。从 **5** 中筛选出 3 种抗体对此反应具有催化活性，并显示了酶催化特有的饱和动力学特征。其中活性最高的一种抗体催化反应与未催化反应的速率常数的比值为 1.5×10^4。

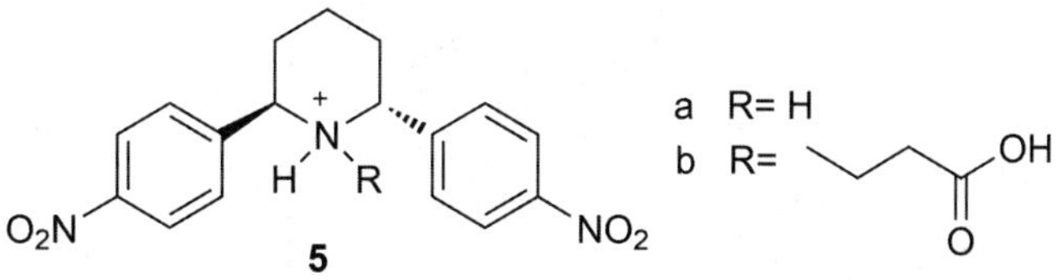

（七）阳离子环化反应

Kitazume 等[23]用脒基离子化合物作半抗原，产生的抗体可以催化芳基磺酸酯的闭环反应。该半抗原诱导出的抗体 17G8 可催化芳基磺酸酯转化为 1，2-二甲基环己烯和 2-甲烯-1-甲基环己烷的混合物，而一般则产生环己醇的混合物。这表明该抗体不仅能形成稳定的阳离子，而且还能强烈地从过渡态中除水。

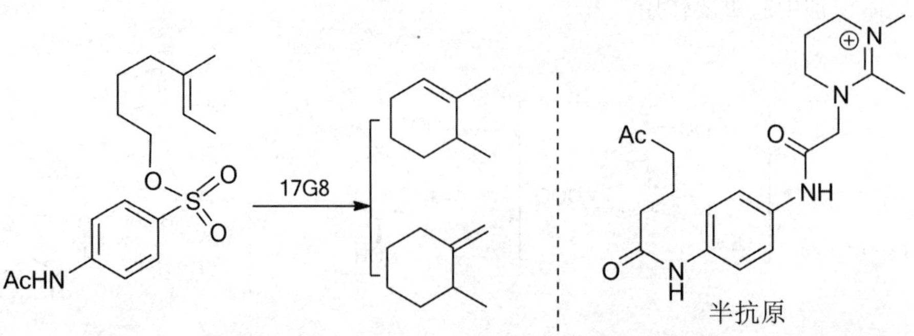

半抗原

Lerner 等[24]在抗体催化阳离子环化产生手性环己烷后，又实现了更有意义的同类转化。反式萘烷环氧化物用作过渡态类似物半抗原，筛选出的单抗 HA5219A4 是环化芳烃磺酸酯的较好催化剂。其环化产物分两部分：烯烃类化合物部分占 70%，另外 30% 为环己醇，6~8 的对映体过量值分别为 53%、53% 和 80%。令人欣喜的是抗体催化的此类转化可在更复杂的底物中应用，产生类似甾族化合物的分子。其立体选择性和区域选择性完全可以与现有酶促反应相比，从而建立了新的碳环系统的制备方法。

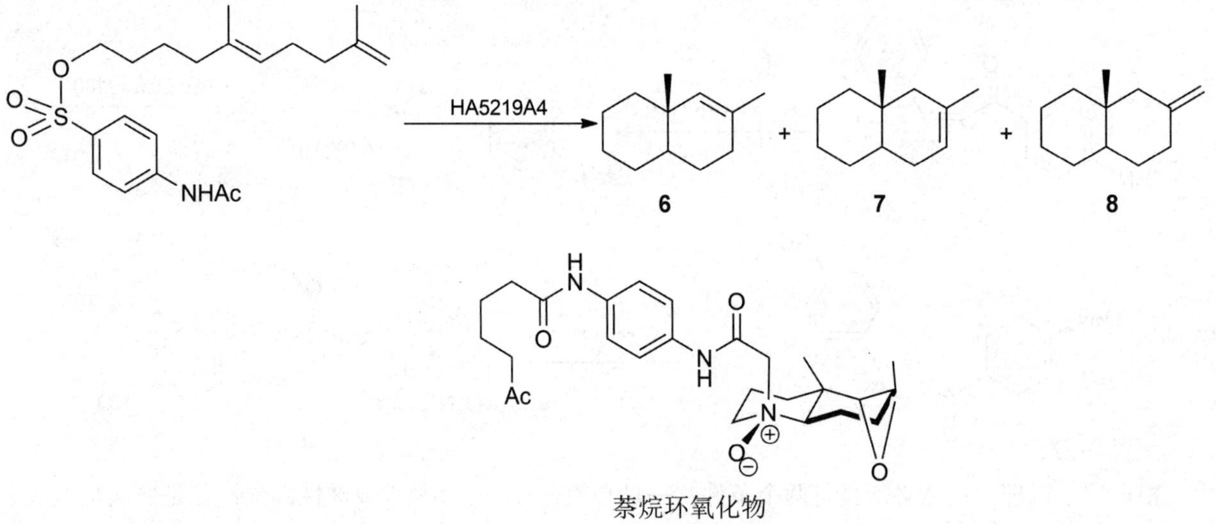

萘烷环氧化物

(八) β-消除反应

1989 年，Shokat 等[25]报道了抗体催化的 β-消除反应。他们设计合成了化合物 **9**，由 **9** 连接载体蛋白后，通过免疫系统筛选 6 个单克隆抗体，其中 4 个可以加速 S_2 生成 S_4 的 β-消除反应。

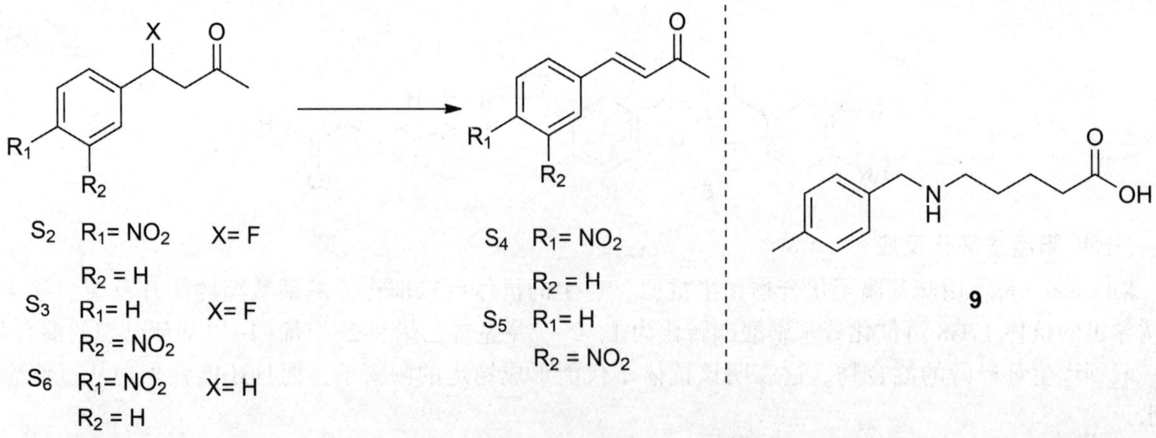

S_2	$R_1= NO_2$	$X= F$
	$R_2 = H$	
S_3	$R_1= H$	$X= F$
	$R_2 = NO_2$	
S_6	$R_1= NO_2$	$X= H$
	$R_2 = H$	

S_4	$R_1 = NO_2$
	$R_2 = H$
S_5	$R_1 = H$
	$R_2 = NO_2$

9

为了进一步证明催化抗体的作用机理，他们把其中一个单克隆抗体 43D4-3D3 用重氮乙酰胺处理，结果由于失去羧基在催化抗体中吸引氢的作用，43D4-3D3 只保留原有活性的 23%。抗体对 S_3 生成 S_5 的反应催化作用要差得多。类似物 S_6 也是催化抗体的竞争性抑制剂。

Schultz 等[26]报道了 β-羟基酮在抗体 20A2F6 存在下、β-氟代酮在抗体 43D4 存在下分别脱水和消除氟化氢生成 α，β-不饱和酮。研究表明，抗体 20A2F6 具有催化底物专一性，即不能催化邻硝基苯基异构体的脱水反应。

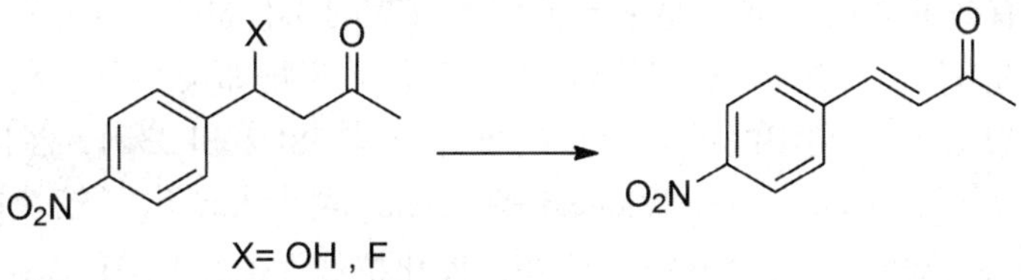

X= OH , F

（九）氧化还原反应

抗体催化的有机氧化还原反应也是一类重要的反应。Janda 课题组[27]报道了 Δ^9-四氢化大麻酚（Δ^9-THC）的氧化反应，通过筛选半抗原 TCB 和 TCF 得到的抗体，最终他们发展了 TCF-26C12、TCF-23C4 和 TCF-25G5 催化抗体，是催化该氧化反应制备二羟基大麻酚最具有价值的抗体。

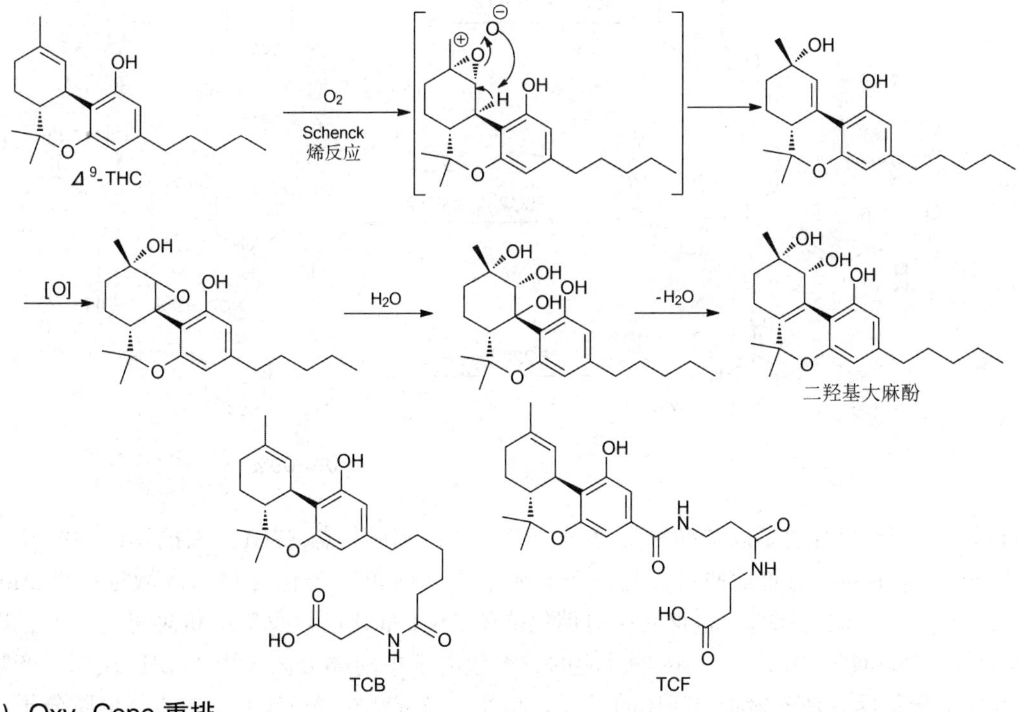

（十）Oxy-Cope 重排

抗体 AZ28 催化的 Oxy-Cope 重排一直以来都有吸引力，Asada 课题组[28]和 Moliner 课题组[29]均报道过 AZ28 催化取代的己二烯类化合物发生 Oxy-Cope 重排生成烯醇类化合物的反应。

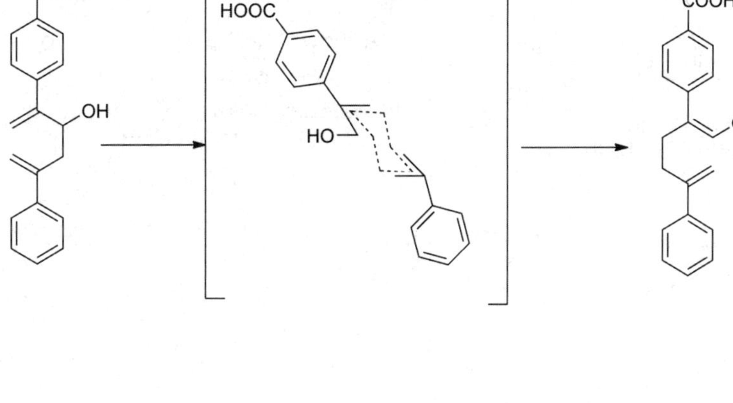

综上所述，抗体催化的有机化学反应具有反应速率加快、底物特异性和高立体选择性等特点，是一类新型的催化反应。相信随着抗体催化反应类型的增加，必将对有机化学以及生物、医药等学科产生深远的影响。

（十一）Aldol 反应

Aldol 反应是构建分子内碳碳单键的有效方法之一，利用一些催化剂可以获得手性 β-羟基醛或酮，抗体催化也是一种较为有效的方法。维兰德·米舍尔酮（Wieland–Miescher ketone）是罗宾逊成环反应（Robinson annulation）的杰作，该酮是现代药物合成中多环类药物如类固醇、萜类药物人工合成的重要基础原料。Hoffmann 等报道了[30]利用醛缩酶获得的催化抗体 38C2 和 33F12 催化三酮类化合物（triketone）发生分子内 Aldol 反应，制备 (S)-Wieland–Miescher 酮，表现出了较快的催化反应速率（$k_{cat}/k_{uncat} = 3.6 \times 10^6$）及高对映选择性（$ee > 95\%$）。此外，催化抗体 38C2 和 33F12 在催化分子间、分子内及交叉 Aldol 反应时均能体现出较高的催化反应活性（反应速率可达 219.9）。同时，这两个催化抗体在催化各种直接不对称 Aldol 反应时，产物的对映选择性可达 >99%。

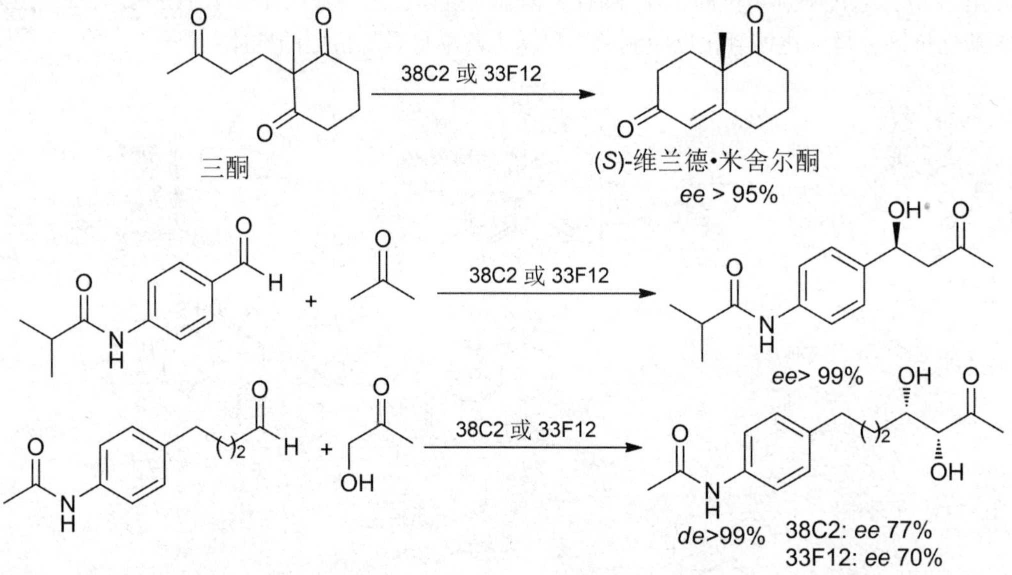

三酮 → (S)-维兰德·米舍尔酮
ee > 95%

ee > 99%

de > 99%　38C2: ee 77%
　　　　　33F12: ee 70%

最近 Fujii 课题组[31]发展了以磷酸酯类分子为半抗原得到的抗体 27C1，该抗体以功能基伯胺分子（functionalized component）修饰后便可催化对硝基苯甲醛和简单酮类化合物的区域选择性 Aldol 反应，产物的区域选择性最高能达 99%。该课题组对催化抗体 27C1 催化的该反应的机理进行推导，以丙酮的 Aldol 反应为例，将功能基伯胺分子与丙酮反应的季铵盐离子中间体分离，用 $NaBH_4$ 还原，产物经结构鉴定，证实此类催化反应是经烯胺中间体的过程。此外，该催化抗体 27C1 与功能基伯胺分子组成的体系对众多 β-酮酸类化合物的脱羧也体现出较好的催化活性 [$(k_{cat}/K_m)/k_{uncat} = 140\,000$]。

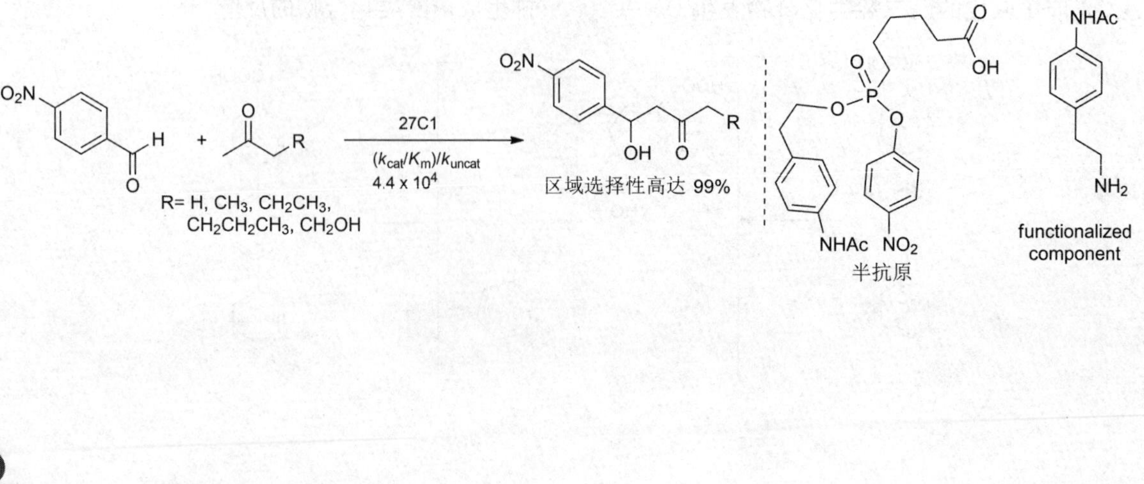

R= H, CH₃, CH₂CH₃,
CH₂CH₂CH₃, CH₂OH

27C1
$(k_{cat}/K_m)/k_{uncat}$
4.4×10^4

区域选择性高达 99%

半抗原

functionalized
component

参考文献

[1] TRARNONTANO A, JANDA K D, LERNER R A. Catalytic antibodies [J]. Science, 1986, 234: 1566.

[2] POLLACK S J, JACOBS J W, SCHULTZ P G. Selective chemical catalysis by an antibody [J]. Science, 1986, 234: 1570.

[3] KOHLER G, MILSTEIN C. Continuous cultures of fused cells secreting antibody of predefined specificity [J]. Nature, 1975, 256: 495.

[4] IVERSON B L L, LERNER R A. Sequence-specific peptide cleavage catalyzed by an antibody [J]. Science, 1989, 243: 1184.

[5] Jung F, Gee S J, Harrison R O, et al. Use of immunochemical techniques for the analysis of pesticides [J]. Pest Management Science, 1989, 26 (3): 303.

[6] GOODROW M H, HAMMOEK B D. Hapten design for compound-selective antibodies: Elisas for environmentally deleterious small molecules [J]. Analytica Chimiea Acta, 1998, 376: 83.

[7] THOMAS N R. Hapten design for the generation of catalytic antibodies [J]. APPl Biochem Bioteeh, 1994, 47: 345.

[8] SPITZNAGEL T M, JACOBS J W, CLARK D S. Random and site-specific immobilization of catalytic antibodies [J]. Enzyme Microb Technol, 1993, 15: 916.

[9] 胡允金, 季永铺. 对映选择性催化萘普生乙酯水解的多克隆抗体 [J]. 科学通报, 1997, 42 (4): 386.

[10] YANG G, CHUN J, ARAKAWA-URAMOTO H, et al. Anti-cocaine catalytic antibodies: a synthetic approach to improved antibody diversity [J]. J Am Chem Soc, 1996, 118: 5881.

[11] LANDRY D, ZHAO K, YANG G, et al. Antibody-catalyzed degradation of cocaine [J]. Science, 1993, 259: 1899.

[12] BLACKBURN C M, DENG S -X. Catalytic antibodies for the hydrolysis of unactivated peptides [J]. Bichem Soc Trans, 1993, 21: 1102.

[13] JAKUBKE H -D. Peptide ligases-tools for peptide synthesis [J]. Angew Chem Int Ed, 1995, 34: 175.

[14] THAYER M M, O LENDER E H, ARVAI A S, et al. Structural basis for amide hydrolysis catalyzed by the 43c9 antibody [J]. J Mol Biol, 1999, 291: 329.

[15] HSIEH L C, YONKOVICH S, KOCHERSPERGER L, et al. Controlling chemical reactivity with an-

tibodies [J]. Science-New York Then Washington, 1993, 260: 337.

[16] SCHULTZ P G, LERNER R A. Antibody catalysis of difficult chemical transformations [J]. Accounts of chemical research, 1993, 26 (8): 391.

[17] BRAISTED A C, SCHULTZ P G. An antibody-catalyzed bimolecular diels-alder reaction [J]. J Am Chem Soc, 1990, 112: 7430.

[18] HILVERT D. Antibody catalysis [J]. Pure and applied chemistry, 1992, 64 (8): 1103.

[19] LEWIS CT, KRARNER T, ROBINSON S, et al. Medium effects in antibody-catalyzed reactions [J]. Science, 1991, 253: 1019.

[20] BARTLETT P A, JOHNSON L K. An inhibitor of chorismate mutase resembling the transition-state conformation [J]. J Am Chem Soc, 1985, 101: 7792.

[21] HILVERT D. NARED K D. Stereospecific Claisen rearrangement catalyzed by an antibody [J]. J Am Chem Soc, 1988, 110: 5593.

[22] JACKSON D Y, SCHULTZ P G. 2D and 3N NMR spectroscopy employing carbon-13/carbon-13 magnetization transfer by isotropic mixing. Spin system identification in large proteins [J]. J Am Chem Soc, 1990, 112: 886.

[23] KITAZUME T, TAKEDA M. A cyclization reaction catalysed by antibodies [J]. J Chem Soc Chem Commun, 1995, 1: 39.

[24] HASSERODT J, JANDA K D, LERNER R A. A class of 4-aza-lithocholic acid-derived haptens for the generation of catalytic antibodies with steroid synthase capabilities [J]. Bioorg Med Chem, 2000, 8: 995.

[25] SHOKAT K M, LEUMANN L J, SUGASAWA R, et al. A new strategy for the generation of catalytic antibodies [J]. Nature, 1989, 338: 269.

[26] UNO T, SEHULTZ P G, SCHULTZ P G. An antibody-catalyzed dehydration reaction [J]. J Am Chem Soc, 1992, 114: 6573.

[27] BROGAN A P, EUBANKS L M, KOOB G F, et al. Antibody-catalyzed oxidation of δ9-tetrahydrocannabinol [J]. J Am Chem Soc, 2007, 129: 3698.

[28] ASADA T, GOUDA H, KOLLMAN P A. Molecular dynamics simulation study of the negative correlation in antibody AZ28-catalyzed oxy-cope rearrangement [J]. J Am Chem Soc, 2002, 124: 12535.

[29] MARTÍS, ANDRÉS J, MOLINER V, et al. Stereoselectivity behavior of the AZ28 antibody catalyzed oxy-cope rearrangement [J]. J Phys Chem A, 2006, 110: 726.

[30] HOFFMANN T, ZHONG G, LIST B, et al. Aldolase antibodies of remarkable scope [J]. J Am Chem Soc, 1998, 120: 2768.

[31] ISHIKAWA F, UNO K, NISHIKAWA M, et al. Antibody-catalyzed decarboxylation and Aldol reactions using a primary amine molecule as a functionalized small nonprotein component [J]. Bioorg Med Chem, 2013, 21: 7011.

第四章　药物合成的后处理技术

药物合成中，用正确的合成方法，控制好相应的操作条件，在适当的时候结束反应，接下来就是从反应体系中分离出所需要的产品。后处理就是采用一系列方法从反应体系中得到粗产品及精制纯品的过程。有关教科书及论文都侧重于合成方法的研究及讨论，对后处理的讲述太过简略，而事实上后处理非常重要，从事化学合成的人员不应轻视它。正确的合成方法固然重要，但是药物合成的任务是拿到纯度符合药品标准的产品。任何反应都没有100%产率的，总要伴随或多或少的副反应，产生或多或少的杂质，反应完成后，面临的巨大问题就是从反应混合体系中分离出纯的符合质量标准的产品。后处理的目的就是尽可能采取办法来完成这一任务。

一、后处理的重要性

反应完毕后体系为混合物，待反应停止，应该先淬灭反应体系，一般情况下首先采用萃取的方法，除去一部分杂质，再进一步采用其他后处理方法如蒸馏、色谱技术、重结晶和吸附等中的一种或多种方法分离纯化得到产物。但是，如果反应体系为固体和液体两相时且该反应体系较完美，比如，Raney Ni 或 Pd-C 催化加氢体系，我们采用极为简单的抽滤方法便将固体催化剂和产物分离，再浓缩即可得到较纯的产品。

优良的后处理，不仅能最大限度地回收产品，保证产品质量，还能充分回收原料、溶剂及有价值的副产物，最大限度地降低"三废"数量。而不当的后处理，不仅可使产品收率降低、质量下降，甚至可能导致颗粒无收。

在工业化生产时，一步合成反应往往在一个釜中几个小时就可以完成，但后处理一般需用到好几个釜，并且需要更长的时间才能完成。例如，用90kg的1-苯基环戊烷甲酰氯和70kg的2-（2-二乙氨基乙氧基）乙醇酯化合成喷托维林时[1]，从备料滴加到升温保温，再到冷却至指定温度，前后总共约6h即可完成，而后处理却需用到十来个釜，费时将近20h，且要经过萃取、脱色、过滤、中和后再萃取及脱色、过滤、蒸馏等诸多步骤，耗时耗力远大于合成反应的操作，其中任何一个环节出现问题都将严重影响药物的生产。

反应后处理过程的优劣检验标准是：①产品是否最大限度地回收了，并保证质量。②原料、中间体、溶剂及有价值的副产物是否最大限度地得到了回收利用。③后处理步骤，无论是工艺还是设备，是否足够简化。④"三废"量是否达到最小。要达到这样的检验标准，要求我们不但具有丰富的专业知识，还要具备熟练进行各种单元操作的技能、技巧及相关知识。

二、后处理的操作过程

后处理常用的单元操作主要有反应体系的淬灭、萃取、重结晶及过滤（常压过滤、减压过滤）、蒸馏（常压蒸馏、减压蒸馏、水蒸气蒸馏、共沸蒸馏等）、干燥（液体化合物的干燥、固体化合物的干燥）、色谱技术、升华、熔点测定等[2]。要出色地完成后处理任务，需要能熟练地进行这些单元操作，不仅要操作规范，有时还需要一定的技巧。

（一）反应体系的淬灭

有机化学反应体系中某一反应物常常是过量的，当反应进行到一定程度，目标产物已经获得，该过量反应物继续存在会进一步反应生成非预期产物，所以需要淬灭反应体系。淬灭的原理是用另一种更易与该过量化合物反应的化合物与之反应，从而将其从反应体系中除去。

反应体系在淬灭时要注意以下四点：①选择合适的淬灭试剂，充分考虑产物的稳定性及后处理的难易程度。②如果淬灭过程会大量放热，须在冷却下进行淬灭。③必须对反应体系进行监控，确定反应结束，才能对其进行淬灭。④淬灭后应尽快进行接下来的后处理。下面我们对一些常用有机化合物的淬灭进行阐述。

1. 易燃试剂　主要包括碱金属氢化物（NaH，CaH$_2$）、氨化物（NaNH$_2$）、有机锂化物（n-BuLi，s-BuLi，t-BuLi，MeLi）和催化加氢常用的催化剂 [Raney Ni，Pd/C，Pd(OH)$_2$ 等]。

氢化钠的质量分数一般为 60%（油中保存），需要除油的话可以用正己烷洗涤，然后倾倒出正己烷（一定要避免倒干）。一般情况下不用清洗太多次，除非油影响反应（比如反应体系太黏稠，有油再加上有气泡产生的话，容易冲料）。碱金属氢化物、氨化物后处理时如果量不大的话，可用水直接淬灭，量大的话，缓慢滴加水。淬灭后将其悬浮在干燥的四氢呋喃中，搅拌下慢慢加乙醇或异丙醇至不再放出氢气、澄清为止。

反应体系中的有机锂化物一般采用饱和氯化铵溶液淬灭，再选择恰当的溶剂将产物萃取出来，洗涤后分离。将过量的有机锂化物慢慢倒入加有少量干冰的四氢呋喃中，慢慢加入过量一摩尔当量的乙醇，然后加水稀释，最后加稀盐酸至溶液变清，倒入落地通风柜内相应的废液桶中。

催化加氢常用的催化剂的危险性在于干燥时易燃，和空气或有机物的气体摩擦也容易燃烧，危险性强弱为 Raney Ni >Pd/C >Pd(OH)$_2$。这些催化剂的处理要点如下：①从高压釜抽取反应液时必须有两人在场。②在快抽干时，提前解除真空，或立即加入相应的溶剂冲洗内壁，把残留催化剂全部抽走。③抽滤时也不能完全抽干，快抽干时，接着加反应液或空白溶剂。④事先准备一块湿布或一杯水，起火星时用湿布捂或用水灭。⑤用过的催化剂或沾有这些催化剂的滤纸、塑料垫等绝不能丢入垃圾桶中，应密封在容器中，用水或有机溶剂封住。

2. 硼还原试剂　主要有硼烷和硼氢化钠（钾）。硼烷体系在反应完成后，一般用甲醇淬灭，在冰浴冷却下，一滴一滴滴加甲醇，特别是刚开始，要非常缓慢，可外加氮气吹气，也要注意通风和防护措施。开始淬灭时一定要有耐心，不可求急，因为硼烷不像四氢铝锂、氢化钠那样很快被淬灭，需要比较长的时间才能彻底淬灭。加入过量的甲醇后，溶液可稍加升温，缓慢回流，如此 30min 至 1h 才能基本淬灭。

硼氢化钠（钾）反应体系对酸不稳定，可产生硼烷，量大时淬灭反应要非常小心，可在冰浴下慢慢滴加饱和氯化铵溶液（稀盐酸）淬灭。用甲醇溶解后，以水充分稀释，再加酸并放置。此时有剧毒、极易自燃、易灼伤皮肤的硼烷产生，故所有操作必须在通风橱内进行，其废液用碱中和后倒入落地通风柜内相应的废液桶中。

3. 铝还原试剂　铝还原试剂包括四氢铝锂（LAH）和二异丁基氢化铝（DIBAL-H），该类试剂处理难点在于反应淬灭后，产生大量不溶于水的黏性铝化合物，常用的淬灭剂为十水硫酸钠、乙酸乙酯/乙醇、水。

氢化锂铝（假设用量为 1g）体系反应完毕后淬灭方法：将反应体系用适量相应的溶剂稀释后冷却至 -10 ~ 0℃，搅拌下缓慢滴加 1mL 水淬灭反应。完毕，再缓慢滴加 1mL 15%氢氧化钠溶液。滤除产生的固体，用反应溶剂洗涤数次，滤液减压浓缩即得产品。

二异丁基氢化铝（假设用量为 1mmol）体系反应完毕后淬灭方法：①用适量相应的溶剂稀释后冷却至 0℃；②搅拌下慢慢加入 0.04mL 水淬灭反应；③加入 0.04mL 15%氢氧化钠水溶液；④再加入 0.1mL 水；⑤升温到至室温，搅拌 15min；⑥加入一些无水 MgSO$_4$；⑦搅拌 15min 后过滤除盐。

4. 酸性腐蚀试剂　该类试剂主要指酰氯、酸酐、三氯氧磷、五氯化磷、氯化亚砜、硫酰氯、五氧化二磷、AlCl$_3$、PCl$_3$、PCl$_5$、BBr$_3$，淬灭时在搅拌下加到大量冰水中（不能加反），确认反应后再用碱中和，对于不立即与冰水反应的三氯氧磷，可慢慢倒入常温水中，确认反应完了再继续加，不时加冰冷却，最后在冷却下用碱中和。处理时只能慢慢将其加入水（碱液）中，绝对不能将水加入以上化合物中。例如：

倒入大量冰水中，EtOAc萃取

5. 剧毒试剂　该类试剂包括硫酸二甲酯、氰化物（氰化钠、氰化钾和氰化铜）和铬的氧化物。硫酸二甲酯的淬灭应在搅拌下将硫酸二甲酯滴加到稀氢氧化钠溶液或氨水中，中和后的废液倒入落地通风柜内相应的废液桶中，加碱水解成甲醇和硫酸，毒性就大大减低了。

氰化物淬灭时一般控制体系 pH > 9，避免产生剧毒的氢氰酸，再用些相应的方法进行以下的后处理。处理后含有氰化物的废液加入饱和 NaClO 溶液（1mol 氰化物约需 0.4L NaClO 溶液）中过夜，用亚硝酸盐试纸证实 NaClO 已过量。

倒入大量水中，产品析出

铬的氧化物包括 PCC/PDC 和 Jones 试剂，PCC/PDC 可通过硅藻土、硅酸镁载体等过滤除去，处理 Jones 试剂时需将铬的氧化物除去，可加入异丙醇直至反应体系颜色从橙色或红色变成绿色。

6. 金属盐类　有机合成中常用的金属盐类是铜盐、钛盐和过渡金属盐，铜盐和钛盐催化的反应体系用饱和 NH$_4$Cl 水溶液来淬灭，这样钛盐相关的副产物便溶于水相除去，而铜盐体系需在室温下搅拌一段时间至溶液呈深蓝色，萃取，分掉水相，有机相以饱和 NH$_4$Cl 水溶液洗涤数次。

许多过渡态金属盐可以与硫化物生成沉淀除去，通常可以用 Na$_2$S 水溶液来洗涤。一些难除的过渡态金属盐可采用三（羟甲基）膦的水溶液洗涤除去[3]。

7. 有机锡（R$_3$Sn–X）　有机锡催化反应时生成的副产物可以采用以下方式淬灭：①使用 AlMe$_3$ 进行处理产生非极性的 Bu$_3$SnMe，或与氢氧化钠生成极性大的 Bu$_3$SnO 除去[4]；②可以通过 KF 与硅藻土的混合物过滤，也可以通过硅胶短柱，以反应溶剂（加 2%~5% 的 Et$_3$N）为洗脱剂来除去；③以恰当的有机溶剂稀释，加入水溶液（水、饱和 NH$_4$Cl 等）萃取，分取有机相，1mol/L 的 KF 溶液洗涤 2~3 次即可使有机锡生成 Bu$_3$SnF 沉淀除去；④一些 Stille 偶联中生成的 Bu$_3$SnX 几乎全部可以通过硅胶滤除；⑤对于 Bu$_3$SnH，可加入适量的单质碘使其转化为 Bu$_3$SnSnBu$_3$，再用 KF 溶液进行相应的上述操作。

8. 格氏试剂　先极缓慢滴加冰水淬灭格氏试剂，再用饱和 NH$_4$Cl 水溶液或 10% 稀酸中和至中性或微酸性。淬灭时应小心，因反应较为剧烈，放热明显。如生成的产品可能是固体，则建议直接将溶剂如 THF 等蒸出至物料大量析出得粗品，再行精制。一般而言，采用萃取或洗涤的方法并不方便，效果并不理想。淬灭时要注意加料顺序，不同的加料顺序会得到不同的产物，例如：

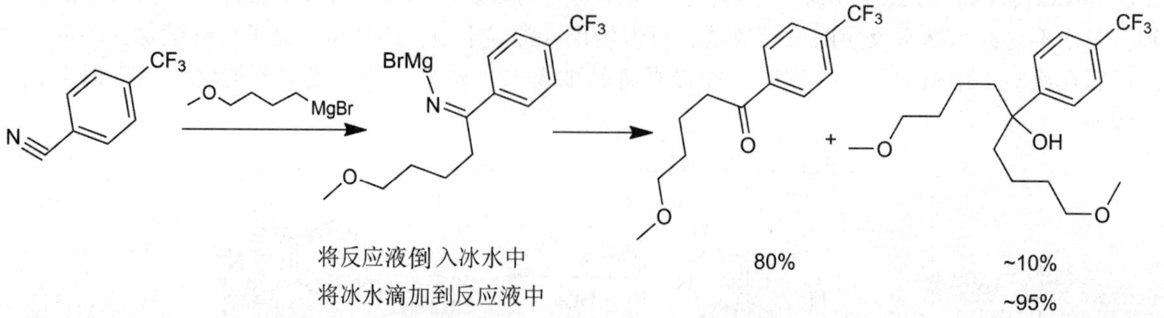

将反应液倒入冰水中

将冰水滴加到反应液中

80%　　　～10%

～95%

9. 易爆试剂　这类试剂常用的有叠氮物和过氧化物［间氯过氧苯甲酸（m-CPBA）、过氧乙酸和叔丁基过氧化氢等］。淬灭叠氮物时调体系 pH > 9，按 1∶50 以上的浓度配成稀的水溶液，搅拌下慢慢加入 NaClO 淬灭。过氧化物都是热不稳定的，并随温度升高分解加快。过氧化物体系是倾入饱和 Na_2SO_3 溶液中淬灭，再用相应的溶剂萃取，所得的有机相依次以饱和 Na_2SO_3 溶液、饱和 $NaHCO_3$ 溶液和饱和 NaCl 溶液洗涤；若为 m-CPBA，可先将体系降至 0℃，过滤便可除去大部分 m-CPBA，再进行相应的洗涤。

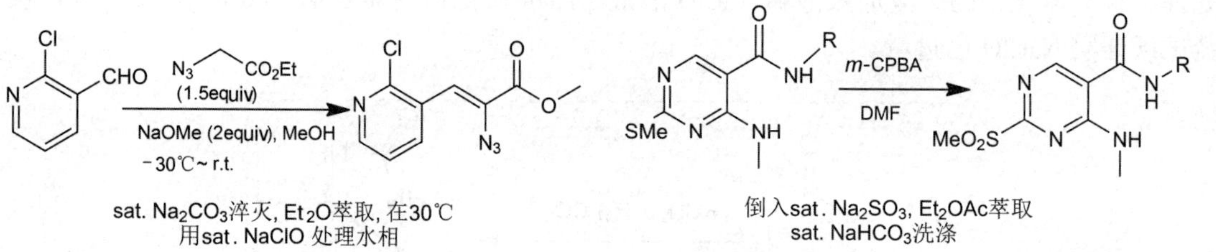

sat. Na_2CO_3 淬灭, Et_2O 萃取, 在30℃
用 sat. NaClO 处理水相

倒入 sat. Na_2SO_3 淬灭, Et_2OAc萃取
sat. $NaHCO_3$ 洗涤

10. 其他　N，N'-二环己基碳二亚胺（DCC）体系常在二氧六环、THF、DMF、二氯甲烷等体系中进行，但脲类化合物不溶于上述溶剂，处理时可事先过滤反应混合物，用尽量少的反应溶剂洗涤，再进行接下来的后处理，这是除去体系中大部分 DCC 的一个很好的方式。

在 Mitsunobu 反应、Wittig 反应和 HWE 反应等反应中会有三苯基氧膦（TPPO）副产物的生成，该副产物一般量大且不好后处理。常见的文献报道是先用重结晶法除去大部分三苯基氧膦后，再用柱层析色谱法纯化得到产物。例如李小东等报道[5]的 Wittig 反应合成木脂素类化合物中间体 α，β-不饱和酯中副产物 TPPO 的处理方法。

以如下两个反应为例，反应后处理时先用旋转蒸发仪抽干溶剂，再用乙酸乙酯和少量石油醚重结晶，使大部分的 TPPO 析出，抽滤除去 TPPO。残余物经硅胶柱分离，洗脱液用石油醚-乙酸乙酯（5∶1），该方法不但减少了硅胶和洗脱剂的用量，而且使分离效果更好，具有一定的经济和环保意义。

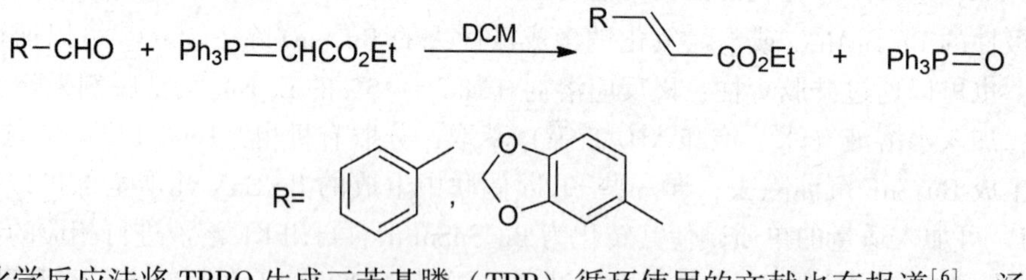

$R=$

另外，用化学反应法将 TPPO 生成三苯基膦（TPP）循环使用的文献也有报道[6]。汤有坚等[7]报道了头孢地尼的绿色合成工艺，如下所示，该工艺中应用了三苯基膦和 DM 的再生利用技术，即采用双（三氯甲基）碳酸酯（BTC）将生产过程中产生的副产物三苯基氧膦（TPPO）转化为二氯三苯基膦，并与另一个副产物 2-巯基苯并噻唑（M）反应，再生为合成头孢地尼活性酯的原料 TPP 和 DM，实现了副产物的循环利用，从源头上减少了"三废"排放量，具有工业化应用前景。

BTC + 3 Ph₃PO ⟶ 3 Ph₃PCl₂ + 3CO₂

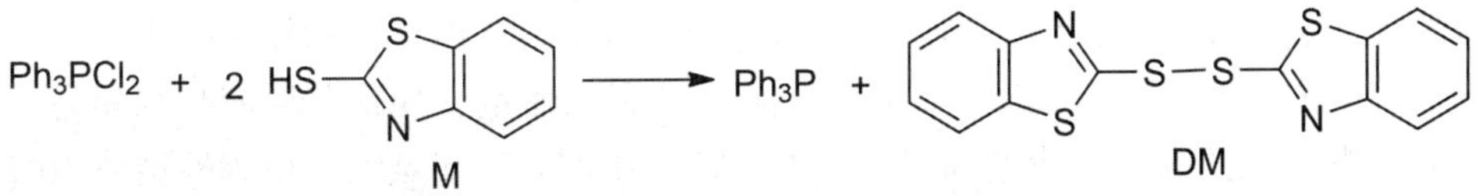

Ph₃PCl₂ + 2 HS——(M) ⟶ Ph₃P + (DM)

三苯基硫膦与三苯基氧膦的理化性质极其相似，为三苯基膦与底物反应后的副产物，也不易除净。如下所示，郑州大学药学院刘宏民课题组在研究拉氧头孢工艺路线时发现，若不除净体系中的三苯基硫膦，会对下一步氯代反应产生较大影响，并发展了一种新的重结晶法除去体系中的三苯基硫膦，如下：

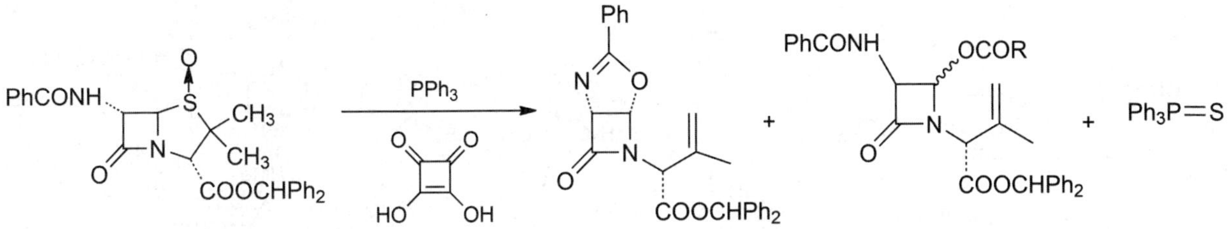

甲苯：石油醚＝4：1重结晶除去三苯基硫膦，浓缩后的残留物以乙腈重结晶得产物

（二）萃取法

1. 萃取法的原理和操作 萃取法是指利用物质在两种不互溶（或微溶）溶剂中溶解度或分配比的不同来达到分离提纯目的，较常用的是液-液萃取法，指的是用一种溶剂将物质从另一种与之互不相溶的溶剂中提取出来的方法。该法是药物合成的工业过程和实验室中常见的方法，它利用酸碱性有机化合物生成离子时溶于水而母体分子状态溶于有机溶剂的特点，通过加入酸碱使母体化合物生成离子溶于水实现相的转移而用非水溶性的有机溶剂萃取非酸碱性杂质，使其溶于有机溶剂从而实现杂质与产物分离。比如下面反应的后处理：

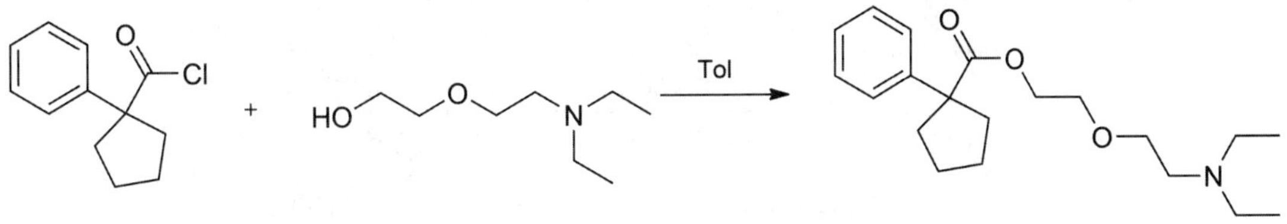

这是一步酯化反应，反应结束后，有如下操作：将反应液抽入存有水的罐中，搅拌，静置分层，将下层的水层抽入脱色罐中脱色；经抽滤将滤液加入中和罐中，用液碱调 pH 至 11~12，再加入甲苯，搅拌，静置分层；分出的甲苯层再脱色并过滤，水层弃去；甲苯层抽入蒸馏釜中进行蒸馏，将甲苯蒸尽，留下产物。这里就利用了叔胺的碱性来进行产品的后处理纯化：酰氯和醇反应生成的 HCl，与具有叔胺结构的产品形成铵盐，因此反应料液加入水中后，由于铵盐的水溶性很好，所以铵盐在水层中，分液时保留水层，对其进行脱色、过滤等处理，而用液碱调 pH 至 11~12 后，因中和了 HCl 而使叔胺游离，而游离态的叔胺水溶性差但在甲苯中易溶，因此从水层转入了甲苯层，接下来再对甲苯层进行脱色、过滤及蒸馏，就得到了叔胺。

大部分药物合成反应后处理都遵循这样的规则，做完反应后，应该首先采用萃取的方法，首先除去一部分杂质，这是利用杂质与产物在不同溶剂中的溶解度不同的性质。稀酸的水溶液可洗去一部分碱性杂质。例如，反应物为碱性，而产物为中性，可用稀酸洗去碱性反应物，如氨基化合物的酰化反应。稀碱的水溶液可洗去一部分酸性杂质。例如，反应物为酸性，而产物为中性，可用稀碱洗去酸性反应物，如羧基化合物的酯化反应。萃取前可先用水洗去一部分水溶性杂质。例如，低级醇的酯化反应，可用水洗去水溶性的反应物醇。

2. 洗涤 萃取完后，需将所得的萃取液合并，该萃取液中仍有较多的杂质，我们可以采取洗涤的方式除去一部分杂质。洗涤的原理同萃取法一致，指依靠化合物在不同溶剂中的溶解度或分配比的不同达到纯化目的，在不互溶的液体中与其中的原料、副产物作用，用萃取或化学反应的方法除去此类杂质，也可称为反萃取法。萃取液洗涤完毕后一般以饱和食盐水再洗涤，目的在于除去一些可能存在的无机盐杂质。另外，饱和食盐水还可以减少萃取溶剂在水中的溶解度，使得萃取液与水相易于分层。

一般在反应产物不发生化学反应的前提下，酸性杂质用饱和碳酸氢钠、稀碳酸钠或 10% 氢氧化钠溶液洗涤除去，碱性杂质用饱和氯化铵、10% 的盐酸或浓硫酸洗涤除去。反应的后处理如下所示：

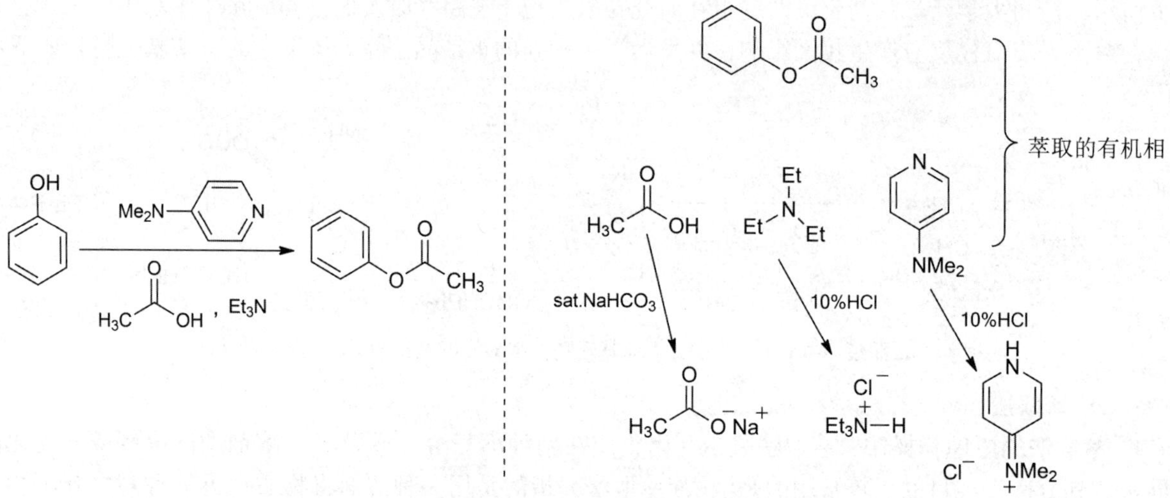

另外，常用的洗涤溶液还包括饱和硫酸铜溶液、饱和亚硫酸钠溶液、EDTA-2Na 溶液等。其中饱和亚硫酸钠或硫代硫酸钠溶液常用来洗涤具有氧化性的试剂（卤代反应和氧化反应体系），这些试剂包括卤素、m-CPBA、t-BuOOH、OsO₄ 等，如下面两个反应实例[8]：

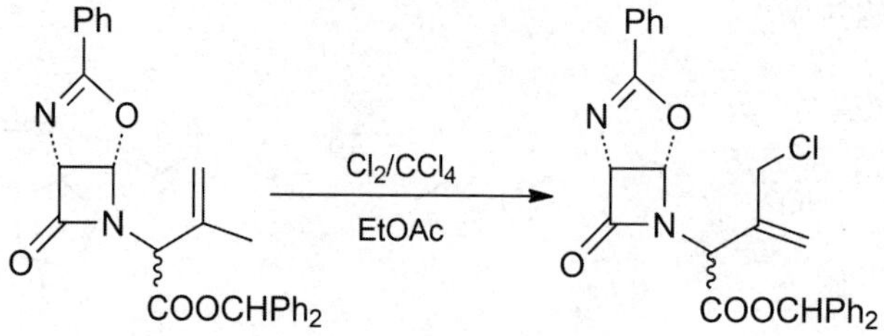

倒入 sat. Na₂SO₃, 分液, sat. Na₂SO₃洗涤

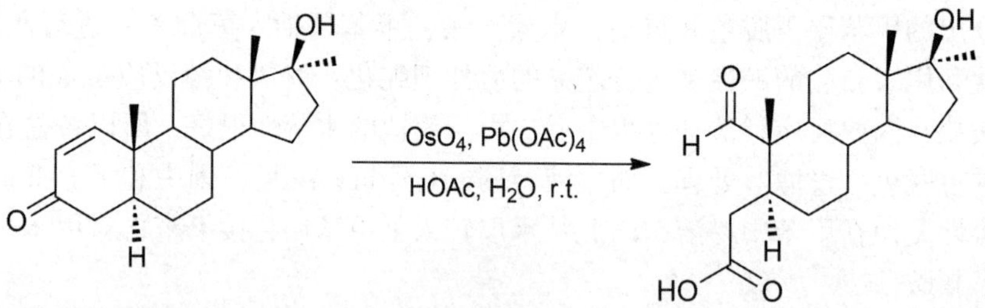

饱和硫酸铜溶液常用来洗涤反应体系中可能残留的吡啶，待水层由深蓝色［Cu（Ⅱ）与吡啶络合物的颜色］洗涤成淡蓝色后说明体系中的吡啶已基本除尽；EDTA-2Na 为很强的金属络合试剂，该溶液可用来洗涤一些金属盐类催化剂在反应体系中的残留，如下所示。

（三）化合物的干燥[2]

化合物的干燥主要包括液体化合物的干燥和固体化合物的干燥。干燥方法可分为物理方法与化学方法两种。物理方法有吸附、共沸蒸馏、分馏、冷冻干燥、加热和真空干燥等。化学方法主要是利用干燥剂除水，按除水的方式，可将干燥剂分为两类：一类能与水可逆地结合生成水合物，如氯化钙、硫酸钠等；一类能与水发生剧烈的化学反应，如金属钠、五氧化二磷等。

1. 固体的干燥

（1）晾干：将待干燥的固体放在表面皿上或培养皿中，尽量平铺成一薄层，再用滤纸或培养皿覆盖上，以免灰尘污染，然后在室温下放置直到干燥为止，适用于除去低沸点溶剂。

（2）红外灯干燥：热稳定性好又不易升华的固体中如含有不易挥发的溶剂时，为了加速干燥，常用红外灯干燥。

（3）烘箱烘干：烘箱用来干燥无腐蚀性、无挥发性、加热不分解的物质。

（4）真空加热干燥：对高温下易分解、聚合和变质及加热时对氧敏感的有机化合物，可采用专门的真空加热干燥箱进行干燥。将物料放在真空条件下加热干燥，并利用真空泵进行抽气、抽湿，加快干燥速率。如果没有特别要求，尽量采用循环水真空泵而不用油泵进行抽湿。

（5）真空冷冻干燥：对于受热不稳定的物质，可利用特殊的真空冷冻干燥设备，在水的三相点以下，即在低温低压条件下，使物料中的水分冻结后升华而脱去。但是该方法设备昂贵、运行成本高，普通实验室很少采用，在一些受热不稳定的抗生素类药物的工业化生产中较为常用。

2. 液体的干燥 从水溶液中分离出的液体有机物常含有许多水分，如不干燥脱水，直接蒸馏将会增加前馏分造成损失，另外产品也可能与水形成共沸混合物而无法提纯，影响产品纯度。有机液体的干燥，一般是直接将干燥剂加入液体中除去水分。干燥后的有机液体需蒸馏纯化。干燥剂的类型按脱水方式不同可分为三类：①硅胶、分子筛等物理吸附干燥剂。②氯化钙、硫酸镁、碳酸镁等，通过可逆地与水结合，形成水合物而达到干燥目的。③金属钠、五氧化二磷、氧化钙等，通过与水发生化学反应，生成新化合物起到干燥除水的作用。前两类干燥剂干燥的有机液体，蒸馏前须滤除干燥剂，否则吸附或结合的水加热又会放出而影响干燥效果。第三类干燥剂在蒸馏时不用滤除。

（四）吸附法和脱色法

1. 吸附法 吸附法是指将流动相与具有较大表面积的多孔固体颗粒相接触，流动相中的一种或多种组分选择性地吸附或滞留于颗粒微孔内，从而达到分离目的的方法。常用的吸附剂包括硅胶、氧化铝、活性炭（粉状和颗粒状）、碳分子筛、沸石分子筛等，其中活性炭是一种具有丰富的孔隙结构和巨大比表面积的炭质吸附剂，具有吸附能力强、化学稳定性好、机械强度高、失效后易再生的优点。活性炭吸附法是最常用的吸附方法。

2. 脱色法 一般采用活性炭、硅胶、氧化铝等。活性炭吸附非极性化合物与小分子化合物，硅胶与氧化铝吸附极性强的化合物与大分子化合物。对于极性杂质与非极性杂质同时存在的物系，应将两者同时结合起来。比较难脱色的物系，一般用硅胶和氧化铝就能脱去。对于酸碱化合物的脱色，有时比较难，当将酸性化合物用碱中和形成离子化合物而溶于水中进行脱色时，除了在弱碱性条件下脱色一次除去碱性杂质外，还应将物系逐渐中和至弱酸性，再脱色一次除去酸性杂质，这样就能够将色素完全脱去。同样当将碱性化合物用酸中和至弱碱性溶于水进行脱色时，除了在弱酸性条件下脱色一次除去酸性杂质外，还应将物系逐渐中和至弱碱性，再脱色一次除去碱性杂质。

（五）结晶法与重结晶法

结晶法（crystallization）是指溶质从过饱和溶液中析出形成新相的过程。这一过程不但包括溶质分子凝聚成固体，还包括这些分子有规律地排列在一定的晶格中。这种有规律的排列与表面分子化学键力变化有关，因此结晶过程又是一个表面化学反应的过程。当结晶速度过快（如过饱和度过高，冷却速度过快），此时易将母液中的杂质包裹在内，此时我们可以采用重结晶法再次提纯产物。重结晶法（re-crystallization）是指将结晶法得到的药物用适当的溶剂溶解，再次结晶，使纯度再次提高的方法。结晶法和重结晶法都是纯化的有效方法。

结晶法与重结晶法都是利用相似相溶的原理，即极性强的化合物用极性溶剂重结晶，极性弱的化合物用非极性溶剂重结晶。

对于较难结晶的化合物，如油状物、胶状物等，有时采用混合溶剂的方法，但是混合溶剂的搭配很有学问，有时只能根据经验。一般采用极性溶剂与非极性溶剂搭配，根据产物与杂质的极性大小来选择极性溶剂与非极性溶剂的比例。若产物极性较大，杂质极性较小，则溶剂中极性溶剂的比例大于非极性溶剂的比例；若产物极性较小，杂质极性较大，则溶剂中非极性溶剂的比例大于极性溶剂的比例。较常用的搭配有醇–石油醚、丙酮–石油醚、醇–正己烷、丙酮–正己烷等。但是如果产物很不纯或杂质与产物的性质极其相近，得到纯化合物的方法就是多次重结晶，有时多次重结晶也提不纯，这时除去杂质只能从反应上去考虑了。

如果产物要从一种溶剂中结晶出来，且在该溶剂中的溶解度又较大，可采用盐析法。盐析法系指向物系中加入某种物质，从而使溶质在溶剂中的溶解度减小，形成过饱和溶液而结晶析出。加入的物质可以是与原来的溶剂互溶的溶剂或无机盐。该物质常被称为稀释剂或沉淀剂，最常用的固体氯化钠为沉淀剂；甲醇、乙醇、丙酮等是常用的液体稀释剂。例如，卡那霉素易溶于水，不溶于乙醇，可在卡那霉素的脱色液中加入95%的乙醇至微浑，加晶种并保温30~35℃，即得卡那霉素晶体。

（六）成盐法

对于非水溶性的大分子有机离子化合物，可使有机酸碱化合物在有机溶剂中成盐析出结晶，而不成盐的杂质依然留在有机溶剂中，从而实现有机酸碱化合物与非酸碱性杂质分离。酸碱性有机杂质可通过将析出的结晶再重结晶而分离。对于大分子的有机酸碱化合物的盐，此时还可以用水洗涤除去，小分子的酸碱化合物已经成盐且具有水溶性的杂质。

例如，苯佐卡因的制备过程有一步氧化反应：

$$O_2N \text{—} \langle\ \rangle \text{—} CH_3 \xrightarrow[4H_2SO_4]{Na_2Cr_2O_7} O_2N \text{—} \langle\ \rangle \text{—} COOH + Na_2SO_4 + Cr_2(SO_4)_3 + 5H_2O$$

在强酸条件下反应，结束后加入水中，产物难溶于水而析出结晶，过滤即可得对硝基苯甲酸粗品，同时除去了大量水溶性杂质，但粗品中仍有不溶于水的杂质（如未反应的对硝基甲苯）和少量残留的水溶性杂质。将其加入氢氧化钠溶液后，对硝基苯甲酸与碱反应生成对硝基苯甲酸钠，从而转化为易溶于水的钠盐形式，因此脱色过滤时保留滤液，可除去不溶于水的杂质，将滤液再加入稀硫酸中，此时对硝基苯甲酸钠与硫酸作用又转化为难溶于水的对硝基苯甲酸，再次过滤即可除去水溶性的杂质。其流程如下：

对硝基苯甲酸，难溶于水的杂质，易溶于水的杂质

NaOH溶剂，过滤

滤液
（对硝基苯甲酸钠，易溶于水的杂质）

滤渣
（不溶于水的杂质）

15% H_2SO_4，冷却，抽滤

滤液
（易溶于水的杂质）

滤饼
（较纯的对硝基苯甲酸）

重结晶

更纯的产品

（七）水蒸气蒸馏法与减压蒸馏法

水蒸气蒸馏是用来分离和提纯液态或固态有机化合物的一种方法，被分离的化合物须和水长时间共沸不反应、不溶或微溶解于水且具有一定挥发性。常用于下列几种情况：①某些沸点高的有机化合物，在常压下蒸馏虽可与副产品分离，但易被破坏；②混合物中含有大量树脂状杂质或不挥发性杂质，采用蒸馏、萃取等方法都难以分离；③从较多固体反应物中分离出被吸附的液体。

水蒸气蒸馏对可挥发的低熔点有机化合物来说，有接近定量的回收率。这是因为在水蒸气蒸馏时，容器内所有组分加上水的饱和蒸气压之和等于外压，由于大量水的存在，其在100℃时饱和蒸气压已经达到外压，故在100℃以下时，产品可随水蒸气全部蒸出，回收率接近100%。水蒸气蒸馏法常用于天然产物中挥发油的分离和提取，以及一些药物中间体与其异构体的分离纯化，例如抗早产药利托君（ritodrine）的中间体1-（4-羟基苯基）-1-丙酮（化合物 **1**）和其异构体1-（2-羟基苯基）-1-丙酮（化合物 **2**）的分离纯化，由于邻位异构体能形成分子内氢键，分子间不缔合，也不与水缔合，因而沸点比对位异构体低，又不溶于水，莫芬珠课题组[9]通过水蒸气蒸馏实现了化合物 **1** 和化合物 **2** 的分离，收率达85%。

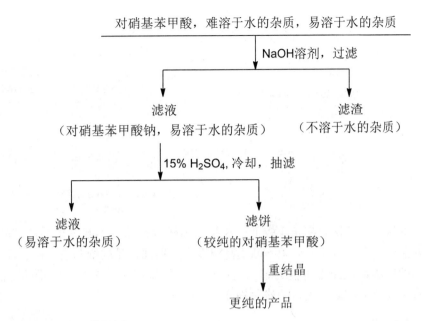

液体的沸点是指它的蒸气压等于外界压力时的温度，因此液体的沸点是随外界压力的变化而变化的，如果借助于真空泵降低系统内压力，就可以降低液体的沸点，这便是减压蒸馏操作的理论依据。减压蒸馏是分离可提纯化合物的常用方法之一，特别适用于那些在常压蒸馏时未达沸点即已受热分解、氧化或聚合的物质。减压蒸馏成功的关键点是收集恰当沸点的馏分，操作时待液体沸腾后，应注意控制温度，并观察沸点变化情况。待沸点稳定时，接收相应沸点的馏分，蒸馏速度不宜太快。例如以下所示两个医药中间体就是用减压蒸馏纯化的[10,11]：

收集160℃/2.13kPa的馏分
产率 74%

收集90～92℃的馏分
产率 92%

收集44～46℃/1.1kPa的馏分
产率 86.8%

　　一般情况下，减压蒸馏的回收率相应较低，这是因为随着产品的不断蒸出，产品的浓度逐渐降低，要保证产品的饱和蒸汽压等于外压，必须不断提高温度，以增加产品的饱和蒸汽压，显然，温度不可能无限提高，即产品的饱和蒸汽压不可能为零，所以产品不可能蒸净，必有一定量的产品留在蒸馏设备内，被设备内的难挥发组分溶解，大量的残留物即是证明。

三、现代分离技术

　　现代分离技术系指利用各种药物成分的不同性质（包括物理性质、化学性质和一些生物学性质），采取适当的方法，将反应后药物的混合物分成几种单一组分或几组性质相似的混合组分的过程。常应用于药物合成后处理的现代分离技术主要包括树脂法、冷冻干燥法和超分子法。

（一）树脂法

　　树脂法（resin method）是指利用人工合成的高分子树脂的吸附性质及药物的物化性质，采用洗脱剂对吸附了药物的树脂进行洗脱，除去一些杂质，达到分离纯化药物的目的。树脂是一种惰性的高分子聚合物，具有三元网状结构，不溶于酸、碱、有机溶剂（如乙醇、丙酮及烃类等），对氧、热和化学试剂稳定，机械强度高，如苯乙烯和二乙烯苯交联的高分子聚合物。药物分离纯化中应用较多的树脂法主要包括离子交换树脂法和大孔吸附树脂法，这两种方法常常用于分离纯化药物的微生物发酵液（维生素、抗生素及氨基酸等）中的大部分色素和杂质或一些相关物质，并能高纯度地得到目标产物。

　　1. 离子交换树脂法　　是指溶液中的离子与固体离子交换树脂间的可逆离子交换过程，在此过程中固相本身并不发生永久性的变化。第一步，溶液中的离子选择性地转入固相，称为吸附；第二步，用适当的试剂淋洗固相，使离子重新转入液相，称为洗脱，又称解吸附、解吸。因此，离子交换树脂法分离纯化产物的关键点在于选择恰当的离子交换树脂和洗脱剂。

　　离子交换树脂是一种合成的有机高分子聚合物，是一种疏松的具有多孔网状结构的惰性固体，不溶于水，也不溶于电解质溶液。这种高聚物的主要特征是它带有许多可以在溶液中电离的离子基团（—$SO_3^-H^+$、—COO^-H^+、$R_4N^+X^-$ 等），所以我们可以把离子交换树脂看成一种高分子电解质，通常是球形颗粒物。离子交换树脂中含有一种或几种化学活性基团，即交换官能团，在水溶液中能解离出某些阳离子（如 H^+ 或 Na^+）或阴离子（如 OH^- 或 Cl^-），同时吸附溶液中原来存在的其他阳离子或阴离子，即树脂中的离子与溶液中的离子互相交换，从而将溶液中的离子分离出来。

　　强酸性阳离子树脂含有大量的强酸性基团，如—$SO_3^-H^+$，容易在溶液中离解出 H^+，故呈强酸性。树脂解离后，本体所含的负电基团如 SO_3^-，能吸附结合溶液中的其他阳离子。强酸性树脂的解离能力很强，在酸性或碱性溶液中均能解离并产生离子交换作用。

　　常用的离子交换树脂种类繁多，几种常用于药物分离纯化后处理的离子交换树脂见表4-1：

表 4-1　常用于药物分离纯化后处理的离子交换树脂

国产型号	酸碱性	离子类型	国外对应号
732 苯乙烯	强酸	阳离子	Dowex509HCRW-20；AmberliteIR-120；Lewatit S100；KY-2；Diaion SK-1B；Duolite C2；Tehua IRC007；Ionresin 001
717 苯乙烯	强碱	阴离子	AmberliteIRA400；DowexSBR；Duolite A101；Lewatit M500；Diaion SA-10A Ionresin
734 苯乙烯系	强酸	阳离子	AmberliteIRA118；Ionresin 004；Tehual IRC 004
711 苯乙烯系 I 型	强碱	阴离子	Amberlite IRA402；Tehua IRA204；Diaion SA-11ADowex1 * 4Lewatit M504
D301-G 大孔苯乙烯系	弱酸	阴离子	Amberlite IRA-94
D311 大孔丙烯酸系	弱碱	阴离子	Amberlite IRA-68
D318 大孔丙烯酸系	弱酸	阴离子	Amberlite lRA-63

　　离子交换树脂对制药工业发展新一代的抗生素及对原有抗生素的质量改良具有重要作用，链霉素的开发成功即是突出的例子。在工业应用中，离子交换树脂的优点主要是处理能力大，交换范围广，交换容量高，能除去各种不同的离子，可以反复再生使用，工作寿命长，运行费用较低（虽然一次投入费用较大）。

　　浙江瑞邦药业有限公司[12]通过筛选大孔阴离子交换树脂 D-201、D-202、D-273、D-293、D-301、D-315 和 D-345 发现，采用 D-273 作吸附剂分离纯化预处理后的洛伐他汀发酵液，树脂吸附流速 1/30（BV/min），解吸采用添加 4% 氢氧化钠的 75% 乙醇，流速 1/100（BV/min），收率达 68% 以上，产品质量符合美国《药典》USP27 版规定。

　　甘林火等[13,14]发展了 732 离子交换树脂及 D151 和 D110 两种弱酸型树脂制备 L-亮氨酸钙的工艺，这三种方法不需供能，树脂可反复再生，工艺条件简单，且对环境无污染，符合绿色化学的要求，易于实现工业化生产。有时，离子交换树脂也能促使某些反应的进行，且该类反应体系较单一，反应完毕后一般简单地过滤除去离子交换树脂便可得到较纯的产物。例如，Pedersen 课题组[15]在合成 2-脱氧-D-阿拉伯己糖时，依次使用 IR-120 阳离子交换树脂和 Amberlite IRA 67 阴离子交换树脂促进了如下关键反应。

　　2. 大孔吸附树脂法　大孔吸附树脂是一种不溶于酸、碱及各种有机溶剂的有机高分子聚合物，应用大孔吸附树脂进行分离的技术是 20 世纪 60 年代末发展起来的继离子交换树脂后的分离新技术之一。

　　大孔吸附树脂是以苯乙烯和丙酸酯为单体，加入乙烯苯为交联剂，甲苯、二甲苯为致孔剂，它们相互交联聚合形成了多孔骨架结构。其工作原理是依靠它和被吸附的分子（吸附质）之间的范德华引力，通过它巨大的比表面积进行物理吸附，有机化合物根据其吸附力及分子量大小，经一定溶剂洗脱分开而达到分离、纯化、除杂、浓缩等目的。

大孔树脂随制备条件及原料性质的不同，性能差异很大。目前市售的吸附树脂，按极性大小可分为非极性（苯乙烯、二乙烯苯聚合物）、中等极性（存在酯基）、极性和强极性四种；按骨架类型可分为聚苯乙烯型、聚丙烯酸型和其他类型（聚乙烯醇型和纤维素衍生物等）[16]。其名称尚未统一，往往由各单位自行命名，如南开大学试制的 D、DM、DA 及 NKA 等系列；国外常见的有美国 Rohm-Hass 公司的 Amberlite XAD 系列，日本 Organo（三菱化成）的 DiaionHP 系列等[17]。

通常极性较大的分子适于在中极性树脂上分离，极性小的分子适于在非极性树脂上分离；体积较大的化合物选择较大孔径树脂；上样液中加入适量无机盐可以增大树脂吸附量；酸性化合物在酸性液中易于吸附，碱性化合物在碱性液中易于吸附，中性化合物在中性液中易于吸附；一般上样液浓度越低越利于吸附；对于滴速的选择，则以保证树脂可以与上样液充分接触吸附为佳。影响解吸的因素有洗脱剂的种类、浓度、pH 值、流速等。洗脱剂可用甲醇、乙醇、丙酮、乙酸乙酯等，应根据不同物质在树脂上吸附力的强弱，选择不同的洗脱剂和不同的洗脱剂浓度进行洗脱；通过改变洗脱剂的 pH 值可使吸附物改变分子形态，易于洗脱下来；洗脱剂流速一般控制在 0.5~5mL/min。

大孔吸附树脂近些年在分离纯化一些药物的发酵液中应用较为广泛。例如，张雪霞课题组[18]通过选用 D312、DA201、HZ816、HZ801、Amberlite XAD16HP、X-5、AB-8 和 HPD-100 等 8 种非极性大孔吸附树脂，在 pH7.0 的条件下进行动态吸附筛选，结果他们选择应用价格相对低廉的 HZ816 大孔吸附树脂分离纯化那他霉素发酵液。该法的动态吸附量为 150mg/mL，解吸率在 90% 以上，提高了那他霉素成品质量，得到纯度大于 98% 的药用级那他霉素。

总之，大孔吸附树脂纯化技术在制药工业中是有发展前景的实用新技术之一，尽管它在精制纯化方面还存在着一些问题。随着研究的不断深入，一定会开发出高选择性的树脂，以进一步提高工作效率。

（二）冷冻干燥法

冷冻干燥法是指将含水物料冷冻到冰点以下，使水转变为冰，然后在较高真空下将冰转变为蒸汽而除去的干燥方法，也称升华干燥。物料可先在冷冻装置内冷冻，再进行干燥，也可直接在干燥室内经迅速抽真空而冷冻。升华生成的水蒸气借冷凝器除去。升华过程中所需的汽化热量，一般由热辐射供给。

其主要特点是：①适用于易水解、易氧化、遇热不稳定的药物的干燥，常用于干燥抗生素（如青霉素、链霉素）、苯巴比妥钠、激素类药物等；②干燥后的药物保持原来的物理性质，且较松散；③冷冻干燥法的污染机会少，异物少，能够改善药物的溶解性能，提高制剂的澄明度；④热量消耗比其他干燥方法少；⑤冻干制品的含水量为 0.5%，有利于药物的长期保存，同时也便于运输。

我国是原料药生产大国，因此该技术应用前景十分广阔。但是，应当引起注意的是，近年来真空冷冻干燥技术在我国推广得非常迅速，相比之下，其基础理论研究相对滞后、薄弱，专业技术人员也不多。而且与气流干燥、喷雾干燥等其他干燥技术相比，真空冷冻干燥设备投资大，能源消耗大，药品生产成本较高，从而限制了该技术的进一步发展。因此，切实加强基础理论研究，在确保药品质量的同时，实现节能降耗、降低生产成本，已经成为真空冷冻干燥技术领域当前面临的最主要的问题。

（三）超分子法

1988 年，法国科学家 Lehn[19]首次提出了超越分子化学的研究范畴。超分子化学是基于分子间非共价键相互作用而形成的分子聚集体化学。现代化学指出，物质的性质及功能不仅依赖于构成体系的分子的性质，而且很大程度上还取决于分子的聚集形式及分子以上层次的高级结构。超分子化学主要是研究分子之间通过非共价键的弱相互作用，如氢键、范德华力、π-π 堆积作用、静电作用及其之间的协同作用而形成的分子聚集体的结构与功能[20]。

超分子药物可定义为两个或两个以上药物分子通过非共价键形成的药物。药物活性分子（API）通常因含有各种官能团而具有不同的生物活性。最新研究发现，这些官能团能够利用氢键或其他非共价键作用而与其他有机分子通过分子间的识别作用生成超分子化合物，即药物共晶，从而有效改善药物本身的结晶性能、理化性质及药效。药物共晶是一种新兴的药物晶型，一个给定的活性药物分子通过形成共晶，一方面可以大大丰富其结晶形式，另一方面可以改善其理化性质及临床疗效。

药物共晶制备的条件比较温和，制备的方法很多，其中最常用的是溶液结晶法，即将 API 和共晶试剂（CCF）按照一定的化学计量比加入到合适的溶剂中进行共结晶，常用的共晶试剂可以是辅料、维生素、矿物质、氨基酸及其他有机酸等。用溶液法制备共晶，溶液中 API 和 CCF 的相互作用要强于其他分子间的相互作用力，才能保证药物共晶的生成。要选择合适的溶剂、结晶温度和速度及组分之间的化学计量比，以避免 API 或 CCF 单独析出的情况。

药物共晶的另一种常用制备方法是固态研磨法，即将 API 和 CCF 混合于研钵或球磨机中，共同研磨一段时间，借助机械力的作用来制备共晶。研磨时固体与固体的反应能力取决于两种分子的结构互补性和移动性。研究发现，加入少量适当的溶剂，可以提高分子的移动性，加快共晶的生成[21]。另外，高通量结晶法、超声法、热台法和差热扫描法也被应用于药物共晶制备当中。

目前超分子化学药物研究对药物共晶的研究还处于起步阶段，随着超分子化学的发展和在药学领域研究的不断深入，必将开发出更多疗效好、毒副作用低、药代动力学性质优良的超分子化学药物应用于临床，为保障人类身体健康做出贡献。

参考文献

[1] 孟繁浩，余瑜．药物化学［M］．北京：科学出版社，2010．

[2] 宋毛平，刘宏民，王敏灿．有机化学实验［M］．郑州：郑州大学出版社，2004：41．

[3] GRUBS R H. Purification technique for the removal of ruthenium from olefin metathesis reaction products［J］. Tetrahedron Lett, 1999, 40: 4137.

[4] RENAUD P, LACOTE E, QUARANTA L. Alternative and mild procedures for the removal of organotin residues from reaction mixtures［J］. Tetrahedron Lett, 1998, 39: 2123.

[5] 李小东，巨婷婷，王小龙．Wittig 反应合成 α, β-不饱和酯后处理方法的改进［J］．化工中间体，2010，（9）：35．

[6] 吴登泽，林福亮，钟为慧，等．头孢活性酯生产废液中回收三苯基氧膦和 2-巯基苯并噻唑［J］．化工生产与技术，2008，15（4）：39．

[7] 汤有坚，徐辉，丁志亮，等．头孢地尼的绿色合成工艺［J］．浙江化工，2013，44（4）：8．

[8] CABAJ J E, KAIRYS D, BENSON T R. Development of a commercial process to produce oxandrolone［J］. Org Process Res Dev, 2007, 11: 378.

[9] 莫芬珠，任进知，胡敏致．1-（4-羟基苯基）-1-丙酮合成方法改进［J］．中国医药工业杂志，1999（11）：517．

[10] 沈敬山，李剑峰，毛海舫，等．盐酸西布曲明的合成［J］．中国医药工业杂志，2001，32（8）：337．

[11] 李宏名，吴林彬，胡延雷，等．盐酸替利定的合成［J］．中国医药工业杂志，2012，43（7）：529．

[12] 卜光明，陈通鑫．大孔离子交换树脂法分离纯化洛伐他汀的探讨［J］．中国抗生素杂志，2007，32（3）：191．

[13] 甘林火，翁连进，陈金河．阳离子交换树脂法制备 L-组氨酸钙工艺［J］．过程工程学报，2009（6）：1103．

[14] 邓爱华，翁连进，甘林火．732 离子交换树脂法制备 L-亮氨酸钙及其表征［J］．食品工业科技，2007，28（7）：174．

[15] JØRGENSEN C, PEDERSEN C. Preparation of 2-deoxyaldoses from aldose phenylhydrazones［J］. Carbohydr Res, 1997, 299: 307.

[16] 冯淑华，林强．药物分离纯化技术［M］．北京：化学工业出版社，2009．

［17］ 周林，蔡妙颜，郭祀远，等. 大孔吸附树脂应用的研究进展［J］. 昆明理工大学学报（自然科学版），2003，28（6）：99.

［18］ 王海燕，李晓露，王健，等. 大孔树脂法分离纯化那他霉素的工艺研究［J］. 中国抗生素杂志，2010，35（3）：194.

［19］ LEHN J M. Supramolecular chemistry-scope and perspectives molecules, supermolecules, and molecular devices（Nobel Lecture）［J］. Angewandte Chemie International Edition，1988，27（1）：89.

［20］ 周成合，张飞飞，甘淋玲，等. 超分子化学药物研究［J］. 中国科学：B辑，2009，（3）：208.

［21］ KARKI S, FRIŠÊIÉT, JONES W, SAMUEL W D. Screening for pharmaceutical cocrystal hydrates via neat and liquid-assisted grinding［J］. Mol Pharm，2007，4：347.

第五章　药物合成工艺研究

一个化学合成药物往往可通过多条合成路线制备，通常将具有工业生产价值的合成路线称为该药物的工艺路线。针对不同的研究对象和研究阶段，工艺的研究目标和任务也有所不同。

在新药研究的初期阶段，对研究中新药（investigational new drug，IND）的成本等经济问题考虑较少，考虑更多的是时效性，化学合成工作一般以实验室规模进行。当 IND 在临床试验中显示出优异性质之后，便要加紧进行生产工艺研究，并根据社会的潜在需求量确定生产规模。这时必须把药物工艺路线的工业化、最优化和降低生产成本放在首位。

药物专利到期后，其他企业便可以仿制，药物的价格将大幅度下降，成本低、价格廉的生产企业将在市场上具有更强的竞争力，设计、选择合理的工艺路线显得尤为重要。

对于某些活性确切的老药，社会需求量大、应用面广，简化操作程序、提高产品质量、降低生产成本、减少环境污染，可为企业带来极大的经济效益和良好的社会效益。

第一节　药物合成工艺路线的设计

质量源于设计，药物合成路线设计伊始，已经预示了药物合成的成本、可能的杂质及质量控制指标等。药物合成工艺路线设计属于有机合成化学中的一个分支，以目标分子作为设计工作的出发点，通过逆向变换，直到找到合适的原料、试剂及反应为止，是合成中最为常见的策略。这种逆合成（retrosynthesis）方法由 E. J. Corey 于 1964 年正式提出。

逆合成的过程是对目标分子进行切断（disconnection），寻找合成子（synthon）及其合成等价物（synthetic equivalent）的过程。首先找出目标分子的基本结构特征，确定采用全合成或半合成策略。分清主要部分（基本骨架）和次要部分（官能团），在通盘考虑各官能团的引入或转化的可能性之后，确定目标分子的基本骨架，这是合成路线设计的重要基础。在确定目标分子的基本骨架之后，对该骨架进行第一次切断，将分子骨架转化为两个大的合成子，第一次切断部位的选择是整个合成路线设计的关键步骤。根据所得到的合成子选择合适的合成等价物，再以此为目标分子进行切断，进一步寻找合成子与合成等价物。重复上述过程，直至得到可购得的原料。

在化合物合成路线设计的过程中，除了上述的各种构建骨架的问题之外，还涉及官能团的引入、转换和消除，官能团的保护与去保护等；若系手性药物，还必须考虑手性中心的构建方法和在整个工艺路线中的位置等问题。

一、追溯求源法

对于非对称分子，首先考虑哪些官能团可以通过官能团化或官能团转换得到。在确定分子的基本骨架后，寻找其最后一个结合点作为第一次切断的部位，考虑此次切断所得到的合成子可能是哪种合成等价物，经过什么反应可以构建这个键。再对合成等价物进行新的剖析，继续切断，如此反复，追溯求源，直到最简单的化合物即起始原料为止。起始原料应该是方便易得、价格合理的化工原料或天然化合物。最后是各步反应的合理排列与完整合成路线的确立。

药物分子中 C—N、C—S、C—O 等碳-杂键的部位，通常是对该分子首先选择切断的部位。在 C—C 键切断时，通常选择与某些基团相邻或相近的部位作为切断部位，由于该基团的活化作用，使合成反应容易进行。在设计合成路线时，碳骨架形成和官能团的运用是两个不同的方面，二者相对独立但又相互联系；因为碳骨架只有通过官能团的运用才能装配起来。通常碳-杂键为易拆键，也易于合成。因此，先合成碳-杂键，然后再建立碳-碳键。

血管紧张素转化酶抑制剂（ACEI）是一类安全有效的治疗高血压和充血性心力衰竭的药物，大多数属于 N-羧烷基二肽结构，如依那普利（enalapril，**1**）、赖诺普利（lisinopril，**2**）、贝那普利（benazepril，**3**）、培哚普利（perindopril，**4**）、喹那普利（quinapril，**5**）和雷米普利（ramipril，**6**）。

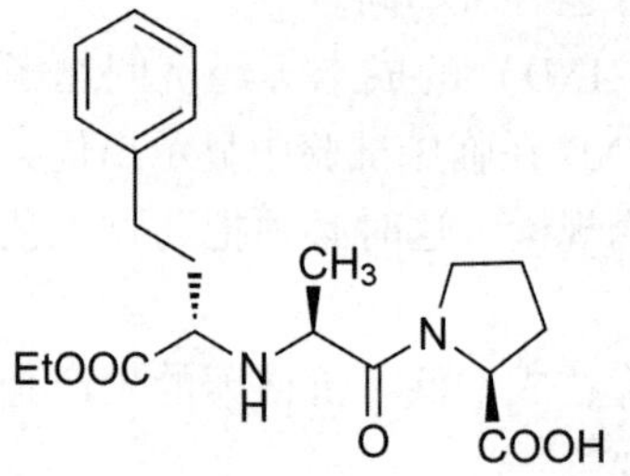

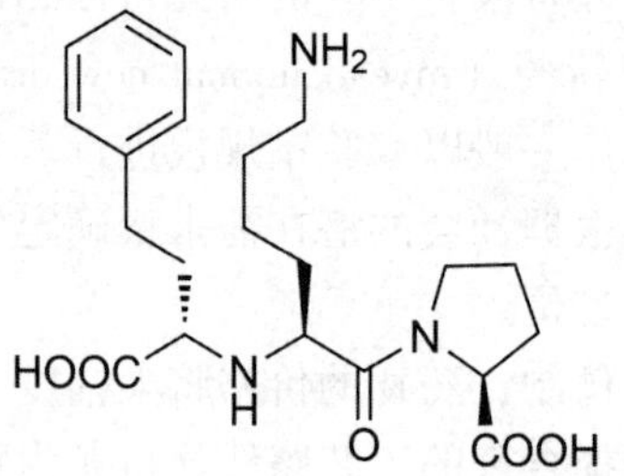

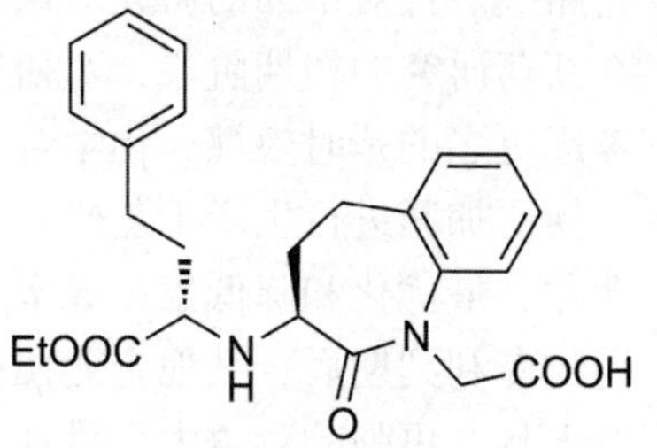

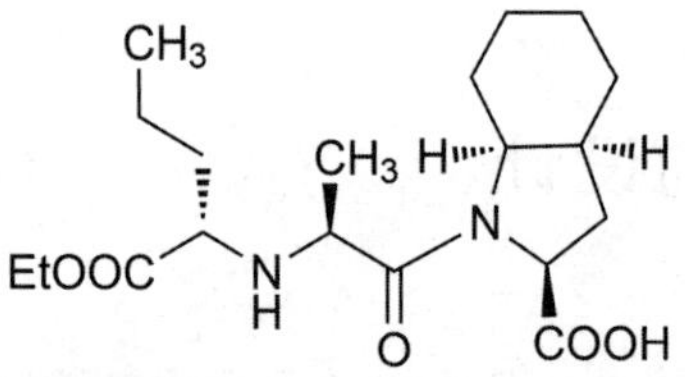

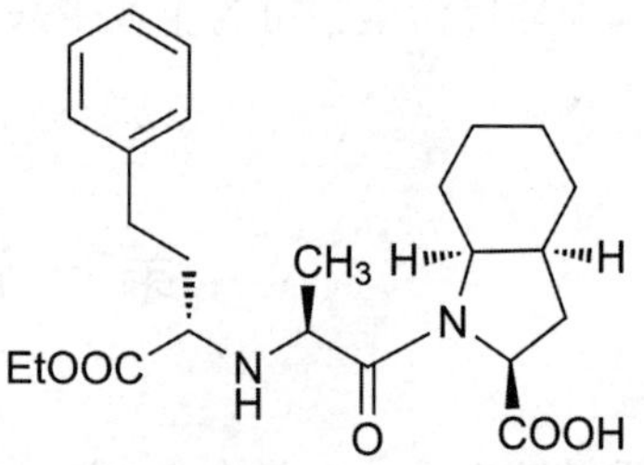

N-羧烷基二肽型 ACEI 都是多手性中心化合物，其中 N-羧烷基部分中的手性中心都是 S-构型。培哚普利（4）含 2-氨基戊酸部分，其他药物含 2-氨基-4-苯丁酸结构部分。根据它们的结构特征，以新手性中心的构建方法为合成策略的中心，对 N-羧烷基二肽有两种基本的逆合成分析切断法，按切断法 a 可得到 N-羧烷基和二肽两部分，核心反应是构建 N-羧烷基中 S-构型的手性中心。按切断法 b 可得到 2-氨基-4-苯丁酸或 2-氨基戊酸与 N-酰化氨基酸残基两部分，核心反应是构建氨基酸残基中的 S-构型的手性中心。切断法 a 可利用天然氨基酸引入所需手性中心，利用立体选择性反应构建新手性中心；而按切断法 b 涉及 2-氨基-4-苯丁酸或 2-氨基戊酸等特殊试剂或专属性酶促反应，因此，ACEI 的合成策略绝大多数采用逆合成分析切断法 a。

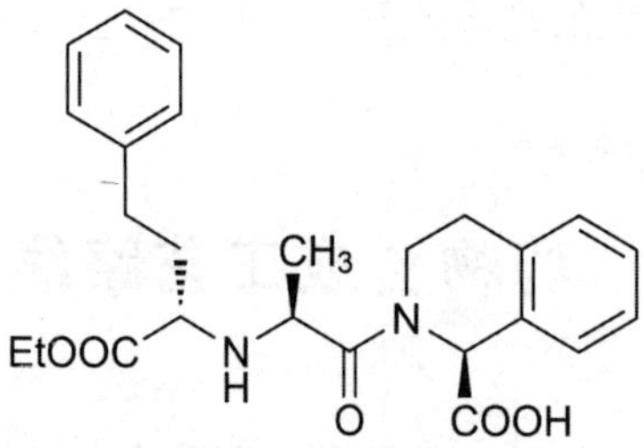

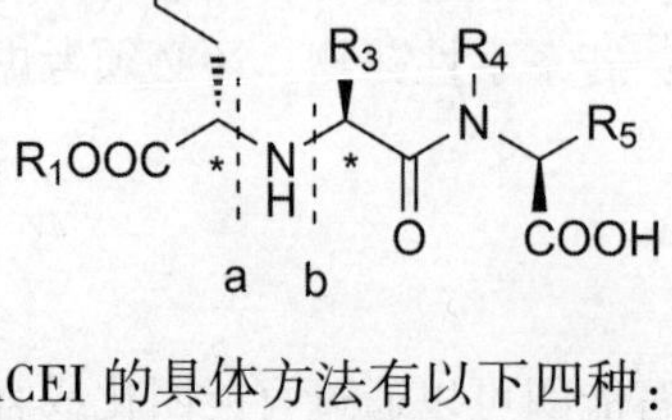

切断法 a 合成 N-羧烷基二肽型 ACEI 的具体方法有以下四种：

(一) 对映选择性 Michael 加成反应合成法

4-苯基-4-氧代丁烯酸乙酯（**7**）与 L-丙氨酸苄酯（**8**）进行非对映选择性 Michael 加成反应，得到占优势的（*S*，*S*）-构型产物（**9**）及少量的（*R*，*S*）构型产物，二者在乙醇中溶解度不同，容易分离。**9** 在室温下，在冰乙酸-浓硫酸体系中经过 Pd-C 催化氢化转化为化合物（**10**），**10** 在光气作用下与L-脯氨酸缩合，得依那普利（**1**），再与马来酸成盐。**10** 是重要的通用中间体，与不同氨基酸缩合可分别合成喹那普利（**5**）和雷米普利（**6**）等。

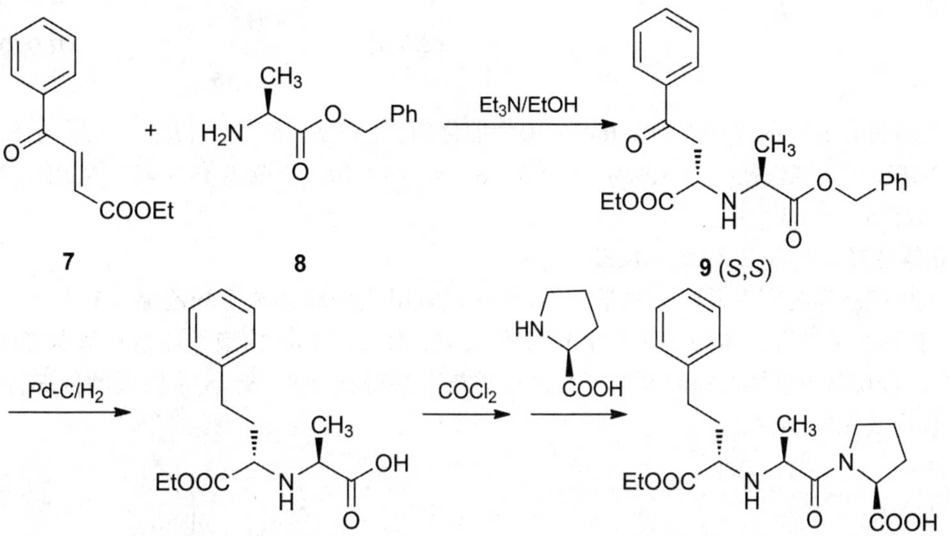

7　**8**　**9** (*S*,*S*)　**10**　**1**

同法可合成赖诺普利（**2**）的中间体（**11**），Michael 加成反应得到（*S*，*S*）-构型产物（**12**）及少量的（*R*，*S*）-构型产物，两种产物的比例为 82∶18，在盐酸催化下催化氢化得到光学纯的（*S*，*S*）-构型（**11**）。

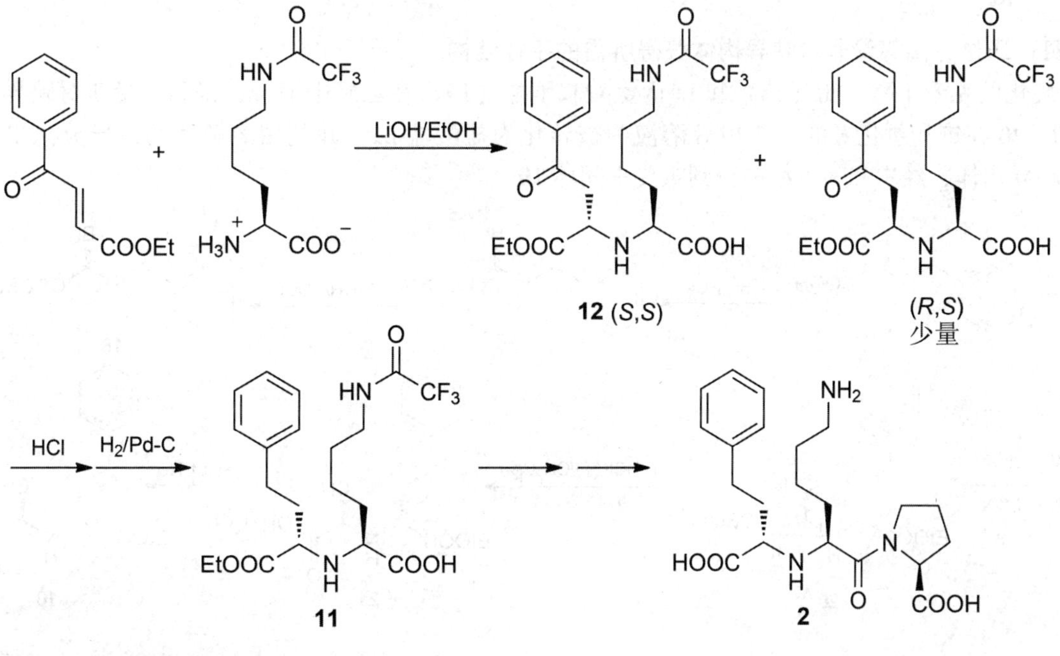

12 (*S*,*S*)　**11**　**2**

(二) 非对映选择性还原胺化反应

2-氧代-4-苯丁酸乙酯（**13**）和光学纯的二肽 **14** 在 3Å 分子筛和 Raney 镍催化下，经 Schiff 碱进行还原胺化制备（*S*，*S*，*S*）-构型的赖诺普利（**2**）的前体 **15**，（*S*，*S*，*S*）∶（*R*，*S*，*S*）= 95∶5。

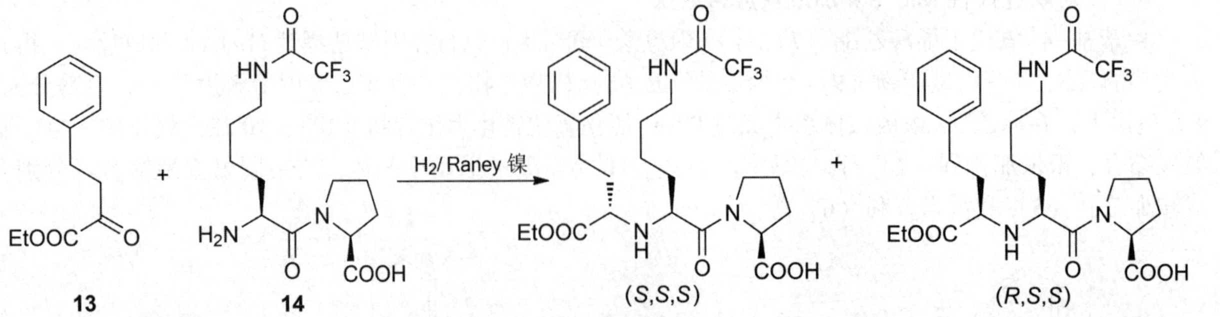

13 + **14** → (经 H$_2$/Raney 镍) → **15** (S,S,S) + (R,S,S)

运用本策略可合成依那普利（**1**），Raney 镍为催化剂，(S, S, S)∶(R, S, S) = 87∶13；贝那普利（**3**），NaBH$_3$CN 为还原剂，(S, S)∶(R, S) = 70∶30；培哚普利（**4**），NaBH$_3$CN 为还原剂，(S, S)∶(R, S) = 65∶35。

（三）立体特异性的 S$_N$2 N-烷化反应

利用三氟甲磺酸酯为离去基团，光学纯的 (R)-三氟甲磺酰氧基苯丁酸乙酯（**16**）与 (S, S)-二肽 **17** 在三乙胺存在下进行立体特异性 S$_N$2 N-烷化反应，使 **16** 的 R-构型手性中心基本实现完全的构型翻转，构建 N-羧烷基中手性所需的 S 构型，再经脱叔丁基得到 (S, S, S)-构型的依那普利（**1**）。此法也可用于合成其他的 ACEI。

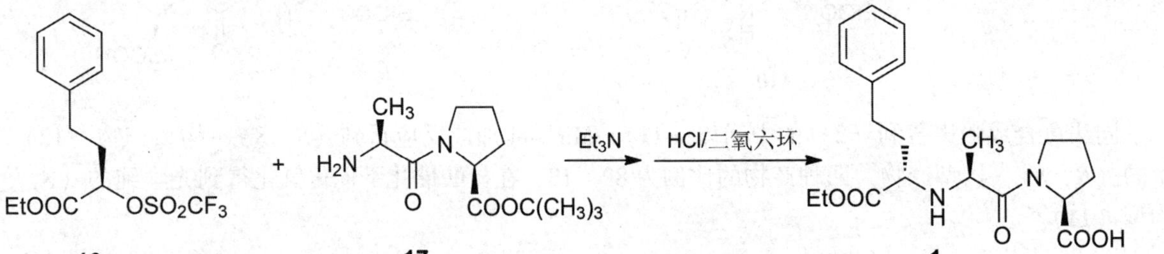

16 + **17** → (Et$_3$N；HCl/二氧六环) → **1**

（四）通过分离等量非对映异构体获得所需的手性结构

消旋化的溴苯丁酸乙酯（**18**）和 L-丙氨酸叔丁酯（**19**）在乙腈中缩合，得到等量非对映异构体混合物 **20**，**20** 在饱和氯化氢的二氯甲烷溶液中被转化为盐酸盐 **21**，并利用溶解度的差异分离出所需的 (S, S)-异构体，经中和和重结晶得到重要中间体 **10**。

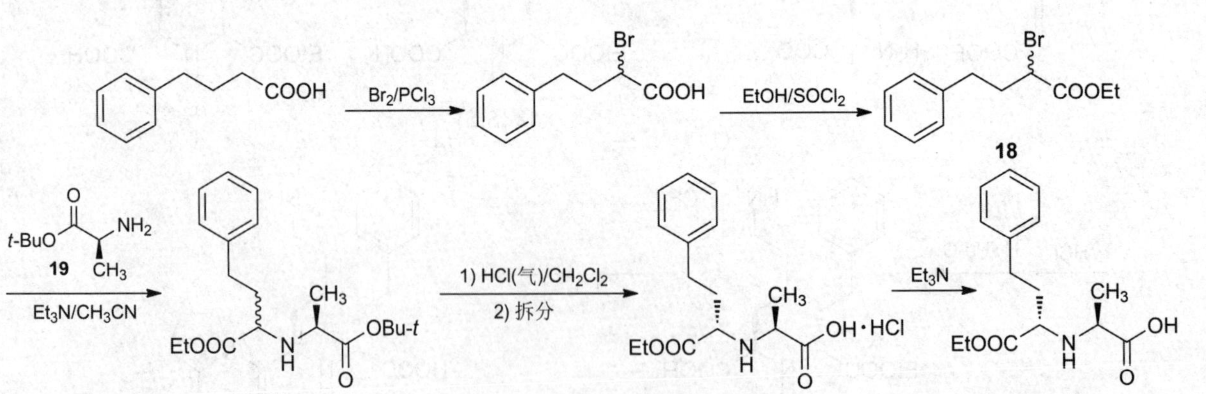

二、分子对称法

对某些药物或中间体进行结构剖析时，常发现存在分子对称性（molecular symmetry）。具有分子对称性的化合物往往可由两个相同的分子经化学合成反应制得，或可以在同一步反应中将分子的相同部分同时构建起来。分子对称法也是药物合成工艺路线设计中可采用的方法。分子对称法在切断时沿对称中心、对称轴、对称面切断。

广泛用作食品色素的姜黄素（curcumin，**22**）具有抗突变和肿瘤化学预防作用，可用 2，4-戊二酮（**23**）和香兰醛在硼酐催化下，应用 Claisen-Schmidt 反应一步合成。这是运用官能团使其形成碳骨架的例子，同时也是一个分子对称法的应用实例。

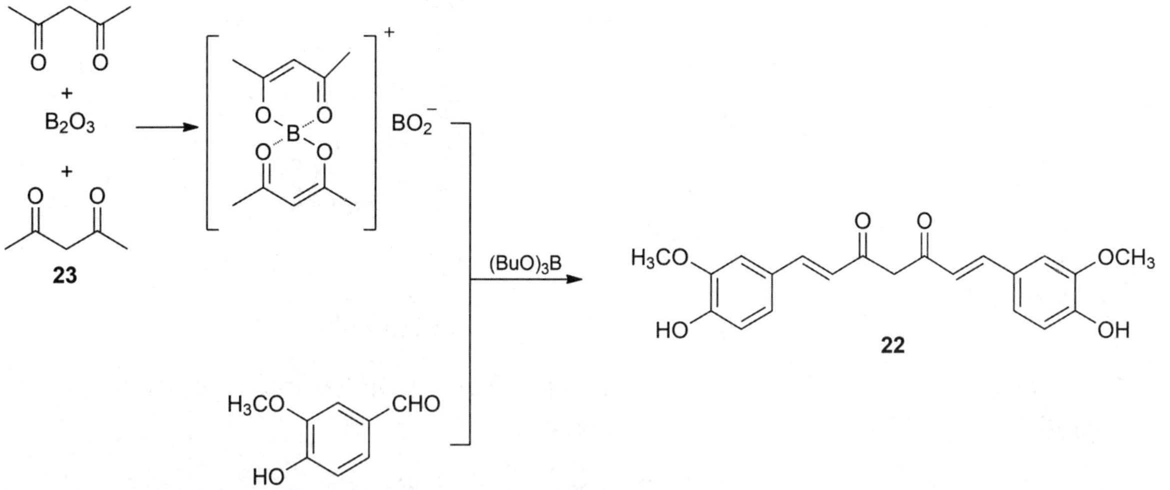

曾用于治疗室性心动过速的司巴丁（金雀花碱，sparteine，**24**），可认为是由两个喹诺里西啶环合并而成的；它也是个对称分子，可由哌啶、甲醛和丙酮为起始原料，经两次 Mannich 反应合成。

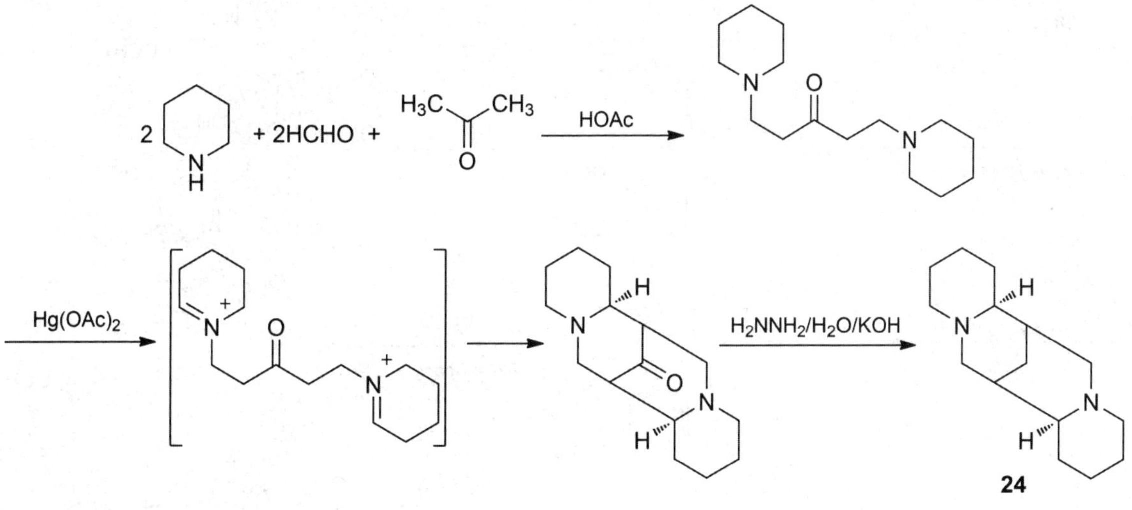

三、模拟类推法

对于化学结构复杂、合成路线设计困难的药物，可模拟类似化合物的合成方法进行合成路线设计。从初步的设想开始，通过文献调研，改进他人尚不完善的概念和方法来进行药物工艺路线设计。在应用模拟类推法设计药物合成工艺路线时，还必须与已有方法对比，注意比较类似化学结构、化学活性的差异。模拟类推法的要点在于适当的类比和对有关化学反应的了解。

中药黄连中的抗菌有效成分——小檗碱（黄连素，berberine，**25**）的合成路线就是个很好的应用模拟类推法的例子。小檗碱的合成是模拟帕马丁（palmatine，**26**）和镇痛药四氢帕马丁硫酸盐（延胡索乙素，tetrahydropalmatine sulfate，**27**）的合成方法。它们都具有母核二苯并［a，g］喹嗪，含有稠合的异喹啉环结构。

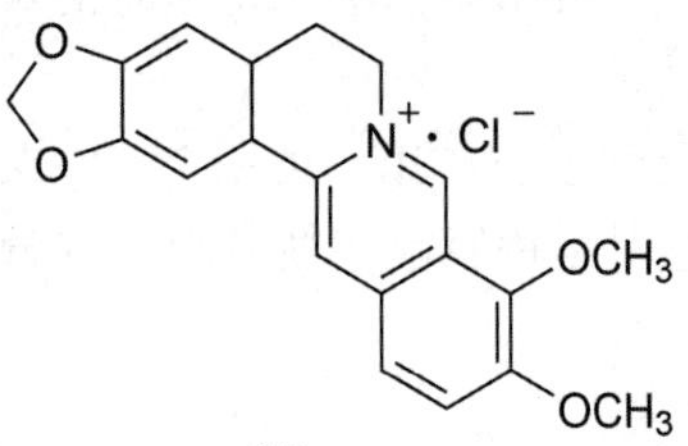

25

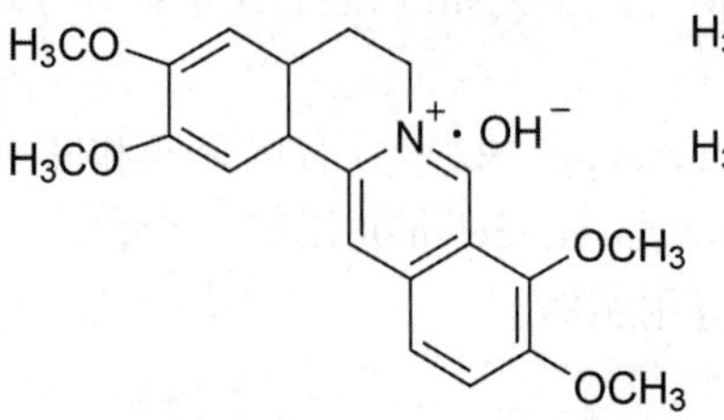

26

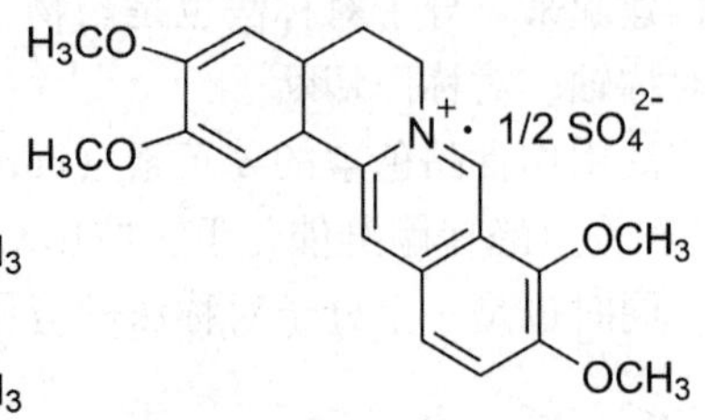

27

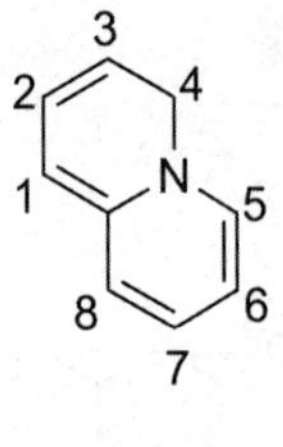

4H-喹嗪

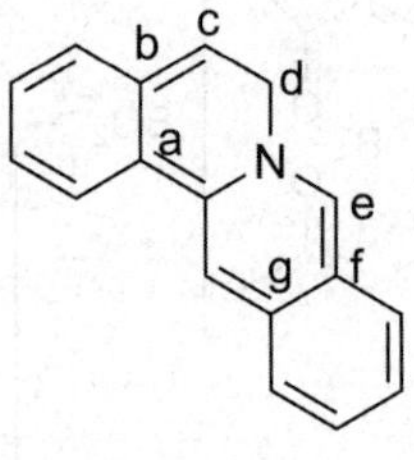

二苯并[a,g]喹嗪

25 可以以 3，4-二甲氧基苯乙酸（**28**）为起始原料，采用合成异喹啉环的方法，先后经 Bischler-Napieralski 环合及 Pictet-Spengler 环合得到。合成路线如下：

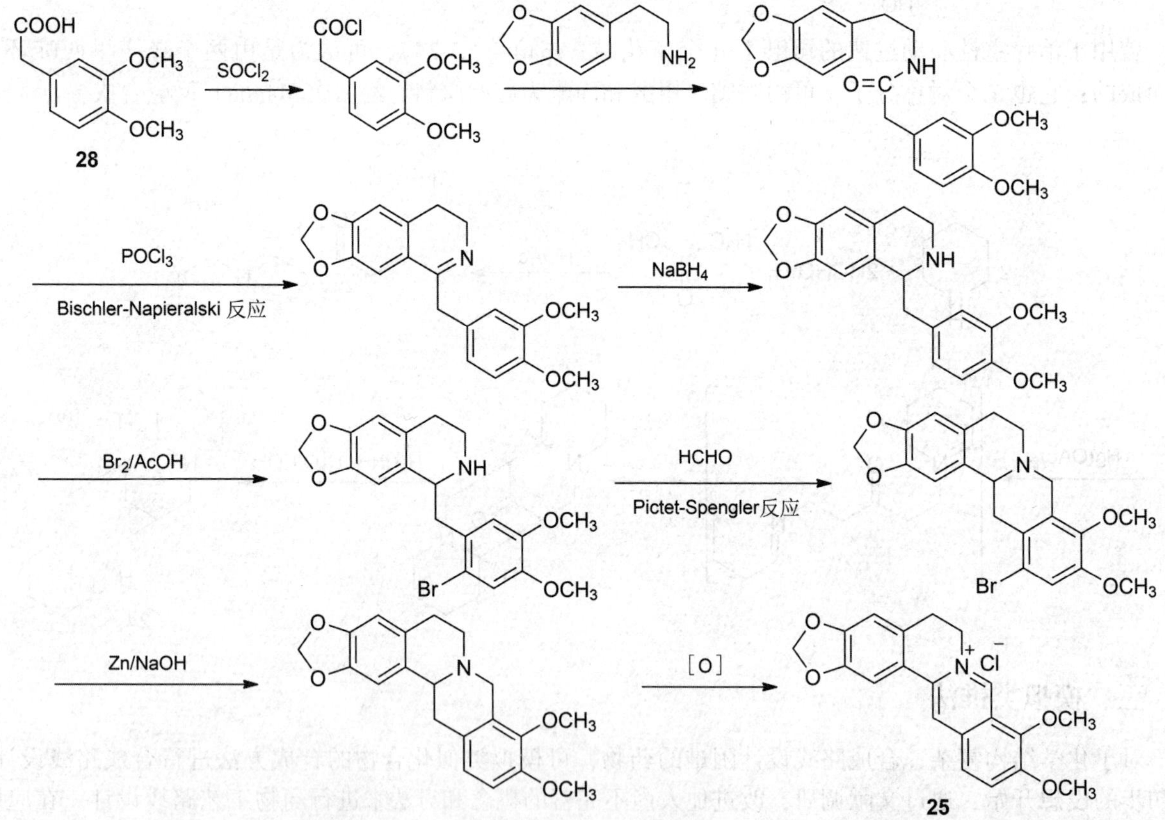

在 Pictet-Spengler 环合反应前进行溴化，目的是为了提高环合的位置选择性，最后一步氧化反应可采用电解氧化或 HgI 氧化。从合成化学观点考察，这条合成路线是合理而可行的。但由于合成路线较长，收率不高，且使用昂贵的试剂，因而不适宜于工业生产。

1969 年，Muller 等发表了帕马丁 **26** 的合成法，3，4-二甲氧基苯乙胺 **27** 与 2，3-二甲氧基苯甲醛 **28** 进行脱水缩合生成 Schiff 碱 **29**，并立即将其双键还原转变成苯乙基苯甲基亚胺 **30** 的骨架；然后与乙二醛反应，一次引进两个碳原子而合成二苯并 [a，g] 喹嗪环。按这个合成途径得到的是二氢巴马汀

高氯酸盐 **31** 与巴马汀高氯酸盐 **32** 的混合物。

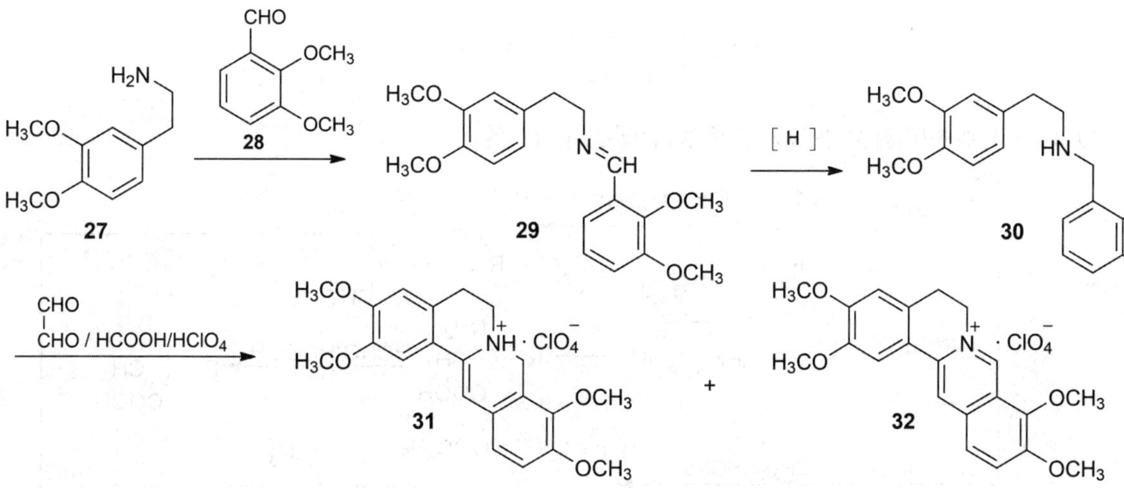

参照上述帕马丁的合成方法，设计了从胡椒乙胺（**33**）与 2,3-二甲氧基苯甲醛（**28**）出发合成小檗碱（**25**）的工艺路线，并试验成功。

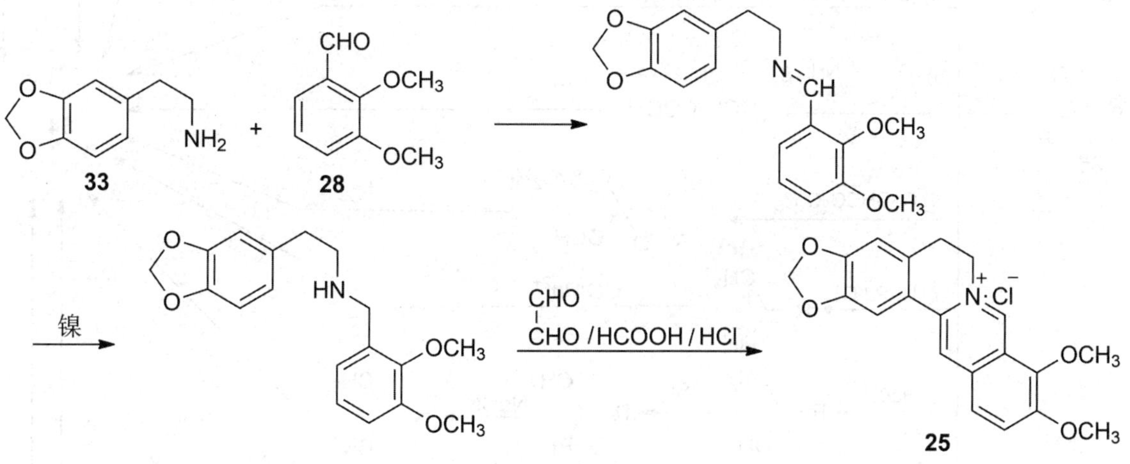

按这条工艺路线制得的 **25** 产品中不含二氢化衍生物。产物的理化性质与抑菌能力同天然提取的黄连素完全一致，符合药典要求。这条合成路线较前述路线更为简捷，所用原料 2,3-二甲氧基苯甲醛 **28** 是工业生产香料香兰醛的副产物。

第二节　药物合成工艺路线的评价和选择

一、工艺路线的评价

理想的工艺路线应该具备以下特点：①化学合成途径简捷，即原辅材料转化为药物的路线要简短；②所需的原辅材料品种少且易得，并有足够数量的供应；③中间体容易提纯，质量符合要求，最好是多步反应连续操作；④反应在易于控制的条件下进行，如安全、无毒；⑤设备条件要求不苛刻；⑥"三废"少且易于治理；⑦操作简便，经分离、纯化易达到药用标准；⑧收率最佳、成本最低、经济效益最好。

例如，非甾体抗炎镇痛药布洛芬 **34** 的合成工艺路线，按照原料不同可归纳为 5 类 27 条。

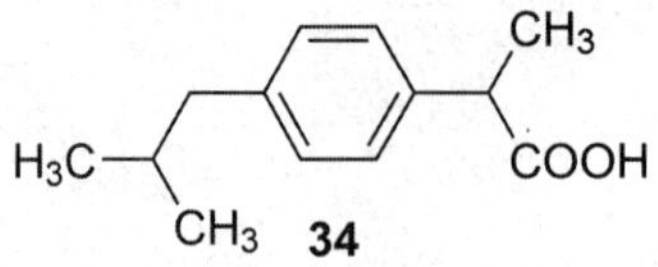

（1）以 4-异丁基苯甲酮 **35** 为原料合成 **34** 的路线有 11 条：

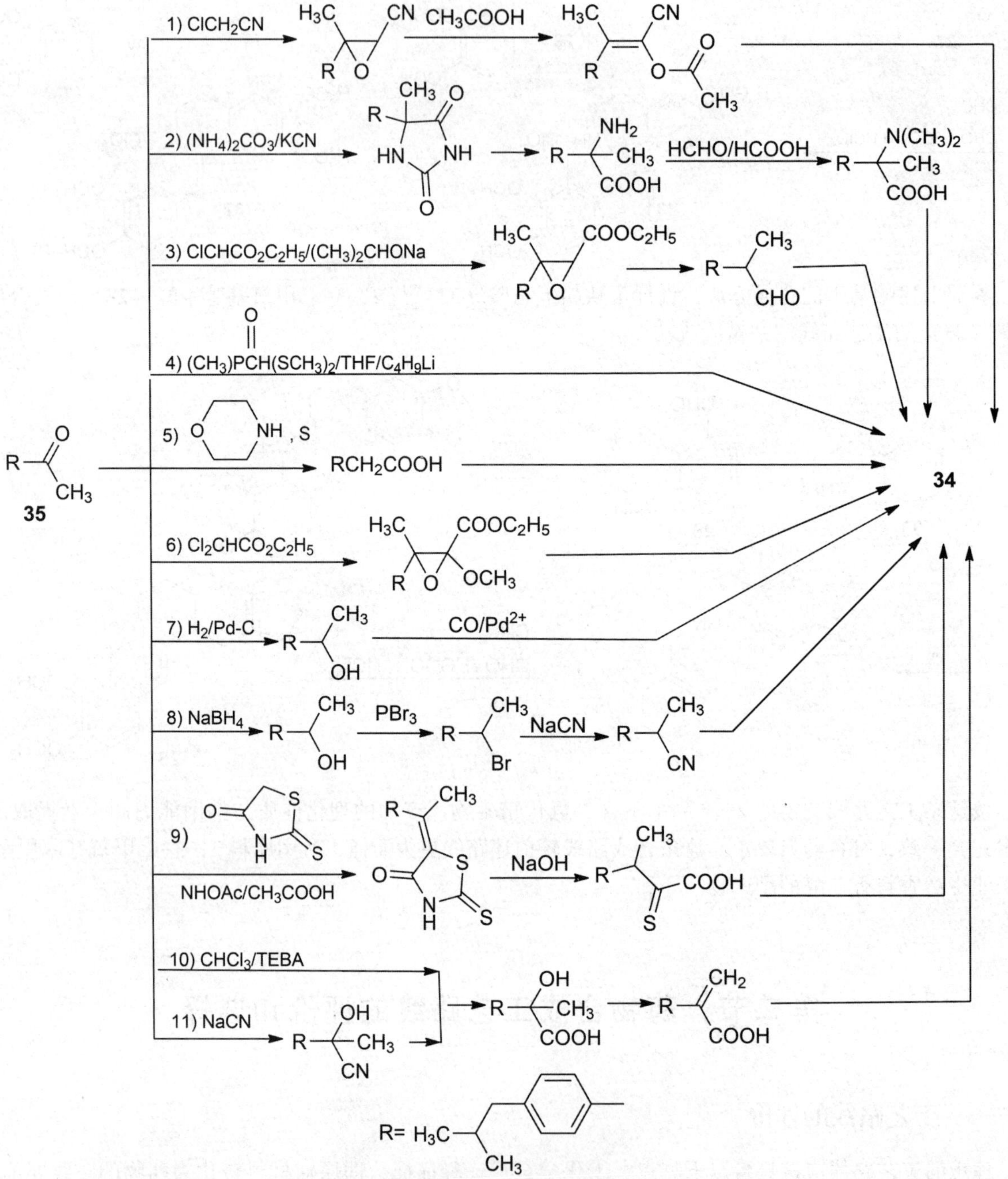

第 3 条路线有明显的优势，第 3 条路线通过 Darzens 反应增加 1 个碳原子，构成异丙基碳骨架。第 7 条路线和第 10 条路线较为简捷，前者被称为绿色工艺；后者在相转移催化剂 TEBA 的作用下，氯仿与 4-异丁基苯乙酮反应生成 2-羟基-2-（4-异丁基）丙酸，消除，还原生成 **34**。

（2）以异丁基苯 **36** 为原料，直接形成碳碳键，共有 7 条路线：

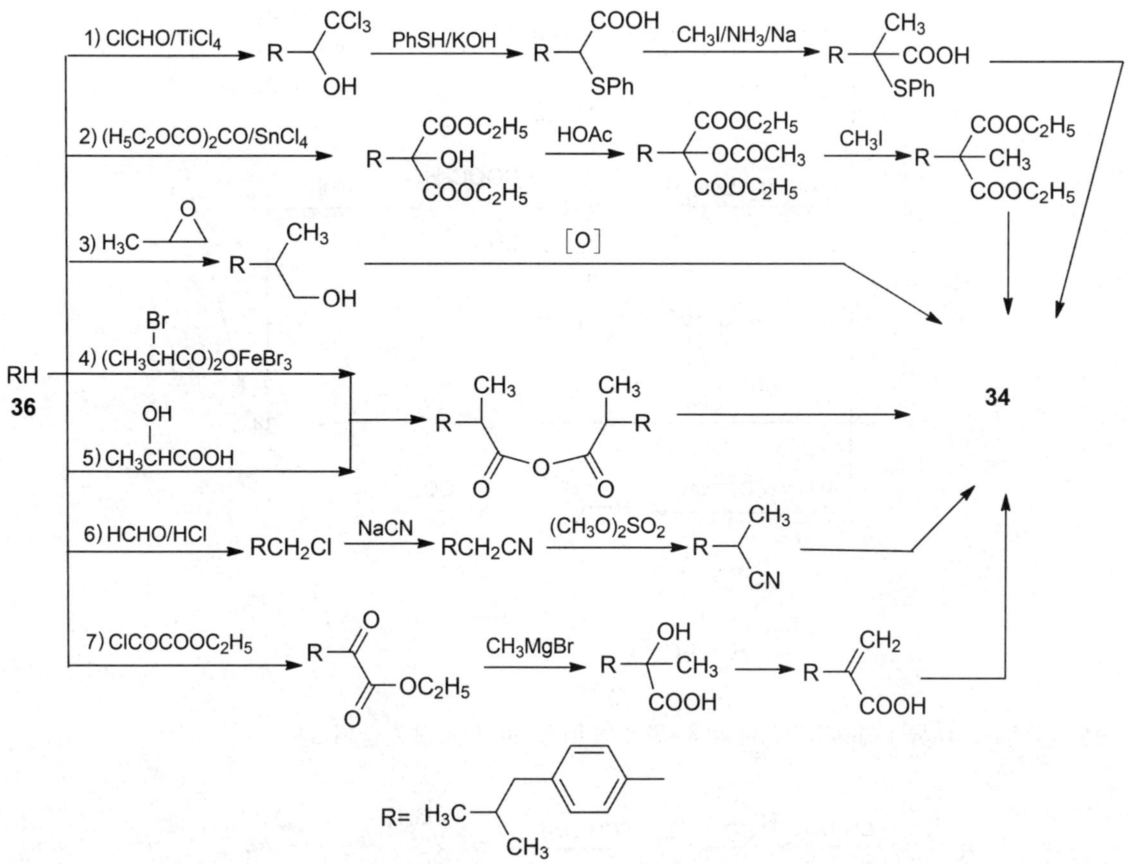

从原料和化学反应来说，第 3 条合成路线最为简捷，即异丁基苯与环氧丙烷发生取代反应，4 位引入 2-甲基羟乙基，再经一步氧化反应可得到目标化合物 **34**。

（3）以 4-异丁基苯乙酮 **37** 为原料，合成 **34** 的 3 条路线，均采用特殊试剂，无实用价值。

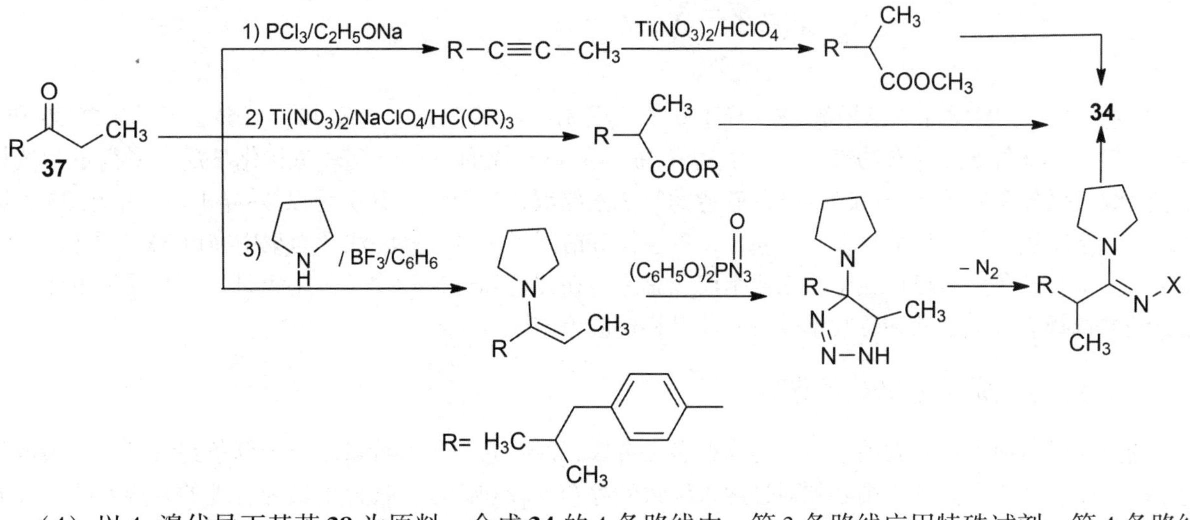

（4）以 4-溴代异丁基苯 **38** 为原料，合成 **34** 的 4 条路线中，第 3 条路线应用特殊试剂，第 4 条路线是气、固、液三相反应，需特殊设备。

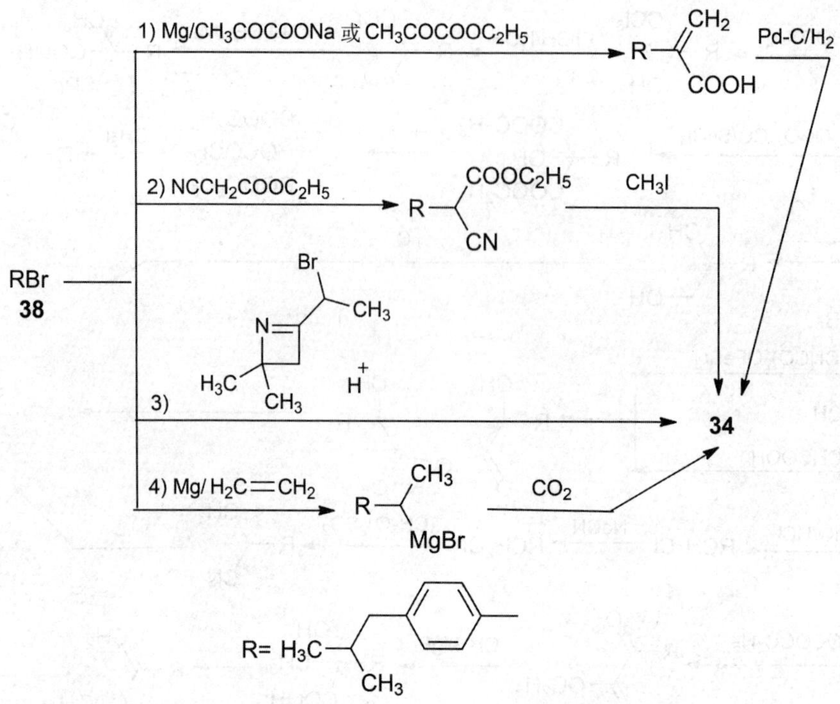

（5）分别以4-异丁基苯甲醛 **39** 和4-异丁基甲苯 **40** 为原料，合成 **34**。

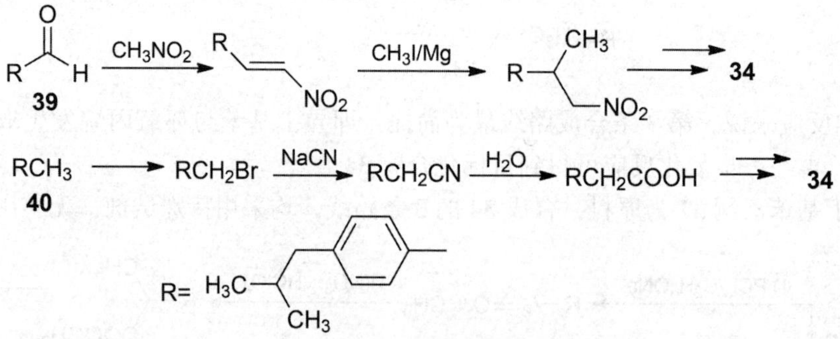

6 种原料中，4-异丁基苯甲酮 **35**、异丁基苯乙酮 **37**、4-溴代异丁基苯 **38**、4-异丁基苯甲醛 **39** 和 4-异丁基甲苯 **40** 等5个化合物都是以异丁基苯 **36** 为原料合成的。从原料来源和化学反应来衡量和选择工艺路线，以异丁基苯 **36** 直接形成碳-碳键的第3条路线最为简捷，其次是以4-异丁基苯甲酮 **35** 为原料的第3条路线。但从原辅材料、产率、设备条件等诸因素衡量，则将注意力集中在以 **35** 为原料的第3条路线上来，这条路线已广泛用于工业生产。总之，在评价和选择药物工艺路线时，尤其要注重化学反应类型的选择、合成步骤和总收率以及原辅材料供应等问题。

二、药物合成工艺路线的选择

通过文献调研可以找到关于一个药物的多条合成路线，它们各有特点。至于哪条路线可以发展成为适于工业生产的工艺路线，则必须通过深入细致的综合比较和论证，选择出最为合理的合成路线，并制订出具体的实验室工艺研究方案。

当然如果未能找到现成的合成路线或虽有但不够理想时，则可参照上一节所述的原则和方法进行设计。

在综合药物合成领域大量实验数据的基础上，归纳总结出评价合成路线的基本原则，对于合成路线的评价与选择有一定的指导意义。下面仅就药物合成工艺路线的评价和选择的重点问题加以探讨。

（一）化学反应类型的选择

在化学合成药物的工艺研究中常常遇到多条不同的合成路线，而每条合成路线中又由不同的化学反应组成，因此首先要了解化学反应的类型。化学反应存在两种不同的反应类型，即"平顶型"反应和"尖顶型"反应。对于尖顶型反应来说，反应条件要求苛刻，稍有变化就会使收率下降、副反应增多；尖顶型反应往往与安全生产技术、"三废"防治、设备条件等密切相关。工业生产倾向采用"平顶型"反应，工艺操作条件要求不甚严格，稍有差异也不至于严重影响产品质量和收率，可减轻操作人员的劳动强度。

因此，在初步确定合成路线和制订实验室工艺研究方案时，还必须做实际考察，有时还需要设计极端性或破坏性实验，以阐明化学反应类型到底属于"平顶型"还是属于"尖顶型"，为工艺设备设计积累必要的实验数据。

（二）合成步骤和总收率

理想的药物合成工艺路线应具备合成步骤少、操作简便、设备要求低、各步收率较高等特点。了解反应步骤数量和计算反应总收率是衡量不同合成路线效率的最直接的方法。这里有"直线方式"（图5-1）和"汇聚方式"（图5-2）两种主要的装配方式。

在"直线方式"（linear synthesis 或 sequential approach）中，一个由A、B、C……J等单元组成的产物，从A单元开始，然后加上B，在所得的产物A–B上再加上C，如此下去，直到完成。由于化学反应的各步收率很少能达到理论收率100%，总收率又是各步收率的连乘积，对于反应步骤多的直线方式，必然要求大量的起始原料A。当A接上分子量相似的B得到产物A–B时，使用重量收率表示虽有所增加，但越到后来，当A–B–C–D的分子量变得比要接上的E、F、G……大得多时，产品的重量收率也就将惊人地下降，致使最终产品的量非常少。另一方面，在直线方式装配中，随着每一个单元的加入，产物A……J将会变得愈来愈珍贵。

$$A \xrightarrow{B} A\text{-}B \xrightarrow{C} A\text{-}B\text{-}C \xrightarrow{D} A\text{-}B\text{-}C\text{-}D \xrightarrow{E} A\text{-}B\text{-}C\text{-}D\text{-}E \longrightarrow \longrightarrow \longrightarrow$$

图5-1 直线方式

因此，通常倾向于采用另一种装配方式即"汇聚方式"（convergent synthesis 或 parallel approach）。先以直线方式分别构成A–B–C、D–E–F、G–H–I–J等各个单元，然后汇聚组装成所需产品。采用这一策略就有可能分别积累相当数量的A–B–C、D–E–F等单元；当把重量大约相等的两个单元接起来时，可望获得良好收率。汇聚方式组装的另一个优点是：即使偶然损失一个批号的中间体，比如A–B–C单元，也不至于对整个路线造成灾难性损失。

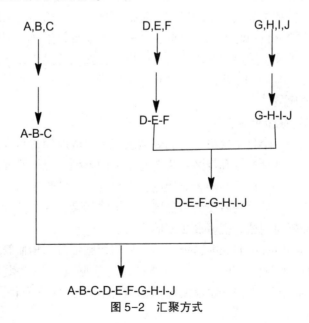

图5-2 汇聚方式

这就是说，在反应步骤数量相同的情况下，宜将一个分子的两个大块分别组装。然后，尽可能在最后阶段将它们结合在一起，这种汇聚式的合成路线比直线式的合成路线有利得多。同时把收率高的步骤放在最后，经济效益也最好。图5-3和图5-4表示假定每步的收率都为90%时的两种方式的总收率。

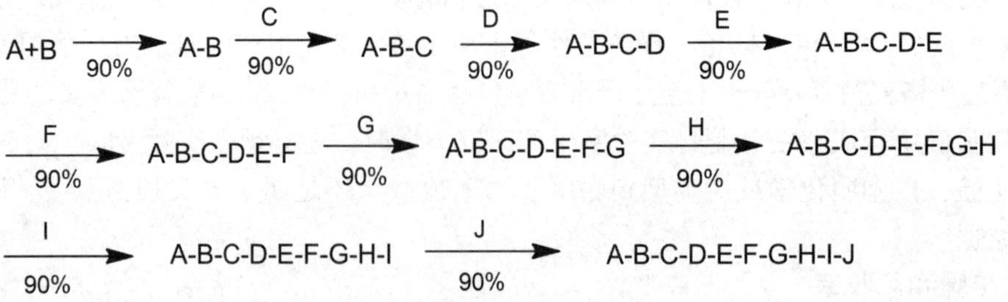

A+B $\xrightarrow[90\%]{}$ A-B $\xrightarrow[90\%]{C}$ A-B-C $\xrightarrow[90\%]{D}$ A-B-C-D $\xrightarrow[90\%]{E}$ A-B-C-D-E

$\xrightarrow[90\%]{F}$ A-B-C-D-E-F $\xrightarrow[90\%]{G}$ A-B-C-D-E-F-G $\xrightarrow[90\%]{H}$ A-B-C-D-E-F-G-H

$\xrightarrow[90\%]{I}$ A-B-C-D-E-F-G-H-I $\xrightarrow[90\%]{J}$ A-B-C-D-E-F-G-H-I-J

总收率为 $(0.90)^9 \times 100\% = 38.74\%$

图5-3 "直线方式"的总收率

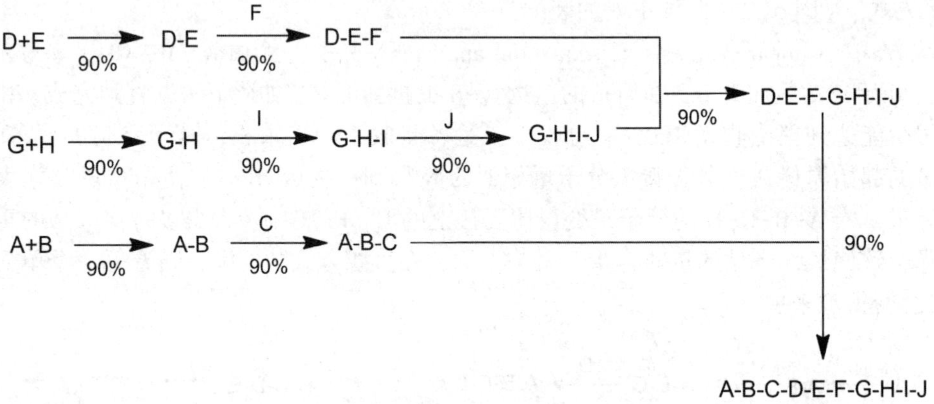

D+E $\xrightarrow[90\%]{}$ D-E $\xrightarrow[90\%]{F}$ D-E-F

G+H $\xrightarrow[90\%]{}$ G-H $\xrightarrow[90\%]{I}$ G-H-I $\xrightarrow[90\%]{J}$ G-H-I-J $\xrightarrow[90\%]{}$ D-E-F-G-H-I-J

A+B $\xrightarrow[90\%]{}$ A-B $\xrightarrow[90\%]{C}$ A-B-C $\xrightarrow[90\%]{}$

A-B-C-D-E-F-G-H-I-J

仅有5步连续反应，总收率为 $(0.90)^5 \times 100\% = 59.05\%$

图5-4 "汇聚方式"的总收率

（三）原辅材料供应

没有稳定的原辅材料供应就不能组织正常的生产。因此，选择工艺路线，首先应了解每一条合成路线所用的各种原辅材料的来源、规格和供应情况，其基本要求是利用率高、价廉易得。所谓利用率，包括化学结构中骨架和官能团的利用程度，与原辅材料的化学结构、性质及所进行的反应有关。为此，必须对不同合成路线所需的原料和试剂做全面的了解，包括理化性质、相类似反应的收率、操作的难易及市场来源和价格等。有些原辅材料一时得不到供应，则需要考虑自行生产，同时要考虑到原辅材料的质量规格、贮存和运输等。对于准备选用的合成路线，应根据已找到的操作方法，列出各种原辅材料的名称、规格、单价，算出单耗（生产1kg产品所需各种原料的数量），进而算出所需各种原辅材料的成本和原辅材料的总成本，以便比较。

（四）原辅材料更换和合成步骤改变

对于相同的合成路线或同一个化学反应，若能因地制宜地更改原辅材料或改变合成步骤，虽然得到的产物是相同的，但收率、劳动生产率和经济效果会有很大的差别。更换原辅材料和改变合成步骤常常是选择工艺路线的重要工作之一，也是制药企业同品种间相互竞争的重要内容。不仅可以获得高收率和提高竞争力，而且有利于将排出的废物减少到最低限度，消除污染，保护环境。

下面以实例说明更换原辅材料或改变合成步骤的意义。

盐酸丁咯地尔（buflomedil hydrochloride，**41**）是一种治疗脑部及末梢血管障碍的血管扩张药，合成以1，3，5-三甲氧苯（**42**）为原料，先与4-（1-吡咯烷）丁腈（**43**）发生Friedel-Crafts反应，水解生成**44**，最后成盐得**41**。**43**由3-（1-吡咯烷）氯丙烷和氰化钠反应而得，毒性大，"三废"处理困难。

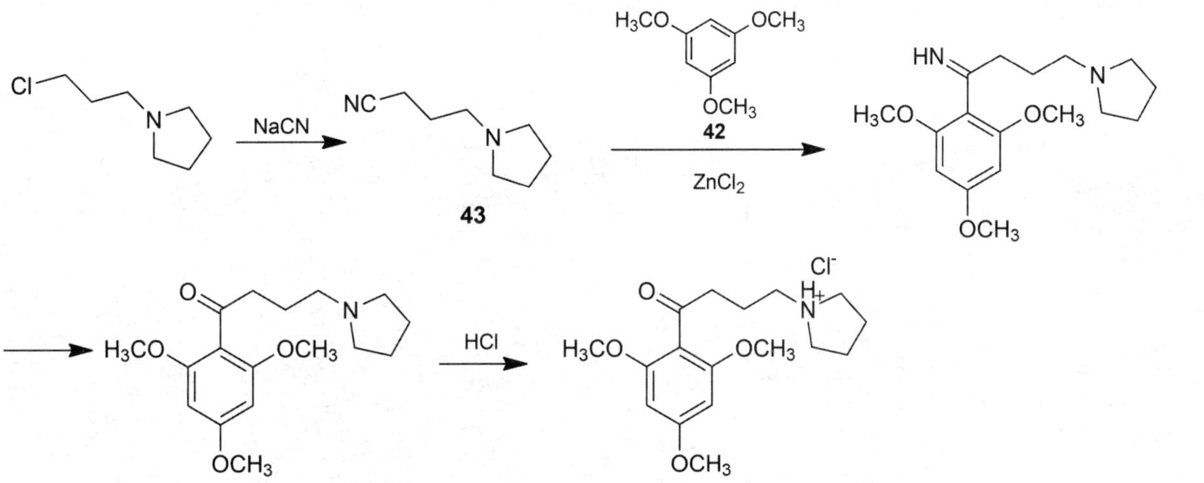

宫平等做了改进，由 4-氯丁酰胺制备 **43**，替换了剧毒的氰化钠，提高了收率。

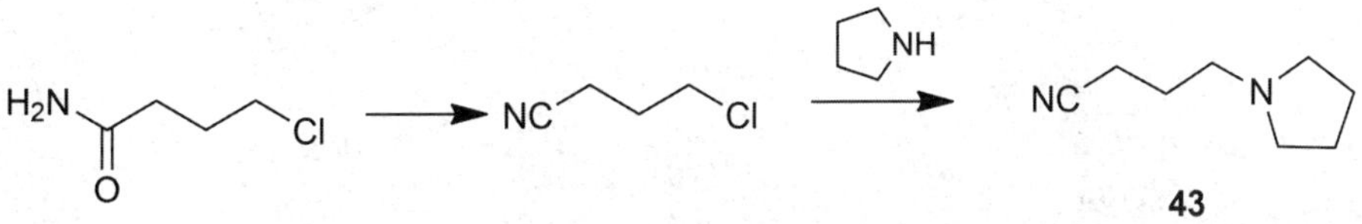

姜晔等选用 4-氯丁酰氯作酰化剂，与 **42** 发生 Friedel-Crafts 反应，生成 4-氯-1-（2，4，6-三甲氧基苯基）丁酮（**45**），N-烃化、成盐得 **41**，总收率为 70%。

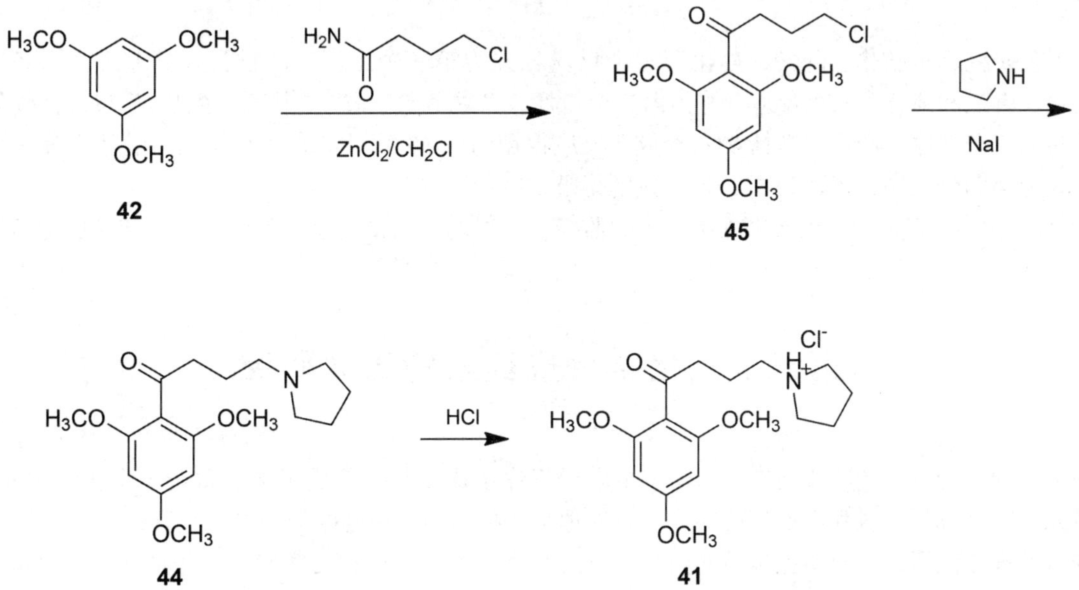

在合成工艺上多倾向于在同一反应器中，连续地加入原辅材料，以进行一个以上的化学单元反应，称为一个合成工序。多个化学单元反应合并成一个合成工序的生产工艺，习称"一勺烩"工艺。在合成步骤改变中，若一个反应所用的溶剂和产生的副产物对下一步反应影响不大时，可以采用"一勺烩"工艺。进行"一勺烩"操作，首先必须弄清楚各步反应的历程和工艺条件，进而了解对反应进程进行控制的手段、副反应产生的杂质及其对后处理的影响，以及前后各步反应的溶剂、pH 值、副产物间的相互干扰和影响。

抗炎镇痛药吡罗昔康（piroxicam，**46**）的合成路线虽是线性合成，但因采用几步"一勺烩"工艺，故有特殊的优越性。以邻苯二甲酸酐为起始原料，经中间体糖精钠（**50**）的生产工艺路线，先后有 13 个化学反应。

经工艺研究，将胺化、降解、酯化等三个反应合并为第一个工序，产物为邻氨基苯甲酸乙酯 **47**；将重氮化、置换和氯化等三个反应合并为第二个工序，产物为 2-氯磺酰基苯甲酸甲酯 **48**；将胺化、酸析合并为第三个工序，产物为糖精 **49**；经成盐反应得糖精钠 **50** 后，将缩合、重排和甲基化等三个反应又可合并为第四个工序，产物为 **51**，最后氨解得吡罗昔康（**46**）。

在"一勺烩"工艺中，由于缺乏中间体的监控，制得的产品常常要精制，以保证产品质量。

第三节　化学合成药物的工艺研究

一个药物的合成工艺路线通常可由若干个合成工序组成，每个合成工序包含若干个化学单元反应，每个单元反应又包括反应和后处理两部分，后处理是产物分离、精制的物理处理过程，只有经过适当而有效的后处理才能得到符合质量标准的药物。对这些化学单元反应进行实验室水平的工艺（小试工艺）研究，目的在于优化和选择最佳的工艺条件，同时为生产车间划分生产岗位做准备。药物的制备过程是各种化学单元反应与化工单元操作的有机组合和综合应用。

一、影响反应过程的因素

内因和外因共同影响化学反应过程。内因主要是指反应物和反应试剂分子中原子的结合状态、键的性质、立体结构、官能团的活性，以及各种原子和官能团之间的相互影响及物化性质等，是设计和选择药物合成工艺路线的理论依据。外因即反应条件，也就是各种化学反应的一些共同点：配料比、反应物的浓度与纯度、加料次序、反应时间、反应温度与压力、溶剂、催化剂、pH 值、设备条件，以及反应终点控制、产物分离与精制、产物质量监控，等等。在各种化学反应中，反应条件变化很多，千差万别，但又相辅相成或相互制约。有机反应大多比较缓慢，且副反应很大，因此，反应速率和生成物的分离、纯化等常常成为化学合成药物工艺研究中的难题。另外，还应当注意环境保护和"三废"防治。在进行合成药物工艺研究时，必须同时具备消除或治理污染的相应技术措施。

二、反应溶剂和重结晶溶剂

在药物合成中，绝大部分化学反应都是在溶剂中进行的。溶剂还是一个稀释剂，它可以帮助反应散热或传热，并使反应分子能够均匀分布，增加分子间碰撞的机会，从而加速反应进程。采用重结晶法精制反应产物，也需要溶剂。无论是反应溶剂，还是重结晶溶剂，都要求溶剂具有不活泼性，即在化学反应或重结晶条件下，溶剂应是稳定而惰性的。尽管溶剂分子可能是过渡状态的一个重要组成部分，并在化学反应过程中发挥一定的作用，但是总的来说，尽量不要让溶剂干扰反应。

溶剂影响化学反应的机理非常复杂，目前尚不能从理论上十分准确地找出某一反应的最适合溶剂，而需要根据试验结果来确定溶剂。

应用重结晶法精制最终产物时，一方面要除去由原辅材料和副反应带来的杂质，另一方面要注意重结晶过程对精制品结晶大小、晶型和溶剂化等的影响。

理想的重结晶溶剂应对杂质有良好的溶解性，对于待提纯的药物应具有所期望的溶解性，即室温下微溶，而在该溶剂的沸点时溶解度较大，其溶解度随温度变化的曲线斜率大，如图5-5所示 A 线。斜率小的 B 线和 C 线，相对而言不是理想的重结晶溶剂。

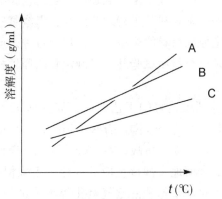

图 5-5 药物溶解度与温度关系

选择重结晶溶剂的经验规则是"相似相溶"。若溶质极性很大，就需用极性很大的溶剂才能使它溶解；若溶质是非极性的，则需用非极性溶剂。对于含有易形成氢键的官能团（如—OH，—NH₂，—COOH，—CONH—等）的化合物来说，它们在水、甲醇类溶剂中的溶解度大于在苯或乙烷等烃类溶剂中的溶解度。但是，如果官能团不是分子的主要部分时，那么溶解度可能有很大变化。例如，十二醇几乎不溶于水，它所具有的十二碳长链，使它的性质更像烃类化合物。在生产实践中，经常应用两种或两种溶剂形成的混合溶剂作为重结晶溶剂。

三、反应温度和压力

（一）反应温度

反应温度的选择和控制是合成工艺研究的一个重要内容。常用类推法选择反应温度，即根据文献报道的类似反应的反应温度初步确定反应温度，然后根据反应物的性质做适当的改变，如与文献中的反应实例相比，立体位阻是否大了，或其亲电性是否小了等，综合各种影响因素，进行设计和试验。如果是全新反应，不妨从室温开始，用薄层层析法追踪发生的变化，若无反应发生，可逐步升温或延长时间；若反应过快或激烈，可以降温或控温使之缓和进行。当然，理想的反应温度是室温，但室温反应毕竟是极少数的，而冷却和加热才是常见的反应条件。从工业生产规模考虑，在0℃或0℃以下反应，需要冷冻设备。加热温度可通过选用具有适当沸点的溶剂予以固定，也可用蒸汽浴（100℃）、控温油浴将反应温度恒定在某一范围。如果加热后再冷却或保温一定时间，则反应器须有相应的设备条件。

（二）反应压力

多数反应是在常压下进行的，但有些反应要在加压下才能进行或提高产率。压力对于液相或液–固相反应一般影响不大，而对气相、气–固相或气–液相反应的平衡、反应速率及产率影响比较显著。对于反应物或反应溶剂具有挥发性或沸点较低的反应，提高温度有利于反应进行，但也可能成为气相反应。在工业上，加压反应需要特殊设备并需要采取相应的措施，以保证操作和生产安全。

压力对于理论产率的影响依赖于反应物与产物体积或分子数的变化，如果一个反应的结果是分子数增加，即体积增加，那么加压对产物生成不利；如果一个反应的结果是体积缩小，则加压对产物的生成有利。压力既影响化学平衡，又影响其他因素。例如，催化氢化反应中加压能增加氢气在反应溶液中的溶解度和催化剂表面上氢的浓度，从而促进反应的进行。又如，需要较高反应温度的液相反应，如果反应温度超过反应物或溶剂的沸点，也可以在加压下进行，以提高反应速率，缩短反应时间。

四、工艺研究中的特殊试验

（一）过渡试验

在工艺路线考察中，起始阶段常使用试剂规格的原辅材料（原料、试剂、溶剂等），目的是排除原辅材料中所含杂质的不良影响，以保证研究结果的准确性。当工艺路线确定后，在进一步考察工艺条件时，应尽量改用生产上足量供应的原辅材料，进行过渡试验，考察某些工业规格的原辅材料所含杂质对反应收率和产品质量的影响，制定原辅材料的规格标准，规定各种杂质的最高允许限度。特别是在原辅材料来源改变或规格更换时，必须进行过渡试验并及时制定新的原辅材料规格标准和检验方法。

（二）反应条件极限试验

经过详细的工艺研究，可以找到最适宜的工艺条件，如配料比、温度、酸碱度、反应时间、溶剂等，它们往往不是单一的点，而是一个许可范围。有些尖顶型化学反应对工艺条件要求很严，超过某一极限后，就会造成重大损失，甚至发生安全事故。在这种情况下，应该进行工艺条件的极限试验，有意识地安排一些破坏性试验，以便更全面地掌握该反应的规律，为确保生产安全提供必要的数据。例如，在氯霉素的生产中，乙苯的硝化和对硝基乙苯的空气氧化等工艺都是尖顶型化学反应，因此，催化剂、温度、配料比和加料速度等都必须进行极限试验。

五、设备因素和设备材质

实验室研究阶段，大部分的试验是在小型的玻璃仪器中进行，化学反应过程的传质和传热都比较简单。在工业化生产时，传热、传质及化学反应过程都要受流动形式和状况的影响，因此，设备条件是化学原料药生产中的重要因素。各种化学反应对设备的要求不同，反应条件与设备条件之间是相互联系又相互影响的。例如，乙苯的硝化反应是多相反应，在搅拌下将混酸加到乙苯中，混酸与乙苯互不相溶，搅拌效果的好坏在这里尤为重要；加强搅拌可增大二者接触面积，加速反应。又如，固体金属（Na、Zn等）作催化剂的反应，若搅拌效果欠佳，相对密度大的固体金属催化剂沉积，不能起到完全的催化作用。

反应物料要接触到各种设备材质，某种材质可能对某一化学反应有很大影响，甚至使整个反应遭到破坏。例如，由二甲苯或对硝基甲苯制备取代苯甲酸的空气氧化反应，以溴化钴为催化剂，以冰乙酸为溶剂，必须在玻璃或钛质的容器中进行。如有不锈钢存在，反应不能正常进行。因此，在实验室研究阶段可在玻璃容器中加入某种材料，以试验其对反应的影响。对于具有腐蚀性的原辅材料，须进行对设备材质的腐蚀性试验，为中试放大和选择设备材质提供数据。

第四节 药物合成工艺放大研究

一、工艺放大需要考虑的因素

过去的数十年里，化学工艺研发有巨大的进展并积累了大量的可用资源。比如在 20 世纪 50 年代，生产工艺中很少考虑的安全、在线控制、纯化和分析等。今天，我们在生产设备中的产品，还会考虑到不要有其他的杂质污染产品。如今，只有通过安全的危险分析、合适的反应器选择、人员安全保护、实验室里成功的小试、发展一些至关重要的在线控制和通过小试完成完整的产品分析之后，正式生产才可以进行。尽管经历数十年的变革，化学工艺研发无论是过去还是现在都最注重关键的一点：按时交货。

在连续的药物研发体系中，时间是至关重要的。6 个月的延迟上市可能降低一个药物整个生命周期里 50% 的利润。当一个备选药物接近上市时，将需要大量制备原料药，并且更多的资源（昂贵的起始原料、人力等）要投入其中（图 5-6）。及时的工艺研发能避免因投入过大而导致的延误上市。由于只有少于 10% 的备选药物能从试验的工厂放大阶段到最终上市，因此在工艺研发早期投入时间和金钱时要谨慎。

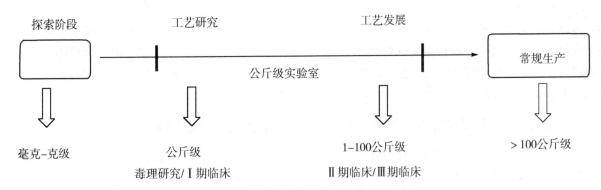

图 5-6 药物研发过程中化合物的需求量

在实验室研发阶段，对工艺研究的重点一般在于提高实验室反应的收率、让小规模生产更加容易重复，并着眼于 100g 以上的有效放大，这些结果可使随后的发展阶段进展顺利。

从克级向 100g 以上放大会导致不可预见的问题。安全操作是降低风险的核心，因为放大后发生事故的可能性会增加，这些事故包括人员的伤害、设备的损失、交货的延误、公司声誉的损害及其他更大的损失。有些公司要求任一工艺试验在工厂放大前都要做好安全危害评估；有些公司在放大规模达到设定的阈值时进行安全危害评估。这类评估也可能在更早期的毫克级时就已进行。例如用差示扫描量热法来预计生产过程的放热。

大规模（如 50L 以上）反应还要考虑常规操作时间的拉长，而克级试验则没有这方面的担心。这主要是由于常规用于放大的圆柱形或球形反应釜传热较慢，尽管（球形）容器的体积和直径的立方成正比，但其表面积和直径的平方成正比。由于大型反应釜通过夹套内流动的热传导介质来控制温度，热传导效率的增加比集体增加要慢很多。无论是通过数学运算还是实际生产经验都表明：当反应体积增加 10 倍，用于热控的时间至少需要 2 倍。计量控制加料法通常用于控制反应放热，这也延长了操作的时间。大反应的加料时间从 20min 至数小时不等，较长时间的加料可通过进样泵和其他机械装置实现。与此类似，去除溶剂或冷却结晶操作时间也要延长。研究者还要先在实验室将时间延长后的工艺重复，以期发现放大时可能遇见的困难。

在实验室阶段开发制备乙酰氧镁羧酸酯（**52**）的粗略工艺时，研究人员注意到延长加乙酸酐前的作用时间，可导致 **52** 的收率下降，同时增加副产物内酯（**57**）。傅里叶红外光谱仪和其他实验研究显示：溶液中的二氧化碳浓度（起初至 0.25mol/L）同样随作用时间延长而降低，并且牵涉可能形成的中间体碳酸镁盐 **56**。加入叔丁醇钾以分解 **56**（有效的二氧化碳清除剂）会使 **52** 的收率达到 85%。如果研究人员没有注意到收率的降低与反应时间的联系并因此开发出用叔丁醇钾处理的工艺，大生产中必定会出现低产率的情况。

可以肯定地说，除去成本和时间因素几乎所有工艺放大都是可行的。当然，很少情况下资金会无限制地满足，并且时间也是药物研发过程中要考虑的主要问题。从探索路线到工业生产的过程中，实际操作方式几乎总是需要不停地改变。实现快速、成功放大的最好方案是：缩小规模，重回实验室，优化出可被放大的工艺，然后在生产中模拟。

二、成功放大毒理研究和 I 期临床原料药生产工艺需考虑的因素

用于毒理研究和 I 期临床的原料药通常是同一批制备的。这样做的一个好处是制备一批的劳动量要比制备两批的劳动量小，因为在药物研发早期，人力成本要比原料成本高。另外，首次用于人体的药物所含杂质一定要和毒理研究阶段一致，这一点很重要，因为通过毒理鉴定的杂质和接下来用于人体的各批活性成分（API）必须没有新的杂质，并且鉴定过的杂质含量也不能超过毒理研究时的水平。大量制备用于毒理研究和 I 期临床原料药的不利地方是，如果备选药物最终失败，那么会浪费大量的原料。

用于毒理研究和 I 期临床的原料药时，很重要的一点是设定合适的 API 目标纯度并在随后的放大过程中应用单元操作法。纯度值设定在大于 98% 比较合理。美国 FDA 允许公司预先优化生产工艺条件以提高 API 的常规质量，但不鼓励公司降低对药物纯度的规定。

在理想的情况下，随后的各批生产都同制备毒理研究和（或）I 期临床原料药时使用相同的路线及工艺。如此产生的杂质及杂质特征比较容易符合上述标准，控制杂质最好的办法是尽早确定最佳的原料、试剂、工艺及产物的形态，仅允许合成最后的中间体时变化路线。如果后来批次的杂质及杂质的特征发生改变，而毒理研究时的杂质已经确立，并且无法建立合适的去除或减少有害杂质的方法，则必须进行搭桥毒理研究。

毒理和 I 期临床原料药的制备通常在千克级实验室完成，并且大多数用于研究阶段的操作都可以在千克级实验室进行。此时一般使用的是权宜路线（常常也是唯一的路线），为了赶时间，可以容忍该路线诸多的不足，如使用昂贵的试剂、低收率及需要大量的劳动力。为了避免在制备毒理和 I 期临床原料时不可预见的困难，人们通常额外多制备 10%～20% 的需求量以备不时之需。在进行毒理或 I 期临床原料药制备时通常投资较多，此时迫切的任务是在最后期限前完成可以接受的产品。

三、II期临床及以后所需原料药生产工艺需考虑的因素

理想的用于制备候选药物和 API 的工艺要素是及时交付达到期望产率和质量的产品。在线控制（IPC）等技术已被开发出以确保质量和生产效率，这些是新药申请（NDA）的核心内容。关于候选药物和中间体已制定出详细的分析方法及质量规范，经过发展后，简单并具有较宽工艺参数的粗略生产工艺已具有可操作性，可放大的工艺也已经形成，因此将工艺技术转移到大的生产设备上也能高效地进行。一些快速放大关键点见表 5-1。

表 5-1　工艺放大标准

标准	考察的事项
试剂	费用、纯度、可否获得
	特定装备的需求
	毒性：限制性接触需要额外的个人防护设备（PPE）及检测
	化学品危害：放大后危害性是否增大
溶剂	安全
	易于后处理
	易于从最终产物里去除
后处理及纯化	最小的色谱分离依赖
	无须浓缩至干
	最小的重复步骤如萃取
	适合替换：将高沸点溶剂替换成低沸点溶剂通过控制结晶方法使产物直接析出
操作反应的难易	用结晶法精制关键中间体
	最小限度地稀释以降低 V_{max}，提高生产率
	放热及气体：放大后情况是否更严重
	超低温度或超高温度对特殊设备的需求
	严格控制的反应条件（如温度或 pH）需要关注
	无水和无氧操作需要格外注意
	快速加料及瞬时反应需要非标准设备
收率	低收率要求各步制备更多的中间体
	低收率步骤需优化
路线	通常首选汇聚型的路线
	如涉及手性，要考虑在哪步拆分，或手性中心诱导的完整性首选最短步骤的路线
分析	固体要有熔点描述
	确定的最终产物形态（盐及多形体）
	有详细的谱图数据及色谱信息

彻底的工艺研发能明显减少药物的临床供应和 API 的费用。结晶诱导动力学拆分（crystallization-induced dynamic resolution，CIDR）是一种功能强大的拆分手段，可用来获得理论上 100%产率所需要的对映异构体。相比传统的用手性试剂拆分消旋体只能最多得到 50%产率的对映异构体，CIDR 可以明显降低成本。CIDR 只是结晶诱导不对称转换（crystallization-induced asymmetric transformation，CIAT）的一种形式。CIAT 可以提高形成非对映异构体、烯烃及另一些化合物的工艺效率。CIAT 和 CIDR 甚至可以用来结晶和分离反应液中含量较少的产物。发展 CIAT 和 CIDR 工艺可以显著地降低 APIs 的成本。

在合成他达拉非（tadalafil）的早期，用 Pictet-Spengler 反应来制备 cis-咔啉 **60** 有 42% 的收率（三氟乙酸，二氯甲烷，4℃/5d；柱层析）或 58% 的收率（乙酸，水，50℃/4d；结晶）。CIAT 的改良路线在 **60** 和 **61** 之间建立一动力学平衡，当产物 **60** 结晶析出时，不需要的非对映异构体 **61** 保护溶解于反应体系，从而促使反应完成并使收率增加到 92%。

默克（Merck）公司将 CIAT 工艺用于古老的 Knoevenagel 反应。此缩合反应是可逆的，因此必须通过溶剂回流并将冷凝物通过分子筛的办法去除副产物水，才能将反应进行完全。产物 **64** 在 22h 内结晶，不要的异构体 **65** 保持浮在表面（Conlon et al. 2006）。一般会设计均相反应条件用于快速放大生产。由于该反应自始至终都是悬浮进行，需开发出最佳平衡和产物结晶的工艺条件。

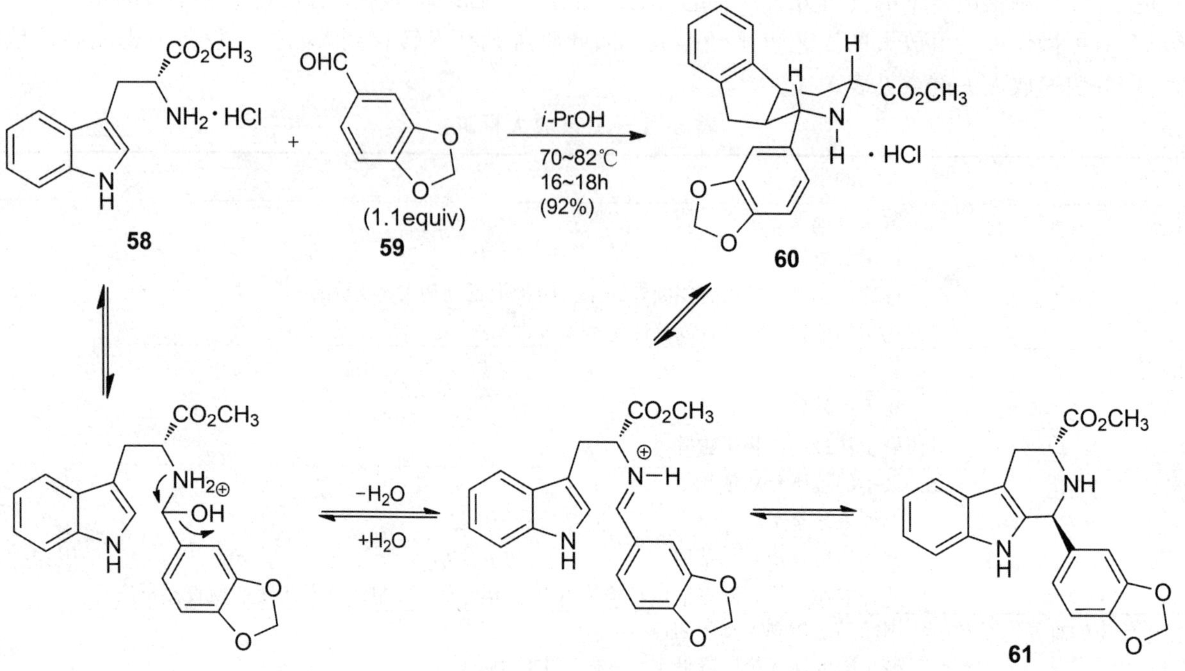

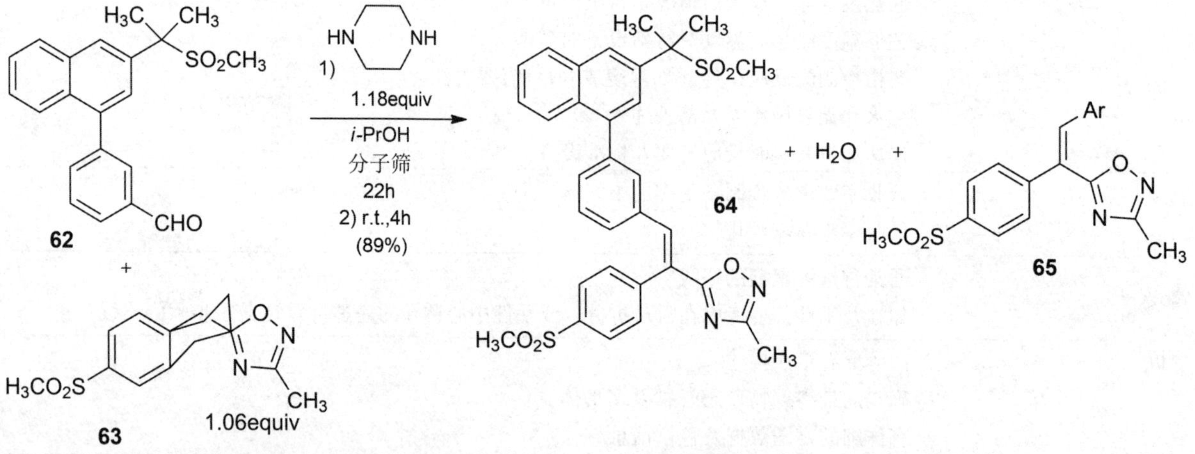

在 Ⅱ 期临床阶段应该考虑到 CIAT 和 CIDR 工艺，以便减少劳动力和制备大量原料药所需的原材料成本。如果 CIAT 和 CIDR 工艺能较早确立，投入成本来发展和探索它是比较明智的。有时通过简单地延长反应和仔细地监测工艺就有可能在实验室发现潜在的 CIAT 和 CIDR 工艺。

"一勺烩"工艺、优化试剂并优化反应能使生产成本显著降低。最初用于制备 200kg 中间体酸 **66** 的工艺包含 7 步反应，用到 4 种溶剂，并有溴化反应、重氮化反应及一步在 120℃下和 CO 的反应，并且制备备选药物的收率仅为 20%。优化后的路线除了结晶产物外使用同一个反应釜，仅使用一种有机溶剂，排除了以上的有害化学品，并使备选药物的成本降到原探索路线的 25%。这一路线明智地使用了"一勺烩"工艺，是具有成本效益的研发工艺的有力例证。当很好地理解和控制了工艺后，"一勺烩"工艺是一个可行的选择；否则，杂质会使接下来的后处理和纯化工作异常复杂。

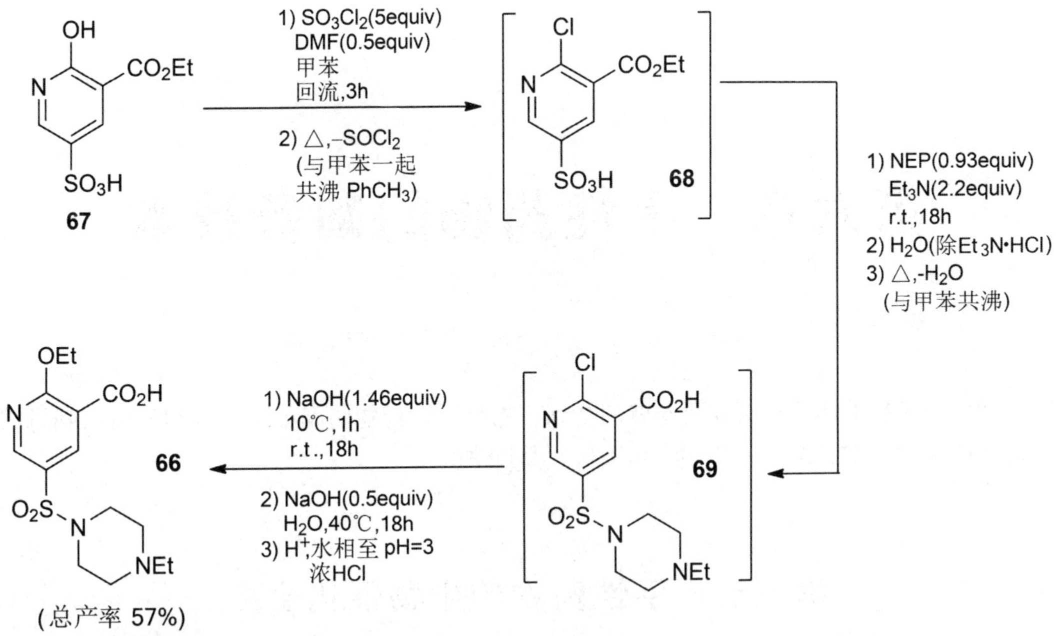

（总产率 57%）

对于放大生产来说，简捷才是典雅的艺术，许多成功的范例显示，通过详细的探索和完整的工艺研发，许多工艺能达到最简化。控制好关键参数的简化工艺，是最值得信赖的生产工艺。

由于药物研发需要大量投入，人们往往试图通过对投入时间和资源的控制来达到目标利润。在研发备选药物期间，成功路线的标准随项目的研究进展而改变。在制备用于早期药物研发的原料时，最好的路线也是最权宜的。但对于制备已上市的 API 来说，最好的路线是放大时最经济的路线。每个药物都有其独特的挑战和特征。即使是在 I 期临床和毒理研究阶段，及时的工艺研发也能避免因费用过高而导致的药物发展延迟。有些困难可以在实验室阶段就被预期并研究，例如延长处理时间对工艺的影响。另一些问题只有放大到千克级时才会显现。在发展备选药物的工艺研发早期，投入时间和金钱可以避免发展中的问题。

参考文献

［1］徐文方．药物化学实验方法学［M］．人民卫生出版社，2010.

［2］约翰逊．新药合成艺术［M］．药明康德新药开发有限公司，译．上海：华东理工大学出版社，2008.

［3］赵临襄．化学制药工艺学［M］．北京：中国医药科技出版社，2003.

第六章　手性药物的制备技术

立体选择性合成是手性药物研究及发展的基础，也是手性药物研究中最活跃和最引人瞩目的研究领域。本章将介绍手性药物制备的一些方法和策略及其进展。

第一节　手性药物的生物催化合成

生物催化（biocatalysis）是指利用酶或有机体（细胞、细胞器等）作为催化剂实现化学转化的过程，又称生物转化（biotransformation）。生物催化中常用的有机体主要是微生物，其本质是利用微生物细胞内的酶催化非天然有机化合物的生物转化，又称微生物生物转化（microbialbiotransformation）。

生物催化反应是近些年来在有机化合物及药物的手性合成中最具有吸引力的研究领域之一，许多有机化学家、生物化学家和微生物学家正在从事这一领域的研究。帝斯曼公司（DSM）的 Wubbolts 博士曾发文预测"生物催化正蓄势待发，在对映体拆分和不对称合成等各种应用中将获得更加广泛的工业应用"，并特别提示"生物催化很可能对一些有机化学尚未能圆满解决的问题给出理想的答案"[1]。

生物催化的优点是其特别适用于医药、食品和农药等精细化工产品的合成制备，目前使用化学-酶法制备的药物中间体就达 1800 吨。到目前为止，生物催化法已在一些有机酸、抗生素、维生素、氨基酸、核苷酸和甾体激素等方面实现了工业化生产[2]。

一、生物催化剂分类及来源[3,4]

酶是由生物细胞产生的具有催化化学反应功能的生物催化剂。生物体内存在两类生物催化剂，一类是以蛋白质为主要成分的生物催化剂，称为酶（enzyme）；另一类是以核糖核酸为主要成分的生物催化剂，称为核酶（ribozyme）。前者主要催化生物体内糖、蛋白质、核酸和脂类等物质的合成与分解代谢，后者则主要催化核糖核酸的剪接反应。本书主要介绍酶类生物催化剂。迄今为止人们已发现和鉴定出 2 000 多种酶，其中 200 多种已得到了结晶。

1961 年，国际酶学委员会（international enzyme commission，IEC）提出了酶的系统分类法。该法按酶催化反应的类型将酶分成六大类，分别用 EC1、EC2、EC3、EC4、EC5、EC6 编号表示。酶的分类及作用类型如下。

1. 氧化还原酶（oxidoreductase，EC1）　　氧化还原酶催化底物的氧化或还原，反应时需要电子供体或受体。生物体内众多的氧化还原酶在反应时需要辅酶 NAD（nicotinamide adenine dinucleotide）或 NADP（nicotinamide adenine dinucleotide phosphate），以及 FAD（flavin adenine dinucleotide）或 FMN（flavin mononucleotide）。也有部分酶不需要辅酶或辅基，直接以氧作为电子的传递体，如葡萄糖氧化酶。氧化还原酶常用于氧化还原 $C\!=\!C$、$C\!=\!O$、$C\!-\!H$、$C\!-\!C$ 等键及分子的加氧或脱氢反应，利用率较高，可达生物催化反应的 25%。

2. 转移酶（transferase，EC2） 转移酶催化官能团从一个底物转移给另一个底物。它们的底物必须有两个，一个是供体，一个是受体。常见转移酶如转氨酶、糖基转移酶等，转移酶可转移醛基、酮基、酰基、糖基、磷酸基及甲基等基团。

3. 水解酶（hydrolase，EC3） 水解酶催化底物的水解，需要水分子参与。水解酶分子结构相对比较简单，来源广泛，在生物催化的手性合成反应中应用很多，如脂肪酶、酯酶、蛋白酶等。水解酶可催化水解或生成酯、酰胺、内酯、内酰胺、环氧化合物、酸酐和糖苷等，水解酶是生物催化反应中应用最为广泛的一类酶，在全部生物催化反应中应用率可达65%左右。

4. 裂合酶（lyase，EC4） 裂合酶催化底物分子裂解成两个部分，使其中一个部分含有不饱和键。裂解的键可以是碳碳、碳氧或碳氮键等，常用于加成或消除反应，生成 C—C、C—N、C＝C、C＝O、C≡N等键。

5. 异构酶（isomerase，EC5） 异构酶催化底物分子内重排反应，特别是构型的改变，如消旋化和差向异构化。常见异构酶如葡萄糖异构酶。

6. 连接酶（ligase，EC6） 又称合成酶（synthetase），催化两个底物连接成一个分子，在反应时由ATP或其他高能化合物供给反应所需的能量，可生成 C—O、C—S、C—N、C—C 键。常见连接酶如脂酰 CoA 合成酶。

二、生物催化的氧化反应

生物催化的氧化反应可以使分子内惰性的碳氢键立体选择性氧化，产生特定构型的羟基化产物，这种碳氢键的非活泼氢用化学法很难氧化。甾体激素的微生物转化是生物催化法在手性合成研究中应用最早和最成功的例子，推动了生物催化的手性合成研究与发展。

早在 1952 年，美国 Peterson 等发现用黑根霉（*rhizopus nigricans*）可将孕酮 **1** 一步转化为 $C_{11}\alpha$-羟基孕酮 **2**，转化率高达90%以上[5]，专一性相同的工作若由化学法完成则需要 10 道工序。

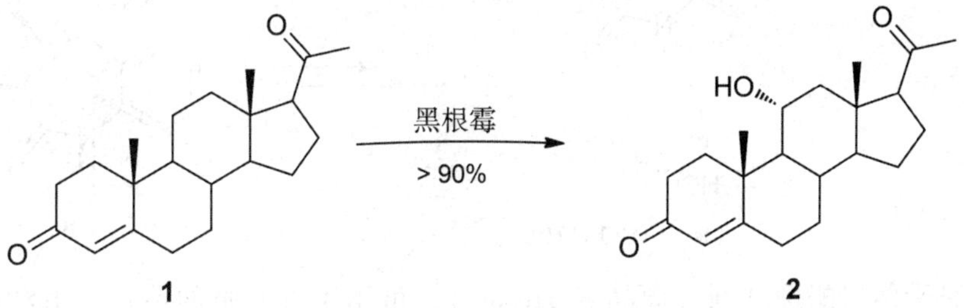

卡托普利（captapril，**4**）用传统的化学合成法一般是生成非对映混合物，然后与二环己胺成盐后分离 (*S*，*S*)-构型产物[6]。采用化学-酶合成法则可以采用皱褶假丝酵母（*Candida rugosa*）将异丁酸立体选择性氧化为 (*R*)-α-甲基-β-羟基丙酸 **3**，再与 L-脯氨酸缩合和巯基化，即得 (*S*，*S*) -卡托普利。

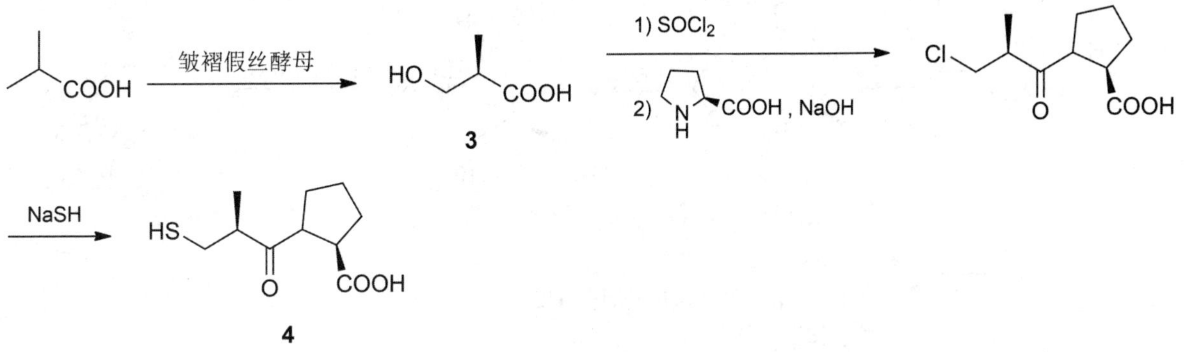

三、生物催化的还原反应

生物催化的还原反应能使分子内的酮基和碳碳双键立体选择性地还原产生特定构型的化合物，而常规化学法还原酮和烯烃则产生消旋体，因此生物催化的还原反应在手性药物合成中有着重要的应用。

SQ31765 由百时美施贵宝公司研发，是钙拮抗剂类抗心绞痛药物，可由生物催化法制备。该化合物的合成路线如下，化合物 **8** 为关键中间体，经 *N*-烷基化后即可得到药物分子 SQ31765。而关键中间体 **8** 由化合物 **7** 还原得到，由于化合物 **7** 容易变成无手性的烯醇结构 **6**，**6** 可快速转化为 **7** 的对映体 **5**，若经由常规化学方法还原，可能得到四种不同立体化学的醇。采用生物催化的方法，使用橙色诺卡菌对化合物 **7** 进行立体选择性还原，则只得到顺式异构体 **8**，产率达 97%，*ee* 值大于 99.9%[7]。也有文献报道采用红球菌属（*rhodococcus fascians ATCC* 12975）还原制备关键手性中间体 **8**。

MK0507 是一种碳酸酐酶抑制剂（商品名 Trusopt），可用于青光眼的治疗，由默克公司开发上市。MK0507 含两个手性中心，化学合成路线以 (*R*)-3-羟基丁酸甲酯为起始原料，环合为二氢噻喃环，经氢化铝锂还原分子中的羰基可得到顺式构型的醇 **10**，然后在硫酸催化下进行构型转化得到所需的反式醇中间体 **11**，但该方法转化产率较低，不能完全将顺式构型转化为所需的反式构型[8]。

通过筛选发现了可以将酮还原为（S）-醇的微生物[9]，在研究生物催化还原水溶性酮砜化合物 **14** 的时候发现，在 pH>5.0 时（6S）-酮砜化合物会通过开环反应转化为（6R）-酮砜化合物 **15**。经进一步筛选，发现真菌粗糙链孢酶（neurospora crassa）可在 pH 4.0 的条件下催化酮砜的还原。反应中缓慢添加底物，使之维持在较低浓度水平（200mg/L），可以 80% 的收率及 99.8% 的非对映选择性得到目标分子（4S,6S）-羟基砜 **16**，（4R,6S）-异构体仅 0.2%，（6R）副产物未检测到。值得一提的是，该路线可由发酵法制备（R）-3-羟基丁酸同聚物 **13**，然后在酸性条件下甲醇解制备起始原料（R）-3-羟基丁酸甲酯，产物 ee 值大于 99.5%。上述 MK0507 的生物催化合成路线已建立了数吨规模的生产线。

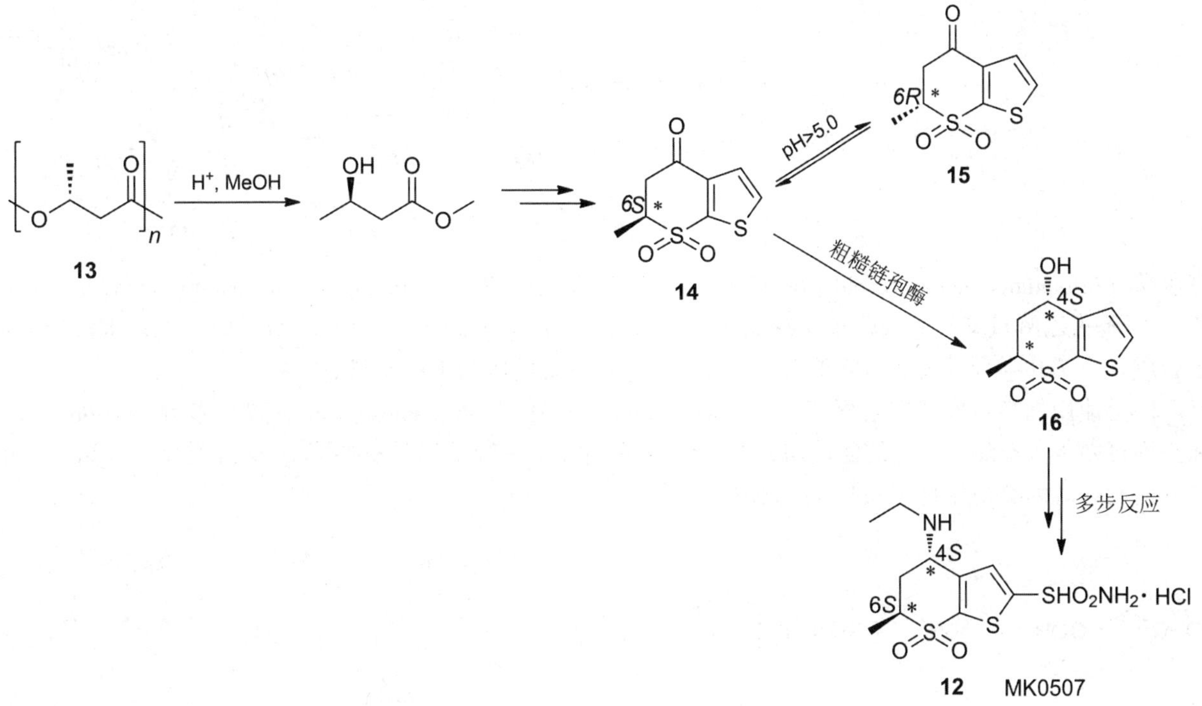

四、生物催化的水解和酯化反应

水解酶是生物催化反应中使用最多的一类酶，由它们所催化的水解反应及相关的逆反应如酯化、酰胺化等在手性合成中有着广泛的应用，所得的产物可以是终产物，也可以作为合成反应的不对称中间体。

地尔硫䓬（diltiazem，**20**，又名硫氮草酮）是一种钙拮抗剂，临床上用于各种类型的心绞痛和轻度高血压的治疗。地尔硫䓬分子中含有 2 个手性中心，化学合成法得到的 4 种异构体中仅顺式（2S,3S）-（+）-异构体作用最强。传统化学合成路线中最后用 1,10-樟脑磺酸通过非对映结晶法拆分，而采用化学-酶法合成地尔硫䓬可大大简化合成路线、提高收率、降低成本，该法已用于工业化生产，成为生物催化法在手性药物合成中的成功范例。

化学-酶法生产工艺中使用脂肪酶拆分消旋体反式-4-甲氧苯基缩水甘油酸甲酯 **17** 得到（2R,3S）-4-甲氧苯基缩水甘油酸甲酯 **18**，以 **18** 作为起始合成原料可以直接合成手性的地尔硫䓬[6,10]。需说明的是，脂肪酶拆分化合物 **17** 形成的游离 4-甲氧苯基缩水甘油酸不稳定，会自发脱羧产生 4-甲氧苯基乙醛，会引起酶活性的迅速降低，并产生一种不溶性物质使后处理复杂化。当在反应体系水相中添加亚硫酸氢钠后，反应中生成的醛会转化为不溶的亚硫酸氢钠加合物，可通过过滤除去。拆分后得到的（2R,3S）-4-甲氧苯基缩水甘油酸甲酯 **18** 与 2-氨基硫酚缩合，然后再经过闭环、羟基乙酰化和 N-烷基化生成地尔硫䓬 **20**。

通过微生物发酵法可以得到青霉素 G、青霉素 V 和头孢菌素 C，然后将其侧链水解可制备 6-氨基青

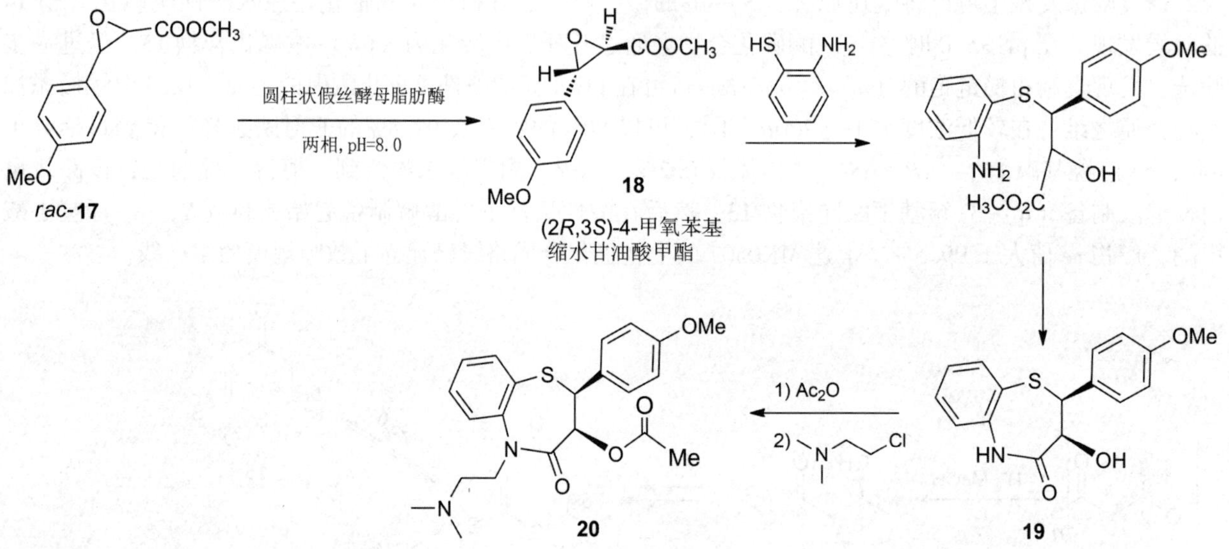

霉烷酸（6-aminopenicillanic acid，6-APA）、7-氨基头孢烷酸（7-amino-cephalosporanic acid，7-ACA）和7-氨基去乙酰氧基头孢霉烷酸（7-amino-desacetoxycephalosporanic acid，7-ADCA）。上述水解产物是半合成青霉素和半合成头孢菌素类衍生物的母核，是重要的医药工业原料。

广泛使用的半合成抗生素氨苄西林（ampicillin）、阿莫西林（amoxicillin）、头孢氨苄（cephalexin）和头孢羟氨苄（cefadroxil）的侧链均为D-苯甘氨酸和D-4-羟基苯甘氨酸[11]，这两类化合物可通过酶拆分消旋体海因类衍生物 21 的方法方便地得到。

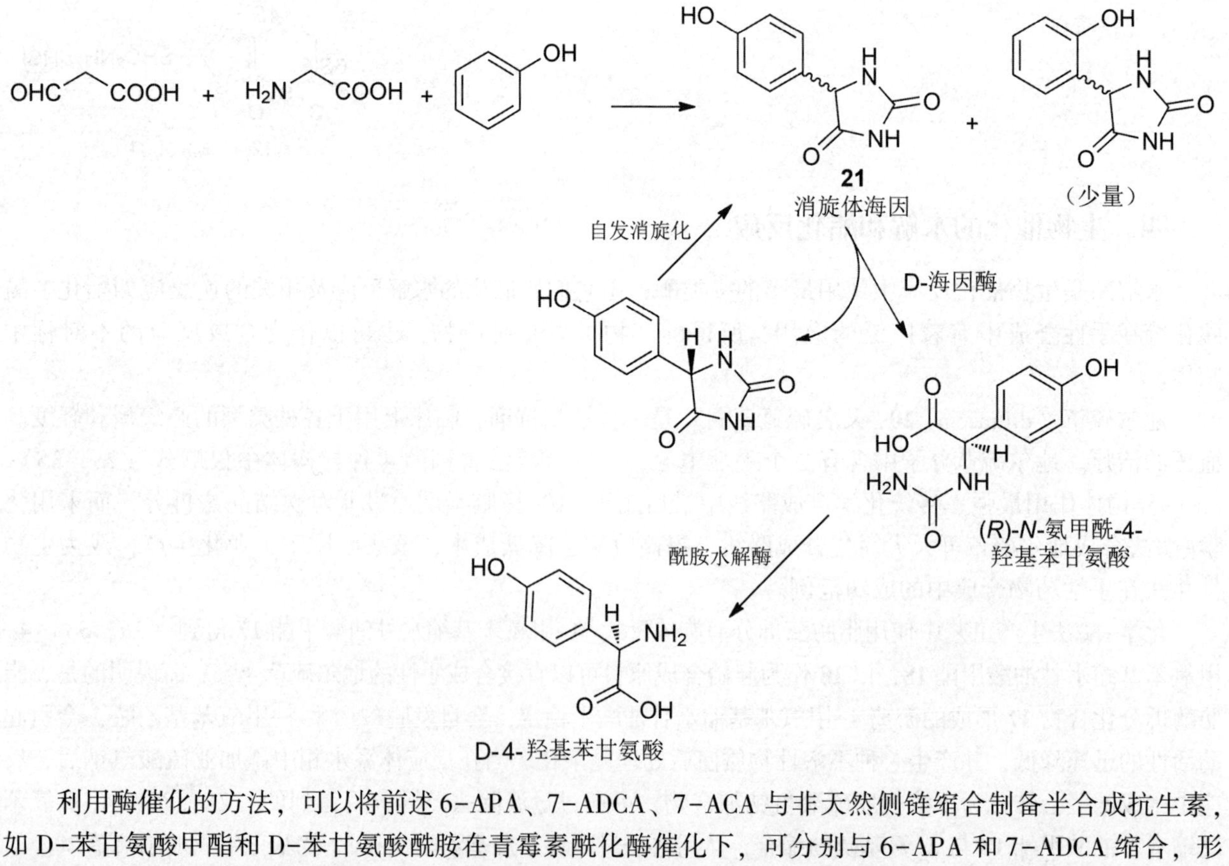

利用酶催化的方法，可以将前述6-APA、7-ADCA、7-ACA与非天然侧链缩合制备半合成抗生素，如 D-苯甘氨酸甲酯和D-苯甘氨酸酰胺在青霉素酰化酶催化下，可分别与 6-APA 和 7-ADCA 缩合，形成相应的半合成抗生素氨苄西林 22 和头孢氨苄 23。最适条件下，6-APA 或 7-ACA 的转化率可达 90%，反应一般在含乙醇的介质中进行，因为在 pH 6.0 水溶液中进行缩合反应，容易引起酶催化反应中间体

水解而降低反应产率。这条半合成抗生素的合成路线被称为绿色化学的生产途径[12]。

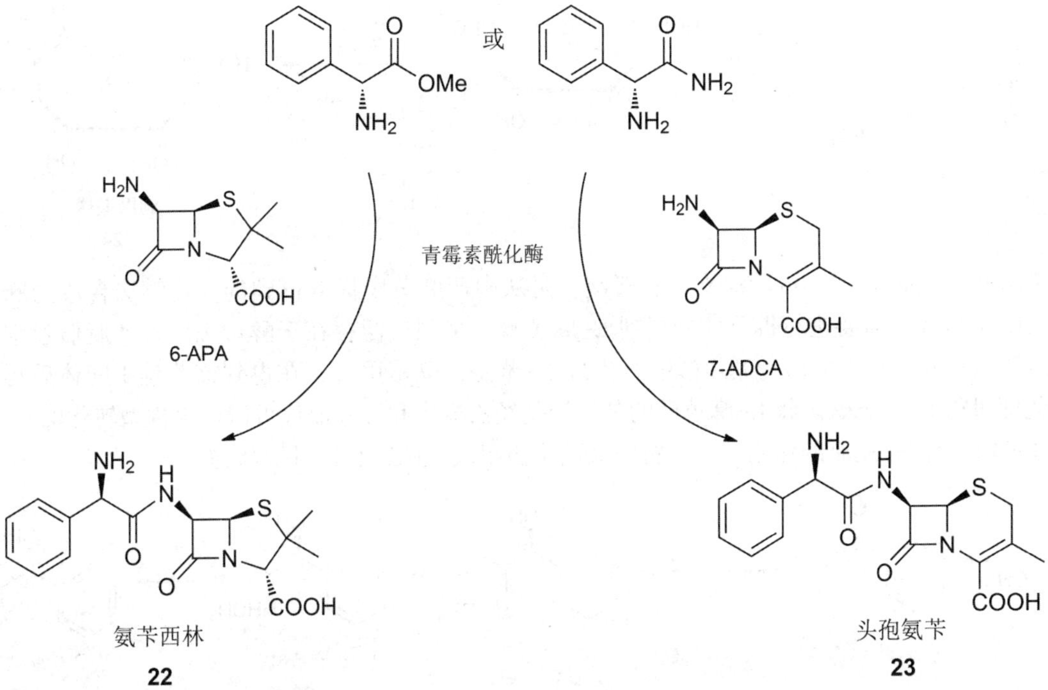

环氧化合物因反应活性高，可与多种含亲核试剂官能团的化合物反应，从光学纯的手性环氧化合物出发，可获得许多复杂的手性化合物。环氧水解酶可以催化环氧化合物的水解开环，通过消旋环氧化合物的选择性酶促水解，可以同时获得高光学纯度的环氧化合物和邻二醇，后者可通过化学法环化为相应构型的环氧化合物。生物催化的环氧化合物的酶促开环反应在药物化学研究及药物工业中有着广泛的应用和重要意义。

光学纯的 (S)-吡啶环氧乙烷是合成一些肾上腺素受体阻断药物和减肥类药物的重要前体，可用对吡啶环氧乙烷具有高选择性的黑曲霉对 2-吡啶环氧乙烷、3-吡啶环氧乙烷、4-吡啶环氧乙烷进行水解拆分，均可得到高对映体纯的 (S)-吡啶环氧乙烷[13]。李祖义等使用黑曲霉对吡啶环氧乙烷化合物进行水解拆分，然后进一步通过化学合成的方法合成了一些手性心血管药物，如 (R)-硝苯洛尔、(S)-阿替洛尔和 (R)-阿替洛尔[14]。

用路比利丝孢酵母 ECU 1040 冻干细胞作为催化剂，催化萘基缩水甘油醚的水解[15,16]，可获得光学纯的 (R)-环氧化合物及 (S)-邻二醇，然后通过化学法合成手性药物普萘洛尔的两种对映异构体[17]。

五、生物催化的转移和裂解反应

前面较多地介绍了氧化还原酶和水解酶在生物催化中的应用，转移酶、裂合酶、异构酶和连接酶在近些年来也开始被关注和使用，如属于裂合酶类的醛缩酶、脱羧酶、水合酶可选择性地催化 C—C 键的形成或断裂，在手性药物的合成中有着很好的应用前景。

利巴韦林（ribavirin，24）是一种核苷类抗病毒药物，具有广谱抗病毒性能，如对甲型流感病毒、乙型流感病毒、腺病毒肺炎、疱疹、麻疹等均有防治作用。从胡萝卜欧文杆菌中分离纯化得到的两种磷酸化酶——嘌呤核苷磷酸化酶和嘧啶核苷磷酸化酶可以实现利巴韦林的商业化生物催化合成[18]，前者可催化腺苷、鸟苷、尿苷和乳清酸核苷的磷酸化，生成核糖-1-磷酸；后者可催化核糖-1-磷酸与1，2，4-三氮唑-3-甲酰胺反应，生成利巴韦林。

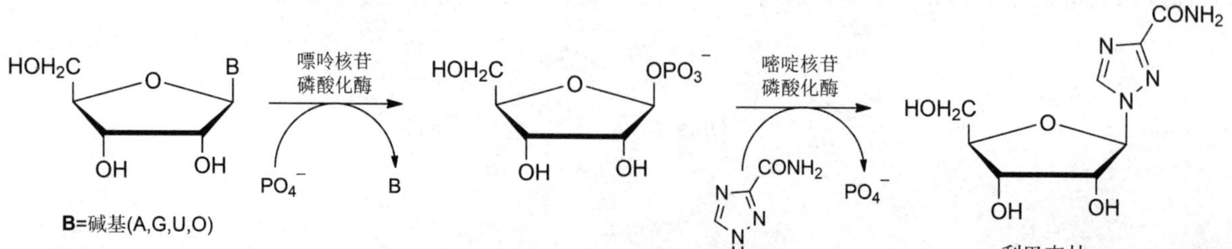

L-麻黄碱（ephedrine）可治疗支气管哮喘，是从中药麻黄中提取得到的。化学法合成的麻黄碱一般是D，L-消旋体，需要进行拆分才能得到L-麻黄碱。采用广泛存在于酵母细胞及产朊假丝细胞中的丙酮酸脱羧酶催化可使丙酮酸与苯甲醛缩合生成L-苯基乙酰基甲醇，在得到该关键中间体后再经甲胺还原胺化即可得L-麻黄碱。将L-麻黄碱的苄位羟基经乙酰化和羟基取代可以产生构型转化的D-伪麻黄碱[19]，后者具有减轻充血的作用，能与抗组胺药配伍组成抗感冒和抗过敏药物。

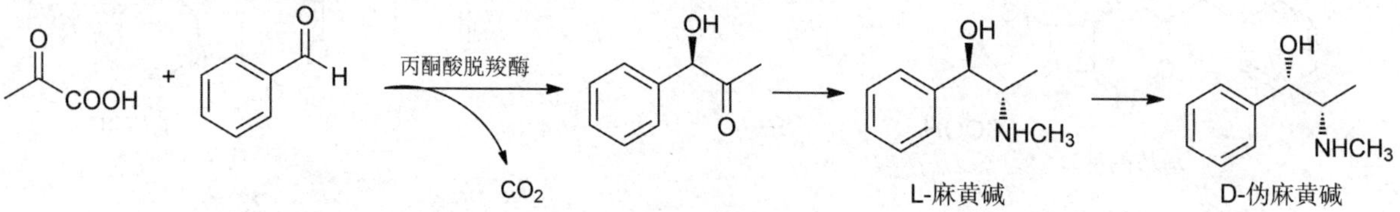

L-多巴（L-dopa，3，4-二羟苯丙氨酸，**27**）是酪氨酸在酪氨酸羟化酶的作用下羟化产生的一种氧化产物，可在酪氨酸酶的作用下生成多巴醌，继而自发转变为黑色素；或在芳香族氨基酸脱羧酶的作用下生成多巴胺，继而生成去甲肾上腺素与肾上腺素等。L-多巴可用于治疗帕金森病。草生欧文杆菌 ATCC21433（erwinia herbicala）的酪氨酸-苯酚裂合酶（tyrosine-phenol lyase），又称为β-酪氨酸酶（β-tyrosinase），可将邻苯二酚、丙酮酸和氨缩合生成L-多巴。工业上采用静态细胞生物转化法，即将发酵培养得到的草生欧文杆菌细胞悬浮于缓冲液中，然后邻苯二酚和丙酮酸铵由细胞内的β-酪氨酸酶催化生成L-多巴 **27**[20]。

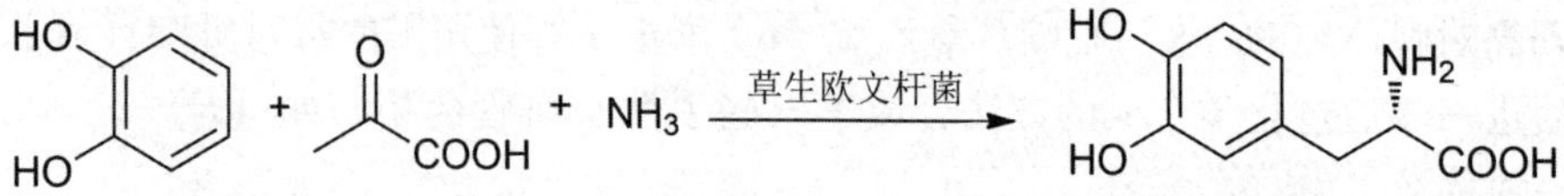

光学纯氰醇是一类非常重要的合成中间体，其合成可通过化学催化的不对称合成或酶催化羟氰化反应来实现。羟氰酶（HNL）催化氢氰酸对羰基化合物（醛或酮）的不对称加成反应原子经济性好、高效、环境友好，在工业化方面较化学催化法更具优势。近些年来许多公司投入大量人力和资金进行羟氰酶的研究，如荷兰帝斯曼（DSM）[21]、德国默克（Merck）[22]、比利时塔桑勒（Tessenderlo）[23]和日本触媒株式会社等。

氰醇中的羟基和氰基可在手性保持的情况下方便地转化为多种基团，若同时考虑与其相连基团的转化，所得到的化合物和活性中间体将更为可观，如下所示：

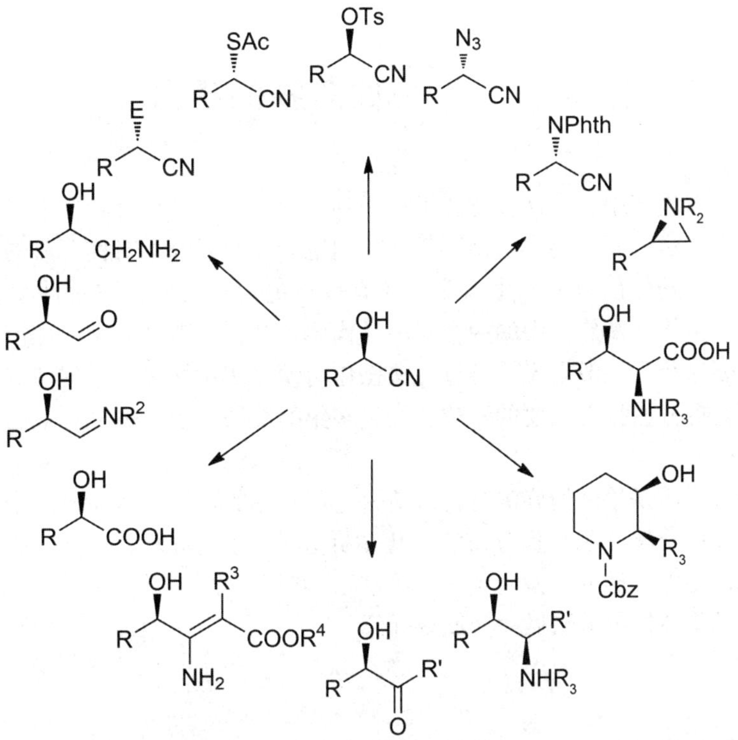

从手性氰醇出发，经简单转化可得一系列拟肾上腺素类化合物或拟麻黄碱类化合物，其中许多化合物在临床上都有应用，如下所示：

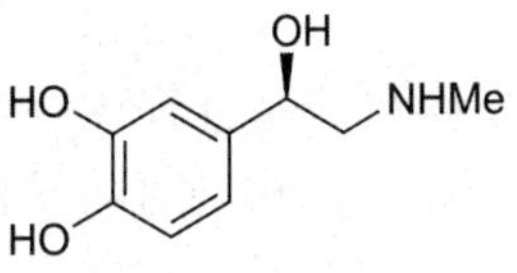

(R)-肾上腺素 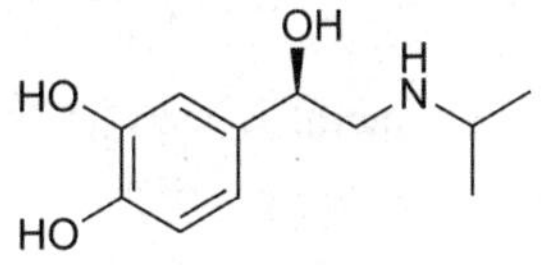　　　　(R)-索他洛尔 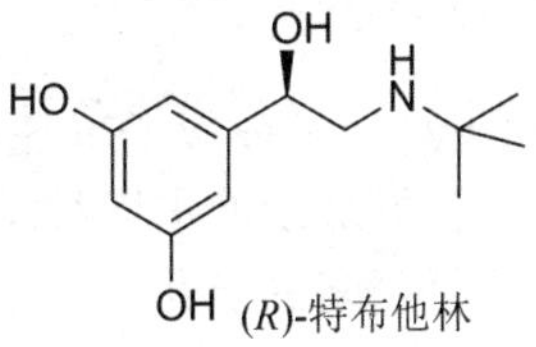　　　　(R)-特布他林 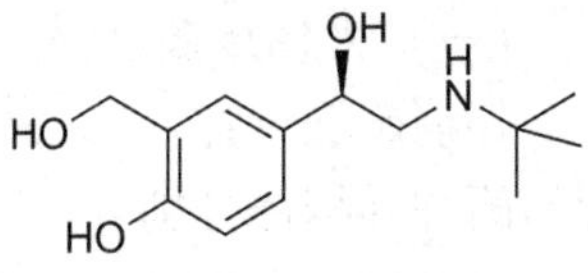　　　　(R)-沙丁胺醇

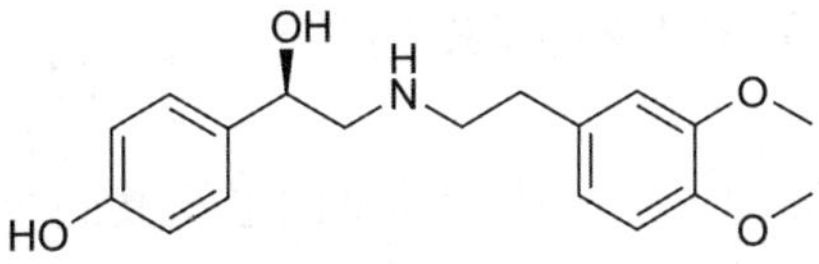

(-)-迪诺他明 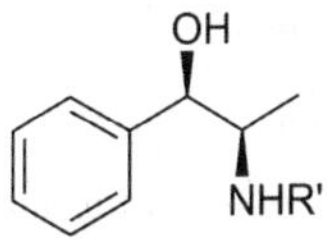　　　　L-(-)-麻黄碱

除此之外，手性氰醇还可作为许多心脑血管临床药物的重要合成砌块或中间体：

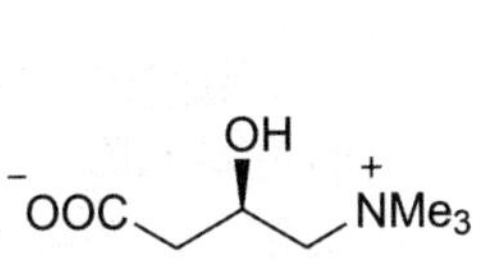

3-羟基-4-（三甲基氨基）丁酸　　　　氯吡格雷 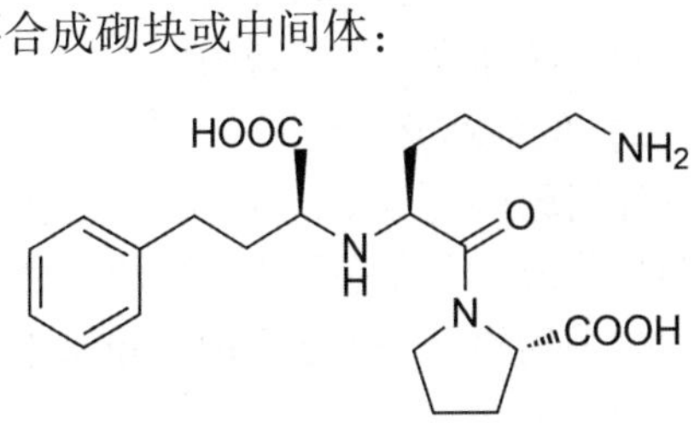　　　　赖诺普利
（GABOB）

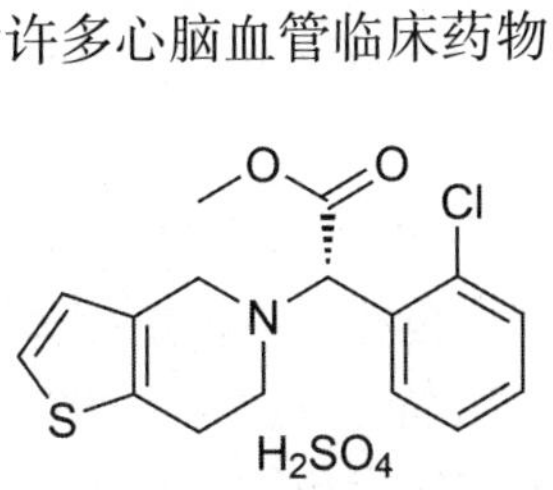

综上，生物催化法与传统化学合成法各有特点，很多时候可以相互补充。生物催化法和有机化学合成法结合的化学-酶合成法（chem-enzymic synthesis），在药物化学工业中的应用将会越来越广泛。

第二节　手性药物的拆分

在手性药物的合成与生产中，有许多方法可以得到光学纯的手性化合物。本章前面介绍了通过生物催化的方法来制备手性药物或其重要中间体，后面我们还会介绍通过不对称合成的方法直接合成手性化合物。除此之外，在手性药物的合成与生产中，还有一种更为重要的获取手性化合物的方法：手性拆分。拆分（resolution）是将外消旋体中的两个对映异构体分开，以得到光学活性产物的方法，是制备光学纯对映异构体的重要途径。一般来说，拆分方法操作简便、实用性强、重现性好，在工业化生产手性药物的实际过程中手性拆分占据着重要的地位，经过多年的发展，手性拆分方法已经发展为一项涉及多学科的应用技术。

手性化合物的拆分实质是给外消旋混合物制造一个不对称的环境，从而使两个对映异构体分离。从方法学上可以分为结晶拆分法（物理拆分方法、化学拆分方法）、动力学拆分方法、生物拆分方法（相当一部分是生物催化的动力学拆分）及色谱拆分方法。

本部分将对常用的手性拆分方法做一些简要介绍。

一、外消旋体

一般认为一对对映异构体除旋光方向相反、强度相等外，其他的物理性质应该相同，但实际情况并非如此，尤其在固态、纯溶液、浓溶液的情况下，其差异往往更加明显。固态条件下，由于外消旋分子间亲和力的影响，外消旋体可分为以下几种情况。

（一）外消旋混合物

外消旋混合物（racemic mixture）又称为聚集体（conglomerate）。外消旋混合物在结晶过程中外消旋的两种异构体分别各自聚结、自发从溶液中以纯结晶的形式析出。主要原因是两种不同构型对映异构分子之间的亲和力小于同构型分子之间的亲和力，结晶时只要其中一个构型的分子析出结晶，在它的上面就会有与之相同构型的结晶增长上去，分别长成各自构型的晶体。形成等量的、两种构型相反晶体的混合物。这种聚集体也具有不对称的习性，各自的结晶体都呈现互为镜像关系。

（二）外消旋化合物

外消旋化合物（racemic compound）是指两种对映异构体以等量的形式共同存在于晶格中，形成均一的结晶。产生的主要原因是两个不同构型对映异构分子之间的亲和力大于同构型分子之间的亲和力，结晶时两个不同构型对映异构分子等量析出，共存于同一晶格中。由于分子间的相互作用增强，其熔点常比纯的对映体高，有尖锐的熔点。

（三）假外消旋体

假外消旋体（pseudoracemate）是外消旋化合物的一种特殊情况，在假外消旋体中两种对映异构体以非等量的形式存在晶格中，形成一种固体溶液，也称为外消旋固体溶液。产生的主要原因是同构型分子之间与相反构型分子之间的亲和力差别不大，结晶时两种构型的分子以任意比例相互混杂析出。假外消旋体的物理性质与纯对映异构体基本相同。但在实际应用过程中，假外消旋体的情况是比较少见的。

二、手性药物的结晶拆分方法

在了解了消旋体及纯对映异构体的相关性质后，我们即可根据情况采用不同的方法对消旋体进行手性拆分，常用的方法如下。

（一）自发结晶拆分法

自发结晶拆分（spontaneous resolution）是指外消旋体在结晶的过程中，自发地形成聚集体。这种结晶方式是在平衡条件下进行的，不管是在慢速结晶条件还是晶种诱导的快速结晶条件下，两个对映异构体都以对映结晶的形式等量地自发析出。形成的聚集体结晶是对映结晶，结晶体之间互为镜像关系，因此可用人工的方法将两个对映体分开。最早由巴斯德报道的拆分方法就是这种方法。

自发拆分法的先决条件是外消旋体必须能形成聚集体，这样才能利用所生成的结晶体之间互为镜像关系的特点而将其拆分。但实际中，这种情况是比较少见的，大概只有 5%～10% 的有机化合物能形成聚集体。为增加生成这种聚集体的可能性，可将非聚集体的化合物通过衍生化的方法（通常是使其成盐）转变成具有聚集体特性的化合物。对于在常温条件下为液态的化合物，也可以采用这样的方法将其转变为具有聚集体性质的固体。例如，将 α-苯乙胺与硫酸成盐或与肉桂酸生成盐，可得到具有聚集体性质的固体。

然而自发结晶的方法要求所生成的结晶必须要有一定的形状，否则无法分离，导致其应用有极大的局限性，故很少使用。若在这种能生成聚集体的溶液中加入某一纯的对映异构体晶种，使其平衡的结晶过程变为非平衡过程，则可使该对映异构体优先结晶析出，这就是下面将介绍的优先结晶方法。

（二）优先结晶法

优先结晶法（preferential crystallization）是在饱和或过饱和的外消旋体溶液中加入其中一种对映异构体的晶种，使该对映异构体稍过量而造成不对称环境，结晶按非平衡的过程进行，然后旋光性与该晶种相同的异构体就优先从溶液中结晶出来。

优先结晶法是在巴斯德研究的基础上发展的，最先报道的优先结晶法用于肾上腺素的拆分[24]。但直到 1963 年工业化学家 Secor 对该方法进行综述后，才引起人们的关注并逐渐发展成为众所周知的科学实用方法[25]。Secor 根据优先结晶法是聚集物的结晶的原理，用其溶解度曲线的相图来进行结晶分离过程的分析。到 20 世纪 60 至 70 年代，优先结晶方法开始在工业生产中大规模地使用，比如用于丙烯腈制备 L-谷氨酸的拆分，年产量可达 1.3 万吨。这一技术不仅在工业生产上有着显著的应用价值，在实验室中也被广泛应用，可方便地用于数克到数十克光学纯化合物的拆分。

在实际应用尤其是工业生产中，往往利用优先结晶法的特点进行循环往复的结晶分离。循环优先结晶法又称"交叉诱导结晶拆分法"。例如将外消旋的氨基醇制成饱和溶液，向过饱和溶液中加入其中任何一种较纯的旋光体结晶（如右旋氨基醇）作为晶种，通过冷却使右旋体析出，析出的右旋体远远大于所加入的右旋体的量，迅速进行分离得到光学纯的右旋氨基醇。由于右旋体的大量析出，溶液中左旋体的量多于右旋体，再往溶液中加入外消旋的氨基醇使其成为过饱和溶液，重复如前的操作，则可得到大量的左旋体的氨基醇。如此可交叉循环拆分多次，从而分别得到光学纯的左旋氨基醇和右旋氨基醇[26]。

抗高血压药物 L-甲基多巴 **28** 的生产中，默克公司即用甲基多巴的硫酸氢盐通过优先结晶拆分法进行大规模生产。拆分后的无效对映异构体 D-甲基多巴经过消旋化转变成外消旋的甲基多巴，其转变后的中间体化合物 **29** 也同样通过优先结晶法进行拆分[27]。优先结晶法还广泛地用于氨基酸的拆分，通常先将氨基酸转化为钠盐、盐酸盐或硫酸盐后进行拆分[28]；氢化苯偶姻的生产中也广泛应用优先拆分法[29]。

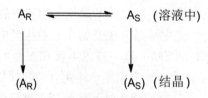

28　　　　　　　　　　　**29**

（三）逆向结晶法

逆向结晶法是向外消旋体的饱和溶液中加入某一种构型的可溶性的异构体（如 *R*-异构体），添加的异构体吸附到外消旋体溶液中的同种构型异构体结晶的表面，从而抑制这种异构体结晶的继续生长，外消旋体溶液中相反构型的另一异构体结晶速度就会加快，从而形成结晶析出[30]。例如，在外消旋的酒石酸钠铵盐的水溶液中溶入少量的 (*S*)-(-)-苹果酸钠铵或 (*S*)-(-)-天冬氨酸铵时，可从溶液中结晶得到 (*R*, *R*)-(+)-酒石酸钠铵[31]。

逆向结晶中的添加物必须和溶液中的化合物在结构和构型上有相关之处，这样所添加的物质才能嵌入生长晶体的晶格中，取代其正常的晶格组分并能阻止该晶体的生长。逆向结晶是一种晶体生长的动力学现象，添加物的加入造成了两种对映异构体结晶速度上的差别。但当结晶时间无限制地延长时，最终得到的仍是外消旋的晶体。从化合物的性质上来看，逆向结晶只能用于能形成聚集体的化合物。

（四）外消旋体的不对称转化和结晶拆分

在外消旋体的拆分中，假如其中某一种对映异构体被100%拆分出来，其拆分的产率最高也只能达到50%，而另外一半的对映异构体将成为废物被浪费掉。实际应用中常将不需要的构型的化合物进行外消旋化，以便继续拆分和利用。如果将拆分和外消旋化的过程同时进行，则一次就可以拆分得到超过50%产率的对映异构体，有时也称之为动态动力学拆分。

外消旋体的不对称转化有两种情况：一级不对称转化是指在外部手性试剂的作用下，溶液中对映异构体之间的平衡发生移动，产生非等量的关系，形成外消旋体的不对称转化和结晶拆分。这种转化通常发生在非对映异构体之间。二级不对称转化是指在平衡混合物中，其中一种对映异构体自发缓慢地结晶或加入纯对映异构体晶种结晶时，由于其结晶速度比平衡速度慢，则溶液中的平衡不断被打破，形成外消旋体的不对称转化和结晶拆分。这种情况又称为"结晶诱导的不对称转化"，可将外消旋体转变成单一纯对映异构体（图6-1）。

$$A_R \rightleftharpoons A_S \quad （溶液中）$$
$$\downarrow \qquad\qquad \downarrow$$
$$(A_R) \qquad (A_S) \quad （结晶）$$

图6-1　外消旋体的不对称转化

该方法最早用于季铵盐 **30** 的拆分。化合物 **30** 的氯仿溶液在室温下缓慢自发结晶数月后，只得到一种对映异构体的晶体，而所剩母液仍保持外消旋的性质。

30

外消旋体的不对称转化和结晶拆分相结合的方法最适合用于 α-手性碳原子上含有氢原子的羰基化合物。在碱性条件下，羰基 α-手性碳原子上的氢原子通过烯醇化发生外消旋，如 **31** 在碱性条件下可发生外消旋体的不对称转化[32]。植物生长调节素（paclobutrazol）的前体酮 **32** 的不对称转化和结晶也是利用碱性条件的作用[33]。

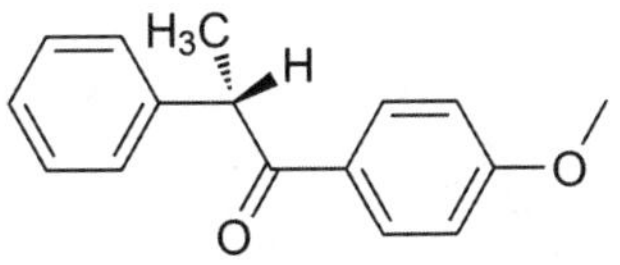

31

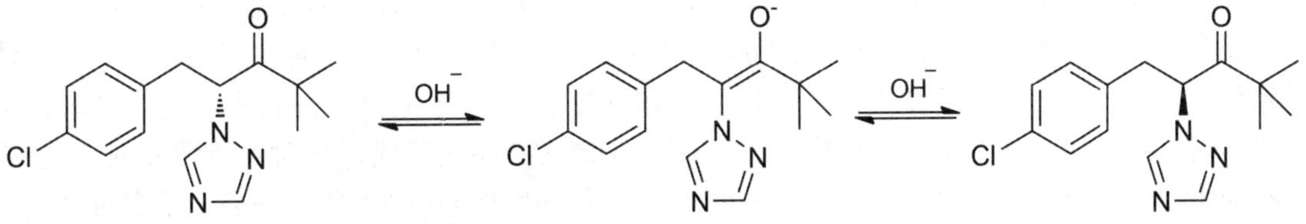

(R)-32　　　　　　　　　　　　　　　　　　　　　　　**(S)-32**

非甾体抗炎药萘普生的不对称转化是在熔融条件下进行的。将萘普生甲酯 **33** 和甲醇钠在 70℃下熔融，快速冷却至 67℃，加入（+）-萘普生甲酯的晶种使其结晶，可得 87%产率的（+）-萘普生甲酯[34]，因为（+）-萘普生甲酯是一个聚集体，其中一种对映异构体单体的结晶将同时伴随着另一种对映异构体的消旋化。使用萘普生的乙胺盐溶液也可以得到同样的结果，拆分的收率可达到 90%[35]。

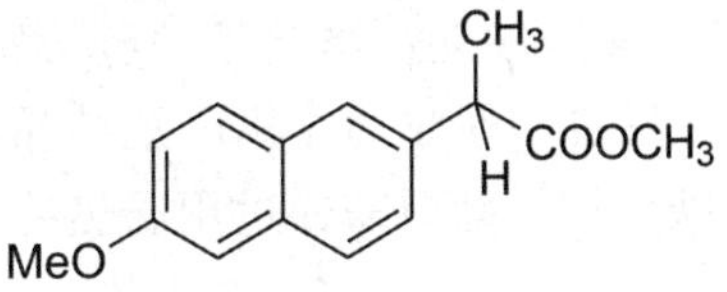

33

这种不对称转化和结晶拆分的方法特别适用于氨基酸及其衍生物的合成。通常将氨基酸制备成 N-酰基氨基酸，在溶液或熔融的条件下均可发生外消旋化。将氨基酸的氨基和醛类化合物如丁醛、水杨醛反应形成席夫碱，也可促进其外消旋化。这样的方法在氨基酸的合成中尤为实用。

（五）在光学活性溶剂中的结晶拆分

在光学活性溶剂中的结晶拆分是指使用光学活性的溶剂或含有一定量的光学活性物质作为共溶剂的非手性溶剂来进行对映异构体的结晶分离。

早在 19 世纪末，Van't Hoff 等人就注意到在光学活性的溶剂中，对映异构体在溶解度上存在着差异，多年来人们一直在试图利用这种差异进行对映异构体的结晶拆分，但迄今为止，用这一原理仅得到一些对映异构体过量的结晶，未能真正实现拆分的目的，从根本上来看这一结果与对映异构体在光学活性溶剂中的溶解度有关。

根据对映异构体在光学活性溶剂中的溶解度大致可以将其分为两大类。

1. 普通含手性的有机化合物　这些化合物在惰性的光学活性溶剂中的溶解度虽有一些差别，但差别并不很大，不足以形成显著的不对称环境。

2. 含手性的有机金属配合物　这些化合物在含羟基的光学活性溶剂中（或含有光学活性的离子化合物的非手性溶剂中）的溶解度有较大的差异。溶解度差异产生的原因可能是手性有机金属配合物的（+）或（-）离子与光学活性溶剂形成了较强的非对映异构体配合物。

三、通过形成非对映异构体的结晶法

在医药工业中，应用最多的结晶拆分方法是形成非对映异构体，下面我们将对此进行介绍。

（一）非对映异构体的形成和拆分原理

利用外消旋体（下式中 dlA）的化学性质，使其与某一光学活性试剂（拆分剂）（下式中 dB）作用生成两种非对映异构体盐，然后利用两种非对映异构体盐的溶解度差异，将它们分离，最后再脱去拆分剂，便可以分别得到一对对映异构体。这是一种经典的应用最广的方法。迄今为止，大多数光学活性药物的生产均用此方法。适用于这种光学拆分方法的外消旋体有酸、碱、醇、酚、醛、酮、酰胺及氨基酸。

$$dlA + dB \longrightarrow dA \cdot dB + lA \cdot dB$$

按上式，当 A 和 B 形成非对映异构体盐（$dA \cdot dB$ 和 $lA \cdot dB$）时，若两者的旋光方向一致，则此种类型的盐称为 p 盐；旋光方向相反的 A 和 B 所形成的非对映异构体盐称为 n 盐。

在形成非对映异构体的拆分方法中，拆分剂的选择是一个重要的影响因素，使用非对映异构体盐进行的拆分是以所生成盐之间溶解度不同为基础的，在拆分过程中当 A 和 B 混合在一起成盐时，由于使用的溶剂不同，有时是 n 盐的结晶先形成，有时则是 p 盐的结晶先形成。在对扁桃酸和 α-苯乙胺形成非对映异构体盐的拆分研究中，人们认为这种差别的形成是由于其中一种化合物的分子穿过了另一种化合物的晶格所致。X 射线结晶学的研究揭示，在不同盐的晶体中存在着氢键的网络系统，这种氢键网络不仅存在于每个晶胞之间，而且也存在于许多的离子柱状物中。氢键加上阳离子和阴离子的苯环之间的范德华力，造成了非对映异构体盐之间溶解度的差异。

根据非对映异构体之间溶解度差异进行的拆分方法，必须有两个必备的条件[36]：①所形成的非对映异构体盐中至少有一个能够结晶；②两个非对映异构体盐的溶解度差别必须显著。而对这两个条件影响最大的还是结晶所使用的溶剂。文献报道[37]当用二甲氧基士的宁作拆分剂拆分 2，2′-二甲基-6，6′-二羧酸基联苯时，在非特异性的溶剂中未能成功；当改用甲醇-丙酮（7：3）作溶剂拆分时，得到约 100% ee 值的 (S)-(+)-异构体。将从母液中回收的盐用丙酮结晶，可得到约 99% ee 值的 (R)-(-)-异构体。当溶解度差别比较大时，对映异构体盐只需通过用温热的溶剂冲洗或简单的研磨即可分离，而不需要重结晶[38]。

在上述的方程式中使用光学活性的拆分剂 B 来拆分外消旋体 A，在实际应用过程中也可以用光学活性的 A 作为拆分剂来拆分外消旋体 B，这一过程称为"交互拆分"。

另一个对经典的拆分方法进行的重要改进是"相互拆分"的方法[39]：采用外消旋体来代替试验中原有的光学活性体作为拆分剂。这样拆分剂和待拆分的化合物都是外消旋体，拆分剂和待拆分的化合物之间相互进行拆分，同时形成 $dA \cdot dB$、$dA \cdot lB$、$lA \cdot dB$、$lA \cdot lB$ 四个非对映异构体。在拆分过程中，当两个外消旋体溶解在溶剂中时，有两对对映异构体互相平衡着，若其中一对对映异构体溶解度小，如 $dA \cdot dB$ 或 $lA \cdot lB$ 溶解度较小，则可以加入 $dA \cdot dB$ 或 $lA \cdot lB$ 晶种，使其中一种同构型的盐优先析出。此时在溶液中还存在着一种溶解度较小的盐和另一对溶解度较大的对映体盐，采用上述加入晶种的结晶方法就可以得到四种光学活性化合物。这种改进了的相互拆分方法不需要提供光学纯的拆分剂，省去了烦琐的操作，使拆分方法更加经济实用，但需指出的是，该方法使用的前提条件是使用拆分剂的逆向拆分必须是可行的。

制药工业生产中使用相互拆分的方法进行磷霉素（fosfomycin）的拆分，用 (±)-α-苯乙胺为拆分剂得到 (-)-磷霉素 (+)-α-苯乙胺的结晶，经氢氧化钠解析得到 (-)-磷霉素 **34**。

$$H_3C \overset{H \quad H}{\underset{O}{\diagdown / \diagup}} P(OH)_2$$

34

上面所讨论的使用拆分剂进行拆分的方法中，拆分剂的用量都是化学计量的，即被拆分的化合物和拆分剂是等摩尔比，为了提高拆分剂的有效利用率，有文献报道采用半量拆分方法。半量拆分法中拆分剂的用量是被拆分化合物量的一半，另一半采用无光学活性的酸或碱。此法的优点是不仅节约了拆分剂的用量，而且有时可增大溶解度的差异。某些情况下也可直接使用外消旋碱的盐酸盐（或其他酸的盐）

和半量的光学活性酸的铵盐（或其他无机盐），被拆分的化合物为外消旋酸时正好和上面的情况相反。

这一技术已成功地用于非甾体抗炎药萘普生的拆分[40]。在拆分过程中，外消旋的萘普生和半量的手性拆分剂 N-烷基葡萄糖胺及另一半量的非手性的胺，在该系统中形成四种不同的盐：（S）-酸和手性胺的盐、（S）-酸和非手性胺的盐、（R）-酸和手性胺的盐、（R）-酸和非手性胺的盐。其中只有（S）-酸和手性胺的盐形成固体结晶析出，经酸解析得到（S）-萘普生 **35**。

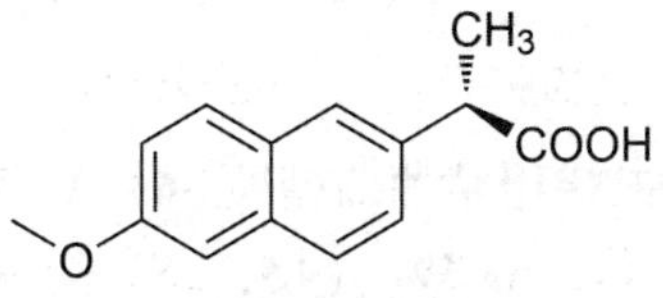

35

（二）各类化合物的拆分

下面以表格的形式简单列出一些通过手性拆分生产的药物（表 6-1）。

表 6-1 常见药物的拆分实例[39]

手性药物	拆分剂
氨苄西林	D-樟脑磺酸
乙胺丁醇	L-(+)-酒石酸
氯霉素	D-樟脑磺酸
右丙氧芬	D-樟脑磺酸
右溴苯那敏	D-苯基琥珀酸
磷霉素	α-苯乙胺
甲砜霉素	D-(-)-酒石酸
萘普生	辛可宁
地尔硫䓬	α-苯乙胺

酸和内酯的外消旋体的拆分通常使用碱类化合物，这些碱类化合物有很多是天然产物，如多种生物碱等。

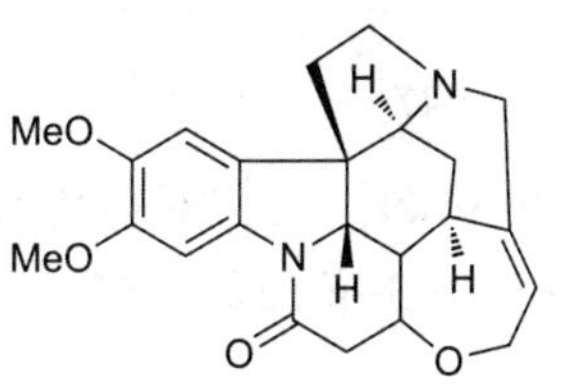

番木鳖碱 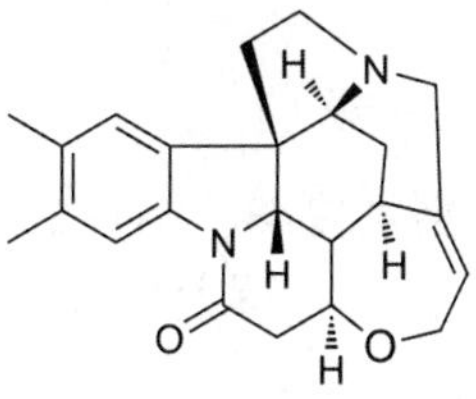　　马钱子碱 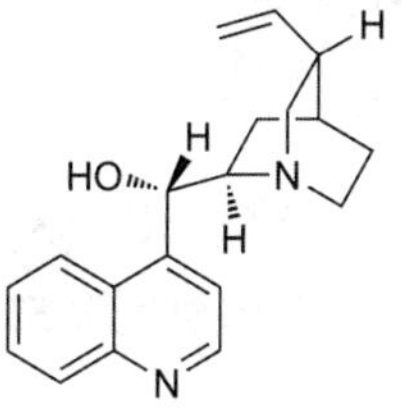　　辛可宁 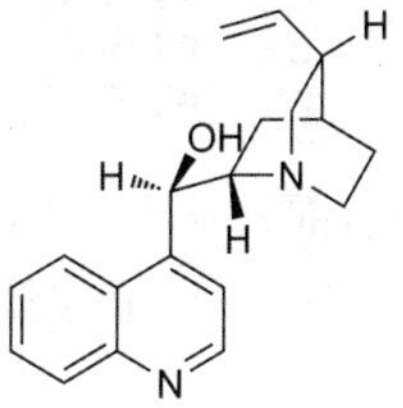　　辛可尼定

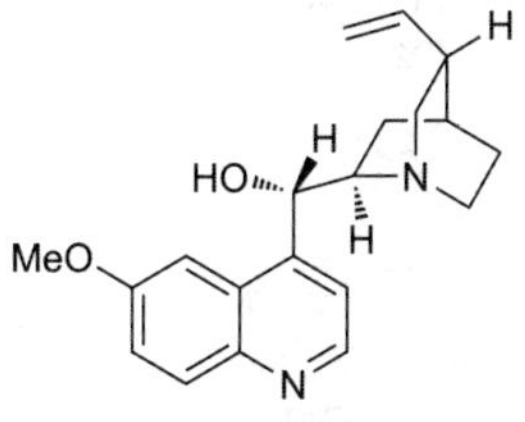

奎尼丁 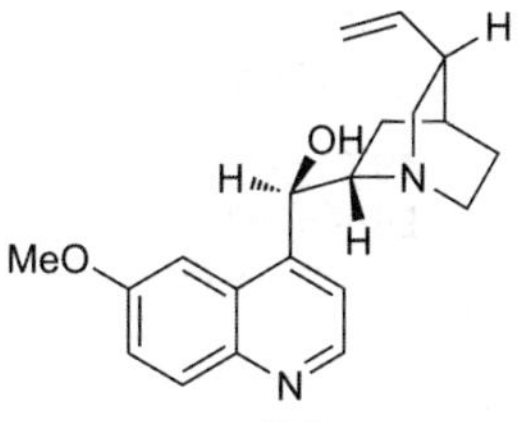　　奎宁 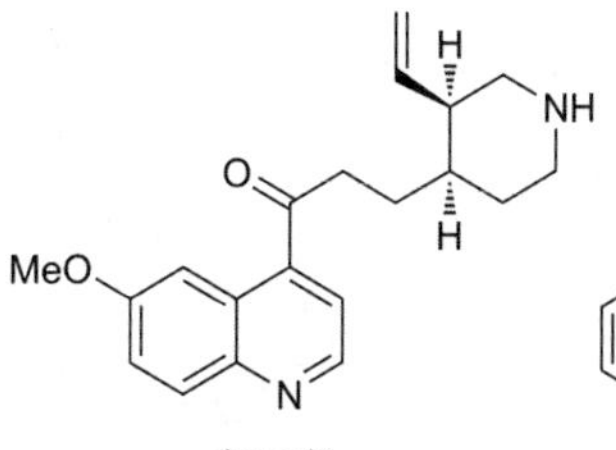　　奎尼辛 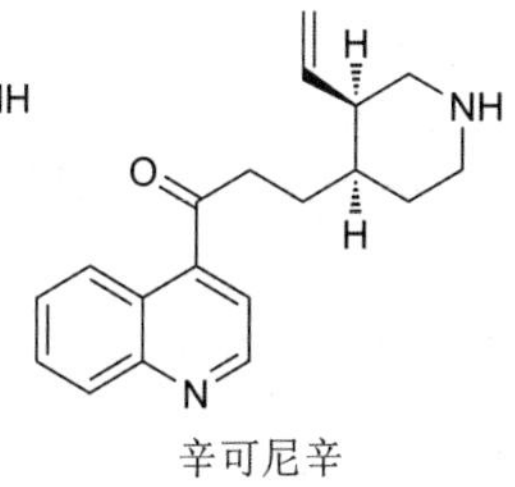　　辛可尼辛

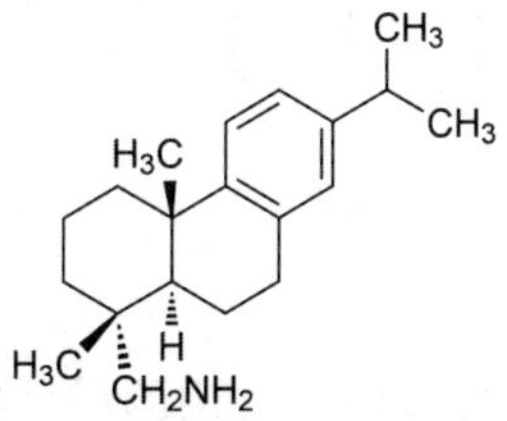

脱氢枞胺

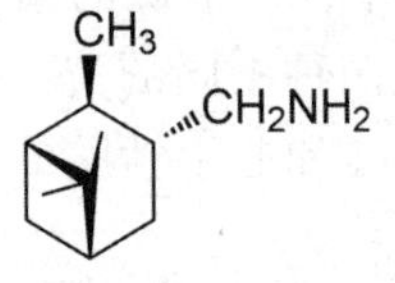

(+)-3-氨甲基蒎烷 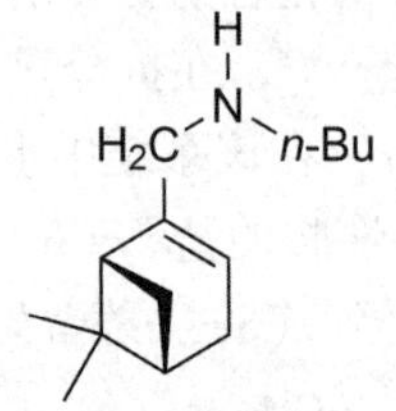   松香烯胺   (1R)-3-endo-氨基冰片 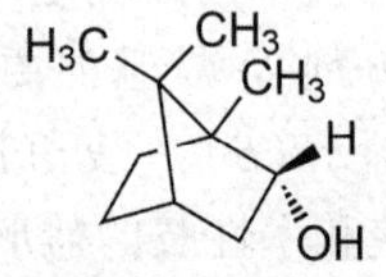   endo-冰片胺

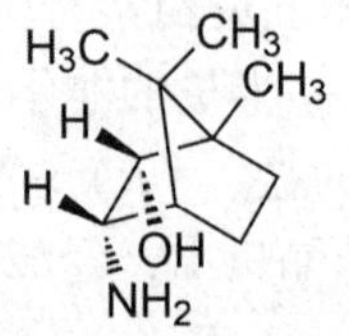

也有许多是合成的胺类化合物，如 N-甲基葡萄糖胺 **36**、N-辛基葡萄糖胺 **37**、（1R，2S）-（-）-麻黄碱 **38**、（1S，2R）-2-氨基-1，2-二苯乙醇 **39**、（1S，2S）-（+）-2-氨基-1-苯基-1，3-丙二醇 **40**、（1S，2S）-2-氨基-1-(4-硝基)苯基-1，3-丙二醇 **41**、（S）-（-）-α-苯乙胺 **42**、（S）-N-苄基-α-苯乙胺 **43**、（S）-（4-异丙基）-α-苯乙胺 **44**、（S）-（4-硝基）-α-苯乙胺 **45**、（S）-（-）-α-萘乙胺 **46**、顺-N-苄基-2-（羟甲基）-环己胺 **47**。

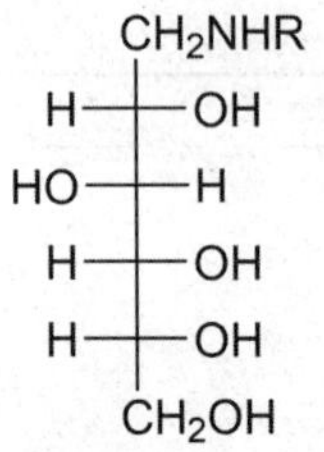

36 R=CH₃
37 R=C₈H₁₇

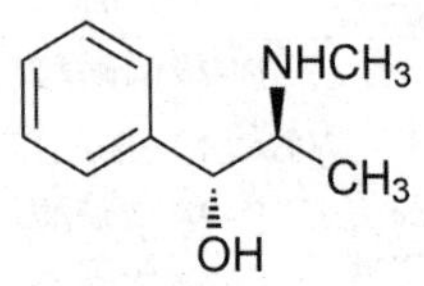

38

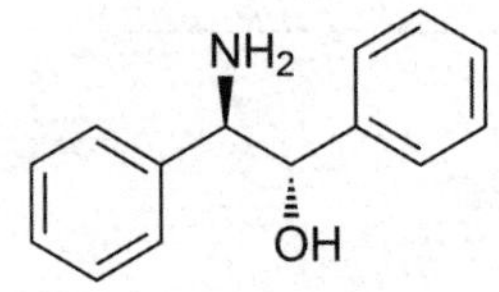

39

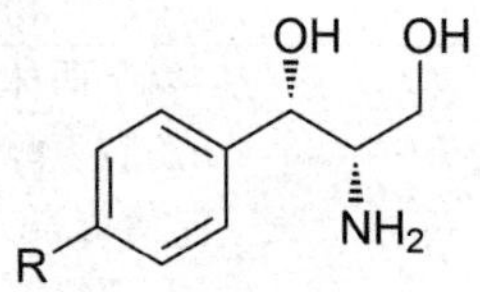

40 R=H
41 R=NO₂

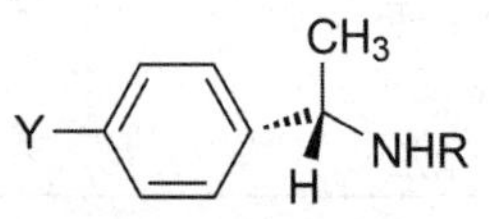

42 R=H，Y=H
43 R=C₆H₅CH₂，Y=H
44 R=H，Y=(CH₃)₂CH
45 R=H，Y=NO₂

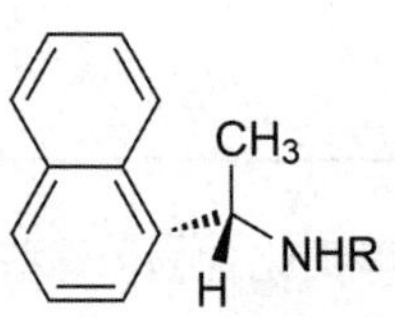

46

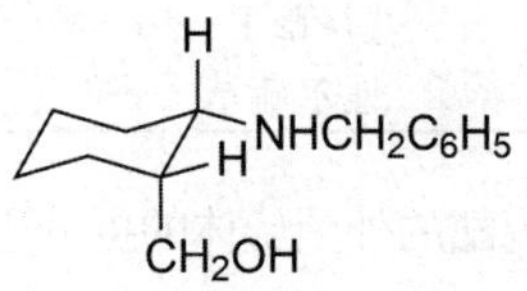

47

还有部分氨基酸或其碱性衍生物，如（S）-（+）-精氨酸 **48**、（S）-（+）-苯甘氨酸 **49**、（S）-对羟基苯甘氨酸 **50**、（S）-（-）-脯氨酸 **51**、L-苯丙氨酰胺 **52**、（R）-（-）2-苯甘氨醇 **53**、（S）-（-）-3-苯丙氨醇 **54**。

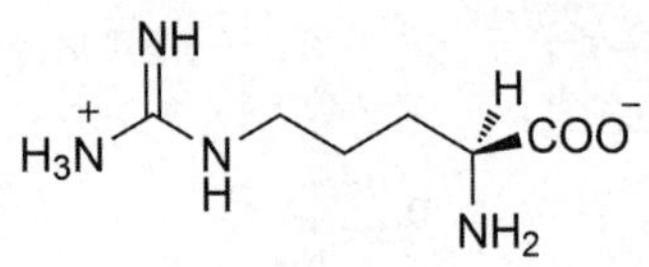

48

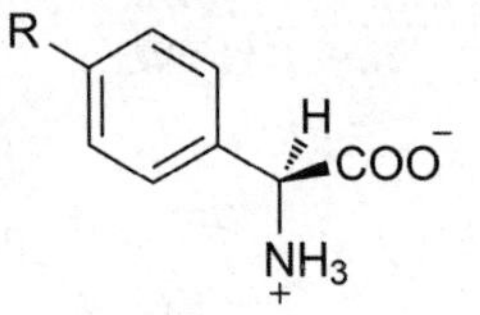

49 R=H
50 R=OH

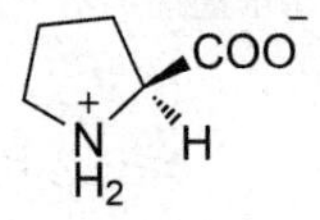

51

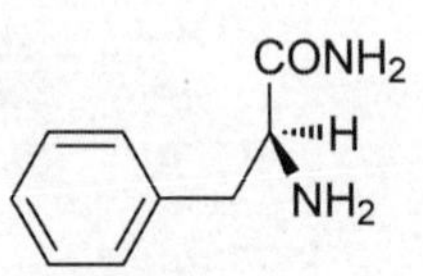

52

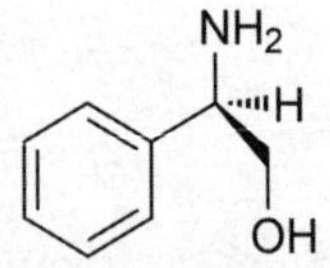

53

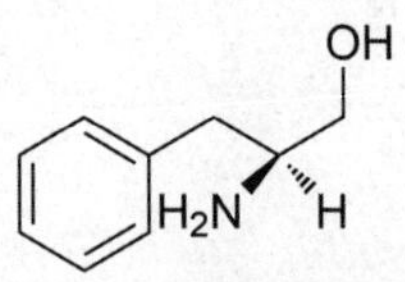

54

用于外消旋胺类化合物的拆分试剂是手性羧酸，常用的酸性拆分剂如下所示：

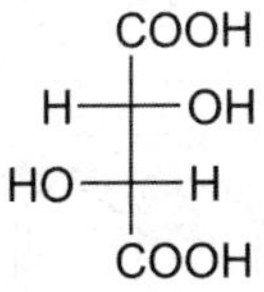

55

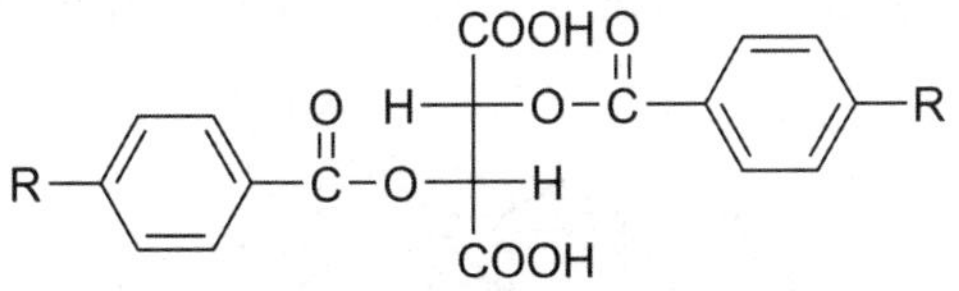

56 R=H
57 R=CH₃

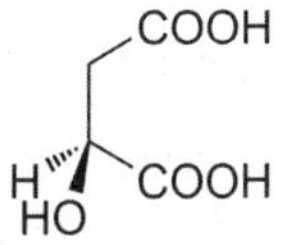

58

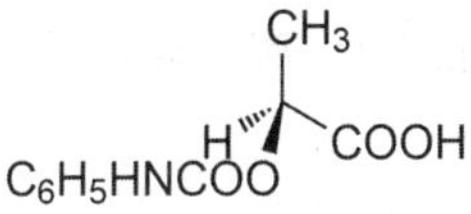

59

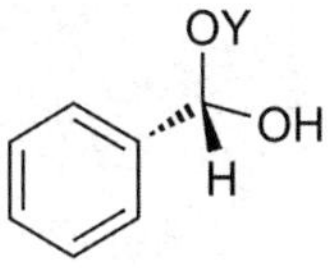

60 Y=H
61 Y=CH₃CO
62 Y=CH₃

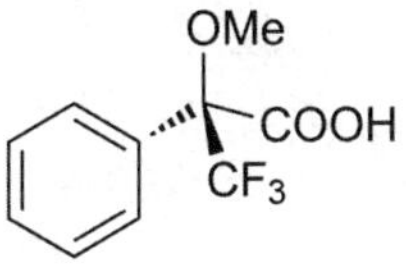

63

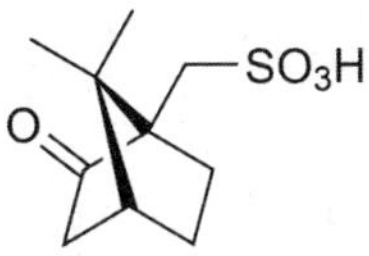

64

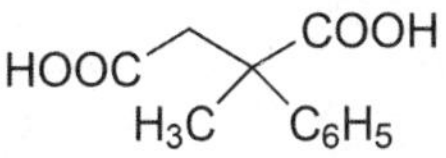

65

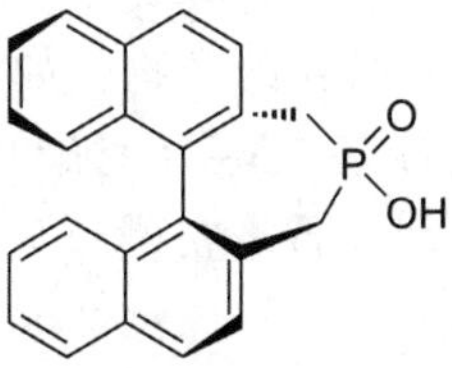

66

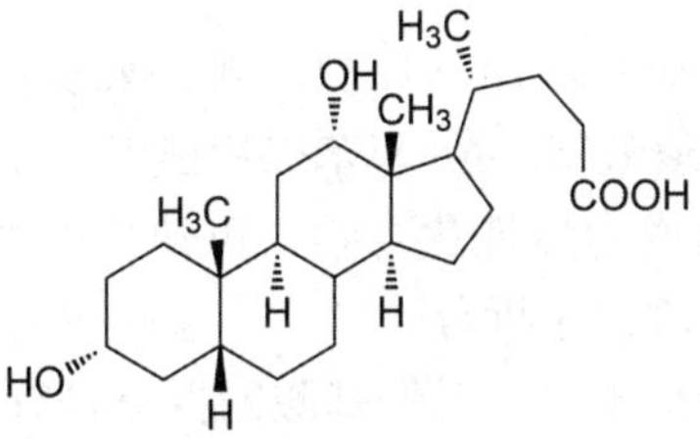

67

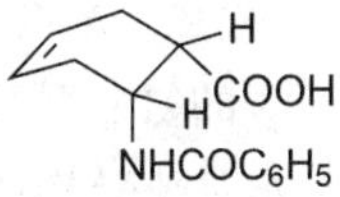

68

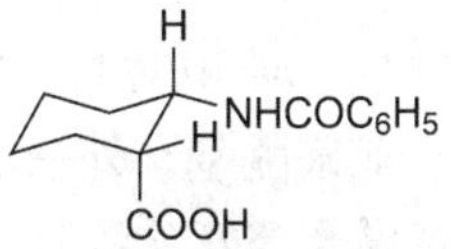

69

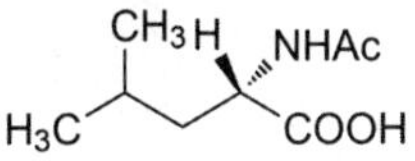

70

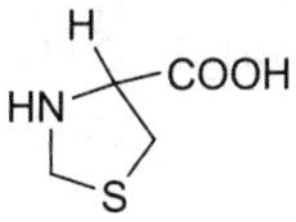

71

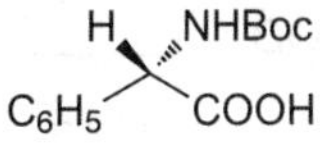

72

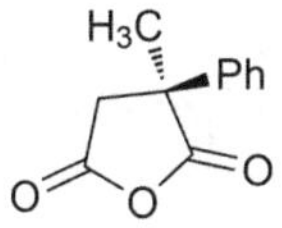

73

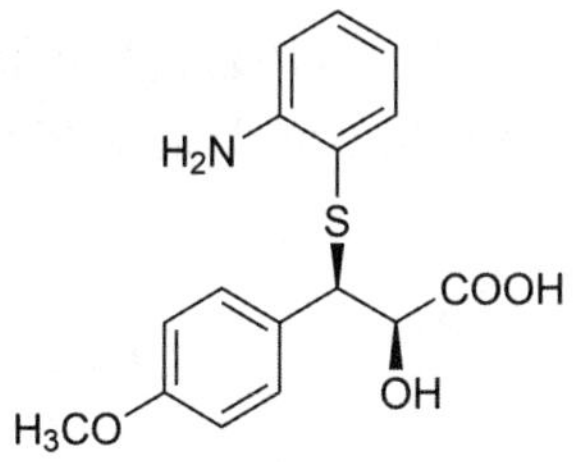

74

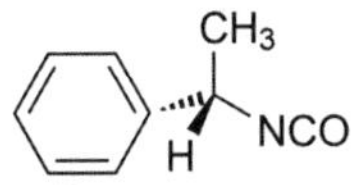

75

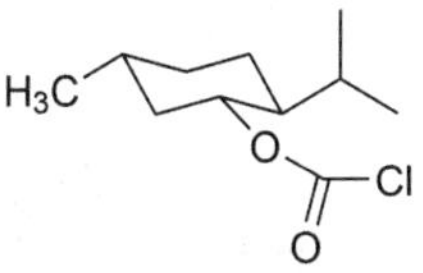

76

　　酒石酸 **55** 及其酰基衍生物 **56**、**57** 是拆分碱性化合物的常用试剂，衍生物 **56**、**57** 酸性比酒石酸强，芳酰基的引入提供了额外的作用基团，可增强对被拆分物的非对映体的识别。酒石酸及其衍生物是一个多元酸，在拆分过程中通常使用与被拆分物 1∶1 的化学计量，得到的是非对映异构体的酸式盐[41]。

　　对伯胺、仲胺类化合物的拆分可以使用扁桃酸（THPMA）**60** 及其衍生物或 Mosher 酸 **63**，对难以拆分的叔胺类化合物可采用酸性比较强的联萘基磷酸拆分剂 **66**[42]；对水溶性比较高的胺的拆分用脱氧胆酸 **67** 效果比较好[43]。

　　应用薄荷醇的氯甲酸酯衍生物 **76** 可将胺类化合物转变成氨基甲酸酯的非对映异构体，再进行拆分。还可以手性异氰酸酯 **75** 为试剂和胺类化合物反应制备非对映体脲来进行拆分[44]。拆分剂 **62**、**72** 和 **73** 可以将胺转变成非对映体的酰胺进行拆分。

近年来有文献报道[45]可用四氢吡喃保护的扁桃酸进行抗心律失常药物美西律的拆分，可得到（*R*）和（*S*）两个对映异构体，光学纯度可达99%。

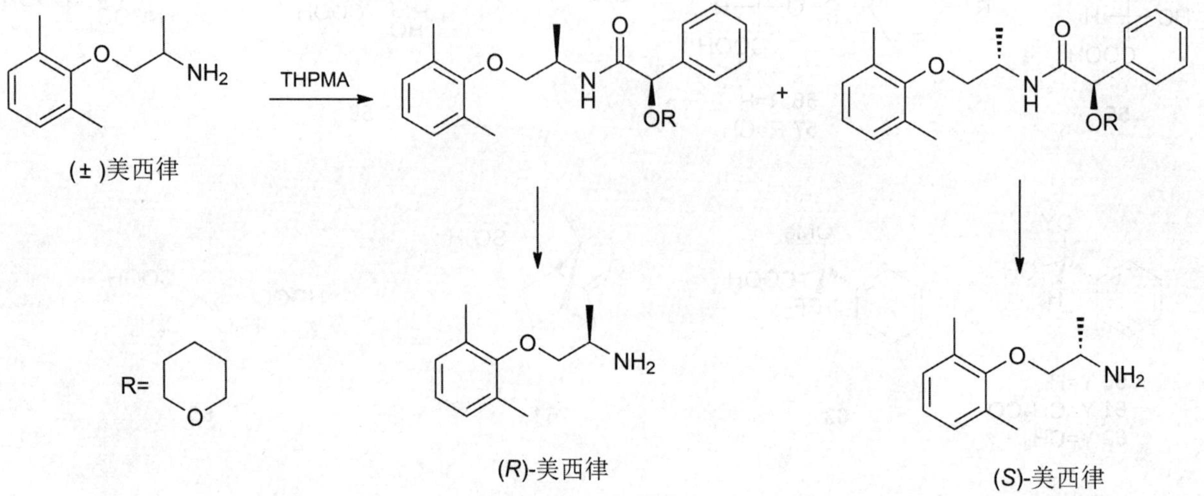

（±）美西律   THPMA

R=

（*R*）-美西律   （*S*）-美西律

在有机合成中，外消旋氨基酸的拆分通常使用其保护形式，大多数为氨基酰化的产物，如 *N*-乙酰基、*N*-甲酰基、*N*-苯甲酰基、*N*-对甲苯磺酰基、*N*-邻苯二甲酰基、*N*-苄氧羰基、*N*-（对硝基苯基）亚磺酰基。外消旋氨基酸的氨基酰化产物成为酸性化合物，可使用碱性拆分剂如番木鳖碱、奎宁、麻黄碱及酪氨酸酰肼，形成非对映异构体盐的方法来拆分[46]。

采用乙酰丙酮将氨基酸在成盐的同时进行衍生化，对氨基酸的拆分具有较高的特异性[46]，见下式：

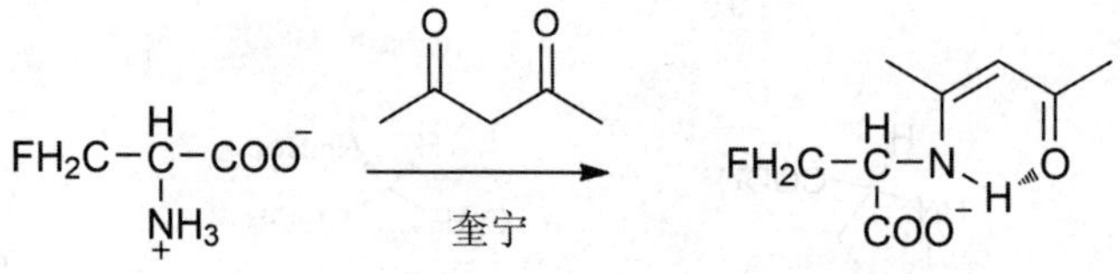

奎宁

奎宁-H+

将氨基酸和邻苯二甲酸反应使其氨基成为 *N*-邻苯二甲酰亚胺，游离的羧酸基团和核糖酸内酯 **77** 反应形成非对映体的酯进行拆分。

用手性酸作拆分剂可直接进行氨基酸的拆分，而不必将氨基酸进行保护。例如，可用扁桃酸进行氨基酸的拆分[47]，用10-樟脑磺酸拆分2-叔丁基甘氨酸[48]，用 α-苯乙磺酸 **78** 拆分精氨酸[49]和对羟基苯甘氨酸[50]。

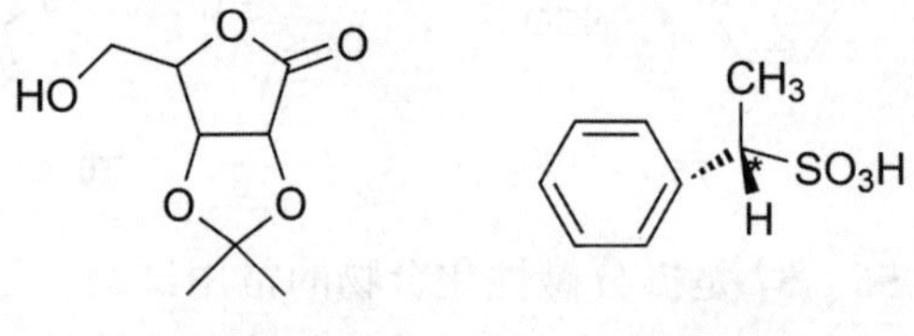

77   **78**

含有羟基的化合物有醇、二醇、硫醇、二硫醇和酚。用于这类化合物拆分的试剂有 **79~90**，如下所示：

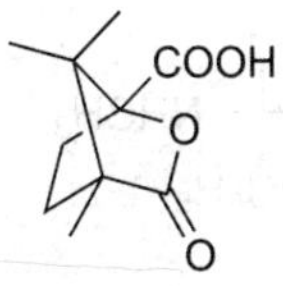

79 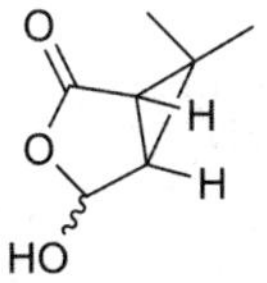　　　　**80** 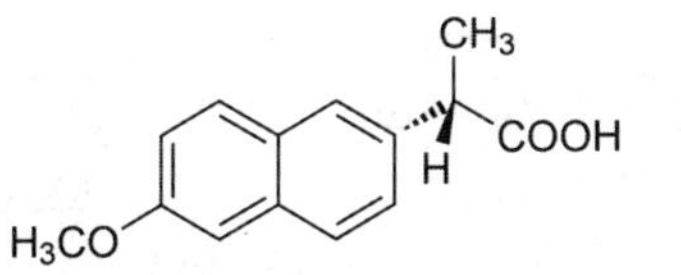　　　　**81** 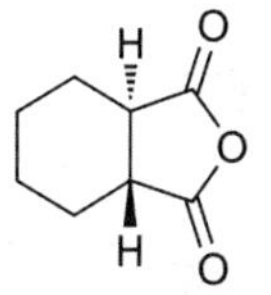　　　　**82**

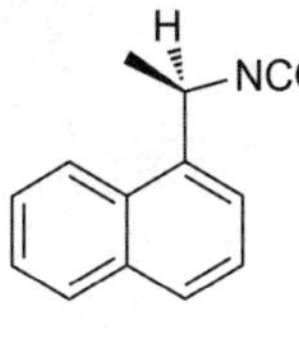

83 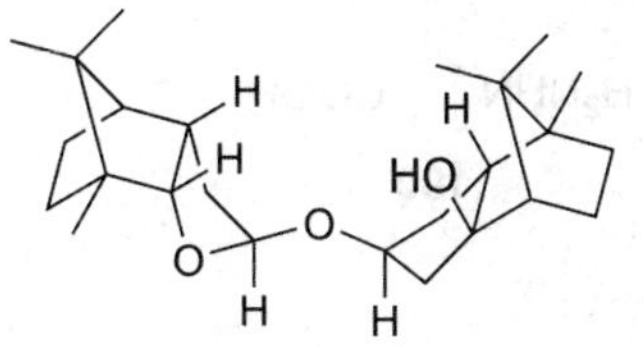　　　　**84** 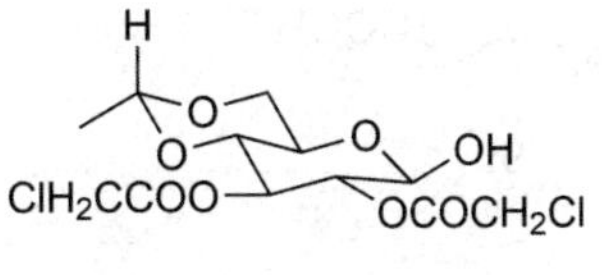　　　　**85** 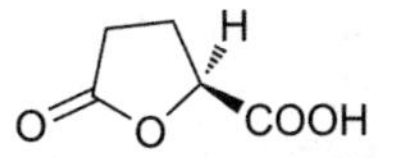　　　　**86**

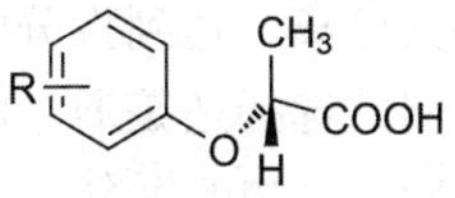

87 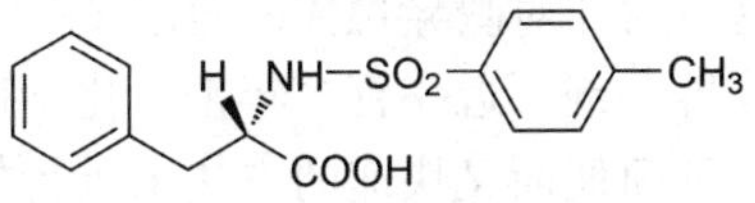　　　　**88** 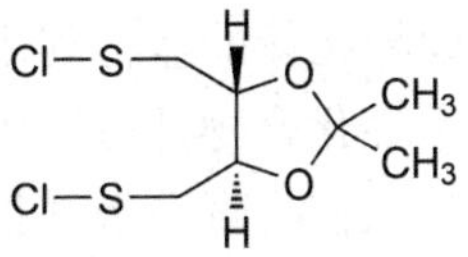　　　　**89** 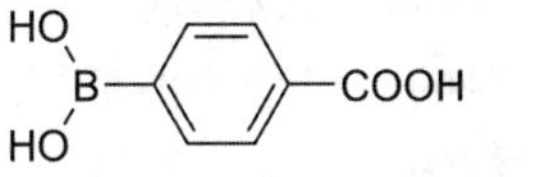　　　　**90**

　　对醇类化合物的拆分一般采用酯衍生化的方法，早期使用邻苯二甲酸酐和醇反应制成邻苯二甲酸单酯，再利用其中一个游离的羧基和手性的碱性拆分剂形成非对映异构体的盐[51]。现在这种方法用得比较少，一般将醇直接和手性的羧酸反应形成非对映异构体的酯，通过结晶或色谱分离的方法来进行拆分，常用的手性羧酸拆分剂有扁桃酸及其衍生物、Mosher 酸、顺-2-苯甲酰氨基环己烷羧酸、ω-莰烷酸、萘普生、反-1，2-环己烷二酸等。N-对甲苯磺酰氨基苯丙酸[52]和 10-樟脑磺酸也都可以通过转化成酰氯的形式进行拆分。二醇化合物含有双羟基，通常转变为单酯即可。ω-莰烷酸 **79** 还可以用于手性含酚类化合物的合成。

　　利用手性的异氰酸酯 **75** 和(R)-萘乙基异氰酸酯 **83** 与胺类化合物反应形成非对映体的氨基甲酸酯同样可以达到目的。这一方法对难拆分的醇，特别是叔醇的拆分也可以得到较好的结果[53]。

　　手性半缩醛化合物如樟脑的半缩醛二聚体 **84**，可广泛用于拆分醇、硫醇及氰醇[54]。首先，**84** 和外消旋的化合物反应生成非对映异构体的缩醛，再用结晶法或色谱法进行拆分。拆分得到的非对映异构体缩醛可用甲醇将其解析分离。

　　其他化合物如葡萄糖的衍生物 **85** 在药物研究中用于鬼臼毒素的拆分[55]，化合物 **89** 用于二硫醇的拆分[56]。

　　外消旋醛、酮类化合物则一般利用其羰基的反应活性，先将其转变成含共价键的非对映异构体，再进行拆分。以下为几种可拆分外消旋醛、酮类化合物的试剂。

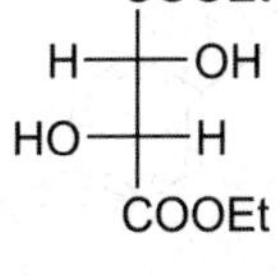

91 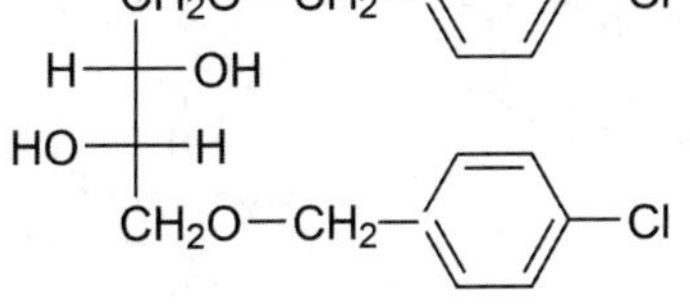　　　　**92** 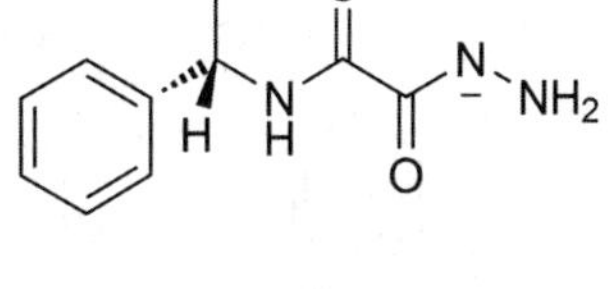　　　　**93** 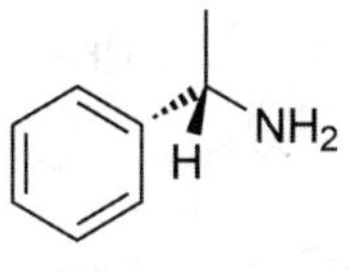　　　　**94**

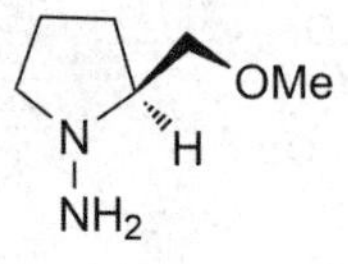

95 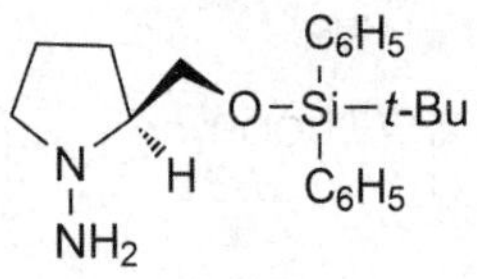　　　　96 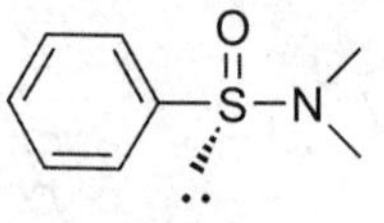　　　　97 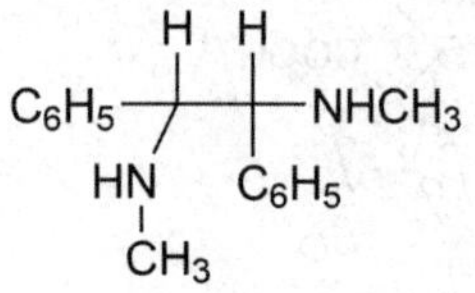　　　　98

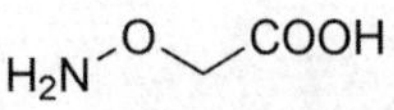

99 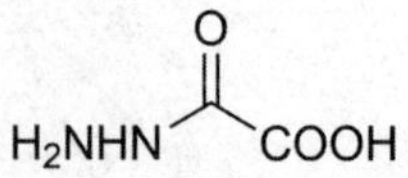　　　　100

四、其他拆分方法

前面提及的"形成非对映异构体"的拆分原理是采用单一的纯度较高的拆分剂与被拆分的外消旋手性化合物形成一对非对映异构体的盐，利用这一对非对映异构体的溶解度差别将其分离，达到拆分的目的。但是并不是每一种手性化合物都可以用作拆分剂，近一百多年来，化学拆分剂的选择还是通过随机的方法进行筛选，多年来人们一直希望寻找一种简便而又快速的方法来进行外消旋化合物的拆分。

近年来有人报道了一种"组合拆分"（combinatorial resolution）的方法[57]，其拆分原理是采用一组同一结构类型的手性衍生物的拆分剂家族（resolving agent family）代替单一的手性拆分剂进行外消旋化合物的拆分。实验中发现，当在待拆分的外消旋化合物溶液中加入一组这样的拆分剂家族后，通常可以很快地沉淀得到非对映异构体盐的结晶，拆分得到的化合物的光学纯度高达90%以上，收率几乎达到定量的程度。

这些拆分剂家族是以常用的手性拆分剂为原料经结构修饰得到的衍生物，也可以是含有不同取代基的某一类结构类型的化合物，如 α-苯乙胺类拆分剂家族 PE-Ⅰ、PE-Ⅱ 和 PE-Ⅲ 及邻氨基醇 PG，通常用于酸性化合物的拆分；酒石酸类衍生物的拆分剂家族 T 和 TA、对位取代的扁桃酸 M、N-取代的苯甘氨酸 PGA、邻位取代的苯丙二醇磷酸酯 P 等，通常用于碱性化合物的拆分。其中拆分剂家族 P、PGA 和 M 还可以用于氨基醇类化合物的拆分。这些常见的拆分剂家族如下所示：

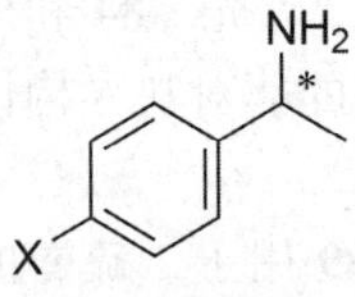

PE-I
X=H, Me, Br

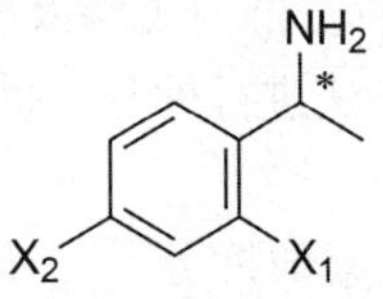

PE-II
X₁=X₂=H
X₁=NO₂, X₂=H
X₁=H, X₂=NO₂

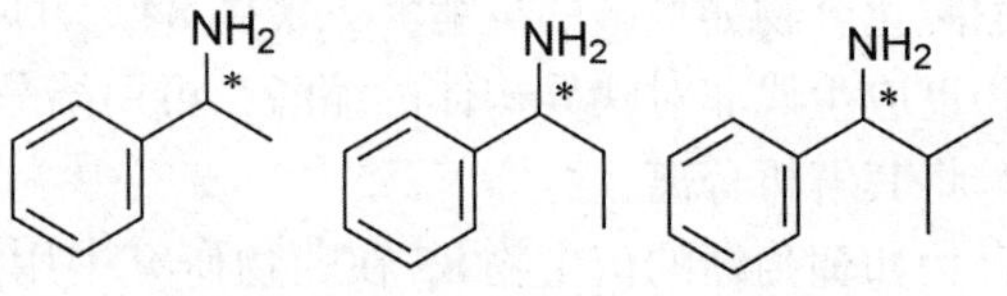

PE-III

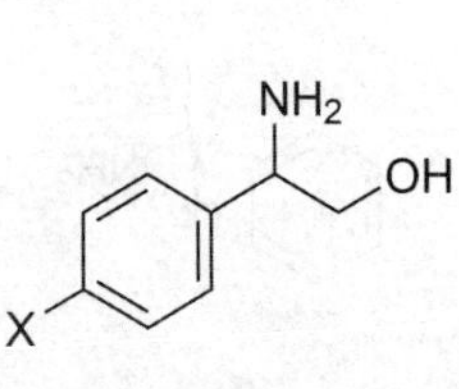

PG
X=H, Me, OMe

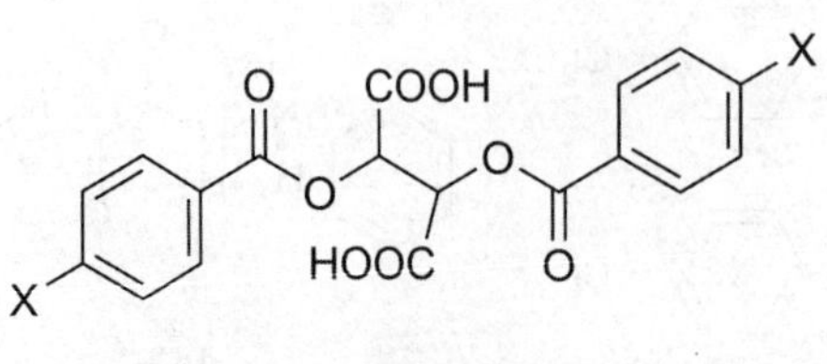

T
X=H, Me, OMe

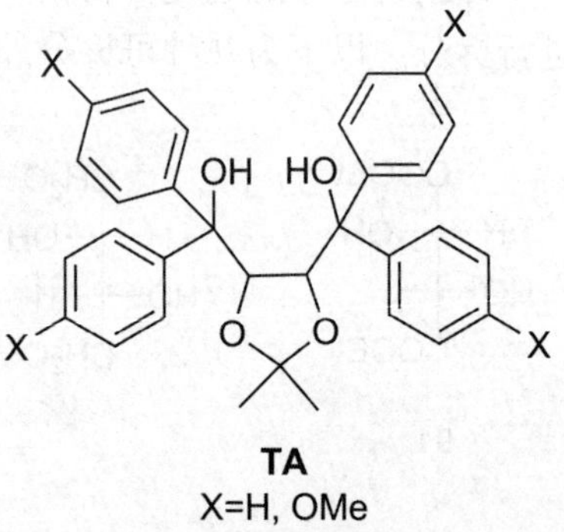

TA
X=H, OMe

M
X=H, Me, Br

PGA
X=H, Me, OMe

P
X=H, Cl, OMe

组合拆分方法和前述的经典拆分方法相比较，结晶速度快，收率高，纯度也较高。实际操作过程中，是将被拆分底物和拆分剂家族以1∶1的形式于同一溶剂中进行拆分，不管拆分剂家族的组成如何，其各组分是等量的。但值得注意的是，从理论上讲，在得到的非对映异构体的盐沉淀中，所含拆分剂家族各组分的量应是化学等量的，即彼此之间比例应相同，但结果并非如此，通常得到的是不等量的混合物。例如，用拆分剂T对化合物（**101**和**102**）进行拆分时，由于T是由两种不同的取代酒石酸苯甲酸酯所组成的，所得的结晶中，T的三个组分的比例分别为1∶10∶4和1∶3∶3。

101 98% *ee*

102 99% *ee*

对于分子结构中不存在明显的、可利用的官能团时，结晶拆分方法的应用显然受到一些限制，而新近发展起来的复合拆分和包合拆分可以解决这些问题。复合拆分和包合拆分是利用氢键或范德华力等化学相互作用而产生的性质差异达到拆分的目的，但本质上仍属于结晶拆分法，也是化学拆分法的方法之一。

复合拆分适用于具有π电子的外消旋的烯烃、芳香族化合物，以及富有孤对电子的元素有机化合物如有机硫化合物、有机砷化合物、有机磷化合物等的拆分。在拆分过程中，烯烃或芳香族化合物由于存在大π电子，能和含π电子的手性试剂形成电子转移复合物，或与手性有机金属配合物形成配位物，这些电子转移复合物和金属配位物具有非对映异构体的特点而易于被分离。硫、磷和砷等的有机化合物由于这些元素的电子空轨道或含有的孤对电子，能与Lewis酸性或Lewis碱性的手性试剂形成复合物而被分离。

这些有机过渡金属化合物与被拆分物形成非对映异构体的配位物而被分离。最早报道的复合拆分方法是使用金属铂的化合物**103**进行反式-环辛烯**104**的拆分。将氯铂酸钾 K$_2$[PtCl$_6$] 与乙烯反应形成氯铂酸钾与乙烯的配位物，后者再用光学活性的 (+)-α-苯乙胺处理得到**103**。在拆分过程中，**103**中的乙烯配基很容易被外消旋的反式环辛烯所取代，形成非对映异构体，再在低温下结晶，用KCN解离，最终可以得到 (−)-反式环辛烯。假若在复合物**103**中将 (+)-α-苯乙胺用 (−)-α-苯乙胺代替，则得到的结晶为含 (+)-反式-环辛烯的复合物[58,59]。

$$K_2[PtCl_6] \xrightarrow{H_2C=CH_2} \left[\begin{array}{c} Cl \\ Cl-Pt-CH \\ Cl \quad CH_2 \end{array}\right]^- K^+ \xrightarrow{(+)或(-)-\alpha-苯乙胺} \left[\begin{array}{c} CH_3 \quad H \quad Cl \\ Ph-C-N-Pt-Cl \\ H \quad Cl \end{array}\right] \xrightarrow[(+)-反式环辛烯]{(\pm)-\textbf{120}}$$

103

$$\left[\begin{array}{c} CH_3 \quad H \quad Cl \\ Ph-C-N-Pt \\ H \quad Cl \end{array}\right] \xrightarrow{KCN} (+)或(-)$$

104

通过形成π电子复合物或π电子转移复合物的拆分方法主要应用于含芳香环化合物的拆分，所用拆分剂是手性的含π电子的酸。如 α-（2，4，5，7-四硝基-9-芴亚氨氧基）丙酸（又称TAPA，**105**）。TAPA是具有共平面结构的多硝基芳烃，能和富电子的稠环芳烃或芳烃形成π电子复合物或π电子转移复合物，这些复合物颜色较深，有较好的晶形和熔点，可用于拆分芳香醚类、芳香醛类及磷酸酯类化合物，特别适用于拆分缺乏官能团的烃类，如五螺并苯、六螺并苯、α-溴代六螺并苯、含氮的螺杂环及某些间位、对位环烷烃苯环。而这些化合物的特点是手性中心过分拥挤或结构中存在阻旋的结构，难以用常规方法拆分[60]。TAPA 还可以用于含有手性侧链芳胺、芳杂化合物、芳烃的拆分。例如用TAPA 拆分化合物 106 和 107，这些芳香胺或含氮的芳杂环由于碱性比较弱，而难以和手性羧酸拆分剂形成非对映异构体盐来进行拆分。

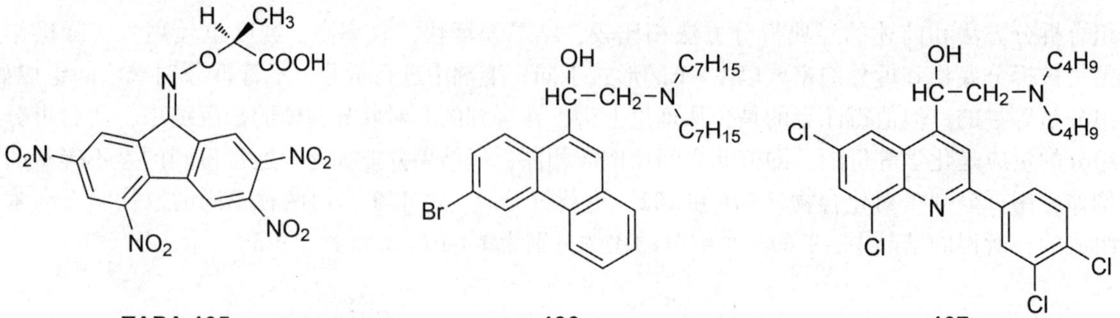

TAPA 105　　　　　　　106　　　　　　　107

包合拆分方法是外消旋化合物拆分的一个新方法，是利用非共价键体系的相互作用而使外消旋体与手性拆分剂发生包结，再通过结晶的方法将两种对映体分开。包合拆分的原理是利用拆分剂分子（主体分子）中存在的一些空穴，这些空穴能够允许一定形状和大小的被拆分分子（客体分子）包合在其中，形成非对映异构的包合物来进行分离。这些具有空穴的主体分子与被拆分的客体分子在分子-分子体系层次发生手性匹配和选择。

影响主体分子和客体分子之间手性匹配和选择性的情况主要有以下几种：①主体分子和客体分子之间有紧密的结合能力，是产生对映选择性的必备条件。②主体分子和客体分子之间有较好的相容性，即主体分子空穴的手性和客体分子的手性产生锁-钥关系。③客体分子必须有一定的柔性，以便使自身能够较好地进入主体分子的空穴中。

包合物的形成主要有两种形式：一种是洞穴包合物（cavitates），另一种是笼状包合物（clathrates）。在洞穴包合物中，手性的底物（客体分子）部分或全部被主体分子中的手性洞穴包合着；而在笼状包合物中，客体分子被数个主体分子包合，形成笼状或隧道的形状。

洞穴包合拆分中所用的拆分剂是手性的环状多元醚（冠醚）和环糊精，这两类化合物由于具有大环结构而在分子中形成洞穴。

化合物 108 是双联萘酚形成的冠醚，研究报道 108 可用于氨基酸的拆分，如用对称的冠醚 108a 拆分苯甘氨酸甲酯[61]和用不对称的冠醚 108b 拆分苯甘氨酸高氯酸盐[62]。在拆分过程中，(R, R)-冠醚108 与 D-苯甘氨酸高氯酸盐能形成热稳定性的结晶析出；而其对映体却不能与苯甘氨酸高氯酸盐形成结晶。这一现象不仅在拆分过程中提供了较好的选择性，而且还可以反过来，用 D-苯甘氨酸高氯酸盐来拆分外消旋的冠醚[63]。

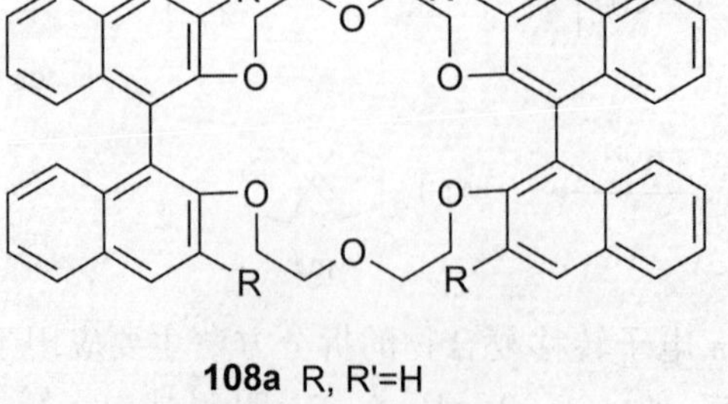

108a　R, R'=H
108b　R=CH, R'=H

环糊精（cyclodextrin，**109**）是包合物拆分中使用最广泛的试剂。环糊精是一种水溶性的大环寡聚葡萄糖，含有 6 个、7 个或 8 个 D-(+)-葡萄吡喃糖的结构单位，以 α-(1，4)-糖苷键首尾相连接而形成，相应地被称为 α-环糊精、β-环糊精或 γ-环糊精。

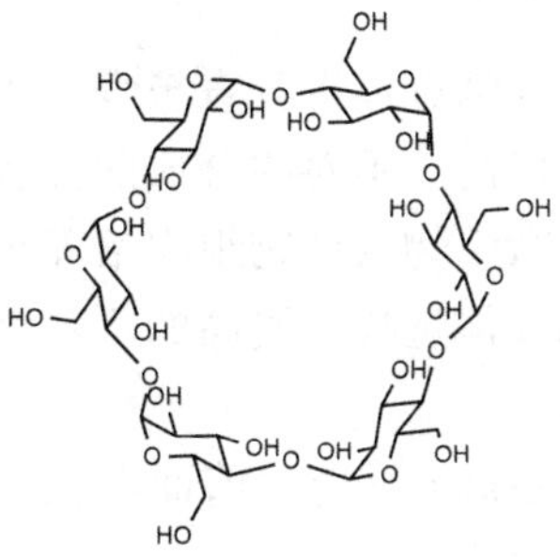

109a α-环糊精 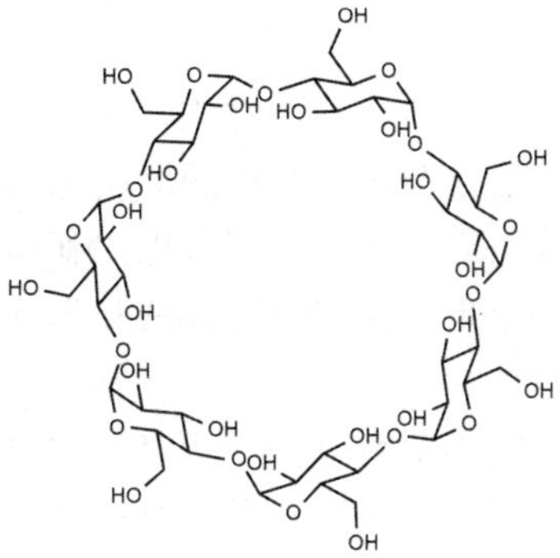　　　　**109b** β-环糊精 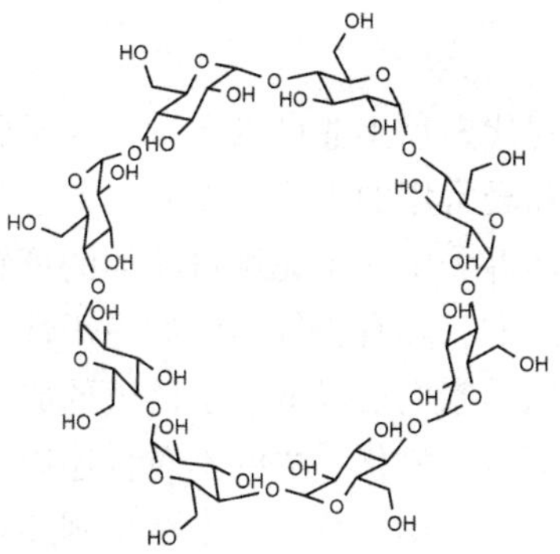　　　　**109c** γ-环糊精

早期用环糊精和某些含有官能团的化合物（如羧酸、酯、醇等）形成包合物进行部分拆分，但得到的化合物光学纯度比较低，只对一些特殊的化合物如亚磷酸酯的拆分效果较好。有报道用 β-环糊精进行非甾体抗炎药非诺洛芬（fenoprofen，**110**）的拆分，非诺洛芬的苯环插入环糊精的空穴中，但是（R）-和（S）-异构体与 β-环糊精形成结晶的形态不一样。在结晶中（R）-异构体和 β-环糊精形成的包合物以头头相连的形式排列成直线，形成二聚体；（S）-异构体则和 β-环糊精的包合物在结晶中以头尾相连的形式排列成直线，形成二聚体[64]。

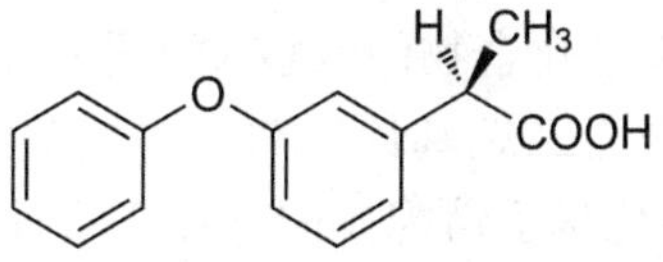

110

笼状包合物通常是由客体分子被多个主体分子所包围而形成，形成晶体时晶格中好像是由主体分子组成的隧道，而被包围的客体分子恰好处于这个隧道之中。产生笼状包合物的主体分子有脲 **111** 和三邻百里香酚酸交酯（tri-o-thymotide，TOT，**112**）。

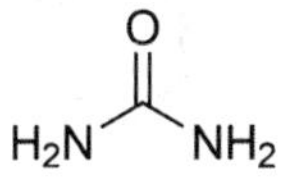

111

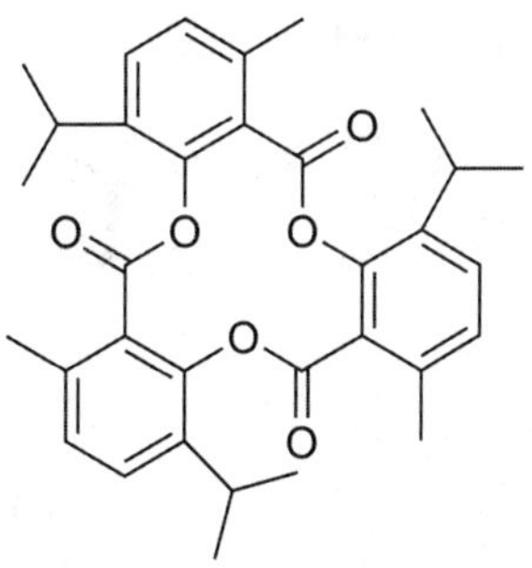

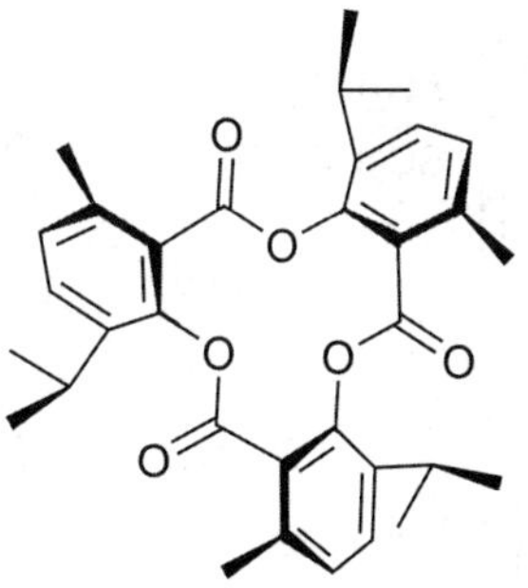

112

第三节　不对称合成手性药物

　　现代药物工业可以通过许多手段得到光学活性的药物化合物，经典的外消旋体拆分直至今日仍是最基本和最常用的方法，而不对称合成的方法在药物工业中的应用也越来越广泛。不对称合成的方法避免了手性拆分中一半无用对映体的再转化或消旋化问题，同时也比利用酶、微生物及植物组织培养等生物催化的方法具有更好的底物适用性。近些年来，在与上述方法互为补充和立体选择性更高的不对称反应中，化学家们已经取得了巨大的成功。

　　不对称氧化、酮的不对称还原、烯烃的不对称环氧化及不对称 Diels－Alder 反应在前面有关章节已详细阐述，不再赘述。本章节阐述羰基不对称加成反应及不对称环丙烷化反应。

一、羰基的不对称加成反应

　　碳碳键的生成是有机合成中最主要的反应。世界上新化合物的不断涌现及生命世界的多姿多彩，极大程度上是源自碳原子的二维结构及碳碳键的生成与消除。不对称地生成新的碳碳键的反应包括羰基的 α-烷基化反应、羰基的催化加成反应、醛醇缩合反应及不对称的 Diels－Alder 反应等诸多反应。尽管不少手性药物分子的不对称性是靠碳碳键建立起来的，有些药物分子还有手性季碳存在，但有关不对称碳碳键生成在工业规模上成功应用的例子还是寥寥无几，或者说这正是人们努力的方向。本部分对一些常见的有潜在实用意义的方法做一概述，介绍一些已经用于手性药物分子合成与制备的反应方法。

　　在手性配体存在下，烷基金属对羰基化合物的亲核加成是受到最广泛研究的反应之一（一般来说，烷基金属按反应活性增强趋势排列依次为二烷基锌试剂、二烷基铜锂试剂、三烷基铝试剂、格氏试剂、烷基锂试剂）。该反应的优点是可在催化量手性配体的存在下，使非手性或潜手性的羰基化合物与非手性的烷基金属反应得到对映选择性高的醇产物。二烷基锌对羰基底物的亲核加成反应可能是被研究得最广泛的，经验上二烷基锌对于一般羰基底物是惰性的，但可通过加入一些添加剂而提高其反应活性。最好的配体一般是手性氨基醇和二胺，后来又发现与钛配合的联萘二酚类配体也有很好的效果。

　　常用的配体举例如下：

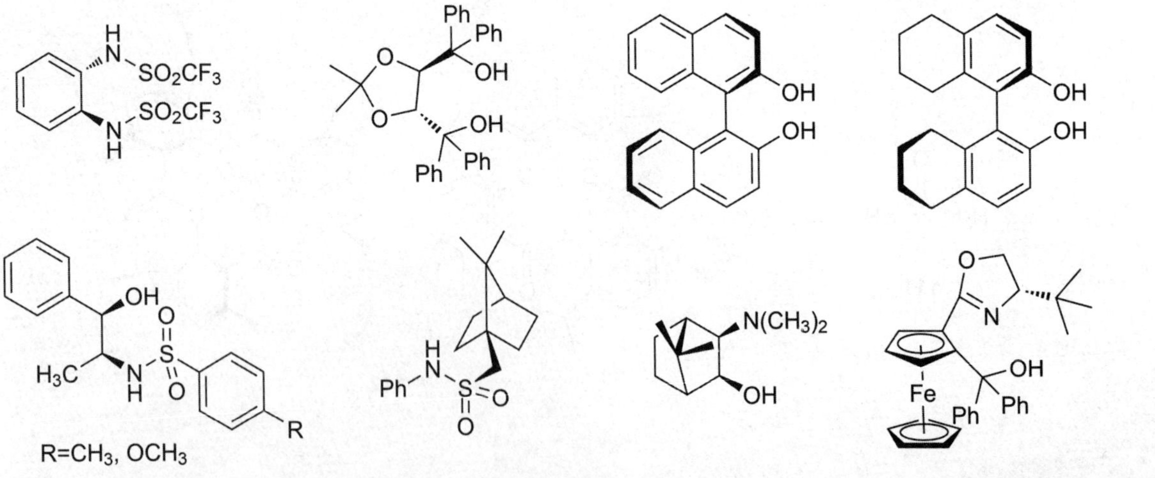

　　二烷基锌试剂对醛、酮等底物的加成是一类较为典型的羰基不对称加成反应，以手性质子型配体为例，此种情况属于配体加速的例子，二烷基锌对羰基的加成是有氨基醇或带有手性配体的钛配合物促进的。因二烷基锌试剂加成反应较为常见，此处不再列举实例。

　　下面是烷基锂试剂（本例中是炔基锂）对酮底物的加成，已用于抗艾滋病药物依非韦伦的制备中[65]。

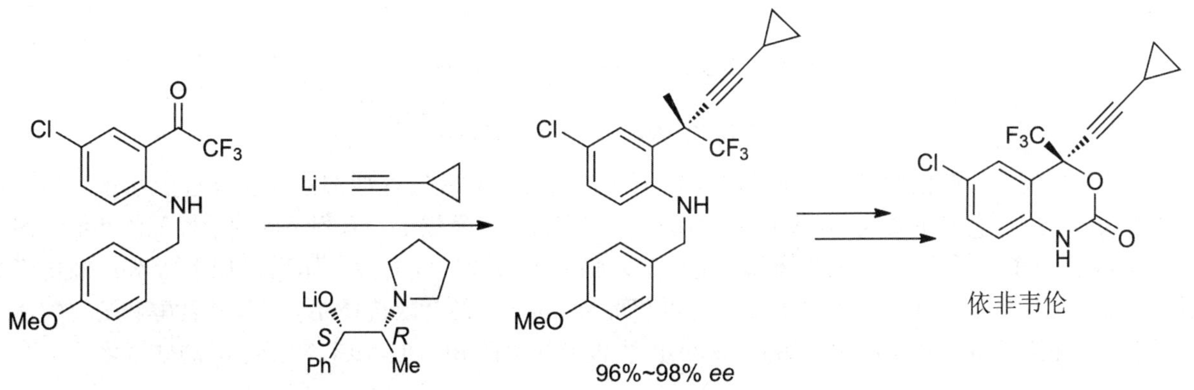

96%~98% ee

依非韦伦

环丙基炔基锂在催化量的（1R，2S）-N-四氢吡咯降麻黄碱的锂盐的不对称诱导下，可以高对映选择性地（96%~98% ee）加成到对甲氧苄基保护的苯基三氟甲基酮上，实现含季碳的醇的不对称合成。这是合成依非韦伦的一条很实用的途径，依非韦伦对一系列 HIV 突变株有很高的活性，现已在美国等地上市。

金属烯醇盐对醛的不对称加成也是生成碳碳键的一种有效方法。Corey 等发展了一种新的手性试剂，该试剂被称为 Corey 试剂，如下所示：

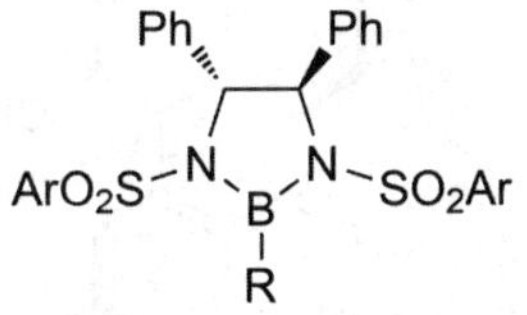

113a R=H
113b R=Me
113c R=Bu

Corey 试剂可以用来制备氯霉素（chloranmphenicol）[66]。如下所示，对硝基苯甲醛与 α-溴代乙酸叔丁酯在 Corey 试剂的作用下得到中间体 **114**，该步反应 ee 值可达 93%，然后经数步反应得到氯霉素。不过需指出的是，该路线实用性并不是很强，因为目前光学活性氯霉素的生产均采用酒石酸拆分重要中间体的方法来生产。

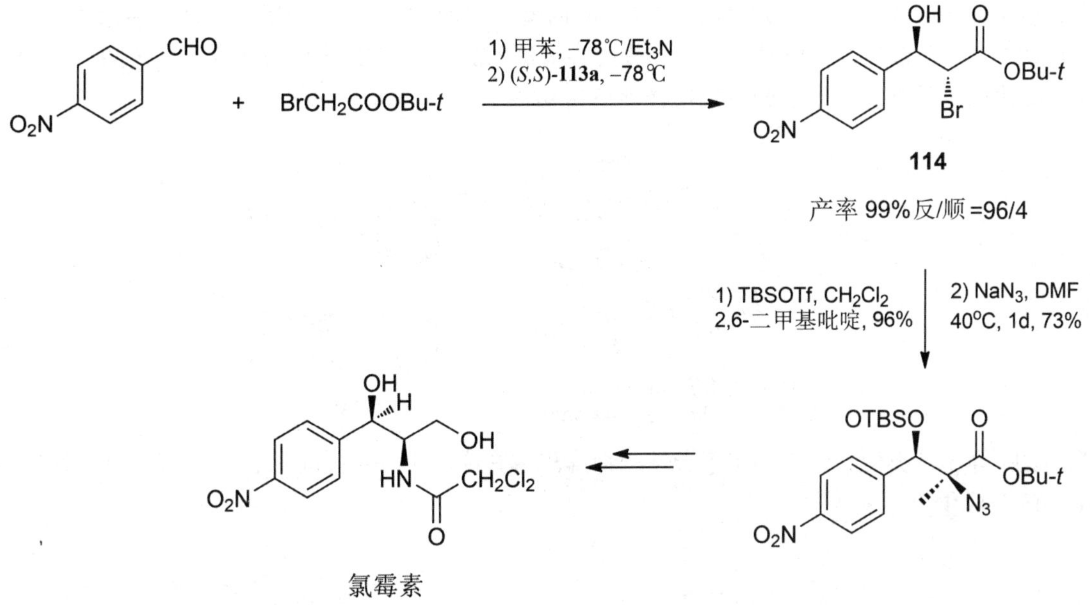

1) 甲苯，-78℃/Et₃N
2) (S,S)-**113a**，-78℃

114

产率 99% 反/顺 =96/4

1) TBSOTf, CH₂Cl₂
2,6-二甲基吡啶, 96%

2) NaN₃, DMF
40℃, 1d, 73%

氯霉素

羰基的不对称氰化反应也是羰基的不对称加成反应之一，产物手性氰醇是一种具有广泛用途的不对称有机合成中间体，是许多药物的起始原料及一些天然产物和农药的重要组成片段。目前羰基的不对称氰化反应主要集中在高效催化剂的筛选及不同氰源的开发上。

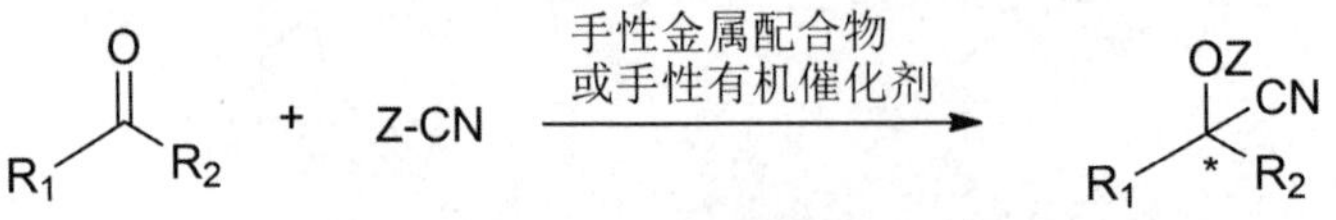

$$Z=H, K, TMS, COOEt, COMe 等$$

手性金属配合物催化的三甲基氰硅烷（TMSCN）对醛的对映选择性加成反应是近十几年来的一个活跃的领域，中心金属主要为 Ti(IV) 和 Al(III)。许多科学家发展了一系列不同的手性配体和催化剂。

Corey 报道了双噁唑啉–镁配合物和未配合的双噁唑啉共同形成的活化体系（如下所示）催化醛的不对称硅氰化反应[67]，对于环状醛和脂肪醛可获得 87%~95% 的对映选择性。各种手性醇和酚类配体也被用于醛的不对称硅氰化反应中，如 Reetz 小组[68] 报道的手性 BINOL–TiCl$_4$ 对异丁醛的硅氰化反应等。

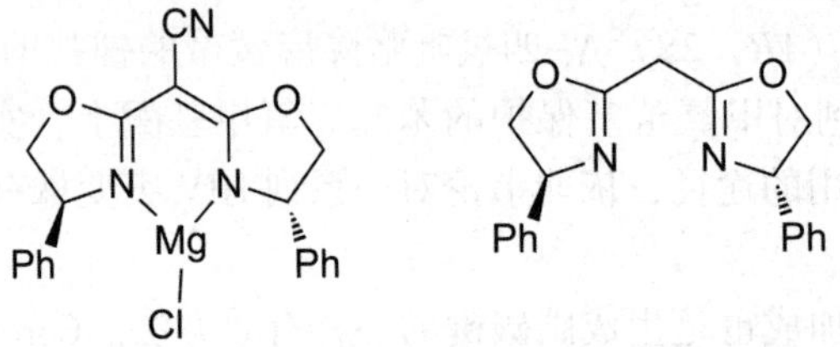

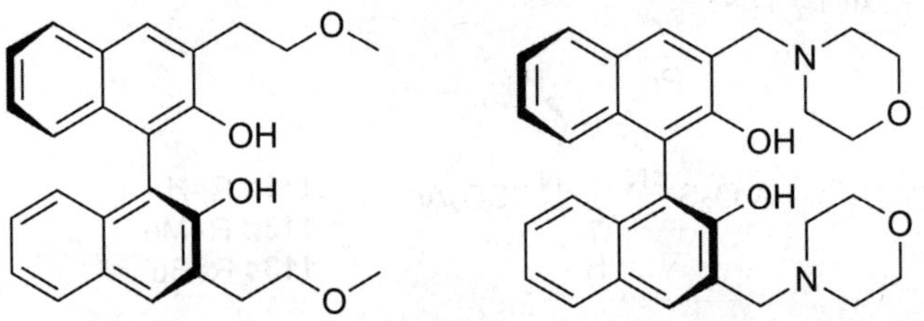

手性酚类配体催化醛的不对称硅氰化反应最好的例子是 Shibasaki 发展的联萘酚衍生的双功能膦氧配体与 Al(III) 的配合物催化剂[69]，其中中心金属 Al 作为路易斯酸活化底物醛，而膦氧部分作为路易斯碱活化 TMSCN，在最优条件下，脂肪醛、芳香醛和杂环醛均能转化为相应的氰醇，对映选择性达 83%~98% ee。Shibasaki 利用该不对称合成方法合成了天然抗肿瘤药物埃坡霉素 A（epothilone A）和埃坡霉素 B（epothilone B）[70]，但该反应需要在 10h 内缓慢滴加 TMSCN 而使操作不便。后来 Nàjera 和 Saà 制备了类似的双功能催化剂，但是采用二乙胺代替膦氧部分作为路易斯碱，克服了上述缺点，10%（摩尔分数）催化剂条件下对苯甲醛的对映选择性可达 98% ee。

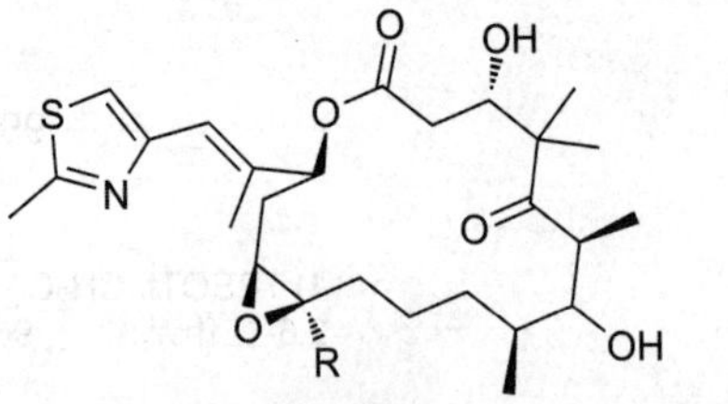

R=H 埃坡霉素(epothilone)A
R=Me 埃坡霉素(epothilone)B

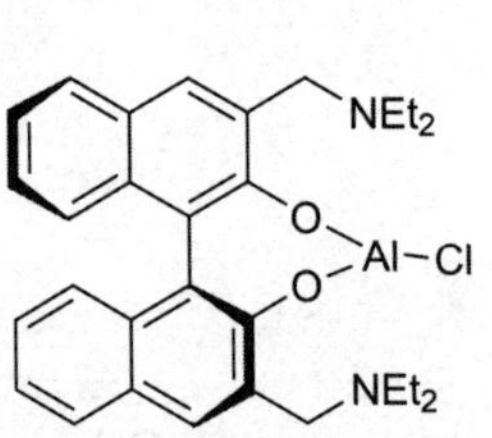

Cat.

Shibasaki 等还将类似方法成功用于天然产物 (S)–奥昔布宁（oxybutynin）和 (S)–喜树碱（camptothecin）的合成中[71]：

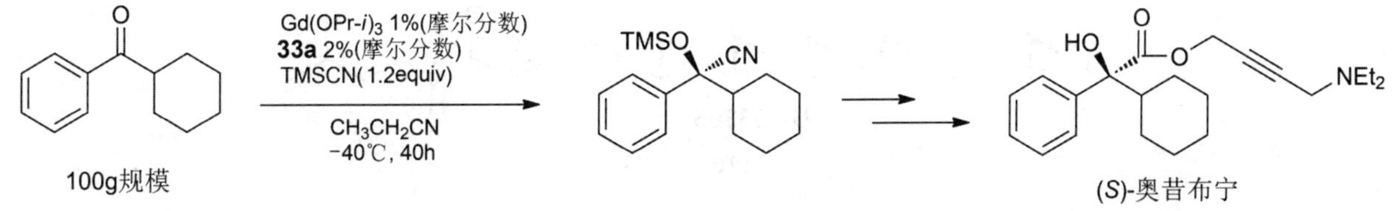

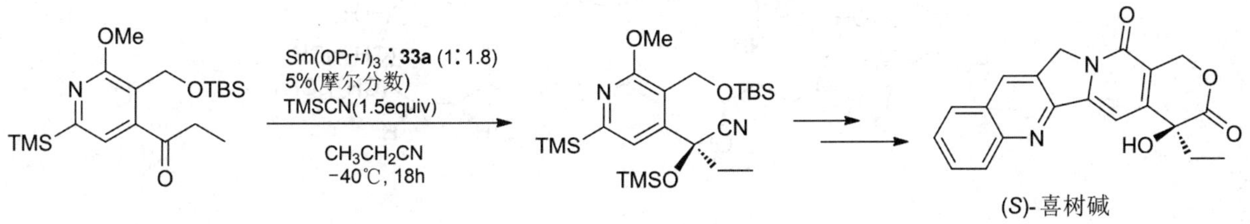

100g规模 → (S)-奥昔布宁

(S)-喜树碱

　　另外，合成的手性金属催化剂和手性配体还有希夫碱类配体和手性酰胺类配体等。不同于 Aldol 反应中有机小分子催化剂的广泛应用，醛、酮类化合物的有机小分子催化反应报道比较少，所用到的配体有生物碱喹啉、手性胍等。

　　2003 年，Deng 等[72] 利用辛可宁衍生物催化活化的 α，α-二烷基酮与 TMSCN 的不对称加成反应，对脂肪酮、芳香酮及含杂原子活化酮均有较好的结果。他们将此体系用于具有抗癌活性的天然产物 bisorbicillinolide 的合成中。以 α，α-二烷基酮为原料，辛可宁衍生物为催化剂发生硅氰化反应，获得 100% 的产率和 92% ee 的对映选择性，经多步转化，首次完成了生物活性药物 bisorbicillinolide 的对映选择性全合成[73]，总收率为 12% ~ 19%。逆合成分析如下：

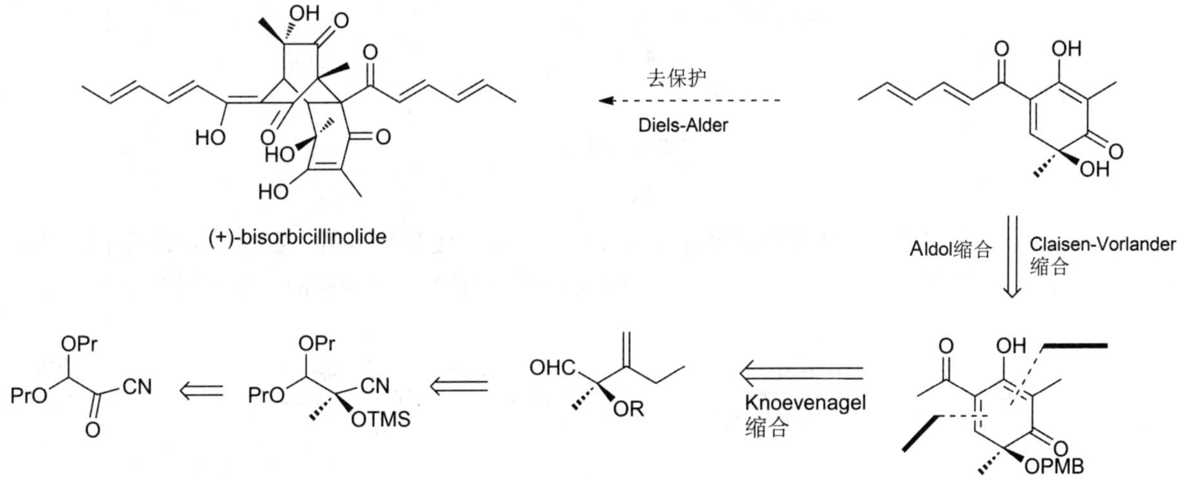

(+)-bisorbicillinolide

二、不对称环丙烷化反应

　　手性环丙烷结构广泛存在于天然和人工合成的产物中，下面列举几种具有环丙烷结构的重要化合物：

U-106365

115

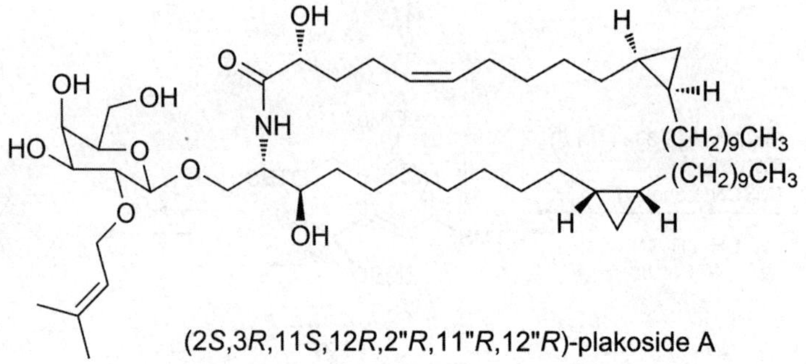

$(2S,3R,11S,12R,2''R,11''R,12''R)$-plakoside A

116

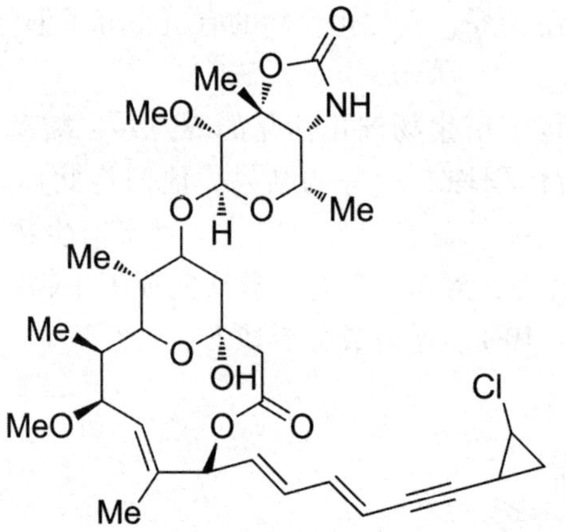

calipettoside A

117

Cu（Ⅰ）配合物在目前是合成环丙烷最有效的催化剂。日本住友公司用一定摩尔分数的手性铜催化剂催化烯烃发生不对称环丙烷化反应，合成了二肽抑制剂西司他丁（cilastatin），合成路线如下[74]：

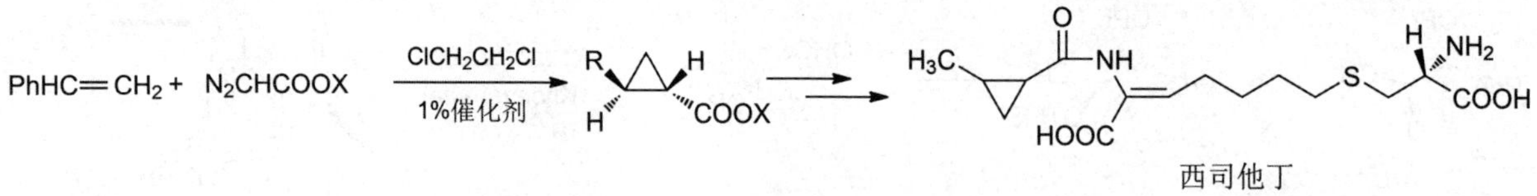

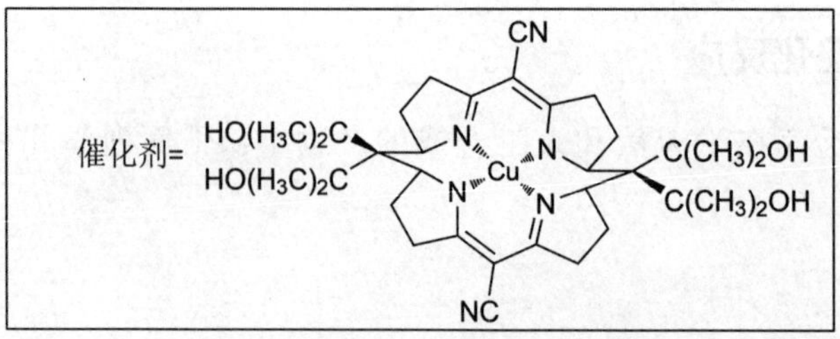

$$PhHC=CH_2 + N_2CHCOOX \xrightarrow[\text{1\%催化剂}]{ClCH_2CH_2Cl} \quad \longrightarrow$$

西司他丁

催化剂=

常用的不对称烯烃的环丙烷化反应包括金属催化重氮化合物与烯烃的反应和 Simmons-Smith 反应，现各举一例介绍。

有些金属配合物催化重氮化合物的分解，可以达到对烯烃的环丙烷化作用。金属配合物催化重氮化合物分解生成活泼的卡宾中间体，该卡宾中间体顺式加成到烯烃中，生成环丙烷。要注意的是，活泼卡宾中间体容易生成二聚体及其他副产物，因此有时须将重氮物缓慢地加入并使用过量的烯烃。一个工业化的例子是催化剂 **118** 的应用。**118** 用于 2，2-二甲基环丙烷甲酸乙酯 **119** 的对映体合成，后者是制备西司他丁的关键中间体[75]。

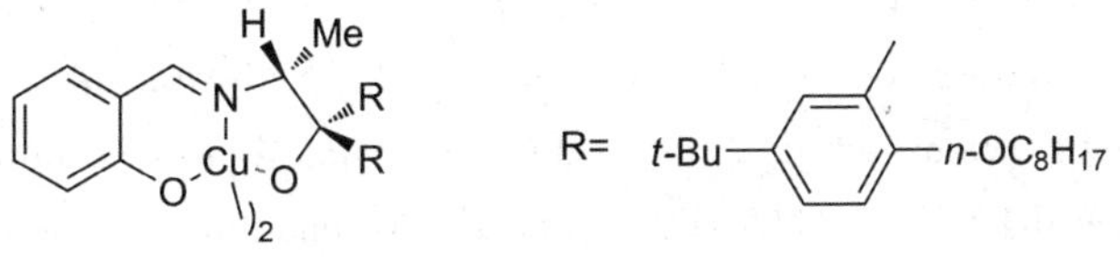

116

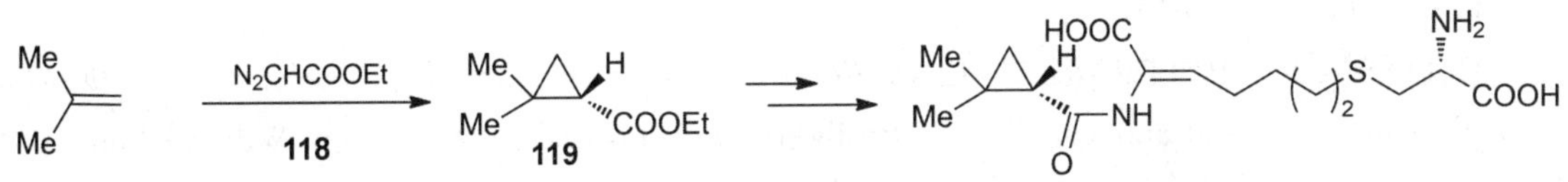

西司他丁

另一个例子是用 Simmons-Smith 反应合成 curacin A。这是从加勒比海蓝藻中分离到的抗有丝分裂作用的化合物，含有一个带手性环丙烷脂肪侧链的二取代噻唑啉。该环丙烷单元可按以下所示过程制备。该方法用于双不对称 Simmons-Smith 环丙烷化反应的 *ee* 值为 97%[76]。

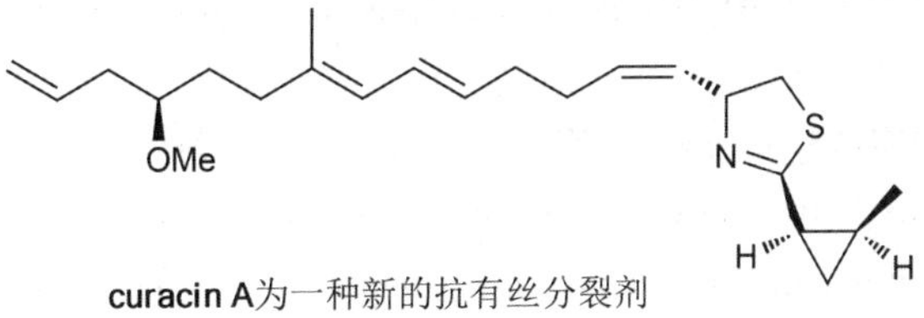

curacin A 为一种新的抗有丝分裂剂

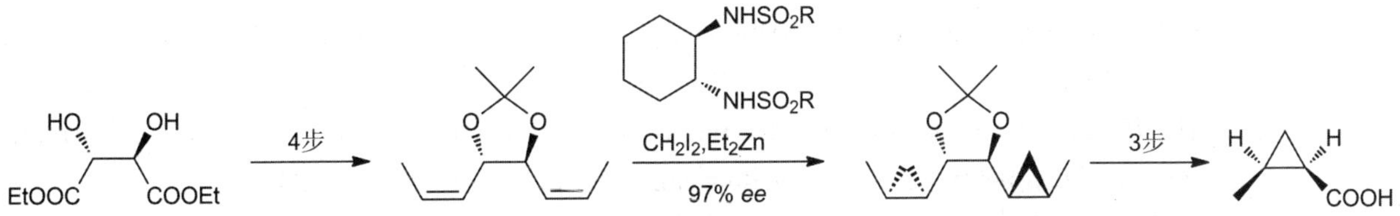

有机合成中常见且重要的不对称合成方法有很多，诸如直接不对称 Aldol 反应、不对称 Micheal 加成反应、不对称 Baylis-Hillman 反应、不对称催化的 Wittig 反应及最近研究非常热的不对称多组分反应，等等，这些反应和方法近几十年来得到了长足的发展，在底物的适应性和效率方面都有了很大的改善，但是在药物工业中的应用还尚不多见，需要人们进一步研究，在效率和成本方面取得进一步的突破。这些反应的最新进展和相关内容可参考本书第二章或其他专著。

参考文献

[1] HANS E, MARCEL G, WUBBOLTS, et al. Screening for pharmaceutical cocrystal hydrates via neat and liquid-assisted grinding [J]. Science, 2003, 299: 1694.

［2］ AGER D J. Handbook of chiral chemicals ［M］. Marcel Dekker, 1999.

［3］ 吴梧桐. 生物化学（4版）［M］. 人民卫生出版社, 2000.

［4］ 张树政. 酶制剂工业 ［M］. 北京：科学出版社, 1984：44.

［5］ PETERSON D H, MURRAY H C, EPPSTEIN S H, et al. Microbiological transformations of steroids. 1 i. Introduction of oxygen at carbon－11 of progesterone ［J］. J Am Chem Soc, 1952, 74：5933.

［6］ SHIBATANI T, NAKAMICHI K, MATSUMAE H. Method for preparing optically active 3－phenylglycidic acid esters ［J］. European Patent Application, 1990：362556.

［7］ PATER R N, et al. Stereospecific microbial reduction of 4, 5－dihydro－4－（4－methoxyphenyl）－6－（trifluoromethyl－1h－1）－benzazepin－2－one ［J］. Enzyme Microb Technol, 1991, 13：906.

［8］ SOHAR P, GRABOWSKI EJJ, LAMANEC T, et al. An enantioselective synthesis of the topically－active carbonic anhydrase inhibitor MK－0507：5, 6－dihydro－（S）－4－（ethylamino）－（S）－6－methyl－4h－thieno ［2, 3－b］ thiopyran－2－sulfonamide 7, 7－dioxide hydrochloride ［J］. J Org Chem, 1993, 58：1672.

［9］ COLLINS A N, SHELDRAKE G, CROSBY J. Chirality in industry Ⅱ：Developments in the commercial manufacture and applications of optically active compounds ［M］. John Wiley & Sons, 1997.

［10］ HULSHOF L A, ROSKAN J H. Phenylglycidate stereoisomers, conversion products thereof with eg 2－nitrothiophenol and preparation of diltiazem ［J］. European Patent Application, 1989, 343714.

［11］ YAMANAKA H, KAWAMOTO T, TANAKA A. Efficient preparation of optically active p－trimethylsilylphenylalanine by using cell－free extract of blastobacter sp. A17p－4 ［J］. Journal of Fermentation & Bioengineering, 1997, 84（3）：181.

［12］ DRAUZ K, WALDMANN H. Enzyme catalysis in organic synthesis ［J］. VCH publishers, 1995, 338.

［13］ GENZEL Y, ARCHELAS A, SPELBERG J H L, et al. Microbiological transformations. Part 48：Enantioselective biohydrolysis of 2－, 3－ and 4－pyridyloxirane at high substrate concentration using the agrobacterium radiobacter AD1 epoxide hydrolase and its Tyr215Phe mutant ［J］. Tetrahedron, 2001, 57：2775.

［14］ （a） JIN H, LI Z Y, DONG X W. Enantioselective hydrolysis of various substituted styrene oxides with aspergillus niger CGMCC 0496 ［J］. Organic & Biomolecular Chemistry, 2004, 2 （3）：408.

（b） JIN H, LI Z Y. Enantioselective hydrolysis of o－nitrostyrene oxide by whole cells of aspergillus niger CGMCC 0496 ［J］. Biosci Biotechnol Biochem, 2002, 66：1123.

（c） 金浩. 具有环氧水解酶的黑曲菌株的筛选及其对1, 2－环氧化物进行的不对称拆分反应：［博士论文］, 2002.

［15］ XU Y, XU J H, PAN J, et al. Biocatalytic resolution of nitro－substituted phenoxypropylene oxides with trichosporon loubierii epoxide hydrolase and prediction of their enantiopurity variation with reaction time ［J］. J Mol Catal B：Enzymatic, 2004, 27：155.

［16］ XU Y, XU J H, PAN J, et al. Biocatalytic resolution of glycidyl aryl ethers by trichosporon loubierii：Cell/substrate ratio influences the optical purity of （R）－epoxides ［J］. Biotechnol Lett, 2004, 26：1217.

［17］ 徐毅, 潘江, 许建和. 环氧水解酶催化合成 （R）-和 （S）-普萘洛尔 ［J］. 石油化工, 2004, 33 （s1）：950.

［18］ SHIRAE H, YOKOZEKI K. Purifications and properties of orotidine－phosphorolyzing enzyme and purine nucleoside phosphorylase from erwinia carotovora AJ 2992 ［J］. Journal of the Agricultural Chemical Society of Japan, 1991, 55（7）: 1849.

［19］ HILDEBRANDT G, KLAVEHN W. Verfahren zur Herstellung von 1-1-Phenyl-2-methylamino-propan-1-ol ［J］. German patent, 1932, 548: 459.

［20］ YAMAMOTO A, YOKOZEKI K, KUBOTA K. Enzymic manufacture of aromatic amino acids. Japanese Patent, 01010995.

［21］（a）GLIEDER A, WEIS T, SKRANC W, et al. Comprehensive step-by-step engineering of an （R）-hydroxynitrile lyase for large-scale asymmetric synthesis ［J］. Angew Chem Int Ed, 2003, 42: 4815.

（b）HASSLACBER M, SCHALL M, HAYN M, et al. Molecular cloning of the full-length cdna of （S）-hydroxynitrile lyase from hevea brasiliensis functional expression in escherichia coli and saccharomyces cerevisiae and identification of an active site residue ［J］. J Biol Chem, 1996, 271: 5884.

（c）PURKARTHOFER T, PAVST T, BROEK C V D, et al. Large-scale synthesis of （R）-2-amino-1-（2-furyl）ethanol via a chemoenzymatic approach ［J］. Org Process Res Dev, 2006, 10: 618.

［22］ ROBERGE C, FLEITZ F, POLLARD D, et al. Asymmetric synthesis of cyanohydrin derived from pyridine aldehyde with cross-linked aggregates of hydroxynitrile lyases ［J］. Tetrahedron Lett, 2007, 48: 1473.

［23］（a）VAN LANGEN L M, SELASSA R P, RANTWIJK VAN F, et al. Cross-linked aggregates of （R）-oxynitrilase: a stable, recyclable biocatalyst for enantioselective hydrocyanation ［J］. Org Lett, 2005, 7: 327.

（b）VAN LANGEN L M, VAN RANTWIJK F, SHELDON R A. Enzymatic hydrocyanation of a sterically hindered aldehyde. Optimization of a chemoenzymatic procedure for （R）-2-chloromandelic acid ［J］. Org Process Res Dev, 2003, 7: 828.

［24］ CALZAVARA E. Procédé pour la préparation des antipodes optiques de corps doués de pouvoir rotatoire. Er Patent, 1934, 763: 374; Chem Abstr, 1934, 28: 5472.

［25］ SECOR R M. Resolution of optical isomers by crystallization procedures ［J］. Chem Rev, 1963, 63: 297.

［26］ 计志忠. 化学制药工艺学 ［M］. 北京: 中国医药科技出版社, 1998: 259-261.

［27］ REINHOLD D F, FIRESTONE R A, GAINES W A, et al. Synthesis of 1-.alpha-methyldopa from asymmetric intermediates ［J］. J Org Chem, 1968, 33: 1209.

［28］ YAMADA, YAMAMOTO M, CHIBATA L. Optical resolution of dl-lysine by preferential crystallization procedure ［J］. J Agr Food Chem, 1973, 21: 889.

［29］ COLLET A, BRIENNE M-J. Optical resolution by direct crystallization of enantiomer mixtures ［J］. Chem Rev, 1980, 80: 215.

［30］ ADDAI L, WEINSTEIN S, GATI E, et al. Resolution of conglomerates with the assistance of tailor-made impurities. Generality and mechanistic aspects of the "rule of reversal". A new method for assignment of absolute configuration ［J］. J Am Chem Soc, 1982, 104: 4610.

［31］ PURVIS J L. Resolution of amino acids: US 2790001 ［P］. 1957-4-23（Chem Abstr. 1957, 51: 13910i）.

［32］ CHANDRASEKHAR, TAVINDRANATH M. Preferential spontaneous resolution of p-anisyl α-methylbenzyl ketone ［J］. Tetrahedron Lett, 1989, 30: 6207.

［33］ BLACK S N, WILLIAMS L J, DAVEY R J, et al. The preparation of enantiomers of paclobutrazol：A crystal chemistry approach ［J］. Tetrahedron, 1989, 45：2677.

［34］ K ARAI. J Synth Org Chem Jpn. (Yuki Gosei Kagaku Kyokaishi), 1986, 44：486.

［35］ PISELLI F L. Eur Patent Appl. EP0298395A1. 1989 (Chem Abstr. 1989, 111：7085a).

［36］ LECLERCQ M, JACQUES J. Study of optical antipode mixtures. X. Separation of complex diastereomeric salts by isomorphism ［J］. Bulletin of the Chemical Society, France (Part 2), 1975：2052.

［37］ KANOH S, MURAMOTO H, KOBAYASHI N, et al. Practical method for the synthesis and optical resolution of axially dissymmetric 6, 6′－dimethylbiphenyl－2, 2′－dicarboxylic acid ［J］. Bull Chem Soc Jap, 1987, 60：3659

［38］ FIZET C. Optical Resolution of (RS) －Pantolactone through Amide Formation ［J］. Helvetica chimica acta, 1986, 69 (2)：404.

［39］ INGERSOLL A W. A method for the complete, mutual resolution of inactive acids and bases ［J］. J Am Chem Soc, 1925, 47：1168.

［40］ HAMNGTON P J, LODEWIJK E. Twenty years of naproxen technology ［J］. Org Process Res Dev, 1997, 1：72.

［41］ JACQUES J, COLLET A, WILEN S H. Enantiomers, racemates, and resolutions ［M］. Wiley, 1981：387.

［42］ IMHOF R, KYBURZ E, DALY J J. Design, synthesis, and x－ray data of novel potential antipsychotic agents. Substituted 7－phenylquinolizidines：Stereospecific, neuroleptic, and antinociceptive properties ［J］. J Med Chem, 1984, 1984, 27：165.

［43］ KELLY R C, SCHLETTER I, STEIN S J, et al. Total synthesis of . alpha. －amino－3－chloro－4, 5－dihydro－5－isoxazoleacetic acid (AT－125), an antitumor antibiotic ［J］. J Am Chem Soc, 1979, 101：1054.

［44］ ROZWADOWSKA M D, DROSSI A. Optically active tetrahydro-. alpha. －phenyl－6, 7－dimethoxyisoquinoline－1－methanols from (1－phenylethyl) ureas. Absolute configuration of (−) － and (+) －isomers of the erythro series ［J］. J Org Chem, 1989, 54：3202.

［45］ AAV R, PARVE O, PEHK T, et al. Preparation of highly enantiopure stereoisomers of 1－ (2, 6－dimethylphenoxy) － 2 － aminopropane (mexiletine) ［J］. Tetrahedron Asymmetry, 1999, 10 (15)：3033.

［46］ GAL G, CHEMERDA J M, REINHOLD D F, et al. A new and simple method of resolution. Preparation of 3－fluoro－D－alanine－2－d ［J］. J Org Chem, 1977, 42：142.

［47］ TASHIRO Y, AOKI S. Eur Patent Appl EP0133053A1. 1985 (Chem Abstr, 1985, 103：37734p).

［48］ VIRET J, PATZELT H, COLLET A. Simple optical resolution of terleucine ［J］. Tetrahedron Lett, 1986, 27：5865.

［49］ CHIBATA I, YAMADA S, HONGO C, et al. Eur Patent Appl EP0075318A2 (Chem Abstr 1983, 99：105702c).

［50］ (a) YOSHIOKA T, TOHYAMA M, OHTSUKI O, et al. The optical resolution and asymmetric transformation of dl－p－hydroxyphenylglycine with (+) －1－phenylethanesulfonic acid ［J］. Bull Chem Soc Jpn, 1987, 60：649.

　　　(b) 李叶芝, 郭纯孝, 鲁向阳, 等. R (−) 四氢噻唑－2－硫酮－4－羧酸对 D, L－氨基酸酯拆分的研究 ［J］. 高等学校化学学报, 1998, 19 (6)：885.

［51］ KLYASHCHITSKII B A, SHVETS V I. Resolution of racemic alcohols into optical isomers ［J］.

Russian Chemical Reviews, 1972, 41 (7): 592.

[52] HASHIMOTO S-I, KASE S, SUZUKI A, et al. A practical access to optically pure (s) -1-octyn-3-ol [J]. Synth Commun, 1991, 21: 833.

[53] COREY E J, DANHEISER R L, CHANDRASEKARAN S, et al. Stereospecific total synthesis of gibberellic acid [J]. J Am Chem Soc, 1978, 100: 8034.

[54] NOE C T. CHIRALE LACTOLE, I. Die 2, 3, 3a, 4, 5, 6, 7a-octahydro-7, 8, 8-trimethyl-4, 7-methanobenzofuran-2-yl-schutzgruppe [J]. Chem Ber, 1982, 115: 1576.

[55] Saito H, Nishimura Y, Kondo S, et al. Syntheses of all four possible diastereomers of etoposide and its aminoglycosidic analogues via optical resolution of (±) -podophyllotoxin by glycosidation with D- and L-sugars [J]. Chemistry Letters, 1987, 16 (5): 799.

[56] OTTENHEIJM H C J, HERSCHEID J D M, NIVARD R J F. Approaches to the resolution of racemic cyclic disulfides. Application to an epidithiodioxopiperazine [J]. J Org Chem, 1977, 42: 925.

[57] VRIES T, WYNBERG H, VAN ECHTEN E, et al. The family approach to the resolution of racemates [J]. Angewandte Chemie International Edition, 1998, 37 (17): 2349.

[58] COPE A C, GANELLINE C N, JOHNSON H W. Resolution of trans-cycloöctene; confirmation of the asymmetry of cis-trans-1, 5-cycloöctadiene [J]. J Am Chem Soc, 1962, 84: 3191.

[59] COPE A C, GANELLINE C R, JOHNSON H W, et al. Molecular asymmetry of olefins. I. Resolution of trans-cyclooctene1-3 [J]. J Am Chem Soc, 1963, 85: 3276.

[60] JACQUES J, COLLET A, WILEN S H. Enantiomers, racemates, and resolutions [M]. Wiley, 1981, 273.

[61] GOLDBERG I. Structure and binding in molecular complexes of cyclic polyethers. 4. Crystallographic study of a chiral system: An inclusion complex of a macrocyclic ligand with phenylglycine methyl ester [J]. J Am Chem Soc, 1977, 99: 6049.

[62] KNOBLER C B, GAETA F C A, CRAM D J. Source of chiral recognition in coraplexes with phenylglycine as guest [J]. J Chem Soc Chem Commun, 1988, 330.

[63] BRIENNE M J, JACQUES J. Remarques sur la chiralite de certains clathrates du type cage [J]. Tetrahedron Letters, 1975, 16 (28): 2349.

[64] HAMILTON J A, CHEN L. Crystal structure of an inclusion complex of. beta. -cyclodextrin with racemic fenoprofen: direct evidence for chiral recognition [J]. Journal of the American Chemical Society, 1988, 110 (17): 5833.

[65] PIERCE M E, PARSONS A L J R, RADSSCA L A, et al. Practical asymmetric synthesis of efavirenz (DMP 266), an HIV-1 reverse transcriptase inhibitor [J]. J Org Chem, 1998, 63: 8536.

[66] COREY E J, WANG Z. Enantioselective conversion of aldehydes to cyanohydrins by a catalytic system with separate chiral binding sites for aldehyde and cyanide components [J]. Tetrahedron Lett, 1993, 34: 4001.

[67] REETZ M T, KUNISH F, HEITMANN P. Chiral lewis acids for enantioselective C-C bond formation [J]. Tetrahedron Lett, 1986, 27: 4721.

[68] (a) HAMASHIMA Y, SAWADA D, KANAI M, et al. A new bifunctional asymmetric catalysis: an efficient catalytic asymmetric cyanosilylation of aldehydes [J]. J Am Chem Soc, 1999, 121: 2641.

(b) HAMASHIMA Y, SAWADA D, NOGAMI H, et al. Highly enantioselective cyanosilylation of aldehydes catalyzed by a Lewis acid - Lewis base bifunctional catalyst [J]. Tetrahedron, 2001, 57: 805.

（c）VOGL E M, GRÖER H, SHIBASAKI M. Towards perfect asymmetric catalysis: Additives and cocatalysts [J]. Angew Chem Int Ed, 1999, 38: 1570.

（d）COSTA A M, JIMENO C, GAVENONIS J, et al. Optimization of catalyst enantioselectivity and activity using achiral and meso ligands [J]. J Am Chem Soc, 2002, 124: 6929.

[69]（a）HÖFLE G, BEDORF N, STEINMETZ H, et al. Epothilone A and B—novel 16-membered macrolides with cytotoxic activity: Isolation, crystal structure, and conformation in solution [J]. Angew Chem Int Ed Engl, 1996, 35: 1567.

（b）SAWADA D, SHIBASAKI M. Enantioselective total synthesis of epothilone a using multifunctional asymmetric catalyses [J]. Angew Chem Int Ed, 2000, 39: 209.

（c）SAWADA D, KANAI M, SHIBASAKI M. Enantioselective total synthesis of epothilones A and B using multifunctional asymmetric catalysis [J]. J Am Chem Soc, 2000, 122: 10521.

[70]（a）MASUMOTO S, SUZUKI M, KANAI M, et al. A practical synthesis of (S)-oxybutynin [J]. Tetrahedron Lett, 2002, 43: 8647.

（b）HAMASHIMA Y, MKANAI M, SHIBASAKI M. Catalytic enantioselective cyanosilylation of ketones: Improvement of enantioselectivity and catalyst turn-over by ligand tuning [J]. Tetrahedron Lett, 2001, 42: 691.

（c）YABU K, MASUMOTO S, KANAI M, et al. Studies toward practical synthesis of (20S)-camptothecin family through catalytic enantioselective cyanosilylation of ketones: Improved catalyst efficiency by ligand-tuning [J]. Tetrahedron Lett, 2002, 43: 2923.

[71] TIAN S -K, HONG R, DENG L. Catalytic asymmetric cyanosilylation of ketones with chiral lewis base [J]. J Am Chem Soc, 2003, 125: 9900.

[72] HONG R, CHEN Y, DENG L. Catalytic enantioselective total syntheses of bisorbicillinolide, bisorbicillinol, and bisorbibutenolide [J]. Angewandte Chemie International Edition, 2005, 44 (22): 3478.

[73]（a）GREGORY R J H. Cyanohydrins in nature and the laboratory: Biology, preparations, and synthetic applications [J]. Chem Rev, 1999, 99: 3649.

（b）SHIBASAKI M, KANAI M, FUNABASHI K. Recent progress in asymmetric two-center catalysis [J]. Chem Commun, 2002: 1989.

（c）NORTH M. Synthesis and applications of non-racemic cyanohydrins [J]. Tetrahedron: Asymmetry, 2003, 14: 147.

（d）BRUNEL J M, HOLMES I P. Chemically catalyzed asymmetric cyanohydrin syntheses [J]. Angew Chem Int Ed, 2004, 43: 2752.

（e）CHEN F X, FENG X M. Asymmetric synthesis of cyanohydrins [J]. Curr Org Synth, 2006, 3: 77.

（f）NORTH M, ED. Synthesis and applications of non-racemic cyanohydrins and alpha-amino nitriles [J]. Tetradedron, 2004, 60: 10371.

[74] ARATANI T. Catalytic asymmetric synthesis of cyclopropanecarboxylic acids: an application of chiral copper carbenoid reaction [J]. Pure and applied chemistry, 1985, 57 (12): 1839.

[75] ONODA T, SHIRAI R, KOISO Y, et al. Synthetic study on curacin A: A novel antimitotic agent from the cyanobacterium Lyngbya majuscula [J]. Tetrahedron, 1996, 52 (46): 14543.

[76] HOEMANN M Z, AGRIOS K A, AUBÉ J. Total synthesis of curacin A [J]. Tetrahedron letters, 1996, 37 (7): 953.

第七章　经典药物的合成

药物合成的发展非常迅速，一方面人们急于通过人工合成的方法缓解药物供不应求的局面，另一方面，有机化学、分子生物学及新的学科交叉渗透带来了新的合成策略和技巧，大大提高了合成的效率，加快了药物合成的发展步伐。本章通过介绍药物合成中较为经典的9个药物，可让读者更好地理解本书提到的药物合成技巧和策略的实际应用，同时也希望读者能意识到药物合成新技巧和新策略的重要性、实用性及高效性。

本章第一节简单叙述了B族维生素中D-生物素的合成方法，主要介绍了D-生物素的首次合成方法，同时介绍了复旦大学陈芬儿小组通过手性拆分的方法合成D-生物素的合成路线，这条工业化的拆分路线是陈芬儿的代表作之一。其次我们选取了2004年的一条较新的合成路线做介绍，让读者对其合成方法和策略有初步的了解和认识。第二节通过综述45年的前列腺素合成历史选取了有代表性的合成方法做介绍，前列腺素的合成方法可以看出，新试剂、新方法、新技术和新手段的涌现给前列腺素的合成带来了极大的便利。第三节介绍了合成史上具有挑战性的分子、抗生素类药物红霉素的母核红霉内酯A。1978年Corey首次完成了红霉内酯B的全合成工作，紧接着，在1981年Woodward完成了红霉素A的全合成。本节还介绍了2009年Carreira的合成方法，这个方法与之前的方法相比较，应用了新的化学试剂、催化剂和新的合成方法等，而且是所有合成路线中最短的一条，仅仅通过21步反应，多以总收率4%完成了该分子的合成工作。第四节我们选取了抗癌药紫杉醇的合成介绍，迄今为止，已经有6条成功的全合成路线相继被报道，紫杉醇的合成工作是药物合成又一个新的巅峰。本节选取了较为经典的两条全合成路线做详细介绍，分别是K. C. Nicolaou和Holton。第五节选取了抗血小板聚集药氯吡格雷，分别介绍了通过先拆分后合成和先合成后拆分的两条工艺路线。第六节主要介绍了流感治疗药物磷酸奥司他韦的合成方法，主要从两个方面介绍该药物的合成方法：其一主要从天然化合物作为手性源合成，其二是使用普通的化工原料，经过不对称合成、去对称化、手性拆分等方法引入手性合成的方法。第七节介绍了治疗HIV的药物依非韦伦的工业化合成路线，我们选取了1996年默克公司在美国专利上报道的合成方法做了详细的介绍和讨论。第八节选取了降血脂药物瑞舒伐他汀钙作为他汀类药物的代表，主要介绍了瑞舒伐他汀钙骨架的构筑、多取代嘧啶环杂环片段的构筑、手性二醇侧链片段的构筑。第九节介绍了从珙桐科旱莲属植物分离得到喜树碱，其具有抗癌的功效还有清热和杀虫等作用，介绍了多条喜树碱的合成方法。

药物分子的合成从简单到复杂，与此同时，随着方法、试剂、策略和技巧的不断更新和发展，无疑给药物合成带来了巨大推动力，本书就是通过药物合成技巧和策略的发展为主线，结合实际的药物合成例子，选取了较为经典的药物做了详细的介绍，让读者能够真正感受到药物合成技巧和策略在药物合成中的应用。

第一节　D-生物素

生物素（D-biotin）**1** 为 B 族维生素之一，是 20 世纪 30 年代在研究酵母生长因子和根瘤菌的生长与呼吸促进因子时，从肝中发现的一种可以防治由于喂食生鸡蛋蛋白诱导的大鼠脱毛和皮肤损伤的因子。

1936 年，Kogl 小组从蛋黄中分离得到生物素，后来 Vigneaud 实验室从牛的肝和精奶中也分离得到生物素，二者分别于 1941 年、1942 年鉴定了生物素分子式和化学结构，其结构被 Merck 实验室通过对其消旋体的全合成鉴定，1966 年 Merck 实验室又通过单晶衍射获得了其绝对构型（图 7-1），其分子骨架由一个环状脲和四氢噻吩环并在一起，并连接一个 5 个碳原子的羧酸侧链，共含有 3 个手性中心（3aS，4aS，6aR）[1]。

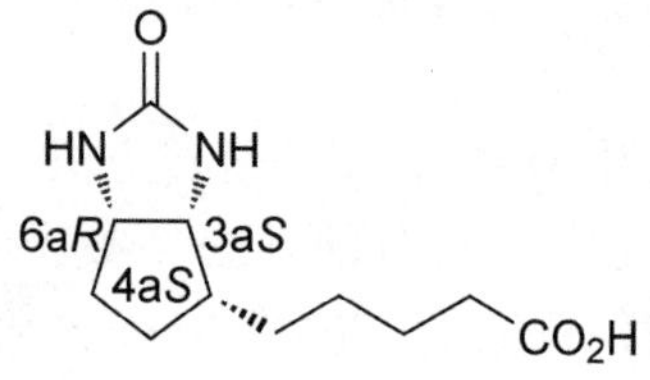

生物素的独特结构和重要价值引起了许多合成化学家们的重视，从 1943 年 Merck 实验室第一次合成消旋生物素以来，有关生物素全合成的报道层出不穷。1949 年 Sternbach[2] 实验室用富马酸（反式丁烯二酸）为起始合成原料，经 15 步反应首次得到 D-生物素，这在合成生物素历史上是关键性的一步，后来有将近几十条消旋和手性生物素的合成路线被报道[3]。

在 D-生物素的全合成路线中，大部分以 L-氨基酸（L-半胱氨酸、L-胱氨酸）、单糖（D-葡萄糖、D-甘露糖、D-氨基葡萄糖）及醛酸酯和富马酸为起始原料，下面主要介绍两条比较经典的全合成路线。

1946 年，Goldberg 和 Sternbach 首次[2,4]通过手性拆分的方法成功完成了 D-生物素的全合成。通过逆合成分析（图 7-1）可知，主要通过以富马酸 **2** 为碳骨架引入环状脲和四氢噻吩环结构，经格氏反应引入戊酸侧链，从而完成光学纯的生物素合成。

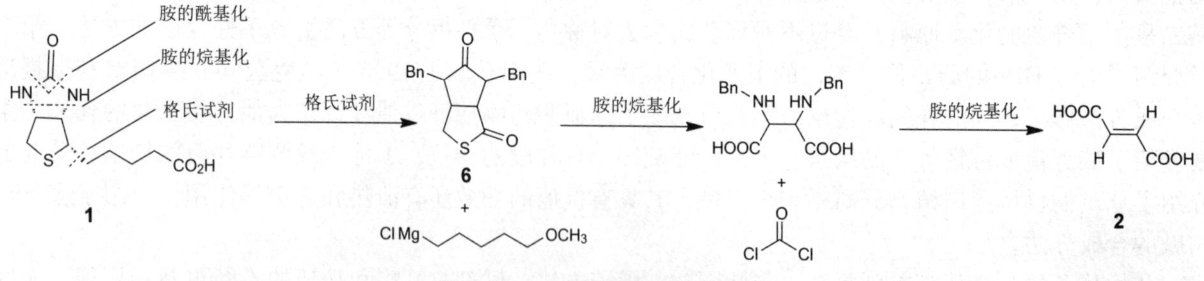

图 7-1　D-生物素的逆合成分析

在全合成路线中（图 7-2），以富马酸 **2** 为起始原料，经溴加成、二溴化物被苄胺取代及光气闭环，生成咪唑烷酮顺二甲酸 **3**，**3** 在乙酸酐中继而转变为酸酐 **4**，**4** 经 Zn/HOAc 还原和乙酰基保护羟基得到 **5**，**5** 经 H_2S 中 HS^- 对乙酰氧基的取代并用硫氢化钾处理和 Zn/HOAc 还原生成硫代内酯 **6**，**6** 再经格氏反应和脱水得到在侧链导入头 3 个碳原子的中间体 **7**，催化氢化 **7** 使侧链烯键饱和并立体专一性地确立了第 3 个手性中心，得到化合物 **8**，**8** 并用氢溴酸处理成为溴代的环锍盐 **9a**，消旋的 **9a** 在 D-樟脑磺酸银盐 **10**（silver *d*-camphorsulfonate）存在的条件下经分离结晶得到理想的构型 **9b**，用锍正离子的吸电性在 **9b** 的邻位碳原子上导入丙二酸酯残基而得到生物素前体，最后经酸性水解，脱去用来保护两个氨基的苄基并使丙二酸酯水解为二酸并脱羧，一步制得 D 构型的生物素 **1**。

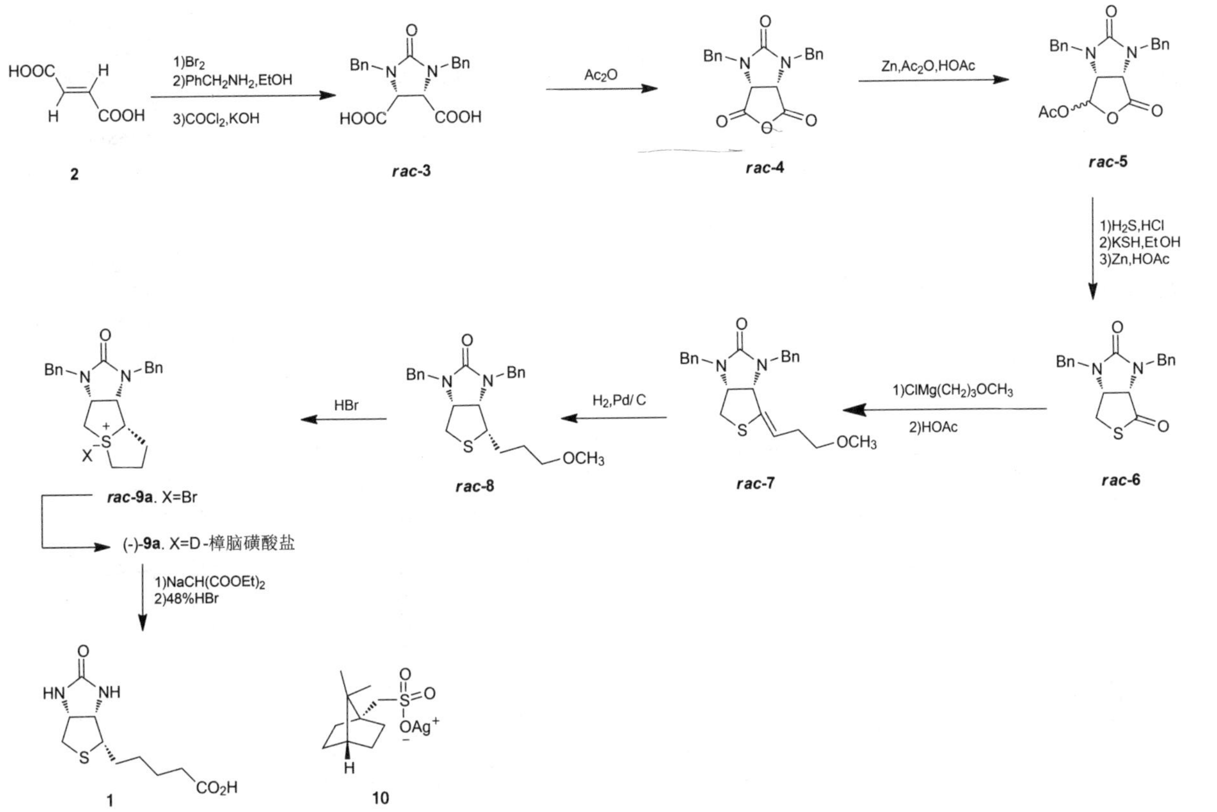

图 7-2 D-生物素的全合成路线

图 7-2 所示的路线是瑞士 Roche 公司一直沿用的工业化生产生物素的核心路线，由于生物素的重要作用，不对称合成生物素备受关注，生物素的工业化生产也在蓬勃发展，Roche 公司自 1949 年首次实现工业化合成 D-生物素后，相继对此合成工艺进行了深入研究和改进，使其日趋成熟，形成颇具特色的 Sternbach 生产技术，并垄断了此技术。多年来，虽然许多国外化学家试图改进该方法，但收效甚微，而这些也是国内沿仿 Sternbach 合成法研究开发 D-生物素进展缓慢的主要原因。2001 年，复旦大学陈芬儿教授发表了一篇名为 "D-生物素的不对称全合成研究" 的文章，报道了一条全新的合成 D-生物素的路线（图 7-3），在国内合成 D-生物素的领域迈出了至关重要的一步。

陈芬儿教授同样以富马酸为起始原料[5]，经卤素加成、相转移催化苄胺化和关环制得环二羧酸 **3**，**3** 在乙酸酐和磷酸中经脱水生成酸酐 **4**，向酸酐 **4** 中加入甲醇、环己醇和催化量的对甲基苯磺酸（p-TsOH），能以高达 93% 的收率得到外消旋体 **11**。对于外消旋体 **11** 的拆分，在此之前有文献报道过用（+）-麻黄碱和 1，2-二苯乙胺作为拆分剂，由于两者均存在价格高、原料来源不足、拆分效率差和回收不便等弊端，陈芬儿教授实验室采用（1S，2S）-1-对硝基苯基-2-氨基-1，3-丙二醇为拆分剂对化合物 **11** 进行拆分，拆分剂与 **11** 在二氯甲烷溶剂中回流 0.5h 即可析出非对映异构体盐（4S，5R）-**12**，且光学纯度高达 99.3%，而另外的盐（4R，5S）-**12** 则可通过加入硫酸溶液中水解成二酸参与循环，这样大大提高了原料的利用率，在工业化生产中节约了成本。而且此方法采用较为低廉的拆分剂，该拆分剂为氯霉素生产过程中的副产物，这样能充分发挥其作用。不对称甲酯化产物（4S，5R）-**12** 在盐酸中水解，用硼氢化钾、氯化锂还原得到环状丁内酯 **13**，**13** 在硫代乙酸钠和乙酸钾中硫代后得到硫内酯化合物 **6**，参照图 7-2 中 Sternbach 方法经格氏反应、羧化、脱水、立体专一性还原成 D-双苄基生物素，进而经脱苄基和开环、再关环，即完成 D-生物素的合成，这项工艺的总收率约为 50%。

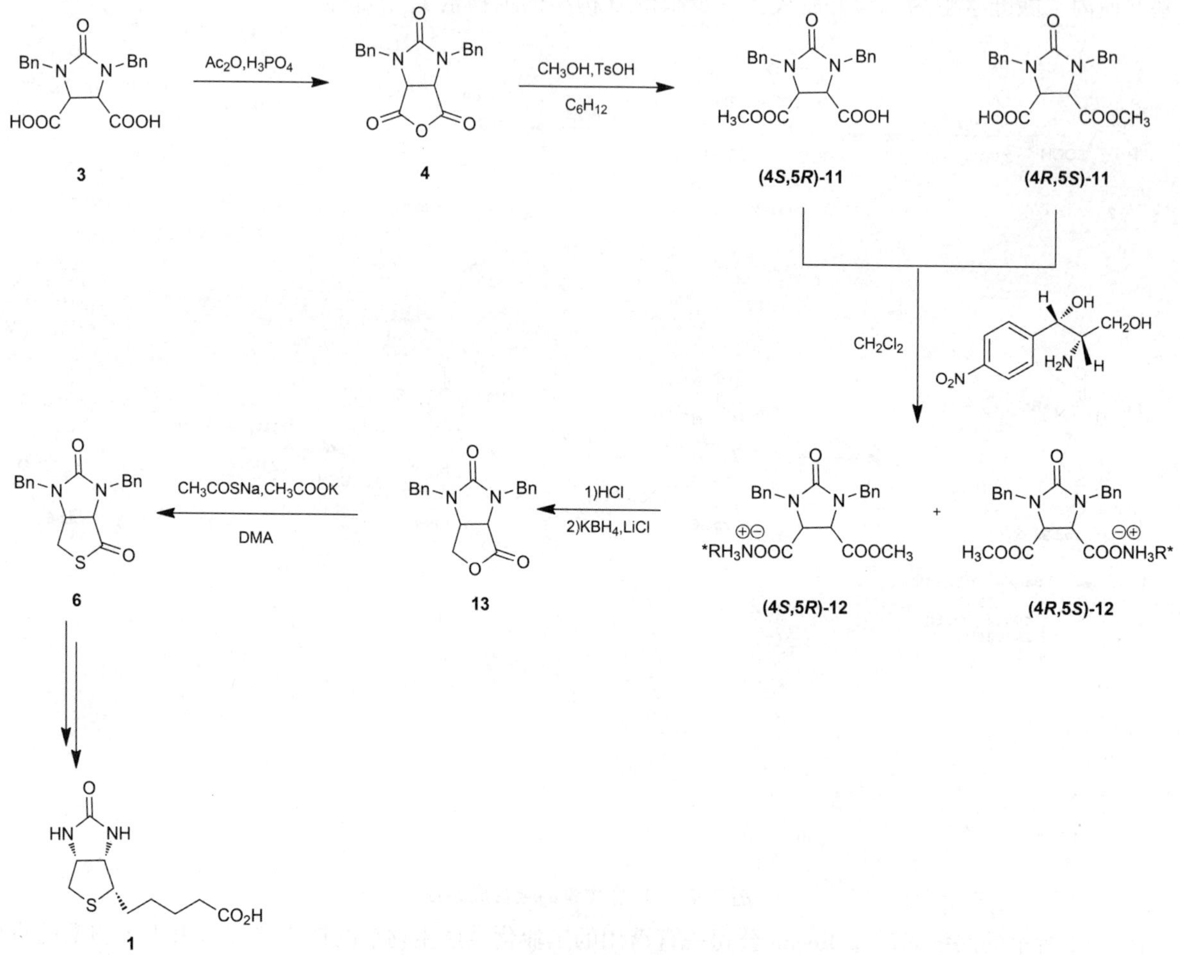

图7-3　手性拆分方法合成 D-生物素（陈芬儿课题组）

2004 年 Chavan 小组[6] 报道了一条以氨基葡萄糖为起始原料合成 D-生物素的路线（图 7-4），D-(+)-氨基葡萄糖 **14** 在碳酸氢钠溶液中首先被异氰酸苄酯酰基化，然后在水溶液中吡啶催化下发生糖苷化反应得到 cis-呋喃型糖苷 **15**。在丙酮溶剂中，加入催化剂量的对甲苯磺酸（p-TSA），用异丙亚基将 **15** 上的羟基保护后，再用氢化钠作碱，用苄基将酰胺保护得到化合物 **16**，然后在酸性回流条件下以几乎定量的收率将异丙亚基去保护得到 **17**，用高碘酸将邻二醇氧化断裂得到相应的醛，然后将该醛在以1，2-二氯乙烷作溶剂、三乙胺为碱、4-二甲氨基吡啶（DMAP）作催化剂条件下烯醇化，并用乙酸酐酰化得乙酸烯醇酯化合物 **18**，在 BF$_3$·Et$_2$O 催化下与 TMSCN 反应得腈 **19**，用硼氢化钠将 **19** 还原并在三甲基氯硅烷（TMSCl）-甲醇体系中脱乙酰基，将腈转化为酸 **20**，再次使用高碘酸氧化断裂得到醛，并用乙二醇（ethylene glycol）保护得到缩醛 **21**，将 **21** 用 Pb/C 催化氢解脱苄基后得到产物 **22**，将 **22** 用硼氢化钠还原成醇 **23**，**23** 用甲磺酰氯（MsCl）在三乙胺存在条件下，DMAP 作催化剂转化为磺酸酯后，被硫化钠取代，然后再水解脱去乙二醇保护，最后得到醛 **24**。醛 **24** 与 Wittig 试剂 **25** 偶联构筑侧链生成 **26**，**26** 在 HCl-CH$_3$COOH 体系中酯基水解得到酸 **27**，**27** 在 10% Pd-C、300MPa 条件下反应 8h 得到 **28**，最后 **28** 在 48%氢溴酸存在条件下回流，脱去氨基上的苄基保护基，即完成 D-生物素的全合成。虽然路线有 22 步，但是其总收率达到了 25%。

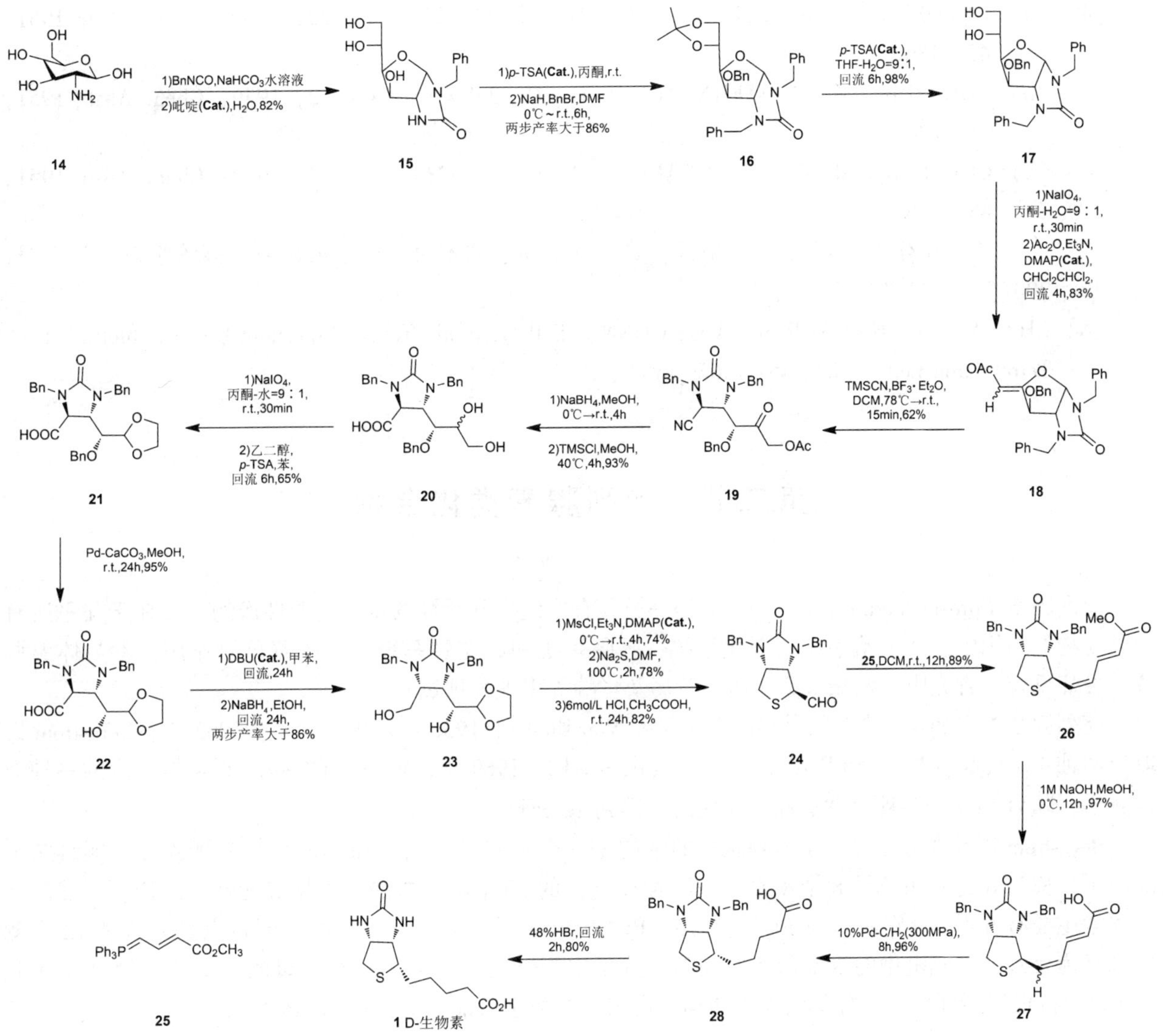

图 7-4　Chavan 小组 D-生物素的全合成路线

  Chavan 合成 D-生物素的方法较为新颖，以氨基葡萄糖为起始原料，经糖苷化反应得到 cis-呋喃型糖苷环，通过多步高碘酸钠氧化，还原构筑基本骨架，用关键的 Wittig 反应连接侧链，高收率地不对称合成了 D-生物素。

  D-生物素在市场上的重要地位决定了它需要更加高效的合成路线和更经济的原料，不对称合成策略的发展是这十余年来的改进研究工作中最大的特色，主要研究集中在如何建立 3 个连续的手性碳上。同时 L-半胱氨酸被认为是手性源策略最理想的起始原料，因为其本身具有的优势结构因素能够在很大程度上规避不对称合成策略中的难点，实际上该策略发展得已经非常实用化。随着有机方法学的不断发展和进步，新的方法和策略已经大大简化了合成各种天然产物和药物分子的合成方法，这些方法一定会给 D-生物素的工业化生产带来诸多便利和新的曙光。

参考文献

[1] DE CLERCQ P J. Biotin：a timeless challenge for total synthesis [J]. Chem Rev, 1997, 97：1755.

[2] WOLF G M, STERNBACH L H. Synthesis of biotin：US2489235 [P]. 1949, 489：238.

[3] 钟铮, 武雪芬, 陈芬儿. (+)-生物素全合成研究新进展有机化学 [J]. 有机化学, 2012, 32 (10)：1792.

[4] (a) GOLDBERG M W, STERNBACH L H. US 2489232, Nov 22, 1949; Chem Abstr 1951, 45: 184.

(b) GOLDBERG M W, STERNBACH L H. US 2489235, Nov 22, 1949; Chem Abstr 1951, 45: 186a.

(c) GOLDBERG M W, STERNBACH L H. US 2489238, Nov 22, 1949; Chem Abstr 1951, 45: 186g.

[5] 陈芬儿, 凌秀红, 吕银祥, 等. D-生物素的不对称全合成研究. 高等学校化学学报, 2001, 22: 1131.

[6] CHAVAN S P, RAMAKRISHNA G, GONNADE R G, et al. Total synthesis of D-(+)-biotin [J]. Tetrahedron Lett, 2004, 45: 7307.

第二节　前列腺素类化合物

前列腺素（prostaglandins，简称 PG）是一类具有广泛生理活性的重要内源性产物，存在于几乎所有哺乳动物的组织中，在生殖系统、消化系统、呼吸系统和心血管系统中发挥着重要作用，参与体温调节、炎症反应、青光眼、妊娠、高血压、溃疡及哮喘等生理病理过程[1]。

前列腺系类（PGs）化合物最早由美国学者 Von Eluer 于 1930 年发现并命名。1962 年，Bergstrom 提取出两种 PG 纯品（PGF_1 和 PGF_2）并确定其化学结构。1969 年，Willis 首次提出 PGs 是体内的一种炎症介质，随后 PGs 的各种生理活性、药理活性得到深入研究[2]。

Bergstrom 用经典方法确定了前列腺素的结构是一个具有五元脂肪环、带有两个侧链（上侧链 7 个碳原子，称为 α 链；下侧链 8 个碳原子，称为 ω 链）的 20 个碳的羧酸。根据五元环的结构，天然的前列腺素主要有五类，分别命名为 PGA、PGB、PGC、PGE 和 PGF，五元环的共同特点是 8 位和 12 位侧链都互为反式，其侧链中的双键命名原则是：分子中侧链的双键数则标在字母的右下角，如 PGE_1**1** 和 PGE_2**2**，再根据脂环上 9 位羟基的立体结构在命名时在数字后加上 α、β，如 $PGF_{2\alpha}$**3**。

PGs 是一类具有多种生理活性的激素类药物，目前美国 FDA 已批准了 14 个 PGs 化合物上市，用于治疗青光眼、溃疡、早孕、便秘及高血压等疾病。例如用于治疗青光眼的药物拉坦前列素（latanoprost, 1996），治疗肺动脉高压（PAH）的药物依前列醇（epoprostenol, 1995），治疗胃溃疡、十二指肠溃疡等的药物米索前列醇（misoprostol, 1988），抗早孕、引产的药物卡前列素（carboprost, 1982）和地诺前列酮（dinoprostone，1982），以及治疗心血管疾病的药物前列地尔（alprostadil，1995）等。PGs 药物在医药领域占据了较大的市场，蕴含着丰厚的利润，美国辉瑞公司（Pfizer Inc.）研发的拉坦前列素（latanoprost）在 2011 年的销售额就超过了 10 亿美元。由于 PGs 类化合物天然来源少，体内代谢迅速（例如 PGE_1 的半衰期小于 30s），因此其化学合成显得尤为重要。

1969 年美国合成化学家 E. J. Corey[3]首次通过环戊二烯合成了前列腺素类化合物 $PGF_{2\alpha}$ **3**，这在前列腺素类化合物的合成研究历史上具有里程碑意义，通过其构筑的内酯中间体 **20** 也被命名为 Corey 内酯中间体，该关键中间体及其衍生物是大多数 PGs 化合物合成的通用中间体，直至今天，工业化路线也是沿用此方法。

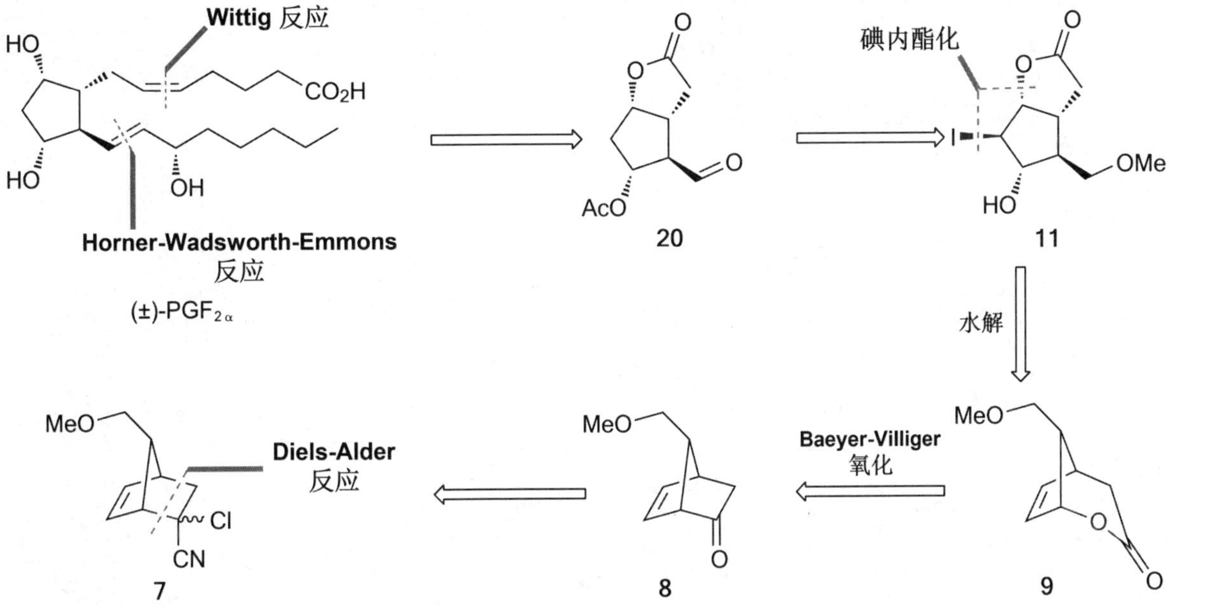

图 7-5　（±）-$PGF_{2\alpha}$ 的逆合成分析

从图 7-5 中可以看出，（±）-$PGF_{2\alpha}$ 是以环戊二烯的 Diels-Alder 反应构筑关键中间体内酯，以及通过碳碳键构筑方法 Wittig 反应和 Horner-Wadsworth-Emmons 反应连接 α 和 ω 两条侧链成功完成其全合成。具体的步骤如图 7-6 所示，以环戊二烯 **4** 为起始原料，在 NaH 作用下去掉烯丙位质子，在氯甲基甲醚下引入甲基甲醚基团生成 **5**，**5** 与氯代丙烯腈 **6** 在 Lewis 酸催化下经 Diels-Alder 反应得到加成产物 **7**，**7** 在 KOH 中水解得到酮 **8**，**8** 经 Baeyer-Villiger 反应氧化成内酯 **9**，**9** 经水解生成不饱和酸 **10**，**10** 用 KI_3 处理得到碘内酯化产物 **11**，**11** 首先在吡啶中将环上羟基乙酰化，然后在偶氮二异丁腈（AIBN）中经过三正丁基氢化锡（n-Bu_3SnH）脱碘得到 **12**，**12** 经三溴化硼脱甲基后经 PDC（重铬酸吡啶盐）氧化成醛，然后与膦酸酯试剂 **13** 发生 HWE 反应得到化合物 **14**，用硼氢化锌还原 ω 侧链上的羰基得到比例为 1∶1 的差向异构体混合物 **15**，**15** 在 K_2CO_3 条件下水解乙酰基，在对甲基苯磺酸作催化剂条件下用二氢吡喃（DHP）保护两个羟基，得到化合物 **16**。DHP 的官能团耐受性比较好，对氧化剂、碱、烃基锂、格氏试剂、催化加氢均较稳定。化合物 **16** 用二异丁基氢化锂（DIBAL-H）还原酯基的羰基成羟基，形成半缩醛 **17**，半缩醛接链状烷烃 Wittig 试剂 **18** 引入 α 侧链酸生成 **19**，最后在乙酸中水解四氢吡喃环得到最终产物前列腺素（±）-$PGF_{2\alpha}$（**3**）。

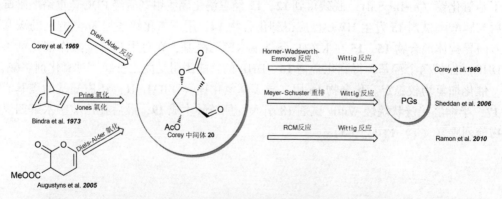

图 7-6　（±）-PGF$_{2\alpha}$的全合成

Corey 又利用环状的 3-甲基-3-丁烯砜，通过 Diels-Alder 反应构建一个不饱和六元环，经 19 步成功合成了 PGE$_1$。后来其又合成了多个前列腺素类化合物，如 PGF$_{1\alpha}$、PGA$_1$、PGA、PGB$_1$ 等，Corey 在合成前列腺素类化合物方面的成就是深远的。在其开创性的工作基础上许多化学家运用不断发展的方法学、新的试剂和催化剂探索前列腺素类化合物的全合成（图 7-7）。

图 7-7　通过不同方法构筑 Corey 中间体及引入侧链

图 7-7 中描述了通过不同原料获得 Corey 内酯，以及通过不同连接侧链构筑碳碳键的方法获得不同

类型的前列腺素类化合物。例如，Corey 首次合成 PGE₂ 就是用环戊二烯的 Diels-Alder 反应得到内酯中间体 **20**；1973 年，Bindra[4] 以 2，5-降冰片二烯为起始原料，经 Prins 反应（历经氧鎓离子中间态的烯烃与羰基的加成）及 Jones 氧化（伯羟基和仲羟基氧化成醛或酮的反应）得到 **20**；2005 年，Augustyns 等[5] 以 3-甲氧羰基-2-吡喃酮为原料，在高压条件下经 Diels-Alder 反应为关键步骤构筑内酯中间体化合物 **20**。从 **20** 合成前列腺素类化合物主要涉及 8 位和 12 位的侧链构建，目前最为常见的方法是 Horner-Wadsworth-Emmons 反应和 Wittig 反应，但是 Horner-Wadsworth-Emmons 反应构筑碳碳键时存在缺陷，如原子经济性较差，反应过程中手性中心易消旋化，碱性脱保护过程易产生副产物等。2006 年，Sheddan 小组[6] 通过最新的 RCM（烯烃复分解反应）和 Wittig 反应联合构筑碳碳键，收率高，反应容易控制。2010 年，Ramon 等[7] 先将 **20** 与庚炔负离子亲核加成，再通过 Au 催化的 Meyer-Schuster 重排构建 ω 侧链，Meyer-Schuster 重排是酸催化的炔丙醇至 α，β-不饱和酮的重排反应，这种方法收率为 86%，但是金属价格非常昂贵并且不易回收，大大限制了工业化生产。

　　前列腺素类化合物的全合成已有四十多年的发展历史，在 Corey 合成方法的基础上，随着有机合成新方法、新技术、新试剂、新手段的涌现，前列腺素类化合物的全合成取得了新的突破。图 7-8 中列举了四种较为普遍和成熟的合成前列腺素类化合物的方法，主要分为以 Corey 内酯为关键中间体（Corey et al. 1969）的通用合成方法、以环戊酮为中间体的 1，4-加成方法[8]（Harikrishna et al. 2009）、利用烯酮试剂与环戊烯酮先进行 1，4-加成后再进行定向 α-烷化而引进两条侧链的方法（Patterson et al. 1974），以及用含有 8 个碳的 α-侧链的有机金属试剂加到 4-羟基保护-2-环戊烯酮上[9]，然后用含有 7 个碳的 ω-侧链的卤代物区域选择性地捕获烯醇金属盐进行烷基化，从而构建 PGE 骨架（Suzuki et al. 1985）。

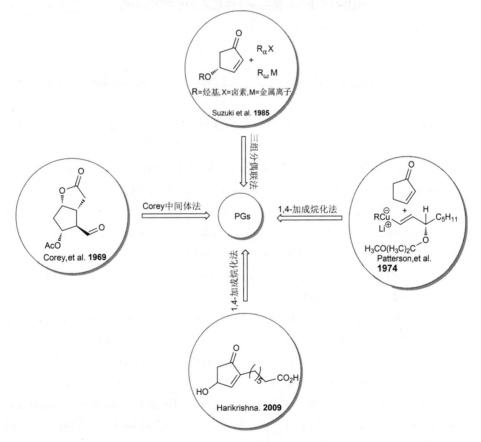

图 7-8　通过不同方法构筑 PGs 分子骨架

　　下面主要介绍 Noyori 经三组分偶联法合成了 PGF₂α 甲酯（图 7-9）。2003 年，日本化学家 Noyori 用环戊烯酮 **21** 在六甲基磷酰三胺（HMPA）中，-78℃条件下先与有机铜试剂 **22** 发生 1，4-加成生成烯醇

中间体 **23**，氯化三苯锡在 HMPA 存在下与烯醇金属盐发生金属交换，然后与 **24** 发生烷基化，"一锅法"成功构建了 PGE 分子骨架 **25**，经三仲丁基硼氢化锂（L-selectride）还原得到 **26**，其在酸性条件下脱掉羟基保护基得到 $PGF_{2\alpha}$ 甲酯。自 1985 年日本化学家 Suzuki 首次通过这种三组分偶联法获得前列腺素类化合物以来，类似方法被广泛采用到多个 PGs 类药物的合成中。由于金属有机试剂并不易得，较难应用到工业生产中，因此，通过 Corey 内酯及其衍生物合成的方法一直被青睐。

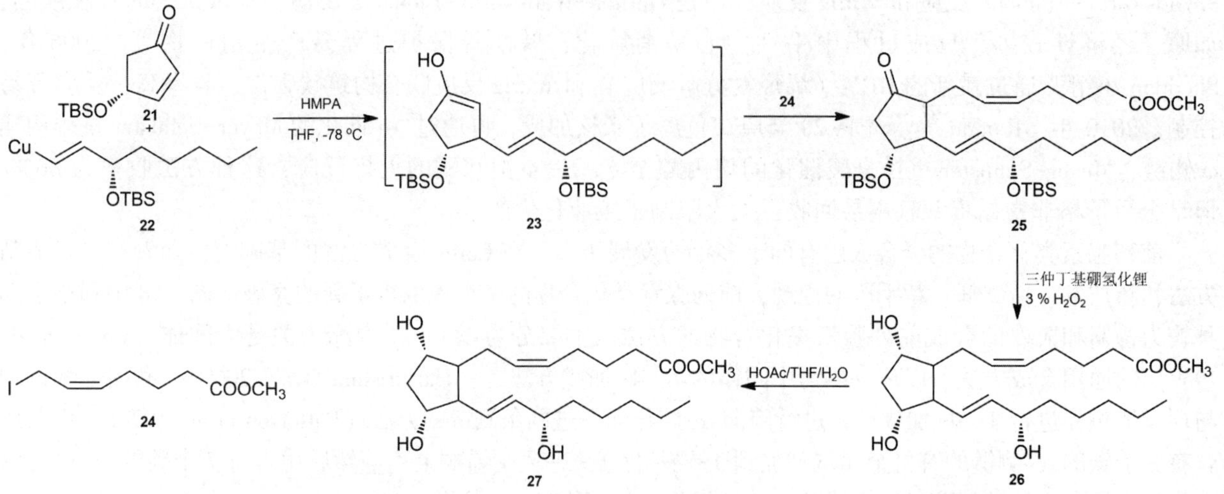

图 7-9　Noyori 经三组分偶联法合成 $PGF_{2\alpha}$ 甲酯

参考文献

[1] FUNK C D. Prostaglandins and leukotrienes: Advances in eicosanoid biology [J]. Science, 2001, 294: 1871.

[2] 葛渊源，蔡正艳，周伟澄. 前列腺素类药物全合成的研究进展 [J] 中国医药工业杂志, 2013, 44: 720.

[3] (a) COREY E J, WEINSHENKER N M, SCHAAF T K. Stereo-controlled synthesis of dl-prostaglandins F₂ alpha and E₂ [J]. J Am Chem Soc, 1969, 91: 5675.

　　(b) COREY E, VLATTAS I, ANDERSON N, et al. Additions and corrections-A new total synthesis of prostaglandins of the E₂ and F₁ series including 11-epiprostaglandins [J]. Journal of the American Chemical Society, 1968, 90 (21): 5947.

　　(c): 齐创宇，何煦昌. 前列腺素关键中间体-手性 Corey Lactone 的合成研究进展 [J]. 合成化学, 2006, 14 (6): 539.

[4] BINDRA J S, GRODSKI A, SCHAAF T K. New extensions of the bicyclo [2.2.1] heptane route to prostaglandins [J]. J Am Chem Soc, 1973, 95: 7522.

[5] AUGUSTYNS B, MAULIDE N, MARKÓ I E. Skeletal rearrangements of bicyclo [2.2.2] lactones: A short and efficient route towards Corey's lactone [J]. Tetrahedron Lett, 2005, 46: 3895.

[6] SHEDDAN N A, ARION V B, MULZER J. Effect of allylic and homoallylic substituents on cross metathesis: Syntheses of prostaglandins F₂α and J₂ [J]. Tetrahedron Lett, 2006, 47: 6689.

[7] RAMON R S, GAILLARD S, SLAWIN A M Z. Gold-catalyzed Meyer-Schuster rearrangement: Application to the synthesis of prostaglandins [J]. Organometallics, 2010, 29: 3665.

[8] HARIKRISHNA M, MOHAN H R, DUBEY P. Synthesis of 2-normisoprostol, methyl 6- {3-hydroxy-2- [(E)-4-hydroxy-4-methyloct-1-enyl] -5-oxocyclopentyl} hexanoate [J]. Synth Commun, 2009,

39：2763.

[9] SUZUKI M，YANAGISAWA A，NOYORI R. Prostaglandin synthesis. 10. An extremely short way to prostaglandins [J]. J Am Chem Soc，1985，107：3348.

第三节　红霉内酯 A

抗生素（*antibiotics*）是一类用于治疗各种细菌感染或抑制致病微生物感染的药物。自 1943 年青霉素应用于临床以来，抗生素的种类已达几千种，如 β-内酰胺类、氨基糖苷类、四环素类和大环内酯类等。由链霉菌（*streptomycetaceae*）产生的红霉素（*erythromycin*）就是大环内酯类抗生素的一种，在过去的几十年中，被广泛应用于医药工业，并拯救了无数人的生命。

1952 年，McGuire 小组首次从放线菌中分离得到了红霉素 A（erythromycin A），它包含一个 14 个原子的内酯环结构，拥有 10 个手性中心、2 个糖基，分别是 C-3 上的 L-红霉支糖和 C-5 上的 D-红霉脱氧糖胺（图 7-10）。

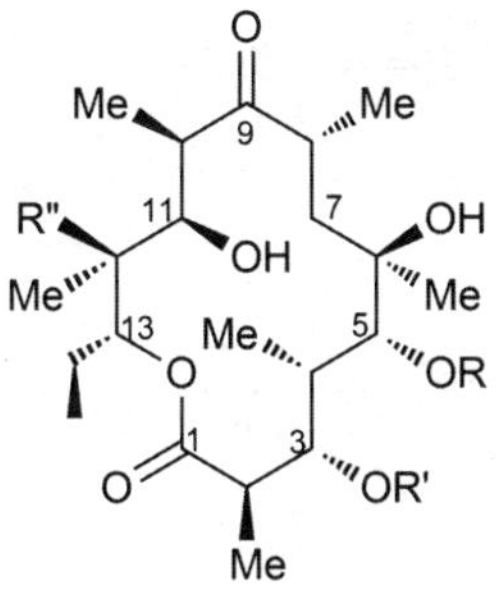

红霉素 A：R = D-脘氧糖胺
R' = L-cladinosine
R'' = OH

红霉素 B：R = D-脘氧糖胺
R' = L-cladinosine
R'' = H

红霉内酯 A：R = H
R' = H
R'' = OH

红霉内酯 B：R = H
R' = H
R'' = H

图 7-10　红霉素和红霉内酯的结构关系

对于这个分子的真正研究开始于 1956 年，Woodward 有一段著名的论述："以目前来看，红霉素是如此的复杂，尤其是它拥有如此众多的手性中心，即使用上我们现在所有的手段，要想合成它也几乎是不可能的事情。"在 1960 年至 1970 年，对于合成红霉素类化合物的方法学的研究达到了高潮。在此基础上，1978 年，Corey 和他的同事们首次全合成了红霉内酯 B[1]（erythronolide B），这在有机化学合成史上有着里程碑式的意义。随后，1981 年，Woodward 和他的同事们首次完成了红霉素 A 的全合成。到了 20 世纪 90 年代中期，Toshima 和 Kinoshita 报道了红霉素 A 的另一条合成路线，几乎同时，Martin 也用新的方法完成了红霉素 B 的全合成[2]。

从化学结构上可以看出，红霉内酯 A 是红霉素 A 及其衍生物的基本母核。而且红霉内酯 B 与红霉内酯 A 相比，仅仅是在 C-12 上少了一个羟基而已。所以，红霉内酯 A 的全合成是合成红霉素的核心内容。

本节将以 Carreira 在 2009 年的一篇报道[3]为例，来介绍红霉内酯 A 的全合成。其逆合成分析如下：

红霉内酯 A（图 7-11 中 **1c**）可以由化合物 **2** 通过还原开环完成，化合物 **2** 又是一个大环内酯结构，可以由化合物 **3** 通过内酯化成环来完成。而化合物 **3** 又可以通过 **4** 和 **4a** 通过肟氧化环加成反应合成，这是本条路线设计的关键反应。化合物 **4** 可以由化合物 **5** 和 **6** 通过立体选择性的格氏反应来制备。而化合物 **5** 同样可以由片段 **7** 与片段 **8** 通过肟氧化环加成反应来制备。

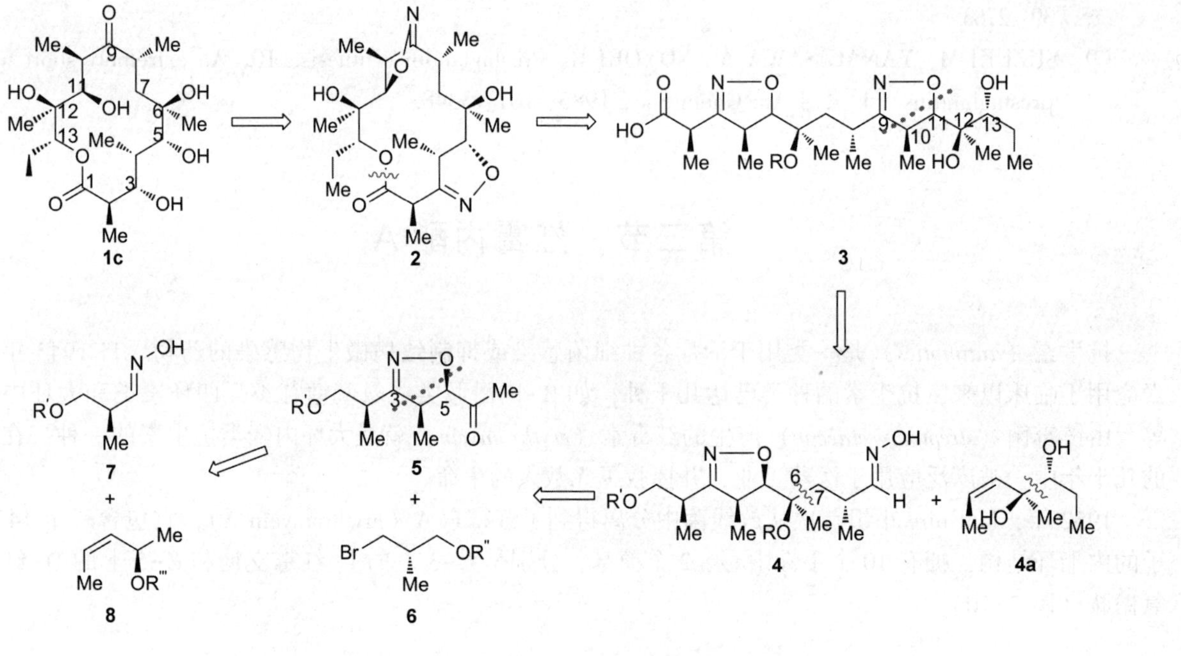

图 7-11 红霉内酯 A 的逆合成分析

下面介绍具体的合成路线：

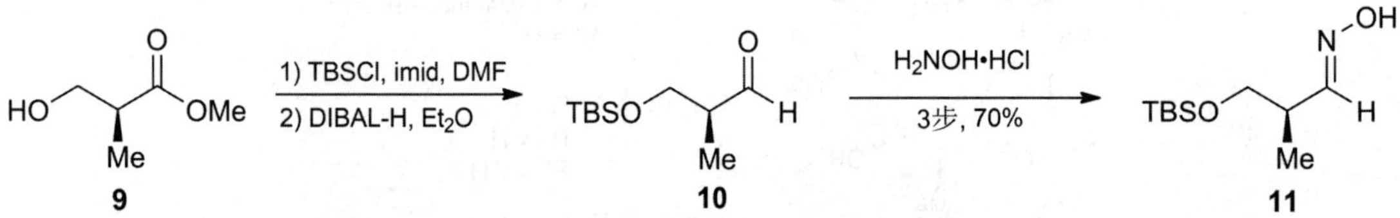

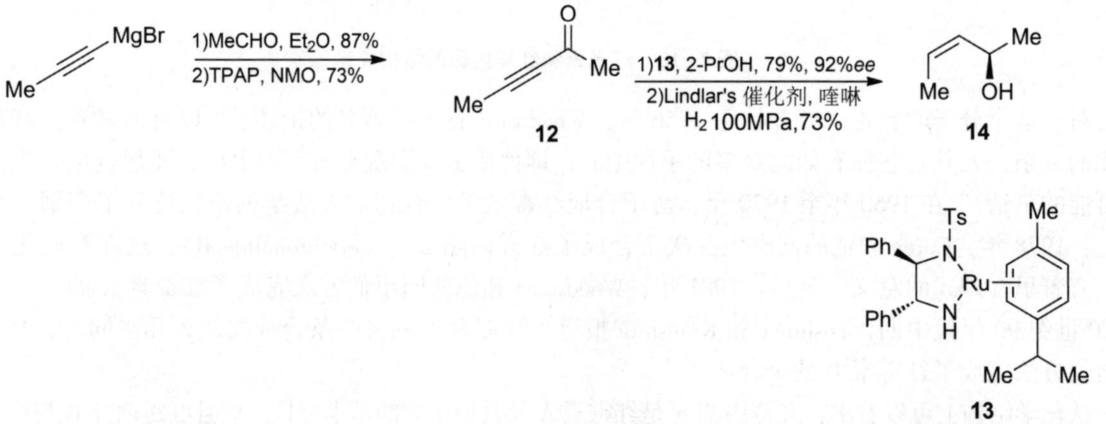

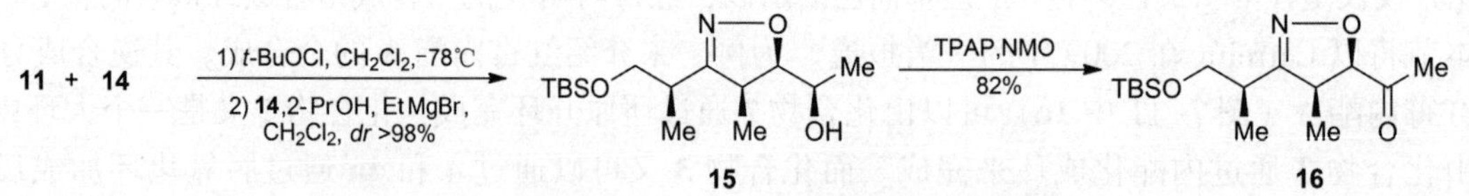

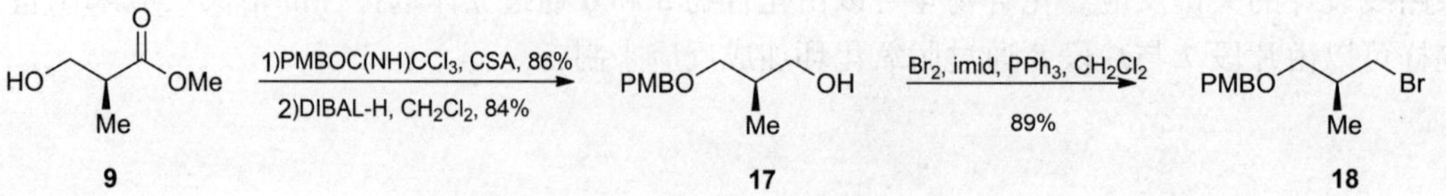

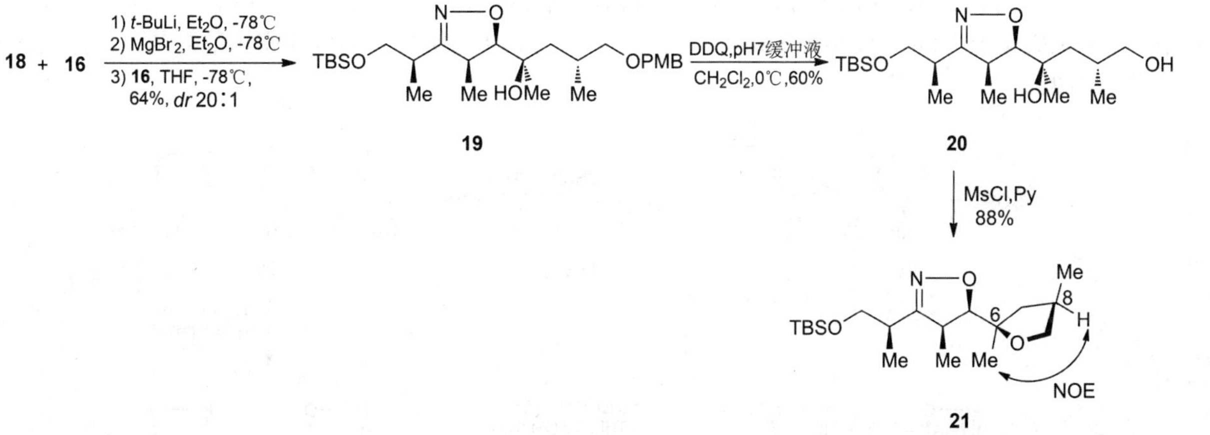

以罗氏酯 **9** 为起始原料，经 TBS 保护其羟基，再由二异丁基氢化铝（DIBAl-H）还原为醛 **10**，醛 **10** 与盐酸羟胺经三步反应即得到化合物 **11**，化合物 **11** 再与合成的含烯丙醇结构的片段 **14** 进行肟氧化环加成得到 **15**，**15** 又经 TPAP/NMO 氧化（四正丙基过钌酸铵/N-甲基吗啉-N-氧化物）成酮 **16**，**16** 与制备的片段 **18** 经格氏反应合成手性叔醇化合物 **19**（通过 NOE 效应）。

化合物 **19** 用 TES 保护羟基成为 **22**，再脱去 PMB 裸露出伯羟基成为 **23**，并进一步氧化为醛，醛再与盐酸羟胺经多步反应生成肟 **24**。值得注意的是，在 **22** 转化为 **23** 的过程中，有结构为 **25** 的二聚体副产物产生，当然，**25** 在酸性条件下也有可能转化为所需要的 **23**。

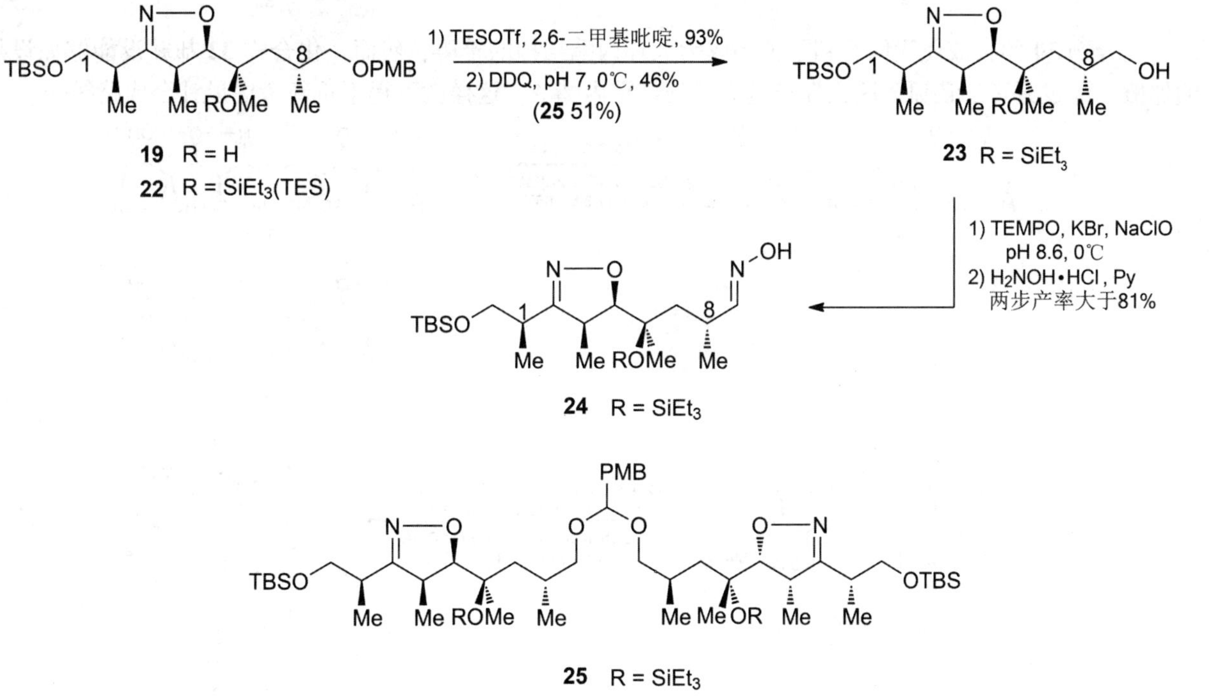

采用相似的方法，化合物 **24** 与烯丙醇片段 **14** 反应合成了化合物 **26**，**26** 被氧化为酮 **27**，**27** 与 PrP-Ph₃Br 作用生成化合物 **28**，**28** 再经 SAD 反应转化为化合物 **29**，**29** 脱去 TBS 裸露出伯羟基，选择性地氧化为化合物 **30**。

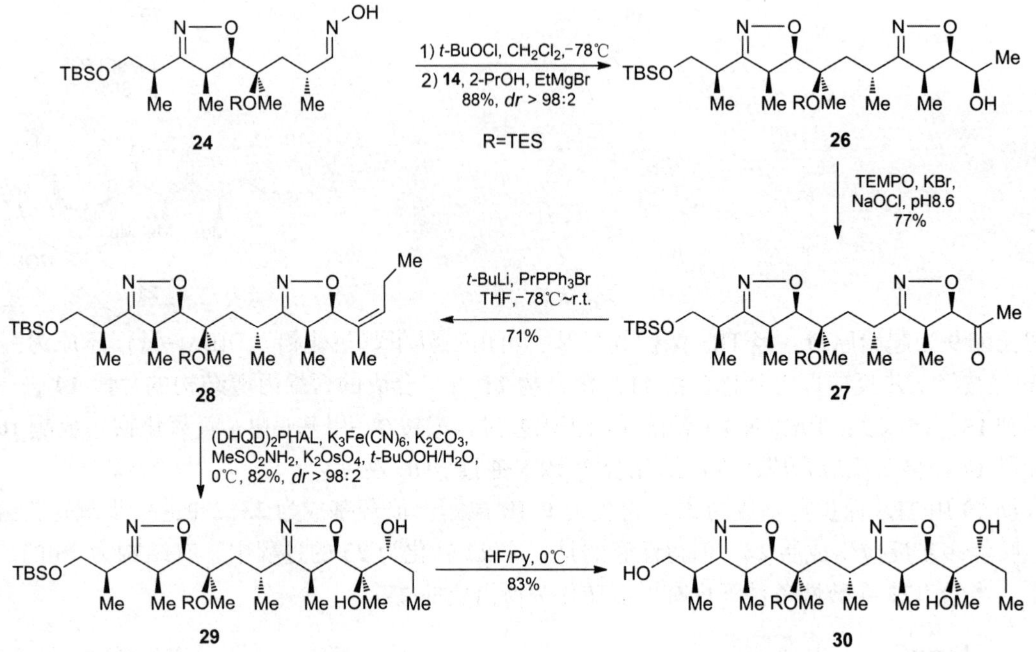

化合物 **30** 的合成使我们看到了关环成为大环内酯结构的希望，然而，化合物 **32** 却并没能够如设想的那般，经过开环、还原、脱去保护基而得到红霉内酯 A。这样就不得不重新考虑设计合成路线。

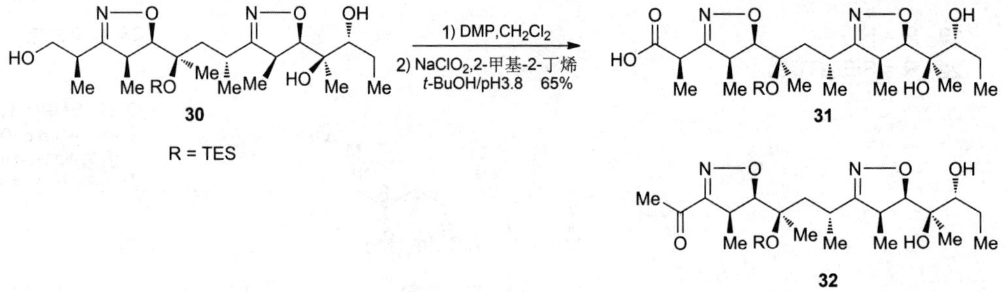

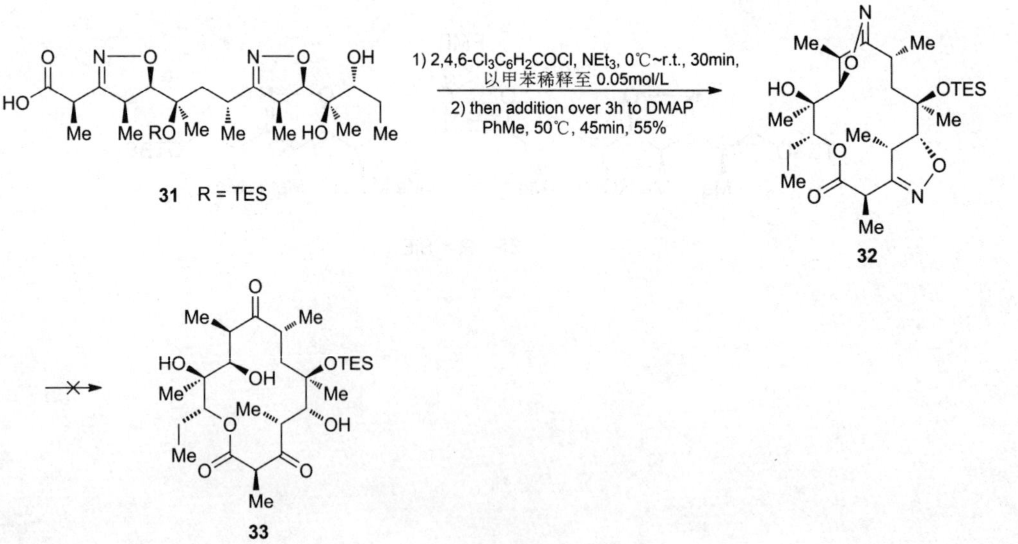

我们发现可以用 Raney Ni、B(OH)₃ 将化合物 **22** 开环还原为化合物 **34**，再进一步被还原为 1，3-二醇结构的 **35**，两个醇羟基又被苯亚甲基保护成缩醛 **36**，再用 DDQ 脱去 PMB 裸露出伯羟基成 **37**，**37** 再进一步被氧化并反应生成肟 **38**。

与化合物 **24** 到化合物 **32** 的转化过程那样，用相似的方法，可以完成化合物 **38** 到化合物 **45** 的转化。将化合物 **45** 脱去 TES 保护基，再通过开环还原得到化合物 **46**，将化合物 **46** 脱去苯亚甲基保护基即得到红霉内酯 A。

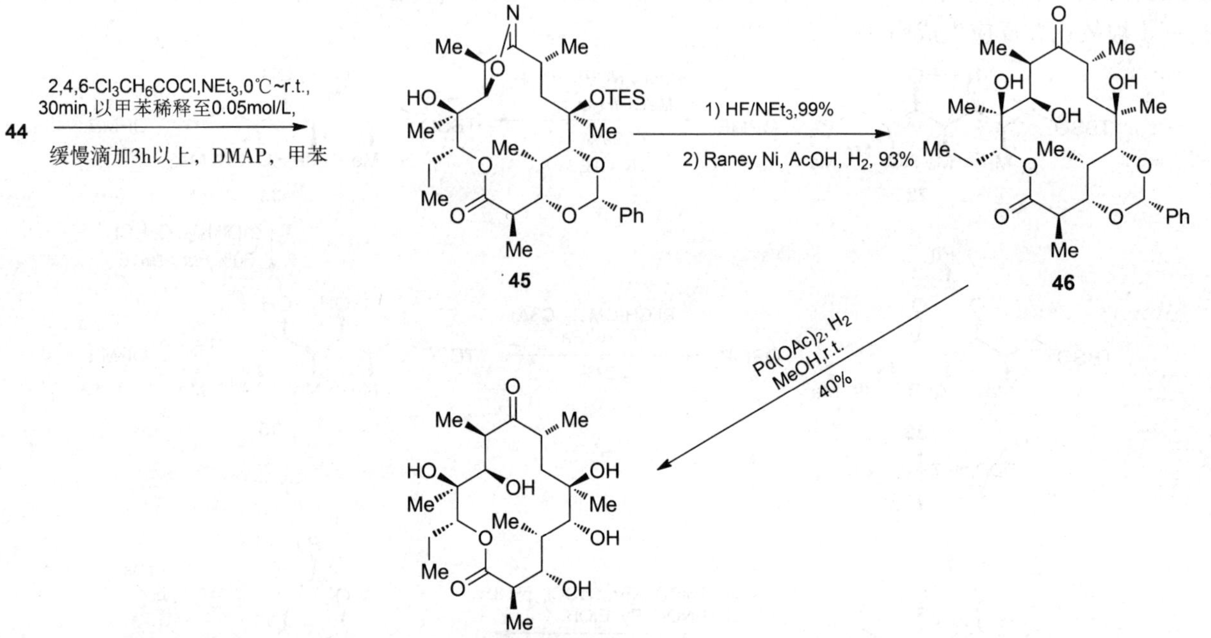

图 7-12　肟氧化环加成反应

肟氧化环加成反应的战略性应用，使得此条路线是迄今为止所有红霉内酯的合成路线中最短的一条，共有 21 步反应，总收率为 4%。

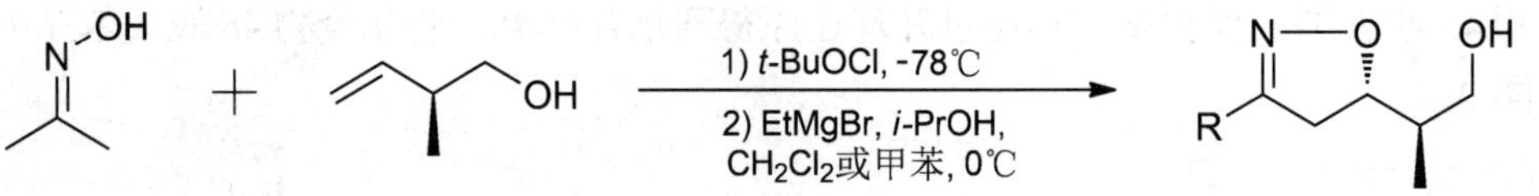

参考文献

[1]　(a) COREY E J, TRYBULSKI E J, MELVIN L S JR, et al. Total synthesis of erythromycins. 3. Stereoselective routes to intermediates corresponding to C (1) to C (9) and C (10) to C (13) fragments of erythronolide B [J]. J Am Chem Soc, 1978, 100: 4618.

　　　(b) COREY E J, KIM S, YOO S, et al. Total synthesis of erythromycins. 4. Total synthesis of erythronolide B [J]. J Am Chem Soc, 1978, 100: 4620.

[2]　MARTIN S F, HIDA T, KYM P R, et al. The asymmetric synthesis of erythromycin B [J]. J Am Chem Soc, 1997, 119: 3193.

[3]　MURI D, CARREIRA E M. Stereoselective synthesis of erythronolide a via nitrile oxide cycloadditions and related studies [J]. J Org Chem, 2009, 74: 8695.

第四节　紫杉醇

　　紫杉醇（**1**，paclitaxel，商品名 TAXOL），是从太平洋红豆杉树皮中提取分离得到的一种抗癌新药，被广泛应用于卵巢癌、乳腺癌、肺癌等的治疗。迄今紫杉醇及其半合成类似物是历史上销量最大的临床抗癌药物，每年的销售额都超过十亿美元。但红豆杉长势极其缓慢，且紫杉醇含量极低，仅为 0.007%。因此，采用化学全合成的方法制备紫杉醇是近年来合成化学面临的挑战。

　　1971 年，美国化学家瓦尼（M. C. Wani）和沃尔（Monre E. Wall）同杜克（Duke）大学化学教授姆克法尔（Andre T. McPhail）合作，通过 X 线分析确定了紫杉醇的化学结构——一种四环二萜化合物[1]。紫杉醇由含有四个环的母核巴卡亭Ⅲ（**2**，baccatin Ⅲ）及一个带有酰胺等基团的苯丙酸酯侧链构成，其中 A、C 环为六元环，B 为八元环，D 为含氧的四元环。紫杉醇是结构比较复杂且新颖的手性化合物：特殊的三环 [6，8，6] 碳架、存在的桥头双键及过多的含氧取代。除此之外，分子中还有一些对外界条件敏感的基团，如环氧丙烷。

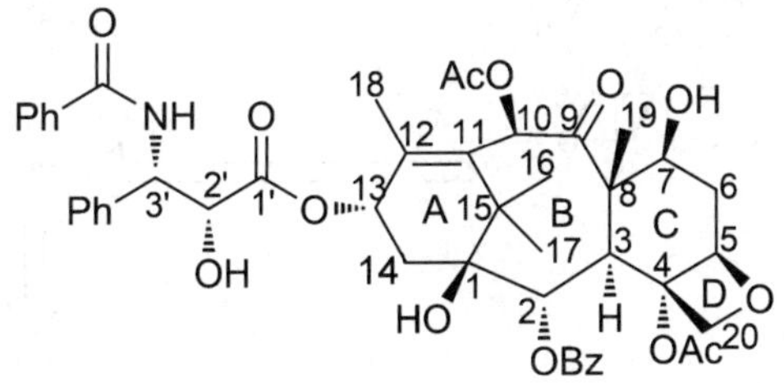

紫杉醇（**1**） 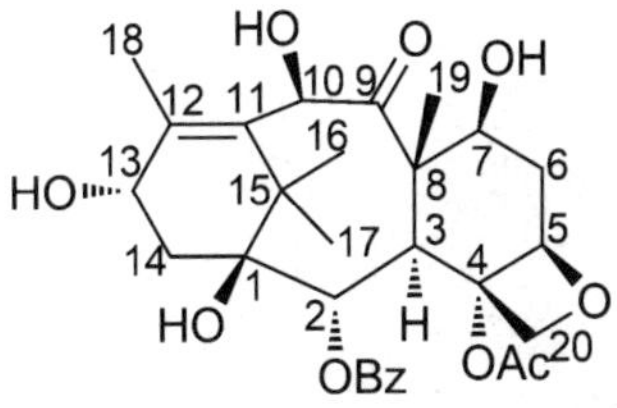　　　　　　　　　　　　巴卡亭Ⅲ（**2**）

　　迄今已有 6 个成功的全合成和 1 个形式合成的报道：1994 年 R. A. Holton[2] 和 K. C. Nicolaou[3] 几乎同时宣告紫杉醇的全合成成功，1995 年 S. J. Danishefsky[4]、1997 年 P. A. Wender[5]、1998 年 I. Kuwajima[6]、1998 年 T. Mukaiyama[7] 和 2006 年 T. Takahashi[8] 也先后完成了紫杉醇的全合成工作。他们的路线虽然各异，但都使用了优异的合成战略，把有机合成化学提高到了一个崭新的水平。

一、紫杉醇的全合成战略

紫杉醇母核结构的全合成战略主要有两种（图 7-13）。

1. 线性战略　即由 A 环到 ABC 环或由 C 环到 ABC 环，如 R. A. Holton 和 P. A. Wender 的合成路线。

2. 会聚战略　即由 A 环和 C 环会聚合成 ABC 环，如 K. C. Nicolaou、S. T. Danishefsky 和 I. Kuwajima 的合成路线。

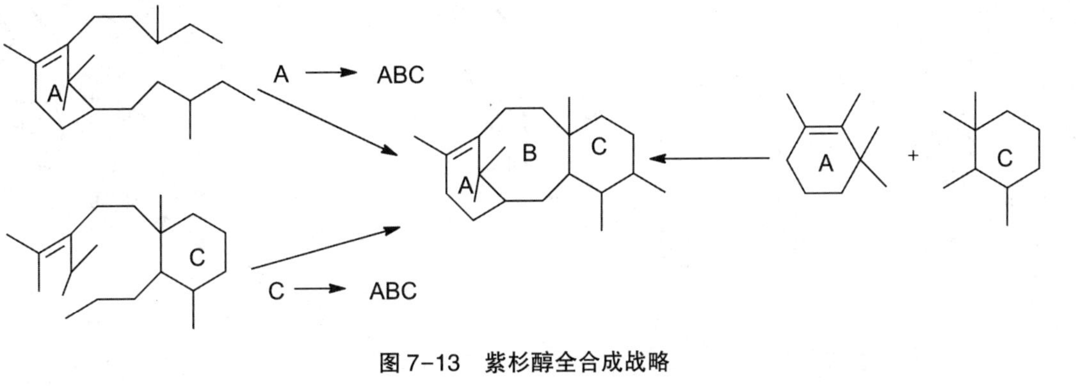

图 7-13　紫杉醇全合成战略

所有的合成路线都是在得到含有紫杉醇母核结构的巴卡亭Ⅲ后，再通过酰化反应引入侧链从而完成了紫杉醇全合成。下面我们以 1994 年 K. C. Nicolaou 小组和 R. A. Holton 小组的逆合成分析为例。

二、Nicolaou 全合成路线

（一）Nicolaou 的逆合成分析

Nicolaou 小组 1991 年正式开始紫杉醇的全合成研究，而此时紫杉醇的合成工作已进行了十多年的时间，Nicolaou 在充分总结前人工作的基础上，采用了非常简明的会聚式合成战略。

首先应用缩合反应、Diels-Alder 等反应分别得到了含 A 环和 C 环结构的化合物 9 和 10，然后通过 Shapiro 反应将 A 环与 C 环连接在一起构建含 AC 环结构的化合物 8，再将化合物 8 的 C-9 和 C-10 位氧化成二醛 6，6 经过 McMurry coupling 反应得到了含 ABC 环结构的化合物 5，然后再通过若干反应完成 D 环的构建得到化合物 4，从而得到了 baccatinⅢ （2），然后通过成熟的半合成方法连接上 C-13 酯侧链而完成整个分子的全合成。

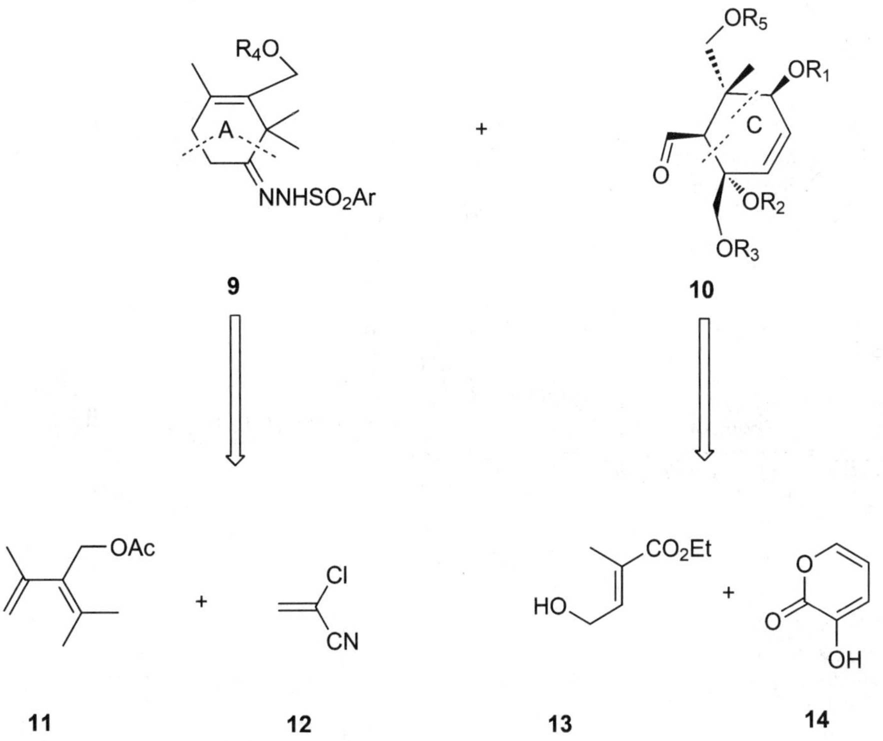

R₁,R₂,R₃,R₄,R₅ = 保护基团

图 7-14 Nicolaou 小组紫杉醇逆合成分析

(二) Nicolaou 全合成路线

1. A 环的构筑

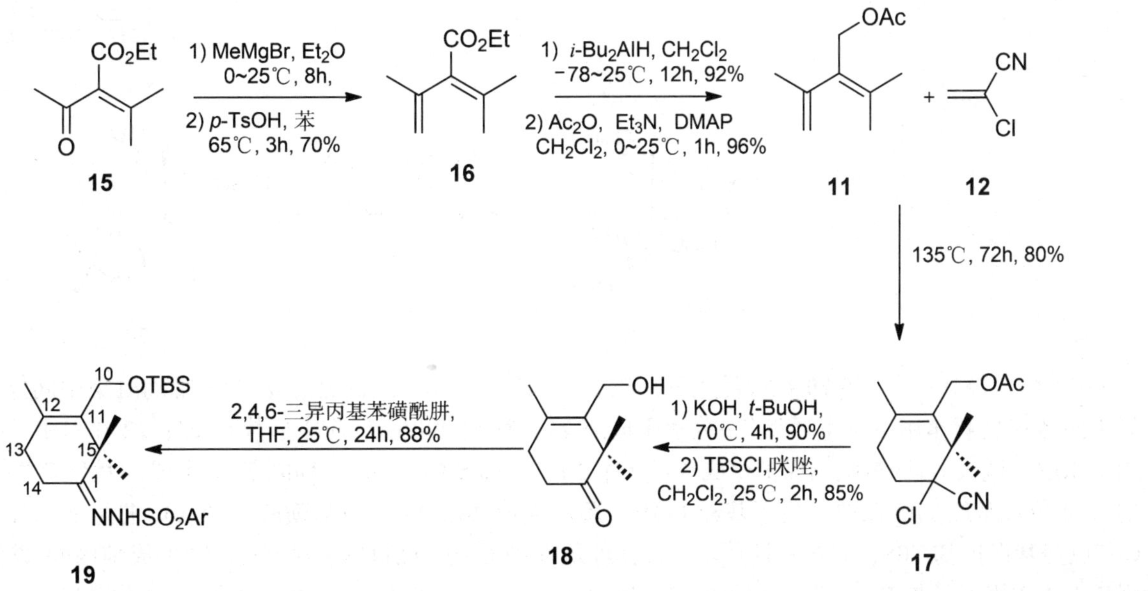

A 环前体的合成比较顺利：中间体 **15** 经过格氏反应、消除反应生成二烯羧酸酯 **16**；**16** 经 i-Bu₂AlH 还原、乙酰基保护生成化合物 **11**；**11** 与 1-氯丙烯腈 **12** 经 Diels-Alder 加成生成环状化合物 **17**；**17** 在 KOH、t-BuOH 作用下生成酮并脱去乙酰基保护生成酮 **18**；酮 **18** 先被 TBS 保护，然后与 2，4，6-三异

丙基苯磺酰肼发生亲核加成，失水生成腙 **19**，至此完成 A 环的前体的合成。

2. C 环的构筑

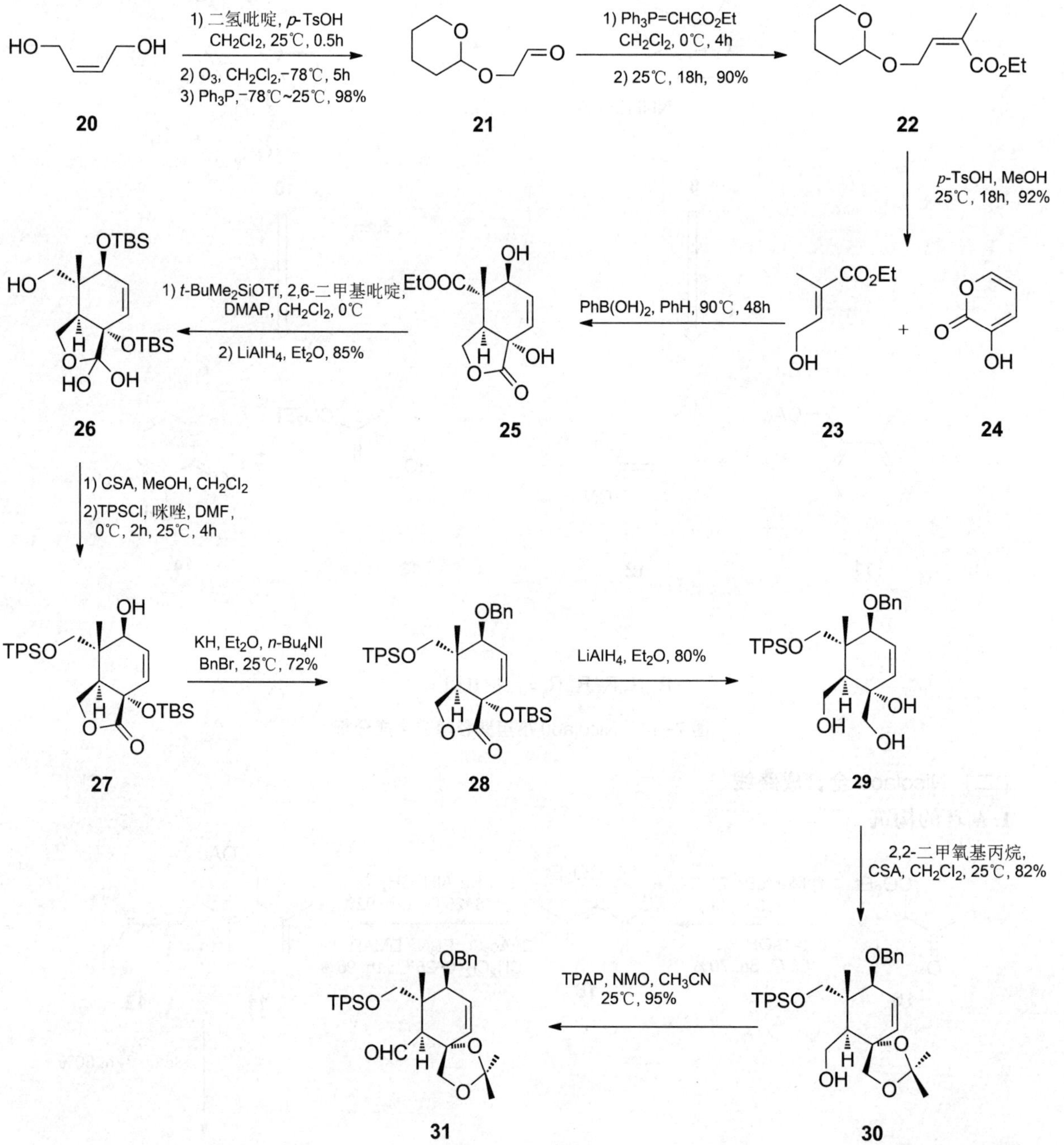

1，4-二羟基-2-丁烯 **20** 在酸催化下，与 2，3-二氢吡喃生成稳定的 α-四氢吡喃醚类中间体，该烯烃中间体在臭氧作用下发生环氧化-分解生成醛 **21**；**21** 经 Wittig 反应生成烯烃 **22**；**22** 在对甲苯磺酸作用下水解，脱去 α-四氢吡喃保护生成烯烃 **23**；**23** 与二烯 **24** 经 Diels-Alder 反应生成环状化合物 **25**；**25** 的 C-4 位羟基经 TBS 保护、酯羰基经 LiAlH₄ 还原生成 **26**；**26** 在樟脑磺酸（CSA）催化下选择性脱掉 C-7 位羟基保护基 TBS，并在碱性环境下选择性地保护 C-9 位伯羟基（TPSCl），生成烯丙醇 **27**；**27** 在强碱 KH 作用下，与 BnBr 生成苯甲醚 **28**；**28** 经 LiAlH₄ 还原生成三醇 **29**；**29** 的 C-4 位和 C-20 位羟基经丙酮叉保护生成 **30**；**30** 经 Ley 氧化生成醛 **31**——C 环前体。

3. ABC 环的构筑　腙 **19** 在强碱 *n*-BuLi 作用下发生 Shapiro 反应，生成中间体烯基锂，烯基锂与醛 **31** 经亲电加成生成烯丙醇 **32**；**32** 在 *t*-BuOOH 作用下环氧化生成环氧化合物 **33**；**33** 经 LiAlH₄ 还原生成二醇 **34**；**34** 经光气保护生成碳酸酯 **35**；**35** 在 TBAF 作用下脱掉 C-9 和 C-10 位羟基保护基（TBS 和 TPS），并发生 Ley 氧化生成二醛 **36**；**36** 经过 McMurry coupling 反应得到了含 ABC 环结构的消旋化合物 二醇 **37**，**37** 经拆分得到单一构型的化合物 **39**。

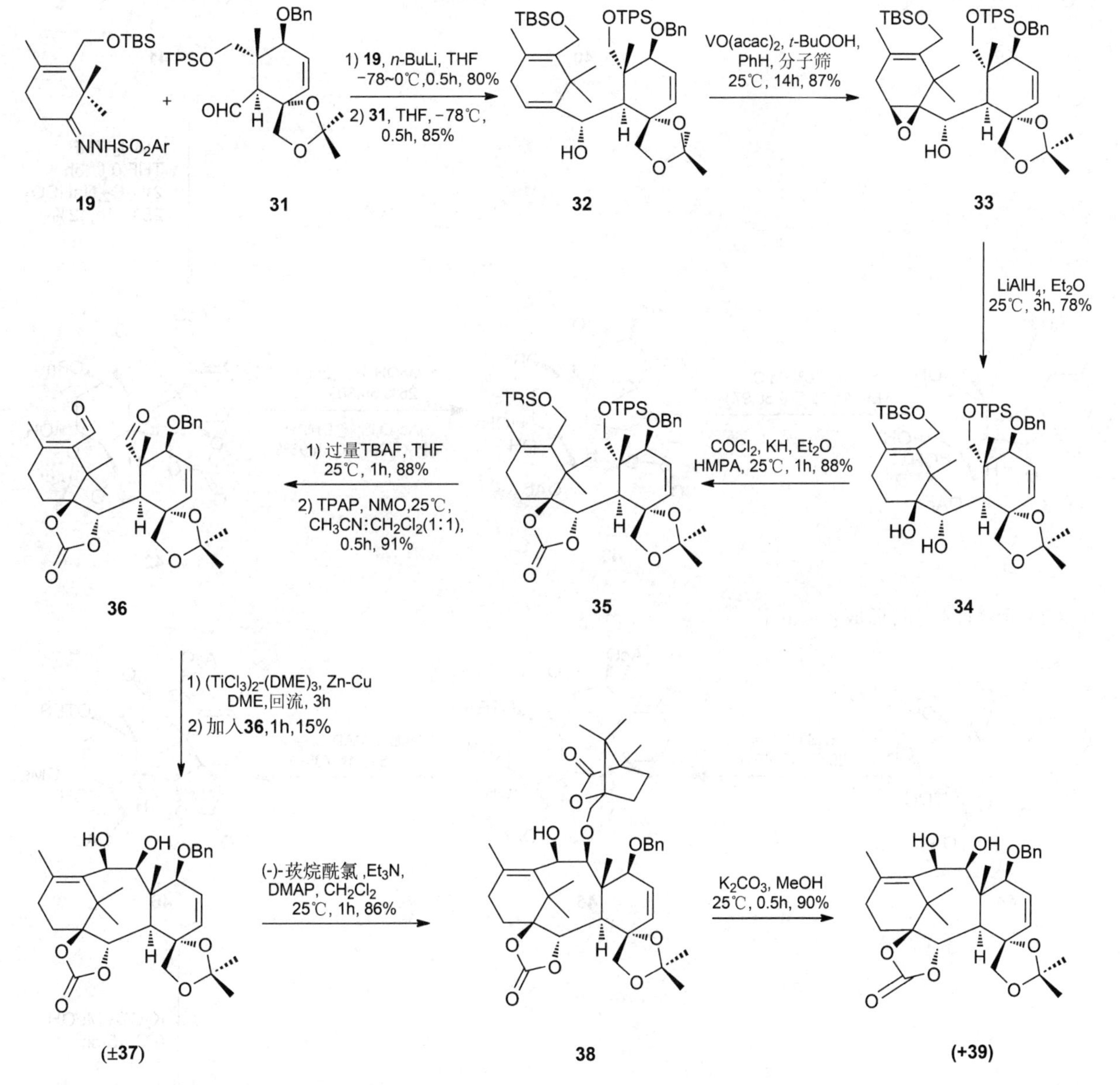

4. D 环的构筑　D 环的建立包括 C-5 位羟基的引入和环氧丙烷的形成两个方面的工作。C-5 位羟基 的引入是用硼烷对双键加成氧化的方法。

（1）C-5、C-6 双键的硼氢化：二醇 **39** 在 DMAP 催化下选择性保护 C-10 位羟基生成化合物 **40**；**40** 的 C-9 位羟基经 Ley 氧化生成酮 **41**；**41** 的 C-5 位和 C-6 位双键经硼氢化氧化生成醇 **42**；**42** 去丙酮 叉保护生成三醇；三醇的 C-20 位羟基在 DMAP 催化下进行乙酰基保护生成 **43**；**43** 经 Pd/C 脱苄基生成 三醇 **44**。

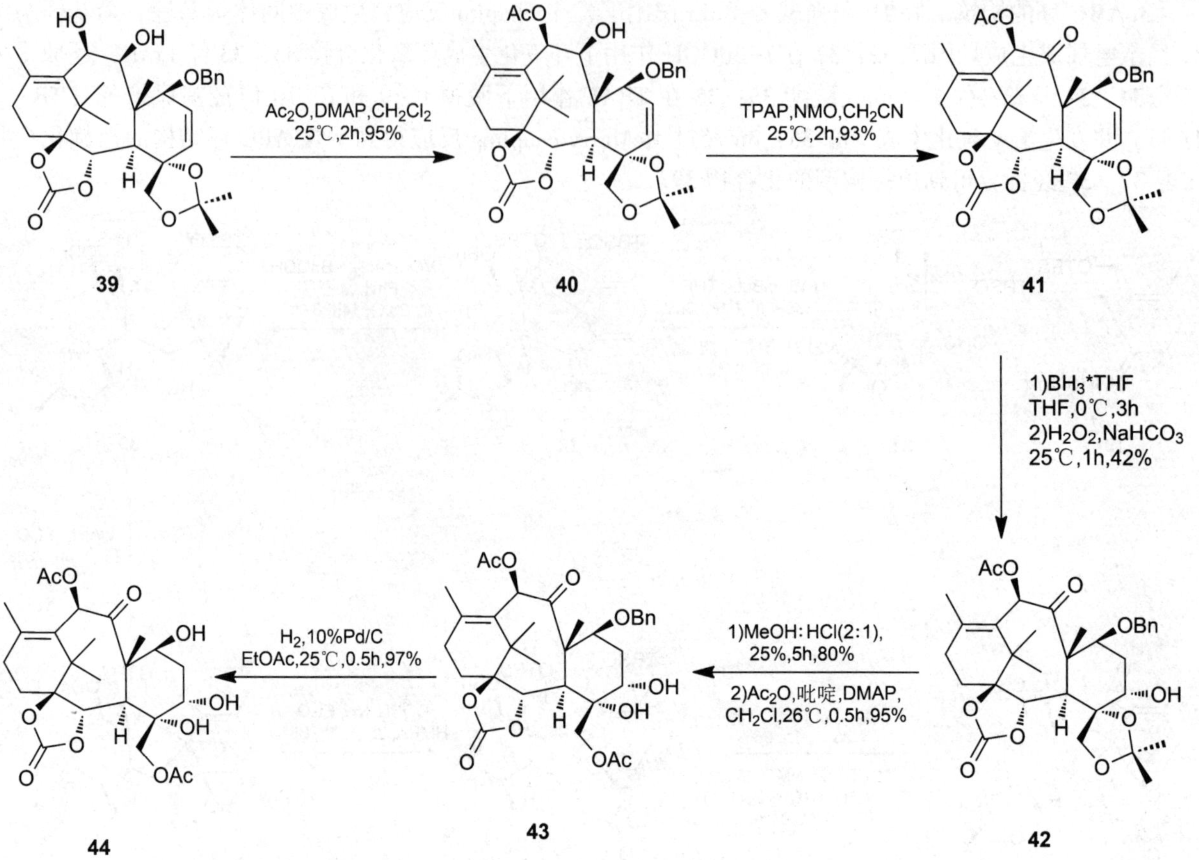

39 → Ac$_2$O,DMAP,CH$_2$Cl$_2$ 25℃,2h,95% → **40** → TPAP,NMO,CH$_2$CN 25℃,2h,93% → **41**

41 → 1)BH$_3$*THF THF,0℃,3h 2)H$_2$O$_2$,NaHCO$_3$ 25℃,1h,42% → **42**

42 → 1)MeOH:HCl(2:1),25%,5h,80% 2)Ac$_2$O,吡啶,DMAP,CH$_2$Cl,26℃,0.5h,95% → **43**

43 → H$_2$,10%Pd/C EtOAc,25℃,0.5h,97% → **44**

（2）环氧丙烷的形成：

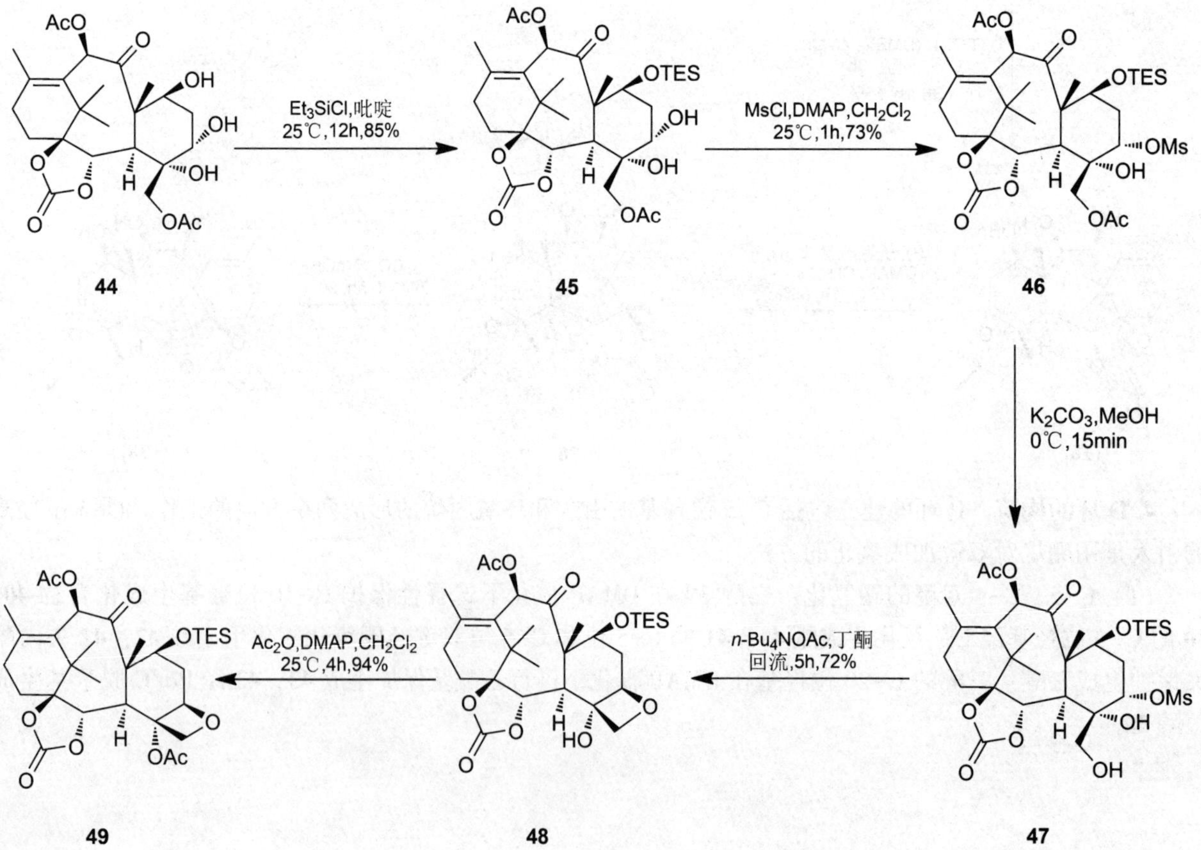

44 → Et$_3$SiCl,吡啶 25℃,12h,85% → **45** → MsCl,DMAP,CH$_2$Cl$_2$ 25℃,1h,73% → **46**

46 → K$_2$CO$_3$,MeOH 0℃,15min → **47**

47 → n-Bu$_4$NOAc,丁酮 回流,5h,72% → **48** → Ac$_2$O,DMAP,CH$_2$Cl$_2$ 25℃,4h,94% → **49**

三醇 **44** 选择性保护 C-7 位仲羟基生成二醇 **45**；**45** 在 DMAP 催化下选择性保护 C-5 位仲羟基生成 **46**；**46** 在 K_2CO_3 - MeOH 中脱去 C-22 位乙酰基保护；**47** 在丁酮中回流发生环合，生成具有 D 环结构的 **48**；**48** 在 DMAP 催化下 C-4 位羟基进行乙酰化生成 **49**。

（3）母核与侧链的拼接：

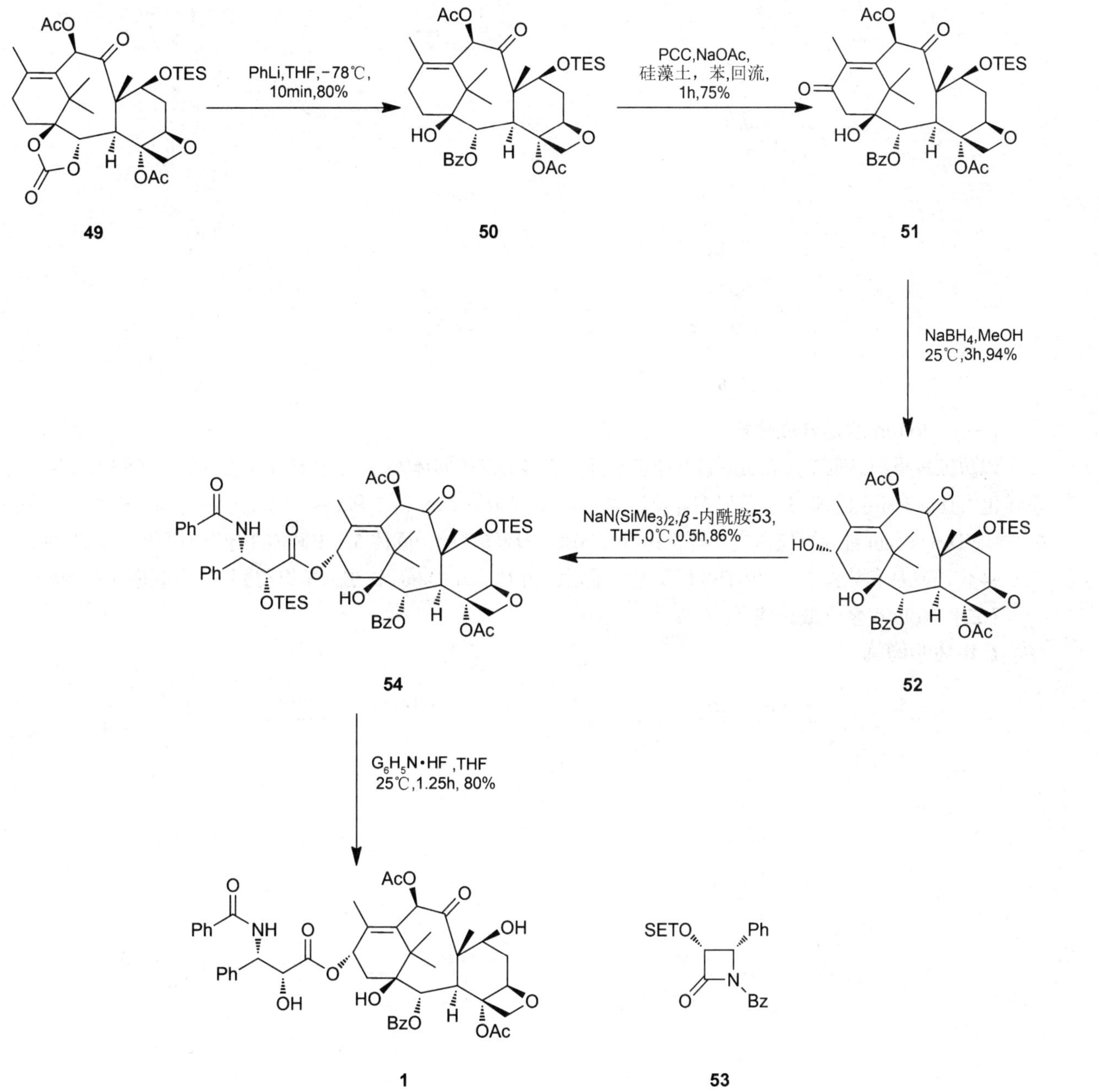

碳酸酯 **49** 在强碱 PhLi 作用下生成苯甲酸酯 **50**；**50** 经 PCC 氧化为烯丙基酮 **51**；**51** 经 $NaBH_4$ 还原至烯丙醇 **52**；**52** 与内酰胺 **53** 发生酰化反应生成酯 **54**；**54** 在 $C_6H_5N \cdot HF$ 作用下脱保护基 TES，至此完成了紫杉醇 **1** 的全合成。

Nicolaou 小组用了不到 3 年的时间就完成了紫杉醇的全合成。这除了 Nicolaou 小组对前人研究工作的总结应用外，还得益于该小组在合成战略运用上的独特之处。总之，整个合成过程都体现着 Nicolaou 小组对研究精益求精和严谨的科学作风。

三、Holton 全合成路线

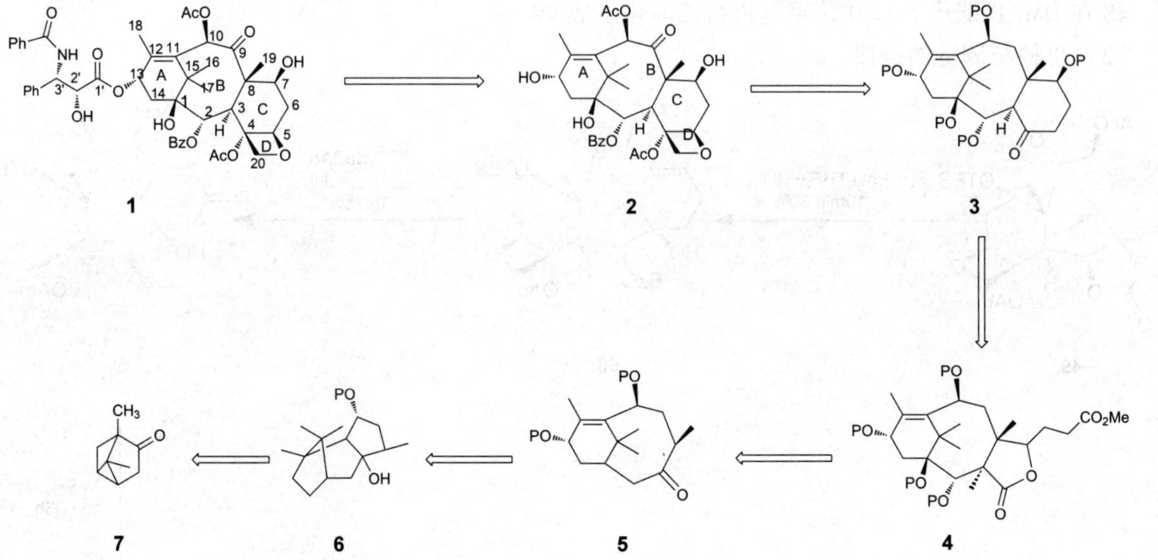

（一）Holton 的逆合成分析

以价廉易得的樟脑 **7** 为起始原料，经多步反应制得关键中间体 **6**；**6** 经由 Holton 发展的环氧醇裂解反应定量转化为具 AB 环系的 **5**；**5** 经羟醛缩合及类似 Chan 重排分别引入 C-7 和 C-4，接着引入 C-1，C-2 含氧基得 **4**，再经 Dieckmann 环化反应完成 C 环构建得具 ABC 三环体系的中间体 **3**。中间体 **3** 建立 D 环时，最难的是引入 C-4 位乙酰基和除去 C-13 位 TBS 保护基。最后，由 Holton-Ojima 法引入侧链得到 **1**，总收率 4%~5%。

（二）Holton 全合成路线

1. B 环的构筑

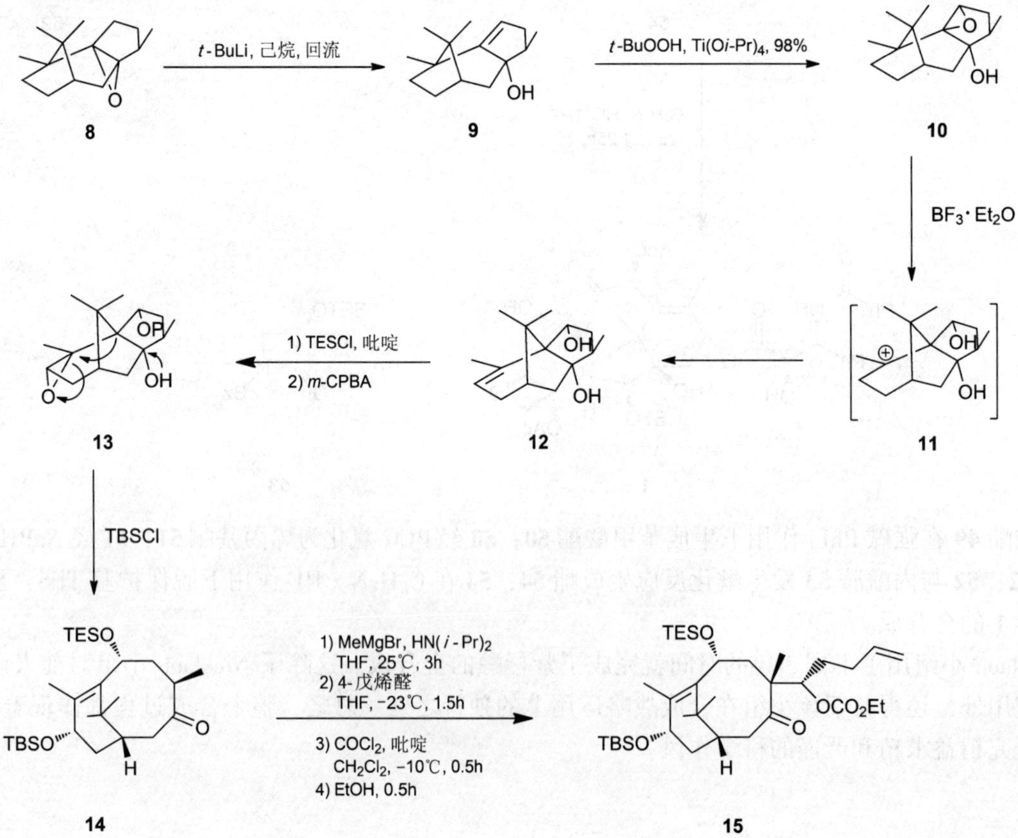

　　环氧化物 **8** 在强碱 *t*-BuLi 作用下开环并脱去一分子水形成烯烃 **9**；烯烃 **9** 在 *t*-BuOOH 作用下环氧化生成环氧化物 **10**；**10** 在 BF$_3$·Et$_2$O 作用下经中间体 **11** 转化为烯烃 **12**；化合物 **12** 的仲羟基经保护基（TES）选择性保护并发生环氧化生成环氧化物 **13**；**13** 经环氧醇裂解反应扩环、羟基经 TBS 保护生成化合物 **14**；**14** 在碱 HN(*i*-Pr)$_2$ 作用下与 MeMgBr 生成烯醇镁中间体，并与 4-戊烯醛发生羟醛缩合，再用 COCl$_2$ 保护二醇生成碳酸酯，碳酸酯与乙醇发生酯交换反应生成酮 **15**。

2. C 环的构筑　C-1、C-2 含氧基团的引入。

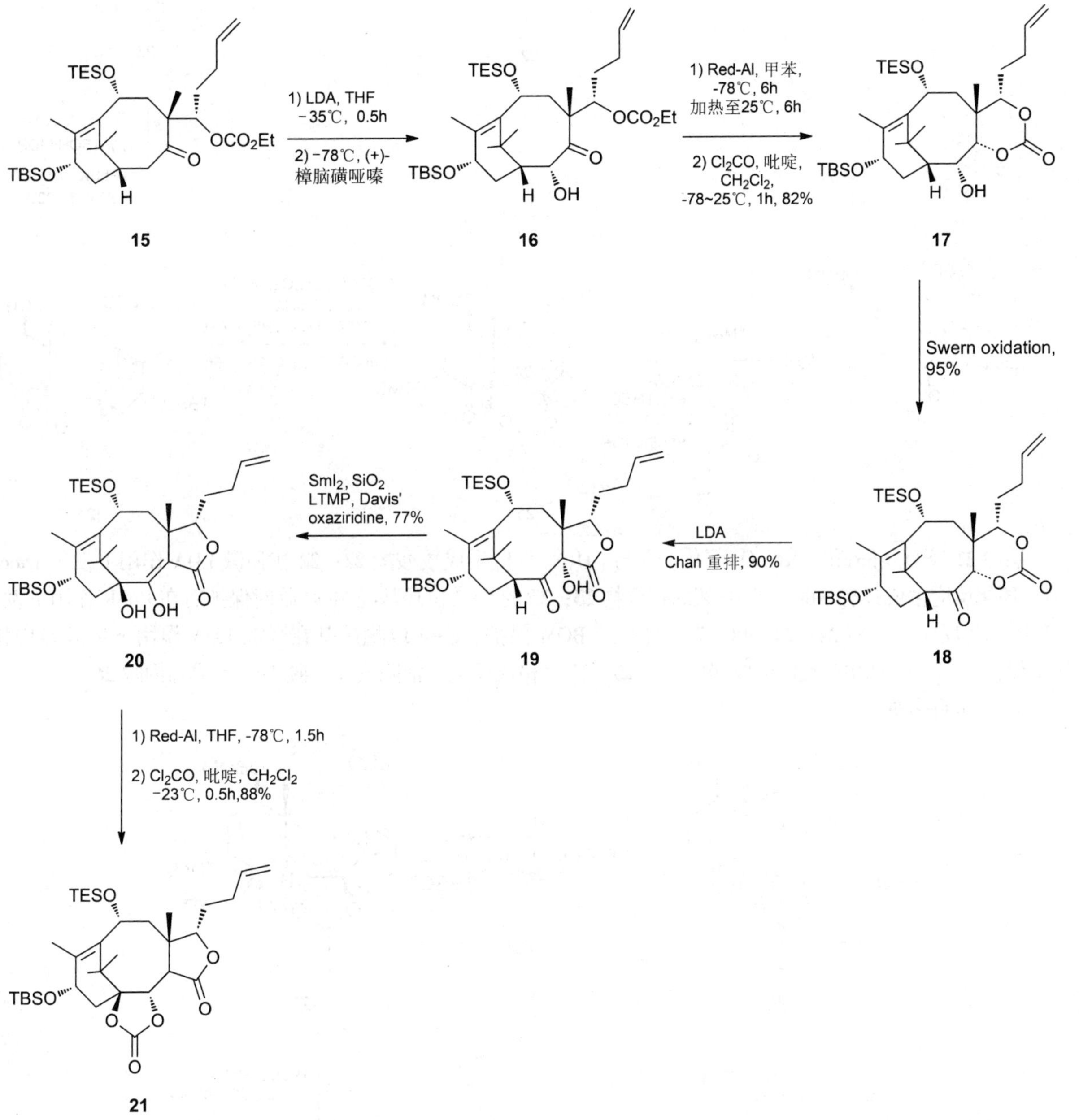

　　化合物 **15** 在 LDA 和樟脑磺哑嗪作用下在羰基 α-位发生羟基化生成 α-羟基酮 **16**；**16** 经还原性铝还原至三醇，并用 COCl$_2$ 保护生成碳酸酯 **17**；**17** 经 Swern 氧化将 C-2 位羟基氧化为酮 **18**；**18** 在强碱 LDA 作用下发生 Chan 重排生成 α-羟基酮酯 **19**；**19** 在 SmI$_2$ 作用下发生还原反应生成稳定的烯醇化合物 **20**；**20** 经还原性铝还原、COCl$_2$ 保护二醇生成碳酸酯 **21**。

3. ABC 环的构筑

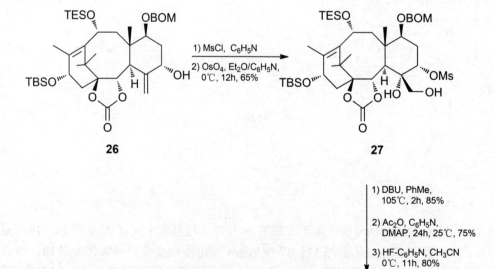

端烯 **21** 经 O_3 环氧化、$KMnO_4$ 氧化，并与 CH_2N_2 反应生成羧酸酯 **22**；**22** 在强碱 LDA 作用下发生 Dieck-mann 环化反应生成具有 ABC 三环骨架的化合物 **23**；**23** 的 C-7 位羟基经 MOP 临时保护后在 PhSK 作用下发生去羧甲基化反应生成酮 **24**；**24** 的 C-7 位羟基经 BOM 保护、C-4 位酮羰基在强碱 LDA 作用下烯醇异构化、TMS 保护羟基、m-CPBA 氧化生成邻羟基酮 **25**；**25** 经格氏反应、消除反应、脱 TBS 生成烯丙醇 **26**。

4. D 环的构筑

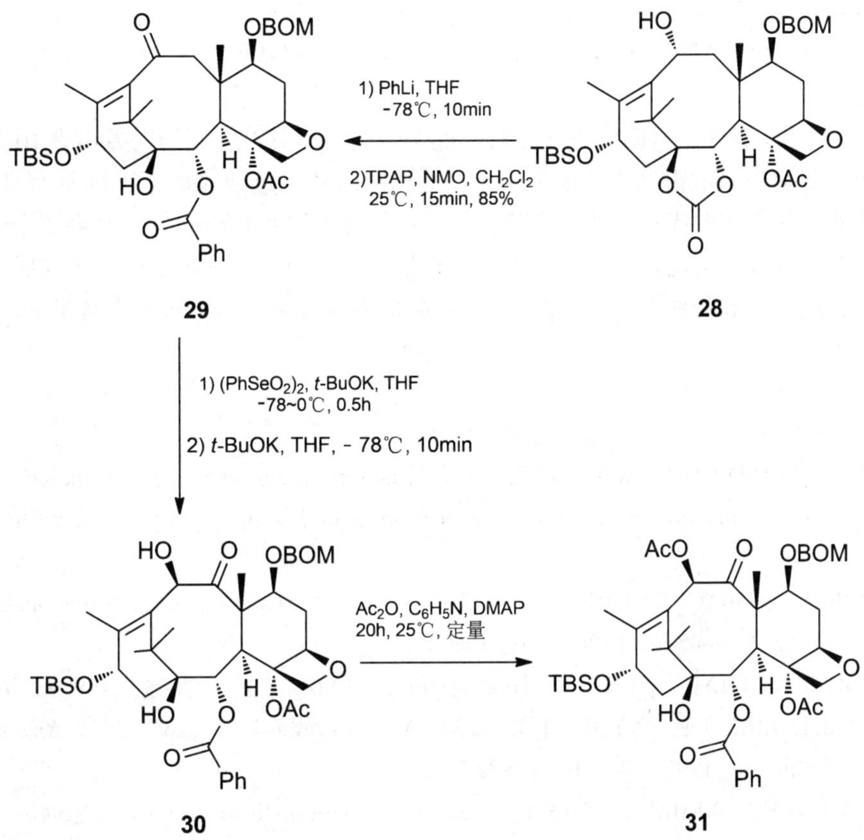

29　　　　　　　　　　　　　　**28**

30　　　　　　　　　　　　　　**31**

烯丙醇 **26** 的 C-5 位羟基经 Ms 保护、C-4 位双键经 OsO₄ 氧化为邻二醇，生成 **27**；**27** 在 DBU 催化下发生环化反应生成环氧丙烷，在 DMAP 催化下 C-4 位羟基发生乙酰化，在 C₆H₅N·HF 作用下 C-10 位羟基脱保护基 TES，生成 **28**；碳酸酯 **28** 在 PhLi 作用下脱保护生成苯甲酸酯、C-10 位羟基经 Ley 氧化成酮，生成 **29**；**29** 在（PhSeO₂）₂ 催化下氧化和重排为 α-羟基酮 **30**；**30** 在 DMAP 催化下 C-10 位羟基进行乙酰化保护，生成 **31**。

5. 母核与侧链的拼接

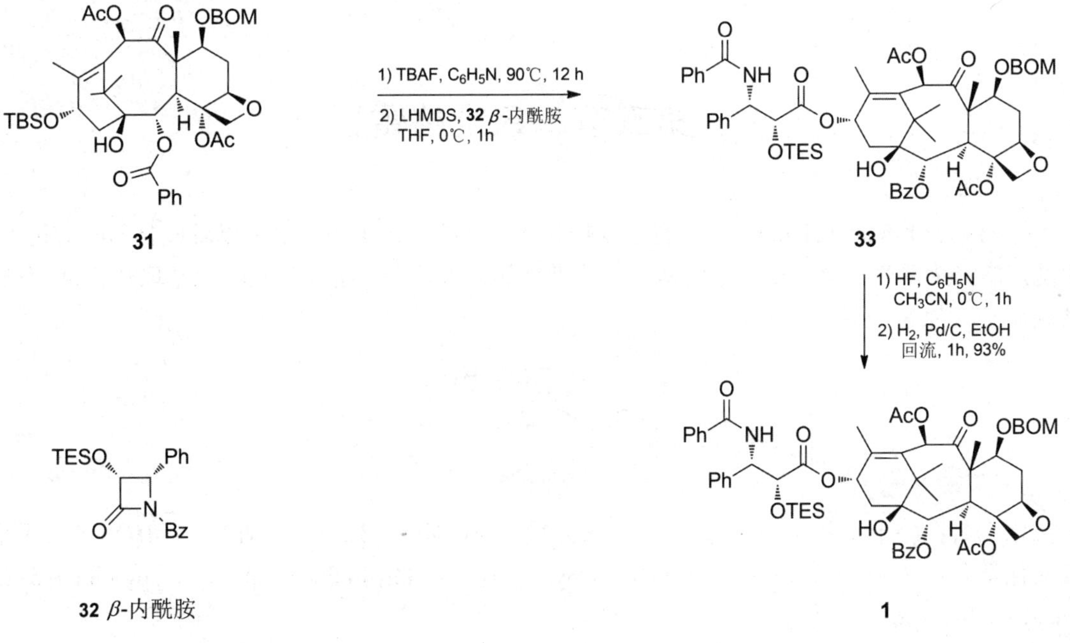

31　　　　　　　　　　　　　　**33**

32 β-内酰胺　　　　　　　　　　　　**1**

母核 **31** 在 TBAF 作用下脱掉 C-13 位羟基保护基 TBS、与内酰胺 **32** 发生酰化反应生成酯 **33**；**33** 在 $C_6H_5N \cdot HF$ 作用下脱 C-2 羟基保护基 TES、Pd/C 催化脱 C-7 位羟基保护基 BOM，至此完成了紫杉醇 **1** 的全合成。

Nicolaou 研究组仅用了近 3 年时间即完成紫杉醇的全合成，而 Holton 则历时差不多 10 年。但应指出的是，这期间 Holton 研究组所取得的成就远不止此，他们同时还出色地完成了下列具有挑战性的工作：①首次详细研究了紫杉醇中多取代八元环的构象，并通过仔细控制八元环构象在 B 环周围引入合适的功能基。②完成了紫杉烷骨架的构建。③成功地半合成紫杉醇，并用于工业化生产。④发展了可定量转化的环氧醇裂解反应，用于合成种种含双环 [5.3.1] 骨架的有机分子。⑤完善并丰富了 Chan 重排反应和 Dieckmann 环化反应。

参考文献

[1] WANI M C, TAYLOR H L, WALL M E, et al. Plant antitumor agents Ⅵ. Isolation and structure of taxol, a novel antileukemic and antitumor agent from taxus brevifolia [J]. J Am Chem Soc, 1971, 93：2325.

[2] HOLTON R A, SOMOZA C, KIM H, et al. First total synthesis of taxol. 1. Functionalization of the b ring [J]. J Am Chem Soc, 1994, 116：1597.

[3] NICOLAOU R C, YANG Z, LIU J J. Total synthesis of taxol [J]. Nature, 1994, 367：630.

[4] MASTERS J J, LINK J T, SNYDER L B, et al. A total synthesis of taxol [J]. Angewandte Chemie International Edition, 1995, 34 (16)：1723.

[5] PAUL A WENDER, NEIL F BADHAM, et al. The pinene path to taxanes. 5. Stereocontrolled synthesis of a versatile taxane precursor [J]. J Am Chem Soc, 1997, 119：2755-2757.

[6] KUWAJIMA M J A, SHIN I, et al. Enantioselective total synthesis of taxol [J]. J Am Chem Soc, 1998, 120：12980.

[7] SHIINA I, IWADARE H, SAKOH H, et al. A new method for the synthesis of baccatin Ⅲ [J]. Chemistry letters, 1998, 27 (1)：1.

[8] TAKAHASHI T, SASUGA D, NAKAI K, et al. A formal total synthesis of taxol aided by an automated synthesizer [J]. Chemistry - An Asian Journal, 2006, 1：370.

第五节　氯吡格雷

(S)-(+)-氯吡格雷（clopidogrel）属于噻吩并四氢吡啶类衍生物，也可以看成是乙酸的衍生物，羧基成甲酯。本品为手性药物，甲基上的两个氢分别被邻氯苯基和噻吩并四氢吡啶基取代，从而产生了一个手性碳原子，为 S 构型。

中文化学名：(+)-(S)-α-(2-氯苯基) -6，7-二氢噻吩并[3，2-c] 吡啶-5(4H)-乙酸甲酯

英文化学名：(+)-(S)-α- (2-chlorophenyl) -6，7-dihydrothieno[3，2-c]pyridine-5 (4H) - acetic acid methyl ester

一、简介

本品最早由法国 Sanofi 公司 1986 年研究开发成功，是一种安全高效的抗血小板聚集药，临床上用其硫酸氢盐（图 7-15），商品名为"波立维"，1998 年 3 月首先在美国上市，随后进入欧洲、加拿大、澳大利亚及新加坡市场。2008 年全球销售额高达 94 亿美元，2009 年全球销售额高达 99 亿美元[1]。2001 年 8 月，法国 Sanofi 公司的 (S)-氯吡格雷获 CFDA 批准在我国上市，2012 年 5 月该药专利到期。

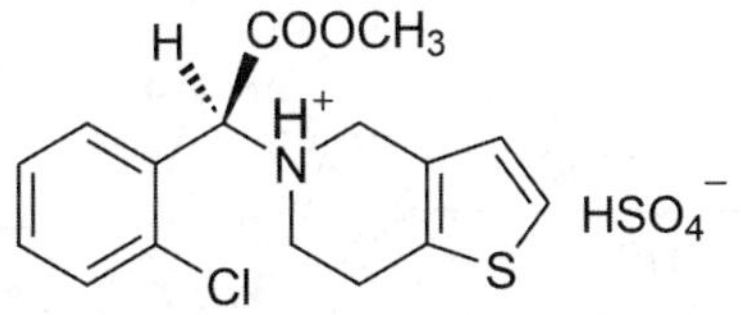

图 7- 5 (S)-(+)-氯吡格雷硫酸氢盐化学结构式

研究表明，只有(S)-氯吡格雷显示出抗血小板聚集活性，并且(R)-氯吡格雷的耐受性是 (S)-氯吡格雷的 1/40[2]。(S)-氯吡格雷硫酸氢盐是一种抗血小板聚集药，临床上用于预防缺血性脑卒中、心肌梗死及外周血管病，用于治疗动脉粥样硬化、急性冠状动脉综合征，预防冠状动脉内支架植入术后支架内再狭窄和血栓性并发症等[3]。大规模临床研究显示，其疗效强于阿司匹林。

(S)-氯吡格雷硫酸氢盐在体外无生物活性，口服后经肝细胞色素 P450 酶系转化为具有活性的巯基代谢物 R-130964（图 7-16）[4]。该活性代谢物可选择性地、不可逆地与血小板膜上腺苷二磷酸（ADP）受体结合，从而抑制 ADP 诱导的血小板膜表面纤维蛋白原受体（GPⅡb/Ⅲa）活化，导致纤维蛋白原无法与该受体发生粘连而抑制血小板聚集[5]。另外有药动学资料显示，本品在体内以约 85% 无活性的羧酸衍生物 SR26334 为循环代谢物[6]排出体外（图 7-16）。

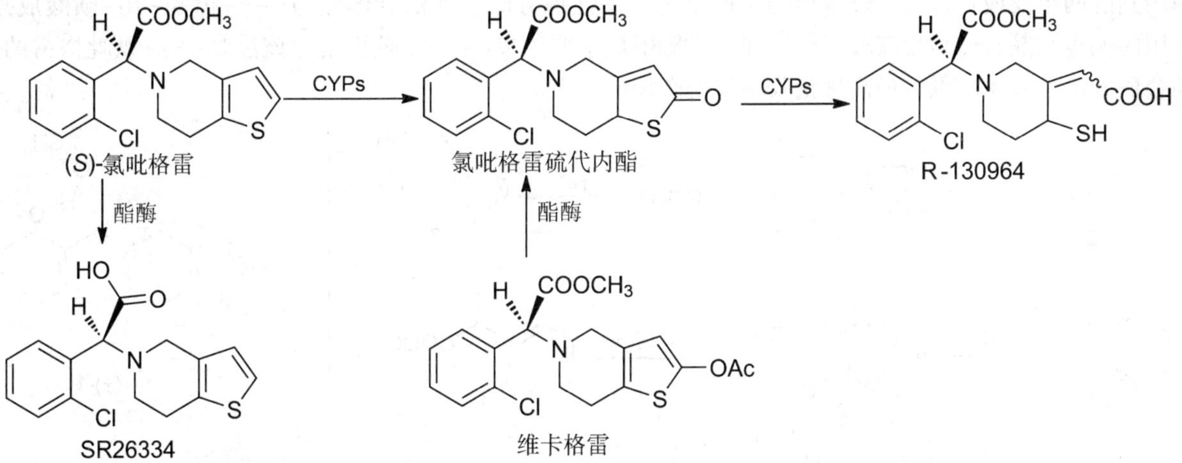

图 7-16 氯吡格雷硫酸氢盐肝内代谢物

最近，Sun 课题组[7]依据巯基代谢物 R-130964，根据前药原理设计出一系列 (S)-氯吡格雷衍生物，最终他们发现由前药维卡格雷（vicagrel）在小鼠肝内经 P450 酶系转化后的巯基代谢物 R-130964，对 ADP 诱导的血小板聚集的抑制活性比氯吡格雷转化后的高 6 倍。此外，该前药与 (S)-氯吡格雷相比还具有以下优势：①对 CYP2C19 慢代谢型群体而言无耐药性；②由于其极低的有效剂量而显示较低的剂量相关毒性；③起效更快。

二、主要合成工艺路线

氯吡格雷最早的合成工艺是由法国 Sanofi 公司开发的[8,9]，以 S 构型作为药物进行销售，因此如何合成单一 S 构型的氯吡格雷（1）成了研究开发的热点，概括起来，主要有三种思路的工艺路线。

（一）先合成再拆分法

在1985年Sanofi公司发表的专利上[9]，合成氯吡格雷的方法最初是用2-（2-噻吩基）乙胺2与甲醛缩合并在酸性条件下环合，所得产物4，5，6，7-四氢噻吩并[3，2-c]吡啶3在碳酸钾和四氢呋喃条件下与2-氯-2-（2-氯苯基）乙酸甲酯4反应得（±）-氯吡格雷，外消旋混合物再用（-）-樟脑-10-磺酸拆分即得本品（图7-17）。

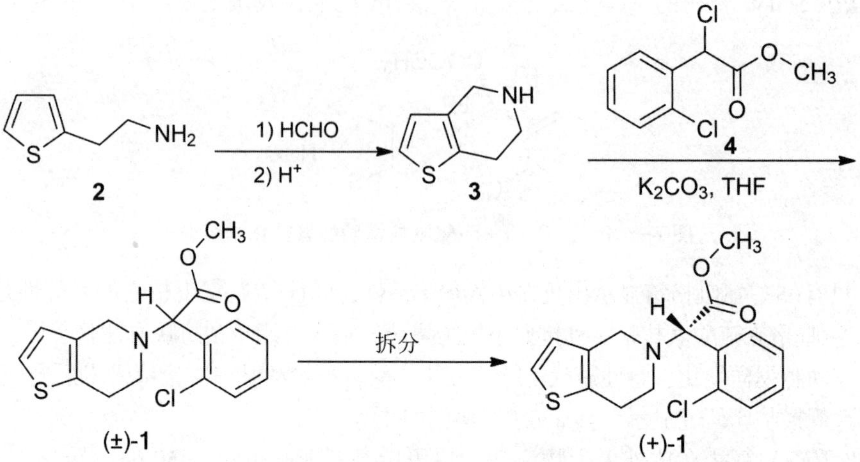

图7-17　Sanofi公司的工艺路线一

后来Sanofi公司于1991年的专利[10]上用2-溴-2-（2-氯苯基）乙酸甲酯5代替2-氯-2-（2-氯苯基）乙酸甲酯，产率得到了很大的提高（图7-18）。先分别合成出4，5，6，7-四氢噻吩并[3，2-c]吡啶3和2-溴-2-（2-氯苯基）乙酸甲酯5，二者反应生成氯吡格雷的外消旋体，然后进行手性拆分。这个方法中用到的两个反应物都有比较成熟的生产工艺。手性拆分时，外消旋体先与（-）-樟脑-10-磺酸成盐，再用丙酮重结晶，然后用碳酸氢钠中和、二氯甲烷萃取生成（S）-氯吡格雷。该法是（S）-氯吡格雷的早期合成方法，收率较低，最高理论收率仅为产物的一半。

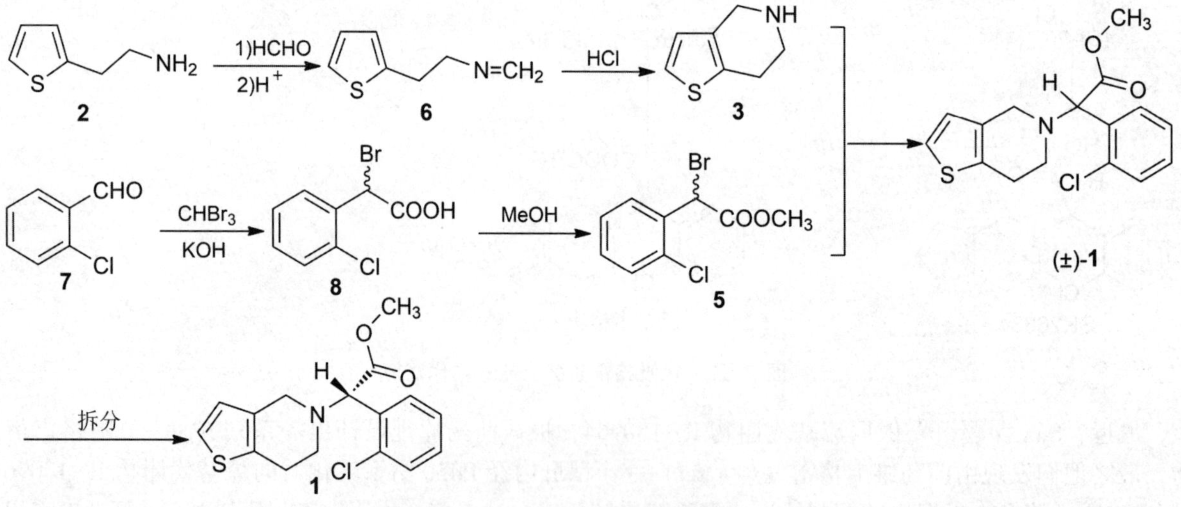

图7-18　Sanofi公司的工艺路线二

1998年，Sanofi公司又开发出了一种全新的方法（图7-19），用2-（2-噻吩）乙胺2与邻氯苯甲醛7和氰化钠反应生成2-（2-噻吩乙胺基）-2-（2-氯苯基）乙腈9，继而与氯化氢和甲醇反应生成2-（2-噻吩乙胺基）-2-（2-氯苯基）乙酰胺10，然后用硫酸的甲醇溶液水解为（S）-2-（噻吩乙胺基-2-2-氯苯基）乙酸甲酯11，用（+）-樟脑-10-磺酸或（+）-酒石酸拆分得左旋体[11]。采用这种工艺路线，可以避免使用催泪的刺激的α-卤代苯乙酸衍生物作中间体，成本降低，但在合成过程中使用了剧毒的氰化钠。

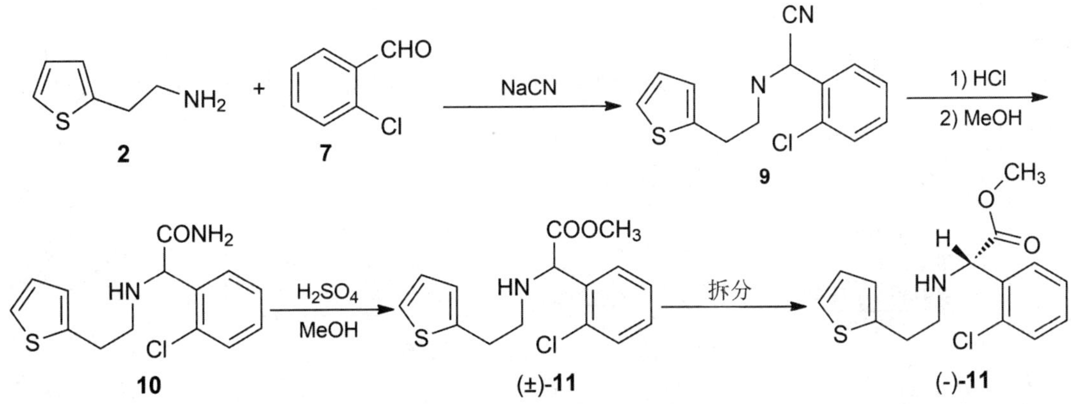

图 7-19　Sanofi 公司的工艺路线三

　　为避免上述三条路线的种种缺点，2007 年，中国科学院成都有机研究所 Wang 课题组[12] 报道了直接以 4，5，6，7-四氢噻吩并［3，2-c］吡啶 **3** 和价格便宜的腈类化合物 **12** 为主要原料，合成关键中间体 2-(2-氯苯基)-2-{6，7-二氢噻吩并[3，2-c]吡啶-5(4*H*)-基}乙腈 **13**，**13** 氰基经甲醇解，生成酯 **14**，**14** 再在甲苯中以 L-樟脑磺酸高效地对外消旋氯吡格雷进行拆分，相应整个合成过程可简化到 4 步，最高总收率在 70% 以上，已成功试验 50kg 的规模，比较适于工业化生产（图 7-20）。

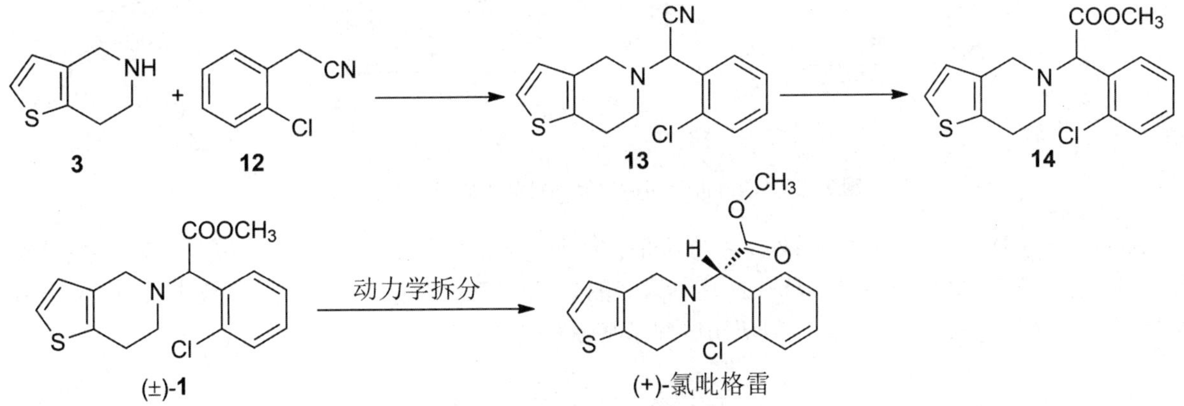

图 7-20　Wang 课题组的工艺路线

　　上述四条工艺路线都是先合成再拆分法，把拆分放在最终的产物氯吡格雷上，这样就造成约一半的产物被浪费掉，成本升高，造成总体收率不高。

（二）先拆分后合成法

　　氯吡格雷在不对称合成的过程中，拆分显得尤为重要，不同的合成工艺需要不同的拆分时段，以便获得良好的效果。

　　1992 年开发了一种新的方法（图 7-21），该法的关键步骤是先合成出 (*S*)-2-(2-噻吩乙胺基)-2-(2-氯苯基) 乙酸甲酯 **11**，然后用甲醛和盐酸缩合环合直接生成(*S*)-氯吡格雷[13,14]。近年来对这种方法的研究比较多，主要集中在该手性中间体 **11** 的合成上。

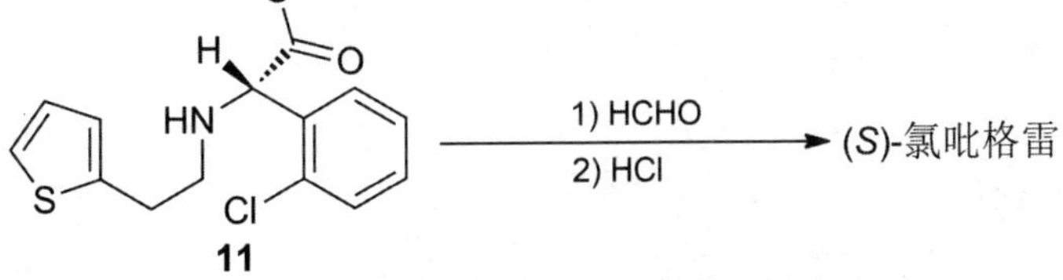

图 7-21　(*S*)-氯吡格雷关键性合成步骤

该手性中间体最初的合成方法（图 7-22）是 Sanofi 公司用邻氯苯甲醛 **7** 与氰化钠和羟胺反应，酯化生成 2-氨基-2-(2-氯苯基)乙酸甲酯 **15** 后与对甲苯磺酸噻吩-2-乙酯 **16** 反应，然后进行手性拆分[15]，该路线要使用剧毒的氰化钠，且要得到单一对映体，溶剂的选择非常重要。另外，反应时间较长，收率仅为 50%。

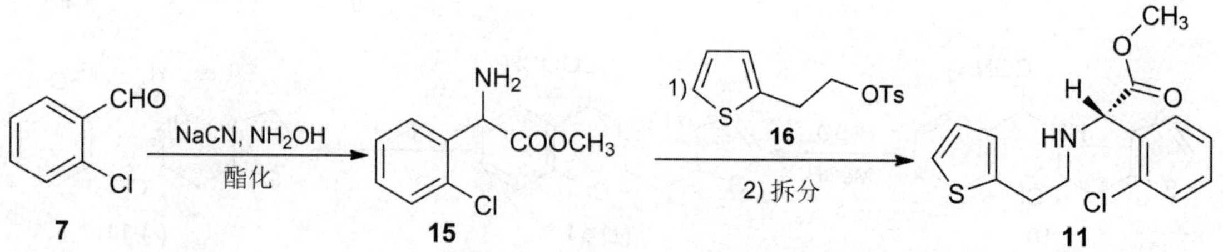

7　　15　　11

图 7-22　Sanofi 公司邻氯苯甲醛为原料的工艺路线

为改进上述缺点，1993 年 Sanofi 公司发表了另一条路线（图 7-23），由邻氯扁桃酸 **17** 与三溴化磷反应，酯化后生成 2-溴-2-(2-氯苯基)乙酸甲酯 **18**，再与 2-(2-噻吩基)乙胺 **2** 反应，最后拆分得该手性中间体[16]。但是，2-(2-噻吩基)乙胺 **2** 制备比较困难，储藏和使用不方便。

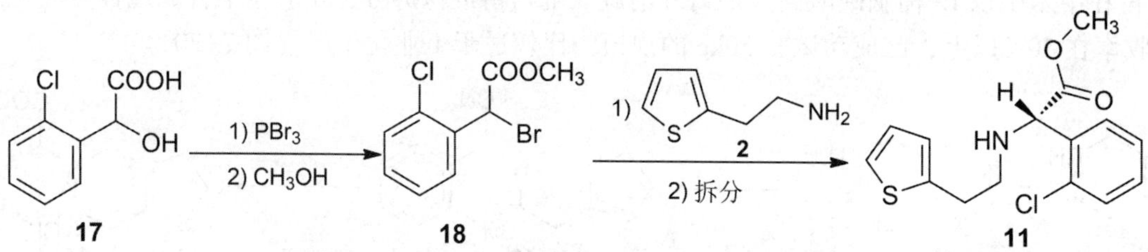

17　　18　　11

图 7-23　Sanofi 公司以邻氯扁桃酸为原料的工艺路线

Sanofi 公司于 2000 年报道的另外一种方法是，将上述方法中的 2-氨基-2-(2-氯苯基)乙酸甲酯 **15** 先进行拆分（图 7-24），然后与噻吩-2-环氧丙酸钠 **19** 和氰基硼氢化钠在乙酸的催化下反应生成该中间体[16]。该路线虽然各步收率较高，但所用试剂氰基硼氢化钠不易得，影响其工业化。

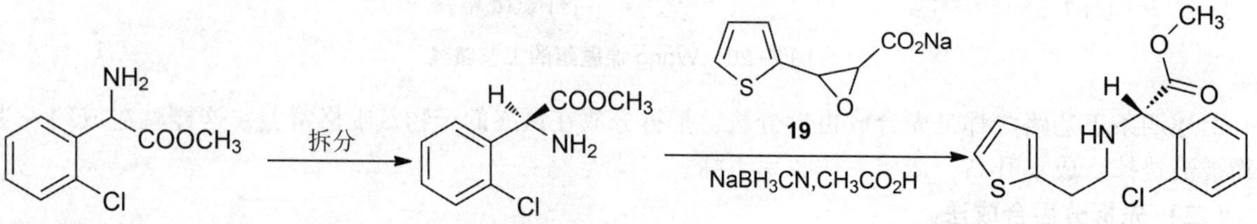

15　　(*S*)-15　　11

图 7-24　Sanofi 公司 2000 年报道的工艺路线

也有用外消旋邻氯苯甘氨酸 **20** 经拆分得到(+)-邻氯苯甘氨酸（图 7-25），再经甲酯化后与对甲苯磺酸噻吩-2-乙酯 **16** 发生 S_N2 取代反应制成该中间体[17,18]，此路线反应时间较长，但收率较高，所需设备造价低。

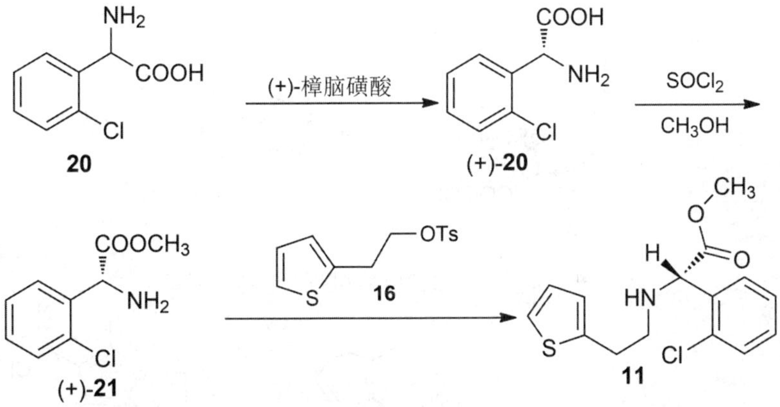

图 7-25　以邻氯苯甘氨酸为原料 S_N2 取代反应路线

上述工艺路线中，邻氯苯甘氨酸的拆分主要用到樟脑磺酸，但邻氯苯甘氨酸的 $pKa \approx 1$，使用酒石酸进行拆分相对困难。由于邻氯苯甘氨酸的消旋条件相对剧烈，该步反应无法达到动态动力学拆分，收率只能停留在 50% 以下。而对邻氯苯甘氨酸甲酯的拆分，主要使用了酒石酸，而且邻氯苯甘氨酸甲酯的消旋条件相对温和，使得在拆分过程中可以引入催化剂，使相反构型的邻氯苯甘氨酸甲酯发生消旋，在结晶诱导下，使拆分进行得非常彻底，达到动态动力学拆分。目前已有的工艺拆分收率可以达到 90% 以上。

最后一条路线是 2003 年 Sanofi 公司以邻氯扁桃酸 **17** 为原料（图 7-26），首先进行拆分，再经甲酯化生成 **22**，**22** 与苯磺酰氯反应生成具有强的离去基团（—OSO_2Ph）的手性中间体 **23**，最后 **23** 与 4，5，6，7-四氢噻吩并[3，2-c]吡啶 **3** 在碳酸钾的催化下发生双分子亲核取代反应，构型翻转生成（S）-（+）-氯吡格雷[13]。该路线中甲酯化反应、生成磺酸酯的反应和最后一步的 S_N2 取代反应，每步的收率均在 90% 以上；且前两步反应基本无消旋化，最后一步的光学纯度也超过 90%。

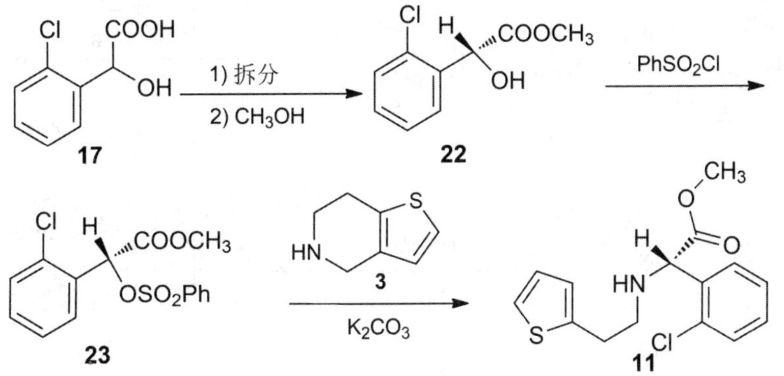

图 7-26　Sanofi 公司以邻氯扁桃酸为原料进行 S_N2 取代反应的路线

在上述路线中，起始原料使用特定手性构型的天然产物扁桃酸的衍生物，在合成过程中避免了拆分；但是在与苯磺酰氯的酰化反应中，由于该反应从表面上看是一个双分子的亲核反应，但是无可避免地存在 S_N1 反应的可能性，即在反应过程中出现 2-苯磺酰基-2-（2-氯苯基）乙酸甲酯的碳正离子 **24**，使得 R-邻氯扁桃酸的立体构型容易受到影响，产率也不是很理想，S_N1、S_N2 反应的机理如图 7-27 所示。

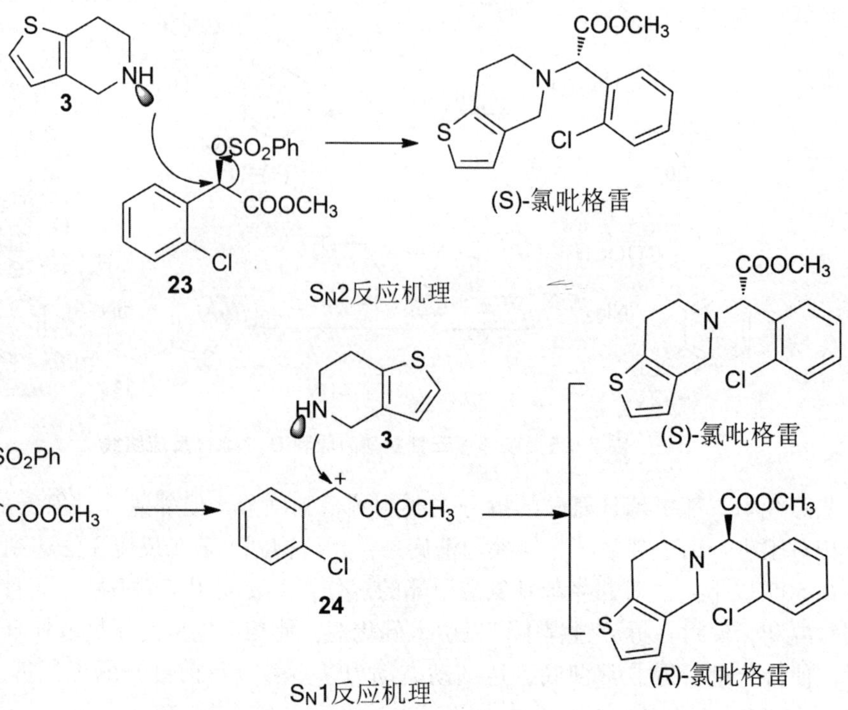

图7-27　氯吡格雷 S_N1 和 S_N2 反应的机理

　　为避免邻氯苯甘氨酸 **20** 的拆分，也有用（+）-邻氯苯甘氨酸 **25** 为起始原料（图7-28）的路线报道，经甲酯化后，与2-(2-噻吩基)乙醇对甲苯磺酸酯发生 S_N2 取代反应生成（S）-2-(2-噻吩乙胺基)-2-(2-氯苯基)乙酸甲酯 **11**，然后用甲醛和盐酸缩合环合直接生成氯吡格雷。

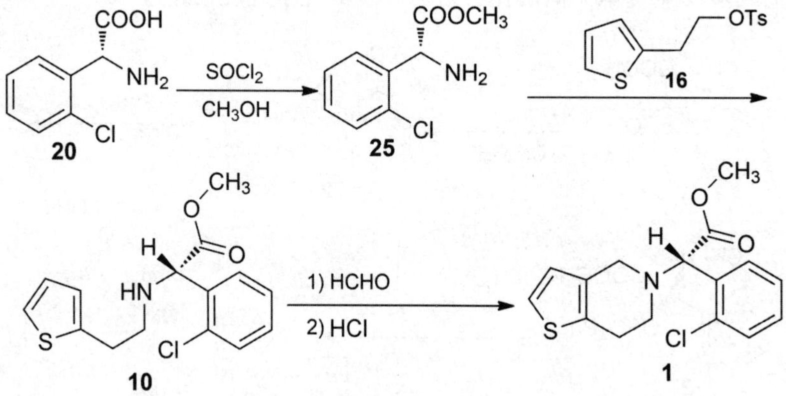

图7-28　以(+)-邻氯苯甘氨酸为起始原料的工艺路线

　　该路线的难度在于亲核取代反应和缩合环合反应，以及在各步反应中如何保证产物不发生消旋，最后一步为缩合环合反应，参考 Clark-Eschweiler 胺的还原烷基化反应、Mannich 反应、Pictet-Spengler 异喹啉合成反应机理，推测此反应过程为（图7-29）：

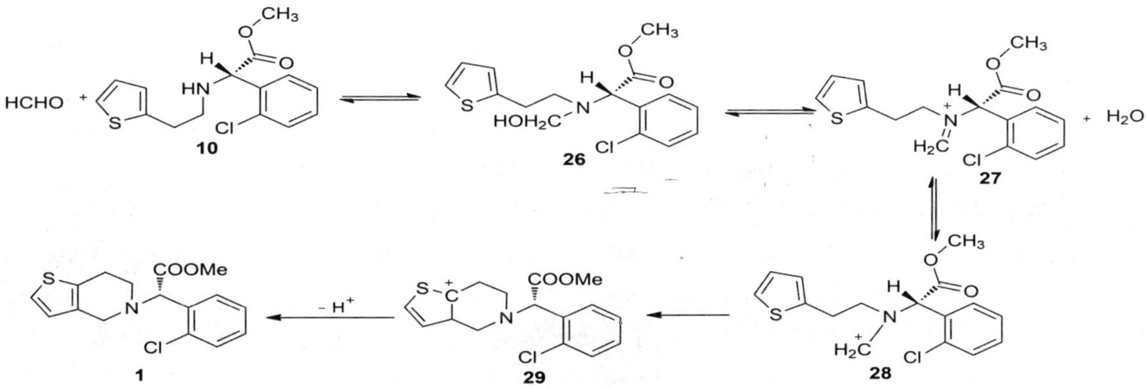

图7-29　氯吡格雷缩合环合反应过程

该步反应现在更为一致的观点认为是按照Mannich反应的机理进行的，电子转移的具体过程是（图7-30）：

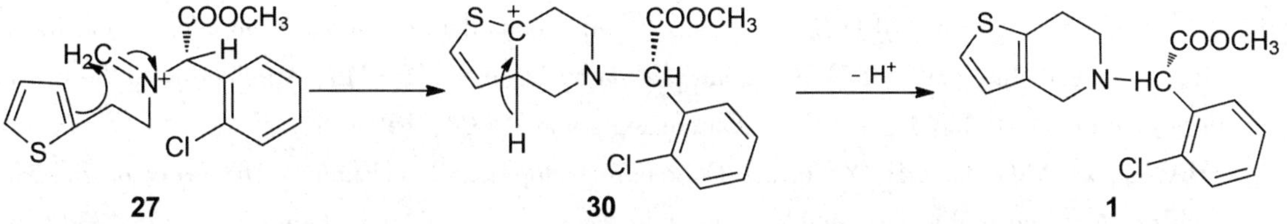

图7-30　氯吡格雷缩合环合反应机理

上述（S）-氯吡格雷的合成工艺路线都是先将手性源引入，合成手性中间体，然后进行终产物的合成，这样可以避免大部分产物的浪费，一定程度上控制了生产成本。

现在郑州大学药学院刘宏民课题组针对该步反应中S_N1、S_N2反应机理的竞争导致的对产物手性构型的影响，开发了新的方法，具体内容如下（图7-31）：

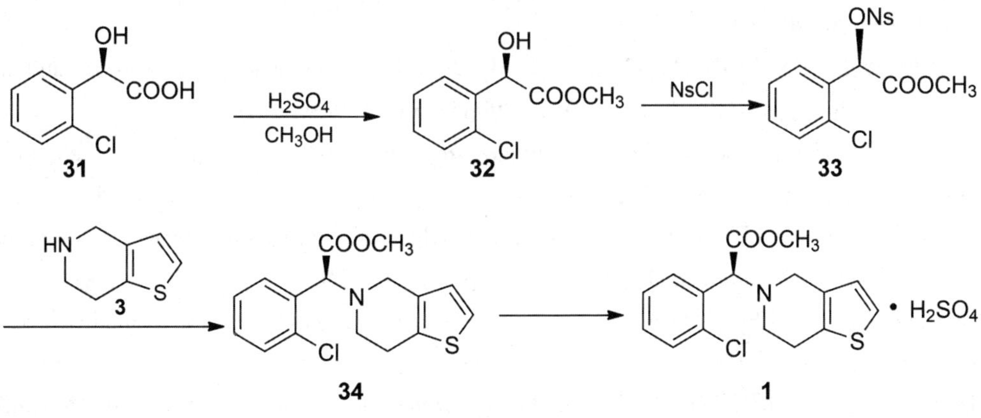

图7-31　刘宏民课题组氯吡格雷在研工艺

该路线中使用选择性较高的对硝基苯磺酰氯（NsCl）为离去基团，对最终产物的构型几乎没有影响，以99.8% ee的高对映选择性合成了目标产物。

氯吡格雷作为一种热门药物，应用已越来越普遍。其生产工艺的改进已成为一个迫在眉睫的问题，今后高效的合成方法仍是各大企业的追逐目标。高效的拆分方法或不对称合成技术必将起着重要的作用，一些价格昂贵的关键中间体的合成技术也需要改进，反应条件和装置的优化也对氯吡格雷的合成起着重要的作用，这些方面都有待完善。

参考文献

［1］ CAMPO G, FILETI L, NICOLETTA DE C. Long-term clinical outcome based on aspirin and clopidogrel responsiveness status after elective percutaneous coronary intervention: A 3T/2R (tailoring treatment with tirofiban in patients showing resistance to aspirin and/or resistance to clopidogrel) trial substudy ［J］. J Am Coll Cardiol, 2010, 56: 1447.

［2］ KIM S -D, KANG W, LEE H W, et al. Bioequivalence and tolerability of two clopidogrel salt preparations, besylate and bisulfate: A randomized, open-label, crossover study in healthy korean male subjects ［J］. Clin Ther, 2009, 31: 793.

［3］ 林治秘, 张兰英, 吴范宏, 等. 氯吡格雷硫酸氢盐合成工艺改进 ［J］. 食品与药品, 2010, 12 (4): 235.

［4］ CATTANEO M. Fast, potent, and reliable inhibition of platelet aggregation ［J］. Eur Heart J Suppl, 2009, 11: G9.

［5］ 倪唤春, 范维琥. 抗血小板新药——氯吡格雷 ［J］. 中国新药杂志, 2001, 10 (12): 888 -891.

［6］ ZOU J -J, FAN H -W, GUO D -Q, et al. Simultaneous determination of clopidogrel and its carboxylic acid metabolite (SR26334) in human plasma by LC-ESI-MS-MS: Application to the therapeutic drug monitoring of clopidogrel ［J］. Chromatographia, 2009, 70: 1581.

［7］ SHAN J, ZHANG B, ZHU Y, et al. Overcoming clopidogrel resistance: Discovery of vicagrel as a highly potent and orally bioavailable antiplatelet agent ［J］. J Med Chem, 2012, 55: 3342.

［8］ HERBERT J M, SAVI P, MAFFRAND J P. Biochemical and pharmacological properties of clopidogrel: A new ADP receptor antagonist ［J］. European Heart Journal Supplements, 1999, 1 (A): A31-A40.

［9］ AUBERT D, FERRAND C, MAFFRAND J P. Thieno ［3, 2-c］ pyridine derivatives and their therapeutic application: US 4529596 ［P］. 1985-7-16.

［10］ BOUISSET M, RADISON J. Process for the preparation of α-bromophenylacetic acids ［P］. US: 5036156, 1991-07-30.

［11］ MARIA A B, CSTARIN M, MOLNARL M. New interm ediates for clopidogrel and analogs and process for their preparation ［P］. WO: 199851681, 1998-11-19.

［12］ WANG L, SHEN J, TANG Y, et al. Synthetic improvements in the preparation of clopidogrel ［J］. Org Process Res Dev, 2007, 11: 487.

［13］ BOUSQUET A, CALET S, HEYMES A. 2-thienylglycidic derivative, process for its preparation and its use as synthesis intermediate: US 5132435A ［P］. 1992.

［14］ BOUSQUET A, MUSOLINO A. Hydroxyacetic ester derivatives, preparation method and use as synthesis intermediates: US 6573381 ［P］. 2003.

［15］ DESCAMPS M, RADISSON J. Process for the preparation of an n-phenylacetic derivative of tetrahydrothieno (3, 2-c) pyridine and its chemical intermediate: US 5204469 ［P］. 1993.

［16］ CASTRO B, DORMOY J R, PREVIERO A. Method for preparing 2-thienylethylamine derivatives: US, 6080875 ［P］. 2000-6-27.

［17］ DESCAMPS M, RADISSON J. Process for the preparation of an n-phenylacetic derivative of tetrahydrothieno (3, 2-c) pyridine and its chemical intermediate: US 5204469 ［P］. 1993; EP 466569 ［P］. 1992-01-15.

［18］ MARIA B, CSTARI N M, MOLNAR L M, et al. New intermediates and process for the preparation thereof. WO: 9851681 (A1) ［P］ 1998-11-19.

第六节 磷酸奥司他韦

磷酸奥司他韦英文名为 oseltamivir phosphate，化学名为（3R，4R，5S）-4-乙酰胺-5-氨基-3-（1-乙基丙氧基）-1-环己烯-1-羧酸乙酯，商品名为达菲（Tamiflu），是流行性感冒神经氨酸酶 A 型和 B 型抑制剂前药[1]，被认为是目前最有效、特异性最高的流感治疗药物[2]。

目前市场上销售的达菲为 Roche 制药独家生产的抗流感药物，通用名称为磷酸奥司他韦，是奥司他韦酸（GS-4071）的前药。本品于 1999 年被美国 FDA 批准上市，在中国于 2004 年 7 月上市。达菲是一种非常有效的流感治疗药物，具有很好的安全性、耐受性及生物利用度，并且可以大大减少并发症（主要是气管与支气管炎、肺炎、咽炎等）的发生和抗生素的使用，因而是目前治疗流感的最常用药物之一，也是公认的抗禽流感、甲型 H1N1 病毒最有效的药物之一。

从 Roche 制药开发了以莽草酸为原料合成磷酸奥司他韦的工业化合成路线开始[1]，很多化学家致力于磷酸奥司他韦的合成路线研究，其目的都是为了更好地实现磷酸奥司他韦的合成。虽然磷酸奥司他韦的结构很简单，但是它包含了一个六元环和 α，β-不饱和酯，环上有三个手性中心和三个官能团，因此，它的合成也变得十分具有挑战性。纵观磷酸奥司他韦的合成路线，主要是通过两种方法：① 以天然化合物为起始原料来合成，如奎尼酸、莽草酸、糖类、氨基酸等；②使用普通的化工原料，利用不对称合成、去对称化、手性拆分等方法引入手性中心来合成。现将近些年来文献报道的合成路线阐述如下。

一、以天然化合物为起始原料

由于自然界中存在大量的手性源化合物，具有很高的光学纯度。若用作起始原料，则可很好地诱导新的手性中心形成。因此，从廉价的天然化合物为原料出发合成磷酸奥司他韦是极佳的选择。

（一）以莽草酸、奎尼酸为起始原料

磷酸奥司他韦是奥司他韦酸（GS-4071）的前药，它们的结构与莽草酸、奎尼酸结构十分相似，不同之处在于 3、4、5 位的官能团及手性中心。由于莽草酸和奎尼酸的 3、4、5 位都是活泼的羟基，所以可以通过简单的转化合成磷酸奥司他韦，其难点是三个羟基都是仲羟基，性质十分相似，要准确地在 3、4、5 位引入各种官能团必须经过独特的策略与控制，所以合成化学工作者一直致力于研发以莽草酸和奎尼酸为原料合成磷酸奥司他韦的更高效、更经济的路线。

Gilead 公司于 1997 年以莽草酸为原料首次完成奥司他韦的全合成[2]（图 7-32）。该路线中莽草酸的 C-1 位羧基先甲酯化，再经 Berchtold 等[3]报道的区域选择性的 Mitsunobu 反应，活化位阻相对较小的 C-5 位羟基，后与邻位羟基反应构建环氧化合物 1；MOM 保护 3 位羟基、区域选择性叠氮开环得到叠氮醇、经邻位 OMs 协助的 Staudinger 反应构建氮丙啶化合物 2；区域选择性地叠氮开环得到叠氮胺，再脱除 MOM 得到化合物 3；用 Tr 化学选择性地保护氨基，再利用 Tr 官能团的大位阻，化学选择性地将 3 位羟基甲磺酰化，分子内亲核取代成氮丙啶化合物 4；最后在 Lewis 酸催化下，4 脱除 Tr，经 3-戊醇区域选择性开环，乙酰化得到化合物 5；5

经 Staudinger 反应还原叠氮、水解酯基得到奥司他韦酸。此路线共 14 步，总收率 15%。

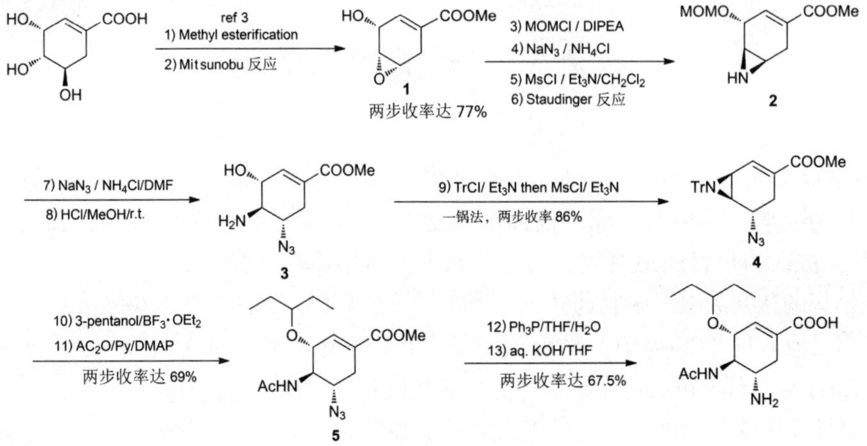

图 7-32　Gilead 公司的合成路线

但是由于其合成路线在规模上受到限制，1998 年 Gilead 公司又开发了两条以奎尼酸为原料适合工业化生产的合成路线[4]（图 7-33）。奎尼酸经过丙酮叉保护、成内酯（**6**）、内酯乙醇解（**7**）、5 位羟基区域选择性地甲磺酰化（**8**）、1 位羟基氯代消除得到化合物 **9**，**9** 经高氯酸催化实现缩丙酮到缩戊酮的转换（**10**）、高区域选择性地氢化开环（**11**）、碱性条件下得到关键的环氧中间体 **12**，**12** 经叠氮开环得到一对叠氮醇的同分异构体 **13**，**13** 经分子内 Staudinger 反应生成共同的产物氮丙啶化合物 **14**，**14** 经叠氮试剂区域选择性地开环得到叠氮胺 **15**，**15** 乙酰化得到化合物 **16**，**16** 经 Staudinger 反应，与磷酸成盐得到磷酸奥司他韦。此合成路线共 12 步，总收率 4.4%，利用两次叠氮开环引入含氮官能团，只需要 3 次重结晶，无须柱层析便可得到磷酸奥司他韦，并能以千克级生产。

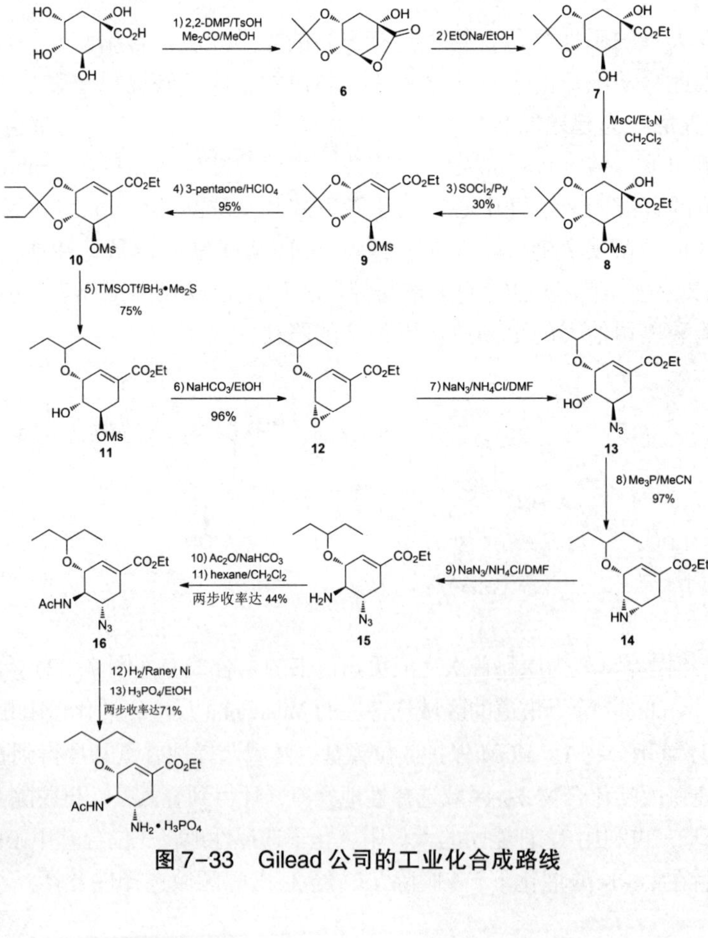

图 7-33　Gilead 公司的工业化合成路线

1999 年以后，Roche 公司开发了以莽草酸为起始原料，简便地合成环氧中间体 **12** 的方法[5]。由于叠氮化合物具有潜在的爆炸性，不利于工业化。2001 年，Roche 公司改用烯丙基胺替代叠氮钠，开发了一条无叠氮的合成路线（图 7-34）[6]。莽草酸先经乙酰化，再经丙酮叉保护、5 位羟基甲磺酰化，以三氟甲磺酸催化实现丙酮叉到戊酮叉的转换，得到化合物 **17**，然后进行缩酮的还原开环，弱碱处理得到环氧中间体 **12**，这 6 步反应总收率 62%~65%。该中间体用烯丙基胺在 5 位区域选择性开环、氢化脱烯丙基得到化合物 **18**，**18** 再成氮丙啶，然后用烯丙基胺再一次区域选择性开环得到二胺 **19**，**19** 化学选择性地乙酰化、脱烯丙基、与磷酸成盐得到磷酸奥司他韦，这 6 步反应的总收率为 35%。

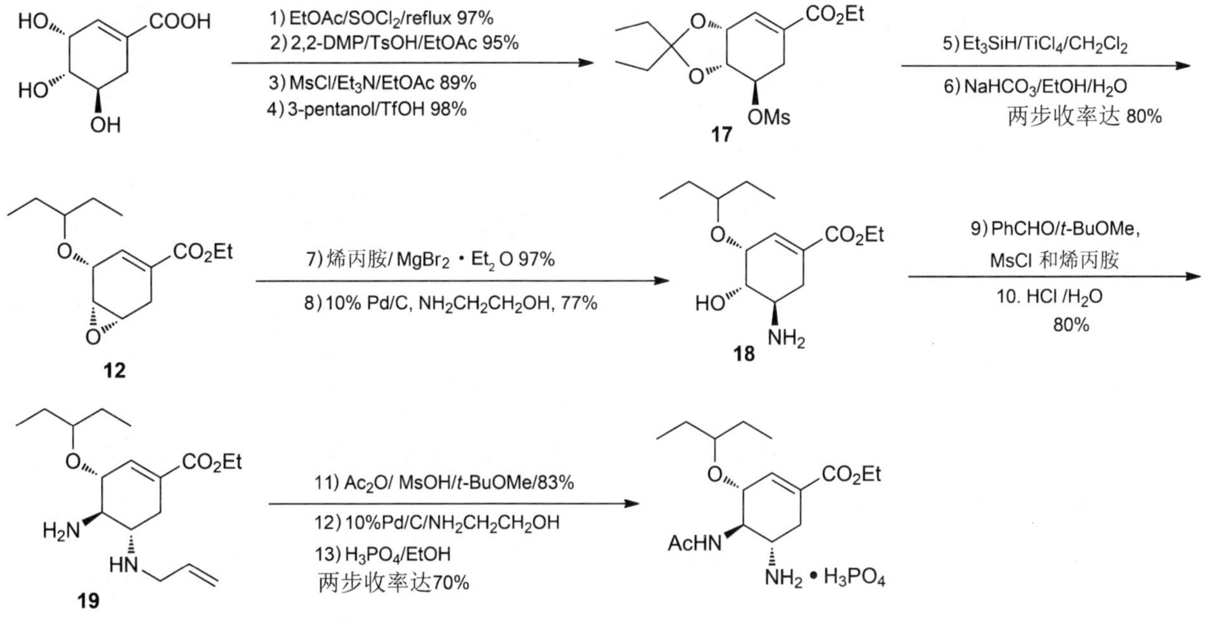

图 7-34　Roche 公司的工业化合成路线 1（以烯丙基胺为氮源）

2004 年，Roche 公司又对其路线进行了改进[7]（图 7-35），环氧中间体 **12** 在 Lewis 酸催化下，叔丁胺在 5 位区域选择性开环，利用叔丁基位阻大，将 4 位羟基甲磺酰化，分子内亲核取代得到氮丙啶化合物 **20**，用双烯丙基胺高选择性地开环得到二胺，二胺经乙酰化得到化合物 **21**，最后脱叔丁基和双烯丙基、与磷酸成盐得到磷酸奥司他韦。这条合成路线中，从环氧中间体到磷酸奥司他韦共 8 步，收率 61%，两次利用胺高区域选择性地开环引入含氮官能团，总收率大大地提高。

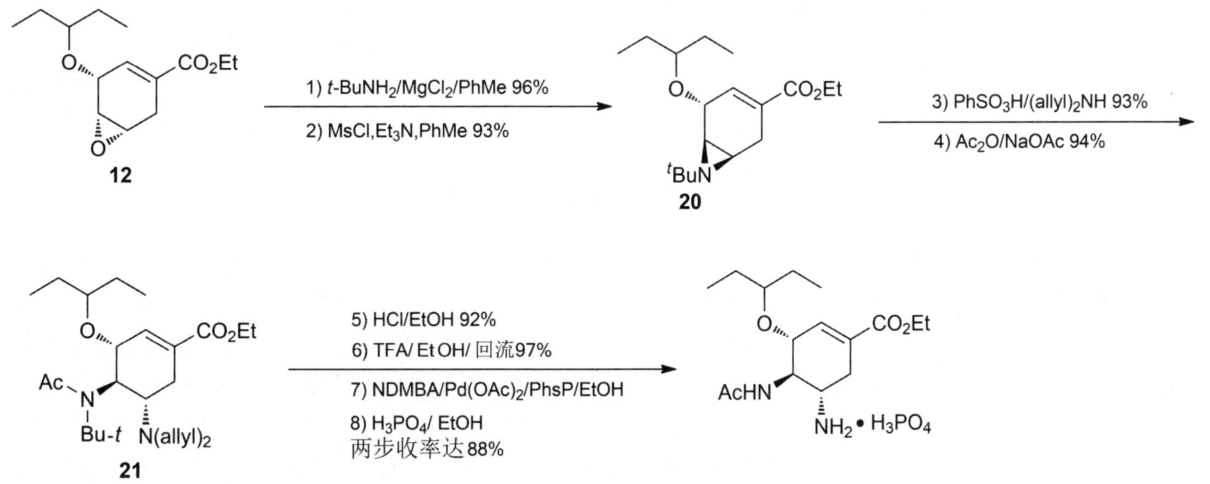

图 7-35　Roche 公司的工业化合成路线 2（以叔丁胺为氮源）

2012 年，Kim 小组又报道了一条以莽草酸为起始原料的磷酸奥司他韦的合成路线[8]（图 7-36）。将莽草酸乙酰化，在原甲酸三乙酯的催化下生成缩酮[9]，5 位羟基 MOM 保护，选择性还原开环得中间体 **22**，经 Mitsunobu 反应在 4 位引入叠氮基、在 AcSH 作用下还原乙酰化得化合物 **23**，脱 MOM，再经 Mitsunobu 反应在 5 位引入叠氮基生成 **16**，最后根据报道过的操作得到磷酸奥司他韦[4]。这条合成路线共 9 步，总收率 27%，其特点就是两次 Mitsunobu 反应引入含氮官能团。由于 Mitsunobu 反应带来的后处理的不方便，以及使用了剧毒、高爆炸性的叠氮酸，给放大反应带来一定的难度。

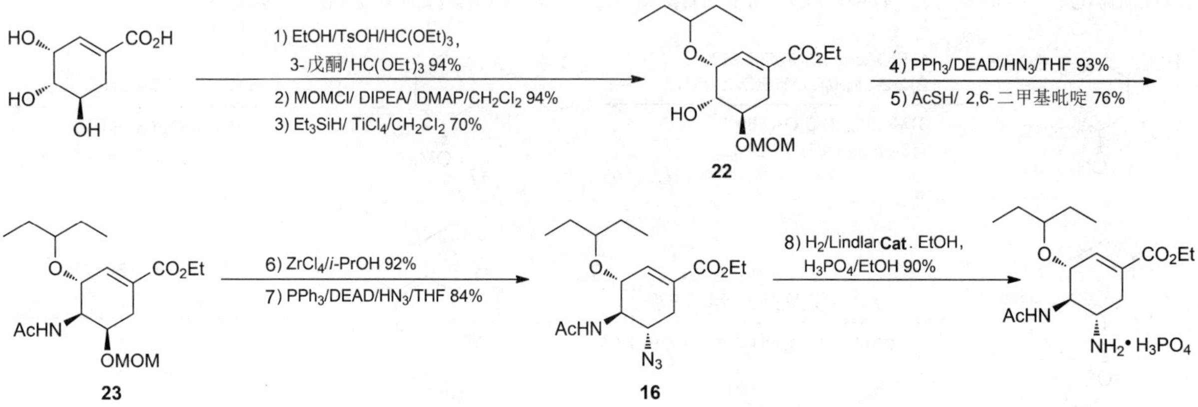

图 7-36　Kim 小组的合成路线

2012 年，Shi 小组[10-12]在他们之前大量系统研究的基础上，报道了一条更高效的以莽草酸为原料合成磷酸奥司他韦的路线（图 7-37）[13]。

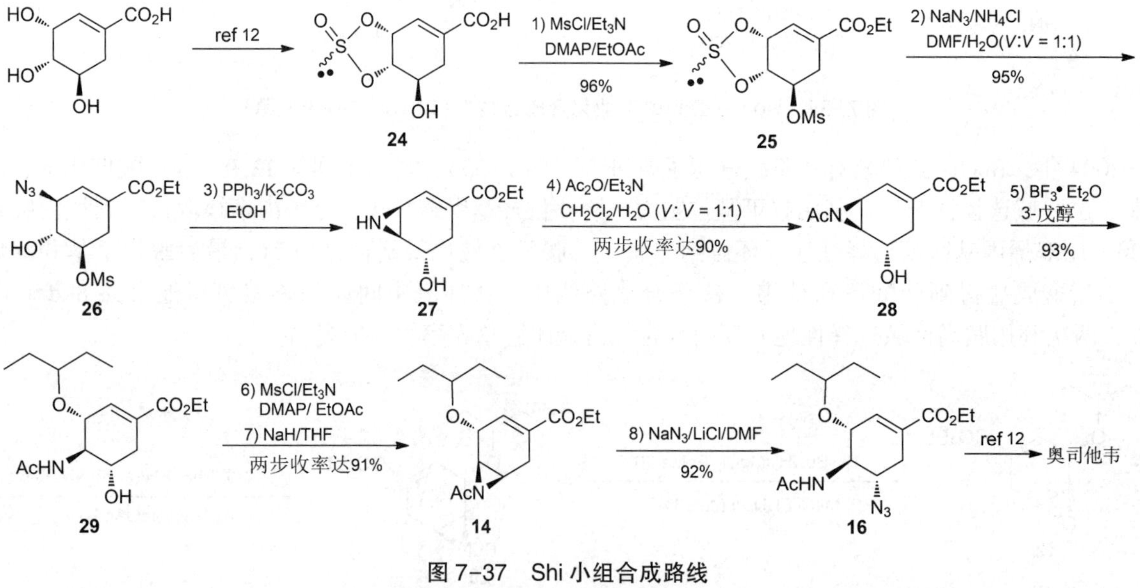

图 7-37　Shi 小组合成路线

从莽草酸出发，他们用该小组发展的方法得到化合物 **24** 后用 Ms 保护剩余的一个羟基，接着用叠氮钠选择性进攻环式硫酸酯，并以良好的区域选择性从烯丙位开环得到化合物 **26**。PPh₃ 还原叠氮，生成的中间体对新形成的环氧化合物进行开环、进一步水解即可实现氮杂环丙烷 **27** 的合成。该化合物在水中有很好的溶解性，所以借助这一特性将其和三苯基氧膦进行分离，从而解决了磷酸奥司他韦合成中分离纯化三苯基氧膦的困难。乙酰基保护后（**28**）在 Lewis 酸催化下，用 3-戊醇选择性再次从烯丙位开环得到化合物 **29**，用 MsCl 活化羟基后在碱性条件下发生分子内亲核取代得到氮杂环丙烷 **14**，将叠氮钠区域选择性开环可得化合物 **16**，按照作者已经报道的方法即可合成目标产物。该路线最终以 11 步转化、55% 的总产率实现了磷酸奥司他韦的合成。

（二）以糖类为起始原料

糖类来源丰富，价格便宜，能够源源不断地供应，所以不需要担心原料来源与价格问题。从结构上来分析，糖类一般具有多羟基，有利于引入各种官能团，并且糖类含有醛基，可以利用分子内 Horner-Wadsworth-Emmons（HWE）反应或者分子内的 Aldol 缩合来构建双键和六碳脂环骨架，也可以先引入双键再利用烯烃复分解反应来构建双键和六碳脂环骨架。

2007 年，Fang 小组以 D-木糖衍生物 **31** 为起始原料合成了磷酸奥司他韦[14]（图 7-38）。选择性保护伯羟基、仲羟基，通过 PDC 氧化成酮后与羟胺形成肟，再还原得到胺 **32**，氨基乙酰化、脱除丙酮叉保护后将位阻小的羟基用苄基保护，接着将邻位羟基和酰胺基用缩酮保护得到化合物 **33**，伯醇三氟甲磺酰化，在强碱 NaH 的作用下成磷酸酯 **34**，氢化脱苄基保护，经分子内 HWE 反应构筑六碳脂环骨架，得到化合物 **35**，经 Mitsunobu 反应在 5 位引入叠氮官能团，缩酮水解，3 位的羟基通过手性醇的构型翻转，随后使用三氯乙腈和 3-戊醇的加成产物在 TfOH 的催化下在 3 位引入戊醚官能团，叠氮经 Lindlar 催化剂还原成胺，与磷酸成盐得到磷酸奥司他韦。此路线共 16 步，总收率 15%，这是第一条以糖为起始原料的合成路线。

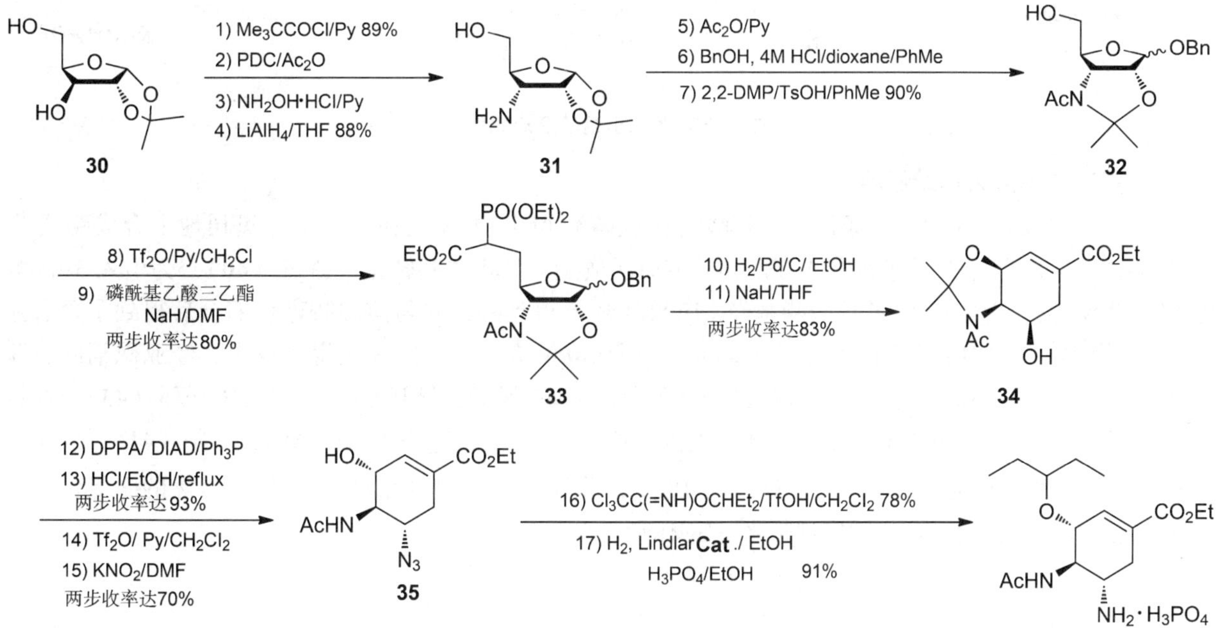

图 7-38　Fang 小组合成路线

2010 年，Liu 小组报道了以从廉价的 D-葡萄糖出发得到的己烯糖为原料合成磷酸奥司他韦的路线[15]（图 7-39），己烯糖和茴香醛成缩醛保护 4、6 位羟基，3 位羟基以 TBS 保护，DIBALH 还原得到 4 位羟基 PMB 保护的化合物，经 Dess-Martin 氧化、Wittig 反应得到末端烯烃 **36**，经关键的一步 Claisen 重排构建六碳脂环骨架得到化合物 **37**，经氧化、乙酰化、DDQ 氧化、脱 PMB 保护，接着成碳酰胺 **38**，在 Cu(OTf)₂ 催化下成氮丙啶，经叠氮开环，再经乙酰化、消除、醇解，3 位醇羟基经过 Dess-Martin 氧化、底物诱导还原，实现了手性醇的构型翻转，然后甲磺酰化、与邻位乙酰胺基成环，在 Lewis 酸的作用 3-戊醇区域选择性开环，经 Staudinger 还原，再与磷酸成盐得到磷酸奥司他韦 **40**。此合成路线共 22 步，总收率 2.6%。这条路线虽然原料非常廉价易得，但是反应使用了多种保护基，也利用了许多氧化还原试剂，合成效率较低，目前很多步骤仅适用于毫克级别的制备。

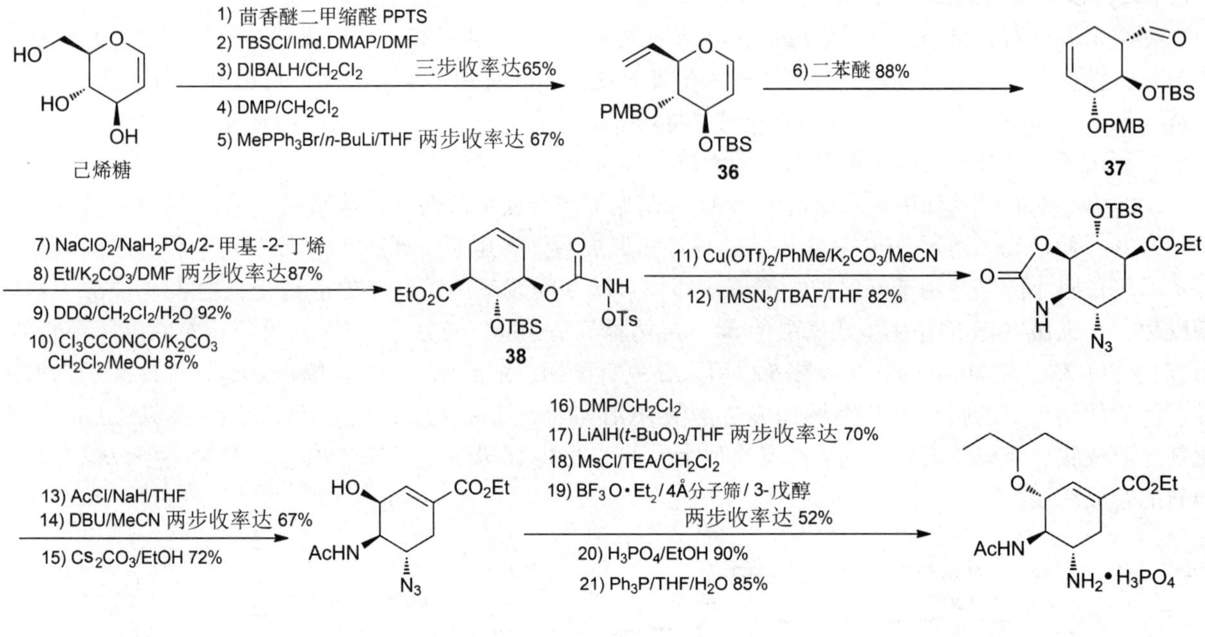

图 7-39　Liu 小组的合成路线

（三）　以氨基酸为起始原料

2009 年，Mandai 报道了一条以甲硫氨酸（蛋氨酸）衍生物 **39** 为原料的磷酸奥司他韦合成路线[16]（图 7-40）。3-戊醇与 2-溴乙酸经 Williamson 成醚法成醚，再将羧基转化成酰氯（**40**），为引入 3-戊醇做准备。甲硫氨酸衍生物 **39** 的羧酸酯基经 DIBALH 还原得到醛，并与茴香胺进行缩合后得到了含有亚胺的化合物 **41**，在 DIPEA 存在下进行 Staudinger 环加成反应，硫醚经氧化得到亚砜，经亚砜消除、脱 Boc 保护与 PhthNCO$_2$Et 成酰胺 **42**，经硝酸铈铵氧化脱 PMP 保护、氨基乙酰化、EtSH 开环（**43**），在铑催化下双键氢甲酰化，再用 Et$_3$SiH 将硫酯还原成醛得到二醛，进行分子内的 Aldol 缩合（**44**），经 4 步已知步骤[17]得到奥司他韦。这条合成路线共 18 步，总收率 8%，其特点是没有使用易爆的叠氮钠，但是因反应路线较长，给工业化的实现带来一定困难。

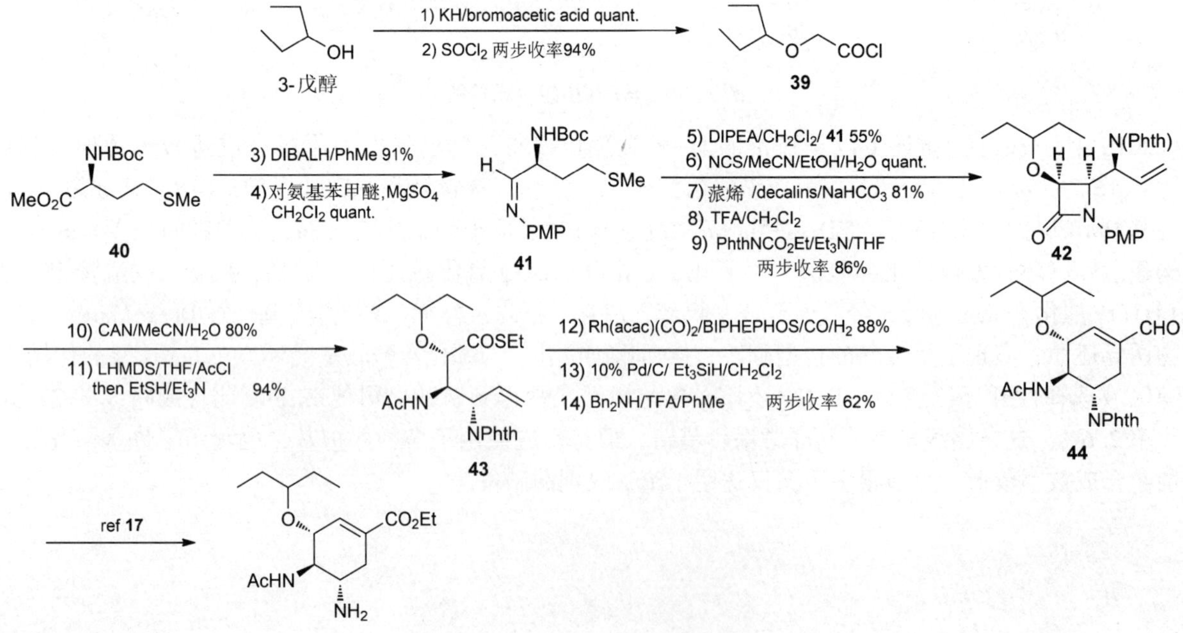

图 7-40　Mandai 小组的合成路线

最近，Sibasaki[18] 报道了以 L-谷氨酸乙酯 **45** 为原料合成磷酸奥司他韦关键中间体的路线（图 7-41）。以 L-谷氨酸乙酯为原料，分别保护羧基（**46**）和氨基得到化合物 **47**，该化合物在过量甲酸作用下脱除叔丁酯并进一步形成混合酸酐后用 NaBH₄ 还原生成一级醇 **48**，再将其氧化成醛后不需纯化，在 Still-Horner 烯化条件下高选择性地得到了（*Z*）-*α*,*β*-不饱和酯（**49**），紧接着发生 Dieckmann 缩合、还原羰基、脱除烯丙基保护、用 Boc 重新保护生成 **50**，最后消除羟基得到 Corey 合成磷酸奥司他韦的关键中间体 **51**[19]。

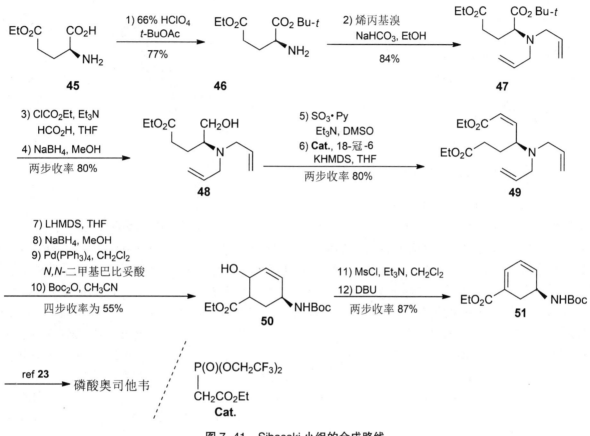

图 7-41　Sibasaki 小组的合成路线

（四）其他手性源为起始原料

2010 年，Lu 小组报道了用 D-酒石酸二乙酯为起始原料合成磷酸奥司他韦的路线[20]（图 7-42）。酒石酸二乙酯的邻二醇羟基成缩酮、区域选择性地还原开环、高碘酸钠氧化得到醛，醛与叔丁基亚磺酰胺成亚胺 **52**，底物诱导发生不对称 Henry 反应、亚胺水解得到手性胺，手性胺乙酰化、伯醇 IBX 氧化得到醛 **53**，硝基化合物与丙烯酸乙酯衍生物在碱的催化下发生 Michael 加成，再经分子内 HWE 反应构建六碳脂环和 *α*,*β*-不饱和酯（**54**），这步反应是具有多米诺骨牌效应的反应。将所得化合物 **54** 与 TolSH 作用发生 S-Michael 加成，并在碱的作用下得到单一的稳定构型的化合物 **55**，经硝基还原成胺、碱消除，以 85% 的收率得到奥司他韦。此路线共 11 步，收率 21%，特点是没有使用易爆的叠氮钠，所使用的试剂都较为廉价，具有一定的工业化价值。

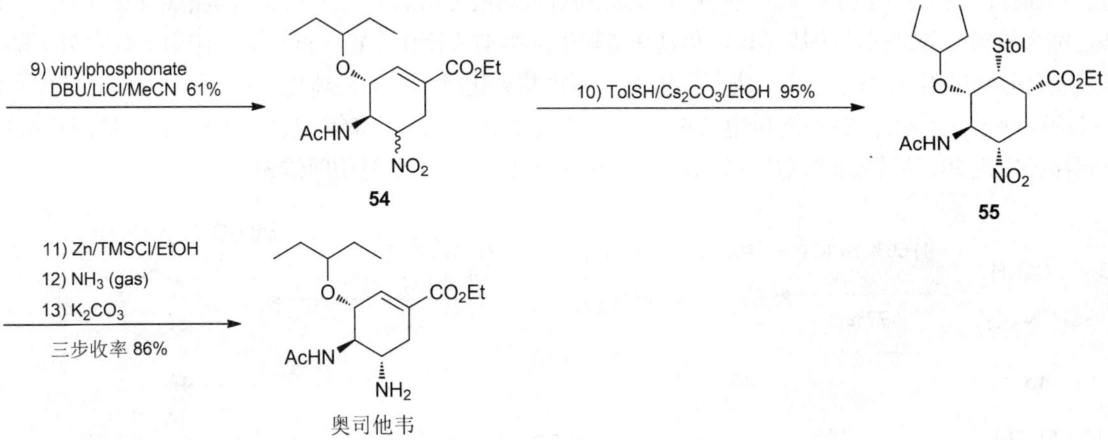

9) vinylphosphonate
DBU/LiCl/MeCN 61%

54

10) TolSH/Cs$_2$CO$_3$/EtOH 95%

55

11) Zn/TMSCl/EtOH
12) NH$_3$ (gas)
13) K$_2$CO$_3$

三步收率 86%

奥司他韦

图 7-42　Lu 小组的合成路线

二、以普通化工原料为起始原料

（一）以 Diels-Alder 反应构建六碳脂环

2006 年，Corey 小组首先报道了一条以不对称 Diels-Alder 反应构建六碳脂环的合成路线[19]（图 7-43）。以丁二烯和高活性的丙烯酸三氟乙酯 **56** 在 CBS 催化下发生不对称 Diels-Alder 反应，构建六碳脂环骨架和酯基，并以大于 97% ee 得到化合物 **57**，通过氨解、碘代内酰胺化反应引入其他手性中心、氨基 Boc 保护、消除得到化合物 **58**，NBS 烯丙基位溴化、酰胺醇解并消除得到关键中间体 **51**，随后 3、4 位的双键在 NBA 和催化量的溴化锡作用下高区域、高立体选择性地得到 3、4 位桥型溴正离子，经乙腈高区域、高立体选择性地开环，强碱条件下成氮丙啶化合物 **59**，以 Cu（OTf）$_2$ 催化 3-戊醇选择性进攻烯丙位，再经磷酸脱除 Boc 并成盐得到磷酸奥司他韦。此合成路线共 11 步，总收率 27%。Corey 小组的合成路线充分展示了不对称 Diels-Alder 反应在磷酸奥司他韦合成中的应用，对以后合成路线的开发有巨大的启发作用，其特点是以 Diels-Alder 反应构建六碳脂环并形成手性中心，使用安全的氨气和乙腈引入含氮官能团，该合成路线很多步收率很高，虽然有几步收率较低，且中间使用了一些昂贵的试剂和比较苛刻的实验条件，但若加以改进，仍有很大的提升空间。

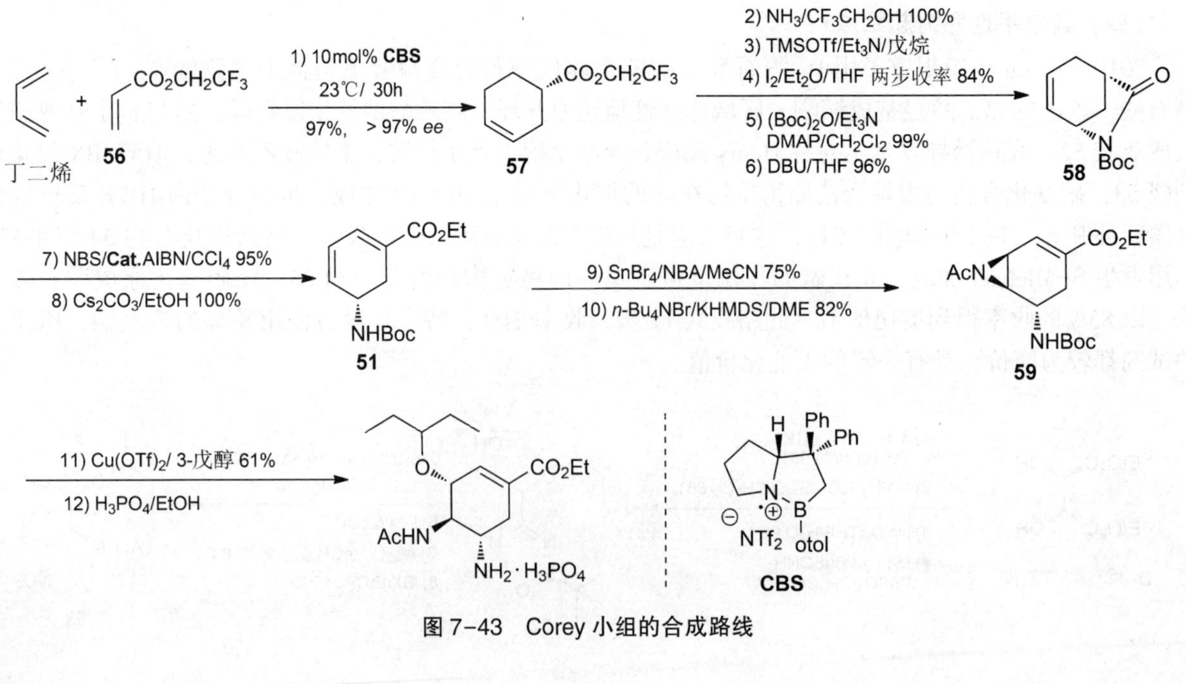

丁二烯 + CO$_2$CH$_2$CF$_3$

56

1) 10mol% **CBS**
23℃/ 30h
97%, > 97% ee

57 CO$_2$CH$_2$CF$_3$

2) NH$_3$/CF$_3$CH$_2$OH 100%
3) TMSOTf/Et$_3$N/戊烷
4) I$_2$/Et$_2$O/THF 两步收率 84%
5) (Boc)$_2$O/Et$_3$N
DMAP/CH$_2$Cl$_2$ 99%
6) DBU/THF 96%

58

7) NBS/**Cat.**AIBN/CCl$_4$ 95%
8) Cs$_2$CO$_3$/EtOH 100%

51 NHBoc

9) SnBr$_4$/NBA/MeCN 75%
10) n-Bu$_4$NBr/KHMDS/DME 82%

59

11) Cu(OTf)$_2$/ 3-戊醇 61%
12) H$_3$PO$_4$/EtOH

NH$_2$·H$_3$PO$_4$

CBS

图 7-43　Corey 小组的合成路线

2007 年，Roche 公司报道了一条以 Diels-Alder 反应构建六碳脂环的合成路线[21]（图 7-44）。呋喃和丙烯酸乙酯在 Lewis 酸催化下发生 Diels-Alder 反应，得到混合物［exo : endo（9 : 1）］，通过酶拆分以 97% ee 得到期望得到的构型（**60**），与 DPPA 通过 ［3+2］ 环加成、脱除一分子氮气、乙醇负离子取代（**61**），在强碱的作用下开氧桥环，形成 α，β-不饱和酯 **62**，经羟基甲磺酰化、3-戊醇高区域选择性开环、酸催化下脱亚磷酸酰基、氨基乙酰化、5 位 OMs 叠氮亲核取代、还原、与磷酸成盐得到磷酸奥司他韦。这条合成路线共 12 步，总收率 2.1%，该合成路线在第二步就使用酶拆分技术，从策略上来说是非常合理的，但由于其拆分效率很低（20%），影响了整条合成路线的收率。

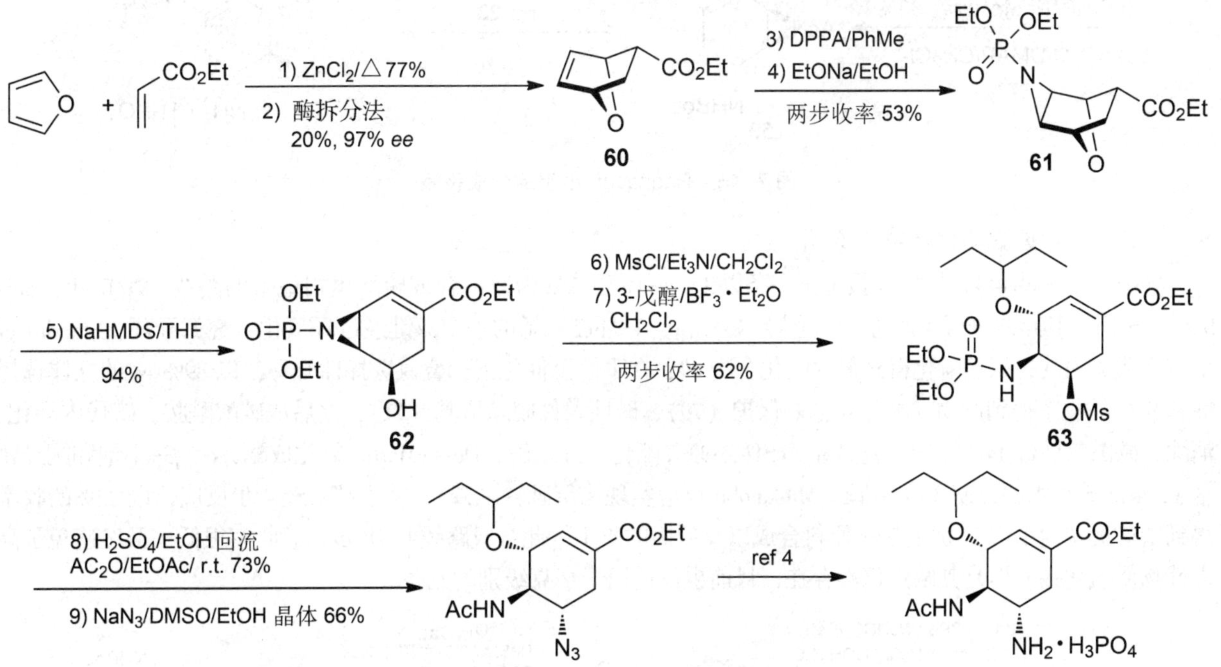

图 7-44　Roche 公司的合成路线

2011 年，Raghavan 小组[22]也报道了一条以 Diels-Alder 反应构建六碳脂环的合成路线（图 7-45）。首先利用丙烯酸乙酯和 1，3-丁二烯发生不对称 Diels-Alder 反应生成手性原料 **64**，碘代内酯化、消除（**65**），醇解、BocNHN3-p 作为亲核试剂经 Mitsunobu 反应取代仲醇，再脱除间硝基苯磺酰基（**66**）。由于邻位 BocNH 的氢键作用，高立体选择性地环氧化形成同面的环氧化合物，经叠氮开环（**67**），酯基的 α 位经强碱作用成碳负离子，与 PhSeBr 发生亲核取代，硫醇经氧化、热消除，得到的化合物 **68** 和其同分异构体在 DBU 作用下发生异构化，经 Staudinger 反应[19]成氮丙啶并乙酰化（**59**），再在 BF3·Et2O 催化下，由 3-戊醇区域选择性地开环、脱 Boc、与磷酸成盐得到磷酸奥司他韦。此合成路线共 16 步，总收率 4.3%，因为原料的合成又增加了合成的步骤，所以实际上此合成路线共 18 步。此合成路线的缺点是使用了剧毒的有机锡试剂和易爆的叠氮钠，而 Mitsunobu 反应使后处理的难度增加，路线中有些反应的选择性也较差。

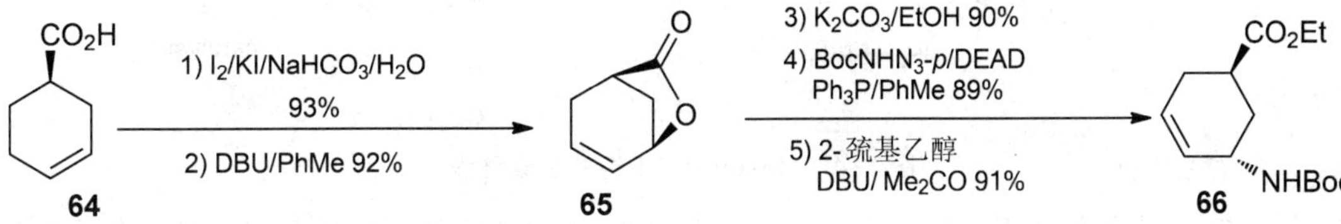

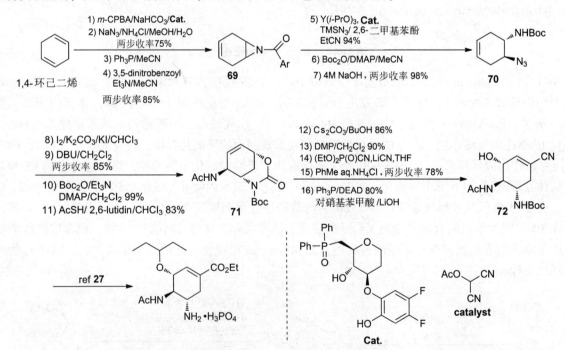

图 7-45　Raghavan 小组的合成路线

（二）以六碳脂环化合物为原料

2006 年，Shibasaki 小组[23]报道了一条以 1，4-环己二烯为原料合成磷酸奥司他韦的路线，2007 年，Shibasaki 小组对其路线进行了改进[24]（图 7-46）。1，4-环己二烯的一个双键经过环氧化、叠氮开环、Staudinger 反应生成氮丙啶，氨基酰化得到氮丙啶化合物 **69**，在手性镱催化下，叠氮选择性开环，以 89% *ee* 的立体选择性和 94% 的收率得到产物，酰胺经 Boc 保护（**70**）、碱性条件脱除酰基（**71**），之后成碳酸酰胺、碘代内酯化、消除、碳酸酰胺经 Boc 保护、叠氮经 AcSH 还原并酯化，经水解、Dess-Martin 氧化成酮，α，β-不饱和酮经氰基 1，4 加成、水解，使 3 位羟基经 Mitsunobu 反应实现构型翻转（**72**），并水解，经 4 步反应，以 22% 的收率得到磷酸奥司他韦[22]。加上 7 步原料合成以及后面的 4 步，此合成路线共 18 步，总收率很低。虽然避免了高毒性物质氧化锡，但是其缺点仍然存在，目前也仅适用于毫克级别的制备。

图 7-47　Shibasaki 小组的合成路线

2007 年，Kann 小组报道了一条以环己二烯衍生物 **73** 为起始原料合成磷酸奥司他韦的合成路线[25]（图 7-47）。环己二烯衍生物 **73** 首先形成环己二烯羰基铁复合物，再与 Ph₃CPF₆ 形成铁复合物六氟磷酸盐（**74**），然后与手性醇成醚，得到一对非对映异构体混合物，经 HPLC 分离，以 47% 的收率得到单一构型产物。随后经 HPF₆ 处理重新获得手性阳离子羰基铁复合物 **75**，与 BocNH₂ 反应，通过底物诱导在 5 位构建所需的氨基，再经 H₂O₂ 氧化，除去络合的羰基铁得到 Corey 中间体[19]，由于底物酰胺的氧键作用氧化形成同面的环氧化合物、叠氮选择性地开环、4 位羟基甲磺酰化，再经邻位 OMs 协助的 Staudinger 反应成氮丙啶，氨基乙酰化得到又一 Corey 中间体 **59**[19]，按照 Corey 小组报道的方法，便可以得到目标产物磷酸奥司他韦。此合成路线共 14 步，总收率 5%。由于使用了易爆的叠氮钠及过氧化物，又使用手性 HPLC 获得单一构型产物，合成效率较低，限制了其规模。

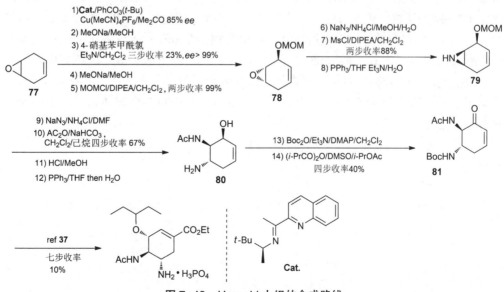

图 7-47　Kann 小组的合成路线

2011 年 Hayashi 小组报道了一条以环己二烯衍生物为起始原料合成磷酸奥司他韦的合成路线[26]（图 7-48）。环氧化合物 **77** 经过 Kharasch-Sosnovsky 烯丙位氧化去对称化，成手性的苯甲酰基化合物。为了得到高对映选择性产物，脱 Bz，在醇上以 4-硝基苯甲酰基，生成易结晶的产物，重结晶得到高对映选择性产物，脱 4-硝基苯甲酰基，并以 MOM 保护（**78**），区域选择性地叠氮取代得到叠氮醇，经甲磺酰化、邻位 OMs 协助的 Staudinger 反应成氮丙啶化合物 **79**，叠氮区域选择性开环、乙酰化、脱 MOM 保护、叠氮还原得到胺 **80**，氨基以 Boc 保护，醇经过 Swern 氧化得到已知化合物 **81**[27]，经 7 步反应，以 10% 的收率得到磷酸奥司他韦。此合成路线共 21 步，总收率 0.5%。虽然原料廉价易得，但是由于使用了大量的保护基，合成效率低，也使用了易爆的叠氮钠和氧化剂，给工业化生产带来一定的难度。

图 7-48　Hayashi 小组的合成路线

（三）以苯基化合物为原料

苯基化合物能够引入各种官能团，并且具有六碳环骨架，通过适当还原就可以形成六碳脂环骨架，经不对称还原即可引入手性，所以在磷酸奥司他韦的合成中也得到了重视。

2008 年，Roche 公司报道了以廉价的 2，6-二甲氧基苯酚为原料合成磷酸奥司他韦的路线[28]（图7-49）。原料的酚羟基经戊醚保护，在 3、5 位分别用 NBS 溴代，在钯催化下与一氧化碳作用并酯化得到二酯 **82**，在钌催化下顺式加氢，脱除两个甲氧基，经猪肝酯酶水解拆分得到手性二醇 **83**，酸与 DPPA 成酰基叠氮化合物，经 Curtius 重排构建氨基甲酸酯 **84**，氨基 Boc 保护、碱性条件下水解、酯基 α 位羟基消除、羟基三氟甲磺酰化（**85**），4 位经叠氮取代，叠氮经催化氢化、氨基乙酰化、脱 Boc 保护、与磷酸成盐得到磷酸奥司他韦。此合成路线共 14 步，总收率 28%，其特点是利用酶拆分引入手性并以苯环还原构建六碳脂环，每步都不需要柱层析。

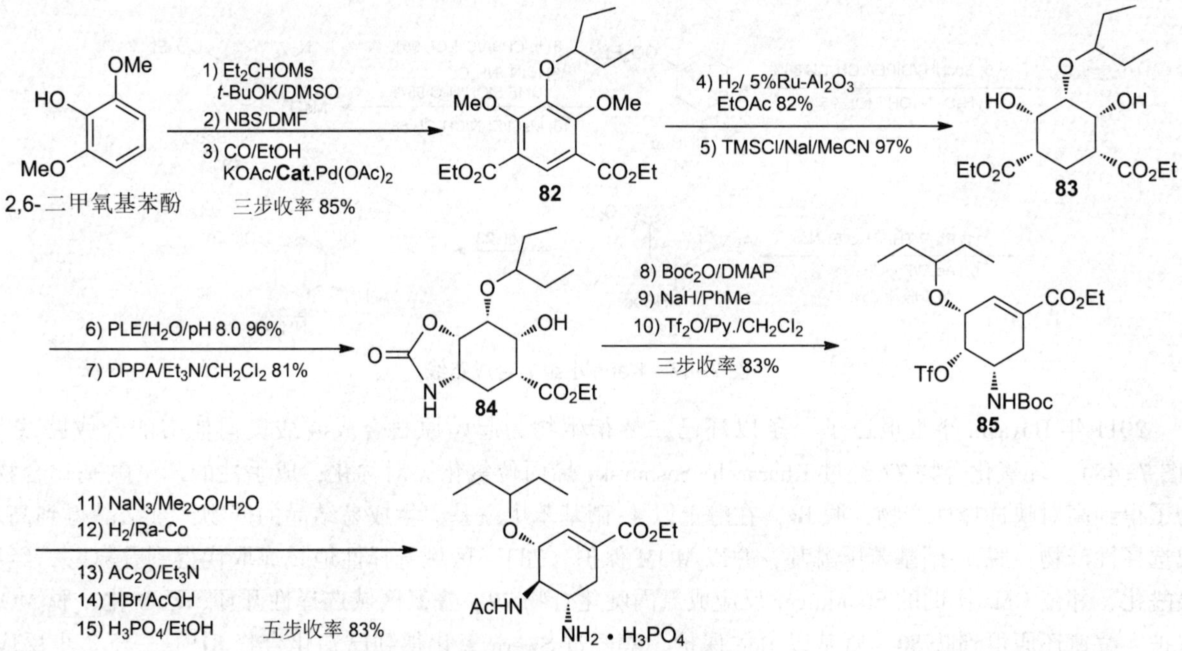

图 7-49　Roche 公司的合成路线

2008 年，Fang 小组报道了一条简捷的磷酸奥司他韦合成路线[29]（图 7-50）。他们以溴苯发酵产生的环己二烯衍生物 **86** 为原料，丙酮叉保护顺式二醇，在 SnBr$_4$ 催化下与 NBA 作用成溴代桥环，用乙腈区域选择性开环（**87**），在强碱作用下，得到氮丙啶化合物，在 BF$_3$·Et$_2$O 催化下，3-戊醇区域选择性地开环，脱丙酮叉保护得到顺式二醇（**88**），再与 AcOCMe$_2$COBr 作用（**89**），经 LiBHEt$_3$ 还原（**90**），经 Mitsunobu 反应、在 [Ni(CO)$_2$(PPh$_3$)$_2$] 作用下偶联得到碳酸酯类化合物，再经叠氮还原、与磷酸成盐得到磷酸奥司他韦。这条合成路线共 11 步，总收率 26%，其中很多中间体都可以通过结晶的方法进行纯化，具有一定的工业化前景。

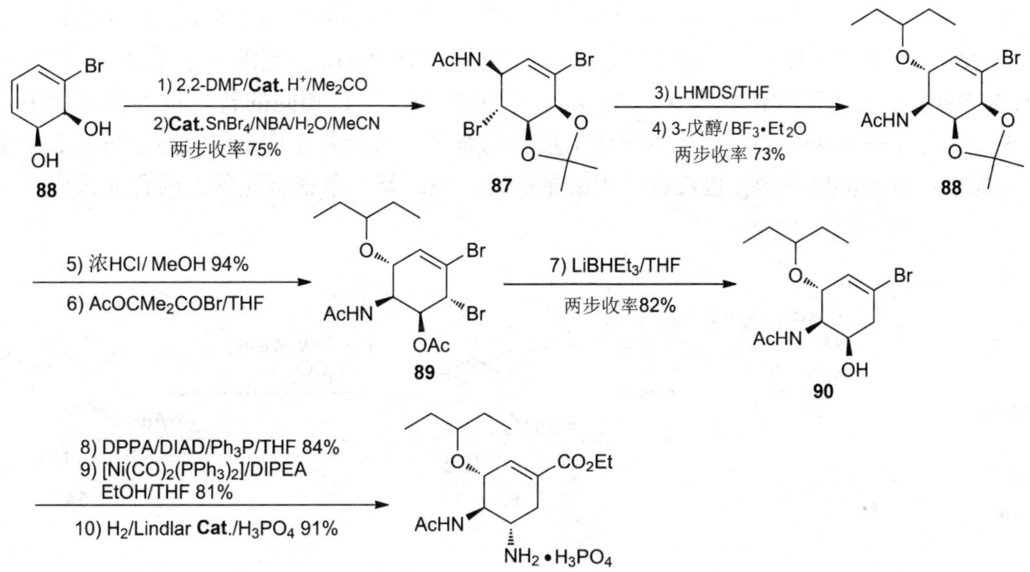

图 7-50　Fang 小组的合成路线

（四）其他

除以上方法外，还可以利用分子内 HWE 反应、Aldol 缩合反应、RCM 反应、偶联反应等来构建双键和六碳脂环骨架。这种方法可以配合使用不对称 Michael 加成、Aldol 缩合等来延长碳链和引入各种官能团。

2009 年，Hayashi 小组报道了一条三步一锅法合成磷酸奥司他韦的路线[30]（图 7-51）。酸 **91** 与硝基烯烃化合物 **92** 在脯氨酸衍生物（**Cat.**）的催化下经不对称 Michael 加成增长碳链，硝基化合物与丙烯酸乙酯衍生物在碱催化下再一次 Michael 加成增长碳链，再经分子内 HWE 反应构建六碳脂环和 α，β-不饱和酯 **93**。

这步反应具有多米诺骨牌效应，一旦 Michael 加成发生，分子内 HWE 反应就会自动发生。为了得到单一构型的化合物，可把上一步反应产物与 TolSH 作用发生硫杂的 Michael 加成，在碱的作用下得到稳定构型的单一化合物 **94**。以上过程只需要一锅操作即可，经柱层析可得 70% 的收率。然后，经叔丁酯水解得到酸，酸再成酰氯，成酰基叠氮化合物，经 Curtius 重排、与乙酸酐反应成乙酰胺、经过硝基还原成胺、碱消除得到奥司他韦。这条合成路线共 9 步，总收率 57%。虽然共 9 步，但实际上只有 3 个操作，仅有一步需柱层析，所用试剂较廉价易得，收率较高，是一条很有竞争力的合成路线。其缺点是使用了较为危险的叠氮钠。随后他们又对此路线进行改进[31]，使用了两次一锅法获得产物，总收率提高到 60%，为工业化生产提供了可能。

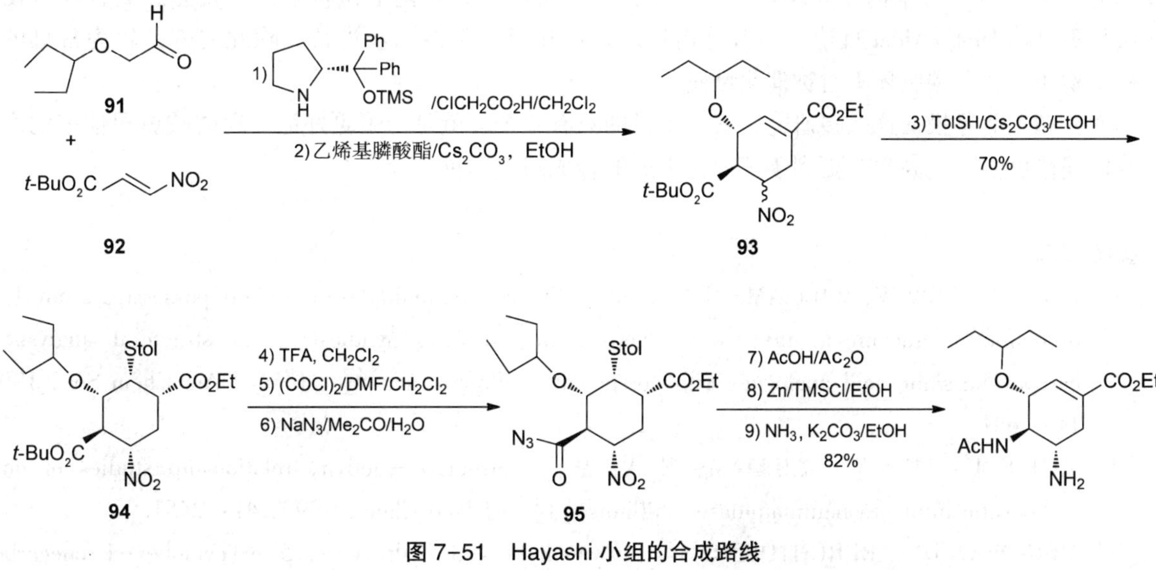

图 7-51　Hayashi 小组的合成路线

2010 年，Ma 小组总结了 Lu 小组[20]和 Hayashi 小组[30]的合成路线，以同样的设计思路，更加简捷地合成了奥司他韦（图 7-52）[32]。醛 91 与硝基烯烃化合物 96 在脯氨酸衍生物的催化下经不对称 Michael 加成增长碳链成为手性化合物 97，形成 Lu 中间体 54，经过相同的转化得到奥司他韦。这条合成路线共 5 步，总收率为 46%，是合成奥司他韦最短的路线，虽然共 5 步，但实际上只有 2 个操作，所使用的试剂都是比较廉价易得的，也没有使用易爆的叠氮钠，是一条很有竞争力的合成路线。

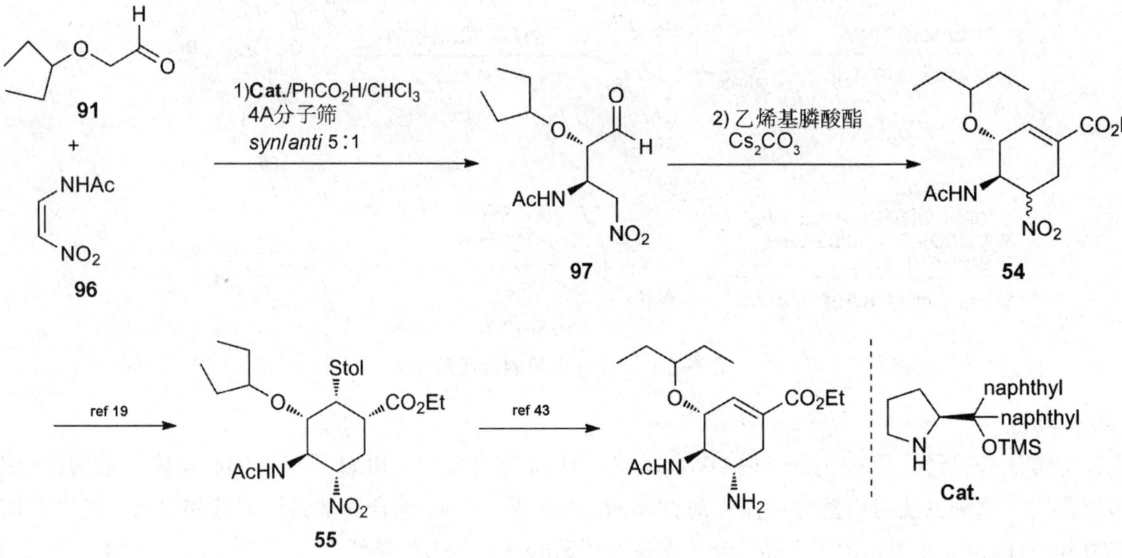

图 7-52　Ma 小组的合成路线

2012 年，Sebesta 小组再次对这条合成路线进行了深入研究，发展了一条无硫的路线[33]，为经济高效地实现磷酸奥司他韦的工业化生产提供了新的启示。

综上所述，从原料的来源来讲，天然化合物最大优势就是来源丰富、价格便宜，其结构本身具有手性，只需要通过一定的方法构建六碳脂环和引入含氮官能团即可；而以普通的化工原料为起始原料也有着很大潜力，随着近年来不对称技术的发展，其应用也越来越广泛，只需要找到一个合适的底物，适当地引入手性即可。

从策略上来讲，其难点就是手性的形成以及六碳脂环骨架的构建。对于天然化合物来说，无须使用手性催化来形成手性中心，其难点只在于六碳脂环的构建，可利用分子内的 HWE 反应、Aldol 缩合、RCM 反应、偶联反应等来构建双键和六碳脂环骨架；而对于普通化工原料来说，较为经典且经常使用的方法是不对称 Diels-Alder 反应，一般是构建六碳环和引入手性同步进行。除此之外，较为常见的是苯环衍生物还原和六碳脂环不对称催化反应。

学术界和工业界投入这么多研究，其主要目的只有一个，就是为了更好地实现磷酸奥司他韦的产业化，我们期待更多、更高效、更利于工业化生产的合成路线问世。

参考文献

[1] KIM C U, LEW W, WILLIAMS M A, et al. Influenza neuraminidase inhibitors possessing a novel hydrophobic interaction in the enzyme active site: design, synthesis, and structural analysis of carbocyclic sialic acid analogues with potent anti-influenza activity [J]. J Am Chem Soc, 1997, 119: 681.

[2] KIM C U, LEW W, WILLIAMS M A, et al. Structure-activity relationship studies of novel carbocyclic influenza neuraminidase inhibitors [J]. J Med Chem, 1998, 41: 2451.

[3] MCGOWAN D A, BERCHTOLD G A. (-)-methyl cis-3-hydroxy-4, 5-oxycyclohex-1-enecarbox-

ylate：Stereospecific formation from and conversion to（-）-methyl shikimate；complex formation with bis（carbomethoxy）hydrazine ［J］. J Org Chem, 1981, 46：2381.

［4］ROHLOFF J C, KENT K M, POSTICH M J, et al. Practical total synthesis of the anti-influenza drug GS-4104 ［J］. J Org Chem, 1998, 63：4545.

［5］FEDERSPIEL M, FISCHER R, HENNIG M, et al. Industrial synthesis of the key precursor in the synthesis of the anti-influenza drug oseltamivir phosphate（RS 64-0796/002, GS-4104-02）：ethyl（3R, 4S, 5S）-4, 5-epoxy-3-（1-ethyl-propoxy）-cyclohex-1-ene-1-carboxylate ［J］. Org Process Res Dev, 1999, 3：266.

［6］KARPF M, TRUSSARDI R. New, azide-free transformation of epoxides into 1, 2-diamino compounds：synthesis of the anti-influenza neuraminidase inhibitor oseltamivir phosphate（tamiflu）［J］. J Org Chem, 2001, 66：2044.

［7］HARRINGTON P J, BROWN J D, FODERAROT, et al. Research and development of a second-generation process for oseltamivir phosphate, prodrug for a neuraminidase inhibitor ［J］. Org Process Res Dev, 2004, 8：86.

［8］KIM H K, PARK K J J. Synthesis of the cycloheptannelated indole fragment of dragmacidine ［J］. Tetrahedron Lett, 2012, 55：1561.

［9］CARR R, CICCONE R, GABEL R, et al. Streamlined process for the esterification and ketalization of shikimic acid en route to the key precursor for oseltamivir phosphate（Tamiflu）［J］. Green Chemistry, 2008, 10：743.

［10］NIE D L, SHI X X. A novel asymmetric synthesis of oseltamivir phosphate（Tamiflu）from D-mannose shikimic acid ［J］. Tetrahedron Asymmetry, 2009, 20：124.

［11］NIE D L, SHI X X, et al. A short and practical synthesis of oseltamivir phosphate（Tamiflu）from（-）-shikimic acid ［J］. J Org Chem, 2009, 74：3970.

［12］NIE L D, SHI X X, QUAN N, et al. Novel asymmetric synthesis of oseltamivir phosphate（Tamiflu）from（-）-shikimic acid via cyclic sulfite intermediates ［J］. Tetrahedron Asymmetry, 2011, 22：1692.

［13］NIE L D, DING W, SHI X X, et al. A novel and high-yielding asymmetric synthesis of oseltamivir phosphate（Tamiflu）starting from（-）-shikimic acid ［J］. Tetrahedron Asymmetry, 2012, 23：742.

［14］SHIE J J, FANG J M, WANG SY, et al. Synthesis of tamiflu and its phosphonate congeners possessing potent anti-influenza activity ［J］. J Am Chem Soc, 2007, 129：11892.

［15］MA J, ZHAO Y, NG S, et al. Sugar-based synthesis of tamiflu and its inhibitory effects on cell secretion ［J］. Chemistry-A European Journal, 2010, 16（15）：4533.

［16］MANDAI T, OSHITARI T. Azide-free synthesis of oseltamivir from L-methionine ［J］. Synlett, 2009, 5：787.

［17］MANDAI T, OSHITARI T. Efficient asymmetric synthesis of oseltamivir from D-mannitol ［J］. Synlett, 2009, 5：783.

［18］ALAGRI K, FURUTACHI M, YAMATSUGU K, et al. Two approaches toward the formal total synthesis of oseltamivir phosphate（Tamiflu）：Catalytic enantioselective three-component reaction strategy and L-glutamic acid strategy ［J］. J Org Chem, 2013, 78：4019.

［19］YEUNG Y Y, HONG S, COREY E J. A short enantioselective pathway for the synthesis of the anti-influenza neuramidase inhibitor oseltamivir from 1, 3-butadiene and acrylic acid ［J］. J Am Chem Soc, 2006, 128：6310.

［20］ WENG J, LI Y B, WANG R B, et al. A practical and azide-free synthetic approach to oseltamivir from diethyl D-tartrate ［J］. J Org Chem, 2010, 75: 3125.

［21］ ABRECHT S, FEDERSPIEL M C, ESTERMANN H, et al. The synthetic-technical development of oseltamivir phosphate tamiflu™: A race against time ［J］. Chimia, 2007, 61: 93.

［22］ RAGHAVAN S, BABU V S. Enantioselective synthesis of oseltamivir phosphate ［J］. Tetrahedron, 2011, 67: 2044.

［23］ FUKUTA Y, MITA T, FUKUTA N, et al. De novo synthesis of tamiflu via a catalytic asymmetric ring-opening of meso-aziridines with TMSN$_3$ ［J］. J Am Chem Soc, 2006, 128: 6312.

［24］ MITA T, FUKUDA N, ROCA F X, et al. Second generation catalytic asymmetric synthesis of tamiflu: allylic substitution route ［J］. Org Lett, 2007, 9: 259.

［25］ BROMFIELD K M, GRADEN H, HAGBERG D R, et al. An iron carbonyl approach to the influenza neuraminidase inhibitor oseltamivir ［J］. Chem Commun, 2007, 30: 3183.

［26］ TANAKA T, TAN Q, KAWAKUBO H, et al. Formal total synthesis of (-)-oseltamivir phosphate ［J］. J Org Chem, 2011, 76: 5477.

［27］ YAMATSUGU K, KAMIJO S, SUTO Y, et al. A concise synthesis of tamiflu: Third generation route via the Diels-Alder reaction and the curtius rearrangement ［J］. Tetrahedron Lett, 2007, 48: 1403.

［28］ ZUTTER U, MING H, SPURR P, et al. New, efficient synthesis of oseltamivir phosphate (tamiflu) via enzymatic desymmetrization of a meso-1, 3-cyclohexanedicarboxylic acid diester ［J］. J Org Chem, 2008, 73: 4895.

［29］ SHIE J J, FANG J M, WONG C H. A concise and flexible synthesis of the potent anti-influenza agents tamiflu and tamiphosphor ［J］. Angew Chem Int Ed, 2008, 47: 5788.

［30］ ISHIKAWA H, SUZUKI T, HAYASHI Y. High-yielding synthesis of the anti-influenza neuramidase inhibitor (-)-oseltamivir by three "one-pot" Operations ［J］. Angew Chem Int Ed, 2009, 48: 1304.

［31］ ISHIKAWA H, SUZUKI T, ORITA H, et al. High-yielding synthesis of the anti-influenza neuraminidase inhibitor (-)-oseltamivir by two "one-pot" Sequences ［J］. Chem Eur J, 2010, 16: 12616.

［32］ ZHU S, YU S, WANG Y, et al. Organocatalytic michael addition of aldehydes to protected 2-amino-1-nitroethenes: The practical syntheses of oseltamivir (tamiflu) and substituted 3-aminopyrrolidines ［J］. Angew Chem Int Ed, 2010, 49: 4656.

［33］ REHÁK J, HU†KA M, LATIKA A, et al. Thiol-free synthesis of oseltamivir and its analogues via organocatalytic Michael additions of oxyacetaldehydes to 2-acylaminonitroalkenes ［J］. Synthesis, 2012, 44 (15): 2424.

第七节　依非韦伦

　　依非韦伦（efavirenz）由默沙东公司开发，1998 年 9 月获美国 FDA 批准用于抗 HIV 感染治疗，为现行国际艾滋病治疗指导方针推荐的非核苷类反转录酶抑制剂（NNRTI）类首选药物，具有高效低毒、价格低廉、服药方便等特点。长期服用不会出现类似蛋白酶抑制剂可能引起的血脂异常及脂肪营养不良等不良反应，而且由依非韦伦+恩曲他滨+替诺福韦组成的三联制剂已在美国上市，这些都显著提高了患者对于长期治疗的依从性，奠定了依非韦伦用于抗 HIV 治疗的重要地位。

一、最初的路线

默克公司 1996 年在美国专利 US5519021 中首次报道了依非韦伦的合成路线[1]，该路线经化学合成得到依非韦伦的消旋体，经拆分得到光学纯的依非韦伦。具体路线如下：

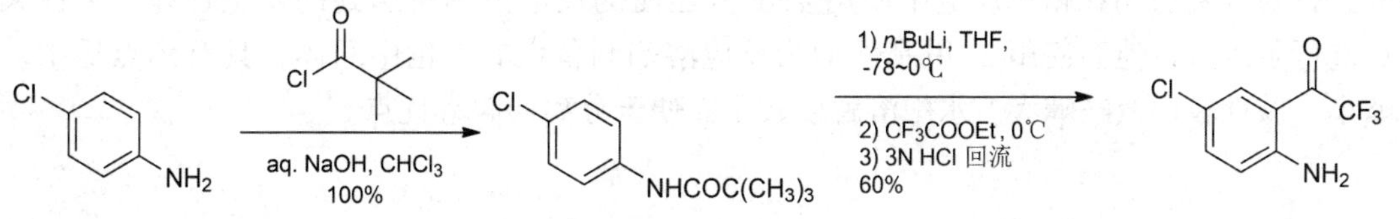

对氯苯胺在氢氧化钠水溶液和氯仿组成的两相体系中与新戊酰氯反应得到氨基保护的化合物 **2**（默克公司也尝试了其他的氨基保护基，如叔丁氧羰基、乙酰基、异戊酰基等，效果均没有新戊酰氯好），化合物 **2** 与 2 当量的丁基锂试剂在低温下作用，氨基的邻位锂化后与三氟甲基乙酸乙酯作用最终得到三氟甲基乙酰基取代的化合物 **3**。

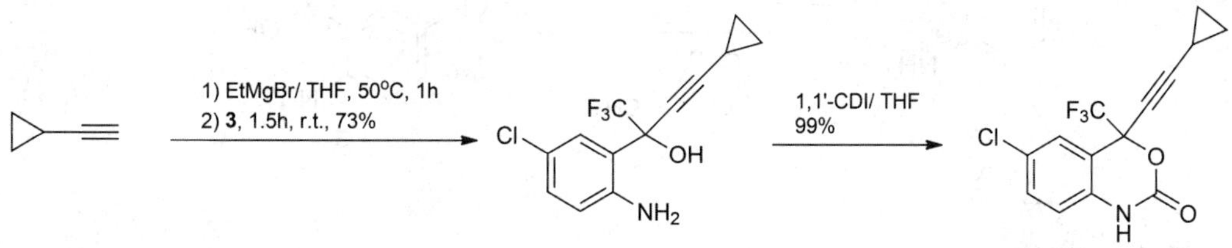

环丙基取代的乙炔 **4** 在乙基溴化镁等格氏试剂的作用下生成相应的镁试剂，研究发现该步反应使用二价的锌试剂也是可以的，但一价的锂、钠等金属试剂对该步反应不适用。同时，反应溶剂使用乙醚也是可以的。所得到的金属镁试剂与前面的化合物 **3** 反应，即得到消旋的加成产物。化合物 **5** 在 CDI 或光气等缩合试剂存在下反应即可得到相应的环合产物 **6**。

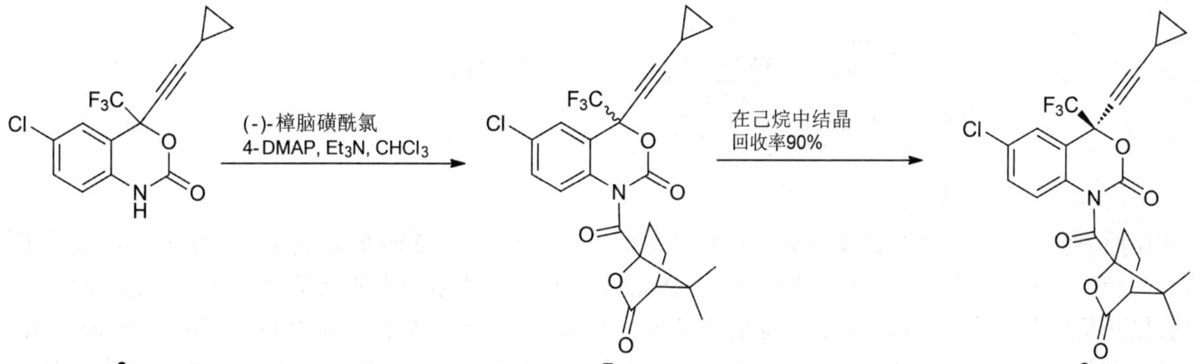

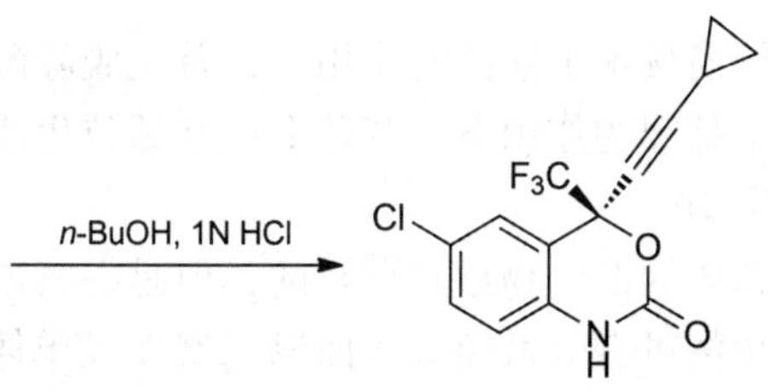

默克公司对化合物 **6** 的手性拆分进行了研究，他们将其与樟脑磺酰氯反应，然后通过重结晶（正己烷为溶剂）或硅胶柱层析的方法方便地将两个非对映异构体进行分离。然后在稀盐酸的作用下脱除樟脑磺酸辅基，即得到高光学纯度的依非韦伦 **9**。

二、李雯的改进路线

李雯等[2]针对默克公司在格氏反应中使用 THF 和乙醚为反应溶剂所遇到的安全性差、毒性大、收率低等缺点进行了改进，他们使用 2-甲基呋喃为反应溶剂制备依非韦伦中间体，具有沸点适中、毒性较四氢呋喃小、碱性较四氢呋喃大、水中溶解度较小而便于分离回收等优点。

三、手性合成路线

默克公司 Pierce 等人报道了依非韦伦的手性合成的路线[3]，且该方法具有简捷、高效的优点，非常利于大规模生产。

起始原料使用对氯苯胺与新戊酰氯反应生成酰胺 **2**，该步反应在 30% 的氢氧化钠水溶液和甲基特丁基醚的两相体系中进行，这一反应过程中生成的酸能够方便地与水溶液中的碱反应，且反应生成的酰胺可以直接从反应混合物中结晶得到，反应的规模可达 1 000g。该步反应使用甲基特丁基醚（MTBE）作为溶剂，避免了工业规模中使用卤代溶剂的毒性，且相对于乙醚来说，MTBE 具有较低的挥发性和不存在过氧化物的特性，从而使操作更加安全。

酰基苯胺可选择性地在氨基的邻位锂化。化合物 **2** 在 2 倍当量正丁基锂的作用下，首先脱除酰胺氮原子上的质子，随后生成共振稳定的氧负离子，在第二分子丁基锂的作用下，苯环上氨基邻位生成锂化合物，进攻三氟甲基乙酸乙酯中的羰基，酸解后即得到化合物 **10**。

在烃类溶剂中烷基锂化物通常是以聚集体或聚集体和解离体的混合物形式存在的，但是在富电子溶剂，如 THF 或效果更好的二胺类化合物 TMEDA 中，烷基锂化物可有效避免聚集而以二聚体或单体的形式存在，可显著增强锂化物的碱性及脱质子化反应活性。使用 MTBE 作为反应溶剂可避免低温下正丁基锂竞争性进攻 THF。

70℃条件下，加入盐酸和乙酸可使新戊酰苯胺键断裂生成未保护的邻酮基苯胺的盐酸水合物 **11**，这是由于邻位有强吸电子基团的存在，羰基很容易和水发生亲核加成反应。该化合物可以直接从反应物中重结晶得到 87% 的产率和大于 98% 的纯度，前三步的反应规模可达 3 700g。

在 pH4.0~6.0 范围内，将上步得到的盐酸水合物用乙酸钠处理可得到游离的胺化合物 **3**。该步反应需小心控制反应 pH，不断从水层中萃取处于平衡反应中的邻氨基酮，直到脱水完全。该步反应规模可达 3 000g。

假麻黄碱 **12** 和二溴丁烷反应得到吡咯烷基衍生物 **13**，该吡咯烷衍生物与具有碱性的二乙基锌及配体三氟乙醇作用生成手性醇的锌盐，然后不经分离直接和环丙基氯化镁反应得到锌酸盐 **14**。该步反应同样可以千克级别进行，反应中醇和二乙基锌的加料顺序对随后反应的选择性和产率没有任何不良影响，但是利用其他卤化物或辅助试剂的结果却很不理想。

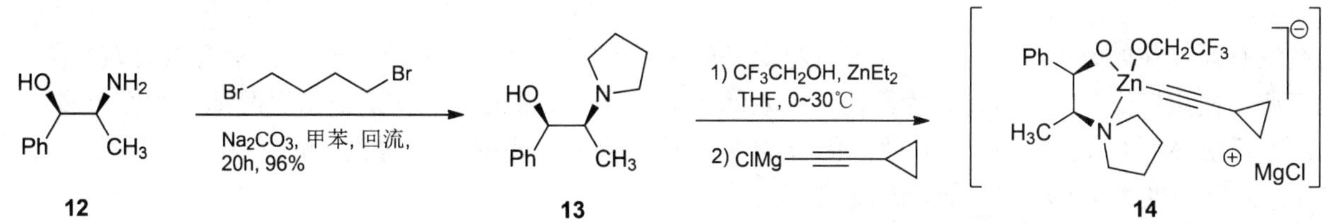

锌酸盐 **14** 对潜手性酮 **3** 进行不对称炔基化反应，水解后的 *ee* 值高达 99.2%，吡咯烷基假麻黄碱在反应结束后可作为手性辅基回收并重复使用。这里需要提到该小组对该炔基化反应早期的研究成果[4]。

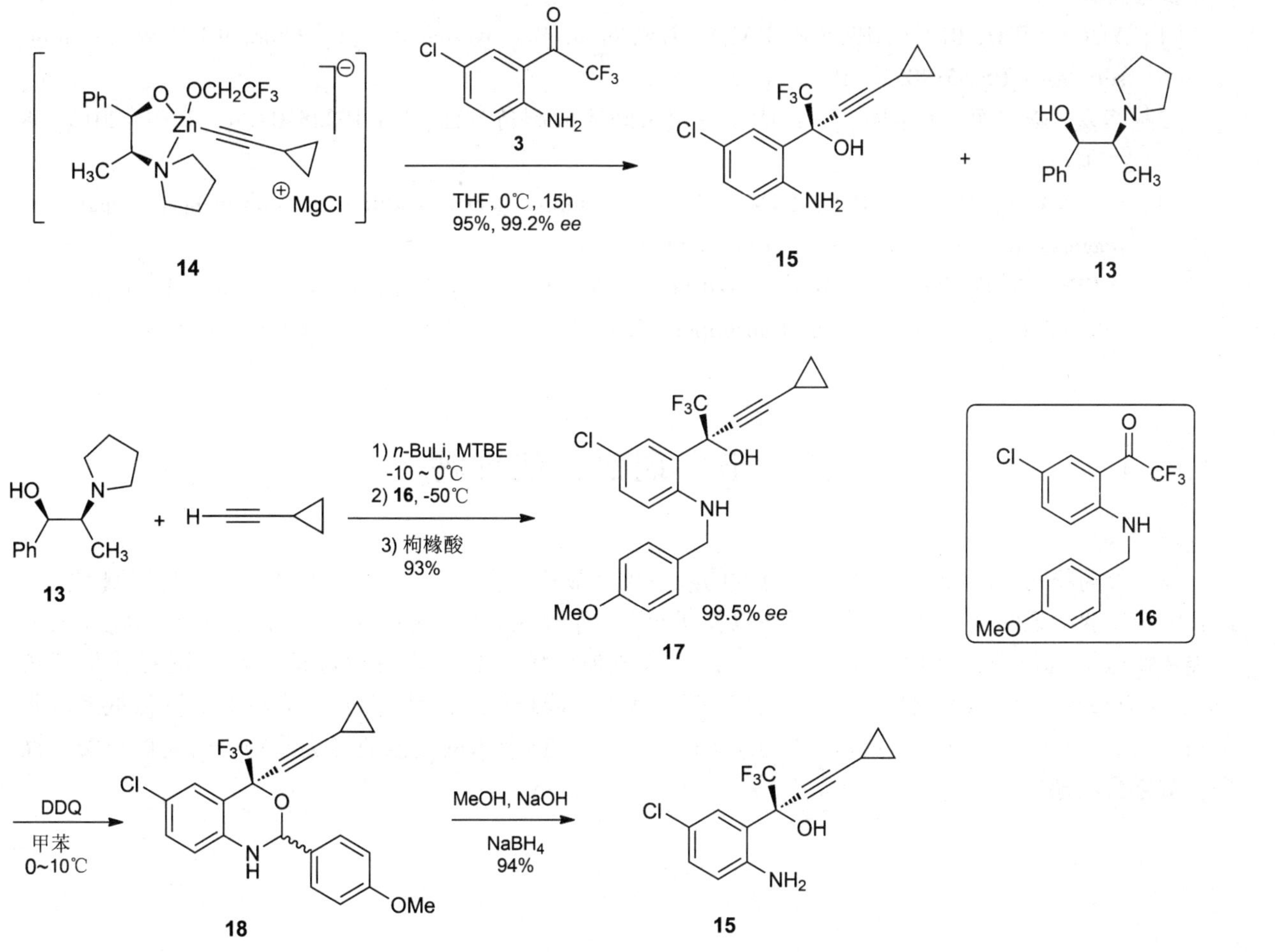

该工作中使用2.2倍当量的假麻黄碱醇锂对PMB保护的化合物**16**进行不对称加成，产物的对映选择性很高，但是分子中的PMB保护基是必需的。然而PMB保护基的脱除需要DDQ或铈盐这类对环境有害的试剂来进行，同时该反应必须在较低的温度（-50℃）下才能得到较好的光学选择性。

利用锌酸盐**14**进行反应则不需要对分子中的氨基进行保护。

15 → 依非韦伦 9

COCl₂,THF,己烷
0℃~r.t.,1h,95%

在没有碱存在的条件下，可以利用光气将氨基醇**15**转变为最终产物依非韦伦。虽然光气比较危险，但在工业上使用广泛，同时也是最为简捷、高效的方法，若使用非光气的试剂如氯甲酸酯，则需要多一步反应。反应体系经碳酸氢钠水解后，化合物**9**可从THF-庚烷中结晶得到，产率95%，纯度大于99.5%，光学纯度大于99.5%，该步反应规模可达1 570g。

上面依非韦伦的不对称合成路线不仅具有非常高的手性控制水平，而且从对氯苯胺出发经5步反应，可以75%的总产率得到高光学纯度的依非韦伦。

参考文献

［1］YOUNG S D, BRITCHER S F, PAYNE L S, et al. Benzoxazinones as inhibitors of HIV reverse transcriptase：US 5519021［P］. 1996-5-21.

［2］李雯，陈水库，张志明，等. 依非韦伦中间体的制备方法：CN 103254087A［P］. 2013-08-21.

［3］CHEN C Y, TILLYER R D, TAN L. Efficient enantioselective addition reaction using an organozinc reagent：WO 98/51676［P］. 1998-11-19.

［4］PIERCE M E, PARSONS R L, RADESCA L A, et al. Practical asymmetric synthesis of efavirenz （dmp 266），an hiv-1 reverse transcriptase inhibitor［J］. J Org Chem, 1998, 63：8536.

第八节　瑞舒伐他汀钙

他汀类药物是20世纪80年代后期开发的羟甲戊二酸单酰辅酶A（HMG-CoA）还原酶抑制剂。已经在临床试验中证明其有效、安全并且可以长期使用，已经成为权威的降血脂药物。目前已经上市的他汀类药物包括洛伐他汀（**1**）、辛伐他汀（**2**）、普伐他汀钠（**3**）、氟伐他汀钠（**4**）、阿托伐他汀钙（**5**）、瑞舒伐他汀钙（**6**）、匹伐他汀钙（**7**）等。其中，瑞舒伐他汀钙（**6**）具有良好的降低低密度脂蛋白（LDL）和升高高密度脂蛋白（HDL）的作用，优于已上市的其他他汀类药物，耐受性与安全性好，被誉为"超级他汀"。

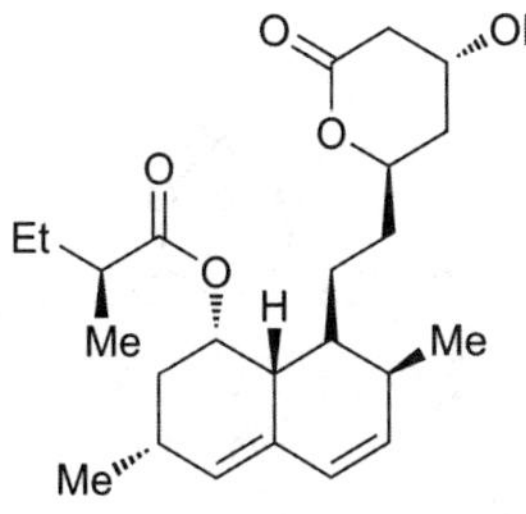

1

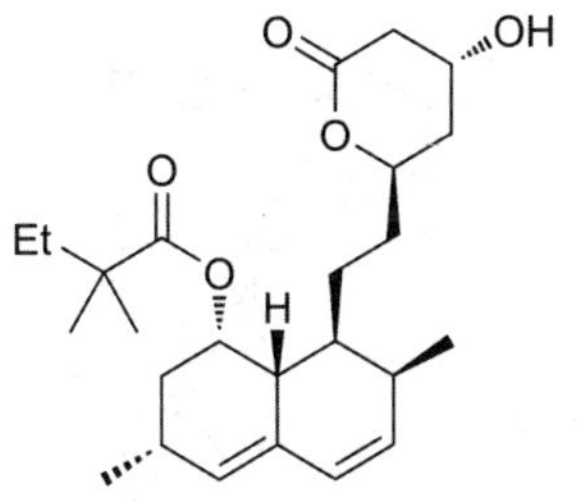

2

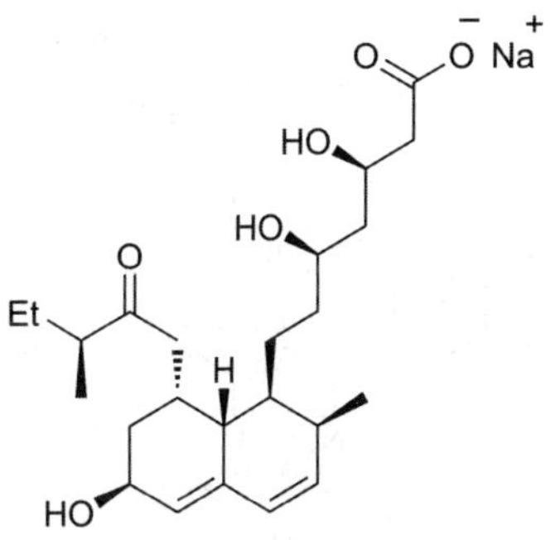

3

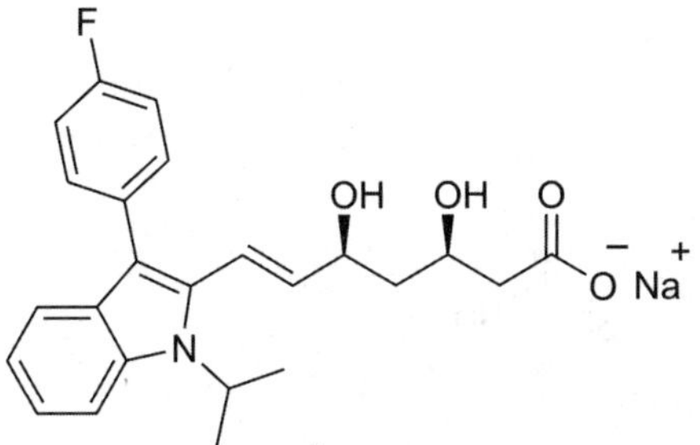

4

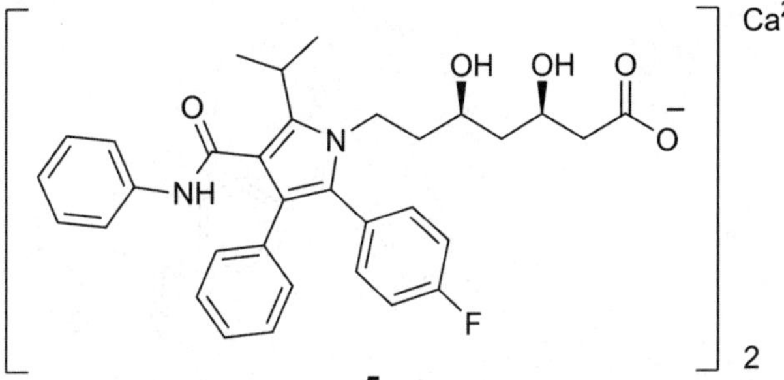

5

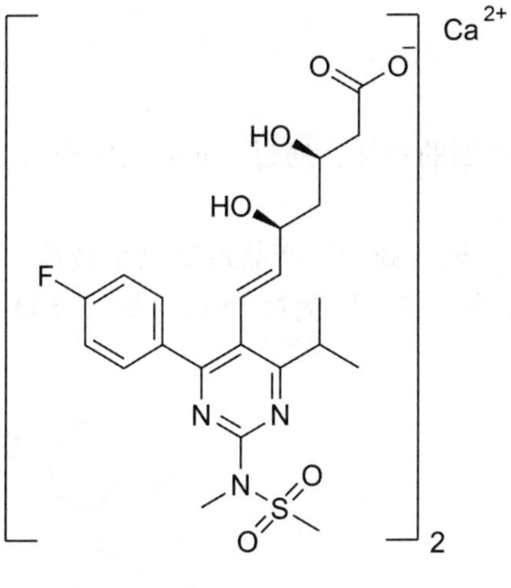

6

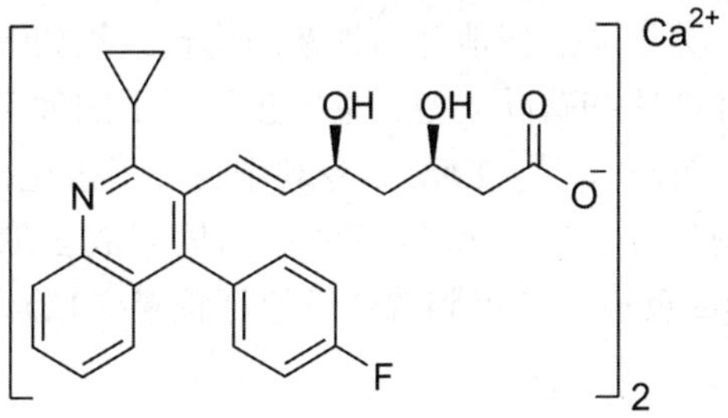

7

一、瑞舒伐他汀的结构和合成策略分析

他汀类药物结构中都存在一个手性的羟基庚酸结构和一个取代杂环或者碳环结构，只是存在的形式不同。瑞舒伐他汀钙（rosuvastatin calcium）的结构中包含一个多取代的嘧啶环和一个手性的二羟基庚酸残基。图7-53中列举了瑞舒伐他汀骨架的逆合成分析，其可以通过前体 **8** 和 **9** 构筑，前体 **8** 可以通过1，3-二酮和甲基胍盐或脲构筑。

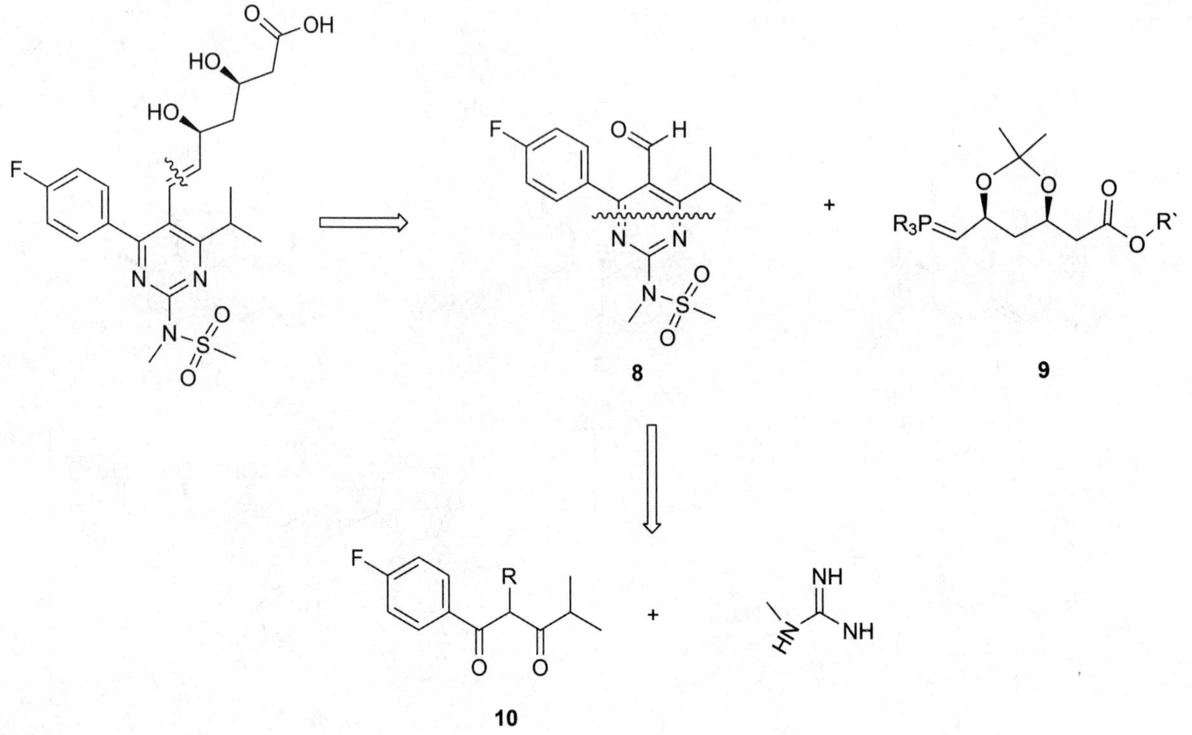

图 7-53　瑞舒伐他汀的逆合成分析

二、瑞舒伐他汀钙骨架的构筑

关于瑞舒伐他汀钙骨架的构筑，正如上述逆合成分析中提到的一样，通过 Wittig 反应构筑，不同的是醛前体和磷叶立德，主要包括以下四种策略。

策略一[1]：1992 年专利中公开了该化合物及其制备方法。该专利为该产品最早也是最基本的专利，其制备方法的特点是将嘧啶母核制成多取代甲醛（8）。另外，将手性侧链合成为膦盐（11），再由 Wittig 反应缩合得到瑞舒伐他汀骨架（12）。其合成步骤如下：

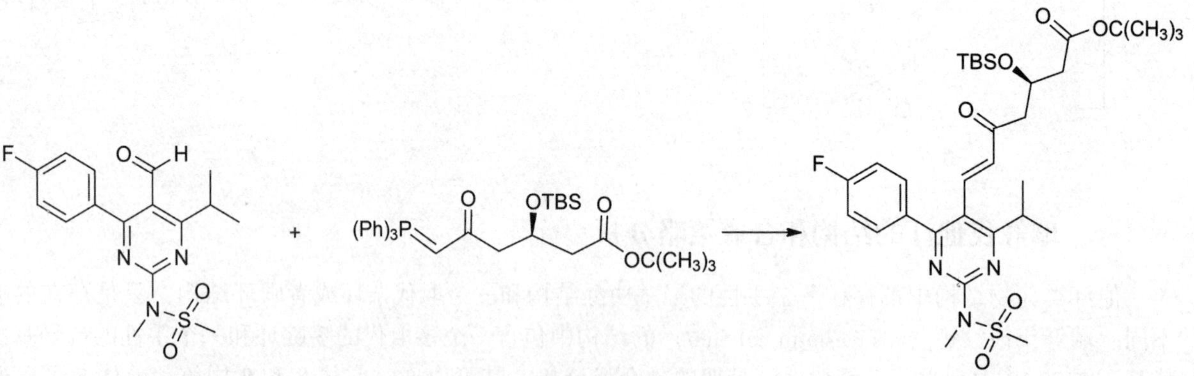

这条路线会出现两步低温反应（羰基不对称还原），再加上对接缩合收率不是很高，导致成本过高。所以这条路线不是太理想。

策略二[2]：2000 年 2 月，英国的阿斯利康公司着手研究该项目后，首先提出将母核做成膦盐（13），将叔丁酯侧链做成醛（14），由此完成 Wittig 反应，得到瑞舒伐他汀骨架（15），再脱保护，碱水解并转为钙盐，得到目标产物。其合成步骤如下：

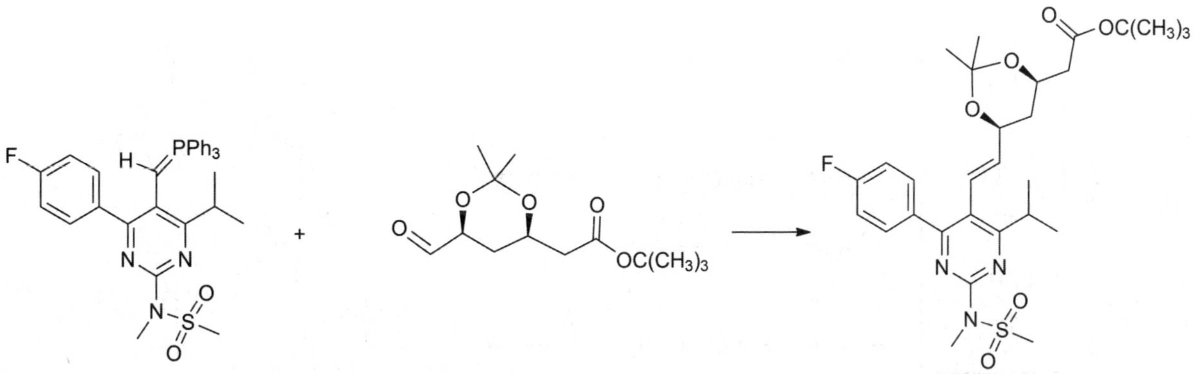

策略三[3]：策略三对策略一和策略二进行了一些改进，用的是 Wittig-Horner 反应，因为磷酸酯碳负离子的亲核性比相应的磷叶立德强，反应能在较温和的条件下进行，同时提高对接收率。

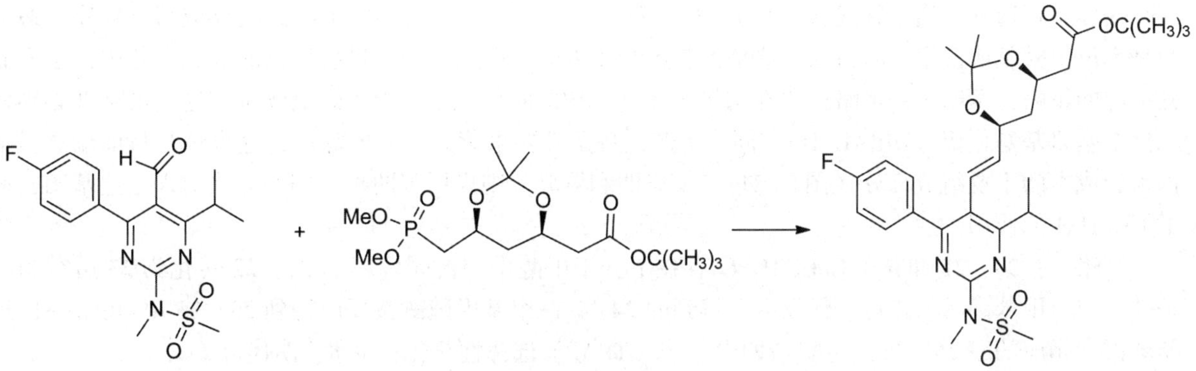

策略四[4]：不同于前面三个策略，策略四以内酯环（18）作为关键的中间体，通过 Wittig 反应合成瑞舒伐他汀钙。该路线在他汀类药物手性二羟基羧酸侧链的引入方面有明显的突破，反应步骤减少，反应条件更加温和，反应收率也有了明显的提高。

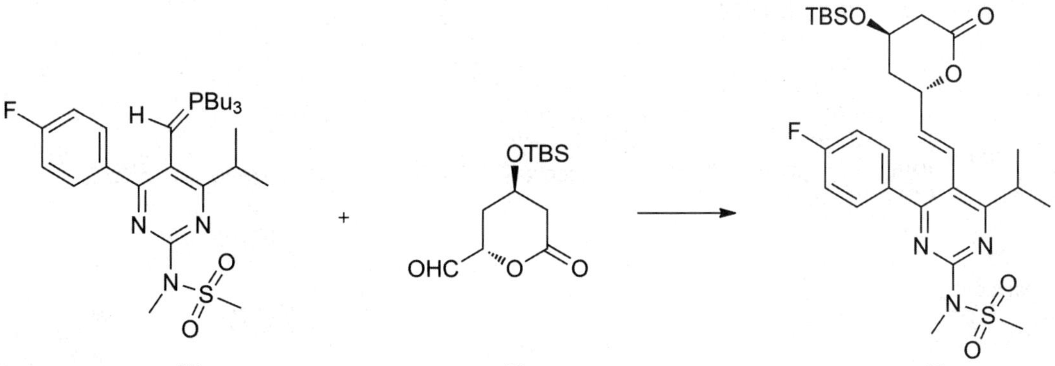

通过上述几种合成策略的分析可以发现，其主要是以醛Ⅰ、醇Ⅱ或溴代物Ⅲ的膦酸酯衍生物前体 A-C 与相应的手性侧链发生 Wittig 或 Horner-Wadsworth-Emmons 反应[5]。因此，其结构的构建的关键中间体包括两个部分：第一，多取代的嘧啶杂环片段；第二，手性的二羟基羧酸侧链部分。如下所示：

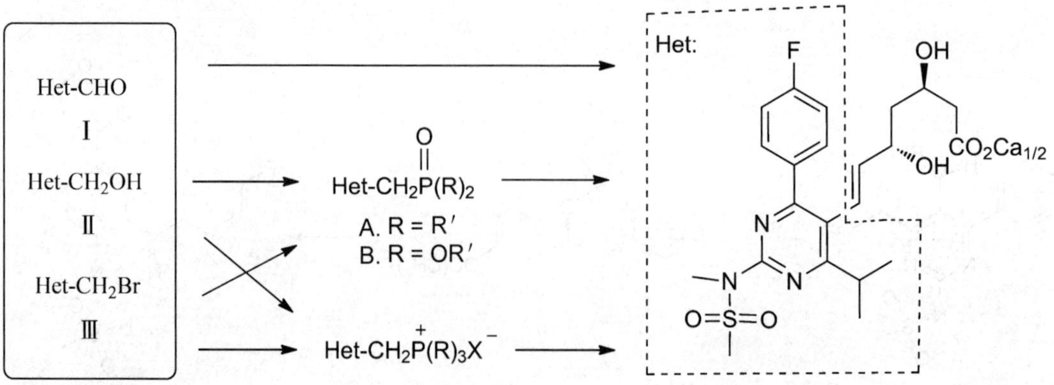

瑞舒伐他汀钙

三、多取代的嘧啶杂环片段的构筑

嘧啶杂环通常是通过脲或脒盐和 1，3-二羰基化合物反应构筑的，不同的是反应组合顺序。最关键的是 5 位甲酰基或溴甲基的引入，这是控制生产成本的关键点之一。目前报道的合成工艺中，主要有五种不同的策略：策略一到策略三[6]在构筑嘧啶环结构的时候在 5 位引入烷氧羰基，这些策略都必须使用二异丁基氨基氢化铝（DIBAL-H），同时生产设备条件要求苛刻，需要深冷，这也正是目前瑞舒伐他汀钙生产成本的主要组成部分（图 7-54）。策略四和策略五则采用了两种不同的方法引入上述基团，避免了 DIBALH 的使用。

策略一：20、21 和脲在 CuCl/H$_2$SO$_4$ 存在下，于甲醇中回流闭环得到 22，22 转化为 23 后在弱碱性条件下与对甲苯磺酰氯进行氯代反应，得到的 24 与 N-甲基甲磺酰胺反应得到 25。25 用 DIBAL-H 还原酯基得到相应的醇 26，26 经过钌酸四丙基铵（TPAP）选择性氧化得醛 8，溴代得 27。

策略二：用 20 和 21 进行 Knoevenagel 反应生成不饱和酮酸酯 28，28 与 S-甲基异硫脲硫酸盐在六甲基磷酰胺（HMPA）或 DMSO 中闭环，再用 DDQ 脱氢得到 29。用间氯过苯甲酸（m-CPBA）或高锰酸钾氧化得到磺酰嘧啶 30，30 在甲醇中与甲胺反应后用甲磺酰氯处理得到 25。

策略三：20、21 和硫脲在氯化镧作用下，在乙醇中回流闭环生成 31，31 在 KOH 存在下与碘甲烷反应生成的互变异构体 32、33 混合物用 DDQ 脱氢生成 29。29 依次经 m-CPBA 氧化、磺酰胺化、DIBAL-H 还原酯基得到 26。26 经 PBr$_3$ 溴代得到 27。

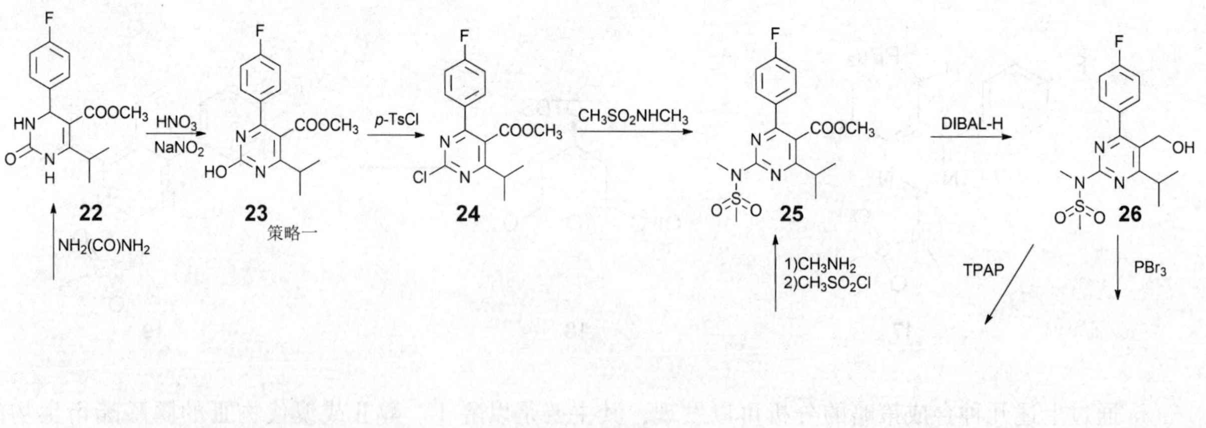

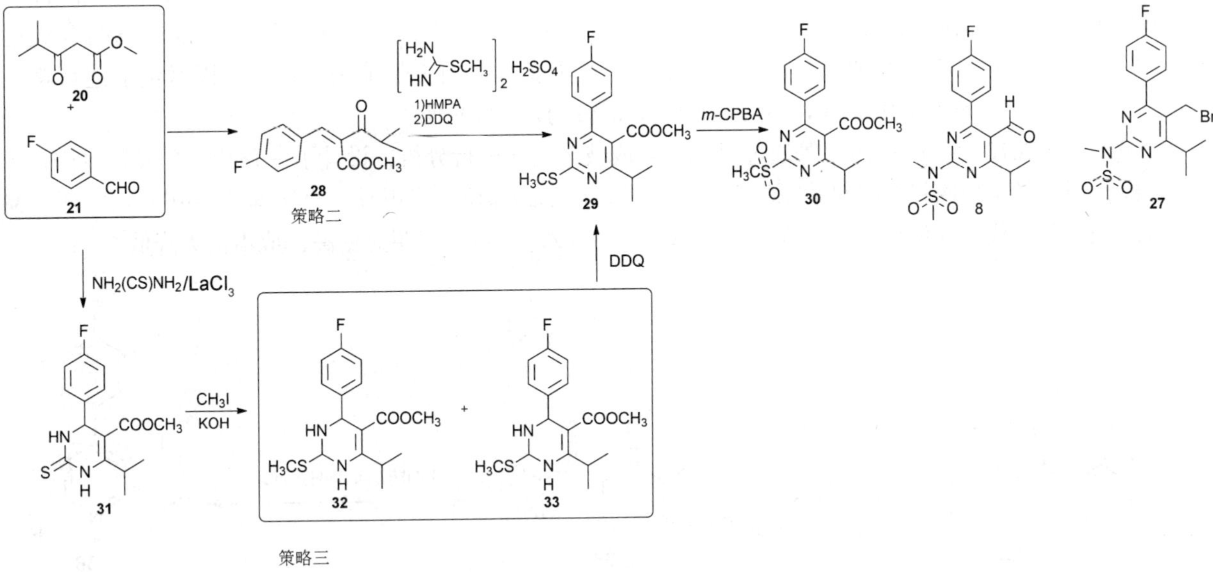

图7-54 构筑嘧啶杂环片断的策略一至三

通过上述三种策略的分析可以发现，它们都是以对氟苯甲醛（**21**）和异丙酰基乙酸乙酯（**20**）为原料，通过不同的反应顺序或组合来合成多取代的嘧啶环片段。然而，上述三种策略的核心问题在于都无法避免使用危险的DIBAL-H，超低的实验温度也造成了规模化生产困难和成本增加。因此，想要降低规模化生产的成本，必须有效地避开这种危险的反应试剂和苛刻的反应条件。策略四和策略五提供了两种不同的思路避免DIBAL-H的使用。

策略四[7]：

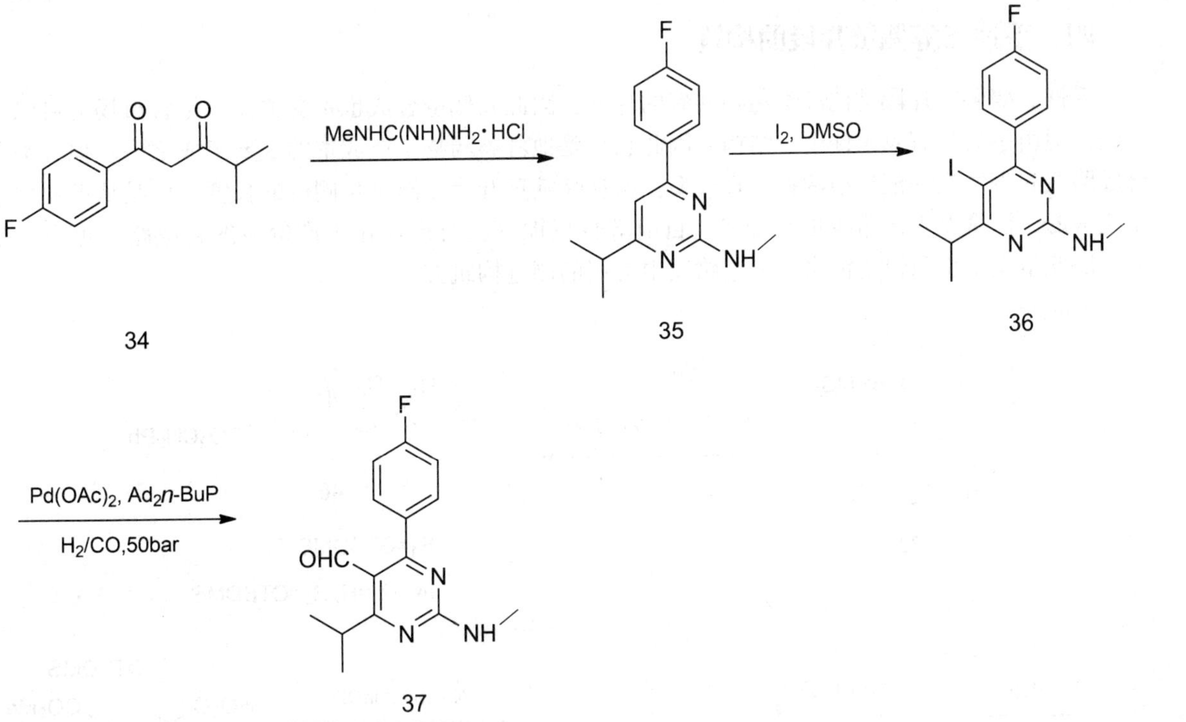

以对氟苯乙酮为原料，通过与异丁酸乙酯缩合制备1，3-二羰基化合物（**34**），再与甲基胍盐反应合成嘧啶环（**35**），之后通过碘代（**36**）、甲酰化和磺酰化得到片段（**37**），之后再进行Wittig反应和甲

基磺酰化。其不足之处在于碘的引入收率仅有 33%，在甲酰基引入时，又采用了高压反应和危险性气体一氧化碳和氢气，因此该工艺路线也不理想。但是，这给我们提供了一种思路，在该片段的合成过程中，嘧啶环 5 位直接引入其他的基团，比如甲基、甲酰基等，而不是酯基，自然可以避免上述策略一至三中规模化生产中必须采用 DIBAL-H 还原酯基和深冷技术的不足。

策略五：2012 年，Damjan[5] 等通过对现有合成技术路线进行分析，设计了一条新的合成路线构筑嘧啶环片段，采用与策略四相同的起始原料，不同的是在羰基的邻位引入甲基，直接构筑 5-甲基嘧啶环（**36**），通过磺酰化、溴代和其他相应的反应构筑相关中间体（**27**），总收率明显提高，成本大大降低。

四、手性二醇侧链片段的构筑

手性二醇侧链片段是他汀类药物共有的片段，因此其侧链合成也备受关注。尽管市场上可以大量购买到，但由于其具有双手性中心结构，因此它也是他汀类药物生产成本的主要组成之一。他汀类药物的合成路线有直线型和汇聚型两种。直线型，即从嘧啶环开始逐渐延长侧链的长度。但是从产业化生产的角度考虑，汇聚型工艺路线更有优势。目前瑞舒伐他汀钙有规模化生产价值的合成路线也主要是汇聚型，因此本文中也只讨论汇聚型工艺路线中常用的侧链构筑方法。

策略一[1]：

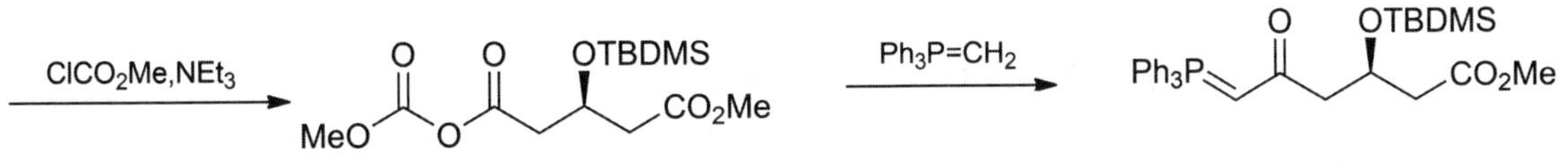

43 → **44**

这条路线的起始原料是 3-TBS 氧代戊二酸酐 **39**，要用到手性扁桃酸苄酯和氢氧化钯/碳等，在开环的反应中，选择性不高，会有对映异构体产生。在不同的温度下含量不一样，温度越低，对映异构体的含量会降低，但是直到温度降到-100℃还有 10% 的对映异构体。这给分离带来了麻烦，而且低温反应要求太高。

策略二[2]：用 (R)-4-溴-3-羟基丁酸乙酯 (**45**) 作为起始原料，该原料不容易制备。另外，在碳链延长的缩合反应中采用了乙酸叔丁酯作为原料，它需要深度冷冻，在设备上要求苛刻。而且卤素溴转化成乙酰氧基团时，收率比较低，最终成本比较高。

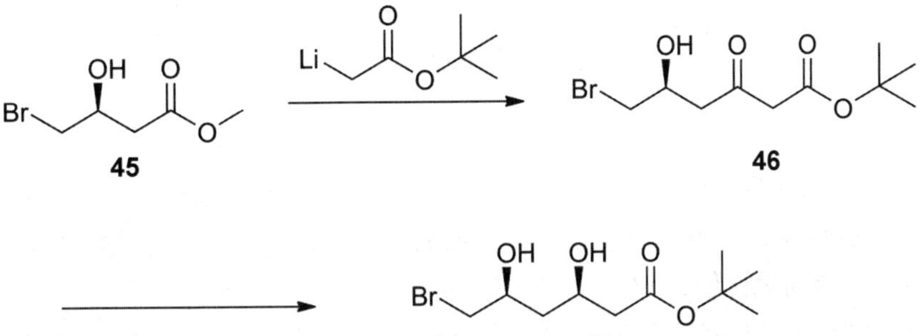

45 → **46** → **47**

策略三[2]：采用 (R)-4-苄氧基-3-羟基丁腈 **48** 作为底物，通过 Reformatsky 反应缩合得到含有手性的二羰基酯 **49**，然后还原，丙酮叉保护后氢解脱苄，再氧化可得目标侧链。在缩合反应时条件不是很好控制，反应引发得太晚会导致反应很剧烈。这步反应产生的杂质很难除掉，而且反应的中间体都为油状物，纯化上有困难。原料的制备还用到了剧毒原料氰化物，中间产物不稳定，需要较低温度处理，导致处理时间比较长。此外，该策略同样存在立体选择性的问题，尽管可以通过重结晶得到较好的 de 值，但是会导致成本的升高，所以工艺上也有缺陷。

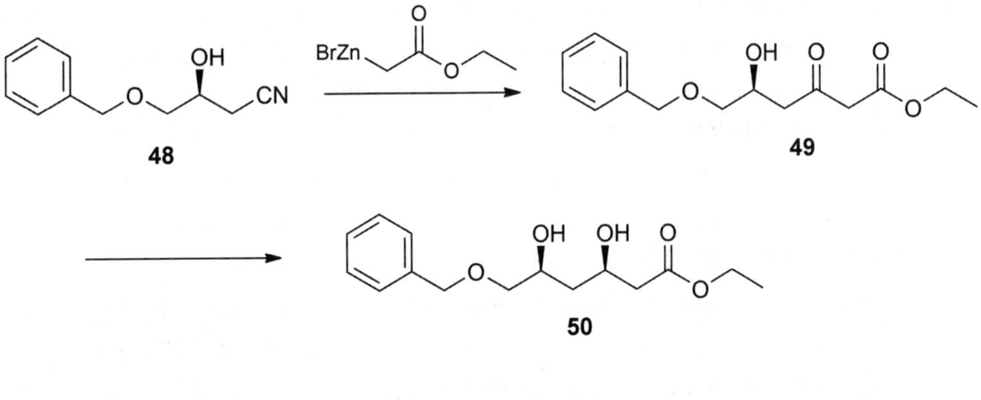

48 → **49** → **50**

策略四[8]：以廉价的环氧氯丙烷作为手性源，通过格氏反应、臭氧化反应及 Wittig 反应制得关键的中间体 **54**，以其为原料通过分子间的缩合、分子内的 Michael 加成，实现了高立体选择的手性传递，而后通过脱保护和氧化得到手性侧链 **56**。

目前瑞舒伐他汀钙工业生产工艺中，深冷设备和 DIBAL-H 是导致成本增加的关键因素之一，新改进的策略正设计路线避免酯羰基的还原，从而避免了深冷设备和特殊试剂的使用。另外，在侧链手性中心的构筑中，立体选择性较差，导致成本增高。新的策略通过手性的环内传递，提高了反应的立体选择性。通过瑞舒伐他汀钙的合成策略分析，我们可以得到启发，药物合成工艺条件优化很重要，但是生产工艺的关键瓶颈反应的突破，无疑更具价值。

参考文献

[1] SHIONOGI SEIYAKU KAI SHA, OSAKA, JAPAN, PYRIMIDINE DERIVATIVES. JP：US 5260440 [P] 1992-06-12.

[2] (a) KOIKE HARUO. Process for the production of tert-butyl (E) - (6- [2- [4- (4-fluorophenyl) - 6-isopropyl-2- [methyl (methylsulfonyl) amino] pyrimidin-5-yl] vinyl] (4R, 6S) -2, 2-dimethyl [1, 3] dioxan-4-yl) acetate [P]. US：20010913539, 2005-01-18.

(b) TAYLOR NIGELP. Process for the production of tert-butyl (E) - (6- [2-4 (4-flurophenyl) -6-isopropyl- 2- [methyl (methylsufonyl) amino] pyrimindin-5-yl] vinyl) (4R, 6S) -2, 2-dimethyl [1, 3] dioxin-4-yl) acetate [P]. JP：US 6844437, 2001-12-7.

(c) ASTRAZENECA UK L TD. Process for the production of tert-butyl (E) - (6- [2- [4- (4-fluorophenyl) -6-isopropyl-2- [methyl (methylsulfonyl) amino] pyrimidin-5-yl] vinyl] (4R, 6S) -2, 2-dimethyl [1, 3] dioxin-4-yl) acetate, GB：Ee200100430, 2000-12-16.

(d) ASTRAZENECA UK LTD. Process for the production of tert-butyl (E) - (6- [2- [4- (fluorophenyl) -6-isopropyl- 2- [methyl (methylsulfonyl) amino] pyrimidin-5-yl] vinyl] (4R, 6S) - 2, 2- dimethyl [1, 3] dixoan-4-yl) acetate [P]. US：W00049014, 2000-02-05.

[3] 上海医药工业研究院. 一种用于合成瑞舒伐他汀钙的中间体的制备方法. 中国：CN 1958593 [P] 2005-11-03.

[4] ZDENKO C, MIHA S, JANEZ K. Lactone pathway to statins utilizing the wittig reaction. The synthesis

of rosuvastatin [J]. J Org Chem, 2010, 75: 6681.

[5] DAMJAN STERK, ZDENKO CASAR, MARKO JUKIC, et al. Concise and highly efficient approach to three key pyrimidine precursors for rosuvastatin synthesis [J]. Tetrahedron, 2012, 68: 2155.

[6] 刘国庆, 蒋成君, 陈光顺. 瑞舒伐他汀合成路线图解 [J]. 中国医药工业杂志, 2005, 36 (9): 585-587.

[7] ANDRUSHKO N, ANDRUSHKO V, KÖNIG G, et al. A new approach to the total synthesis of rosuvastatin [J]. European Journal of Organic Chemistry, 2008, 5: 847-853.

[8] 陈芬儿. Practical stereocontrolled synthesis of rosuvastatin - our development journey, 2013 年全国药物化学学术会议暨第四届中英药物化学学术会议论文集.

第九节　喜树碱

1966 年, 美国科学家 Wall 和 Wani 等[1]从我国引种的喜树中分离得到了一种结构新颖的生物碱并命名为 camptothecin (CPT, **1**), 中文名为喜树碱。通过对喜树碱的碘乙酰衍生物进行 X 线单晶衍射分析确立了喜树碱的结构: 一个平面性的高度共轭的五元稠环结构, 依次包含了喹啉环 (A/B)、吡咯环 (C)、吡啶酮环 (D) 和六元内酯环 (E), 唯一的 S 构型的手性中心位于 C-20 位。(图 7-55)

喜树碱　**1**　　　喜树碱的钠盐　**2**

最初的动物实验表明喜树碱具有良好的抗白血病和抗癌活性, 因此它立刻吸引了全世界的目光。从喜树碱被分离以后, 在接下来的几十年里有超过 30 种化合物从喜树植株中分离出来。随着研究的深入人们发现, 天然喜树碱产量有限, 难以满足各种研究及大批量生产对原料的需求; 另外, 许多喜树碱的类似物无法由喜树碱直接经结构修饰获得, 需要通过全合成才能够得到。由此引发化学界对喜树碱及其类似物全合成的浓厚兴趣, 这方面工作已经有相当多的报道。

自 Stork 及 Schultz 在 1971 年首次对消旋的喜树碱进行全合成以来[2], 众多的课题组对喜树碱的合成做出了大量出色的工作[3]。根据构建喜树碱五环骨架策略的不同, 可将喜树碱的合成方法粗略地归为以下几类: ①以 Friedlander 缩合为主要步骤构建 B 环的合成; ②以自由基环化反应为关键步骤构建 B/C 环的合成; ③以 N-烷基化及 sp^2-sp^2 碳碳键的形成为关键步骤构建 C 环的合成; ④以 Michael 加成为关键反应构建 D 环的合成; ⑤以 Diels-Alder 反应为关键反应构建 B/C 环及 D 环的合成。

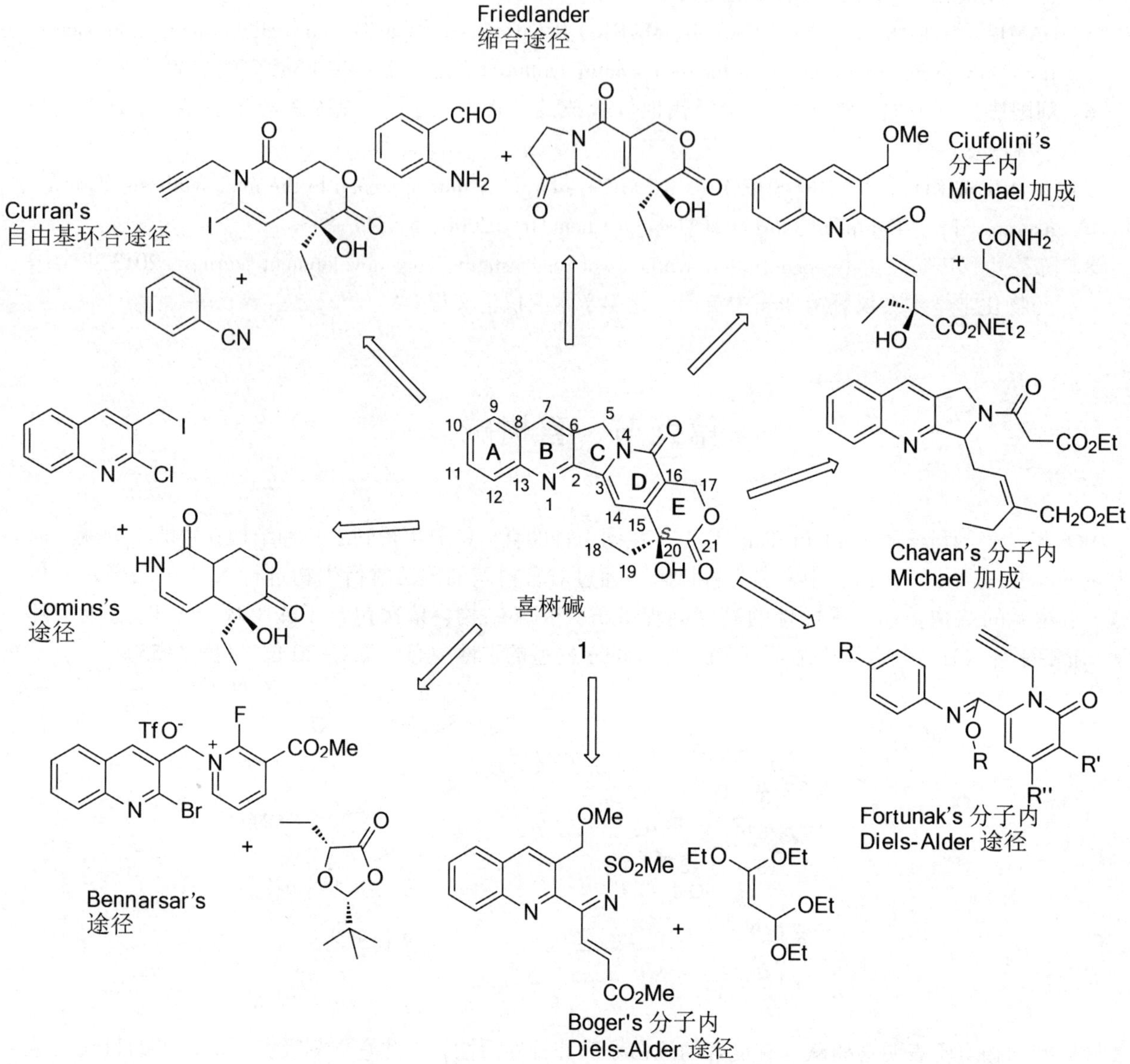

图 7-55 喜树碱合成策略

（一）以 Friedlander 缩合为主要步骤构建 B 环的合成

Friedlander 缩合是构建喹啉杂环的主要方式之一，最早将其用于喜树碱的合成是由 Danishefsky 在 1971 年[4]完成的消旋喜树碱的合成（Scheme 1）。Danishefsky 以胺 **3** 和丙炔酸二甲酯 **4** 为起始原料，先经过几步操作依次构建好 D 环和 C 环得到化合物 **9** 后，与 2-氨基苯甲醛 **10** 进行 Friedlander 缩合反应形成了 B 环，得到化合物 **11**，从而完成了对喜树碱主要骨架 A/B/C/D 环的构建。得到化合物 **11** 后，再经过 E 环的构建，就可以顺利地得到消旋的喜树碱。从构环策略方面来看，这是典型的 C/D+A→ A/B/C/D→ A/B/C/D/E 的方法。

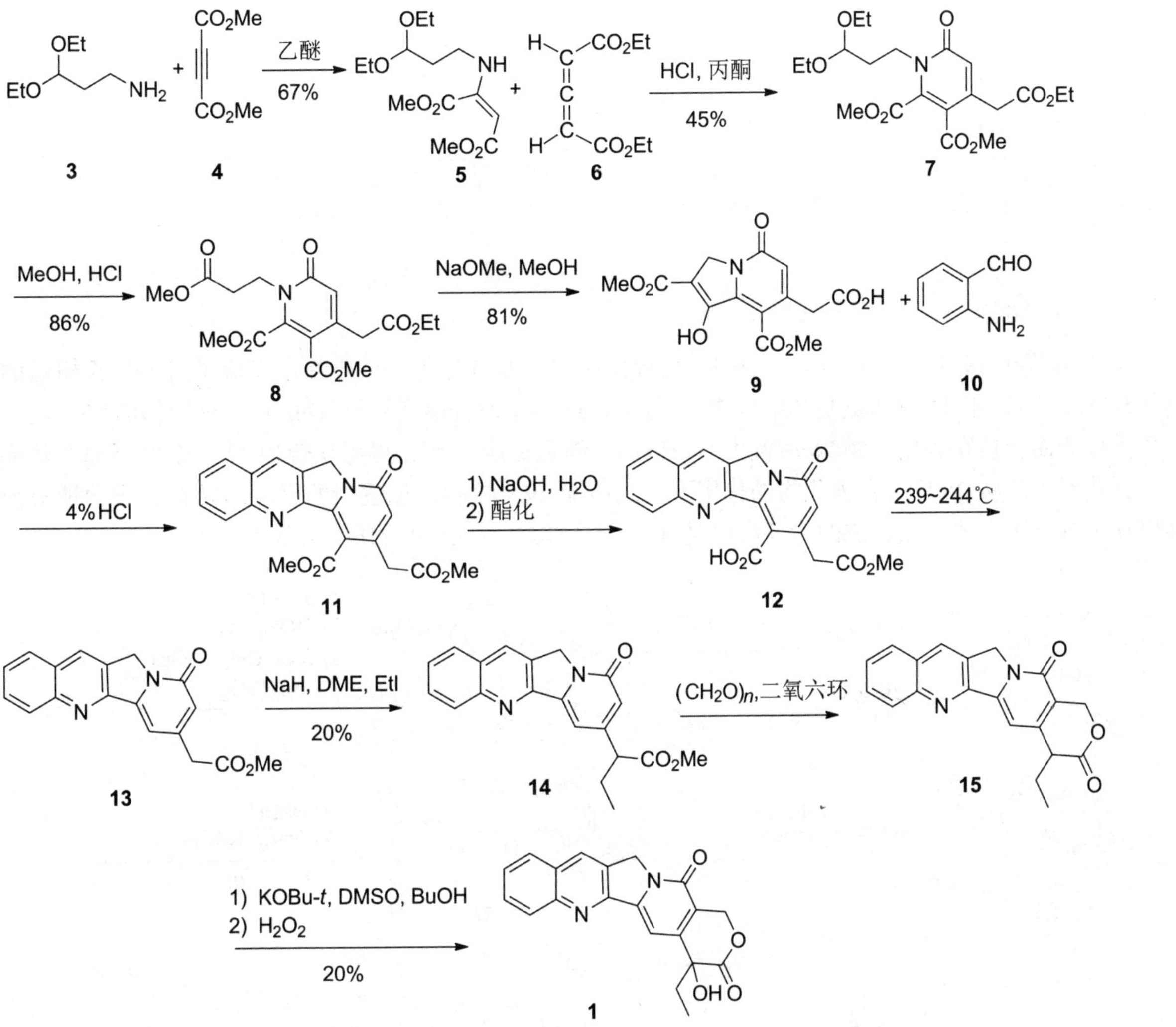

　　由于 Friedlander 缩合反应在构建喹啉环中的可靠性及易实现多样性合成的优势，它在喜树碱类生物碱合成中的应用相当广泛。使用各种取代的邻氨基苯甲醛及邻氨基苯酮类化合物，就可以合成出在 A 环或 B 环上有不同取代的喜树碱类衍生物。正因为如此，该方法也成为对喜树碱 A/B 环进行构效关系研究的主要方式之一。例如，具有 C/D/E 环的化合物 **19** 与邻氨基苯酮 **20** 在酸性条件下发生 Friedlander 缩合反应就可以得到伊立替康的合成前体 **21**[5]（Scheme 2）。与 Danishefsky 的合成不同的是，该合成的构环次序是 D/E+C→ C/D/E+A→ A/B/C/D/E。

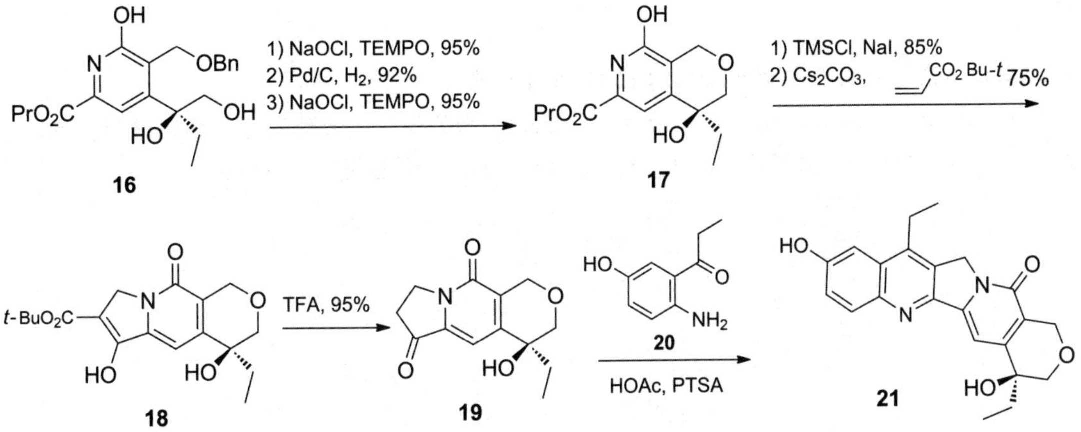

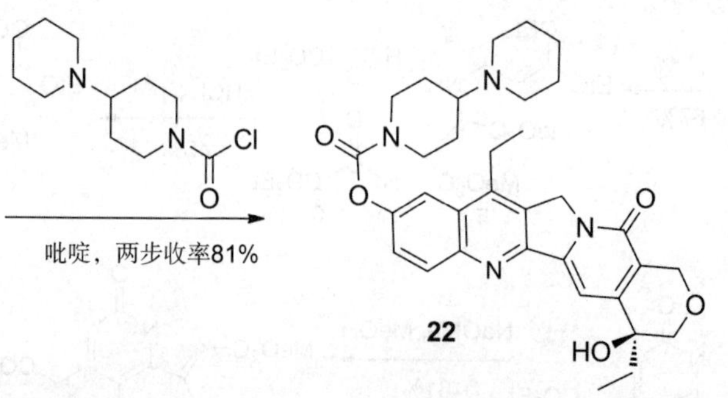

吡啶，两步收率81%

22

Stork 教授于 1971 年[2]应用 Friedlander 缩合反应构建 B 环作为关键步骤也完成了对消旋喜树碱的合成（Scheme 3）。酮 **24** 与邻氨基苯甲醛 **23** 进行 Friedlander 缩合得到具有 A/B/C 三环结构的 **25**。随后经过几步官能团转换得到化合物 **26** 后发生 Dieckmann 缩合形成 D 环，得到化合物 **27**。**27** 经还原、消去反应得到共轭内酰胺 **28** 后，在锂化物的作用下得到内酯 **29**。随后经过适当的官能团转换，成功地对消旋喜树碱 **1** 进行了合成。该合成的构环次序是 A+C→ A/B/C→ A/B/C/D→ A/B/C/D/E。

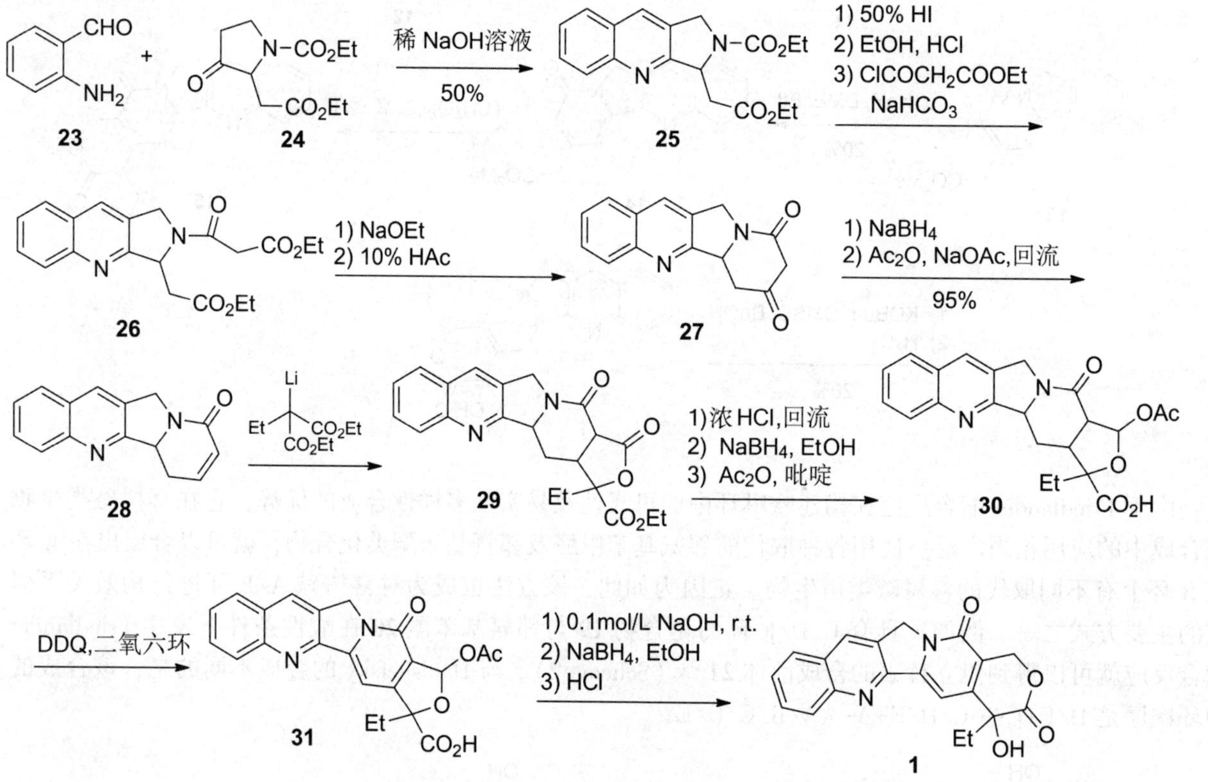

（二）以自由基环化反应为关键步骤构建 B/C 环的合成

20 世纪 90 年代初，Curran 小组[6]以自由基环化反应作为关键反应成功构建了喜树碱类生物碱 A/B/C/D 的四环骨架。同时他还提出了该 [4+1] 自由基环合反应的可能机理[7]（Scheme 4）。

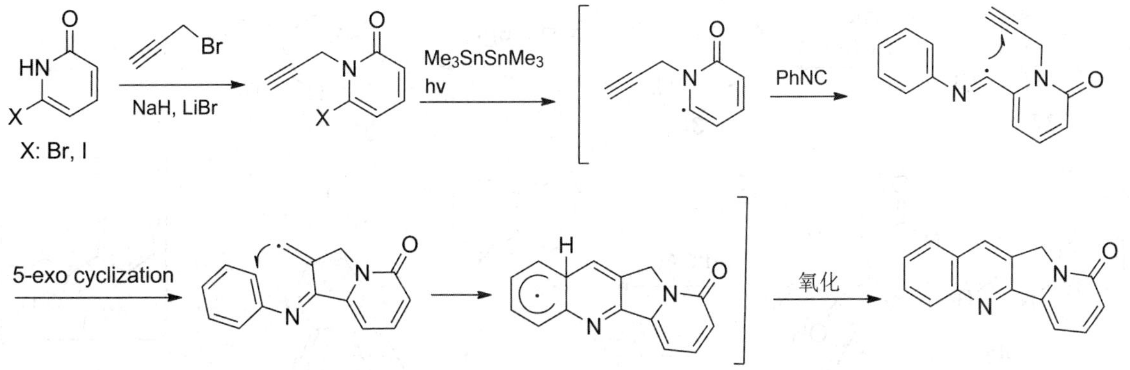

利用该［4+1］自由基环合反应为关键步骤，Curran 等人[8]在异氰基苯及端炔 **32** 上引入不同的取代基，可以实现对喜树碱 A/B 环上的衍生化（**33~36**，Scheme 5）。

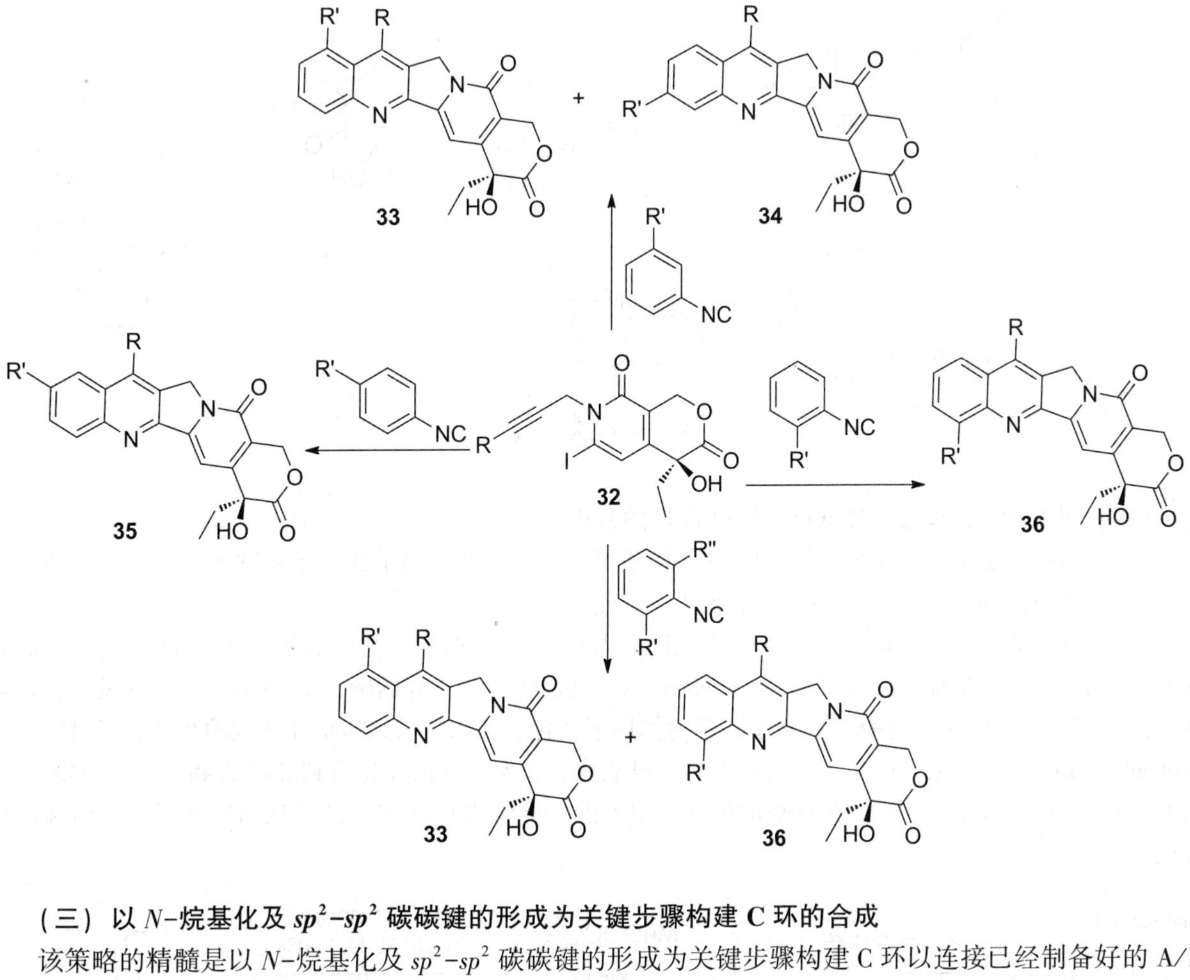

（三）　以 N-烷基化及 sp^2-sp^2 碳碳键的形成为关键步骤构建 C 环的合成

该策略的精髓是以 N-烷基化及 sp^2-sp^2 碳碳键的形成为关键步骤构建 C 环以连接已经制备好的 A/B 环和 D/E 环，这是一种高度汇聚式的合成方法。其中涉及的 sp^2-sp^2 碳碳键的形成有两种方式：①通过 Heck 反应形成碳碳键；②通过自由基反应构建碳碳键。

通过 Heck 反应形成 sp^2-sp^2 碳碳键最典型的例子就是 Comins 在 1992 年[8]完成的对喜树碱的全合成（Scheme 6）。从商品化的 2-氯喹啉 **37** 出发，经过 LDA 锂化后，与甲醛作用得到醇 **38**，醇 **38** 在三溴化磷的作用下，以较高的产率生成溴化物 **39**。接下来，溴化物 **39** 与事先制备好的具有 D/E 环结构的化合物 **40** 发生 N-烷基化反应得到化合物 **41** 后，在 Heck 反应的条件下，以 59% 的产率得到喜树碱 **1**。

同样是 Comins 小组在 1994 年[9]发现，除了通过 Heck 反应形成 sp^2-sp^2 碳碳键外，还可以通过自由

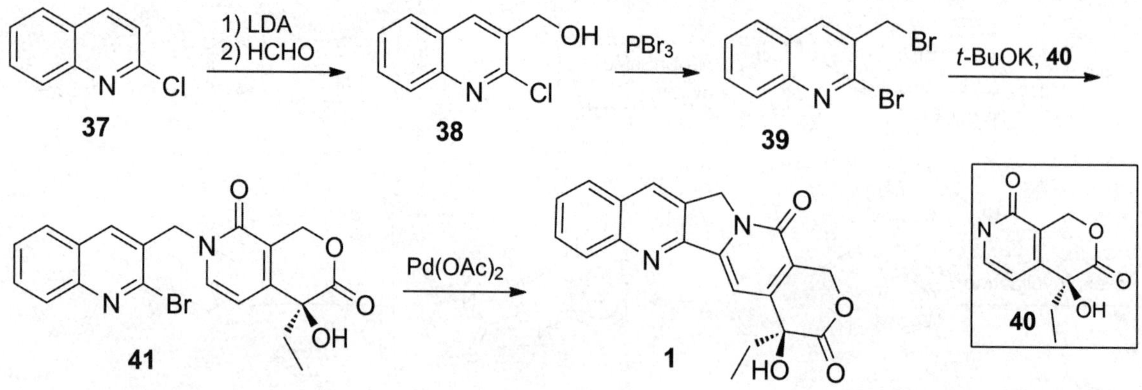

基环化反应来构建喜树碱的 C 环（Scheme 7）。他首先通过 Mitsunobu 反应进行 N-烷基化反应得到化合物 **41**，然后在 Bu₃SnH 及 AIBN 的作用下发生自由基环化反应以 55% 的产率得到喜树碱 **1**。

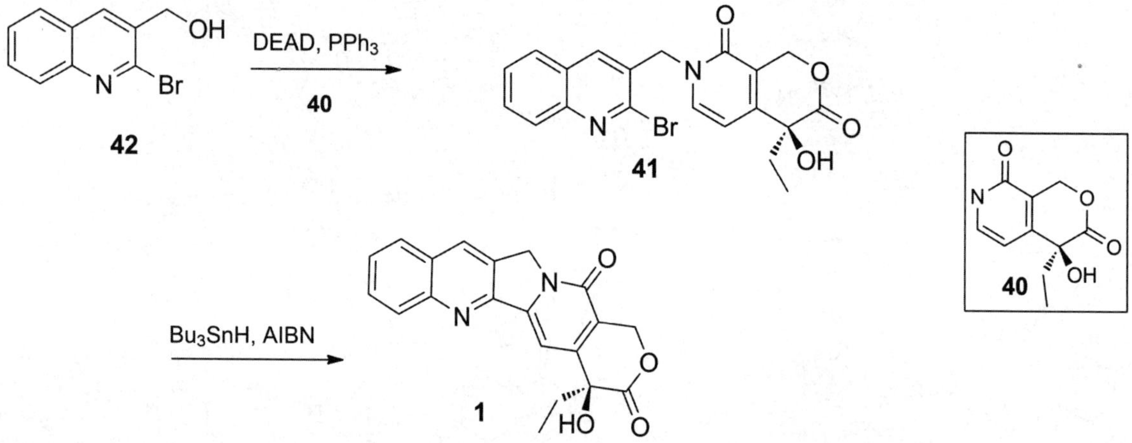

（四）以 Michael 加成为关键反应构建 D 环的合成

利用 Michael 加成反应作为关键步骤构建 D 环来合成喜树碱的例子并不是特别多，其中最成功且具有代表性的是 Ciufolini 小组[10] 和 Chavan 小组[11] 在这方面的工作。

Ciufolini 等人首先通过酶催化的去对称化反应得到具有 S-构型手性中心的酸 **43**，**43** 经过与二乙胺的缩合及 DIBAL-H 还原酯基得到醛 **44**（Scheme 8）。醛 **44** 与制备好的磷酸酯 **45** 发生 Wittig 反应，得到具有反式双键构型的化合物 **46**。在叔丁醇钾的作用下，化合物 **45** 作为 Michael 加成的受体，经过分子间 Michael 加成反应得到化合物 **47**。所得的产物经过氧化、脱保护及内酯化得到吡啶酮 **48**。将化合物 **48** 经过 Luche 还原，得到醇 **49** 后，在 60% 的硫酸作用下进一步构建 C 环和 E 环，从而完成了对喜树碱的全合成。

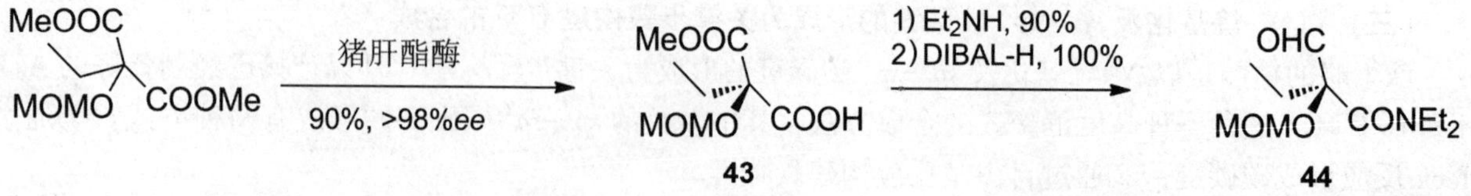

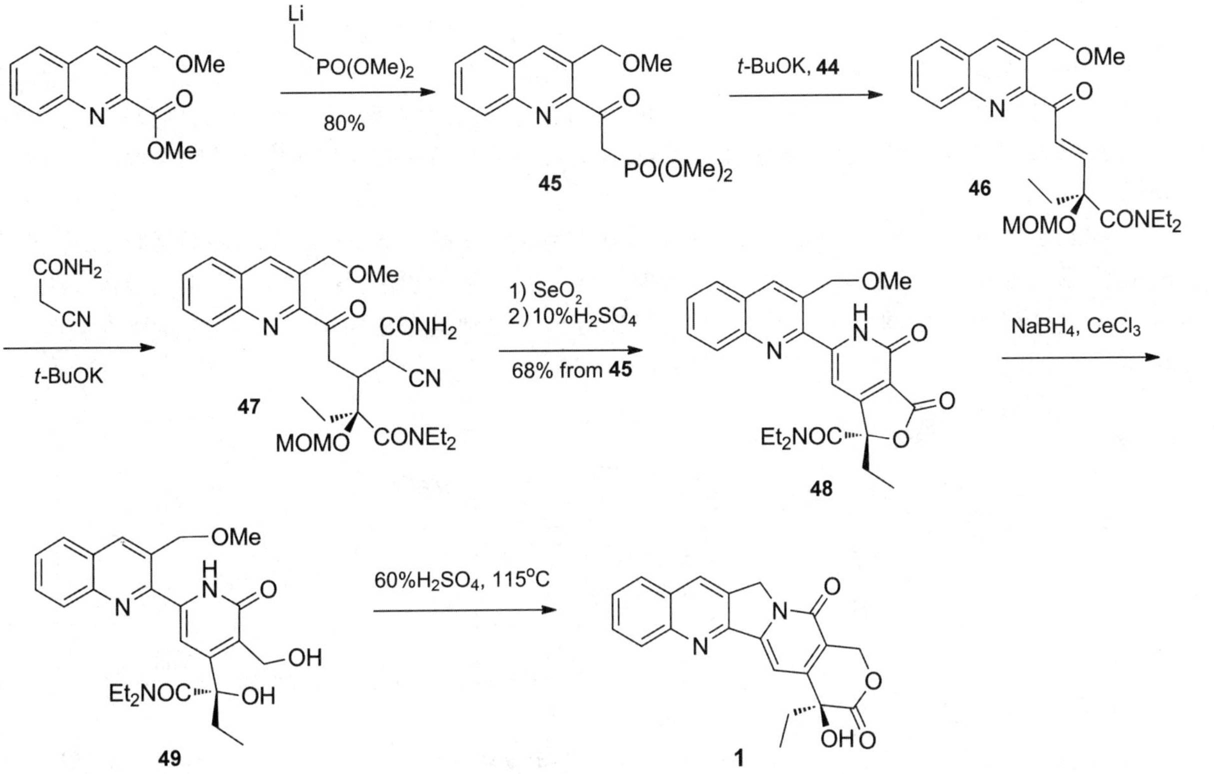

与 Ciufolini 等人利用分子间的 Michael 加成反应构建 D 环的策略不同的是，Chavan 等人的工作的特色在于应用分子内的 Michael 加成反应作为关键步骤构建 D 环（Scheme 9）。将酮 **50** 和化合物 **51** 首先进行 Friedlander 缩合得到具有 A/B/C 三环结构的化合物 **52**；将化合物 **52** 中的烯丙基氧化断裂成醛后，发生 Wittig 反应得到 α, β-不饱和酯 **53**；将 **53** 中的 Cbz 保护基脱除后，引入丙二酸酯取代基得到酯 **54**；在碱性条件下，化合物 **54** 发生分子内的 Michael 加成以 92% 的产率生成酯 **55**；**55** 经 DDQ 脱氢芳构化，选择性还原酯基及在酯基的 α 位羟基化，最终得到消旋的喜树碱。

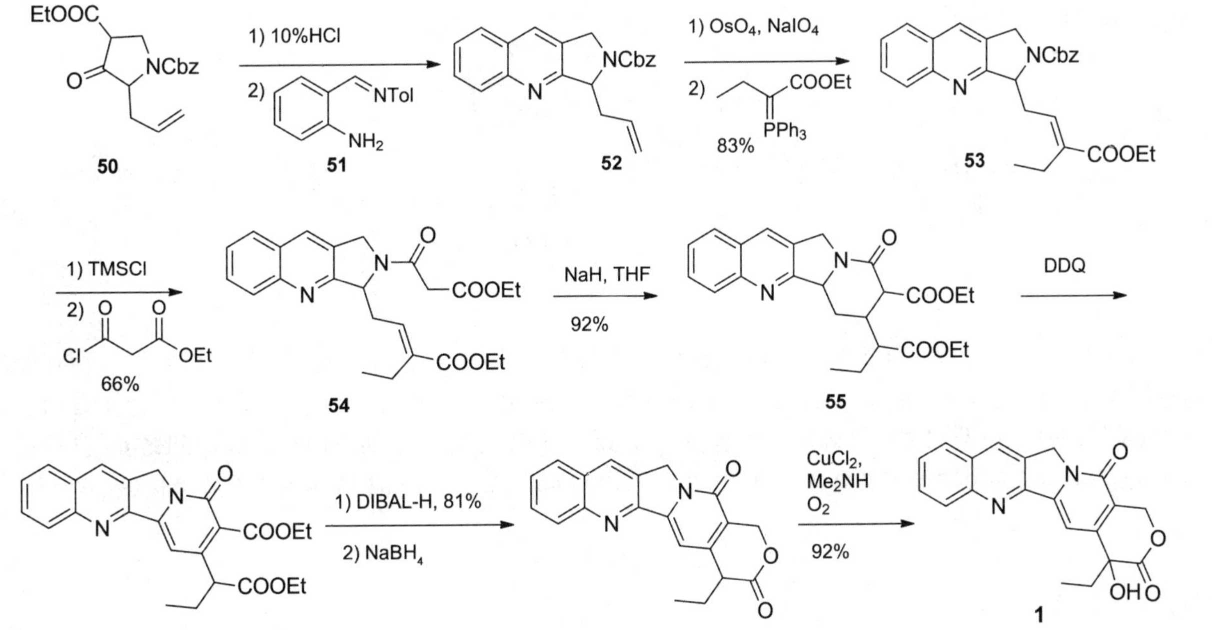

（五）以 Diels-Alder 反应为关键反应构建 B/C 环及 D 环的合成

Diels-Alder 反应是有机合成中非常重要的反应之一，主要用于合成各种简单或复杂的六元环状化合物。由于 Diels-Alder 反应本身所具有的构建多环骨架的简易性、区域选择性及原子经济性等特点，它在喜树碱类生物碱的全合成中应用相当广泛。Diels-Alder 反应在喜树碱的合成中的应用包括两个方面：①以 Diels-Alder 反应作为关键步骤构建 B/C 环的合成；②以 Diels-Alder 反应作为关键步骤构建 D 环的合成。

Smithkline-Beecham 公司的 Fortunak 及其同事在 1996 年[12]利用 Me$_3$OBF$_4$ 作为酰胺活化试剂，将化合物 56 生成中间体后，以 2-氮-1，3-丁二烯为二烯体，未活化的炔（电中性）为亲二烯体发生氮杂 Diels-Alder 反应，生成中间体 57，最后 57 经氧化芳构化得到具有喜树碱 A/B/C/D 四环骨架的化合物 58。

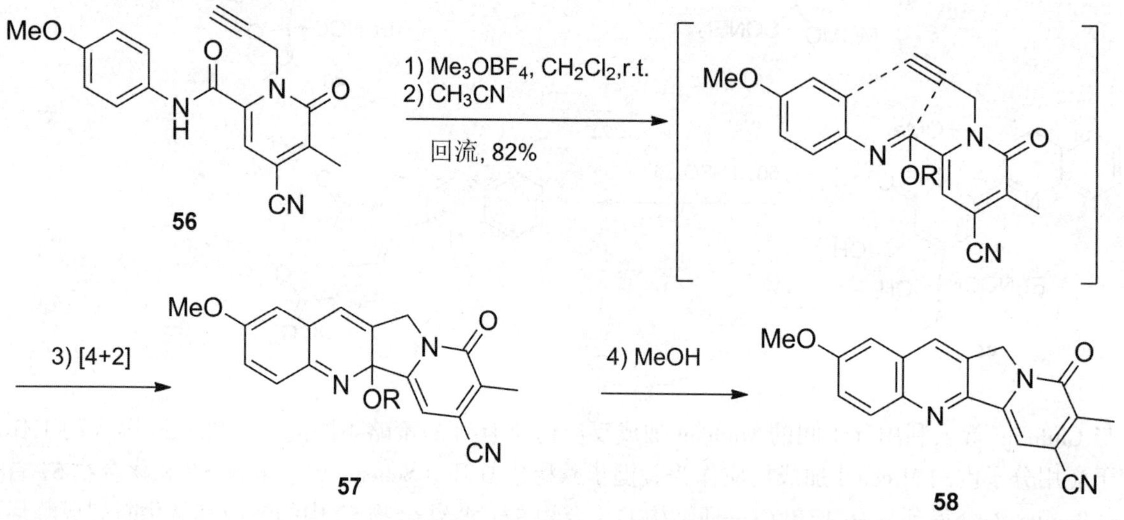

虽然上述 Me$_3$OBF$_4$ 实现了惰性酰胺的活化问题，并成功地引发分子内的 Diels-Alder 反应，从而构建喜树碱的 A/B/C/D 环，但是上述反应具有局限性。首先该反应的效率较低；其次，实用范围小，只有如化合物 56 一样 A 环上有较强的供电子基团时，才能得到较好的产率，当没有强供电子基团时，常常会有如下的重排或降解反应发生。

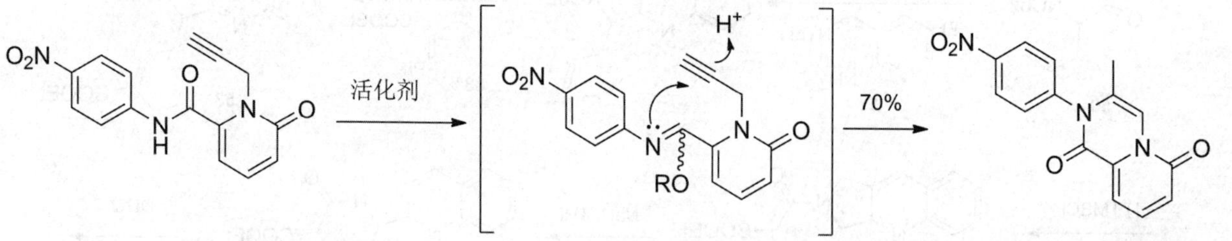

为了对在 A 环上没有强供电子基团的喜树碱进行全合成，Fortunak 等人[12]发展了另外一种高效的氮杂 [4+2] 环化反应（Scheme 12）。从酯 59 出发，生成化合物 60 后，N-炔丙基化得到吡啶酮 61；吡啶酮 61 经碱性水解及与邻氨基苯甲酸缩合得酰胺 62；将 62 在醋酐中加热回流，经中间体 63 进行氮杂 Diels-Alder 反应并脱羧得到具有 A/B/C/D 并环结构的 64。而化合物 64 曾被用于消旋喜树碱的合成。

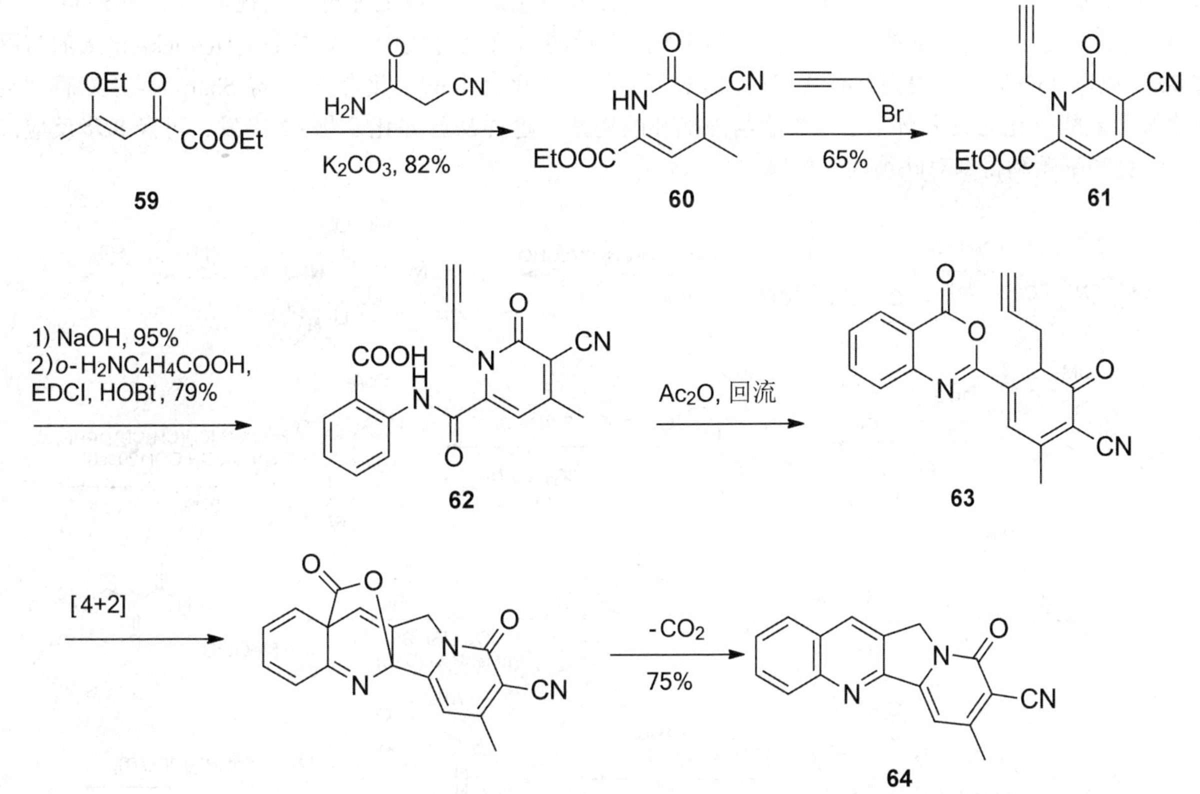

与 Fortunak 的工作类似的是 Batey 等[13]在 2004 年发表在 *Organic Letters* 上关于消旋的喜树碱的形式全合成（Scheme 13）。将制备好的醛 **65** 与苯胺生成的亚胺中间体 **66** 在路易斯酸 Dy(OTf)₃的催化下，发生分子内的氮杂 Diels–Alder 反应，以 71% 的产率得到具有 A/B/C/D 并环结构的 **64**，从而完成了对消旋喜树碱的形式合成。

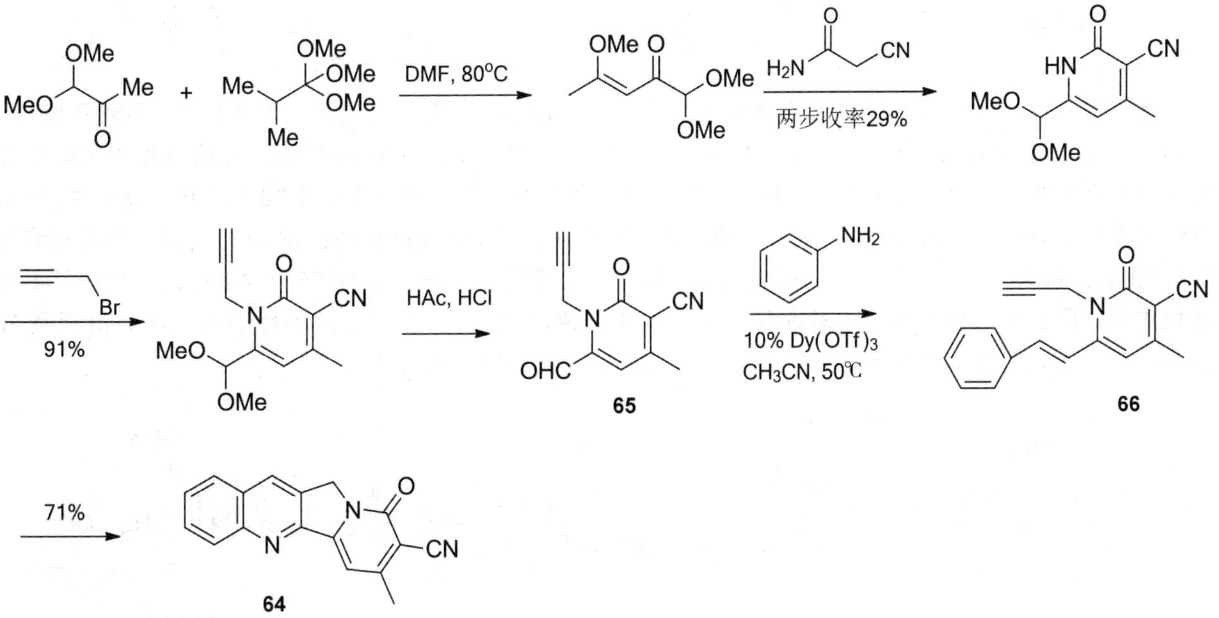

为了解决 Fortunak 工作的缺陷，并实现喜树碱的高效全合成，Yao 小组经过大量的尝试后认为，

Hedrickson 试剂 [(Ph₃P⁺)₂O(⁻OTf)₂] 作为很好的酰胺活化试剂，可能能解决上述问题[14]（Scheme 14）。经过尝试之后，周海滨博士成功地将其用于喜树碱的高效全合成中。室温下，Hedrickson 试剂与酰胺 **68** 反应以 96%的产率得到具有 A/B/C/D/E 五环结构的化合物 **69**。化合物 **69** 经 Sharpless 不对称双羟基化及半缩醛氧化完成 E 环上手性中心与内酯环的构建。这样从已知化合物 **67** 出发，可经 8 步反应以 47%的总产率顺利得到对映纯的喜树碱。

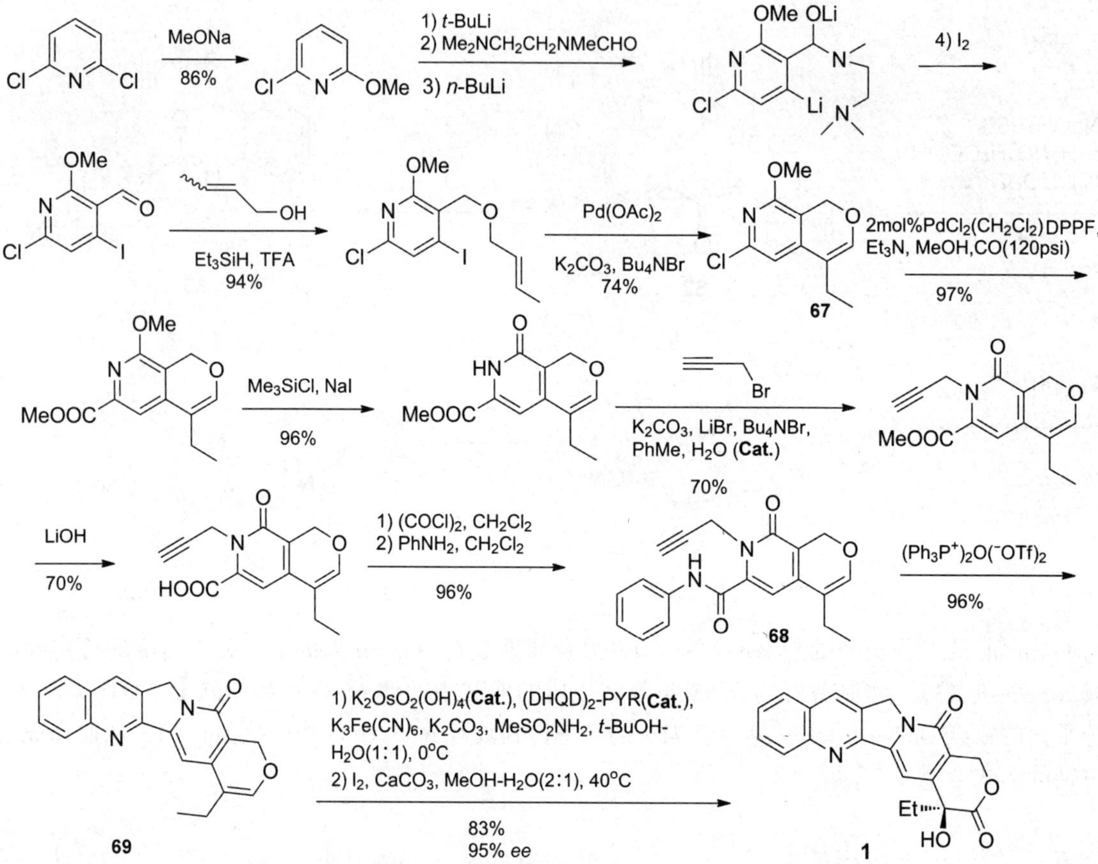

除利用 Diels–Alder 反应为关键步骤构建 B/C 环外，Boger 小组[15]还成功发展了以 N-甲磺酰基-1-氮-1，3-丁二烯作为二烯体，富电子烯烃作为亲二烯体的氮杂 Diels–Alder 反应，并将其作为关键步骤成功用于喜树碱的 D 环的合成中（Scheme 15）。室温条件下，共轭甲磺酰亚胺 **70** 与富电子烯烃 **71** 发生反电子需求的 Diels–Alder 反应，生成化合物 **72**，从而构建了喜树碱的 D 环；将 **72** 进行消去反应得到化合物 **73** 后，将 **73** 中的缩醛还原得醚 **74**；再将 **74** 中的乙酯转化为酮 **75**，酮 **75** 在 Wittig 反应的条件下构建顺式双键后，进行 Sharpless 不对称双羟基化构建喜树碱 20 位上 S 构型的手性中心，从而得到醛 **76**（86% ee）；最后将醛氧化成酸后，形成 C 环与 E 环，得到最终产物喜树碱。

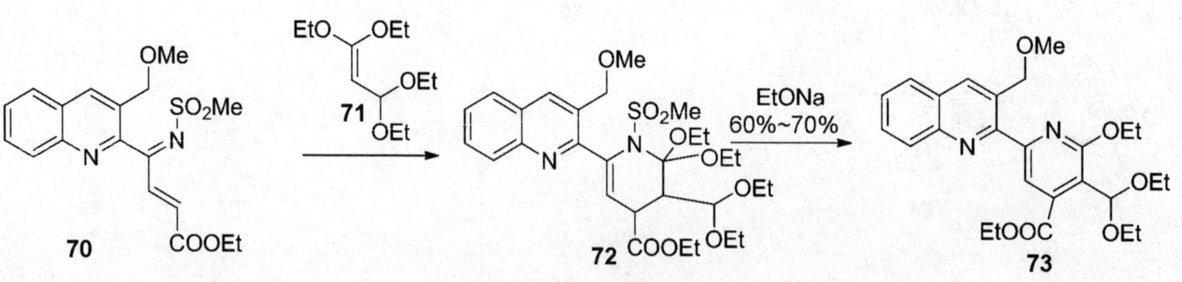